中国高等植物

·修订版·

HIGHER PLANTS OF CHINA
· Revised Edition ·

主　编
EDITORS–IN–CHIEF

傅立国　陈潭清　郎楷永　洪　涛　林　祁　李　勇
FU LIKUO, CHEN TANQING, LANG KAIYUNG, HONG TAO, LIN QI AND LI YONG

第二卷

VOLUME

02

编　辑
EDITORS

傅立国　洪　涛　林　祁
FU LIKUO, HONG TAO AND LIN QI

青岛出版社
QINGDAO PUBLISHING HOUSE

中国高等植物（修订版）

主编单位	中国科学院植物研究所				
	深圳仙湖植物园				
主 编	傅立国	陈潭清	郎楷永	洪 涛	林 祁	李 勇
副主编	傅德志	李沛琼	覃海宁	张宪春	张明理	贾 渝
	杨亲二	李 楠				
编 委	（按姓氏笔画排列）	王文采	王印政	包伯坚	石 铸
	朱格麟	吉占和	向巧萍	邢公侠	林 祁	林尤兴
	陈心启	陈艺林	陈书坤	陈守良	陈伟球	陈潭清
	应俊生	李沛琼	李秉滔	李 楠	李 勇	李锡文
	吴珍兰	吴德邻	吴鹏程	何廷农	谷粹芝	张永田
	张宏达	张宪春	张明理	陆玲娣	杨汉碧	杨亲二
	郎楷永	胡启明	罗献瑞	洪 涛	洪德元	高继民
	梁松筠	贾 渝	黄普华	覃海宁	傅立国	傅德志
	鲁德全	潘开玉	黎兴江			
责任编辑	高继民	张 潇				

中国高等植物（修订版）第二卷

编 辑	傅立国	洪 涛	林 祁		
编著者	林尤兴	张宪春	邢公侠	吴兆洪	武素功	王铸豪
	朱维明	孔宪需	谢寅堂	王中仁	陆树刚	和兆荣
	石 雷	张丽兵				
责任编辑	高继民	张 潇				

HIGHER PLANTS OF CHINA   REVISED EDITION

Principal Responsible Institutions
Institute of Botany, Chinese Academy of Sciences
Shenzhen Fairy Lake Botanical Garden

Editors-in-Chief   Fu Likuo, Chen Tanqing, Lang Kaiyung, Hong Tao, Lin Qi and Li Yong

Vice Editors-in-Chief   Fu Dezhi, Li Peichun, Qin Haining, Zhang Xianchun, Zhang Mingli, Jia Yu, Yang Qiner and Li Nan

Editorial Board   (alphabetically arranged)   Bao Bojian, Chang Hungta, Chang Yongtian, Chen Shouling, Chen Shukun, Chen Singchi, Chen Tanqing, Chen Weichiu, Chen Yiling, Chu Gelin, Fu Dezhi, Fu Likuo, Gao Jimin, He Tingnung, Hong Deyuang, Hong Tao, Hu Chiming, Huang Puhwa, Jia Yu, Ku Tsuechih, Lang Kaiyung, Lee Shinchiang, Li Hsiwen, Li Nan, Li Peichun, Li Pingtao, Li Yong, Liang Songjun, Lin Qi, Lin Youxing, Lo Hsienshui, Lu Dequan, Lu Lingti, Pan Kaiyu, Qin Haining, Shih Chu, Shing Kunghsia, Tsi Zhanhuo, Wang Wentsai, Wang Yingzheng, Wu Pancheng, Wu Telin, Wu Zhenlan, Xiang Qiaoping,Yang Hanpi, Yang Qiner, Ying Tsunshen, Zhang Mingli and Zhang Xianchun

Responsible Editors   Gao Jimin and Zhang Xiao

HIGHER PLANTS OF CHINA   REVISED EDITION   Volume 2

Editors   Fu Likuo, Hong Tao and Lin Qi

Authors   Lin Youxing, Zhang Xianchun, Xing gongxia, Wu Zhaohong, Wu Sugong, Wang Zhuhao, Zhu Weiming, Kong Xianxu, Xie Yintang, Wang Zhongren, Lu Shugang, He Zhaorong, Shi Lei and Zhang Libing

Responsible Editors   Gao Jimin and Zhang Xiao

第二卷 蕨类植物门
Volume 2 PTERIDOPHYTA

科　次

蕨类植物门 PTERIDOPHYTA

（张 宪 春）

土生、附生、稀水生，具维管束的孢子植物，多年生草本，直立、稀缠绕攀援，或为乔木状。

孢子体（绿色蕨类）具根、茎、叶；枝、叶生有孢子囊，内生孢子，最原始蕨类的孢子囊生于枝顶，有些生于特化的叶或叶片上（囊托）成穗状或圆锥状囊序，有的生于孢子叶边缘，有的聚生枝顶成孢子叶（囊）球，绝大多数种类以各种形式生于孢子叶下面，形成孢子囊群（堆）或密被叶下面。孢子（有 n 染色体）分同孢和异孢：异孢型在孢子体（蕨类体）上生大小两种孢子叶：大孢子叶生大孢子囊，内生大孢子；小孢子叶生小孢子囊，内生小孢子。绝大多数近代蕨类均为同孢型。成熟孢子从孢子囊内散生，落地萌发成原叶体（配子体），配子体为不分化的叶状体、块状体或分叉丝状体等，在同一配子体上产生颈卵器和雄精器（雌雄同体）。异孢型蕨类的配子体更简化，有雌性雄性之分（雌雄异体），雄配子体极小，不脱离小孢子壁；雌配子体较大，不脱离大孢子壁；精子在水中靠自身的纤毛运动和卵子进行受精作用，产生配偶子，发育成绿色孢子体（2n 染色体），也就是成长的蕨类，在它的植株上产生孢子囊，内生孢子，萌发并发育成原叶体。孢子世代的孢子体和配子世代的配子体相互交替，从而完成蕨类蕨类的生活周期。

现代蕨类约有 11500 余种，广泛分布世界各地，以热带和亚热带最为丰富，我国约 2500 种，多生于温暖阴湿的森林环境，成为森林植被草本层的重要组成部分，对森林的生长发育有重大影响，也是反映环境条件的指示蕨类。

蕨类许多种类可药用，有的作蔬菜，有的为淀粉植物，如蕨菜的根茎富含淀粉（蕨粉）。蕨类枝叶青翠、形态奇特，可美化庭园或盆景，供观赏。

石松科许多种的胞子（石松粉）为冶金工业的优良脱模剂，可提高铸件的品质。蕨类的化石和孢子为鉴定地层年代的一个重要指标。

中国蕨类植物分科检索表（秦仁昌系统）

1. 叶退化或细小，不如茎发达，鳞片形、钻形或披针形，一般不裂，稀 2 叉，如叶为韭菜形或长钻形，则成簇生于短厚肉质块茎上；孢子囊不聚生成囊群，单一生于叶基部上面或腋间，或生于枝顶的孢子叶球内（小叶型蕨类）。

  2. 茎细长，直立，中空，有节，无真叶，单茎或在节上具轮生枝，节间有纵沟，各节为轮生管状有锯齿的鞘所包；孢子囊多数，生于变质的盾状能育叶下面，在枝顶形成椭圆形孢子叶球 ·························· ·················· 5. **木贼科 Equisetaceae**

  2. 植株不同上述；孢子囊单生于能育叶基部上面。

    3. 植株形如韭菜，茎略扁圆形，肉质，块茎状，有不甚明显 3 纵沟；叶长钻形，略扁圆，覆瓦状簇生于块茎上，一部或全部浸没水中；孢子囊藏于叶膨大基部上侧穴内；孢子异型；浅水或沼泽蕨类（或一年中短期无水）·················· 4. **水韭科 Isoetaceae**

    3. 茎细长，2 歧分枝；叶退化为无叶绿素的 2 叉小钻形，或为鳞片形或小钻形，着生于茎枝；孢子囊生于能育叶基部上面（腋部）；土生蕨类。

      4. 植株无根；枝三角形，多回等位 2 歧分枝；叶退化为 2 叉小钻形，几无叶绿素；孢子囊近圆球形，3 室；孢子同型 ·················· 6. **松叶蕨科 Psilotaceae**

      4. 植株具根；枝圆形，一至多回 2 歧分枝，等位或不等位；叶小而正常，鳞片形、钻形、线形或披针形；孢子囊扁肾形，1 室。

        5. 茎有腹背之分，常有根托；叶通常鳞片形，二型，4 行排列，扁平，稀钻形，一型，螺旋状排列；叶基部有小舌状体（叶舌）；孢子异型 ·················· 3. **卷柏科 Selaginellaceae**

        5. 茎辐射对称，无根托；叶一型，稀二型，钻形或披针形，螺旋状排列，稀鳞片形，交互对生，扁平；腹叶基部无叶舌；孢子同型。

6. 茎直立或斜生，有规则等位 2 叉分枝；孢子叶与不育叶同色，同形或较小 ………… 1. **石杉科 Huperziaceae**

6. 茎匍匐，具不等位或单轴式 2 叉分枝；孢子叶干膜质，组成顶生孢子叶穗 ………… 2. **石松科 Lycopodiaceae**

1. 叶较茎发达，单叶或复叶；孢子囊生于正常叶下面或边缘，聚生成圆形、椭圆形或线形孢子囊群，或密被叶片下面（大叶型蕨类）。

7. 孢子囊发生于 1 群细胞，壁厚，具多层细胞。

8. 幼叶开放时直立或倾斜，非拳卷式；叶中型或小型，叶片二型，能育叶与不育叶生于共同的叶柄，有长柄并超出不育叶片之上；孢子囊圆球形或卵形，大而无柄，分散生于特化的叶片（能育叶）边缘（囊托），在囊托边缘 2 列着生，或 3-5 个簇生于短小柄上，成穗状或复穗状孢子囊序。

9. 单叶或顶端深裂，叶脉网状；孢子囊穗单穗状，两边各有 1 行大而陷入囊托的孢子囊横裂 …………………………………………………………………… 9. **瓶尔小草科 Ophioglossaceae**

9. 复叶，一至三回羽状或掌状分裂，叶脉分离；孢子囊穗圆锥状或复穗状，孢子囊大而不陷入囊托内。

10. 叶二至三回羽状，稀一回羽状；孢子囊穗圆锥状，孢子囊圆球形，横裂 …………………………………………………………………… 8. **阴地蕨科 Botrychiaceae**

10. 叶掌状；孢子囊穗为细长紧密复穗状；孢子囊近圆形或卵形，纵裂 …………………………………………………………………… 7. **七指蕨科 Helminthostachyaceae**

8. 幼叶开放时拳卷式；叶大型，一型，一至二回羽状或掌状；孢子囊船形，腹部纵裂，生于正常叶的下面，聚合成线形或圆形，分离或聚合囊群。

11. 叶掌状指裂或 3 出，羽片长卵形，全缘，叶脉网状；孢子囊群圆环形，中空，生于网脉交结点上，为聚合囊群（孢子囊融合成整体），星散分布于叶下面 ………… 12. **天星蕨科 Christenseniaceae**

11. 叶一至三回羽状，羽片或小羽片披针形，边缘有锯齿，叶脉分离；孢子囊群线形或椭圆形，沿叶脉着生。

12. 叶二至三回羽状；孢子囊群为聚合囊群 ………… 10. **合囊蕨科 Marattiaceae**

12. 叶一至二回羽状；孢子囊群由 2 排有规则密生而分离的孢子囊组成 …………………………………………………………………… 11. **观音座莲科 Angiopteridaceae**

7. 孢子囊发生于 1 个细胞，壁薄，具 1 层细胞。

13. 孢子囊圆球形，环带极不发育，有几个厚壁细胞生于顶端附近，自顶端向下纵裂；植株无真正的毛和鳞片，具粘质腺状绒毛，不久消失；叶二型；孢子囊不形成囊群，生于无叶绿素的能育叶羽片边缘，形成穗状孢子囊穗；孢子同型，有 2 极口，能两极发芽 ………… 13. **紫萁科 Osmundaceae**

13. 孢子囊多种形状，环带发育完全；孢子囊生于正常叶下面或边缘，或生于无叶绿素的能育叶或能育羽片的下面。

14. 孢子同型；土生或附生，稀水生或湿生，植株通常为中型或大型草本蕨类，有时为树状。

15. 海滩潮汐蕨类，或为淡水池沼蕨类。

16. 海滩潮汐蕨类；叶革质，一型或二型，规则奇数一回羽状；孢子囊梨形，有长柄，密被叶下面，叶缘不反折 ………… 28. **卤蕨科 Acrostichaceae**

16. 淡水水生蕨类，漂浮或着生泥中；叶为多汁嫩草质，二型，不规则二至三回羽裂；孢子囊近圆球形，几无柄，散生网脉上，为反折的叶缘所覆盖 ………… 32. **水蕨科 Parkeriaceae**

15. 土生或附生蕨类，稀湿地生。

17. 植株全体无鳞片，无真正的毛，幼时仅有粘质腺状绒毛或腺毛，不久消失。

18. 叶柄基部两侧膨大为托叶状，各具 1 行或少数疣状突起的气囊体（常延伸至叶柄及叶轴），横断面三角形或四方形；叶二型，一回羽状或深羽裂，羽片披针形，能育叶的羽片线形；孢子囊成熟时密被羽片下面，幼时叶缘为干膜质并反折覆盖孢子囊群，如囊群盖 ………… 14. **瘤足蕨科 Plagiogyriaceae**

18. 叶柄基部不膨大, 横断面扁圆形; 叶一型, 一至五回羽状细裂, 末回小羽片极细, 不同上述; 孢子囊群小, 圆形, 具少数孢子囊, 生于小脉的近顶处 ·················· 21. **稀子蕨科 Monachosoraceae**

17. 植株通常多少具鳞片〔特别在叶柄基部或根茎上〕或具真正的毛（特别在叶片两面及羽轴或主脉上面）, 有时鳞片上有刚毛。

  19. 叶二型, 能育叶的羽片在羽轴两侧内卷成圆筒形或聚合成分离的圆球形 ·············· 41. **球子蕨科 Onocleaceae**

  19. 叶一型或二型, 如为二型, 则能育叶（或羽片）比不育叶（或羽片）仅为不同程度的二型, 从不为上述的内卷或聚合。

    20. 孢子囊群（或囊托）突出于叶缘之外。

      21. 缠绕攀援蕨类, 中轴无限生长; 叶具多层细胞, 有气孔; 孢子囊椭圆形, 横生于短囊柄上, 环带横绕顶端, 2 列并生成短囊穗 ·················· 17. **海金沙科 Lygodiaceae**

      21. 非缠绕攀援蕨类 (稀攀援状), 中轴不无限生长; 叶具 1 层细胞, 无气孔; 孢子囊近球形, 无柄, 环带斜生, 生于突出于叶缘外的柱状囊托上, 包于管状、喇叭状或两唇瓣形的囊苞内 ················
·················· 18. **膜蕨科 Hymenophyllaceae**

    20. 孢子囊群生于叶缘、缘内或下面, 不突出于缘外。

      22. 植株具腐殖质积聚叶或叶片基部扩大成宽耳形以积聚腐殖质。

        23. 腐殖质积聚叶圆形, 正常叶为掌状 2 歧深裂, 如鹿角状, 被星状毛, 无腺体; 孢子囊群生于裂片分叉处或能育叶裂片上, 有星状隔丝 ·················· 58. **鹿角蕨科 Platyceriaceae**

        23. 腐殖质积聚叶槲叶状, 或仅叶片基部扩大成宽耳形以积聚腐殖质; 正常叶一回深羽裂或羽状, 无毛, 在羽柄或主脉腋间常有腺体; 孢子囊群着生脉叉处或 2 脉之间, 无隔丝 ················
·················· 57. **槲蕨科 Drynariaceae**

      22. 植株无上述腐殖质积聚叶或积聚腐殖质的叶片基部。

        24. 孢子囊群生于叶缘, 具囊群盖, 自叶缘向内或向外开, 稀无盖。

          25. 囊群盖薄膜质, 向叶背反折, 覆盖孢子囊群, 向内开（开向主脉）。

            26. 孢子囊生于反折囊群盖下面的小脉上（稀生于脉间薄壁组织上）; 羽片或小羽片为对开式或扇形, 叶脉为扇形多回 2 歧分枝 ·················· 31. **铁线蕨科 Adiantaceae**

            26. 孢子囊生于叶缘连结脉或小脉上, 反折囊群盖无小脉; 羽片或小羽片非对开式或扇形, 叶脉非扇形 2 歧分枝。

              27. 孢子囊群生于小脉顶端, 幼时为圆形而分离的孢子囊群, 成熟时常连接成线形; 囊群盖连续不断或不同程度的断裂, 有时无盖; 叶柄和叶轴栗色或深褐色 ·················
·················· 30. **中国蕨科 Sinopteridaceae**

              27. 孢子囊群沿叶缘生于连结小脉的总脉上, 形成 1 条汇合囊群; 囊群盖连续不断; 叶柄常淡色。

                28. 根茎长而横走, 密被锈黄色茸毛; 叶片多少被柔毛; 囊群盖有内外两层 ·················
·················· 26. **蕨科 Pteridiaceae**

                28. 根茎短而直立, 稀长而横生; 被鳞片; 叶片通常无毛; 囊群盖 1 层 ··················
·················· 27. **凤尾蕨科 Pteridaceae**

          25. 囊群盖非薄膜质, 开向叶缘（向外开）。

            29. 囊群盖为内外 2 瓣的蚌壳形, 革质; 树状蕨类, 有圆柱形主轴, 粗短而不露出地面, 密生金黄色长柔毛 ·················· 19. **蚌壳蕨科 Dicksoniaceae**

            29. 囊群盖碗形、杯形、管形、近圆肾形或横生长形, 非革质; 中、小型蕨类; 根茎细长横生, 有鳞片及不同类型的毛。

              30. 常为附生, 有宽鳞片; 叶柄基部（有时羽片）有关节 ·················· 52. **骨碎补科 Davalliaceae**

              30. 常为土生, 被灰白色针状刚毛或红棕色毛状钻形鳞片; 叶柄及羽片均无关节。

                31. 植株仅根茎被毛状钻形鳞片, 余光滑; 孢子囊群长形, 稀圆形, 常汇合为汇生囊群, 囊群盖长形，在叶缘以下横生，稀杯形，通常连结多数小脉顶端；小羽片为半开式或扇形，小脉2叉分枝，罕为稀疏网状 ·· 23. **鳞始蕨科 Lindsaeaceae**

31. 植株全体被灰白色针状刚毛；孢子囊群圆形，不汇合；小羽片非半开式或扇形，小脉羽状分枝（单轴式）。

  32. 有真囊群盖，盖生于叶缘内（至少内瓣），位于小脉顶端并开向叶缘，碗形或杯形 ·························· ·· 22. **碗蕨科 Dennstaedtiaceae**

  32. 无真囊群盖，具假盖，孢子囊群生于小脉顶端，由不变质叶缘多少反折如假囊群盖 ·················· ·· 25. **姬蕨科 Hypolepidaceae**

24. 孢子囊群生于叶背，疏离叶缘，如有囊群盖，则不同上述形状，并不自叶缘向外或向内开。

  33. 孢子囊群圆形、椭圆形或线形，分离，偶汇合；叶一型，无不育叶与能育叶之分。

    34. 孢子囊群圆形。

      35. 孢子囊群有盖。

        36. 囊群盖下位（即生于孢子囊群的下面，幼时常全包孢子囊群），圆球形、半球形、碟形，睫、毛状。

          37. 树状蕨类，有圆柱形、直立地上茎干或无地上主轴；叶大型，多回羽状，生于茎顶，叶柄鳞片坚厚；囊群盖半球形或鳞片状，薄膜质，早消失；孢子囊的环带斜生，囊托凸出 ·················· 20. **桫椤科 Cyatheaceae**

          37. 中小型草本，单叶至复叶，形小，生于根茎上，鳞片膜质或纸质；孢子囊环带直立；囊托小，不凸出或略隆起。

            38. 温带小型草本；叶狭小，一回羽状至二回羽裂，叶柄中部或顶端常有关节（如无关节则遍体有毛）；囊群盖膜质，碗形、杯形或睫毛状碟形；囊托不凸出 ·················· ·············· 42. **岩蕨科 Woodsiaceae**

            38. 热带及亚热带中型草本；叶宽卵形，三至四回羽状，叶柄无关节；囊群盖为革质圆球形或膜质半球形；囊托略隆起 ·················· 44. **球盖蕨科 Peranemaceae**

        36. 囊群盖上位（即盖于孢子囊群上面），圆肾形、盾形，稀鳞片状，基部有时略为压在成熟孢子囊群之下（如冷蕨属 Cystopteris）。

          39. 囊群盖鳞片状，基部略为压在成熟孢子囊群之下 ·················· 36. **蹄盖蕨科 Athyriaceae**

                （冷蕨属 Cystopteris，光叶蕨属 Cystoathyrium）

          39. 囊群盖圆肾形或盾形。

            40. 单叶，披针形，全缘，叶柄有关节；叶脉分离，密而平行；囊群盖圆肾形，近主脉着生 ······ ·············· 51. **条蕨科 Oleandraceae**

              41. 叶一至四回羽状或羽裂，叶柄无关节（有时羽片以关节着生于叶轴）；叶脉分离，较稀疏而不平行，或为各式网脉。

              41. 叶一回羽状；羽片以关节着生于叶轴；叶脉分离。

                42. 孢子囊群生于小脉顶端或中部；囊群盖肾形；羽片基部下侧非耳形 ·················· 50. **肾蕨科 Nephrolepidaceae**

                42. 孢子囊群生于小脉顶端之下；囊群盖圆盾形；羽片基部下侧为耳形 ·················· ·············· 45. **鳞毛蕨科 Dryopteridaceae**（拟贯众属 Cyclopeltis）

            40. 叶一至多回羽状或羽裂；羽片不以关节着生叶轴；叶脉分离或网状。

              43. 植株羽轴上面有淡灰色针状刚毛，有时叶柄基部鳞片上有同样的毛；叶柄基部横断面有扁宽维管束2条。

                44. 叶柄基部不膨大，鳞片非红棕色 ·················· 38. **金星蕨科 Thelypteridaceae**

                44. 叶柄基部膨大成纺锤形，被一簇垫状红棕色鳞片所覆盖 ·················· 37. **肿足蕨科 Hypodematiaceae**

43. 植株（至少在根茎上）有宽鳞片，无上述针状毛；叶柄基部横断面有小圆形维管束多条。

  45. 叶质厚，纸质至革质，干后灰棕色，分裂较粗；叶脉分离（除贯众属 Cyrtomium 为网状，但无内藏小脉），羽片上面主脉凹入（有纵沟），无毛 ································· 45. 鳞毛科 Dryopteridaceae

  45. 叶质薄，草质至纸质，干后褐绿或黑色，分裂较细；叶脉较多连结，羽片上面主脉多少隆起（圆形），通常密生多细胞棕色腊肠状软毛 ··················· 46. 叉蕨科 Aspidiaceae

35. 孢子囊群无盖。

  46. 树状蕨类或地上茎干不显著；叶大，多回羽状，稀二回羽裂；叶柄有深棕色披针形厚鳞片；孢子囊梨形，有斜生环带；囊托大而凸出 ··················· 20. 桫椤科 Cyatheaceae

  46. 植株不同于上述；孢子囊近圆形；囊托小而不凸出。

    47. 叶一至多回等位 2 歧分枝，下面通常灰白色；分叉处腋间有休眠芽；孢子囊群由少数(2-1 个)孢手囊组成；孢子囊环带水平横绕腰部，侧面纵裂 ··················· 15. 里白科 Gleicheniaceae

    47. 叶为单叶或羽状分裂，稀扇形分裂，下面非灰白色；孢子囊群由多数孢子囊组成；孢子囊有直立或斜生环带，侧面横裂。

      48. 叶柄基部以关节着生于根茎。

        49. 叶片卵状三角形，四回羽状细裂，无星状毛；孢子囊群无盾状隔丝覆盖 ································· 53. 雨蕨科 Gymnogrammitidaceae

        49. 单叶，全缘，或一回羽状，有星状毛；孢子囊群幼时为有长柄的盾状隔丝覆盖 ································· 56. 水龙骨科 Polypodiaceae

      48. 叶柄基部无关节。

        50. 植株遍体或至少各回羽轴有针状刚毛。

          51. 小型草本；刚毛常红棕色（有时灰白色）；孢子囊群多少下陷于叶肉内 ································· 59. 禾叶蕨科 Grammitidaceae

          51. 中型草本；刚毛淡灰色；孢子囊群叶表面生。

            52. 根茎和叶柄基部无鳞片；灰白色刚毛为多细胞；孢于囊群生于小脉顶端，叶缘常多少反折如囊群盖 ··················· 25. 姬蕨科 Hypolepidaceae

            52. 根茎和叶柄基部多少有鳞片；灰白色刚毛常为单细胞（偶为多细胞）；孢子囊群生于小脉背部，有真正的囊群盖或无盖，叶缘不反折 ··················· 38. 金星蕨科 Thelypteridaceae

        50. 植株无上述针状刚毛或有棕色腊肠状多细胞柔毛。

          53. 叶片上面或至少在各回隆起的小羽轴上面密生棕色腊肠状节状柔毛 ··········· 46. 叉蕨科 Aspidiaceae

          53. 叶片无上述毛或有腺毛；羽轴上面凹陷，其纵沟与叶轴的互通。

            54. 叶一至多回羽状，鳞片软，叶脉分离，或偶连结，无内藏小脉 ········ 36. 蹄盖蕨科 Athyriaceae

            54. 叶扇形，多回 2 叉分裂，鳞片硬，叶脉网状，有内藏小脉 ········ 54. 双扇蕨科 Dipteridaceae

34. 孢子囊群长形或线形。

  55. 孢子囊群有盖，多半月形、线形、或上端为钩形或马蹄形。

    56. 孢子囊群生于主脉两侧狭长网眼内，贴近主脉并与之平行；囊群盖开向主脉；叶柄基部横断面有小圆形维管束多条形成圆圈 ··················· 43. 乌毛蕨科 Blechnaceae

    56. 孢子囊群生于主脉两侧斜出分离脉上（稀在多角形网眼内）并与之斜交；囊群盖斜开向主脉；叶柄基部横断面有扁宽维管束 2 条。

      57. 鳞片粗筛孔形，网眼大而透明；叶柄内有维管束 2 条，向叶轴上部联合为 X 形；囊群盖长形或线形，常单一生于小脉向轴一侧，稀生于离轴一侧 ··················· 39. 铁角蕨科 Aspleniaceae

      57. 鳞片细筛孔形，网眼狭小不透明；叶柄内有维管束 2 条，向叶轴上部融合成 U 形；囊群盖生于小脉一侧或两侧，半月形、线形、腊肠形或上端弯曲成钩形或马蹄形 ··················· 36. 蹄盖蕨科 Athyriaceae

55. 孢子囊群无盖。

58. 孢子囊群沿小脉分布，如为网状脉，则沿网眼分布。

59. 单叶。

60. 叶肉质，基部楔形，无毛，表皮有骨针状异细胞；根茎密被粗筛孔形鳞片；孢子囊群多少陷入叶肉内，有隔丝 ·· 34. **车前蕨科 Antrophyriaceae**

60. 叶草质，基部戟形，有毛或无毛，表皮无骨针状异细胞；根茎鳞片非粗筛孔形；孢子囊群表面生 ··· ·· 33. **裸子蕨科 Hemionitidaceae**(泽泻蕨属 Hemionitis)

59. 叶羽状或羽裂。

61. 植株有灰白色单细胞针状刚毛 ·· 38. **金星蕨科 Thelypteridaceae**

61. 植株无上述毛，或有疏柔毛或腺毛。

62. 孢子囊有短柄，沿小脉着生。

63. 孢子辐射对称；叶簇生或疏生，叶缘无毛或具柔毛 ·············· 33. **裸子蕨科 Hemionitidaceae**

63. 孢子两侧对称；叶远生，叶缘具密睫毛 ·············· 40. **睫毛蕨科 Pleurosoriopsidaceae**

62. 孢子囊有长柄，密集于小脉中部；孢子两侧对称 ·············· 36. **蹄盖蕨科 Athyriaceae**
(角蕨属 Cornopteris)

58. 孢子囊群不沿小脉分布。

64. 孢子囊群生于叶缘和主脉之间，各成 1 条，并与主脉平行，或生于叶缘夹缝内。

65. 叶二回羽状，羽片披针形 ·· 24. **竹叶蕨科 Taenitidaceae**

65. 单叶，窄披针形或线形。

66. 叶禾草形，不以关节着生于根茎上；表皮有骨针状异细胞；孢子囊群生于叶下面或叶缘夹缝内，有带状或棍棒状隔丝 ·· 35. **书带蕨科 Vittariaceae**

66. 叶非禾草形，以关节着生于根茎上；表皮无骨针状异细胞；孢子囊群生于叶下面，有具长柄的盾状隔丝或星状毛覆盖 ·· 56. **水龙骨科 Polypodiaceae**

64. 孢子囊群不与主脉平行，为斜交。

67. 叶柄基部以关节着生于根茎；叶草质至革质；孢子囊群表面生 ·············· 56. **水龙骨科 Polypodiaceae**

67. 叶柄基部不以关节着生于根茎上。

68. 植株形如苏铁，具直立圆柱形粗主轴；叶一回羽状 ·············· 43. **乌毛蕨科 Blechnaceae**
(苏铁蕨属 Brainea)

68. 植株为通常蕨类类型，无直立圆柱形的粗主轴。

69. 单叶，常披针形，近肉质；孢子囊群稍下陷于叶肉中，斜跨网脉 ············· ·· 60. **剑蕨科 Loxogrammaceae**

69. 叶一回至三回羽状，草质；孢子囊群不下陷于叶肉中，沿小脉着生。

70. 植株遍体有灰白色针状刚毛，无鳞片，如有少量鳞片，则常生有同样的刚毛 ············· ·············· 38. **金星蕨科 Thelypteridaceae**(溪边蕨属 Stegnogramma，茯蕨属 Leptogramma)

70. 植株有鳞片。

71. 孢子囊有短柄，疏生小脉上；孢子辐射对称 ·············· 33. **裸子蕨科 Hemionitidaceae**

71. 孢子囊有长柄，密集小脉中部；孢子两侧对称 ·············· 36. **蹄盖蕨科 Athyriaceae**
(角蕨属 Cornopteris)

33. 孢子囊不聚生成圆形、椭圆形或线形孢子囊群，密布能育叶下面；叶二型，偶近一型，有不育叶及能育叶之分。

72. 植株如莎草，叶细长或 2 歧分枝，仅具中脉，顶端簇生窄线形能育裂片，各裂片下面生有 2-4 列孢子囊；孢子囊为横生梨形，具顶生环带，向另一端开裂 ·············· 16. **莎草蕨科 Schizaeaceae**

72. 植株和孢子囊不同上述。

73. 单叶，披针形，稀椭圆形，叶脉分离，平行；叶近二型，能育叶与不育叶近同形，较窄 ·············

73. 叶一回羽状或掌状指裂，如为单叶，则叶脉网状；叶二型。

$\qquad$ 49. 舌蕨科 Elaphoglossaceae

74. 单叶，叶脉网状，不育叶常常 2 叉浅裂；根茎密被锈棕色长柔毛 .... 55. 燕尾蕨科 Cheiropleuriaceae

74. 单叶、一回羽状或掌状指裂；根茎有鳞片。

75. 叶柄基部以关节着生根茎，单叶或掌状指裂 .... 56. 水龙骨科 Polypodiaceae

75. 叶柄基部不以关节着生根茎，叶一回羽状。

76. 根茎横走，或为附生攀援藤本；叶脉分离或形成少数大网眼。

77. 直立，非攀援；羽片不以关节着生叶轴，叶草质或纸质 .... 47. 实蕨科 Bolbitidaceae

77. 攀援藤本，高约 10 米；羽片以关节着生于叶轴，叶革质。

78. 茎扁平，腹面生根，固着树干上；羽片边缘全缘或略具锯齿 ....

48. 藤蕨科 Lomariopsidaceae

78. 茎圆柱形，不生根；羽片边缘有软骨质硬齿 .... 29. 光叶藤蕨科 Stenochlaenaceae

76. 根茎直立，叶脉复网状。

79. 海滩潮汐蕨类，偶有生于云南南部淡水沟中；叶革质，羽片无侧脉，网脉无内藏小脉；孢子囊群有隔丝 .... 28. 卤蕨科 Acrostichaceae

79. 山地林下蕨类；叶纸质，羽片有侧脉，网脉有内藏小脉；孢子囊群无隔丝 ....

46. 叉蕨科 Aspidiaceae

14. 孢子异型；为水生或漂浮水面的小型草本，形体不同于一般蕨类。

80. 浅水生或湿生蕨类；根茎细长横走，叶在芽中内卷，生于长柄顶端，由 4 个倒三角形或扇形的羽片组成，成田字形；孢子果生于叶柄基部，包藏 2- 多数孢子囊，其中大孢子囊和小孢子囊混生 ....

61. 蘋科 Marsileaceae

80. 水面漂浮蕨类，无真根或有短须根；单叶，全缘或 2 深裂，无柄，2-3 三列（如为 3 列，则下面 1 列的叶常细裂成须根状，下垂于水中）；孢子果生于茎的下面，包藏多数孢子囊，每果中仅有大孢子囊或小孢子囊。

81. 植株无真根；3 叶轮生于细长茎上，上面 2 叶为椭圆形，漂浮水面。下面 1 叶特化，细裂成须根状，悬垂水中，生孢子果 .... 62. 槐叶蘋科 Salviniaceae

81. 植株有丝线状真根；叶微小如鳞片，2 列互生，每叶有上下 2 裂片，上裂片漂浮水面，下裂片沉浸水中，生孢子果 .... 63. 满江红科 Azollaceae

1. 石杉科 HUPERZIACEAE

（张 宪 春）

小型或中型蕨类，附生或土生。茎直立或附生种类的茎柔软下垂或略下垂；具原生中柱或星芒状中柱；一至多回二叉分枝。叶小型，仅具中脉，一型或二型，无叶舌，螺旋状排列。孢子囊通常肾形，具小柄，2 瓣裂，生于全枝或枝上部叶腋，或在枝顶端形成细长线形的孢子囊穗。孢子叶较小，与营养叶同形或异形。孢子球状四面形，具孔穴状纹饰。配子体地下生，圆柱状或线形，长达数厘米，单一或不分枝。精子器和颈卵器生于原叶体背面。

2 属，广布于热带与亚热带。我国 2 属。分子系统学表明石杉科和石松科为一单系类群，马尾杉属应归入石杉属。

1. 植株较小，土生或附生，茎直立；孢子叶比营养叶略小；叶片草质，边缘或前端具锯齿或全缘 ·················
·· 1. 石杉属 **Huperzia**
1. 植株较高大，附生，成熟枝下垂或近直立；孢子叶与营养叶不同或相似；叶片革质或近革质，全缘 ·················
·· 2. 马尾杉属 **Phlegmariurus**

1. 石杉属 **Huperzia** Bernh.

小型或中型土生蕨类。茎直立；具原生中柱或星芒状中柱，二叉分枝，枝上部常有芽苞。叶小型，仅具中脉，一型；线形或披针形，螺旋状排列，常草质，无光泽，全缘或具锯齿。孢子叶较小。孢子囊生在全枝或枝上部孢子叶腋，肾形，2 瓣裂。孢子球状四面形，极面观钝三角形，三边内凹，赤道面观扇形。染色体基数常为 x=11。

约 100 种，分布热带与亚热带，温带也有。我国 25 种 1 变种。

1. 叶片边缘全缘。
　2. 叶片基部为叶片最宽部。
　　3. 叶片通直，披针形或钻形。
　　　4. 叶片疏生，披针形，基部宽约 1.2 毫米，上斜 ·············· 1. 中华石杉 **H. chinensis**
　　　4. 叶片密生，线状钻形，基部宽约 0.8 毫米，指向不定 ·············· 2. 东北石杉 **H. miyoshiana**
　　3. 叶片镰状弯曲，线形，长达 6 毫米，基部宽约 0.8 毫米 ·············· 3. 南川石杉 **H. nanchuanensis**
　2. 叶片基部比最宽处窄或近等宽。
　　5. 植株高 4-13 厘米；叶草质，非披针形。
　　　6. 叶线状披针形或椭圆形，中脉不明显。
　　　　7. 叶线状披针形，长 0.6-1.1 厘米，基部截形 ·············· 4. 峨眉石杉 **H. emeiensis**
　　　　7. 叶窄椭圆形，长 2-4 毫米，基部楔形 ·············· 4(附). 相马石杉 **H. somai**
　　　6. 叶线形，长 6-9 毫米，镰状弯曲，腹面中脉略可见 ·············· 5. 金发石杉 **H. quasipolytrichoides**
　　5. 植株高达 25 厘米；叶革质，披针形 ·············· 6. 小杉兰 **H. selago**
1. 叶片边缘有锯齿或微齿。
　8. 叶片卵形、窄椭圆形或椭圆状披针形，向基部变窄，边缘具粗齿或尖齿。
　　9. 叶片边缘平直 ·············· 7. 蛇足石杉 **H. serrata**
　　9. 叶片边缘皱曲 ·············· 8. 皱边石杉 **H. crispata**
　8. 叶片钻形或披针形，向基部变窄或不变窄，边缘具较细锯齿。
　　10. 几每一叶片均可见明显锯齿。
　　　11. 叶片披针形，通直，上部叶片先端渐尖，草质，中脉不明显；植株高小于 15 厘米 ··············
··· 9. 四川石杉 **H. sutchueniana**
　　　11. 叶片线状披针形，镰状弯曲 ·············· 10. 康定石杉 **H. kangdingensis**
　　10. 多数叶片边缘齿不明显，仅部分叶片前端具微齿。
　　　12. 叶片倒披针形或披针形，基部不明显变窄。
　　　　13. 叶片倒披针形，中脉不明显，薄革质 ·············· 11. 锡金石杉 **H. herterana**
　　　　13. 叶片披针形，中脉背面明显，薄草质 ·············· 12. 亮叶石杉 **H. lucidula**
　　　12. 叶片椭圆形、椭圆状披针形或卵状披针形，向基部明显变窄。

14. 叶片先端尖，草质，有光泽。

  15. 叶片椭圆形或椭圆状披针形，稀疏，长1.5-3毫米，背面平 ················ 11(附). **华西石杉 H. dixitiana**

  15. 叶片卵状披针形，密生，长4-9毫米，背面弓形 ················ 11(附). **苍山石杉 H. delavayi**

14. 叶片先端渐尖，薄草质，无光泽，叶片窄椭圆状披针形 ················ 11(附). **昆明石杉 H. kunmingensis**

1. 中华石杉

图 1

Huperzia chinensis (Christ) Ching in Acta Bot. Yunnan. 3(3): 304. 1981.

Lycopodium chinense Christ in Nuov. Giorn. Bot. Ital. n. ser. 4(1): 101. t. 3. f. 4. 1897.

多年生土生蕨类。茎直立或斜生，高10-16厘米，中部径1.2-2毫米，枝连叶宽1-1.3厘米，二至四回2叉分枝，枝上部常有芽胞。叶螺旋状排列，疏生，平伸，披针形，向基部不变窄，基部最宽，通直，长4-6毫米，基部宽约1.2毫米，基部截形，下延，无柄，先端渐尖，边缘平直不皱曲，全缘，两面光滑，无光泽，中脉不明显，草质。孢子叶与不育叶同形；孢子囊生于孢子叶腋，两侧略露出，肾形，黄色。

产陕西、湖北及四川，生于海拔2000-4200米草坡或岩石缝。

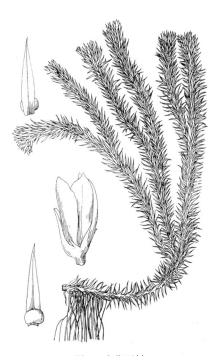

图 1 中华石杉
（孙英宝仿《东北草本植物志》）

2. 东北石杉

图 2 彩片 1

Huperzia miyoshiana (Makino) Ching in Acta Bot. Yunnan. 3(3): 303. 1981.

Lycopodium miyoshianum Makino in Bot. Mag. Tokyo 12: 36. 1898.

多年生土生蕨类。茎直立或斜生，高10-18厘米，中部径1.5-2.5毫米，枝连叶宽7-9毫米，二至四回2叉分枝，枝上部常有芽胞。叶螺旋状排列，密生，略斜上或平直或略反折，钻形，向基部不变窄，基部最宽，通直，长4-6毫米，基部宽约0.8毫米，基部截形，下延，无柄，先端渐尖，边缘平直，全缘，两面光滑，有光泽，中脉不明显，草质。孢子叶与不育叶同形；孢子囊生于孢子叶的叶腋，两端露出，肾形，黄色。

产黑龙江、吉林及辽宁，生于海拔1000-2200米林下湿地或苔藓上。朝鲜半岛北部、日本及美洲东北部有分布。

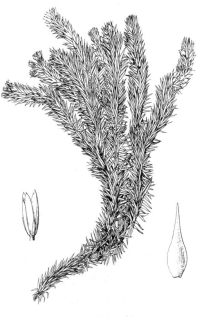

图 2 东北石杉 （孙英宝绘）

3. 南川石杉　　　　　　　　　　　　　　图 3

Huperzia nanchuanensis (Ching et H. S. Kung) Ching et H. S. Kung in Acta Bot. Yunnan. 3 (3): 302. 1981.

Lycopodium nanchuanense Ching et H. S. Kung in Acta Phytotax. Sin. 18(2): 235. f. 1: 5. pl. 6: 2. 1980.

多年生土生蕨类。茎直立或斜生，高 8-11 厘米，中部径 1.0-1.5 毫米，枝连叶宽 0.7-1 厘米，三至五回 2 叉分枝，枝上部常有芽胞。叶螺旋状排列，线状披针形，密生，平直或略斜上，前部上弯，披针形，向基部不变窄，基部最宽，镰状弯曲，长 4-6 毫米，基部宽约 0.7 毫米，基部截形，下延，无柄，先端渐尖，边缘平直，全缘，两面光滑，无光泽，中脉不明显，薄草质。孢子叶与不育叶同形；孢子囊生于孢子叶的叶腋，两端露出，肾形，黄色。

图 3　南川石杉　（孙英宝仿　李　健绘）

　　产湖北、四川东南部及云南东北部，生于海拔 1700-2000 米林下湿地或附生树干。

4. 峨眉石杉　　　　　　　　　　　图 4 彩片 2

Huperzia emeiensis (Ching et H. S. Kung) Ching et H. S. Kung in Acta Bot. Yunnan. 3 (3): 299. 1981.

Lycopodium emeiense Ching et H. S. Kung in Acta Phytotax. Sin. 18 (2): 235. f. 1: 2. 1980.

多年生土生蕨类。茎直立或斜生，高 6-12 厘米，中部径 1-1.5 毫米，枝连叶宽 1-1.5 厘米，二至四回 2 叉分枝，枝上部常有很多芽胞。叶纸质，螺旋状排列，密生，反折，平伸或斜上，线状披针形，基部与中部近等宽，近通直，长 0.6-1.1 厘米，宽约 0.8 毫米，基部截形，下延，无柄，先端渐尖，边缘平直，全缘，两面光滑，无光泽，中脉不明显，草质。孢子叶与不育叶同形；孢子囊生于孢子叶的叶腋，外露或两端露出，肾形，黄色。

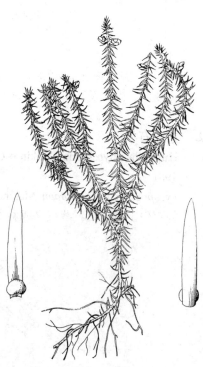

图 4　峨眉石杉　（孙英宝仿　李　健绘）

　　产湖北、贵州、四川及云南东北部，生于海拔 800-2800 米林下湿地、山谷河滩灌丛中、山坡沟边石上或树干。

　　[附] **相马石杉 Huperzia somai** (Hayata) Ching in Acta Bot. Yunnan. 3 (3): 301. 1981.——*Lycopodium somai* Hayata, Ic. Pl. Formos. 5: 255. f. 91. 1915. 本种与峨眉石杉的主要区别：叶窄椭圆形，长 2-4 毫米，基部楔形。

产台湾。日本及菲律宾有分布。

5. 金发石杉

图 5

Huperzia quasipolytrichoides (Hayata) Ching in Acta Bot. Yunnan. 3 (3): 299. 1981.

Lycopodium quasipolytrichoides Hayata, Ic. Pl. Formos. 5: 252. f. 89. 1915.

多年生土生蕨类。茎直立或斜生，高9-13厘米，中部径1.2-1.5毫米，枝连叶宽0.7-1厘米，三至六回2叉分枝，枝上部有很多芽胞。叶螺旋状排列，密生，强度反折，线形，基部与中部近等宽，窄状弯曲，长6-9毫米，宽约0.8毫米，基部截形，下延，无柄，先端渐尖，边缘平直，全缘，两面光滑，无光泽，中脉背面不明显，腹面略可见，草质。孢子叶与不育叶同形；孢子囊生于孢子叶的叶腋，外露，肾形，黄或灰绿色。

产安徽南部黄山及台湾，生于高山林下。日本有分布。

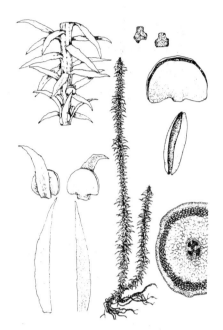

图 5 金发石杉
（引自《Flora of Taiwan》）

6. 小杉兰

图 6 彩片 3

Huperzia selago (Linn.) Bernh. ex Schrank et Mart. in Hort. Monac. 3: 1829.

Lycopodium selago Linn. Sp. Pl. 1103. 1753.

多年生土生蕨类。茎直立或斜生，高3-25厘米，中部径1-3毫米，枝连叶宽0.5-1.6厘米，一至四回2叉分枝，枝上部常有芽胞。叶纸质，螺旋状排列，密生，斜上或平伸，披针形，基部与中部近等宽，通直，长0.2-1厘米，中部宽0.8-1.8毫米，基部截形，下延，无柄，先端尖，边缘平直，全缘，两面光滑，具光泽，中脉背面不显，腹面可见，革质或草质。孢子叶与不育叶同形；孢子囊生于孢子叶的叶腋，不外露或两端露出，肾形，黄色。

产黑龙江、吉林、陕西、新疆、四川、云南及西藏，生于海拔1900-5000米高山草甸、石缝中、林下或沟旁。广布欧洲、亚洲、美洲及澳洲。

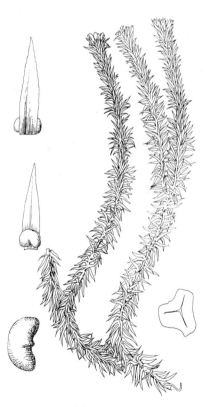

图 6 小杉兰
（孙英宝仿《东北草本志》）

7. 蛇足石杉　蛇足石松　千层塔 图7

Huperzia serrata (Thunb.) Trev. in Atti Soc. Ital. Sci. Nat. 17: 247. 1874.

Lycopodium serratum Thunb. Fl. Jap. 341. 1784.

多年生土生蕨类。茎直立或斜生，高10-30厘米，中部径1.5-3.5毫米，枝连叶宽1.5-4厘米，二至四回2叉分枝，枝上部常有芽胞。叶螺旋状排列，疏生，平伸，窄椭圆形，向基部明显变窄，通直，长1-3厘米，宽1-8毫米，基部楔形，下延有柄，先端尖或渐尖，边缘平直，有粗大或略小而不整齐尖齿，两面光滑，有光泽，中脉突出，薄革质。孢子叶与不育叶同形；孢子囊生于孢子叶的叶腋，两端露出，肾形，黄色。

产黑龙江、吉林、辽宁、陕西、江苏、安徽、浙江、台湾、福建、江西、湖北、湖南、广东、香港、广西、贵州、四川、云南及西藏，生于海拔300-2700米林下、灌丛中或路旁。日本、朝鲜半岛、泰国、印度支那、印度、尼泊尔、缅甸、斯里兰卡、菲律宾、马来西亚、印度尼西亚、太平洋地区、俄罗斯、大洋洲及中美洲有分布。

图 7　蛇足石杉　（孙英宝仿《安徽植物志》）

8. 皱边石杉 图8

Huperzia crispata (Ching ex H. S. Kung) Ching in Acta Bot. Yunnan. 3 (3): 293. 1981.

Lycopodium crispatum Ching ex H. S. Kung in Acta Phytotax. Sin. 18 (2): 236. f. 1:3. pl. 6:3. 1980.

多年生土生蕨类。茎直立或斜生，高16-32厘米，中部径2-3.5毫米，枝连叶宽2-3.5厘米，二至四回2叉分枝，枝上部常有芽胞。叶螺旋状排列，疏生，平伸，窄椭圆形或倒披针形，向基部变窄，通直，长1.2-2厘米，宽2-3.5毫米，基部楔形，下延，有柄，先端尖，边缘皱曲，有粗大或略小而不整齐尖齿，两面光滑，有光泽，中脉突出，薄革质。孢子叶与不育叶同形；孢子囊生于孢子叶的叶腋，两端露出，肾形，黄色。

图 8　皱边石杉　（孙英宝仿　李　健绘）

产江西、湖南、贵州、四川及云南东北部，生于海拔900-2600米林下阴湿处。

9. 四川石杉 图 9

Huperzia sutchueniana (Herter) Ching in Acta Bot. Yunnan. 3 (3): 297. 1981.

Lycopodium sutchuenianum Herter in Engl. Bot. Jahrb. 43: Beibl. 98: 43. 1909.

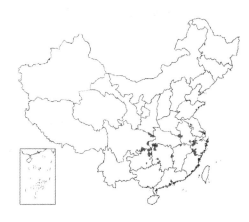

多年生土生蕨类。茎直立或斜生，高 8 - 15（18）厘米，中部径 1.2-3 毫米，枝连叶宽 1.5-1.7 厘米，二至三回 2 叉分枝，枝上部常有芽胞。叶螺旋状排列，密生，平伸，上弯或略反折，披针形，向基部不明显变窄，通直或镰状弯曲，长 0.5-1 厘米，宽 0.8-1 毫米，基部楔形或近截形，下延，无柄，先端渐尖，边缘平直，疏生小尖齿，两面光滑，无光泽，中脉明显，革质。孢子叶与不育叶同形；孢子囊生于孢子叶的叶腋，两端露出，肾形，黄色。

产安徽、浙江、江西、湖北、湖南、贵州及四川，生于海拔 800-2000 米林下、灌丛中湿地、草地或岩石上。

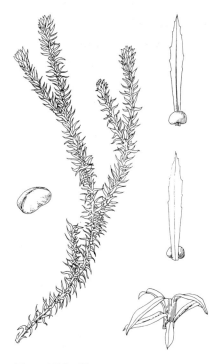

图 9 四川石杉 （孙英宝仿《安徽植物志》）

10. 康定石杉 图 10

Huperzia kangdingensis (Ching ex H. S. Kung) Ching in Acta Bot. Yunnan. 3 (3): 294. 1981.

Lycopodium kangdingense Ching ex H. S. Kung in Acta Phytotax. Sin. 18 (2): 236. f. 1: 4. pl. 6: 3. 1980.

多年生土生蕨类。茎直立或斜生，高达 27 厘米，中部径 3 毫米，枝连叶宽 1.7-2.2 厘米，二至三回 2 叉分枝，枝上部常有芽胞。叶螺旋状排列，反折或略反折，线状披针形，向基部不变窄，镰状弯曲，长 0.8-1.5 厘米，宽 0.5-0.9 毫米，基部近截形，下延，无柄，先端渐尖，边缘平直不皱曲，上部边缘疏生小尖齿，两面光滑，有光泽，中脉背面不明显，腹面突出，革质。孢子叶与不育叶同形；孢子囊生于孢子叶的叶腋，两端露出，肾形，黄色。

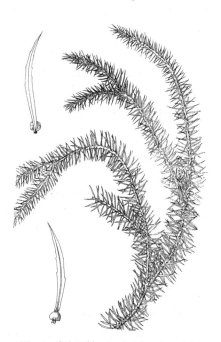

图 10 康定石杉 （孙英宝仿 李 健绘）

产四川西部及云南东北部，生于海拔 1300-2500 米林下湿地或石壁。

11. 锡金石杉　　　　　　　　　　　图 11

Huperzia herterana (Kumm.) Sen et Sen in Fern Gaz. 11 (6): 415. 417. f. 1: k–r. 1978 ("herteriana").

Lycopodium herteranum Kumm. in Magyar Bot. Lapok 26: 99. 1927.

多年生土生蕨类。茎直立或斜生，高4-19厘米，中部径1.5-2.5毫米，枝连叶宽1-1.5厘米，二至四回2叉分枝，枝上部有芽胞。叶螺旋状排列，密生，反折，倒披针形，向基部变窄，通直，长5-9毫米，宽约1.2毫米，基部楔形，下延，无柄，先端尖或渐尖，边缘平直，先端有啮蚀状小齿或全缘，两面光滑，有光泽，中脉不明显，薄草质。孢子叶与不育叶同形；孢子囊生于孢子叶的叶腋，两端露出，肾形，黄色。

图 11 锡金石杉
（孙英宝抄绘《西藏蕨类志》）

产贵州、四川、云南及西藏，生于海拔2000-3900米林下阴湿地或苔藓丛中。印度及不丹有分布。

[附] **华西石杉 Huperzia dixitiana** P. Mondal et R. K. Ghosh in Fern Gaz. 15 (2): 72. f. 1-2. 1995.本种与**锡金石杉**的主要区别：叶片椭圆形或椭圆状披针形，长1.5-3毫米。产四川西部及西藏，生于海拔2000米以上高山草甸。锡金、尼泊尔及缅甸有分布。

[附] **苍山石杉 Huperzia delavayi** (Christ ex Herter) Ching in Acta Bot. Yunnan. 3 (3): 303. 1981.——*Lycopodium delavayi* Christ ex Herter in Engl. Bot. Jahrb. 43: Beibl. 98: 41. 1909. 本种与**锡金石杉**的主要区别：叶片卵状披针形，反折或平伸，背面弓形，宽1.5-2毫米。产云南西部及西藏南部，生于海拔2900-3800米山脊杜鹃林下、苔藓丛中、树干、岩石或草地上。

[附] **昆明石杉 Huperzia kunmingensis** Ching in Acta Bot. Yunnan. 3 (3): 297. 1981.本种与**锡金石杉**的主要区别：叶斜向上，窄椭圆状披针形，无光泽，背面近平展，中脉背面略突出，薄草质。产广西、贵州及云南，生于海拔1200-2100米山谷溪边。

12. 亮叶石杉　　　　　　　　　　　图 12

Huperzia lucidula (Michx.) Trev. in Atti Soc. Ital. Sci. Nat. 17: 248. 1875.

Lycopodium lucidulum Michx. Fl. Bor. -Amer. 2: 224. 1803.

多年生土生蕨类。茎直立或斜生，高12-15厘米，中部径约2.5毫米，枝连叶宽0.9-1.4厘米，二至三回2叉分枝，枝上部常有芽胞。叶螺旋状排列，密生，反折，披针形，通直，长5-9毫米，宽约1.2毫米，基部楔形，下延，无柄，先端尖或渐尖，边缘平直，先端有稀疏尖齿，两面光滑，有光泽，中脉背面明显，薄草质。孢子叶与不育叶同形；孢子囊生于孢子叶的叶腋，孢子叶反折而露出，肾形，黄色。

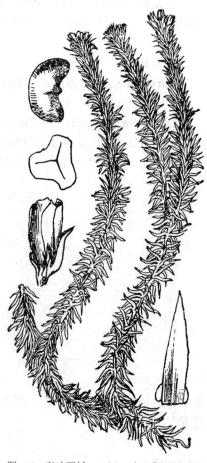

图 12 亮叶石杉 （引自《东北草本植物志》）

产吉林（长白山），生于海拔1800米林下苔藓丛中。北美洲有分布。

2. 马尾杉属 Phlegmariurus (Herter) Holub

中型附生蕨类。茎短而簇生，老枝下垂或近直，多回二叉分枝。叶螺旋状排列，披针形，椭圆形，卵形或鳞片状，革质或近革质，全缘。孢子囊穗比不育部分细瘦或线形。孢子叶与营养叶明显不同或相似。孢子叶较小，孢子囊生在孢子叶腋。孢子囊肾形；2瓣裂。孢子球状四面形，极面观近三角状圆形，赤道面观扇形。染色体基数常为 x=11，17。

约200种，广布于热带与亚热带地区。我国22种，产西南至华东，华南地区有分布。

1. 老枝下垂或近直立；枝连叶扁平或近扁平；叶通常较大，平伸或上斜，排列较疏散，背面扁平。
   2. 叶二型；孢子囊穗长线形。
      3. 茎四至六回2叉分枝；不育叶卵状三角形，基部心形或近心形，具短柄 ·········· 1. 马尾杉 Ph. phlegmaria
      3. 不育叶卵形或宽披针形，基部圆或楔形，有柄或无柄。
         4. 茎柔软下垂，六至十回2叉分枝；不育叶卵形，基部圆，柄极短 ·········· 2. 柔软马尾杉 Ph. salvinioides
         4. 茎直立，略下垂，一至三回2叉分枝，不育叶宽披针形，基部楔形，下延，无柄 ·········
         ··· 3. 广东马尾杉 Ph. guangdongensis
   2. 孢子叶与营养叶同形或渐小；孢子囊非线形。
      5. 植株较细瘦，高不及1米；孢子囊穗非圆柱形，细瘦或无明显孢子囊穗；孢子叶排列稀疏。
         6. 叶片线形。
            7. 植株高15-50厘米；叶片长0.8-1.1厘米，宽0.5-1.5毫米 ·········· 4. 美丽马尾杉 Ph. pulcherrimus
            7. 植株高60-75厘米；叶片长约1.2厘米，宽2毫米 ·········· 4(附). 杉形马尾杉 Ph. cunninghamioides
         6. 叶片披针形或卵形。
            8. 叶片椭圆形或椭圆状披针形，有柄或无柄，先端渐尖、尖或钝尖；植株中部叶片中部宽一般大于2毫米，少数较窄有柄。
               9. 叶片平展或斜上开展，椭圆形或椭圆状披针形，有柄或柄不明显，有光泽或无光泽。
                  10. 叶片椭圆形或椭圆状披针形，有柄，有光泽。
                     11. 叶片椭圆状披针形，植株中部叶片宽一般小于2毫米 ·········· 5. 有柄马尾杉 Ph. petiolatus
                     11. 叶片椭圆形，植株中部叶片宽大于2.5-4毫米 ·········· 6. 华南马尾杉 Ph. austrosinicus
                  10. 老叶片的柄不明显，有或无光泽。
                     12. 叶片椭圆状披针形，先端圆钝，宽达6毫米以上，斜上或略斜上，有光泽 ·········
                     ··· 7(附). 喜马拉雅马尾杉 Ph. hamiltonii
                     12. 叶片椭圆形，平伸或略斜上，无光泽 ·········· 7. 椭圆马尾杉 Ph. henryi
               9. 叶片（至少植株近基部叶片）抱茎，椭圆状披针形，基部下延，无柄，无光泽 ·········

1. 马尾杉　　　　　　　　　　　图 13 彩片 4

Phlegmariurus phlegmaria (Linn.) Holub in Preslia 36: 21. 1964.

Lycopodium phlegmaria Linn. Sp. Pl. 1101. 1753.

中型附生蕨类。茎簇生，茎柔软下垂，四至六回 2 叉分枝，长 20-40 厘米，主茎径 3 毫米，枝连叶扁平或近扁平，非绳索状。叶螺旋状排列，二型。营养叶斜展，卵状三角形，长 0.5-1 厘米，宽 3-5 毫米，基部心形或近心形，下延，具短柄，无光泽，先端渐尖，背面扁平，中脉明显，革质，全缘。孢子囊穗顶生，长线形，长 9-14 厘米。孢子叶卵状，排列稀疏，长约 1.2 毫米，宽约 1 毫米，先端尖，中脉明显，全缘。孢子囊生于孢子叶腋，肾形，2 瓣开裂，黄色。

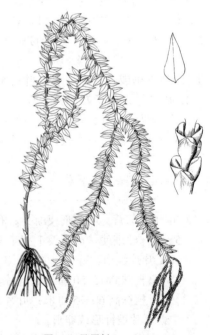

图 13 马尾杉 （孙英宝绘）

产台湾、广东、海南、广西及云南，附生于海拔 100-2400 米林下树干或岩石上。日本、泰国、印度、印度支那热带地区及大洋洲、南美洲、非洲有分布。

2. 柔软马尾杉　　　　　　　　　图 14

Phlegmariurus salvinioides (Herter) Ching in Acta Bot. Yunnan. 4(2): 122. 1982.

Urostachys salvinioides Herter in Philipp. Journ. Sci. Bot. 22: 67. 1923.

中型附生蕨类。茎簇生，茎柔软下垂，六至十回 2 叉分枝，长 20-40 厘米，主茎径 3 毫米，枝连叶扁平或近扁平，非绳索状。叶螺旋状排列，

二型。营养叶斜展,卵形,长0.5-1厘米,宽3-5毫米,基部圆,下延,柄极短,无光泽,先端渐尖,背面扁平,中脉明显,革质,全缘。孢子囊穗顶生,长线形,长10-15厘米。孢子叶卵状,排列稀疏,长约1毫米,宽约0.7毫米,基部圆,先端尖,中脉明显,全缘。孢子囊生于孢子叶腋,肾形,2瓣裂,黄色。

产台湾,附生于林下树干或岩石上。日本及菲律宾有分布。

3. 广东马尾杉　　　　　　　　　　　　　图 15

Phlegmariurus guangdongensis Ching in Acta Bot. Yunnan. 4 (2): 123. 1982.

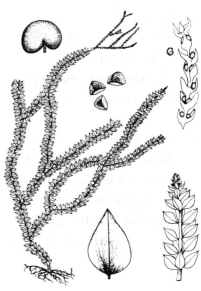

图 14 柔软马尾杉 (引自《Fl. Taiwan》)

中型附生蕨类。茎簇生,直立而略下垂,一至三回2叉分枝,长23-36厘米,主茎径4毫米,枝连叶扁平或近扁平,非绳索状。叶螺旋状排列,二型;营养叶斜展,宽披针形,长6-9毫米,宽约4毫米,基部楔形,下延,无柄,无光泽,先端渐尖,背面扁平,中脉明显,革质,全缘。孢子囊穗顶生,长线形,长8-14厘米。孢子叶卵状,排列稀疏,长约1.2毫米,宽约

0.8毫米,先端尖,中脉明显,全缘。孢子囊生于孢子叶腋,肾形,2瓣裂,黄色。

产广东及海南,附生于海拔400-1000米林下树干或岩壁。

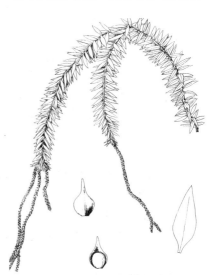

图 15 广东马尾杉 (孙英宝绘)

4. 美丽马尾杉　　　　　　　　　　　　　图 16

Phlegmariurus pulcherrimus (Wall. ex Hook. et Grev.) Löve et Löve in Taxon 26: 324. 1977.

Lycopodium pulcherrimum Wall. ex Hook. et Grev. in Bot. Mag. 2: 367. 1831.

中型附生蕨类。茎簇生,老枝下垂,一至多回2叉分枝,长15-50厘米,主茎径4毫米,枝连叶宽约6厘米。叶螺旋状排列,基部扭曲呈二列状;营养叶斜上抱茎,线形,长0.8-1.1厘米,宽0.5-1.5毫米,基部楔形,下延,无柄,无光泽,先端渐尖,中脉明显,革质,全缘。孢子囊穗比不育部分细瘦,非圆柱形,顶生。孢子叶线形,排列稀疏,长6-9毫米,宽约1毫米,基部楔形,先端尖,中脉明显,全缘。

图 16 美丽马尾杉 (孙英宝绘)

孢子囊生于孢子叶腋，肾形，2 瓣裂，黄色。

产安徽、福建、湖南、广东、广西、云南西北部及西藏南部，附生于海拔 1100-1900 米树干上。印度、尼泊尔及不丹有分布。

[附] **杉形马尾杉 Phlegmariurus cunninghamioides** (Hayata) Ching in Acta Bot. Yunnan. 4 (2): 125. 1982. —— *Lycopodium cunninghamioides* Hayata, Ic. Pl. Formos. 4: 131. 1914. 本种与美丽马尾杉的主要区别：植株高 60-75 厘米；叶片长约 1.2 厘米，宽 2 毫米。产台湾，附生于林下树干。日本九州有分布。

5. 有柄马尾杉　　　　　　　　　　　　　图 17

Phlegmariurus petiolatus (C. B. Clarke) H. S. Kung et L. B. Zhang in Acta Phytotax. Sin. 37 (1): 45. 1999.

Lycopodium hamiltonii Sprengel var. *petiolatum* C. B. Clarke in Trans. Linn. Soc. London, Bot. 1: 593. 1880.

中型附生蕨类。茎簇生，老枝下垂，二至多回 2 叉分枝，长 20-75 厘米，主茎径约 5 毫米，枝连叶宽 2.8-3.5 厘米。叶螺旋状排列；营养叶平展或斜上开展，椭圆状披针形，长 1.2 厘米，植株中部叶片宽小于 2 毫米，基部楔形，下延，有柄，有光泽，先端渐尖，中脉明显，革质，全缘。孢子囊穗比不育部分略细瘦，非圆柱形，顶生。孢子叶椭圆状披针形，排列稀疏，长 6-9 毫米，宽约 1 毫米，基部楔形，先端尖，中脉明显，全缘。孢子囊生于孢子叶腋，肾形，2 瓣裂，黄色。

图 17 有柄马尾杉 （孙英宝仿 李 健绘）

产福建、湖南、广东、广西、四川及云南，生于海拔 600-2500 米溪旁、路边、附生林下树干或岩石上或土生。印度有分布。

6. 华南马尾杉　华南石杉　　　　　　　图 18

Phlegmariurus austrosinicus (Ching) L. B. Zhang, Fl. Peipul. Pop. Sin. 6 (3): 42. 2004.

Huperzia austrosinica Ching in Acta Bot. Yunnan. 3 (3): 298. 1981.

中型附生蕨类。茎簇生，老枝下垂，二至多回 2 叉分枝，长 20-70 厘米，主茎径约 5 毫米，枝连叶宽 2.5-3.3 厘米。叶螺旋状排列；营养叶平展或斜上开展，椭圆形，长约 1.4 厘米，植株中部叶片宽大于 2.5-4 毫米，基部楔形，下延，有柄，有光泽，先端圆钝，中脉明显，革质，全缘。孢子囊穗比不育部分略细瘦，非圆柱形，顶生。

图 18 华南马尾杉 （孙英宝绘）

孢子叶椭圆状披针形，排列稀疏，长 0.7-1.1 厘米，宽约 1.2 毫米，基部楔形，先端尖，中脉明显，全缘。孢子囊生于孢子叶腋，肾形，2瓣裂，黄色。

产江西、广东、香港、广西、贵州、四川及云南，附生于海拔700-2000 米林下岩石上。

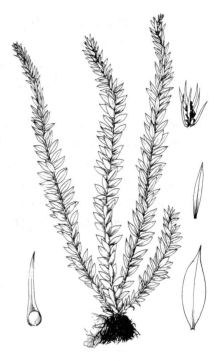

图 19 椭圆马尾杉 （孙英宝绘）

7. 椭圆马尾杉 图 19

Phlegmariurus henryi (Baker) Ching in Acta Bot. Yunnan. 4 (2): 125. 1982.

Lycopodium henryi Baker in Kew Bull. 1906: 15. 1906.

中型附生蕨类。茎簇生，老枝下垂，二至多回 2 叉分枝，长 18-72 厘米，主茎径约 5 毫米，枝连叶宽 2.3-3 厘米。叶螺旋状排列；营养叶平伸或略斜上，椭圆形，长约 1.3 厘米，宽 3-4 毫米，基部楔形，下延，老叶片的柄不明显，无光泽，先端尖锐，中脉明显，革质，全缘。孢子囊穗比不育部分略细瘦，非圆柱形，顶生。孢子叶椭圆形，排列稀疏，长 0.7-1.1 厘米，宽约 1.2 毫米，基部楔形，先端尖锐，中脉明显，全缘。孢子囊生于孢子叶腋，肾形，2 瓣裂，黄色。

产广西及云南，附生于海拔 700-3100 米林下树干或山顶灌丛。越南有分布。

[附] **喜马拉雅马尾杉 Phlegmariurus hamiltonii** (Sprengel) Löve et Löve in Taxon 26: 326. 1977. —— *Lycopodium hamiltonii* Sprengel in Syst. Veg. 5: 129. 1828. 本种与椭圆马尾杉的区别：叶椭圆状披针形，先端圆钝，宽达 6 毫米以上，斜上或略斜上，有光泽。产云南西部，附生于海拔1900-2300米常绿阔叶林树干或石壁。印度、尼泊尔、不丹及缅甸北部有分布。

8. 福氏马尾杉 图 20 彩片 5

Phlegmariurus fordii (Baker) Ching in Acta Bot. Yunnan. 4 (2): 126. 1982.

Lycopodium fordii Baker, Handb. Fern Allies 17. 1887.

中型附生蕨类。茎簇生，老枝下垂，一至多回 2 叉分枝，长 20-30 厘米，枝连叶宽 1.2-2 厘米。叶螺旋状排列，基部扭曲呈二列状；营养叶（至少植株近基部叶片）抱茎，椭圆状披针形，长 1-1.5 厘米，宽 3-4 毫米，基部圆楔形，下延，无柄，无光泽，先端渐尖，中脉明显，革质，

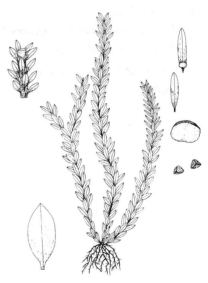

图 20 福氏马尾杉 （引自《Fl. Taiwan》）

全缘。孢子囊穗比不育部分细瘦，顶生。孢子叶披针形或椭圆形，长4-6毫米，宽约1毫米，基部楔形，先端钝，中脉明显，全缘。孢子囊生于孢子叶腋，肾形，2瓣裂，黄色。

产浙江、台湾、福建、江西、广东、香港、海南、广西、贵州、四川及云南，附生于海拔100-1700米竹林下阴处、山沟阴岩壁或灌木林下岩石上。日本、印度有分布。

9. 明洲马尾杉 闽浙马尾杉 闽浙石松 闽浙石杉 图 21

Phlegmariurus mingjoui X. C. Zhang, nom. nov.*

Lycopodium mingcheense Ching in Fl. Fukien 1: 597, f. 6. 1982. (April), 'minchegense', non Phlegmariurus mingcheensis Ching in Acta Bot. Yunnan. 4 (2):125. 1982 (May).

Huperzia mingcheensis (Ching) Holub in Folia Geobot. Phytotax. 20:74. 1985

图 21 明洲马尾杉
（孙英宝仿《福建植物志》）

中型附生蕨类。茎簇生，老枝直立或略下垂，一至多回2叉分枝，长17-33厘米。枝连叶中部宽1.5-2厘米。叶螺旋状排列；营养叶披针形，疏生，长1.1-1.5厘米，宽1.5-2.5厘米，基部楔形，下延，无柄，有光泽，先端尖锐，中脉不显草质，全缘。孢子囊穗比不育部分细瘦，顶生。孢子叶披针形，长0.8-1.3厘米，宽约0.8毫米，基部楔形，先端尖，中脉不显，全缘。孢子囊生于孢

子叶腋，肾形，2瓣裂，黄色。

产安徽、浙江、福建、江西、湖南、广东、海南、广西及四川，附生于海拔700-1600米林下石壁、树干或土生。

10. 柳杉叶马尾杉 图 22

Phlegmariurus cryptomerianus (Maxim.) Ching ex L. B. Zhang et H. S. Kung in Acta Phytotax. Sin. 37 (1): 51. 1999.

Lycopodium cryptomerianum Maxim. in Bull. Acad. Sci. St. Petersb. 15: 231. 1870.

图 22 柳杉叶马尾杉 （引自《浙江植物志》）

中型附生蕨类。茎簇生，老枝直立或略下垂，一至四回2叉分枝，长20-25厘米，枝连叶中部宽2.5-3厘米。叶螺旋状排列，开展；营养叶披针形，疏生，长1.4-2.5厘米，宽1.5-2.5毫米，基部楔形，下延，无柄，有光泽，先端尖锐，背部中脉凸出，薄革质，全缘。孢子囊

* 谨以该新学名纪念著名植物学家赖明洲教授

穗比不育部分细瘦，顶生。孢子叶披针形，长 1-2 毫米，宽约 1.5 毫米，基部楔形，先端尖，全缘。也子囊生于孢子叶腋，肾形，2 瓣裂，黄色。

产浙江及台湾，附生于海拔 400-800 米林下树干或岩石或土生。印度、日本、朝鲜半岛及菲律宾有分布。

图 23 粗糙马尾杉 （孙英宝绘）

11. 粗糙马尾杉　　　　　　　　　　　　　图 23 彩片 6

Phlegariurus squarrosus (Forst.) Löve et Löve in Taxon 26:324. 1978.

Lycopodium squarrosum Forst. Prodr. L1. Ind. Austr. 479. 1867.

大型附生蕨类。茎簇生，植株粗壮，老枝下垂，一至多回 2 叉分枝，长 0.3-1 米，径 3-7 毫米，枝连叶中部宽 2.5-3 厘米。叶螺旋状排列；营养叶披针形，密生，平伸或略斜上，长 1.1-1.5 厘米，宽 1.0-2.0 毫米，基部楔形，下延，无柄，有光泽，先端尖锐，中脉不显，薄革质，全缘。孢子囊穗比不育部分细瘦，圆柱形，顶生。孢子叶卵状披针形，排列紧密，长 0.8-1.5 厘米，宽约 0.9 毫米，基部楔形，先端尖，中脉明显，全缘。孢子囊生于孢子叶腋，肾形，2 瓣裂，黄色。

产台湾、云南及西藏南部，附生于海拔 600-1900 米林下树干或土生。印度、尼泊尔、缅甸、泰国、孟加拉国、斯里兰卡、马来西亚、菲律宾、波利尼西亚、马达加斯加及太平洋地区等有分布。

12. 鳞叶马尾杉　　　　　　　　　　　　　图 24

Phlegmariurus sieboldii (Miq.) Ching in Acta Bot. Yunnan. 4 (2)：121. 1982.

Lycopodium sieboldii Miq. in Ann. Mus. Bot. Lugduno-Batavum 3：184. 1867.

大型附生蕨类。茎簇生，成熟枝下垂，一至多回 2 叉分枝，长 30-45 厘米，枝连叶绳索状，径 2-5 毫米。中螺旋状排列，扭曲呈二列状；营养叶椭圆形，密生，紧贴枝上，略内弯，长不足 5 毫米，宽约 3 毫米，基部楔形，下延，无柄，有光泽，先端近急尖，背面隆起，中脉不显，坚硬，全缘。孢子囊穗顶生，径 1.5-2.5 毫米。孢子叶

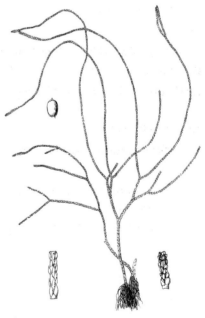

图 24 鳞叶马尾杉 （孙英宝绘）

卵形，基部楔形，先端钝状，无尖头，中脉不显，全缘。孢子囊生在孢子叶腋，露出孢子叶外，肾形，2 瓣裂，黄色。

产台湾北部，附生于林下树干。日本及朝鲜半岛有分布。

13. 金丝条马尾杉

图 25

Phlegmariurus fargesii (Herter) Ching in Acta Bot. Yunnan. 4 (2)：120. 1982.

Lycopodium fargesii Herter in Engl. Bot. Jahrb. 43：Beibl. 98：48. 1909.

大型附生蕨类。茎簇生，老枝下垂，一至多回 2 叉分枝，长 30-52 厘米，枝细瘦，枝连叶绳索状，第三回分枝连叶径约 2 毫米，侧枝等长。叶螺旋状排列，扭曲呈二列状。营养叶密生，中上部的叶披针形，紧贴枝上，内弯，长不及 5 毫米，宽约 3 毫米，基部楔形，下延，无柄，有光泽，先端渐尖，背面隆起，中脉不显，紧硬，全缘。孢子囊穗顶生，径 1.5-2.3 毫

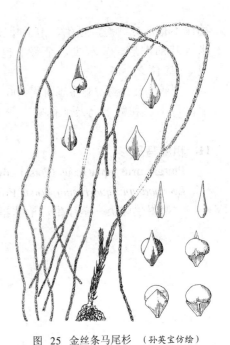

图 25 金丝条马尾杉 （孙英宝仿绘）

米。孢子叶卵形和披叶形，基部楔形，先端具长尖头或短尖头，中脉不业，全缘。孢子囊生于孢子叶腋，露出孢子叶外，肾形，2 瓣裂，黄色。

产台湾、广西、四川及云南，附生于海拔 100-1900 米林下树干上。日本有分布。

[附] 网络马尾杉 **Phlegmariuruus cancellatus** (Spring) Ching in Acta Bot. Yunnan. 4 (2)：122. 1982.——*Lycopodium cancellatum* Spring in Mém. Acad. Roy. Sci. Belg. 24 (Monogr. Lycopadium 2)：27. 1849. 本种与金丝条马尾杉的主要区别：枝较粗，第三回分枝径连叶大于 2.5 毫米，侧枝不等长；孢了卵形，先端具短尖头。产云南及西藏，附生于海拔 1800-2300 米林下树干上。印度及不丹有分布。

14. 龙骨马尾杉

图 26

Phlegmariurus carinatus (Desv.) Ching in Acta Bot. Yunnan. 4 (2)：120. 1982.

Lycopodium carinatum Desv. ex Poiret in Lam. Encycl. Bot. Suppl. 3：555. 1813.

中型附生蕨类。茎簇生，老枝下垂，一至多回 2 叉分枝，长 31-49 厘米，枝较粗，枝连叶绳索状，第三回分枝连叶直径大于 2.5 毫米，侧枝不等长。叶螺旋状排列，扭曲呈二列状；营养叶密生，针状，紧贴枝上，内弯，长不及 5 毫米，长达 8 毫米，宽约 4 毫米，基部楔形，下延，无柄，有光泽，先端渐尖，近通直，向外开张，背面隆起呈龙骨状，中脉不显，坚硬，全缘。孢子囊穗顶生，径约 3 毫米。孢子叶卵形，基部楔形，先端尖锐，具短尖

图 26 龙骨马尾杉 （孙英宝绘）

头，中脉不显，全缘。孢子囊生于孢子叶腋，藏子孢子叶内，不显，肾形，2 瓣裂，黄色。

产台湾、广东、海南、广西、云南及西藏，生于海拔 0-700 米山脊、山谷、丘陵密林中，附生石上或树干上。日本、印度、泰国、菲律宾、新加坡及大洋洲有分布。

2. 石松科 LYCOPODIACEAE

（张宪春）

小型至大型蕨类，土生。主茎伸长呈匍匐状或攀援状，或短而直立；具原生中柱或中柱片状；侧枝 2 叉分枝或近合轴分枝，稀单轴分枝状。单叶小型，具中脉，一型；螺旋状排列，钻形，线形或披针形。孢子囊穗圆柱形或柔荑花序状，通常生于孢子枝顶端或侧生。孢子叶的形状与大小不同于营养叶，膜质，一型，边缘有锯齿；孢子囊无柄，生于孢子叶叶腋，肾形，2 瓣裂。孢子球状四面形，常具网状或拟网状纹饰。染色体基数 x=13，17，23。

9 属，全球广布。我国 6 属。目前分子系统学研究表明石松科下只划分出石杉属、石松属和小石松属。拟小石松属和垂穗石松属归入小石松属；扁枝石松属和藤石松属归入石松属。

1. 主茎匍匐状或直立；孢子囊穗单生或聚生于孢子枝顶端。
　2. 小枝圆柱状。
　　3. 主茎匍匐状或直立；侧枝直立或平伸，小枝无纵棱；孢子囊穗直立。
　　　4. 土生蕨类；主茎匍匐状或直立；侧枝直立或斜伸；孢子囊穗单生或聚生于孢子枝顶端 ………………………………………………………………………………… 1. **石松属 Lycopodium**
　　　4. 沼地或湿地生蕨类；主茎匍匐状；孢子囊穗单生。
　　　　5. 能育枝上的叶（苞片）密生，形状同匍匐茎上的叶；孢子叶两种形状，线状披针形和披针形 …………………………………………………………………………… 2. **小石松属 Lycopodiella**
　　　　5. 能育枝上的叶（苞片）疏生，形状小于匍匐茎上的叶；孢子叶一种形状，宽卵形 …………………………………………………………………………… 3. **拟小石松属 Pseudolycopodiella**
　　3. 主茎直立；孢子囊穗下垂 ……………………………………………… 4. **垂穗石松属 Palhinhaea**
　2. 小枝扁平或扁压状 ……………………………………………………… 5. **扁枝石松属 Diphasiastrum**
1. 主茎攀援状；孢子囊穗每 6-26 个一组生于多回 2 叉分枝的孢子枝顶端 ……………… 6. **藤石松属 Lycopodiastrum**

1. 石松属 Lycopodium Linn.

多年生中型土生蕨类。主茎伸长匍匐地面，或主茎直立而具地下横走根茎，有疏生的叶。侧枝直立，一至多回 2 叉分枝；小枝密，直立或斜展。叶螺旋状排列，线形、钻形或近披针形，基部楔形，下延，无柄，先端渐尖，边缘全缘或具齿，纸质或革质。孢子囊穗单生或聚生于孢子枝顶端，圆柱形；孢子叶较不育叶宽，卵形或宽披针形，先端尖，边缘膜质而具齿，纸质；孢子囊生于孢子叶叶腋，内藏，圆肾形，黄色。染色体基数 x=17。

约10种。我国6种1变型。

1. 茎直立。
　2. 侧枝平伸或与主枝成钝角，枝系扇形或半圆形 ·························· 1. **玉柏 L. obscurum**
　2. 侧枝斜立，枝系圆柱状 ································ 1(附). **笔直石松 L. obscurum f. strictum**
1. 茎横卧。
　3. 孢子囊穗单生，无柄。
　　4. 叶片披针形，边缘具锯齿，平伸或近平伸 ···················· 2. **多穗石松 L. annotinum**
　　4. 叶片针形，边缘全缘，斜上开张 ················· 2(附). **新锐叶石松 L. neopungens**
　3. 孢子囊穗2-6(-8)个集生，有柄。
　　5. 主枝二至三回分叉；叶片线形或线状披针形，薄而软；每孢子枝有囊穗（3）4-8个，囊穗长2-8厘米，不等位着生，小柄长；孢子叶长2.5-3.5毫米，宽约2毫米，先端具芒状长尖头 ··················
　　　 ··· 3. **石松 L. japonicum**
　　5. 主枝一至二回分叉；叶片披针形，厚而硬；每孢子枝有囊穗2（3）个，囊穗长3.5-4.5厘米，等位着生，几无柄或具短小柄；孢子叶长约1.5毫米，宽约1.3毫米，先端具短尖头 ··················
　　　 ··· 4. **东北石松 L. clavatum**

1.　玉柏　玉柏石松　　　　　　　　　　图 27

Lycopodium obscurum Linn. Sp. Pl. 1101. 1753.

多年生土生蕨类。匍匐茎地下生，细长横走，棕黄色，光滑或被少量的叶。侧枝直立，高18-50厘米，下部不分枝，单干，上部2叉分枝，分枝密接，稍扁，扇形，向两侧开展，呈树冠状。叶螺旋状排列，稍疏，斜立或近平伸，线状披针形，长3-4毫米，宽约0.6毫米，基部楔形，下延，无柄，先端渐尖，具短尖头，边缘全缘，中脉略明显，革质。孢子囊穗单生于小枝单生，直立，圆柱形，无柄，长2-3厘米，径4-5毫米；孢子叶宽卵状，长约3毫米，宽约2毫米，先端尖，边缘膜质，具啮蚀状齿，纸质；孢子囊生于孢子叶腋，内藏，圆肾形，黄色。

产黑龙江、吉林及辽宁，生于海拔100-1700米落叶松、红松、白桦、云杉林下开阔地、石缝间或苔藓层中。朝鲜半岛、日本、俄罗斯及北美洲有分布。

[附] **笔直石松 Lycopodium obscurum f. strictum** (Milde) Nakai ex Hara in Bot. Mag. Tokyo 48: 706. 1934.——*Lycopodium dendroideum* Michx. f. strictum Milde, Fil. Europ. et Atlant. 254. 1867. 与模式变型的主要区别：

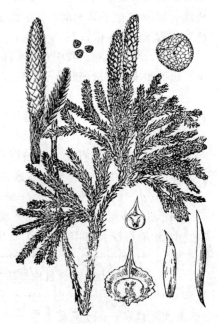

图 27　玉柏　（引自《东北草本植物志》）

侧枝斜立，枝系圆柱形。产华东、华中、华南、西南及秦岭，生于海拔1000-3000米灌丛下、草丛中、针阔混交林下或岩壁阴湿处。日本有分布。

2.　多穗石松　　　　　图 28 彩片 7

Lycopodium annotinum Linn. Sp. Pl. 1103. 1753.

多年生土生蕨类。匍匐茎细长横走，长达2米，绿色，叶稀疏。

侧枝斜立，高 8-20 厘米，一至三回 2 叉分枝，稀疏，圆柱状，枝连叶径 1-1.5 厘米。叶螺旋状排列，密集，平伸或近平伸，披针形，长 4-8 毫米，宽 1-1.5 毫米，基部楔形，下延，无柄，先端渐尖，无透明发丝，边缘有锯齿（主茎的叶近全缘），草质，中脉腹面可见，背面不明显。孢子囊穗单生于小枝，直立，圆柱形，无柄，长 2.5-4 厘米，径约 5 毫米；孢子叶宽卵状，长约 3 毫米，宽约 2 毫米，先端尖，边缘膜质，啮蚀状，纸质；孢子囊生于孢子叶腋，内藏，圆肾形，黄色。

产东北、西北、湖北、河南、四川及台湾，生于海拔 700-3700 米针叶林、混交林或竹林林下及林缘。朝鲜半岛、日本、俄罗斯、欧洲及北美有分布。

[附] **新锐叶石松 Lycopodium neopungens** H. S. Kung et L. B. Zhang in Acta Phytotax. Sin. 38(3): 268. 2000. 本种与多穗石松的主要区别：叶片针形，边缘全缘，斜上开张。产东北。俄罗斯及北美有分布。

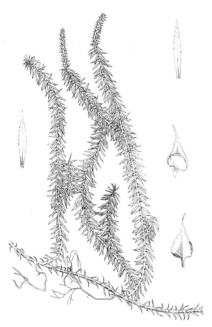

图 28 多穗石松 （孙英宝仿 李 健绘）

3. 石松 图 29

Lycopodium japonicum Thunb, Fl. Jap. 341. 1784.

Lycopodium clavatum auct non Linn.: 中国高等蕨类图鉴 1: 109. 1972.

多年生土生蕨类。匍匐茎地上生，细长横走，二至三回分叉，绿色，叶稀疏。侧枝直立，高达 40 厘米，多回 2 叉分枝，稀疏，压扁状（幼枝圆柱状），枝连叶径 0.5-1 厘米。叶螺旋状排列，密集，斜上，披针形或线状披针形，长 4-8 毫米，宽 0.3-0.6 毫米，基部楔形，下延，无柄，先端渐尖，具透明发丝，边缘全缘，草质，中脉不明显。孢子囊穗（3）4-8 个集生于长达 30 厘米的总柄，总柄上苞片螺旋状稀疏着生，薄草质，如叶片；孢子囊穗不等位着生（即小柄不等长），直立，圆柱形，长 2-8 厘米，径 5-6 毫米，小柄长 1-5 厘米；孢子叶宽卵形，长 2.5-3 毫米，宽约 2 毫米，先端尖，具芒状长尖头，边缘膜质，啮蚀状，纸质；孢子囊生于孢子叶腋，略外露，圆肾形，黄色。

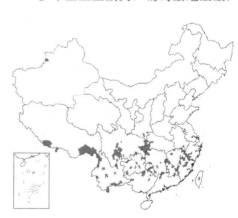

产新疆、江苏、安徽、浙江、台湾、福建、江西、湖北、湖南、广东、广西、贵州、四川、云南及西藏，生于海拔 100-3300

图 29 石松 （孙英宝仿《东北草本植物志》）

米林下、灌丛下、草坡、路边或岩石上。日本、印度、缅甸、不丹、尼泊尔、印度支那及南亚诸国有分布。

4. 东北石松 石松 欧洲石松 图 30

Lycopodium clavatum Linn. Sp. Pl. 1101. 1753.

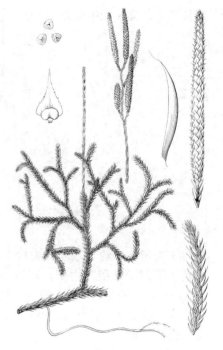

多年生土生蕨类。匍匐茎地上生，细长横走，一至二回分叉，绿色，被稀疏的全缘叶。侧枝直立，高 20-25 厘米，三至五回 2 叉分枝，稀疏，压扁状（幼枝圆柱状），枝连叶径 0.9-1.2 厘米。叶螺旋状排列，密集，斜上，披针形，长 4-6 毫米，宽约 1 毫米，基部宽楔形，下延，无柄，先端渐尖，具透明发丝，边缘全缘，革质，中脉两面可见。孢子囊穗 2（3）个集生于长达 12 厘米的总柄，总柄上苞片螺旋状稀疏着生，膜质，窄披针形；孢子囊穗等位着生，直立，圆柱形，长 3.5-4.5 厘米，径约 4 毫米，近无柄或具短小柄；孢子叶宽卵形，长约 1.5 毫米，宽约 1.3 毫米，先端尖，具短尖头，边缘膜质，啮蚀状，纸质；孢子囊生于孢子叶腋，略外露，圆肾形，黄色。

图 30 东北石松 （引自《图鉴》）

产黑龙江、吉林及内蒙古，生于海拔 700-1800 米针叶林下或干燥苔藓上。亚洲东北部及美洲有分布。

2. 小石松属 Lycopodiella Holub

小型多年生沼地或湿地生蕨类。主茎匍匐状，单一或多回 2 叉分枝。叶螺旋状排列，披针形或线形。孢子枝单生，直立；苞片密生，形状同匍匐茎上的叶，孢子囊穗单生，圆柱形；孢子叶两种形状，线状披针形和披针形，覆瓦状排列，先端渐尖或钝；孢子囊生于孢子叶腋，内藏或略露出，近球形，黄色。

8-10 种，北温带及热带美洲分布。我国 1 种。

小石松

Lycopodiella inundata (Linn.) Holub in Preslia 36: 21. 1964.

Lycopodium inundatum Linn. Sp. Pl. 1763. 1753.

多年生沼地或湿地生蕨类。主茎匍匐状，长 5-20 厘米，单一或多回 2 叉分枝，径 1-2 毫米，枝连叶宽 5-8 毫米。叶螺旋状排列，偏向地面一侧，匍匐面叶片少，密生，斜升，披针形或线形，黄绿色，弯曲，长 4-7 毫米，宽 0.5-1.1 毫米，基部不变窄，下延，无柄，先端渐尖，边缘全缘，两面光滑，无光泽，中脉不明显，纸质。孢子枝单生，直立，高 3-8 厘米，枝连苞片宽 0.4-1 厘米；苞片密生，线形或线状披针形；孢子囊穗单生，圆柱形，长 1-5 厘米，径 5-7 毫米，黄绿色；孢子叶两种形状，线状披针形和披针形，覆瓦状排列，长 2-5 毫米，宽 0.5-1.2 毫米，先端渐尖或钝，全缘，纸质，黄绿色；孢子囊生于孢子叶腋，内藏或略露出，近球形，径约 0.5 毫米，顶端渐尖，黄色。

产福建。日本、俄罗斯、欧洲及北美有分布。

3. 拟小石松属 **Pseudolycopodiella** Holub

多年生沼地或湿地生蕨类。主茎匍匐状。主茎上的叶片螺旋状排列，二型，侧面的叶片贴生，比中间的叶片大。孢子枝单生，直立，仅具稀疏的鳞片状叶片；孢子叶短于孢子枝上的叶片；苞片疏生，钻形或披针形。孢子囊穗单生，圆柱形。孢子叶一种形状，宽卵形，覆瓦状排列，先端尖，边缘膜质，具不规则钝齿；孢子囊生于孢子叶腋，内藏，圆肾形，黄色。

10-15 种，主产美洲及热带地区。我国 1 种。

卡罗利拟小石松

Pseudolycopodiella caroliniana (Linn.) Holub in Folia Geobot. Phytotax. 18: 442. 1983.

Lycopodium carolinianum Linn. Sp. Pl. 1101. 1753.

多年生沼地或湿地生蕨类。主茎匍匐状，长 10-30 厘米，2 叉分枝，径 2-5 毫米，枝连叶宽 0.7-1.2 厘米。叶螺旋状排列，偏向地面一侧，匍匐面叶片少，密生，斜升，披针形，黄绿色，基部略弯曲，长 0.5-1 厘米，宽 1-2 毫米，基部不变窄，下延，无柄，先端渐尖，全缘，两面略皱缩，无光泽，中脉不明显，纸质。孢子枝单生，直立，高 8-15 厘米，径 1-1.5 毫米；苞片疏生，钻形或披针形；明显小于匍匐茎上的叶，长 3-5 毫米，宽约 1 毫米，先端渐尖，具长尖头，全缘，纸质；孢

子囊穗单生，圆柱形，长 2.5-5 厘米，径（不含孢子叶）3-4 毫米，黄色；孢子叶一种形状，宽卵形，覆瓦状排列，长 4-5 毫米，基部宽 2-2.5 毫米，先端尖，尾状，边缘膜质，具不规则钝齿，革质，黄色；孢子囊生于孢子叶腋，内藏，圆肾形，径约 1.2 毫米，黄色。

产福建、湖南南部及广东北部，生于海拔 1000-1500 米山顶或山坡湿地。日本、印度、斯里兰卡、非洲及美洲有分布。

4. 垂穗石松属（灯笼草属　灯笼石松属）
Palhinhaea Franco et Vasc. ex Vasc. et Franco.

中型至大型土生蕨类。主茎直立。主茎叶螺旋状排列，钻形或线形，通直或略内弯，基部圆，下延，无柄，先端渐尖，边缘全缘，中脉不明显，纸质。侧枝斜上，多回不等位 2 叉分枝，小枝有纵棱；侧枝及小枝的叶螺旋状排列，密集，略上弯，钻形或线形，基部下延，无柄，先端渐尖，边缘全缘，中脉不明显，纸质。孢子囊穗单生于小枝顶端，短圆柱形，成熟时通常下垂，淡黄色，无柄；孢子叶卵状菱形，覆瓦状排列，先端尖，尾状，边缘膜质，具不规则锯齿；孢子囊生于孢子叶腋，内藏，圆肾形，黄色。

约 15 种，广布于热带和亚热带地区。我国 1 种。

垂穗石松　过山龙　　　　　　图 31 彩片 8

Palhinhaea cernua (Linn.) Vasc. et Franco in Bol. Soc. Brot. ser. 2, 41: 25. 1967.

Lycopodium cernuum Linn. Sp. Pl. 1103. 1753.

中型至大型土生蕨类。主茎直立，高达 60 厘米，圆柱形，中部

径 1.5-2.5 毫米，无毛，多回不等位 2 叉分枝；主茎上的叶螺旋状排

列，稀疏，钻形或线形，长约 4 毫米，宽约 0.3 毫米，通直或略内弯，基部圆，下延，无柄，先端渐尖，边缘全缘，中脉不明显，纸质。侧枝上斜，多回不等位 2 叉分枝，无毛；侧枝及小枝上的叶螺旋状排列，密集，略上弯，钻形或线形，长 3-5 毫米，宽约 0.4 毫米，基部下延，无柄，先端渐尖，边缘全缘，表面有纵沟，光滑，中脉不明显，纸质。孢子囊穗单生于小枝顶端，短圆柱形，成熟时通常下垂，长 0.3-1 厘米，径 2-2.5 毫米，淡黄色，无柄；孢子叶卵状菱形，覆瓦状排列，长约 0.6 毫米，宽约 0.8 毫米，先端急尖，尾状，边缘膜质，具不规则锯齿；孢子囊生于孢子叶腋，内藏，圆肾形，黄色。

产浙江、台湾、福建、江西、湖南、广东、香港、海南、广西、贵州、四川及云南，生于海拔 100-1800 米林下、林缘及灌丛下阴处或岩石上。亚洲其它热带地区及亚热带地区、大洋洲、中南美洲有分布。

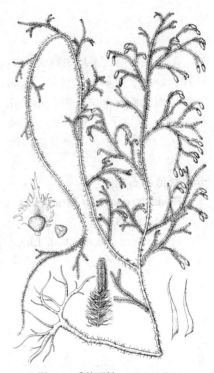

图 31 垂穗石松 （引自《图鉴》）

5. 扁枝石松属 Diphasiastrum Holub

小型至中型土生蕨类。主茎伸长呈匍匐状。侧枝近直立，多回不等位 2 叉分枝；小枝扁平或扁压状。叶螺旋状排列或 4 行排列，密集，三角形或钻形，基部贴生枝上，下延，无柄，先端尖锐，略内弯，边缘全缘，中脉不明显，厚草质或革质。孢子囊穗生于孢子枝顶端，圆柱形，淡黄色；孢子叶宽卵形，覆瓦状排列，先端尖，尾状，边缘膜质，具不规则锯齿；孢子囊生于孢子叶腋，内藏，圆肾形，黄色。孢子四面球形，极面观近圆形，赤道面观扇形。染色体基数 x=23。

约 23 种，主要分布于北半球温带和热带。我国 3 种 1 变种。

1. 小枝扁平状，每个孢子枝有囊穗（1）2-5（6）个。
  2. 小枝灰绿或绿色 ·· 1. 扁枝石松 **D. complanatum**
  2. 小枝灰白色 ··· 1(附). 灰白扁枝石松 **D. complanatum** var. **glaucum**
1. 小枝扁压状或圆柱状，每个孢子枝上有囊穗 1-2 个。
  3. 小枝连叶扁压状，有背腹之分；叶鳞片状，革质，紧贴小枝呈绳索形；囊穗双生于孢子枝顶 ·······
  ··· 2. 高山扁枝石松 **D. alpinum**
  3. 小枝连叶圆柱状，无背腹之分；叶线状披针形至披针形，草质，不紧贴小枝；囊穗单生于孢子枝顶 ·····
  ··· 3. 矮小扁枝石松 **D. veitchii**

1. 扁枝石松 地刷子石松   图 32 彩片 9

Diphasiastrum complanatum (Linn.) Holub in Preslia 47: 108. 232. 1975.

Lycopodium complanatum Linn. Sp. Pl. 1104. 1753.

小型至中型土生蕨类。主茎匍匐状，长达 1 米。侧枝近直立，高达15厘米，多回不等位2叉分枝，小枝扁平状，灰绿或绿色。叶4行排列，密集，三角形，长1-2毫米，宽约1毫米，基部贴生枝上，无柄，先端尖锐，略内弯，边缘全缘，中脉不明显，草质。孢子囊穗（1）2-5（6）个生于长10-20厘米的孢子枝顶端，圆柱形，长1.5-3厘米，淡黄色；孢子叶宽卵形，覆瓦状排列，长约2.5毫米，宽约1.5毫米，先端骤尖，尾状，边缘膜质，具不规则锯齿；孢子囊生于孢子叶腋，内藏，圆肾形，黄色。

产吉林、内蒙古、河南、新疆、浙江、台湾、福建、江西、湖北、湖南、广东、广西、贵州、云南、四川及西藏，生于海拔700-2900米林下、灌丛中或山坡草地。广布于全球温带及亚热带。

[附] **灰白扁枝石松 Diphasiastrum complanatum** var. **glaucum** Ching in Acta Bot. Yunnan. 4(2): 128. 1982. 与模式变种的主要区别：小枝灰白色。产广西、云南及西藏，生于海拔1300-2100米林下或林缘。

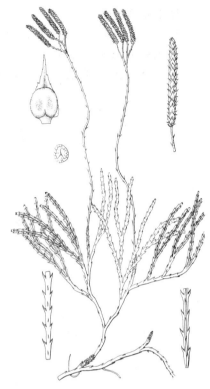

图 32 扁枝石松 （引自《图鉴》）

2. 高山扁枝石松　　　　　　　　　　　　图 33

Diphasiastrum alpinum (Linn.) Holub in Preslia 47: 147. 232. 1975.

Lycopodium alpinum Linn. Sp. Pl. 1104. 1753.

小型至中型土生蕨类。主茎匍匐状，长30-70厘米。侧枝近直立，高6-10厘米，多回不等位2叉分枝，小枝扁压状，有背腹之分。叶螺旋状排列，密集，鳞片状，紧贴小枝呈绳索形，长0.7-1.5毫米，宽约0.8毫米，基部贴生枝上，无柄，先端尖锐，略内弯，边缘全缘，中脉不明显，草质。孢子囊穗双生于短小的孢子枝顶端，圆柱形，长1.1-2.5厘米，淡黄色；孢子叶宽卵形，覆瓦状排列，长约2毫米，宽约1.2毫米，先端骤尖，尾状，边缘膜质，具不规则锯齿；孢子囊生于孢子叶腋，内藏，圆肾形，黄色。

产吉林及新疆北部，生于海拔1700-2400米高山苔原带、小灌木丛下或混交林内，土生或生岩石上。广布于日本、朝鲜半岛、蒙古、俄罗斯西伯利亚、印度、斯里兰卡、欧洲及北美等地。

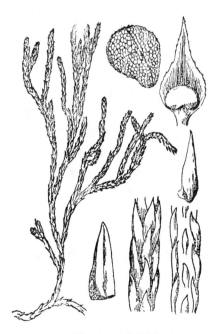

图 33 高山扁枝石松
（引自《东北草本蕨类志》）

3. 矮小扁枝石松

图 34 彩片 10

Diphasiastrum veitchii (Christ) Holub in Preslia 47: 108. 1975.

Lycopodium veitchii Christ in Bull. Acad. Int. Geogr. Bot. 16: 141. 1905.

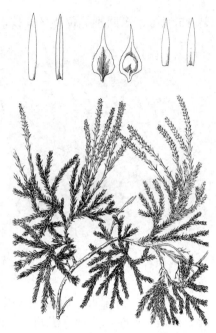

小型至中型土生蕨类。主茎匍匐状，长40-70厘米。侧枝近直立，高5-7厘米，多回不等位2叉分枝，小枝连叶圆柱状，无背腹之分。叶螺旋状排列，密集，叶线状披针形或披针形，长2-4毫米，宽0.6-1毫米，不紧贴小枝，无柄，先端渐尖，略内弯，边缘全缘，草质。孢子囊穗单生于2-4厘米高的孢子枝顶端，圆柱形，长2-3厘米，淡黄色；孢子叶卵形，覆瓦状排列，长约4毫米，宽约2毫米，先端长渐尖，边缘膜质，具不规则锯齿；孢子囊生于孢子叶腋，内藏，圆肾形，黄色。

图 34 矮小扁枝石松
（孙英宝仿 李 健绘）

产台湾、湖北西部、四川西部、云南西北部及西藏。尼泊尔、印度北部及不丹有分布。

6. 藤石松属 Lycopodiastrum Holub ex Dixit

大型土生蕨类。地下茎长而匍匐。地上主茎木质藤状，攀援达数米，圆柱形，径约2毫米。叶疏生，螺旋状排列，贴生，卵状披针形或钻形，长1.5-3毫米，宽约0.5毫米，基部突出，弧形，无柄，先端渐尖，具膜质、长2-5毫米的长芒，或芒脱落。不育枝柔软，黄绿色，圆柱状，枝连叶宽约4毫米，多回不等位2叉分枝；小枝扁平状，密生；叶螺旋状排列，叶基扭曲，斜上，钻状，上弯，长2-3毫米，宽约0.5毫米，基部下延，无柄，先端渐尖，具长芒，全缘，背部弧形，腹部有凹槽，无光泽，中脉不明显，草质。能育枝柔软，红棕色，小枝扁平，多回2叉分枝。叶螺旋状排列，稀疏，贴生，鳞片状，长约0.8毫米，宽约0.3毫米，基部下延，无柄，先端渐尖，具芒，全缘。苞片形同主茎，略小；孢子囊穗每6-26个一组生于多回2叉分枝的孢子枝顶端，排成圆锥形，具直立总柄和小柄，弯曲，长1-4厘米，径2-3毫米，红棕色；孢子叶宽卵形，覆瓦状排列，长2-3毫米，宽约1.5毫米，先端骤尖，具膜质长芒，具不规则钝齿，厚膜质；孢子囊生于孢子叶腋，内藏，圆肾形，黄色。

单种属。

藤石松

图 35 彩片 11

Lycopodiastrum casuarinoides (Spring) Holub ex Dixit in Journ. Bombay Nat. Hist. Soc. 77 (3): 540. 1981.

Lycopodium casuarinoides Spring in Mém. Acad. Roy. Sci. Belgique 16 (Monogr. Lycopodium 1): 94. 1842.

图 35 藤石松 （孙英宝仿《Fl. Taiwan》）

形态特征同属。

产浙江、福建、台湾、江西、湖北、湖南、广东、香港、海南、广西、贵州、四川及云南，生于海拔 100-3100 米林下、林缘、灌丛中或沟边。亚洲热带、亚热带地区有分布。

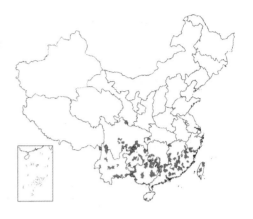

3. 卷柏科 SELAGINELLACEAE
（张宪春）

土生或石生，稀附生，常绿或夏绿，通常为多年生草本。茎具原生中柱或管状中柱，单一或 2 叉分枝；根托生于分枝腋部，从背轴面或近轴面生出，沿茎和枝遍体通生，或只生于茎下部或基部。主茎直立或长匍匐，或短匍匐，后直立，多次分枝，或具不分枝主茎，上部呈叶状的复合分枝系统，有时攀援生长。叶螺旋排列或排成 4 行，单叶，具叶舌，主茎的叶通常排列稀疏，一型或二型，在分枝上通常成 4 行排列。孢子叶穗生茎或枝顶，或侧生于小枝上，紧密或疏散，四棱形或扁，偶圆柱形；孢子叶 4 行排列，一型或二型，孢子叶二型时通常倒置，和营养叶的中叶对应的上侧孢子叶大长过和侧叶对应的下侧孢子叶，稀正置，不倒置。孢子囊近轴面生于叶腋内叶舌的上方，二型，在孢子叶穗上各式排布；每个大孢子囊内有 4 个大孢子，偶有 1 个或多个；每个小孢子囊内小孢子 100 个以上。孢子表面纹饰多样，大孢子径 200-600 微米，小孢子径 20-60 微米。配子体微小，主要在孢子内发育。染色体数 x=8，9，10。

1 属。

卷柏属 Selaginella P. Beauv.

属的形态特征同科。

约 700 种，全世界广布，主产热带地区。我国 60-70 种。

1. 营养叶多列螺旋状排列，一型，线形或线状披针形，叶尖具长芒。

  2. 叶质厚，先端截形 ·· 1. 西伯利亚卷柏 S. sibirica

2. 叶质较薄，先端渐尖。

　　3. 叶尖芒长达叶片1/3 ··· 2. 细瘦卷柏 **S. vardei**

　　3. 叶尖芒长达叶片1/5 ··· 3. 印度卷柏 **S. indica**

1. 营养叶4列交互状排列，二型或近一型。

　　4. 茎枝圆柱形，无背腹之分，多红色；营养叶近一型，盾状着生，紧贴茎枝，呈覆瓦状排列。

　　　　5. 叶无白边 ·· 4. 红枝卷柏 **S. sanguinolenta**

　　　　5. 叶有白边 ·· 4(附). 白边卷柏 **S. albocincta**

　　4. 分枝多扁平，有背腹之分；叶在枝上均基部着生，中叶上指，侧叶指向两侧；营养叶二型，分上侧中叶2列和下侧侧叶2列。

　　　　6. 孢子叶排列紧密，呈四棱形的孢子叶穗。

　　　　　　7. 孢子叶穗方形，上下孢子叶近同形。

　　　　　　　　8. 植株莲座状，干旱时拳卷。

　　　　　　　　　　9. 中叶和侧叶的叶缘具细齿 ························· 5. 卷柏 **S. tamariscina**

　　　　　　　　　　9. 中叶和侧叶的叶缘无细齿，中叶的叶缘反卷，侧叶上侧边缘棕褐色，膜质，撕裂状 ········

　　　　　　　　　　··· 6. 垫状卷柏 **S. pulvinata**

　　　　　　　　8. 植株非莲座状。

　　　　　　　　　　10. 主茎直立，或基部匍匐，上部斜升。

　　　　　　　　　　　　11. 根托生主茎基部或匍匐根茎上；主茎叶一型。

　　　　　　　　　　　　　　12. 茎枝被毛。

　　　　　　　　　　　　　　　　13. 植株高0.5-1米，或更高。

　　　　　　　　　　　　　　　　　　14. 主茎在分枝部分和分枝上下两面均密被短毛，主茎"之"字型弯曲；叶具白边 ········

　　　　　　　　　　　　　　　　　　··· 7. 毛枝卷柏 **S. trichoclada**

　　　　　　　　　　　　　　　　　　14. 主茎在分枝部分光滑，分枝下面被短毛，主茎非"之"字型弯曲；叶无白或微有白边 ·······

　　　　　　　　　　　　　　　　　　··································· 7(附). 毛枝攀援卷柏 **S. pseudopaleifera**

　　　　　　　　　　　　　　　　13. 植株高10-45厘米。

　　　　　　　　　　　　　　　　　　15. 叶质厚，干后皱缩，主茎叶盾状着生 ················· 8. 布朗卷柏 **S. braunii**

　　　　　　　　　　　　　　　　　　15. 叶质薄，平展，主茎叶基部着生 ················· 9. 二形卷柏 **S. biformis**

　　　　　　　　　　　　　　12. 茎枝无毛。

　　　　　　　　　　　　　　　　16. 不分枝主茎叶排列紧密。

　　　　　　　　　　　　　　　　　　17. 主茎紫红色 ··· 10. 旱生卷柏 **S. stauntoniana**

　　　　　　　　　　　　　　　　　　17. 主茎淡黄或禾秆色 ································· 11. 兖州卷柏 **S. involvens**

　　　　　　　　　　　　　　　　16. 不分枝主茎叶排列较疏散。

　　　　　　　　　　　　　　　　　　18. 不分枝主茎叶基部盾状；叶无白边，具睫毛；茎枝叶干后皱缩 ···························

　　　　　　　　　　　　　　　　　　··· 12. 狭叶卷柏 **S. mairei**

　　　　　　　　　　　　　　　　　　18. 不分枝主茎叶基部非盾状；叶具白边，边缘具细齿；茎枝叶干后不皱缩 ···················

　　　　　　　　　　　　　　　　　　··· 13. 江南卷柏 **S. moellendorffii**

　　　　　　　　　　　　11. 根托生于主茎中下部，或达中上部。

　　　　　　　　　　　　　　19. 植株直立；侧枝上小枝排列成整齐一回羽状，单一或分叉；叶全缘或先端略有微齿。

　　　　　　　　　　　　　　　　20. 主茎细，顶部干后不变黑；中叶上表皮白色气孔肉眼可见。

　　　　　　　　　　　　　　　　　　21. 主茎细弱；小枝单一或分叉，至少基部的分叉；中叶先端交叉 ·························

　　　　　　　　　　　　　　　　　　··· 14. 薄叶卷柏 **S. delicatula**

　　　　　　　　　　　　　　　　　　21. 主茎脆硬；小枝单一不分叉；中叶先端同分枝平行 ·········· 14(附). 瓦氏卷柏 **S. wallichii**

　　　　　　　　　　　　　　　　20. 主茎粗，顶部干后变黑；中叶上表皮气孔肉眼不易看见 ·········· 15. 黑顶卷柏 **S. picta**

19. 植株直立或基部匍匐，上部斜升；侧枝多回分枝，分枝不排列成整齐的一回羽状；叶缘有细齿。

 22. 中叶先端渐尖或具短尖头，侧叶长 4.5-7 毫米 ┈┈┈┈┈┈┈ 16. **海南卷柏 S. rolandi-principis**

 22. 中叶先端渐尖或具芒，侧叶长不及 4.5 毫米 ┈┈┈┈┈┈┈┈┈ 17. **深绿卷柏 S. doederleinii**

10. 主茎匍匐或攀援生长；根托生茎枝各部。

 23. 主茎攀援，长 1-2 米或更长。

  24. 根托生于主茎下部或上部；孢子叶近圆形，先端短尖，大孢子白色 ┈┈┈ 18(附). **藤卷柏 S. willdenowii**

  24. 根托生于主茎中下部；孢子叶卵状披针形，先端渐尖，大孢子浅黄色 ┈┈┈ 18. **攀援卷柏 S. helferi**

 23. 主茎匍匐，或先直立后长匍匐，或攀援状，通常长不及 1 米。

  25. 植株干后叶不卷缩；叶全缘或具细齿，或基部具睫毛。

   26. 叶全缘。

    27. 中叶基部外侧耳状 ┈┈┈┈┈┈┈┈┈┈┈┈┈┈┈ 19. **耳基卷柏 S. limbata**

    27. 中叶基部无耳 ┈┈┈┈┈┈┈┈┈┈┈┈┈┈┈┈┈ 20. **翠云草 S. uncinata**

   26. 叶缘有细齿或睫毛。

    28. 茎无节；根托在茎分枝处由下面生出；叶有白边；主茎和一回侧枝，及末回分枝叶的叶缘均细齿或睫毛。

     29. 植株各部较小；中叶具细齿 ┈┈┈┈┈┈┈┈┈┈ 21. **蔓出卷柏 S. davidii**

     29. 植株各部较大；中叶叶缘具睫毛 ┈┈┈ 22(附). **澜沧卷柏 S. davidii** subsp. **gebaueriana**

    28. 茎有节；根托在茎分枝处由上面生出。

     30. 主茎内维管束 1 条 ┈┈┈┈┈┈┈┈┈┈┈┈ 22. **疏叶卷柏 S. remotifolia**

     30. 主茎内维管束 3 条 ┈┈┈┈┈┈┈┈┈┈┈ 22(附). **小翠云 S. kraussiana**

  25. 植株干后叶卷缩；叶缘有睫毛。

   31. 茎枝鲜红色；侧叶反折，上侧基部有稀疏睫毛，余全缘 ┈┈┈┈┈ 23. **鹿角卷柏 S. rossii**

   31. 茎枝禾秆色；侧叶不反折，叶缘具睫毛 ┈┈┈┈┈┈┈┈┈ 24. **中华卷柏 S. sinensis**

7. 孢子叶穗上下扁，上下孢子叶不同形。

 32. 孢子叶穗倒置，上侧孢子叶较大，下侧的较小。

  33. 植株主茎直立或近直立；根托生于主茎基部或下部。

   34. 植株高 30 厘米以上。

    35. 植株近直立，高 30-40 厘米；根托生于主茎下部 ┈┈┈┈┈┈ 25. **大叶卷柏 S. bodinieri**

    35. 植株直立，高 40-75 厘米；根托生于主茎基部 ┈┈┈┈┈ 25(附). **拟大叶卷柏 S. decipiens**

   34. 植株通常高 30 厘米以下。

    36. 孢子叶二型，上侧孢子叶较下侧的长。

     37. 主茎细弱，高 5-15 厘米；中叶椭圆形或倒卵形 ┈┈┈┈ 26. **膜叶卷柏 S. leptophylla**

     37. 主茎粗壮，高达 30 厘米；中叶倒卵形 ┈┈┈┈┈ 26(附). **拟双沟卷柏 S. pennata**

    36. 孢子叶非二型。

     38. 主茎基部无块茎。

      39. 腋叶多卵状三角形 ┈┈┈┈┈┈┈┈┈┈┈┈ 27. **疏松卷柏 S. effusa**

      39. 腋叶多卵状披针形。

       40. 主茎明显；叶排列稀疏；根托生于主茎基部；侧叶基部略有短睫毛 ┈┈┈┈┈┈

       ┈┈┈┈┈┈┈┈┈┈┈┈┈┈┈┈┈┈┈ 28. **细叶卷柏 S. labordei**

       40. 主茎不明显，下部开始分枝；根托生于主茎下部；侧叶基部具长睫毛 ┈┈┈

       ┈┈┈┈┈┈┈┈┈┈┈┈┈┈┈┈┈┈┈ 29. **高雄卷柏 S. repanda**

     38. 主茎基部有块茎 ┈┈┈┈┈┈┈┈┈┈┈┈┈ 30. **块茎卷柏 S. chrysocaulos**

  33. 植株具匍匐主茎，分枝直立或匍匐；根托断续着生。

41. 植株较大，长匍匐；能育枝不为直立的枝叶系统；主茎和侧枝断续生根托。

  42. 中叶倒卵形，中部以上最宽，上部边缘具长睫毛 ·········· **31. 双沟卷柏 S. bisulcata**

  42. 中叶非上述。

    43. 中叶先端具芒；上侧孢子叶的翼不达叶尖。

      44. 侧叶下侧边缘全缘 ·········· **32. 微齿钝叶卷柏 S. ornata**

      44. 侧叶下侧边缘基部具睫毛 ·········· **32(附). 钝叶卷柏 S. amblyphylla**

    43. 中叶先端渐尖或具短尖；上侧孢子叶的翼达叶尖；主茎基部无游走茎 ······· **33. 单子卷柏 S. monospora**

41. 植株小型，具匍匐茎和直立能育枝叶系统；根托生于匍匐茎上，或达直立枝下部。

  45. 植株细小，匍匐茎短小，纤细，在地表绕成小的圆环；孢子叶穗长，通常植株主要由孢子叶穗组成 ·········· **34. 缘毛卷柏 S. ciliaris**

  45. 植株非上述。

    46. 侧叶基部上侧无长睫毛，边缘具细齿或短睫毛。

      47. 能育枝短，和匍匐主茎在一个水平面，或斜升，不似独立生长的植株；叶边缘具细齿 ·········· **35. 异穗卷柏 S. heterostachys**

      47. 能育枝长而直立，似独立生长的植株。

        48. 中叶基部心形，具短睫毛 ·········· **28. 细叶卷柏 S. labordei**

        48. 中叶基部非心形，边缘具细齿 ·········· **35. 异穗卷柏 S. heterostachys**

    46. 侧叶基部上侧具长睫毛。

      49. 能育枝直立；侧叶干时向上内卷。

        50. 侧叶下侧基部边缘具细齿或短睫毛，余近全缘。

          51. 中叶卵形 ·········· **36. 剑叶卷柏 S. xipholepis**

          51. 中叶披针形 ·········· **37. 鞘舌卷柏 S. vaginata**

        50. 侧叶下侧边缘全缘，或基部有 1-2 根睫毛 ·········· **38. 缅甸卷柏 S. kurzii**

      49. 能育枝匍匐；叶干时不内卷，侧叶非镰形；中叶宽卵形或近圆形，叶无白边，边缘疏具睫毛 ·········· **39. 毛边卷柏 S. chaetoloma**

32. 孢子叶穗正置，不倒置，上侧孢子叶较小，下侧的较大。

  52. 孢子叶穗紧密；中叶和侧叶边缘具较长睫毛 ·········· **40. 地卷柏 S. prostrata**

  52. 孢子叶穗较疏散；中叶和侧叶边缘具短睫毛或细齿；能育枝直立或斜升，二叉分枝；叶较小，边缘具短睫毛 ·········· **41. 松穗卷柏 S. laxistrobila**

6. 孢子叶排列较疏散，孢子叶穗疏散；孢子叶和营养叶同形或近同形。

  53. 孢子叶穗略背腹扁，孢子叶二型，和营养叶同大，相对应，上侧的较下侧的小 ··· **42. 伏地卷柏 S. nipponica**

  53. 孢子叶穗圆柱形，孢子叶较营养叶小，一型 ·········· **43. 小卷柏 S. helvetica**

1. 西伯利亚卷柏　　　　　　　　图 36 : 4-5

Selaginella sibirica (Milde) Hieron. in Hedwigia 39: 290. 1900.

Selaginella rupestris f. *sibirica* Milde, Filic. Europ. Atlant. : 262. 1867.

    石生或土生，密集呈垫状。茎匍匐或倾斜；主茎明显，侧生分枝短而多；侧枝上升，约 2 毫米宽（包括叶），长 0.5-1 厘米，再生出 1-3 个短小枝。根托由茎上侧生出，沿茎各部遍生。叶质厚，一型，紧密排列，深绿色，线状披针形，长 1.9-2.2 毫米（不包括叶尖芒长），宽 0.3-0.4 毫米；茎下面和侧面的叶向上，上侧叶斜升；中肋背面明显；基部楔形，下延或圆，贴生，边缘密被睫毛，睫毛平展或斜升；叶先端龙骨状，钝头或截形；叶尖芒长达叶片 1/3-1/5，通直，有短毛。孢

子叶穗紧密，四棱柱形，单生于小枝末端，长 0.5-10（-2.5）厘米；孢子叶一型，卵状三角形或卵状披针形；大孢子叶分布于下部，大孢子叶分布于上部。大孢子淡黄色；小孢子淡黄色。

产黑龙江、吉林及内蒙古，生于干旱山坡草地、岩石上。朝鲜半

岛北部、日本北部、蒙古、东西伯利亚、白令海峡、俄罗斯远东地区、阿拉斯加及加拿大有分布。

2.　细瘦卷柏　　　　　　　　　　图 36：6-7

Selaginella vardei H. Lévl, Cat. Pl. Yunnan 172. f. 41. 1917.

石生或土生，密集呈垫状。茎和枝无背腹性，纤细，长匍匐或倾斜，分枝多，长 1-5 厘米，连叶宽约 1 毫米，多回叉状分枝，再生出 1-4 个短小枝。根托由茎上侧生出，沿茎各部遍生。叶草质，一型，紧密排列，线状披针形或窄披针形，长 1.8-2 毫米（不包括叶尖芒长），宽 0.3-0.4 毫米，中肋背面明显，基部下延贴生，常有毛，边缘疏被睫毛，睫毛斜升；叶先端扁

平，渐窄；叶尖芒长达叶片 1/3，直或弯曲，有短毛。孢子叶穗紧

密，四棱柱形，单生于小枝末端，长 0.5-1.5（-2）厘米；孢子叶一型，卵状三角形或卵状披针形；大孢子叶分布于下部，大孢子叶分布于上部，有时只有小孢子叶。大孢子淡黄色；小孢子淡黄色。

产甘肃南部、四川、云南及西藏，生于海拔（950-）2700-3800 米灌丛下石缝中，或苔藓覆盖的岩石上。

3.　印度卷柏　　　　　　　　　　图 36：1-3

Selaginella indica (Milde) R. M. Tryon in Ann. Missouri Bot. Gard. 42: 52. f. 27. map. 32. 1955.

Selaginella rupestris f. indica Milde, Filic. Eur et Atl. 262. 1867.

石生或土生，密集呈垫状。茎和枝具背腹性，匍匐或倾斜；主茎明显，侧生分枝多，长 1.5-2.5 厘米，连叶宽约 2 毫米，一至二回羽状分枝，再生出 3-7 个短小枝。根托由茎上侧生出，沿茎各部遍生。叶草质，一型，略疏散排列，线状披针形，长 1.8-2.3 毫米（不包括叶尖芒长），宽 0.3-0.5 毫米；茎下面的叶黄棕色，侧面的叶斜升，中肋背面明显，基部楔形，下延或圆，贴生，

边缘疏被睫毛，睫毛斜升；叶先端扁平，渐窄；叶尖芒长达叶片 1/5，通直，有短毛。孢子叶穗紧密，四棱柱形，单生于小枝末端，长 0.5-2.5 厘米；孢子叶一型，卵状三角形或卵状披针形；大孢子叶分布于下部，大孢子叶分布于上部；孢子桔黄色。

产四川南部、云南及西藏，生于海拔 1500-2800 米干热河谷山坡或山顶裸露岩石上。印度、尼泊尔及不丹有分布。

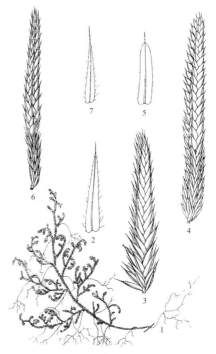

图 36：1-3. 印度卷柏　 4-5. 西伯利亚卷柏　
6-7. 细瘦卷柏　（冀朝祯绘）

4. 红枝卷柏 圆枝卷柏 图37

Selaginella sanguinolenta (Linn.) Spring in Bull. Acad. Roy. Sci. Bruxelles. 10: 135. 1843.

Lycopodium sanguinolentum Linn. Sp. Pl.: 1104. 1753.

土生或石生，旱生，夏绿蕨类，高（5-）10-30厘米，匍匐，具横走根茎，茎枝纤细，交织成片。根托在主茎与分枝上断续着生，由茎枝分叉处下面生出，长2.5-5（-15）厘米，纤细，径0.24-0.38毫米；根多分叉，密被根毛。主茎全部分枝，非之字形，或多少呈之字形，主茎下部径0.36-0.74毫米，茎圆柱状，无沟槽，红褐或褐色，无毛，内具维管束1条，侧枝三至四回羽状分枝，相邻侧枝间距2-4厘米，分枝光滑，末回分枝连叶宽0.7-1.9毫米。叶覆瓦状排列，不明显的二型，叶质较厚，表面光滑，边缘不为全缘或近全缘，不具白边；主茎上的叶覆瓦状排列，略大于分枝的叶，略二型，中叶绿色，披针形或卵状披针形，鞘状，叶背呈龙骨状，基部盾状，边缘撕裂，有睫毛。主茎的腋叶较分枝的大，窄长圆形，先端圆钝，基部盾状；分枝的腋叶对称，窄椭圆形或窄长圆形，长0.8-2.1毫米，边缘撕裂，有睫毛；中叶多少对称，主茎的略大于分枝的，分枝的卵状斜方形，长0.8-1.5毫米，覆瓦状排列，脊状隆起或隆起，叶先端与轴平行，具小尖头，基部斜，盾状，边缘近全缘或撕裂状并具睫毛；侧叶不对称，主茎的较分枝的大，分枝的长圆状倒卵形或倒卵形，略斜升，紧密排列，长1-2毫米，先端短芒状或具小尖头，基部上侧不扩大，覆盖小枝，上侧边缘膜质近全缘，基部下侧下延，撕裂状并有睫毛。孢子叶穗紧密，四棱柱形，单生于小枝末端，长0.6-3（-8）厘米；孢子叶与营养叶近似，孢子叶一型，无白边，宽卵形，边缘略撕裂状并具睫毛，锐龙骨状，先端尖；大、小孢子叶在孢子叶穗下侧间断排列。大孢子浅黄色；小孢子桔黄或桔红色。

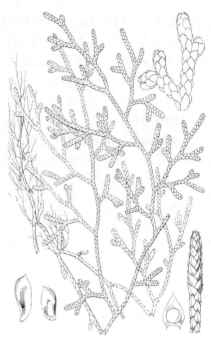

图 37 红枝卷柏 （引自《图鉴》）

产黑龙江、辽宁、内蒙古、河北、山西、河南、陕西、宁夏、甘肃、青海、新疆、贵州、四川、云南及西藏，生于海拔1400-3450米石灰岩上。蒙古、俄罗斯西伯利亚及喜马拉雅有分布。

[附] 白边卷柏 彩片 12 **Selaginella albocincta** Ching in Acta Bot. Yunnan. 3(2): 251. 1981. 本种与红枝卷柏的主要区别：叶有白边。产四川西南部、云南西北部、西藏东部及东南部，生于海拔1700-3250米热河谷岩石山坡灌丛下。

5. 卷柏 图38 彩片 13

Selaginella tamariscina (P. Beauv.) Spring in Bull. Acad. Roy. Sci. Bruxelles 10: 136. 1843.

Stachygynandrum tamariscinum P. Beauv. in Mag. Encycl. 11: 483. 1804.

土生或石生，复苏蕨类，呈垫状。根托生于茎基部，长0.5-3厘米，径0.3-1.8毫米，根多分叉，密被毛，和茎及分枝密集形成树状主干，有时高达数十厘米。主茎自中部羽状分枝或不等2叉分枝，非之字形，无关节，禾秆色或棕色，不分枝主茎高10-20（-35）厘米，茎卵状圆柱形，无沟槽，光滑，维管束1条；侧枝2-5对，二至三回羽状分枝，

小枝稀疏，规则，分枝无毛，背腹扁，末回分枝连叶宽1.4-3.3毫米。叶交互排列，二型，叶质厚，光滑，边缘具白边，主茎的叶较小枝的略大，覆瓦状排列，绿或棕色，边缘

有细齿；分枝的腋叶对称，卵形、卵状三角形或椭圆形，长0.8-2.6厘米，边缘有细齿，黑褐色；中叶不对称，椭圆形，长1.5-2.5厘米，覆瓦状排列，背部非龙骨状，先端具芒，外展或与轴平行，基部平截，边缘有细齿（基部有短睫毛），不外卷，不内卷；侧叶不对称，小枝的卵形、三角形或矩圆状卵形，略斜升，重叠，长1.5-2.5厘米，先端具芒，基部上侧宽，覆盖小枝，基部上侧边缘撕裂状或具细齿，下侧边近全缘，基部有细齿或具睫毛，反卷。

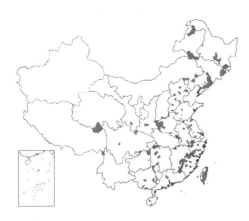

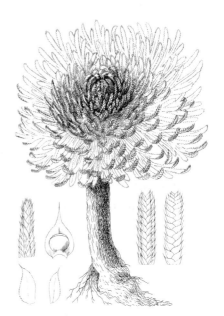

图 38 卷柏 （引自《图鉴》）

孢子叶穗紧密，四棱柱形，单生于小枝末端，长1.2-1.5厘米；孢子叶一型，卵状三角形，边缘有细齿，具白边（膜质透明），先端有尖头或具芒；大孢子叶在孢子叶穗上下两面不规则排列。大孢子浅黄色；小孢子桔黄色。

产黑龙江、吉林、辽宁、内蒙古、河北、山东、山西、河南、陕西、甘肃、青海、江苏、安徽、浙江、台湾、福建、江西、湖北、湖南、广东、香港、海南、广西、贵州、四川及云南，生于海拔（60-）500-1500（-2100）米石灰岩上。俄罗斯西伯利亚、朝鲜半岛、日本、印度和菲律宾有分布。

6. 垫状卷柏

图 39

Selaginella pulvinata (Hook. et Grev.) Maxim. in Mem. Acad. Imp. Sci. St. Petersb. 9: 335. 1859.

Lycopodium pulvinatum Hook. et Grev. in Bot. Misc. 2: 381. 1831.

土生或石生，旱生复苏蕨类，呈垫状，无匍匐根茎或游走茎。根托生于茎基部，长2-4厘米，径0.2-0.4毫米，根多分叉，密被毛，和茎及分枝密集形成树状主干，高数厘米。主茎自近基部羽状分枝，非之字形，禾秆色或棕色，主茎下部径1毫米，无沟槽，光滑，维管束1条；侧枝4-7对，二至三回羽状分枝，小枝排列紧密，主茎上相邻分枝相距约1厘米，分枝无毛，

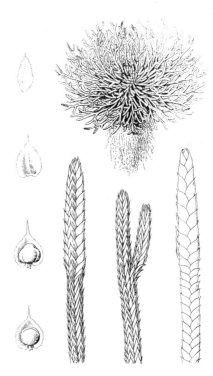

图 39 垫状卷柏 （冀朝祯绘）

背腹扁，主茎在分枝部分中部连叶宽2.2-2.4毫米，末回分枝连叶宽1.2-1.6毫米。叶交互排列，二型，叶质厚，光滑，无白边；主茎的叶略大于分枝的叶，重叠，绿或棕色，斜升，边缘撕裂状。分枝的腋叶对称，卵圆形或三角形，长2.5厘米，宽1毫米，边缘撕裂状并具睫毛；小枝的叶斜卵形或三角形，长2.8-3.1毫米，覆瓦状排列，背部非龙骨状，先端具芒，基部平截（具簇毛），边缘撕裂状，并外卷；侧叶不对称，长圆形，略

斜升，长 2.9-3.2 厘米，先端具芒，边缘全缘，基部上侧宽，覆盖小枝，基部上侧边缘撕裂状，基部下侧非耳状，边缘非全缘，呈撕裂状，下侧边缘内卷。孢子叶穗紧密，四棱柱形，单生于小枝末端，长 1-2 厘米；孢子叶一型，无白边，边缘撕裂状，具睫毛；大孢子叶分布于孢子叶穗下部下侧或中部下侧或上部下侧。大孢子黄白或深褐色；小孢子浅黄色。

产黑龙江、吉林、辽宁、河北、山东、山西、河南、陕西、甘肃、台湾、福建、江西、广西、贵州、四川、云南及西藏，生于海拔（100-）1000-3000（-4250）米石灰岩上。蒙古、俄罗斯西伯利亚、朝鲜半岛、日本、印度北部、越南及泰国有分布。

7. 毛枝卷柏　　　　　　　图 40

Selaginella trichoclada Alston in Journ. Bot. (London) 70: 63. 1932.

土生，直立，高 0.5-0.8（1.1）米，具横走地下根茎和游走茎。

根托生于茎基部，长 5-7 厘米，径 0.4-1.6 毫米，根多分叉，被毛。主茎中下部羽状分枝，呈之字形，禾秆色，不分枝主茎高（5-）10-20 厘米，主茎下部径 2-4 毫米，茎有棱，具沟槽，无毛或分叉处被毛，维管束 3 条，主茎顶端非黑褐色，侧枝 5-7 对，二至三回羽状分枝，小枝较密，排列规则，主茎分枝相距 6-12 厘米，带叶小枝背腹扁，两面被毛，主茎的分枝部分中部连叶宽 6-8 毫米，末回分枝连叶宽 3-5 毫米。叶交互排列（除不分枝主茎上的叶外），二型（除不分枝主茎的叶外），草质，光滑，全缘，具白边，不分枝主茎的叶排列稀疏，相距 1.5-2 厘米，较分枝的大，一型，绿色，卵形，背腹扁，背部非龙骨状，全缘；主茎的侧叶大于侧枝的，宽卵形或近圆形，长 3.8-4.5 厘米，基部钝或近心形；分枝的腋叶对称，窄椭圆形，长 2.4-4.2 厘米，全缘，基部双耳状；中叶不对称，主茎的略大于分枝的，分枝的镰形，长 1.2-1.5 厘米，相互排列，背部非龙骨状，先端交叉，先端尖，基部楔形，全缘；侧叶不对称，主茎的较侧枝上的大，分枝的长圆形或镰形，略斜升或外展，接近，长 2.5-4 厘米，先端渐尖，全缘，上侧基部具三角形耳，不覆盖小枝，下侧边基部无耳。孢子叶穗紧密，四棱柱形，单生于小枝末端，长 0.4-1 厘米；孢子叶一型，宽卵形或近圆形，全缘，具白边，先端尖或渐尖，略呈龙骨状；一个大孢子叶分布于孢子叶穗中部的下侧和基部的下侧，其余的均微小孢子叶。大孢子深褐色；小孢子浅黄色。

产安徽、浙江、福建、江西、湖南、广东、广西、贵州及云南，

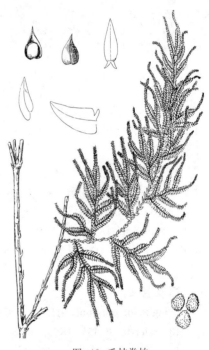

图 40 毛枝卷柏
（孙英宝仿《Fl. Gen. Indo-Chine》）

生于海拔 150-900 米林下。

[附] **毛枝攀援卷柏** 图版 24：1-7 **Selaginella pseudopaleifera** Hand.-Mazz. in Sitzb. K. Acad. Wiss. Wien 61: 82. 1924. 本种与毛枝卷柏的主要区别：主茎在分枝部分光滑，分枝下面被短毛，主茎不呈“之”字型弯曲；叶无白边或微具白边。产广西及云南，生于海拔 200-350 米常绿阔叶林或竹林下。

8. 布朗卷柏　　　　　　　图 41

Selaginella braunii Baker in Gard. Chron. 783. 1120. 1867.

土生或石生，旱生，常绿或夏绿蕨类，直立，高 10-45 厘米，主茎长，不分枝，上部羽状，复叶状。主茎禾秆色或红色，基部具沿

地面匍匐根茎和游走茎。根托生于匍匐根茎或游走茎，长 2-5 毫米，径 0.5-1 毫米，先端多次分叉，密被毛。主茎从中部或上部分枝，下部不分枝主茎长（0.3-）0.8-1.3（-2.5）厘米，径 0.5-2（-3）毫米，茎

通常近四棱柱形或圆柱形，无纵沟，光滑或被毛，主茎顶端不变黑，分枝 4-8 对，2-3 次羽状，分枝稀疏，主茎相邻分枝（3-）5-8（-11）厘米远，分枝上下两面被毛，背腹扁，末回分枝连叶宽 2.5-4.5 毫米。叶除主茎的外均交互排列，二型，质较厚，光滑，皱缩，无白边，叶脉不分叉；不分枝主茎的叶长，疏离，一型，长圆形，贴生，非龙骨状，主茎下部和根茎及游走茎的叶盾状着生，边缘撕裂或撕裂并具睫毛；分枝腋叶对称，长椭圆形、窄椭圆形或长圆形，长 1.8-3.2 毫米，近全缘或具微细齿，或具短睫毛，基部无耳；分枝部分主茎中叶不明显大于分枝的，窄椭圆形或镰形，紧接或覆瓦状，长 1.6-2.8 毫米，非龙骨状，渐尖，基部斜楔形或渐窄，近全缘；侧叶不对称，分枝部分主茎的不明显大于分枝的，分枝的卵状三角形或长圆状镰形，斜上，长 1.6-2.2 毫米，叶尖或具短尖头，上侧基部圆，不覆盖茎和分枝，下侧基部不扩大，下延，上侧边和下侧边近全缘，略内卷。孢子叶穗紧密，四棱柱形，单生于小枝末端，长 5-6 毫米；孢子叶一型，无白边，上侧孢子叶宽卵形，边缘具细齿，下侧孢子叶宽卵形，近全缘或具细齿；大孢子叶分布于孢子叶

图 41 布朗卷柏 （冀朝祯绘）

穗的下侧。大孢子白色；小孢子叶淡黄色。

产安徽、浙江、湖北、湖南、海南、贵州、四川及云南，生于海拔（50-）400-1400（-1800）米石灰岩石缝。马来半岛有分布。

9. 二形卷柏

图 42 彩片 14

Selaginella biformis A. Braun ex Kuhn in Forsch. Gazelle IV, Bot. 6: 17. 1889.

土生或石生，常绿，直立或匍匐，高 15-45 厘米，主茎长，不

分枝，上部羽状，复叶状，或匍匐生长，茎禾秆色，具沿地面匍匐的根茎和游走茎。根托生于匍匐根茎或游走茎，长 1-2 厘米，纤细，径 0.1-0.5 毫米，根少分叉。不分枝的主茎长 10-30 厘米，主茎下部径 1-1.5 毫米，茎具棱或近四棱柱形，具沟槽，不分枝主茎光滑或分枝部分被毛，主茎顶端不变黑，侧生分枝 4-7 对，二回羽状，分枝密集，主茎上相邻分枝 2-4 厘米远，分枝下面被毛，背腹扁，主茎在分枝部分中部连叶宽 4-5 毫

图 42 二形卷柏 （冀朝祯绘）

米，末回分枝连叶宽2-3毫米。叶除不分枝的主茎长交互排列，二型，草质，光滑，无白边，叶脉不分叉；不分枝主茎的叶远生，较分枝的叶大，一型，带红或绿色，卵形，伏贴，非龙骨状，或略龙骨状，非盾状着生，具细齿；分枝的腋叶略不对称，卵状披针形，长1.8-2.4毫米，下部边缘具睫毛，基部无耳；中叶不对称，分枝部分主茎的中叶不明显大于分枝的，分枝的卵形，排列紧密，长0.8-1.4毫米，非龙骨状，叶尖具芒，基部偏斜心形，边缘具极短睫毛；侧叶不对称，分枝部分主茎的不明显大于分枝的，分枝的长圆状镰形或镰形，斜升，紧接或覆瓦状，长1.8-3.2毫米，叶尖，上侧基部不扩大，不覆盖茎和分枝，基部下侧扩大或圆，上侧边缘全缘，上侧边缘睫毛状或有细齿，下侧边缘除基部有少数睫毛外近全缘。孢子叶穗紧密，四棱柱形，单生于小枝末端，长0.5-1.5厘米；孢子叶一型，无白边，上侧孢子叶卵形，具细齿，锐龙骨状，叶尖，下

侧孢子叶卵形，边缘具短睫毛，锐龙骨状；大孢子叶分布于孢子叶穗下部的下侧，或大、小孢子叶相间排列。大孢子白色，或深棕色，小；小孢子橙色。

产福建、广东、香港、海南、广西、贵州及云南，生于海拔100-1500米林下阴湿地或岩石上。日本、印度、斯里兰卡、越南、老挝、柬埔寨、缅甸、泰国、马来西亚、菲律宾及印度尼西亚有分布。

10. 旱生卷柏
图 43 彩片 15

Selaginella stauntoniana Spring in Mém. Acad. Roy. Sci. Belgique 24 (Monogr. Lycopod. 2): 71. 1850.

石生，旱生，直立，高15-35厘米，具横走地下根茎，着生鳞片状红褐色的叶。根托生于横走茎，长0.5-1.5厘米，径0.3-0.5毫米，根多分叉，密被毛。主茎部分枝或自下部分枝，羽状分枝，非之字形，无关节，红或褐色，不分枝主茎高5-28厘米，主茎下部径0.8-2毫米，茎卵圆柱状或圆柱状，无沟槽，维管束1条；侧枝3-5对，二至三回羽状分枝，小枝规则，

主茎相邻分枝相距1.4-3.4厘米，分枝无毛，背腹扁，末回分枝连叶宽1.8-3.2毫米。叶交互排列（除不分枝主茎上的叶外），二型（除不分枝主茎上的叶外），叶质厚，光滑，非全缘，无白边；不分枝主茎的叶排列紧密，不大于分枝的叶，一型，棕或红色，卵状披针形，鞘状，基部盾状，紧贴，边缘撕裂状；分枝的腋叶略不对称，三角形，长1-1.7毫米，边缘膜质，撕裂状；中叶不对称，长1-1.7毫米，卵状椭圆形，长0.7-1.7毫米，覆瓦状排列，背部非龙骨状，先端与轴平行，具芒，基部平截，全缘或近全缘，略反卷；侧叶不对称，主茎的侧叶大于分枝的，分枝的斜卵形或斜长圆形，略斜生，排列紧密，长1.4-2.2毫米，先端具芒，上侧基部圆，覆盖茎枝，上侧边缘非全缘，上侧边缘透明膜质，具细齿，下侧全缘（基部有一根睫毛）。孢子叶穗紧密，四棱柱形，单生于小枝末端，长0.5-2厘米；孢子叶一型，卵状三角形，边缘膜质撕裂或撕裂状具睫毛，透明，先端具长尖头或具芒，龙骨状；大孢子叶和小孢子叶在孢子叶穗上相间排列，或大孢子叶

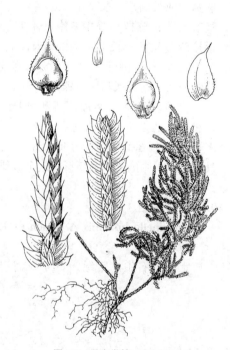

图 43 旱生卷柏 （冀朝祯绘）

分布于中部下侧，或散布于孢子叶穗下侧。大孢子桔黄色；小孢子桔黄或桔红色。

产吉林、辽宁、河北、山东、山西、河南、陕西、宁夏及台湾，生于海拔500-2500米石灰岩石缝中。朝鲜半岛有分布。

11. 兖州卷柏

图 44

Selaginella involvens (Sw.) Spring in Bull. Acad. Roy. Sci. Bruxelles 10: 136. 1843.

Lycopodium involvens Sw. Syn. Fil. 182. 1806.

石生，旱生，直立，高 15-35（-65）厘米，具横走地下根茎和

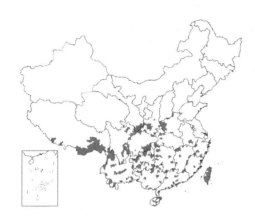

游走茎，着生鳞片状淡黄色的叶。根托生于葡匐根茎和游走茎，长 0.5-1.5 厘米，纤细，径 0.1-0.2 毫米，根少分叉，被毛。主茎自中部向上羽状分枝，无关节，禾秆色，不分枝主茎高 5-25 厘米，主茎下部径 1-1.5 毫米，茎圆柱状，无毛，内具维管束 1 条，茎中部分枝，侧枝 7-12 对，二至三回羽状分枝，小枝较密排列规则，主茎分枝相距 1.5-4.5 厘米，分枝无毛，背腹扁，主茎分枝部分中部连叶宽 4-6 毫米，末回分枝连叶宽 2-3 毫米。叶（除不分枝主茎的外）交互排列，二型，纸质或较厚，光滑，非全缘，无白边；不分枝主茎的叶不大于分枝的，略一型，绿色，主茎基部与横走根状茎的黄色，长圆状卵形或卵形，鞘状，背部非龙骨状或略龙骨状，边缘有细齿；主茎的腋叶不明显大于侧枝的，三角形，平截，分枝的对称，卵圆形或三角形，长 1.1-1.6 毫米，有细齿；中叶多少对称，主茎的大于分枝的，有细齿，先端具芒或尖头，基部平截或斜或一侧有耳（基部有簇状睫毛），分枝的卵状三角形或卵状椭圆形，长 0.6-1.2 毫米，覆瓦状排列，背部略龙骨状，先端与轴平行，具长尖头或短芒，基部楔形，具细齿；侧叶不对称，主茎的大于分枝的，分枝的卵圆形或三角形，略斜升，排列紧密或相互覆盖，长 1.4-2.4 毫米，先端稍尖或具短尖头，具细齿，基部上侧扩大，覆盖小枝，上侧基部边缘透明，具细齿，下侧基部圆，下侧全缘。孢子叶穗紧密，四棱柱形，单生于小枝末端，长 0.5-1.5 厘米；孢子叶一型，卵状三角形，具细齿，无白边，

图 44 兖州卷柏 （引自《图鉴》）

先端渐尖，锐龙骨状；大、小孢子叶相间排列，或大孢子叶穗位于中部下侧。大孢子白或褐色；小孢子桔黄色。

产河南、陕西、甘肃、安徽、浙江、台湾、福建、江西、湖北、湖南、广东、香港、海南、广西、贵州、四川、云南及西藏，生于海拔 450-3100 米岩石上，或偶在林中附生树干上。朝鲜半岛、日本、东喜马拉雅、印度、斯里兰卡、越南、老挝、柬埔寨、缅甸、泰国及马来西亚有分布。

12. 狭叶卷柏

图 45

Selaginella mairei H. Lévl, Sertum Yunnan. 299. 1916 et Cat. Pl. Yunnan: 127. f. 40. 1915-17.

土生或石生，直立，高 10-40 厘米，具横走地下根茎（横走根茎的叶一型，鳞片状，粉红色，边缘撕裂呈流苏状）。根托生于横走茎或游走茎，长 0.2-5 厘米，径 0.4-0.8 毫米，根多分叉（长达 5 厘米），密被毛。主茎上部羽状分枝，无关节，红色（幼嫩时）或禾秆色，主茎高 2-15 厘米，主茎下部径 1-2.2 毫米，茎圆柱状，上部具翅，无毛，维管束 1 条；侧枝 4-8 对，1-2 回羽状分枝，分枝稀疏，主茎分枝相距 3-9 厘米，分枝无毛，背腹扁，末回分枝连叶宽 2.5-4 毫米。叶交互排列（除不分枝主茎上的叶外），二型（除不分枝主茎上的叶外），叶质厚，

光滑，皱褶，荫处幼枝有红色光泽，非全缘，无白边；主茎的叶稀疏排列，一型，绿色，披针形，斜升，基部盾状，边缘具睫毛；主茎的腋叶大，窄长圆状椭圆形，平截，分枝的腋叶对称，长圆状椭圆形，长 1.2-1.6 毫米，叶缘下部睫毛状。中叶不对称，主茎的略大于分枝的，

分枝的斜镰形、椭圆状披针形或斜方形，长0.8-1.8毫米，排列紧密，先端与轴平行，具长尖头或芒，基部斜下延，略盾状，外侧边短睫毛状，内侧边近全缘；侧叶不对称，长圆状披针形或斜卵形，略斜升，长1.4-2毫米，先端具短尖头，近全缘，上侧基部不覆盖小枝，上侧基部睫毛状，向先端稀疏有睫毛，基部下侧略膨大，下侧边近全缘或全缘，基部睫毛状。孢子叶穗紧密，四棱柱形，单生于小枝末端，长0.5-1厘米；孢子叶一型，宽卵形或近圆形，无白边，先端有小尖头；大孢子叶分布于孢子叶穗中部的下侧。大孢子白或桔黄色；小孢子桔黄或淡黄色。

产贵州、四川及云南，生于海拔（300-）1100-2600（-3000）米灌丛中岩石上或山坡草地。缅甸有分布。

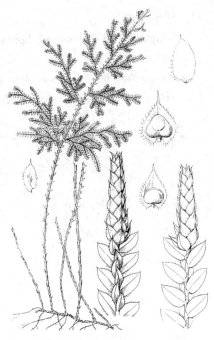

图 45　狭叶卷柏　（冀朝祯绘）

13. 江南卷柏 　　　　　　　　　　　图 46

Selaginella moellendorffii Hieron. in Hedwigia 41: 178. 1902, et in Engl. et Prantl, Pflanzenfam. 1(4): 680. 1902.

土生或石生，直立，高20-55厘米，具横走地下根茎和游走茎，着生鳞片状淡绿色的叶。根托生于茎基部，长0.5-2厘米，径0.4-1毫米，根多分叉，密被毛。主茎中上部羽状分枝，无关节，禾秆色或红色，主茎高（5-）10-25厘米，主茎下部径1-3毫米，茎圆柱状，无毛，内具维管束1条；侧枝5-8对，二至三回羽状分枝，小枝较密，主茎分枝相距2-6厘米，分枝无毛，背腹扁，末回分枝连叶宽2.5-4毫米。叶（除不分枝主茎上的外）交互排列，二型，草质或纸质，光滑，具白边；主茎的叶较疏，一型，绿色，黄或红色，三角形，鞘状或紧贴，边缘有细齿；主茎腋叶卵形或宽卵形，平截，分枝的对称，卵形，长1-2.2毫米，有细齿；中叶不对称，卵圆形，长0.6-1.8毫米，覆瓦状排列，先端与轴平行或顶端交叉，具芒，基部近心形，有细齿；侧叶不对称，主茎的较侧枝的大，长2-3毫米，分枝的卵状三角形，略向上，紧密，长1-2.4毫米，先端尖，有细齿，上侧边缘基部宽，不覆盖小枝，有细齿，下侧边缘基部略膨大，近全缘（基部有细齿）。孢子叶穗紧密，四棱柱形，单生于小枝末端，长0.5-1.5厘米，孢子叶一型，卵状三角形，有细齿，具白边，先端

图 46　江南卷柏　（孙英宝绘）

渐尖，龙骨状；大孢子叶分布于孢子叶穗中部的下侧。大孢子浅黄色；小孢子桔黄色。

产河南、陕西、甘肃、江苏、安徽、浙江、台湾、福建、江西、湖北、湖南、广东、香港、海南、

广西、贵州、四川及云南,生于海拔100-1500米岩石缝中。越南、柬埔寨、菲律宾有分布。

14. 薄叶卷柏

图47

Selaginella delicatula (Desv.) Alston in Journ. Bot. (London) 70:282. 1932.

Lycopodium delicatulum Desv. in Poir. in Lam. Encycl. Suppl. 3:554. 1813.

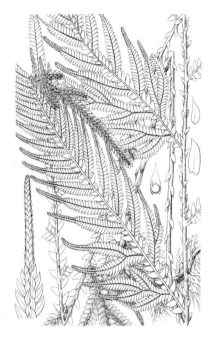

图47 薄叶卷柏 (引自《图鉴》)

土生,直立或近直立,基部横卧,高35-50厘米,基部有游走茎。根托生于主茎中下部,自主茎分叉处下方生出,长1.5-12厘米,径0.4-2毫米,根少分叉,被毛。主茎中下部羽状分枝,禾秆色,主茎下部径1.8-3毫米,茎卵圆柱状或近四棱柱形或具沟槽,维管束3条,侧枝5-8对,一回羽状分枝,或基部二回,小枝较密,主茎分枝相距2.8-5.2厘米,分枝无毛,背腹扁,主茎分枝部分中部连叶宽5-6毫米,末回分枝连叶宽4-5毫米。叶(除不分枝主茎上的外)交互排列,二型,草质,光滑,全缘,具窄的白边;不分枝主茎的叶稀疏,一型,绿色,卵形,背腹扁,全缘;主茎的腋叶大于分枝的,长2.4-3.6毫米,长圆状卵圆形,基部钝,分枝的不对称,窄椭圆形,长2.2-2.6毫米,全缘;中叶不对称,主茎的略大于分枝的,分枝的中叶斜,窄椭圆形或镰形,长1.8-2.4毫米,排列紧密,先端渐尖或尖,基部斜,全缘;侧叶不对称,主茎的较侧枝的大,分枝的侧叶长圆状卵形或长圆形,略上升,紧接或覆瓦状,长3-4毫米,先端尖或具短尖头,具微齿,上侧基部不扩大,上侧全缘,下侧基部圆,下侧全缘。孢子叶穗紧密,四棱柱形,单生于小枝末端,长0.5-1(-2)厘米;孢子叶一型,宽卵形,全缘,具白边,先端渐尖;大孢子叶分布于孢子叶穗中部的下侧。大孢子白或褐色;小孢子桔红或淡黄色。

产安徽、浙江、福建、台湾、江西、湖北、湖南、广东、香港、澳门、海南、广西、贵州、云南及四川,生于海拔100-1000米林下或荫处岩石上。不丹、尼泊尔、印度、斯里兰卡、越南、老挝、柬埔寨、缅甸、泰国、马来西亚、菲律宾及印度尼西亚有分布。

[附] 瓦氏卷柏 **Selaginella wallichii** (Hook. et Grev.) Spring, Mart. Fl. Bras. 1(2): 124. 1840. ——*Lycopodium wallichii* in Hook. et Grev., Hook. Bot. Misc. 2: 384. 1831. 本种与薄叶卷柏的主要区别:主茎脆硬;小枝单一不分枝;中叶先端同分枝平行。产广东、广西及云南,生于海拔100-1500米林下阴处。缅甸、马来西亚及新加坡有分布。

15. 黑顶卷柏

图48 彩片16

Selaginella picta A. Braun ex Baker in Journ. Bot. (London) 23:19. 1885.

土生,直立或近直立,基部横卧,高35-55(-85)厘米,无匍匐根茎,或游走茎。根托生于茎下部分枝腋处,偶生2个根托,1个由上面生出,长3-10厘米,径1-2毫米,根多分叉,近无毛。主茎近基部羽状分枝,淡绿或禾秆色,不分枝主茎高3-5厘米,主茎下部径2.5-5毫米,茎卵圆柱状或圆柱状,具沟槽,无毛,维管束3条,主茎先端黑褐色,有时分枝基部叶黑褐色,侧枝4-6对,一回羽状分枝,小枝较密,主茎分枝相距3-5厘米,分枝无毛,背腹扁,末回分枝连叶宽4.5-5.5毫米。叶(除主

茎上的外）交互排列，二型，草质，光滑，全缘，略具白边，主茎叶稀疏，多少二型，绿色，长圆形，背腹扁，全缘；主茎腋叶

大于侧枝的，长5-6.5毫米，长圆状卵圆形，近心形，分枝的对称，卵状披针形，长2-3.8毫米，全缘，基部略心形；中叶不对称，分枝的斜长圆形，长1.2-2.5毫米，紧密，先端交叉，先端渐尖或尾尖，基部斜，略近心形，全缘；侧叶不对称，分枝的镰形，略向上，紧密，长3-6毫米，先端近尖，全缘，上侧基部，不覆盖小枝，上侧全缘，基部下侧略膨大，下侧基部全缘。孢子叶穗紧密，四棱柱形，单个或成对生于小枝末端，长0.5-3.5厘米；孢子叶一型，卵状三角形，全缘，具白边，先端渐尖，锐龙骨状；大孢子叶分布于孢子叶穗中部或基部的下侧。大孢子褐色；小孢子淡黄色。

产台湾、江西西南部、海南、广西、贵州、云南及西藏，生于海拔450-1000（-1800）米密林中。印度东北部、越南、老挝、柬埔寨、缅甸及泰国有分布。

图 48 黑顶卷柏 （孙英宝仿 肖 溶绘）

16. 海南卷柏

图49

Selaginella rolandi - principis Alston in Journ. Bot. (London) 72: 228. 1934.

土生，直立，高20-45厘米，基部有游走茎。根托生于主茎中下部，分枝的腋处下面生出，或2个根托，1个由上面生出，长（2-）6-10（-24）厘米，径0.5-1.2毫米，根少分叉，被毛。主茎近基部羽状分枝，淡绿或禾秆色，不分枝主茎高达15厘米，主茎下部径2-3毫米，茎卵圆柱状，光滑，维管束1条，主茎顶端非黑褐色，侧枝3-7对，一至二次或一至二回羽状分枝，分枝稀疏不规则，主茎分枝相距5-8厘米，分枝无毛，背腹

扁，主茎在分枝部分中部连叶宽1.2-1.6厘米，末回分枝连叶宽1-1.5厘米。叶交互排列，二型，草质，光滑，非全缘，微具白边，不分枝主茎的叶紧密，较分枝上的大，二型，绿色，具细齿；主茎的腋叶较分枝上的大，卵状披针形，近心形，分枝的对称，窄长圆形，长3-4毫米，有细齿，基部略双耳状；中叶不对称，分枝的斜宽卵

图 49 海南卷柏 （引自《海南植物志》）

形，长2.5-4毫米，紧密，先端渐尖或尖，基部斜，近心形，具短缘毛；侧叶不对称，分枝的长圆

形，外展，长4.5-7毫米，先端具短尖头或钝，具不明显细齿，上侧边缘基部覆盖小枝，上侧边缘全缘，基部和先端具细齿，下侧边缘基部非耳状，下侧边缘全缘，基部和先端具微齿，微内卷。孢子叶穗紧密，四棱柱形，单生于小枝末端，或侧生，或成对，或分叉，有时3个一起，长0.5-3.7厘米；孢子叶一型，卵状三角形，有细齿，白边不明显，先端尖，锐龙骨状；大、小孢子叶相间排列，或大孢子叶分布于中部或上部的下侧。大孢子灰白色；小孢子淡黄色。

产海南、广西及云南东南部，生于海拔（100-）300-900（-1500）米林下阴处或溪边。越南有分布。

17. 深绿卷柏　　　　　　图50 彩片17

Selaginella doederleinii Hieron. in Hedwigia 43: 41. 1904.

土生，近直立，基部横卧，高25-45厘米，无匍匐根茎，或游走茎。

根托达植株中部，通常由茎分枝的腋处下面生出，偶生2个根托，1个由上面生出，长4-22厘米，径0.8-1.2毫米，根少分叉，被毛。主茎下部羽状分枝，禾秆色，主茎下部径1-3毫米，茎卵圆形或近方形，光滑，维管束1条；侧枝3-6对，二至三回羽状分枝，分枝稀疏，主茎枝相距3-6厘米，分枝无毛，背腹扁，主茎分枝部分中部连叶宽0.7-1毫米，末回分枝连叶宽4-7毫米。叶交互排列，二型，纸质，光滑，无虹彩，非全缘，无白边；主茎的腋叶较分枝的大，卵状三角形，基部钝，分枝的腋叶对称，窄卵圆形或三角形，长1.8-3毫米，有细齿；中叶不对称或多少对称，主茎的略大于分枝的，有细齿，先端具芒或尖头，基部钝，分枝的长圆状卵形、卵状椭圆形或窄卵形，长1.1-2.7毫米，覆瓦状排列，背部龙骨状隆起，先端与轴平行，先端具尖头或芒，基部楔形或斜近心形，具细齿；侧叶不对称，主茎的较侧枝的大，分枝的长圆状镰形，略斜升，紧密或覆盖，长2.3-4.4毫米，先端平或近尖或具短尖头，具细齿，上侧基部覆盖小枝，上侧基部有细齿，基部下侧略膨大，下侧边近全缘，基部具细齿。孢子叶穗紧密，四棱柱形，单个或成对生于小枝末端，长0.5-3厘米；孢子叶一型，卵状三角形，有细齿，白边不明显，先端渐尖，龙骨状；孢子叶穗上大、小孢子叶相间排列，或大孢子叶分布于基部的下侧。大孢子白色；

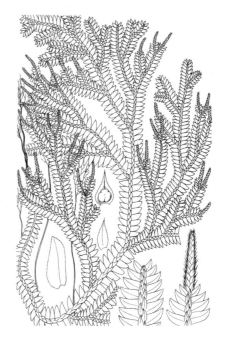

图 50 深绿卷柏 （引自《图鉴》）

小孢子桔黄色。

产安徽、浙江、台湾、福建、江西、湖南、广东、香港、海南、广西、贵州、云南及四川，生于海拔200-1000（-1350）米林下土生。日本、印度、越南、泰国及东马来西亚有分布。

18. 攀援卷柏　　　　　　图51

Selaginella helferi Warb. in Monsunia 1: 121. 1900.

土生，攀援，长0.5-2米，或更长。根托生于主茎中下部，由茎分枝腋处下面生出，偶生2个根托，1个由上面生出，长4-25厘米，径0.8-1.4毫米，根多分叉，被毛。主茎下部羽状分枝，禾秆色，主茎下部径2.6-3.8毫米，茎近四棱柱形，具沟槽，无毛或分叉处被毛，维管束3条，主茎先端非黑或黑色，侧枝5-15对，三回羽状分枝，小枝规则，主茎分枝相距5-16厘米，分枝无毛，背腹扁，末回分枝连叶宽5-8毫米。叶（除主茎上的叶外）交互排列，二型，草质或多少厚，光

滑，全缘，具白边；主茎的侧叶大于侧枝的，长3毫米，圆形或肾形，具双耳（耳较小），分枝的侧叶多少不对称，卵状披针形或长圆

形，长1.4-2.5毫米，全缘，基部双耳状；中叶不对称，主茎的大于侧枝的，侧枝的镰形，长1.2-2.5毫米，紧密，先端交叉，具尖头，基部斜，全缘；侧叶不对称，主茎的大于侧枝的，分枝的长圆状镰形，外展，紧接，长2.3-4.2毫米，先端尖或近尖，全缘，上侧基部具圆形耳，不覆盖小枝，上侧边缘全缘，下侧基部全缘。孢子叶穗紧密，四棱柱形，单生于小枝末端，长0.5-1.4厘米；孢子叶一型，卵状披针形，全缘，具白边，先端渐尖，龙骨状；大、小孢子叶在孢子叶穗上相间排列，或大孢子叶位于中部下侧。大孢子浅黄色；小孢子浅黄色。

产湖南南部、广西、贵州及云南，生于海拔100-1200（-1800）米常绿阔叶林空地。印度东北部、越南、老挝、柬埔寨、缅甸及泰国有分布。

[附] **藤卷柏 Selaginella willdenowii** (Desv.) Baker in Gard. Chron.: 783, 950. 1867. —— *Lycopodium willdenowii* Desv. in Poir. in Lam. Encycl. Suppl. 3: 540, 552. 1814, 'willdenovii' 本种与攀援卷柏的主要区别：根托生于主茎下部或上部；孢子叶近圆形，先端尖，大孢子叶白色。产广西西部及西南部、贵州西南部及西北部、云南东南部及西部，生于海拔50-

图 51 攀缘卷柏 （孙英宝绘）

1000 米林中或灌丛中。柬埔寨、老挝、越南、缅甸、泰国、马来西亚及印度尼西亚有分布。

19. 耳基卷柏

图 52

Selaginella limbata Alston in Journ. Bot. (London) 70: 62. 1932.

土生，匍匐，分枝斜升，长0.5-1米，或更长。根托在主茎断续着生，自主茎分叉处下方生出，长3-18厘米，纤细，径0.2-0.7毫米，

根多分叉，光滑。主茎分枝，禾秆色，主茎下部径0.4-1.4毫米，茎近四棱柱形或具沟槽，无毛，维管束1条；侧枝2-5对，二至三次分叉，分枝稀疏，匍匐主茎分枝相距4-10厘米，分枝无毛，背腹扁，末回分枝连叶宽2.4-5.6毫米。叶（除主茎上的外）交互排列，二型，相对肉质，较硬，光滑，全缘，具白边，主茎的

较疏，主茎的叶略大于分枝的，一型，绿或黄色，长圆形，斜伸，外侧基部单耳状，全缘；主茎的腋叶大于分枝的，近圆形或近心形，分

图 52 耳基卷柏 （冀朝祯绘）

枝的腋叶对称，椭圆形或宽椭圆形，长 1.3-2.8 毫米，全缘，具白边；中叶不对称，小枝的卵状椭圆形，长 0.8-1.6 毫米，覆瓦状排列，先端交叉，先端具长尖头，外侧基部单耳状，全缘；侧叶不对称，主茎的较侧枝的大，侧枝的卵状披针形或长圆形，外展，相距较近或紧接，长 1.5-3 毫米，先端尖，全缘，上侧边基部圆，不覆盖小枝，上侧边缘全缘，基部下侧略膨大，下侧基部全缘。孢子叶穗紧密，四棱柱形，单生于小枝末端，长 0.5-1.2 厘米；孢子叶一型，卵形，全缘，具白边，先端渐尖，龙骨状；大、小孢子叶在孢子叶穗上相间排列，或下

侧基部或中部有一个大孢子叶，余均为小孢子叶。大孢子深褐色；小孢子浅黄色。

产浙江南部、福建、江西南部、湖南、广东、香港及广西，生于海拔 50-950 米林下或山坡阳面。日本南部有分布。

20. 翠云草　　　　　　　图 53

Selaginella uncinata (Desv.) Spring in Bull. Acad. Roy. Sci. Bruxelles 10: 141. 1843.

Lycopodium uncinatum Desv. in Poir. in Lam. Encycl. Suppl. 3:558. 1813.

土生，主茎先直立后攀援状，长 0.5-1 米或更长，无横走地下茎。根托生于主茎下部或沿主茎断续着生，自主茎分叉处下方生出，长 3-10 厘米，径 0.1-0.5 毫米，根少分叉，被毛。主茎近基部羽状分枝，禾秆色，主茎下部径 1-1.5 毫米，茎圆柱状，具沟槽，无毛，维管束 1 条，主茎顶端不呈黑褐色，主茎先端鞭形，侧枝 5-8 对，二回羽状分枝，小枝排列紧密，主茎上分枝相距 5-8 厘米，分枝无毛，背腹扁，末回分枝连叶宽 3.8-6 毫米。叶交互排列，二型，草质，光滑，具虹彩，全缘，具白边，主茎的叶较疏，二型，绿色；主茎的腋叶大于分枝的，肾形，或略心形，长 3 毫米，分枝上的腋叶对称，宽椭圆形或心形，长 2.2-2.8 毫米，边缘全缘，基部不呈耳状，近心形；中叶不对称，主茎的大于侧枝的，侧枝的卵圆形，长 1-2.4 毫米，接近或覆瓦状排列，先端与轴平行或交叉或后弯，长渐尖，基部钝，全缘；侧叶不对称，主茎的大于侧枝的，分枝的长圆形，外展，紧接，长 2.2-3.2 毫米，先端尖或具短尖头，全缘，上侧基部不覆盖小枝，上侧全缘，下侧基部圆，下侧全缘。孢子叶穗紧密，四棱柱形，单生于小枝末端，长 0.5-2.5 厘米；孢子叶一型，卵状三角形，全缘，具白边，先端渐尖，龙骨状；大孢子叶分布于孢子叶穗下部的下侧或中部的下侧或上部的下

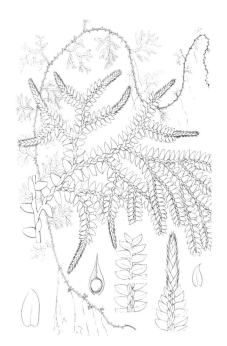

图 53 翠云草　（引自《图鉴》）

侧。大孢子灰白或暗褐色；小孢子淡黄色。

产陕西南部、安徽、浙江、福建、江西、湖北西部、湖南、广东、香港、海南、广西、贵州、四川及云南，生于海拔 50-1200 米林下。

21. 蔓出卷柏　　　图 54 彩片 18

Selaginella davidii Franch. Pl. David. 1: 344. 1889.

土生或石生，匍匐，长 5-15 厘米，无横走根茎或游走茎。根托在主茎断续着生，自主茎分叉处下方生出，长 0.5-5 厘米，纤细，径 0.1-0.2 毫米，根多少分叉，被毛。主茎羽状分枝，禾秆色，主茎下

部径 0.2-0.4 毫米，茎近方形，具沟槽，无毛，维管束 1 条；侧枝 3-6 对，一回羽状分枝，分枝稀疏，

主茎分枝相距 1-2 厘米，分枝无毛，背腹扁，主茎分枝中部连叶宽 4.4-5 毫米，末回分枝连叶宽 3.6-4.2 毫米。叶交互排列，二型，草质，光滑，具白边；主茎的叶紧密，较分枝的大，绿或黄色，具细齿；分枝的腋叶对称或不对称，卵状披针形，长（1.2-）1.6-2 毫米，近全缘或具微齿；中叶不对称，主茎的大于侧枝的，侧枝的斜卵形，长 1.2-1.6 毫米，排列紧密或覆瓦状排列（小枝

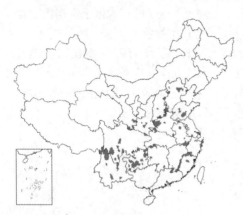

先端部分），先端后弯，先端具芒，基部近心形，具细齿或基部具短缘毛，略反卷；侧叶不对称，主茎的大于分枝的，分枝的长圆状卵形（干后反卷），外展或略反折，长 1.6-2.2 毫米，具微齿，上侧基部加宽，覆盖小枝，上侧基部近全缘，具微齿，下侧具微齿。孢子叶穗紧密，四棱柱形，单生于小枝末端，长 0.3-1.1 厘米；孢子叶一型，卵圆形，有细齿，具白边，先端具芒，锐龙骨状；孢子叶穗基部下侧有一个大孢子叶，有时大、小孢子叶相间排列。大孢子白色；小孢子桔黄色。

产河北、山东、山西、河南、陕西南部、宁夏、甘肃、江苏南部、安徽、浙江南部、福建、江西南部、湖北西南部、湖南、广西、贵州、四川及云南，生于海拔 100-1200 米灌丛中荫处、潮湿地或干旱山坡。

[附] **澜沧卷柏 Selaginella davidii** subsp. **gebaueriana** (Hand.-Mazz.) X. C. Zhang, Fl. Reip. Pop. Sin. 6(3): 151. 2004.——*Selaginella gebaueriana*

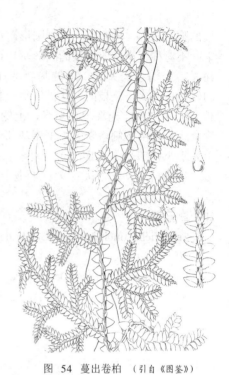

图 54 蔓出卷柏 （引自《图鉴》）

Hand.-Mazz. Symb. Sin. 6: 9. t. 1. f. 4. 1929. 与模式变种的鉴别特征：植株各部较大；中叶的叶缘具睫毛。产广西乐业、贵州、云南、四川及甘肃南部，生于海拔 600-2250 米石灰岩石或林下。

22. 疏叶卷柏 图 55

Selaginella remotifolia Spring in Miq. Pl. Jungh. 3: 276. 1854.

土生，匍匐，长 20-50 厘米，能育枝直立，无横走地下茎。根托沿匍匐茎和枝断续生长，由茎枝分叉处上面生出，长 2-8 厘米，纤细，径 0.1-0.3（-0.6）毫米，根少分叉，近无毛。主茎近基部分枝，具关节，禾秆色，主茎下部径 0.5-1.5 毫米，茎卵圆柱状或圆柱状，具沟槽，无毛，维管束 1 条，主茎顶端非黑褐色，侧枝 5-10 对或更多，一至二回羽状分枝，分枝稀疏，主

茎分枝相距 3-5 厘米，分枝无毛，背腹扁，末回分枝连叶宽 3-4（-7）毫米。叶交互排列，二型，草质，光滑，近全缘，无白边；主茎叶

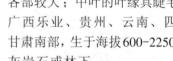

疏生，较分枝的大，二型，绿色，侧叶外展，中叶基部单耳状，具微齿或近全缘；主茎的腋叶较分枝的大，卵形或宽卵形，渐窄，分枝的腋叶对称，卵状披针形或椭圆形，长 1.4-2.4 毫米，具微齿；中叶不对称，主茎的略大于分枝的，分枝的椭圆状披针形或卵状披针形，长 1.4-2（-2.8）毫米，接近覆瓦状排列，背部不呈龙骨状，先端与轴平行，先端具长尖头，基部斜（一侧耳状），近全缘或具微齿；侧叶不对称，主茎的较侧枝的大，侧枝的卵状披针形，外展，稀疏或紧密，长

1.8-3（-3.6）毫米，先端尖，近全缘或具细齿，上侧边基部圆，不
覆盖小枝，上侧略具细齿（或近全缘）。孢子叶穗紧密，四棱柱形，
端生或侧生，单生，长3.5-6毫米；孢子叶一型，卵状披针形，有细
齿，无白边，先端渐尖，龙骨状，下侧的孢子叶卵状披针形，有细齿；
有1个大孢子叶位于孢子叶穗基部下侧，余均为小孢子叶。大孢子灰白
色；小孢子淡黄色。

产江苏、安徽、浙江、台湾、福建、江西、湖北西南部、湖南、
广东北部、香港、广西、贵州、四川及云南，生于海拔（150-）600-
2400（-3000）米林下。日本、尼泊尔、印度、菲律宾及苏门答腊有
分布。

[附] **小翠云 Selaginella kraussiana** A. Braun, App. Ind. Sem. Hort.
Berol. 22. 1860. 本种与疏叶卷柏的主要区别：主茎内维管束3条。原产
非洲。广东深圳及贵州贵阳等地蕨类园有栽培，成片生长。

23. 鹿角卷柏 　　　　　　　图 56 彩片 19

Selaginella rossii (Baker) Warb. in Monsunia 1: 101. 1900.

Selaginella mongholica Rupr. var. *rossii* Baker in J. Bot. 21: 45. 1883.

石生，旱生，匍匐，长10-25厘米，或更长，无匍匐茎。根托在
主茎断续着生，由茎枝分叉处
上面生出，长1-3（-5）厘
米，纤细（红色），径0.1毫
米，根多分叉，密被毛。主
茎全部分枝，多少呈之字形，
红色，主茎下部径0.2毫米，茎
圆柱状，无纵沟，无毛，内
具维管束1条；侧枝3-10对，
1-2次分叉，分枝稀疏，主茎
分枝相距2-3厘米，分枝无
毛，背腹扁，主茎分枝部分

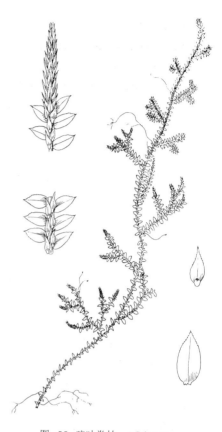

图 55 疏叶卷柏 （冀朝祯绘）

中部连叶宽4-4.5毫米，末回分枝连叶宽3-4毫米。叶交互排列，二型，
叶质厚，光滑，非全缘，无白边；主茎的腋叶较分枝的大，卵形，分
枝的腋叶对称，椭圆形、窄椭圆形或长圆形，长1.6-2毫米，叶中部边
缘撕裂状并具睫毛，向两端近全缘；中叶不对称，分枝的卵状椭圆形或
卵状斜方形，长1.4-1.6毫米，紧接或覆瓦状排列，叶背龙骨状，先端
渐尖或尖，基部窄，盾状，边缘略撕裂状具睫毛；侧叶不对称，分枝
的长圆形或倒卵状长圆形，反折，相距一个叶的宽度，长1.8-2.1毫米，
先端渐尖，上侧基部圆，覆盖茎枝，上侧边缘下半部撕裂状并具睫毛，
下侧边近全缘，内卷。孢子叶穗紧密，四棱柱形，单生于小枝末端，
长0.5-1.5厘米；孢子叶一型，卵状三角形，边缘疏具睫毛，无白边，
先端尖，锐龙骨状；大孢子叶分布于孢子叶穗下部的下侧。大孢子白
色；小孢子桔黄或淡黄色。

产黑龙江、吉林、辽宁及山东，生于海拔200-800米林下岩石上。
朝鲜半岛及俄罗斯远东地区有分布。

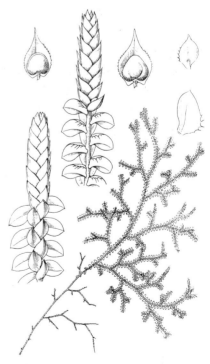

图 56 鹿角卷柏 （冀朝祯绘）

24. 中华卷柏

图 57

Selaginella sinensis (Desv.) Spring in Bull. Acad. Roy. Sci. Bruxelles 10: 137. 1843.

Lycopodium sinense Desv. in Ann. Soc. Linn. (Paris) 6: 189. 1827.

土生或旱生，匍匐，15-45 厘米，或更长。根托在主茎断续着生，自主茎分叉处下方生出，长 2-5 厘米，纤细，径 0.1-0.3 毫米，根多分叉，光滑。主茎羽状分枝，禾秆色，主茎下部径 0.4-0.6 毫米，茎圆柱状，无毛，内具维管束 1 条；侧枝 10-20，1-2 次或 2-3 次分叉，小枝稀疏，主茎分枝相距 1.5-3 厘米，分枝无毛，背腹扁，末回分枝连叶宽 2-3 毫米。叶交互排列，略二型，纸质，光滑，非全缘，具白边；分枝的腋叶对称，窄倒卵形，长 0.7-1.1 毫米，边缘睫毛状；中叶多少对称，卵状椭圆形，长 0.6-1.2 毫米，排列紧密，先端尖，基部楔形，具长睫毛；侧叶多少对称，略斜上，在枝先端覆瓦状排列，长 1-1.5 毫米，基部不覆盖小枝，上侧边缘具长睫毛，下侧基部略耳状，基部具长睫毛。孢子叶穗紧密，四棱柱形，单个或成对生于小枝末端，长 0.5-1.2 厘米；孢子叶一型，卵形，具睫毛，有白边，先端尖，龙骨状；有 1 个大孢子叶位于孢子叶穗基部下侧，余均为小孢子叶。大孢子白色；小孢子桔红色。

图 57 中华卷柏 （冀朝祯绘）

产黑龙江、吉林、辽宁、内蒙古、河北、山东、山西、河南、陕西、宁夏、江苏、安徽、湖北及云南西北部，生于海拔 100-1000（-2800）米灌丛中岩石上或土坡上。

25. 大叶卷柏

图 58：1-5 彩片 20

Selaginella bodinieri Hieron. in Hedwigia 43: 6. 1904.

土生或石生，直立或近直立，高 30-40 厘米，具横走地下根茎和游走茎。根托生于茎下部，自主茎分叉处下方生出，长 1.5-4 厘米，径 0.5-0.7 毫米，根多分叉，被毛。主茎中下部羽状分枝，禾秆色，不分枝主茎高 5-10 厘米，主茎下部径 1.5-2 毫米，茎近四棱柱形，分枝龙骨状，具沟槽，无毛，维管束 1 条；侧枝 6-7 对，二回羽状分枝，小枝紧密，主茎分枝相距 2.4-4.8 厘米，分枝无毛，背腹扁，主茎分枝部分中部连叶宽 7-8 毫米，末回分枝连叶宽 4-6 毫米。叶交互排列，二型，革质或稍厚，光滑，非全缘，无白边，主茎的叶大于分枝的，二型，绿色，长圆形，斜伸，边缘

图 58：1-5. 大叶卷柏 6-8.拟大叶卷柏
（孙英宝绘）

具睫毛；分枝的腋叶不对称，卵圆形或三角形，长 2-3.2 毫米，具细齿，或具睫毛（下半部分）；中叶不对称，主茎的大于侧枝的，侧枝的斜卵形，长 2.4-3.4 毫米，紧密，先端渐尖或具芒或具尖头，基部斜心形，具细齿，或基部有睫毛；侧叶不对称，主茎的大于侧枝的，侧枝的长圆状卵形或长圆形，略向上，紧密，长 3.4-4.4 毫米，全缘，下侧基部不覆盖小枝，上侧边缘非全缘，上侧具细齿或在基部具睫毛，下侧基部边缘略具耳，下侧全缘。孢子叶穗紧密，略背腹扁，单生于小枝末端，长 0.4-1.6 厘米；孢子叶二型或略二型或多少一型，倒置，无白边，上侧的孢子叶宽卵圆形，边缘具短睫毛或具细齿，略龙骨状，先端渐尖，上侧的孢子叶具孢子叶翼，孢子叶翼不达叶尖，具细齿，下侧的孢子叶宽卵形，边缘具细齿或具睫毛，龙骨状；大孢子叶分布于孢子叶穗下部的下侧。大孢子黄白色；小孢子浅黄色。

产湖北西部、湖南、广西、贵州、四川及云南，生于海拔（330-）700-1800（-2050）米林下或岩石上。

[附] **拟大叶卷柏** 图 58：6-8
Selaginella decipiens Warb. in Monsunia 1: 127. 1899. 与大叶卷柏的主要区别：植株直立，高达 75 厘米；根托只生主茎基部。产广西西南部及云南东南部，生于海拔 1200-1500 米密林中。印度东北部及越南有分布。

26. 膜叶卷柏 图 59：1-7

Selaginella leptophylla Baker in Journ. Bot. 23: 157. 1885.

土生，直立，高（5-）10-25 厘米，无匍匐根状茎或游走茎。

根托生于茎的下部，自主茎分枝处下方生出，长 0.5-4 厘米，径 0.5-1 毫米，根多分叉，被毛。主茎近基部羽状分枝，禾秆色，主茎下部径 0.3-1.2 毫米，茎圆柱状，具沟槽，无毛，维管束 1 条；侧枝 5-8 对，一至二回羽状分枝，小枝稀疏，主茎分枝相距 1.5-3.5 厘米，分枝无毛，背腹扁，末回分枝连叶宽 2.4-4 毫米。叶交互排列，二型，膜质，光滑，无虹彩，边缘非全缘，无白边；主茎的叶较疏，二型，绿色；主茎的腋叶较分枝的大，圆形或椭圆形，分枝的腋叶对称，椭圆形，长 1.5-2.2 毫米，具微齿；中叶多少对称，椭圆形或窄卵圆形，长 0.8-1.5 毫米，具微齿，先端具芒，基部斜，先端与轴平行或常后弯曲或先端的芒弯曲，芒与叶等长，基部非盾状，边缘具微齿；侧叶不对称，主茎的大于侧枝的，侧枝的卵状披针形或长圆状卵圆形，略斜升，相距长 1.7-2.4 毫米，先端尖，上侧基部加宽，覆盖小枝，上侧基部具微齿，下侧近全缘或具微齿。孢子叶穗紧密，背腹扁，单生小枝末端，长 0.4-1.8 毫米；孢子叶二型，倒置，上侧的孢子叶较下侧的长，上侧的孢子叶长圆状镰形，具微齿，上侧的孢子叶具孢子叶翼，孢子叶翼几达叶尖，具细齿，下侧的孢子叶卵状披针形，具缘毛，叶尖具长芒；大孢子叶分布于孢子叶穗下部的下侧。大孢子红褐色；小孢子桔红色。

产台湾、香港、广西、贵州、四川及云南，生于海拔 440-1300（-2100）米荫处岩石上。日本、印度、越南、缅甸及泰国有分布。

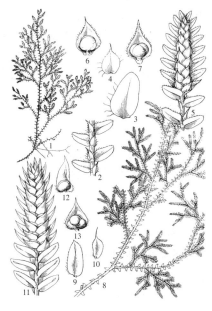

图 59：1-7.膜叶卷柏 8-13.拟双沟卷柏
（冀朝祯绘）

[附] **拟双沟卷柏** 图 59：8-13
Selaginella pennata Spring in Bull. Acad. Brux. 10: 232. 1843. 本种与膜叶卷柏的主要区别：主茎粗壮，高达 30 厘米；中叶倒卵形。产云南，生于海拔 400-1200 米干旱山坡林下。印度北部和东部、尼泊尔、缅甸及泰国有分布。

27. 疏松卷柏

图 60

Selaginella effusa Alston in Journ. Bot. (London) 70: 65. 1932.

土生或石生，直立，高 10-45 厘米，无匍匐根状茎或游走茎。根托着生主茎上部及下部，自主茎分叉处下方生出，长 3-10 厘米，纤细，径 0.3-1 毫米，根多分叉，被毛。主茎下部羽状分枝，禾秆色，茎近方形，具沟槽，无毛，维管束 1 条；侧枝 3-10 对，二至三回羽状分枝，主茎分枝相距 2-4 厘米，分枝无毛，背腹扁，主茎分枝部分中部连叶宽 0.4-0.7 毫米，末回分枝连叶宽 3.3-6 毫米。叶交互排列，二型，膜质，光滑，非全缘，无白边；主茎的腋叶较分枝的大，卵圆形，分枝的对称，卵状三角形或卵圆形，长 2-3.5 毫米，具短睫毛；中叶不对称，主茎的叶略大于分枝的，分枝的斜卵状椭圆形，长 1.5-3.2 毫米，接近，叶背龙骨状，先端的芒弯曲，先端芒长 0.8-1.6 毫米，基部近心形或楔形，非盾状，具睫毛；侧叶不对称，主茎的较侧枝的大，侧枝的长圆状卵圆形，外展，长 2.2-5 毫米，先端近尖，具细齿，下侧基部覆盖小枝，上侧边缘基部具睫毛，先端具细齿，下侧基部下延，具睫毛，余近全缘。孢子叶穗紧密，背腹扁，单生小枝末端，长 0.6-1.2 厘米；孢子叶二型，倒置，无白边，上侧的孢子叶镰形，边缘疏具短睫毛，锐龙骨状，先端尖。上侧的孢子叶具孢子叶翼，孢子叶翼达叶尖，边缘疏具短睫毛，下侧的孢子叶卵状披针形，具短睫毛，龙骨状；大孢子叶分布于孢子

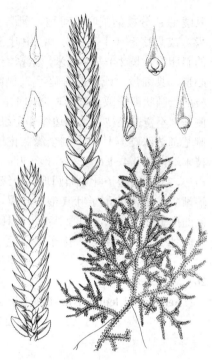

图 60 疏松卷柏 （冀朝祯绘）

叶穗下部的下侧。大孢子黄白色；小孢子浅黄色。

产广东、广西、贵州、云南及西藏东南部，生于海拔 200-1450 米荫处岩石上或林下土生。越南有分布。

28. 细叶卷柏

图 61

Selaginella labordei Hieron. ex Christ in Bull. Acad. Int. Géogr. Bot. 11: 272. 1902.

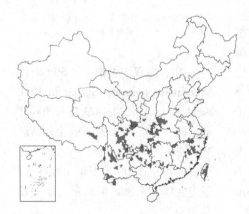

土生或石生，直立或基部横卧，高（5-）15-20（-30）厘米，具横走地下根茎和游走茎，主茎基部无块茎。根托生于茎基部或匍匐根茎处，长 0.5-1.5 厘米，纤细，径 0.1-0.2 毫米，根少分叉，被毛或近无毛。主茎中下部羽状分枝，禾秆色或红色，主茎下部径 0.4-1.4 毫米，茎圆柱状，具沟槽，无毛，维管束 1 条，直立能育茎中部分枝，侧枝 3-5 对，二至三回羽状分枝，主茎分枝相距 1-5 厘米，分枝无毛，背腹扁，末回分枝连叶宽（2.2-）

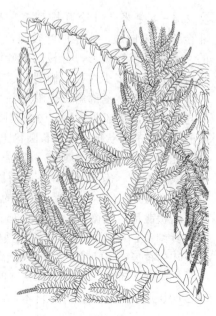

图 61 细叶卷柏 （引自《图鉴》）

3-3.5（-5.5）毫米。叶交互排列，二型，草质，光滑，非全缘，具白边，不分枝主茎的叶较疏；主茎的叶大于分枝的，二型，绿色，地下根状茎和游走茎的叶褐色，具短睫毛；主茎的腋叶较分枝的大，卵圆形，不对称，卵状披针形，长（1.4-）2-2.4（-2.9）毫米，具细齿或具短睫毛；中叶多少对称，主茎的大于分枝的，分枝的卵形或卵状披针形，长0.9-2毫米，排列紧密，先端反折，具弯曲芒，基部近心形，具细齿或睫毛；侧叶不对称，主茎的大于侧枝的，侧枝的卵状披针形、窄卵形或三角形，略斜升，长1.7-3.2毫米，先端尖，具细齿或具短睫毛，上侧基部加宽，覆盖小枝，上侧基部边缘具短睫毛，先端具细齿，下侧基部圆，具细齿或睫毛，先端齿状。孢子叶穗紧密，背腹扁，单生于小枝末端，长0.5-1.8厘米；孢子叶略二型或二型，倒置，具白边，上侧的孢子叶卵状披针形，具缘毛或细齿，先端渐尖，上侧的孢子叶具孢子叶翼，孢子叶翼不达叶尖，具短睫毛或细

齿，下侧的孢子叶卵圆形，具细齿或短缘毛，先端具芒或尖头，龙骨状；大孢子叶和小孢子叶相间排列，或大孢子位于基部的下侧或上部的下侧。大孢子浅黄或桔黄色；小孢子桔红或红色。

产河南、陕西南部、甘肃南部、安徽、浙江、台湾、福建、江西、湖北、湖南、香港、广西、贵州、四川、云南及西藏，生于海拔（250-）1000-3000（-4025）米林下或岩石上。缅甸有分布。

29. 高雄卷柏 图 62

Selaginella repanda (Desv.) Spring in Gaudich. Voy. Bonite Bot. 1: 329. 1844.

Lycopodium repandum Desv. in Poir. in Lam. Encycl. Suppl. 3: 558. 1813.

土生或石生，基部横卧，高8-30厘米，具横走地下根茎和游走茎，主茎基部无块茎。根托着生达茎上部，或生于匍匐根茎和游走茎，自茎的分叉处下方生出，长0.8-3.2毫米，纤细，径0.2-0.5毫米，根多分叉，密被毛。主茎近基部羽状分枝，禾秆色，不分枝主茎高8-15厘米，茎卵圆柱状或圆柱状，光滑，维管束1条，主茎先端鞭状，有时侧枝先端鞭状，侧枝2-6对，一至二回羽状分

枝，小枝紧密，主茎分枝相距1.5-3厘米，分枝无毛，背腹扁，主茎在分枝部分中部连叶宽4.4-6.6毫米，末回分枝连叶宽3-4.5毫米。叶交互排列，二型，草质，光滑，非全缘，具白边，在不分枝的主茎上接近；主茎的叶大于分枝的，二型，黄或红色，背腹扁，边缘具睫毛；主茎的腋叶较分枝的大，卵形或卵状披针形，分枝的近对称，卵圆形，长2-3毫米，边缘睫毛状；中叶不对称，主茎的叶略大于分枝的，分枝的中叶斜卵圆形，长0.7-1.6毫米，接近，先端与轴平行或后弯，先端具长尖头或短芒，基部斜，近心形，非盾状，具长睫毛，先端具细齿；侧叶不对称，主茎的较侧枝的大，分枝的长圆状镰形，外展，接近，长2.5-3毫米，先端尖。微具细齿，上侧基部圆，不覆盖小枝，上侧边缘非全缘，上侧基部边缘具睫毛，向先端具细齿，下侧基部圆，下侧边缘非全缘，基部具睫毛（常有几根长睫毛），向先端具细齿。孢子叶穗紧密，四棱柱形，单生于小枝末端，长3-7毫米；孢子叶略二型，倒置，

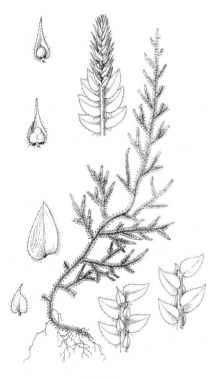

图 62 高雄卷柏 （冀朝祯绘）

上侧的孢子叶略长，白边不明显，上侧的孢子叶卵圆形，具睫毛，锐龙骨状，先端渐尖，下侧的孢子叶卵圆形，具睫毛；大孢子叶分布于孢子叶穗下部的下侧，或大、小孢子叶相间排列。大孢子桔黄色；小孢子桔红或红色。

产台湾、海南、广西、贵州、四川西南部及云南，生于海拔100-1300米岩石上或灌丛下。尼泊尔、印度、越南、老挝、柬埔寨、缅甸、泰国、菲律宾及印度尼西亚有分布。

30. 块茎卷柏　　　　　　　　　　　图63

Selaginella chrysocaulos (Hook. et Grev.) Spring in Bull. Acad. Roy. Sci. Bruxelles 10: 232. 1843.

Lycopodium chrysocaulos Hook. et Grev. in Bot. Misc. 2: 401, no. 182. 1831.

图63　块茎卷柏　（孙英宝绘）

土生或石生，直立，高（5-）10-15（-25）厘米，无游走茎，主茎基部有纺锤形块茎，覆盖透明的鳞片状叶。根托生于茎基部或下部，长1-1.5厘米，纤细，径0.15-0.2毫米，根少分叉，被毛。主茎近基部呈羽状分枝，禾秆色，不分枝主茎高1-2（-5）厘米，主茎下部径0.5-1毫米，茎圆柱状或近四棱柱形，无毛，维管束1条；侧枝6-12对，分叉或一至二回羽状分枝，稀疏，主茎分枝相距1-3厘米，分枝无毛，背腹扁，主茎分枝中部连叶宽3-5.5毫米，末回分枝连叶宽3-4毫米。叶交互排列，二型，草质，光滑，具白边；不分枝主茎的叶较疏，主茎的叶大于分枝的，二型，绿或黄色，具短睫毛或全缘；分枝的腋叶不对称，窄卵形或窄椭圆形，长2-3毫米，基部边缘具短睫毛；分枝的中叶窄卵圆形，长0.6-1毫米，间距一个叶的距离，先端具尖头或芒，基部近心形或斜心形，具细齿或在基部具睫毛；侧叶不对称，侧枝的卵状披针形，略斜升或外展，长1.4-2毫米，先端尖。上侧边缘基部不覆盖小枝，上侧边缘略具疏齿齿或基部略具短睫毛。孢子叶穗紧密，背腹扁，单生于小枝末端，长3-5毫米；孢子叶二型或略二型或明显二型，倒置，无白边，有细齿，上侧的孢子叶具孢子叶翼，孢子叶翼不达叶尖，略具睫毛；大孢子叶分布于孢子叶穗下部的下侧。大孢子桔黄或褐色；小孢子桔红色。

产台湾、广东、香港、海南、广西、贵州、四川、云南及西藏，生于海拔（1400-）1800-2500（-3100）米林下或草丛中。巴基斯坦、不丹、尼泊尔、印度、越南、缅甸、泰国及马来半岛有分布。

31. 双沟卷柏　　　　　　　　　　　图64

Selaginella bisulcata Spring in Mém. Acad. Roy. Sci. Belgique 24 (Monogr. Lycopod. 2): 259. 1850.

土生，匍匐，长20-35厘米，无匍匐根茎或游走茎。根托断续着生主茎，自主茎分叉处下方生出，长3-12厘米，径0.2-1毫米，根多分叉，被毛。主茎近基部羽状分枝，禾秆色，主茎下部径1.2-1.8毫米，茎近方形，具沟槽，无毛，维管束1条，主茎顶端非黑褐色，侧枝5-8对，一至二回羽状分枝或三回羽状分枝，主茎分枝相距6-10厘米，分枝无毛，背腹扁，主茎分枝部分中部连叶宽0.9-1.2厘米，末回分枝连叶宽5-8毫米。叶交互排列，二型，草质，光滑，非全缘，略具白边；主茎的叶接近，大于分枝的，二型，绿

色，基部非盾状；分枝的腋叶对称，椭圆形，长 3 - 4 毫米，具细齿或稀疏睫毛；中叶不对称，长 1-2.4 毫米，紧接或覆瓦状排列，先端具尖头或芒，芒弯曲，芒长 0.4-0.8 毫米，基部斜楔形，具稀疏睫毛；侧叶不对称，长圆形，略斜升或外展或在主茎外折下弯，相距较远，长 3.2-5 毫米，先端具短尖头，具细齿，疏具睫毛，上侧边缘基部不覆盖小枝，上侧非全缘，上侧边缘在基部和先端具睫毛或具细齿，中部全缘，下侧全缘，或近全缘（仅先端具细齿）。孢子叶穗紧密，背腹压扁，单生于小枝末端，长 0.6-1 厘米；孢子叶二型，倒置，基部下侧的孢子叶和营养叶的侧叶近似，白边不明显，上侧的孢子叶长圆状披针形，具睫毛，龙骨状，先端有尖头或具芒，上侧的孢子叶具孢子叶翼，孢子叶翼不达叶尖，具睫毛，下侧的孢子叶卵状披针形或长圆状卵圆形，具睫毛或撕裂状具睫毛，基部膨大。大孢子位于孢子叶穗基部的下侧或大、小孢子叶相间排列。大孢子灰或深褐色；小孢子浅黄色。

产四川南部、云南及西藏东南部，生于海拔 400-2400 米干旱山坡。不丹、尼泊尔、印度东北部、越南、缅甸、泰国及爪哇有分布。

图 64 双沟卷柏 （冀朝祯绘）

32. 微齿钝叶卷柏　　图 65

Selaginella ornata Spring in Bull. Acad. Roy. Sci. Bruxelles 10: 232. 1843.

土生，匍匐，上部斜生，长 20 - 40 厘米，无匍匐根茎，或游走茎。根托沿匍匐茎和枝断续生长，自主茎分叉处下方生出，长 3-13 厘米，纤细，径 0.4-0.8 毫米，根多分叉，被毛或近无毛。主茎近基部分枝，禾秆色或红色，主茎下部径 0.7-1.4 毫米，茎卵圆柱状或扁平或近四棱柱形，光滑，维管束 1 条，主茎顶端黑褐色或鲜时红色，侧枝 3-8 对，一回羽状分枝，分枝稀疏，主茎上相邻分枝相距 4-7 厘米，分枝无毛，背腹扁，主茎分枝中部连叶宽 0.8-1.2 毫米，末回分枝连叶宽 5-8 毫米。叶交互排列，二型，草质，光滑，偶有少数侧叶上面有刺突，近全缘，无白边；主茎的叶略大于分枝的，二型，深绿色，外展，近全缘，腋叶不大于分枝的，卵状披针形或镰形，分枝的腋叶对称，披针形或卵状披针形，长 2-3.6 毫米，略具细齿；中叶多少对称，卵圆形，长 2.1-3.8 毫米，紧接或覆瓦状排列，叶背龙骨状，先端与轴平行，先端具芒，芒长达叶长 1/3-1/4，基部钝，具微齿；侧叶不对称，主茎的较侧枝的大，侧枝的长圆形或长圆状镰形，外展，长 3.5-5 毫米，上侧基部圆，覆盖茎枝，上侧边缘下部具细齿，下侧基部下延，全缘。孢子叶穗紧密，背腹扁，单生小枝末端或成对着生，长 0.4-1.4 厘米；孢子叶二型，倒置，白边不明显，上侧的孢子叶卵状披

图 65 微齿钝叶卷柏 （冀朝祯绘）

针形，具缘毛，龙骨状，先端渐尖，上侧的孢子叶具孢子叶翼，孢子叶翼不达叶尖，具细齿，下侧的孢子叶宽卵形，有细齿，龙骨状；大孢子叶分布于孢子叶穗下部的下侧。大孢子红褐色；小孢子浅黄色。

产广西、云南及西藏东南部，

生于海拔500-1500米林下或石灰岩溶洞中。越南、马来半岛、苏门答腊及爪哇有分布。

[附] **钝叶卷柏 Selaginella amblyphylla** Alston, Bull. Fan Mem. Inst. Biol. 5: 287. 1934. 本种与微齿钝叶卷柏的主要区别：侧叶下侧边缘基部具睫毛。产湖北西部、四川、西藏东南部、云南及广西，生于海拔（130-）500-1800米林下。缅甸及泰国有分布。

33. 单子卷柏 图 66 彩片 21

Selaginella monospora Spring in Mém. Acad. Roy. Sci. Belgique 24 (Monogr. Lycopodium. 2): 135. 1850.

土生，匍匐，长35-85厘米，无横走地下茎。根托在主茎断续着生，自主茎分叉处下方生出，长4-14厘米，径0.2-0.8毫米，根少分叉，被毛。主茎羽状分枝，禾秆色，主茎下部径1.5-2毫米，茎卵圆柱状或圆柱状，维管束1条，主茎先端鞭形，侧枝8-12对，一至二回羽状分枝或2-3次分叉，小枝较密，主茎分枝相距2.5-5.5厘米，分枝无毛，背腹扁，主茎分枝中部连叶宽（0.5-）0.8-1.1毫米，末回分枝连叶宽4-8毫米。叶交互排列，二型，草质，光滑，具虹彩或无虹彩，边缘非全缘，无白边；主茎上的叶接近，大于分枝的，二型，绿或深绿色，腋叶较分枝的大，卵形或宽卵形，基部不对称，分枝的卵形、窄卵形或窄椭圆形，长0.2-3厘米，有细齿；中叶不对称，主茎的叶略大于分枝的，具细齿或近全缘（末端分枝上的），先端具短芒，基部钝，分枝的卵状披针形或椭圆形，长1-1.6毫米，紧密，背部龙骨状，先端略外展或与轴平行，先端具尖头或具短芒，基部钝，具细齿；侧叶不对称，主茎的大于侧枝的，长3.5-5.5毫米，分枝的卵状三角形或长圆状镰形，略斜升或外展，接近，长2.6-4.3毫米，先端近尖，下侧基部覆盖小枝，上侧有细齿，下侧基部下延，下侧边缘近全缘或全缘。孢子叶穗紧密，背腹扁，有时几同型，单生于小枝末端，长0.3-2厘米；孢子叶略二型，倒置，无白边，上侧的孢子叶镰形，微具细齿，锐龙骨状，先端渐尖，上侧的孢子叶具孢子叶翼，孢子叶翼达叶尖，具细齿，下侧的孢子叶卵状披针形，有细齿，龙骨状，基部膨大；大孢子叶分布于

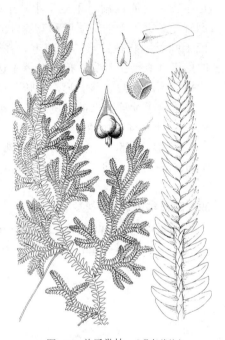

图 66 单子卷柏 （冀朝祯绘）

孢子叶穗下部的下侧或大、小孢子叶相间排列，或仅有一个大孢子叶位于孢子叶穗基部的下侧。大孢子白色；小孢子桔黄或淡黄色。

产广东、海南、广西、贵州、云南及西藏，生于海拔（450-）1300-1800（-2600）米林下阴湿处。不丹、尼泊尔、印度、越南、缅甸及泰国有分布。

34. 缘毛卷柏 图 67

Selaginella ciliaris Spring in Bull. Acad. Roy. Sci. Bruxelles 10: 231. 1843.

土生，匍匐，直立能育茎高2-5厘米。根托生于匍匐和直立茎中下部，自茎分叉处下方生出，长1-1.3厘米，纤细，径0.1毫米，根多分叉，无毛。直立能育茎通体分枝，禾秆色，下部径0.3-0.4毫米，茎圆柱状，无毛，维管束1条；侧枝3-4对，不分叉或分叉或一回羽状分枝，分枝稀疏，茎分枝相距约1厘米，分枝无毛，背腹扁，茎分枝中部连叶宽3-4毫米。叶交互排列，二型，草质，光滑，略具白边；分枝的腋

叶对称或略不对称，长1.2-2毫米，基部边缘具睫毛，上部边缘具细齿；中叶多少对称，卵圆形，长1.2-1.6毫米，紧密，背部略龙骨状，先端具尖头或芒，基部近心形或钝，具微齿；侧叶不对称，卵形或卵状披针形，外展，长1.6-2毫米，先端尖。上侧基部加宽，覆盖小枝，上侧基部边缘具睫毛，下侧边近全缘，先端具微齿。孢子叶穗紧密，背腹扁，单生于小枝末端，长0.5-1.3厘米；孢子叶二型，倒置，具白边，上侧的孢子叶具孢子叶翼，孢子叶翼不达叶尖，具睫毛，上侧孢子叶微具齿，下侧孢子叶具睫毛；孢子叶穗上全为大孢子叶。大孢子黄绿色。

产福建、台湾、广东、香港、海南、广西、云南及西藏东南部，生于海拔50-850米草地。印度、斯里兰卡、越南、泰国、菲律宾、爪哇、新几内亚及澳大利亚有分布。

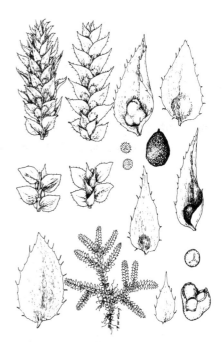

图 67 缘毛卷柏 （仿《Fl. Taiwan》）

35. 异穗卷柏 图 68

Selaginella heterostachys Baker in Journ. Bot. 23: 177. 1885.

土生或石生，直立或匍匐，直立能育茎高10-20厘米，具匍匐茎。根托沿匍匐茎断续着生直立茎下部，自茎分叉处下方生出，长0.5-3.5厘米，纤细，径0.1-0.3毫米，根少分叉，被毛。茎羽状分枝，禾秆色，下部径0.4-1.2毫米，茎圆柱状，具沟槽，无毛，维管束1条，直立能育茎下部分枝，侧枝3-5对，一至二回羽状分枝，小枝稀疏，茎分枝相距1.5-6厘米，分枝无毛，背腹扁，茎分枝部分中部连叶宽3-6毫米，末回分枝连叶宽2.4-5.6毫米。叶交互排列，二型，草质，光滑，无虹彩，非全缘，无白边；茎的腋叶较分枝的大，卵圆形，近心形，分枝的对称，卵形或长圆形，长1.4-2.6毫米，有细齿；中叶不对称，卵形或卵状披针形，长1-1.6毫米，先端外展或与轴平行，先端具尖头或短芒，基部楔形，具微齿；侧叶不对称，主茎的大于侧枝的，侧枝的长圆状卵圆形，外展或下折，长1.8-2.7毫米，先端尖，有细齿，上侧基部加宽，覆盖小枝，上侧基部有细齿，下侧基部圆，具细齿。孢子叶穗紧密，背腹扁，单生于小枝末端，长0.5-2.5厘米；孢子叶二型，倒置，上侧的孢子叶卵状披针形或长圆状镰形，具缘毛或具细齿，先端具尖头或芒，上侧的孢子叶

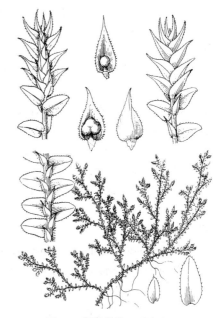

图 68 异穗卷柏 （冀朝祯绘）

具孢子叶翼，孢子叶翼达叶尖，具短睫毛或细齿，下侧的孢子叶卵状披针形，具缘毛，先端具长尖头，龙骨状，脊具睫毛；大孢子叶分布于孢子叶穗上下两侧的基部，或大、小孢子叶相间排列。大孢子桔

黄色；小孢子桔黄色。

产河南西部、甘肃南部、安徽南部、浙江北部、台湾、福建、江西、湖南、广东、香港、海南、广西、贵州、四川及云南，生于海拔130-1300（-1900）米林下岩石上。

36. 剑叶卷柏   图 69

Selaginella xipholepis Baker in Journ. Bot. 22: 296. 1884.

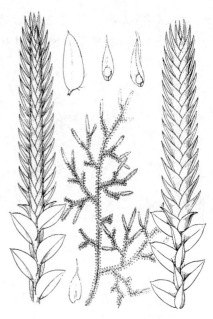

图 69 剑叶卷柏 （冀朝祯绘）

土生或石生，匍匐，直立能育茎高5-10厘米，无游走茎。根托沿匍匐茎与分枝断续着生直立茎下部，自茎的分叉处下方生出，长1.2-2.7厘米，纤细，径0.1毫米，根少分叉，被毛。直立茎分枝，不规则羽状分枝，禾秆色，下部径0.3-0.4毫米，茎圆柱状，无纵沟，无毛，内具维管束1条；直立能育茎下部分枝，侧枝2-3对，1-2次分叉，分枝稀疏，茎分枝相距1.5-2厘

米，分枝无毛，背腹扁，茎分枝中部连叶宽4.5-6毫米，末回分枝连叶宽3-4.4毫米。叶交互排列，二型，草质，光滑，非全缘，略具白边；分枝的腋叶三角形，长1.6-2.5毫米，边缘睫毛状；中叶多少对称，主茎上的叶略大于分枝上的，分枝上的宽卵圆形，长1.5-2毫米，叶背龙骨状，先端具尖头或芒，基部略近心形，基部边缘具长睫毛，上部具短睫毛；侧叶不对称，主茎的较侧枝的大，侧枝的卵状披针形，外展，长2.3-3.2毫米，先端尖或渐尖，下侧基部覆盖小枝，上侧基部具长睫毛，先端具细齿，睫毛长0.4-0.6毫米，下侧基部具细齿，余近全缘。孢子叶穗紧密，背腹扁，单生小枝末端或成对着生，长1.5-2.2厘米；孢子叶二型或略二型，倒置，白边不明显，上侧的孢子叶长圆状镰形，具细齿，锐龙骨状，先端具长尖头，上侧孢子叶具孢子叶翼，孢子叶翼达叶尖，具细齿，下侧的孢子叶卵状披针形，有细齿，锐龙骨状；大孢子叶分布于孢子叶穗下部的下侧，或大、小孢子叶相间排列，或下侧全为大孢子叶。大孢子桔黄色；小孢子桔红色。

产福建、江西南部、广东、香港、广西、贵州及云南西北部，生于海拔400-900米山坡或岩石上。

37. 鞘舌卷柏   图 70

Selaginella vaginata Spring in Mém. Acad. Roy. Sci. Belgique 24 (Monogr. Lycopodium 2): 87. 1850.

土生或石生，匍匐，直立能育茎高5-10厘米，无游走茎。根托沿匍匐茎与分枝断续着生直立茎下部，自茎分叉处下方生出，长1.2-3.5厘米，纤细，径0.1-0.2毫米，根少分叉，被毛。主茎羽状分枝，禾秆色，主茎下部径0.2-0.4毫米，茎圆柱状，光滑，维管束1条，直立能育茎下部分枝，侧枝2-5对，分叉或1-2次分叉，分枝稀疏，主茎分枝相距1-2厘米，分枝无毛，背腹扁，末回分枝连叶宽3-5毫米。叶交互排列，二型，草质，光滑，非全缘，略具白边；分枝上的腋叶卵状三角形，长1.2-2.5毫米，基部边缘具睫毛，余近全缘；中叶多少对称，分枝的卵形或卵状披针形，长0.8-2.4毫米，背部略龙骨状，先端与轴平行或后弯，先端具尖头到芒，基部近心形或楔形，基部具长睫

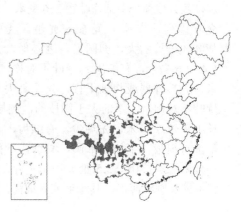

毛，上部具短睫毛；侧叶不对称，卵状披针形或长圆状镰形，外展或反折，长 1.6-3.2 毫米，先端尖。下侧基部覆盖小枝，上侧基部边缘疏具长睫毛，余具细齿，睫毛长 0.4-0.6 毫米，下侧基部圆，具细齿，余近全缘，或基部具短睫毛，余具细齿或近全缘。孢子叶穗紧密，背腹扁，或近四棱柱形，单生小枝末端或成对着生，长 1-1.5 厘米；孢子叶二型或略二型，倒置，上侧的孢子叶卵状披针形，具细齿，锐龙骨状，先端渐尖，上侧的孢子叶具孢子叶翼，孢子叶翼达叶尖，具短睫毛，下侧的孢子叶卵状披针形，具缘毛，龙骨状；大孢子叶分布于孢子叶穗下部的下侧，或大、小孢子叶相间排列，或大孢子叶分布于中部的下侧。大孢子浅黄或桔黄色；小孢子桔红色。

产河南西部、陕西南部、甘肃南部、湖北西部、湖南北部、广西、贵州、四川、云南及西藏，生于海拔（600-）1000-3100 米石灰岩上常见。不丹、尼泊尔、印度东北部、越南、老挝、柬埔寨、缅甸及泰国有分布。

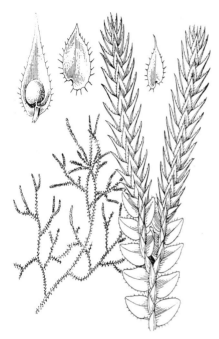

图 70 鞘舌卷柏 （冀朝祯绘）

38. 缅甸卷柏 图 71

Selaginella kurzii Baker in Journ. Bot. 23: 249. 1885.

土生或石生，匍匐茎长 10-20 厘米，直立能育茎高 5-15（-25）厘米。根托沿匍匐茎和枝断续生长，自茎分叉处下方生出，长 2-5 厘米，纤细，径 0.1-0.2 毫米，根少分叉，近无毛。茎羽状分枝，禾秆色，茎圆柱状，无毛，内具维管束 1 条；直立能育茎分枝，侧枝 5-6 对，1-2 次分叉，分枝稀疏；茎分枝相距 1.5-2.5 厘米，分枝无毛，背腹扁，末回分枝连叶宽 2-6 毫米。叶交互排列，二型，草质，光滑，边缘非全缘，略具白边；茎的腋叶较分枝的大，三角形，分枝的腋叶对称，卵状披针形，长 1-2.5 毫米，具短睫毛（基部具长睫毛）；分枝的中叶卵形或卵状椭圆形，长 1-1.2 毫米，叶背龙骨状，先端与轴平行，先端具尖头或芒，芒长 0.3-0.6 毫米，基部近心形或钝，具睫毛；侧叶极不对称，卵状三角形，略斜升，长 1.6-3.8 毫米，先端尖或有尖头，具细齿，上侧基部圆，覆盖茎枝，上侧基部边缘具长睫毛，向先端近全缘，下侧全缘，基部有一两根睫毛。孢子叶穗紧密，四棱柱形，单生于小枝末端，长 6-8 毫米；孢子叶二型，倒置，具白边，上侧的孢子叶卵状披针形，具缘毛，锐龙骨状，尖或渐尖，上侧的孢子叶具孢子叶翼，孢子叶翼不达叶尖，具短睫毛，下侧的孢子叶卵圆形，具睫毛，龙骨状；孢子叶穗上大、小孢子叶相间排列，或大孢子生下侧或基部的下侧，或仅有 1 个大孢子叶位于基部下侧。大孢子硫磺色；小孢子桔红色。

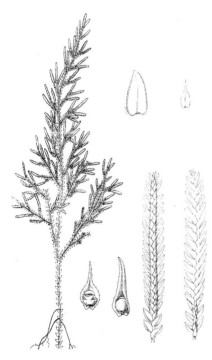

图 71 缅甸卷柏 （冀朝祯绘）

产云南，生于海拔 180-1800 米林缘路边。印度东北部、越南、缅甸、泰国及马来西亚有分布。

39. 毛边卷柏　　　　　　　　　　　　　　　　　图72

Selaginella chaetoloma Alston in Journ Bot. (London) 70: 67. 1932.

土生或石生，匍匐，长15厘米，无匍匐根茎或游走茎。根托在主茎上断续着生，自主茎分叉处下方生出，长1-3厘米，纤细，径0.1毫米，根少分叉，密被毛。主茎分枝，禾秆色，主茎下部径0.2毫米，茎扁平，具沟槽，无毛，维管束1条；侧枝3-4对，分叉或一回羽状分枝，分枝稀疏，主茎上相邻分枝相距1-3.5厘米，分枝无毛，背腹扁，主茎分枝中部连叶宽4-

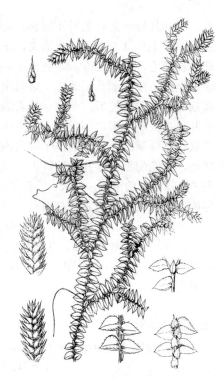

图 72　毛边卷柏 （孙英宝绘）

4.8毫米，末回分枝连叶宽3.5-4毫米。叶交互排列，二型，草质，光滑，非全缘，无或略具白边；分枝的腋叶椭圆形，长1.2-1.4毫米，疏具睫毛；中叶多少对称或不对称，侧枝的宽卵形或近心形，长0.8-1.2毫米，背部略龙骨状，先端具芒，基部平截或斜心形，边缘疏具长睫毛；侧叶不对称，长圆状卵形或长圆形，外展或反折，长2-2.3毫米，先端尖或近尖，上侧基部加宽，覆盖小枝，上侧基部边缘具长睫毛，睫毛长2-3毫米，下侧基部圆，下侧全缘。孢子叶穗紧密，背腹扁，单生于小枝末端，长2-5毫米；孢子叶二型，倒置，白边不明显，上侧的孢子叶卵状披针形，具睫毛，龙骨状，先端渐尖，上侧的孢子叶具翼，孢子叶翼不达叶尖，具睫毛，下侧的孢子叶卵圆形，具睫毛，龙骨状；大孢子叶分布于孢子叶穗下部的下侧。大孢子桔黄色；小孢子桔黄或淡黄色。

产湖南、广西北部及贵州南部，生于海拔900-1100米石灰岩溶洞、密林下或苔藓石上。

40. 地卷柏　　　　　　　　　　　　　　　　　图73

Selaginella prostrata H. S. Kung in Acta Bot. Yunnan. 3: 254. f. 1. 1981.

石生，匍匐，长5-15厘米，无匍匐根茎和游走茎。根托沿匍匐茎和枝断续生长，自主茎分叉处下方生出，长1.5-3.5厘米，纤细，径0.1-0.2毫米，根少分叉，近无毛。主茎分枝，之字形，无关节，禾秆色，主茎下部径0.2毫米，茎圆柱状，略具沟槽，无毛，维管束1条，分枝稀疏，分枝无毛，背腹扁，主茎分枝中部连叶宽3.6-4.6毫米，末回分枝连叶宽3-4.4毫米。叶交互排列，二型，薄草质，光滑，非全缘，无白边；主茎的腋叶较分枝的大，

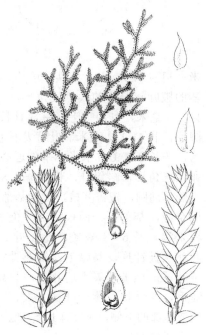

卵状披针形，分枝的多少对称，卵状披针形或窄椭圆形，长1.2-1.9毫米，疏具长睫毛，基部睫毛长约0.2毫米；中叶多少对称，主茎的叶略大于分

图 73　地卷柏 （冀朝祯绘）

枝的，分枝的卵形、宽卵圆形或近心形，长 1-1.7 毫米，接近或紧接，在先端覆瓦状，先端常后弯，先端具尖头或具芒，基部钝，边缘疏具长睫毛，睫毛长 0.3-0.4 毫米；侧叶不对称，斜卵圆形，外展或反折，相距较远，长 1.6-2.8 毫米，先端尖或渐尖，上侧基部圆，不覆盖小枝，上侧边缘疏具睫毛，睫毛长 0.2-0.3 毫米。孢子叶穗紧密，背腹扁，单生于小枝末端，偶有分叉，长 4.5-9 毫米；孢子叶二型，正置，无白边，上侧的孢子叶卵圆形，边缘具睫毛，背部非龙骨状，先端渐尖，无孢子叶翼，下侧的孢子叶宽，长圆状卵形，基部的较大，边缘具睫毛，背部

非龙骨状；大孢子叶分布于孢子叶穗下部的下侧，或仅有 1 个大孢子叶。大孢子浅黄或橙色；小孢子桔红色。

产贵州、四川中部、云南及陕西南部，生于海拔1500-2500 米石缝中或林下苔藓石上。

41. 松穗卷柏 图 74

Selaginella laxistrobila K. H. Shing in Acta Phytotax. Sin. 31: 569. f. 1. 1993.

土生，短匍匐，向上生出几个直立能育枝，高 1-4（-6）厘米，无游走茎。根托生于茎下部，长 0.7-2 厘米，纤细，径 0.1 毫米，根多分叉，光滑。主茎近基部分枝，通常重复 1-2 次等 2 叉分枝，禾秆色，主茎下部径 0.3-0.4 毫米，具沟槽，无毛，维管束 1 条，分枝稀疏，叶状分枝和主茎无毛，背腹扁，末回分枝连叶宽 3.2-4.2 毫米。叶交互排列，二型，草质或膜质，光滑，非全缘，无白边（或边缘微透明），二型；分枝的腋叶对称，椭圆形，长 1-1.8 毫米，具微齿；中叶多少对称，分枝的卵圆形，长 1.2-1.8 毫米，背部非龙骨状，先端外展或与轴平行，先端渐尖，基部近心形或钝，具睫毛；侧叶不对称，卵状三角形，外展，长 1.8-2.3 毫米，先端尖；下侧基部略覆盖小枝，上侧边缘具短缘毛，基部具睫毛。孢子叶穗疏散，背腹扁，单生于小枝末端或分叉，长 1-2 厘米；孢子叶二型，正置，和营养叶形状、排列一致；孢子囊着生下侧孢子叶基部，叶无白边，上侧的孢子叶卵状披针形，具短睫毛，先端渐尖，无孢

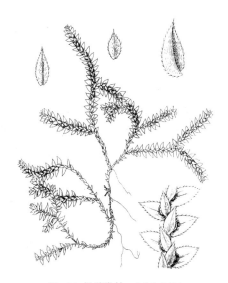

图 74 松穗卷柏 （孙英宝绘）

子叶翼，下侧的孢子叶卵圆形，具短睫毛；大孢子叶分布于孢子叶穗下部的下侧。大孢子桔红或桔黄色；小孢子桔红色。

产四川及云南，生于海拔2500-3575 米林下潮湿处或岩石上。尼泊尔有分布。

42. 伏地卷柏 图 75

Selaginella nipponica Franch. et Sav. Enum. Pl. Jap. 2: 199. 615. 1879.

土生，匍匐，能育枝直立，高 5-12 厘米，无游走茎。根托沿匍匐茎和枝断续生长，自茎分叉处下方生出，长 1-2.7 厘米，纤细，径 0.1 毫米，根少分叉，无毛。茎近基部分枝，禾秆色，茎下部径 0.2-0.4 毫米，具沟槽，无毛，维管束 1 条；侧枝 3-4 对，不分叉或分叉或一回羽状分枝，分枝稀疏，茎分枝相距 1-2 厘米，叶状分枝和茎无毛，背腹扁，茎分枝中部连叶宽 4.5-5.4 毫米，末回分枝连叶宽 2.8-4.2 毫米。叶交互排列，二型，草质，光滑，非全缘，无白边；分枝的腋叶长 1.5-1.8 毫米，有细齿。中叶多少对称，长圆

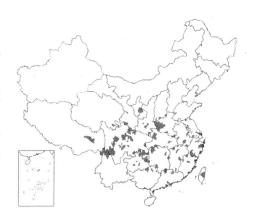

状卵形、卵形、卵状披针形或椭圆形，长1.6-2毫米，紧接或覆瓦状（在先端部分）排列，先端具尖头和尖，基部钝，具不明显细齿；侧叶不对称，宽卵形或卵状三角形，常反折，长1.8-2.2毫米，先端尖；上侧基部覆盖小枝，上侧基部边缘具微齿。孢子叶穗疏松，通常背腹压扁，单生于小枝末端，或1-2（3）次分叉，长1.8-5厘米；孢子叶二型或略二型，正置，和营养叶近似，排列一致，无白边，具细齿，背部非龙骨状，先端渐尖；大孢子叶分布于孢子叶穗下部的下侧。大孢子桔黄色；小孢子桔红色。

产山东、山西、河南、陕西南部、甘肃南部、青海、江苏、安徽、浙江、台湾、福建、江西、湖北、湖南、广东、香港、广西、贵州、四川、云南及西藏，生于海拔80-1300米草地或岩石上。日本有分布。

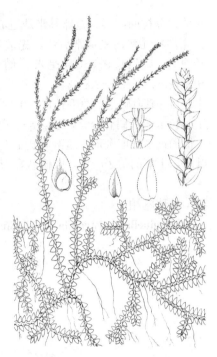

图 75 伏地卷柏 （引自《图鉴》）

43. 小卷柏 图76

Selaginella helvetica (Linn.) Spring in Flora. 21 (1): 149. 1838.

Lycopodium helveticum Linn. Sp. Pl. 1104. 1753.

土生或石生，短匍匐，能育枝直立，高5-15厘米，无游走茎。

根托沿匍匐茎和枝断续生长，自茎分叉处下方生出，长1.5-4.5厘米，纤细，径0.1-0.2毫米，根少分叉，无毛。直立茎分枝，禾秆色，茎下部径0.2-0.4毫米，具沟槽，无毛，维管束1条；侧枝2-5对，不分叉或分叉或一回羽状分枝，分枝稀疏，茎分枝相距2-3厘米，叶状分枝和茎无毛，背腹扁，茎分枝中部连叶宽3-3.8毫米，末回分枝连叶宽2-3.6毫米。叶交互排列，二型，光滑，非全缘，无白边；分枝的腋叶近对称，卵状披针形或椭圆形，长1.4-1.6毫米，边缘睫毛状；中叶多少对称，卵形或卵状披针形，长1.2-1.6毫米，先端常后弯，具长尖头或芒，基部钝，具睫毛；侧叶不对称，长圆状卵形或宽卵圆形，外展或略下折，长1.6-2毫米，先端尖和具芒（常向后弯），上侧基部扩大，加宽，覆盖小枝，上侧基部边缘非全缘，上侧边缘具睫毛，下侧边缘非全缘，具睫毛。孢子叶穗疏散，或上部紧密，圆柱形，单生于小枝末端或分叉，长1.2-3.5厘米；孢子叶和营养叶略同型，无白边，具睫毛，略龙骨状，先端具长尖头；大孢子叶分布于孢子叶穗下部下侧或大孢子叶与小孢子叶相间排列。大孢子橙或桔黄色；小孢子桔红色。

产黑龙江、吉林、辽宁、内蒙古、河北、山东、山西、河南、陕西、甘肃、青海、安徽、四川、云南及西藏，生于海拔（200-）2600-3200（-3780）米林中阴湿石壁或石缝中，同苔藓混生。蒙古、

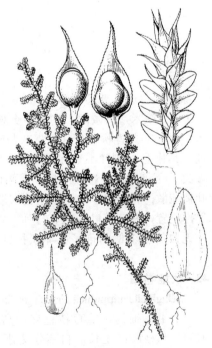

图 76 小卷柏 （冀朝祯绘）

俄罗斯西伯利亚、朝鲜半岛、日本、欧洲及喜马拉雅有分布。

4. 水韭科 ISOETACEAE

（张宪春）

小型或中型蕨类，多水生或沼地生。茎粗短，块状或伸长而分枝，具原生中柱，下部生根，有根托。叶螺旋状排列呈丛生状，一型，窄长线形或钻形，基部扩大，腹面有叶舌；内部有分隔的气室及叶脉1条；叶内有1条维管束和4条纵向具横隔的通气道。孢子囊单生叶基部腹面穴内，椭圆形，外有盖膜覆盖，二型，大孢子囊生于外部叶基，小孢子囊生于内部叶基。孢子二型，大孢子球状四面形，小孢子肾状二面形。配子体有雌雄之分，退化；精子有多数鞭毛。

2属，约60种。

水韭属 Isoetes Linn.

根茎短，块状，不分枝，底部2-4浅裂；其它特征与科同。染色体基数x=11。
约70种，世界广布，多生于北半球温带沼泽湿地。我国5种。

1. 中型水生或沼生蕨类；叶长（10-）15厘米以上。
　2. 沼地生蕨类；叶长15-30厘米，宽1-2毫米；孢子囊具白色膜质盖 ·················· 1. **中华水韭** I. sinensis
　2. 水生或沼地生蕨类 v；叶宽0.5-1厘米；孢子囊无膜质盖。
　　3. 沉水生蕨类；叶长20-30厘米；大孢子具网脊不平的不规则网状纹饰 ············· 2. **云贵水韭** I. yunguiensis
　　3. 浅水生或沼地生蕨类；叶长10-25厘米；大孢子具皱纹状或网状纹饰 ········ 2(附). **台湾水韭** I. taiwanensis
1. 小型沼生地蕨类；叶长3-4.5厘米，宽约1毫米；大孢子光滑无纹饰 ················ 2(附). **高寒水韭** I. hypsophila

1. 中华水韭　　　　　　　　　　图77

Isoetes sinensis Palmer in Amer. Fern Journ. 17: 111. 1927.

多年生沼地生蕨类，植株高15-30厘米。根茎肉质，块状，略2-3瓣，具多数2叉分歧的根；向上丛生多数向轴覆瓦状排列的叶。叶多汁，草质，鲜绿色，线形，长15-30厘米，宽1-2毫米，内具4个纵行气道围绕中肋，并有横隔膜分隔成多数气室，先端渐尖，基部宽鞘状，膜质，黄白色，腹部凹入；叶舌三角形渐尖，凹入处生孢子囊。孢子囊椭圆形，长约

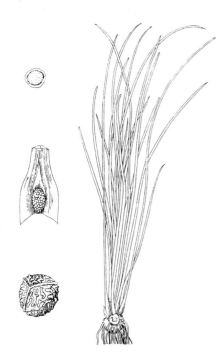

9毫米，径约3毫米，具白色膜质盖；大孢子囊常生于外围叶片基的向轴面，内有少数白色粒状四面形大孢子；小孢子囊生于内部叶片基部的向轴面，内有多数灰色粉末状两面形小孢子。染色体2n=44。孢子期5月下旬至10月末。

我国特有濒危水生蕨类蕨类。产江苏南京、安徽、浙江、江西及湖南，主要生于浅水池塘边和山沟淤泥地。

图 77 中华水韭
（孙英宝仿《中国珍稀濒危植物》）

2. 云贵水韭

彩片 22

Isoetes yunguiensis Q. F. Wang et W. C. Taylor in Novon 12: 587. f.
1: A-C. 2002.

多年生沉水蕨类，植株高 15-30 厘米。根茎粗短，肉质块状，略3瓣，基部有多条白色须根。叶多数，丛生，草质，线形，半透明，绿色，长 20-30 厘米，宽 0.5-1 厘米，横切面三角状半圆形，有薄膜隔为4和纵行气道，内有长 2-4 毫米的横向隔膜，叶基部向两侧扩大呈宽膜质鞘状，腹部凹入；叶舌三角形，凹入处具圆形孢子囊，无膜质盖。植株外围的叶生大孢子囊，大孢子球状四面形，具不规则网状纹饰（网脊不平），径 360-450 微米。小孢子囊生于内部叶片基部的向轴面，内生多数灰色粉末状小孢子。染色体 2n=22。4-5 月发叶，7-8 月在叶基部着生孢子囊，9-10 月孢子成熟。

　　我国特有濒危水生蕨类。产贵州平坝、云南昆明、寻甸，生于海拔 1800-1900 米山沟溪流水中及流水沼泽地。

　　[附] **台湾水韭** 图 78 **Isoetes taiwanensis** DeVol in Taiwania 17: 1. 1972. 本种与云贵水韭的主要区别：浅水生或沼地生蕨类；叶长 10-25 厘米；大孢子表面具皱纹状或网状纹饰。我国特有濒危水生蕨类。产台湾台北七星山梦幻湖。具干湿双栖性，喜生于浅水地。

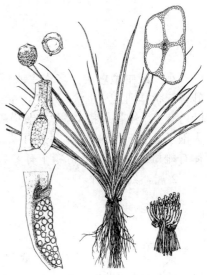

图 78　台湾水韭（引自《Fl. Taiwan》）

　　[附] **高寒水韭 Isoetes hypsophila** Hand.-Mazz. Symb. Sin. 6: 13. 1929. 本种与云贵水韭的主要区别：植株高不及 5 厘米；叶长 3.5-4 厘米，宽约 1 毫米；大孢子光滑无纹饰。我国特有濒危水生蕨类蕨类。产云南西北部及四川西南部，生于海拔约 4300 米高山草甸水浸处。

5. 木贼科 EQUISETACEAE

（张宪春）

　　小型或中型蕨类，土生、湿生或浅水生。根茎长而横行，黑色，分枝，有节，节生根，被绒毛。地上枝直立，圆柱形，绿色，有节，中空，表皮常有矽质小瘤，单生或节上有轮生分枝；节间有纵行脊和沟。叶鳞片状，轮生，在每个节上合生成筒状叶鞘（鞘筒）包围节间基部，前段分裂呈齿状（鞘齿）。孢子囊穗顶生，圆柱形或椭圆形，有的具长柄；孢子叶轮生，盾状，密接，每个孢子叶下面着生 5-10 个孢子囊。孢子近球形，有 4 条弹丝，无裂缝，具薄而透明周壁，有细颗粒状纹饰。

　　1 属约 25 种，全世界广布。我国 1 属 10 种 3 亚种。

木贼属 Equisetum Linn.

属的特征与科同。

1. 地上枝宿存 1 年或更短，主枝常有规则的轮生分枝；气孔位于地上枝表面；孢子囊穗钝头；鞘齿革质，宿存，黑棕或红棕色 。
  2. 地上枝一型，无能育枝与不育枝的区别或幼小能育枝略与不育枝不同。
    3. 地上枝高 10-30 厘米；主枝中部径 1-2 毫米，下部 1-3 节间黑棕色，无光泽，具轮生分枝。
      4. 主枝及侧枝脊的两侧有棱，上部主枝及侧枝的棱顶各有 1 行小瘤伸达鞘齿，鞘背有 1 深纵沟 ………… ……………………………………………………………………………… 1. **披散木贼 E. diffusum**
      4. 主枝及侧枝的两侧背部呈弧形，无棱、无小瘤，有横纹，鞘背上部有 1 浅纵沟 ………… ……………………………………………………………………………… 2. **犬问荆 E. palustre**
    3. 地上枝高 40-60 厘米；主枝中部径 3-6 毫米，下部 1-3 节间红棕色，具光泽，主枝上部禾秆色或灰绿色，无轮生分枝或具较主枝纤细而短的轮生分枝 ………………………… 3. **溪木贼 E. fluviatile**
  2. 地上枝二型，能育枝无轮生分枝或少且分枝细短，不同于不育枝。
    5. 营养枝的主枝连侧枝宽达 20 厘米，轮生分枝指向两侧或略向上，向上与主枝常成 45°-90°的角，分枝径不及主枝径的一半，主枝中部以下无分枝，能育枝能分枝。
      6. 营养枝的鞘齿连成（2）3-4（5）个裂片，宽卵状三角形，红棕色，脊两侧常具刚毛状突起；侧枝鞘齿开张 ……………………………………………………………… 4. **林木贼 E. sylvaticum**
      6. 营养枝的鞘齿 14-22 个，窄三角形，中部黑棕色，边缘浅棕色，脊两侧常具小瘤状突起；侧枝鞘齿非开张状 ……………………………………………………………… 5. **草问荆 E. pratense**
    5. 营养枝的主枝连侧枝宽常不及 10 厘米，轮生分枝指向上方，向上与主枝成约 30° 或更小的角，分枝径约为主枝径的一半，主枝中部以下有或无分枝，成熟能育枝不分枝 ………………… 6. **问荆 E. arvense**
1. 地上茎宿存一年以上，主枝常不分枝；气孔下陷，呈单列；孢子叶穗顶端具小尖突；鞘齿膜质，早落，淡棕或灰色。
  7. 地上枝非规则弯曲状；主枝径大于 1 毫米，髓腔中空，脊 6 条以上，鞘齿 6 个以上。
    8. 成熟主枝有轮生分枝；鞘筒顶部灰白或略红棕色。
      9. 主枝较细；幼枝的轮生分枝明显（分枝簇生于地下茎或轮生于地上主枝）；鞘齿灰白色（或棕色），宿存，基部弧形气孔带明显 ………………………………………… 7. **节节草 E. ramosissimum**
      9. 主枝较粗；幼枝的轮生分枝不明显；鞘齿黑棕或浅棕色，早落或宿存，基部扁平，两侧有棱角；齿上气孔带明显或不明显 ……………………… 7(附). **笔管草 E. ramosissimum subsp. debile**
    8. 成熟主枝无分枝，极少数有分枝，不成轮生状；鞘筒顶部黑棕色。
      10. 主枝中部径 5-9 毫米，高达 1 米或更多；鞘齿上部早落，基部背面有 2 纵棱。
        11. 植株较小；枝脊有 2 列小瘤；鞘齿背面有 4 纵棱 ………………………… 8. **木贼 E. hyemale**
        11. 植株较大；枝脊无明显小瘤；鞘齿背面有 3 纵棱 …………… 8(附). **无瘤木贼 E. hyemale subsp. affine**
      10. 主枝中部径（1）2-3（4）毫米，高 18-50 厘米；鞘齿宿存，基部背面有 4 纵棱 ………… ……………………………………………………………………………… 9. **斑纹木贼 E. variegatum**
  7. 地上枝波状弯曲状；主枝径约 0.6 毫米，髓腔中实，有脊 6 条以上，鞘齿 3（-5）个 ………… ……………………………………………………………………………… 10. **蔺木贼 E. scirpoides**

1. 披散木贼 散生木贼   图 79 彩片 23

Equisetum diffusum D. Don, Prodr. Fl. Nepal. 19. 1825.

中小型蕨类。根茎横走，直立或斜升，黑棕色，节和根密生黄棕

色长毛或无毛。地上枝当年枯萎。枝一型。高 10-30（-70）厘米，

中部径1-2毫米，节间长1.5-6厘米，绿色，下部1-3节间黑棕色，无光泽，分枝多。主枝有4-10脊，脊两侧隆起成棱伸达鞘齿下部，每棱各有1行小瘤伸达鞘齿；鞘筒窄长，下部灰绿色，上部黑棕色；鞘齿5-10枚，披针形，先端尾状，革质，黑棕色，有1深纵沟贯穿鞘背，宿存。侧枝纤细，较硬，圆柱状，有4-8脊，脊两侧有棱及小瘤；鞘齿4-6，三角形，革质，灰绿色，宿存。

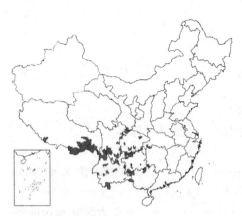

图 79　披散木贼　（李　健绘）

孢子囊穗圆柱状，长1-9厘米，径4-8毫米，顶端钝，成熟时柄长1-3厘米。

产甘肃、湖北、湖南、广西、贵州、四川、云南及西藏，生于海拔 3400 米以下。日本、印度、尼泊尔、不丹、缅甸及越南有分布。

2.　犬问荆

图 80：1-2

Equisetum palustre Linn. Sp. Pl. 1061. 1753.

中小型蕨类。根茎直立和横走，黑棕色，节和根光滑或具黄棕色长毛。地上枝当年枯萎。枝一型，高20-50（-60）厘米，中部径1.5-2毫米，节间长2-4厘米，绿色，下部1-2节间黑棕色，无光泽，基部常丛生状。主枝有4-7脊，脊背部弧形，光滑或有小横纹；鞘筒窄长，下部灰绿色，上部淡棕色；鞘齿4-7，黑棕色，披针形，边缘膜质，鞘背上部有浅纵沟，宿存。侧枝较

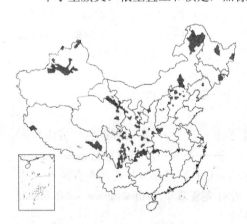

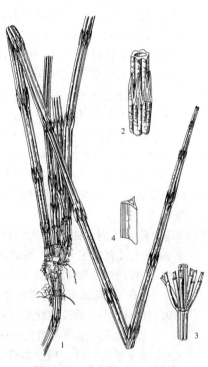

图 80：1-2.犬问荆　3-4.溪木贼
（孙英宝仿绘）

粗，长达 20 厘米，圆柱状或扁平，有4-6脊，光滑或有浅色小横纹；鞘齿4-6，披针形，薄革质，灰绿色，宿存。孢子囊穗椭圆形或圆柱状，长0.6-2.5厘米，径4-6毫米，顶端钝，成熟时柄长0.8-1.2厘米。

产黑龙江、吉林、辽宁、内蒙古、河北、山西、河南、陕西、宁夏、甘肃、青海、新疆、江西、湖北、湖南、贵州、四川、云南及西藏，生于海拔 200-4000 米。日本、印度、尼泊尔、克什米尔、俄罗斯、欧洲及北美洲有分布。

3.　溪木贼

图 80：3-4

Equisetum fluviatile Linn. Sp. Pl. 1062. 1753.

大型蕨类。根茎横走或直立，栗棕色，空心，节生栗棕色须根，

须根有黄棕色长毛。地上枝多年生。枝一型，空心，高40-60（-70）厘米，中部径3-6毫米，节间长3-5厘米。主枝下部1-3节间红棕色，具光泽，上部禾秆色或灰绿色，无轮生分枝或具较主枝纤细而短的轮生分枝，主枝有脊14-20，脊背部弧形，平滑而有浅色小横纹；鞘筒窄，长1-1.2厘米，淡棕色；鞘齿14-20，披针形，薄革质，黑棕色，背部扁平，无纵沟，宿存。侧枝无或纤细柔软，长5-15厘米，径0.6-1厘米，禾秆色或灰绿色，有脊5-7，脊背部弧形，平滑或有小横纹；鞘齿4-6，薄革质，禾秆色或略棕色，宿存。孢子囊穗短棒状或椭圆形，长1.2-2.5厘米，径0.6-1.2厘米，顶端钝，成熟时柄长1.2-2厘米。

产黑龙江、吉林、内蒙古、甘肃、新疆及四川，生于海拔500-3000米。日本、朝鲜半岛、蒙古、俄罗斯、欧洲及北美洲有分布。

4. 林木贼   图81

Equisetum sylvaticum Linn. Sp. Pl. 1061. 1753.

中大型蕨类。根茎直立和横走，黑棕色，节和根疏生黄棕色长毛或光滑。地上枝当年枯萎。

枝二型，能育枝与不育枝同期萌发。能育枝高20-30厘米，中部径2-2.5毫米，节间长3-4厘米，红棕色，有时禾秆色，分枝有脊10-14，脊光滑；鞘筒上部红棕色，下部禾秆色，长1.1-1.5厘米；鞘齿连成3-4个宽裂片，长0.5-1.1毫米，红棕色，卵状三角形，膜质；背面有浅纵沟；孢子散后能育枝存活。不育枝高30-70厘米，中部径2.5-5.5毫米，节间长4.5-6厘米，灰绿色，轮生分枝多；主枝中部以下无分枝，有脊10-16，脊背部方形，两侧常具刚毛状突起，每脊常有1行小瘤；鞘筒上部红棕色，下部灰绿色，长约6毫米；鞘齿连成3-4个宽裂片，长约6毫米，卵状三角形，膜质，红棕色，宿存。侧枝柔软纤细，扁平状，有脊3-8，脊背部有刺突或光滑；鞘齿开张状。孢子囊穗圆柱状，长1.5-2.5厘米，径5-7毫米，顶端钝，成熟时柄伸长，柄长3-4.5厘米。

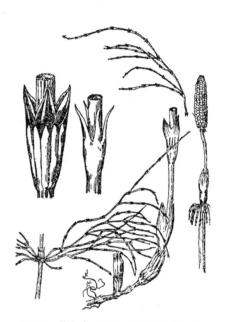

图 81 林木贼 （引自《东北草本植物志》）

产黑龙江、吉林、内蒙古、山东、山西及新疆，生于海拔200-1600米。日本、欧洲及北美洲有分布。

5. 草问荆   图82

Equisetum pratense Ehrhart in Hannover. Mag. 22: 138. 1784.

中型蕨类。根茎直立和横走，黑棕色，节和根疏生黄棕色长毛或光滑。地上枝当年枯萎。枝二型，能育枝与不育枝同期萌发。能育枝高15-25厘米，中部径2-2.5毫米，节间长2-3厘米，禾秆色，形成分枝，有脊10-14，脊光滑；鞘筒灰绿色，长约6毫米；鞘齿10-14，淡棕色，长4-6毫米，披针形，膜质，背面有浅纵沟；孢子散后能育枝存活。不育枝高30-60厘米，中部径2-2.5毫米，节间长2.2-2.8厘米，禾秆色或灰绿色，轮生分枝多；主枝中部以下无分枝，有脊14-22，脊背部弧形，每脊常有1行小瘤；鞘筒窄长，长约3毫米，下部灰绿色，上部有一圈淡棕色，其余部分灰绿色，鞘背有2棱；鞘齿14-22，披针

形，膜质，淡棕色，中间一线黑棕色，宿存。侧枝柔软纤细，扁平状，有3-4窄而高的脊，脊背部光滑；鞘齿非开张状。孢子囊穗椭圆柱状，长1-2.2厘米，径3-7毫米，顶端钝，成熟时柄伸长，柄长1.7-4.5厘米。

产黑龙江、吉林、内蒙古、河北、山东、山西、河南、陕西、甘肃、新疆、湖北及湖南，生于海拔500-2800米。日本、欧洲及北美洲有分布。

6. 问荆　　　　　　　　　　　　　图83 彩片24

Equisetum arvense Linn. Sp. Pl. 1061. 1753.

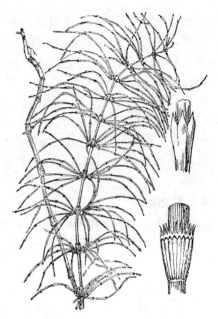

图 82　草问荆　（引自《东北草本植物志》）

中小型蕨类。根茎斜升、直立和横走，黑棕色，节和根密生黄棕色长毛或无毛。地上枝当年枯萎。枝二型。能育枝春季萌发，高5-35厘米，中部径3-5毫米，节间长2-6厘米，黄棕色，无轮茎分枝，脊不明显，有密纵沟；鞘筒栗棕色或淡黄色，长约8毫米，鞘齿9-12，栗棕色，长4-7毫米，窄三角形，鞘背上部有1浅纵沟，孢子散后能育枝枯萎。不育枝后萌发，

高达40厘米；主枝中部径1.5-3毫米，节间长2-3厘米，绿色，轮生分枝多，主枝中部以下有分枝，脊背部弧形，无棱，有横纹，无小瘤；鞘筒窄长，绿色；鞘齿三角形，5-6枚，中间黑棕色，边缘膜质，淡棕色，宿存。侧枝柔软纤细，扁平状，有3-4条窄而高的脊，脊背部有横纹；鞘齿3-5，披针形，绿色，边缘膜质，宿存。孢子囊穗圆柱形，长1.8-4厘米，径0.9-1厘米，顶端钝，成熟时柄长3-6厘米。

产黑龙江、吉林、辽宁、内蒙古、河北、山东、山西、河南、陕西、宁夏、甘肃、青海、新疆、江苏、安徽、浙江、福建、江西、湖北、贵州、四川、云南及西藏，生于海拔3700米以下。日本、朝鲜半岛、喜马拉雅、俄罗斯、欧洲及北美洲有分布。

7. 节节草　　　　　　　　　　　　图84：1-2

Equisetum ramosissimum Desf. Fl. Atlant. 2: 398. 1799.

中小型蕨类。根茎直立、横走或斜升，黑棕色，节和根疏生黄棕色长毛或无毛。地上枝多年生。枝一型，高20-60厘米，中部径1-3毫米，节间长2-6厘米，绿色；主枝多下部分枝，常簇生状，有脊5-14，脊背部弧形，有1行小瘤或浅色小横纹；鞘筒窄，长达1厘米，下部灰绿色，上部灰棕色；鞘齿5-12，三角形，灰白色或少数中央为黑棕色，边缘（有时上部）膜质，背部弧形，宿存，齿上气孔带明显。侧枝较硬，圆柱状，有脊5-8，脊平滑或有1行小瘤或有浅色小横

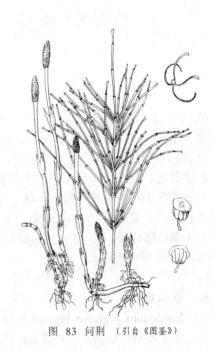

图 83　问荆　（引自《图鉴》）

纹，鞘齿5-8，披针形，革质，边缘膜质，上部棕色，宿存。孢子囊穗短棒状或椭圆形，长0.5-2.5厘米，中部径4-7毫米，顶端有小尖突，无柄。

产黑龙江、吉林、辽宁、内

蒙古、河北、山东、山西、河南、陕西、宁夏、青海、新疆、江苏、安徽、浙江、台湾、福建、江西、湖北、湖南、广东、香港、海南、广西、贵州、四川、云南及西藏，生于海拔 100-3300 米。日本、朝鲜半岛、喜马拉雅、蒙古、俄罗斯、非洲、欧洲及北美洲有分布。

[附] **笔管草** 图 84：3

Equisetum ramosissimum subsp. **debile** (Roxb. ex Vauch.) Hauke in Amer. Fern Journ. 52(1): 33. 1962.——Equisetum debile Roxb. ex Vauch. Monogr. Preles 387. 1821; 中国高等蕨类图鉴 1: 117. 1972. 与模式亚种的主要区别：主枝较粗；幼枝的轮生分枝不明显；鞘齿黑棕或淡棕色，早落或宿存，茎部扁平，两侧有棱角；齿上气孔带明显或不明显。产河南、山东、江苏、安徽、浙江、福建、台湾、江西、湖北、湖南、广东、香港、海南、广西、贵州、云南、西藏、四川、陕西及甘肃，生于海拔 0-3200 米。日本、印度、尼泊尔、缅甸、印度支那、泰国、菲律宾、马来西亚、印度尼西亚、新加坡、新几内亚、新赫布里底群岛、新卡勒多尼亚及斐济有分布。

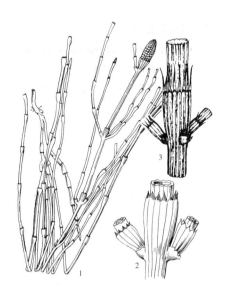

图 84：1-2.节节草 3.笔管草
（引自《图鉴》）

8. 木贼 图 85

Equisetum hyemale Linn. Sp. Pl. 1062. 1753.

大型蕨类。根茎横走或直立，黑棕色，节和根有黄棕色长毛。地上枝多年生。枝一型，高达 1 米或更多，中部径（3-）5-9 毫米，节间长 5-8 厘米，绿色，不分枝或基部有少数直立侧枝。地上枝有脊 16-22，脊背部弧形或近方形，有小瘤 2 行；鞘筒长 0.7-1 厘米，黑棕色或顶部及基部各有一圈或顶部有一圈黑棕色，鞘齿 16-22，披针形，长 3-4 毫米，先端淡棕色，膜质，

芒状，早落，下部黑棕色，薄革质，基部背面有 4 纵棱，宿存或同鞘筒早落。孢子囊穗卵状，长 1-1.5 厘米，径 5-7 毫米，顶端有小尖突，无柄。

产黑龙江、吉林、辽宁、内蒙古、河北、河南、山西、陕西、甘肃、青海、新疆、湖北及四川，生于海拔 100-3000 米。日本、朝鲜半岛、俄罗斯、欧洲、北美及中美洲有分布。

[附] **无瘤木贼 Equisetum hyemale** subsp. **affine** (Engl.) Calder et R. L.

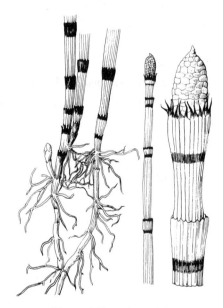

图 85 木贼 （引自《图鉴》）

Tahlor in Canad. Journ. Bot. 43: 1387. 1965. —— Equisetum robustum A. Braun. var. affine Engl. in Amer. Journ. Sci. Arts. 46: 88. 1844. 与模式亚种的主要区别：体型较大；枝脊无明显小瘤；鞘齿背面有 3 条纵棱。产黑龙江。俄罗斯、美国、墨西哥及危地马拉有分布。

9. 斑纹木贼

图 86 彩片 25

Equisetum variegatum Schleich. ex F. Weber et D. Mohr in Bot. Taschenb. Jahr. 60. 447. 1807.

中小型蕨类。根茎直立和横走，黑棕色，节和根有黄棕色长毛。

地上枝多年生。枝一型，高 10-17 厘米，中部径 1-1.3 毫米，节间长 1.5-4 厘米，绿色，不分枝。地上枝有脊 6-8，脊背部近方形或弧形，中间有浅槽或无，两侧各有 1 行小瘤，鞘筒长约 2 毫米，绿色，顶部及中部有一圈黑棕色；鞘齿 6-8，开展，三角形，长约 1 毫米，中间黑棕色，边缘灰白色，先端具短芒，膜质，基部背面有 4 纵棱，宿存。孢子囊穗椭圆状，长 5-7 毫米，径 2-3 毫米，顶端有小尖突，无柄。

产内蒙古、宁夏及四川，生于海拔 1500-3700 米，吉林有记载。日本、蒙古、俄罗斯、欧洲及北美洲有分布。

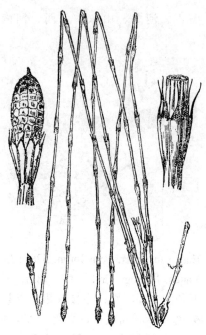

图 86 斑纹木贼
（引自《东北草本植物志》）

10. 蔺木贼

图 87

Equisetum scirpoides Michoux, Fl. Bor.-Amer. 2: 281. 1803.

小型蕨类。根茎直立和横走，黑棕色，节和根疏被黄棕色长毛或

光滑。地上枝多年生。枝一型。地上枝下部分枝，簇生状，无明显主枝。地上枝不规则波状弯曲，高 10-20 厘米，中部径约 0.6 毫米，髓腔中实，节间长 2-2.8 厘米，绿色，下部 1-2 节节间栗棕色，有光泽；枝有 6 脊，脊中部有 1 浅纵沟，两侧各有 1 棱，棱有 1 行齿状突起；鞘筒黑棕色或上部黑棕色，下部绿色；鞘齿 3-（5），宽披针形，先端具长芒，中间黑棕色，边缘淡棕色，膜质，宿存。孢子囊穗圆柱状，长约 5 毫米，径约 1.5 毫米，顶端有小尖突，无柄。

产内蒙古及新疆，生于海拔 500-2600 米。日本、俄罗斯、欧洲及北美洲有分布。

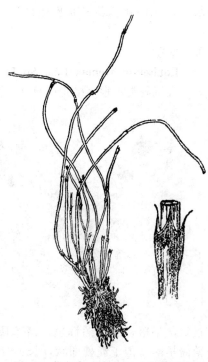

图 87 蔺木贼 （引自《东北草本植物志》）

6. 松叶蕨科（松叶兰科）**PSILOTACEAE**
（张宪春）

小型蕨类，附生或土生。根茎粗，横行，褐色，具原生中柱或管状中柱，具假根。地上茎直立或下垂，绿色，多回 2 叉分枝；枝有棱或扁。叶小型，具中脉或无脉，散生，二型；不育叶钻状，鳞片状或披针形；孢子叶二叉形或先端分叉，无叶脉。孢子囊单生于孢子叶腋，球形，2 瓣纵裂，2-3 个融合为聚囊，形如 2-3 室的孢子囊。孢子一型，肾形，单裂缝。

2 属 4 种，Tmesipteris 主产大洋洲，松叶蕨属 Psilotum 广布热带及亚热带。我国 1 属。

松叶蕨属（松叶兰属）**Psilotum** Sw.

小型蕨类，通常附生。根茎横行，具假根，多回 2 叉分枝。地上茎直立，无毛或鳞片，2 叉分枝，枝有棱或扁。叶小型，散生，二型；不育叶鳞片状，互生，无柄，无脉；孢子叶二叉形。孢子囊单生孢子叶腋，球形，2 瓣纵裂，常 3 个融合为聚囊。孢子肾形，极面观矩圆形，赤道面观肾形，具细长单裂缝，外壁具穴状饰。染色体基数 x=13。

2 种，广布热带及亚热带。我国 1 种。

松叶蕨

图 88 彩片 26

Psilotum nudum (Linn.) Beauv. Prod. Aetheog. 112. 1805.

Lycopodium nudum Linn. Sp. Pl. 1100. 1753.

小型蕨类，附生树干或岩缝中。根茎横行，圆柱形，褐色，具假根，2 叉分枝。地上茎直立，高 15-51 厘米，无毛或鳞片，绿色，下部不分枝，上部多回 2 叉分枝；枝三棱形，绿色，密生白色气孔。叶小型，散生，二型；不育叶鳞片状三角形，无脉，长 2-3 毫米，宽 1.5-2.5 毫米，先端尖，草质；孢子叶二叉形，长 2-3 毫米，宽约 2.5 毫米。孢子囊单生孢子叶腋，球形，2 瓣纵裂，常 3 个融合为三角形聚囊，径约 4 毫米，黄褐色。孢子肾形，极面观矩圆形，赤道面观肾形。

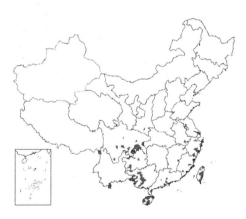

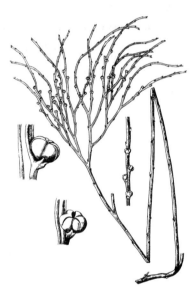

图 88 松叶蕨（引自《图鉴》）

产陕西、江苏、安徽、浙江、台湾、福建、江西、广东、海南、广西、贵州、四川、云南及西藏东南部。广布于热带与亚热带。

7. 七指蕨科 HELMINTHOSTACHYACEAE
（林尤兴）

土生蕨类。根茎横走。叶柄基部有 2 圆形肉质托叶；不育叶掌状或鸟足状，叶片通常深裂为 3 叉分枝，略具短柄，每分枝再 3 深裂或半羽裂，小叶片披针形，具中脉，侧脉羽状，一至二回分叉，伸达叶缘；能育叶自不育叶的基部生出，有柄，通常多少超过不育叶。孢子囊密集成穗状，圆柱形，无叶绿素，孢子囊球形，围绕囊托着生，近圆形或卵形，大型，无柄，3-5 枚聚生，稀单生，顶部具鸡冠状不育叶附属物，纵裂。孢子三角形，辐射对称，具 3 裂缝，无周壁，外壁 2 层，外层厚于内层，具不明显细网状纹饰。

1 属。

七指蕨属 Helminthostachys Kaulf.

属的特征同科。

单种属。染色体基数 x=47。

七指蕨
图 89 彩片 27

Helminthostachys zeylanica (Linn.) Hook. Gen. Fil. t. 47. 1840.

Osmunda zeylanica Linn. Sp. Pl. 1063. 1753.

根茎肉质，径达 7 毫米，生有多数肉质须根，近顶部生 1-2 叶。叶有柄，绿色，草质，长 20-40 厘米，基部有 2 圆形淡棕色长约 7 毫米的托叶；叶片由 3 裂分枝的不育叶片和直立孢子囊穗组成，自柄端分离；不育叶片分枝近相等，每分枝由顶生羽片（或小叶）和其下面的 1-2 对侧生羽片（或小叶）组成，每分枝均具短柄，羽片无柄，基部窄而下延，长宽均 12-25 厘米，宽掌状，各羽片长 10-18 厘米，宽 2-4 厘米，向基部渐窄，先端渐尖，全缘或有稍不整齐锯齿；叶薄草质，无毛，光绿或褐绿色，中脉在上面凹陷，下面凸起，侧脉分离，密生，纤细，斜上，一至二回分叉，伸达叶缘。孢子囊穗单生，通常高出不育叶，柄长 6-8 厘米，囊穗长达 13 厘米，径 5-7 毫米，直立，孢子囊环生于囊托，细长圆柱状。

产台湾、海南、广西及云南，生于阴湿疏荫林下。广布于印度北部、斯里兰卡、缅甸、中南半岛、马来西亚、菲律宾、印度尼西亚

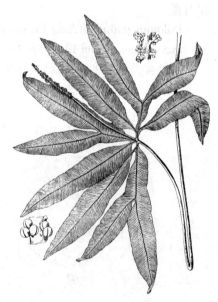

图 89 七指蕨
（引自《中国蕨类植物图谱》）

及澳大利亚。嫩叶可作蔬菜。根茎入药，治咳嗽哮喘，外敷治毒蛇咬伤。栽培供观赏。

8. 阴地蕨科 BOTRYCHIACEAE

（林尤兴）

土生蕨类。根茎短，直立，无鳞片，具肉质粗根。叶有能育叶和不育叶，均出自总柄，总柄基部包有褐色鞘状托叶；不育叶为一至多回羽状分裂，有柄或几无柄，多三角形或五角形，稀一回羽状披针状长圆形，叶脉分离；能育叶无叶绿素，具长柄，或出自总叶柄，或出自不育叶的基部或中轴，聚生成圆锥状。孢子囊圆球形，无柄，沿小穗两侧成2列，不陷入囊托内，横裂。孢子四面体形，3缝裂，无周壁，外壁具明显瘤状和不明显小瘤状纹饰。

3属，主产温带，稀分布于热带或南极洲。

1. 不育叶无柄或具短柄，一至四回羽状。
  2. 不育叶一至二回羽状，质厚；植株高5-20厘米；幼芽无毛，植株无毛 ············· 1. **小阴地蕨属 Botrychium**
  2. 不育叶三至四回羽状，草质；植株高30-60厘米；幼芽有毛，植株被长柔毛 ········· 2. **假阴地蕨属 Botrypus**
1. 不育叶和能育叶均具长柄，总柄比不育叶的柄短或等长；不育叶3出；幼芽通常被毛 ·············
··· 3. **阴地蕨属 Sceptridium**

1. 小阴地蕨属 Botrychium Sw.

植株高5-20厘米，植株无毛。不育叶一至二回羽状，质厚，长超过宽或等长；能育叶出自总柄顶端或不育叶的叶轴下部腋间。幼芽无毛，来年叶芽完全包被于叶柄基部的叶鞘内。原叶体略扁，初生根出自原叶体的上方侧边；胚无胚柄。染色体基数 x=15，（45）。

约6种，分布于北温带。我国1种。

扇羽阴地蕨　　　　　　　　图90 彩片28

Botrychium lunaria (Linn.) Sw. in Journ. Bot. (Schrader) 110. 1801.

Osmunda lunaria Linn. Sp. Pl. 1064. 1753.

根茎短而直立，有多数肉质几不分枝粗根。总叶柄长4-12厘米，

径2-3毫米，多汁草质，干后扁，淡绿色，无毛，基部具棕色或深棕色托叶状总苞片，长2-3厘米，宿存。不育叶片宽披针形，同总柄成锐角斜上，长3-8厘米，宽1.5-2.5厘米，或稍宽，圆头或圆钝头，几无柄或具短柄，基部不窄，一回羽状；羽片4-6对，对生或近对生，初生时密接，下部几对长宽1-2厘米，扇形、肾圆形或半圆形，基部楔形，无柄，与羽轴多少合生，外边缘全缘，或波状或多少分裂，向顶部的羽片较小，合生，外边缘分裂；叶半肉质，干后稍褶皱，淡绿色；叶脉扇状分离，不甚明显。孢子叶自不育叶片的基部抽出，柄长4-7厘米，孢子囊穗长3-6厘米，宽1.5-2厘米，二至三回分叉，窄圆锥状，直

图 90 扇羽阴地蕨
（引自《东北草本植物志》）

立，无毛。

产吉林、河北、内蒙古、山西、河南、陕西、甘肃、青海、新疆、台湾、四川、云南西北部及西藏，散生于草原、草甸或林下。广布于温带或亚热带高山山地，自欧洲至亚洲西部、北部、喜马拉雅、北美洲、日本及大洋洲。

2. 假阴地蕨属 Botrypus Michx.

植株高30-60厘米，植株通常被长柔毛。不育叶草质，三至四回羽状，裂片细，近无柄，宽超过长；能育叶出自总柄顶端或不育叶的羽轴下部腋间。幼芽有毛；叶基部叶鞘一边开口，来年叶芽部分裸露。原叶体短圆柱形，初生根出自原叶体上方点一侧边；芽无柄。染色体基数 x=23（46）。

约10余种，分布于温带。我国8种。

1. 孢子叶自不育叶片基部生出。
  2. 不育叶片最下一对羽片向基部渐窄；孢子囊穗挺直成线形紧窄复穗状 ·············· 1. **劲直假阴地蕨 B. strictum**
  2. 不育叶片最下一对羽片向基部渐宽，孢子囊穗疏散复总状。
    3. 孢子叶自不育叶片基部抽出，孢子囊穗复圆锥状，长9-14厘米 ················ 2. **蕨萁 B. virginianum**
    3. 孢子叶自不育叶片基部的一对羽片腋间或稍上处生出，孢子囊穗圆锥状，长4-5厘米 ·············
    ······················ 2(附). **云南假阴地蕨 B. yunnanense**
1. 孢子叶自不育叶片基部的1-2对羽片以上的中轴生出 ················ 3. **绒毛假阴地蕨 B. lanuginosum**

1. 劲直假阴地蕨
图91

Botrypus strictum (Underw.) Holub in Preslis 45: 277. 1958.

Botrychium strictum Underw. in Bull. Torrey Bot. Club. 20: 52. 1902; 中国植物志 2: 14. 1959.

根茎短而直立，具粗壮肉质长根。总叶柄长25-32厘米，淡绿色，多汁草质，干后扁平，宽4-5毫米，几无毛，向顶端分枝处有疏毛。不育叶片宽三角形，长约18厘米，基部宽25-30厘米，三回羽状深裂或近三回羽状；侧生羽片7-9对，对生，斜出，下部3对开展，相距2-3厘米，各回羽片密接，或多少覆瓦状，除基部1对外，无柄，基部1对最大，平展或稍上，倒卵状椭圆形，短尖头，长13-16厘米，中部最宽，7-10厘米，向基部两侧渐窄，柄长约1厘米，基部1对小羽片稍下先出近对生，二回羽状深裂或近二回羽状；一回小羽片约12对，基部1对几等长，长1-1.8厘米，无柄，多少合生，卵状长圆形，圆头，向上各对渐长，第5-6对最长，披针形，短渐尖头，向上各对渐短，基部合生，一回深羽裂；末回裂片长圆形，最长的一回小羽片有10对，基部的3-4对，为下先出，基部下方的1片与羽轴以宽翅合生，边缘有粗锯齿，每齿具1-2小脉；第二对羽片向上渐短；叶薄草质，干后绿色，叶脉明显。能育叶自

图 91 劲直假阴地蕨
（孙英宝仿《Ogata, Ic. Fil. Jap.》）

不育叶基部生出，长等于不育叶或稍短，柄长5-6厘米。孢子囊穗长7-12厘米，线状披针形，一回羽状，小穗长约1厘米，密集，向上，无毛。

产吉林、辽宁、内蒙古、河

南、陕西、甘肃、湖北西部及四川东北部，生于林下。朝鲜半岛及日本有分布。

2. 蕨萁 图 92

Botrypus virginianum (Linn.) Sw in Journ. Bot. (Schrader) 111. 1801.

Osmunda virginiana Linn. Sp. Pl. 1064. 1753.

Botrychium viginianum (Linn.) Sw.; 中国植物志 2: 15. 1959.

根茎短而直立，具一簇不分枝粗壮长根。总叶柄长 20-25 厘米，

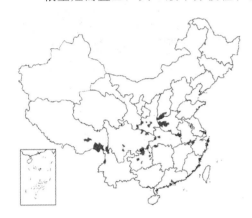

多汁草质，干后扁平，几无毛，或略疏被长毛基部棕色托叶状的总苞长 2.5-3 厘米。不育叶片宽三角形，短尖头，长 13-18 厘米，基部宽 20-30 厘米，三回羽状，基部下方四回羽裂；侧生羽片 4-6 对，对生或近对生，下部两对相距 3-4 厘米，基部一对最大，张开或几平展，长 10-15 厘米，中部宽 8-11 厘米，长卵形，向基部稍窄，一回小羽片上先出，有短柄，短尖头，二回羽状；一回小羽片 8-10 对，近对生，长圆状披针形，渐尖头，有短柄，不等长，向基部渐短，上方的最短，中部以下的长 5-7 厘米，一回羽状或二回羽裂；二回小羽片长圆状披针形，基部的长约 1 厘米，中部的长约 2 厘米，无柄，具窄翅沿主脉下延，深羽裂；末回裂片窄长圆形，长约 5 毫米，具粗长尖锯齿，每齿有 1 小脉；叶薄草质，干后绿色，叶脉明显。孢子叶自不育叶片基部抽出，柄长 14-18 厘米。孢子囊穗复圆锥状，长 9-14 厘米，成熟后高出不育叶片之上，直立，几光滑或略具长毛。

产山西、河南、陕西、甘肃、安徽、浙江、湖北西部、湖南、贵州、四川、云南西北部及西藏，生于海拔 1600-2300 米山地林下。欧洲、北美洲、巴西、温带亚洲有分布。全草药用。湖北兴山县老君山

图 92 蕨萁
（引自《Fl. Ponon. Terrar. Adiac. Icon.》）

药场有栽培。

[附] **云南假阴地蕨** 云南阴地蕨 彩片 29 **Botrypus yunnanense** (Ching) Y. X. Lin, comb. nov. ——*Botrychium yunnanense* Ching, Fl. Reipubl. Popul. Sin. 2: 329. 16. 1959. 本种与蕨萁的主要区别：孢子叶自不育叶片基部的一对羽片腋间或稍上处生出，孢子囊穗圆锥形，长 4-5 厘米。产广西西北部及云南，生于海拔 1000-3000 米杂木林下。

3. 绒毛假阴地蕨 图 93 彩片 30

Botrypus lanuginosum (Wall. ex Hook. et Grev.) Y. X. Lin, comb. nov.

Bottrychium lanuginosum Wall. ex Hook. et Grev.; 中国植物志 2: 18. 1959; 中国高等植物图鉴 1: 120. 1972.

根茎粗短，直立，具肉质长根，包于鞘状棕色托叶内的幼芽被长绒毛。总柄长 12-18 厘米，粗肥，多汁草质，干后扁平，宽 4-5 毫米，密生早落灰白色长绒毛。不育叶五角状三角形或卵状三角形，渐尖头，长 18-25 厘米，宽 24-27 厘米，下部三至四回羽状；侧生羽片 6-8 对，具长柄，基部 1 对三角形，长达 15 厘米，宽 6-8 厘米，渐尖头，二至三回羽状；一回小羽片 8-9 对，有长柄，下先出，基部下方 1 片长达 9 厘米，宽 5 厘米，五角状三角形，渐尖头，有柄，其余各对较小，

一至二回羽状；二回小羽片基部下方1片五角状三角形，长达3.5厘米，宽约2厘米，有柄，基部心形，其余各对向上渐小，有短柄，一回全裂或深裂；末回小羽片或裂片卵形或卵状三角形，无柄，有粗大重齿；叶轴和羽轴有长绒毛；叶干后绿色，薄草质，叶脉除中脉外不显。孢子囊穗自第一和第二对羽片之间的叶轴上生出或第2对羽片的分枝点附近生出，比不育叶片短，柄长5-7厘米，孢子囊穗长8-11厘米，宽5-7厘米，复圆锥状，二至三回羽状，小穗张开，疏散，有绒毛。

产台湾、湖南、广西西北部、贵州南部、四川、云南及西藏。

图 93 绒毛假阴地蕨 （蔡淑琴仿绘）

3. 阴地蕨属 Sceptridium Lyon

中型蕨类。不育叶和能育叶均具长柄，总柄比不育叶柄短或等长；不育叶片为3出复叶，通常宽过于长，从植株基部或基部稍上处发出。幼芽被毛，来年底幼芽全包于叶基部的叶鞘内。原叶体腹背扁，初生根出自原叶体下面；胚有柄。染色体基数2n=90。

约10种，广泛分布于欧洲、美洲、亚洲东部及南部。我国8种。

1. 不育叶片肉质，干后肉质皱凸不平。
  2. 植株各部较细瘦而稀疏；不育叶基部的一对羽片具长柄，叶薄肉质，裂片边缘密生尖锯齿 ……………
  …………………………………………………………………………… 1. 阴地蕨 S. ternatum
  2. 植株各部肥大而紧密；叶厚肉质，裂片边缘密生齿牙或疏生粗锯齿。
    3. 裂片边缘密生小圆齿状齿牙 …………………………………… 2. 粗壮阴地蕨 S. robustum
    3. 裂片边缘具大而不等形圆齿牙 ……………………………… 3. 多裂阴地蕨 S. multifidum
1. 不育叶片薄草质或草质，干后叶平而不显著皱凸不平。
  4. 叶薄草质，孢子叶自总柄中部生出，不育叶片的中轴和羽柄被较密长白毛 …… 4. 薄叶阴地蕨 S. daucifolium
  4. 叶草质，孢子叶自近总柄基部生出，不育叶片的中轴和羽柄几无毛 ……………… 5. 华东阴地蕨 S. japonicum

1. 阴地蕨

图 94 彩片 31

Sceptridium ternatum (Thunb.) Y. X. Lin, comb. nov.

Osmunda ternatum Thunb. Fl. Jap. 329. t. 32. 1784.

Botrychium ternatum (Thunb.) Sw.; 中国植物志 2: 20. 1959; 中国高等植物图鉴 1: 120. 1972.

根茎短而直立，有粗壮肉质根。总叶柄长2-4厘米，细瘦，淡白色，干后扁。不育叶片薄肉质，柄长3-8厘米，径2-3毫米，无毛；叶片宽三角形，长8-10厘米，宽10-12厘米，短尖头，三回羽状；侧生羽片3-4对，有柄，基部1对最大，几与中部的等大，柄

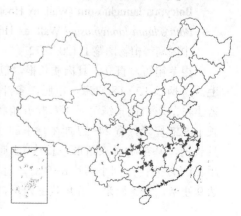

长达2厘米，羽片长宽各约5厘米，宽三角形，短尖头，二回羽状；一回小羽片3-4对，有柄，基部下方1片较大，一回羽状；末回小羽片长卵形或卵形，基部下方1片长1-1.2厘米，略浅裂，有短柄，其余长4-6毫米，边缘密生长尖细锯齿；第2对起羽片长圆状卵形，长约4厘米，宽约2.5厘米，下先出，钝尖头；叶肉质，干后绿色，厚草质，无毛，皱凸不平。孢子囊穗圆锥形，长4-10厘米，宽2-3厘米，二至三回羽状，小穗疏散，略张开，无毛。

产江苏、安徽、浙江、台湾、福建、江西、湖南、湖北、广西、贵州、四川及云南，生于海拔400-1000米丘陵灌丛阴处。喜马拉雅、印度、越南、朝鲜半岛及日本有分布。

图 94 阴地蕨
（孙英宝仿《Ogata, Ic. Fil. Jap.》）

2. 粗壮阴地蕨　　　　　　　　　　　　图 95

Sceptridium robustum (Rupr.) Y. X. Lin, comb. nov.

Botrychium rutaefolium var. *robustum* Rupr. in Nova Acta Leop. 26: 763. t. 55. f. 9. 1858.

Botrychium robustum (Rupr.) Underw.; 中国植物志 2: 21. 1959.

根茎短而直立，有簇生肉质粗根。总叶柄高1.5-2厘米；不育叶

厚肉质，长10-14厘米，柄长4-6厘米，宽3-4毫米，无柄或被疏毛；叶片五角形，长约7厘米，宽7.5-12厘米，短渐尖头，下部三回羽状，上部二回羽裂；羽片4-5对，张开，各回羽片密接，基部1对宽三角形，长3-6厘米，宽3.5-4厘米，柄长1厘米，二回羽状；一回小羽片4-5对，开展，基部

1对对生，长2.5-3厘米，宽1-1.5厘米，近钝头，有短柄，基部心形，羽状分裂，上部各对缩小，长圆状披针形，略浅羽裂，或波状；末回小羽片长卵形，长1-1.5厘米，浅羽裂或不裂，密生圆齿状齿牙，第二对羽片长约3.5厘米，宽1.5-2厘米，宽披针形，短渐尖头，有短柄，基部心形，下先出，一回羽状。叶轴无毛，或稍有疏毛；叶干后坚草质，黄绿色，皱凸，叶脉不显。孢子叶长19-23厘米，直立，孢子囊穗长4-9厘米，宽4-5厘米，圆锥形，散开，二至三回羽状，无毛。

产黑龙江、吉林、辽宁、四川及云南西北部山地，生于海拔4000米以下林缘或草坡。西伯利亚东部乌苏里、堪察加及朝鲜半岛有分布。

图 95 粗壮阴地蕨
（孙英宝仿《Ogata, Ic. Fil. Jap.》）

3. 多裂阴地蕨　　　　　　　　　　　　图 96

Sceptridium multifidum (S. G. Gmel.) Lyon in Bot. Gaz. 40: 457. 1909.

Osmunda multifidum S. G. Gmel. in Novi. Comm. Acad. Sci. Imp. Petrop. 12: 517. t. 11. f. 1. 1768.

Botrychium multifidum (Gmel.) Rurp.; 中国植物志 2: 22. 1959.

根茎短小，直立，具簇生肉

质根。总叶柄长 2-5 厘米，基部被淡棕色托叶包被。不育叶长 15 厘米，柄长 7-8 厘米，下部常有去年生的干枯叶柄宿存；叶片五角形，

长 8 厘米，宽 11 厘米，钝头，三回羽状；羽片约 5 对，互生，均有柄，斜出，密接，基部 1 对五角形，柄长 1.5 厘米，羽片长宽各约 6 厘米，二回羽状；一回小羽片 4 对，基部下方 1 片长约 3.5 厘米，宽 2.5 厘米，三角形，有柄，同上方 1 片对生，一回羽状；末回小羽片 4 对，下先出，基部下方 1 片长约 1.4 厘米，宽约 8 毫米，长卵形，无柄，基部稍分裂，边缘有不等圆齿，其余各小羽片椭圆形，第 2 对羽片柄长约 6 毫米，羽片长约 3 厘米，宽约 2 厘米，卵状长圆形，尖头，一回羽状；末回小羽片 3-4 对，几无柄或有极短柄；叶厚肉质，干后绿色，厚草质，皱凸，叶脉不显。孢子叶长 24 厘米，孢子囊穗圆锥形，长于 7 厘米，宽 2-3 厘米，分枝。

产吉林，生于疏林中或林缘。广泛分布于欧洲、西伯利亚及北美洲。

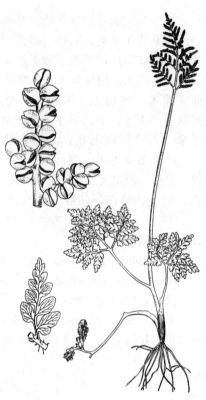

图 96 多裂阴地蕨
(引自《Fl. Polon. Terrar. Adiac. Icon.》)

4. 薄叶阴地蕨 图 97 彩片 32

Sceptridium daucifolium (Wall. ex Hook. et Grev.) Y. X. Lin, comb. nov.
Botrychium daucifolium Wall. ex Hook. et Grev. Icon. Fil. t. 161. 1829;
中国植物志 2: 24. 1959.

根茎短粗，直立，肉质根粗。总叶柄长 10-12 厘米，多汁嫩草质，

干后扁平，无毛或有疏毛。不育叶柄长 9-11 厘米，叶片长 15-18 厘米，宽 18-22 厘米或更大，五角形，短渐尖头，下部三回羽状，中部二回羽状；羽片 5-7 对，下部 2 对有柄，向上的无柄或合生，基部 1 对羽片三角形，长 10-15 厘米，宽约 10 厘米，有柄，近渐尖头，二回羽状；一回小羽片 4-5 对，下先出，基部下方 1 片宽披针形，有柄，长 8-9 厘米，宽 2.5 厘米，短渐尖头，有柄或无柄，深羽裂，其余各片同形而较小，或浅羽裂或全缘；末回羽片（或裂片）长圆形，尖头，长约 1.5 厘米，宽约 8 毫米，基部合生，有三角形锯齿，第二对起渐小，宽披针形或长圆形，一回深羽裂，短渐尖头，有柄或无柄，下先出，先端以下的 1 片不裂，基部合生下延；叶薄草质，干后黑褐或褐绿色，平滑，叶脉明显。孢子叶自总叶柄中

图 97 薄叶阴地蕨
(孙英宝仿《Ogata, Ic. Fil. Jap.》)

部以上生出，距不育叶基部9-11厘米，柄长10-16厘米，孢子囊穗长10-14厘米，宽3-5厘米，圆锥状，二至三回羽状，散开，无毛。

产浙江、台湾、江西、湖南、广东、广西、贵州、四川及云南。喜马拉雅、斯里兰卡、缅甸、越南及印度尼西亚有分布。

5. 华东阴地蕨　　　　　　　　　　　　　　　图98

Sceptridium japonicum (Prantl) Y. X. Lin, comb. nov.

Botrychium daucifolium Wall. ex Hook. et Grev. var. *japonicum* Prantl in Jahrb. Bot. Gart. Berlin. 3: 340. 1884.

Botrychium japonicum (Prantl) Underw.; 中国植物志 2: 24. 1959.

根茎短而直立，肉质根粗。总叶柄长2-6厘米，无毛。不育叶柄长10-15厘米，宽3-4毫米，无毛或向顶部有1-2疏毛；叶片长16-18厘米，略五角形，渐尖头，三回羽状；羽片约6对，斜出，密接，下部2-3对有柄，基部1对略不等边三角形，长8-10厘米，宽5-6.5厘米，柄长1.5-2.5厘米，基部心形，渐尖头，二回羽状深裂；一回小羽片4-5对，密接，基部1对较大，基部下方1片最大，长圆形，渐尖头，有柄，一回羽状，其上各对渐短，无柄或合生，羽状深裂或浅裂；末回小羽片（或裂片）椭圆形，尖头，长1.5厘米，宽7-8毫米，基部合生，有整齐尖锯齿；第2对羽片长圆形，有柄，长达8厘米，宽约3厘米，基部不等，近心形，一回羽状；叶草质，干后绿色，叶轴光滑或有1-2柔毛；叶脉明显，伸达

图 98 华东阴地蕨
（孙英宝仿《Ogata, Ic. Fil. Jap.》）

锯齿。孢子叶自总叶柄基部生出，柄长17-25厘米，高过不育叶。孢子囊穗长8-10厘米，宽4-5厘米，圆锥形，二回羽状，无毛。

产江苏、安徽、浙江、台湾、福建、江西、湖南、广东、广西及贵州，生于海拔1200米以下林下溪边。日本有分布。

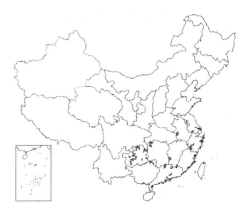

9. 瓶尔小草科 OPHIOGLOSSACEAE
（林尤兴）

多土生、稀附生小型蕨类。植株通常直立，稀悬垂。根茎短而直立，基于肉质粗根。叶二型，均出自总柄；不育叶单一，全缘，1-2 片，稀更多，披针形或卵形，叶脉网状，中脉不显；能育孢子叶有柄，自总柄或不育叶的基部生出。孢子囊大，无柄，圆球形，无环带，下陷，沿囊托两侧排列，成窄长穗状，顶缝开裂或侧缝开裂。孢子四面形，3 裂缝。原叶体块茎状，生于土中，无叶绿素，有菌根。

4 属，分布全世界。我国 2 属。

1. 土生；根茎无毛；不育叶小，卵形或披针形，直立；孢子囊穗生于不育叶基部 ··· 1. 瓶尔小草属 Ophioglossum
1. 附生；根茎有长毛；不育叶带状，下垂；孢子囊穗生于不育叶中部 ············· 2. 带状瓶尔小草属 Ophioderma

1. 瓶尔小草属 Ophioglossum Linn.

土生小型直立蕨类。根茎短。叶二型，不育叶 1-2，稀更多，从根茎顶部生出，具柄，常单叶，披针形或卵形，全缘，叶脉网状，网眼内无内藏小脉，中脉不显；孢子叶自不育叶基部生出，具长柄。孢子近圆形，3 缝裂，裂缝短而直，外壁具网状纹饰。成熟原叶体圆柱状或圆锥状。染色体基数 x=15，（45）。

约 28 种，主要分布北半球。我国 6 种。

1. 植株高 5-10 厘米，稀更高；不育叶披针形，如为长圆形，则长达 2 厘米。
　2. 不育叶倒披针形或长圆状披针形，长 2-5 厘米 ······························ 1. 狭叶瓶尔小草 O. thermale
　2. 不育叶椭圆形或椭圆状卵形，长达 2 厘米 ······························ 1(附). 小叶瓶尔小草 O. nudicaule
1. 植株较高大；不育叶卵形或卵圆形，长过 3 厘米。
　3. 不育叶卵状长圆形，基部骤窄稍下延为窄楔形 ······························ 2. 瓶尔小草 O. vulgatum
　3. 不育叶基部圆或圆楔形。
　　4. 不育叶宽卵形，基部深心形，边缘波状 ······························ 3. 心脏叶瓶尔小草 O. reticulatum
　　4. 不育叶基部圆楔形，或近平截，全缘，非波状。
　　　5. 不育叶长卵形，先端尖 ······························ 4. 尖头瓶尔小草 O. pedunculosum
　　　5. 不育叶宽卵形，先端圆 ······························ 5. 钝头瓶尔小草 O. petiolatum

1.　狭叶瓶尔小草 　　　　　　　　　　　　　　　图 99

Ophioglossum thermale Kom. in Fedde, Repert. Sp. Nov. 13: 85. 1914.

根茎细短，直立，基于一簇细长不分枝肉质根，横走，顶端生出新植株。叶单生，或 2-3 叶同自根部生出，总叶柄长 3-6 厘米，纤细，绿色或下部埋于土中，灰白色；不育叶单叶，每梗 1 片，无柄，长 2-5 厘米，宽 0.3-1 厘米，倒披针形或长圆状披针形，基部窄楔形，全缘，微尖头或钝头，草质，淡绿色，具不明显网状脉。孢子叶自不育叶基部生出，柄长 5-7 厘米，高出不育叶。孢子囊穗长 2-3 厘米，窄线形，渐尖头，具 15-28 对孢子囊。孢子灰白色，近平滑。

产黑龙江、吉林、辽宁、内蒙古、河北、山东、河南、陕西、江苏、江西、湖北、贵州、四川及云南，生于海拔 2000-2900 米山地

草坡、灌木林下或温泉附近。俄罗斯远东地区勘察加半岛、朝鲜半岛及日本有分布。全草入药，治肿毒或作跌打药。

[附] **小叶瓶尔小草 Ophioglossum nudicaule** Linn. f. Suppl. Sp. Pl. 443. 1781. —— *Ophioglossum parvifolium* Grev. et Hook.; 中国植物志 2: 7. 1959. 本种与狭叶瓶尔小草的区别：不育叶椭圆形或椭圆状卵形，长达 2 厘米。产四川西南部、云南西北部及西藏，生于海拔 1850-3600 米亚高山草甸。尼泊尔、印度北部、喜马拉雅山东部、缅甸、泰国、印度尼西亚、菲律宾、日本、美洲热带及非洲有分布。

2. 瓶尔小草　　　　　　　　　图 100 彩片 33

Ophioglossum vulgatum Linn. Sp. Pl. 1062. 1753.

图 99 狭叶瓶尔小草 （蔡淑琴仿《中国植物志》）

根茎短而直立，具一簇肉质粗根，横走，生出新植株。叶常单生，总叶柄长 6-9 厘米，深埋土中，下半部灰白色，较粗大；不育叶卵状长圆形或窄卵形，长 4-6 厘米，宽 1.5-2.4 厘米，圆钝头或尖头，基部骤窄稍下延，无柄，微肉质或草质，全缘，网状叶脉明显。孢子叶长 9-18 厘米或更长，自不育叶基部生出，孢子囊穗长 2.5-3.5 厘米，宽约 2 毫米，渐尖头，高出不育叶之上。

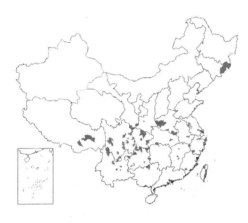

产吉林、河南、陕西南部、甘肃、安徽、浙江、台湾、福建、江西、湖北、湖南、广东、广西、贵州、四川、云南及西藏，生于海拔 3000 米以下的林下。广布于欧洲、亚洲北部及北美洲。全草入药，清热解毒，治毒蛇咬伤、疔疮肿毒等症。

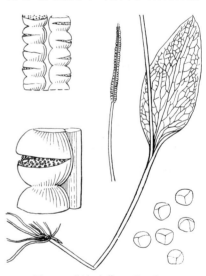

图 100 瓶尔小草 （蔡淑琴绘）

3. 心脏叶瓶尔小草　　　　　　图 101

Ophioglossum reticulatum Linn. Sp. Pl. 1063. 1753.

根茎短细，直立，具少数粗长肉质根。总叶柄长 4-8 厘米，淡绿色，向基部灰白色。不育叶片长 3-4 厘米，宽 2.6-3.5 厘米，宽卵形或卵圆形，圆头或近钝头，基部深心形，有短柄，边缘波状，草质，网状叶脉明显。孢子叶自不育叶柄基部生出，长 10-15 厘米，细长。孢子囊穗长 3-3.5 厘米，纤细。

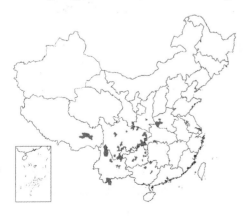

产河南、陕西、甘肃、福建、江西、湖北、湖南、广西、贵

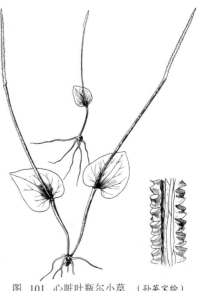

图 101 心脏叶瓶尔小草 （孙英宝绘）

州、四川、云南及西藏，生于海拔 1300-1600 米河边林下或竹林下。日本、印度、越南、柬埔寨、马来西亚、菲律宾及南美洲有分布。

4. 尖头瓶尔小草 一支箭　　　　　　　　　　图 102

Ophioglossum pedunculosum Desv. in Berlin Mag. 5: 306. 1763.

根茎短而直立，具叶 2-3 枚；总叶柄长 6-10 厘米，纤细。不育叶

长卵形，长 4-6 厘米，宽 2-2.5 厘米，基部圆截形或宽楔形，柄长 0.5-1.1 厘米，两侧具窄翅，向先端渐窄，尖头或钝头，草质，网状叶脉明显。孢子叶长 15-20 厘米，自不育叶叶柄基部生出，高出不育叶 1 倍以上。孢子囊穗长 3-4 厘米，线形，直立。

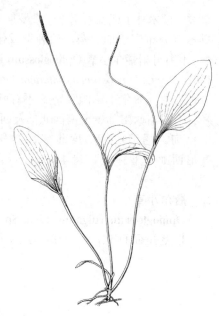

图 102　尖头瓶尔小草
（冀朝祯绘）

产安徽、台湾、福建、江西、广东、贵州及云南，生于海拔约 1000 米山坡开旷灌丛下。日本及亚热带其他地区有分布。全草入药，清热解毒，消痈肿，治犬咬伤、疖疮及跌打损伤。

5. 钝头瓶尔小草 柄叶瓶尔小草　　　　　　图 103

Ophioglossum petiolatum Hook. Exotic Fl. 1: t. 56. 1823.

植株高 15-25 厘米。根茎短而直立，具粗肥肉质根，横走，自顶端

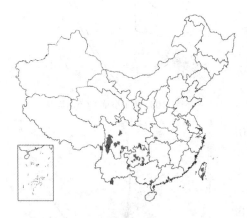

生出新植株。叶单生，总叶柄长 9-15 厘米；不育叶宽卵形，长 3-5-8 厘米，宽 2-4 厘米，钝圆头，基部圆，多少下延成柄，草质，网状叶脉明显。孢子叶自不育叶基部生出，长 5-11 厘米，孢子囊穗长 1.5-3 厘米，线形。

产台湾、湖北、广西、贵州、四川及云南，生于海拔 600-3200 米开旷山坡灌丛旁

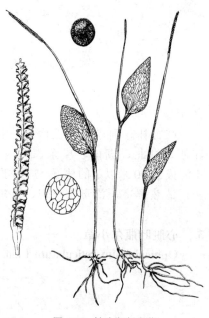

图 103　钝头瓶尔小草
（引自《Fl. Taiwan》)(pl. 19)

或草丛中。热带和亚热带地区有分布。

2. 带状瓶尔小草属 Ophioderma Endl.

附生大型蕨类。根茎短，具乳头状突起，有 1-2 片光滑而具短柄的叶，稀 3-4 片或更多。叶簇生，二型；不育叶通常为单叶，带状，下垂，全缘，稍肉质，叶脉网状，中脉不显；能育叶通常 1 片（有时 2 叉），着生不育叶中部。孢子囊大，横裂，下陷于能育叶的叶肉内，对生，2 列，形成密集囊穗。孢子圆形，3 裂缝较长且弯曲，外壁纹饰细而不明显。染色体基数 x=15，（45）。

2 种，分布于热带雨林中。我国 1 种。

带状瓶尔小草 图 104

Ophioderma pendula (Linn.) Presl, Suppl. Tent. Pterid. 56. 1845.

Ophioglossum pendulum Linn. Sp. Pl. 1518. 1753.

根茎短，具多数肉质粗根。叶 1-3 片，带状下垂，通常披针形，长 0.3-1.5 米，无明显的柄，单叶或顶部 2 分叉，肉质，无中脉，小脉多少可见，网状，网眼斜长六角形。孢子囊穗长 5-15 厘米，宽约 5 毫米，具短柄，生于不育叶近基部或中部，不超过叶片长度；孢子囊多数，每侧 40-200 个，孢子四面形，3 缝裂，无色或淡乳黄色，透明。

产台湾及海南，附生于雨林中树干上。热带亚洲、大洋洲、夏威夷及马达加斯加有分布。

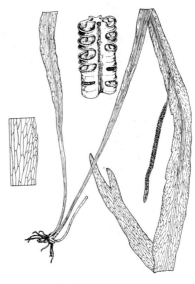

图 104 带状瓶尔小草
（引自《Fl. Taiwan》）

10. 合囊蕨科 MARATTIACEAE
（张宪春）

土生。茎直立，球状。叶片二至四回羽状；叶脉分离。孢子囊群 2 排汇合成聚合囊群，沿叶脉着生，成熟后 2 瓣裂，露出孢子囊群。孢子椭圆形，单裂缝。

2 属。产热带、亚热带地区。

合囊蕨属 Marattia Sw.

土生。茎直立，球状，较大，叶柄基部宿存，被鳞片和粗根。叶辐射排列，簇生，一型，长 2-4 米，叶片二至四回羽状，先端渐短，末回羽轴通常有翅，羽片和小羽片通常对生，光滑或下面被鳞片和毛；小羽片无柄或有短柄，长圆形或披针形，或带状，基部楔形或不对称，边缘略有锯齿或锯齿状，先端渐尖或具小齿；叶脉分离。聚合孢子囊群无柄或有柄，2 瓣裂，沿叶脉中生或近叶缘着生。孢子椭圆形，单裂缝，纹饰颗粒状或刺状。染色体基数 x=39，40，78。

约 70 种，泛热带分布。我国 1 种产台湾。

合囊蕨　　　　　　　　　　　　　　　　图 105

Marattia pellucida Presl, Supp. Tent. Pter. 10. 1845.

叶长达 2 米；叶柄径约 2 厘米，被薄的棕色披针形鳞片；叶片三回羽状；末回小羽片长 6-10 厘米，宽 1-1.5 厘米，边缘锯齿状，先端渐尖或尾状，小羽轴和主脉下面被薄的棕色小鳞片；叶脉分离，单一或分叉。孢子囊群长约 2 毫米，略近叶缘。

产台湾，山坡林中常见。菲律宾有分布。

图 105　合囊蕨　（孙英宝仿《Fl. Taiwan》）

11. 观音座莲科（莲座蕨科）ANGIOPTERIDACEAE

（林尤兴）

根茎短而直立，肉质，头状，或根茎长而直立。叶柄粗，基部有 1 对肉质托叶状附属物，叶柄基部具薄肉质椭圆形托叶；叶片一至二回羽状，末回小羽片披针形，具短柄或无柄，基部与叶轴或叶柄顶端连接处通常具膨大膝状关节；叶脉分离，单一或分叉。孢子囊船形，壁厚，顶端有发育不良的环带，分离，沿叶脉两行排列，形成线形或椭圆形（有时圆形）的孢子囊群，腹面纵裂，无囊群盖。孢子四面体形，辐射对称，具 3 裂缝，周壁有或无。

3 属，约 200 种，产亚洲热带和亚热带及南太平洋诸岛。我国 2 属。

1. 根茎肥大肉质直立，莲座状；叶大，通常二回羽状（偶一回羽状）；孢子囊群长线形或短线形，具 7-14 个孢子囊，近叶缘，着生叶脉先端之下，无隔丝；孢子具周壁，外壁具小瘤状或颗粒状纹饰 ……………………………………………………………………………………………………… 1. 观音座莲属 Angiopteris
1. 根茎半匍匐状圆柱形，呈背腹性；叶小，通常一回羽状（偶近二回羽状）；孢子囊群长线形，具 40-160 个孢子囊，着生叶脉中部，远离叶缘，具分枝隔丝；孢子无周壁，外壁具刺状或棒纹饰 ……………………………………………………………………………………………… 2. 原始观音座莲属 Archangiopteris

1. 观音座莲属（莲座蕨属）Angiopteris Hoffm.

大型土生蕨类，高 1-2 米或更高。根茎肉质圆球形，辐射对称，有多环式网状中柱。叶大，螺旋状排列，柄粗长，上面有纵沟，光滑或被全缘披针形鳞片，基部具肉质托叶状附属物；叶片二回羽状，偶一回羽状，末回小羽片披针形，有短柄或几无柄，叶脉分离，单一或 2 叉分枝，自叶缘生出倒行假脉，长短不一。孢子囊群可见叶缘，2 列着生于叶脉，短线形或长卵形，具 7-25-34 个孢子囊，国产种类无隔丝；孢子囊顶端具不发育环带，纵裂。孢子圆状三角形或近圆形，周壁薄，具小瘤或光滑，外壁具小瘤状或颗粒状纹饰，排列均匀或不均匀，有时形成条纹状或弯曲条状。染色体基数 x=10,(40)。

　　约 200 种，分布于东半球热带和亚热带地区，北达日本。我国约 62 种。

1. 叶缘两脉间具明显倒行假脉，或倒行假脉不明显。
　　2. 叶缘两脉间具明显倒行假脉，伸达叶缘至中肋距离的一半 ·················· 1. 观音座莲 A. lygodiifolia
　　2. 叶缘两脉间具不明显倒行假脉 ·· 2. 食用观音座莲 A. esculenta
1. 叶缘两脉间无倒行假脉 ·· 3. 福建观音座莲 A. fokiensis

1. 观音座莲

图 106

Angiopteris lygodiifolia Rusenst. in Med. Rüks Herb. 31: 2. 1917.

　　根茎短粗，头状。叶簇生；叶柄绿色，光滑，具条纹；成年叶长约 2 米，二回羽状；羽片长 35-70 厘米；小羽片长 5-15 厘米（通常 8-10 厘米），宽 1-2 厘米（通常 1-1.2 厘米），叶脉单一或一回分叉，倒行假脉自叶缘伸至中脉距叶缘距离的一半，叶缘有锯齿。孢子囊群长约 1.5 毫米，距叶缘约 1 毫米。

产我国台湾。日本有分布。

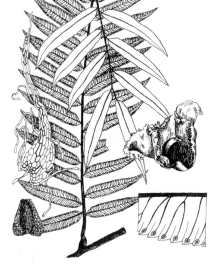

图 106 观音座莲 （引自《Fl. Taiwan》）

2. 食用观音座莲

图 107

Angiopteris esculenta Ching in Bull. Fan Mem. Inst. Biol. Bot. 5:1. 1940.

植株高达 2.5 米。根茎头状，肥大。叶簇生；叶柄长达 1 米，淡绿色，光滑；叶片长 1-1.5 米，宽卵形，尾状，二回羽状；羽片 4-6 对，互生，中部叶片长达 60 厘米，宽约 20 厘米，羽柄长 1-1.5 厘米，略被鳞片，光滑，黑色；小羽片达 30 对，具短柄，基部小羽片长约 7 厘米，中部的长达 11 厘米，宽 1.2-1.4 厘米，顶部的窄披针形，基部近平截，长渐尖头，具锯齿；叶

草质，绿色，两面光滑，沿中脉及小脉下面疏被鳞片，小羽片先端两侧具宽 1 毫米的翅，叶脉单一或分叉，无明显倒行假脉。孢子囊群卵圆

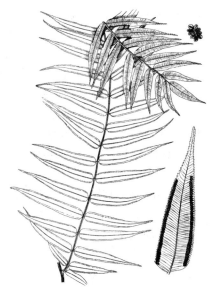

图 107 食用观音座莲 （孙英宝绘）

形，或短长圆形，具6或8个孢子囊，位于每个锯齿内，向先端不育。孢子近圆形，外壁具小瘤状纹饰。

产云南西北部及西藏，生于海拔约1200米山谷密林下。根茎大者径30-40厘米，重逾20余斤，可提取淀粉食用。

3. 福建观音座莲 马蹄蕨 图108 彩片34

Angiopteris fokiensis Hieron. in Hedwigia 61: 275. 1919.

植株高2米以上。根茎块状，直立，簇生粗根。叶柄长0.5-1米，径1-2.5厘米，基部具肉质托叶状附属物，下部具线状披针形鳞片，向上有瘤状突起；叶片宽卵形，长0.6-1.4米，宽0.6-1米；羽片5-10对，长50-80厘米，宽14-25厘米，窄长圆形，具长柄，奇数一回羽状；小羽片20-40对，披针形，中部的长10-15厘米，宽1.2-2.2厘米，渐尖头，基部近平截形或几圆，

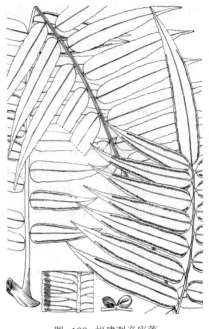

图 108 福建观音座莲
（蔡淑琴仿《中国蕨类植物图谱》）

顶部略弯，下部的短小，顶生小羽片分离，有柄，与下部的同形，具三角形锯齿；叶脉羽状，侧脉单一或分叉，无倒行假脉；叶草质或纸质，干后绿色，两面光滑。孢子囊群长圆形，具8-10个孢子囊。孢子周壁薄，具小瘤状纹饰。

产浙江、福建、江西、湖北、湖南、广东、广西、贵州、四川及云南，生于海拔150-800米河谷溪边林下或灌丛下。日本有分布。根茎可提取淀粉，供食用；又可入药，清热解毒、止血。

2. 原始观音座莲属 Archangiopteris Christ et Gies.

土生中型蕨类。根茎长，半匍匐状或斜生，具单环式网状中柱，疏生肉质不分枝长根。叶2列，通常3-4枚成丛；具长柄，较细，多汁草质，上面具纵沟，近基部被暗棕色、粗筛孔、疏生齿牙的披针形鳞片，向上鳞片稀疏或近光滑，基部有1对宿存托叶状附属物所包，向中部具有1（4-5）个肉质节状膨大，淡黑色；叶片卵状三角形，比叶柄短，奇数一回羽状，稀二回羽状，羽片1-6对，宽披针形，有小柄，羽柄膨大，干后浅黑色；叶脉分离，小脉单一或2叉，无倒行假脉，叶草质或纸质，绿色，上面光滑，下面常疏生鳞片。孢子囊群长线形，沿叶脉中部以下着生，位于叶缘与中脉间，具40-60-160-240个船形孢子囊，排列紧密，腹部纵裂；孢子囊顶部具不发育环带；隔丝淡棕色，分枝。孢子圆状三角形或钝三角形，无周壁，外壁层次明显，具刺状或棒状纹饰。

10种，生于热带常绿阔叶林中，主产中国及越南北部。我国9种。

1. 侧生羽片镰状披针形，基部一对较短，长约为上一对的1/2，基部宽圆或近圆，全缘 ·············
······················· 1. 圆基原始观音座莲 A. subrotundata
1. 侧生羽片通常披针形，基部一对等于或稍短于上一对，基部楔形。
  2. 羽片对生，具弯曲尖锯齿 ················· 2. 尖叶原始观音座莲 A. tonkinensis
  2. 羽片互生，叶缘波状，基部以上具不规则圆齿状齿牙 ········· 3. 台湾原始观音座莲 A. somai

1. 圆基原始观音座莲 图 109

Archangiopteris subrotundata Ching, Icon. Fil. Sin. 5: t. 206. 1958.

植株高 0.7-1 米。叶柄长 30-60 厘米，淡绿色，上面具纵沟，被淡红棕色线形鳞片，边缘具睫毛，基部以上 20-30 厘米处具膨大关节；叶片长与宽约 40 厘米，宽卵形，奇数一回羽状；羽片 4-6 对，顶生羽片与侧生的同形，互生，小柄膨大，基部 1 对长为上侧的一半，镰状披针形，与上部的同形，基部圆，上部羽片长 22-25 厘米，中部宽约 5 厘米，宽线状披针形，渐尖

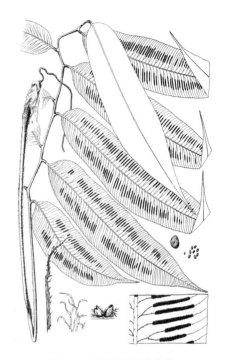

头，基部圆或近圆，全缘或略波状，向顶端具锯齿；叶薄草质，绿色，除中脉疏被鳞片外，均光滑；叶脉明显，单一或分叉。孢子囊群线形，长 0.8-1.2 厘米，位于中脉与叶缘间，混生分枝节状夹丝，夹丝长于孢子，周壁具棒状纹饰。

产云南东南部，生于海拔 1500-1600 米杂木林下。

图 109 圆基原始观音座莲
（孙英宝仿《中国蕨类植物图谱》）

2. 尖叶原始观音座莲 图 110 彩片 35

Archangiopteris tonkinensis (Hayata) Ching, Icon. Fil. Sin. 5: t. 209. 1958.

Protomarattia tonkinensis Hayata in Bot. Gaz. (London) 67: 88. f. 1. 1919.

植株高 60-70 厘米。叶柄长 40-45 厘米，淡绿色，疏被棕色披针形鳞片，基部以上 20-30 厘米处具膨大关节；叶片宽卵圆形，短于叶柄，奇数一回羽状；顶生羽片具长柄，与侧生羽片同形；侧生羽片 2-4 对，对生，镰状披针形，长 20-25 厘米，宽 4-5 厘米，羽柄基部膨大，长渐尖头，基部短楔形，具弯曲尖

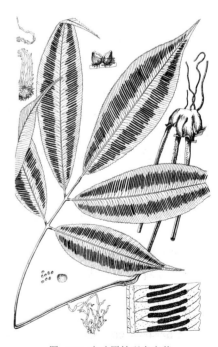

锯齿；叶近厚纸质，上面光滑，下面沿中脉疏被鳞片，叶脉明显，分叉或单一。孢子囊群长 0.7-1 厘米，线形，混生有分枝细密的节状夹丝。孢子具微小密刺状突起，透明。

产海南。越南北部有分布。

图 110 尖叶原始观音座莲
（孙英宝仿《中国蕨类植物图谱》）

3. 台湾原始观音座莲 图 111

Archangiopteris somai Hayata, Icon. Pl. Formos. 5: 256. 1915.

植株高 70-80 厘米。叶柄长 50-60 厘米，疏被鳞片，基部以上约 25 厘米处具膨大关节；叶片长卵圆形，奇数一回羽状；羽片 2-3 对，略

披针形，尾状渐尖头，基部略宽楔形，长约 20 厘米，宽约 4 厘米，羽柄长约 1 厘米，边缘浅波状，基部

以上具不规则圆齿状齿牙；顶生羽片与侧生羽片同形；叶厚草质或厚纸质，干后棕色，几无毛。叶脉单一或分叉。孢子囊群线形，长1.5厘米，混生短夹丝。孢子外壁具刺状纹饰。

产台湾，生于高山林中。

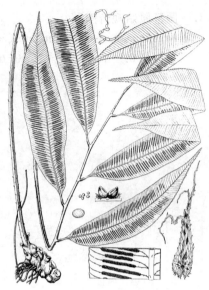

图 111 台湾原始观音座莲
（引自《中国蕨类植物图谱》）

12. 天星蕨科 CHRISTENSENIACEAE
（林尤兴）

土生蕨类。根茎横走，肉质，指状。叶散生或近生，有柄，叶柄基部具2片肉质托叶；羽片掌状，羽片3-5片，稀单叶，全缘或波状；侧脉明显，小脉网状，网眼内有内藏小脉。孢子囊群为圆球形聚合囊群，散生于叶片下面小脉连接点上，由10-15个肉质孢子囊合生为中空圆形钵状，腹部上方短纵缝向钵内开裂而放出孢子。孢子椭圆形，两侧对称，单射线状缝裂，裂缝细长，无周壁，外壁具细长刺状纹饰。

1 属。

天星蕨属 Christensenia Maxon

属的特征与科同。

4-5 种，产于马来群岛、菲律宾，北至热带亚洲。我国1种。

天星蕨　　　　　　　　　　　　　　　　图 112

Christensenia assamica (Griff.) Ching in Acta Phytotax. Sin. 7: 202. 1958.

Kaukfussia assamica Griff. in Asiat. Res. 19: 10. t. 18. 1836.

植株高50-65厘米。根茎横走，肉质，具肉质粗长根。叶疏生或近生；叶柄长30-40厘米，多汁草质，稍被细毛，基部具2片肉质小托叶；叶片宽卵形，长达25厘米，中部宽达17厘米，基部心形，具3个羽片，中央羽片长达23厘米，中部宽达12厘米，宽椭圆形，渐尖

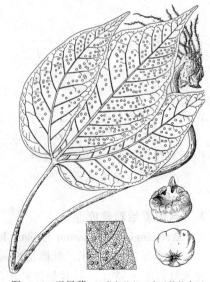

图 112 天星蕨 （冀朝祯仿《中国植物志》）

头，基部短楔形，有短柄，侧生羽片宽镰刀形，长达 20 厘米，中部宽 6-7 厘米，中脉稍弯，斜上，常与中央羽片覆瓦状叠生，长渐尖头，基部不对称，上侧楔形，下侧圆，无柄，全缘或多少波状；叶草质，上面光滑，中脉和侧脉明显，被红棕色短茸毛。侧脉斜上，平行，稍弯，相距约 1.5 厘米，几达叶缘，中间小脉网状，不显，网眼内具内藏小脉。聚合孢子囊群散生侧脉间，大而圆，中空如钵，生于网脉连接点，具 10-15 个肉质船形孢子囊，排成一圈，腹面纵裂，向钵内放出孢子。

产云南东南部，生于海拔约 900 米林内。印度北部及缅甸有分布。

13. 紫萁科 OSMUNDACEAE

（林尤兴）

土生中型、稀树形蕨类。根茎粗壮，直立，树干状或匍匐状，常被宿存叶柄基部所包，无鳞片，无毛，有时叶片被棕色黏质腺状长绒毛，老时脱落近光滑。叶簇生；叶柄长而坚，基部膨大，无关节，两侧具窄翅，如托叶状附属物；叶片大，一至二回羽状，二型或一型，或同一叶的羽片为二型。叶脉分离，侧脉 2 叉。孢子囊大，圆球形，多有柄，裸露，着生骤缩能育叶的羽片边缘，或生于正常不育叶的下面（不产我国），顶端具增厚细胞，呈不发育环带，纵裂为 2 瓣。孢子为四面体形，辐射对称，有两极口，两极发芽。原叶体近心脏形，扁平，深绿色，有中脉，土表生。

3 属，2 属（Todea 与 Leptopteris）特产于南半球，紫萁属产于北半球。

紫萁属 Osmunda Linn.

土生蕨类。根茎粗壮，直立或斜升，常形成树干状主轴，被宿存叶柄基部所包。叶簇生；叶柄基部膨大，覆瓦状；叶片大，二型，或同一叶的羽片二型，一至二回，幼时棕色，被棉绒状毛，羽片基部有关节；能育叶（或羽片）紧缩，无叶绿素；叶脉分离。孢子囊群密集着生于能育羽片的边缘；孢子囊群圆球形，有柄，顶端纵裂。孢子近圆形或三角状圆形，含叶绿素，具 3 裂缝，无周壁，外壁分层明显，具瘤状、短棒状纹饰，有网状或弯曲条纹。染色体基数 x=11。

约 15 种，分布于北半球温带和热带。我国 9 种。

1. 不育叶二回羽状，羽片长圆形，羽状，或二回羽状深裂，羽片披针形，不以关节着生叶轴。
  2. 羽片羽状，柄长 1-1.5 厘米 ·· 1. 紫萁 **O. japonica**
  2. 羽片羽状深裂，无柄，与叶轴合生。
    3. 能育叶与不育叶分开，不育叶宽 2 厘米以下，渐尖头。
      4. 植株高达 1 米；羽片长 8-10 厘米，宽 1.8-2.4 厘米 ·············· 2. **分株紫萁 O. cinnamomea** var. **asiatica**
      4. 植株高 40-60 厘米；羽片长 5-7 厘米，宽约 1 厘米 ········ 2(附). **福建分株紫萁 O. cinnamomea** var. **fokiense**

3. 能育叶小羽片和不育叶小羽片同生于一片叶上，不育叶羽片宽常 3 厘米，尖头或近钝头 ⋯⋯⋯⋯⋯⋯
⋯⋯⋯⋯⋯⋯⋯⋯⋯⋯⋯⋯⋯⋯⋯⋯⋯⋯⋯⋯⋯⋯⋯ 3. **绒紫萁 O. claytoniana var. pilosa**

1. 不育叶一回羽状，羽片非深羽裂，全缘或有锯齿，以关节着生叶轴。

　5. 羽片具粗大尖锯齿 ⋯⋯⋯⋯⋯⋯⋯⋯⋯⋯⋯⋯⋯⋯⋯⋯⋯⋯⋯⋯⋯ 4. **粗齿紫萁 O. banksiifolia**

　5. 羽片具伏生钝锯齿或全缘。

　　6. 能育羽片生于叶中部或中部以上。

　　　7. 羽片长达 10 厘米，宽 0.6-1 厘米，具小锯齿 ⋯⋯⋯⋯⋯⋯⋯ 5. **狭叶紫萁 O. angustifolia**

　　　7. 羽片长 16-30 厘米，宽 2-3.5 厘米，全缘或波状，稀有锯齿 ⋯⋯⋯⋯ 5(附). **宽叶紫萁 O. javanica**

　　6. 能育叶片生于叶基部，羽片宽 1-2 厘米，全缘 ⋯⋯⋯⋯⋯⋯⋯⋯ 6. **华南紫萁 O. vachellii**

1. 紫萁

图 113 彩片 36

Osmunda japonica Thunb. in Nova Acta Regiae Soc. Sci Upsal. 2: 209. 1780.

植株高 50-80 厘米或更高。根茎粗短，或稍弯短树干状。叶簇生，

直立；叶柄长 20-30 厘米，禾秆色，幼时密被绒毛，全脱落；叶片三角状宽卵形，长 30-50 厘米，宽 20-40 厘米，顶部一回羽状，其下二回羽状；羽片 3-5 对，对生，长圆形，长 15-25 厘米，基部宽 8-11 厘米，基部一对稍大，柄长 1-1.5 厘米，斜上，奇数羽状；小羽片 5-9 对，对生或近对生，无柄，分离，长 4-

7 厘米，宽 1.5-1.8 厘米，长圆形或长圆状披针形，向基部稍宽，圆，或近平截，相距 1.5-2 厘米，向上部稍小，顶生的同形，有柄，基部具 1-2 合生圆裂片，或宽披针形小裂片，具细锯齿；叶脉两面明显，自中脉斜上，二回分叉，小脉平行，伸达锯齿；叶纸质，后无毛，干后棕绿色。能育叶与不育叶等高，或稍高，羽片与小羽片均短，小羽片线形，长 1.5-2 厘米，孢子囊密生于小脉。

产山东、河南、陕西、甘肃、江苏、安徽、浙江、台湾、福建、江西、湖北、湖南、广东、香港、广西、贵州、四川、云南及西藏，生于海拔约 2100 米林下或溪边酸性土。不丹、印度北部喜马

图 113 紫萁 （蔡淑琴仿《中国植物志》）

拉雅山地区、朝鲜半岛及日本有分布。嫩叶可食。带羽柄基部的根茎为中药贯众来源之一，有清热、解毒抑菌、止血等功能。酸性土指示植物。

2. 分株紫萁　桂皮紫萁

图 114 彩片 37

Osmunda cinnamomea Linn. var. **asiatica** Fernald in Rhodora 32: 75. 1930.

植株高 0.5-1 米。根茎短粗而直立，或成粗壮圆柱形主轴。叶簇生，二型；不育叶柄长 30-40 厘米，坚韧，干后淡棕色；叶片长 40-60 厘米，宽 18-24 厘米，长圆形或窄长圆形，渐尖头，二回羽状深裂；羽片 20 对或更多，下部的对生，平展，上部的互生，斜上，相距 2.5 厘米，披针形，长 8-10 厘米，宽 1.8-2.4 厘米，基部平截，无柄，羽状深裂几达羽轴；羽片约 15 对，宽约 5 毫米，开展，密接，全缘；

中脉明显，侧脉羽状，斜上，2叉分枝，纤细，两面明显。叶厚纸质，干后黄绿色，幼时密被红棕色绒毛，后光滑。能育叶比不育叶短，密被红棕色绒毛，叶片紧缩，羽片长2-3厘米，裂片线形，下面密被暗棕色孢子囊。

产黑龙江、吉林、四川、贵州及云南西北部，生于沼泽地带，成片。印度北部、越南、俄罗斯远东地区、朝鲜半岛及日本有分布。

[附]**福建分株紫萁** 福建紫萁 **Osmunda cinnamomea** var. **fokiense** Cop. in Philipp. Journ. Sci. Bot. 4: 1. 1909. 与模式变种的主要区别：植株高40-60厘米；叶宽10厘米，向基部稍窄，中部羽片长5-7厘米，长圆形，先端圆钝。产台湾、福建、广东、广西、江西、安徽、湖南、贵州及四川东南部，生于沼泽地带。

3. 绒紫萁 绒蕨　　　　　　　　　图115 彩片38

Osmunda claytoniana Linn. var. **pilosa** (Wall. ex Grev. et Hook.) Ching, Fl. Reipubl. Popul. Sin. 2: 82. 1959.

Osmunda pilosa Wall. ex Grev. et Hook. in Bot. Misc. 3: 229. 1833.

植株高0.8-1.5米。根茎端粗或成圆柱形主轴。叶簇生，一型；叶柄长30-42厘米，红棕色或棕禾秆色；叶片窄长椭圆形，长0.6-1.3米，宽15-26厘米，渐尖头，幼时密被暗红棕色绒毛（原变种被淡棕色绒毛），后渐脱落，或部分残留叶轴，二回羽状深裂；羽片18-25对，对生或近对生，平展或上部的略斜展，无柄，长8-15厘米，宽2-3厘米，披针形，基部近平截，向顶部的

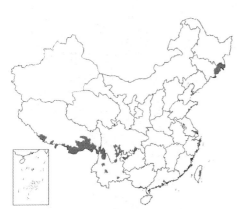

渐短，羽状深裂几达羽轴；裂片接近，14-18对，长圆形，长1-1.5厘米，宽4-6毫米，全缘；叶脉纤细，分枝，基部上方一脉二回分叉，小脉伸达叶缘，两面明显；叶草质，干后黄绿色，叶轴多少有淡褐色绒毛。除基部1-2对不育羽片外以上的均能育，能育叶片2-3对，强度缩短，暗棕色，被暗红色绒毛。

产吉林、辽宁、台湾、贵州、四川、云南及西藏，生于海拔1800-3500米山坡草甸或草甸沼泽，成片。尼泊尔、不丹、印度北部及俄罗斯远东地区有分布。

4. 粗齿紫萁　　　　　　　　　　图116

Osmunda banksiifolia (Presl) Kuhn in Ann. Mus. Bot. Lugduno-Batavum 4: 299. 1869.

Nephrodium banksiifolium Presl in Rel. Haenk. 1: 34. 1825.

植株高达1.5米。主轴高达60厘米，径1.5厘米，密被宿存叶柄基部。叶簇生叶轴顶部；叶一型，羽片二型；叶柄长30-40厘米，

图 114 分株紫萁
（孙英宝仿《Ogata, Ic. Fil. Jap.》）

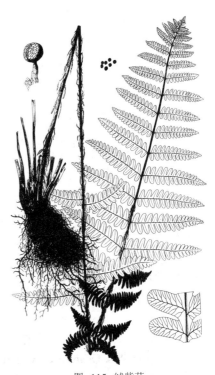

图 115 绒紫萁
（孙英宝仿《Ogata, Ic. Fil. Jap.》）

坚硬，淡棕禾秆色，稍有光泽；叶片长50-60厘米，宽22-32厘米，长圆形，一回羽状；羽片15-30

对，近对生或近互生，斜上，相距3厘米，长15-23厘米，宽2厘米，长披针形，基部楔形，有短柄，以关节着生叶轴，向顶部稍短；顶生小羽片具长柄，具粗大尖锯齿，长4-5毫米，基部稍宽，斜向前；下部3-5对羽片能育，生孢子囊，长约6厘米，宽约7毫米，中脉两侧裂片长圆形，下面密被孢子囊群，深棕色。

产浙江、台湾、福建、江西及香港，生于溪边。日本、菲律宾及摩洛哥有分布。栽培供观赏。

图 116 粗齿紫萁（引自《Fl. Taiwan》）

5. 狭叶紫萁

图 117 彩片 39

Osmunda angustifolia Ching in Acta Phytotax. Sin. 8: 131. t. 18. f. 10. 1959.

根状茎粗大直立，初连同叶柄被红棕色绒毛，后光滑或几光滑。叶簇生，直立，一型；叶柄长15-20厘米，暗棕或淡禾秆色，坚硬，光亮，基部以上径3-4毫米；叶片长25-35厘米，宽约15厘米或较宽，长圆形，一回奇数羽状；侧生羽片12-18对，长达10厘米，宽0.6-1厘米，顶生羽片同形，线形或线状披针形，向基部渐窄，羽柄长约5毫米，基部1对几不缩短，对生或向上近对生，下部间隔1.5-2厘米，向上渐窄，具小锯齿；叶厚纸质或近革质，干后褐棕或深棕色，两面光滑，幼时叶轴密被红棕色绒毛，老时光滑；叶脉每组6条，下先出，二回分叉，两面均凸起，伸达叶缘。羽片基部以上2-6对不育，中部3-5对能育（中部以上的不育），长达5厘米，宽约5毫米，深棕色，孢子囊群间混生红棕色绒毛，后光滑。

产江西、湖南、广东、香港及海南，生于潮湿山谷或溪边。

[附] **宽叶紫萁 Osmunda javanica** Bl. Enum. Pl. Jav. 252. 1828. 本种与狭叶紫萁的主要区别：羽片长16-30厘米，宽2-3.5厘米，全缘或波状，稀有锯齿。产广西南部、贵州南部及北部、云南南部，生于海拔760-

图 117 狭叶紫萁
（孙英宝仿《Ogata, Ic. Fil. Jap.》）

1600米混交林、酸性土。越南、马来西亚、泰国、缅甸及印度南部有分布。

6. 华南紫萁

图 118 彩片 40

Osmunda vachellii Hook. Icon. Pl. t. 15. 1837.

植株高0.8-1米。根茎直立，粗壮，成圆柱状主轴。叶簇生主轴顶部，一型，羽片二型；叶柄长20-70厘米，径5毫米以上，棕禾秆色，略有光泽，坚硬；叶片长圆状披针形，长0.3-1米，宽15-60厘米，奇数一回羽状；羽片15-30对，近对生，斜上，具短柄，以关节着生叶轴，长10-26厘米，宽1-2厘米，披针形或线状披针形，基部窄楔形，下部的较长，向顶部较短；顶生小羽片有柄，全缘，或向顶端略浅波状；叶脉粗，两面均明显，二回分叉，小脉平行，伸达叶缘，叶缘稍下卷；叶厚纸质，两面光滑，略有光泽，干后绿或黄绿色。下部3-4（-8）对

羽片能育，羽片线形，宽4毫米，中脉两侧密生圆形分开的孢子囊穗，穗上着生孢子囊，深棕色。

产浙江、福建、江西、湖南、广东、香港、海南、广西、贵州、四川及云南南部，生于海拔800-930米以下草坡或溪边阴处酸性土；耐火烧。印度、缅甸、泰国、柬埔寨及越南有分布。为优美庭园植物，冬季不凋谢，可作室内及庭院栽培观赏。

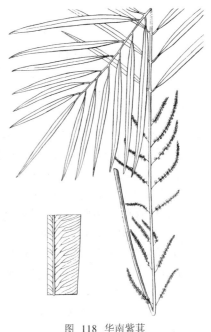

图 118 华南紫萁
（蔡淑琴仿《中国植物志》）

14. 瘤足蕨科 PLAGIOGYRIACEAE
（张宪春）

土生，小型至大型蕨类，高0.1-0.5（-2）厘米，无鳞片。根茎直立，近直立，或横卧斜生，粗壮；中柱网状。叶二型，先端头状，具粘液毛；叶柄圆形、卵圆形、三角形或四棱形，基部膨大，维管束1条，V形或U形，或3条（中国不产），气囊体生叶柄基部，或向上至叶柄及叶轴，垫状或角状，先端圆钝；叶纸质或近革质，叶片一回羽状，或羽状深裂，顶端裂片与侧生羽片或裂片基部连合，羽片状或羽状分裂，羽片无柄、具短柄，或贴生至羽轴，镰形或线状披针形，边缘全缘或锯齿状，先端具锯齿或齿状；叶脉单一，或基部成对，常1次或2次分叉，达羽片或裂片边缘，在叶两面明显。能育叶通常在植株中央，直立，具有比不育叶长的叶柄和较短的叶片，一回羽状或羽状深裂，孢子囊群生叶脉顶端，成熟后呈汇生囊群；隔丝线形，多细胞单列，棕色或褐色。孢子囊环带完全，斜行；每个孢子囊有64个孢子。孢子四面体，3裂缝，粗糙，具瘤状、疣状或棒状纹饰。染色体数目$2n=130$。

单型科，同树蕨类近缘。

瘤足蕨属 **Plagiogyria** (Kunze) Mett.

属的特征和分布同科。

11种，亚洲热带亚热带和美洲热带亚热带间断分布，集中分布于亚洲热带亚热带地区，美洲1种。我国8种，其中特有种1个。

1. 不育叶片一回羽状，多数羽片基部楔形、圆或平截。
  2. 羽片30对以上；叶柄基部气囊体突出，圆柱形。
    3. 叶片下面无白粉 ·· 1. 密叶瘤足蕨 **P. pycnophylla**
    3. 叶片下面被白粉 ·· 1(附). 灰背瘤足蕨 **P. glauca**
  2. 羽片通常20对以下；叶柄基部气囊体圆形，不突出。
    4. 顶生羽片基部通常分离，或与一侧侧生羽片连合 ············· 2. 华中瘤足蕨 **P. euphlebia**
    4. 顶生羽片基部通常与上部侧生羽片连合 ·················· 3. 华东瘤足蕨 **P. japonica**
1. 不育叶片羽状分裂，多数羽片基部与叶轴贴生。
  5. 叶片下面无白粉。
    6. 叶片下部裂片非耳状 ··· 4. 瘤足蕨 **P. adnata**
    6. 叶片下部多对裂片耳状。
      7. 叶柄四棱形，羽片25-35对，相距较近 ··············· 5. 耳形瘤足蕨 **P. stenoptera**
      7. 叶柄三棱形，羽片12-19对，相距1.2-1.5厘米 ········· 5(附). 镰羽瘤足蕨 **P. falcata**
  5. 叶片下面被白粉 ·· 6. 峨眉瘤足蕨 **P. assurgens**

1. 密叶瘤足蕨

Plagiogyria pycnophylla (Kunze) Mett. Farngatt. 2: 272. t. 4. f. 22. 1858.
Lomaria pycnophylla Kunze in Bot. Zeit. 1 850.

植株高0.2-1.7米。不育叶叶柄长6-60厘米，能育叶的长10-70厘米，横切面四棱形、圆形、卵圆形或三角形；维管束U形；叶柄和叶轴光滑或有毛，有时毛较密；气囊体长圆形或角状。不育叶片一回羽状，下面无白粉，长0.15-1米，宽6-40厘米，顶部羽片状或羽裂；叶轴下面扁平，半圆形，或干后有沟槽；羽片20-50对，下部羽片无柄或有短柄，渐短，或在叶柄下部成气囊体状；中部羽片无柄，基部平截或圆形；叶脉单一或分叉脉与单一脉同样多。能育叶片一回羽状，长20-70厘米，宽4-20厘米；叶轴下面扁平，半圆形，或有沟槽，有时有翅；羽片16-40对，无柄或具短柄；下部羽片渐短或几对成气囊体状；隔丝少，早落，棕色或深棕色。

产四川、云南及西藏，生于海拔1200-3500米林中。不丹、印度东部、印度尼西亚、马来西亚、缅甸北部、尼泊尔、新几内亚及菲律

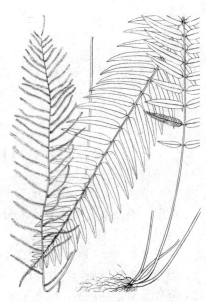

图 119 灰背瘤足蕨 （引自《图鉴》）

宾有分布。

[附] 灰背瘤足蕨 图 119
Plagiogyria glauca Mett. Farngatt. II. 273. 1858. —— *Plagiogyria media*

Ching; 中国高等植物图鉴 1: 127. 1972. 本种与密叶瘤足蕨的主要区别: 叶片下面被灰白色粉末。产台湾、西藏及云南, 生于海拔 1200-3800 米林下、林缘或草地。印度、缅甸、菲律宾、印度尼西亚及太平洋群岛有分布。

2. 华中瘤足蕨 图 120

Plagiogyria euphlebia (Kunze) Mett. Farngatt. 2: 274. 1858.

Lomaria euphlebia Kunze in Bot. Zeitschr. 183. 1867. pro parte.

植株高 0.45-1.25 米。不育叶叶柄长 25-35 厘米, 能育叶的长 40-75 厘米, 横切面卵圆形、四棱形; 维管束 V 形或 U 形; 叶柄和叶轴光滑或有毛, 有时毛较密; 气囊体达叶柄和叶轴。不育叶片一回羽状, 下面无白粉, 长 20-60 厘米, 宽 12-30 厘米, 通常具顶部羽片; 叶轴下面半圆形, 羽片 7-25 对, 下部羽片有短柄, 不反折, 或最基部 1 对稍短; 中部羽片具短柄或无柄, 基部平截或圆; 叶脉单一或分叉脉与单一脉同样多。能育叶片一回羽状, 长 20-50 厘米, 宽 10-20 厘米; 叶轴下面半圆形, 或有沟槽; 羽片 7-25 对, 具短柄或无柄; 下部羽片不缩短, 或最基部 1 对稍短; 隔丝多, 棕色。

产安徽、浙江、台湾、福建、江西、湖北、湖南、广东、广西、贵州、四川及云南, 生于海拔 600-1500 米林中。印度、日本、缅甸、尼泊尔、菲律宾及越南有分布。

图 120 华中瘤足蕨
（孙英宝仿《Ogata, Ic. Fil. Jap.》）

3. 华东瘤足蕨 图 121

Plagiogyria japonica Nakai in Bot. Mag. Tokyo 42: 206. 1928.

植株高 40-83 厘米。不育叶叶柄长 20-40 厘米, 能育叶的长 40-55 厘米, 横切面四棱形或卵圆形, 维管束 V 形; 叶柄和叶轴光滑; 气囊体生叶柄基部。不育叶片一回羽状, 下面无白粉, 长 20-43 厘米, 宽 10-20 厘米, 顶部具羽片状裂片或羽裂; 羽片 12-20 对, 羽片基部不对称; 下部羽片无柄, 稍短, 不反折或稍反折; 中部羽片具短柄或无柄, 基部平截或圆, 有时上侧贴生叶轴; 叶脉多数在基部成对或在基部以上分叉。能育叶片

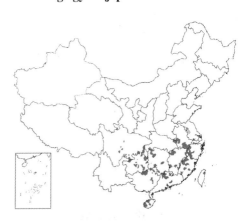

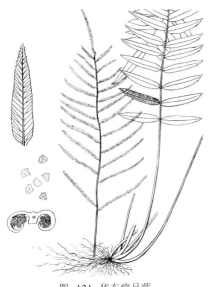

图 121 华东瘤足蕨
（蔡淑琴仿《中国植物志》）

一回羽状, 长 23-50 厘米, 宽 6-17 厘米; 叶轴下面扁平或半圆形, 羽片 9-19 对, 具短柄, 下部羽片最长。隔丝多, 棕色或黄色。

产江苏、安徽、浙江、台湾、福建、江西、湖北、湖南、广东、海南、广西、贵州、云南及四川, 生于海拔 100-1800 米林中、沟谷或岩石地方。日本及朝鲜半岛南部（济州岛）有分布。

4. 瘤足蕨 图 122

Plagiogyria adnata (Blume) Bedd. Ferns Brit. Ind. 1: t. 51. 1865.

Lomaria adnata Blume Enum. Pl. Jav. Fil. 205. 1828.

Plagiogyria distinctissima Ching; 中国高等植物图鉴 1: 126. 1972.

植株高 30-75 厘米。不育叶叶柄长 15-25 厘米，能育叶的长 40-50
厘米，横切面四棱形或三角形，维管束 V 形；叶柄和叶轴光滑，气囊体生叶柄基部。不育叶片羽裂，下面无白粉，长 15-25 厘米，宽 5-15 厘米，顶部裂片羽裂；羽片 13-20 对，下部羽片不缩短或稍缩短，不反折或稍反折；中部和上部羽片基部贴生，不对称；叶脉多数在基部成对或在基部以上分叉。

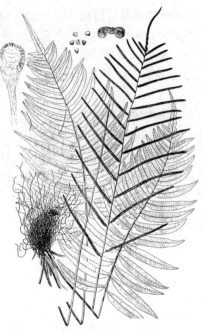

图 122 瘤足蕨
（孙英宝仿《Ogata, Ic. Fil. Jap》）

能育叶片一回羽状，长 16-26 厘米，宽 4-10 厘米；叶轴下面扁平或有沟槽，羽片 13-17 对，无柄或具短柄；下部羽片具短柄，不缩短。隔丝或多或少，棕色或黄色。

产安徽、浙江、台湾、福建、江西、湖北、湖南、广东、海南、广西、贵州、四川及云南，生于海拔 500-2000 米山坡林中或阴湿地。印度东部、印度尼西亚、日本、马来西亚、缅甸、菲律宾、泰国及越南有分布。

5. 耳形瘤足蕨 图 123 彩片 41

Plagiogyria stenoptera (Hance) Diels in Engl. u. Prantl, Nat. Pflanzenfam. 1(4): 282. 1899.

Blechnum stenopterum Hance in Journ. Bot. 21: 268. 1883.

植株高 35-80 厘米。不育叶叶柄长 4-8 厘米，能育叶的长 11-22 厘米，横切面四棱形，维管束 V 形；叶柄和叶轴光滑，气囊体生叶柄基部。不育叶片羽裂，下面无白粉，长 20-60 厘米，宽 4-20 厘米，顶部裂片羽裂，羽片 25-35 对，相距较近，下部羽片渐短成耳状，中部和上部羽片基部贴生，不对称；叶脉多数在基部以上分叉。能育叶片一回羽状，长 35-55 厘米，宽 4-8 厘米；叶

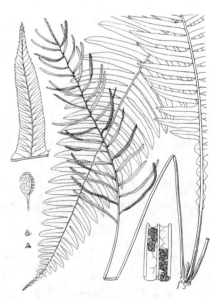

图 123 耳形瘤足蕨
（蔡淑琴仿《中国蕨类植物图谱》）

轴下面扁平或有沟槽，有时具翅；羽片 15-30 对，无柄或具短柄；下部羽片几对耳状，或气囊体状。无隔丝。

产台湾、湖北、湖南、广西、贵州、四川及云南，生于海拔 500-

2500 米密林中、山谷或岩石地。日本（屋久岛）、菲律宾（吕宋）及越南有分布。

[附] 镰羽瘤足蕨 彩片 42
Plagiogyria falcata Copel. in Philipp. Journ. Sci. Bot. 2: 133. pl. 1. f. B.

1907. —— *Plagiogyria dunnii* Copel.; 中国高等植物图鉴 1: 127. 1972. 本种与耳形瘤足蕨的主要区别：叶柄三棱形，羽片 12-19 对，相距 1.2-1.5 厘米。产安徽、浙江、福建、台湾、江西、湖南、广东、香港、海南、广西及贵州，生于海拔 500-1500 米密林中或岩石处。菲律宾有分布。

6. 峨眉瘤足蕨　　　　　　　　　　　　　图 124

Plagiogyria assurgens Christ in Bull. Soc. Bot. Ital. 1901: 293. 1901.

植株高 30-85 厘米。不育叶叶柄长 8-20 厘米，能育叶的长 5-45 厘米，横切面四棱形，维管束 U 形；叶柄和叶轴光滑，气囊体生叶柄基部。不育叶片羽裂，下面被白粉，长 23-65 厘米，宽 10-20 厘米；叶轴下面三棱形或龙骨状；顶部裂片羽裂，羽片 22-47 对，下部羽片贴生，反折，骤短；中部和上部羽片基部贴生，不对称；叶脉多数在基部成对。能育叶片一回羽状深裂，长 28-60 厘米，宽 7-14 厘米；叶轴下面龙骨状，羽片 20-35 对，基部宽，贴生；下部 1-4 羽片明显缩短，反折，通常不育。无隔丝，或早落，棕色。

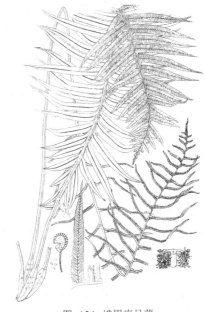

图 124 峨眉瘤足蕨
（引自《中国蕨类植物图谱》）

产四川及云南，生于海拔 1200-2500 米山坡腐殖质土壤。

15. 里白科 GLEICHENIACEAE

（林尤兴）

　　土生蕨类。根茎长而横走，具原生中柱，被鳞片和节状毛。叶疏生，一型，叶柄不以关节着生根茎；叶片一回羽状，或顶芽不发育，主轴为一至多回 2 叉分枝或假 2 叉分枝，每一分枝处腋间具一被毛或鳞片和叶状苞片所包裹的休眠芽，有时其两侧有 1 对篦齿状托叶；顶生羽片一至二回羽状；末回裂片（或小羽片）线形；叶脉分离，小脉分叉，叶纸质或近革质，下面灰白或灰绿色；叶轴及叶片下面幼时被星状毛或有睫毛的鳞片或二者混生，老时多脱落。孢子囊群小而圆，无盖，由 2-15 个无柄孢子囊组成，生于叶下面小脉背部，成 1 行（稀 2-3 行）排列于中脉和叶缘间。孢子囊陀螺形，具横绕中部的环带，一侧纵缝开裂。孢子两侧对称或辐射对称，具单裂缝或 3 裂缝，具周壁或无，外壁光滑。原叶体带状，绿色，有中脉。

　　6 属，150 余种，主产热带。我国 3 属。

1. 主轴一至多回2叉分枝, 末回主轴顶端具1对篦齿状一回羽状小羽片。

  2. 上部几回分叉的主轴两侧无小羽片, 分叉处两侧下方具1对篦齿状托叶; 根茎被毛; 叶脉多次分叉, 每组通常具小脉 (3) 4-6条 ···················· 1. **芒萁属 Dicranopteris**

  2. 上部几回分叉主轴两侧具篦齿状排列裂片, 各回分叉处两侧无篦齿状托叶; 根茎被鳞片; 叶脉一次分叉每组有小脉2条 ···················· 2. **假芒萁属 Sticherus**

1. 主轴通直, 单一, 非2叉分枝, 顶端 (或其下部两侧) 具1对二回羽状大羽片; 叶脉一次分叉, 每组有小脉2条 ···················· 3. **里白属 Diplopterigium**

1. 芒萁属 Dicranopteris Bernh.

根茎细长横走, 分枝, 密被红棕色长毛。叶疏生, 直立或多少蔓生, 主轴常多回2叉或假2叉分枝, 不同回的主轴均无羽片, 末回主轴顶端具1对一回羽状羽片; 每回主轴分叉处 (除末回分叉处外) 通常有1对平展或向下的篦齿状托叶, 稀缺如; 每回叶轴分叉处有1个休眠小腋芽, 密被绒毛, 外包1对叶状小苞片, 稀缺如; 末回1对羽片二叉状, 披针形或宽披针形, 羽状深裂, 无柄; 裂片篦齿状排列, 平展, 线形或线状披针形, 全缘, 钝头或微凹; 叶脉分离, 二至三回分叉, 每组具3-6小脉, 基部1组的下侧1小脉伸达缺刻; 叶纸质或近革质, 下面常灰白色, 幼时多少被星状毛。孢子囊群生于叶片下面小脉背部, 圆形, 无囊群盖, 具6-10个无柄孢子囊, 在中脉与叶缘间排成1 (2-3) 列, 稍近中脉, 孢子囊托小而不凸出。孢子两侧对称, 椭圆形, 具单裂缝, 有透明薄的周壁, 外壁层次明显, 光滑。

约10余种, 分布于东半球热带或亚热带地区。我国6种。

1. 主轴 (叶轴) 下部分枝基部两侧各有1片篦齿状托叶; 末回裂片中脉上面略凹陷。

  2. 裂片宽0.8-1厘米 ···················· 1. **大芒萁 D. ampla**

  2. 裂片宽2-4毫米。

    3. 植株高3-5米, 蔓生 ···················· 2. **铁芒萁 D. linearis**

    3. 植株较小, 高通常在1米以下, 非蔓生 ···················· 3. **芒萁 D. pedata**

1. 主轴 (或叶轴) 下部分枝无篦齿状托叶, 末回裂片中脉两面均隆起 ···················· 4. **大羽芒萁 D. splendida**

1. 大芒萁 大羽芒萁   图125 彩片43

Dicranopteris ampla Ching et Chiu in Acta Phytotax. Sin. 8: 132. 1959.

植株高1-1.5米。根茎横走, 径2.5-4毫米, 坚硬, 木质, 红棕色, 被棕色有关节的毛, 长约2毫米, 成簇伏生于根茎。叶疏生, 相距8-10厘米或过之; 叶柄长达80厘米, 径3.5-5毫米, 圆柱形, 暗棕色, 光滑; 叶轴3-4次2叉分枝; 芽苞卵形, 具不规则粗齿牙; 除末回叶轴外, 各回分枝处两侧的1对托叶状大羽片长圆状披针形, 长14-23厘米, 宽4.4-13厘米, 羽状深裂; 末回羽片长20-40厘米, 宽8-17厘米, 披针形或长圆形, 渐尖尾头, 基部上侧稍窄, 篦齿状深裂几达羽轴, 裂片披针形或线形,

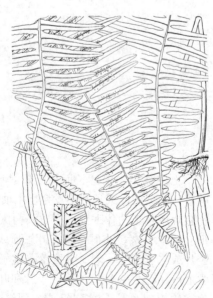

图 125 大芒萁

(蔡淑琴仿《中国蕨类植物图谱》)

长 4-10 厘米，宽 0.8-1 厘米，圆头常微凹，基部汇合，基部上侧数对裂片三角形，全缘或浅波状，具软骨质窄边，基部下侧具 2 片向下托叶状羽片，线形，钝头，边缘波状或具圆齿牙，基部羽片基部汇合；中脉小脉隆起，侧脉明显，每组有 5-7 分枝小脉，小脉平行，伸达叶缘；叶近革质，上面深绿色，小脉灰绿色，无毛。孢子囊群圆形，沿中脉两侧 2-3 行不规则排列，着生每组小脉基部上侧和下侧弯弓处，具 7-15 个孢子囊。

产广东西部、海南、广西西部、贵州南部、云南及西藏东南部，生于海拔 400-1400 米阳坡疏林中或林缘。越南北部有分布。

2. 铁芒萁　　　　　　　　图 126 彩片 44

Dicranopteris linearis (Burm.) Underw. in Bull. Torrey Bot. Club. 34: 250. 1907.

Polypodium lineare Burm. Fl. Ind. 235. 1768.

植株高 3-5 米，蔓生。根茎横走，深棕色，被锈毛。叶疏生；柄长 0.6-1.6 米，深棕色，幼时基部被棕色毛，厚边光滑；叶轴五至八回 2 叉分枝，一回叶轴长 13-16 厘米，径约 3.4 毫米，二回以上的羽轴较短，末回叶轴长 3.5-6 厘米，上面有纵沟；各回腋芽卵形，密被锈色毛，苞片卵形，边缘具三角形裂片，叶轴第一回分叉处无侧生托叶状羽片，其余各回分叉处两侧

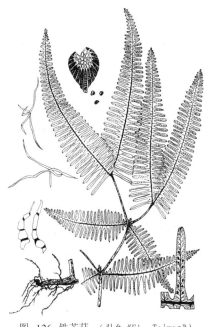

图 126 铁芒萁　（引自《Fl. Taiwan》）

均具 1 对托叶状羽片，斜下，下部的长 12-18 厘米，宽 3.2-4 厘米，上部的小，末回的长 3 厘米，披针形或宽披针形；末回羽片似托叶状羽片，长 5.5-15 厘米，宽 2.5-4 厘米，篦齿状深羽裂几达羽轴；裂片平展，15-40 对，披针形或线状披针形，长 1-1.9 厘米，宽 2-3 毫米，钝头，微凹，基部上侧数对三角形，长 4-6 毫米，全缘；中脉下面隆起，侧脉上面明显，每组有 3 小脉；叶坚纸质，上面绿色，下面灰白色，无毛。孢子囊群圆形，细小，1 列，着生基部上侧小脉弯弓处，具 5-7 个孢子囊。

产江苏南部、台湾、湖南、广东、香港、海南、广西、贵州南部、云南及西藏，生于海拔 500-600 米疏林下，常密集成丛，或生于火烧迹地。印度南部、斯里兰卡、泰国、越南及南洋群岛有分布。

3. 芒萁　铁狼萁　狼萁　　　　图 127 彩片 45

Dicranopteris pedata (Houtt.) Nakaike, Enum. Pterid. Jap. 114. 1975.

Polypodium pedatum Houtt. in Nat. Hist. II. 14: 175. 1783.

Dicranopteris dichotoma (Thunb.) Bernh.; 中国植物志 2: 120. 1959.

植株高 0.45-0.9（1.2）米。根茎长而横走，密被暗锈色长毛。叶疏生；叶柄长 24-56 厘米，棕禾秆色，基部以上无毛；叶轴一至二（三）回 2 叉分枝，一回羽轴长约 9 厘米，被暗锈色毛，后渐光滑，二回羽轴长 3-5 厘米；腋芽卵形，被锈黄色毛，芽苞卵形，边缘具不规则裂片或粗齿牙，稀全缘；各回分叉处托叶状羽片平展，宽披针形，生于一回分叉处的羽片长 9.5-16.5 厘米，宽 3.5-5.2 厘米，生于二回分叉处的羽片长 4.4-11.5 厘米，宽 1.6-3.6 厘米；末回羽片

长 16-23.5 厘米，宽 4-5.5 厘米，披针形或宽披针形，顶端尾状，基部上侧窄，篦齿状深裂几达羽轴；裂片平展，35-50 对，线状披针形，长 1.5-2.9 厘米，宽 3-4 毫米，钝头，羽片基部上侧的数对三角形或三角状圆形，长 0.4-1 厘

米，各裂片基部汇合，具尖窄缺刻，全缘，具软骨质窄边，侧脉两面隆起，每组有3-4（5）小脉，伸达叶缘；叶纸质，上面黄绿或绿色，后无毛，下面灰白色，沿中脉及侧脉疏被锈色毛。孢子囊群圆形，1列，着生基部上侧或上下两侧小脉弯弓处，具5-8个孢子囊。

产山东、河南、甘肃、江苏南部、安徽、浙江、台湾、福建、江西、湖北、湖南、广东、香港、海南、广西、贵州、四川及云南，生于海拔140-2000米强酸性土壤荒坡或林缘，在采伐后或放荒后坡地常成优势群落。印度、越南、朝鲜半岛及日本有分布。亚热带酸性土指示植物。根茎入药，清热化湿，祛瘀止血，利尿。

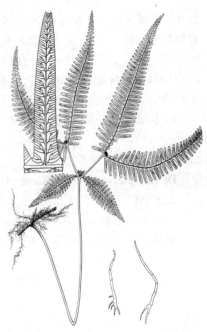

图 127 芒萁 （蔡淑琴仿《中国植物志》）

4. 大羽芒萁 　　　　　　　　　图 128

Dicranopteris splendida (Hand.-Mazz.) Ching in Sunyatsenia 5:275. 1940.

Gleichenia splendida Hand.-Mazz. in Sitz. Akad. Wiss. Wien, Math.-Nat. 81. 1924.

植株高0.7-1米。根茎横走，被锈毛。叶疏生；叶柄长22.5-27.5厘米，圆柱形，棕色，光滑；叶轴二至四回假2叉分枝，一回叶轴长约6.5厘米，顶端具2羽片，自一回分叉处腋芽发出的叶轴长15-31厘米，一回2分枝；二回叶轴长4-4.5厘米，顶端具1对末回羽片，腋芽生出3叶轴，长7.2-8厘米，顶端具1对末回小羽片，羽片腋间生出第四回羽轴，顶端具1对羽片；腋芽

卵形，密被锈毛，苞片卵形，边缘具粗齿；各回分叉处两侧均无托叶状羽片；末回羽片长圆状披针形，长15-25厘米，宽5-6.8厘米，向顶部渐窄，羽状深裂；裂片披针形，平展，圆钝头，全缘；中脉两面均隆起，侧脉明显；叶纸质，上面暗绿色，下面灰白色，无毛。孢子囊群圆形，生于每组基部上侧小脉，成1列，近中脉，具12-18个孢子囊。

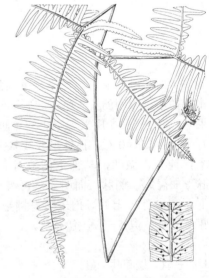

图 128 大羽芒萁
（孙英宝仿《中国蕨类植物图谱》）

产云南西北部，生于海拔2000-2800米疏林下或林缘。缅甸北部有分布。

2. 假芒萁属 Sticherus Presl

根茎横走，被鳞片。叶疏生，有柄，叶轴二歧分枝，同芒萁属，各回分叉处无篦齿状托叶，末回

和其以下几回的主轴两侧生有篦齿状排列的线形裂片，形同顶生羽片的裂片；叶纸质，下面多少灰白或灰绿色；叶脉一次分叉，每组有 2 小脉，稍斜上，伸达叶缘，基部一组叶脉下侧小脉伸达软骨质缺刻底部。孢子囊群小，1 行着生每组叶脉的上侧小脉，具 2-4（-6）个无柄孢子囊。孢子两侧对称。染色体基数 x=17。

约 100 种，分布于热带，热带南美洲为分布中心，几种分布于亚洲。我国 1 种。

假芒萁 图 129

Sticherus laevigatus Presl, Tent. Pterid. 52. 1836.

根茎长而横走，顶端密被鳞片。主轴高达数米，蔓生或攀援，多

回 2 叉分枝；腋芽被包于淡棕色有睫毛的鳞片和二回羽状分裂的托叶状苞片内，长约 2.5 厘米；叶轴深棕色，四回 2 叉分枝或更多，除第一回主轴外，其余各回主轴两侧均有篦齿状排列的形状同末回裂片的裂片；顶生 1 对分叉的羽片长约 15 厘米，宽 2.5-5.5 厘米，宽披针形，篦齿状深裂达小羽轴；裂片多数，平展，对

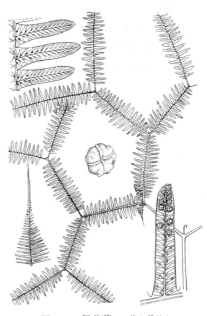

生，长 1-3 厘米，宽 2-3 毫米，线形，基部膨大；叶脉斜出，2 叉，两面均明显；叶纸质，下面灰绿色，幼时多少被淡棕色星状毛及小鳞片，老时光滑。孢子囊群位于主脉与叶缘间，具 4-5 个孢子囊，幼时被星状毛。

图 129 假芒萁 （蔡淑琴绘）

产海南，生于灌木丛中、疏林下及林缘。斯里兰卡、泰国、老挝、柬埔寨、越南东南部及马来西亚有分布。

3. 里白属 Diplopterigium (Diels) Nakai

根茎粗壮，长而横走，分枝，密被披针形红棕色鳞片。叶疏生，有长柄，主轴粗壮，单一，非二歧分枝，顶芽一次或多次生出 1 对 2 叉、长而大的二回羽状羽片；分叉点腋间生有休眠芽，密被覆瓦状深褐色有光泽的厚鳞片，外包 1 对叶状羽裂的苞片，两侧下方无篦齿状托叶。顶生 1 对羽片长 1 米以上，宽 20-40 厘米，开展或下悬，二回羽状。小羽片多数，披针形，羽状深裂达羽轴，具多数线形全缘短裂片；叶脉分离，小脉一次分叉，每组具 2 小脉，稍斜上，伸达叶缘，基部一组叶脉下侧小脉伸达软骨质缺刻底部；叶柄与叶轴幼时密被披针形鳞片，混生星状或分枝毛，毛和鳞片着生小羽轴下面，老时渐脱落或宿存；叶厚纸质，下面灰白或灰绿色，稀绿色。孢子囊群小，圆形，无盖，具（2）3（4）个无柄孢子囊，成 1 行位于中脉和叶缘间，着生每组叶脉上侧小脉下面。孢子辐射对称，钝三角形或三角形，具 3 裂缝，无周壁，外壁层次明显，光滑。染色体基数 x=7。

约 25 种，广布于热带和亚热带地区，北达日本，亚洲热带为分布中心。我国 17 种。

1. 羽轴上面两侧有隆起窄边。

  2. 小羽片具柄，长 3-4 毫米 ·· 1. **阔叶里白 D. blotianum**

  2. 小羽片无柄或几无柄。

3. 羽轴、小羽轴及裂片下面密被流苏状鳞片，或鳞片脱落后，轴面呈粗糙瘤状突起 …………
……………………………………………………………… 2. **中华里白 D. chinense**

3. 羽轴、小羽轴或裂片下面无鳞片，或疏生淡棕色星状毛；叶轴平滑，或近平滑。

　　4. 叶坚纸质，小羽片基部下侧变窄，裂片向上斜出，和小羽轴成 45-60 度角 …………………
……………………………………………………………… 3. **光里白 D. laevissimum**

　　4. 叶草质，小羽片基部不变窄，裂片和小羽轴成垂直相交，或向上斜出 ………… 4. **里白 D. glaucum**

1. 羽轴上面两侧圆，无边 ………………………………………………… 5. **大里白 D. giganteum**

1.　阔叶里白　　　　　　　　　　　　　　　图 130

Diplopterygium blotianum (C. Chr.) Nakai in Bull. Natl. Sci. Mus. Tokyo
29: 49. 1950.

Gleichenia blotiana C. Chr. in Bull. Mus. Oaris ser. 2, 6: 103. 1934.

Hicriopteris blotiana (C. Chr.) Ching; 中国植物志 2: 124. 1959.

植株高 2-3 米。叶二回羽状；一回羽片长 60 厘米以上，宽 20-

25 厘米；小羽片多数，互生，相距 3-4.7 厘米，长 11-15 厘米，宽 2-2.5 厘米，披针形或窄披针形，基部稍窄，柄长约 3 毫米，羽状深裂几达小羽轴；裂片互生，16-30 对，长 1.2-1.5 厘米，宽 4 毫米，宽披针形或线状披针形，圆头，微凹，基部汇合，全缘，干后稍内卷；中脉下面隆起，侧脉两面隆起，明显，叉状，稍斜展，伸达叶缘；叶草质或纸质，上面绿色，无毛，下面沿小羽轴、中脉、侧脉及叶缘均疏被棕色星状毛；叶轴下面圆，上面平，有边，棕色，后光滑；一回羽轴禾秆色，径 2-3.5 毫米，侧脉邻近小羽片处被棕色星状毛。孢子囊群圆形，棕色，位于中脉与叶缘间，着生基部上侧小脉，在中脉两侧各成 1 列，具 4-

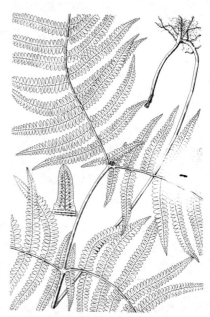

图 130　阔叶里白　（孙英宝绘）

5 个孢子囊。

　　产台湾、广东及海南。老挝、柬埔寨及越南有分布。

2.　中华里白　　　　　　　　　　　　　　　图 131

Diplopterygium chinense (Rosenst.) DeVol in Li, Fl. Taiwan. 1: 92. Pl.
28. 1975.

Gleichenia chinensis Rosenst. in Fedde, Repert. Sp. Nov. 13: 120. 1913.

Hicriopteris chinensis (Rosenst.) Ching; 中国植物志 2: 125. 1959; 中国高等植物图鉴 1: 131. 1972.

植株高约 3 米。根茎横走，径约 5 毫米，深棕色，密被棕色鳞片。叶片二回羽状；叶柄深棕色，径 5-6 毫米或过之，密被红棕色鳞片，后光滑；羽片长圆形，长约 1 米，宽约 20 厘米；小羽片互生，多数，相距 2.2-3.2 厘米，柄极短，长 14-18 厘米，宽 2.4 厘米，披针形，羽状深裂；裂片稍斜升，互生，50-60 对，长 1-1.4 毫米，宽 2 毫米，披针形或窄披针形，圆头，常微凹，基部汇合，缺刻尖窄，全缘，边

缘常内卷，中脉上面平，下面隆起，侧脉两面隆起，明显，叉状，近水平斜展；叶坚纸质，上面绿色，沿小羽轴被分叉毛，下面灰绿色，沿中脉侧脉及边缘密被星状柔毛，后脱落；叶轴褐棕色，径约4.5毫米，初密被红棕色鳞片，边缘具长睫毛。孢子囊群圆形，位于中脉与叶缘间，稍近中脉，着生基部上侧小脉，被毛，在中脉两侧各排成1列，具3-4个孢子囊。

产浙江、台湾、福建、江西、湖南、广东、香港、海南、广西、贵州、四川及云南，生于海拔1400-1100米山谷、溪边或林下，有时成片。越南北部有分布。

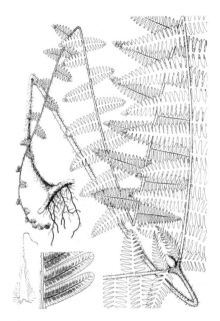

图 131 中华里白 （引自《图鉴》）

3. 光里白 鳞芽里白 图 132

Diplopterygium laevissimum (Christ) Nakai in Bull. Natl. Sci. Mus. Takyo 29: 52. 1950.

Gleichenia laevissima Christ in Bull. Acad. Int. Géogr. Bot. 268. 1957.

Hicriopteris laevissima (Christ) Ching; 中国植物志 2: 127. 1959; 中国高等植物图鉴 1: 132. 1972.

植株高达1.5米。根茎横走，圆柱形，被鳞片，暗棕色。叶柄绿或暗棕色，下面圆，上面平，有纵沟，基部以上径4-5毫米，基部被鳞片或瘤状突起；一回羽片对生，柄长2-5毫米，卵状长圆形，长38-60厘米，中部宽达26厘米，渐尖头；小羽片20-30对，互生，几无柄，相距2-2.8厘米，斜上，中部的长达20.5厘米，窄披针形，基部下侧窄，羽状全裂；裂片25-40对，互生，向上斜展，

长0.7-1.3厘米，宽约2毫米，基部下侧裂片长约5毫米，披针形，锐尖头，基部分离，缺刻尖，全缘，干后内卷，中脉上面平，侧脉两面明显，2叉，斜展，伸达叶缘；叶坚纸质，无毛，上面绿色，下面灰绿或淡绿色；叶轴干后绿禾秆色，下面圆，上面平，有边，光滑。孢子囊群圆形，位于中脉与叶缘间，着生于上方小脉，具4-5个孢子囊。

产安徽、浙江、台湾、福建、江西、湖北、湖南、广东、广西、贵州、四川及云南西部，生于海拔500-2500米山谷阴湿处。越南北部、菲律宾及日本有分布。

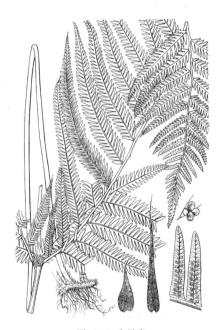

图 132 光里白
（蔡淑琴仿《海南植物志》）

4. 里白 图 133

Diplopterygium glaucum (Thunb. ex Houtt.) Nakai in Bull. Nat. Sci. Mus. Tokyo 20: 51. 1950.

Polypodium glaucum Thunb. ex Houtt. in Nat. Hist. 14: 117. 1783.

Hicriopteris glauca (Thunb.) Ching; 中国植物志 2: 128. 1959; 中国高等植物图鉴 1: 131. 1972.

植株高1-3米。根茎粗壮横走，被鳞片。叶疏生；叶柄长0.5-1米，上面扁平，黄绿至褐绿色，光滑，密被棕色披针形鳞片，苞片二回羽状细裂；一回羽片对生，具短柄，

长圆形，长55-90厘米，中部宽18-30厘米，渐尖头，基部稍窄，二回羽状深裂；小羽片22-40对，对生或近互生，平展，几无柄，长10-

17厘米，宽1.2-2.5厘米，线状披针形，基部平截，羽状深裂；裂片20-35对，互生，几平展，长0.7-1厘米，宽2-3毫米，宽披针形，基部汇合，缺刻尖窄，全缘，干后稍内卷；侧脉两面明显，10-11对，叉状分枝伸达叶缘；叶厚纸质，上面无毛，下面灰白色，沿小羽轴及中脉疏被锈色星状毛，后无毛；羽轴

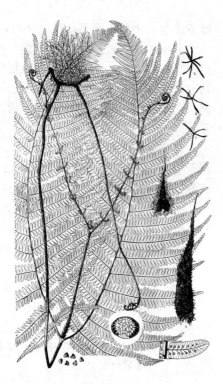

棕绿色，上面平，两侧有边，下面圆，光滑。孢子囊群圆形，中生，着生上侧小脉，具3-4个孢子囊。

产江苏、安徽、浙江、台湾、福建、江西、湖北、湖南、广东、香港、广西、贵州、四川及云南，生于海拔700-2000米常绿阔叶林林缘或杉木林内。印度、缅甸、朝鲜半岛南部、日本及菲律宾有分布。酸性土指示植物。

图 133 里白
（孙英宝仿《Ogata, Ic. Fil. Jap.》）

5. 大里白　　　　　　　　　　　　　　　图 134

Diplopterygium giganteum (Wall. ex Hook. et Bauer) Nakai in Bull. Natl. Sci. Mus. Tokyo 29: 51. 1950.

Gleichenia gigantea Wall. ex Hook. et Bauer, Gen. Fil. t. 39. 1840.

Hicriopteris gigantea (Wall.) Ching; 中国植物志 2: 132. 1959.

植株高2.5-3米。根茎横走，圆柱形，径约4毫米，被红棕色披针形鳞片。叶柄径约6毫

米，干后基部有小瘤状突起；顶生羽片具短柄，长达1.3米，宽约27厘米，长圆形，渐尖头，基部稍窄；小羽片约70对，疏离，互生或近对生，中部以下的相距1.8-2.6厘米，上面的相距约1.4厘米，几无柄，平展，长12-17.5厘米，宽1.5-2厘米，披针状线形，羽状深裂；裂片

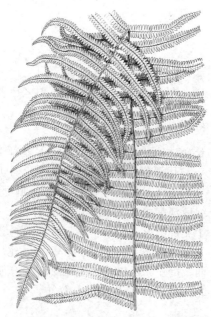

图 134 大里白 （孙英宝绘）

35-40对，平展或稍斜展，长0.8-1厘米，宽2.5-3.5毫米，披针形，钝圆头，基部汇合，缺刻尖窄，全缘，干后内卷；中脉上面凹陷，侧脉基部分叉，两面明显，下面粗而隆起，2叉，伸达叶缘；叶革质，上面暗绿色，无毛，下面蓝灰或灰白色，疏被棕色星状毛；羽轴上面凹陷，两侧边圆，无边，下面圆，径约5毫米，淡棕色，被棕色星状毛，后几光滑。孢子囊群中生，稍靠近，1列，着生每组上侧小脉，

具3个孢子囊。

产云南及西藏，生于海拔1350-2800米林缘草坡。尼泊尔、印度及缅甸有分布。

16. 莎草蕨科 SCHIZAEACEAE

（林尤兴）

土生直立小型蕨类。根茎短而匍匐，有时上升，被毛，具管状中柱。叶簇生或近生，叶柄与叶片不易区分，单叶或一至多回二歧分枝，或假掌状簇生叶柄顶端；裂片窄线形，仅1条中脉；能育小羽片簇生叶柄顶端，或羽状位于裂片顶部。孢子囊梨形，横生，无柄，环带位于远基一端，具几个厚壁细胞，向另一端开裂，成4行生于能育裂片背面，排列于中脉两侧，无盖。孢子椭圆形，两侧对称，具单裂缝，无周壁，外壁分层明显，具肋条状纹饰，肋的方向与裂缝平行或稍成角度。原叶体丝状，分枝。

单属科。

莎草蕨属 Schizaea Sm.

属的特征同科。

约30种，主产南半球及赤道。我国3种，生于热带地区干旱贫瘠酸性土。

1. 植株禾草状；叶顶端掌状分裂，能育裂片长2-4厘米，下面具4行孢子囊 ·············· 1. 莎草蕨 S. digitata
1. 植株树形；叶上部二歧分枝，能育羽片长不及1厘米，孢子囊2行 ·············· 2. 二歧莎草蕨 S. dichotoma

1. 莎草蕨　　　　　　　　　图 135 彩片 46

Schizaea digitata (Linn.) Sw. Syn. Fil. 150. t. 4. f. 1. 1806.

Acrostichum digitatum Linn. Sp. Pl. 1068. 1753.

根茎短，匍匐，顶端被棕色短毛。叶簇生，禾草状；叶片窄线形，向基部渐细成三棱形，叶柄与叶片几难分辨，叶片长16-25厘米，宽2-3.5毫米，无锯齿，有软骨质窄边，干后略背卷；仅有中脉，上面凹下，下面凸出；叶草质或纸质，两面光滑；能育叶片与不育叶片同形，先端紧缩，掌状深裂成5-15条裂片；裂片长2-4厘米，宽约1毫米。孢子囊在裂片中脉两侧各排成1行，无毛，棕黄色，几覆盖整个裂片下面。

产台湾、广东南部、海南及云南东南部，生于海拔约200米丘陵干瘠砂壤土疏林下。马达加斯加、热带亚洲至波利尼西亚、印度、缅甸及越南有分布。在海南全草供药用，有退热作用。

2. 二歧莎草蕨　　　　　　　　图 136 彩片 47

Schizaea dichotoma (Linn.) Sm. in Mem. Acad. Sci. Turin 5: 422. pl. 9. 1793.

Acrostichum dichotomum Linn. Sp. Pl. 2. 1068. 1753.

本种与莎草蕨的主要区别：植株树形，根茎粗壮横走，羽柄密

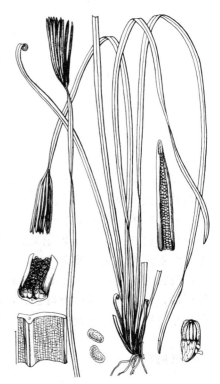

图 135 莎草蕨 （引自《图鉴》）

集，长15-35厘米；叶片扇形，上部二歧分枝状深裂，羽片宽约2毫

米，能育羽片长不及1厘米；囊托长2-6毫米，孢子囊2行着生。

产台湾。印度、缅甸、琉球、南洋群岛及大洋洲有分布。

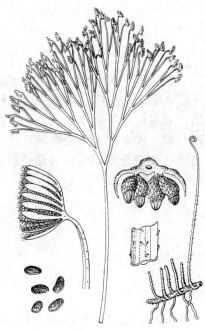

图 136　二歧莎草蕨　（蔡淑琴绘）

17. 海金沙科 LYGODIACEAE

（林尤兴）

攀援蕨类，高达数米。根茎长而横走，具原生中柱，有毛，无鳞片。叶疏生或近生，单轴型，叶轴细长，沿叶轴有向左右互生短枝（距），顶端具被毛茸的休眠芽，其两侧生出1对开向左右的羽片，羽片一至二回2叉掌状或一至二回羽状分裂，近二型；不育羽片生于叶轴下部，能育羽片生于上部；末回小羽片或裂片披针形，或长圆形、三角状卵形，基部常心形、戟形或圆耳形；不育小羽片全缘或有细锯齿；叶脉通常分离，稀疏网状，无内藏小脉，分离小脉直达加厚叶缘；各小羽柄两侧常具窄翅，上面隆起，具锈毛。能育羽片常比不育羽片窄，边缘生有流苏状孢子囊穗，具2行并生孢子囊；孢子囊生于小脉顶端，并被叶缘反折小瓣包裹，形如囊群盖。孢子囊大，多少如梨形，横生短柄上，环带位于小头，有几个厚壁细胞，纵缝开裂。孢子四面体形，3裂缝，周壁具瘤状或网穴状纹饰，外壁光滑。原叶体心脏形，扁平。

单属科。

海金沙属 Lygodium Sw.

属的特征同科。染色体基数 X = 2，8，15，29。

约45种，分布于热带和亚热带。我国10种。

1. 能育羽片 2 叉掌状深裂，不以关节着生。

 2. 叶全缘，具软骨质窄边，干后绿色 ·· 1. **海南海金沙 L. conforme**

 2. 叶具细锯齿，无软骨质边缘，干后黑褐色 ·· 2. **掌叶海金沙 L. digitatum**

1. 能育叶片一至二回羽状，末回小羽片基部或以关节着生于柄端，或无关节（有时关节生于小羽柄基部）。

 3. 末回小羽片基部具膨大关节，或关节生于小羽片基部。

  4. 末回小羽片小型，常三角形，钝头，长 1.5-3 厘米，叶薄草质；藤本状叶轴细弱 ·························

  ··· 3. **小叶海金沙 L. scandens**

  4. 末回小羽片宽披针形，长 8-12 厘米，有时基部耳形，渐尖头，叶纸质；藤本状叶轴较粗。

   5. 末回小羽片有规则羽状深裂，有全缘的短裂片 8-12 对 ············ 4. **羽裂海金沙 L. polystachyum**

   5. 末回小羽片披针形，不裂，基部两侧耳形，或有 1 对分离小羽片 ··········· 5. **柳叶海金沙 L. salicifolium**

 3. 末回小羽片基部或小羽片基部无关节。

  6. 不育羽片和能育羽片一型，裂片宽 1-3 厘米 ············· 6. **曲轴海金沙 L. flexuosum**

  6. 不育羽片和能育羽片略二型，羽片基部 3-5 裂，裂片宽 4-6 毫米。

   7. 不育末回羽片掌状深裂或 3 裂，裂片窄长，中裂片长 5-8 厘米，宽约 4 毫米 ·················

   ··· 7. **狭叶海金沙 L. microstachyum**

   7. 不育末回羽片 3 裂，裂片宽短，中裂片长约 3 厘米，宽约 6 毫米 ············ 8. **海金沙 L. japonicum**

1. 海南海金沙 掌叶海金沙   图 137 彩片 48

Lygodium conforme C. Chr. in Bull. Mus. Hist. Nat. (Paris) ser. 2, 6: 100. 1934.

 植株高攀 5-6 米。叶轴径 3 毫米，羽片多数，相距约 26 厘米，对生于叶轴短距，向两侧平展，距端具一丛红棕色短柔毛；羽片二型；不育羽片生于叶轴下部，柄长 4-4.5 厘米，顶端两侧稍具窄边，掌状深裂，几达基部，基部近平截或宽楔形；裂片 6，披针形，长 17-22 厘米，宽 1.8-2.5 厘米，侧面的常平展，其余的上指；叶缘全缘，具软骨质窄边，干后常反卷；中脉粗，隆起，

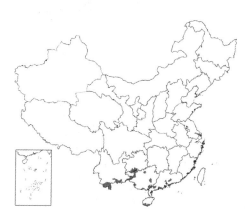

有光泽，侧脉纤细，分离，二回叉状分歧，直达叶缘；叶干后绿色，厚纸质或近革质，两面光滑；能育羽片常 2 叉掌状分裂，裂片几达基部，偶掌状深裂，每个掌状小羽片具长 5-17 厘米的柄，柄具窄翅，无关节，深裂几达基部；末回裂片通常 3 片，披针形，长 20-30 厘米，宽 2-2.6 厘米。孢子囊穗较紧密，长 2-5 毫米，线形，无毛，褐棕或绿褐色。孢子周壁具瘤状纹饰。

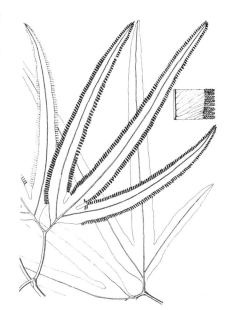

图 137 海南海金沙 （引自《图鉴》）

 产广东、香港、海南、广西、贵州南部及云南南部。越南北部有分布。

2. 掌叶海金沙   图 138

Lygodium digitatum Presl, Rel. Haenk. 1: 73. 1825.

 植株高攀达 6 米。羽片多数，相距 11-23 厘米，对生于叶轴短距，向两侧平展，距端具一丛褐棕色柔毛；羽片二型；不育羽片的柄长 2.5

厘米，具窄边，生于叶轴下部，掌状深裂几达基部，基部近平截或宽楔形；裂片 6，宽披针形，长 10-

15厘米，宽2-2.3厘米，两侧的常平展，其余的上指，具细锯齿；中脉及纤细侧脉明显，分离，二回2叉分歧，达锯齿；叶干后棕褐色，草质，两面光滑，沿中脉及小脉偶有1-2短毛。能育羽片的柄长5厘米，常二至三回掌状分裂，一回小羽柄长0.5-1.2厘米，无关节，具窄翅；末回小羽片具短柄或基部合生，窄长披针形，长约20厘米，宽1-1.8厘米。孢子囊穗沿叶缘排列，长2-4毫米，线形，褐色。

产海南，生于海拔1200-1700米密林中。马来西亚及菲律宾有分布。

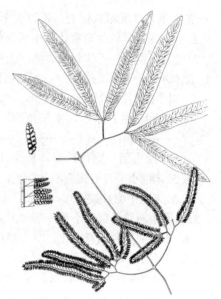

图 138 掌叶海金沙 （孙英宝绘）

3. 小叶海金沙 图 139

Lygodium scandens (Linn.) Sw. in Journ. Bot. (Schrader) 106. 1801.

Ophioglossum scandens Linn. Sp. Pl. 1063. 1753.

Lygodium microphyllum (Cav.) R. Br.; 中国高等植物图鉴 1: 129. 1972.

植株高攀5-7米。叶轴纤细如铜丝，二回羽状；羽片多数，相距7-9厘米，羽片对生于叶轴距，距长2-4毫米，顶端密生红棕色毛。不育羽片生于叶轴下部，长圆形，长7-8厘米，宽4-7厘米，柄长1-1.2厘米，奇数羽状，或顶生小羽片2叉；小羽片4对，互生，小羽柄长2-4毫米，柄端具关节，各片相距约8毫米、卵状三角形、宽披针形或长圆形，基部心形，近平截或圆，具钝齿或不明显；叶脉清晰，3出，小脉二至三回2叉分歧，斜上，达锯齿；叶薄草质，干后暗黄绿色，两面光滑。能育羽片长圆形，长8-10厘米，宽4-6厘米，通常奇数羽状；小羽片9-11片，柄长2-4毫米，柄端具关节，互生，各片相距0.7-1厘米，三角形或卵状三角形，长1.5-3厘米，宽1.5-2厘米。孢子囊穗排列于叶缘，达羽片先端，5-8对，线形，长3-5（-10）毫米，黄褐色，光滑。

产台湾、福建、江西、湖南南部、广东、香港、海南、广西、

图 139 小叶海金沙
（孙英宝仿《Ogata, Ic. Fil. Jap.》）

贵州及云南东南部，生于低海拔溪边灌木丛中。印度南部、缅甸、南洋群岛及菲律宾有分布。

4. 羽裂海金沙 图 140 彩片 49

Lygodium polystachyum Wall. ex Hook. Cant. Ferns t. 76. 1861.

植株高攀5-7米。叶轴粗，深棕色，径3毫米，密被红棕色长毛；羽片多数，相距18-24厘米，对生于叶轴短距，两侧伸展，距端具一丛红棕色长毛；羽柄长约1厘米，和叶轴被同样的毛。不育羽片生于叶轴下部，窄长圆形，长30-42厘米，宽9-11厘米，奇数二回浅裂；羽片9-13对，互生，几平展，柄长2-3毫米，无翅，柄端有关节，无毛，各片相距2.2-2.5厘米，长圆形，基部近戟形或近圆，羽状深裂达中脉2/3；裂片8-12对，长0.8-1.2厘米，宽4-5毫米，长圆形，全缘，有毛；中脉明显，侧脉纤细，斜上，单脉或2叉分歧，达叶缘；叶纸质，两面沿中脉及小脉具长灰

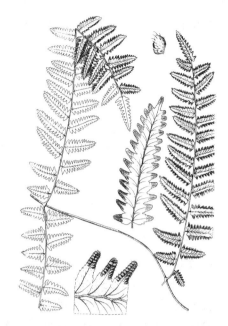

毛。能育羽片同形，略窄，末回裂片较窄，生孢子囊穗，略被疏毛。孢子囊穗线形，长5-7毫米，灰褐或绿褐色。

产广西西部及云南东南部，生于海拔400-800米疏林中。印度、缅甸、泰国、马来西亚及越南有分布。

图 140 羽裂海金沙 （孙英宝绘）

5. 柳叶海金沙　　　　　　　　　图 141

Lygodium salicifolium Presl, Suppl. Tent. Pterid. 102. 1845.

植株高攀达8米。叶轴禾秆色，无毛，上部具窄翅；羽片多数，相距10-13厘米，对生于叶轴短距，向两侧平展，距端密生棕黄色柔毛。不育羽片生于叶轴下部，二回2叉分裂或2叉掌状深裂，向上的羽片长圆形，长17-25厘米，宽12-16厘米，柄长2.5-3厘米，柄和叶轴均具翅，常偶数一回羽状；小羽片3-5对，互生，宽披针形，长6-7厘米，宽1-1.5厘米，基部近心形，两

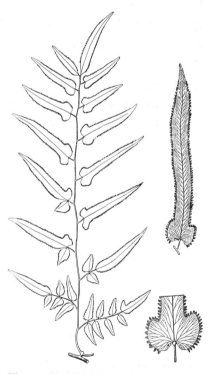

侧耳形，不裂或基部偶有1小耳片，小柄长2-3毫米，柄端有关节，两侧有窄翅，顶生1对的基部常合生，与下面的同形，具不规则锯齿；中脉明显，侧脉纤细，明显，斜上，二至三回2叉分歧，达锯齿；叶干后褐绿色，纸质，上面几光滑，下面有短毛，中脉毛多，老时几光滑；能育羽片与不育的同形。孢子囊穗沿叶缘从基部向上分布，几光滑，长2-3毫米，棕色。

产海南及云南，生于海拔840-1180米林中。印度、缅甸、泰国、越南及南洋群岛有分布。

图 141 柳叶海金沙 （引自《中国植物志》）

6. 曲轴海金沙　柳叶海金沙　　　　图 142 彩片 50

Lygodium flexuosum (Linn.) Sw. in Journ. Bot. (Schrader) 106. 1801.

Ophioglossum flexuosum Linn. Sp. Pl. 1063. 1753.

植株高攀达7米。三回羽状；羽片多数，相距9-15厘米，对生

于叶轴短距，向两侧平展，距端有一丛淡棕色柔毛；羽片长圆状三角形，长 16-25 厘米，宽 15-20 厘米，羽柄长约 2.5 厘米，羽轴稍弯曲，上面两侧有窄边，奇数二回羽状；一回小羽片 3-5 对，互生或对生，相距 3-4 厘米，开展，基部 1 对长三角状披针形或戟形，长尾头，长 9-10.5 厘米，宽 5-9.5 厘米，小柄长 3-7 厘米，顶端无关节，下部羽状；末回裂片 1-3 对，有短柄或无，无关节，基部 1 对三角状卵形或宽披针形，基部深心形，长 1.2-5 厘米，宽 1-1.5 厘米，向上的末回羽片渐短，顶端 1 片披针形，长 5-9 厘米，宽 1.2-1.5 厘米，单生或下面 1-2 对基部连合；自第二对或第三对的一回小羽片起不裂，披针形，基部耳形；顶生的一回小羽片披针形，基部近圆，长 6-10 厘米，宽 1.5-3 厘米，有时基部有一汇合裂片，有细锯齿；中脉明显，侧脉纤细，明显，斜上，三回 2 叉分歧，达小锯齿；叶干后暗绿褐色，草质，下面光滑，小羽轴两侧具窄翅和棕色短毛，叶面沿中脉和小脉略被刚毛。孢子囊穗长 3-9 毫米，线形，棕褐色，无毛，小羽片顶端通常不育。

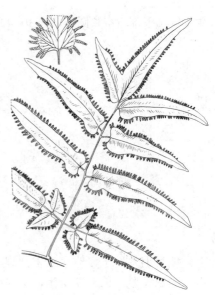

图 142 曲轴海金沙 （孙英宝绘）

产广东、香港、海南、广西、贵州及云南，生于海拔100-800米疏林中。印度、泰国、越南、马来西亚、菲律宾及澳大利亚东北部有分布。

7. 狭叶海金沙 图 143

Lygodium microstachyum Desv. in Bot. Nat. Mag. 5: 308. 1811.

植株高攀达 3 米。羽轴上面有两条窄边，羽片多数，对生于叶轴距，向两侧平展，距长约 5 毫米，距端具一丛淡棕色柔毛；不育羽片长圆形，长 8-15 厘米，基部宽几等于长，柄长 1-1.2 厘米，柄与羽轴均被灰毛，两侧有窄边，一回羽状或几二回羽状；一回羽片 2-3 对，互生，有短柄，不以关节着生，相距 1-1.8 厘米，长 5-10 厘米，掌状分裂，中裂片最长，基部心形，两侧有 1-2 短裂片，有细尖锯齿；中脉明显，侧脉纤细，斜上，二至三回 2 叉分歧，达锯齿；叶干后绿褐色，坚草质或纸质，两面沿中脉及小脉疏生毛。能育羽片卵状三角形，长尾头，长 8-12 厘米，宽约 10 厘米；一回小羽片 2-3 对，褐色，基部 1 对卵状三角形，长渐尖头，一回羽状，基部有 1-2 对短裂片，卵状三角形或卵状披针形，长 1.5-2 厘米，宽 1-1.5 厘米；顶片披针形，长 5-7 厘米，基部近心形，偶有 1-2 个汇合裂片。孢子囊穗线形，长 3-4 毫米，排列较疏散，褐

图 143 狭叶海金沙
（孙英宝仿《Ogata, Ic. Fil. Jap.》）

色，无毛。

产浙江、台湾、福建、广东、香港、海南、广西、贵州、四川

及云南，生于海拔约 150 米灌木丛。越南、南洋群岛、菲律宾及日本有分布。

8. 海金沙

图 144 彩片 51

Lygodium japonicum (Thunb.) Sw. in Journ. Bot. (Schrader) 106.1801.

Ophioglossum japonicum Thunb. Fl. Jap. 328. 1784.

图 144 海金沙 （引自《Fl. Taiwan》）

植株高攀 1-4 米。叶轴具窄边，羽片多数，相距 9-11 厘米，对生于叶轴短距两侧，平展，顶端有一丛黄色柔毛。不育羽片尖三角形，长宽 10-12 厘米，柄长 1.5-1.8 厘米，稍被灰毛，两侧有窄边，二回羽状；一回羽片 2-4 对，互生，柄长 4-8 毫米，有窄翅及短毛，基部 1 对卵圆形，长 4-8 厘米，宽 3-6 厘米，一回羽状；二回小羽片 2-3 对，卵状三角形，具短柄或无，互生，掌状 3 裂；

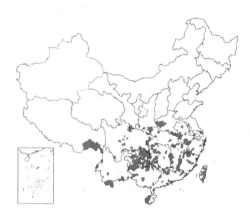

末回裂片宽短，中央 1 条长 2-3 厘米，宽 6-8 毫米，基部楔形或心形，顶端的二回羽片长 2.5-3.5 厘米，宽 0.8-1 厘米，波状浅裂，向上的一回小羽片近掌状分裂或不裂，较短，有浅圆锯齿；中脉明显，侧脉纤细，一至二回 2 又分歧，达锯齿；叶干后褐色，纸质，两面沿中脉及叶脉略有短毛。能育羽片卵状三角形，长宽 12-20 厘米，或长稍过于宽，二回羽状；一回小羽片 4-5 对，互生，相距 2-3 厘米，长圆状披针形，长 5-10 厘米，基部宽 4-6 厘米，一回羽状；二回小羽片 3-4 对，卵状三角形，羽状深裂。孢子囊穗长 2-4 毫米，长度过小羽片中央不育部分，排列稀疏，暗褐色，无毛。

产河南、陕西南部、甘肃、江苏、安徽南部、浙江、台湾、福建、江西、湖北、湖南、广东、香港、海南、广西、贵州、四川、云南及西藏。印度、斯里兰卡、菲律宾、日本、琉球、印度尼西亚及热带大洋洲有分布。药用，疗伤寒，治湿热肿毒、经痛。四川用于治筋骨疼痛。

18. 膜蕨科 HYMENOPHYLLACEAE

（林尤兴）

多附生稀土生蕨类。根茎横走，具原生中柱，一般无根。叶 2 列，或短而直立，具辐射对称的叶，有时常被易脱落多细胞节状毛。叶通常细小，形状多种，单叶全缘、扇形分裂，或多回二歧分叉至多回羽裂，直立或下垂；叶片膜质，幼叶拳卷式卷叠，极退化的叶有时直立；叶脉分离，二歧分枝或羽状分枝，每末回裂片有 1 小脉，有时沿叶缘有近边生假脉，叶肉内有时有断续假脉。囊苞坛状、管状或两唇瓣状；孢子囊近球形，着生于由叶脉延伸至叶缘的圆柱状囊托周围，不露出或部分露出于囊苞外面，同时成熟或向基部渐成熟，环带完全，斜生或几横生，纵裂。孢子四面体形，具3裂缝，无周壁。原叶体带状或丝状。

约34属，650-700种，分布中心为热带地区。我国14属，约81种。

1. 附生蕨类；根茎丝状，横走；叶2列。
  2. 孢子囊群的囊苞两瓣形。
    3. 叶缘无锯齿（鳞蒟蕨 Mecodium levingei 叶缘疏生尖齿，其羽轴及叶脉有基部扩大而质地与叶肉相同的鳞毛）·· **1. 蒟蕨属 Mecodium**
    3. 叶缘具尖锯齿（有时细而稀）。
      4. 孢子囊群的囊苞顶部两唇瓣浅裂，或向下裂至囊苞长 1/2；成熟时囊托突出囊苞口外；叶肉细胞壁增厚成粗洼点 ·································· **2. 厚壁蕨属 Meringium**
      4. 孢子囊群的囊苞顶部两唇瓣向下深裂，达囊苞长 2/3 或更多；囊托藏于囊苞内或稍突出囊苞口外；叶肉细胞壁薄，不形成洼点 ··········· **3. 膜蕨属 Hymenophyllum**
  2. 孢子囊群的囊苞管状、喇叭状、漏斗状或倒长圆锥状，或口部有2瓣状短唇。
    5. 叶具真脉及假脉，沿叶缘或近叶缘内生，或生于叶缘与叶脉间的薄壁组织。
      6. 单叶或稍浅裂；植株高 0.4-3.5 厘米 ·············· **4. 单叶假脉蕨属 Microgonium**
      6. 细裂复叶，如为小型植物，则裂片深而窄；植株一般较大 ··· **5. 假脉蕨属 Crepidomanes**
    5. 叶内无上述假脉。
      7. 叶缘增厚。
        8. 叶下面通常粉白色，叶脉两侧叶肉增厚如叶缘，密被长毛 ········ **6. 毛叶蕨属 Pleuromanes**
        8. 叶下面绿色，叶脉两侧叶肉不加厚，无毛 ············ **7. 厚边蕨属 Crepidopteris**
      7. 叶缘不增厚。
        9. 叶几团扇形或掌状单叶或2叉分裂；孢子囊群的囊苞生于叶缘内，不与叶缘居于同一条线上；小型植物 ································· **8. 团扇蕨属 Gonocormus**
        9. 根茎粗壮；羽状复叶，叶脉羽状分叉，孢子囊群的囊苞长管状，突出于叶缘之外 ·· **9. 瓶蕨属 Trichomanes**
1. 多土生蕨类；根茎粗短直立；叶簇生，辐射对称排列，如为横走根茎，则径达2毫米，或更粗，叶2列疏生。
  10. 根茎极长，横走，叶2列；附生植物 ················ **9. 瓶蕨属 Trichomanes**
  10. 根茎粗短而直立，或短而横走，具粗根；叶簇生或近生。
    11. 叶披针形，一回羽状，羽片基部不对称，叶质粗硬 ········ **10. 厚叶蕨属 Cephalomanes**
    11. 叶卵状三角形，多回羽状复叶，各回羽片基部几对称。
      12. 附生；叶片椭圆状披针形，羽状细裂，有线形的末回裂片；叶肉细胞为长形横生 ·································· **11. 长片蕨属 Abrodictyum**
      12. 土生；叶末回裂片非线形，叶肉细胞非长形横生。
        13. 叶质粗硬，细胞壁增厚，成粗洼点状 ············ **12. 长筒蕨属 Selenodesmium**
        13. 叶质软薄，细胞壁薄，非粗洼点状。
          14. 叶轴密生柔毛；孢子囊群的囊苞居于叶缘内 ········ **13. 毛杆蕨属 Callistopteris**
          14. 叶轴及叶片下面具球杆状细毛；孢子囊群的囊苞部分突出叶缘外 ·········· **14. 球杆毛蕨属 Nesopteris**

1. 蒟蕨属（露蕨属）Mecodium Presl

附生。根茎丝状，长而横走，无毛或被短毛，下面具纤维状根。叶疏生，中型或较大，多回羽裂，末回裂片全缘，细胞壁薄。孢子囊群生于从各小脉伸出的囊托顶端；囊苞两唇瓣状，卵状三角形或圆形、深裂或直裂至基部；囊托不突出于囊苞口外。孢子近圆形，无周壁，外壁2层，内层薄，外层厚，具短棒状纹饰，成细颗粒状或颗粒网状。染色体2n=42，56，72，144。

约120种，分布于泛热带及南半球，1种北达萨哈林岛（库页岛）及乌苏里。我国约21种。

1. 叶片具毛和节状鳞片，叶柄无翅。
　2. 叶片长圆形，叶柄及叶轴毛由少数长筒形细胞构成 ·························· 1. **毛蕗蕨 M. exsertum**
　2. 叶片线形或窄披针形，叶柄及叶轴鳞毛由多数念珠状细胞组成，叶脉鳞毛披针形，基部扩大而具有数行细胞，质地与叶肉细胞相同 ·························· 2. **鳞蕗蕨 M. levingei**
1. 叶片无毛。
　3. 叶柄具宽翅，连柄宽2毫米以上。
　　4. 叶柄翅平直或略波状，通常下延至叶柄基部或近基部 ·························· 3. **蕗蕨 M. badium**
　　4. 叶柄翅褶皱，通常下延至叶柄中部以下。
　　　5. 叶片宽卵形或卵形，裂片具波纹状褶皱 ·························· 4. **波纹蕗蕨 M. crispatum**
　　　5. 叶片卵状披针形，裂片较平直 ·························· 5. **全苞蕗蕨 M. tenuifrons**
　3. 叶柄无翅，或略具易脱落窄翅，宽1毫米以下。
　　6. 叶柄全部无翅，叶片四回羽裂 ·························· 6. **小果蕗蕨 M. microsorum**
　　6. 叶柄上部先端略具窄翅并易于脱落，叶片三回羽裂。
　　　7. 植株矮小；叶片连同叶柄长1.5-3.5厘米 ·························· 7. **莱氏蕗蕨 M. wrightii**
　　　7. 植株高大；叶柄长2厘米以上。
　　　　8. 叶柄长2-3厘米；囊苞卵形，唇瓣顶端具细齿 ·························· 8. **顶果露蕨 M. acrocarpum**
　　　　8. 叶柄长2-7厘米；囊苞扁圆形或卵形，唇瓣顶端钝圆 ·························· 9. **细叶蕗蕨 M. polyanthos**

1. 毛蕗蕨　　　　　　　　　　　　　　　　图 145

Mecodium exsertum (Wall. ex Hook.) Cop. in Philipp. Journ. Sci. Bot. 67: 23. 1938.

Hymenophyllum exsertum Wall. ex Hook. Sp. Fil. 1: 109. t. 38A. 1846.

植株高6-10厘米。根茎丝状，横走，浅褐色，疏被节状毛，下面疏生纤维状根。叶疏生；叶柄长3-5厘米，褐色，丝状，疏被短毛或几光滑，无翅；叶片长圆形，长3.5-6厘米，宽1.5-2.5厘米，两端稍窄，二回羽裂；羽片10-12对，上部的互生，下部的对生，无柄，斜卵形或宽披针形，长0.5-1.5厘米，宽4毫米，基部下侧下延，羽裂几达有宽翅的羽轴；裂片4-6

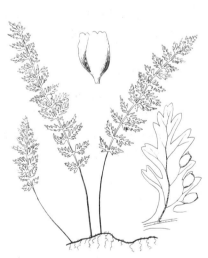

图 145 毛蕗蕨 （孙英宝绘）

对，互生，斜上，线状长圆形，长2-3毫米，宽0.8-1毫米，上部渐窄，全缘，单一或分叉；叶脉叉状分枝，两面稍隆起，深褐色，曲折，两面均被棕色由数个长筒形细胞组成节状毛，末回裂片具1小脉；叶薄膜质，柔软，下垂，干后褐色；叶轴全部或基部有翅，两面均被长节状毛；羽轴曲折。孢子囊群位于叶片上部，着生羽片上侧裂片腋间或短裂片顶端，每羽片有1-5个；囊苞卵形，长约1毫米，唇瓣有不整齐浅齿，稀近全缘；囊托纤细，不突出。

产海南、广西、四川、云南及西藏，生于海拔2000-3000米林内，附生于树干或岩石。印度北部、阿萨姆、泰国、老挝、柬埔寨、越南及马来西亚有分布。

2. 鳞蕗蕨 图146

Mecodium levingei (Clarke) Cop. in Philipp. Journ. Sci. Bot. 67:96. 1938.

Hymenophyllum levingei Clarke in Trans. Linn. Soc. London, Bot. 1: 439. 1880.

植株高4-5厘米。根茎丝状，褐色，长而横走，疏被短毛或几光滑，下面疏生纤维状根。叶疏生；叶柄长1.5-2厘米，褐色，丝状，几光滑或顶部被节状鳞片，无翅；叶片线形或窄披针形，长2-3厘米，宽0.5-1厘米，二回羽裂；羽片6-8对，褐色，无柄，稍斜上，斜卵形，长3-4毫米，宽2-3毫米，基部下侧下延，羽裂达有翅羽轴；裂片2-6，互生，斜上，线状长圆形，长1-2.5毫米，宽约0.5毫米，钝头而常有浅缺刻，疏生尖锯齿，单一稀分叉；叶脉叉状，两面稍隆起，褐色，末回裂片具1小脉，两面密被披针形鳞毛，鳞毛的上部有1行念珠状细胞，下部扩大而具几行与叶肉质地相同的细胞；叶薄膜质，干后褐绿色，无褶皱；叶轴褐色，有窄翅或基部几无翅，两面密被由1行念珠状细胞构

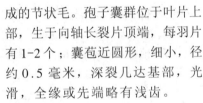

图 146 鳞蕗蕨 （孙英宝绘）

成的节状毛。孢子囊群位于叶片上部，生于向轴长裂片顶端，每羽片有1-2个；囊苞近圆形，细小，径约0.5毫米，深裂几达基部，光滑，全缘或先端略有浅齿。

产四川、云南西北部及西藏，生于海拔约2000米河岸岩石或林下树干。印度北部有分布。

3. 蕗蕨 栗色蕗蕨 图147

Mecodium badium (Hook. et Grev.) Cop. in Philipp. Journ. Sci. Bot. 67: 23. 1938.

Hymenophyllum badium Hook. et Grev. Icon. Fil. t. 76. 1828.

植株高15-25厘米。根茎细长横走，褐色，几光滑，下面疏生粗纤维状根。叶疏生；叶柄长5-10厘米，径约1毫米，褐或绿褐色，无毛，两侧具平直或波纹状宽翅近叶柄基部，翅连叶柄宽2毫米以上；叶片披针形、卵状披针形或卵形，长10-15厘米，宽4-6厘米，三回羽裂；羽片10-12对，褐色，有短柄，三角状卵形或斜卵形，长1.5-4厘米，宽1-2.5厘米，基部斜楔形，密接；小羽片3-4对，褐色，无柄，长圆形，长1-1.5厘

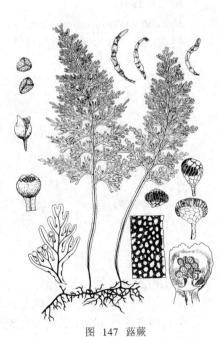

图 147 蕗蕨
（孙英宝仿《Ogata, Ic. Fil. Jap.》）

米，宽 5-8 毫米，基部下侧下延，密接；末回裂片 2-6，互生，极斜上，长圆形或宽楔形，长 2-5 毫米，宽 1-1.5 毫米，全缘，单一或分叉；叶脉叉状分枝，两面隆起，褐色，无毛，末回裂片有 1 小脉；叶薄膜质，干后褐或绿褐色，无毛，细胞壁厚而平直；叶轴及各回羽轴均具宽翅，无毛，稍曲折。孢子囊群大，多数，着生羽片向轴短裂片顶端；囊苞近圆形或扁圆形，径 1.5-2 毫米，唇瓣深裂达基部，全缘或上缘具微齿牙。

产浙江、台湾、福建、江西、湖北、湖南、广东、香港、海南、广西、贵州、四川、云南及西藏，生于海拔 600-1600 米密林下溪边岩石。印度北部、越南、马来西亚及日本有分布。

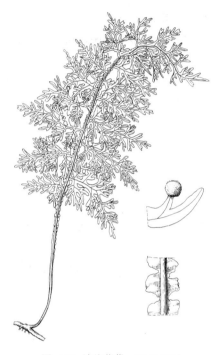

4. 波纹蕗蕨 图 148

Mecodium crispatum (Wall. ex Hook. et Grev.) Cop. in Philipp. Journ. Sci. Bot. 67: 23. 1938.

Hymenophyllum crispatum Wall. ex Hook. et Grev. Icon. Fil. t. 77. 1828.

植株高 8-12 厘米。根茎径约 0.5 毫米，长而横走，褐色，下面有较密纤维状根。叶疏生；叶柄长 3-7 厘米，径约 0.5 毫米，褐色，无毛，两侧有褶皱翅下延至叶柄中部以下，翅连叶柄宽 2 毫米以上；叶片宽卵形或卵形，长 6-12 厘米，宽 3-5 厘米，渐尖头，基部近心形，三回羽裂；羽片 10-12 对，褐色，近无柄，三角状卵形或斜卵形，长 1-2.5 厘米，宽 0.8-

1.5 厘米，渐尖头，基部斜楔形，覆瓦状；小羽片 4-6 对，无柄，长圆形或宽楔形，长 4-6 毫米，宽 3-5 毫米，基部下侧下延，密接；末回裂片 2-6 片，互生，极斜上，长圆形或线形，长 2-4 毫米，宽 0.6-1 毫米，全缘，有波纹状褶皱，单一或分叉，密接；叶脉叉状分枝，两面隆起，褐色，末回裂片有 1 小脉；叶膜质，干后褐或绿褐色，无毛；叶轴及各回羽轴均有波纹状褶皱翅，无毛。孢子囊群位于叶片上部，着生于腋生短裂片顶端；囊苞卵形或圆形，唇瓣裂至基部，全缘或稍有微齿。

图 148 波纹蕗蕨 （孙英宝绘）

产广西、贵州及云南，生于海拔 1200-2700 米密林下岩石。印度北部阿萨姆、尼泊尔、斯里兰卡、马来西亚及菲律宾有分布。

5. 全苞蕗蕨 图 149

Mecodium tenuifrons Ching, Fl. Reipub. Popul. Sin. 2: 350. 139. 1959.

植株长达 40 厘米，下垂。 根茎线形，长而横走，褐色，几光滑，疏生纤维状根。叶疏生；叶柄长 8-12 厘米，径约 0.5 毫米，褐色，无毛，上部具褶皱翅，翅连叶宽约 2 毫米；叶片卵状披针形，长 15-30 厘米，宽 4-6 厘米，三回羽裂；羽片 15-20 对，互生，几无柄，斜上，卵状披针形或披针形，长 2-5 厘米，宽 1-1.5 厘米，基部斜楔形，上部的密接，下部的间隙宽 0.5-1 厘米；小羽片 4-7 对，互生，无柄，斜卵形，长 6-10 厘米，宽 3-5 毫米，钝头，基部下侧下延；末回裂片 2-6 片，互生，极斜向上，长圆形或宽线形，长 1-5

毫米，宽 1-1.5 毫米，常有浅缺刻，全缘，单一或分叉；叶脉叉状分枝，两面隆起，褐色，无毛，末回裂片具 1 小脉；叶薄膜质，干后浅褐色，无毛；叶轴有褶皱宽齿，羽轴具宽翅。孢子囊群大型，多数，生于各羽片向轴短裂片顶端；囊苞圆形或椭圆形，宽约 2 毫米，唇瓣深裂几达基部，上缘几全缘。

产甘肃、四川及云南，生于海拔 900-3600 米阴湿岩石。

6. 小果蕗蕨 图 150

Mecodium microsorum (v. d. Bosch) Ching, Fl. Reipubl. Popul. Sin. 2: 143. 1959.

Hymenophyllum microsorum v. d. Bosch in Ned. Kruik Arch. 5: 155. 1863.

植株高 15-20 厘米。根茎丝状，褐色，长而横走，下面疏生纤维状根。叶疏生；叶柄长 5-10 厘米，褐色，无毛，无翅；羽片卵形或椭圆形，长 6-12 厘米，宽 4-6 厘米，四回羽裂；羽片 10-12 对，互生，几无柄，三角状披针形，长 2-6 厘米，宽 1-2 厘米，基部不对称，下侧偏斜，密接；一回小羽片 5-8 对，无柄，三角状卵形或斜卵形，长 0.8-2 厘米，宽 0.4-1 厘米，基部斜楔形，密接，基部上侧 1 片常覆叶轴；二回小羽片 3-5 对，互生，无柄，斜上，宽楔形或近扇形，长 3-5 毫米，宽 2-3 毫米，基部下侧下延，密接；末回裂片 2-4 片，互生，极斜上，长圆状线形，长 1-3 毫米，宽不及 0.5 毫米，钝头或平截，常有浅缺刻，全缘，单一或分叉，密接；叶脉叉状分枝，两面隆起，深褐色，无毛，末回裂片有 1 小脉；叶薄膜质，干后暗褐色，无毛。叶轴、羽轴及小羽轴均有翅。孢子囊群位于叶片上半部，着生裂片顶端；囊苞等边三角形，深裂几达基部。

产甘肃、安徽、浙江、台湾、江西、湖南、广东、香港、贵州、四川、云南及西藏，生于海拔 600-3600 米山地密林下潮湿岩石。缅甸、越南及日本有分布。

7. 莱氏蕗蕨 图 151

Mecodium wrightii (v. d. Bosch) Cop. in Philipp. Journ. Sci. Bot. 67: 23. 1938.

Hymenophyllum wrightii v. d. Bosch in Ned. Kruik Arch. 4: 391. 1859.

植株矮小。根茎纤细，近光滑。叶柄下部圆柱形，连同叶片高 1.5-3.5 厘米；叶片卵状披针形，二至三回羽状深裂，光滑；叶轴具平直、全缘着生基部的宽翅。囊苞圆形，全缘。

图 149 全苞蕗蕨 （孙英宝绘）

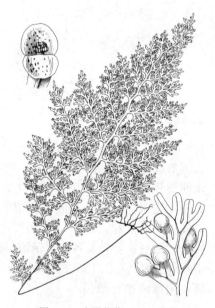

图 150 小果蕗蕨 （冀朝祯绘）

产台湾。朝鲜半岛、日本及加拿大有分布。

8.   顶果露蕨   顶果蕗蕨

Mecodium acrocarpum Christ ex Ching, Fl. Reipubl. Popul. Sin. 2:146. 1959.

植株高 5-7 厘米。根茎丝状，褐色，长而横走，几光滑，下面疏生纤维状根。叶疏生；叶柄长 2-3 厘米，纤细，深褐色，无毛，两侧具易脱落下延的翅；叶片卵状披针形，长 5-6 厘米，宽 2-3 厘米，基部近心形，三回羽裂；羽片 8-10 对，几无柄，长圆形或斜卵形，长 1-2 厘米，宽 5-8 毫米，基部偏斜，密接，基部 1 对羽片稍小；小羽片 4-6 对，褐色，无柄，

钝头，基部下侧下延，密接，基部上侧一片小羽片盖叶轴；末回裂片 2-5，互生，极斜上，长圆形或长圆状线形，长 1-2 毫米，宽 0.5-0.8 毫米，钝头或近平截并常有浅缺刻，全缘，单一或分叉，密接；叶脉叉状分枝，两面稍隆起，深褐色，无毛，末回裂片有 1 小脉；叶薄膜质，干后暗褐色，无毛；叶轴与羽轴深褐色，无毛，均有翅，连轴宽约 1 毫米。孢子囊群位于叶片顶部 1/3，着生裂片顶端；

图 151 莱氏蕗蕨
（孙英宝仿《Ogata, Ic. Fil. Jap.》）

囊苞卵形，长约 1 毫米，尖头，全缘，唇瓣深裂达基部，唇瓣顶端具细齿。

产湖南、广西、贵州及四川，生于海拔 550-800 米林下潮湿岩石。

9.   细叶蕗蕨   长柄蕗蕨   扁苞蕗蕨   圆锥蕗蕨   图 152

Mecodium polyanthos (Sw.) Cop. in Philipp. Journ. Sci. Bot. 67: 19. 1938.

Trichomanes polyanthos Sw. Prod. Fl. Ind. Occ. 137. 1788.

植株连叶柄高达 25 厘米。根茎细长横走，近光滑，疏生纤维状细根。叶疏生；叶柄长 2-7 厘米，丝状，褐色，无毛，无翅或在顶部具易脱落窄翅；叶片卵形或镰状披针形，长 4-13 厘米，宽 2-4.5 厘米，基部楔形或线形，三回羽裂；羽片 8-15 对，互生，无柄或具短柄，三角状卵形或长圆形，小羽片 3-6 对，无柄，长圆形或宽楔形；裂片 2-6 片，互生，极

斜向上，线形或长圆状线形，长 1-3 毫米，宽 0.5-1 毫米，钝头，全缘，单一或分叉，密接；叶脉叉状分枝，两面稍隆起，褐色，无毛，每裂片具 1 小脉；叶薄膜质，无毛，褐或褐绿色；叶轴及羽轴无毛，均具翅。孢子囊群位于裂片顶部，囊苞卵形或扁圆形，唇瓣深

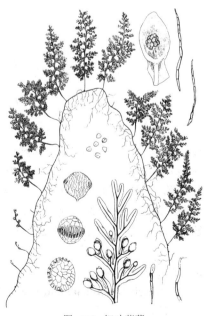

图 152 细叶蕗蕨
（孙英宝仿《Ogata, Ic. Fil. Jap.》）

裂，几达基部，顶端钝圆。

产安徽、浙江、台湾、福建、江西、湖南、广东、香港、广西、贵州、四川、云南及西藏，生于海拔500-3300米溪边、阴湿林下树干或岩石。亚洲热带及亚热带有分布。

2. 厚壁蕨属 Meringium Presl

附生。根茎纤细，丝状，长而横走，被毛或近光滑。叶疏生，小型，一至二回羽裂，叶缘具有尖锯齿或稀为全缘，细胞壁厚而成粗注点状；叶轴两侧有翅，下面常被毛。囊苞下部倒圆锥形或漏斗状，上部浅裂为两唇瓣；囊群托纤细，长而突出于囊苞口外；孢子囊大，无柄。染色体2n=42，44，52，108。

60种以上，产于热带地区，伊里安岛和马来西亚为分布中心，斐济、新西兰、斯里兰卡均有产，南美洲热带以外地区有几种，非洲1种。我国3种。

1. 叶片平；叶轴翅全缘；囊苞唇瓣全缘 ·· 1. 南洋厚壁蕨 **M. holochilum**
1. 叶片有褶皱；叶轴翅具尖齿；囊苞唇瓣有尖齿。
  2. 叶轴翅稍有褶皱；囊苞管倒圆锥形，基部稍尖 ························· 2. 厚壁蕨 **M. denticulatum**
  2. 叶轴翅有深褶皱；囊苞管卵形，基部钝圆 ················· 2(附). 皱翅厚壁蕨 **M. acanthoides**

1. 南洋厚壁蕨　　　　　　　图 153

Meringium holochilum (v. d. Bosch.) Cop. in Philipp. Journ. Sci. Bot. 67: 41. 1938.

Didymoglossum holochilum v. d. Bosch. in Pl. Jongh. 1: 561. 1856.

植株高5-10厘米。根茎纤细，丝状，长而横走，褐色，被疏毛。叶疏生，相距1-2厘米，叶柄长约3厘米，纤细，褐色，被疏毛，两侧具窄翅；叶片披针形或长圆状披针形，长4-6厘米，宽1.5-2厘米，二回羽裂；羽片5-7对，褐色，几无柄，斜上，宽卵形，长约1厘米，宽4-6毫米，基部斜楔形，接近；裂片3-6片，互生，极斜上，线形，单一或稀分叉，密接，具疏尖齿，稍浅波状；叶脉叉状分枝，褐色，两面均明显，末回裂片具1小脉；叶薄膜质，半透明，干后绿褐色，叶面平；叶轴褐色，下部圆柱形具窄边，上部两侧具全缘翅。孢子囊群大，生于羽片腋间向轴短裂片顶端；囊苞卵形或椭圆形，管部光滑，两侧具翅，口部开裂1/3-1/2成两唇瓣，唇瓣全缘稍外卷；囊托突出口外，

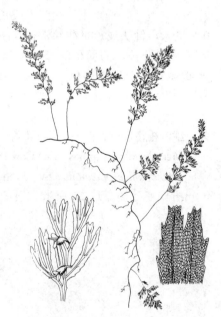

图 153 南洋厚壁蕨 （孙英宝绘）

刺毛状。

产台湾。马来西亚、印度尼西亚及菲律宾有分布。

2. 厚壁蕨　　　　　　　图 154

Meringium denticulatum (Sw.) Cop. in Philipp. Journ. Sci. Bot. 67: 42. 1938.

Hymenophyllum denticulatum Sw. in Journ. Bot. (Schrader) 100. 1801.

植株高3-5厘米。根茎丝状，长而横走，褐色，被疏毛或几光滑。叶疏生，相距0.5-2厘米；

叶柄长 0.5-1.5 厘米，丝状，褐色，被疏毛，无翅或上部有极窄翅；叶片三角状卵形或长圆形，长 2-4 厘米，宽 1.5-2 厘米，二回羽裂；羽片 4-6 对，互生，无柄，长圆形，长 0.5-1 厘米，宽 3-7 毫米，基部斜楔形，密接，深羽裂或指裂几达有翅羽轴；裂片 3-7 片，互生，斜上，线形，长 1.5-3 毫米，宽约 0.8 毫米，具尖锯齿，稍波状褶皱；叶脉叉状分枝，暗褐色，两面明显，无毛，末回裂片具 1 小脉；叶薄膜质，半透明，干后淡绿褐色，裂

片及翅缘有 1 深褐色边；叶轴具翅，稍有褶皱，暗褐色，无毛。孢子囊群位于叶片上部，着生向轴短裂片顶端；囊苞管倒圆锥形，基部稍长，具小刺，上部深裂达 1/2 成两唇瓣，唇瓣先端有小尖齿；囊托突出口外，褐色。

产台湾、海南及广西，生于海拔约 800 米密林下溪边树干或潮湿岩石。印度北部、斯里兰卡、越南、斐济及印度尼西亚有分布。

[附] **皱翅厚壁蕨 Meringium acanthoides** (v. d. Bosch.) Cop. in Philipp. Journ. Sci. Bot. 67: 42. 1938.——*Leptocionium acanthoides* v. d. Bosch. in Ned. Kruik Arch. 4: 383. 1859. 本种与厚壁蕨的主要区别：叶轴翅具深褶

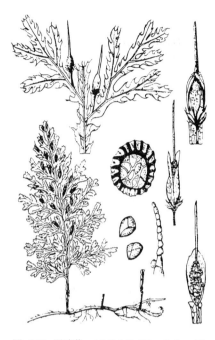

图 154 厚壁蕨 （孙英宝仿《Fl. Taiwan》）

皱；囊苞管卵形，基部钝圆。产台湾。菲律宾、印度尼西亚、婆罗洲及伊里安岛有分布。

3. 膜蕨属 Hymenophyllum Sm.

小型附生或石生膜质蕨类。根茎丝状，横走，被柔毛或近光滑，下面疏生纤维状根。叶小型，羽状分裂，半透明，细胞壁不加厚，末回裂片边缘具小锯齿或尖齿牙；叶轴上面通常疏生红棕色细长毛，稀无毛。囊苞深裂几达基部为两唇瓣状，瓣顶具锯齿；囊托内藏或稍突出囊苞口外；孢子囊大，无柄。孢子近圆形。原叶体不规则分枝带状。染色体 2n=22，26，36，42，44。

约 30 种，主要分布南半球，北达苏格兰、挪威及日本。我国 10 种。

1. 宽片膜蕨 图 155

Hymenophyllum simonsianum Hook. Cent. Ferns 2nd. t. 13. 1860.

植株高 4-10 厘米。根茎横走，丝状，径约 0.5 毫米，暗褐色，与叶柄相连处疏被柔毛，余光滑。叶疏生，相距 2-3 厘米；叶柄长 1-1.5 厘米，丝状，圆柱形，暗褐色，顶端具窄翅，疏被柔毛或几光滑；叶片线状长圆形或丝状披针形，长 3-5-8 厘米，宽 1.5-2 厘米，一回羽裂几达有宽翅叶轴；羽片倒三角形或倒卵形，3-5-8 对，长约 1 厘米，宽约 6 毫米，相距 2-3 毫米，互生，无柄，斜升，基部下侧下延，上部指状浅裂为 2-3 裂片；末回裂片长圆形，长 1.5-2 毫米，宽 2-2.5 毫米，钝头或平截，有不整齐尖锯齿；叶脉二至三回叉状分枝，纤细，暗褐色，两面隆起，末回裂片具 1（2）小脉；叶膜质，干后淡绿褐色，无毛；叶轴暗褐色，具宽翅，无毛或几无毛。孢子囊群径 1.5-2 毫米，着生裂片顶端；囊苞卵形或卵圆形，两唇瓣深裂达基部，先端钝并具不整齐尖锯齿。

产台湾、云南及西藏，生于海拔 2000-3000 米林下沟边，附生岩石或树干。印度北部有分布。

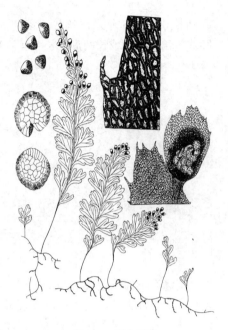

图 155 宽片膜蕨
（孙英宝仿《Ogata, Ic. Fil. Jap.》）

2. 顶果膜蕨 图 156

Hymenophyllum khasyanum Hook. et Baker, Syn. Fil. 464. 1874.

植株高 8-10 厘米。根茎丝状，横走，径约 0.3 毫米，暗褐色，与叶柄不易区别，疏被柔毛或几光滑。叶疏生，相距 1-2 厘米；叶柄长 2-2.5 厘米，无翅，疏被柔毛；叶片窄长披针形，长 7-10 厘米，宽 1.2-1.5 厘米，二回深羽裂；羽片 10-12 对，斜长圆形，长 0.8-1 厘米，宽 5-6 毫米，基部几对近对生，余密接，互生，无柄，斜上，基部斜楔形，深羽裂几达羽轴；裂片 3-4 对，线形，长 2.5-3 毫米，宽约 1 毫米，具尖锯齿，基部上侧裂片较长常分叉；叶脉叉状分枝，两面隆起，暗褐色，与叶轴及羽轴上面同被褐色贴生柔毛；末回裂片具 1 小脉；叶薄膜质，干后暗褐色；叶轴暗褐色，除基部外具翅，叶轴及羽轴稍曲折。孢子囊群生于叶片先端，位于羽片上部裂片顶部，着生孢子囊群的裂片在囊苞之下窄缩；囊苞窄

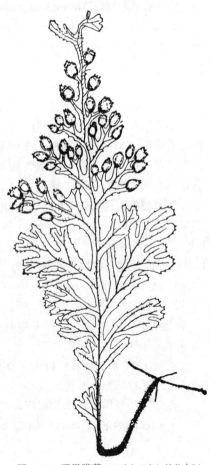

图 156 顶果膜蕨 （引自《浙江植物志》）

长卵形，长1.5-2毫米，宽约1毫米，两唇瓣分裂至基部以上，先端尖锐并具尖齿。

产浙江、湖南、广西、贵州、四川及云南，生于海拔500-1050米溪边石上或阴湿林下树干。印度北部、缅甸及越南有分布。

3. 华南膜蕨　　　　　　　　　图 157

Hymenophyllum austro - sinicum Ching in Hongkong Nat. 7: 67. 1936.

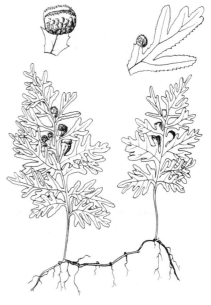

植株高3-5厘米。根茎细长横走，径约0.3毫米，暗褐色，几光滑，下面疏生纤维状根。叶疏生，相距1.5-2厘米；叶柄长1-2厘米，丝状，暗褐色，与根茎等粗，两侧具窄翅近基部，稍被淡褐色柔毛或几光滑；叶片宽卵形或卵状长圆形，长5-7厘米，宽3-4厘米或更宽，基部心形，三回羽裂，上部二回羽状，先端骤缩羽裂；裂片三角状卵形，基部的长达3厘

图 157 华南膜蕨 （孙英宝绘）

米，宽1-1.5厘米，3-5对，覆瓦状，互生，无柄，二回羽裂；小羽片4-5对，倒卵形，下部最大的长约1厘米，向上渐小，常分裂2-3个裂片，末回裂片线形，长1-2毫米，宽约1毫米，有小尖齿；叶脉叉状分枝，两面隆起，暗褐色，与叶轴、羽轴及小羽轴上面同被淡褐色柔毛，末回裂片有1小脉；叶薄膜质，干后暗绿褐或淡

褐色；叶轴暗褐色，有窄翅。孢子囊群生于顶部羽片，生孢子囊群的裂片稍窄缩；囊苞圆形或横扁圆形，先端几平截，有尖齿。

产浙江、台湾、福建及广东，生于海拔约500米，附生潮湿岩石。

4. 华东膜蕨　　　　　　　　　图 158

Hymenophyllum barbatum (v. d. Bosch) Bak. in Hook. et Baker, Syn. Fil. 68. 1874.

Leptocionium barbatum v. d. Bosch in Ned. Kruik. Arch. 5: 146. 1863.

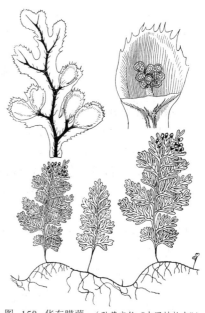

植株高2-3厘米。根茎丝状，长而横走，暗褐色，疏生淡褐色柔毛或几光滑，下面疏生纤维状根。叶疏生，相距1.5-2厘米；叶柄长0.5-2厘米，丝状，暗褐色，全部或大部有窄翅，疏生淡褐色柔毛；叶片卵形，长1.5-2.5厘米，宽1-2厘米，钝圆头，基部近心形，二回羽裂；羽片长圆形，3-5对，长5-7毫米，宽4-6毫米，稍覆瓦状，褐色，无柄，羽裂几达有宽翅

的羽轴；末回裂片线形，4-6对，长2-3毫米，宽约0.8毫米，斜上，圆头，有小尖齿；叶脉叉状分枝，暗褐色，两面隆起，与叶轴

图 158 华东膜蕨 （孙英宝仿《中国植物志》）

及羽轴上面同被褐色柔毛，末回裂片具 1-2 小脉；叶薄膜质，干后淡褐或鲜绿色，除叶轴及羽轴上面疏被红棕色短毛外，余无毛；叶轴暗褐色，有宽翅。孢子囊群着生叶片顶部，位于短裂片上；囊苞长卵形，长约 1.5 毫米，宽 1 毫米，圆头，先端具少数小尖齿，基部裂片稍窄缩。

产河南、陕西、安徽、浙江、台湾、福建、江西、湖南、广东、海南、广西、贵州、四川及云南，生于海拔 600-2300 米林下阴暗岩石或树干。印度、中南半岛、日本及朝鲜半岛有分布。

5. 小叶膜蕨

图 159

Hymenophyllum oxyodon Baker in Journ. Bot. 1890: 262. 1890.

植株高 1.5-7 厘米。根茎细长横走，棕褐色，疏生淡褐色柔毛。

叶疏生；叶柄长 0.2-1 厘米，丝状，无色，棕褐色，疏生棕色长毛；叶片长圆形或窄披针形，长 1.2-6 厘米，宽 0.8-1.4 厘米，二回羽裂；羽片 4-6 对，长圆形或卵形，长 0.8-1 厘米，宽 3-5 毫米，稍覆瓦状，互生，无柄，基部楔形，上部深裂为 4-6 裂片；末回裂片线形，长 1.5-4 毫米，宽 1-1.5 毫米，圆头，具尖齿；叶脉叉状分枝，黑褐色，两面隆起，末回裂片具 1 小脉；叶薄膜质，干后淡褐色，无毛；叶轴黑褐色，有宽翅。孢子囊群生于叶片上部短裂片，囊苞长圆形或长圆状卵形，长约 1.5 毫米，宽约 1 毫米，先端具不整齐小尖齿。

产浙江、福建、湖南、海南、广西、贵州及云南，生于海拔 1000-1240 米溪边林下潮湿岩石。越南有分布。

[附] **长叶膜蕨 Hymenophyllum fastigiosum** Christ. in Bull. Boissier 7: 3. 1899. 本种与华东膜蕨的主要区别：植株高约 13 厘米；叶柄长 4 厘米，叶卵状披针形。产贵州及云南，生于海拔 500-1820 米溪边、山谷密林下，附生树干或潮湿岩石。

图 159 小叶膜蕨 （孙英宝绘）

4. 单叶假脉蕨属 Microgonium Presl

极小附生蕨类。根茎丝状，长而横走，缠结，密被绒毛，常无根。叶疏生，极细小，幼叶卷叠式直伸，单叶，全缘或稍浅裂，无毛；叶脉扇形或羽状分枝，叶肉薄壁组织间具多数断续假脉，有时沿叶缘有 1 条连续近边内生假脉。孢子囊群生于叶缘，着生小脉顶端，通常不突出或稍突出叶缘之外；囊苞管状，伸长，口部常膨大全缘，稀浅裂 2 唇瓣状；囊托突出口外。染色体基数 x=17。

约 12 种，广泛分布东半球热带和亚热带地区。我国 4 种。

1. 叶盾形 ··· 1. 盾形单叶假脉蕨 M. omphalodes
1. 叶非盾形。
  2. 叶片无边内生假脉。
    3. 叶片长 5-6 毫米，囊苞突出叶缘外 ···························· 2. 短柄单叶假脉蕨 M. beccarianum
    3. 叶片长 1-2.8 厘米，囊苞不突出叶缘外 ···························· 3. 单叶假脉蕨 M. sublimbatum

2. 叶片具边内生假脉 ··· 4. 叉脉单叶假脉蕨 **M. bimarginatum**

1. 盾形单叶假脉蕨　　　　　　　　　　　　图 160

Microgonium omphalodes Vieillard ex Fournier in Ann. Sci. Nat. ser. 5, 18: 255. 1873.

植株极矮小，平铺着生树干或岩石。根茎丝状，长而横走，疏分枝，密被黑褐色多细胞节状毛，无根。叶密接，老时常覆盖，无柄，以下面中心或盾状基部着生于根茎；叶片几圆形，径 1-3 厘米，单叶，叶缘稍波形或向叶片中心不整齐开裂达 1/3-2/3；叶脉褐色，多回叉状分枝，密接，几平行，上面光滑，下面密被毛，沿叶缘无连续近内生假脉，叶肉小脉间有多数断续假脉；叶薄膜质，绿色。孢子囊群 1-5，疏生叶缘；囊苞管状，长 2-3 毫米，质坚厚，口部膨大，宽约 2 毫米，稍突出叶缘之外，浅裂为 2 唇瓣状；囊托丝状，突出囊苞口外。

产台湾，密集贴生树皮或岩石。印度尼西亚、琉球群岛、小笠原群岛及塔希提群岛有分布。

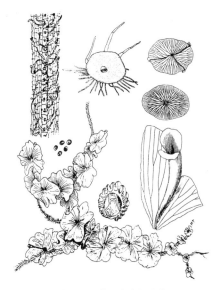

图 160 盾形单叶假脉蕨
（孙英宝仿《Fl. Taiwan》《中国植物志》）

2. 短柄单叶假脉蕨　　　　　　　　　　　　图 161:1-2

Microgonium beccarianum (Cesati) Cop. in Philipp. Journ. Sci. Bot. 67: 63. 1938.

Trichomanes beccarianum Cesati in Atti Accad. Sci. Fis. 7: 8. t. 1. f. 6. 1867.

植株高不及 1 厘米。根茎丝状，长而横走，密被黑褐色多细胞节状毛，无根。叶近生，相距 1-3 毫米或稍覆瓦状；叶柄长约 1 毫米，或几无柄，被密毛；叶片卵形、长圆形或线状长圆形，长 5-6 毫米，基部宽圆或宽平截，全缘，稀波状；叶脉羽状，密接，通直，沿叶缘无连续近边内生假脉，叶肉间有断续假脉；中脉达叶片中部以上；叶薄膜质，干后褐色常具白霜。孢子囊群单生叶片先端；囊苞管状，常突出叶缘之外，长约 2 毫米，口部膨大，全缘；囊托突出囊苞口外，长约 2 毫米，口部膨

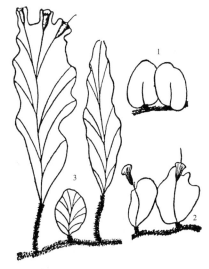

图 161:1-2.短柄单叶假脉蕨
3.叉脉单叶假脉蕨　（引自《中国植物志》）

大，全缘。

产台湾。斯里兰卡、琉球、小笠原、所罗门等太平洋岛屿有分布。

3. 单叶假脉蕨 图 162

Microgonium sublimbatum (K. Muller) v. d. Bosch, Hemen. Jav. 6. t. 2. 1861.

Trichomanes sublimbatum K. Muller in Bot. Zeitschr. 12: 737. 1854.

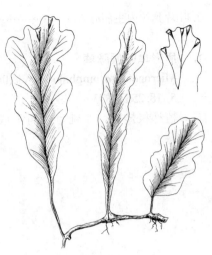

图 162 单叶假脉蕨 （孙英宝绘）

根茎纤细，长而横走。叶近生；叶柄长 2-5 毫米；叶片单一，长圆形、匙形，长 1-2.8 厘米，宽 2-8 毫米，基部略窄，全缘或浅裂；叶薄膜质，干后绿色，无毛，叶脉羽状，侧脉单一或分叉，假脉多数，与中脉斜交，叶缘无内生假脉。孢子囊群顶生叶缘或裂片先端；囊苞管状，口部膨大，不突出叶缘外，囊托突出囊苞口外。

产广西、贵州及云南，附生于长叶实蕨根茎。印度、泰国、中南半岛、马来西亚、印度尼西亚至巴布新几内亚有分布。

4. 叉脉单叶假脉蕨 图 161: 3

Microgonium bimarginatum v. d. Bosch, Hemen. Jav. 7. 1861.

植株高 2-3 厘米。根茎丝状，横走，密被黑褐色多细胞节状毛，无根。叶近生；叶柄长 2-5 毫米，被密毛；叶片长圆形、长圆状卵形或倒卵形，长达 2 厘米，宽 3-5 毫米，基部楔形，全缘或波状，或浅裂；叶脉羽状，单一或分叉，达叶缘，中脉稍明显，沿叶缘有连续与小脉并行的假脉；叶薄膜质，无毛。孢子囊群 1-3，着生叶片顶部叶缘；囊苞管状，长约 2 毫米，全缘叶片囊苞不突出叶缘外，浅裂叶片囊苞生于浅裂片，囊管两侧具宽翅，口部膨大，稍二唇瓣状；囊托突出囊苞口外。

产台湾。斯里兰卡、马来西亚、琉球群岛、波利尼西亚群岛及大洋洲有分布。

5. 假脉蕨属 Crepidomanes Presl

矮小附生蕨类，稀土生。根茎粗丝形、粗线形或丝状，横走，密被短毛，通常无根。叶细小，多回羽裂，稀指裂，全缘，无毛；末回裂片有 1 脉，沿叶缘有或无连续边内假脉，假脉与叶缘间常有 1-3 行细胞相隔，边内假脉和叶脉间有断续假脉不整齐分散叶肉中，断续假脉与叶脉斜交或平行；叶轴有翅。孢子囊群生于裂片腋间或着生向轴短裂片顶端；囊苞倒圆锥形、椭圆形、钟形或漏斗形，口部浅裂为 2 唇瓣，圆形或三角形，下部漏斗形，两侧多少具翅，囊托突出囊苞口外。孢子外壁具短棒状纹饰。染色体基数 x=12（36）。

约 30 种，分布于东半球热带及亚热带，从马达加斯加至日本、塔希提、波利尼西亚及新西兰。我国 16 种。

1. 沿叶缘有 1 条连续或几连续假脉。

2. 假脉与叶脉间有断续假脉；叶二回羽状分裂，长5-7厘米 ·················· 1. **南洋假脉蕨** **C. bipunctatum**

2. 假脉与叶脉间有断续假脉附生于叶肉中；叶一回羽裂，长0.5-1.5厘米 ····· 2. **阔边假脉蕨** **C. latemarginale**

1. 沿叶缘无连续假脉，叶缘与叶脉间有断续假脉。

  3. 假脉与叶脉斜行 ···································· 3. **翅柄假脉蕨** **C. latealatum**

  3. 假脉与叶脉平行或几平行。

    4. 囊苞唇瓣通常圆形或近圆形 ························· 4. **多脉假脉蕨** **C. insigne**

    4. 囊苞唇瓣通常三角形。

      5. 叶柄翅达基部或近基部，翅两侧通常具睫毛 ·········· 5. **长柄假脉蕨** **C. racemulosum**

      5. 叶柄无翅或顶部稍具下延翅，不达叶柄基部，无睫毛。

        6. 叶窄椭圆形，宽1.5-2厘米，叶柄基部被短毛 ·········· 6. **宽叶假脉蕨** **C. latifrons**

        6. 叶三角形、卵形或卵状披针形，宽3-5厘米，叶柄无毛 ·········· 6(附). **皱叶假脉蕨** **C. plicatum**

1. 南洋假脉蕨   图163

Crepidomanes bipunctatum (Poir.) Cop. in Philipp. Journ. Sci. Bot. 67: 59. 1938.

Trichomanes bipunctatum Poir. in Lamatck, Enc. 8: 69. 1808.

植株高4-8厘米。根茎横走，粗丝状，分枝，密被黑褐色短毛。

叶疏生，相距约1厘米；叶柄长1-2厘米或稍长，上部暗绿色，下部黑褐色，中部有时具翅，翅缘具褐色睫毛；叶片长圆形或宽卵形，长3-7厘米，宽1.5-3厘米，二至三回羽裂；羽片4-6对，互生，无柄，斜上，卵形或长圆形，长1-1.5厘米，宽0.5-1厘米，密接，小羽片3-4对，互生，无柄，斜上，倒卵形或宽楔形，近平截头，基部斜楔形，密接；末回裂片窄线形，长2-4毫米，宽0.6-0.8毫米，极斜上，密接，钝头，全缘；叶脉叉状分枝，粗，两面略隆起，暗灰色，无毛，沿叶缘有1条连续假脉，假脉与叶缘间有2行细胞相隔，叶片其他部分稀有断续假脉；叶薄膜质，干后暗绿色，无毛；叶轴及羽轴暗灰绿色，有翅，无毛。孢子囊群生于叶片上部，着生基部向轴短裂片或小羽片，每羽片有1-4个，囊苞窄椭圆形，两侧有宽翅，口部深裂为2唇瓣，唇瓣三角形，囊托突出囊苞口外。

产台湾、海南、广东、广西及云南，附生于阴湿岩石。马达加

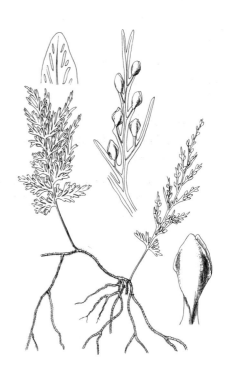

图 163 南洋假脉蕨 （孙英宝绘）

斯加、印度、中南半岛、日本、塔希提岛、婆罗洲及热带大洋洲有分布。

2. 阔边假脉蕨   图164

Crepidomanes latemarginale (Eaton) Cop. Philipp. Journ. Sci. Bot. 67: 60. 1938.

Trichomanes latemarginale Eaton in Proc. Amer. Acad. Arts. 4: 111. 1858.

植株高1.5-2厘米。根茎丝状，横走，密被黑褐色短毛。叶疏

生，相距4-5毫米；叶柄长约2毫米，褐色，基部被短毛，向上几光滑，上部具窄翅；叶片卵状长圆形或近扇形，长0.5-1.5厘米，

宽4-8毫米，一回羽裂；裂片2-4对，互生，斜上，线状长圆形，长2-4毫米，宽1-2毫米，单一或分叉，相距1-3毫米，全缘；叶脉叉状，暗褐色，两面隆起，无毛，末回裂片有1小脉，沿叶缘有连续假脉，假脉与叶缘间有2-3行细胞相隔，连续假脉与叶脉间有断续与叶脉平行假脉分散于叶肉中；叶薄膜质，干后淡绿色，两面无毛；叶轴两侧有翅，暗褐色，无毛。孢子囊群着生裂片顶端及长裂片基部短裂片顶端；囊苞倒圆锥形，长约1.2毫米，宽约1毫米，两侧有宽翅，下裂片不窄缩，口部膨大，浅裂为2唇瓣，唇瓣先端宽圆；囊托突出囊苞口外，纤细，长约2毫米。

产台湾、广东及香港，生于山谷岩石。印度北部、阿萨姆、泰国及越南有分布。

图 164 阔边假脉蕨 （孙英宝绘）

3. 翅柄假脉蕨 图 165

Crepidomanes latealatum (v. d. Bosch) Cop. in Philipp. Journ. Sci. Bot. 67: 60. 1938.

Didymoglossum latealatum v. d. Bosch in Ned. Kruik. Arch. 5: 138. 1863.

植株高2-4.5厘米。根茎丝状，横走，分枝，暗褐色，密被褐色短毛。叶疏生，相距约1厘米；叶柄长不及5毫米，或几无柄，丝状，暗绿褐色，基部黑褐色被短毛，几全部有翅；叶片长卵形或宽披针形，长2-5厘米，宽1-2厘米，二回羽裂；羽片3-6对，褐色，无柄，斜上，长斜卵形或长圆形，长5-8毫米，宽3-4毫米，基部斜楔形，上部的密接，下部的稍离，深羽裂几达有翅羽轴；末回裂片长圆状线形，长3-4毫米，宽约0.8毫米，4-6对，极斜上，密接，全缘，具浅波状褶皱；叶脉叉状分枝，暗褐色，两面稍隆起，无毛，沿叶缘无连续假脉，叶缘与叶脉间有数条断续和叶脉斜行假脉；叶薄膜质，干后暗绿褐色，无毛，叶轴和羽轴暗褐色，稍曲折，有翅，翅缘有褶皱，无毛。孢子囊群生于叶片上部，顶生于向轴裂片，每裂片有2-5个；囊苞椭圆形，长约1.2毫米，基部稍窄，两侧有窄翅，口部浅裂为2唇瓣；

图 165 翅柄假脉蕨
（孙英宝仿《Fl. Taiwan》）

唇瓣三角形，基部宽于囊苞管部；囊托突出囊苞口外。

产陕西、甘肃、浙江南部、台湾、湖南、广东、广西、贵州、四川、云南及西藏，生于海拔750-1600米山地林下岩石。不丹、尼泊尔、印度东北部、缅甸、泰国、越南、马来西亚、印度尼西亚及日本、琉球群岛有分布。

4. 多脉假脉蕨 欠明脉蕨 图 166

Crepidomanes insigne (v. d. Bosch) Fu, 傅书遐, 中国主要植物图说 (蕨类植物门) 39. 1957.

Didymoglossum insigne v. d. Bosch in Ned. Kruik. Arch. 5: 143. 1863.

植株高 3-5 厘米。根茎粗线状, 横走, 分枝, 密被黑褐色短毛。

叶疏生, 相距 1.5-2 厘米; 叶柄长 0.5-1 厘米, 基部黑褐色, 被短睫毛, 余暗绿褐色, 两侧窄翅几达基部, 翅缘光滑或有易脱落疏睫毛; 叶片窄长圆形或三角状披针形, 长 1.5-3.5 厘米, 宽 1-1.5 厘米, 基部楔形, 二回羽裂; 羽片 4-6 对, 多互生, 无柄, 斜上, 卵状披针形, 长 0.5-1 厘米, 宽 2-5 毫米, 基部斜楔形, 羽裂几达有翅羽轴; 裂片 2-4 对, 极斜上, 窄线形, 长 2-4 毫米, 宽 0.6-0.8 毫米, 密接, 单一或分叉, 全缘; 叶脉叉状分枝, 暗绿褐色, 两面隆起, 无毛, 沿叶缘无连续假脉, 叶缘与叶脉间有 2-3 行断续与叶脉并行或几并行的假脉; 叶薄膜质, 干后暗褐色, 无毛; 叶轴和羽轴暗绿褐色, 有翅, 无毛。孢子囊群位于叶片上部 2/3, 着生短裂片顶端, 每裂片 1-6 个; 囊苞倒长圆锥形, 两侧有翅, 下裂片不窄缩, 口部不膨大或稍膨大, 浅裂为圆形 2 唇瓣; 囊托突出

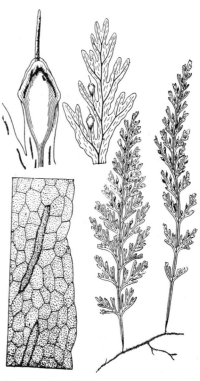

图 166 多脉假脉蕨 (引自《中国植物志》)

囊苞口外。

产安徽、浙江、福建、江西、广东及广西, 生于山谷岩石。印度、老挝、越南、朝鲜半岛及日本有分布。

5. 长柄假脉蕨 图 167

Crepidomanes racemulosum (v. d. Bosch) Ching, Fl. Reipubl. Popul. Sin. 2: 170. 1959.

Didymoglossum racemulosum v. d. Bosch in Ned. Kruik. Arch. 5: 137. 1863.

植株高 3-10 厘米。根茎细长横走, 密被黑褐色短毛, 分枝。叶疏生, 相距 1-2 厘米; 叶柄长 1-3 厘米, 暗褐色, 有翅或近基部, 两侧通常有睫毛; 叶片卵形或卵状长圆形, 长 3-8 厘米, 宽 1.5-3 厘米, 渐尖头, 基部宽楔形或心形, 二回羽裂; 羽片 5-10 对, 褐色, 无柄, 斜上, 长圆状卵形, 长 0.5-1.5 厘米, 宽 0.4-1 厘米;

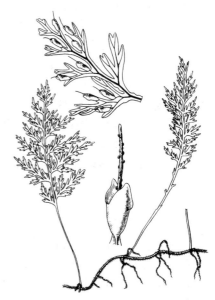

图 167 长柄假脉蕨 (孙英宝绘)

密接，基部羽片不缩小，钝圆头，基部斜楔形，深羽裂几达有宽翅的羽轴；裂片4-6对，褐色，极斜上，长圆状线形或披针状线形，长2-4毫米，宽0.8-1.2毫米，密接，全缘，多少浅波状或有褶皱；叶脉叉状分枝，两面隆起，暗褐色，无毛，沿叶缘无连续假脉，叶肉间有1-2行断续假脉，假脉与叶脉平行或几平行；叶薄膜质，干后淡褐或淡绿褐色，无毛；叶轴及羽轴暗褐色，有翅，无毛。孢子囊群生于叶片上半部，着生向轴短裂片，每裂片有1-6个；囊苞长管形，两侧有翅，下裂片不窄缩，口部稍膨大，唇瓣三角形；囊托

突出囊苞口外。

产甘肃、安徽、浙江、福建、江西、湖南、广东、香港、海南、广西、贵州、四川、云南及西藏，生于海拔600-1950米山地林下阴湿岩石或附生树干。印度北部、阿萨姆及越南有分布。

6. 宽叶假脉蕨　　图 168

Crepidomanes latifrons (v. d. Bosch) Ching, Fl. Reipubl. Popul. Sin. 2: 171. 1959.

Trichomanes latifrons v. d. Bosch in Ned. Kruik. Arch. 5: 209. 1863.

植株高6-15厘米。根茎细长横走，黑褐色，密被短毛，分枝。

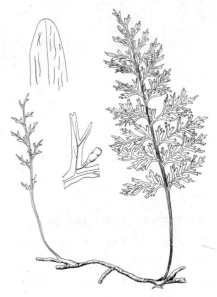

图 168 宽叶假脉蕨 （孙英宝绘）

叶疏生；叶柄纤细，长1.5-4厘米，基部黑褐色，被短毛，上部绿褐色，光滑，无翅或具窄翅；叶片窄椭圆形，长4.5-10厘米，宽1.5-2厘米，二回羽裂；羽片5-8对，互生，无柄，长圆形，长1-2厘米，宽3-5毫米，基部斜楔形，羽裂几达有宽翅的羽轴；裂片1-4对，互生，密接，窄线形，长1.5-

3.5毫米，宽0.5-0.8毫米，全缘，多少有褶皱；叶脉叉状分枝，两面隆起，暗绿褐色，无毛，末回裂片有1小脉，沿叶缘无连续假脉，叶肉间有1-3行断续假脉，与叶脉平行或几平行；叶薄膜质，绿褐色，无毛；叶轴与羽轴暗绿褐色，无毛，有褶皱翅。孢子囊群着生向轴短裂片顶端，每羽片有1-6个；囊苞窄椭圆形，长约1.5毫米，宽约0.6毫米，有窄翅，下裂片不窄缩，口部不膨大，2唇瓣三角形，尖头；囊托突出囊苞口外。

产台湾、广西、贵州及云南，生于海拔700-2750米树干或潮湿岩石。不丹及菲律宾有分布。

[附] **皱叶假脉蕨 Crepidomanes plicatum** (v. d. Bosch) Ching, Fl.

Reipubl. Popul. Sin. 2: 171. 1959.——*Didymoglossum plicatum* v. d. Bosch in Ned. Kruik. Arch. 5: 139. 1863. 本种与宽叶假脉蕨的主要区别：叶片三角形、卵形或卵状长圆形，宽3-5厘米，叶柄无毛；囊苞椭圆形，无翅。产云南，生于海拔2000-2800米山谷溪边阴湿岩石。印度、斯里兰卡、越南及印度尼西亚有分布。

6. 毛叶蕨属 Pleuromanes Presl

附生蕨类。根茎细长横走，缠结，被柔毛。叶疏生；叶柄丝状；叶片下垂，下面被白霜，二或三回羽裂；裂片窄线形，全缘，近叶缘有1条2个细胞厚的带，小脉两侧各有1条数个细胞厚的鞘，鞘被柔毛。孢子囊群着生向轴短裂片顶端；囊苞坛状，口部平截或稍膨大；囊托丝状，长而突出囊苞口外。

2种，分布于喜马拉雅、斯里兰卡至波利尼西亚、塔西提。我国1种。

毛叶蕨 图 169

Pleuromanes pallidum (Bl.) Presl, Epim . Bot. 258. 1849.

Trichomanes pallidum Bl. Enum. Pl. Jav. 275. 1828.

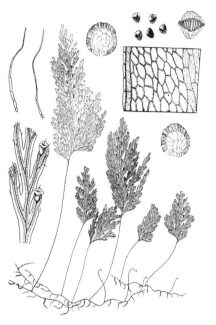

植株高 4-12 厘米。根茎丝状，长而横走，缠结，浅褐色，疏被开展节状毛。叶疏生；叶柄丝状，长 1-6 厘米，深褐色，基部被节状毛，上部光滑，无翅；叶片长圆形或长圆状披针形，长 3.5-8 厘米，宽 1-2 厘米，二回深羽裂；羽片 8-10 对，互生，无柄，斜上，长圆状卵形或斜卵形，长 1-1.8 厘米，宽 5-6 毫米，基部斜楔形，密接或稍覆瓦状，深羽裂几达有翅

羽轴；裂片线形，宽 0.8-1 毫米，极斜上，钝圆头或具 2 小尖齿，全缘，密接；叶脉纤细，叉状分枝，末回裂片有 1 小脉；叶厚膜质，褐或暗绿色，下面常被白霜，裂片边缘加厚成带，小脉两侧各有 1 鞘，鞘两面密被褐色长柔毛。孢子囊群少数，着生向轴短裂片顶端；囊苞坛状，长约 1 毫米，口部平截，全缘；囊托纤细，突出囊苞口外。

产台湾及海南，生于海拔 800-1000 米山谷密林下溪边树干或岩

图 169 毛叶蕨
（孙英宝仿《Ogata, Ic. Fil. Jap.》）

石。斯里兰卡、越南、印度尼西亚、菲律宾及塔西提等热带亚洲地区有分布。

7. 厚边蕨属 **Crepidopteris** Cop.

附生小型蕨类。根茎丝状，长而横走。叶细小，疏生，二回羽裂，全缘，叶缘有 1-2 行伸长并加厚的细胞，其余叶片的细胞均薄壁，无假脉；叶轴有翅。孢子囊群单生羽片基部上侧短裂片顶端；囊苞漏斗状，两侧具翅，口部膨大，全缘；囊托突出囊苞口外。

约 5 种，从印度尼西亚（苏门答腊）至菲律宾（吕宋）、塔西提、波利尼西亚，南达新西兰，向北分布至中国台湾和日本琉球群岛。我国 1 种。

厚边蕨 图 170

Crepidopteris humilis (Forst .) Cop. in Philipp. Journ. Sci. Bot. 67:58. 1938.

Trichomanes humilie Forst. Prod. 84. 1786.

植株高 2.5-8 厘米。根茎丝状，横走，黑褐色，密被短毛。叶疏生；叶柄长 0.4-1 厘米或几无柄，纤细，下部被短毛，上部有下延窄翅；叶片卵形或卵状披针形，长 2-7 厘米，宽 1.5-2 厘米，基部楔形或近心形，二回羽裂；羽片 5-10 对，互生，无柄，长圆状斜卵形，长 0.8-1.2 厘米，宽 3.5-6 毫米，基部斜楔形，密接，深羽裂几达有宽翅的羽轴；裂片 2-4 对，互生，斜上，长圆形或线形，长 1.5-3.5 毫米，圆头或有浅缺刻，基部下侧下延，全缘，有波状褶皱，单一，稀分叉，边缘增厚；叶脉叉状分枝，隆起，暗褐色，疏

被易脱落褐色短毛，末回裂片具 1 小脉；叶薄膜质，褐色，无毛；叶轴有翅，疏被短毛，叶轴和羽轴稍曲折。孢子囊群生于叶片上部，生羽片基部向轴短裂片上，每羽片 1 个，通常与叶轴平行；囊苞管状，长约 2 毫米，宽约 0.5 毫米，两侧有翅，下裂片不窄缩，口部喇叭状；囊托纤细，突出囊苞口外。

产台湾。马来西亚经印度尼西亚至塔西提有分布。

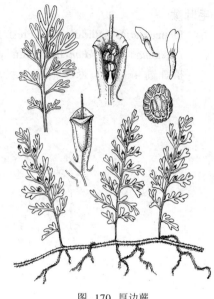

图 170 厚边蕨
（孙英宝仿《Fl. Taiwan》）

8. 团扇蕨属 Gonocormus v. d. Bosch

小型附生蕨类。根茎丝状，横走，被毛，分枝。根茎、叶柄及叶轴不易区别，三者均能育，长于叶片。叶片小，无毛，扇状分裂或近羽裂，细胞壁薄，不成洼点状；叶脉扇状分枝。囊苞通常对生于短裂片，不露出不育裂片之外，口部膨大，全缘，囊托突出囊苞口外。

约 10 种，分布非洲、日本、昆士兰至夏威夷。我国 5 种。

1. 叶团扇形或圆肾形，叶脉多回叉状分枝 ·································· 1. 团扇蕨 G. minutus
1. 叶几扇形或倒三角形，叶脉二至三回分枝 ·························· 2. 细口团扇蕨 G. nitidulus

1. 团扇蕨
图 171

Gonocormus minutus (Bl.) v. d. Bosch Hymen. Jav. 7, t. 3, 1861.

Trichomanes minutum Bl. Enum. Pl. Jav. 223. 1828.

植株高 1.5－2 厘米。根茎丝状，交织成毡状，横走，黑褐色，密被暗褐色片状短毛。叶疏生，相距 3-6 毫米；叶柄纤细，长 0.6-1 厘米，黑褐或暗绿色，无毛；叶片团扇形或圆肾形，长与宽不及 1 厘米，宽略过于长，扇状分裂达 1/2，基部心形或短楔形；裂片线形，钝头，常浅裂，全缘，着生囊苞的裂片通常较不育裂片短或等长；叶脉多回叉状分枝，两面均明显，暗绿褐色，末回裂片具 1-2 小脉；叶薄膜质，干后暗绿色，两

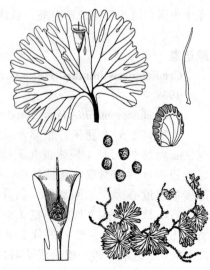

图 171 团扇蕨 （孙英宝仿《中国植物志》）

面无毛。孢子囊群着生短裂片顶部；囊苞瓶状，两侧具翅，口部膨大有宽边。

产吉林、辽宁、江苏、安徽、浙江、台湾、福建、江西、湖南、广东、海南、广西、贵州、四川及云南，生于海拔500-1500米林下溪边岩石或树干下部。俄罗斯远东地区、日本、朝鲜半岛、越南、柬埔寨、印度尼西亚、波利尼西亚及非洲有分布。

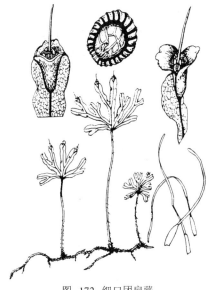

2. 细口团扇蕨　　　　　　　　　　　　　图172

Gonocormus nitidulus (v. d. Bosch) Prantl. Hym. 51. 1875.

Trichomanes nitidulus v. d. Bosch in Pl. Jough. 1: 547. 1856.

植株高约3厘米。根茎丝状，横走，黑色，疏被褐色柔毛。叶疏生，相距3-6毫米；叶柄长2-2.5厘米，纤细，其形状、颜色及毛被均与根茎相同，无翅；叶片几扇形或倒三角形，长1-2厘米，宽1.5-2厘米，一回掌状深裂，基部短楔形，裂片5-7片，线形，长0.5-1厘米，宽1-2毫米，单一或分叉，钝圆头，全缘；叶脉二至三回叉状分枝，两面隆起，黑色，末回裂片具1小脉；叶薄膜质，干后棕褐色，两面无毛。孢子囊群着生小

图 172 细口团扇蕨
（孙英宝仿《Fl. Taiwan》）

脉先端；囊苞倒三角形，口部小于裂片宽度，藏于叶肉内，不突出于裂片边缘。

产台湾，附生树干或与苔藓混生于岩石。越南北部、马来西亚、斯里兰卡及大洋洲有分布。

9. 瓶蕨属 Trichomanes Linn.

多为附生蕨类。根茎粗壮，坚硬，通常长，横走，常被多细胞褐色节状毛，无根或下面密被节状毛的疏生纤维状根。叶2列，羽状复叶，全缘，细胞壁薄，叶缘不增厚，叶脉通常多回叉状分枝，叶片无假脉。孢子囊群从各脉先端生出；囊苞长管状或杯状，口部全缘，突出叶缘；囊托突出囊苞口，长而纤细。孢子近圆形，外壁层次明显，具小刺状或短棒状纹饰。配子体为不规则分枝丝状。染色体 x = 8（32）。

约35种，分布于热带和日本、新西兰、南美洲、南非洲。我国11种。

1. 叶片披针形，一回羽状或二回羽裂，叶无柄或具短柄。
　2. 叶片通常长15厘米以上，窄披针形，一回羽状 ················· 1. **瓶蕨 T. auriculatum**
　2. 叶片通常长约7厘米，宽披针形，二回羽状 ················· 1(附). **城口瓶蕨 T. fargesii**
1. 叶片卵状披针形或卵状长圆形，二至三回羽状或羽裂，具长柄。
　3. 囊苞管状漏斗形，口部膨大 ································· 2. **大叶瓶蕨 T. maximum**
　3. 囊苞管状，口部平截，不膨大或稍膨大。
　　4. 植株高15-20厘米。
　　　5. 囊苞口不膨大，囊托通直，长约3毫米 ················· 3. **管苞瓶蕨 T. birmanicum**
　　　5. 囊苞口稍膨大，囊托稍弯，长约8毫米 ················· 4. **华东瓶蕨 T. orientale**
　　4. 植株高25-40厘米 ··································· 5. **漏斗瓶蕨 T. striatum**

1. 瓶蕨 图173

Trichomanes auriculatum Bl. Enum. Pl. Jav. 225. 1828.

Vandenboschia auriculata (Bl.) Cop.; 中国高等植物图鉴 1: 134. 1972.

植株高 15-30 厘米。根茎长而横走，密被黑褐色多细胞节状毛。

叶柄腋间有 1 密被节状毛的芽。叶疏生，相距 3-5 厘米，沿根状茎排成 2 列，互生，平展或稍斜出；叶柄长 4-8 毫米，灰褐色，基部被节状毛，无翅或有窄翅；叶片披针形，长 15-30 厘米，宽 3-5 厘米，略二型，能育叶与不育叶相似，一回羽状；羽片 18-25 对，褐色，无柄，上部的斜出，中部的平展，基部的反折覆盖根状茎，卵状长圆形，长 2-3 厘米，宽 1-1.5 厘米，密接，基部上侧具有宽耳片并常覆盖叶轴，不整齐羽裂达 1/2；不育羽片窄长圆形，长 4-5 毫米，宽 3-4 毫米，每齿有 1 小脉；能育裂片通常窄缩，有一单脉，叶脉多回二歧分叉，隆起，无毛；叶厚膜质，深褐色，常沿叶脉多少褶皱，无毛；叶轴灰褐色，有或无窄翅，几无毛，上面有浅沟。孢子囊群顶生于向轴短裂片，每羽片有 10-14 个；囊苞窄管状，口部平截，不膨大，有浅钝齿；囊托突出囊苞口外。

产浙江、台湾、福建、江西、湖南、广东、香港、海南、广西、贵州、四川、云南及西藏，生于海拔 500-2700 米，攀援溪边树干或阴湿岩石。中南半岛、马来西亚、印度尼西亚、婆罗洲至几内亚，

图 173 瓶蕨
（孙英宝仿《Ogata, Ic. Fil. Jap.》）

北达日本有分布。

[附] **城口瓶蕨 Trichomanes fargesii** Christ in Bull. Soc. Bot. France 52. Mem. 1: 10. 1905. 本种与瓶蕨的主要区别：叶片通常长约 7 厘米，宽披针形，二回羽裂，叶轴具宽翅；囊苞短漏斗形，口部膨大，基部以下裂片窄长有柄。产四川、贵州及云南，攀援林下树干。

2. 大叶瓶蕨 图174

Trichomanes maximum Bl. Enum. Pl. Jav. 228. 1828.

Vandenboschia maxima (Bl.) Cop.; 中国植物志 2: 182. 1959.

植株高 40-60 厘米。根茎长而横走，径约 3 毫米，幼时密黑色多细胞节状毛。叶柄腋间有 1 个密被黑色节状毛的芽。叶疏生，直立或稍下垂；叶柄长 15-30 厘米，基部黑色，疏被节状毛，两侧有极窄边几达基部；叶片长圆状披针形或长卵形，长 20-35 厘米，宽 10-15 厘米，三至四回羽裂；羽片 10-15 对，互生，柄长约 3 毫米，斜上，斜

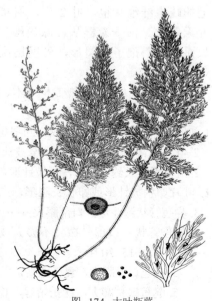

图 174 大叶瓶蕨
（孙英宝仿《Ogata, Ic. Fil. Jap.》）

卵状长圆形，稍镰刀状，长8-12厘米，宽2-3厘米，基部的稍短；一回小羽片8-12对，互生，下部的有短柄，斜上，卵状长圆形或卵状披针形，长2-3厘米，宽1-1.5厘米；二回小羽片4-5对，互生，无柄，极斜上，楔形或倒卵形，基部上侧一片最大；末回裂片窄线形，圆头，全缘，极斜上；叶脉多回叉状分枝，淡灰褐色，两面隆起，无毛；叶膜质，暗褐色，无毛；叶轴、小羽轴均有窄翅，无毛。孢子囊群生于二回小羽片基部向轴裂片顶端；囊苞窄管

状漏斗形，两侧有窄翅，口部膨大；囊托突出囊苞口外。

产台湾，生于山地密林下溪旁或潮湿岩石。越南、泰国、马来西亚、菲律宾、印度尼西亚、北婆罗洲、塔希提及昆士兰有分布。

3. 管苞瓶蕨　　　　　　　　图 175

Trichomanes birmanicum Bedd. Ferns Brit. Ind. Suppl. t. 349. 1876.

Vandenboschia birmanica (Bedd.) Ching；中国植物志 2: 185. 1959.

植株高15-20厘米。根茎长而横走，密生黑褐色多细胞节状毛，下面疏生密被节状毛的纤维状根。叶疏生；叶柄长8-10厘米，约与叶片等长，淡褐色，无毛，两侧有宽翅几达基部；叶片宽披针形，长8-12厘米，宽3-5厘米，三回羽裂；羽片10-12对，互生，无柄，开展，长圆状卵形，长1-2.5厘米，宽0.5-2厘米，基部宽斜楔形；小羽片3-5对，互生，无柄，斜

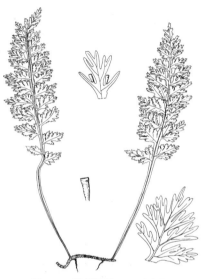

图 175 管苞瓶蕨　（孙英宝绘）

上，宽楔形或倒卵形，长3-7毫米，宽2.5-6毫米，基部下侧下延；末回裂片3-6，极斜上，窄线形，长2-3毫米，宽0.6-0.8毫米，单一或分叉，全缘；叶脉叉状分枝，两面隆起，无毛，末回裂片有1-（2）小脉；叶膜质，暗绿褐色，无毛；叶轴和羽轴有宽翅，无毛。孢子囊群生于叶片中部以上，顶生于向轴短裂片；囊苞管状，口

部平截，有窄翅，下裂片窄缩；囊托突出囊苞口外。

产海南及云南，生于海拔1500-2000米溪边阴湿岩石。缅甸、越南，北达琉球群岛有分布。

4. 华东瓶蕨　　　　　　　　图 176

Trichomanes orientale C. Chr. Ind. Fil. 646. 1905.

Vandenboschia orientalis (C. Chr.) Ching；中国植物志 2: 187. 1959.

植株高10-15厘米。根茎长而横走，褐色，密被多细胞节状毛。叶疏生；叶柄长3-5厘米，淡褐色，有浅沟，有宽翅几达基部并有节状毛；叶片卵状长圆形，长5-10厘米，宽3-5厘米，三至四回羽裂；羽片8-12对，几无柄或具有翅

图 176 华东瓶蕨
（孙英宝仿《Ogata, Ic. Fil. Jap. 》）

短柄，三角状长圆形或斜卵形，长1.5-2厘米，宽1-1.5厘米，基部斜楔

形；小羽片3-5对，无柄，斜上，卵形或斜卵形，长5-8毫米，宽4-6毫米，基部楔形；末回裂片线状长圆形，长1-3毫米，宽约1毫米，单一或分叉，斜上，全缘；叶脉叉状分枝，两面隆起，无毛；叶薄膜质，暗绿褐色，无毛；叶轴具平翅，无毛，上面有沟。孢子囊群着生小羽片下半部向轴短裂片顶端；囊苞管状，两侧有窄翅，口部稍膨大；囊托丝状，突出囊苞口外，黑褐色，稍弯弓。

5. 漏斗瓶蕨　　　　　　　　　　　　图 177

Trichomanes striatum Don, Prodr. Fl. Nepal. 11. 1825.

Vandenboschia naseana (Christ) Ching Fl. Reipl. Popul. Sin. 2: 186. 1959; 中国高等植物图鉴 1: 139. 1972.

植株高 25-40 厘米。根茎长而横走，密被节状毛，疏生纤维状根。

叶疏生；叶柄长 8-15 厘米，有浅沟，基部被节状毛，两侧宽翅几达基部；叶片宽披针形或卵状披针形，长 20-30 厘米，宽 6-8 厘米，三回羽裂；羽片 19-20 对，有短柄，斜上，三角状卵形或卵状披针形，长 3-7 厘米，宽 1.5-2.5 厘米，基部斜楔形；一回小羽片 6-10 对，无柄，斜上，长卵形，长 0.8-1.6 厘米，宽 0.5-1.2 厘米，基部斜楔形；二回小羽片 3-6 对，极斜上，长圆形，长 3-5 毫米，宽 2-3.5 毫米；末回裂片长圆状线形，全缘；叶脉多回叉状分枝或近扇形分枝，绿褐色，两面隆起，几平行，无毛，末回裂片有 1-2 小脉；叶膜质或薄草质，暗绿褐色，无毛；叶轴和各回羽轴均有翅，被节状毛。孢子囊群生于叶片上半部，一回小羽片有 2-8 个；囊苞管状，有窄翅，下裂片窄缩，口部平截，稍膨大；囊托突出囊苞口外。

产浙江、台湾、江西、湖北、湖南、广东、海南、广西、贵

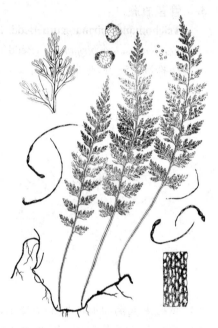

图 177 漏斗瓶蕨
（孙英宝仿《Ogata, Ic. Fil. Jap.》）

产安徽、浙江、台湾、福建、江西、湖南、广东、香港、广西、贵州、四川及云南，生于海拔 600-100 米常绿阔叶林下、沟谷中树干下部或潮湿岩石。朝鲜半岛及日本有分布。

州、四川及云南，生于海拔 400-2700 米常绿阔叶林下树干下部或阴湿岩石。尼泊尔、印度北部、越南、老挝及日本有分布。

10. 厚叶蕨属 Cephalomanes Presl

土生蕨类。根茎粗，直立或近直立，下面密生粗根。叶簇生；叶柄坚硬，被刺毛；叶片披针形，一回羽状，稀羽裂，羽片两侧不对称，向顶一边常浅裂或撕裂状；叶脉近扇形分枝，小脉常突出叶缘成刺毛状；叶厚纸质，色深，细胞大，细胞壁薄，波状。孢子囊群生于叶片顶部窄缩裂片或羽片上侧叶缘；囊苞管状，稀倒圆锥状，坚厚；囊群托长，突出，粗壮，有时顶端膨大。孢子近圆形，外壁具小刺状纹饰。染色体基数 $x=8$（32）。

约 10 种，分布于印度经马来西亚到南太平洋波利尼西亚。我国 2 种。

1. 能育羽片极窄缩；孢了囊群生于叶片顶部，与叶轴平行 ……………………………… 1. **厚叶蕨 C. sumatranum**
1. 能育羽片不或稍窄缩；孢子囊群生于羽片上侧边缘，常突出叶缘之外，与叶轴斜行 ……………………………

1. 厚叶蕨 图 178

Cephalomanes sumatranum (v. d. Bosch) Cop. in Philipp. Journ. Sci. Bot. 67: 67. 1938.

Trichomanes sumatranum v. d. Bosch in Bull. Dept. Agric. Ind. Neerl. 18: 4. 1908.

植株高 15-20 厘米。根茎短，粗壮，直立，顶端密被红褐色多细胞节状毛，下面密生黑褐色粗根。叶簇生，密接；叶柄长 2-3 厘米，灰褐色，幼时被节状毛；叶片披针形，长 10-15 厘米，宽 1.5-2 厘米，一回羽状；羽片 15-20 对，互生，几无或有短柄，极斜上，长圆形，长 1.5-2 厘米，宽 5-6 毫米，基部楔形不对称，上部叶缘有锐齿，下部两侧全缘，密接，覆瓦状，上部羽片渐短；叶脉近扇形分叉，粗壮，两面隆起，褐色，密集，斜上，几平行，无毛，小脉先端常突出叶缘成刺毛状；叶厚纸质，暗褐或带灰绿色，两面无毛，坚实；叶轴褐色，有翅，幼时被红褐色节状毛。孢子囊群生于叶片顶端的线形能育羽片，与叶轴平行；囊苞管状，长约 2 毫米，坚厚，两侧有窄边，口部平截；

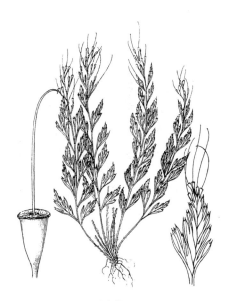

图 178 厚叶蕨 （蔡淑琴绘）

囊托长约 5 毫米，突出囊苞口外，浅褐色。

产海南，生于海拔 300-600 米山谷溪边或岩石。越南、印度尼西亚及婆罗洲有分布。

2. 爪哇厚叶蕨 图 179

Cephalomanes laciniatum (Roxb.) De Vol, Fl. Taiwan 1: 98. 1975.

Trichomanes laciniatum Roxb. in Calcutta Journ. Nat. Hist. 4: 518. 1844.

植株高 20-25 厘米。根茎短，上升或直立，顶端密被黑褐色多细胞节状毛，下面密生黑褐色根。叶簇生；叶柄长 3-5 厘米，径约 1 毫米，暗褐色，上部被黑褐色张开节状毛；叶片长披针形，长 15-20 厘米，宽 2-2.5 厘米，一回羽状；羽片 15-20 对，互生，几无或有短柄，斜上，长圆形，长 1.5-2.5 厘米，宽 5-8 毫米，基部不对称，具尖齿，密接或覆瓦状，上部的羽片渐小；叶脉近扇状分叉，密接，两面隆起，浅褐色，极斜上，几平行，稍弯弓，叶缘尖齿有 1 小脉；叶厚纸质，粗糙，暗褐色，无毛；叶轴褐色，顶部有窄边，疏被黑褐色节状毛。孢子

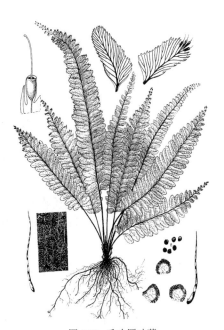

图 179 爪哇厚叶蕨
（孙英宝仿《Ogata, Ic. Fil. Jap.》）

囊群生于羽片上侧边缘，和叶轴斜交；囊苞管状，长约 2 毫米，两侧有窄边，口部平截或稍波状；囊托长约 5 毫米，褐色，突出囊苞口外，稍弯弓。

产台湾。印度、阿萨姆、缅甸、越南、马来西亚及波利尼西亚有分布。

11. 长片蕨属 Abrodictyum Presl

附生蕨类。植株高约 10 厘米。根茎短小，直立，密被节状毛。叶簇生，常下垂；叶柄长 2-4 厘米，纤细，圆柱形，褐色，无翅，基部被节状毛；叶片窄椭圆形，长 5-10 厘米，宽约 2 厘米，二回羽裂；羽片 8-12 对，互生，无柄，斜上，斜卵形，长 0.5-1.5 厘米，宽 3-6 毫米，基部不对称，具单一或分叉裂片，裂片 2-6，极斜上，长窄线形，长 0.5-1.5 厘米，宽约 0.7 毫米，顶裂片最长，尖头，全缘，叶脉叉状，两面隆起，褐色，无毛，末回裂片有 1 小脉伸达裂片先端；叶薄膜质，淡褐色，无毛，叶肉细胞横向伸长，排成偏斜纵行，细胞壁粗洼点状；叶轴褐色，曲折，无毛，上部有翅。孢子囊群生于叶片上部 2/3 处，着生向轴短裂片顶端，每羽片 1-2 个；囊苞漏斗状或管状，两侧有翅，下裂片不窄缩，口部骤膨大，全缘稍波状；囊托丝状，褐色，突出囊苞口外。

单种属。

长片蕨　　　　　　　　　图 180

Abrodictyum cumingii Presl, Hymen. 113. t. 7. 1843.

形态特征同属。

产台湾，附生树蕨干上。菲律宾、印度尼西亚，南达新几内亚，北至琉球群岛及小笠群岛有分布。

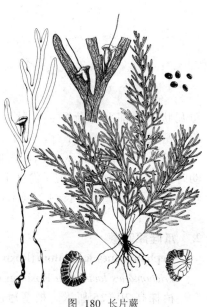

图 180 长片蕨
（孙英宝仿《Ogata, Ic. Fil. Jap.》）

12. 长筒蕨属 Selenodesmium (Prantl) Cop.

土生小型蕨类。根茎粗短，横走或近直立。叶近生或簇生；叶柄粗，被脱落短刚毛；叶片宽，多回羽裂；小羽片深裂达有翅羽轴；叶脉分叉，末回裂片线形，有 1 小脉；叶质厚，细胞壁厚，成粗洼点状。囊苞圆柱形，口部全缘，囊托长而突出囊苞口外。孢子近圆形，外壁具小刺状纹饰。染色体基数 x=11（33）。

约 12 种，广布于热带地区，南达新西兰。我国 4 种。

1. 囊苞短漏斗形 ⋯⋯⋯⋯⋯⋯⋯⋯⋯⋯⋯⋯⋯⋯⋯⋯⋯⋯⋯⋯⋯⋯⋯ **1. 广西长筒蕨 S. siamense**
1. 囊苞圆筒形。
　　2. 叶三回羽状分裂，裂片线形；叶柄及叶轴均无毛；囊苞顶端浅裂 2 瓣状 ⋯⋯⋯⋯ **2. 线片长筒蕨 S. obscurum**
　　2. 叶二回羽裂，叶柄及叶轴具多细胞节状毛；囊苞顶端不规则锯齿状 ⋯⋯⋯⋯⋯⋯ **3. 直长筒蕨 S. cupressoides**

1. 广西长筒蕨　　　　　　　　　　　　　　图181

Selenodesmium siamense (Christ) Ching et C. H. Wang in Acta
Pyhtotax. Sin. 8: 138. 1959.

Trichomanes siamense Christ in Bot. Tidsskr. 24: 103. 1901.

植株高 10-12 厘米。根茎短，横走，密生纤维状根，光滑，径

2-3 毫米。叶密，簇生；叶柄长 4-6 厘米，径不及 1 毫米，灰褐色，圆柱形，上面有浅沟，光滑，顶端有窄翅；叶片长圆状卵形，长 4-6 厘米，宽 2-2.5 厘米，三回羽状；羽片 3-5 对，长圆状卵形，长 1-2 厘米，宽 0.8-1 厘米，相距约 1 厘米，互生或近对生，无柄，斜上，向上渐短，羽状深裂，羽轴有窄

翅；小羽片楔状匙形，长约 3 毫米，宽 1.5-2 毫米，基部楔形，羽状细裂；末回裂片线形，长 1-2 毫米，宽 0.5 毫米；叶脉叉状分枝，暗褐色，两面明显，末回裂片具 1 小脉；叶薄草质，暗绿褐色；叶轴暗绿色，无毛，有翅。孢子囊群顶生于向轴末回裂片，每羽片有 2-3 个；囊苞短漏斗形，不裂为 2 瓣；囊托长而突出囊苞口外，粗大，黑褐色。

产广东、香港、海南及广西，生于山谷中林下阴湿岩石。越南及泰国有分布。

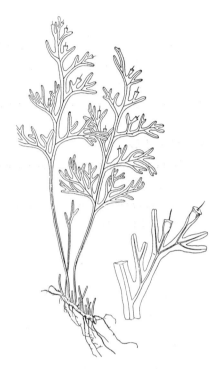

图 181　广西长筒蕨　（引自《中国植物志》）

2. 线片长筒蕨　　　　　　　　　　　　　　图182

Selenodesmium obscurum (Bl.) Cop. in Philipp. Journ. Sci. Bot. 67: 81. 1938.

Trichomanes obscurum Bl. Enum. Pl. Jav. 227. 1828.

植株高 15-25 厘米。根茎短粗，通常直立，有时近横走，径 2-

3 毫米，下面有粗根，顶端被黑褐色毛。叶簇生；叶柄长 6-12 厘米，径约 1 毫米，淡褐或棕褐色，圆柱形，无翅，无沟，有时被毛；叶片长圆状卵形或卵状三角形，长 10-20 厘米或更长，宽 3-5 毫米，三回羽状或更细裂；羽片 10-12 对，窄长圆形，密接，长 1.5-2.5 厘米，宽 0.8-1 厘米，基部斜楔形，相距 6-8 毫米，

上部的互生，下部数对对生，柄极短，近平展或稍斜升，羽状深裂；叶轴有窄翅；小羽片长圆状倒卵形，长 3-4 毫米，宽 1.5-2.5 毫米，羽

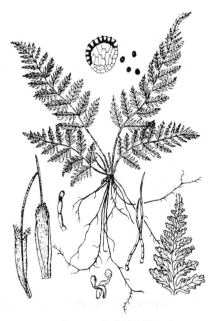

图 182　线片长筒蕨
（孙英宝仿《Fl. Taiwan》）

状深裂，末回裂片线形，长 1-2 毫米，宽约 0.5 毫米，圆头；叶脉羽状，暗褐色，两面均明显，末回裂片有 1 小脉；叶薄膜质或薄草质，

褐或绿褐色；叶轴无毛，先端有窄翅。孢子囊群通常顶生下部向轴短裂片；囊苞圆筒形，基部渐窄，顶端浅裂2瓣状，口部稍膨大，两侧几无窄翅，囊托突出囊苞口外。

产台湾及海南，生于潮湿岩石。印度南部、斯里兰卡、马来西亚、新几内亚，北至日本琉球群岛有分布。

3. 直长筒蕨 图 183

Selenodesmium cupressoides (Desv.) Cop. in Philipp. Journ. Sci. Bot. 67: 81. 1938.

Trichomanes cupressoides Desv. Prodr. 330. 1827.

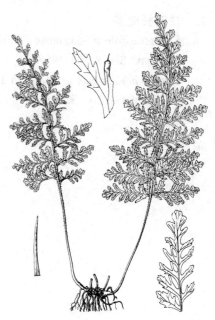

图 183 直长筒蕨 （孙英宝绘）

植株高10-28厘米。根茎短，近直立，径2-3毫米，顶端密被褐色多细胞节状毛。叶簇生；叶柄长3-12厘米，径约1毫米，暗褐色，坚硬，上面有沟，下面圆，被褐色多细胞节状毛，无翅；叶片三角状卵形，长6-14厘米，下面宽3.5-6厘米，二回羽裂；羽片长圆状披针形，长2-3厘米，宽0.8-1.2厘米，基部斜楔形，相距0.6-1厘米，上部的互生，基部的几对生，基部几对具短柄，略开展，上部的斜升，羽裂深裂几达羽轴；小羽片长圆形，长3-4毫米，基部多少浅裂，顶端粗齿牙状，基部下侧下延；叶脉羽状，达锯齿，褐色，两面隆起；叶薄草质，暗褐色，上面稍被头垢状物，下面几光滑。孢子囊群顶生向轴短裂片顶端；囊苞圆筒形，不下弯，两侧有翅，口部不膨大，囊托细长突出囊苞口外。

产台湾。非洲及东部岛屿、菲律宾、北婆罗洲有分布。

13. 毛杆蕨属 Callistopteris Cop.

土生植物。根茎粗短，直立或近直立。叶簇生；叶柄及叶轴圆柱形，被长毛；叶片大，四回羽状细裂，裂片窄线形，全缘；叶质薄，细胞壁薄，均匀。孢子囊群着生向轴短裂片顶端；囊苞倒圆柱形或坛状，口部平截，全缘或浅裂略2瓣状；囊托突出。染色体基数 x=12（36）。

5种，分布于马来西亚至印度尼西亚苏门答腊，经中国台湾达夏威夷及波利尼西亚，南至大洋洲附近。我国1种。

毛杆蕨 图 184

Callistopteris apiifolia (Presl) Cop. in Philipp. Journ. Sci. Bot. 67:65. 1938.

Trichomanes apiifolium Presl, Hymen. 108. 1843.

植株高30-40厘米。根茎粗，斜升或直立，顶端密被红褐色节状长柔毛，下面密生根。叶簇生；叶柄长8-10厘米，圆柱形，深褐色，有时密被节状细长毛；叶片长圆状卵形，长20-30厘米，宽8-10厘米，四回羽状细裂，羽片约15对，具短柄，长圆状披针形，长3-5厘米，宽1-2厘米，基部斜楔形，密接或稍覆瓦状，下部的稍小；一回小羽片 5-8 对，互生，几无柄，斜卵形，长 0.8-1 厘米，宽约 5 毫米，基部斜楔形，基部 1 片较大覆盖叶轴；末回裂片窄线形，长 3-5 毫米，宽 0.5-0.7 毫米，极斜上，密接，圆头，全缘；叶脉叉状分枝，粗，深褐色，两面隆起，无毛，末回裂片有 1 小脉；叶薄膜质，绿褐色，无毛；叶轴深褐色，被红褐色细长毛，上部有窄翅；羽轴及小羽轴均有翅，几光滑。孢子囊群位于叶片上部，着生向轴短裂片，每小羽片有 1 个；囊苞倒圆锥形，无翅，下裂片窄缩如柄，口部不膨大，平截，全缘；囊托突出囊苞口外。

产台湾，生于阴湿水边。马来西亚、印度尼西亚、菲律宾、婆罗洲、斐济及萨摩亚等热带地区有分布。

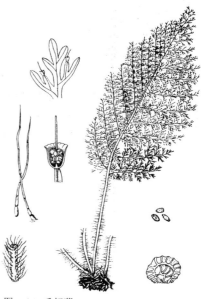

图 184 毛杆蕨 （孙英宝仿《Fl. Taiwan》）

14. 球杆毛蕨属 Nesopteris Cop.

土生蕨类。根茎粗，略直立。叶簇生；叶柄长，上部及羽轴两侧通常有易脱落窄翅；叶片长卵形，四回羽状细裂，裂片窄线形，全缘；叶肉细胞小，细胞壁薄，叶质较坚厚；叶轴、羽轴及叶脉被球杆状微毛。孢子囊群着生于向轴的短裂片顶端；囊苞管状，两侧有翅，口部全缘，有时具睫毛，突出叶缘之外；囊托突出。孢子三角形，外壁具较密小刺状纹饰。染色体基数 x=12（36）。

4 种，分布马来西亚、印度尼西亚、菲律宾、婆罗洲、琉球、萨摩亚及波利尼西亚等地，主产南太平洋岛屿，大陆少见。我国 2 种。

1. 囊苞口部不膨大，平截，具睫毛 ･････････････････････････････････ **球杆毛蕨 N. thysanostoma**
1. 囊苞口部多少喇叭形，无睫毛 ･････････････････････････････ （附）. **大球杆毛蕨 N. grandis**

球杆毛蕨   图 185

Nesopteris thysanostoma (Makino) Cop. in Philipp. Journ. Sci. Bot. 67: 66. 1938.

Trichomanes thysanostomum Makino in Bot. Mag. Tokyo 12: 193. 1898.

植株高 30-40 厘米。根茎短，直立，顶端密被节状毛，下面密生根。叶簇生；叶柄长 6-16 厘米，暗褐色，被球状微毛，基部密被节状毛，圆柱形，具极窄边；叶片窄卵形，长 10-30 厘米，宽 5-15 厘米，基部近心形，四回羽状细裂；羽片 10-12 对，柄长 1-3 毫米，斜上，卵状披针形，长 4-8 厘米，宽 1.5-3 厘米，稍覆瓦状，基部 1 对羽片略短；一回小羽片 8-10 对，柄长约 1 毫米或几无柄，三角状斜卵形，长 1-2.5 厘米，宽 1-1.5 厘米，基部斜楔形，密接，深羽裂达小羽轴，基部上侧 1 片常覆盖叶轴；二回小羽片 4-6 对，无柄，斜上，楔形或略扇形，长 3-6 毫米，宽 2-3 毫米，深羽裂；末回裂片 2-5 片，丝状，宽 0.3-0.5 毫米，密接，单一或常分叉；叶脉叉状分枝，下面疏生球杆状微毛；末回裂片有 1 小脉；叶薄草质，暗绿褐色；叶轴、

图 185 球杆毛蕨
（孙英宝仿《中国植物志》）

羽轴及小羽轴均有窄翅或窄边，下面疏被微毛。孢子囊群着生短裂片顶端，每一回小羽片有1-6个；囊苞管状，疏被微毛，有翅，下裂片不窄缩，口部平截，具睫毛；囊托长而突出。

产台湾（红头屿）。琉球、冲绳及菲律宾有分布。

[附] **大球杆毛蕨 Nesopteris grandis** Cop. in Philipp. Journ. Sci. Bot. 67: 65. 1938. 本种与球杆毛蕨的主要区别：囊苞口部多少喇叭形，无睫毛。产台湾。菲律宾及印度尼西亚有分布。

19. 蚌壳蕨科 DICKSONIACEAE
（林 尤 兴）

树形蕨类，常具粗大高耸主干或主干短而平卧（产我国），具网状中柱，密被垫状长柔毛，无鳞片，冠状叶丛顶生。叶具粗壮长柄；叶片大型，长宽达数米，三至四回羽状复叶，常有一部分为二型，或一型，革质；叶脉分离。孢子囊群边缘生，着生叶脉顶端，囊群盖具内外两瓣，如蚌壳，内凹，革质，外瓣为叶缘锯齿，较大，内瓣生于叶下面，同形而较小。孢子囊犁形，有柄，环带稍斜生，完整，侧边开裂；孢子四面体形，辐射对称，具3裂缝，无周壁，每孢子囊有48-64枚。原叶体心形，无毛。

4-5属，分布于热带及南半球温带地区。我国1属。

金毛狗属 Cibotium Kaulf.

根茎粗壮，木质，平卧或有时转为直立，密被柔软金黄色长毛，形如金毛狗头。叶一型，具长柄；叶片大，宽卵形，多回羽状分裂，末回裂片线形，有锯齿；叶脉分离；叶干后革质。孢子囊群着生叶缘，对生于小脉上，囊群盖两瓣状，内瓣较小，形如蚌壳；孢子囊梨形，具有长柄，侧边开裂。孢子钝三角形，无周壁，通常外壁沿赤道加厚，形成赤道环，在远极面，外壁形成宽而不规则块状加厚和隆起，并组成三角形。染色体基数 x=17。

约20种，分布于东南亚、夏威夷及中美洲。我国2种。

金毛狗　　　　　　　　　　　图 186 彩片 52

Cibotium barometz (Linn.) J. Sm. in London Journ. Bot. 1: 437. 1842.

Polypodium barometz Linn. Sp. Pl. 1092. 1753.

根茎卧生，粗大，顶端生一丛大叶。叶柄长达1.2米，径2-3厘米，棕褐色，基部被大丛垫状金黄色茸毛，长超过10厘米，有光泽，上部光滑；叶片长达1.8米，宽约相等，宽卵状三角形，三回羽状分裂；下部羽片长圆形，长达80厘米，宽20-30厘米，柄长3-4厘米，互生，

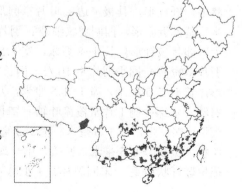

远离；一回小羽片长约 15 厘米，宽约 2.5 厘米，小柄长 2-3 毫米，线状披针形，羽状深裂几达小羽轴；末回裂片线形略镰刀状，长 1-1.4 厘米，宽约 3 毫米，有浅锯齿；中脉两面突出，侧脉两面隆起，斜出，单一，不育羽片上分叉；叶几革质或厚纸质，干后上面褐色，有光泽，下面灰白或灰蓝色，两面光滑，或小羽轴两面疏被短褐毛。孢子囊群在每末回裂片 1-5 对，生于下部小脉顶端，囊群盖坚硬，棕褐色，横长圆形，2 瓣状，内瓣较外瓣小，成熟时开裂如蚌壳，露出孢子囊群。孢子三角状四面体形，透明。

产浙江、台湾、福建、江西、湖南、广东、香港、海南、广西、贵州、四川、云南及西藏，生于山麓沟边及林下阴湿酸性土。印度、缅甸、泰国、中南半岛、马来西亚、印度尼西亚及琉球群岛有分布。根茎作强壮剂，其覆盖的金黄色长毛作止血剂，又可为填充物。可栽培供观赏。

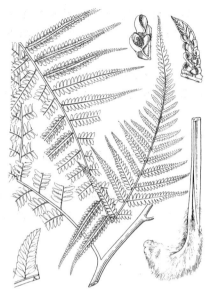

图 186 金毛狗 （蔡淑琴绘）

20. 桫椤科 CYATHEACEAE

（张宪春）

土生蕨类，乔木状或灌木状。茎粗壮，圆柱形，高耸，直立，通常不分枝（少数种类仅具短而平卧的根茎），被鳞片，有网状中柱，髓部有硬化维管束，茎干下部密生交织包裹的不定根，叶柄基部宿存或脱落而留叶痕于茎干，叶痕有 3 列小维管束。叶大型，多数，簇生茎干顶端；叶柄宿存或早落，被鳞片或有毛，两侧具淡白色气囊体，条纹状，排成 1-2 行；叶片二至三回羽状，或四回羽状，被多细胞毛，或有鳞片混生，叶脉单一或分叉。孢子囊群圆形，着生隆起囊托，生于小脉背上；囊群盖形状不一，圆球形，顶端开口成杯状（不产我国），或着生于孢子囊群的靠近末回小羽片中脉一侧，或鳞片状而覆盖于孢子囊群之下；孢子囊卵形，具斜生环带（不被囊柄隔断）；孢子囊柄细瘦，有 4（或更多）行细胞；每个孢子囊具 64 或 16 个孢子。孢子四面体形，辐射对称，具周壁，外壁光滑。原叶体成熟时心形，具鳞片状毛，较老时可见中脉。

7 属约 500 种，产热带、亚热带地区，马来西亚为分布中心。我国 2 属，14 种 2 变种。

1. 叶柄边缘有黑色斜上刺毛或密被鳞片，叶下面通常灰白色，裂片的侧脉 2-3 叉；无囊群盖 ·· 1. 白桫椤属 Sphaeropteris
1. 叶柄基部鳞片坚硬，中部黑棕色，边缘具淡棕色窄边，易擦落而呈啮蚀状；叶下面绿或灰绿色，裂片侧脉通常单一或 2 叉；囊群盖有或无 ························ 2. 桫椤属 Alsophila

1. 白桫椤属 （笔筒树属） Sphaeropteris Bernh.

树状，茎干粗壮，直立。叶大型，叶柄平滑、有疣突或皮刺，有时被毛，基部鳞片细胞一式，鳞片质薄，淡棕色，除边缘生刺毛外，由大小大致相同和形状、颜色及排列方向相同的细胞组成；叶下面灰白色，羽轴上面通常被柔毛，叶脉2-3叉。无囊群盖。染色体数目 x=69。

约120种，主产旧热带，热带美洲2-3种。我国2种。

1. 茎干高达20米；叶柄禾秆色，常被白粉 ························· 1. 白桫椤 S. brunoniana
1. 茎干高6米余；叶柄上面绿色，下面淡紫色，密被鳞片 ············· 2. 笔筒树 S. lepifera

1. 白桫椤 图187

Sphaeropteris brunoniana (Hook.) R. M. Tryon in Contr. Gray Herb. 200: 21. 1970.

Alsophila brunoniana Hook. Sp. Fil. 1: 52. 1844.

茎干高达20米，中部以上径达20厘米。叶柄禾秆色，常被白粉，

长达50厘米，基部有小疣突，余光滑，上面有宽沟，沟的两外侧各有1条由气囊体连成的灰白色斑纹线，延伸至叶轴渐稀疏，鳞片薄，灰白色，边缘有斜上黑色刺毛；叶片长达3米，宽达1.6米，三回羽状深裂，叶轴光滑，浅禾秆色，被白粉，羽片20-30对，斜展，披

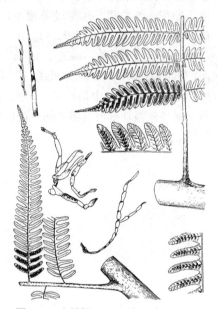

图 187 白桫椤 （孙英宝仿《中国树木志》）

针形，长达90厘米，宽约25厘米，基部1对羽片的柄长达7厘米，尖端羽状深裂，羽轴光滑，浅禾秆色；小羽片条状披针形，下部稍窄，尖端长尾尖，长9-14厘米，宽2-3厘米，深裂至几全裂，小羽轴上面无毛或有疏毛，下面无毛，裂片16-25对，长1-1.6厘米，宽3-5毫米，略镰刀形，近全缘或略具波状齿，偶浅裂，小脉2-3叉；叶纸质，干后上面暗绿色，下面灰白色，两面无毛。每裂片有孢子囊群7-9对，位于叶缘与主脉间，无囊群盖，隔丝发达与孢子囊几等长或长于孢子囊。

产海南、云南及西藏东南部，生于海拔500-1150米常绿阔叶林林缘或山沟谷底。不丹、尼泊尔、印度北部、孟加拉国、缅甸及越南北部有分布。

2. 笔筒树 多鳞白桫椤 图188 彩片53

Sphaeropteris lepifera (J. Sm. ex Hook.) R. M. Tryon in Contr. Gray Herb. 200: 21. 1970.

Alsophila lepifera J. Sm. ex Hook. Sp. Fil. 1: 54. 1844.

茎干高6米余，胸径约15厘米。叶柄长16厘米或更长，通常上面绿色，下面淡紫色，无刺，密被鳞片，有疣突，鳞片苍白色，质薄，长达4厘米，基部宽2-4毫米，先端窄渐尖，边缘具刚毛，狭窄先端常棕色；叶轴和羽轴禾秆色，密被疣突，突头亮黑色，近1毫米高；最下部的羽片略短，最长羽片达80厘米，最大的小羽片长10-15厘米，

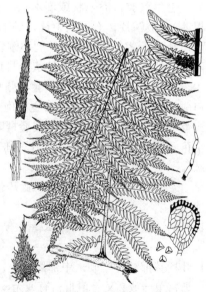

图 188 笔筒树 （引自《Fl. Taiwan》）

宽1.5-2.2厘米，先端尾渐尖，无柄，基部少数裂片分离，其余几裂至小羽轴；主脉间隔3-3.5毫米，侧

脉 10-12 对，2-3 叉，裂片纸质，全缘或近全缘，下面灰白色；羽轴下面多少被鳞片，基部鳞片窄长，灰白色，边缘具棕色刚毛，上部的鳞片较小，具灰白色边毛，均贴伏，羽轴顶部具灰白色硬毛；小羽轴及主脉下面有灰白色平伏卵形或长卵形边缘具短毛的小鳞片，兼有多数灰白色开展粗长毛，小羽轴上面无毛。孢子囊群近主脉着生，无囊群盖；隔丝长于孢子囊。

产台湾，生于海拔 1500 米以下林缘、路边、阳坡，常成片林。厦门、广州、深圳、香港有栽培。菲律宾北部及日本琉球群岛有分布。树干修长，叶痕大而密，异常美观。

2. 桫椤属 Alsophila R. Br.

乔木状或灌木状，主茎短而不露出地面或稍高出地面，偶平卧，顶端被鳞片。叶大型，叶柄平滑、或有刺及疣突，通常乌木色、深禾秆色或红棕色，基部鳞片坚硬，中部棕或黑棕色，由长形厚壁细胞组成，边缘淡棕色，呈薄而脆的窄边，易被擦落呈啮蚀状，由较短的薄壁细胞组成，具有较长、不整齐、曲折的厚细胞壁刚毛，老时脱落；叶片一回羽状至多回羽裂；羽轴通常被柔毛，偶无毛，叶脉分离（偶略网结），小脉单一或 2-3 叉。孢子囊群圆形，背生于叶脉，囊托凸出，半圆形或圆柱形；囊群无盖，或囊群盖圆球形，着生于孢子囊群的近末回小羽片主脉一侧，全部或部分包被孢子囊群；隔丝丝状；孢子囊柄短，常有 4 行细胞，环带斜行。孢子钝三角形，周壁半透明或不透明，外壁光滑。染色体数目 x=69。

约 230 种，产热带潮湿地区，亚洲有 20 余种。我国 12 种 2 变种。

1. 叶柄、叶轴和羽轴鲜时通常绿色、深禾秆色和浅棕色，有刺或小疣；能育和不育小羽片几同大，小脉常 2 叉；有囊群盖（有时极小，鳞片状，常被囊群覆盖）；每个孢子囊具 16 个孢子。
  2. 小羽片主脉及裂片中脉背面有淡棕色软毛 ·· 1. 中华桫椤 A. costularis
  2. 小羽片主脉及裂片中脉背面无毛。
    3. 囊群盖包被孢子囊群。
      4. 叶柄具刺；囊群盖开裂反折向中脉 ·· 2. 桫椤 A. spinulosa
      4. 叶柄无刺；囊群盖开裂不反折向中脉，向裂片边缘开口 ················ 2(附). 南洋桫椤 A. loheri
    3. 囊群盖几被孢子囊群基部所覆盖，扁平，边缘撕裂呈齿状 ······················· 3. 阴生桫椤 A. latebrosa
1. 叶柄、叶轴和羽轴乌木色或红棕色，通常无刺（除滇南桫椤），微粗糙；能育小羽片常较不育小羽片窄（或具较窄的裂片），小脉单一；无囊群盖；每个孢子囊具 64 个孢子。
  5. 叶柄连同叶轴背面两侧着生平展棕色鳞片。
    6. 叶片两面密生针状长毛 ·· 4. 毛叶桫椤 A. andersonii
    6. 叶片两面无毛，小羽片通常长不及 10 厘米，裂片通常具 6-7 对叶脉 ·············· 5. 大叶黑桫椤 A. gigantea
  5. 叶柄连同叶轴背面两侧无平展鳞片。
    7. 小羽片分裂较浅，不过 1/2，或波状全缘 ·· 6. 黑桫椤 A. podophylla
    7. 小羽片分裂达 1/2 以上。
      8. 小羽片背面有勺状或泡状鳞片。
        9. 叶柄基部鳞片金黄色；小羽片主脉及裂片中脉背面被泡状小鳞片 ·········· 7. 粗齿桫椤 A. denticulata
        9. 叶柄基部鳞片暗棕色，有较宽浅色薄边；小羽片主脉背面具勺状鳞片，向先端为针状长毛。
          10. 叶片两面侧脉被针状毛 ·· 8. 小黑桫椤 A. metteniana
          10. 叶片两面侧脉无毛 ····························· 8(附). 光叶小黑桫椤 A. metteniana var. subglabra

8. 小羽片背面有窄长平展小鳞片，非勺状或泡状 ⋯⋯⋯⋯⋯⋯⋯⋯⋯⋯⋯⋯ 9. **西亚桫椤 A. khasyana**

1. 中华桫椤

图 189：1-4

Alsophila costularis Baker in Kew Bull. 1906: 8. 1906.

茎干高达 5 米或更高，径 15-30 厘米。叶柄长达 45 厘米，近基部深红棕色，具短刺和疣突，向上色渐淡，上面有宽沟，两外侧各有 1 条气囊线，直达叶轴，间隔渐疏；叶柄基部鳞片长达 2 厘米，宽约 1.5 毫米，黑棕色，有光泽，坚硬，边缘薄而早落；叶片长 2 米，宽 1 米，长圆形；叶轴下部红棕色，下面具星散小疣，上部棕黄色，下面粗糙；三回羽状深裂，羽片约 15 对，披针形，长达 60 厘米，宽达 17 厘米，羽轴上面有沟槽，密被红棕色刚毛，下面禾秆色，具疣突，上半部被灰白色弯曲毛；小羽片达 30 对，无柄，平展，披针形，先端渐尖或长尾尖，基部宽楔形或近截形，长 6-10 厘米，宽 1.3-2 厘米，间隔 1.5 厘米，深裂至 2/3 或几达小羽轴，裂片基部合生，主脉间隔 3.5-4.5 毫米，小羽轴两面密被卷曲淡棕色软毛，连同主脉下面疏被勺状淡棕色鳞片，裂片长方形，较薄，具小圆锯齿，侧脉达 13 对，2 叉，稀 3 叉或单一；叶干后纸质，上面暗绿色，下面淡绿色；不育小羽片的主脉背面常有少数近泡状苍白色小鳞片。孢子囊群着生侧脉分叉处，近主脉，每裂片 3-6 对，囊群盖膜质，于主脉一侧附着囊托基部，成熟时反折如鳞片状覆盖主

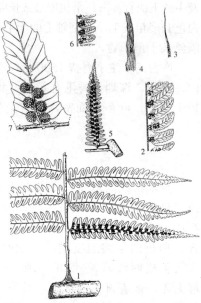

图 189：1-4.中华桫椤　5-7.阴生桫椤
（孙英宝仿《中国树木志》）

肋，隔丝不及孢子囊长。

产广西西部、云南及西藏东南部，生于海拔 700-2100 米沟谷林中。不丹、印度、越南、缅甸及孟加拉国有分布。

2. 桫椤

图 190

Alsophila spinulosa (Wall. ex Hook.) R. M. Tryon in Contr. Gray Herb. 200: 32. 1970.

Cyathea spinulosa Wall. ex Hook. Sp. Fil. 1: 25. 1844; 中国高等植物图鉴 1: 225. 1972.

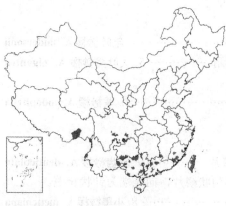

茎干高达 6 米或更高，径 10-20 厘米，上部有残存叶柄，向下密被交织不定根。叶螺旋状排列于茎顶；茎端和拳卷叶及叶柄基部密被鳞片和糠秕状鳞毛，鳞片暗棕色，有光泽，窄披针形，先端褐棕色刚毛状，两侧有窄而色淡的啮齿状薄边；叶柄长 30-50 厘米，通常棕色或上面较淡，连同叶轴和羽轴有刺状突起，背面两侧各有 1 条不连续皮孔线，

图 190 桫椤 （孙英宝仿《中国树木志》）

向上延至叶轴；叶片长矩圆形，长1-2米，宽40-50厘米，三回羽状深裂，羽片17-20对，互生，基部1对长约30厘米，中部羽片长40-50厘米，宽14-18厘米，长矩圆形，二回羽状深裂；小羽片18-20对，基部小羽片稍短，中部的长9-12厘米，宽1.2-1.6厘米，披针形，先端渐尖有长尾，基部宽楔形，无柄或有短柄，羽状深裂，裂片18-20对，斜展，基部裂片稍短，中部的长约7毫米，宽约4毫米，镰状披针形，短尖头，有锯齿；叶脉在裂片上羽状分裂，基部下侧小脉出自中脉基部；叶纸质，干后绿色；羽轴、小羽轴和中脉上面被糙硬毛，下面被灰白色小鳞片。孢子囊群着生侧脉分叉处，近中脉，有隔丝，囊托突起；囊群盖球形，薄膜质，外侧开裂，易破，成熟时反折覆盖中脉上面。

产台湾、福建、江西、广东、香港、海南、广西、贵州、四川、云南及西藏，生于海拔260-1600米山地溪旁或疏林中。日本、越南、柬埔寨、泰国北部、缅甸、孟加拉、不丹、尼泊尔及印度有分布。

[附] **南洋桫椤** *Alsophila loheri* (Christ) R. M. Tryon in Contr. Gray Herb. 200: 32. 1970. —— *Cyathea loheri* Christ in Bull. Herb. Boissier. ser. 2(6): 1007. 1906. 本种与桫椤的主要区别：叶柄无刺；囊群盖开裂不折向中脉，向裂片边缘开口。产台湾，生于海拔600-2500米林中。菲律宾及加里曼丹岛北部有分布。

3. 阴生桫椤

图 189: 5-7

Alsophila latebrosa Wall. ex Hook. Sp. Fil. 1: 37. 1844.

茎干高达5米，径约8厘米。叶柄褐禾秆色或淡棕色，长约30厘米，下面密生小疣突；叶片三回羽状深裂，羽片稍斜展，柄长约5毫米，宽披针形，长达50厘米，中部宽约14厘米，顶端长渐尖；小羽片约25对，近平展，有短柄，相距1.5-2厘米，条形，长6-7厘米，基部宽约1.5厘米，顶端长渐尖，基部截形而略不对称，深羽裂近小羽轴，裂片16-20对，主脉相

距3-4毫米，条状披针形，长6-8毫米，基部稍宽，钝头，边缘有浅圆齿；叶脉下面略可见，侧脉通常2叉；叶纸质，干后上面深褐色，下面灰绿色，两面无毛；叶轴褐禾秆色，下面有小疣突，羽轴下面粗糙，小羽轴上面密被棕色毛。孢子囊群近主脉着生，囊群盖鳞片状，着生囊托基部近主脉一侧，成熟时通常被孢子囊群覆盖，隔丝较孢子囊长。

产海南及云南东南部，生于海拔350-1000米林下溪边阴湿处。马来亚半岛、苏门答腊、加里曼丹、泰国及柬埔寨有分布。

4. 毛叶桫椤

图 191

Alsophila andersonii Scott ex Bedd. Ferns Brit. Ind. t. 310. 1869.

茎干高6-9米。叶柄紫黑色，粗糙或有小疣突，具披针形鳞片，早落；叶轴栗褐色，下面几无毛，微粗糙；羽片长达70厘米，羽轴褐禾秆色，下面疏被展开灰白色硬毛，近基部被具淡棕色易脆边缘和尖端刚毛状的鳞片，最大小羽片长12-14厘米，宽2.5-3（4）厘米，基部下侧裂片通常分离，或有少数贴生达小

羽轴，其余的裂至离小羽轴1-2毫米，主脉相隔5-6毫米，小脉10-12对，全单一，或在中部有2叉，基部下侧的1条出自主脉或有时出自小羽轴，裂片较薄，下部近全缘，上部有小齿，略镰形，先端钝尖或钝圆；小羽轴、主脉和小脉的两面均被多数展开灰白色粗长毛，长约0.5毫米；小羽轴基部常有小鳞片。孢子囊群小，微偏近主脉，无囊群盖；隔丝苍白色，细长，成熟时较孢子囊长；孢子囊群球形，无

盖，生于叶脉中部。

产云南西部及东南部、西藏东南部，生于海拔700-1200米山坡季雨林林缘。不丹及印度东北部有分布。

5. 大叶黑桫椤　大黑桫椤　　　　　　　　　　　　图192：1-2

Alsophila gigantea Wall. ex Hook. Sp. Fil. 1: 53. 1844.

植株高2-5米，有主干，径达20厘米。叶长达3米，叶柄长1米多，乌木色，粗糙，疏被头垢状暗棕色短毛，基部、腹面密被棕黑色鳞片，鳞片条形，长达2厘米，基部宽1.5-3毫米，中部宽1毫米，光亮，平展；叶片三回羽裂，叶轴下部乌木色，粗糙，向上渐棕色而光滑；羽片平展，有短柄，长圆形，长50-60厘米，中部宽约20厘米，顶端渐尖有浅锯齿；

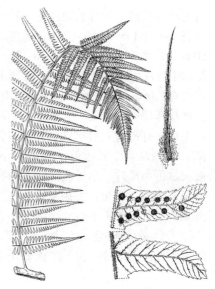

图 191　毛叶桫椤　（孙英宝仿　杨建昆绘）

羽轴下面近光滑，上面疏被褐色毛；小羽片约25对，互生，平展，柄长约2毫米，小羽轴相距2-2.5厘米，条状披针形，长约10厘米，宽1.5-2厘米，顶端渐尖有浅齿，基部截形，羽裂达1/2-3/4，小羽轴上面被毛，下面疏被小鳞片，裂片12-15对，略斜展，主脉相距4.5-6毫米，宽三角形，长5-6毫米，基部宽4-5毫米，向顶端稍窄，钝头，边缘有浅钝齿；叶脉下面可见，小脉6-7（8-10）对，单一，基部下侧叶脉多出自小羽轴；叶厚纸质，干后上面深褐色，下面灰褐色，两面无毛。孢子囊群着生主脉与叶缘之间，成V字形，无囊群盖，隔丝与孢子囊等长。

产广东、海南、广西及云南，生于海拔600-1000米溪沟边密林下。日本南部、爪哇、苏门答腊、马来亚半岛、越南、老挝、柬埔寨、缅甸、泰国、尼泊尔及印度有分布。

6. 黑桫椤　结脉黑桫椤　　　　　　　　　　　　图192：3-4

Alsophila podophylla Hook. in Journ. Bot. 9: 334. 1857.

植株高1-3米，主干短，或树状主干高达数米，顶部生出几片大叶。叶柄红棕色，略光亮，基部略膨大，粗糙或略有小尖刺，被褐棕色披针形厚鳞片；叶片长2-3米，一回、二回深裂至二回羽状，沿叶轴和羽轴上面有棕色鳞片，下面粗糙；羽片互生，斜展，柄长2.5-3厘米，长圆状披针形，长30-50厘米，中部宽10-18厘米，顶端长渐尖，有浅锯齿；小羽片约20对，互生，近平展，柄长约1.5毫米，小羽轴相距2-2.5厘米，条状披针形，基部截形，宽1.2-1.5厘米，顶端尾状渐尖，边缘近全缘或有疏锯齿，或波状圆齿；叶脉两边均隆起，主脉斜上，小脉3-4对，相邻两侧的基部1对小脉（有时下部同侧两条）顶端通常联结成三角状网眼，并向叶缘延伸出1条

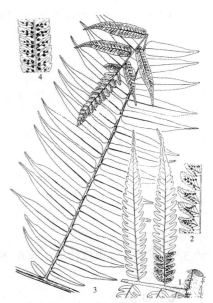

图 192：1-2.大叶黑桫椤　3-4.黑桫椤
（孙英宝仿《中国树木志》）

小脉（有时和第二对小脉联结），叶坚纸质，干后上面褐绿色，下面灰绿色，两面无毛。孢子囊群圆形，着生小脉背面近基部处，无囊群盖，隔丝短。

产台湾、福建南部、广东、香港、海南、广西、贵州南部及云南东南部，生于海拔95-1100米山坡林中、溪边灌丛。日本南部、越南、老挝、泰国及柬埔寨有分布。

7. 粗齿桫椤　　　　　　　　　　图 193

Alsophila denticulata Baker in Journ. Bot. London 23: 102. 1885.

植株高 0.6-1.4 米，主干短而横卧。叶簇生；叶柄长 30-90 厘米，红褐色，稍有疣状突起，基部生鳞片，向上部光滑，鳞片线形，长 1.5 厘米，宽 1.5 毫米，淡棕色，光亮，边缘有疏长刚毛；叶片披针形，长 35-50 厘米，二回羽状至三回羽状，羽片 12-16 对，互生，斜上，有短柄，长圆形，中部的羽片长 12-40 厘米，基部 1 对羽片稍短；小羽片长 7-8 厘米，宽 1.6-1.8 厘米，先端短渐尖，无柄，深羽裂近小羽轴，基部 1-2 对裂片分离，裂片斜上，有粗齿；叶脉分离，每裂片有小脉 5-7 对，单一，稀分叉，基部下侧 1 小脉出自主脉；羽轴红棕色，疏生疣状突起及窄线形鳞片，较大鳞片边缘有刚毛；小羽轴及主脉密生鳞片，鳞片顶部深棕色，基部淡棕色并泡状，边缘有黑棕色刚毛。孢子囊群圆形，着生小脉中部或分叉上；囊群盖缺，隔丝多，稍短于孢子囊。

产浙江东南部、台湾、福建、江西、湖南南部、广东、香港、

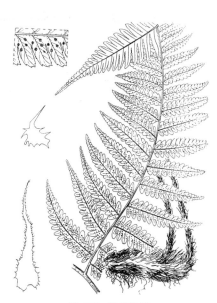

图 193 粗齿桫椤
（孙英宝仿《福建植物志》）

广西、贵州南部、四川及云南东南部，生于海拔 350-1520 米山谷疏林、常绿阔叶林下及林缘沟边。日本南部有分布。

8. 小黑桫椤　　　　　　　　　　图 194

Alsophila metteniana Hance in Journ. Bot. 6: 175. 1868.

植株高达 2 米余。根茎短而斜升，密生黑棕色鳞片。叶柄黑色，基部鳞片宿存，鳞片线形，长达 2 厘米，宽 1.5 毫米，淡棕色，光亮，有不明显窄边；叶片三回羽裂，羽片长达 40 厘米，小羽片长 6-9 厘米，宽 1.6-2.2 厘米，向顶端渐窄，深羽裂，距小羽轴 2-4 毫米，基部 1 对裂片不分离，裂片窄长，先端有小圆齿；叶脉分离，每裂片有小脉 5-6 对，单一，基部下侧 1 小脉出自主脉；羽轴红棕色，近光滑，残留疏鳞片，鳞片小，灰色，少数较窄鳞片先端有黑色长刚毛；小羽轴基部生鳞片，鳞片黑棕

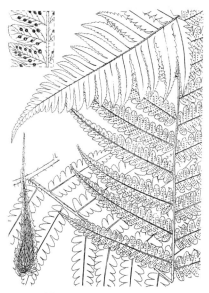

图 194 小黑桫椤
（孙英宝仿《福建植物志》）

色，有灰色边，先端弯曲刚毛状，较小鳞片灰色，基部稍泡状，先端长刚毛状。孢子囊群着生小脉中部，囊群盖缺；隔丝多，比孢子囊稍长或近相等。

产浙江东南部、台湾、福建南部、江西西部、广东北部、广西、贵州、四川及云南，生于山坡林下、溪旁或沟边。日本有分布。

[附] **光叶小黑梢楞 Alsophila metteniana** var. **subglabra** Ching et Q. Xia in Acta Phytotax. Sin. 27(1): 14. 1989. 本变种与模式变种的区别：叶片背面无针状长毛。产四川（峨眉山、北碚缙云山）、福建南靖、贵州荔波及浙江苍南。生境同原变种。

9. 西亚梢楞　　　　　　　　图 195

Alsophila khasyana T. Moore ex Kuhn in Linnaea 36: 154. 1869.

植株高 1.5 米或更高。叶柄黑色，长 40 厘米以上，无刺，基部密被鳞片，鳞片长约 1.5 厘米，宽约 1.5 毫米，中部有深棕色的带，边缘色较浅，有睫毛；叶片长 70 厘米以上，三回羽状深裂；小羽片互生，近平展，披针形，长 8.5-10 厘米，宽 1.5-2.5 厘米，先端渐尖，基部平截，具短柄，羽状深裂，裂片约 17 对，互生，略斜展，间隔窄，近长方形，长 8 毫米，宽 4 毫米，边缘和顶部具锯齿，基部 1 对近分离，其余深裂几达羽轴；叶脉两面隆起，侧脉 8-9 对，斜上，相距约 1 毫米，单一或分叉，分离裂片基部下侧 1 脉出自小羽轴；叶干后薄纸质，上面深棕色，下面淡棕色；叶轴、羽轴褐棕色，羽轴下面光滑，上面连同小羽轴密被紧贴红棕色刚毛，小羽轴下面有披针形鳞片，主脉下面有稀疏勺状棕色小鳞片。孢子囊群着生侧脉中下部，近主脉，每裂片通常 4 对，无囊群盖。

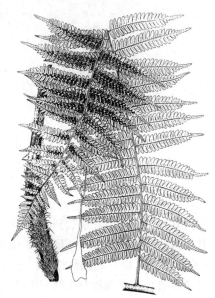

图 195　西亚梢楞　（孙英宝绘）

产云南及西藏东南部，生于海拔 1200-1800 米常绿林下。广布于印度北部及缅甸。

21. 稀子蕨科 MONACHOSORACEAE

（林尤兴）

土生蕨类。根茎粗短，平卧或斜升，具简单网状中柱，无鳞片和真毛，有干后易脱落锈棕色黏质腺毛或腺体。叶簇生，有柄，基部不以关节着生，有2条八字形长圆维管束，向上部合成U字形；叶片一型，膜质或薄草质，一至五回羽状细裂，各回分枝式为上先出型；幼时各部疏被纤细易脱落锈棕色腺状毛；叶脉纤细，分离，不达叶缘。孢子囊群小，圆形，叶下面生，位于稍加厚小脉顶端或稍近顶端，由10-20枚同时发生的孢子囊组成，混生腺状隔丝，无囊群盖；孢子囊梨形，有短柄，具3列细胞，环带具14-20个增厚细胞，侧面开裂，囊托小而不突起。孢子四面体形，辐射对称，具3裂缝，淡黄色，半透明，无周壁，外壁具瘤状突起或不明显网状纹饰。

2属，分布于亚洲热带及亚热带。

1. 叶柄红棕色，叶片披针形或长线状披针形，一回羽状，羽片披针形，无柄，叶脉单一；叶轴顶端鞭状，着地生根 ·· 1. 岩穴蕨属 Ptilopteris
1. 叶柄淡绿色，叶片卵状三角形或长圆形，二至五回羽裂，羽片通常椭圆形，具叶柄，叶脉在末回小羽片分叉；叶轴顶部不延伸成鞭状，稀着地生根 ··············· 2. 稀子蕨属 Monachosorum

1. 岩穴蕨属 Ptilopteris Hance

小型荫生蕨类。根茎短而平伏，斜升，密生须根。叶簇生，倒伏；叶柄长5-10厘米，红棕色，光滑，草质；叶片披针形或长线状披针形，长15-30厘米，宽2-3厘米，叶轴顶端鞭状，着地生根，一回羽状；羽片30-60对，长1-1.5厘米，宽3-4厘米，开展，近对生，相距5毫米，披针形，无柄，基部下侧楔形，上侧近平截，具小耳状突起，有粗齿，下部羽片渐小，或耳形，向下，顶部羽片斜升，渐小，略疏离，中脉下面明显，上面不明显，侧脉斜出，13-16对，下面明显；叶膜质，干后黄或褐绿色，上面光滑，下面疏被细微伏生腺毛；叶轴细长、草质，灰绿色。孢子囊群小型，圆形，着生侧脉顶端，近叶缘，每齿内1枚，无盖。孢子钝三角形，无周壁，外壁有瘤状纹饰。染色体基数 x=7（28）。

单种属。

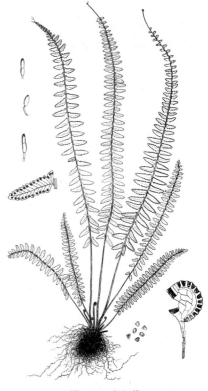

岩穴蕨　　　　　　　　　　　　　　图 196

Ptilopteris maximowiczii Hance in Journ. Bot. 139. 1884.

形态特征同属。

产安徽、浙江、台湾、江西、湖北、湖南、贵州及四川东南部，生于海拔800-2200米密林下阴湿石缝中或石洞内。日本有分布。

图 196 岩穴蕨
（孙英宝仿《Ogata, Ic. Fil. Jap.》）

2. 稀子蕨属 Monachosorum Kunze

土生蕨类。根茎短而斜升，顶部具分泌黏质腺状毛。叶簇生；有长柄，淡绿色，幼时被锈棕色腺毛；叶片卵状三角形或长圆形，二回至五回羽状细裂，有小而深裂末回小羽片；叶脉分离，上先出，每小羽片具1纤细小脉，不达叶缘；叶膜质，无毛，疏生圆柱形腺毛，叶轴及羽轴为多，锈棕色，干后几光滑；叶轴中部附近羽片基部有锈黄色珠芽，幼时径达1厘米。孢子囊群小，圆形，顶生或近顶生于小脉，无盖，有腺毛混生。孢子钝三角形，无周壁，无柄，有瘤状或不明显网状纹饰。成熟原叶体无毛。染色体基数 x=7（28）。

约6种，分布于尼泊尔、印度北部经中国至中南半岛、马来群岛，东至日本。我国4种。

1. 叶向顶部渐窄成长尾状，顶端着地生根，二回羽状或略羽状深裂。
  2. 叶二回羽状，羽片宽 1.5-2 厘米，长 5-8 厘米 ······························ 1. **尾叶稀子蕨 M. flagellare**
  2. 叶三回羽裂或几三回羽状，羽片宽 2.5-3 厘米，长 8-12 厘米 ··· 1(附). **华中稀子蕨 M. flagellare** var. **nipponicum**
1. 叶向顶部渐尖，顶端不着地生根，三至四回羽状或羽裂。
  3. 植株高 25-30 厘米；叶片宽达 12 厘米，羽片长 6-7 厘米，宽 2 厘米，披针形 ························
  ··· 1(附). **俚山稀子蕨 M. elegans**
  3. 植株高超过 50 厘米；叶片宽三角形或三角状长圆形，基部宽通常超过 20 厘米，羽片宽 4 厘米以上，长圆状披针形。
    4. 植株高 1 米以下；叶柄径约 3 毫米，叶片三回羽状，二回小羽片长约 6 毫米，羽裂，末回裂片宽 ·········
    ··· 2. **稀子蕨 M. henryi**
    4. 植株高过 1.5 米；叶柄径 5-6 毫米，叶片三回羽状，二回小羽片长 1-1.5 厘米，羽状，末回羽片窄 ······
    ··· 2(附). **大叶稀子蕨 M. davallioides**

1. 尾叶稀子蕨 图 197

Monachosorum flagellare (Maxim.) Hayata in Bot. Mag. Tokyo 23:29. 1909.

Polypodium flagellare Maxim. ex Makino in Bot. Mag. Tokyo 9:18. 1895.

根茎短，平卧或斜升，密生须根。叶簇生，直立；叶柄径 1-1.5 毫米，禾秆色或棕禾秆色，下面近圆，上面有窄沟，沟内密生腺状毛，长 7-13 厘米；叶片长 20-30 厘米，下部宽 8-10 厘米，长圆状卵形，向顶部长渐尖或长尾状，有时着地生根，基部宽圆，二回羽状；羽片 40-50 对，互生，或下部的近对生，开展，具短柄，相距约 1 厘米，基部 1 对常略短，平展，第二对起长 5-8 厘米，宽 1.5-2 厘米，披针形或近镰刀状，基部近平截，一回羽状；小羽片 10-14 对，平展，无柄，顶部以下的有窄翅合生，略三角形，长 0.6-1 厘米，宽 4-5 毫米，基部下侧楔形，上侧斜截，浅羽裂为三角状小裂片，或有少数锯齿；叶脉不明显，在小羽片为羽状，小

图 197 尾叶稀子蕨 （孙英宝绘）

脉单一或 2 叉,每锯齿有 1 小脉;叶膜质,下面疏被腺毛。孢子囊群小而圆,每小羽片有 2-3 枚,生于向顶一边,下边无或少数。

产安徽、浙江、江西、湖南、贵州、四川及云南,生于海拔 600-1500 米阴湿河谷及密林下。日本有分布。

[附] **华中稀子蕨 Monachosorum flagellare** var. **nipponicum** (Makino) Tagawa in Acta Phytotax. Geobot. 1: 88. 1932.——*Monachosorum nipponicum* Makino in Bot. Mag. Tokyo 41: 246. 1927. 与模式变种的主要区别:叶片下部三回或几三回羽状分裂,羽片宽 2.5-3 厘米,长达 12 厘米,一回小羽片羽裂至有窄翅的小羽轴,小羽片 5-6。产贵州、广西北部、湖南及

江西。日本有分布。

[附] **偃山稀子蕨 Monachosorum elegans** Ching, Fl. Reipubl. Popul. Sin. 2: 254. 1959. 本种与尾叶稀子蕨的区别:叶片渐尖头,顶端不着地生根,三回羽状;羽片约 15 对,相距约 2 厘米。产广西及广东,生于湿润岩壁。

2. 稀子蕨

图 198 彩片 54

Monachosorum henryi Christ in Bull. Herb. Boissier. 6: 869. 1898.

植株高 1 米以下。根茎粗短,斜升。叶簇生,直立;叶柄长 30-50 厘米,径约 3 毫米,淡绿或淡禾秆色,密被锈棕色贴生腺毛,后渐光滑;叶片长 30-40 厘米,下部宽 28-36 厘米,三角状长圆形,渐尖头,羽状深裂;羽片约 15 对,互生,有柄,相距 4-5 厘米,密接或向上部的几覆瓦状,基部 1 对近对生,长 15-18 厘米,宽 8 厘米,长圆形,基部近平截,对称,有柄,三回羽状深裂;一回小羽片约 15 对,上先出,有短柄,长约 4 厘米,宽 1-1.2 厘米,披针形,镰刀状,基部平截,对称,二回深羽裂;二回小羽片约 10 对,斜长圆形,长约 6 毫米,宽约 4 毫米,基部下侧平截,上侧稍耳状凸起,无柄,向上的小羽片与羽轴合生,两侧浅裂达 1/2,成 3-4 对小裂片,全缘,具微刺头,每片有 1 小脉;叶膜质;叶轴和羽轴密生锈色腺毛,叶轴中部腋间常有一珠芽。孢子囊群小,圆形,每小裂片 1 枚,近顶生于小脉,位于裂片中央。

产台湾、江西、湖南、广东、海南、广西、贵州、四川南部及云南,生于海拔 500-1600 米密林下。越南及日本有分布。

[附] **大叶稀子蕨 Monachosorum davallioides** Kunze in Bot. Zeitschr.

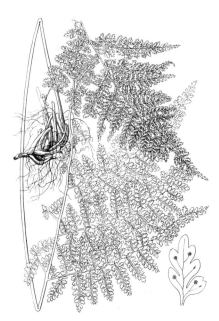

图 198 稀子蕨 (引自《图鉴》)

6: 6. 1848. 本种与稀子蕨的主要区别:植株高过 1.5 米;叶柄径 5-6 毫米,叶片三回羽状;二回小羽片长 1-1.5 厘米,羽状,末回羽片窄。产云南西南及西北部。尼泊尔、印度北部及缅甸有分布。

22. 碗蕨科 DENNSTAEDTIACEAE

（林尤兴）

土生中型蕨类。根茎横走，有管状中柱，被多细胞灰色刚毛。叶一型；叶柄基部不以关节着生，上面有浅纵沟，被毛；叶片一至四回羽状细裂，叶轴上面有纵沟，两侧圆，和叶两面被毛，小羽片或末回裂片偏斜，基部下侧楔形，上侧平截，多少耳状；叶脉分离，羽状分枝，小脉不达叶缘；叶草质或厚纸质，稍粗糙。孢子囊群小，圆形，叶缘生或近叶缘顶生于小脉，囊托横切面长圆形或圆形；囊群盖位于小脉顶端并开向叶缘，或碗形，为一内瓣及一外瓣融合而成，或杯形，以基部及两侧着生于叶肉，或圆肾形，以宽的基部着生；孢子囊梨形，有由 3 行细胞组成的细长柄；环带直立，侧面开裂，常有线形多细胞隔丝混生。孢子四面体形，具 3 裂缝，有或无周壁。

约 9 属，分布于热带及亚热带。我国 2 属。

1. 孢子囊群着生叶缘；囊群盖由内外两瓣融合而成，中间生孢子囊群，常碗形，偶杯形下弯 ················ ···································· 1. 碗蕨属 Dennstaedtia
1. 孢子囊群着生叶缘以内，稍离叶缘下面；囊群盖杯形，以基部及两侧着生叶肉，上方向叶缘开口，或圆肾形以基部着生，两侧多少分离 ·································· 2. 鳞盖蕨属 Microlepia

1. 碗蕨属 Dennstaedtia Bernh.

土生中型蕨类。根茎横走，较粗壮，被多细胞灰色刚毛，无鳞片。叶一型，有柄，基部不以关节着生，上面有纵沟，幼时有毛，老时脱落，多少粗糙；叶片三角形或长圆形，多回羽状细裂，多少被毛，叶轴毛多，稀无毛，小羽片偏斜，基部不对称楔形；叶脉分离，羽状分枝，小脉不达叶缘，先端具水囊。孢子囊群圆形，叶缘着生，顶生于每条小脉，分离；囊群盖碗形，由内瓣及外瓣合成，外瓣为叶缘锯齿或小裂片，碗口全缘，稀缺刻，通常多少下弯，质厚，常淡绿色；囊托短，孢子囊具细长柄，环带直立，下部被囊柄中断。孢子钝三角形，无周壁或具周壁，具小瘤状纹饰，外壁加厚。

约 80 种，主要分布热带地区，北达亚洲东北部及北美洲，南至智利及澳大利亚塔斯马尼亚。我国约 10 种。

1. 植株高约 30 厘米；叶片二至三回羽裂，羽片长 2-6 厘米。
　2. 叶片无毛，薄草质，叶柄具光泽，上部红棕色，下部栗色 ·············· 1. 溪洞碗蕨 D. wilfordii
　2. 叶片密生灰色长毛，草质，叶柄无光泽，通常淡禾秆色 ·············· 2. 细毛碗蕨 D. hirsuta
1. 植株高大；叶片三至四回羽状，羽片较长。
　3. 植株高 0.5-1 米；叶柄红棕或淡栗色，有光泽，二回小羽片基部合生，羽片长约 25 厘米。
　　4. 叶柄和叶轴有刚毛，叶片两面被毛 ·············· 3. 碗蕨 D. scabra
　　4. 叶柄和叶轴光滑，叶片无毛或略具 1-2 疏毛 ·············· 3(附). 光叶碗蕨 D. scabra var. glabrescens
　3. 植株高 2-3 米；叶柄淡褐色，二回小羽片分离，具小柄，羽片长 20-30 厘米 ·············· 4. 刺柄碗蕨 D. scandens

1. 溪洞碗蕨　　　　　　　　　　　　图 199

Dennstaedtia wilfordii (Moore) Christ, Geogr. d. Farne 195. 1910.

Microlepis wilfordii Moore, Ind. Fil. 299. 1861.

根茎细长横走，黑色，疏被棕色节状毛。叶 2 列疏生或近生；叶柄长约 14 厘米，径 1.5 厘米，基部黑褐色，被与根状茎同样长毛，向上红棕色或淡禾秆色，无毛，有光泽；叶片长约 24 厘米，宽 6-8 厘米，长圆状披针形，二至三回羽状深裂；羽片 12-14 对，长 2-6 厘米，宽 1-2.5 厘米，卵状宽披针形或披针形，羽柄长 3-5 毫米，互生，相距 2-3 厘米，斜上，一至二回深羽裂；一回小羽片长 1-1.5 厘米，宽不及 1 厘米，长圆状卵形，上先出，基部楔形，下延，斜上，羽状深裂或粗锯齿状；末回羽片先端为 2-3 叉短尖头，全缘；中脉不显，侧脉纤细，羽状分叉，每小羽片有 1 小脉，不达叶缘，先端具纺锤状水囊；叶薄草质，干后淡绿或草绿色，无毛；叶轴上面有沟，下面圆，禾秆色。孢子囊群圆形，着生末回羽片叶腋，或上侧小裂片先端；囊群盖半盅形，淡绿色，口边多少啮齿状，无毛。

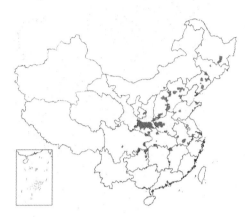

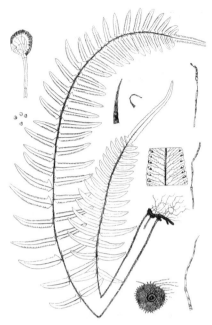

图 199 溪洞碗蕨
（蔡淑琴仿《中国植物志》）

产黑龙江、吉林、辽宁、内蒙古、河北、山东、山西、河南、陕西、甘肃、江苏、安徽、浙江、福建、江西、湖北、湖南、贵州及四川，生于海拔 560-2100 米河谷路边、林下、林缘或山坡向阳处。俄罗斯远东地区、朝鲜半岛及日本有分布。

2. 细毛碗蕨　　　　　　　　　　　　　　　　图 200

Dennstaedtia hirsuta (Sw.) Mett. ex Miq. in Ann. Mus. Bot. Lugduno
 – Batavum 3: 181. 1867.

Davallia hirsuta Sw. in Journ. Bot. (Schrader) 1800(2): 87. 1801.

Dennstaedtia pilosella (Hook.) Ching；中国植物志 2: 202. 1959；中国高等植物图鉴 1: 136. 1972.

根茎横走或斜升，密被灰棕色长毛。叶近生或几簇生；叶柄长 9-14 厘米，径约 1 毫米，幼时密被灰色节状长毛，老时脱落留糙痕，禾秆色；叶片长 10-20 厘米，宽 4.5-7.5 厘米，长圆状披针形，二回羽状；羽片 10-14 对，下部的长 3-5 厘米，宽 1.5-2.5 厘米，对生或几互生，相距 1.5-2.5 厘米，短柄具窄翅或几无柄，斜上或略弯，羽状分裂或深裂；一回小羽片 6-8 对，长 1-1.7 厘米，宽约 5 毫米，长圆形或宽披针形，上先出，基部上侧一片较长，与叶轴平行，两侧浅裂，顶端有 2-3 尖锯齿，基部楔形，下延和羽轴相连，小裂片先端具 1-3 小尖齿；叶脉羽状分叉，不达齿端，每尖齿有 1 小脉，水囊不显；叶草质，干后绿或黄绿色，两面密被灰色节状长毛；叶轴与叶柄同色，和羽轴密被灰色节状毛。孢子囊群圆形，着生小裂片腋中；囊群盖浅碗形，绿色，有毛。

产吉林、辽宁、内蒙古、河北、山东、山西、河南、陕西、甘

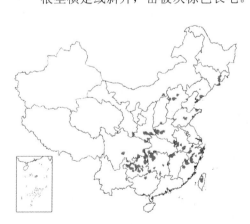

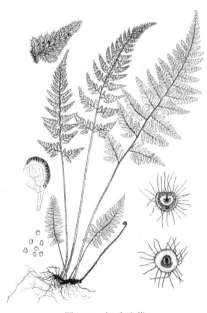

图 200 细毛碗蕨
（孙英宝仿《Ogata, Ic. Fil. Jap.》）

肃、安徽、浙江、台湾、福建、江西、湖北、湖南、广西、贵州及四川，生于海拔 500-2100 米山地溪边、路边、阳坡石缝中或阴湿石缝中。俄罗斯远东地区、朝鲜半岛及日本有分布。

3. 碗蕨 图 201

Dennstaedtia scabra (Wall. ex Hook.) Moore, Ind. Fil. 307. 1861.

Dicksonia scabra Wall. ex Hook. Sp. Fil. 1: 80. pl. 28. 1844.

植株高达 2 米。根茎长而横走，红棕色，密被棕色透明节状毛。

叶疏生；叶柄长 20-64 厘米，径 2-3 毫米，红棕或淡栗色，下面圆，上面有沟，和叶轴密被与根状茎同样长毛，老时几光滑；叶片长 20-29-（50）厘米，宽 15-24 厘米，三角状披针形或长圆状披针形，几互生，斜上，基部 1 对长 10-14 厘米，基部宽 4.5-6 厘米，柄长约 1 厘米，二至三回羽状深裂；一回小羽片 14-16 对，长 2.5-5 厘米，宽 1-2 厘米，向上渐短，长圆形，短柄具窄翅，上先出，基部上方一片几与叶轴平行或覆盖叶轴，二回羽状深裂；二回小羽片宽披针形，基部有窄翅相连，羽状深裂达 1/2-2/3；末回小羽片全缘或 1-2 浅裂，小裂片钝头，无锯齿；叶脉羽状分叉，小脉不达叶缘，每小裂片具 1 小脉，先端具水囊；叶坚草质，棕绿色，两面沿各羽轴及叶脉均被灰色透明节状毛。孢子囊群圆形，着生裂片小脉顶端；囊群盖碗状，灰绿色，略被毛。

产浙江、台湾、福建、江西、湖北、湖南、香港、海南、广西、贵州、四川、云南及西藏，生于海拔 800-2400 米河谷、林下溪边、林缘或山坡向阳处。印度、斯里兰卡、缅甸、泰国、老挝、越南、马来西亚、菲律宾、日本及朝鲜半岛有分布。

图 201 碗蕨 （张维本绘）

[附] 光叶碗蕨 **Dennstaedtia scabra** var. **glabrescens** (Ching) C. Chr. Ind. Fil. Suppl. 3: 76. 1934. —— *Dennstaedtia glabrescens* Ching in Bull. Dept. Biol. Sun Yatsen Univ. 6:24. 1933. 与模式变种的主要区别：叶片无毛或略具 1-2 疏毛。产广东、广西及云南，生于海拔 680-1000 米溪边、路边林下。越南北部有分布。

4. 刺柄碗蕨 图 202

Dennstaedtia scandens (Bl.) Moore in Parker's Cat. 1858.

Dicksonia scandens Bl. Enum. Pl. Jav. 240. 1828.

植株高 2-3 米，攀援。根茎长而横走。叶疏生；叶柄粗硬，淡褐色，具短刺，刺长 1-1.5 毫米，尖端略下弯；叶羽片多数，长 20-30 厘米，宽 8-12 厘米，长圆状披针形，柄长 2-3 毫米，下侧腋间密生短棕毛，近对生，相距 9-13 厘米，三回羽状深裂；一回小羽片长 12-14 厘米，互生，几无柄，相距 1.5-3 厘米，下方基部 1 片长 2 厘米，宽 7-8 毫米，长圆形，羽状深裂，其

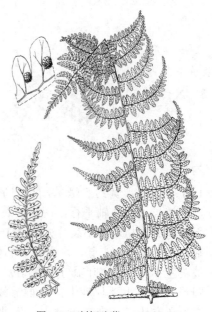

余约长 4-5 厘米，宽 1.5-2.8 厘米，宽披针形或近镰刀形，二回羽状深

图 202 刺柄碗蕨 （孙英宝绘）

裂；末回羽片 8-12 对，长 0.8-1.5 厘米，宽 5-6 毫米，长圆形，基部上方略平截，下方宽楔形，无柄，分离，羽状深裂达 1/2-2/3；裂片椭圆形，无锯齿；叶脉羽状分叉，达叶缘，每裂片有 2-4 小脉；叶坚草质，干后暗绿色，上面光滑，下面沿中脉两侧密生细毛；叶轴、羽轴与叶柄同色，上面有沟，疏生短刺，小羽轴灰绿色，下面密被短棕毛。孢子囊群圆形，着生裂片基部上侧近缺刻处；囊群盖碗形，棕绿色，无毛。

产台湾。马来西亚、菲律宾及南洋群岛有分布。

2. 鳞盖蕨属 Microlepia Presl

土生中型蕨类。根茎横走，被多细胞淡灰色刚毛，无鳞片。叶中型至大型；叶柄基部不以关节着生，有毛，上面有浅纵沟；叶片椭圆形或长圆状卵形，一至四回羽状；小羽片或裂片偏斜，常与羽轴或叶轴平行，多数三角形，稀披针形，通常被淡灰色刚毛或软毛，叶轴和羽轴毛多；叶脉分离，羽状分枝，小脉不达叶缘。孢子囊群圆形，叶缘内着生小脉顶端，常近裂片间缺刻；囊群盖半杯形，以基部及两侧着生叶肉，上方向叶缘开口，上缘平截，或囊群盖肾圆形，以基部着生；囊托短；环带直立，具 16-20 个增厚细胞，基部为囊柄中断。孢子钝三角形，具周壁，周壁具细网状纹饰，常龟裂，外壁具不明显细网状纹饰，少数种类具宽窄不等条状加厚。染色体基数 x=43。

约 70 种，主要分布于东半球热带和亚热带地区，南达新西兰及马达加斯加，北至日本，亚洲最多。我国约 50 种。

1. 叶一回羽状，羽片不裂或羽状深裂。
  2. 羽片具波状圆齿，叶脉 2 叉；孢子囊群近叶缘着生，排列整齐 ························· 1. **虎克鳞盖蕨 M. hookeriana**
  2. 羽片多少羽状分裂，或具粗大圆齿，叶脉 3 叉或羽状分离（在羽裂的羽片）；孢子囊群离叶缘较远。
    3. 叶纸质，羽片通常长约 10 厘米，叶脉细而不甚隆起，下面通常有短毛；囊群盖有毛。
      4. 羽片浅裂或缺刻状 ···························· 2. **边缘鳞盖蕨 M. marginata**
      4. 羽片羽状浅裂 ················· 2(附). **毛叶边缘鳞盖蕨 M. marginata** var. **villosa**
    3. 叶厚纸质，羽片长达 20 厘米，叶脉粗而隆起，下面除中脉外无毛；囊群盖无毛 ·························
        ····················· 3. **光叶鳞盖蕨 M. calvescens**
1. 叶二至四回羽状。
  5. 叶二回羽状。
    6. 叶草质 ························· 4. **二回鳞盖蕨 M. bipinnata**
    6. 叶纸质或厚纸质。
      7. 囊群盖圆肾形，基部着生 ················· 5. **中华鳞盖蕨 M. pseudostrigosa**
      7. 囊群盖杯形，基部及两侧着生 ················· 6. **粗毛鳞盖蕨 M. strigosa**
  5. 叶三至四回羽状。
    8. 叶片下面叶脉被毛，脉间无毛（稀有 1-2 短毛）。
      9. 叶近革质，下面无毛；囊群盖圆肾形，基部着生 ················· 7. **阔叶鳞盖蕨 M. platyphylla**
      9. 叶纸质或草质，下面叶脉多少有毛。
        10. 末回小羽片圆钝头（一回小羽片往往为圆头），全缘，或具有波状圆齿。
          11. 末回小羽片长 1-1.5 厘米，宽约 7 毫米 ················· 8. **斜方鳞盖蕨 M. rhomboidea**
          11. 末回小羽片长 5-7 毫米，宽 3-4 毫米 ················· 9. **针毛鳞盖蕨 M. trapeziformis**
        10. 末回小羽片尖头（一回小羽片常渐尖头），具锯齿或羽状深裂，裂片有锯齿。
          12. 羽片长圆形，长约 7 厘米，基部对称 ················· 10. **薄叶鳞盖蕨 M. tenera**
          12. 羽片长圆状披针形，长约 16 厘米，基部不对称。
            13. 叶柄长 23-40 厘米，棕禾秆色或棕黄色，基部有毛；叶片卵状长圆形，羽片 10-16 对 ·························

1. 虎克鳞盖蕨 虎克鳞蕨 图 203

Microlepia hookeriana (Wall. ex Hook.) Presl. Epim. Bot. 95. 1849.

Davallia hookeriana Wall. ex Hook. Sp. Fil. 1: 172. pl. 47 – B. 1846.

植株高 55-80 厘米。根茎长而横走，密被红棕或棕色钻状长毛。叶疏生，相距 1-2 厘米；叶柄长 20-30 厘米，基部径 2.5 毫米，褐禾秆色，被灰棕色软毛；叶片宽披针形，长 40-50 厘米，宽 11-15 厘米，一回羽状；羽片 23-28 对，对生或上部的互生，具短柄，或上部的无柄，披针形，近镰刀状，长 6-12 厘米，宽 1-1.5 厘米，基部圆截形或不对称戟形，上下两侧多少耳状，上

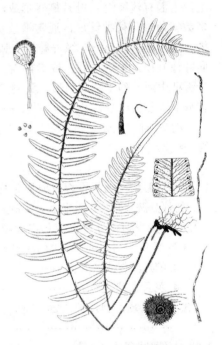

图 203 虎克鳞盖蕨
(孙英宝仿《Ogata, Ic. Fil. Jap.》)

侧耳片较大，具波状圆齿，先端锯齿状；叶脉自中脉斜出，一回 2 叉分枝，每齿有 1 小脉；叶草质，干后上面黑绿色，下面绿色，叶下面各脉被淡灰色长柔毛，叶上面中脉密被褐色柔毛，各脉疏被 1-2 长毛，叶肉无毛；叶轴被与叶柄同样的毛。孢子囊群着生小脉顶端，近边缘；囊群盖杯形，长宽相等或略宽，初绿色，后棕色，坚实，光滑，上边平截或波状，近叶缘，排成 1 行，宿存。

产安徽、浙江、台湾、福建、江西、广东、海南、广西、贵州及云南东南部，生于海拔 100-1100 米溪边林中或阴湿地。尼泊尔、印度北部、越南、马来西亚、印度尼西亚及婆罗洲有分布。

2. 边缘鳞盖蕨 边缘鳞蕨 图 204

Microlepia marginata (Panzer) C. Chr. Ind. Fil. 212. 1905.

Polypodium marginatum Panzer in Houtt. Pfl. Syst. 13: 199. 1786.

植株高 0.6-1 米。根茎长而横走，密被锈色长柔毛。叶疏生；叶柄长 17-50 厘米，径 1.5-2 毫米，深禾秆色，上面有纵沟，几光滑；叶片长圆状三角形，羽状深裂，长与叶柄近相等，宽 13-25 厘米，一回羽状；羽片 20-25 对，基部对生，远离，上部的互生，接近，平展，具短柄，披针形，近镰刀状，长 10-15 厘米，宽 1-1.8 厘米，基部不等，上侧钝耳状，下侧楔形，边缘缺刻状或浅裂；小裂片三角形，偏斜，全缘，或具少数齿牙，上部各羽片渐短，无柄；侧脉明显，裂片上羽状，2-3 对，上先出，斜出，达叶缘以内；叶纸质，干后绿色，叶下面灰绿色；叶轴密被锈色开展硬毛，在叶片下面各脉及囊盖上较稀疏，叶片上面有毛，稀光滑。孢子囊群圆形，每小裂片上 1-6 个，向边缘着生；囊群盖杯形，长宽几相等，上边平截，棕色，坚实，多少被短硬毛，距叶缘较远。

产甘肃南部、河南东南部、江苏、安徽、浙江、台湾、福建、

江西、湖北、湖南、广东、香港、海南、广西、贵州、四川及云南，生于海拔300-1800米路边、林缘、林下或溪边。印度、尼泊尔、斯里兰卡、越南、印度尼西亚及日本有分布。

[附] **毛叶边缘鳞盖蕨** **Microlepia marginata** var. **villosa** (Presl) Wu in Bull. Dept. Biol. Sun Yatsen Univ. 3: 112. t. 47.

1932.——*Microlepia villosa* Presl, Epim. Bot. 95. 1849. 与模式变种主要区别：羽片羽状浅裂，叶下面多毛。产地同模式变种。

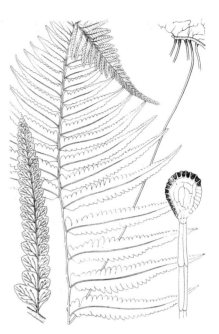

图 204 边缘鳞盖蕨 （引自《图鉴》）

3. 光叶鳞盖蕨

图 205

Microlepia calvescens (Wall. ex Hook.) Presl, Epim. Bot. 95. 1849.

Davallia calvescens Wall. ex Hook. Sp. Fil. 1: 172. t. 48. 1846.

植株高达1.2米。根茎径达5毫米，密被褐色钻状毛。叶疏生，

相距2厘米；叶柄长约70厘米，粗壮，禾秆色，圆形，上面具窄沟，基部被毛，余光滑；叶片长70厘米，宽24-26厘米，长圆形，先端长尾状，几二回羽状；羽片22-25对，基部近对生，疏离，上部的互生，斜展，柄长7毫米，披针形，镰刀状，长18-20厘米，宽2.3-2.7厘米，基部不等，羽状深裂；裂片斜长圆形，宽7毫米，密接，具锯齿；叶脉裂片上羽状，粗而隆起，4-5对，单一或分叉，斜出；叶厚纸质，干后棕绿色，两面几光滑，叶轴及羽轴下面密被棕黄色柔毛。孢子囊群圆形，每裂片5-7枚，近叶缘着生；囊群盖杯形，较宽，上缘平截，距较远，几光滑。

产浙江、台湾、福建、湖南、广东、海南、广西、贵州、四川及云南，生于海拔550-1500米密林下或林缘。印度及越南有分布。

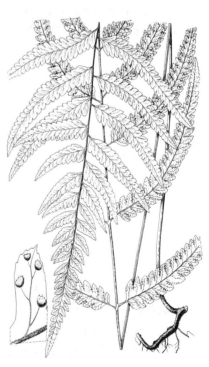

图 205 光叶鳞盖蕨 （孙英宝绘）

4. 二回鳞盖蕨

图 206

Microlepia bipinnata Hayata, Ic. Pl. Formos. 4: 209. f. 141. 1914.

植株高40-45厘米。根茎短而横走，径约3毫米，密被褐红色针状毛。叶近生；叶柄长12-15厘米，径1.5毫米，下部近圆柱形，栗色，上部禾秆色，基部被红褐色毛，后脱落，有斑痕，上部被淡

黄色柔毛；叶片长16-20厘米，基部宽5-8厘米，披针形，基部二回羽状；羽片约30对，基部近对生，上部的互生，开展，具短柄，

相距 2-3 厘米，披针形，长 3.5-5 厘米，宽 1.5-2 厘米，基部上侧平截，几与叶轴平行，下侧楔形，一回羽状；小羽片约 10 对，接近，平展，长圆形，圆头，近全缘或具波状圆齿；叶脉两面明显，在小羽片上为羽状，小脉 2 叉分枝；叶草质，干后褐绿色，两面光滑，主脉下面疏生短毛，叶轴上面密被短毛。孢子囊群在每小羽片上 5-8 枚，沿缺刻基部着生；囊群盖近圆形，宽略长于高，多基部着生，光滑。

产浙江东南部、台湾、福建、广东、海南、广西及云南东南部，生于海拔约 220 米。

图 206 二回鳞盖蕨 （孙英宝绘）

5. 中华鳞盖蕨 假粗毛鳞盖蕨 图 207

Microlepia pseudostrigosa Makino in Bot. Mag. Tokyo 28: 337. 1914.

Microlepia sinostrigosa Ching, Fl. Reipubl. Popul. Sin. 2: 220. 1959; 中国高等植物图鉴 1: 137. 1972.

植株高达 80 厘米。根茎长而横走，

径 4 毫米，密被红棕色长针状毛。叶疏生；叶柄长约 35 厘米，基部径 4 毫米，褐棕色，下部多少被刚毛；叶片长圆形，长 42 厘米，宽 22 厘米，长渐尖头，二回羽状；羽片 25 对以上，互生，相距 4-5 厘米，斜展，羽柄长 2 毫米，线状披针形，长 12-15 厘米，宽约 2.5 厘米，基部上侧平截略耳状，下侧楔形，中部羽片最宽，向上渐窄，基部下侧 2-3 对羽片稍短，一回羽状；小羽片 20-22 对，接近，柄极短，开展，近菱形，长 1.8-2.2 厘米，宽 6-8 毫米，有齿牙，基部下侧窄楔形，上侧平截，与羽轴平行，羽状深裂；有 2-3 长圆形裂片，裂片基部上侧 1 片大，各裂片具粗钝齿牙；叶脉下面隆起，上面不显，在裂片上羽状，3-4 对，在上部 2 叉分枝；叶坚草质，干后棕绿色；叶轴及羽轴小脉密被褐色短毛，上面光滑，叶片两面无毛，小羽轴两面疏被长毛。孢子囊群小，每裂片 3 枚，顶生于分叉细脉向顶的一条上；囊群盖棕色，圆肾形，基部着生，棕色，无毛。

产浙江、福建、江西、湖北、湖南、广东、海南、广西、贵州、四川及云南，生于海拔 400-1640 米山坡林缘或溪边。越南及日本有分布。

图 207 中华鳞盖蕨 （孙英宝绘）

6. 粗毛鳞盖蕨 粗毛鳞蕨　　图 208

Microlepia strigosa (Thunb.) Presl, Epim. Bot. 95. 1849.

Trichomanes strigosa Thunb. Fl. Jap. 339. 1784.

植株高达 1.1 米。根茎长而横走，径 4 毫米，密被褐棕色长针状毛。

叶疏生；叶柄长 40-60 厘米，基部径 4 毫米，褐棕色，下部密被灰棕色长针状毛，易脱落，具粗糙斑痕；叶片长圆形，长达 60 厘米，宽 22-28 厘米，渐尖头，二回羽状；羽片 25-35 对，近互生，相距 4-5.5 厘米，斜展，柄长 2-3 毫米，线状披针形，长 15-17 厘米，宽 3 厘米，基部不对称；小羽片 25-28 对，接近，无柄，开展，近菱形，长 1.4-2 厘米，宽 6-8 毫米，基部上侧平截，与羽轴平行，下侧窄楔形，稍下延，上缘稍羽裂，基部上侧裂片最大，具不整齐粗锯齿；叶脉下面隆起，上面明显，在上侧基部 1-2 组为羽状，余脉 2 叉分枝；叶纸质；叶轴与羽轴下面密被褐色短毛，上面光滑，叶片上面光滑，下面沿细脉疏被灰棕色短硬毛。孢子囊群小形，每小羽片 8-9 枚，位于裂片基部；囊群盖杯形，基部及两侧着生，棕色，被棕色短毛。

产浙江、台湾、福建、江西、湖南、广东、香港、广西、贵

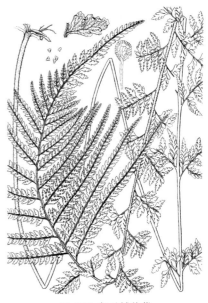

图 208 粗毛鳞盖蕨
（蔡淑琴绘）

州、四川、云南及西藏，生于海拔 600-1700 米沟边林下岩石。尼泊尔、印度、斯里兰卡、泰国、越南、马来西亚、菲律宾、印度尼西亚及日本有分布。

7. 阔叶鳞盖蕨　　图 209 彩片 55

Microlepia platyphylla (Don) J. Sm. in London Journ. Bot. 1: 427. 1842.

Davallia platyphylla Don, Prod. Fl. Nepal. 10. 1825.

植株高约 2 米。根茎横走，木质，径 1.5-2 厘米，密被暗红棕色钻状刚毛。叶近生；叶柄长 0.6-1 米，木质，淡棕禾秆色，有光泽，基部有毛，余无毛；叶片长 1-1.4 米，宽几相等，宽三角形，二回羽状；羽片约 8 对，互生，疏离，柄长 2-4 厘米，相距 15-20 厘米，基部 1 对长 45-60 厘米，三角形，渐尖头，一回羽状；小羽片 6-7 对，上先出，互生，相距约 5 厘米，斜上，长 10-15 厘米，基部宽 2.5-3.5 厘米，披针形，近镰刀状，长渐尖有圆缺刻，

基部上侧斜截，有圆耳状凸起，圆浅裂至 1/2，成有小锯齿的圆裂片，具软骨质窄边；小羽片向上渐短，基部合生，下延，向上合成羽裂渐尖顶部；叶脉上面不显，下面粗而隆起，在裂片内羽状，4-5 对，不

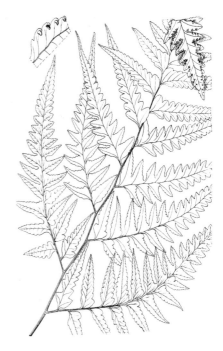

图 209 阔叶鳞盖蕨 （孙英宝绘）

分叉，极斜上；叶近革质，两面光滑，小羽轴上面密生短毛；叶轴禾秆色或淡棕色，光滑。孢子囊群圆形，每裂片 2-5 枚；囊群盖圆肾形，基部着生，光滑，宿存。

产台湾、贵州南部、广西西南部、云南及西藏，生于海拔 1160 米以下山麓林下或溪边。印度、尼泊尔、斯里兰卡、缅甸、越南、老挝及菲律宾有分布。

8. 斜方鳞盖蕨 图 210

Microlepia rhomboidea (Wall. ex Kunze) Presl, Tent. Pterid. 125. 1836.

Davallia rhomboidea Wall. ex Kunze in Bot. Zeitschr. 158. 1850.

图 210 斜方鳞盖蕨 （孙英宝绘）

植株高达 1.4 米。根茎径 5 毫米，密被淡棕色长针状毛。叶疏生；叶柄长约 68 厘米，径 4 毫米，基部被淡棕色长毛，向上脱落留糙痕及疏短毛；叶片长圆形，长达 72 厘米，宽达 40 厘米，渐尖头，基部窄缩，二回羽状或三回羽裂；羽片约 15 对，互生，下部的相距 10 厘米，柄长 5 毫米，三角状长圆形或宽披针形，镰刀状，长达 25 厘米，宽 7 厘米，基部近圆，不对称，二回羽状深裂；小羽片 9-12 对，密接，柄长不及 1 毫米，长圆形，长达 4.5 厘米，宽 1.2-1.7 厘米，基部上侧平截，下侧楔形，略下延；末回小羽片长圆形，或裂片长圆形，长 1-1.5 厘米，宽约 7 毫米，基部上侧 1 片最大，先端钝圆或平截，全缘或上侧有 2-3 个、下侧有 1-2 个浅缺刻，无锯齿；叶脉明显，裂片上羽状，细脉分叉；叶草质，干后绿色，中脉两面疏被灰白色长针状毛；叶轴及羽轴密被棕色短毛。孢子囊群小形，着生裂片基部；囊群盖杯形，淡绿色，疏被灰白色毛。

产湖南西南部、海南、广西及云南，生于海拔约 1000 米溪边林中。印度北部、尼泊尔、缅甸、越南、南洋群岛及菲律宾有分布。

9. 针毛鳞盖蕨 图 211

Microlepia trapeziformis (Roxb.) Kunhn, Chaetopt. 347. 1882.

Davallia trapeziformis Roxb. in Calc. Journ. 4：516. 1844.

图 211 针毛鳞盖蕨 （孙英宝绘）

根茎横走，深褐色，疏被灰色长刚毛。叶疏生；叶柄长 30-60 厘米，禾秆色或淡灰禾秆色，基部被疏毛，下面圆，上面有纵沟；叶片宽卵状长圆形，近尾状尖头，长 50-60 厘米，中部宽 28-36 厘米，三回羽状；羽片约 15 对，互生，斜上，柄长 1 厘米，下部的二回羽状，基部 1 对稍短，第二对长 17-24 厘米，基部以上宽 5-7 厘米，宽披针形或窄长圆状披针形，基部

下侧楔形，上侧耳形，二回羽状；一回羽片约20对，互生，上先出，密接，长圆形，长2.2-4厘米，宽1-1.5厘米，具短柄，基部上侧1片较大，一回羽状或羽裂达有窄翅的小羽轴；末回小羽片5-10对，斜上，长圆形，长5-7毫米，宽3-4毫米，基部楔形，全缘或1-2浅裂；叶脉纤细，羽状分枝，单一或分叉，有水囊；叶草质，暗绿色，上面疏生毛或几光滑，各回叶轴及叶脉下面密生针状毛。孢子囊群圆形，着生末回小羽片上方，每片1-3个，囊群盖浅杯形，有毛。

产台湾、福建、广东、海南、广西、贵州、四川、云南东南部及西藏，生于林下沟边。印度南部、缅甸、泰国、越南、菲律宾及南洋群岛有分布。

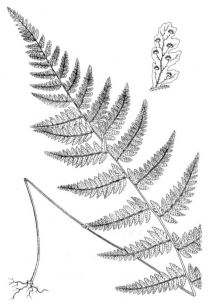

图 212 薄叶鳞盖蕨
（孙英宝仿《中国蕨类植物图谱》）

10. 薄叶鳞盖蕨　　　　　　　　　　图 212

Microlepia tenera Christ in Lecomte, Not. Syst. 1: 53. 1909.

植株高达75厘米。根茎细长横走，疏被灰色毛。叶疏生；叶柄长20-37厘米，灰褐色，疏被毛；叶片长30-60厘米，宽约14厘米，长圆形，尾状渐尖头，三回羽状深裂；羽片约20对，互生，近平展，具短柄，上部的密接，无柄，长圆形或略镰刀状，基部1对稍长，二回深羽裂；一回小羽片约10对，长1.5-2厘米，宽0.8-1厘米，长圆形，几无柄，基部不对

称，羽状深裂；末回小羽片6-7对，长圆形，长4-5毫米，宽约2毫米，基部上侧一片较大，基部有窄翅下延，全缘或先端具少数钝齿；叶脉纤细，羽状，小脉3-4对，单一或分叉；叶薄草质，绿色，两面沿叶脉疏被灰色针状毛，羽轴及各回羽轴均被毛。孢子囊群圆形，每末回小羽片有1枚，生于裂片缺刻底部；囊群盖圆盾形，基部缺刻着生，两侧分离，光滑，宿存。

产台湾、广西、贵州西南部及云南东南部。

11. 华南鳞盖蕨　鳞盖蕨　　　　　　图 213

Microlepia hancei Prantl in Arb. Bot. Gard. Breslau 1: 35. 1892.

植株高达1.2米。根茎横走，灰棕色，密被节状长茸毛。叶疏生；叶柄长23-40厘米，棕禾秆色或棕黄色，除基部外无毛；叶片长50-60厘米，宽25-30厘米，卵状长圆形，三回羽状深裂；羽片10-16对，具短柄，有窄翅，基部一对略短，长三角形，中部的长13-20厘米，宽5-8厘米，宽披针

形，二回羽状深裂；一回小羽片14-18对，基部等宽，上先出，上

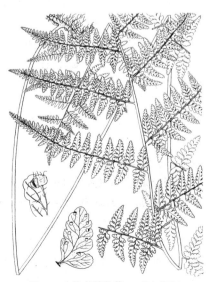

图 213 华南鳞盖蕨　（蔡淑琴绘）

侧一片与叶轴平行，下侧的稍偏斜，长约 2.5 厘米，宽 1-1.4 厘米，宽披针形，基部上侧平截与羽轴平行或覆盖羽轴，下侧楔形，无柄，向上的渐短，羽状深裂几达小羽轴；小裂片 5-7 对，基部上侧的长 7 毫米，宽 4-5 毫米，长圆形，下侧的长 5 毫米，宽 3 毫米，近卵形；向上的渐短，钝圆头，基部多少合生，有窄缺刻分开，顶部的合成羽状深裂短尖头，具钝齿牙；叶脉下面不显，侧脉纤细，羽状分枝不达叶缘；叶草质，绿或黄绿色，沿叶脉疏生刚毛；叶轴和羽轴粗糙，疏被细毛。孢子囊群圆形，生于近裂片缺刻处；囊群盖近肾形。

产浙江、台湾、福建、江西、湖南、广东、香港、海南、广西、贵州及云南，生于海拔约 600 米山坡密林中和溪边湿地。印度北部、中南半岛及日本有分布。

[附] 淡杆鳞盖蕨 **Microlepia pallida** Ching in Bull. Dept. Biol. Sun Yatsen Univ. 6: 50. 1933. 本种与华南鳞盖蕨的主要区别：叶柄长约 50 厘米，淡禾秆色，无毛；叶片宽卵形，羽片 7-8 对。产广东北部及广西东部，生于林下。

12. 热带鳞盖蕨　　　　　　　　　图 214

Microlepia speluncae (Linn.) Moore, Ind. Fil. 92. 1857.

Polypodium speluncae Linn. Sp. Pl. 1903. 1753.

植株高达 2 米。根茎横走。叶疏生；叶柄长约 50 厘米，禾秆色，上面有纵沟，疏被灰棕色节状毛；叶片长 60-90 厘米，宽 30-40 厘米，卵状长圆形，渐尖头，三回羽状；羽片 10-15 对，下部的长 28-30 厘米，宽约 10 厘米，宽披针形，有长柄，互生，斜上，相距 10-15 厘米，二回羽状；一回小羽片 15-20 对，基部上侧一片长约 4 厘米，与叶轴平行，自第二对以上长

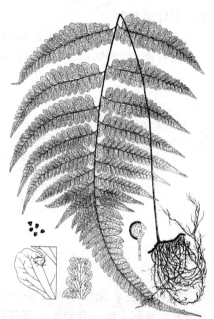

图 214　热带鳞盖蕨
（孙英宝仿《Ogata, Ic. Fil. Jap.》）

2.5-3 厘米，宽 0.8-1 厘米，宽披针形，基部上侧近平截，下侧楔形，下延，无柄，深裂几达小羽轴；末回裂片 6-8 对，基部上侧一片略长，与羽轴平行，其余长 7-8 毫米，宽约 4 毫米，长圆形，有尖锯齿，基部多少汇合，有缺刻分开，圆浅裂；小裂片全缘或先端有 2-3 钝齿；叶脉下面稍隆起，羽状分枝；叶薄草质，黄绿色，上面贴生灰白细毛，下面密生短柔毛；叶轴及羽轴禾秆色，疏生柔毛。孢子囊群近裂片边缘着生，1-3 对或 1 个生于基部上侧近缺刻处；囊群盖半杯形，淡踪色，有柔毛。

产台湾、海南、广西、贵州及云南，生于海拔约 1100 米山坡林缘、山谷、溪边及路边。广布印度、斯里兰卡、柬埔寨、越南、马来西亚、菲律宾、马来群岛、玻利尼西亚、昆士兰、琉球群岛、西印度群岛、巴西南部及热带非洲。

13. 密毛鳞盖蕨　　　　　　　　　图 215

Microlepia villosa (Don) Ching in Acta Phytotax. Sin. 8: 139. 1959.

Davallia villosa Don, Prodr. Fl. Nepal. 10. 1825.

根茎横走，径约 1 厘米，褐棕色。叶 2 列疏生；叶柄长约 40 厘米，基部径 4-5 毫米，麦秆色，具窄纵沟；叶片长约 65 厘米，宽约 40 厘米，三回羽状；羽片 12-14 对，基部 1 对较短，对生，第二对以上长 24-27 厘米，宽 7-8 厘米，长圆状披针形，基部不对称，有柄，斜上，相距 7-8 厘米，二回羽状；一回小羽片 16-18 对，基部上侧 1 片长约 5 厘米，几与叶轴平行，第二片向上，长 3-3.5 厘米，宽约 1 厘米，

短渐尖头，基部不对称，上侧与羽轴平行，下侧宽楔形，几对生或互生，柄极短，相距1-1.5厘米，一回羽状深裂几达羽轴；末回裂片6-7对，基部上侧1片较长，羽状深裂达1/2，其余的长约5毫米，宽约3毫米，钝头有2-3尖锯齿，有2-3圆浅裂；叶脉不显，羽状分枝；叶坚草质，黄绿色，密被灰白色长毛。孢子囊群圆形，着生末回裂片两侧近边缘，1-5对；囊群盖碗形，被密毛。

产海南、广西西部及云南，生于海拔100-630米密林中。印度南部、斯里兰卡、缅甸、柬埔寨、越南及菲律宾有分布。

图 215 密毛鳞盖蕨 （孙英宝绘）

14. 褐毛鳞盖蕨

图 216

Microlepia pilosula Wall. ex Presl, Tent. Pterid. 125. 1836.

植株高达1.5米以上。根茎横走。叶疏生；叶柄长60-70厘米，基部径约6毫米，无毛，上面有纵沟，淡禾秆色或暗棕褐色，有光泽；叶片长约80厘米，宽30-40厘米，卵状长圆形，长渐尖头，三回羽状；羽片12-14对，互生，基部1对长22厘米，第二对以上的长30-35厘米，宽约10厘米，宽披针形，羽状短尾头，基部几等宽，具柄，斜上，二回羽状；一回小羽片约20对，基部上侧1片长约5.5厘米，第二对以上的长4-5厘米，宽1.2-1.5厘米，宽披针形，基部上侧平截几与叶轴平行，下侧宽楔形，下延，无柄，互生，上先出，一回羽状；末回裂片8-10对，基部上侧1片长约1厘米，其余的长5-7毫米，斜上，密接，圆头具粗尖齿，羽状深裂；小裂片尖头，或具2-3尖锯齿；叶脉下面隆起，羽状分叉；叶草质，绿褐色，两面密被灰色短毛；叶轴上部和羽轴具棕色短柔毛。孢子囊群生于末回裂片缺刻基部下侧，1-4对；囊群盖浅碗形，被毛。

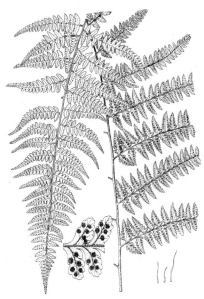

图 216 褐毛鳞盖蕨 （孙英宝绘）

产台湾、云南西部及西南部，生于海拔800-1500米林下。印度、缅甸、泰国、越南及马来西亚有分布。

23. 鳞始蕨科（陵齿蕨科）LINDSAEACEAE
（林 尤 兴）

多土生，稀附生蕨类。根茎短而横走，或长而蔓生，具原生中柱，具鳞始蕨型的鳞片（由2-4行大厚壁细胞组成，或基部为鳞片状，上部为长针状简单类型的鳞片）。叶一型，具柄，不以关节着生根茎，羽状分裂，稀二型，草质，光滑；叶脉分离，小脉2叉分枝，或少有稀疏网状，形成斜长六角形网眼而并无分离的内藏细脉。孢子囊群为叶缘生的汇生囊群，着生2至多条小脉的结合线，或单生脉顶呈圆形，位于叶缘或缘内；具2层囊群盖，内层膜质，基部或有时两侧部分附着叶肉，向外开口，外层为绿色叶缘；孢子囊水龙骨型，柄长而纤细，有3行细胞。孢子多数辐射对称，具3裂缝，稀两侧对称，具单裂缝，均具周壁。

6属，约230种，分布于热带和亚热带地区。我国3属，29种。

1. 叶一回或二回羽状，羽片或小羽片通常对开式，或近圆形，基部不对称，无中脉，如有中脉则羽片中脉两侧叶脉多数连接成网状 ·· 1. 鳞始蕨属 Lindsaea
1. 叶一至五回羽裂，羽片或小羽片非对开式，为三角形、线形或楔形，基部近对称，具中脉，如无中脉，则叶片细裂，末回裂片线形或楔形。
  2. 叶片三至五回羽状，末回小羽片短而细，楔形或线形，无中脉；孢子囊群生于末回小羽片顶端 ·········· ·· 2. 乌蕨属 Sphenomeris
  2. 叶片一回羽状或二回羽状深裂，羽片长线形，具中脉；孢子囊群着生中脉两侧 ····················· ·· 3. 达边蕨属 Tapeinidium

1. 鳞始蕨属（陵齿蕨属）Lindsaea Dry.

中型土生或附生蕨类。根茎长或短，横走，被钻毛先端的窄鳞片。叶近生或疏生；叶柄基部无关节；叶一回或二回羽状，羽片或小羽片对开式，近圆形或扇形，基部不对称，无中脉（中脉靠近下部边缘）；叶脉分离或少有稀疏联结，或羽片非对开式，披针形，基部两侧多数对称，有中脉，小脉网状，网眼稀疏，斜出，窄长，无内藏小脉。孢子囊群沿羽片或小羽片上缘或外缘着生，联结2至多条小脉顶端为线形，或少有顶生小脉为圆形；囊群盖线形、横椭圆形或圆形，向叶缘开口；孢子囊有细柄，环带直立，有12-18个增厚细胞。孢子多钝三角形，稀椭圆形，周壁具小瘤状纹饰。

约200种，产泛热带，南达新西兰、澳大利亚塔斯马尼亚及非洲南部。我国25种。

1. 叶脉分离。
  2. 能育叶片一回羽状。
    3. 根茎短而横走，土生或石生；叶近生或几簇生。
      4. 羽片对开式，三角形或新月形。
        5. 叶柄下面圆 ·· 1. 鳞始蕨 L. odorata
        5. 叶柄四棱形 ·· 2. 亮叶鳞始蕨 L. lucida
      4. 羽片圆肾形或近圆形 ································ 3. 团叶鳞始蕨 L. orbiculata
    3. 根茎长而蔓生，攀附树干；叶疏生 ················ 4. 攀援鳞始蕨 L. macraeana
  2. 能育羽片二回羽状，或二回羽状叶与一回羽状叶生于同一植株。
    6. 下部羽片羽状分裂至短柄 ························ 5. 海岛鳞始蕨 L. conmixta
    6. 下部羽片顶端为宽而长的渐尖头。
      7. 植株高达25厘米；叶柄长11-13厘米；孢子囊群连续，偶缺刻中断 ······ 6. 两广鳞始蕨 L. liankwangensis

7. 植株高30厘米以上；叶柄长13厘米以上；孢子囊群通常缺刻中断。

  8. 小裂片有少数尖齿牙；囊群盖宽0.3毫米，距叶缘约0.6毫米 ·················· 6(附). **阔边鳞始蕨 L. recedens**

  8. 小裂片边缘具宽、短、平截小裂片或啮齿状；囊群盖较宽，距叶缘较近，不及或等于囊群盖宽度。

   9. 小羽片近长方形，边缘为宽短平截小裂片 ························· 7. **钱氏鳞始蕨 L. chienii**

   9. 小羽片近圆形或长圆形，边缘啮齿状 ························· 8. **爪哇鳞始蕨 L. javaensis**

1. 叶脉网状，叶片一至二回羽状，如为二回羽状叶片，则基部1-2（3）对叶片伸长为羽状。

  10. 叶脉2叉分枝，两脉间常有横脉联结成长方形或斜方形网眼 ·················· 9. **网脉鳞始蕨 L. davallioides**

  10. 叶脉2叉分枝，在中脉两侧形成一至多列网眼。

   11. 羽片长约5厘米，中脉两侧小脉通常形成1列网眼 ·················· 10. **异叶鳞始蕨 L. heterophylla**

   11. 羽片长约10厘米，中脉两侧小脉联结成2列或更多网眼 ·················· 11. **双唇鳞始蕨 L. ensifolia**

1. 鳞始蕨 陵齿蕨   图 217

Lindsaea odorata Roxb. in Calcutta Journ. Nat. Hist. 4: 511. 1844.

Lindsaea cultrata auct non (Willd) Sw.: 中国植物志 2: 260. 1959; 中国植物图鉴 1: 140. 1972.

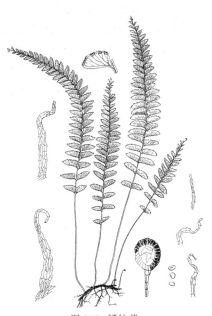

图 217 鳞始蕨
（孙英宝仿《Ogata, Ic. Fil. Jap.》）

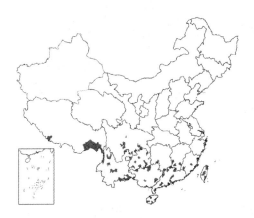

植株高 20（-30）厘米。根茎横走，径 2 毫米，栗色，密被线状钻形栗红色鳞片。叶近生，直立；叶柄长 4-7（13）厘米，禾秆色或基部栗黑色，有光泽，基部被鳞片，下面圆，上面有沟；叶片线状披针形，长 10-14（18）厘米，宽 1.7-2（2.2）厘米，一回羽状；羽片 17-20-30 对，互生，开展，具短柄，下部的疏离，中上部的接近，对开式，斜三角形，长 8-9（-13）厘米，宽 5-6 厘米，基部楔形，下缘通直，近先端上弯，长 0.8-1 厘米，内缘直，宽 4-5 毫米，上缘直或稍弯，有缺刻，长 8-9 毫米；叶脉 2 叉分枝，下面不显，上面略显；叶草质，干后绿色；叶轴禾秆色，光滑，下面圆，上面有沟。孢子囊群沿羽片上缘着生，每缺刻有 1 个，横跨 2-3 小脉顶端；囊群盖横线形，边缘啮蚀状。

    产浙江东南部、台湾、福建、江西、湖南、广东、海南、广西、贵州、四川、云南及西藏，生于海拔 500-2000 米林下阴处或沟边。印度、缅甸、越南及热带亚洲其他地区，南达马达加斯加及大洋洲，北至日本有分布。

2. 亮叶鳞始蕨 亮叶陵齿蕨 洛氏林蕨   图 218

Lindsaea lucida Bl. Enum. Pl. Jav. 216. 1828.

    植株高达 40 厘米。根茎短而横走，顶端被棕色小鳞片。叶近生；叶柄长 4-10 厘米，禾秆色，四棱形，光滑；叶片线状披针形，长 20-30 厘米，宽 2-2.5 厘米，一回羽状；羽片 35-40 对，下部的疏离，

图 218 亮叶鳞始蕨
（引自《中国蕨类植物图谱》）

中上部的接近，稀覆瓦状，互生，开展，具短柄，对开式，近长方形，长1厘米，宽约6毫米，基部楔形，下缘平直，稍上弯，内缘几直切，近叶轴，上缘稍弧形，有2-4浅缺刻，每裂片横生孢子囊群1枚；叶脉2叉分枝，上面不显，下面明显；叶草质，干后淡绿色，稍有光泽；叶轴禾秆色，具4棱，上面具窄沟，下面平直或稍下凹。孢子囊群中断为3-5个，囊群盖窄，外缘平直，宽不达羽片边缘。

产海南，生于海拔200-300米林下或溪边岩石。泰国、越南、马来西亚及印度尼西亚有分布。

3. 团叶鳞始蕨 团叶陵齿蕨 圆叶林蕨 图219

Lindsaea orbiculata (Lam.) Mett. ex Kuhn in Ann. Mus. Bot. Lugduno - Batavum 4: 297. 1869.

Adiantum orbiculatum Lam. Encycl. 1: 41. 1873.

植株高25-57厘米。根茎短而横走，顶端密被褐棕色窄小鳞片。叶近生；

叶柄长5-21厘米，栗色，基部近栗褐色，向上色渐淡，上面有沟，下面稍圆，光滑；叶片线状披针形，长15-20厘米，宽1.8-2厘米，一回羽状，下部二回羽状；羽片20-28对，下部各对羽片对生，疏离，中上部的互生而接近，开展，具短柄，对开式，近圆形或圆肾形，长约9毫米，宽约6毫米，基部宽楔形，圆头，下缘及内缘凹入或多少平直，外缘圆，着生孢子囊群的边缘有不整齐齿牙，不育羽片有尖锯齿；在二回羽状植株，基部一对或数对羽片线形，长达5厘米，一回羽状，小羽片与上部各羽片相似而较小；叶脉2叉分枝，小脉约20，紧密，下面略显，上面不显；叶草质，灰绿色；叶轴禾秆色或棕栗色，具4棱。孢子囊群连续成长线形，或偶为缺刻中断；囊群盖线形，棕色，膜质，有细齿牙，几达叶缘。

产浙江、台湾、福建、江西、湖南、广东、香港、海南、广

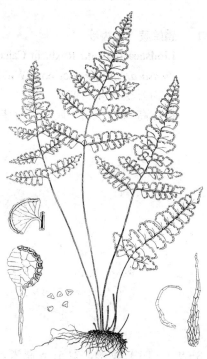

图 219 团叶鳞始蕨
（引自《Ogata, Ic. Fil. Jap.》）

西、贵州、四川及云南南部，生于低山河谷地带。印度、缅甸、泰国、越南、马来西亚、菲律宾及日本有分布。

4. 攀援鳞始蕨 攀援陵齿蕨 图220

Lindsaea macraeana (Hook. et Arn.) Cop. in Bishop. Mus. Bull. 54: 70. 1929.

Davallia macraeana Hook. et Arn. Bot. Beech. Voy. 108. 1832.

根茎长而横走，攀援，径1.5-2毫米，栗色，有光泽，疏被红棕色披针形全缘鳞片。叶疏生；叶柄长1-10厘米，上部禾秆色，下部栗色，基部圆柱形，中上部四棱形，下部疏被鳞片；叶片线形，长30-40厘米，宽3-4厘米，一回羽状，向两端稍窄，尾状长渐尖头；羽片

45-50 对，互生，羽片接近，开展，下部的具短柄，上部的无柄；羽片对开式，长三角形，长达 2 厘米，宽达 8 毫米，基部楔形，下缘平直，近基部上弯，内缘平直，上缘稍弧形，具 5-8 浅缺刻，齿平截，边缘啮蚀状，不育羽片上缘齿牙钝或尖；叶脉 2 叉分枝；上面不显，下面稍显；叶草质，干后黑绿色；叶轴禾秆色，有 4 棱，上部有浅沟。孢子囊群近边缘着生，每齿 1 枚，着生小脉顶端或横跨 2-3 小脉顶端；囊群盖横生，几全缘，近叶缘生。

产台湾南部。琉球群岛、夏威夷群岛、南太平洋各岛和热带亚洲各地及斯里兰卡有分布。

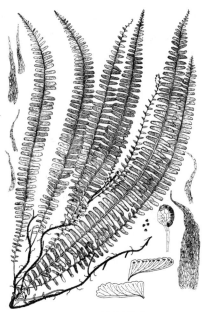

图 220 攀援鳞始蕨
(孙英宝仿《Ogata, Ic. Fil. Jap.》)

5. 海岛鳞始蕨 海岛陵齿蕨　　　　图 221：1-3

Lindsaea conmixta Tagawa in Acta Phytotax. Geobot. 6: 37. f. 3: H-J. 1937.

植株高达 55 厘米。根茎短而横走，密被红棕色窄披针形鳞片。叶近生；叶柄长约 34 厘米，有棱，暗栗色，有光泽，上部禾秆色，光滑；叶片卵圆形，上部的披针形，长 19-28 厘米，宽约 11 厘米，下部的二回羽状分裂，中部的向上骤窄为一回羽状；基部的羽片近对生，上部的互生，斜上，有短柄；中下部羽片 6-7 对为披针形，长 8-11 厘米，宽 2-2.5 厘米，一回羽状，向顶部为羽裂渐尖头；小羽片 8-10 对，有短柄，对开式，扇形或长圆形，长 0.8-1 厘米，宽 7 毫米，基部楔形，下缘及内缘平直，上缘弧形，为 2-4 个浅缺刻中断，着生孢子囊群；上部羽片 10-12 对，几无柄，长圆形，长 1.4-1.5 厘米，宽 7.9 毫米；叶脉细，2 叉分枝；叶草质，干后灰绿色；叶轴圆，有纵沟，淡绿或禾秆色。孢子囊群线形，为缺刻中断；囊群盖膜质，灰棕色，宽 0.5 毫米，距叶缘约 0.5 毫米。

产浙江、台湾、广东、广西及云南。日本及琉球群岛有分布。

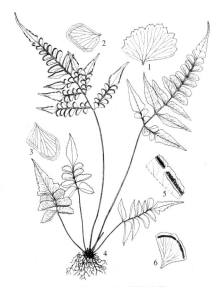

图 221: 1-3.海岛鳞始蕨
4-6.两广鳞始蕨　（孙英宝绘）

6. 两广鳞始蕨 两广陵齿蕨　　　　图 221：4-6

Lindsaea liankwangensis Ching, Fl. Reipubl. Popul. Sin. 2: 269. 1959.

植株高达 25 厘米。根茎短而横走，被灰棕色钻形鳞片。叶近生；叶柄长 11-13 厘米，下面圆，暗栗色，有光泽，基部被鳞片，余光滑；叶片三角形，长 12-13 厘米，宽 7-11 厘米，下部二回羽状，上部一回羽状；基部羽片近对生，上部的互生，开展，柄长 2-3 毫米，下部 5 对羽片披针形，长 4.5-6 厘米，宽 1.2 厘米，一回羽状；小羽片 5-6 对，几无柄，对开式，扇形或窄扇形，长 6-8 毫米，宽 5-8 毫米，基部楔形，下缘及内缘平直，上缘圆弧形，全缘，或稍

波状，有1-4浅缺刻，顶部具宽小羽片；上部羽片7-9对，有短柄，卵圆形或长圆状肾形，长1.8-2.4厘米，宽0.8-1厘米，有1-2缺刻；叶脉细，2叉分枝；叶草质，干后绿色；叶轴下面圆，淡栗色。孢子囊群长线形，连续或偶缺刻中断；囊群盖膜质，灰绿色，宽0.5毫米，距叶缘约0.3毫米。

产福建南部、广东、广西及贵州东南部。日本及琉球群岛有分布。

[附] **阔边鳞始蕨** 阔边陵齿蕨 **Lindsaea recedens** Ching, Fl. Reipubl. Popul. Sin. 2: 269. 1959. 本种与两广鳞始蕨的主要区别：植株高达30厘米；叶柄长13-20厘米，具4棱；叶轴有4棱；孢子囊群缺刻中断。产台湾、广东、广西及云南东南部，生于海拔150-1500米林中。越南北部、日本及琉球群岛有分布。

7. 钱氏鳞始蕨 钱氏陵齿蕨 钱氏林蕨　　　　　图 222

Lindsaea chienii Ching in Sinensia 1: 4. 1929.

植株高达40厘米。根茎横走，径约2毫米，密被红棕色钻形小鳞片。叶几近生；叶柄长15-26厘米，圆，栗红色，有光泽，基部疏被鳞片，余无毛；叶片三角形，长11-14厘米，宽约7厘米，二回羽状，上部1/4-1/2一回羽状，基部羽片近对生，向上的互生，斜上，接近，几无柄，下部羽片4-6对为长圆状披针形，长5厘米，宽2厘米，一回羽状，顶部羽片浅裂，渐尖头；小羽片7-8对，几无柄，对开式，近长方形，长1-1.2厘米，宽约5毫米，基部楔形，下缘及内缘平直，上缘及外缘圆弧形，边缘有宽短平截小裂片，着生孢子囊群；上部羽片4-8对，几无柄，近长方形，长1.3-1.8厘米，宽5-7毫米，有浅缺刻；叶脉细，2叉分枝；叶薄草质，干后棕绿色；叶轴下面圆，上面有浅沟，栗色。孢子囊群长圆状线形，每小羽片5-7枚，着生1-2条细脉顶端；囊群盖膜质，灰绿色，宽0.5毫米，距边缘近。

产浙江、福建、江西、广东、海南、广西、贵州、四川及云南东南部，生于海拔150-1500米林中。泰国、越南北部及日本有分布。

图 222 钱氏鳞始蕨
（引自《中国蕨类植物图谱》）

8. 爪哇鳞始蕨 长柄陵始蕨　　　　　图 223

Lindsaea javaensis Bl. Enum. Pl. Jav. 219. 1828.

Lindsaea longipetiolata Ching；中国植物志 2: 270. 1959.

植株高39-50厘米。根茎短而横走，密被红棕色钻形小鳞片。叶疏生；叶柄长16-33厘米，上面有宽沟，暗栗色，有光泽，基部被鳞片，余无毛；叶片三角形，长12-17厘米，宽10-14厘米，下部二回羽状，上部一回羽状；基部羽片近对生，上部的互生，平展，具短柄，下部2-4对羽片长圆状披针形，长5-8厘米，宽约2厘米，一回羽状；顶生1片大而不裂，长渐尖头；小羽片5-7对，几无柄，对开式，近圆形或长圆形，长0.8-1厘米，宽约6毫米，基部楔形，下缘及内缘平直，上缘及外缘弧形，边缘稍啮齿状，具1-3小缺刻，上部羽片4-6对，卵

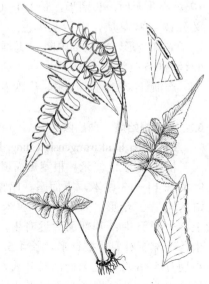

图 223 爪哇鳞始蕨 （孙英宝绘）

状长圆形，长约 2.5 厘米，宽约 1.3 厘米，基部下侧圆形弯曲，具明显中脉，疏生浅缺刻；叶脉 2 叉分枝；叶草质，干后上面褐绿色，下面淡绿色；叶轴具 4 棱，暗栗色。孢子囊群线形，弯弓，沿上缘及外缘着生，常为 2-3 浅缺刻中断；囊群盖膜质，横线形，灰绿色，宽 0.5 毫米，距叶缘 0.5 毫米。

产福建、湖南、广东、广西、贵州东南部及云南，生于海拔 250-530 米河谷林下。印度、泰国、越南、马来西亚、印度尼西亚及日本有分布。

9. 网脉鳞始蕨 网脉陵齿蕨 网脉林蕨 图 224 彩片 56

Lindsaea davallioides Bl. Enum. Pl. Jav. 218. 1828.

植株高达 50 厘米。根茎短而横走，径约 2 毫米，疏被小鳞片。叶近生；叶柄长 10-25 厘米，具 4 棱，上面有沟，禾秆色，光滑；叶一回羽状的线状披针形，长达 30 厘米，宽 2.5 厘米，或二回羽状；羽片卵圆形，长 22-25 厘米，宽约 16 厘米，具 1-3 对、线状披针形的侧生羽片，有时有 1 片侧生羽片；末回小羽片 35-40 对，具短柄，接近，对开式，长圆形，长 1.2-1.4

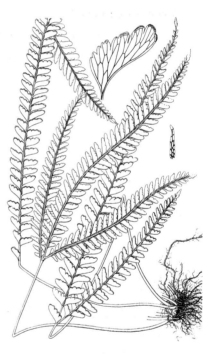

厘米，宽约 6 毫米，基部窄楔形，圆头，下缘近平直，基部上弯，先端下弯，内缘平直，上缘稍平直有 3-4 缺刻，小裂片平截；叶脉细，2 叉分枝，两脉间常有横脉联结为长方形或斜方形网眼，无内藏小脉，两面明显；叶薄草质，淡绿色；叶轴淡草绿色，具 4 棱，两面有沟。孢子囊群横线形，每裂片 1 枚，每小羽片 4-5 枚，沿上缘及外缘着生，平直或稍弯；囊群盖膜质，绿色，全缘，狭窄，几近叶缘。

图 224 网脉鳞始蕨
(冀朝祯仿《中国蕨类植物图谱》)

产台湾及海南，生于林下或沟边阴湿处。越南、马来西亚、印度尼西亚及菲律宾有分布。

10. 异叶鳞始蕨 异叶双唇蕨 图 225

Lindsaea heterophylla Dry. in Trans. Linn. Soc. 3: 41. t. 8. f. 1. 1797.

Schizoloma heterophyllum (Dry.) J. Sm. 中国植物志 2: 273. 1959；中国高等植物图鉴 1: 141. 1972.

植株高达 36 厘米。根茎短而横走，径约 2 毫米，密被赤褐色钻形鳞片。叶近生；叶柄长 12-22 厘米，具 4 陵，暗栗色，光滑；叶片宽披针形或长圆状三角形，长 15-30 厘米，宽 5-15 厘米，一回羽状或下部的二回羽状；羽片约 11 对，基部近对生，上部的互生，疏离，相距约 2 厘米，斜展，披针形，长 3-5 厘米，宽约 1 厘米，基部宽楔形或斜截形，近对称，具啮蚀状锯齿，向上部的羽片渐短，

不合生；基部 1-2 对羽片常多少为一回羽状，长达 7 厘米，宽 2.3 厘米，渐尖头，不裂，其下有 2-5 对小羽片，下部的卵圆形、斜方形或三角状披针形；叶脉可见，中脉显著，侧脉羽状 2 叉分枝，沿中脉两边各有 1 行不整齐多边形斜长网眼；叶草质，干后淡灰绿色，两面光滑；叶轴有 4 棱，禾秆色，下部栗色，光滑。孢子囊群线形，顶端至基部连续；囊群盖线形，棕灰色，连续，全缘，窄于啮蚀状叶缘。

产台湾、福建、广东、香港、海南、广西及云南，生于海拔 120-600 米林下溪边湿地。印度、斯里兰卡、缅甸、越南、马来西亚、菲律宾、日本及琉球群岛有分布。

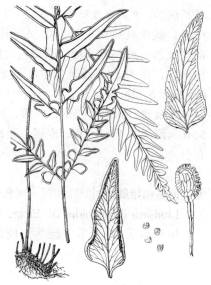

图 225 异叶鳞始蕨
（蔡淑琴仿《中国植物志》）

11. 双唇鳞始蕨 双唇蕨 拟凤尾蕨 剑叶鳞始蕨 图 226

Lindsaea ensifolia Sw. in Journ. Bot. (Schrader) 2: 77. 1801.

Schizoloma ensifolium (Sw.) J. Sm.; 中国植物志 2: 273. 1959.

植株高达 40 厘米。根茎横走，径 2-3 毫米，密被赤褐色钻形鳞片。叶近生；叶柄长 15 厘米，禾秆色或褐色，具 4 棱，上面有沟，稍有光泽；叶片长圆形，长约 25 厘米，宽约 11 厘米，一回奇数羽状；羽片 4-5 对，基部近对生，上部的互生，相距约 4 厘米，斜展，具短柄或几无柄，线状披针形，长 7-11.5 厘米，宽约 8 毫米，基部宽楔形，全缘，或不育羽片有锯齿，向

上的各羽片略短；顶生羽片分离，与侧生羽片相似；中脉明显，小脉沿中脉两侧联结成 2 行网眼，网眼斜长，为不整齐四边形或多边形，向叶缘分离；叶草质。两面光滑。孢子囊群线形，连续，沿叶缘连接的小脉着生；囊群盖两层，灰色，膜质，全缘，内层较外层的叶边稍窄，向外开口。

产台湾、福建、广东、香港、海南、广西、贵州南部及云南南部，生于海拔约 600 米河谷、山坡密林下。热带亚洲各地、琉球群岛、波利尼西亚、大洋洲及西南非洲和马达加斯加有分布。

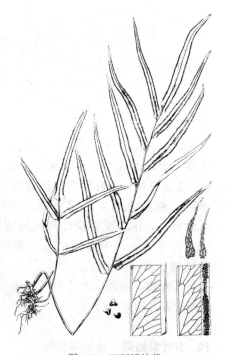

图 226 双唇鳞始蕨
（引自《中国蕨类植物图谱》）

2. 乌蕨属 Sphenomeris Maxon

土生蕨类。根茎短而横走，密被深褐色钻状鳞片。叶近生，无毛，三至五回羽状，末回小羽片楔形或线形；叶脉分离。孢子囊群近叶缘着生，顶生脉端，每个孢子囊群下面有 1 条小脉，或有时融合 2-3 条小脉；囊群盖卵形，以基部及两侧的下部着生，向叶缘开口，通常不达叶缘；孢子囊具细柄，宽环带，有 14-18 增厚细胞。孢子椭圆形，周壁具不明显颗粒状纹饰，外壁平滑或近平滑。染色体基数 x=47。

约 18 种，泛热带分布，南自新西兰至马达加斯加，北达中国、日本及美国佛罗里达州。我国 3 种。

1. 末回裂片（或小羽片）楔形，宽达 1 毫米以上，先端平截具齿牙，叶柄草质，径约 2 毫米。
  2. 叶片四回羽状，草质，末回裂片近线形，宽约 1 毫米，叶脉 1-2 条；每片常具单一孢子囊群，稀 2 个，位于 1 条（有时 2 条）小脉顶端 ·· 1. 乌蕨 **S. chinensis**
  2. 叶片三回羽状，近革质，末回裂片几扇形，宽 4-5 毫米，叶脉多数；孢子囊群多数，通常每个孢子囊群联结 2 条小脉 ·· 2. **阔片乌蕨 S. biflora**
1. 末回裂片（或小羽片）窄长线形，宽达 1/2 毫米，先端尖头或圆头，叶柄纤细，径约 1 毫米 ·················
·· 2(附). **线片乌蕨 S. eberhadtii**

1. 乌蕨 乌韭   图 227

Sphenomeris chinensis (Linn.) Maxon in Journ. Wash. Acad. Sci. 3: 144. 1913.

Trichomanes chinense Linn. Sp. Pl. 1099. 1753.

Stenoloma chusanum (Linn.) Ching；中国植物志 2: 275. t. 24. f. 3-6. 1959; 中国高等植物图鉴 1: 142. 1972.

植株高达 65 厘米。根茎短而横走，粗壮，密被赤褐色钻状鳞片。

图 227 乌蕨
（孙英宝仿《Ogata, Ic. Fil. Jap.》）

叶近生；叶柄长达 25 厘米，禾秆色或褐禾秆色，有光泽，径约 2 毫米，圆，上面有沟，除基部外，通体无毛；叶片披针形，长 20-40 厘米，宽 5-12 厘米，四回羽状；羽片 15-20 对，褐色，密接，下部的相距 4-5 厘米，具短柄，斜展，卵状披针形，长 5-10 厘米，宽 2-5 厘米，下部的三回羽状；一回羽片 10-

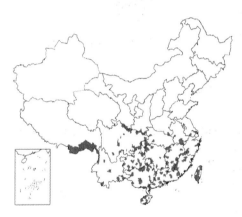

15 对，连接，具短柄，近菱形，长 1.5-3 厘米，基部不对称，楔形，上先出，一回羽状或基部二回羽状；二回（末回）小羽片小，倒披针形，先端平截具齿牙，基部楔形，下延，其下部的小羽片分裂成具 1-2 小脉短而同形的裂片；叶脉上面不显，下面明显，在小裂片 2 叉分枝；叶坚草质，干后棕绿色，通常光滑。孢子囊群边缘着生，每裂片 1-2 枚，顶生于 1-2 小脉；囊群盖灰棕色，革质，半杯形，宽与叶缘等长，近全缘或多数啮蚀状，宿存。

产河南南部、陕西、甘肃南部、江苏南部、安徽、浙江、台湾、福建、江西、湖北、湖南、广东、香港、海南、广西、贵州、四

川、云南及西藏，生于海拔 200-1900 米林下或灌丛中阴湿地、阳坡、路边常见。不丹、尼泊尔、印度、斯里兰卡、缅甸、泰国、老挝、越南、印度尼西亚、菲律宾及日本有分布。

2. 阔片乌蕨   图 228

Sphenomeris biflora (Kaulf.) Tagawa in Journ. Jap. Bot. 33: 203. 1958.

Davallia biflora Kaulf. Enum. Fil. 221. 1824.

Stenoloma biflorum (Kaulf.) Ching; 中国植物志 2: 275. 1959.

植株高 30 厘米。根茎粗壮，短而横走，密被赤褐色钻状鳞片。叶近生；叶柄长达 18 厘米，禾秆色，有光泽，径约 2 毫米，下面圆，上面有纵沟，除基部外通体无毛；叶片三角状卵圆形，长 10-15 厘米，

宽 6-10 厘米，渐尖头，三回羽状；羽片 10 对，除基部 1 对近对生外，余互生，密接，开展，柄长 1-2 毫米，披针形，长 5.5 厘米，宽达 2.8 厘米，基部不对称，下侧稍短，下部二回羽状；小羽片近菱状长圆

形，长 1.5 厘米，宽约 1 厘米，基部楔形，下部羽状分裂成 1-2 对裂片；裂片近扇形，长 5 毫米，宽 3-4 毫米，先端具齿牙，基部楔形；叶脉不显，每裂片有 4-6 条，2 叉分枝；叶近革质，干后棕褐色，无毛。孢子囊群杯形，边缘着生，顶生于 1-2 小脉，每裂片 1-2 枚；囊群盖圆形，革质，棕褐色。

产浙江、台湾、福建、广东及香港，生于海边石山。

[附] **线片乌蕨 Sphenomeris eberhardtii** (Christ) Y. X. Lin, comb. nov. —— *Odontosoria eberhardtii* Christ in Journ. de Bot. 21: 235－236. 1908. —— *Stenoloma eberhardtii* (Christ) Ching；中国植物志 2: 270. 1959. 本种与阔片乌蕨的主要区别：末回裂片（或小羽片）窄长线形，宽达 0.5 毫米，先端尖头或圆头，叶柄纤细，径约 1 毫米。产海南，生于溪边林下。越南有分布。

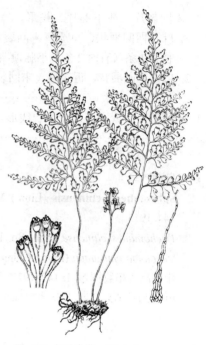

图 228 阔片乌蕨 （引自《Fl. Taiwan》）

3. 达边蕨属 Tapeinidium (Presl) C. Chr.

土生蕨类植物。根茎横走，具原生中柱或管状中柱；鳞片钻形，棕色，窄而坚挺，先端具 1 行细胞。叶柄细弱，维管束不分枝，马蹄形；叶轴上面有窄纵沟，下面有棱角或圆钝，叶片一回羽状或二回深羽裂；羽片线形，窄而具齿牙，或较宽而羽状深裂，宽的羽片三角形；叶脉分离，小脉斜上，分叉；叶近革质。孢子囊群分离，圆形，单一顶生于各小脉，近边缘，每齿牙有 1-2 枚；囊群盖坚实，杯形，基部及两侧的大部分着生叶面，向叶缘开口，不达叶缘；孢子囊环带具约 15 个增厚细胞。孢子近椭圆形，周壁具颗粒状纹饰，外壁光滑。

约 10 种，分布于南太平洋各岛屿、马来西亚、中南半岛、至印度南部，北达日本琉球和中国。我国 1 种。

达边蕨 图 229

Tapeinidium pinnatum (Cav.) C. Chr. Ind. Fil. 213. 1905.

Davallia pinnatum Cav. Dest. Pl. 277. 1802.

植株高达 35 厘米。根茎短而横走，径约 3 毫米，密被暗栗色钻状鳞片。叶近生；叶柄长 12 厘米，基部微紫棕色，上部褐禾秆色，有窄沟，基部多少被鳞片，余无毛；叶片长圆状披针形，长约 25 厘米，宽约 9 厘米，尖长尾头，基部稍窄，一回羽状；羽片 16-20 对，互生，相距 3 厘米，斜展，几无柄，线形，长达 8 厘米或更长，宽 4-6 毫米，基部楔形，稍下延至叶轴，疏生钝锯齿，锯齿长约 2 毫米，宽 0.7 毫米；叶脉上面不显，下面明显，羽状，小脉基部以上 2 叉分枝，每锯齿有 1-2 条；叶纸质或近革质，干后棕绿色，光滑；叶轴禾秆色，光滑，

图 229 达边蕨
（孙英宝仿《Ogata, Ic. Fil. Jap. 》）

上面有窄沟。孢子囊群近叶缘，顶生小脉，每锯齿有1枚，稀2枚，如1枚，则着生分叉小脉的上侧小脉；囊群盖坚实，浅半杯形，基部和两侧着生。

产台湾兰屿。印度南部、泰国、马来西亚及菲律宾有分布。

24. 竹叶蕨科 TAENITIDACEAE

（林尤兴）

土生蕨类。根茎或长或短，横走，具管状中柱，或为向网状中柱过度的辐射状类型，被刚毛状鳞片，鳞片深棕色，有光泽，质硬，下部宽，一面膨胀，具（1）2-4列膨胀细胞，向上渐窄长，圆柱形，细胞多数，1行排列。叶中型或小型，叶柄无关节，有维管束2行，在上部汇合，叶柄上面有纵沟，直达叶轴；单叶或奇数一回羽状；顶生羽片与侧生羽片相似，侧生羽片不裂，披针形，全缘，稀有锯齿，稀近线裂，多革质，光滑；羽轴上面有浅纵沟，两侧边不隆起；叶脉网状，均匀，沿羽轴两侧各有2-3行或多行近相等、斜上窄长网眼，无内藏小脉，稀近叶缘外不规则疏网结。能育叶片或羽片通常较不育的窄；孢子囊群窄长线形，常位于羽轴与叶缘之间，连续或断裂，纵行，横跨网状叶脉，几与羽片等长，或沿叶脉不规则着生，或聚生成分裂的近圆形或椭圆形孢子囊群，或稀近叶缘的线形沟槽中，或密被羽状叶种类的窄缩羽片下面；囊群盖缺；隔丝丰富，多细胞，顶部细胞比基部细胞短，顶生细胞不膨大，隔丝先于孢子囊生出，初覆盖孢子囊。孢子四面体形，辐射对称，3裂缝，具周壁。

4属，分布于亚洲热带地区。我国1属。

竹叶蕨属 Taenitis Willd.

土生蕨类。根茎横走，具管状中柱，密被深棕色刚毛状鳞片。叶中型或小型，奇数一回羽状或单叶；顶生羽片和侧生羽片同形，羽片不裂，披针形，全缘，多革质，光滑，羽轴上面有浅纵沟；叶脉网状，沿羽轴两侧各有2-3行或多行斜上窄长网眼，无内藏小脉。孢子囊群窄长线形，常位于羽轴与叶缘之间，几与羽片等长；囊群盖缺；孢子囊水龙骨型，柄纤细，环带具约15个增厚细胞；隔丝有多行细胞，顶端粗，多数，遮护幼小孢子囊群。孢子钝三角形，具3裂缝，裂缝细长，外壁沿赤道加厚形成赤道环，周壁具小瘤状纹饰，赤道环有颗粒状纹饰，外壁具不明显颗粒状纹饰。染色体基数 x=11（22）。

4种，3种产加里曼丹及马来半岛，1种分布于热带亚洲其他地区。我国1种。

竹叶蕨　　　　　　　图 230 彩片 57

Taenitis blechnoides (Willd.) Sw. Syn. Fil. 24. 1806.

Pteris blechnoides Willd. Phytographia 13. t. 9. f. 3. 1794.

植株高达 1 米。根茎横走，径 4-5 毫米，密被暗栗色长针状厚鳞片。

叶疏生；叶柄长 30-50 厘米，径约 3 毫米，上部禾秆色，基部带褐色，有光泽，基部被鳞片，余无毛；叶片长圆状卵形，长达 40 厘米，宽 22-25 厘米，一回奇数羽状；羽片 3-5 对，基部的近对生，上部互生，相距 5-6 厘米，斜上，几无柄，披针形，长 23-28 厘米，宽 2.4-3.2 厘米，基部楔形，全缘，多少波状，具下延软骨质边缘，形成长约 2 毫米窄翅，达叶轴，顶生羽片与侧生羽片相似；叶脉网状，在中脉与叶缘间形成 2-3 行窄长多边形网眼，无内藏小脉；叶近革质，干后上面深绿色，下面灰绿色，无毛。孢子囊群线形，宽 1 毫米，连续，稀中断，位于中脉与叶缘之间，隔丝多数，纺锤状，红棕色。

图 230　竹叶蕨
（引自《中国蕨类植物图谱》）

产广东及海南，生于海拔约 600 米林下或溪边岩石。印度、斯里兰卡、中南半岛、马来西亚、波利尼西亚及印度尼西亚有分布。

25. 姬蕨科 HYPOLEPIDACEAE

（林尤兴）

土生，中型或大型蕨类。根茎长而横走，具管状中柱，被多细胞灰色针状刚毛，无鳞片。叶一型，叶柄粗，基部不以关节着生，有毛，粗糙，稀有刺头突起，直立，稀蔓生；叶片一至四回羽状细裂，各回羽片偏斜，基部不对称，两面均被针状刚毛或短毛，叶轴及羽轴毛多，稀无毛；叶脉分离，羽状分枝；叶草质或纸质。孢子囊群圆形，近叶缘着生于 1 小脉顶端，一般位于裂片缺刻处，无囊群盖，为向下反折的多数锯齿或小鳞片所覆盖，如假囊群盖；囊托不融合；孢子囊梨形，囊柄细长，具 3 行细胞，环带直立，具 13-15 个增厚细胞，侧面开裂，常有线形多细胞隔丝混生。孢子两侧对称，具单裂缝，周壁具不整齐刺状纹饰，外壁光滑。

1 属。

姬蕨属 Hypolepis Bernh.

属的特征同科。染色体基数 x=29。

约50种，产泛热带，西半球热带较多，少数种类达南非、智利及澳大利亚塔斯马尼亚，北达日本及北美佛罗里达。我国6种。

1. 叶柄暗褐色，向上禾秆色，裂片具钝齿 ·· 姬蕨 **H. punctata**
1. 叶柄光亮淡栗色，裂片具尖齿或几全缘 ·· (附). **台湾姬蕨 H. tenuifolia**

姬蕨 岩姬蕨   图 231：1-3

Hypolepis punctata (Thunb.) Mett. in Kuhn, Fil. Afr. 120. 1868.

Polypodium punctatum Thunb. Fl. Jap. 337. 1784.

植株高1米以上。根茎长而横走，径约3毫米，密被棕色节状长毛。

叶疏生；叶柄长15-55厘米，暗褐色，向上禾秆色，粗糙有毛；叶片长25-70厘米，宽20-28厘米，长卵状三角形，三至四回羽状深裂，顶部一回羽状；羽片5-16对，长20-30厘米，宽4-20厘米。卵状披针形，羽柄长0.7-2.5厘米，密生腺毛，近互生，斜上，二至三回羽状；一回小羽片14-20对，长6-10厘米，宽2.5-4厘米，披针形或宽披针形，柄长2-4毫米，有窄翅，上先出，一至二回羽状深裂；二回羽片10-14对，基部的长1-2.5厘米，宽0.5-1.1厘米，长圆形或长圆状披针形，圆头具齿，基部近圆，下延，和小羽轴窄翅相连，羽状深裂达中脉1/2-2/3处；末回裂片长约5毫米，长圆形，具钝齿，下面中脉隆起，侧脉羽状分枝，达锯齿；第三对羽片向上渐短，长10-13厘米，宽4-5厘米，长圆状披针形或披针形；叶坚草质或纸质，黄绿或草绿色，两面沿叶脉有刚毛；叶轴、羽轴及小羽轴上面有沟，粗糙，被毛。孢子囊群圆形，中脉两侧有1-4对；囊群盖由锯齿反卷而成，无毛。

产江苏南部、安徽、浙江、台湾、福建、江西、湖南、广东、香港、海南、广西、贵州、四川、云南及西藏，生于海拔320-2300米溪边阴处、路边、林缘、旷地及土墙缝。尼泊尔、印度、斯里兰卡、泰国、柬埔寨、越南、马来西亚、菲律宾、印度尼西亚、北达日本，南至大洋洲，东至夏威夷及热带美洲有分布。

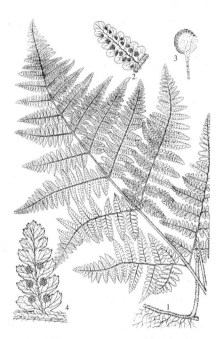

图 231：1-3.姬蕨 4.台湾姬蕨
（孙英宝仿《Ogata, Ic. Fil. Jap.》）

[附] **台湾姬蕨** 细叶姬蕨 图 231：4 **Hypolepis tenuifolia** (Forst.) Bernh. in Neues Journ. Bot. 1(2): 34. 1806. —— *Lonchitis tenuifolia* Forst. Prod. 80. 1786. 本种与姬蕨的主要区别：叶柄亮淡栗色；叶裂片具尖齿或几全缘。产台湾。

26. 蕨科 PTERIDIACEAE

（林尤兴）

土生、中型或大型蕨类。根茎长而横走，具双轮管状中柱，密被锈黄或栗色节状长毛。叶一型，疏生；具长柄；叶片卵形、卵状长圆形或卵状三角形，三回羽状，革质或纸质，上面无毛，下面多少被柔毛，稀近无毛；叶脉分离。孢子囊群线形，沿叶缘着生于连接小脉顶端1条边脉；囊群盖双层，外层为变质叶缘形成的假盖，线形，宿存，内层为真盖，质地薄，不明显，或发育或近退化，除叶缘顶端或缺刻处，连续不断。孢子四面型或二面型，光滑或具细微乳头状突起。

2 属，泛热带为分布中心。我国均产。

1. 叶轴通直，不曲折；孢子四面型 ·· 1. 蕨属 Pteridium
1. 叶轴呈"之"型曲折2；孢子二面型 ··· 2. 曲轴蕨属 Paesia

1. 蕨属 Pteridium Scopoli

植株粗壮。根茎黑褐色，被毛而无鳞片。叶具长柄；叶片大，卵形或卵状三角形，三至四回羽状；纸质或革质，下面多少被毛，叶轴通直；叶脉羽状，有边脉，侧脉分叉。孢子囊群着生边脉，线形；囊群盖2层，外层为假盖，厚膜质，内层真盖生于囊托下，膜质或撕裂状或毛状，孢子囊群具长柄，环带具约13个加厚细胞。孢子四面型，3裂缝，周壁被毛具颗粒或小刺状纹饰，外壁光滑。染色体基数 x=13。

约 15 种，广布于世界各地。我国 6 种。

1. 各回羽轴上面沟内无毛。
　2. 叶柄长 20-80 厘米，褐棕或棕禾秆色，光滑 ···························· 1. 蕨 P. aquilinum var. latiusculum
　2. 叶柄长 0.5-2 米，黄棕色，略具光泽，基部密被深棕色节状柔毛 ···················· 2. 食蕨 P. esculentum
1. 各回羽轴上面沟内（至少幼时）被密毛。
　3. 羽轴无瘤状突起 ··· 3. 毛轴蕨 P. revolutum
　3. 羽轴下面具瘤状突起 ···································· 3(附). 糙轴蕨 P. revolutum var. muricatulum

1. 蕨

图 232

Pteridium aquilinum (Linn.) Kuhn var. latiusculum (Desv.) Underw. ex Heller, Cat. North. Amer. Pl. ed. 3, 17. 1909.

Pteris latiuscula Desv. in Mem. Soc. Linn. Paris 6(2): 303. 1827.

植株高达1米。根茎长而横走，密被锈黄色柔毛。叶疏生；叶柄长 20-80 厘米，褐棕或棕禾秆色，光滑，上面具浅纵沟；叶片宽三角形或长圆状三角形，长 30-60 厘米，渐尖头，基部圆楔形，三回羽状；羽片 4-6 对，对生或近对生，斜展，基部1对三角形，长 15-25 厘米，二回羽状；小

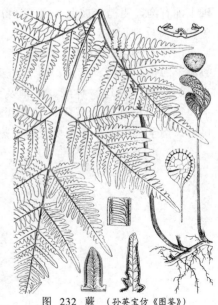

图 232 蕨 （孙英宝仿《图鉴》）

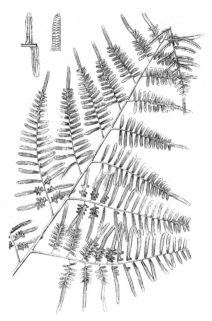

羽片约 10 对，互生，斜展，披针形，尾状渐尖头，基部近平截，具短柄，一回羽状；裂片 10-15 对，平展，接近，宽披针形或长圆形，钝头或近圆，基部不与小羽轴合生，分离，全缘；第二对羽片向上渐变窄小的长圆状披针形，一回羽状；叶脉羽状，侧脉分叉，下面明显，具边脉；叶干后纸质或近革质，上面光滑，下面沿脉多少被疏毛，叶轴与羽轴光滑，仅小羽轴下面多少被毛，各回羽轴上面均具纵沟，无毛。染色体 2n=104。

产全国各地，生于海拔2500米以下阳坡及林缘光照充足的偏酸性土。热带及温带地区有分布。根茎提取的淀粉称蕨粉，嫩叶称蕨菜，均可食用。全株入药，驱风湿、利尿、解毒，又可作驱虫剂。耕牛吃过量会中毒。

2. 食蕨　　　　　　　　　　　　　　　　图 233

Pteridium esculentum (Forst.) Cokayne in Engl. Vegt. der Erde 14:308. 1921.

Pteris esculenta Forst. Pl. Escul. 74. 1786.

植株高达 3 米以上。根茎长而横走。叶疏生；叶柄长 0.5-2 米，黄棕色，略具光泽，具纵沟，基部黑色，密被深棕色节状柔毛；叶片卵状三角形或长尾状三角形，长 0.5-3 米，下部宽 0.6-2 米，渐尖头，基部宽楔形，三至四回羽状；羽片 12-20 对，互生或下部的对生，略斜展，具柄，基部 1 对羽片窄三角形，长 0.28-1.28 米，柄长 3-16 厘米，基部截形，长渐尖头，

图 233 食蕨 （孙英宝绘）

二至三回羽状；一回小羽片披针形或窄披针形，无或具短柄，基部截形，尾状渐尖头，一至二回羽状；末回羽片或裂片长圆形或长圆状披针形，互生，平展，下部的长 0.5-1 厘米，宽 2.5-4 毫米，钝头或圆头，边缘具细齿，反卷；顶部的末回羽片或裂片常线形，长达 3 厘米，宽约 3 毫米；叶脉下面不显，小脉上面略凹陷；叶干后坚革质，黄绿至棕色，上面光滑，下面密被灰白至淡灰棕色节状毛。叶轴及各回羽轴均有纵沟，无毛。

产海南、广西及贵州，生于海拔 140-980 米荒坡、河谷灌丛下或林间路旁。中南半岛、马来西亚、印度尼西亚、澳大利亚、新西兰及南太平洋岛屿有分布。嫩叶可作蔬菜。

3. 毛轴蕨　毛蕨　　　　　　　　　　　图 234

Pteridium revolutum (Bl.) Nakai in Bot. Mag. Tokyo 39: 109. 1925.

Pteris revoluta Bl. Enum. Pl. Jav. 214. 1828.

植株高 1 米以上。根茎横走，被锈色卷曲节状毛。叶疏生；叶柄长 24-50 厘米，禾秆色或棕禾秆色，有纵沟，幼时具锈色节状毛；叶片宽三角形或卵状三角形，长 30-80 厘米，渐尖头，三回羽状；羽片 4-6 对，对生，斜展，具柄，长圆形，渐尖头，基部几平截，下部羽片略三角形，长 20-30 厘米，宽 10-15 厘米，具柄，二回羽状；小羽片 12-18 对，对生或互生，平展，无柄，不与羽轴合生，披针形，长 6-8 厘米，短尾状尖头，基部平截，深羽裂几达小羽轴；裂片约 20 对，对生或互生，略斜向上，镰状披针形，长约 8 毫米，钝头或尖头，

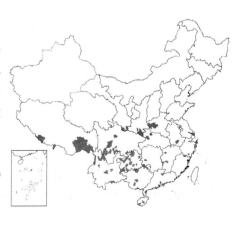

向基部渐宽，全缘；叶片顶部二回羽状，叶片披针形；叶干后近革质，边缘长反卷，下面密被灰白或浅棕色柔毛；叶脉羽状，侧脉分叉，上面凹陷，下面隆起；叶轴及各回羽轴下面和上面纵沟内均密被柔毛，后渐稀疏。

产河南、陕西、甘肃、安徽、浙江、江西、湖北、湖南、广东、海南、广西、贵州、四川、云南及西藏，生于海拔570-3000米山坡阳处或山谷疏林下林间空地。亚洲热带及亚热带地区有分布。用途同蕨。

[附] **糙轴蕨 Pteridium revolutum** var. **muricatulum** Ching ex S. H. Wu in Acta Bot. Austro-Sinica 2: 2. 1986. 与模式变种的主要区别：羽轴下面具瘤状突起；裂片钝头或圆头。产云南及四川，生于海拔800-2650米山坡阳处。

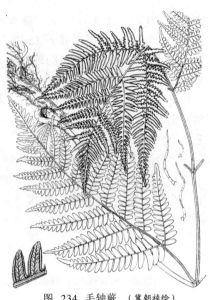

图 234 毛轴蕨 （冀朝祯绘）

2. 曲轴蕨属 Paesia St. Hilaire

土生蕨类。根茎长而横走，有管状中柱，被栗色茸毛，无鳞片。叶疏生，具长柄；叶片多回羽状，叶脉分离；叶近革质，叶轴呈"之"形曲折，被纤毛。孢子囊群沿末回裂片两侧分布，着生于叶缘内的1条连接脉上；囊群盖双层，外层为假盖，由变质叶缘构成，内层为真盖，不明显；环带具17-20个加厚细胞。孢子二面型，光滑。染色体基数=13。

14种，分布于热带美洲及从塔希提岛、新西兰至菲律宾、印度尼西亚。我国1种。

台湾曲轴蕨

图 235

Paesia taiwanensis Shieh in Journ. Jap. Bot. 45: 161. f. 1. 1970.

植株高约85厘米。根茎长而横走，密被栗色有光泽刚毛状茸毛。叶疏生；叶柄纤细，长10-45厘米，褐色，具光泽，基部被硬毛，向上粗糙，有纵沟；叶片卵状长圆形，长22-60厘米，三回羽状；羽片约15对，下部1-2对对生，向上的互生，斜展，具短柄或近无柄，长圆状披针形，长渐尖头，基部近截形，基部1对最大，长16-18厘米；小羽片多数，具短柄或无柄，长圆状披针形，长1-5厘米，尾状渐尖头，基部近截形；末回小羽片5-14对，长圆形或宽钻形，长达8毫米，每侧具2-5片芒状裂片；叶脉分离，小脉单一或2叉；叶干后坚草质，绿色，上面光滑，下面疏被短毛，叶轴呈"之"形曲折，禾秆色，粗糙或光滑。孢子囊群线形，生于裂片两侧边缘，先端不育；囊群盖线形，

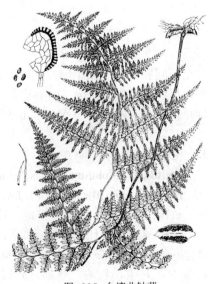

图 235 台湾曲轴蕨
（引自《Fl. Taiwan》）

膜质，全缘，宿存。
产台湾。

27. 凤尾蕨科 PTERIDACEAE
（林尤兴　吴兆洪）

土生，大型或中型蕨类。根茎长而横走，有管状中柱（如栗蕨属）或短而直立或斜生，有网状中柱（如凤尾蕨属），密被窄长而厚质鳞片，鳞片以基部着生。叶一型，稀二型或近二型，疏生（如栗蕨属）或簇生（如凤尾蕨属）；有柄，柄通常禾秆色，间为栗红或褐色，光滑，稀被刚毛或鳞片；叶片长圆形或三角形，稀五角形，一回羽状或二至三回羽裂，稀掌状，偶为单叶或3叉，不细裂；草质、纸质或革质，光滑，稀被毛；叶脉分离，稀网状，网眼内无内藏小脉；凤尾蕨属少数种类在表皮层下具脉状异形细胞。孢子囊群线形，沿叶缘生于连接小脉顶端1条边脉上，有由反折变质叶缘所形成的线形、膜质宿存假盖，无内盖，除叶缘顶端或缺刻外，连续不断。孢子四面形，稀两面形（如栗蕨属），透明，表面通常粗糙或有瘤状突起。

约10属，分布于热带和亚热带，热带美洲为多。我国2属。

1. 根茎短，直立或斜生；叶簇生，下面绿色，羽片对生或互生，有柄或无柄，基部无托叶状小羽片，叶脉分离或沿羽轴（或有时沿主脉）两侧联接成1行网眼 ·················· 1. 凤尾蕨属 Pteris
1. 根茎长而横走；叶疏生，下面常灰白色，羽片对生，无柄，基部有1对托叶状小羽片，叶脉网状 ············· ·················· 2. 栗蕨属 Histiopteris

1. 凤尾蕨属 Pteris Linn.

土生。根茎短，直立或斜生，有复式管状或网状中柱，被鳞片。叶簇生；叶柄上面有纵沟，自基部向上有V字形维管束1条；叶片一回羽状或为篦齿状二至三回羽裂，或有时3叉分枝，基部羽片下侧常分叉，不细裂，稀单叶或掌状分裂而顶生羽片常与侧生羽片同形，羽轴或主脉上面有纵沟，沟两侧有窄翅，偶齿蚀状，常有针状刺或无刺；叶脉分离，单一或2叉，稀沿羽轴两侧联成1列窄长网眼，无内藏小脉，小脉先端不达叶缘，通常膨大为棒状水囊；叶干后草质或纸质，有时近革质，光滑，稀被毛，下面绿色。孢子囊群线形，沿叶缘连续延伸，着生叶缘内联结脉上，有隔丝；囊群盖为反卷膜质叶缘形成；环带具16-34个增厚细胞。孢子四面型，表面通常粗糙或有瘤状突起。染色体x=29。

约300种，产热带和亚热带地区，南达新西兰、澳大利亚（塔斯马尼亚）及南非洲，北至日本及北美洲。我国66种。

1.叶脉分离。
　2.叶二型或近二型，3出、指状分裂或一回羽状，稀单叶，羽片通常线形或披针形。
　　3.单叶、2-3叉或指状分裂。
　　　4.单叶，或2-3叉。
　　　　5.单叶和3叉叶常生于同一植株 ··················· 1. 单叶凤尾蕨 P. subsimplex
　　　5.叶均3叉，无单叶。
　　　　6. 叶仅具3片羽片，中央羽片无柄或近无炳。
　　　　　7. 羽片宽披针形或侧生1对羽片近卵形，长5-8厘米，宽达2厘米，有粗尖锯齿 ·················· ··················· 2. 岩凤尾蕨 P. deltodon
　　　　7. 羽片线形，长15-25厘米，宽1厘米。
　　　　　8.羽片全缘或略波状 ··················· 3. 狭羽凤尾蕨 P. stenophylla
　　　　　8.羽片具细齿或波状齿 ··················· 4. 指叶凤尾蕨 P. dactylina
　　　6.叶具3-5羽片，中央羽片有长1-2（3）厘米羽柄 ··················· 2. 岩凤尾蕨 P. deltodon

4. 叶指状或近指状分裂，有 5-7（9）羽片生于叶片顶端。

  9. 羽片边缘全缘 ··· 3. 狭羽凤尾蕨 **P. stenophylla**

  9. 羽片边缘有锯齿。

    10. 成长叶二型 ··· 5. 凤尾蕨 **P. cretica** var. **nervosa**

    10. 成长叶一型或近一型。

      11. 叶柄栗色，边缘有时稍禾秆色；不育羽片边缘有锐锯齿 ·············· 6. 栗柄凤尾蕨 **P. plumbea**

      11. 叶柄基部褐色，向上为禾秆色；不育羽片边缘有细锯齿。

        12. 植株高 15-46 厘米；叶柄长 15-30 厘米 ················· 4. 指叶凤尾蕨 **P. dactylina**

        12. 植株高 10-20 厘米；叶柄长 6-10 厘米 ················· 7. 鸡爪凤尾蕨 **P. gallinopes**

3. 叶羽状，侧生羽片 2 对或 2 对以上。

  13. 侧生羽片不分叉。

    14. 侧生羽片 30-50 对，向下渐短，不育叶缘有细锯齿 ·············· 8. 蜈蚣草 **P. vittata**

    14. 侧生羽片最多达 16 对，下部的不缩短。

      15. 侧生羽片不育边缘具锯齿。

        16. 不育羽片卵形或长圆状披针形，具粗尖锯齿 ·············· 2. 岩凤尾蕨 **P. deltodon**

        16. 不育羽片线形、线状披针形或窄披针形，具锯齿。

          17. 不育羽片线形，宽 2-4 厘米 ················· 9. 狭叶凤尾蕨 **P. henryi**

          17. 不育羽片窄披针形，宽约 1 厘米 ········ 15(附). 少羽凤尾蕨 **P. ensiformis** var. **merrillii**

      15. 侧生羽片全缘，或多少呈波状。

        18. 羽片上面光亮，羽片边缘波褶 ················· 10. 爪哇凤尾蕨 **P. venusta**

        18. 羽片上面不光亮，羽片边缘稍波状 ················· 11. 全缘凤尾蕨 **P. insignis**

  13. 侧生羽片分叉。

    19. 仅基部 1 对羽片 2-3 叉，稀第二、第三对（稀至第五对）2 叉。

      20. 侧生羽片 2 对。

        21. 不育羽片线形，宽 2-4（-8）毫米，具细尖锯齿。

          22. 叶柄和叶轴浅禾秆色，光滑或略粗糙 ················· 9. 狭叶凤尾蕨 **P. henryi**

          22. 叶柄和叶轴栗褐色，粗糙或光滑 ············· 12. 猪鬣凤尾蕨 **P. actiniopteroides**

        21. 不育羽片窄披针形或长圆形，宽 1-2 厘米 ················· 6. 栗柄凤尾蕨 **P. plumbea**

      20. 侧生羽片 3 对以上，稀 3 对。

        23.羽片全缘。

          24. 羽片上面光亮，边缘波褶 ················· 10. 爪哇凤尾蕨 **P. venusta**

          24. 羽片上面不光亮，边缘稍波状 ················· 11. 全缘凤尾蕨 **P. insignis**

        23. 羽片边缘多少有锯齿。

          25. 上部 2-3 对或更多对侧生羽片基部下延，叶轴两侧具窄翅 ············· 13. 井栏边草 **P. multifida**

          25. 仅顶生 3 叉羽片或有时下一对侧生羽片基部多少下延，稀不下延。

            26. 叶一型，间有近二型。

              27. 叶柄和叶轴浅禾秆色，光滑或略粗糙 ················· 9. 狭叶凤尾蕨 **P. henryi**

              27. 叶柄和叶轴栗褐色，粗糙或光滑 ············· 12. 猪鬣凤尾蕨 **P. actiniopteroides**

            26. 叶二型。

              28. 叶草质 ················· 15(附). 少羽凤尾蕨 **P. ensiformis** var. **merrillii**

              28. 叶纸质至薄革质。

                29. 叶柄及叶轴疏生瘤状刺头突起 ············· 14(附). 刺柄凤尾蕨 **P. esquirolii** var. **muricatula**

                29. 叶柄及叶轴光滑或具粗糙感，无刺头突起。

·· 19. **刺齿半边旗 P. dispar**

46. 植株通常高 1-1.5 米；顶生羽片裂片分开，间隔宽约 1 厘米，基部下侧下延，在羽轴两侧形成不连续宽翅；侧生羽片长 15-25 厘米 ···················· 17. **疏羽半边旗 P. dissitifolia**

44. 沿羽轴上面纵沟两边有刺，裂片主脉上面有时有刺。

47. 羽轴下面被糙毛，主脉和裂片下面多少有毛。

48. 羽片下部多少深羽裂，上部多线形，长尾头 ················ 22. **长尾凤尾蕨 P. heteromorpha**

48. 羽片两侧篦齿状深羽裂，顶端有较短线形尾头。

49. 中部羽片长 8-10 厘米，宽 2-3 厘米，下部羽片渐短 ······· 23. **多羽凤尾蕨 P. decrescens**

49. 中部羽片长 7 厘米，宽 1.3 厘米，下部羽片几不缩短 ······ 23(附). **大明凤尾蕨 P. decrescens var. parviloba**

47. 羽轴无毛，主脉和裂片下面均无毛或疏被短柔毛。

50. 叶柄、叶轴、羽轴及主脉均青绿色；裂片主脉上面有多数针状短刺，裂片钝圆头，具小突尖，无锯齿 ································ 24. **翠绿凤尾蕨 P. longipinnula**

50. 叶柄、叶轴和羽轴均禾秆色（有时叶柄红棕色）；裂片主脉上面无刺，裂片渐尖头，先端有锯齿。

51. 裂片镰刀状长披针形 ···························· 25. **溪边凤尾蕨 P. excelsa**

51. 裂片宽披针形 ······················ 25(附). **变异凤尾蕨 P. excelsa var. inaequalis**

37. 基部 1 对羽片和其上侧生羽片不同形，羽片基部下侧分叉，具 1-3（4）片啮齿状小羽片，形状同于其他侧生羽片而较短。

52. 裂片不育边缘有锯齿。

53. 沿羽轴上面纵沟两侧有啮蚀状或小齿突起。

54. 植株高 30-90 厘米；顶生羽片裂片接近，基部下侧不下延或略下延，侧生羽片长 6-12 厘米 ··· 19. **刺齿半边旗 P. dispar**

54. 植株高达 1.5 米；顶生羽片裂片间隔宽约 1 厘米，基部下侧下延成翅，侧生羽片长 15-25 厘米 ··· 17. **疏羽半边旗 P. dissitifolia**

53. 沿羽轴上面纵沟两侧有刺。

55. 植株高达 45 厘米；侧生羽片 1-2 对，羽片下面叶脉间密生细条纹。

56. 叶二型 ················ 20. **条纹凤尾蕨 P. cadieri**

56. 叶一型。

57. 叶片暗绿色，无灰白色带 ················ 26. **林下凤尾蕨 P. grevilleana**

57. 叶片羽片沿羽轴两侧有灰白色带 ·········· 26(附). **白斑凤尾蕨 P. grevilleana var. ornata**

55. 植株高 0.8-1 米；侧生叶片 4-10 对，叶片下面无细条纹。

58. 叶柄基部暗褐色，向上和叶轴均禾秆色；羽片羽裂几达羽轴，裂片长 3.5-8（-10）厘米，披针形，渐尖头 ·························· 25. **溪边凤尾蕨 P. excelsa**

58. 叶柄基部栗褐色；羽轴下面的下部栗红色；羽片羽裂达沿羽轴两侧宽翅（宽约 4 毫米），裂片长 2.5-4 厘米，镰刀状披针形，钝头 ················ 27. **红秆凤尾蕨 P. amoena**

52. 裂片不育边缘全缘，偶微波状。

59. 相邻裂片基部相对 2 小脉向外伸达缺刻底部或附近，形成高三角形，有时部分小脉在缺刻下面交结成网眼；羽片通常羽裂至羽轴两侧宽翅 ················ 28. **线羽凤尾蕨 P. linearis**

59. 相邻裂片基部相对 2 小脉向外斜行至缺刻以上边缘，形成矮钝三角形；羽片羽裂达羽轴或羽轴两侧窄翅。

60. 裂片先端具小突尖。

61. 裂片基部 1 对小脉斜展，不与羽轴平行，基部 1 对羽片无柄，或有长达 3 毫米短羽柄。

62. 羽片沿羽轴两侧无白色或玫瑰色宽带。

63. 植株在叶轴、羽轴、主脉、叶缘及囊群盖等部位或其中一部多少常浅紫色 ·······································

··· 29. 紫轴凤尾蕨 **P. aspericaulis**

  63. 植株以上各部位均浅禾秆色 ················· 29(附). **高原凤尾蕨 P. aspericaulis** var. **cuspigera**

  62. 羽片沿羽轴两侧具白色或玫瑰色宽带 ············· 29(附). **三色凤尾蕨 P. aspericaulis** var. **tricolor**

61. 裂片基部 1 对小脉下侧 1 脉靠近羽轴并与羽轴近平行；基部 1 对羽片具长约 2 厘米羽柄 ·····················

··· 29(附). **隆林凤尾蕨 P. splendida**

60. 裂片先端无小突尖。

  64. 羽片深羽裂达羽轴 ··································· 30. **栗轴凤尾蕨 P. wangiana**

  64. 羽片深羽裂达羽轴两侧窄翅。

    65. 侧生羽片斜上。

      66. 侧生羽片基部最宽，或基部与中部等宽。

        67. 侧生羽片具长 1-2 厘米短尖尾 ·························· 31. **斜羽凤尾蕨 P. oshimensis**

        67. 侧生羽片长尾头，具长（3）4-9 厘米尾状头 ··· 31(附). **尾头凤尾蕨 P. oshimensis** var. **paraemeiensis**

      66. 侧生羽片中部最宽，基部裂片多少缩短 ··············· 32. **傅氏凤尾蕨 P. fauriei**

    65. 侧生羽片斜展或平展。

      68. 侧生羽片 11-16 对，基部 1 对基部下侧有（2）3-4 片小羽片，如侧生羽片 9-10 对，则基部 1 对羽

        片基部下侧有小羽片 3 片 ·························· 33. **有刺凤尾蕨 P. setuloso‐costulata**

      68. 侧生羽片（3-）5-9 对，基部 1 对羽片基部下侧有小羽片 1-2 片。

        69. 侧生羽片基部最宽，或基部和中部等宽。

          70. 侧生羽片（特别是下部羽片）以直角或近直角从叶轴向两侧伸展 ····· 34. **平羽凤尾蕨 P. kiuschiuensis**

          70. 侧生羽片斜展 ··············· 34(附). **华中凤尾蕨 P. kiuschiuensis** var. **centro‐chinensis**

        69. 侧生羽片通常中部最宽，基部裂片多少缩短。

          71. 植株高 1.3 厘米以上；侧生羽片长约 35 厘米，宽约 8 厘米 ········· 35. **硕大凤尾蕨 P. majestica**

          71. 植株高 50-90 厘米；侧生羽片长 12-25 厘米，宽 3-6 厘米。

            72. 侧生羽片镰刀状披针形，长 12-25 厘米，宽 3-4 厘米 ········· 32. **傅氏凤尾蕨 P. fauriei**

            72. 侧生羽片宽披针形，长 16-22 厘米，宽 4-6 厘米 ····· 32(附). **百越凤尾蕨 P. fauriei** var. **chinensis**

1. 叶脉在小羽轴两侧多少网结。

  73. 叶柄顶端不分成 3 枝；羽片卵形，羽状，基部 1 对羽片基部下侧有 1-2 片篦齿状羽裂的小羽片。

    74. 叶柄浅褐或浅绿色，略带光泽，叶干后厚纸质 ··············· 36. **狭眼凤尾蕨 P. biaurita**

    74. 叶柄栗色，有光泽，叶干后薄草质 ··············· 37. **两广凤尾蕨 P. maclurei**

  73. 叶柄顶端 3 叉分枝，叶片分成 3 片，每片羽状分裂，呈五角形，基部 1 对羽片基部下侧无篦齿状羽裂小羽

    片。

    75. 网眼沿小羽轴两侧各有 1 行，裂片叶脉均分离，裂片下部沿主脉两侧小脉偶有网结。

      76. 叶柄和叶轴密被紫褐色节状刚毛 ··············· 38(附). **云南凤尾蕨 P. wallichiana** var. **yunnanensis**

      76. 叶柄和叶轴下面无毛，或叶柄疏被短毛。

        77. 叶片下面近无毛。

          78. 裂片钝头或尖头 ··············· 38. **西南凤尾蕨 P. wallichiana**

          78. 裂片圆头 ··············· 38(附). **圆头凤尾蕨 P. wallichana** var. **obtusa**

        77. 叶片下面伏生棕色节状毛 ··············· 39. **华南凤尾蕨 P. austro‐sinica**

    75. 沿小羽轴两侧各有 1 行网眼，沿裂片主脉两侧各有 1 行有时间断的网眼；叶柄和叶轴禾秆色或浅棕色。

      79. 裂片长 2.5-7 厘米，宽 4-7 毫米，间隔 0.7-1.2 厘米 ··············· 40. **疏羽凤尾蕨 P. finotii**

      79. 裂片长 1-3 厘米，宽 4-6 毫米，接近（间隔 2-5 毫米） ··············· 41. **三叉凤尾蕨 P. tripartita**

1. 单叶凤尾蕨

图 236

Pteris subsimplex Ching ex Ching et S. H. Wu in Acta Bot. Austo
-Sinica 1: 3. 1983.

植株高 30-40 厘米。根茎短而直立，顶端被鳞片。叶二型，单叶或 2-3 叉；叶柄禾秆色或浅棕色，无毛，长 15-20 厘米；不育叶（或羽片）长约 20 厘米，宽 2.5-3 厘米，渐尖头，具齿，基部宽楔形或近钝圆，叶缘具软骨质，下部波状，向上疏被锯齿；能育叶（或羽片）线状披针形，长约 20 厘米，宽 1-2 厘米，全缘，先端具小齿，不育；主脉禾秆色，下面隆起，侧脉单一或 2 叉。叶干后纸质，暗绿色，无毛。

产云南东南部，生于海拔 120-240 米林下阴暗沟边或竹林下，常见。越南北部有分布。

图 236　单叶凤尾蕨　（冀朝祯绘）

2. 岩凤尾蕨

图 237

Pteris deltodon Baker in Journ. Bot. 1888: 226. 1888.

植株高 15-25 厘米。根茎短而直立，被黑色鳞片。叶簇生，一型；叶柄长 10-20 厘米，基部褐色向上浅禾秆色；叶片卵形或三角状卵形，长 10-20 厘米，3 叉或奇数一回羽状；羽片 3-5 片，顶生羽片稍大，宽披针形，长 5-8 厘米，中部宽 1.2-2 厘米，渐尖头，基部宽楔形，羽柄长 1-2（3）厘米；上部不育的叶缘有三角形粗尖锯齿，下部全缘，无柄或有短柄，侧生羽片较短小，斜上，对生，镰刀状，短尖头，基部钝圆偏斜，无柄；不育羽片与能育羽片同形但较宽短，顶生羽片长圆状披针形，侧生羽片卵形，叶缘除基部外，具三角形粗尖锯齿，叶轴禾秆色，下面隆起，侧脉明显，单一或分叉；叶干后纸质，褐绿色，无毛。

产浙江、台湾、湖南、广东、香港、广西、贵州、四川及云南，生于海拔 500-150 米石灰岩壁上。老挝、越南及日本有分布。

图 237　岩凤尾蕨
（引自《中国蕨类植物图谱》）

3. 狭羽凤尾蕨

图 238

Pteris stenophylla Wall. ex Hook. et Grev. Ind. Fil. t. 130. 1829.

植株高约 50 厘米。根茎斜升。叶簇生，一型；叶柄禾秆色，长 30-35 厘米，无毛；叶片指状状深裂，羽片 3-5 片，聚生叶柄顶端，

线状披针形，长达20厘米，宽8-10厘米（不育叶片稍宽），长渐尖头，基部楔形，具软骨质窄边，全缘或略波状；主脉禾秆色，下面隆起，侧脉单一或2叉；叶干后纸质，灰绿色，无毛。

产西藏东南部，生于海拔2500-3000米疏林下干旱岩石上。不丹、尼泊尔及印度北部有分布。

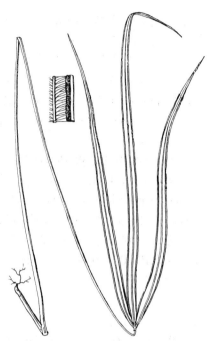

图 238 狭羽凤尾蕨 （冀朝祯绘）

4. 指叶凤尾蕨 掌叶凤尾蕨 图 239

Pteris dactylina Hook. Sp. Fil. 2: 160. t. 130A. 1858.

植株高15-46厘米。根茎短而横卧，顶端被黑褐色鳞片。叶多数，簇生；叶柄纤细，长15-30厘米，禾秆色，基部褐色，光滑或偶粗糙；叶片指状，羽片5-7片，有时3片，偶基部1对近3叉或顶生羽片2-3叉，均集生叶柄顶端，中央1片线形，长8-10（-15）厘米，先端渐尖，基部楔形，两侧羽片同形略镰刀状，均无柄或顶生羽片有短柄，能育羽片全缘，顶部有细锯齿，不育羽片有细尖锯齿；主脉禾秆色，上面有纵沟，下面隆起，侧脉明显，单一或下部分叉；叶干后坚草质，灰绿色，两面光滑。孢子囊群线形，沿叶缘延伸，羽片顶部不育；囊群盖线形，灰白色，膜质。

产台湾、湖南西南部、贵州、四川、云南及西藏东南部，生于海拔1200-2500米荫蔽岩石上、石隙或岩洞口。尼泊尔及印度有分布。

图 239 指叶凤尾蕨
（引自《中国蕨类植物图谱》）

5. 凤尾蕨 图 240 彩片 58

Pteris cretica Linn. var. **nervosa** (Thunb.) Ching et S. H. Wu, Fl. Reipubl. Popul. Sin. 3(1): 28. t. 8: 5-11. 1990.

Pteris nervosa Thunb. Fl. Jap. 332. 1784; 中国高等植物图鉴1: 150. 1972.

植株高40-80厘米。根茎短而直立或斜升，被黑褐色鳞片。叶簇生，二型或近二型；叶柄长16-45厘米，禾秆色，平滑；叶片卵圆形，长16-30厘米，一回奇数羽状；不育叶羽片2-5对，通常对生，基部1对有短柄并2叉，窄披针形或披针形，长10-24厘米，宽1-2厘米，基部宽楔形，叶缘软骨质，具粗锯齿；能育叶羽片3-8对，基部1对2叉，具短柄，线形，渐尖头，长12-25厘米，具锐锯齿，

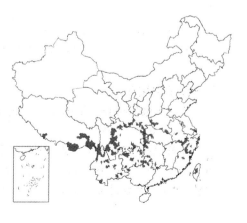

基部宽楔形；主脉下面隆起，禾秆色，光滑，侧脉单一或分叉，明显；叶干后纸质，绿或灰绿色，无毛。

产河南西南部、陕西南部、甘肃、安徽、浙江、台湾、福建、江西、湖北、湖南、广东、广西、贵州、四川、云南及西藏，生于海拔 400-3200 米石灰岩地区林缘岩隙间或灌丛中。印度、尼泊尔、斯里兰卡、柬埔寨、越南、菲律宾、日本、斐济群岛及夏威夷群等地有分布。

[附] **粗糙凤尾蕨 Pteris cretica** var. **laeta** (Wall. ex Ettingsh.) C. Chr. et Tard. -Blot in Lecome, Not. Syst. 6: 137. 1937. —— *Pteris laeta* Wall. ex Ettingsh. Farnke d Jotitwelt 96. t. 57: 8-11, t. 58: 4. 12. 1865. 本变种与模式变种的主要区别：叶柄通常棕色或褐棕色，粗糙，叶片顶生 3 叉羽片基部下延，叶轴粗糙。产福建、江西、广东、四川、云南及西藏东南部，生海拔 900-2600 米山谷酸性土。越南、柬埔寨、印度北部、尼泊尔及不丹有分布。

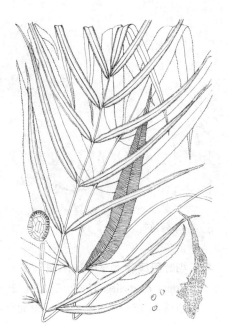

图 240 凤尾蕨 （冀朝祯绘）

6. 栗柄凤尾蕨 图 241

Pteris plumbea Christ in Lecomte, Not. Syst. 1: 49. 1909.

植株高 22-35 厘米。根茎短，直立或稍偏斜，被黑褐色鳞片。叶簇生，近二型；不育叶柄四棱形，长 5-20 厘米，连同叶轴为栗色，光滑；叶片长圆形或卵状长圆形，长 6-25 厘米，一回羽状；羽片通常 2 对，对生，斜上，基部羽片有短柄，通常 2-3 叉；顶生小羽片线状披针形，长 10-15 厘米，渐尖头，基部宽楔形，两侧小羽片短于顶生小羽片；第二对羽片偶 2 叉，无柄，不下沿，顶生羽片通常与其下的 1 对侧生羽片合生而呈 3 叉，基部多少下延，具软骨质叶缘，有钝锯齿，钝头或渐尖头，基部楔形或圆楔形；能育叶柄长达 26 厘米，羽片较窄，不育部分具锐锯齿，不育羽片窄披针形或长圆形，宽 1-2 厘米；叶干后草质，灰绿或上面棕绿色，无毛。

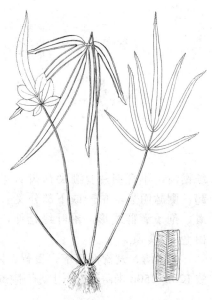

图 241 栗柄凤尾蕨 （孙英宝绘）

产江苏南部、浙江、福建、江西西部、湖南南部、广东、广西及贵州南部，生于海拔 200-700 米石灰岩地区林下石隙中。印度（阿萨姆）、越南北部、柬埔寨、菲律宾及日本有分布。

7. 鸡爪凤尾蕨 图 242

Pteris gallinopes Ching ex Ching et S. H. Wu in Acta Bot. Austro - Sinica 1: 4. 1983.

植株高 10-20 厘米。根茎短而直立，顶端被黑褐色鳞片。叶簇生，近二型；柄长 6-10 厘米，禾秆色，基部浅褐色，光滑，上面有浅纵沟；叶片掌状或宽卵形，长 4-6 厘米，羽片通常 5 片，集生叶柄顶端，中央 1 片窄线形，长 3-7 厘米，宽 3-4 毫米，渐尖头有锐锯齿，基部楔形，能育羽片全缘，不育羽片或小裂片叶缘有浅锯齿，簇生羽片与中央羽片同形，但较短小略镰刀状，先端渐尖或短尖；能育羽片或裂片较窄，不育的有锯齿，能育的不育先端有齿；主脉两面隆起，光滑，侧脉明显，疏离，并行，单一或分叉；叶干后草质，灰绿色，无毛，沿羽轴下面有时多少疏被棕色多细胞毛及瘤状突起。孢子囊群线形，沿叶缘延伸，羽片基部及先端不育；囊群盖线形，灰褐色，薄膜质，全缘。

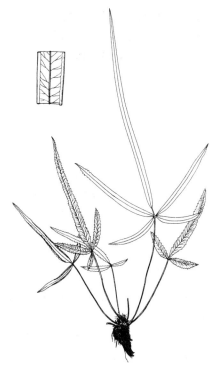

图 242 鸡爪凤尾蕨 （孙英宝绘）

产湖北、广西、贵州、四川及云南，生于海拔 850-1700 米林下石灰岩缝中及岩壁。

8. 蜈蚣草 图 243 彩片 59

Pteris vittata Linn. Sp. Pl. 1074. 1753.

植株高 0.2-1.5 米。根茎短而直立，密被疏散黄褐色鳞片。叶簇生，一型；叶柄长 8-30 厘米，深禾秆色或浅褐色，幼时密被鳞片；叶片倒披针状长圆形，长 20-94 厘米，长尾头，基部渐窄，奇数一回羽状；顶生羽片与侧生羽片同形，侧生羽片 30-50 对，几无柄，不与叶轴合生，线形，向下羽片渐短，基部羽片耳形，中部的长 6-15 厘米，渐尖头，基部浅心形，两侧稍耳形，不育的叶缘有细锯齿；主脉下面隆起，浅禾秆色，侧脉纤细，单一或分叉；叶干后纸质或薄革质，绿色，下面疏被黄棕色线形鳞片及节状毛。孢子囊群线形，着生羽片边缘的边脉；囊群盖同形，全缘，膜质，灰白色。

产河南、陕西、甘肃南部、江苏、安徽、浙江、台湾、福建、江西、湖北、湖南、广东、香港、海南、广西、贵州、四川、云南及西藏，生于海拔 2000 米以下空旷钙质土或石灰岩上或旧石灰墙壁上。旧大陆热带和亚热带地区广布。为钙质土和石灰岩的指示植物。

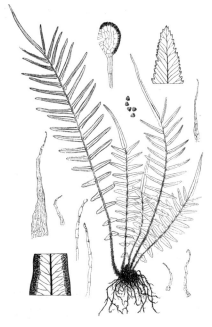

图 243 蜈蚣草
（孙英宝仿《Ogata, Ic. Fil. Jap.》）

9. 狭叶凤尾蕨 亨利凤尾蕨 图 244

Pteris henryi Christ in Bull. Herb. Boissier 6: 957. 1898.

植株高 （10-）30-60 厘米。根茎短，斜出，被黑褐色鳞片。叶簇生，一型或近二型；不育叶柄长 4-13 厘米，禾秆色、栗色或下部栗褐色，光滑或略粗糙，四棱形；叶片长圆状卵形，长 8-30 厘米，尾状头，基部圆楔形，奇数一回羽状；侧生羽片1-3对，线形，长10-20厘米，宽2-4厘米，极斜上，具浅锐锯齿，基部1对有短柄，通常3-4叉，向上的无柄，通常3叉，稀单一，顶生羽片2-3叉，偶单

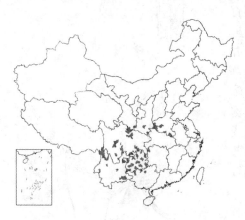

一而具短柄，裂片窄线形，先端长渐尖，基部宽楔形稍偏斜，顶生羽片与侧生的同形较长；能育叶柄长达20厘米，叶片较大，羽片1-4对，线形，宽2-4毫米，能育边缘全缘，不育边缘有浅锐锯齿；主脉两面隆起，侧脉两面明显，稍弯曲，几平展，单一或分叉；叶干后纸质，灰绿色，两面光滑。孢子囊群线形，沿能育羽片叶缘延伸，近基部及有锯齿的先端不育；囊群盖线形，棕色，膜质，全缘。

产河南、陕西南部、甘肃南部、湖南西北部、广西、贵州、四川及云南，生于海拔300-2250米石灰岩缝中。越南有分布。全草入药，有清热解毒、利尿、生肌功效。

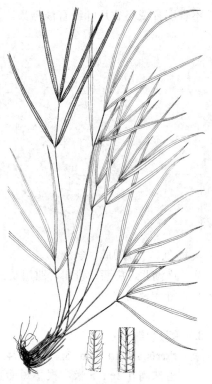

图 244 狭叶凤尾蕨 （孙英宝绘）

10. 爪哇凤尾蕨　　　　　　　　　图245

Pteris venusta Kunze in Bot. Zeitschr. 6: 195. 1840.

植株高50-80厘米。根茎短而直立，被褐色鳞片。叶簇生；叶

柄长30-50厘米，通常禾秆色；叶片长圆状卵形，长35-45厘米，奇数一回羽状；侧生羽片（3）4-6对，斜上，线状披针形，长15-20厘米，长尾状头，全缘，基部宽楔形，全缘，上面光亮，软骨质边缘波摺，基部1对具短柄，向上的通常与羽轴合生，下延，顶生羽片三叉状；主脉下面隆起，浅禾

秆色，侧脉稍隆起，通常单一；叶干后薄草质，灰绿色，无毛，具光泽，润滑。

产台湾及云南，生于海拔800-1500米山谷疏林下酸性土。尼泊尔、不丹、印度、缅甸北部、柬埔寨、老挝、越南、马来西亚及印度尼西亚有分布。

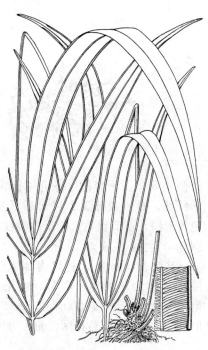

图 245 爪哇凤尾蕨 （冀朝祯绘）

11. 全缘凤尾蕨　　　　　　　　　图246

Pteris insignis Mett. ex Kuhn in Journ. Bot. 1868: 269. 1868.

植株高1-1.5米。根茎斜升，被黑褐色鳞片。叶簇生；叶柄长

45-90厘米，下部红棕色，向上禾秆色；叶片卵状长圆形，长44-80

厘米，一回羽状，羽片 5-15 对，线状披针形，基部楔形，上面不光亮，全缘，稍波状，长 16-20 厘米，下部的羽片不育，有柄，中部以上羽片能育，宽 1-1.5 厘米，顶生羽片同形，有柄；叶脉明显，主脉下面隆起，侧脉斜展，单一或从下部分叉；叶干后厚纸质，灰绿或褐绿色，无毛。孢子囊群线形，着生能育羽片中上部；囊群盖线形，灰白或灰棕色，全缘。

产浙江南部、江西、福建、湖南、广东、香港、海南、广西、贵州及云南，生于海拔 250-800 米山谷阴湿密林下或水沟旁。越南及马来西亚有分布。

图 246 全缘凤尾蕨
（引自《中国蕨类植物图谱》）

12. 猪鬣凤尾蕨　　　　　　　　　　图 247

Pteris actiniopteroides Christ in Bull. Herb. Boissier 7: 6. 1899.

植株高 5-30（60）厘米。根茎短而直立，被全缘黑褐色鳞片。叶密而簇生，一型或近二型；叶柄长 3-6（-20）厘米，连同叶轴均栗褐色，粗糙或光滑；叶片长圆状卵形或宽三角形，一回羽状；不育叶片有侧生羽片 1-2 对，对生，2 叉或基部 1 对 3 叉，顶生 3 叉羽片基部不或略下，裂片线形，长约 10 厘米，长渐尖头，基部楔形，边缘有尖锯齿；

能育叶片通常有侧生羽片 2-4 对，对生，基部 1 对 2-4 叉，具短柄，顶生 3 叉羽片裂片线形；主脉两面隆起，侧脉明显，单一或分叉；叶干后厚纸质，暗绿色，无毛。孢子囊群线形；囊群盖同形，薄膜质。

产河南、陕西南部、甘肃东南部、湖北、广西北部、贵州、四川及云南，生于海拔 600-2000 米裸露石灰岩缝中。旱生喜钙植物。

13. 井栏边草　凤尾草　井栏凤尾蕨　　　图 248

Pteris multifida Poir. in Lam. Encycl. Méth. Bot. 5: 714. 1804.

植株高 20-45（-85）厘米。根茎短而直立，被黑褐色鳞片。叶密而簇生，二型；不育叶柄长 2-6 厘米，禾秆色或暗褐色，具禾秆色窄边，光滑；叶片卵状长圆形，长 6-25 厘米，尾状头，基部圆

图 247 猪鬣凤尾蕨 （冀朝祯绘）

楔形，奇数一回羽状；侧生羽片 1-3 对，对生，斜上，线状披针形，无柄，长 8-20 厘米，渐尖头，基

部宽楔形，边缘有尖锯齿，下部 1-2 对通常分叉，顶生 3 叉羽片及上部羽片基部下延，叶轴两侧具窄翅；能育叶柄较长，羽片 4-6（-10）对，线形，长 10-20 厘米，不育部分具锯齿，基部 1 对有时近羽状，有柄，下部 2-3 对通常 3 叉，上部几对基部下延，叶轴两侧具窄翅；主脉两面隆起，禾秆色，侧脉明显，单一或分叉，有时在侧脉间有与侧脉平行的细条纹；叶干后草质，暗绿色，无毛。

图 248 井栏边草
（孙英宝仿《Ogata, Ic. Fil. Jap.》）

产河北、山东、河南、陕西、江苏、安徽、浙江、台湾、福建、江西、湖北、湖南、广东、香港、广西、贵州、四川及云南东南部，生于海拔 140-1800 米旧石灰墙缝中、井边及石灰岩缝隙或灌丛下。越南，菲律宾及日本有分布。全草入药，味淡，性凉，能清热利湿，解毒止痢，凉血止血。

14. 阔叶凤尾蕨

图 249 彩片 60

Pteris esquirolii Christ in Lecomte, Not. Syst. 1: 50. 1909.

植株高 1-1.5 米。根茎粗短，直立或横卧，密被黑褐色鳞片。叶簇生或近生，二型；不育叶柄长 28-57 厘米，深禾秆色或棕色；叶片长 36-57 厘米，宽 26-38 厘米，尾状头，基部圆楔形，奇数一回羽状；侧生羽片 2-5 对，对生，斜上，有柄，向上的无柄，披针形或长圆状披针形，长 14-35 厘米，中部宽 2.5-5 厘米，长尾状尖头，基部宽楔形或圆楔形，中部以

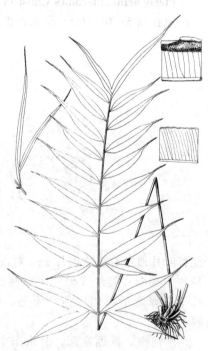

图 249 阔叶凤尾蕨 （孙英宝绘）

上具锐锯齿；能育叶柄长达 90 厘米，叶长 40-50 厘米，宽约 35 厘米；羽片 5-6 对，下部 2-3 对羽片通常分叉，羽片线形，顶生羽片与侧生的同形而较长，3 叉羽片基部下延；主脉下面隆起，禾秆色，侧脉 2 叉或单一，两面均明显；叶干后薄革质，暗绿色。

产福建、湖南西北部、广东、广西、贵州、四川及云南，生于海拔 800-1500 米密林下岩石旁。越南北部有分布。

[附] **刺柄凤尾蕨 Pteris esquiroli**i var. **muricatula** (Christ) Ching et S. H. Wu, Fl. Reipubl. Popul. Sin. 3(1): 31. 1990. —— *Pteris muricatula* Ching in Bull. Fan Mem. Inst. Biol. Bot. 10: 173. 1940. 本变种仅见能育叶，似阔叶凤尾蕨的能育叶，与模式变种的主要区别：叶柄粗糙，自中部向上达叶轴均疏生瘤状刺头突起。产湖南西部。

15. 剑叶凤尾蕨

图 250

Pteris ensiformis Burm. Fl. Ind. 230. 1786.

植株高 24-60（-94）厘米。根茎短，斜升或横卧，被黑褐色鳞片。叶密生，二型；不育叶柄长 10-30 厘米，与叶轴均禾秆色；叶片长圆状卵形，长 10-25 厘米，奇数二回羽状；羽片 2-4 对，下部的有短柄，卵形或卵状三角形，长 2-6 厘米，羽状，小羽片 1-4 对，对生，斜展，无柄，长尾状倒卵形或披针形，圆钝头，基部常下延，不育具锯齿；能育叶叶柄长

达 57 厘米，羽片及小羽片较窄，羽片通常 2-5 叉，中央分叉最长，顶生羽片基部不下延，下部两对羽片有时为羽状，小羽片 2-3 对，线形，渐尖头，基部下侧下延，先端不育边缘有锯齿；主脉禾秆色，下面隆起，侧脉密接，通常 2 叉；叶干后草质，灰绿或暗褐色。

产安徽、浙江南部、台湾、福建、江西南部、湖南西南部、广东、香港、海南、广西、贵州、四川及云南南部，生于海拔 150-1050 米林下或溪边潮湿酸性土。印度北部、斯里兰卡、老挝、柬埔寨、缅甸、越南、泰国、马来西亚、菲律宾、日本、波利尼西亚、斐济群岛及澳大利亚有分布。全草入药，有止痢功效。酸性土指示植物。

[附] **少羽凤尾蕨 Pteris ensiformis** var. **merrillii** (C.Chr.) S. H. Wu, Fl. Reipubl. Popul. Sin. 3(1): 39. 1990. —— *Pteris merrillii* C. Chr. ex Ching in Acta Phytotax. Sin. 9: 348. 1964. 本种与剑叶凤尾蕨的主要区别：叶草质，叶片通常一回羽状，或基部多少二回羽状，羽片 2-4 对，基部 1 对羽片单一或 2-3 叉，间或羽状，不育叶的羽片或小羽片边缘有细锯齿，先端圆钝或渐尖，中部侧生羽片窄披针形，长 4-6 厘米，宽约 1 厘米。

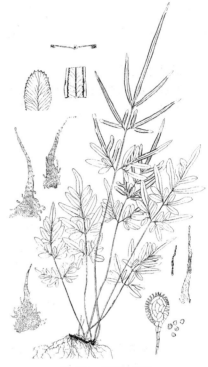

图 250 剑叶凤尾蕨
（孙英宝仿《Ogata, Ic. Fil. Jap.》）

产台湾、广东、海南及广西，生于林下阴处。

[附] **白羽凤尾蕨 Pteris ensiformis** var. **victoria** Bak. in Gard. Chron. ser. 3, 7: 756. 1890. 本种与模式变种的主要区别：羽片中央沿主脉两侧各有 1 条灰白色带。产海南南部，生于海拔约 300 米林下。印度北部、中南半岛及马来半岛有分布。

16. 三轴凤尾蕨

图 251

Pteris longipes Don, Prodr. Fl. Nepal. 15. 1825.

植株高 1.2-1.5 米。根茎短而直立，被深褐色鳞片。叶簇生，一型；柄长 70-80 厘米，与叶轴均深禾秆色或浅棕褐色；叶片三角状卵形，长 60-70 厘米，三回深羽裂，自叶柄顶端分 3 枝，侧生两枝形同中央枝；侧生小羽片 12-20 对，披针形，长 10-12 厘米，长尾状尖头，基部截形，篦齿状深羽裂几达小羽轴；顶生小羽片与中部侧生小羽片同形，裂片长圆形，钝圆头具圆齿，小羽轴下面隆起，禾秆色，上面有浅纵沟，沟旁有尖刺；主脉上面具少数针刺，侧脉两面均明显，自基部以上 2 叉，裂片基部 2 脉均出自主脉基部以上，相对的两脉达缺刻以上边缘；叶干后草质，暗绿或绿褐色，无毛。

产台湾、福建、江西、湖南、广东、广西、贵州、四川及云南，

生于海拔 600-2400 米山地杂木林下。中南半岛至喜马拉雅山南部地区、斯里兰卡、菲律宾及印度尼西亚有分布。

17. 疏羽半边旗　大半边旗　　　　　　　　图 252

Pteris dissitifolia Baker in Journ. Bot. 28: 263. 1890.

植株高 1-1.5 米。根茎斜生或直立，密被鳞片。叶簇生；叶柄长 40-80 厘米，栗褐色，有光泽，无毛；叶片卵状长圆形，长 35-50 厘米，二回羽状深裂或二回半边羽状深裂；顶生羽片的裂片长 6-8 厘米，宽 0.6-1.2 厘米，疏离，基部下延；侧生羽片 3-5 对，长圆状宽披针形，长 15-25 厘米，尾状头，基部偏斜，下部 1-2 对羽片通常两侧均深羽裂，下侧基部裂片有时下侧箆齿状羽裂，中部羽片下侧深羽裂，上侧全缘或上部深羽裂，上部羽片下侧深羽裂，上侧全缘，裂片披针形，渐尖头，基部以宽翅下延，不育边缘有浅锯齿，叶片顶部羽状深裂，三角状卵形，长约 15 厘米，渐尖头，基部宽楔形，深羽裂几达叶轴，叶轴栗褐色，羽轴下面隆起，上面有浅纵沟，纵沟两侧有啮蚀状浅灰色窄边；侧脉两边均明显，通常一至二回分叉；叶干后坚草质，暗褐色，无毛。

产广西、海南及云南南部，生于海拔 150-250 米林缘阴处。越南北部及老挝有分布。

18. 半边旗　　　　　　　　　　　　　图 253 彩片 61

Pteris semipinnata Linn. Sp. Pl. 2: 1076. 1753.

植株高 0.3-0.8（-1.2）米。根茎长而横走，被黑褐色鳞片。叶簇生，近一型；叶柄长 15-55 厘米，连同叶轴均栗红色；叶片长圆状披针形，长 15-40（60）厘米，奇数二回半边深羽裂；顶生羽片宽披针形或长三角形，长 10-18 厘米，基部宽 3-10 厘米，尾状头，箆齿状深羽裂几达叶轴，裂片镰刀状宽披针形，长 2.5-5 厘米，宽 0.6-1.9 厘米，短渐尖头，基部下侧呈窄翅沿叶轴下延达下一对裂片；侧生羽片 4-8 对，成半三角形略镰刀状，长 5-10（-18）厘米，长尾头，两侧极不对称，上侧有 1 条

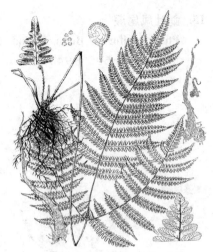

图 251 三轴凤尾蕨
（孙英宝仿《Ogata, Ic. Fil. Jap.》）

图 252 疏羽半边旗
（孙英宝仿《中国植物志》）

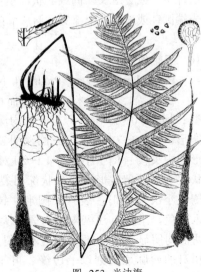

图 253 半边旗
（孙英宝仿《Ogata, Ic. Fil. Jap.》）

宽翅，不裂或基部有1片或少数短裂片，下侧篦齿状深羽裂几达羽轴；裂片镰刀状披针形，基部1片最长，不育裂片有尖锯齿，能育裂片顶端有尖刺或具2-3尖齿，羽轴上面有纵沟，纵沟两侧有啮蚀状边；侧脉明显，2叉或二回2叉，小脉常伸达锯齿基部；叶干后草质，灰绿色。

产河南南部、安徽南部、浙江、台湾、福建、江西、湖南、广东、香港、海南、广西、贵州、四川及云南南部，生于海拔140-

850米疏林下阴处、溪边、岩石旁或路边酸性土壤。日本、菲律宾、越南、老挝、泰国、缅甸、马来西亚、斯里兰卡及印度北部均有分布。产区酸性土指示植物。全草入药，性凉味苦，能清热解毒，消肿止血。

19. 刺齿半边旗

图 254

Pteris dispar Kunze in Bot. Zeitschr. 6: 539. 1848.

植株高30-90厘米。根茎斜生，被黑褐色鳞片。叶簇生，近二型；叶柄长15-50厘米，连同叶轴均栗色；叶片卵状长圆形，长16-40厘米，二回深羽裂或二回半深羽裂；顶生羽片披针形，长12-18厘米，渐尖头，基部圆形，篦齿状深羽裂几达叶轴；裂片宽披针形或线状披针形，略镰刀状，不育叶缘有长尖刺齿；侧生羽片5-8对，与顶生羽片同形，下部的有短柄，长1-2厘

米，基部宽3-5毫米，尾状渐尖头，两侧或下侧深羽裂几达羽轴，裂片与顶生羽片同形同大，有时下部1-2对羽片篦齿状羽裂，羽轴上面有纵沟，两侧有啮蚀状浅灰色窄边；侧脉明显，2叉，小脉达锯齿软骨质刺尖；叶干后草质，栗色或暗绿色。

产江苏南部、安徽南部、浙江、台湾、福建、江西、湖南、广东、香港、广西、贵州及四川，生于海拔140-950米山谷疏林下、山坡、路边、灌丛中。越南、马来西亚、菲律宾、日本及韩国南部有分布。

图 254 刺齿半边旗
（孙英宝仿《Ogata, Ic. Fil. Jap.》）

20. 条纹凤尾蕨 二形凤尾蕨

图 255

Pteris cadieri Christ in Journ. de Bot. 19: 72. 1905.

植株高15-40厘米。根茎短而直立，被黑褐色鳞片。叶簇生，二型；不育叶柄长5-12厘米，下部栗褐色，向上禾秆色，顶部有浅绿色窄翅；叶片卵状三角形，长4-10厘米，二回深羽裂，三叉状；顶生羽片宽披针形，长10-15厘米，基部楔形，篦齿状深羽裂，裂片长圆形，略镰刀状，3-8对；侧生羽片1对，稀2对，贴近顶生羽片，镰状三角形，两侧或下侧羽裂，长4-6厘米，各裂片具尖齿；能育叶柄长达25厘米，叶片一回羽状或近掌状，基部下延叶轴成窄翅，侧生羽片1-2对，线形，长8-12厘米，渐尖头，不育的边缘有锯齿，与顶生羽片同形或稍短；主脉下面隆起，上面有浅纵沟并有疏刺，侧脉明显，侧脉间下面有较多斜行细条纹；叶干后草质，暗绿色，无毛。

图 255 条纹凤尾蕨
（引自《中国蕨类植物图谱》）

产台湾、福建、江西、广东、香港、海南、广西、贵州东北部及云南东南部，生于150-500米溪沟边潮湿岩石旁。越南及日本有分布。

[附] **海南凤尾蕨**
Pteris cadieri var. **hainanensis** (Ching) S. H. Wu, Fl. Reipub. Popul. Sin. 3 (1): 54. 199—— *Pteris hainanensis* Ching in Acta Phytotax. Sin. 8: 142. f. 19. 1958. 本变种与模式变种的主要区别：能育叶一回羽状至二回羽状，羽片长15-20厘米，羽片边缘圆波状或中部或下部多少具单一或连续圆裂片或长圆状裂片，或深羽裂。产广东、海南及广西，生于海拔350-700米林下。

21. 美丽凤尾蕨　台湾凤尾蕨　　　　　　　图 256

Pteris formosana Bak. in Journ. Bot. 23: 103. 1885.

植株高0.7-1米。根茎横卧。叶近生；叶柄长30-50厘米，红褐色；叶片卵状三角形，长45-60厘米，二回深羽裂，叶片顶部奇数羽状，长16厘米，宽6厘米；侧生羽片3-5对，披针形，长8-10厘米，基部楔形；叶片下部二回羽裂，羽片5-6对，对生，长圆状披针形，长12-18厘米，先端具披针形长尾，基部下延，羽片两侧极不对称，上侧具3-6片篦齿状小裂片，下侧无裂片或上部有1-3裂片，裂片披针形，略镰刀状，长3.5-6厘米，渐尖头，向基部稍窄，叶轴下面隆起，上面有纵沟，沟两侧具啮蚀状灰白色窄边；侧脉分叉；叶干后坚草质，暗绿色，无毛。

产台湾。日本琉球群岛有分布。

图 256　美丽凤尾蕨　（冀朝祯绘）

22. 长尾凤尾蕨　　　　　　　　　　　　图 257：1-2

Pteris heteromorpha Fée, Gen. Fil. 127. 1850-52.

植株高60-80厘米。根茎斜升，先端及叶柄基部被褐色鳞片。叶簇生；叶柄长25-45厘米，深禾秆色或棕色，略粗糙；叶片长圆状卵形，长30-40厘米，二回羽状深裂；顶生羽片长圆形，具线状长尾头，基部略下延，两侧篦齿状深羽裂几达羽轴，裂片8-12对，线状披针形，长2.5-3米，具短柄，长尾头，全缘并具软骨质边缘；侧脉羽片4-6对，形似对生羽片，具短柄，长尾头，具2-4对裂片，羽轴下面隆起，深禾秆色或下部栗色，有纵沟，沟两侧有疏刺；侧脉明显，2叉；叶干后坚草质，灰绿色，下面疏被灰色短毛。

产台湾、云南南部及西藏，生于海拔950-1200米林下。越南、缅甸、马来西亚及菲律宾有分布。

23. 多羽凤尾蕨   图 257：3-4

Pteris decrescens Christ in Bull. Acad. Geogr. Bot. Mans 244. 1906.

植株高 58-91 厘米。根茎短而直立或斜升，被黑褐色鳞片。叶簇

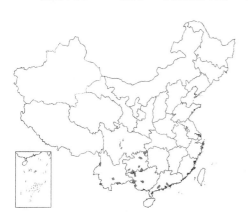

生；叶柄长 11-43 厘米，深禾秆色，幼时被短毛，后脱落留下瘤状突起而粗糙；叶片长圆状宽披针形，长 30-50 厘米，两端渐窄，二回深羽裂；顶生羽片披针形，先端线形尾状，篦齿状深羽裂几达叶轴；裂片 15-20 对，线形，先端钝圆有小锐齿，全缘有软骨质窄边；侧生羽片 8-15 对，基部圆截形，尾状

图 257：1-2. 长尾凤尾蕨
3-4. 多羽凤尾蕨 （冀朝祯绘）

头，形状与分裂度与顶生羽片同，下部羽片渐短，长 5-7 厘米，中部的长 8-10 厘米，向上的略短，羽轴下面隆起，禾秆色，疏被多细胞短刚毛，上面有深纵沟，纵沟两侧有窄边，沿边在裂片主脉分叉处有一短硬刺；侧脉明显稍隆起，2 叉；叶干后草质。褐绿色。

产广东、广西、贵州、四川及云南，生于 300-1200 米石灰岩地区疏林下、河谷灌丛下、岩洞内外岩缝中或常绿疏林下。柬埔寨及越南有分布。

[附] **大明凤尾蕨 Pteris decrescens** var. **parviloba** (Christ) C. Chr. et Tard.- Blot in Lecomte, Not. Syst. 6: 137. 1937. —— *Pteris parviloba* Christ

in Bull. Géogr. Mans. 149. 1907. 本变种与模式变种的区别：中部羽片长 7 厘米，宽 1.3 厘米，下部羽片几不缩短。产广西大明山。越南北部有分布。

24. 翠绿凤尾蕨   图 258

Pteris longipinnula Wall. ex Agardh, Rec. Sp. Gen. Pterid. 19. 1839.

植株高 1-1.2 米。根茎粗短而直立，被深褐色鳞片。叶簇生；

叶柄长 60-70 厘米，基部棕色，向上连同叶轴、羽轴及主脉均青绿色，无毛；叶片卵形，长 50-60 厘米，二回深羽裂；侧生羽片 4-5 对，斜上，基部 1 对具短柄，宽披针形，长约 20 厘米，渐尖头，基部短楔形，篦齿状深羽裂达羽轴两侧窄翅；顶生羽片同于侧生羽片，但较宽且具柄；裂片约 22 对，宽线

形，长 2.5-4 厘米，钝圆头具小突尖，软骨质边缘全缘，基部 1 对裂片三角形，羽轴纵沟两侧及主脉上面具软刺；叶脉羽状，侧脉多 2 叉，裂片基部下侧 1 脉出自羽轴，上侧 1 脉出自主脉；叶干后厚草质，暗绿色，无毛。

产云南南部，生于海拔约 200 米常绿雨林下沟边。印度、越南、马

图 258 翠绿凤尾蕨
（孙英宝仿《Ogata, Ic. Fil. Jap.》）

来西亚及印度尼西亚有分布。

25. 溪边凤尾蕨　溪尾凤尾蕨　　　　　　　　图 259

Pteris excelsa Gaud. Freyc. Voy. Bot. 388. 1827.

植株高 0.9-1.8 米。根茎粗短直立或横卧，被黑褐色鳞片。叶簇生；

叶柄长 31-90 厘米，暗褐色；叶片宽三角形，长 0.52-1.2 米或更长，二回深羽裂；顶生羽片长圆状披针形，长 20-30 厘米，下部宽 7-12 厘米，尾状头，篦齿状深羽裂几达羽轴；裂片镰刀状长披针形，长 3.5-8（10）厘米，渐尖头，基部稍扩大，下侧下延，顶部不育叶缘具浅锯齿；侧生羽片 5-10 对，形状、大小及分裂度均与顶生羽片相同，基部 1 对长 23-45（-51）厘米，向上的羽片渐小，羽轴下面隆起，禾秆色，上面有浅纵沟，纵沟两侧具粗刺；叶脉羽状，侧脉仅下面可见，通常 2 叉；叶干后草质，通常暗褐色。

产陕西、甘肃、浙江南部、台湾、福建、江西、湖北、湖南、广东、广西、贵州、四川、云南及西藏，生于海拔 160-2700 米溪边疏林下、林缘或灌丛中。尼泊尔、印度、缅甸、老挝、越南、马来西亚、朝鲜半岛、日本、菲律宾、夏威夷群岛及斐济群岛有分布。

[附] **变异凤尾蕨**　中华凤尾蕨 **Peris excelsa** var. **inaequalis** (Baker) S. H. Wu, Fl. Reipubl. Popul. Sin. 3(1): 50. 1990.——*Pteris inaequalis* Baker in Journ.

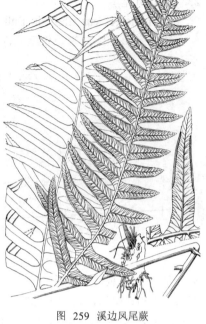

图 259　溪边凤尾蕨
（冀朝祯仿《中国蕨类植物图谱》）

Bot. 1875: 199. 1875. 本变种与模式变种的主要区别：植株较小；叶柄基部栗褐色，向上禾秆色，裂片宽披针形，沿羽轴上面纵沟两侧具粗长刺。产浙江、江西、福建、广东、广西、贵州、四川及云南，生林下。日本及印度有分布。

26. 林下凤尾蕨　　　　　　　　　　图 260

Pteris grevilleana Wall. ex Agardh, Rec. Sp. Gen. Pterid. 23. 1839.

植株高 20-45 厘米。根茎短而直立，被黑褐色鳞片。叶簇生，一

形；能育叶的柄比不育叶的柄长 2 倍以上，长 20-30 厘米，栗褐色；叶片宽卵状三角形，长 10-15 厘米，二回深羽裂；顶生羽片宽披针形，长 8-12 厘米，尾状头，基部下延，与其下 1 对侧生叶片略汇合，两侧篦齿状深羽裂几达羽轴，裂片镰刀状线形或披针形，边缘有短尖齿；侧生羽片 1-2 对，与顶生羽片同形稍

短，能育羽片与不育羽片相似，其裂片较短小且稀疏，羽轴下面隆起；

图 260　林下凤尾蕨
（孙英宝仿《Ogata, Ic. Fil. Jap.》）

侧脉两面不显，通常2叉，偶3叉；叶干后坚草质，暗绿色，无毛，两面均有密集细条纹；叶轴栗褐色，有光泽，上面有纵沟，上部两侧有窄翅。

产台湾、福建、广东、香港、海南、广西及云南，生于海拔150-900米林下岩石旁。印度北部、尼泊尔、不丹、泰国、越南、日本、菲律宾及印度尼西亚加里曼丹有分布。

[附] **白斑凤尾蕨 Pteris grevilleana** var. **ornata** v. A. v. R. Handb. Mal.

Ferns 364. 1908.本变种与模式变种的主要区别：羽片上面沿叶轴两侧各有1条灰白色带，宽约1厘米。产广东及广西，生于林下。印度北部、缅甸、泰国、越南、马来西亚、菲律宾及印度尼西亚加里曼丹有分布。美丽蕨类，可栽培供观赏。

27. 红秆凤尾蕨   图 261

Pteris amoena Bl. Enum. Pl. Jav. 210. 1828.

植株高0.8-1.5米。根茎径1-1.5厘米。叶柄长45-80厘米，基部栗褐色，向上连同叶轴和羽轴下部均栗红色；叶片卵形，长35-65厘米，二回深羽裂；侧生羽片4-8对，披针形，长25-30厘米，长尾尖头，基部圆楔形稍偏斜，篦齿状深羽裂达羽轴两侧窄翅；顶生羽片形状、大小及分裂度均与中部侧生羽片相同，但较宽，柄长3-4厘米，基部1对羽片基部下侧分叉，

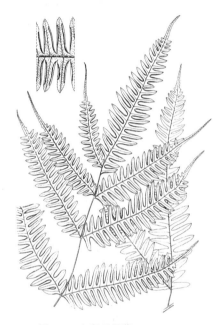

图 261 红秆凤尾蕨 （孙英宝绘）

有一篦齿状小羽片，形状与羽片相同，略短，裂片25-30对，近镰刀状披针形，长2.5-4厘米，钝头或短尖头，不育叶缘有均匀密锯齿，基部下延于羽柄，羽轴下面隆起，上面有窄纵沟，沟两侧具刺；侧脉明显，顶部几对单一，其余的2叉，基部下侧1脉出自羽轴，其余出自主脉。

产台湾、云南及西藏东南部。印度、缅甸、印度尼西亚有分布。

28. 线羽凤尾蕨   热带凤尾蕨 三角眼凤尾蕨   图 262

Pteris linearis Poir. in Lam. Encycl. Meth. Bot. 5: 723. 1804.

植株高1-1.5厘米。根茎短斜升至直立，被黑褐色鳞片。叶近生或簇生；叶柄约与叶片等长，基部棕色，向上与叶轴为禾秆色；叶片长圆状卵形，长50-70厘米，二回深羽裂；侧生羽片5-15对，略斜上，披针形，长15-25（-33）厘米，尾状尖头，基部圆楔形，篦齿状深羽裂达羽轴两侧宽翅，顶生羽片与中部侧生羽片同形，基部1对羽片基部下侧有1片篦齿状小羽片，裂片镰刀状长圆形，长2-3厘米，钝头或短尖头，全缘，羽轴下面隆起，禾秆

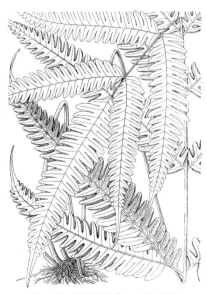

图 262 线羽凤尾蕨 （冀朝祯绘）

色，上面有纵沟，沟侧有刺；侧脉隆起，斜上，裂片基部下侧1脉出自羽片的羽轴，上侧1脉出自主脉基部，相邻裂片基部相对2小脉直达缺刻底部或附近，在缺刻底部开口或相交成一高尖三角形，或沿羽轴两侧成不连续三角形网眼，网眼外的小脉分离伸向缺刻底部；叶干后近革质，绿、黄绿或棕绿色，无毛。

29. 紫轴凤尾蕨

图 263

Pteris aspericaulis Wall. ex Agardh. Rec. Sp. Gen. Perid. 22. 1839.

植株高 1-1.5 米。根茎短而斜生，被黑褐色鳞片。叶簇生；叶柄约与叶片等长，连同叶轴、羽轴、叶缘或囊群盖多少带浅紫色，有时禾秆色，基部被鳞片，无毛，有小瘤状突起；叶片长圆状卵形，长 50-80 厘米，二回深羽裂或基部三回深羽裂；侧生羽片 6-14 对，披针形，长（6-）15-18（-23）厘米，尾状头，基部圆楔形，篦齿状深羽裂几达羽轴；顶生羽片形状、及分裂度均与中部侧生羽片相同，柄长 1-1.5 厘米，最下 1 对羽片基部下侧有 1 片（偶 2 片）篦齿状深羽裂小羽片，裂片长圆形，略镰刀状，长 1-3 厘米，短尖头或钝尖头，具小突尖，全缘或不育边缘波状，羽轴下面隆起，上面有纵沟，沟两侧有刺；侧脉明显，2 叉；叶干后近革质，灰绿色，边缘常浅紫色。

产广西、四川、云南及西藏，生于海拔 800-2900 米杂木林下。尼泊尔、印度北部及缅甸有分布。

[附] **高原凤尾蕨 Pteris aspericaulis** var. **cuspigera** Ching ex Ching et S. H. Wu in Acta Bot. Austro-Sinica 1: 8. 1983. 本变种与模式变种的主要区别：植株各部均非紫色，叶缘基部棕色，向上和叶轴及羽轴均浅禾秆色；叶柄通常略粗糙，有时光滑。产云南及西藏，生于海拔 1900-2300 米沟边杂木林下。

[附] **三色凤尾蕨 Pteris aspericaulis** var. **tricolor** Moore apud Lowe, New Ferns 19, t. 9. 1860-61. 本变种与模式变种的主要区别：羽片沿羽轴两侧有白或玫瑰色宽带。产云南西南部盈江，生于海拔约 1000 米山坡林

30. 栗轴凤尾蕨　启无凤尾蕨

图 264

Pteris wangiana Ching in Bull. Fan Mem. Inst. Biol. Bot. new ser. 1: 311. 1949.

植株高 50-70 厘米。根茎长而斜升，连同叶柄基部密被浅褐色鳞片。叶簇生；叶柄长 30-40 厘米，下部栗褐色，向上及叶轴栗红色，无毛；叶片宽卵形或长圆形，长 30-35 厘米，二回羽状深裂；侧生羽片 5-6 对，斜展，基部 1 对具短柄，披针形，长 10-15 厘米，长

产台湾、广东、香港、海南、广西、贵州西南部、四川及云南，生于海拔 100-1800 米密林下或溪边潮湿处。亚洲热带地区及非洲马达加斯加有分布。

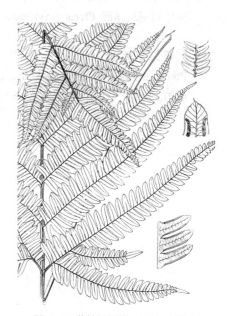

图 263　紫轴凤尾蕨　（引自《图鉴》）

下。锡金及不丹有分布。植株在同一羽片上有绿、白、紫三种颜色，非常美丽，可栽培供观赏。

[附] **隆林凤尾蕨 Pteris splendida** Ching ex Ching et S. H. Wu in Acta Bot. Austro-Sinica 1: 9. 1983. 本种与紫轴凤尾蕨的区别：叶片长卵形，纸质，侧生羽片约 7 对，下部叶片宽披针形，线状长尾头。产广西西北部及贵州西南部，生于海拔 450-970 米砂页岩地区疏林下或河谷溪边林下。

渐尖头并锐裂，基部圆楔形，篦齿状深羽裂达羽轴；顶生羽片与侧生的相同，羽柄长 1 厘米，基部 1 对羽片基部下侧具 1 片篦齿状深

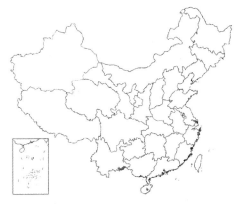

羽裂小羽片，裂片 20-25 对，窄长圆形，长 1-1.5 厘米，钝圆头，基部下侧下延几达下一对裂片，全缘，羽轴下面浅禾秆色，下部有时带栗色，上面纵沟两侧具长刺；侧脉明显，单一或 2 叉，基部 1 对伸达缺刻以上叶缘；叶干后草质，草绿色，无毛。

产海南中部及云南，生于海拔1300-1600米密林下阴处。越南北部有分布。

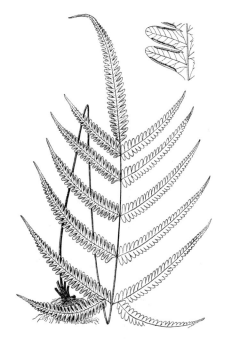

图 264 栗轴凤尾蕨 （孙英宝仿 冀朝祯绘）

31. 斜羽凤尾蕨 图 265：1-2

Pteris oshimensis Hieron. in Hedwigia 55: 367. 1914.

植株高 50-80（-120）厘米。根茎短而直立，被黑褐色鳞片。

叶簇生；叶柄长 25-50 厘米，连同叶轴及羽轴禾秆色；叶片长圆形，长 30-40 厘米，二回深羽裂；侧生羽片 7-9 对，斜上或极斜上，披针形，下部的长 11-14 厘米，向顶部渐窄成 1-2 厘米的短尖尾，篦齿状深羽裂几达羽轴；顶生羽片与中部的侧生羽片相同，最下 1 对羽片基部下侧通常具 1 片篦齿状深羽裂

小羽片，披针形，圆头，全缘，羽轴上面有纵沟，沟两侧有尖刺；叶脉明显，裂片基部 1 对小脉伸达缺刻以上边缘；叶草质，干后暗绿或棕绿色。无毛。

产浙江、福建、江西、湖南、广东、香港、广西、贵州、四川及云南东北部，生于海拔350-1230米酸性土山地疏林下沟边及石灰岩山地岩缝。越南北部及日本有分布。

[附] **尾头凤尾蕨 Pteris oshimensis** var. **paraemeiensis** Ching ex Ching et S. H. Wu in Acta Bot. Austro-Sinica 1: 10. 1983. 本变种与模式变种主要区别：下部侧生羽片长 14-25 厘米，宽 1.7-3.5 厘米，具长 4-9 厘米尾状头。产四川，生于海拔 500-600 米林下。

图 265：1-2.斜羽凤尾蕨
3-5.傅氏凤尾蕨 （冀朝祯绘）

32. 傅氏凤尾蕨 金钗凤尾蕨 图 265：3-5 图 266

Pteris fauriei Hieron. in Hedwigia 55: 345. 1914.

植株高 0.5-1.08 米。根茎短，直立或斜升，被深褐色鳞片。叶簇生；叶柄长 18-50 厘米，向上连叶轴均禾秆色；叶片卵形或卵状三角形，长 25-55 厘米，二回深羽裂；侧生羽片（2-）5-9 对，

镰刀状披针形，向上斜展，长 12-25 厘米，宽 3-4 厘米，篦齿状深羽裂达羽轴两侧窄翅；顶生羽片与侧生羽片相似，最下 1 对羽片基部下

侧有 1 片篦齿状深羽裂的小羽片，裂片镰刀状宽披针形，基部 1 对或下部几对缩短，全缘，羽轴禾秆色，上面有窄纵沟，沟侧有针状扁刺；侧脉明显，基部相对两脉斜上达缺刻上面边缘；叶干后纸质，浅绿或暗绿色，无毛；叶脉明显，主脉上面具长刺，侧脉多 2 叉，裂片基部下侧 1 脉出自羽轴，上侧 1 脉出自主脉。

产浙江、台湾、福建、江西、湖南南部、广东、香港、广西、贵州及云南，生于海拔 500-1100 米林下沟旁酸性土。越南北部及日本有分布。

[附] **百越凤尾蕨 Pteris fauriei** var. **chinensis** Ching et S. H. Wu in Acta Bot. Austro -Sinica 1: 10. 1983. 本变种与模式变种的主要区别：侧生羽片宽披针形，长 16-22 厘米，中部宽 4-6 厘米，羽片中部裂片长 2-3.5 厘米，宽（5）6- 8 毫米。产台湾、福建、广东、海南、广西及贵州南部，生于海拔 300-700 米山谷林下。

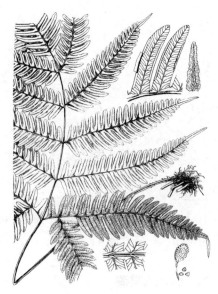

图 266 傅氏凤尾蕨
（引自《中国蕨类植物图谱》）

33. 有刺凤尾蕨 刺脉凤尾蕨 图 267

Peris setuloso - costulata Hayata, Ic. Pl. Formos. 4: 241. f. 168. 1914.

植株高 0.36-1.2 米。根茎粗壮，斜升或直立，密被黑褐色钻形鳞片。叶簇生；叶柄长 35-60 厘米，禾秆色；叶片长圆形，长 35-70 厘米，二回深羽裂；侧生羽片 9-16 对，斜展，长 15-18 厘米，宽 2-3 厘米，基部下侧有 2-4 片篦齿状羽裂的小羽片，线状披针形，篦齿状羽裂几达羽轴；顶生羽片形状、大小及分裂度均与中部侧生羽片相同，裂片长圆形，有时镰刀状，全缘，圆头，基部稍宽大，羽轴禾秆色，下面隆起，上面有窄纵沟，沟两侧具针刺，裂片主脉上面有针刺；侧脉明显，2 叉，裂片基部叶脉均向外斜行达缺刻上面边缘；叶干后厚草质，暗绿色，无毛。

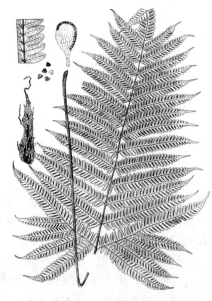

图 267 有刺凤尾蕨
（孙英宝仿《Ogata, Ic. Fil. Jap.》）

产台湾、贵州、四川及云南，生于 600-2500 米山地林下或峡谷内。日本及菲律宾有分布。

34. 平羽凤尾蕨 鹿儿岛凤尾蕨 图 268: 1-2

Pteris kiuschiuensis Hieron. in Hedwigia 55: 341. 1914.

植株高 40-90 厘米。根茎短，直立或斜升，被褐色鳞片。叶簇生，一型；叶柄长 25-55 厘米，上部和羽轴均禾秆色；叶片卵形，长 25-40 厘米，奇数二回深羽裂；侧生羽片 4-9 对，以直角从叶轴开展，线状披针形，通直或顶生呈

镰刀状，长 12-18 厘米，篦齿状深羽裂达羽轴两侧窄翅；顶生羽片与

下部羽片同形同大，最下 1 对羽片基部下侧，具篦齿状深羽裂小羽片 1-2 片，裂片长圆形，全缘，羽轴禾秆色，光滑，上面有窄纵沟，两侧窄边有短扁刺；主脉和侧脉两面均明显，裂片基部 1 对小脉向外斜行达缺刻上面边缘；叶干后草质，草绿色，无毛；叶脉明显，主脉隆起，侧脉 2 叉。

产福建、江西、湖南、广东、广西、贵州及四川，生于海拔 550-1200 米河谷林下或林缘。日本有分布。

[附] **华中凤尾蕨** 图 268：3-4 **Pteris kiuschiuensis** var. **centrochinensis** Ching et S. H. Wu in Acta Bot. Austro-Sinica 1: 10. 1983. 本变种与模式变种的主要区别：侧生羽片通常斜展，宽达 3.7 厘米。产福建、江西、湖南、广东、广西、贵州、四川及云南南部，生于海拔 350-800 米溪边。

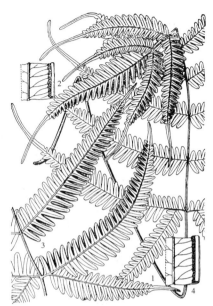

图 268：1-2.平羽凤尾蕨 3-4.华中凤尾蕨
（冀朝祯绘）

35. 硕大凤尾蕨
图 269

Pteris majestica Ching ex Ching et S. H. Wu in Acta Bot. Austro-Sinica 1: 12. 1983.

植株高超过 1.3 米。叶柄长约 80 厘米，禾秆色；叶片镰状披针

形，长约 65 厘米，二回深羽裂；侧生羽片约 7 对，宽披针形，长约 35 厘米，尾状渐尖头，基部宽楔形，篦齿状深羽裂达羽轴窄翅；顶生羽片与侧生羽片同形，基部 1 对羽片基部下侧具 1 片篦齿状深羽裂小羽片，裂片 30-35 对，披针形，钝头，基部略宽，全缘，下部裂片短，羽轴及主脉下面隆起，禾秆色，羽轴上面具纵沟，沟两侧具扁刺；侧脉明显，自基部 2 分叉，裂片基部下侧 1 脉出自羽轴，连同上侧 1 脉伸达叶缘；叶干后厚纸质，草绿色，无毛。

图 269 硕大凤尾蕨 （孙英宝绘）

产贵州西南部、四川西部及云南西南部，生于海拔 400-2700 米山谷密林下阴湿处。

36. 狭眼凤尾蕨
图 270

Pteris biaurita Linn. Sp. Pl. 1076. 1753.

植株高 0.7-1.1（-1.5）米。根茎直立，密被褐色鳞片。叶簇生；叶柄长 35-62 厘米，基部浅褐或浅绿色，有光泽；叶片长尾状卵形，长 38-88 厘米，二回深羽裂；侧生羽片 5-10 对，宽披针

形，长 15-35 厘米，先端具窄披针形长尾，基部楔形，篦齿状深羽裂达羽轴两侧宽翅；顶生羽片与中部侧生羽片相同，最下 1 对羽片基部下侧有 1 片（有时 2 片）篦齿状深羽裂小羽片，裂片 20-26 对，镰刀状宽披针形或镰刀状长圆形，钝圆头，全缘，羽轴下面隆起，禾秆色，上面有浅纵沟，沟两侧具短刺；叶脉明显，裂片基部上侧 1 小脉与其上 1 片裂片基部下侧 1 小脉联结成弧形脉，在羽轴两侧形成 1 列窄长与羽轴平行网眼；叶干后厚纸质，灰绿色，无毛。

产台湾、广东、香港、海南、广西、贵州及云南，生于海拔 250-1540 米路边、沟边林缘。中南半岛、印度、斯里兰卡、马来西亚、印度尼西亚、菲律宾、大洋洲、马达加斯加、牙买加及巴西等热带地区有分布。

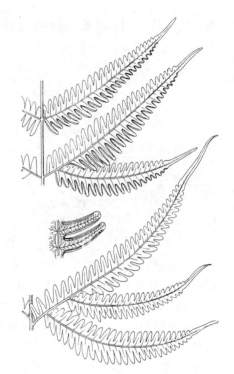

图 270　狭眼凤尾蕨　（冀朝祯绘）

37. 两广凤尾蕨　　　　　　　　　　图 271

Pteris maclurei Ching in Bull. Dept. Biol. Sun Yatsen Univ. 6:28. 1933.

植株高 80-90 厘米。根茎斜生，密被褐色鳞片。叶近簇生；叶柄长 40-50 厘米，栗色，有光泽；羽片宽卵形，长 40-45 厘米，二回深羽裂；侧生羽片 5-7 对，宽披针形，长 15-20（-32）厘米，先端浅裂或具披针形长尾，基部楔形，篦齿状深羽裂达羽轴两侧宽翅；顶生羽片与侧生羽片相同，下部 1-3 对羽片基部下侧具 1 片篦齿状深羽裂小羽片，裂片 14-20 对，镰刀状披针形，长 2-6.5 厘米，宽 6-9 毫米，全缘，羽轴下面隆起，基部亮栗色，上面禾秆色并有浅纵沟，沟侧有针刺，羽轴两侧翅宽 5-6 毫米；叶脉沿羽轴两侧各联结成 1 列窄长与羽轴平行网眼，网眼宽相当于翅宽的 1/2-2/3；叶干后薄草质，棕褐色，无毛。

产浙江东南部、福建、江西南部、湖南南部、广东及广西，生于海拔 640-700 米密林下阴湿处。越南北部及日本南部有分布。

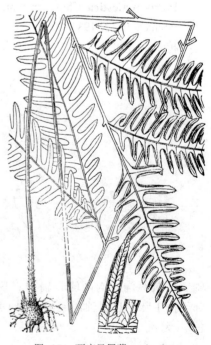

图 271　两广凤尾蕨　（余　峰绘）

38. 西南凤尾蕨　　　　　　　　　　图 272

Pteris wallichiana Agardh, Rec. Sp. Gen. Pterid. 69. 1839.

植株高达 2 米。根茎粗短，直立或斜升，被褐色鳞片。叶簇生　或近生；叶柄长 60-80 厘米；叶片五角状宽卵形，长 0.64-1 米，三回深羽裂；自叶柄顶端分为3枝，侧生两枝通常再分枝；中央枝长圆形，羽柄长11-18厘米，羽片长52-86厘米，中部宽34-54厘米，渐尖头，基部略窄，二回羽状深裂；小羽片约20对，披针形，长11-

15（-20）厘米，篦齿状浅裂尾状尖头，篦齿状深羽裂达小羽轴两侧窄翅，裂片基部小羽片略短；顶部小羽片与侧生的同形，裂片23-30对，间隔宽1-2毫米，长圆状宽披针形，长10-13（18）厘米，钝头或锐尖头；侧脉明显，裂片上侧1脉与其上1片的基部窄翅1脉连成弧形脉，沿小羽轴两侧各形成1列窄长与小羽轴平行的网眼，在弧形脉外缘有几条外行达缺刻上面叶缘的单一小脉；叶干后草质，绿色，近无毛。

产台湾、湖南西南部、广东、海南、广西、贵州、四川、云南及西藏，生于海拔140-2180米沟谷林下。印度、不丹、尼泊尔、中南半岛、马来西亚及印度尼西亚有分布。

[附] **云南凤尾蕨 Pteris wallichana** var. **yunnanensis** (Christ) Ching et S. H. Wu, Fl. Reipubl. Popul. Sin. 3(1): 83. 1990.——*Pteris yunnanensis* Christ in Bull. Herb. Boissier 6: 957. 1898. 本变种与模式变种的主要区别：叶柄及叶轴密被紫褐色节状刚毛；小羽轴下面疏被紫褐色节状刚毛。产云南南部及西部，生于海拔500-2300米山地林下沟边。

[附] **圆头凤尾蕨 Pteris walli-chiana** var. **obtusa** S. H. Wu ex Ching

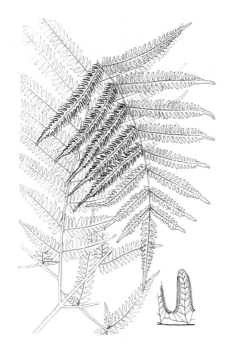

图 272 西南凤尾蕨
（冀朝祯仿《瑶山水龙骨科》）

et S. H. Wu in Acta Bot. Austro-Sinica 1: 15. 1983. 本变种与模式变种的主要区别：植株较小，裂片圆头。产江西、四川及云南南部，生于林下。

39. 华南凤尾蕨　　　　　　　　图 273

Pteris austro-sinica (Ching) Ching in Acta Phytotax. Sin. 10:302. 1965.
Pteris wallichiana Agardh var. austro-sinica Ching in Bull. Dept. Biol. Sun Yatsen Univ. No. 6: 27. 1933.

植株高约1.5米。根茎短粗，直立，连同叶柄下部被褐色鳞片。

叶簇生；叶柄长达1米，浅栗色，光滑；叶片五角状宽卵形，长0.8-1米，三回深羽裂；自叶柄顶端分3大枝，中央枝长圆状卵形，长60-70厘米，柄长8-10厘米，侧生两枝较小，分枝，侧生小羽片14-20对，中部的披针形，长15-20厘米，短尾头，基部宽楔形，篦齿状深裂达小羽轴宽翅；顶生小羽片与中部侧生小羽片相同，裂片间隔宽3-5毫米，镰刀状披针形，长2-2.5厘米，

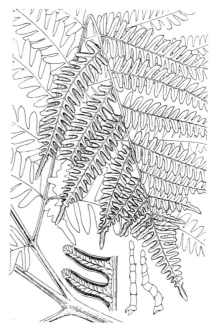

图 273 华南凤尾蕨 （冀朝祯绘）

尖头；叶脉两面均明显，裂片基部上侧1脉与其上1片裂片基部下侧1脉联成弧形脉，沿小羽轴两侧形成1列窄长与小羽轴平行的网眼，在弧形脉外缘有几条外行达缺刻上面叶缘单一小脉，小脉细长红棕色节状毛伏生；羽轴浅绿或红棕色，疏被红棕色节状毛；叶干后纸质，褐绿色，

下面有细长红棕色节状毛伏生。

产江西南部、广东及广西，生于海拔4450-1000米山谷密林下阴湿处。

40. 疏羽凤尾蕨　　　　图 274

Pteris finotii Christ in Journ. de Bot. 19: 15. 1905.

植株高达 2.5 米。根茎粗短，直立，被亮褐色鳞片。叶簇生；叶柄长约1米，暗棕色，向上暗禾秆色或暗褐色；叶片宽三角形，长约1米，三回深羽裂；自叶柄顶端分3枝，中央枝长圆状卵形，长约80厘米，羽柄长10-12厘米，侧生两枝较小；顶生小羽片三角形，长20-25厘米，羽柄长1.5-2厘米，篦齿状深羽裂达小羽片两侧宽翅，侧生小羽片宽披针形，6-8对，长20-27厘米，裂片13-20对，线状披针形，长2.5-7厘米，钝头或渐尖头，不育边缘具浅锯齿，间隔宽0.7-1.2厘米，不育小羽片裂片较宽，间隔较窄，小羽轴禾秆色，上面有浅纵沟，沟两侧窄边无刺或具不明显小刺；小脉纤细，下面明显，小羽轴及主脉下面两侧各有1列网眼，小羽轴两侧网眼极窄长，主脉两侧网眼不规则多角形，裂片上部的下面分离；叶干后草质，灰绿色，无毛。

产广东、海南及云南南部，生于海拔80-500米林下溪边。越南北部有分布。

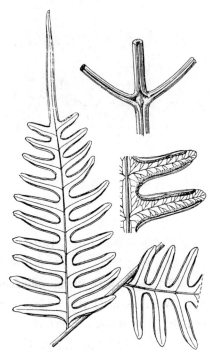

图 274　疏羽凤尾蕨　（冀朝祯绘）

41. 三叉凤尾蕨　　　　图 275

Pteris tripartita Sw. in Journ. Bot. (Schrader) 2: 67. 1801.

植株高2米以上。根茎短而直立，连同叶柄基部被灰褐色鳞片。叶簇生；叶柄长1-1.5米，暗棕色，向上连同羽轴均禾秆色；叶片宽卵形，长0.8-1米，三回至四回深羽裂；自叶柄顶端分3枝，中央枝长圆形，长0.8-1米，基部宽25-30厘米，羽柄长10-12厘米，侧生两枝较小，通常下侧二至三回分枝，小羽片20-30对，斜展，基部及顶部小羽片稍短，中部小羽片披针

形，长15-21厘米，具披针形长尾头，基部圆截形，篦齿状深羽裂

图 275　三叉凤尾蕨　（孙英宝绘）

达小羽轴两侧宽翅；顶生小羽片与中部侧生小羽片相同，有柄，裂片14-25对，间隔宽2-5毫米，镰刀状披针形，长1-3厘米，短尖或钝头，不育边缘有锯齿。小羽轴下面隆起，禾秆色，上面有浅纵沟，沟两侧具短扁刺；小脉纤细，下面明显，裂片基部上侧1脉与其上的裂片下侧1脉联成弧形脉，在小羽轴两侧各形成1列窄长网眼，弧形脉上向外有几条单一小脉，在裂片主脉两侧有1行不规则多角形网眼；叶干后薄纸质，褐绿色，近无毛。

产台湾及海南。印度、斯里兰卡、中南半岛、马来西亚、菲律宾、印度尼西亚、澳大利亚、波利尼西亚、非洲东部及西部（马达加斯加）有分布。

2. 栗蕨属 **Histiopteris** (Agardh) J. Sm.

大型蔓性土生蕨类。根茎长而横走，具管状中柱，密被褐色窄披针形鳞片。叶疏生；叶柄栗色，光滑；叶片三角形，二至三回羽状，羽片与小羽片均对生，通常无柄，基部有1对托叶状小羽片；叶脉网状，无内藏小脉；叶纸质或近革质，无毛，下面常灰白色。孢子囊群沿叶缘线形分布，生于叶缘内的连接脉上，被反折假囊群盖覆盖，无内盖，有隔丝；孢子囊具长柄，环带具18个加厚细胞。孢子两面型，极面观椭圆形，透明，略有小瘤状突起。染色体基数 x=12。

约7种，产泛热带地区。我国1种。

栗蕨　　　　　　　　　　图276 彩片62

Histiopteris incisa (Thunb.) J. Sm. Hist. Fil. 295. 1875.

Pteris incisa Thunb. Prod. Fl. Cap. 171. 1880.

植株高达2米。根茎长而横走，粗壮，密被厚质褐色窄披针形鳞片。

叶疏生；叶柄长达1米，圆形，栗红色，有光泽，基部有小瘤状突起，向上光滑；叶片三角形或长圆状三角形，长达1米，二至三回羽状；羽片对生，平展或斜展，无柄，具1对托叶状小羽片，基部1对羽片较大；小羽片多数，对生，平展，无柄，下部1-3对较大，或第二、三对较大而基部1对略短；裂片6-9对，对生，平展或斜展，第二对长1.5-4厘米，长圆形或长圆状披针形，钝头或钝尖头，基部与小羽轴多少合生，全缘或羽裂达1/2；叶脉网状，沿主脉及小羽轴两侧1列网眼窄长而整齐，其余的五角形或六角形，近叶缘的叶脉游离；叶干后草质或纸质，上面褐绿色，下面灰绿色，无毛。孢子囊群线形，沿叶缘着生，假盖膜质，宿存。

产浙江南部、台湾、福建、江西、湖南南部、广东、香港、海

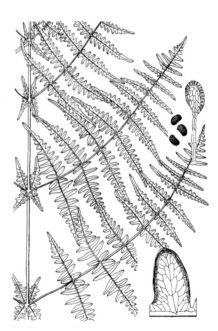

图 276 栗蕨 （引自《图鉴》）

南、广西、贵州、云南及西藏，生于海拔500-1900米山坡林下及溪边。广布于泛热带地区。

28. 卤蕨科 ACROSTICHACEAE

（林尤兴）

土生或海岸潮汐带间沼泽蕨类。根茎粗壮，坚硬，短而直立，具网状中柱，被鳞片。叶二型或一型，上部羽片能育；叶片大，奇数一回羽状，坚草质或厚革质，光滑；叶脉网状，两面明显，网眼细密，无内藏小脉。孢子囊密被能育叶或能育羽片下面网脉上，无盖或多少被干膜质反折叶缘所覆盖；孢子囊大，环带具20-22个加厚细胞。孢子四面型，透明，具颗粒状纹饰。

2属。分布于热带和亚热带海岸。我国1属。

卤蕨属 Acrostichum Linn.

海岸沼泽蕨类。根茎直立，顶部密被钻状披针形鳞片，顶芽球形，密被卵状披针形或宽披针形鳞片，鳞片肋部黑褐色，质厚，由排列紧密窄长细胞组成，边缘灰棕色，膜质，由排列较疏的细胞组成，常啮齿状或具不规则锯齿。叶二型或一型，顶部羽片能育，奇数一回羽状，羽片披针形，全缘；中肋上面微凹，下面粗而隆起，侧脉组成均匀而细密的网眼，无内藏小脉。孢子囊沿网脉着生，有头状而分裂的隔丝混生，无盖。孢子四面形，具颗粒状纹饰。染色体 x=30。

约4种，分布泛热带海滨及部分亚热带海岸，偶生于热带内陆。我国2种。

1. 植株高达2米；羽片达30对，长舌状披针形，先端圆头，具小突起，或凹缺呈双耳状，凹入处具微尖突 .... 卤蕨 A. aureum

1. 植株高达1.5米；羽片约15对，宽披针形，顶部略窄，短渐尖头 .... （附）. 尖叶卤蕨 A. speciosum

卤蕨 金蕨　　　　　　　　　　　　图 277：1-2 彩片 63

Acrostichum aureum Linn. Sp. Pl. 1069. 1753.

植株高达2米。根茎直立，顶端密被褐棕色宽披针形鳞片。叶簇生；

叶柄长30-60厘米，径达2厘米，基部褐色，被钻状披针形鳞片，向上枯木禾秆色，光滑，上面有纵沟，中部以上沟的隆脊有2-4对互生刺状突起；叶片长0.6-1.4米，宽30-60厘米，奇数一回羽状；羽片达30对，基部1对对生，略较其上的短，中部的互生，长舌状披针形，长15-36厘米，先端圆有小突尖，或凹缺呈双耳，凹入处有微突尖，基部楔形，柄长1-1.5厘米（顶部的无柄），全缘，通常上部的羽片较小，能育；叶脉网状，两面明显；叶干后厚革质，黄绿色，光滑。孢子囊密被羽片下面，无盖。染色体 2n=60。

产台湾、广东、香港、海南及云南，生于海岸泥滩或河岸边。日本琉球群岛、亚洲其他热带地区、非洲及美洲热带有分布。

[附] **尖叶卤蕨** 图 277：3-4 **Acrostichum speciosum** Willd. Sp. Pl. 5：117. 1810. 本种与卤蕨的主要区别：植株高达1.5米；羽片约15对，宽披针

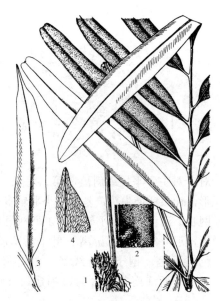

图 277：1-2.卤蕨　3-4.尖叶卤蕨
（引自《中国植物志》）

形，顶部略窄，先端短渐尖。产海南。热带亚洲其他地区及澳大利亚有分布。

29. 光叶藤蕨科 STENOCHLAENACEAE

（林尤兴）

大型攀援蕨类。根茎粗壮，圆柱状，顶端具鳞片，鳞片腹部着生，黑褐色，顶部及边缘褐棕色，随根茎生长而脱落，有时残留圆盾形的腹部。根茎内具复杂的分体中柱，维管束多达40条左右，排成3圈，内圈的较粗。叶疏生，二型，通常奇数羽状；羽片多数，侧生的以关节着生叶轴，顶生的无关节；不育叶羽片宽，披针形，光滑，革质或坚纸质，边缘软骨质，具锐锯齿，羽片基部上侧具一腺体，老时变黑而萎缩；叶脉细密，中肋两侧各具1行窄长网眼，向外伸出分离小脉，小脉单一或分叉，密而斜展；能育叶羽片线形，全缘，边缘稍反卷，孢子囊密被羽片下面，无隔丝。孢子两面型，透明，无周壁，具瘤状突起。

1 属。

光叶藤蕨属 Stenochlaena J. Sm.

属的特征同科。染色体基数 x=37。

8 种，分布亚洲、大洋洲及非洲热带。我国 2 种。

1. 羽片渐尖头，有时尾状，基部圆楔形，几无柄 ································ 光叶藤蕨 S. palustris
1. 羽片钝头或尖头，基部楔形，有短柄 ·············· （附）. 海南光叶藤蕨 S. hainanensis

光叶藤蕨　　　　图 278：1-9 彩片 64

Stenochlaena palustris (Burm.) Bedd. Ferns Brit. Ind. Suppl. 26. 1876.

Polypodium palustre Burm., Fl. Ind. 234. 1768.

附生藤本。根茎横走攀援，坚硬，木质，幼时被鳞片，老时光秃，绿色。叶疏生，二型；叶柄长 7-20 厘米，光滑；叶片长 0.3-1 米，宽 20-30 厘米，奇数一回羽状；羽片多数，下部的和顶端较中部略短，不育叶的中部羽片长约15厘米，宽披针形或长圆状披针形，渐尖头，有时尾状，基部圆楔形，上侧有1小腺体，几无柄，以关节和羽轴相连，边缘软骨质，有斜锐锯齿；叶革质，

图 278：1-9.光叶藤蕨　10.海南光叶藤蕨
（引自《中国植物志》）

平滑，有光泽；中脉两面显突，侧脉密而清晰，单一或分叉，从平行于中脉的1行窄长网眼分出，直达叶缘；能育叶羽片线形，长约20厘米，宽达5毫米。孢子囊群密被叶下面，有时常被叶缘覆盖。染色体 2n=148。

产海南及云南，生于海拔约 200 米次生疏林中。

[附] **海南光叶藤蕨** 图 278：10 **Stenochlaena hainanensis** Ching et Chiu in Acta Phytotax. Sin. 9 (4)：364. 1964. 本种与光叶藤蕨的主要区别：羽片钝头或尖头，基部楔形，有短柄。

产海南（文昌），附生于溪边树干。

30. 中国蕨科 SINOPTERIDACEAE

（张宪春　张钢民）

中生或旱生中小型蕨类。根茎短，直立或斜升，稀横卧或细长横走（如金粉蕨），有管状中柱，稀为简单网状中柱，被披针形鳞片。叶簇生，稀疏生；有柄，柄圆柱形或腹面有纵沟，栗色或栗黑色，稀禾秆色，光滑，稀被柔毛或鳞片；叶一型，稀二型或近二型，二回羽状或三至四回羽状细裂，卵状三角形、五角形或长圆形，稀披针形；叶草质或坚纸质，下面绿色，或被白色或黄色膜质粉末，叶脉分离或偶网状（网眼内无内藏小脉）。孢子囊群小，球形，沿叶缘着生小脉顶端或顶部一段，稀着生叶缘小脉顶端的连结脉上而成线形（如金粉蕨属、黑心蕨属），有盖（隐囊蕨属无盖），盖为反折叶缘部分形成，连续，稀断裂，全缘，有齿或撕裂。孢子球状四面体型，暗棕色，具颗粒状、拟网状或刺状纹饰。

约14属，主要分布于亚热带。我国9属。

1. 叶二型，能育叶高出不育叶，叶脉分离；孢子囊群生小脉顶端 ······················ 1. **珠蕨属 Cryptogramma**
1. 叶一型，如二型，则叶脉网状；孢子囊群生于叶脉顶端或叶缘内的边脉。
　2. 叶柄和叶轴禾秆色或栗棕色，叶片三回至四回或五回羽状细裂，末回能育小羽片荚果状 ··········
　·· 2. **金粉蕨属 Onychium**
　2. 叶柄栗色或近黑色（稀禾秆色，如旱蕨属的少数种类），叶片二回羽裂至三回粗羽裂，末回裂片非荚果状。
　　3. 叶下面无白色或黄色粉末，披针形或五角形。
　　　4. 叶片披针形、三角状披针形，或细裂矩圆形；孢子囊群圆形，生于叶脉顶端，分离；根茎鳞片一色。
　　　　5. 孢子囊群无盖 ··· 3. **隐囊蕨属 Notholaena**
　　　　5. 孢子囊群有盖。
　　　　　6. 叶一至三回奇数羽状，顶端有1片分离羽片或尾状 ·············· 4. **旱蕨属 Pellaea**
　　　　　6. 叶多回羽状分裂，顶部羽裂渐尖。
　　　　　　7. 叶柄上面有纵沟，基部鳞片小，窄披针形或钻形 ·········· 5. **碎米蕨属 Cheilosoria**
　　　　　　7. 叶柄圆柱形，无鳞片或稍具鳞片，鳞片卵状宽披针形 ······ 8. **粉背蕨属 Aleuritopteris**
　　　4. 叶片五角形、五角状披针形或戟形。
　　　　8. 孢子囊群线形，沿边脉着生；根茎鳞片中肋厚，栗黑色；叶脉不明显，稀网状 ·············
　　　　·· 6. **黑心蕨属 Doryopteris**
　　　　8. 孢子囊群圆形，分离，成熟时汇合，生于叶脉顶端；根茎鳞片一色，或有淡棕色窄边；叶脉分离
　　　　··· 8. **粉背蕨属 Aleuritopteris**
　　3. 叶下面被白或黄色粉末（稀绿色）；孢子囊群圆形，生于叶脉顶端（成熟时向左右接触）。
　　　9. 叶下面有细疏不隆起褐棕或深栗色小脉（横断面）排成瓦楞形2；孢子囊群具1（2）大型有宽环带的
　　　　孢子囊（单孢子囊群）·· 7. **中国蕨属 Sinopteris**
　　　9. 叶脉分离，羽状，纤细，不明显，达叶缘；孢子囊群具2-10个较小无宽环带孢子囊 ·············
　　　　··· 8. **粉背蕨属 Aleuritopteris**

1. 珠蕨属 Cryptogramma R. Br.

小型蕨类，石缝生。根茎短而斜升，有网状中柱，或细长横走，有管状中柱，被棕色、披针形薄鳞片。叶簇生，稀疏生，二型；叶片一至四回羽状细裂，不育叶片宽卵形或长圆形，羽片的短柄具窄翅，末回裂片匙形、椭圆形或线形，每裂片有1小脉，不达叶缘，顶端有膨大水囊，全缘，偶有齿，上面常下陷；叶革质或纸质，无毛；能育叶高出不育叶，有长柄，末回裂片线形或窄长圆形；叶脉分离，羽

状，单一或分叉。孢子囊群生小脉顶端，圆形或椭圆形，成熟时向两侧伸展；囊群盖由反折叶缘形成，宽几达主脉，不断裂，整个能育裂片形如荚果。孢子四面型，透明，具疣状纹饰。染色体基数 x=30。

约 5 种，分布于北半球温带（欧亚及北美），北达亚北极带，南达喜马拉雅山地。我国 3 种。

1. 根茎细长横走；叶疏生，一回羽状至羽片羽裂，不育叶薄草质，小脉顶端无膨大水囊 ·················
··· 1. 稀叶珠蕨 C. stelleri
1. 根茎短而直立或斜升；叶簇生成丛，二回羽状，或三至四回羽裂，不育叶纸质，叶脉顶端有膨大水囊。
　2. 不育裂片短线形或匙形，钝头或短尖头，水囊倒卵形；能育裂片长圆形或卵状长圆形，钝头 ·········
··· 2. 珠蕨 C. raddeana
　2. 不育裂片三角形或长圆形，尖头或突尖头，水囊纺锤形；能育裂片线状披针形，尖头或突尖头 ·········
··· 3. 高山珠蕨 C. brunoniana

1. 稀叶珠蕨

图 279

Cryptogramma stelleri (Gmél.) Prantl in Engl. Bot. Jahrb. 3: 413. 1882.
Pteris stelleri Gmél. in Novi Comm. Acad. Sci. Imp. Petrop. 12: 519. t. 12. f. 1. 1768.

植株高 10-15 厘米。根茎细长横走，有 1-2 淡棕色、披针形或卵状披针形小鳞片。叶二型，疏生；不育叶较短，卵形或卵状长圆形，圆钝头，一回羽状或二回羽裂（稀二回羽状），羽片 3-4 对，近圆形，全缘或浅波状；能育叶柄长 6-8 厘米，棕禾秆色；叶片长 4-7 厘米，宽披针形或长圆形，二回羽状，羽片 4-5 对，中部以下的有柄，基部 1 对最大，一回羽状，小

图 279 稀叶珠蕨 （引自《图鉴》）

羽片 1-2 对，上先出，宽披针形，短尖头或钝头，基部楔形，有短柄或几无柄；叶干后薄草质，黄绿色，两面无毛；叶脉羽状分叉，稀单一，小脉顶端无膨大水囊。孢子囊群生于小脉顶部，分开，成熟时常汇合；囊群盖膜质，灰绿色，边缘多少不整齐，宽不达主脉，成熟时张开。

产河北西部、山西、河南、陕西秦岭西段、甘肃中部、青海东北部、新疆、台湾、云南西北部及西藏东南部，生于海拔 1700-4200

米冷杉或杜鹃林下石缝中。日本高寒山地、亚北极带、西伯利亚山地、喜马拉雅、北美洲有分布。

2. 珠蕨

图 280

Cryptogramma raddeana Fomin in Bull. Jard. Bot. Kieff 10: 3. 1929.

植株高 10-25 厘米。根茎短而直立，顶端连同叶柄基部有淡棕色膜质披针形薄鳞片。叶二型，簇生；不育叶较能育叶短，宽卵形，四回羽状细裂，末回裂片短线形或匙形，宽度几和小羽轴、羽轴（至叶轴）相等，钝头或短尖头，每裂片有 1 裂片，顶端有膨大倒卵形水囊，上

面下凹；能育叶柄长 7-15 厘米，禾秆色，基部有宽披针形鳞片，向上偶有 1-2 披针形鳞片；叶片长 3-6 厘米，长圆形或卵状长圆形，钝头三

回羽状，羽片4-6对，基部1对最大，宽卵形或卵状三角形，柄长2-3毫米，二回羽状，小羽片上先出，中部以下的三角形，有1-2片卵形侧生末回小羽片，中部以上的长圆形或线形，单一；末回小裂片除主脉外，有分叉侧脉，顶端有水囊，上面可见；叶干后纸质或坚纸质，褐绿色，两面无毛。孢子囊群生小脉顶部，初为反卷叶缘覆盖，成熟时撑开、布满叶下面。

产陕西秦岭西段、河南西部、湖北西部、四川中西部、云南西北部、西藏东南部及南部，生于海拔2600-4600米石上。西伯利亚中部有分布。

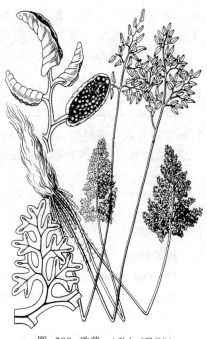

图 280 珠蕨 （引自《图鉴》）

3. 高山珠蕨　　　　　　　　　　　　图281

Cryptogramma brunoniana Wall. ex Hook. et Grev. Icon. Fil. t. 158. 1829.

植株高10-20厘米。根茎短而直立或斜升，顶端被棕色膜质披针形鳞片。叶簇生，二型；不育叶长3-4厘米，宽卵形或卵状三角形，三回细裂，羽片6-7对，基部1对长1.6-2.2厘米，卵形，二回细裂，小羽片上先出，末回裂片三角形或长圆形，尖头或突尖头，每裂片有1小脉，顶端有纺锤形水囊，上面略下凹；能育叶柄长12-16厘米，叶片长4-6厘米，卵状长圆形或卵形，三回羽状，末回小羽片长3-5毫米，线状披针形，尖头或突尖头。孢子囊群成熟时略宽或近长圆形；囊群盖褐色，质厚，成熟时略张开。

产陕西秦岭、台湾、四川、云南西北部及东北部、西藏东南部及南部，生于海拔3500-3700米石缝中。日本及喜马拉雅山南坡有分布。

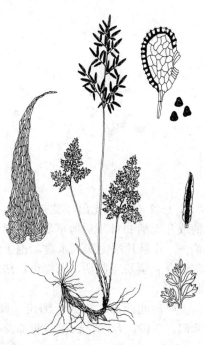

图 281 高山珠蕨 （引自《Fl. Taiwan》）

2. 金粉蕨属 Onychium Kaulf.

中型土生蕨类。根茎细长横走，稀较短而横卧，有管状中柱，被褐棕色、披针形或宽披针形全缘鳞片。叶疏生或近生，一型或近二型；叶柄光滑，和叶轴禾秆色或栗棕色，腹面有宽浅沟，横断面有U形维管束；叶片通常卵状三角形，稀窄长披针形，三至四回，或五回羽状细裂，稀二回羽状，末回裂片披针形，长0.3-1厘米，宽1-1.5毫米，尖头，基部楔形下延，末回能育小羽片荚果状；不育裂片叶脉单一，能育裂片的羽状，小脉沿外缘反卷处边脉联结；叶干后坚草质，无毛，略有光泽。孢子囊群圆形，生于小脉顶端的连接边脉，线形；囊群盖膜质，由反折叶缘形成，宽几达中脉，荚果状，成熟时为孢子囊群撑开，全缘，稀啮蚀状，无隔丝。孢子球状四面型，透明，具块状、疣状或瘤块纹饰。染色体基数 $x=29$。

约 10 种，分布于亚洲热带和亚热带，非洲 1 种。我国 8 种。

1. 孢子囊群长 1-2 厘米或更长，金黄色，被柠檬黄色蜡质粉末；根茎鳞片深棕色长钻形 ·· 1. 金粉蕨 **O. siliculosum**
1. 孢子囊群长不及 1 厘米，淡黄或肉桂色，无柠檬黄色蜡质粉末；根茎鳞片披针形或卵状披针形。
  2. 根茎短而横卧；叶近簇生，叶柄基部鳞片淡棕色，末回裂片顶部有锐齿；囊群盖边缘啮蚀状 ·············· 2. 蚀盖金粉蕨 **O. tenuifrons**
  2. 根茎长而横走；叶散生，叶柄基部鳞片红棕色，末回裂片全缘；囊群盖全缘或略波状。
    3. 叶片宽 12-30 厘米，卵形或卵状三角形，四至五回羽状。
      4. 叶薄纸质，各回羽轴纤细，末回裂片较稀疏，叶柄基部黑色，羽片渐尖头，能育裂片短，尖头 ·············· 3. 黑足金粉蕨 **O. contiguum**
      4. 叶坚纸质，各回羽轴坚挺，末回裂片接近。
        5. 叶柄禾秆色，有时下部略带棕色 ·············· 4. 野雉尾金粉蕨 **O. japonicum**
        5. 叶柄栗棕色 ·············· 4(附). 栗柄金粉蕨 **O. japonicum** var. **lucidum**
    3. 叶片宽 10 厘米以下，披针形或卵状披针形，二至三回羽状，近二型，裂片较长；孢子囊群不达裂片顶端 ·············· 5. 木坪金粉蕨 **O. moupinense**

1. 金粉蕨

图 282

Onychium siliculosum (Desv.) C. Chr. Ind. Fil. 469. 1906.

Pteris siliculosum Desv. in Berlin Mag. 5: 324. 1811.

植株小型的高 10-15 厘米，大型的高达 65 厘米。根茎粗短，斜升或直立，先端密被深棕色长钻形鳞片。叶簇生，二型或近二型；不育叶片三至四回羽状细裂，渐尖头，末回小羽片无柄，几与小羽轴等宽（不及 1 毫米），仅先端较宽，有 1-2 尖齿；能育叶柄长 12-30 厘米，木质，枯禾秆色或禾秆色，基部略有鳞片，向上光滑；叶片长 15-35 厘米，卵状披针形或长卵形，下部三至四回羽状（幼株二回羽状），中部二至三回羽状，上部一回羽状，顶端有 1 片长线形羽片，侧生羽片 10-15 对，基部 1 对长 4-12 厘米，长圆状披针形或三角形，柄长 3-6 毫米，各回小羽片均上先出，有柄，末回小羽片初线形，长 0.5-1.5 厘米，先端渐尖或近突尖，基部楔形，柄长 2-3 毫米；叶脉在不育叶末回小羽片有单一或分叉小脉，在能育叶末回小羽片上仅有单一侧脉，其顶端和边脉汇合；叶干后纸质，灰绿色，叶轴及各回羽轴下面圆，上面

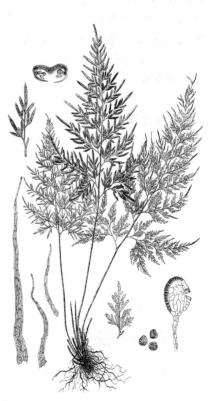

图 282 金粉蕨
(孙英宝仿《Ogata, Ic. Fil. Jap.》)

有沟，两面无毛。孢子囊群生于能育叶的小羽片边脉；囊群盖线形，宽几覆盖主脉，成熟时张开，露出金黄色囊群及柠檬黄色蜡质粉末。孢子具块状纹饰。

产台湾、海南、云南南部及西部，生于海拔100-1500米干旱河谷斜坡石缝。喜马拉雅山南部、印度尼西亚、巴布亚新几内亚、波利尼西亚、菲律宾、越南、老挝、柬埔寨、缅甸、泰国及印度有分布。

2. 蚀盖金粉蕨　　　　　　　　图 283

Onychium tenuifrons Ching in Lingnan Sci. Journ. 8: 500. 1934.

植株高30-40厘米。根茎粗短，横卧，被灰棕色披针形鳞片。叶近簇生，二型或近二型；叶柄基部鳞片淡棕色；不育叶薄草质，较能育叶短而窄，四回羽裂，末回裂片密接，倒卵形或长圆形，顶部有锐齿，每齿有1小脉；能育叶柄长15-20厘米，禾秆色，光滑，叶片长15-25厘米，椭圆状披针形，三至四回羽状，羽片8-10对，披针形，柄长0.4-1厘米，斜上，中部以下的长5-10厘米，宽2.5-3厘米，二至三回羽状；各回小羽片均上先出，末回小羽片无柄，或下延与小羽轴相连，短线形或披针形，渐尖头或短尖头，干后边缘略反卷；叶干后坚纸质，褐绿色，两面无毛；叶脉微凸，侧脉斜上，在叶缘汇合。孢子囊群生侧脉顶端的连接脉；囊群盖窄，膜质，灰白色，边缘啮蚀状。

产贵州、四川及云南，生于海拔140-2100米林缘或灌丛中。缅甸北部有分布。

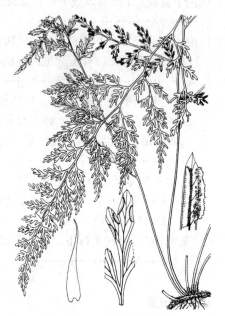

图 283　蚀盖金粉蕨
（引自《中国植物志》《图鉴》）

3. 黑足金粉蕨　　　　　　　　图 284

Onychium contiguum C. Hope in Journ. Bombay Nat. Hist. Soc. 13: 444. 1901.

植株高25-90厘米。根茎横走，疏被深棕色披针形鳞片。叶近生或疏生，一型，偶近二型；叶柄长15-50厘米，基部黑色，略有鳞片，向上禾秆色，光滑；叶片长12-38厘米，宽卵形或卵状披针形，五回羽状细裂，羽片10-14对，基部1对长10-25厘米，卵状三角形，渐尖头，柄长约1厘米，四回羽状细裂，末回裂片较稀疏，各回小羽片均上先出，有柄，顶部通常不育，末回能育小羽片长圆形或短线形，长2-5毫米，尖头，

图 284　黑足金粉蕨
（引自《中国蕨类植物图谱》）

基部楔形下延与小羽轴等宽；不育小羽片线形，上部较宽，有1-2锐尖齿，叶轴及各回羽轴上面有沟，下面圆；每末回小羽片有1中脉，能育的有斜上侧脉和边脉相连；叶干后薄纸质，褐绿色，两面无毛，羽轴纤细。孢子囊群生小脉顶端的连接脉；囊群盖宽达主脉，灰白色，全缘。

产甘肃南部、台湾、贵州西北部、四川、云南西北部及西藏南部，常成片丛生于海拔1200-3500米山谷、沟旁或疏林下。尼泊尔、印度、不丹、越南、老挝、柬埔寨、缅甸北部及泰国有分布。

4. 野雉尾金粉蕨　　　　　　　　　　　图285

Onychium japonicum (Thunb.) Kunze in Bot. Zeitschr. 507. 1848.

Trichomanes japonicum Thunb. Fl. Jap. 340. 1784.

植株高约60厘米。根茎长而横走，

图 285　野雉尾金粉蕨　（引自《图鉴》）

径约3毫米，疏被鳞片，鳞片棕或红棕色，披针形，筛孔明显。叶散生；柄长20-30厘米，基部褐棕色，略有鳞片，向上禾秆色，有时下部略带棕色，光滑；叶片几和叶柄等长，宽约10厘米或过之，卵状三角形或卵状披针形，四回羽状细裂，羽片12-15对，互生，柄长1-2厘米，基部1对长9-17厘米，长圆状披针形或三角状披针

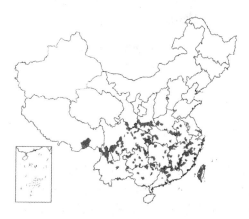

形，先端具羽裂尾头，三回羽裂，各回小羽片接近，均上先出，基部1对最大；末回能育小羽片或裂片长5-7毫米，线状披针形，有不育的尖头；末回不育裂片短而窄，线形或短披针形，短尖头；叶轴和各回羽轴上面有浅沟，下面凸起；不育裂片有1中脉，能育裂片有斜上侧脉和叶缘边脉汇合；叶干后坚纸质，灰绿或绿色，无毛，羽轴坚挺。孢子囊群长3-6毫米；囊群盖线形或短长圆形，膜质，灰白色，全缘。

产河北、河南、陕西、江苏、安徽、浙江、台湾、福建、江西、湖北、湖南、广东、香港、广西、贵州、四川、云南及西藏，

北达陕西秦岭、河南、河北西部，生于海拔50-2200米林下沟边或溪边石上。日本、菲律宾、印度尼西亚（爪哇）及波利尼西亚有分布。全草有解毒作用。

[附] **栗柄金粉蕨** **Onychium japonicum** var. **lucidum** (Don) Christ in Bull. Soc. Bot. France 52. Mèm. 1: 60. 1905. —— *Leptostegia* lucida Don, Prodr. Fl. Nepal. 14. 1825. 与模式变种的主要区别：植株较高大而粗壮；叶柄栗棕色，叶较厚，裂片较窄长。产地同模式变种。尼泊尔有分布。

5. 木坪金粉蕨　　　　　　　　　　　图286

Onychium moupinense Ching in Lingnan Sci. Journ. 8: 500. 1943.

植株高20-70厘米，根茎细长横走，疏被深棕色披针形鳞片。叶近生，近二型；柄纤细，禾秆色，光滑；不育叶片披针形，长10-15厘米，二回羽状或三回羽裂，羽片斜方形，渐尖头或钝头，小羽片密接，末回小羽片或裂片宽短，斜卵形，先端有锐尖齿，每齿有1小脉；能育叶较大，柄长10-32厘米，叶片几等长，基部宽3-10厘米，披针形或卵状披针形，尾状长渐尖头，下部三回羽状，向上二回羽状，羽片8-15对，互生，斜上或上弯，基部1对最大，披

针形或卵状披针形，长渐尖头或长尾头，柄长0.5-1厘米（有时有窄翅），二回羽状或二回羽裂；小羽片均上先出，有窄翅下延，末回裂片长7-8毫米，线形，主脉两侧有单一小脉和边脉相连。孢子囊群生边脉上，不达裂片顶端；囊群盖宽线形，幼时宽达主脉，成熟时张开，灰棕色，膜质，全缘。

产陕西南部、湖北西部、四川及云南北部，生于海拔585-1850米灌丛或阔叶林下石缝。

图 286 木坪金粉蕨
（引自《中国蕨类植物图谱》）

3. 隐囊蕨属 Notholaena R. Br.

旱生中小型蕨类。根茎短而横卧，稀直立，有管状中柱，被棕色钻状披针形小鳞片。叶簇生、疏生或近生，柄栗色或栗黑色，圆形或腹面有纵沟；叶片长圆形或披针形，一至二回羽状，密被（特别在下面）被厚绒毛；叶脉分离，不明显。孢子囊群近圆形或长圆形，近叶缘生于叶脉顶端，接近，成熟后向两侧扩大汇合，沿叶缘连接成线形，无盖，或有时部分被反卷叶缘所覆盖。孢子球状四面型，有颗粒状纹饰。

约40余种，分布于热带和亚热带干旱地区，南美洲为分布中心，南至大洋洲及非洲南部，极少数种类达亚洲热带和大西洋一地中海岛屿。我国2种。

1. 根茎长而横走；叶疏生或近生，叶片下面被伏贴棕黄色厚绒毛，羽片几无柄；孢子囊少数，成熟时在叶缘略可见 ·················· 1. **中华隐囊蕨 N. chinensis**
1. 根茎短而直立或横卧；叶簇生，叶片下面密被暗棕色节状长柔毛，羽片有柄；孢子囊多数，成熟时露出 ············· 2. **隐囊蕨 N. hirsuta**

1. 中华隐囊蕨   图 287

Notholaena chinensis Baker in Gard. Chron. n. s. 14: 494. 1880.

植株高6-25厘米。根茎长而横走，径约3毫米，密被鳞片，鳞片小，钻状披针形，下部深栗色，上部棕色。叶疏生或近生；柄长2-6厘米，长圆状披针形或披针形，二回羽状或二回羽裂，羽片10-20对，密接，基部1对长2-4厘米，三角形，短尾头或钝尖头，基部不等，上侧与叶轴并行，下侧斜出，几无柄，距上一对1-2.5厘米，略上弯，羽裂几达羽轴，裂片5-8对，下侧下部2-4片长1-2厘米（上侧的长0.5-1厘米），线形，钝头，全缘或下部1-2片有

三角形浅裂片；第二对羽片向上略渐短，三角形或宽披针形，尾头或钝头，羽裂或圆齿状，顶部羽片全缘；叶纸质，柔软，干后上面褐绿色，疏被淡棕色柔毛，下面密被棕黄色厚绒毛；叶脉羽状分叉，不明显。孢子囊群生小脉顶端，具少数孢子囊，埋于绒毛中，成熟时略可见。

产湖北西部、湖南、广西东北部、贵州及四川东南部，生于海拔2800米石灰岩缝。

2. 隐囊蕨　　　　　　　　　　　　　　图 288

Notholaena hirsuta (Poir.) Desv. in Journ. Bot. Appl. Agric. 1:93. 1873.

Pteris hirsuta Poir. Ency. Meth. Bot. 5: 719. 1804.

植株高 20-30 厘米。根茎短而直立或横卧，密被红棕色钻状披针形小鳞片。叶簇生；叶柄长8-12 厘米，栗色，略有光泽，下面圆，上面有浅沟，幼时疏被纤维状鳞片及长柔毛，老叶大部脱落；叶片长10-16厘米，长圆状披针形或长圆形，二回羽状，羽片 8-16 对，斜上，下部的长 2-4.5厘米，卵状披针形或长圆状披针形，柄长 3-5 毫米，二回羽裂，一回小羽片 5-7

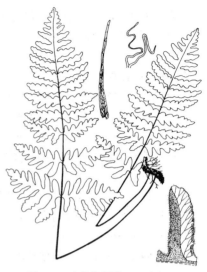

图 287 中华隐囊蕨　（孙英宝绘）

对，有短柄，下侧的较上侧的长，基部 1 片长三角形，羽裂，末回小羽片 2-4 对，长圆形，钝头，几无柄，波状浅裂或全缘；叶厚纸质，干后褐色，上面疏被灰色节状柔毛，下面密被暗棕色节状长柔毛；叶脉在裂片上羽状，小脉分叉，不明显；叶轴及羽轴和叶柄同色，下面圆，上面有沟，均疏被柔毛。孢子囊群生小脉顶端，多数，成熟时露出。

产福建、台湾、广东及广西南部，生于海拔 200-300 米河边石上或田边。广泛分布于热带亚洲、澳大利亚及波利尼西亚群岛。

图 288 隐囊蕨
（孙英宝仿《Ogata, Ic. Fil. Jap.》）

4. 旱蕨属 **Pellaea** Link

旱生蕨类。根茎短，直立或斜升，有管状中柱，密被鳞片，鳞片栗黑色，有极窄淡棕色边（稀一色，棕或栗色），窄披针形或钻状披针形，全缘。叶簇生，一型，稀近二型；叶柄栗黑或栗色，有光泽，圆柱形，稀幼时有沟，沟两侧圆形隆起；叶片披针形或长圆状披针形，稀三角状或五角状披针形，一至三回奇数羽状，顶端有 1 片分离羽片或尾状，末回小羽片或裂片线状披针形或披针形，稀长圆形或三角状戟形，全缘；叶脉分离，小脉 2-3 叉，不达叶缘，上面不明显；叶纸质或革质，光滑或有腺毛或刚毛。孢子囊群小，圆形，生于小脉顶端或顶部一段，接近，成熟时向两侧扩展，汇合成线形，无隔丝；囊群盖线形，由叶缘在叶脉顶端以内反折而成，叶脉顶端以内为绿色组织，顶端以外干膜质，以孢子囊群着生处和叶缘间成绿色窄边，囊群盖边缘常有小锯齿或睫毛。孢子球状四面型，具细颗粒状或刺状纹饰，稀具褶皱。

约80余种，主产南美洲和南非洲及其附近岛屿，南达智利和新西兰，北至加拿大；亚洲约15种，主产西南亚。我国10种。

1. 叶柄栗或栗黑色。
　2. 小羽片有短柄（至少基部羽片上的小羽片）三角形、卵形或长圆形，钝头。
　　3. 叶轴通直，羽片斜上，叶两面无毛，叶柄栗黑色，小羽片长0.6-1厘米，宽5-8毫米 ……………………………………………………………………………………… 1. **三角羽旱蕨 P. calomelanos**
　　3. 叶轴多少左右曲折，羽片多少斜下，再上弯，叶片两面密生刚毛，小羽片长1.5-2.5厘米，宽1-2厘米 ……………………………………………………………… 2. **毛旱蕨 P. trichophylla**
　2. 小羽片基部与羽轴合生，披针形、线形或线状披针形。
　　4. 叶柄密被红棕色短刚毛及1-2钻形鳞片，叶片及羽片短尾头或钝头，尾头长不及1厘米，小羽片接近 …………………………………………………………… 3. **旱蕨 P. nitidula**
　　4. 叶柄（尤其下部）密被棕色窄披针形鳞片，叶片及羽片长尾头，尾头长约2厘米，小羽片疏离 ……………………………………………………………… 4. **滇西旱蕨 P. mairei**
1. 叶柄禾秆色。
　5. 叶近二型；叶片长达15厘米，羽片卵状三角形，长3-7厘米 …………………… 5. **凤尾旱蕨 P. paupercula**
　5. 叶一型；叶片长4-10厘米，小羽片短线形，长1-1.5厘米。
　　6. 叶柄长6-20厘米，基部鳞片窄披针形；囊群盖宽达主脉，幼时镊合，边缘有粗短睫毛 ……………………………………………………………………………… 6. **西南旱蕨 P. smithii**
　　6. 叶柄长达7厘米，基部鳞片纤维状；囊群盖窄，远离主脉 ……………… 7. **禾秆旱蕨 P. straminea**

1. 三角羽旱蕨

图 289 彩片 65

Pellaea calomelanos (Sw.) Link, Fil. Hort. Berol. 61. 1841.

Pteris calomelanos Sw. in Journ. Bot. (Schrader) 2: 70. 1801.

植株高（7-）15-25厘米。根茎粗短，横卧或斜升，连同叶柄基部密被鳞片，鳞片钻状披针形，亮栗黑色，有棕色窄边。叶簇生；柄长（3）5-12厘米，圆柱形，亮栗黑色，基部以上疏被棕色纤维状鳞片；叶片长圆状三角形，长（5-）8-15厘米，奇数一至二回羽状，侧生羽片5-10对，中部以上的奇数羽状（有小羽片3-5片）或单一，斜上，柄长0.3-1厘米，单羽片或小羽片卵状三角形（顶生小羽片戟形），长0.6-1厘米，钝头，基部心形，柄长约3毫米，通常小羽片脱落后而柄宿存；叶脉两面不显；叶干后革质，灰绿色，两面无毛；叶轴通直、羽轴及小羽柄均栗黑色，下面疏被棕色短毛及腺体。孢子囊群沿小脉顶部一小段着生；囊群盖由小脉顶端以外的叶缘反折而成，棕色，全缘。

产四川南部及云南北部，生于海拔900-1800米干旱河谷石缝。喜马拉

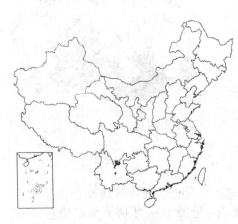

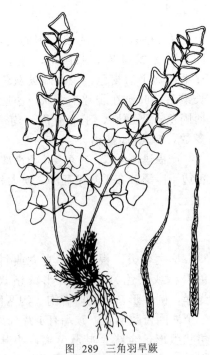

图 289 三角羽旱蕨
（孙英宝仿《中国植物志》）

雅西北部、埃塞俄比亚、安哥拉、好望角及马达加斯加有分布。

2. 毛旱蕨 图 290

Pellaea trichophylla (Baker) Ching in Acta Phytotax. Sin. 10: 302. 1965.

Cheilanthes trichophylla Baker in Ann. Bot. 5: 211. 1891.

植株高 20-60 厘米。根茎短而直立，密被亮栗黑色、钻状披针形鳞片。叶簇生；叶柄长 10-30 厘米，径 1-2 毫米，栗黑或褐栗色，圆柱形，基部有 1-2 鳞片，向上被棕色短毛；叶片三角状披针形，略长于叶柄，下部宽 5-15 厘米，三回羽状深裂，羽片 6-10 对，多少斜下、平展或上弯，柄长 0.5-1.2 厘米，基部 1 对羽片三角形或三角状披针形，长 5-11 厘米，二回羽裂，小羽片 3-5 对，卵状三角形，长 1.5-2.5 厘米，基部圆截或稍心形，柄长 1-2 毫米，羽裂达小羽轴宽翅，裂片 2-4 对，长圆形，除基部 1 对有时有少数短裂片外，余全缘；第二对羽片向上渐小，至顶部为羽裂渐尖头；叶脉 2-3 叉，上面不显，下面可见；叶干后纸质，灰棕绿色，两面伏生淡棕色刚毛，叶轴明显（稀不明显）左右曲折，连同羽轴及小羽柄均栗色，圆柱形，密被棕色短毛。孢子囊群生小脉顶端，棕色；囊群盖窄，由沿小脉顶端反折的叶缘形成，连续，淡棕色，边缘波状。

产四川、云南及西藏东部，生于海拔 800-2200 米干旱河谷或林下石缝。

图 290 毛旱蕨
（引自《中国蕨类植物图谱》）

3. 旱蕨 图 291

Pellaea nitidula (Hook.) Baker in Hook. et Baker Syn. Fil. 149. 1867.

Cheilanthes nitidula Hook. I con. Pl. 10: t. 912. 1854.

植株高 10-30 厘米。根茎短而直立，密被亮黑色有棕色窄边钻状披针形鳞片。叶多数，簇生；叶柄长 6-20 厘米，栗色或栗黑色，有光泽，基部疏被深棕色钻形鳞片，向上密被红棕色短刚毛；叶片长圆形或长圆状三角形，长 4-12 厘米，顶部羽裂渐尖，中部以下三回羽裂，羽片 3-5 对，基部 1 对三角形，长 2.5-3.5 厘米，短尾头，基部上侧与叶轴并行，下侧斜出，几无柄或柄极短，二回深羽裂，小羽片 4-6 对，接近，羽轴上侧的长约 1 厘米，披针形，基部与羽轴合生，全缘，羽轴下侧的较上侧的长，基部 1 片长 1.5-2 厘米，长圆形，短尾头，基部上侧平截，与羽轴并行，下侧斜出，无柄，羽状深裂达羽轴宽翅，裂片 5-7 对，披针形，第二片小羽片或为浅羽裂或仅下侧有 1-2 短裂片，向上均全缘；基部以上羽片略短；叶脉在裂片

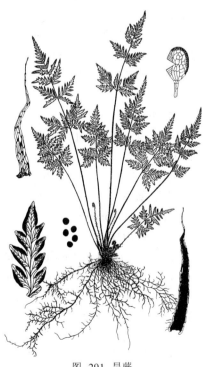

图 291 旱蕨
（孙英宝仿《Ogata, Ic. Fil. Jap.》）

上羽状分叉，下面隆起，上面略可见；叶干后革质或坚纸质，灰褐绿色，两面无毛，叶轴及羽轴上面和叶柄同色，密被棕色短刚毛。孢子囊群生小脉顶部；囊群盖由叶缘在小脉顶部以下反折而成，反折处成隆起绿色边沿，盖膜质，褐棕色，边缘为不整齐粗齿牙状。

产河南、甘肃、浙江、台湾、福建、江西、湖南、广东、广西、贵州、四川、云南及西藏东南部，生于海拔 200-2400 米干旱河谷疏林下岩石上。尼泊尔、不丹、越南北部及日本有分布。

4. 滇西旱蕨　　　　　　　　图 292

Pellaea mairei Brause in Hedwigia 54: 201. t. 4. c. 1914.

植株高 15-30 厘米。根茎短而直立，密被亮黑色有棕色窄边钻状披针形鳞片。叶多数，簇生；叶柄长 8-16 厘米，深栗色，有光泽，幼时上面有不明显窄沟，并有少数短刚毛，成熟后圆柱形，基部密被棕色窄披针形鳞片，向上鳞片小而渐稀；叶片卵状三角形或长圆状三角形，长 6-12 厘米，顶部羽裂渐尖，长尾头，中部以下二回深羽裂，羽片 3-5 对，基部 1 对

图 292　滇西旱蕨
（孙英宝仿《中国植物志》）

卵状三角形，长 2.5-5 厘米，长尾头（长约 2 厘米），基部上侧与叶轴并行，下侧斜生，柄长 1-2 毫米，深羽裂达羽轴窄翅，裂片 4-8 对，疏离，下侧的较上侧的长，基部 1 片长 1.5-2 厘米，线状披针形，基部以窄翅和羽轴相连，全缘或下侧偶有 1-2 小裂片或圆齿，基部以上裂片全缘，第二对羽片向上略渐短；叶脉在裂片上羽状分叉，斜上，不达叶缘，下面隆起，上面不显；叶干后纸质，灰褐绿色，两面无毛，叶轴和叶柄同色，上面有不明显纵沟，密被棕色短刚毛及少数钻状小鳞片。小孢子囊群生小脉顶端；囊群盖由叶缘在小脉顶端以下反折而成，反折处形成绿色边沿，盖膜质，棕色，边缘啮蚀状。

产陕西、湖南西北部、贵州东北部、四川及云南，生于海拔 2300-3200 米河边石上。

5. 凤尾旱蕨　　　　　　　　图 293

Pellaea paupercula (Christ) Ching in Bull. Fan. Mem. Inst. Biol. Bot. 2: 203. 1931.

Pteris paupercula Christ in Bull. Acad. Int. Geogr. Bot. 131. 1906.

植株高 10-35 厘米。根茎短而直立，密被鳞片，鳞片厚硬，亮黑色，有棕色窄边，披针形。叶簇生，近二型；叶柄长 5-22 厘米，基部棕禾秆色，密被棕色纤维状软鳞片，向上禾秆色，疏被鳞片，幼时上面有窄纵沟，沟两侧圆形隆起，多年生的叶柄圆柱形，无沟；能育叶片长圆形，长 5-15 厘米，尾头，中部以下二回羽状，上部一回羽状，羽片 3-7 对，斜上，中部以下的长 3-7 厘米，卵状三角形，尾头（尾

图 293　凤尾旱蕨
（引自《中国蕨类植物图谱》）

长3-5厘米）有极短柄，羽状深裂达羽轴窄翅，裂片2-3对，羽轴下侧的比上侧的长，基部1片尤长，裂片和叶片顶部羽片均线形，宽2-3毫米，尖头；不育叶较能育叶短，裂片或顶部羽片长圆形或宽线形，宽5-6毫米，边缘有重浅锯圆齿；叶脉两面不显，侧脉2-3叉，斜上，不达叶缘；叶干后草质，灰褐绿色，两面无毛，叶轴禾秆色，下面圆，上

面有窄沟，沟两侧有圆形隆起的边，密被短毛及1-2棕色鳞毛，羽轴下面和叶轴同色，圆形，上面灰绿色，有浅沟。孢子囊群着生能育叶的小脉顶端；囊群盖淡棕色，连续，由叶缘从小脉顶端以下反折而成，反折处向下形成稍隆起绿色边沿，盖缘啮蚀状。

产四川西部及西南部，生于海拔1340-2860米干旱河谷石缝。

6. 西南旱蕨　　　　　　　　图 294

Pellaea smithii C. Chr. in Acta Hort. Gothob. 1: 84. t. 18. f. a-c. 1924.

植株高（10-）15-30厘米。根茎短而直立或斜升，密被亮黑色

有棕色窄边披针形、覆瓦状鳞片。叶多数，簇生；叶柄长6-20厘米，淡棕禾秆色，圆柱形，下部疏被棕色窄披针形鳞片，中部以上下面有1-2纤维状鳞片，上面疏被棕色腺毛，老时部分脱落；叶片长圆形，长4-10厘米，二回羽状，羽片3-7对，中部以上的近等大（或基部1对稍大），通常对生，

长1-2.3厘米，卵状三角形，基部上侧与叶轴并行，下侧斜出，无柄，羽状全裂达羽轴窄翅，小羽片3-5对，斜上，密接，线形，长1-1.5厘米，钝尖头或有小突尖，基部下延与羽轴合生，全缘或基部羽片的基部下侧小羽片有时裂成1-3小裂片；叶轴棕禾秆色，下面圆，上面有沟，疏生腺毛，羽轴及主脉上面有沟；侧脉羽状分叉，不达叶缘，两面不显；叶干后革质，灰褐绿色，无毛。孢子囊群生小脉顶端；囊群盖膜质，线形，由叶缘在小脉顶端以上反折，宽达主脉，幼时锯合，初灰绿色，老时棕色，边缘有粗短睫毛，偶在反折处形成不明显边沿。

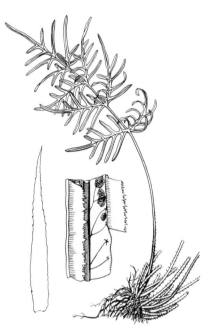

图 294　西南旱蕨　（引自《图鉴》）

产四川西部及云南西北部，生于海拔1710-2540米干旱河谷或灌丛下石缝。

7. 禾秆旱蕨　西藏旱蕨　　　　图 295 彩片 66

Pellaea straminea Ching in Bull. Fam Mem. Inst. Biol. Bot. 2: 203. t. 17. 1931.

植株高（6-）10-15厘米。根茎短而直立或斜升，连同叶柄基部被亮黑色有棕色窄边披针形小鳞片。叶密集成丛；柄长达7厘米，禾秆色，基部以上疏被棕色纤维状鳞片，幼时上面有沟，成熟时圆柱形（维管束龙骨状），常有一圈圈裂痕，脆而易断，断后留在根

茎；叶片卵状长圆形或卵状三角形，长（3-）5-8厘米，顶部羽裂渐尖，中部以下二回羽状深裂，羽片3-5（-7）对，几无柄，基部1对长1.5-2厘米，长卵形或卵状三角形，尾头，基部上

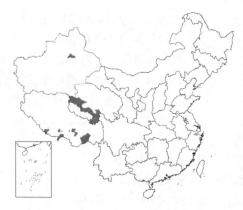

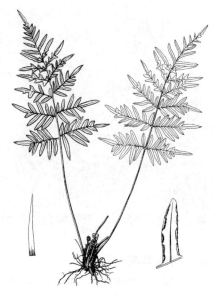

侧与叶轴并行，下侧斜出，羽状深裂达羽轴窄翅，裂片线状披针形，长 0.6-1.5 厘米，钝尖头或有小突尖，基部与羽轴合生，全缘或微波状，接近，第二对羽片向上略渐小；叶脉在裂片上羽状分叉（稀 3 叉），两面不显；叶干后草质，灰绿色，两面无毛；叶轴禾秆色，下面圆，上面有浅沟，有 1-2 纤维状小鳞片及节状毛，羽轴下面禾秆色，圆形，上面灰绿色，有沟。孢子囊群生小脉顶端；囊群盖由叶缘在小脉顶端处反折而成，窄而远离主脉，连续或多少断裂，薄膜质，黄绿色，全缘或多少啮蚀。

产青海南部、新疆乌鲁木齐南山及西藏，生于海拔 3800-4300 米石上。

图 295 禾秆旱蕨 （孙英宝绘）

5. 碎米蕨属 Cheilosoria Trev.

中小型中生蕨类。根茎短而直立，稀斜升，具管状中柱，被棕或栗黑色（有时具棕色窄边）、披针形全缘鳞片。叶簇生，高约 30 厘米；叶柄栗或栗黑色，有光泽，通常上面有 1 条平宽（稀窄的）纵沟，幼时基部以上疏被窄披针形或钻形小鳞片，后光滑；叶片小，披针形、长圆状披针形或卵状五角形，二至三回羽状细裂，向基部渐窄，或基部 1 对羽片最大，三角状披针形，其基部下侧小羽片特长；末回小羽片或裂片小，边缘全缘或具圆齿；叶脉分离，在裂片上单一或分叉；叶草质，通常无毛或有短节状毛或腺毛。孢子囊群小，圆形，生小脉顶端，成熟时汇合；囊群盖由叶缘反折而成，通常断裂或多少连续，肾形（稀线形），边缘多少啮蚀状或有锯齿，或有睫毛。孢子球状四面型，不透明，周壁有颗粒状或拟网状纹饰，稀具褶皱。

约 10 种，分布亚洲热带和亚热带，少数达大洋洲及美洲。我国 7 种。

1. 叶片披针形，基部 1 对羽片不大于其上 1 对羽片，其基部下侧小羽片不特大。
　2. 叶片二回深羽裂。
　　3. 叶轴上面纵沟两侧隆起锐边密生棕色粗短毛 ························· 1. **毛轴碎米蕨 C. chusana**
　　3. 叶轴上面纵沟两侧隆起锐边无毛 ···································· 2. **碎米蕨 C. mysurensis**
　2. 叶片三回深羽裂；羽轴上面有疏腺毛 ······························· 3. **厚叶碎米蕨 C. insignis**
1. 叶片五角状卵形，基部 1 对羽片大于其上 1 对，基部下侧小羽片特大。
　4. 根茎和叶柄基部鳞片钻状披针形，栗黑色，质硬；第二对羽片的小羽片与羽轴合生，无柄或具极短柄 ······
　　··· 4. **大理碎米蕨 C. hancockii**
　4. 根茎和叶柄基部鳞片钻状线形，棕黄色，柔软；第二对羽片的小羽片有柄或具有窄翅的短柄 ···············
　　··· 5. **薄叶碎米蕨 C. tenuifolia**

1. 毛轴碎米蕨　　　　　　　　　　　　　图 296

Cheilosoria chusana (Hook.) Ching et K. H. Shing, Fl. Fujian. 1:84. f. 77. 1982.

Cheilanthes chusana Hook. Sp. Fil. 2:95. t. 106 B. 1852.

植株高10-30厘米。根茎短而直立，被栗黑色披针形鳞片。叶簇生；柄长2-5厘米，亮栗色，密被红棕色披针形和钻状披针形鳞片及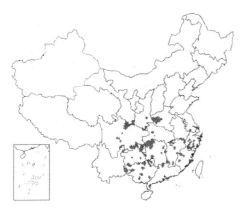少数短毛，向上至叶轴上面有纵沟，沟两侧有隆起锐边，其上密生棕色粗短毛；叶片长8-25厘米，披针形，二回深羽裂，羽片10-20对，斜展，几无柄，中部羽片长1.5-3.5厘米，三角状披针形，基部上侧与羽轴并行，下侧斜出，深羽裂，裂片长圆形或长舌形，无柄，或基部下延有窄翅相连，钝头，边缘有圆齿；下部羽片略短，疏离，间隔宽，基部1对三角形；叶脉在裂片上羽状，单一或分叉，极斜上，两面不显；叶干后草质，绿或棕绿色，两面无毛，羽轴下面下半部栗色，上半部绿色。孢子囊群圆形，生小脉顶端，位于裂片圆齿，每齿1-2枚；囊群盖椭圆状肾形或倒肾形，黄绿色，宿存，分离。

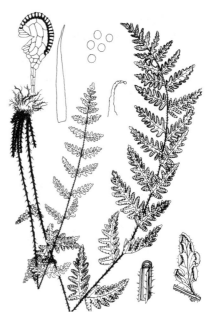

图 296 毛轴碎米蕨 （引自《图鉴》）

产河南西南部、陕西南部、甘肃南部、江苏、安徽、浙江、福建、江西、湖北、湖南、广东、香港、广西、贵州、四川及云南，生于海拔120-830米路边、林下或溪边石缝。越南、菲律宾及日本有分布。

2. 碎米蕨   图 297

Cheilosoria mysurensis (Wall. ex Hook.) Ching et K. H. Shing, Fl. Fujian. 1: 84. 1982.

Cheilanthes mysurensis Wall. ex Hook. Sp. Fil. 2: 94. t. 100A. 1852.

植株高10-25厘米。根茎短而直立，连同叶柄基部密被栗棕色或栗黑色钻形鳞片。叶簇生；柄长2-7厘米，基部以上疏被钻形小鳞片，向上至叶轴栗黑或栗色，下面圆，上面有宽浅沟，沟两侧有隆起锐边，无毛；叶片窄披针形，长8-18厘米，二回深羽裂，羽片12-20对，中部的相距1-1.3厘米，长1-1.5厘米，三角形或三角状披针形，基部上侧与叶轴并行，下侧斜

图 297 碎米蕨
（孙英宝仿《Ogata, Ic. Fil. Jap.》）

边缘淡棕色。

产台湾、福建南部、广东东部及海南，生于灌丛中或溪边石上。越南、印度、斯里兰卡及其他热带地区有分布。

出，几无柄，羽状或深羽裂，小羽片有3-4对圆裂片，下部羽片相距1.5-2厘米，渐短，三角形，基部1对小耳形；叶脉在小羽片上羽状，3-4对，分叉或单一；叶干后草质，褐色，裂片多少卷缩，两面无毛。孢子囊群每裂片1-2枚；囊群盖小，肾形或近圆肾形，

3. 厚叶碎米蕨 图 298

Cheilosoria insignis (Ching) Ching et K. H. Shing ex K. H. Shing, Fl. Reipubl. Popul. Sin. 3(1): 122. pl. 33. 10–12. 1990.

Cheilanthes insignis Ching in Fl. Tsinling. 2: 72. t. 18. f. 7–9. 1974.

植株高25-35厘米。根茎短而斜升，连同叶柄基部密被亮黑色（或具棕色窄边的）披针形硬鳞片。叶簇生；柄长10-15厘米，亮栗色，上面有纵沟，基部以上光滑；叶片宽披针形，长15-17厘米，短渐尖头，三回深羽裂，羽片约12对，斜上，中部以下的长4-5厘米，卵状披针形或宽披针形，基部上侧平截与叶轴并行，下侧多少斜出，有极短柄，二回羽状，小羽片无柄，多少以窄翅相连，深羽裂达小羽轴，末回小羽片卵形或长圆形，以窄翅相连，边缘圆齿状浅裂；叶脉下面较显，在末回小羽片上羽状分叉；叶干后纸质，灰褐绿色，沿叶轴及羽轴上面纵沟内有少数短腺毛，余光滑。孢子囊群生叶脉顶端；囊群盖在裂片上连续，边缘略啮蚀。

产陕西南部、四川西北部及西藏，生于海拔2750-3300米岩石下阴处。

图 298 厚叶碎米蕨 （孙英宝绘）

4. 大理碎米蕨 图 299

Cheilosoria hancockii (Baker) Ching et K. H. Shing ex K. H. Shing, Fl. Reipubl. Popul. Sin. 3(1): 122. pl. 34: 10–13. 1990.

Cheilanthes hancockii Baker in Kew Bull. 1895: 54. 1895.

植株高10-30厘米。根茎短而直立，被褐棕或栗黑色有棕色窄边的钻状披针形鳞片。叶簇生；叶柄长6-20厘米，径约1毫米，栗色，有光泽，圆柱形，基部略被同样鳞片，向上光滑；叶片五角状卵形或五角形，长5-15厘米，渐尖头或长渐尖头，三回羽状，羽片5-7对，基部1对长三角形，长（3-）5-9厘米，渐尖头或尾头，基部上侧平截，与叶轴并行，下侧斜出，具短柄，二回羽状，小羽片5-7对，披针形或长圆状披针形，基部宽楔形，与羽轴多少合生，羽轴下侧的较上侧的长，基部1片长3.5-6厘米，羽状深裂几达小羽轴，末回小

图 299 大理碎米蕨
（孙英宝仿《中国蕨类植物图谱》）

羽片4-8对，长圆形，长约1厘米，基部以窄翅相连，边缘波状或粗圆齿状；第二对羽片向上渐小，柄极短或无柄；叶脉在裂片

上羽状分叉，偶单一；叶干后草质，灰褐绿色，两面无毛；叶轴及各回羽轴均栗色，上面有沟，下面圆，无毛。孢子囊群生小脉顶端；囊群盖肾形、半圆形或长圆形，分离，棕色，边缘多少不整齐或全缘。

产甘肃南部、贵州西部、四川、云南及西藏东南部，生于海拔1400-3000米杂木林下石上。

5. 薄叶碎米蕨

图 300

Cheilosoria tenuifolia (Burm.) Trev. Atti dell' Ist. Veneto 5(3): 579. 1877.

Trichomanes tenuifolium Burm. Fl. Ind. 237. 1768.

植株高10-40厘米。根茎短而直立，连同叶柄基部密被棕黄色柔软钻状线形鳞片。叶片长4-18厘米，五角状卵形、三角形或宽卵状披针形，渐尖头，三回深羽裂或四回羽状，羽片6-8对，基部1对卵状三角形或卵状披针形，长2-9厘米，基部上侧与叶轴并行，下侧斜出，柄长0.3-1厘米，二回羽状，小羽片5-6对，具有窄翅的短柄，下侧的较上侧的长，下侧基部1片长1-3厘米，

一回羽状，末回小羽片以极窄翅相连，羽状半裂，裂片椭圆形；小脉单一或分叉；叶干后薄草质，褐绿色，上面有1-2短毛，叶轴及各回羽轴下面圆，上面有纵沟。孢子囊群生裂片上半部叶脉顶端；囊群盖连续或断裂。

产福建、江西、湖南南部、广东、香港、海南、广西及云南，

图 300 薄叶碎米蕨 （引自《图鉴》）

生于海拔50-1000米溪旁、田边或林下石上。广布于热带亚洲各地、波利尼西亚、澳大利亚（塔斯马尼亚）等地。

6. 黑心蕨属 Doryopteris J. Sm.

土生中型蕨类。根茎横走，有管状中柱，或短而直立，有复式管状中柱，连同叶柄基部被鳞片，鳞片披针形，中肋厚，栗黑色，两侧质薄，淡棕色。叶簇生或疏生；叶柄比叶片长，亮黑色，基部以上光滑或偶被疏短毛或鳞片，圆形或上面有宽浅沟，沟两侧有隆起锐边；叶片五角形，五角状披针形或戟形，通常掌状分裂或3出，有时为单叶，全缘；叶脉不明显，分离，稀网状（无内藏小脉），小脉分叉，斜上，和叶缘的边脉相连；叶厚纸质或草质，光滑，叶轴、羽轴和主脉下面均栗黑色。孢子囊群沿边脉着生，线形；囊群盖由反折叶缘形成，连续，在裂片顶端及基部中断，全缘。孢子球状四面型，棕色，几光滑或具不均匀细颗粒状纹饰。

泛热带属，约35种，主产巴西、东亚。我国2种。

1. 根茎短而直立；叶簇生，一型，叶片二回全裂，叶脉分离 ························· 1. 黑心蕨 D. concolor
1. 根茎长而横走；叶疏生，二型，能育叶片戟形，一回分裂，或基部1对裂片的下侧分出1-2裂片，不育叶单一，戟形或五角状披针形，叶脉网状 ························· 2. 戟叶黑心蕨 D. ludens

1. 黑心蕨 图 301

Doryopteris concolor (Langsd. et Fisch.) Kuhn in v. Deck. Reis. 3³. Bot. 19. 1879.

Pteris concolor Langsd. et Fisch. Icon. Fil. 19. t. 21. 1810.

植株高（10-）20-30厘米。根茎短而直立，顶端和叶柄中部以

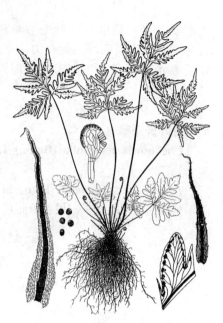

下被鳞片，鳞片薄，淡棕色，中肋厚，栗黑色。叶簇生，一型；柄长6-24厘米，亮栗黑色，径1-2毫米，中部以上光滑，圆形，上面有宽浅纵沟；叶片五角形，二回全裂，长4-8厘米，宽相等，渐尖头，基部宽心形或戟形，几3等裂，中裂片宽菱形，长3.5-5厘米，基部宽楔形，下延叶轴，羽状深裂，基部1对小羽片最长，羽状半裂或浅裂，向上的全缘，侧生羽片三角形，长3-4.5厘米，基部下延与中裂片下延的宽翅相连，其下侧基部小羽片特长，羽状深裂，第二片小羽片有粗齿，余全缘，上侧小羽片较下侧的短，全缘；裂片叶脉羽状，分离，小脉2叉，不明显；叶干后纸质，上面褐绿色，下面淡棕色，两面无毛，叶轴、羽轴及小羽轴下面均栗黑色。孢子囊群沿裂片两侧边缘分布，顶端及

图 301 黑心蕨
（孙英宝仿《Ogata, Ic. Fil. Jap.》）

缺刻不育；囊群盖全缘。

产台湾、广东、香港、海南及广西，生于海拔230-800米林下溪旁石上或田埂边。广布全球热带。

2. 戟叶黑心蕨 图 302 彩片 67

Doryopteris ludens (Wall. ex Hook.) J. Sm. Hist. Fil. 289. 1875.

Pteris ludens Wall. ex Hook. Sp. Fil. 2: 210. 1858.

植株高（20-）30-60厘米。根茎粗壮，长而横走，径约4毫

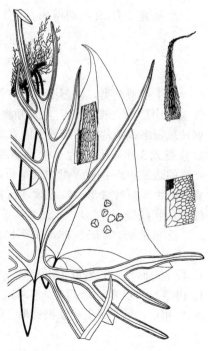

米，密被鳞片，鳞片披针形、中央栗黑或栗棕色、两侧有微齿淡棕色窄边。叶疏生或近生，二型；柄亮栗黑色，圆形，上面无沟，基部有少数鳞片，向上疏被棕色短毛和1-2长毛，老时渐脱落；不育叶浅裂，五角状披针形或戟形，基部深心形或戟形；能育叶高出不育叶，柄长20-40厘米，宽掌状或五角状卵形，长10-18厘米，尾头，基部宽心形，羽状深裂达叶轴宽翅，侧生羽片3-4对，基部1对长6-12厘米，长渐尖头，基部2叉或下侧常生出1-3向下的裂片，第2-3对羽片全缘；叶脉网状，网眼六角形，无内藏小脉，不育叶的边缘网眼外的小脉分离，有头状水囊，能育叶沿反卷叶缘有1边脉；叶干后厚草质，上面灰绿色，

图 302 戟叶黑心蕨 （引自《中国植物志》）

下面黄绿色，两面无毛，叶轴和主脉下面栗黑色。孢子囊群盖生于能育裂片边缘；囊群盖全缘，连续。

产云南东南部，生于海拔约900米溪边杂木林下石灰岩上。印度东南部、孟加拉、缅甸南部、越南、老挝、柬埔寨、马来西亚及菲律宾有分布。

7. 中国蕨属 Sinopteris C. Chr. et Ching

旱生小型蕨类。根茎短而直立，顶端密被栗黑色有棕色窄边披针形鳞片。叶簇生；柄通常长于叶片1-2倍，亮黑色，圆柱形，有浅 U 形维管束，基部被卵状披针形或宽披针形棕色鳞片（有时中央栗黑色），向上渐光滑；叶片小，五角形，长宽几相等，近 3 等裂，中裂片卵状三角形，一至二回羽裂，基部楔形下延与侧生 1 对相等，侧生 1 对为不对称二回羽裂，羽轴上侧裂片短而全缘或有齿，羽轴下侧的裂片较上侧的长，基部 1 片尤长，羽状深裂；叶脉在末回裂片上羽状分叉，极斜上，接近，上面不明显，下面凸出，排成瓦楞形，褐棕或深栗色；叶干后革质，上面光滑，下面有腺体，分泌白色腊质粉末，各回羽轴及主脉下面和叶柄同色。孢子囊群着生于小脉顶端，通常为 1 个（2 个）孢子囊组成的单孢子囊群，分离，成熟时常相接，孢子囊大，球形，几无柄，环带极宽，垂直，具 3 2 个加厚细胞，裂缝侧生；囊群盖线形，由部分叶缘反折而成，边缘有粗大锯齿或圆波状，覆盖孢子囊群。孢子大，球状四面型，具颗粒状纹饰。

我国特有属，2 种，分布西南及华北，生于干旱石灰岩缝。

1. 叶片长宽均7-10厘米，中央羽片一回羽状深裂，小羽片全缘或有 1-2 粗齿牙 ········ 1. **中国蕨 S. grevilleoides**
1. 叶片长宽均3.5-6厘米，中央羽片二回羽裂，小羽片规则深羽裂 ···················· 2. **小叶中国蕨 S. albofusca**

1. 中国蕨

图 303 彩片 68

Sinopteris grevilleoides (Christ) C. Chr. et Ching in Fan Mem. Inst. Biol. Bot. 4: 360. t. 1. 1933.

Cheilanthes grevilleoides Christ in Lecomte, Notul. Syst. (Paris) 1:47. f. 1A-B. 1909.

植株高18-25厘米。根茎短而直立，密被鳞片，鳞片披针形，栗黑色，有棕色窄边。叶簇生；叶柄长 10-18 厘米，黑或栗黑色，有光泽，下部被卵状披针形鳞片，向上渐光滑；叶片五角形，长宽7-10厘米，近 3 等裂，中央羽片长 6 - 9 厘米，长圆状披针形，短渐尖头，基部三角状耳形，并楔形下延与侧生 1 对羽片相连，一回羽状深裂，裂片约15对，斜展，线状披

图 303 中国蕨 （引自《图鉴》）

针形，短尖头，基部下侧下延与其下的裂片相连，中部的长 2-3 厘米，全缘或偶有 1-2 粗齿牙，侧生羽片三角形，长 3.5-6 厘米，不对称二回羽裂，羽轴上侧的裂片较下侧的短，全缘，下侧的较羽轴上侧的长，基部 1 片长 3-4.5 厘米，羽状深裂达小羽轴窄翅，向上的裂片全缘或有 1-2 粗齿，叶脉在末回裂片羽状分叉，极斜上，下面凸出，接近成瓦楞形，上面略下凹；叶干后革质，褐绿色，上面光滑，下面被腺体，分泌白色蜡质

粉末；羽轴及主脉和叶柄同色。孢子囊群生小脉顶端；囊群盖窄，具三角形粗齿，覆盖孢子囊群。

产四川北部及云南，生于海拔1100-1800米裸露石岩上或灌丛岩缝。

2. 小叶中国蕨 图304

Sinopteris albofusca (Baker) Ching in Sunyatsenia 6: 11. 1941.

Cheilanthes albofusca Baker in Kew Bull. 1895: 54. 1895.

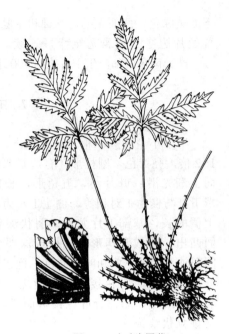

图 304 小叶中国蕨
（冀朝祯仿《中国植物志》）

植株高7-16厘米。根茎短而直立，被栗黑色有棕色窄边披针形鳞片。叶簇生；叶柄长4-12厘米，径约1毫米，栗黑或栗红色，有光泽，基部疏被窄卵状披针形鳞片，向上光滑；叶片五角形，长3.5-6厘米，宽几相等，3裂，中央羽片近菱形，长宽均3-5厘米，渐尖头，基部小耳状楔形下延，与侧生羽片相连（稀分离），二回羽状深裂，小羽片4-5对，斜展，

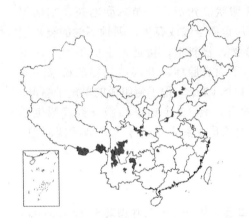

间隔窄，基部1对长达3厘米，线状披针形，深羽裂达羽轴窄翅，裂片6-9对，长圆形或三角形，全缘；向上的小羽片渐短，基部下侧小耳状，楔形下延而相连，侧生羽片三角形，斜上，长2-4厘米，短渐尖头，不对称二回羽状深裂，羽轴上侧的小羽片较下侧的短，披针形或长圆形，有几个小圆齿，羽轴下侧的小羽片较长，基部1片斜下，长1-2厘米，披针形或长圆形，羽状深裂达小羽轴窄翅，向上的小羽片渐短，斜展，浅裂或全缘；叶脉在末回小羽片上羽状分叉，栗棕色，极斜上，上面不显，下面凸出，密接成瓦楞形；叶干后革质，上面暗绿色，无毛，下面被腺体，分泌白色蜡质粉末；叶轴及各回羽轴和叶柄同色。孢子囊群生小脉顶端；囊群盖膜质，淡棕或褐棕色，连续，常较宽，幼时几达主脉，具不整齐浅波状圆齿。

产河北、河南西北部、陕西南部、甘肃南部、湖南西北部、贵州、四川、云南及西藏东南部，生于海拔500-3200米林下及灌丛石灰岩缝。

8. 粉背蕨属 Aleuritopteris Fée

旱生常绿中小型蕨类。根茎短而直立或斜升，密被鳞片，鳞片披针形，棕色、黑褐色或中间褐色，边缘浅棕、淡白色，全缘。叶簇生，多数；叶柄和叶轴黑、栗或红棕色，有光泽，圆柱形，具管状中柱，无鳞片或稍具鳞片；叶片五角形、三角状卵圆形或三角状长圆形，二至三回羽状分裂，羽片无柄或几无柄，对生或近对生，基部1对较大，基部下侧小羽片较大，伸长，下面通常具腺体，分泌黄、白或金黄色蜡质粉状物，偶光滑；叶脉分离，羽状，纤细，通常不明显，达叶缘；叶轴上面有浅纵沟，下面圆。孢子囊群近边生，圆形，生于叶脉顶端，具2-10个孢子囊，分离，成熟后常向两侧扩展并相接；囊群盖干膜质，棕色、灰棕色，稀浅绿色，连续或不连续，全缘、具锯齿或睫毛状；孢子囊具短柄或几无柄，环带垂直，具15-18个细胞。孢子球圆三角形，具3裂缝，周壁光滑或具皱褶，或具颗粒状纹饰。

30余种。我国20余种，为分布中心。

1.叶片通常五角形，长宽几相等 或长稍过于宽；侧生羽片合生，稀下部以无翅的叶轴分开。

2. 叶片下面有乳白或淡黄色粉末。

  3. 下部第二对羽片较上面的大,基部下延成楔形 ·················· 1. **银粉背蕨 A. argentea**

  3. 下部第二对羽片耳状,通常连接上下2对羽片 ·················· 1(附). **阔羽粉背蕨 A. tamburii**

2. 叶片下面光滑无粉末。

  4. 植株高达 40 厘米;叶片粗裂,裂片长镰刀形,叶柄乌木色或栗褐色 ·········· 2. **裸叶粉背蕨 A. duclouxii**

  4. 植株高 10-15(-20)厘米;叶片细裂,裂片线形,叶柄栗红色 ········· 2(附). **陕西粉背蕨 A. shensiensis**

1. 叶片长圆状披针形或圆形,长 2-3 倍于宽;侧生羽片分离。

  5. 常绿植物;根茎鳞片披针形,质厚不透明(中间常深棕色),全缘,叶下面被粉。

    6. 叶柄及叶轴被鳞片;叶片下面被白色或淡黄色粉末。

      7. 叶柄鳞片披针形,具淡棕色窄边,边缘无锯齿 ·················· 3. **粉背蕨 A. anceps**

      7. 叶柄及叶轴鳞片宽披针形,中间黑色,两侧有宽而透明的白边,边缘具锯齿 ··················

      ················· 4. **白边粉背蕨 A. albomarginata**

    6. 叶柄及叶轴无或偶有鳞片;叶片下面被白色粉末。

      8. 孢子囊群盖边缘撕裂成睫毛状 ·················· 3. **粉背蕨 A. anceps**

      8. 孢子囊群盖边缘全缘或微波状 ·················· 5. **阔盖粉背蕨 A. gresia**

  5. 夏绿植物;叶片下面被白粉或无;根茎鳞片卵状披针形,半透明,边缘具齿和睫毛或腺体。

    9. 叶片下面被绒毛 ·················· 6. **绒毛粉背蕨 A. subvillosa**

    9. 叶片下面无绒毛 ·················· 7. **华北粉背蕨 A. kuhnii**

1.　银粉背蕨　　　　　　　　图 305 彩片 69

Aleuritopteris argentea (Gmél.) Fée, Gen. Fil. 154. 1852.

Pteris argentea Gmél. in Nov. Comm. Acad. Sci. Imp. Petrop. 12:519. t. 12. f. 2. 1768.

植株高 15-30 厘米。根茎先端被披针形、棕色、有光泽鳞片。

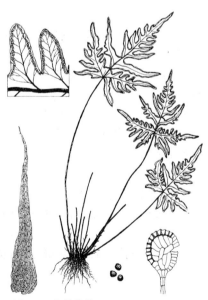

叶簇生;叶柄长 10-20 厘米,红棕色、有光泽,上部光滑,基部疏被棕色披针形鳞片;叶片五角形,长宽 5-7 厘米,羽片 3-5 对,基部三回羽裂,中部二回羽裂,上部一回羽裂,基部 1 对羽片直角三角形,长 3-5 厘米,水平开展或斜上,基部上侧与叶轴合生,下侧不下延,小羽片 3-4 对,以圆缺刻分开,基部下侧 1 片长 2-2.5 厘米,长圆状披针

图 305 银粉背蕨 (引自《Fl. Taiwan》)

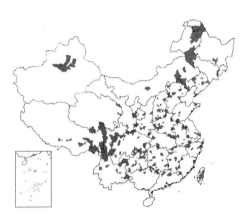

形,裂片 3-4 对,裂片三角形或镰刀形,基部 1 对较短,羽轴上侧小羽片较短,不裂,长约 1 厘米;下部第二对羽片不整齐一回羽裂,披针形,基部下延成楔形,与基部一羽片汇合,有不整齐裂片 3-4 对,裂片三角形或镰刀形,以圆缺刻分开,自第二对羽片向上渐短;叶干后草质或薄革质,上面褐色、光滑,叶脉不显,下面被乳白或淡黄色粉末,裂片边缘有细齿牙。孢子囊群较多;囊群盖连续,窄,膜质,黄绿色,全缘。

广泛分布于全国各省区,生于海拔达 3900 米石灰岩石缝或墙缝中。尼泊尔、印度北部、俄罗斯、蒙古、朝鲜半岛、日本均有分布。

[附] **阔羽粉背蕨 *Aleuritopteris tamburii*** (Hook.) Ching in Hongkong

Nat. 10: 198. 1941.——*Pellaea tamburii* Hook. Sp. Fil. 2: 134. t. 129A. 1858. 本种的鉴别特征：植株粗壮；叶裂片宽，下部第二对羽片短于上下两对羽片，耳状；孢子囊群盖窄；叶轴、羽轴与叶柄不同色。产云南西北部，生于海拔 1900-2500 米山坡土坎上。印度东北部、尼泊尔有分布。

2. 裸叶粉背蕨
图 306

Aleuritopteris duclouxii (Christ) Ching in Hongkong Nat. 10: 199. 1941.

Doryopteris duclouxii Christ in Bull. Acad. Int. Geogr. Bot. 231. 1902.

图 306 裸叶粉背蕨 （引自《图鉴》）

植株高达 40 厘米。根茎短，斜升，顶端密被鳞片，鳞片宽披针形，黑色，具棕色窄边。叶簇生；叶柄乌木色或栗褐色，粗壮，长达 25 厘米，光滑；叶片卵状三角形，长 8-18 厘米，羽片 2-3 对，以无翅叶轴分开，基部 1 对羽片长达 12 厘米以上，不等边三角形，二回羽裂，羽轴上侧全缘或有少数裂片，裂片长 0.5-1.5 厘米，羽轴下

侧裂片基部 1 片长 2-8 厘米，宽 6-10 厘米，先端长尾状，全缘，第二对羽片长 8 厘米，宽约 3 厘米，分裂度及形态同第一对，裂片较少，自第三对羽片以下通常单一，长镰刀形，具圆齿，向顶部长尾状；叶干后革质，淡黄色，两面光滑，下面无白色粉末；叶脉不显；叶轴、羽轴与叶柄同色。孢子囊成熟后汇合；囊群盖膜质，棕黄色，全缘，线形，不断裂。孢子极面观三角状圆球形，周壁具较大颗粒状纹饰。

产陕西、湖南、广西、贵州、四川及云南，生于海拔 1200-2000 米山坡石缝中。

[附] **陕西粉背蕨 Aleurit opteris shensiensis** Ching in Fl. Tsinling. 2: 66. 207. t. 18. f. 1-2. 1974. 与裸叶粉背蕨的区别：植株高 10-15 (-20) 厘米；叶片细裂，裂片线形，叶柄栗红色。同银粉背蕨除叶下面无粉外，无其他区别。产华北、西北及四川，生于海拔 180-2500 米石缝和墙缝中。

3. 粉背蕨 多鳞粉背蕨
图 307 彩片 70

Aleuritopteris anceps (Blanf.) Panigrahi in Bull. Bot. Surv. Ind. 2:321. 1961.

Cheilanthes anceps Blanf. in Simla Nat. Soc. 6: 25. 1886.

Aleuritopteris pseudo-farinosa Ching et S. K. Wu；中国植物志 3(1): 166. 1990.

常绿；植株高 15-40 厘米。根茎短而直立，密被鳞片，鳞片披针形，质厚，中间黑色，具淡棕色窄边。叶柄长 5-23 厘米，直达叶轴，具鳞片，鳞片同根茎，边缘无锯齿；叶

图 307 粉背蕨 （冯晋庸绘）

片长4-17厘米，长圆状披针形，基部三回羽状深裂，中部二回羽状深裂，顶端羽裂渐尖，羽片4-6对，以无翅叶轴分开，下部1-2对相距2-4厘米，基部1对羽片最大，斜三角形，基部与叶轴合生，无柄，二回羽状深裂，羽轴下侧的小羽片较上侧的长，基部下侧1片小羽片长1.5-2.5厘米，披针形，一回羽裂，裂片4-6对，长圆形或镰刀形，第二对羽片长圆状披针形，较基部1对羽片短而窄，第三对以上羽片披针形；叶干后纸质，上面褐绿色，光滑，叶脉不显，下面被白色粉末，羽轴、小羽轴与叶轴同色，羽轴偶具鳞片。孢子囊群密接，具多个孢

子囊；囊群盖膜质，棕色，宽几达羽轴，边缘撕裂状。

产浙江、福建、江西、湖南、广东、广西、贵州、四川、云南及西藏，生于海拔1600-2300米岩石上。印度西北部、尼泊尔、有分布。

4. 白边粉背蕨 假腺毛粉背蕨　　　　　图 308

Aleuritopteris albomarginata (C. B. Clarke) Ching in Hongkong Nat. 10: 109. 1941.

Cheilanthes albomarginata C. B. Clarke in Trans. Linn. Soc. 2. Bot. 1: 456. t. 52. 1880.

Aleuritopteris subrufa (Baker) Ching；中国高等植物图鉴 1: 163. 1972.

常绿，植株高 15-30 厘米。根茎短而直立，顶端密被鳞片，鳞片披针形，先端钻形，中间黑色，具较宽白色或淡棕色边。叶簇生；叶柄长 6-12 厘米，栗红或褐色，有光泽，鳞片同根茎，具锯齿；叶片长圆形或卵状三角形，先端渐尖，基部不下延，长 9-19 厘米，基部三回羽裂，向上二回羽状深裂，顶部一回深羽裂，侧生羽片 3-5 对，对生或近对生，无柄，

以无翅叶轴分开，相距 2-4 厘米，基部 1 对羽片卵状三角形，不对称，羽轴下侧小羽片较上侧的长，二回羽状深裂，小羽片 6-8 对，基部下侧 1 片小羽片披针形，长 2-3 厘米，羽状深裂，裂片近长方形或镰刀形，第二至四对小羽片羽状浅裂或不裂，羽轴上侧小羽片长方形，长 0.5-1.5 厘米，不裂，第二对羽片与第一对羽片同形，较短而窄，第三对以上的羽片披针形，一回深羽裂；叶干后纸质，叶脉不显，上面光滑，下面具白色或淡黄色粉末并沿羽轴和主脉被棕色、边缘具不整齐锯齿和缘毛。孢子囊群线形；囊群盖宽几达中脉，

图 308 白边粉背蕨　（引自《图鉴》）

棕色，边缘撕裂成睫毛状。

产贵州西部、四川、云南及西藏南部，生于海拔1500-2600米山坡岩石上。尼泊尔、印度北部、中南半岛有分布。

5. 阔盖粉背蕨 细柄粉背蕨　　　　　图 309

Aleuritopteris gresia (Blanf.) Panigrahi in Bull. Bot. Surv. Ind. 2: 32. 1961.

Cheilanthes farinosa var. *gresia* Blanf. in Journ. Asiat. Soc. Bengal. 58 (2): 302. 1888.

Aleuritopteris stenochlamys Ching ex S. K. Wu；中国植物志 3(1): 164. 1990.

常绿，植株高15-50厘米。根茎短而直立，顶部鳞片褐棕色，宽披针形，顶端长钻状。叶簇生；叶柄长10-30厘米，栗红色，有光泽，基部鳞片稀，红棕色，宽披针形，向上光滑；叶片长圆状披针

形，长10-20厘米，基部三回羽裂，中部二回羽裂，侧生羽片10-12对，下部的近对生，上部的互生，斜展，以无翅叶轴分开，下部的相距3-6厘米，基部1对羽片近三角形，长2-7厘米，先端渐尖或尾尖，无柄或几无柄，二回羽裂，小羽片10-14对，下部数对相距2-3毫米，羽轴下侧的较上侧的长，基部下侧1片长达3厘米，宽3-5毫米，一回羽裂，裂片7-10对，圆钝头，羽轴上侧小羽片长0.5-1厘米，镰刀状，一回浅羽裂，第二至三对羽片与基部1对同形，略短窄；第四对以上羽片披针形，羽轴两侧裂片几同大；叶干后纸质或近革质，上面淡褐绿色，光滑，叶脉不显，下面密被白色粉末；叶轴、羽轴、小羽轴与叶柄同色，光滑。孢子囊群线形，孢子囊多个；囊群盖宽，几达主脉，连续，全缘或微波状。

产河北、陕西、甘肃、贵州、四川、云南及西藏，生于海拔1000-4600米岩石上。印度、尼泊尔有分布。

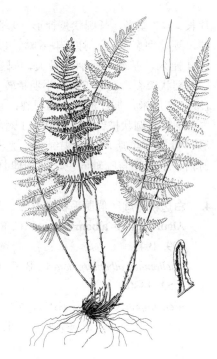

图 309　阔盖粉背蕨　（孙英宝绘）

6.　绒毛粉背蕨　绒毛薄鳞蕨　　　　　　　　　　图 310

Aleuritopteris subvillosa (Hook.) Ching in Hongkong Nat. 10: 203. 1941.

Cheilanthes subvillosa Hook. Sp. Fil. 2: 87. t. 98B. 1852.

Leptolepidium subvillosum (Hook.) Hsing et S. K. Wu；中国植物志 3 (1): 168. 1990.

夏绿蕨类，植株高25-40厘米。根茎短而直立，密被鳞片，鳞片棕色，半透明，宽卵状披针形，顶端长钻状，边缘有微齿。叶簇生；叶柄长10-15厘米，栗红或乌木色，有光泽，基部疏具与根茎相同鳞片；叶片长圆状披针形，长15-25厘米，短尖头，中部以下三回羽状深裂，羽片7-9对，下部的对生，上部的互生，以无翅叶轴分开，下部数对相距3-4厘米，基部1对羽片椭圆状三角形，长3-4厘米，斜上，无柄，二回羽状深裂，小羽片4-5对，缺刻较宽，基部以窄翅相连，羽轴基部下侧1片长圆形，长1.5-2厘米，宽0.7-1厘米，羽状深裂，裂片4-5对，三角形，先端圆，边缘波状，第二对以上小羽片渐短，羽轴侧生小羽片较下侧的短，第二对羽片形态同第一对，长3-4厘米，近直角三

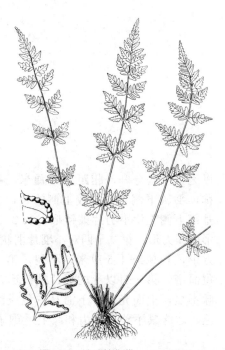

图 310　绒毛粉背蕨　（孙英宝绘）

角形，第三对以上羽片渐短；叶干后薄革质或草质，淡黄色，上面光滑，下面沿羽轴基部有淡棕色绒毛，无粉末；叶脉羽状，达叶缘，两面明显；叶轴与羽轴同色。孢

子囊群具多个孢子囊；囊群盖草质，黄褐色，边缘波状，连续或在裂片基部中断。

产贵州西部、四川西南部及西部、云南中部及西北部、西藏，生于海拔 1600-2500 米山坡林下岩石上或石缝中。缅甸北部、尼泊尔、不丹、印度西北部有分布。

7. 华北粉背蕨　华北薄鳞蕨　　　　　图 311

Aleuritopteris kuhnii (Milde) Ching in Hongkong Nat. 10: 202. 1941.

Cheilanthes kuhnii Milde, Fil. Europ. Atlant . 35. 1867.

Leptolepidium kuhnii (Milde) Hsing et S. K. Wu；中国高等植物图鉴 1: 163. 1972; 中国植物志 3(1): 172. 1990.

夏绿，植株高 20-40 厘米。根茎直立，顶端密被鳞片，鳞片宽披针形、红棕色、具锯齿。叶簇生；叶柄长 10-15 厘米，粗壮，栗红色，基部疏具淡棕色、宽披针形鳞片；叶片长圆状披针形，长 17-25 厘米，下部三回羽状深裂，羽片 10-12 对，近对生，无柄或柄极短，以无翅叶轴分开，基部 1 对羽片卵状三角形，先端短渐尖，长 2.5-4 厘米，二回羽状深裂，顶部羽状深裂，小羽片 4-5 对，多少以窄翅相连，卵状长圆形，先端渐尖，长 1-1.5 厘米，羽状深裂，裂片 4-5 对，以窄缺刻分开，长约 3 毫米，先端钝，全缘，第二对羽片较基部 1 对大；叶干后草质，暗绿或褐色，两面无鳞片及毛，下面疏被灰白色粉末；叶脉羽状，两面不显。孢子囊群圆形，成熟时汇合成线形；囊群盖草质，幼时褐绿色，老时褐色，连续，边缘波状。

产吉林、辽宁、内蒙古、河北、山东、山西、河南、陕西、甘肃、宁夏、四川、云南及西藏，生于海拔2700-3500米寒温带林下或路边岩石上。朝鲜半岛、俄罗斯远东地区有分布。

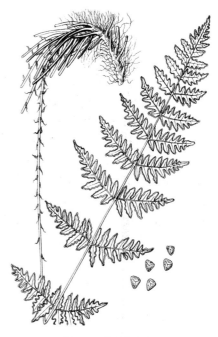

图 311 华北粉背蕨
（冀朝祯仿《中国植物志》）

31. 铁线蕨科 ADIANTACEAE
（林 尤 兴）

土生中小型蕨类。根茎短而直立或细长横走，具管状中柱，被棕或黑色、质厚、全缘披针形鳞片。叶一型、螺旋状簇生、2列散生或聚生，不以关节着生根茎；叶柄黑或红棕色，有光泽，常细圆，坚硬；叶片多为一至三回以上的羽状复叶或一至三回2叉掌状分枝，稀团扇形单叶，草质或厚纸质，稀革质或膜质，多无毛；叶轴、各回羽轴和小羽轴均与叶柄同色同形；末回小羽片卵形、扇形、团扇形或对开式，边缘有锯齿，稀分裂或全缘，有时以关节与小柄相连，干后常脱落；叶脉分离，稀网状，自基部向上多回二歧分叉或自基部向四周辐射，顶端二歧分叉，伸达叶缘。孢子囊群着生叶片或羽片顶部边缘叶脉，由反折叶缘覆盖，为假囊群盖，圆形、肾形、半月形、长方形或长圆形，分离，接近或连续，上缘深缺刻状、浅凹陷或平截；孢子囊球圆形。孢子四面形，淡黄色，透明，光滑，无周壁。

2属：铁线蕨属 Adiantum 和黑华德属 Hewardia，前者广布世界各地，后者产南美洲。

铁线蕨属 Adiantum Linn.

属的特征同科（Hewardia 属除外）。

200多种，广布世界各地，自寒温带至热带，南美洲最多。我国约30种。染色体基数 x=30（29）。

1. 单叶，近圆形或圆肾形 ···························· 1. 荷叶铁线蕨 A. reniforme var. sinense
1. 羽状复叶。
  2. 叶片非扇形，稀团扇形，一回羽状。
    3. 羽片全缘或稍波状，干后易从羽柄顶端脱落。
      4. 植株矮小铺地，高2-3厘米，有3-5片小而近圆形或近卵圆形羽片；囊群盖圆形，上缘平截，每羽片1枚 ························· 2. 小铁线蕨 A. mariesii
      4. 植株直立，高4-14厘米，通常有5-7片或更多羽片；囊群盖肾形或新月形，上缘弯凹，每羽片1（2）枚 ························· 3. 白垩铁线蕨 A. gravesii
    3. 羽片边缘多少分裂，干后不易从羽柄顶端脱落（圆柄铁线蕨例外）。
      6. 叶柄、叶轴和羽片两面密被多细胞长硬毛。
        7. 叶片下部羽片渐小，最下1对羽片最小，叶轴下面毛稀疏，羽片下面毛较少；根茎鳞片全缘 ····················· 4. 鞭叶铁线蕨 A. caudatum
        7. 叶片下部羽片不缩小，叶轴下面毛密，羽片下面毛密；根茎鳞片边缘有锯齿 ····················· 5. 假鞭叶铁线蕨 A. malesianum
      6. 叶柄、叶轴和羽片两面无毛，或偶有1-2硬毛。
        8. 叶柄、叶轴和羽柄两侧均具膜质棕色窄翅 ·········· 6. 翅柄铁线蕨 A. soboliferum
        8. 叶柄、叶轴和羽柄两侧无上述窄翅。
          9. 羽片半月形、团扇形或近圆形，柄较长。
            10. 羽片半月形，基部不对称，柄长约1厘米 ········· 7. 半月形铁线蕨 A. philippense
            10. 羽片团扇形或近圆形，基部对称，柄长2-3毫米 ······ 8. 团羽铁线蕨 A. capillus-junonis
          9. 羽片半开式，几无柄 ·········· 9. 普通铁线蕨 A. edgeworthii
      5. 叶轴顶端不延伸成鞭状 ·········· 10. 长尾铁线蕨 A. diaphanum
  2. 叶片扇形，掌状，一至三回2叉分枝或二至四回羽状复叶。
    11. 叶片一至三回掌状2叉分枝。
      12. 叶片一回掌状2叉分枝，每个分枝上侧生出2-6（-8）片一回羽状羽片。

13. 小羽片先端波状或具钝齿，上缘深裂达 1/2；囊群盖上缘浅凹陷 ·············· 11. **掌叶铁线蕨 A. pedatum**

13. 小羽片先端具三角形尖锯齿；囊群盖上缘深缺刻状 ·············· 12. **灰背铁线蕨 A. myriosorum**

12. 叶片二至三回 2 叉分枝或近 2 叉分枝，第一回分叉上下两侧均生出一回羽状羽片。

14. 全株被毛；囊群盖上面被棕色茸毛 ·············· 13. **毛叶铁线蕨 A. pubescens**

14. 叶柄、各回叶轴和小羽柄有短硬毛或短刚毛，羽片和囊群盖无毛 ·········· 14. **扇叶铁线蕨 A. flabellulatum**

11. 叶片二至四回羽状分枝。

15. 小羽片下面有稀疏、深棕色紧贴的针状长刚毛，或叶柄具分枝和小叶柄上面有棕色短硬毛。

16. 叶柄、叶轴和小羽轴上面有棕色短硬毛 ·············· 15. **圆柄铁线蕨 A. induratum**

16. 小羽片下面疏生深棕色、紧贴针状刚毛 ·············· 10. **长尾铁线蕨 A. diaphanum**

15. 小羽片下面、叶柄、各分枝和小羽柄无毛。

17. 叶片细裂，末回小羽片长宽约 1 厘米，上缘不裂，扇形、卵形或倒三角形，基部楔形。

18. 小羽片上缘具细尖或具芒刺头密锯齿，叶片薄草质或纸质。

19. 叶柄基部密被多细胞长茸毛 ·············· 16. **毛足铁线蕨 A. bonatianum**

19. 叶柄基部无毛。

20. 叶轴、各回羽状和羽柄着生处有棕色、多细胞节状软毛，小羽片草质。

21. 小羽片上缘具短尖锯齿 ·············· 17. **白背铁线蕨 A. davidii**

21. 小羽片上缘具软骨质芒状尖锯齿 ·············· 17(附). **长刺铁线蕨 A. davidii var. longispinum**

20. 叶轴、各回羽轴和羽柄着生处无棕色、多细胞节状软毛；小羽片草质。

22. 囊群盖圆形或肾形，上缘缺刻或弯凹 ·············· 18. **细叶铁线蕨 A. venustum**

22. 囊群盖长形或圆肾形，上缘平截或略弯凹。

23. 植株高 20-35 厘米；每小羽片有 1-2（3）枚孢子囊群 ·············· 19. **长盖铁线蕨 A. fimbriatum**

23. 植株高 10-20 厘米；每小羽片有 3-4（1-2）个孢子囊群 ··············
·············· 19(附). **陕西铁线蕨 A. fimbriatum var. shensienses**

18. 小羽片上缘全缘，或在不育羽片的上缘及能育羽片上缘，不育部分有三角状钝齿或波状圆齿突起，羽片草质。

24. 小羽片上缘具粗大三角形锯齿 ·············· 20. **单盖铁线蕨 A. monochlamys**

24. 小羽片上缘全缘或有波状圆齿。

25. 小羽片上缘有波状圆齿；孢子囊群每羽片多为 1 个 ·············· 21. **肾盖铁线蕨 A. erythrochlamys**

25. 小羽片上缘平滑；孢子囊群每羽片常 2 个。

26. 小羽片近三角形或窄扇形，长大于宽，基部宽楔形 ·············· 22. **陇南铁线蕨 A. roborowskii**

26. 小羽片近圆扇形，长宽几相等，基部圆楔形 ·············· 22(附). **峨嵋铁线蕨 A. roborowskii f. faberi**

17. 叶片通常粗裂，小羽片较大，常呈不对称斜扇形，上缘分裂。

27. 小羽片裂片全缘或先端不明显波状 ·············· 23. **月芽铁线蕨 A. edentulum**

27. 小羽片裂片先端有啮齿状齿牙 ·············· 24. **铁线蕨 A. capillus-veneris**

1. 荷叶铁线蕨 荷叶金钱草 图 312 彩片 71

Adiantum reniforme Linn. var. **sinense** Y. X. Lin in Acta Phytotax. Sin. 18(1): 102. f. 1: 1-5. 1980.

植株高 5-20 厘米。根茎短而直立，密被棕色披针形鳞片和多细胞细长柔毛。叶簇生，单叶；叶柄长 4-14 厘米，深栗色，基部密被与根茎相同鳞片和柔毛，向上达叶柄顶端均密被多细胞长柔毛，干后易擦落；叶片圆形或圆肾形，宽 2-6 厘米，叶柄着生处有缺刻，两侧垂耳有时重叠，有圆钝锯齿，能育叶边缘反折成假囊群盖而锯齿不明显，叶

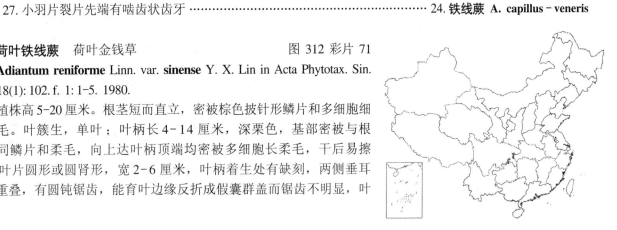

片下面疏被长柔毛；叶脉由基部辐射，多回二歧分枝，两面可见；叶干后草绿至褐色，纸质或坚纸质。囊群盖圆形或近长圆形，上缘平直，沿叶缘分布，接近或有间隔，褐色，膜质，宿存。

产四川，成片生于海拔约350米山坡灌丛下有薄土的岩石上及石缝中。四川称荷叶金钱草，有一百多年药用历史，全草清热解毒，利尿通淋，治黄疸型肝炎、泌尿系统感染、尿路结石、中耳炎等症。可盆栽供观赏。

2. 小铁线蕨 图313

Adiantum mariesii Bak. in Gard. Chron. n. s. 16: 494. 1880.

矮小铺地蕨类，高2-3厘米。根茎短而直立，被黑褐色披针形鳞片。

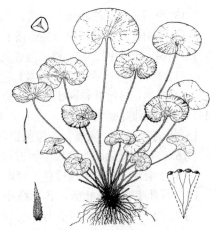

图 312 荷叶铁线蕨 （张泰利绘）

叶簇生；叶柄如丝，长约1厘米，深栗色；叶片卵形，长约2厘米，奇数一回羽状；羽片1-3对，近对生，斜展，相距4-8毫米，圆形或近卵圆形，上缘圆，中央反折成囊群盖成不明显缺刻，基部圆或圆楔形，全缘或稍波状，长宽均2.5-4毫米，柄长1-2毫米，柄端具关节，干后羽片易脱落，柄宿存，顶端羽片

和侧生羽片同形同大；叶脉基部生出4小脉，两面均可见；叶干后革质，褐绿色，上面有光泽，下面稍带浅蓝灰色，无毛；羽轴和小羽轴均与羽柄同色，有光泽。孢子囊群每羽片1枚；囊群盖圆形，棕色，上缘平截稍凹陷，宿存。

产湖北、湖南西北部、广西西北部、贵州及四川，生于海拔200-980米河谷湿润石灰岩壁上、洞口或林下。

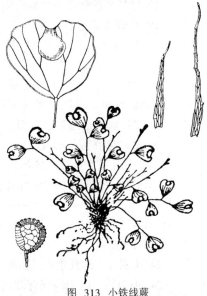

图 313 小铁线蕨
（孙英宝仿《中国蕨类植物图谱》）

3. 白垩铁线蕨 图314

Adiantum gravesii Hance in Journ. Bot. 197. 1875.

植株高4-14厘米。根茎短小，直立，被黑褐色钻状披针形鳞片。叶簇生；叶柄长2-6厘米，纤细，栗黑色，光滑；叶片长圆形或卵状披针形，长3-6厘米，奇数一回羽状；羽片2-4对，互生，斜上，相距1-2厘米，羽片宽倒卵形或宽卵状三角形，长宽约1厘米，圆头，中央具1（2）浅宽缺刻，全缘，基部圆楔形或近圆，两侧微波状，柄长达3毫米，柄端具关

节，干后羽片易脱落而柄宿存；叶脉二歧分叉达软骨质边缘，两面均可

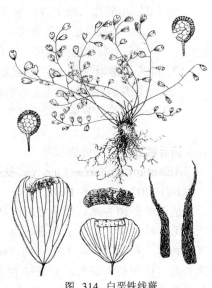

图 314 白垩铁线蕨
（孙英宝仿《中国蕨类植物图谱》）

见；叶干后厚纸质，上面淡灰色，下面灰白色；羽轴、小羽柄均与叶柄同色，有光泽。孢子囊群每羽片1（2）枚；囊群盖肾形或新月形，稀近圆形，上缘弯凹，棕色，革质，宿存。

产浙江、湖北、湖南、广东、广西、贵州、四川及云南，群生于海拔500-1500米湿润石灰岩壁、岩缝或山洞中白垩土上。越南北部有分布。

4. 鞭叶铁线蕨   图315

Adiantum caudatum Linn. Mant. 308. 1771.

植株高15-40厘米。根茎短而直立，被全缘鳞片。叶簇生；叶柄长约6厘米。栗色，被褐色多细胞硬毛；叶片披针形，长15-30厘米，一回羽状，下部羽片渐小，中部羽片半开式，长1-2厘米，近长圆形，上缘及外缘深裂或条裂，下缘几全缘；裂片线形，全缘，上部撕裂为线形细裂片，细裂片先端平截具少数齿牙；叶脉多回二歧分叉，两面可见；叶干后纸质，褐绿或棕绿色，两面均疏被棕色多细胞长硬毛和密柔毛；叶轴下面毛稀疏，顶端鞭状，着地生根，行无性繁殖。孢子囊群每羽片5-12枚；囊群盖圆形或长圆形，褐色，被毛，宿存。孢子具粗粒状纹饰。染色体2n=90。

产浙江、台湾、福建、广东、香港、海南、广西、贵州及云南，生于海拔100-1200米林下、山谷石上及石缝中。亚洲热带及亚热带地区有分布。

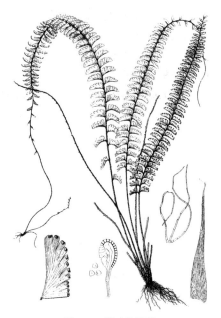

图 315 鞭叶铁线蕨
（引自《中国蕨类植物图谱》）

5. 假鞭叶铁线蕨 马来铁线蕨   图316

Adiatum malesianum Ghatak in Bull. Bot. Surv. India 5: 78. 1963.

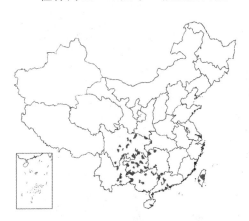

植株高15-40厘米。根茎短而直立，密被有锯齿棕色鳞片。叶簇生；叶柄长5-20厘米，栗黑色，基部被有锯齿棕色鳞片，通体被多细胞节状长毛；叶片线状披针形，长12-20厘米，向上渐窄，奇数一回羽状；羽片13-35对，几无柄，平展，基部1对羽片近团扇形，中部侧生羽片半开式，长1-2厘米，上缘和外缘深裂；裂片长方形；叶脉多回二歧分叉，下面不明显，上面隆起；叶干后厚纸质，褐绿色，上面疏被短刚毛，下面密被棕色多细胞硬毛和紧贴短刚毛；叶轴下面的毛密，顶端鞭

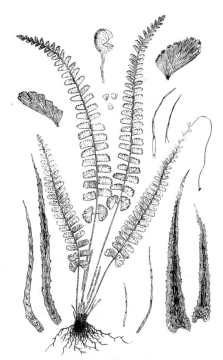

图 316 假鞭叶铁线蕨
（孙英宝仿《Ogata, Ic. Fil. Jap.》）

状，着地生根，行无性繁殖。孢子囊群每羽片5-12枚；囊群盖圆肾形，上缘平直，上面被密毛，棕色，纸质，全缘，宿存。染色体2n=120。

产台湾、湖南、广东、香港、海南、广西、贵州、四川及云南，生于海拔200-1400（-1600）米山坡灌丛下岩石上或石缝中。印度、斯里兰卡、缅甸、越南、泰国、马来西亚、印度尼西亚和菲律宾南太平洋岛屿有分布。

6. 翅柄铁线蕨　　　　　　　　　　　图 317

Adiantum soboliferum Wall. ex Hook. Sp. Fil. 2: 13. t. 74A. 1851.

图 317　翅柄铁线蕨
（引自《中国蕨类植物图谱》）

植株高约30厘米。根茎短而直立，被棕褐色披针形鳞片。叶簇生；叶柄长9-16厘米，栗黑色，两侧具棕色膜质窄翅，基部疏被鳞片；叶片披针形，长9-20厘米，奇数一回羽状；羽片5-10对，具柄，柄端具关节，干后易脱落而柄宿存，疏离，中部以下各对羽片长2-3.3厘米，近长圆形，对开式，上缘与外缘圆钝有4-6浅裂，下缘与内缘近平直，基部不对称宽楔形；叶脉多回二歧分叉，达软骨质边缘，两侧均明显；叶干后厚纸质，淡褐绿色，两面光滑，叶柄、叶轴及羽柄均具棕色膜质窄翅，叶轴顶端常鞭状，着地生根。孢子囊群每羽片3-7枚；囊群盖椭圆形或肾形，全缘，宿存。染色体2n=120。

产台湾、海南、广西及云南南部，生于海拔约1000米路边或疏林下林下潮湿地。印度、尼泊尔、越南、印度尼西亚、菲律宾及非洲西部热带地区有分布。

7. 半月形铁线蕨　菲岛铁线蕨　　图 318 彩片 72

Adiantum philippense Linn. Sp. Pl. 1094. 1753.

植株高15-50厘米。根茎短而直立，被褐色披针形鳞片。叶簇生；叶柄长6-15厘米，栗色，有光泽。叶片披针形，长12-25厘米，奇数一回羽状；羽片8-12对，互生，对开式半月形或半圆肾形，基部不对称，中部以下各对羽片大小几相等，长2-4厘米，柄长约宽1厘米，上部羽片与下部羽片同形而略小，顶生羽片扇形，略大于其下的侧生羽片，能育羽片近全缘或具2-4个浅缺刻或微波状；不育羽片波状浅裂，裂片圆钝头，具细齿，下缘全缘，截形或略下弯；叶脉多回二歧分叉，直达

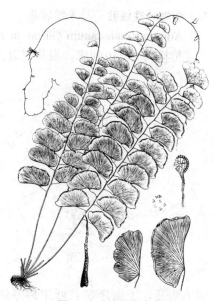

图 318　半月形铁线蕨
（孙英宝仿《中国蕨类植物图谱》）

叶缘，两面均明显；叶干后草质，草绿或棕绿色，两面无毛；羽轴、羽柄与叶柄同色，有光泽，无毛，叶轴顶端鞭状，着地生根。孢子囊群每羽片2-6枚；囊群盖线状长圆形，褐色或棕绿色，全缘，宿存。染色体2n=60，90，120。

产台湾、广东、香港、海南、广西、贵州、四川及云南，生于海拔240-2000米较阴湿处或林下酸性土。印度、缅甸、泰国、越南、马来西亚、印度尼西亚、菲律宾、热带非洲及大洋洲有分布。酸性红黄壤指示植物。

8. 团羽铁线蕨　翅柄铁线蕨　　　　图319

Adiantum capillus-junonis Rupr. Distr. Crypt. Vasc. Ross. 49. 1845.

植株高8-15厘米。根茎短而直立，被褐色披针形鳞片。叶簇生；叶柄长2-6厘米，纤细如铁丝，深栗色，基部被鳞片；叶片披针形，长8-15厘米，奇数一回羽状；羽片4-8对，柄长2-3毫米，柄端具关节，干后易脱落而柄宿存，下部数对羽片长1.1-1.6厘米，团扇形或近圆形，能育羽片具2-3浅缺刻，不育部分具细齿牙；不育羽片上缘具细齿牙，上部羽片、顶生羽片均与下部羽片

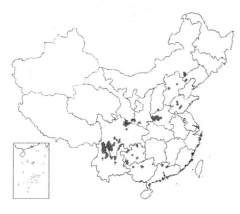

同形而略小；叶脉多回二歧分叉，直达叶缘，两面均明显；叶干后膜质，草绿色，两面无毛；叶轴顶端鞭状，着地生根。孢子囊群每羽片1-5枚；囊群盖长圆形或肾形，上缘平直，纸质，棕色，宿存。染色体2n=60，120。

产辽宁、河北、山东、山西、河南、甘肃、陕西、台湾、湖北、湖南、广东、广西、贵州、四川及云南，群生于海拔300-2500

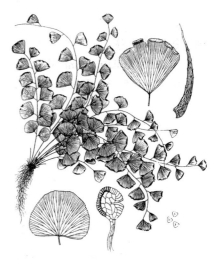

图 319 团羽铁线蕨
（孙英宝仿《中国蕨类植物图谱》）

米湿润石灰岩脚、阴湿墙壁基部石缝中和荫蔽湿润白垩土。日本有分布。民间药用，润肺止咳，补肾通络。

9. 普通铁线蕨　　　　　图320 彩片73

Adiantum edgeworthii Hook. Sp. Fil. 2: 14. t. 81B. 1851.

植株高10-30厘米。根茎短而直立，被褐色披针形鳞片。叶簇生；叶柄长4-10厘米，栗色，基部被鳞片，有光泽；叶片线状披针形，先端渐尖，长6-23厘米，一回羽状；羽片10-30对，半开式互生，几无柄，接近，若叶轴顶端鞭状，则顶部羽片疏离，中部羽片长1-1.5厘米，基部宽5-8毫米，半开式，先端尖或圆钝，基部不对称，上侧截形，上面凹入，

上缘2-5浅裂，下缘及内缘平直；裂片近长方形，全缘或稍波状；叶脉多回二歧分叉，两面均明显；叶干后纸质，淡褐或淡棕绿色，两

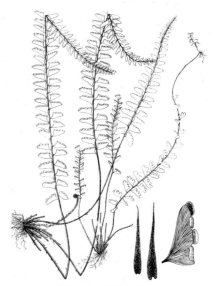

图 320 普通铁线蕨
（蔡淑琴仿《中国蕨类植物图谱》）

面均无毛；叶轴栗色，光滑，具光泽，顶端常鞭状，着地生根。孢子囊群每羽片2-5枚，生于裂片先端；囊群盖圆形或长圆形，棕色，宿存。孢子周壁具颗粒状纹饰。染色体2n=60。

产辽宁、河北、山东、河南、陕西、甘肃、台湾、贵州、四川、云南及西藏，生于海拔400-2500米山坡灌木林下阴湿地方或岩石上。印度北部、尼泊尔、缅甸北部、越南、日本及菲律宾有分布。

10. 长尾铁线蕨　　　　　　　　图321

Adiantum diaphanum Bl. Enum. Pl. Jav. 215. 1828.

植株高15-30厘米。根茎短而直立，被鳞片。叶簇生；叶柄长6-19厘米，纤细、栗色，基部被鳞片；叶片线状披针形，长6-20厘米，奇数一回羽状，叶片基部具1-3条同形而较短侧枝；小羽片8-16对，中部以下羽片长1-1.8厘米，对开式四边形或菱形，基部不对称宽楔形，外缘圆钝或截形，上缘截形或圆，具圆形缺刻；顶生羽片菱形，柄长2毫米；叶脉扇形分叉，直达叶缘，两面均明显；叶干后膜质，褐或深橄榄色，上面光滑，下面疏生深棕色紧贴针状刚毛；叶轴顶端非鞭状，叶轴及小羽轴均无毛。孢子囊群沿小脉着生及生于脉间叶肉，每羽片2-10枚；囊群盖圆形，上缘深缺刻状，被单细胞棕褐色针状刚毛。染色体

图 321　长尾铁线蕨
（孙英宝仿《中国蕨类植物图谱》）

2n=116，232。

产台湾、福建、江西、广东、海南及贵州北部，生于海拔600-2200米林下潮湿地方、溪旁石上或岩洞内。越南、马来西亚、印度尼西亚、澳大利亚及新西兰有分布。

11. 掌叶铁线蕨　　　　　　　　图322 彩片74

Adiatum pedatum Linn. Sp. Pl. 1905. 1753.

植株高40-60厘米。根茎直立或横卧，被褐色宽披针形鳞片。叶簇生或近生；叶柄长20-60厘米，栗或棕色，被与根茎同样鳞片；叶片宽扇形，长宽达30厘米，叶柄顶部2叉成2弓形分枝，每分枝上侧生4-6片一回羽状线状披针形羽片，中央羽片长达28厘米，侧生羽片向外略短，宽2.5-3.5厘米，奇数一回羽状；小羽片20-30厘米，长三角形，先端波状或具钝齿，上缘深裂达1/2，长达2厘米；裂片方形，全缘而中央凹陷或具波状圆齿；叶脉多回二歧分叉，直达叶缘，两面明显；叶干后草质，草绿色，下面带灰白色，两面无毛。孢子囊群每小羽片

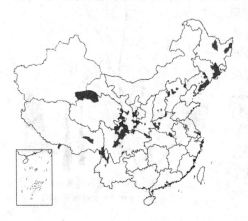

图 322　掌叶铁线蕨
（孙英宝仿《中国蕨类植物图谱》）

4-6枚；囊群盖上缘浅凹陷。孢子具颗粒状纹饰。染色体2n=58。

产黑龙江、吉林、辽宁、河北、山西、河南、陕西、甘肃、宁夏、青海、四川、云南及西藏，生于海拔350-3500米亚高山针阔叶混交林下。喜马拉雅南部、朝鲜半岛、日本及美洲有分布。全草入药，通淋利尿，止痛止崩，治小便不利、淋症、牙痛、月经过多，清肺止咳，治肺热咳嗽。

12. 灰背铁线蕨

图 323 彩片 75

Adiantum myriosorum Baker in Kew Bull. 1898: 230. 1898.

本种形体、大小均与掌叶铁线蕨相似，不同点在于叶片下面灰白色，小羽片排列紧密，长三角形，上缘浅裂，裂片的不育边缘和羽片先端具三角形尖锯齿。囊群盖圆肾形，上缘深缺刻状。孢子具网状纹饰。

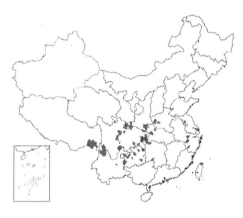

产河南、陕西、甘肃、安徽、浙江、台湾、湖北、湖南、贵州、四川、云南及西藏，生于海拔900-2500米密林下。缅甸北部有分布。美丽蕨类，可栽培供观赏。

图 323 灰背铁线蕨
（引自《中国蕨类植物图谱》）

13. 毛叶铁线蕨

图 324

Adiantum pubescens Schkuhr, Kryp. Gew. 1: 141. t. 116. 1809.

植株高约40厘米。根茎短而直立，被紫黑色披针形鳞片。叶簇生；叶柄长约20厘米，深栗色，密被棕色长柔毛，老时部分脱落；叶片宽卵状三角形，长约18厘米，二至三回2叉分枝，通常中央羽片长约16厘米，线状披针形，奇数一回羽状；末回小羽片约30对，中部小羽片长圆形，长约8毫米，外缘及上缘具窄而浅的缺刻，能育裂片先端平截而全缘，不育部分浅波状

具细齿牙，侧生羽片与中央羽片同形而向两侧渐短；叶脉多回二歧分叉，小脉直达边缘或几达边缘，两面均明显；叶干后纸质，黑或深橄榄色，两面均疏被棕色茸毛；各回羽轴及小羽柄均栗棕色，有光泽，密被棕色茸毛。孢子囊群每羽片4-12枚；囊群盖圆形，革质，褐色，上面被棕色茸毛。染色体2n=360。

产广东东部及云南东南部。广布亚、非洲热带及亚热带地区，南至大洋洲。

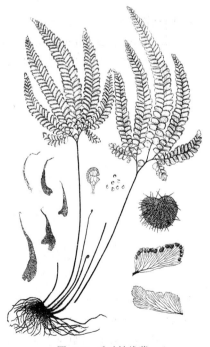

图 324 毛叶铁线蕨
（孙英宝仿《Ogata, Ic. Fil. Jap.》）

14. 扇叶铁线蕨　过坛龙

图 325 彩片 76

Adiantum flabellulatum Linn. Sp. Pl. 1095. 1753.

植株高 20-45 厘米。根茎短而直立，密被棕色披针形鳞片。叶簇生；叶柄长 10-30 厘米，紫黑色，上面有纵沟，基部被与根茎同样鳞片，沟内有棕色短硬毛；叶片扇形，长 10-25 厘米，二至三回不对称 2 叉分枝；中央羽片线状披针形，长 6-15 厘米，奇数一回羽状；小羽片 8-15 对，具短柄，中部以下的小羽片长 0.6-1.5 厘米，对开式半圆形（能育的），或斜方形（不育的），能育部分具浅缺刻，裂片全缘，不育部分具细锯齿；顶生小羽片倒卵形或扇形；叶脉多回二歧分叉，达叶缘，两面均明显；叶干后近革质，栗色或褐色，两面无毛；各回羽轴及小羽柄均紫黑色，上面均密被红棕色短刚毛，下面光滑。孢子囊群每羽片 2-5 枚；囊群盖半圆形或圆形，革质，黑褐色，全缘，宿存。孢子具不明显颗粒状纹饰。染色体 2n=116。

产安徽、浙江、台湾、福建、江西、湖南、广东、香港、海南、广西、贵州、四川及云南，生于海拔 100-1100 米阳坡的酸性红、黄壤。印度、斯里兰卡、缅甸、越南、马来群岛、印度尼西亚、菲律宾及日本有分布。全草入药，清热解毒、舒筋活络、

图 325　扇叶铁线蕨
（引自《中国蕨类植物图谱》）

利尿、化痰、消肿、止血、止痛，治跌打内伤，外敷治烫火伤，毒蛇、蜈蚣咬伤及疮痈初起；治乳猪下痢、猪丹毒及牛温。酸性土指示植物。

15. 圆柄铁线蕨　海南铁线蕨

图 326

Adiantum induratum Christ in Journ. de Bot. 1: 233. 265. 1908.

植株高 15-40 厘米。根茎短而直立，密被棕色披针形鳞片。叶簇生；叶柄长 4-20 厘米，幼时棕色，老时乌木色，有光泽，上面有宽纵沟，沟内有棕色短硬毛，圆柱形，老时无毛；叶片宽卵形，长 10-20 厘米，二至四回羽裂；羽片 2-4 对，互生，具短柄，基部 1 对羽片长 4-9 厘米，长卵形，奇数二至三回羽状；侧生小羽片 2 对，互生，具短柄；能育叶末回小羽片长 5-9 毫米，近圆形，全缘或有少数缺刻；不育叶末回小羽片长圆形，长 0.9-1.2 厘米，具细齿，羽片柄端具关节，干后羽片易脱落而柄宿存；叶脉多回二歧分叉，达边缘，两面均明显；叶干后近革质，褐黄或褐绿色，叶轴、各回羽轴和小羽轴上面均密被短硬毛，下面光滑。孢子囊群每羽片 4-6 枚，

图 326　圆柄铁线蕨
（引自《中国蕨类植物图谱》）

生于末回小羽片上缘；囊群盖肾形、短线形或长圆形，褐色，革质，宿存。

产海南、广西、贵州南部及云南，生于海拔110-800米路旁林下酸性土或林缘。越南有分布。

16. 毛足铁线蕨　　　　　　　　　　　　图 327

Adiantum bonatianum Brause in Hedwigia 54: 206. t. 4. f. F. K. 1914.

植株高25-60厘米。根茎细长横走，被棕色披针形鳞片和棕色、

多细胞长茸毛。叶近生；叶柄长10-20厘米，紫黑褐色，基部被与根茎相同鳞片和茸毛，毛干后易擦落，粗糙；叶片宽卵形，长20-40厘米，三至四回羽状；羽片5-7对，基部1-2对羽片长8-18厘米，宽4-9厘米，三角状卵形，二至三回羽状；一回小羽片5-6对，长卵形，互生，具短柄，基部的长达5厘米；末回小羽片二至四出，扇形，顶部宽达1.1厘米，具匀密三角形锯齿，顶端圆，具歪倒长芒刺；叶脉多回二歧分叉，达锯齿尖端，两面明显；叶干后薄草质，绿色。孢子囊群每羽片1-4枚；囊群盖圆形或圆肾形，褐色，膜质，全缘，宿存。孢子周壁具不明显颗粒状纹饰。

图 327 毛足铁线蕨
（孙英宝仿《中国蕨类植物图谱》）

产贵州西部、四川及云南，生于海拔1200-2200米林下微酸性湿润土。

17. 白背铁线蕨　　　　　　　　　　　　图 328

Adiantum davidii Franch. in Nouv. Arch. Mus. Hist. Nat. sér. 2, 10: 112. 1887.

植株高20-30厘米。根茎细长横走，被卵状披针形鳞片。叶疏

生；叶柄长10-厘米，深栗色，基部被与根茎相同鳞片；叶片三角状卵形，长10-15厘米，三回羽状；羽片3-5对，基部1对最大，长三角形，二回羽状，小羽片4-5对，基部1对椭圆形；末回小羽片1-4对，密接略复叠，扇形，长宽4-7毫米，顶部圆，具短宽三角形密锯齿；叶脉多回二歧分叉，达锯齿尖端，两面明显；叶干后坚草质，上面草绿色，下面灰绿或灰白色，两面光滑；叶轴、各回羽轴和小羽柄均与叶柄同色，光滑，着生处常有多细胞节状毛。孢子囊群每末回小羽片1（2）枚；囊群盖肾形

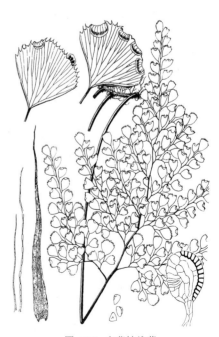

图 328 白背铁线蕨
（蔡淑琴仿《中国蕨类植物图谱》）

或圆肾形，褐色，纸质，全缘，宿存。孢子周壁具粗颗粒状纹饰。染色体 2n=240。

产河北、山东、山西、河南、陕西、宁夏、甘肃、贵州西部、四川、云南及西藏，生于海拔 1100-3400 米溪旁石上。

[附] **长刺铁线蕨** **Adiantum davidii** var. **longispinum** Ching in Acta

Phytotax. Sin. 6: 333. 1957. 与模式变种的主要区别：末回小羽片上缘有软骨质芒状尖锯齿。产四川、贵州及云南。

18. 细叶铁线蕨　　　　　　图 329

Adiantum venustum Don, Prodr. Fl. Nepal. 17. 1825.

植株高 25-50 厘米。根茎横卧，密被鳞片。叶疏生；叶柄长 10-20 厘米，栗褐色，基部被鳞片；叶片宽卵形，长 12-25 厘米，先端尖头，一回羽状，下部的二回羽状；羽片约 6 对，互生，羽柄长约 1 厘米，基部 1 对卵状椭圆形，二回羽状，一回小羽片 4-5 对，互生，羽柄长 3-4 毫米，下部 1-2 对 3 出，向上的单一；末回小羽片扇形，长宽 0.7-1 厘米，基部短楔形，具短柄，

圆头，具三角形细尖齿牙；叶脉多回二歧分叉，达锯齿，两面明显；叶干后草质，草绿或褐绿色，两面光滑；叶轴、各回羽轴及小羽柄均与叶柄同色，无毛，多少曲折。孢子囊群每小羽片 1-2（3）枚，着生于凹陷圆缺刻内；囊群盖圆形或肾形，上缘缺刻或弯凹，淡棕色，膜质，全缘，宿存。染色体 2n=120。

产西藏，生于海拔 2000-2800 米山坡岩缝中。不丹、印度及缅甸北部有分布。

图 329　细叶铁线蕨
（引自《中国蕨类植物图谱》）

19. 长盖铁线蕨　　　　　　图 330

Adiantum fimbriatum Christ in Bull. Soc. Bot. France 52: Mém. 1: 62. 1905.

植株高 25-35 厘米。根茎细长横走，密被披针形鳞片。叶疏生；叶柄长 10-20 厘米，栗红色，基部被与根茎相同鳞片；叶片卵状三角形，长 15-25 厘米，钝尖头，三至四回羽状；羽片 5-7 对，卵状三角形；一回小羽片 4-5 对，长卵状宽圆形，二回羽状；末回小羽片 3-5 对，倒卵形或近窄扇形，长宽 6-8 毫米或长过于宽，顶部圆，略斜展，有密的小三角形长尖齿牙；向上各对羽片与基部的同形而渐小；叶脉

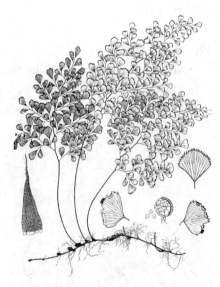

图 330　长盖铁线蕨
（引自《中国蕨类植物图谱》）

扇形分叉，达锯齿尖端，两面明显；叶干后薄草质，淡绿或灰绿色，两面光滑；叶轴、各回羽轴

和小羽柄均与叶柄同色，光滑。孢子囊群每羽片（1）2-3 枚，生于羽片上缘；囊群盖长方形、肾形、圆形或圆肾形，上缘多平直，稀略弯凹，淡棕色，膜质，全缘，宿存。孢子周壁具不明显颗粒状纹饰，有时脱落。

产河北、山西、陕西、甘肃、青海、四川、云南及西藏，生于海拔 2700-3600 米沟边林下岩石上或石缝中。

[附] **陕西铁线蕨 Adiantum fimbriatum** var. **shensienses** (Ching) Ching et Y. X. Lin, Fl. Reipubl. Popul. Sin 3(1): 207. 1990. —— *Adiantum smithianum*

C. Chr. var. *shensienses* Ching in Acta Phytotax. Sin. 6: 336. 1957. 本变种与模式变种的区别：植株高 10-20 厘米；每小羽片有（1-2）3-4 个孢子囊群。产河北、山西、陕西、四川及云南西部，生境于模式变种相同。

20. 单盖铁线蕨 图 331

Adiantum monochlamys Eaton in Proc. Amer. Acad. Arts. 4: 110. 1858.

植株高 10-55 厘米。根茎长而横走，密被窄长披针形鳞片。叶近生或疏生；叶柄长 15-28 厘米，栗黑或栗色，基部被鳞片；叶片窄长卵状三角形，长 20-30 厘米，基部宽楔形，顶部渐尖，顶端一回羽状，其下三回羽状；羽片 6-8 对，有长柄，基部 1 对三角状卵形，奇数二回羽状；一回小羽片 2-3 对，末回小羽片窄长倒三角形，不育的末回小羽片具三角形尖锯齿，能育中

部深陷，两侧具三角形尖锯齿，两侧边缘全缘，具短柄；顶生小羽片与侧生的同形同大，柄较长；叶脉多回二歧分叉，达小羽片锯齿尖端，两面明显；叶干后草质，下面灰绿色，两面无毛；羽轴、各回羽轴和小羽柄均与叶柄同色。孢子囊群每羽片 1（2）枚，生于小羽片上缘缺刻内；囊群盖肾形，上缘深缺刻状，薄纸质，全缘或微波状，宿存。染色体 2n=116。

产浙江、台湾、贵州及四川，生于海拔 600-800 米山地林下岩石上。日本及朝鲜半岛南部常见。

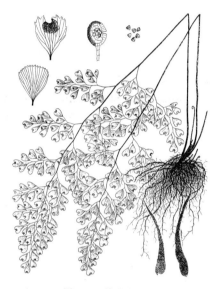

图 331 单盖铁线蕨
（孙英宝仿《Ogata, Ic. Fil. Jap.》）

21. 肾盖铁线蕨 团盖铁线蕨 图 332

Adiantum erythrochlamys Diels in Engl. Bot. Jahrb. 29: 206. 1900.

植株高 12-35 厘米。根茎短而横走或斜升，密被鳞片。叶簇生或近生；叶柄长 5-22 厘米，栗色，有光泽；叶片披针状长三角形，长 6-22 厘米，渐尖头，基部楔形，三回羽状，基部被鳞片；羽片 4-7 对，长卵形，具柄，基部 1 对长卵形，中部以下二回羽状，具二至三出小羽片密接稍重叠；末回小羽片窄扇形或倒卵形，长 0.3-1.4 厘米，不育小羽片的上缘圆，有波状圆齿；能育小羽片的中央具宽深缺刻，两侧具波状圆齿，全缘，两侧对称，具短柄；叶脉多回二歧分叉，达边缘，两面明显；叶干后草质，黄绿或褐绿色，两面无毛；叶轴、各回羽轴和小羽柄均与叶柄同色，光滑。孢子囊群

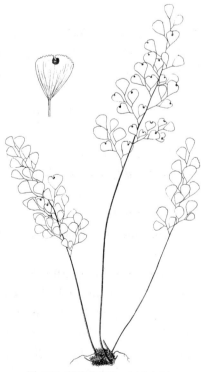

图 332 肾盖铁线蕨 （孙英宝绘）

每羽片多为 1 枚，生于每小羽片上缘深宽缺刻内；囊群盖圆形或圆肾形，上缘深缺刻状，褐色，近革质，全缘，宿存。孢子周壁具颗粒状纹饰。

产河南、陕西、甘肃、宁夏、湖北、贵州、四川及西藏，生于海拔 450-3500 米林下溪旁岩石或石缝中。

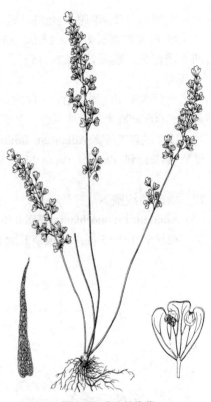

图 333 陇南铁线蕨
（孙英宝仿《中国植物志》）

22. 陇南铁线蕨　　　　图 333

Adiantum roborowskii Maxim. in Mél. Biol. 11: 867. 1883.

植株高 9-25（-35）厘米。根茎短，直立或斜生，密被鳞片。叶簇生或近生；叶柄长 4-20 厘米，圆形，栗红色，有光泽，基部被鳞片；叶片披针形或卵状椭圆形，长 5-18 厘米，渐尖头，下部的三回羽状，向上奇数一回羽状；羽片 3-6 对，基部 1 对卵状三角形，二回羽状；小羽片 1-2 对，基部 1 对分裂；末回小羽片近三角形或窄扇形，基部宽楔形，长 5-9 毫米，

不育的上缘圆，略波状凸起；能育的全缘而中部具 1-2 深陷缺刻；叶脉多回二歧分叉，几达边缘，两面明显；叶干后灰绿色，纸质或坚纸质，两面无毛；叶轴、各回羽轴和小羽柄均栗红色，有光泽，光滑。孢子囊群每羽片（1）2 枚，着生于能育末回小羽片上缘深缺刻内；囊群盖圆形或圆肾形，上缘深缺刻状，褐色，近革质，全缘，宿存。

产陕西、甘肃、青海、四川及西藏，生于海拔 1000-2000 米林下湿润石缝中、悬崖上及沟边石上。

[附]　**峨嵋铁线蕨 Adiantum roborowskii f. faberi** (Baker) Y. X. Lin, Fl. Reipubl. Popul. Sin. 3(1): 212. 1990. —— *Adiantum faberi* Baker in Journ. Bot. 225. 1899. 本变型和模式变型的区别：末回小羽片近圆扇形，长宽几相等，基部圆楔形。产贵州北部、四川及湖北，生于海拔 1250-3000 米湿润岩石上。

23. 月芽铁线蕨　　　　图 334 彩片 77

Adiantum edentulum Christ in Bull. Soc. Bot. France 52: Mém. 1: 63. 1905.

植株高 15-30（-50）厘米。根茎短，直立或斜生，密被鳞片。叶簇生；叶柄长 8-15 厘米，栗黑色，有光泽，基部被鳞片；叶片长卵形或卵状披针形，长 10-15 厘米，二至三回羽状；羽片 4-5 对，小羽片 4-5 对，基部 1 对长卵形或卵状三角形，二回羽状或奇数一回羽状，小羽片 4-5 对，密接或疏离；末回小羽片不对称扇形，长 0.5-1.5 厘米，上缘波状圆形，1-3 浅裂或半裂，不育裂片全缘或微波状，

能育裂片上缘具浅宽弯缺刻，两侧全缘；叶脉多回二歧分叉，达叶缘，两面明显；叶干后纸质，下面灰绿色，两面无毛；叶轴、各回羽轴和小羽柄均与叶柄同色，有光泽，左右两侧曲折。孢子囊群每

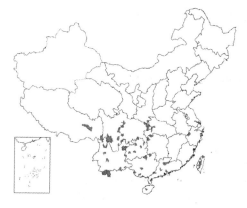

羽片3-4枚，生于裂片上缘宽弯缺刻内；囊群盖长形或圆肾形，棕色，上缘平直或弯凹，膜质，全缘，宿存。孢子周壁具网状纹饰。

产陕西、浙江、台湾、湖北、湖南、广东、海南、广西、贵州、四川、云南及西藏，生于海拔1000-3600米林下或沟中苔被岩石或阴湿岩壁上。

图 334 月芽铁线蕨
（引自《中国蕨类植物图谱》）

24. 铁线蕨

图 335 彩片 78

Adiantum capillus－veneris Linn. Sp. Pl. 1096. 1753.

植株高15-40厘米。根茎细长横走，密被鳞片。叶疏生或近生；

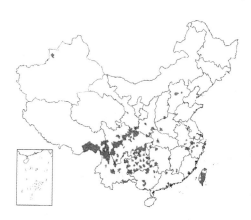

叶柄长5-20厘米，栗黑色，基部被鳞片；叶片卵状三角形，长10-25厘米，尖头，二回羽状，中部以上一回奇数羽状，羽片3-5对，基部1对长圆状卵形，一至二回奇数羽状；侧生末回小羽片2-4对，斜扇形或近斜方形，长1.2-2厘米，上缘圆，具2-4条状裂片，不育裂片先端钝圆，具宽三角形小锯齿或具

啮蚀状小齿，能育裂片先端截形、直或略下陷，全缘或两侧具啮蚀状小齿，两侧全缘，基部偏斜宽楔形，具短柄；叶脉多回二歧分叉，达边缘，两面明显；叶干后薄草质，草绿或褐绿色，两面无毛。孢子囊群每羽片3-10枚，生于能育末回小羽片上缘；囊群盖长形、长肾形或圆肾形，淡绿色，膜质，全缘，宿存。孢子周壁具颗粒状纹饰。

产河北、山西、河南、陕西、甘肃、新疆、江苏、安徽、浙江、台湾、福建、江西、湖北、湖南、广东、香港、广西、贵州、四川、云南及西藏，生于海拔100-2800米流水溪旁石灰岩上或石灰岩洞底和滴水岩壁上。为钙质土指示植物。广布于非洲、美洲、欧洲、大洋洲和亚洲温暖地区。植株形体美丽，常栽培供观赏。

图 335 铁线蕨
（引自《中国蕨类植物图谱》）

32. 水蕨科 PARKERIACEAE (CERATOPTERIDACEAE)

（林尤兴）

一年生多汁水生（或沼生）蕨类。根茎短而直立，下端有一簇粗根上部着生莲座状叶片，具网状中柱，顶端疏被鳞片，鳞片宽卵形，基部多少心形，质薄，全缘，透明。叶簇生；叶柄绿色，多少膨胀，肉质，光滑，下面圆并有多数纵脊，内含多数气孔道，沿周边具有多数小维管束；叶二型，不育叶片长圆状三角形或卵状三角形，绿色，薄草质，单叶或羽状复叶，末回裂片宽披针形或带状，全缘，尖，主脉两侧小脉网状；能育叶与不育叶同形，但较高，分裂度深而细，末回裂片边缘向下反卷达主脉，线形或角果形，幼时嫩绿，老时淡棕色；分枝基部伸出几条纵脉，纵脉有侧脉相连；叶轴绿色，具纵脊，干后扁；羽片基部叶腋常有1个圆卵形棕色小芽胞，成熟后脱落，行无性繁殖。孢子囊群沿主脉两侧着生，形大，几无柄，幼时为反卷的叶缘所覆盖，环带宽直，具30-70个加厚细胞，裂缝明显否；每个孢子囊具16-32个孢子。孢子大，四面型，有肋条状纹饰。

单属科。

水蕨属 Ceratopteris Brongn.

属的特征同科，染色体基数 x=13（39）。

6-7种，广布于热带和亚热带。我国2种。

1. 根着生淤泥中；叶柄连同叶轴不显著膨胀，径1厘米以下，高5-50厘米（若径大于1厘米，则高达50厘米以上），能育叶比不育叶高，长圆形或卵形 ·· 1. 水蕨 C. thalictroides
1. 漂浮蕨类；叶柄连同叶轴膨胀，叶柄长约8厘米，径约1.6厘米，高20-30厘米，能育叶比不育叶高，宽三角形 ··· 2. 粗梗水蕨 C. pteridoides

1. 水蕨

图 336 彩片 79

Ceratopteris thalictroides (Linn.) Brongn. in Bull. Sci. Soc. Philom. Paris 186. cum fig. 1821.

Acrostichum thalictroides Linn. Sp. Pl. 1070. 1753.

植株幼嫩时呈绿色，多汁柔软，由于水湿条件的不同，形态差异很大，高达70厘米。根茎短而直立，一簇粗根着生淤泥。叶簇生，二型；不育叶柄长3-40厘米，径1-1.3厘米，绿色，圆柱形，肉质，不或略膨胀，无毛，干后扁；叶片直立，或幼时漂浮，幼时略短于能育叶，窄长圆形，长6-30厘米，渐尖头，基部圆楔形，二至四回羽状深裂；小裂片5-8对，互生，斜展，疏离，下部1-2对羽片长达

10厘米，卵形或长圆形，渐尖头，基部近圆、心形或近平截，一至三回羽状深裂；小裂片2-5对，互生，斜展，分开或接近，宽

图 336 水蕨
（孙英宝仿《Ogata, Ic. Fil. Jap.》）

卵形或卵状三角形，长达 35 厘米，渐尖、尖或圆钝头，基部圆截形，具短柄，两侧具翅沿羽轴下延，深裂；末回裂片线形或线状披针形，长达 2 厘米，尖头或圆钝头，基部沿羽轴下延成宽翅，全缘，疏离，向上各对羽片与基部的同形而渐小；能育叶柄与不育叶的相同，叶片长圆形或卵状三角形，长 15-40 厘米，渐尖头，基部圆楔形或圆截形，二至三回羽状深裂；羽片 3-8 对，互生，斜展，具柄，下部 1-2 对羽片长达 14 厘米，卵形或长三角形，柄长达 2 厘米，向上各对羽片渐小，一至二回分裂；裂片窄线形，渐尖头，角果状，长 1.5-4（-6）厘米，宽不及 2 毫米，边缘薄而透明，无色，反卷达主脉；叶脉网状，网眼 2-3 行，窄五角形或六角形，无内藏小脉；叶干后软草质，绿色，无毛；叶轴与各回羽轴与叶柄同色，光滑。孢子囊沿主脉两侧网眼着生，稀疏，棕色，幼时被反卷叶缘覆盖，成熟后多少张开，

露出孢子囊。孢子四面型，无周壁，外壁厚，分内外层，外层具肋条状纹饰。染色体 2n=156。

产山东、江苏、安徽、浙江、台湾、福建、江西、湖北、湖南、广东、香港、海南、广西、四川及云南，生于池沼、水田及水沟淤泥中，有时漂浮深水面。热带和亚热带及日本有分布。全草药用，治胎毒，消痰积；嫩叶可作蔬菜。

2. 粗梗水蕨

图 337

Ceratopteris pteridoides (Hook.) Hieron. in Engl. Bot. Jahrb. 84: 561. 1905.

Parkeria pteridoides Hook. Exotic. Fl. 2: 147. 1825.

植株通常漂浮，高 20-30 厘米。叶柄、叶轴与下部羽片基部均膨胀成圆柱形，叶柄基部尖削，密生细长的根。叶簇生，二型；不育叶为深裂单叶，绿色，无毛，叶柄长约 8 厘米，径约 1.6 厘米；叶片卵状三角形，裂片宽带状；能育叶幼嫩时绿色，成熟时棕色，无毛，叶柄长 5-8 厘米，径 1.2-2.7 厘米，叶片长 15-30 厘米，宽三角形，二至四回羽状；末回裂片边缘薄而透明，反卷达主脉，覆盖孢子囊，线形或角果形，渐尖头，长 2-7 厘米，宽约 2 毫米。孢子囊沿主脉两侧小脉着生，幼时被反卷叶缘所覆盖，成熟时张开，露出孢子囊。染色体 2n=78。

产山东南部、江苏、安徽、湖北及江西，常浮生于沼泽、河沟及水塘。东南亚及美洲有分布。

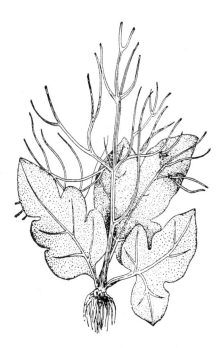

图 337 粗梗水蕨 （引自《江西植物志》）

33. 裸子蕨科 HEMIONITIDACEAE

（张宪春）

土生中小型蕨类。根茎横走、斜升或直立，有网状或管状中柱，被鳞片或毛。叶疏生、近生或簇生；柄禾秆色或栗色，有 U 形或圆形维管束；叶片一至三回羽状（稀单叶，基部心形或戟形），多少被毛或鳞片（稀光滑），草质（稀软革质），绿色，稀下面被白粉（如粉叶蕨属）；叶脉分离，稀网状（如泽泻蕨属）、不完全网状（如凤丫蕨属部分种）或近叶缘连结（金毛裸蕨部分种），网眼无内藏小脉。孢子囊群沿叶脉着生；无盖。孢子四面型或球状四面型，透明，有疣状、刺状突起或条纹，稀光滑。

约 17 属，分布于热带和亚热带，少数达北半球温带。我国 5 属。

1. 叶近二型，单叶，卵形、长卵形或戟形，基部深心形或戟形，叶脉网状 ……… 1. **拟泽泻蕨属 Parahemionitis**
1. 叶一型，一至三回羽状（凤丫蕨属的幼叶通常为披针形单叶），叶脉分离或近叶缘联结，如网状，主脉两侧形成 1-2 网眼或 1-3 行网眼，网眼外的小脉分离。
 2. 叶片下面被白粉 ……………………………………………………………… 2. **粉叶蕨属 Pityrogramma**
 2. 叶片下面无白粉。
  3. 叶一至二回羽状，密被黄棕色绒毛，或透明、全缘、覆瓦状披针形鳞片 ……………………
  ……………………………………………………………… 3. **拟金毛裸蕨属 Paragymnopteris**
  3. 叶二至三回羽状，下面光滑或稍被多细胞柔毛。
   4. 植株高不及 14 厘米；幼叶团扇形 ……………………………… 4. **翠蕨属 Anogramma**
   4. 植株高达 1 米；幼叶宽披针形 …………………………………… 5. **凤丫蕨属 Coniogramme**

1. 拟泽泻蕨属 Parahemionitis Panigrahi

热带中型蕨类。根茎短，直立或斜升，有网状中柱，被棕色钻状披针形鳞片和细长节状毛。叶簇生，近二型；叶柄栗或紫黑色，长 6-18 厘米，能育叶柄较不育叶柄长 1-3 倍，密被和根茎同样鳞片和毛；叶片卵形、长卵形或戟形，长 3-6（-10）厘米，宽 2-4（-6）厘米，先端钝或圆，基部深心形或戟形，不裂，掌状或羽状分裂，无锯齿；叶脉网状，网眼小而密，长六角形，斜上，无内藏小脉，两面不明显；叶干后草质，上面淡褐绿色，无毛，下面疏被棕色钻状小鳞片，叶缘疏生红棕色节状毛。孢子囊群沿能育叶网脉着生，棕色；无盖，成熟时密被叶下面，无隔丝。孢子球状四面型，有小刺头。染色体基数 x=30。

单种属。

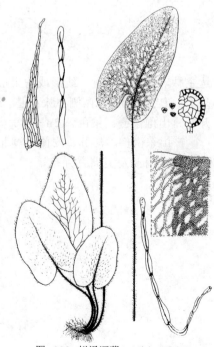

图 338 拟泽泻蕨 （引自《图鉴》）

拟泽泻蕨   图 338

Parahemionitis cordata (Roxb. ex Hook. et Grev.) Fraser-Jenk. New Sp. Syndr. Ind. Pterid. 187. 1997.

Hemionitis cordata Roxb. ex Hook. et Grev. Icon. Fil. 1: t. 64. 1828.

Hemionitis arifolia (Burm. f.) T. Moore；中国高等植物图鉴 1: 1972；中国植物志 3 (1): 217. 1990.

形态特征同属。

产台湾南部、海南及云南南部，生于海拔 975 米以下密林下湿地、溪谷石缝或灌丛中。印度南部、斯里兰卡、马来西亚、菲律宾、越南、老挝、柬埔寨有分布。

2. 粉叶蕨属 **Pityrogramma** Link

土生中型蕨类。根茎短而直立或斜升，有网状中柱，被红棕色钻状全缘薄鳞片，植株无毛。叶簇生；柄紫黑色，有光泽，下部圆，向顶部上面至叶轴有浅沟、基部以上光滑；叶片卵形或长圆形，渐尖头，二至三回羽状复叶，羽片多数，披针形，基部几对称，多少有柄，斜上；小羽片多数，基部不对称，上先出，多少下延于羽轴，边缘有锯齿；叶脉分离，单一或分叉，斜上，不明显；叶草质或近革质，两面光滑，下面密被白或黄色膜质粉末。孢子囊群沿叶脉着生，不达顶部，无盖，无隔丝；孢子圆球四面型，暗色，有不规则脊状隆起网状周壁。染色体基数 x=29，（30）。

约40种，热带美洲为分布中心，少数种达非洲及马达加斯加岛，1种广布热带亚洲，向北至中国海南、台湾及云南南部。

粉叶蕨   图 339

Pityrogramma calomelanos (Linn.) Link, Handb. d. Gewachs. 3:20. 1833.

Acrostichum calomelanos Linn. Sp. Pl. 1072. 1753.

植株高25-90厘米。根茎短，直立或斜升，被红棕色窄披针形、长3-5毫米全缘薄鳞片。叶簇生；叶柄长40-50厘米，亮紫黑色，下部略被和根茎同样鳞片，向上光滑，上面有纵沟；叶片窄长圆形或长圆状披针形，长15-40厘米，一至二回羽状复叶，羽片16-20对，近对生或互生，斜上，短柄具窄翅，基部1对羽片长10-15厘米，披针形，基部略不对称，上侧多少与

叶轴平行，下侧圆楔形，羽状全裂或深裂达羽轴窄翅，小羽片16-18对，上先出，斜上，接近或疏离，三角形、卵状披针形或披针形，长1.1-1.4厘米，基部不对称，上侧与羽轴平行，下侧楔形，多少下延，下部的小羽片基部浅裂，向上有锯齿，裂片上侧的较大，有锯齿（或两侧全缘而顶端有1-2齿牙）；中部羽片向上渐短，向顶部羽裂渐尖；叶脉在小羽片上羽状，单一或分叉，两面均不明显；叶干后厚纸质，两面无毛及鳞片，上面灰绿色，下面密被乳白色腊

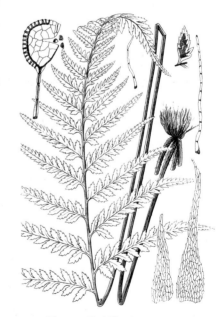

图 339 粉叶蕨 （引自《图鉴》）

质粉末，老时部分散落；叶轴及羽轴亮紫黑色，光滑，上面有沟。孢子囊群沿主脉两侧小脉着生，不达叶缘，棕色，无盖，成熟时几

密被小羽片下面。

产台湾、广东、海南及云南（绿春），生于海拔560米以下林缘或溪旁。广布热带亚洲、非洲、南美洲。常栽培供观赏。

3. 拟金毛裸蕨属 Paragymnopteris K. H. Shing

旱生中型蕨类。根茎短，横卧或直立，有网状中柱，密被线形或钻形黄棕色全缘鳞片，兼有细长柔毛。叶簇生；柄栗色或栗褐色，有光泽，圆柱形，基部以上密被细长伏生柔毛；叶片长圆状披针形，一至二回奇数羽状复叶，羽片卵形、长圆形或长圆状披针形，圆钝头，基部圆或心形，全缘；叶脉分离，羽状，一至二回分叉，斜上，间或近叶缘连成窄长网眼；叶纸质或革质，柔软，密被黄棕色（老时灰白色）细长绒毛，或透明、全缘、覆瓦状披针形鳞片。孢子囊群线形，沿小脉全部或上部着生；无盖，隐没在绢毛或鳞片下面，成熟时略露出；孢子囊环带具16-24加厚细胞。孢子球状四面型，有刺状突起。

约5种，我国均产，分布于地中海—大西洋各岛屿、喜马拉雅南部、中国西南部及俄罗斯远东地区。

1. 叶片下面密被覆瓦状卵状披针形鳞片。
  2. 叶片一回羽状；叶柄被单细胞节状长毛或几光滑，羽轴上面光滑 ················· 1. **滇西拟金毛裸蕨 P. delavayi**
  2. 叶片二回羽状；叶柄被纤维状鳞片；羽轴上面疏被钻状披针形小鳞片 ········· 2. **欧洲拟金毛裸蕨 P. marantae**
1. 叶片下面密被长绢毛。
  3. 叶片一回羽状，羽片基部圆或微心形 ·· 3. **拟金毛裸蕨 P. vestita**
  3. 叶片二回羽状或一回羽状，羽片或小羽片基部深心形或有1-2小耳片。
    4. 植株高过30厘米；小羽片卵形，长0.7-1.3厘米 ····················· 3(附). **川西拟金毛裸蕨 P. bipinnata**
    4. 植株高达10-30厘米；小羽片卵状三角形或戟形，长4-5毫米 ················· 4. **三角拟金毛裸蕨 P. sargentii**

1. 滇西拟金毛裸蕨 图 340

Paragymnopteris delavayi (Baker) K. H. Shing in Ind. Fern. Journ. 10 (1-2): 229. 1993.

Gymnogramme delavayi Baker in Ann. Bot. (London) 5: 484. 1891.

Gymnogramme delavayi (Baker) Underw.; 中国高等植物图鉴 1:169. 1972; 中国植物志 3(1): 221. 1990.

植株高10-30厘米。根茎粗短，斜升或横卧，密被棕黄色钻形鳞片。叶丛生；叶柄长8-12厘米，亮栗黑色，基部略有鳞片及长柔毛，向上有毛或几光滑；叶片长5-14厘米，宽线状披针形或长圆状披针形，先端短渐尖或短尾头，一回羽状，羽片（5-）10-15对，斜展，间隔宽或接近，长1.5-2.5厘米，镰状披针形或披针形，钝头，基部圆或上侧有耳状突起（有时有1片长圆形小羽片），具短柄或上部的无柄，互生；主脉上面微凹，

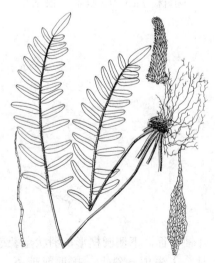

图 340 滇西拟金毛裸蕨
（孙英宝仿《中国植物志》）

下面凸起，侧脉羽状分叉，不显；叶干后草质，上面灰绿色，无毛及鳞片，下面密被覆瓦状褐棕色透明

卵状披针形鳞片；叶轴疏被窄长钻形鳞片，羽轴上面光滑。孢子囊群沿侧脉着生，隐没鳞片下，成熟时略显。

产山西、陕西（太白山）、甘肃、青海、四川、云南及西藏，生于海拔2200-4600米疏林下石灰岩缝。

2. 欧洲拟金毛裸蕨   图 341 彩片 80

Paragymnopteris marantae (Linn.) K. H. Shing in Ind. Fern. Journ. 10 (1-2): 229. 1993.

Acrostichum marantae Linn. Sp. Pl. 1071. 1753.

Gymnogramme marantae (Linn.) Ching；中国高等植物图鉴 1: 169. 1972；中国植物志 3(1): 222. 1990.

植株高 10-35 厘米。根茎粗短，横卧或斜升，密被锈黄色钻形鳞片。叶丛生或近生；叶柄长6-17厘米，亮栗褐色，被纤维状鳞片；叶片长8-20厘米，宽披针形，先端羽裂渐尖，一回羽状，羽片10-16对，长2-3厘米，卵状三角形或近三角形，顶部短尾尖，基部上侧与叶轴并行，下侧斜出，下部的有短柄，近对生或互生，斜展，羽状深裂几达羽轴，裂片3-5对，基部1对和其上一对长5-8毫米，长圆状披针形或长圆形，圆头；主脉上面微凹，下面凸出，侧脉羽状，二回交叉，不显；叶干后薄革质，上面褐绿色，无毛，下面密被红棕色、透明卵状披针

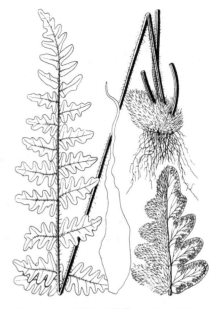

图 341 欧洲拟金毛裸蕨 （引自《图鉴》）

形鳞片；叶轴和叶柄同色，连同羽轴上面疏被钻状披针形小鳞片。孢子囊群沿侧脉分布，被鳞片覆盖，不显。

产四川、云南及西藏，生于海拔1800-4200米林下干旱石缝。喜马拉雅南部高山区、俄罗斯高加索、地中海一大西洋各岛屿有分布。

3. 拟金毛裸蕨   图 342 彩片 81

Paragymnopteris vestita (Wall. ex C. Presl) K. H. Shing in Ind. Fern. Journ. 10(1-2): 230. 1993.

Gyammitis vestita Wall. ex C. Presl, Tent. Pterid. 218. 1836.

Gymnopteris vestita (Wall. ex C. Presl) Underw.；中国植物志 3(1):223. 1990.

植株高（10-）20-50厘米。根茎粗短，横卧或斜升，密被锈黄色钻形鳞片。叶丛生或近生；叶柄长（6-）10-20厘米，亮栗褐色，基部向上密被淡棕色长绢毛；叶片长10-25厘米，披针形，一回奇数羽状复叶，羽片（7-）10-17对，同形，开展或斜上，间隔宽或接近，

图 342 拟金毛裸蕨
（孙英宝仿《中国蕨类植物图谱》）

长1.5-4厘米，基部宽1-2厘米，卵形或长卵形，钝头，基部圆或微心形，稀上侧耳状突出，有柄，全缘，互生；叶脉多回分叉，近叶缘连成窄长斜上网眼；叶软草质，干后上面褐色，疏被灰棕色绢毛，下面密被棕黄色绢毛；叶轴及羽轴均密被同样的毛。孢子囊群沿侧脉着生，隐没绢毛下，成熟时略显。

产河北、山东、山西、台湾、四川、云南及西藏，生于海拔800-3000米灌丛中石上。印度、尼泊尔有分布。

[附] **川西拟金毛裸蕨 Paragymnopteris bipinnata** (Christ) K. H. Shing in Ind. Fern. Journ. 10(1-2): . 1993. —— *Gymnopteris bipinnata* Christ in Lecomte, Not. Syst. 1: 55. 1909; 中国植物志 3(1): 225. 1990. 本种与金毛裸蕨的区别：植株高过30厘米；叶片下部二回羽状或一回羽状，小羽片卵形，长0.7-1.3厘米，基部耳形或有1-2小羽片。产陕西、河北、内蒙古、河南、湖北西部、甘肃、四川、云南及西藏，生于海拔800-3500米岩壁或灌丛中石上。

4. 三角拟金毛裸蕨

图 343 彩片 82

Paragymnopteris sargentii (Christ) K. H. Shing in Ind. Fern. Journ. 10 (1-2): 230. 1993.

Gymnopteris sargentii Christ in Bot. Gaz. (London) 51: 355. 1911; 中国植物志 3(1): 226. 1990.

植株高10-30（-40）厘米。根茎粗短，横卧或斜升，密被亮淡棕色窄披针形鳞片。叶丛生；叶柄长5-12厘米，淡栗色，基部密被灰棕色长绢毛，向上较疏；叶片长10-25厘米，三角状披针形或长圆状披针形，二回羽状复叶（顶部一回羽状），羽片8-14对，基部1对稍大或较短，中部以下的羽片长3.5-7厘米，披针形，柄长3-7毫米，互生，奇数羽状，侧生小羽片3-8对，长4-5毫米，卵状三角形或戟形，长4-5毫米，钝头，基部心形，有短柄，上先出，顶生小羽片基部通常不对称，有长柄；主脉上面平，下面略显，侧脉羽状，一至三回分叉，不显；叶干后革质，上面褐绿色，有1-2伏生绢毛，下面密被初淡棕色，后灰白色长绢毛；叶轴和羽轴均被同样的毛。孢子囊群沿侧脉着生，隐没绢毛下，不显。

图 343 三角拟金毛裸蕨 （孙英宝绘）

产四川西部、云南及西藏，生于海拔1900-3300米石上。耐寒蕨类。

4. 翠蕨属 Anogramma Link

一年生小型中生蕨类。根茎短，疏被纤维状鳞片。叶多数，簇生；有长柄，栗或栗棕色，光滑，草质，上面有纵沟，下面圆；叶片小，卵形、卵状三角形、卵状披针形或披针形，一至二回羽状复叶（幼时常为团扇形单叶），末回小羽片或裂片小，卵状椭圆形、匙形、倒卵形，全缘，或倒三角形、扇形而先端浅裂，基部楔形，下延；叶脉分离，2叉，每裂片有1小脉，离叶缘；叶薄草质或几膜质，通常两面光滑。孢子囊群沿小脉着生，无盖，无隔丝；孢子囊环带具22个加厚细胞。孢子四面型，微有棱脊。

约6种，广布于热带、亚热带及沿大西洋欧洲部分。我国2种。

1. 末回小羽片或裂片倒卵形或倒三角形（一回羽状叶的小羽片扇形），先端浅裂 ········· 1. 薄叶翠蕨 **A. leptophylla**
1. 末回小羽片或裂片卵状椭圆形或匙形，全缘，先端钝或有小突尖 ······························ 2. 翠蕨 **A. microphylla**

1. 薄叶翠蕨　　　　　　　　　　　图 344

Anogramma leptophylla (Linn.) Link, Fil. Sp. 137. 1841.

Polypodium leptophylla Linn. Sp. Pl. 1902. 1753.

根茎短，叶柄着生处疏生透明具两行细胞（中部以上为 1 行细胞）的鳞毛。叶簇生；叶柄长 2-6 厘米，栗棕色，光滑或有 1-2 透明有节长毛，幼株叶片团扇形，2 叉分裂或 3 出，或长卵形，一回羽状，小羽片均扇形，先端粗浅裂；成长植株叶卵状三角形或卵状披针形，二回羽状复叶，通常基部 1 对羽片较大，向上渐小，末回小羽片倒卵形或倒三角形，向顶部

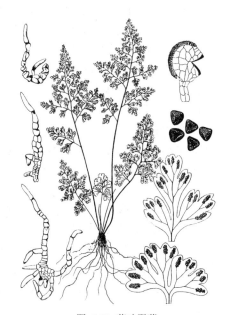

图 344 薄叶翠蕨
（孙英宝仿《Ogata, Ic. Fil. Jap.》）

有 1-2 浅裂片，基部楔形下延；叶脉两面可见，每裂片有 1 小脉，离叶缘；叶干后几膜质，黄绿色，无毛。孢子囊群沿小脉着生；无盖。

产云南及台湾，生于海拔 2900 米以下常绿阔叶林下溪边湿润土埂。广布地中海地区，北至高加索，东南至西太平洋岛屿，西南至越南、印度、墨西哥、阿根廷有分布。

2. 翠蕨　　　　　　　　　　　图 345

Anogramma microphylla (Hook.) Diels in Engl. u. Prantl, Nat. Pflanzenfam. 1(4): 259. 1899.

Gymnogramma microphylla Hook. Icon. Pl. t. 916. 1854.

植株高 5-14 厘米。根茎短，基部簇生暗棕色须根。叶多数，簇生；叶柄长 2-10 厘米，栗棕色，光滑；叶片长 2-5 厘米，卵状三角形或卵状披针形，二回羽状复叶，羽片 5-7 对，基部 1 对长 1-2 厘米，卵状三角形，基部不等，有短柄，二回羽状，小羽片上先出，均具有窄翅的短柄，末回裂片卵状椭圆形或匙形，先端钝，或有小突尖（稀有凹缺），基部长楔形，下延，第二对羽片向上渐短；叶脉两面明显，每裂片有 1 小脉，

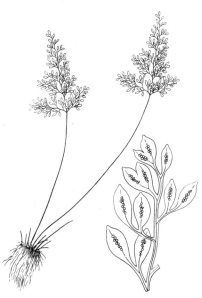

图 345 翠蕨　（引自《图鉴》）

有 6-10 孢子囊；无盖。

产广西东部、贵州及云南，生于海拔 1300-2900 米石上或峡谷石缝。印度东北部、缅甸北部及不丹有分布。

离叶缘；叶干后薄草质，绿色，两面无毛。孢子囊群沿小脉着生，

5. 凤丫蕨属 Coniogramme Fée

中型土生喜荫蕨类。根茎粗短，横卧，有管状中柱，连同叶柄基部疏被鳞片，鳞片褐棕色，披针形，有格子形网眼，全缘，基部着生。叶疏生或近生；有长柄，柄禾秆色或带棕色，或栗棕色，基部以上光滑，维管束U字形；叶片大，卵状长圆形、卵状三角形或卵形，一至二回奇数羽状，稀3出或三回羽状（幼叶常为宽披针形单叶），侧生羽片对生或互生，有柄（向顶部的无柄），如一回羽状则顶生羽片和其下侧生羽片同形，如二回羽状，则下部1-3（4）对羽片为一回奇数羽状或3出（偶基部1对羽片2叉），向上的羽片单一，顶生羽片和下部侧生羽片上的顶生小羽片同形；小羽片（或单一羽片）大，披针形或长圆状披针形，先端渐尖或尾尖，基部圆或圆楔形，稀略不对称心形或楔形，边缘常半透明软骨质，有锯齿或全缘；主脉明显，上面有纵沟，下面圆，侧脉一至二回分叉，分离，稀主脉两侧成1-3行六角形网眼（稀具1-2不连续网眼），网眼内无小脉，网眼外小脉分离，小脉顶端有水囊，离锯齿或伸入锯齿，或达齿顶与软骨质叶缘汇合；叶草质或纸质，稀近革质，两面光滑或下面（有时上面）疏被淡灰色有节短柔毛，或基部具乳头短刚毛。孢子囊群沿侧脉着生，线形或网状，不达叶缘，无盖，有短小隔丝混生；孢子囊水龙骨型，环带具14-28个加厚细胞，有短柄。孢子四面型，透明，光滑，无周壁。染色体基数 x=15，（30）。

约39种，主产中国长江以南和西南亚热带山地，北至秦岭，西至喜马拉雅山西部，东至东北。朝鲜半岛、日本、菲律宾、越南、老挝、柬埔寨、马来西亚、印度尼西亚、墨西哥和非洲均有1-2种分布。我国约30余种。嫩叶可作蔬菜，根茎可提取淀粉。

1. 叶片一回羽状，基部1对羽片单一（偶2叉）。
   2. 叶柄达叶轴均禾秆色，羽片下面疏生极短柔毛 ·· 1. **全缘凤丫蕨 C. fraxinea**
   2. 叶柄（至少下部）或达叶轴为亮栗黑色；植株无毛 ···································· 2. **黑轴凤丫蕨 C. robusta**
1. 叶片二回或三回羽状。
   3. 叶片二回羽状，基部1对羽片有2-4对小羽片。
      4. 侧脉分离。
         5. 羽片上面沿羽轴有毛，下面密生基部乳头状灰短毛 ·························· 3. **乳头凤丫蕨 C. rosthornii**
         5. 羽片上面沿羽轴无毛，下面无毛或疏被短柔毛。
            6. 侧脉顶端水囊深入锯齿边缘。
               7. 羽片2-4对；侧脉顶端水囊与软骨质锯齿汇合 ···················· 4. **骨齿凤丫蕨 C. caudata**
               7. 羽片5-8对；侧脉顶端水囊伸达锯齿边缘，不汇合 ·············· 5. **尖齿凤丫蕨 C. affinis**
            6. 侧脉顶端水囊略伸入锯齿 ·· 6. **普通凤丫蕨 C. intermedia**
      4. 侧脉在主脉两侧形成1-3行网眼，或成1-2网眼。
         8. 主脉两侧有1行不连续网眼，叶柄禾秆色 ·························· 7. **疏网凤丫蕨 C. wilsonii**
         8. 主脉两侧有1-2（3）行连续网眼。
            9. 羽片或小羽片卵圆状三角形或披针形，基部楔形或圆楔形 ···· 8. **凤丫蕨 C. japonica**
            9. 羽片或小羽片宽卵形或宽披针形，基部圆或不对称的圆 ···· 9. **南岳凤丫蕨 C. centro-chinensis**
   3. 叶片三回羽状。
      10. 叶片长0.6-1米，宽40-60厘米；小羽片几直角开展 ················ 10. **直角凤丫蕨 C. procera**
      10. 叶片长25-50厘米，宽15-40厘米；小羽片斜上 ···················· 5. **尖齿凤丫蕨 C. affinis**

1. 全缘凤丫蕨   图346

Coniogramme fraxinea (D. Don) Diels in Engl. u. Prantl, Nat. Pflan-zenfam. 1(4): 262. 1899.

Diplazium fraxineum D. Don z, Prod. Fl. Nepal. 12. 1825.

植株高达 1.8 米。根茎粗硬，短而横走，木质，顶端被深棕色窄披针形鳞片。叶疏生；叶柄长约 90 厘米，禾秆色，疏生鳞片；

叶片长 80 厘米，长卵形或卵状长圆形，一回羽状（有时基部 1 对羽片 2 叉或 3 出），羽片 6-10 对，近对生或互生，斜上，基部 1 对长约 30 厘米，宽披针形或长圆状披针形，有长（0.4-）1-3 厘米尾头，基部略不对称楔形，柄长 1-1.5 厘米；羽片全缘，有膜质窄边，干后略反卷，上面暗绿色，光滑，下面淡绿色，稍有极短柔毛，叶缘毛密；叶脉两面可见，侧脉二回分叉，斜上，顶端有纺锤形水囊，不达叶缘。孢子囊群沿侧脉分布，离叶缘 2/3 或 3/4。

产台湾、云南西部及西藏东南部，生于海拔 800-2000 米常绿林下。印度、尼泊尔、越南、印度尼西亚（爪哇）、马来西亚有分布。

图 346 全缘凤丫蕨
（引自《中国蕨类植物图谱》）

2. 黑轴凤丫蕨 图 347

Coniogramme robusta Christ in Bull. Acad. Int. Géog. Bot. 175. 1909.

植株高 50-70 厘米，无毛。根茎横走，径 3-5 毫米，连同叶柄

基部疏被褐棕色披针形鳞片。叶疏生；叶柄长 25-35 厘米，亮栗黑色，上面有沟，下面圆；叶片长圆形或宽卵形，几与叶柄等长，宽 15-22 厘米，奇数一回羽状，侧生羽片 2-4 对，几同形同大，长 13-17 厘米，披针形或长圆状披针形，短尾头，基部略不对称，圆楔形或圆，上侧略下延，无柄，顶生羽片较其下的大，柄长 1-2 厘米，羽片边缘软骨质，有疏钝齿；叶脉明显，一至二回分叉，顶端有棒形或长卵形水囊，伸达锯齿基部以下；叶干后草质，绿或黄绿色，两面无毛；叶轴及羽轴下面栗黑色，有光泽。孢子囊群沿侧脉至水囊基部，离叶缘 2 毫米。

产江西西部、湖南西南部及西北部、广东北部、广西北部、贵州、四川，生于海拔 600-1500 米山谷林下。

图 347 黑轴凤丫蕨 （冀朝祯绘）

3. 乳头凤丫蕨 图 348

Coniogramme rosthornii Hieron. in Hedwigia 57: 307. 1916.

植株高 0.6-1 米。根茎长而横走，径 5 毫米，密被棕色披针形鳞 片。叶疏生；叶柄长 40-55 厘米，禾秆色或下部有棕色斑点，基部略

有鳞片；叶片几与柄等长或较短，长卵形，二回羽状，侧生羽片4-6对，下部的柄长2-3厘米，羽状，侧生小羽片1-3对，长6-12厘米，披针形，先端尾头渐尖，基部圆楔形或近圆；中部羽片单一，和其下羽片的顶生小羽片同形，长10-20厘米，披针形或宽披针形，长渐尖头，向基部略窄，圆楔形，有短柄；上部的羽片渐小，无柄，羽片有前伸尖锯齿；水囊细长，

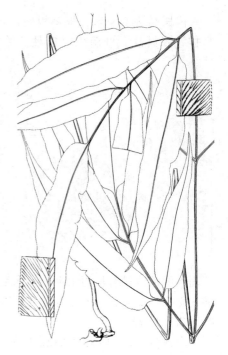

略加厚，伸达锯齿基部；侧脉分离，叶干后草质，上面褐绿色，沿羽轴有毛，下面淡绿色，密生基部乳头状灰短毛。孢子囊群伸达近叶缘。

产河南、陕西南部、甘肃南部、湖北西部、湖南西北部、贵州中西部、四川、云南及西藏，生于海拔1000-3000米林下或石上。越南有分布。

图 348 乳头凤丫蕨 （引自《图鉴》）

4. 骨齿凤丫蕨 图 349

Coniogramme caudata (Ettingsh.) Ching in C. Chr. Ind. Fil. Suppl. 3: 56. 1934.

Gymnogramma caudata Ettingsh. Farnkr. Jetwelt 57. t. 37. f. 7. f. 13. 1865.

植株高60-80厘米。叶柄长30-45厘米，禾秆色；叶片长30-40厘米，卵状长圆形或长卵形，通常一回羽状（稀基部1对羽片2叉或3出），羽片2-4对，基部1对长15-22厘米，通常中部以上宽3-4厘米，宽披针形，尾头，尾长2-2.5厘米，基部长楔形，柄长1-1.5厘米，第二对羽片向上略渐短，和基部1对同形，有短柄，羽片有细密软骨质锯齿；侧脉分离，顶端水囊伸达锯齿顶端

并汇合；叶干后厚纸质，淡褐绿色，上面光滑，下面密被灰白或灰棕色短毛或几光滑。孢子囊群几达叶缘。

产云南西北部及西藏东南部，生于海拔1600-3300米沟边混交林中。缅甸北部、东喜马拉雅南部、尼泊尔有分布。

图 349 骨齿凤丫蕨
（引自《中国蕨类植物图谱》）

5. 尖齿凤丫蕨 图 350

Coniogramme affinis Hieron. in Hedwigia 57: 297. 1916.

植株高0.6-1米。叶柄长30-70厘米，禾秆色或下面褐棕色，基

部疏被鳞片；叶片长25-50厘米，长卵形或卵状长圆形，二回羽状或

基部三回羽状（稀一回羽状），羽片5-8对，基部1对长20-35厘米，卵圆形或长卵形，柄长2-3厘米，羽状（或二回羽状，有末回小羽片1-2对），侧生小羽片3-6对，长8-15厘米，披针形，基部略不对称圆楔形或近截形，有短柄或近无柄，斜上；顶生小羽片较大，基部有时叉裂，第二对羽片羽状或3出；上部的羽片单一，向上渐短，长17-10厘米，披针形或宽披针形；羽片边缘有尖细锯齿，齿缘软骨质，侧脉分离，顶端水囊略厚，伸达锯齿下侧边，稍靠合；叶干后草质，褐绿色，两面无毛。孢子囊群沿侧脉2/3分布。

产黑龙江西南部、吉林、河南西部、陕西南部、甘肃、四川、云南、西藏东南部及南部，生于海拔1600-3600米林下。缅甸北部、印度北部及尼泊尔有分布。

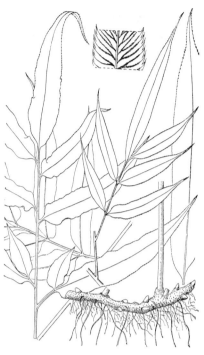

图 350 尖齿凤丫蕨 （张泰利绘）

6. 普通凤丫蕨　　　　　　　　　　　　　　　图 351

Coniogramme intermedia Hieron. in Hedwigia 57: 301. 1916.

植株高0.6-1.2米。叶柄长24-60厘米，禾秆色或有淡棕色斑点；叶片和叶柄等长或稍短，卵状三角形或卵状长圆形，二回羽状，侧生羽片3-5（-8）对，基部1对长18-24厘米，三角状长圆形，柄长1-2厘米，一回羽状，侧生小羽片1-3对，长6-12厘米，披针形，基部圆或圆楔形，有短柄，顶生小羽片较大，基部极不对称或叉裂；第二对羽片3出，或单一（稀羽状）；第三对羽片单一，长12-18厘米，披针形，基部略不对称圆楔形，有短柄或无柄，顶生羽片较其下的大，基部常叉裂，羽片和小羽片边缘有斜上锯齿；叶脉分离，侧脉二回分叉，顶端水囊线形，略加厚，伸入锯齿，不达齿缘；叶干后草质或纸质，上面暗绿色，下面较淡，有疏短柔毛。孢子囊群沿侧脉分布近叶缘。

产黑龙江、吉林、河北中部、河南、陕西南部、甘肃南部、安徽、浙江西北部、台湾、福建西北部、江西西部、湖北西部、湖南、广西、贵州、四川、云南及西藏南部，生于海拔350-2500米湿润林下。

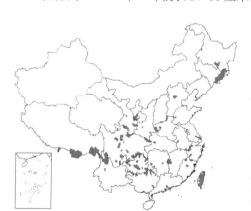

图 351 普通凤丫蕨
（引自《中国蕨类植物图谱》）

日本、朝鲜半岛、越南及俄罗斯远东地区有分布。

7. 疏网凤丫蕨 图 352

Coniogramme wilsonii Hieron. in Hedwigia 57: 321. 1916.

植株高 70 厘米。叶柄长约 40 厘米，禾秆色或枯禾秆色；叶片长 28-50 厘米，卵状三角形或卵状长圆形，二回羽状，侧生羽片 3-5 片，基部 1 对长 18-25 厘米，三角状卵形，柄长 1.5 厘米，一回羽状，侧生小羽片 1-3 对，长 8-12 厘米，披针形，先端尾状渐尖，基部不对称，略心形或圆楔形，有短柄或与羽轴合生，顶生小羽片较大，和中部羽片同形，中部羽片单

一，长 15-20 厘米，披针形，尾状渐尖头，基部不对称，略心形或圆楔形，有柄或向上的与叶轴合生，顶羽片较其下的大；羽片和小羽片边缘有不明显疏浅锯齿；叶脉近主脉两侧有 1 行不连续网眼，余分离，水囊略厚，线形，不达锯齿基部；叶干后草质，上面褐绿色，下面灰绿色，两面无毛，叶轴和叶柄同色。孢子囊群伸达离叶缘不远处。

产甘肃南部、陕西南部、河南西部及南部、江苏、浙江、湖北

图 352 疏网凤丫蕨 （引自《江苏植物志》）

西部、湖南西北部、四川北部、贵州，生于海拔 1050-1600 米山沟密林下。

8. 凤丫蕨 图 353

Coniogramme japonica (Thunb.) Diels in Engl. u. Prantl, Nat. Pflanzenfam. 1(4): 262. 1899.

Hemionitis japonica Thunb. Fi. Jap. 333. 1784.

植株高 0.6-1.2 米。叶柄长 30-50 厘米，禾秆色或栗褐色，基部以上光滑；叶片和叶柄等长或稍长，长圆状三角形，二回羽状，羽片（3）5 对，基部 1 对长 20-35 厘米，卵圆状三角形，柄长 1-2 厘米，羽状（偶 2 叉），侧生小羽片 1-3 对，长 10-15 厘米，披针形，有柄或向上的无柄，顶生小羽片远较侧生的大，长 20-28 厘米，宽披针形，向基部渐窄，基部

不对称楔形或叉裂，第二对羽片 3 出、2 叉或向上均单一，渐小，和其下羽片的顶生小羽片同形，顶羽片较其下的大，有长柄，羽片和小羽片边缘有前伸疏矮齿；叶脉网状，主脉两侧形成 2-3 行窄长网眼，网眼外的小脉分离，小脉顶端有纺锤形水囊，不达锯齿基部；叶干后纸质，上面暗绿色，下面淡绿色，两面无毛。孢子囊群沿叶

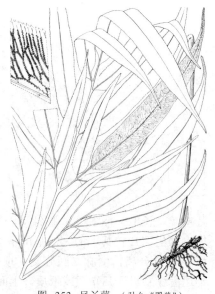

图 353 凤丫蕨 （引自《图鉴》）

脉分布，几达叶缘。

产河南、江苏南部、安徽、浙江、台湾、福建、江西、湖北西南部、湖南东部、广东北部、广西

东北部、贵州及四川东南部，生于海拔100-1300米湿润林下和山谷阴湿处。朝鲜半岛南部及日本有分布。

9. 南岳凤丫蕨

图 354

Coniogramme centro-chinensis Ching, Fl. Jiangsu. 1: 34. 465. 1977. excl. f. 41.

植株高达80厘米。叶柄长25-50厘米，禾秆色或枯禾秆色；叶片长30-40厘米，宽卵形或卵状三角形，二回羽状，侧生羽片3-4对，基部1对长20-30厘米，宽卵形，柄长1.5厘米，一回羽状，侧生小羽片2-3对，宽披针形，长8-15厘米，先端渐尖或短尾状，基部圆，多少不对称，有短柄或无柄，顶生小羽片较大，和上部的单羽片同形，第二对羽片3出或2叉（或单一），第三对羽片单一，长12-16厘米，宽披针形，渐尖头或短尾状，基部圆或圆楔形，多少不对称，顶生羽片和其下的同形，略较大，羽片和小羽片边缘有前伸锯齿；沿羽轴两侧有2-3行网眼，网眼外的小脉分离，小脉顶端水囊短棒状，不达锯齿基部；叶干后草质，上面褐绿色，下面灰棕色，两面无毛。孢子囊群沿叶脉分布达离叶缘3毫米。

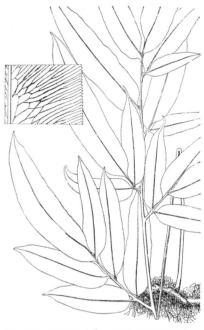

图 354 南岳凤丫蕨 （引自《中国植物志》）

产河南西部、江苏南部、安徽南部、浙江、福建、江西北部及西北部、湖北、湖南、贵州东南部、四川东部，生于海拔270-1190米路旁湿地或沟边林下。

10. 直角凤丫蕨

图 355

Coniogramme procera Fée, 10ᵐᵉ Mém. 22. 1865.

植株高达1.8米。叶柄长60-90厘米，灰褐色，向上禾秆色；叶片长0.6-1米，长卵形或卵状长圆形，二回羽状（有时基部1对羽片的第一对小羽片3出），羽片10-15对，下部的长30-50厘米，长圆状披针形，柄长2-3厘米，接近，羽状，小羽片10-13对，几直角开展，下部的长8-12厘米，宽披针形，尾头，基部圆截形或截形（有时略心形），向上的小羽片渐短，顶生小羽片较其下的大，基部不对称，中部以上的羽片渐短，柄长1厘米，羽状，小羽片渐少，上部羽片单一，羽片边缘有略前伸宽锯齿；叶脉顶端水囊细长，略伸入锯齿或达锯齿基部；叶干后纸质，上面褐绿色，下面灰绿色，两面无毛，叶轴禾秆色或下面紫色。孢子囊

图 355 直角凤丫蕨 （王金凤绘）

群沿侧脉 1/2-2/3 分布。

产台湾、云南西北部及南部、西藏南部，生于海拔 2000-3600 米沟边杂木林下。缅甸、印度东北部、尼泊尔、不丹及越南有分布。

34. 车前蕨科 ANTROPHYACEAE
（张宪春）

附生蕨类。根茎短，直立或横卧，密被鳞片，鳞片黑或褐色，粗筛孔状，披针形，先端长线形，边缘具微齿。叶常簇生，一型；单叶，全缘，披针形、倒卵状披针形或线形；叶柄通常较短或不明显，基部被与根茎顶端相同鳞片，不以关节着生；中肋至中部不显，稀达叶片顶端，无侧生主脉，小脉重复 2 歧分叉，形成六角形网眼，无内藏小脉；叶肉质，表皮有骨针状细胞。孢子囊群长线形，为汇生囊群，稀散布于叶片下面，着生叶表面叶脉呈线形或网状，或多少陷入叶肉内，有隔丝混生，隔丝丝状、带状或球杆状，稀无隔丝；无囊群盖。孢子透明，多为球状四面体形，具 3 裂缝或单裂缝，表面纹饰模糊，具细颗粒或乳突状突起。

4-5 属，50 余种，多分布于热带及亚热带地区。我国 1 属。

车前蕨属 Antrophyum Kaulf.

小型或中型附生蕨类，附生树干或岩石。根茎短，直立或横卧，须根及根毛丰富，形成海绵状吸水结构。叶近生或簇生；一型，单叶状，全缘，具软骨质窄边，有叶柄；叶柄不以关节与根茎相连，内具维管束 2 条，基部被与根茎先端相同鳞片，鳞片黑褐色，透明，粗筛孔状，边缘具细齿或近全缘，先端纤细或钻状；叶片肉质，两面光滑，全缘，表皮细胞 4-6 边形，细胞内壁弧状加厚，其间散布长梭形骨针状细胞及短小硅质细胞，下表皮副卫细胞为极细胞型的气孔散布；主脉缺或不完全，小脉多回二歧分叉，连接成多行大而伸长的网眼，无内藏小脉。孢子囊群线形，沿小脉延伸，常网状，多少下陷叶肉中，混生大量细小隔丝，隔丝顶端头状，具细长分节的柄，或顶端细胞伸长，成带状或丝状，左向螺旋状扭曲，具极短、少分节的柄，红褐色；孢子囊水龙骨型，环带纵行而中断，具 14-18 个增厚细胞；无囊群盖。孢子无色透明，球状四面体，极面观圆角三角形，赤道面观椭圆形，表面纹饰模糊，光滑或具细颗粒或乳突状突起，3 裂缝，裂缝长几达孢子赤道线或为孢子半径 2/3。染色体数目 2n=30。

约 40-50 种，泛热带分布，亚洲热带及亚热带最丰富。我国 9 种。

1. 孢子囊群具球杆状隔丝，隔丝顶端细胞膨大呈头状，具细长分节的柄。
  2. 植株高 10-25 厘米；叶片上部最宽 2-8 厘米，叶柄较长 ·················· 1. **长柄车前蕨 A. obovatum**
  2. 植株高 2-8 厘米；叶片宽 0.5-1 厘米，倒披针形、匙形或椭圆形，叶柄不明显 ··· 2. **无柄车前蕨 A. parvulum**
1. 孢子囊群具丝状或带状左向螺旋状扭曲隔丝，隔丝柄极短，分节少。
  3. 隔丝带状。
    4. 叶片长圆状披针形，宽 1.5-3 厘米，叶柄短 ·················· 3. **台湾车前蕨 A. formosanum**
    4. 叶片线状披针形，宽 0.5-1.8 厘米，叶柄不明显 ·················· 4. **车前蕨 A. henryi**

3. 隔丝丝状。

  5. 叶片宽 1-10 厘米；孢子囊群线多条。

    6. 叶片宽倒披针形或长圆状披针形，宽 1.5-10 厘米；孢子囊群线多少联结成网状；叶柄长 3-10 厘米 ……………………………………………………………………………………… 5. **美叶车前蕨 A. callifolium**

    6. 叶片倒披针形，宽 1-1.5 厘米；孢子囊群线近平行，不联结成网状 ………… 6. **革叶车前蕨 A. coriaceum**

  5. 叶片线形，宽约 0.7-1 厘米；孢子囊群线在中肋两侧通常各 1 条，近叶缘 …… 7. **书带车前蕨 A. vittarioides**

1. 长柄车前蕨　　　　　　　　　　　图 356

Antrophyum obovatum Baker in Kew Bull. 1898: 233. 1898.

根茎粗短，直立，密被肉质须根，顶端密被鳞片，鳞片黑褐色，披针形，长 0.6-1 厘米，先端长渐尖呈纤毛状，边缘有疏细齿，粗筛孔状，筛孔窄长而透明，有虹色光泽。叶簇生；叶柄长 2-15 厘米，扁平，基部被与根茎相同鳞片，稍上疏被小鳞片，向上光滑，叶柄下部鳞片脱落处常有疣状小突起；叶片倒卵形，长 2-10 厘米，中部或中部以上宽 2-8 厘米，先端长渐尖或尾状，有时不规则撕裂状，基部渐窄而稍下延于叶柄，全缘或略波状，具薄的软骨质白边，干后略反折，无中脉与侧脉之分，小脉多次二歧分叉，联结成多列长条形较整齐网眼；叶薄革质，干后上面淡绿色，叶脉略隆起，有时间断，部分连成网状，叶片边缘和两端不育。隔丝顶端细胞膨大呈头状或倒圆锥状。

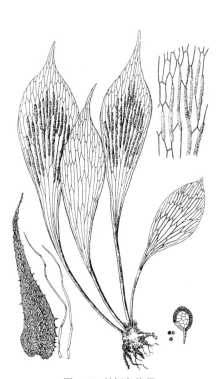

图 356　长柄车前蕨
（孙英宝仿《中国蕨类植物图谱》）

产台湾、福建、江西、湖南、广东、广西、贵州、四川、云南及西藏，生于海拔 250-2400 米常绿阔叶林中、岩石上或树干基部附生。日本、越南、泰国、缅甸、印度、不丹、尼泊尔有分布。

2. 无柄车前蕨　　　　　　　　　　　图 357

Antrophyum parvulum Blume, Enum. Pl. Jav. 110. 1828 et Fl. Jav. 78. t. 34. f. 3. 1828.

植株矮小。根茎短小，密被须根和鳞片，鳞片较小，褐色，披针形，有细齿，粗筛孔状，透明。叶簇生；叶柄不明显，扁平，下部疏被先端长渐尖头窄披针形、椭圆形或线形小鳞片，向上光滑；叶片倒披针形、匙形或椭圆形，长 1-6 厘米，先端渐尖头或圆钝，

图 357　无柄车前蕨　（冀朝祯绘）

常撕裂或呈二叉状，边缘全缘或波状，中脉不明显，仅下部 1/3 可见，小脉联结成多列整齐网眼，两面均不明显；叶软革质，干后褐绿色，上面皱缩。孢子囊群长线形，沿叶脉延伸，下陷于浅沟中，分叉，不联结成网状；隔丝顶端细胞膨大，呈头状，红褐色。

产台湾及海南，生于海拔 400-800 米常绿阔叶林下、石灰岩上或树干上。印度尼西亚、菲律宾、马来西亚、泰国、越南、印度及日本琉球有分布。

3. 台湾车前蕨 图358

Antrophyum formosanum Hieron. in Hedwigia 57: 210. 1916.

Antrophyum taiwanianum (epith. illeg. mut.) auct. non Hieron: 中国高等植物图鉴 1: 283. 1972, pro parte, excl. fig. quoad pl. Taiwan.

根茎细短，横卧或斜升，顶端及叶柄基部密被鳞片，鳞片黑褐色，披针形，长 3-5 毫米，基部宽约 0.5 毫米，先端长渐尖，边缘具微齿，粗筛孔状，透明。叶近生或簇生；叶柄具窄翅；叶片长圆状披针形，长 10-20 厘米，宽 1.5-3 厘米，中部或中部以上最宽，先端尖，下部长下延；无中肋及侧生主脉，小脉多次二歧分叉，联结成多列长条形网眼；叶革质，叶片两

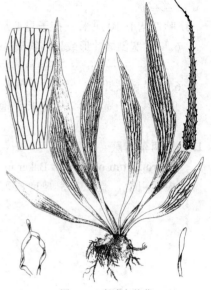

图 358 台湾车前蕨
（孙英宝仿《中国蕨类植物图谱》）

面光滑，全缘，干后褐色，叶脉上面隆起，网状。孢子囊群线形，多条，联结成网状；隔丝带状，基部纤细，分节，上端膨大部分带状，不分节，多少左向螺旋状扭曲，或平展，棕褐色。

产台湾及海南，生于海拔 1000 米以下林中阴湿岩石上，或山谷溪边岩石上。日本琉球有分布。

4. 车前蕨 图359

Antrophyum henryi Hieron. in Hedwigia 57: 208. 1916.

根茎纤细，横卧或直立，顶端密被鳞片，鳞片灰褐色，具虹色光泽，边缘具睫毛状齿，窄披针形或线状倒披针形，长 1.5-3.5 毫米，宽 0.1-0.3 毫米，筛孔网眼窄长，壁较厚。叶近生；叶线状披针形，无柄，长 5-15 厘米，宽 0.8-1.5 厘米，中部或中上部最宽，向两端渐窄，下部长下延到底，先端窄尖头；无中肋及侧生主脉，小脉联结成窄条形网眼，5-10 行；

叶近革质，干后草绿色，上面叶脉隆起，下面不明显，两面光滑。孢子囊群线形，左右曲折，3-5 条，近平行，连续或间断，亦有多少成网状；叶片下部 1/3 不育；隔丝基部纤细，分节，上部膨大，宽

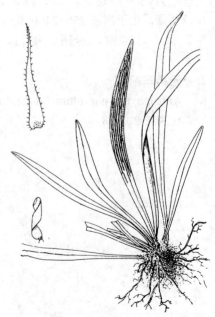

图 359 车前蕨 （冀朝祯绘）

带状，深棕色，多少左向螺旋状扭曲。

产广东、广西、贵州及云南，生于海拔300-1600米林中溪边岩石上，同苔藓混生，亦见于山谷树干上。泰国北部、印度阿萨姆有分布。

5. 美叶车前蕨

图 360：1-3 彩片 83

Antrophyum callifolium Blume, Enum. Pl. Jav. 111. t. 35. 1828.

根茎短而横卧，须根及根毛丰富，

毡垫状，顶端密被鳞片，鳞片窄披针形，长约6毫米，宽约1毫米，先端长渐尖呈纤毛状，边缘有疏细齿，黑褐色，粗筛孔状网眼透明，具光泽。叶近生或簇生状；叶柄长或短，具窄翅，扁，光滑；叶片倒卵状披针形或长圆状倒披针形，长15-40厘米，宽2-10厘米，先端渐尖或尾状，基部长下延至叶柄，全缘；中肋仅叶片基部可见，小脉多次重复二歧分叉，联结成长条形网眼，网眼长1-2厘米，宽2-3毫米；叶革质，干后草绿或褐色，叶脉网状，上面隆起，下面不明显，两面光滑。孢子囊群线形，沿网脉着生，下陷于浅沟中，连续或间断，部分联结成网状；隔丝线形，多数，基部具极短而分节的柄，先端不分节，线形，左向螺旋状扭曲，锈棕色，稍长于孢子囊。

产海南、广西西南部及西部、云南，生于海拔100-1550米林中树干或岩石上。越南、老挝、柬埔寨、泰国、印度、斯里兰卡、菲律宾、马来西亚、印度尼西亚和澳大利亚有分布。

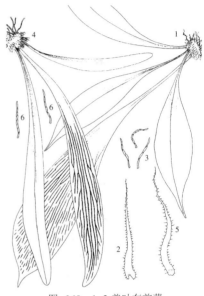

图 360：1-3. 美叶车前蕨
4-6. 革叶车前蕨（冀朝祯绘）

6. 革叶车前蕨

图 360：4-6

Antrophyum coriaceum (D. Don) Wall. ex Moore, Ind. Fil. 5: 80. 1858.

Hemionitis coriacea D. Don, Prodr. Fl. Nepal. 13. 1825.

根茎短而横卧，密被须根和鳞片，鳞片黑褐色，钻状披针形，长

6-9毫米，基部宽约0.5毫米，先端渐尖呈纤毛状，边缘具睫毛状齿，粗筛孔状，网眼窄长，透明。叶近生，簇生状；叶柄不明显；叶片倒披针形，长15-30厘米，中部宽约2厘米，中部以上最宽达3厘米，先端圆钝，基部长下延，全缘，具软骨质窄边；叶片革质，叶脉上面隆起，形成近于平行的纵棱，下面不明显，中肋仅叶片下部可见，扁平，小脉多次重复二歧分叉，联结成多列整齐细长网眼。孢子囊群线形，沿叶脉生于下陷浅沟中，连续或偶间断，近平行，不联结成网状，仅叶片下部1/3不育。隔丝线形，基部有短而分节的柄，上部不分节，长线形，左向螺旋状扭曲，亮棕色，长于孢子囊。

产云南及西藏，生于海拔1300-1500米常绿阔叶林中，多附生树上。缅甸、印度东北部、不丹、尼泊尔有分布。

7. 书带车前蕨　　　　　　　　　　　　图 361

Antrophyum vittarioides Baker in Journ. Bot. 28: 267. 1890.

根茎细，径约 5 毫米，横卧，顶端斜升或直立，密被灰褐色鳞片，鳞片钻状披针形，长 4-5 毫米，基部宽 0.5-1 毫米，下部边缘网眼不规则，撕裂状，睫毛状齿较细长。叶近生或簇生；叶柄长约 1 厘米或更短，两侧扁，具窄翅，基部略膨大，被与根茎相同鳞片，鳞片脱落后，在叶柄基部留下疣状突起；叶片线形，宽 0.7-1 厘米，革质，干后褐色，边缘略反卷；中肋明显，下部粗，至叶片中部或中部以上不显，小脉在中肋与叶缘间形成 2-3 列窄长网眼。孢子囊群线形，较近叶缘着生，中肋两侧通常各 1 条，与中肋平行，或呈不完整 2 条，连续或间断，略下陷于沿网脉沟槽中；叶片下部及顶部不育。隔丝多数，线形，基部有分节短柄，上部窄长，不分节，左向螺旋状扭曲，棕褐色，长于孢子囊。

图 361　书带车前蕨 （冀朝祯绘）

产贵州及云南，生于海拔 300-1000 米林中溪边阴湿岩石或树干上。

35. 书带蕨科 VITTARIACEAE
（张 宪 春）

附生蕨类。根茎短，直立，横卧或横走，密被鳞片，鳞片粗筛孔状，透明，基部着生，披针形，先端长线形，边缘具微齿或近全缘。叶常簇生；叶一型，单叶状，全缘，披针形、倒卵状披针形或线形；叶柄通常较短或不明显，基部被与根茎顶端相同鳞片，不以关节着生；中脉到顶或不显，无侧生主脉，小脉单一，在近叶缘处顶端连接，形成窄长网眼，或仅具中脉而无侧脉，或重复 2 歧分叉，形成长六角形网眼，无内藏小脉；叶草质、革质或肉质，干时多少起皱，表皮有骨针状细胞。孢子囊为长线形汇生囊群，叶表面着生，或多少陷入叶肉内，或生于沟槽中，沿叶脉着生呈线形或网状，有隔丝混生，无囊群盖；隔丝丝状、带状或球杆状，稀无隔丝。孢子透明，椭圆形或球状四面体形，单裂缝或 3 裂缝，表面常具小疣状纹饰或纹饰模糊。染色体数目 2n=30。

11 属，约 100 余种，多分布于热带及亚热带地区。我国 3 属约 15 种。该科模式 Vittaria 主产美洲；亚洲的种类属 Haplopteris，为了不改变这群植物的中名，仍沿称书带蕨。

1. 植株中小型；叶片宽0.3-3厘米；孢子囊群着生侧脉，位于叶片近边缘的联合边脉上，两侧各1行 ……………………………………………………………………………………………… 1. **书带蕨属 Haplopteris**
1. 植株微小；叶细线形，宽0.5-1毫米；孢子囊群着生中脉或分离侧脉上。
　2. 叶具中脉和分离侧脉；孢子囊群着生侧脉，每叶片1-3枚 …………………… 2. **针叶蕨属 Vaginularia**
　2. 叶具中脉，无侧脉；孢子囊群每叶片1枚，沿中脉着生 …………………… 3. **一条线蕨属 Monogramma**

1. 书带蕨属 Haplopteris C. Presl

　　附生禾草型蕨类。根茎横走或近直立，密被须根及鳞片，鳞片以基部着生，粗筛孔状，棕或褐色，常有虹色光泽。叶近生；单叶，具柄或近无柄；叶片窄线形，全缘，无毛，表皮有骨针状细胞；中脉明显，下部粗，至叶片中部或中部以上不显，小脉在中肋两侧明显，侧脉羽状，单一，在叶缘内连结，形成1列窄长网眼，无内藏小脉。孢子囊群为线形汇生囊群，无盖，着生叶下面中脉两侧各1条，混杂多数隔丝，隔丝顶端膨大，具细长分节的柄；孢子囊环带由14-18（-20）个增厚细胞组成。孢子长椭圆形或椭圆形，单裂缝，外壁具不明显颗粒状纹饰，或纹饰模糊。染色体基数2n=30。

　　约40-50种，主要分布于热带地区。附生树干或岩石上。我国约13种。

1. 孢子囊群生于叶缘之内。
　2. 孢子囊群几为表面生；叶缘平或略反卷。
　　3. 鳞片平，短小，黑褐色，网眼壁厚；孢子囊群线较近叶缘，常被反卷叶缘遮盖 ……………………………………………………………………………………………… 1. **剑叶书带蕨 H. amboinensis**
　　3. 鳞片大而蓬松，扭曲，网眼壁薄，褐棕色；孢子囊群线与叶缘间有较宽不育空间 ……………………………………………………………………………………………… 2. **带状书带蕨 H. doniana**
　2. 孢子囊群深陷于叶缘与中肋间的沟槽中；叶缘常反卷。
　　4. 鳞片蓬松，扭曲，网眼壁薄，棕褐色；叶片上面中脉隆起，其两侧叶肉凹陷成沟槽状 ……………………………………………………………………………………………… 3. **平肋书带蕨 H. fudzinoi**
　　4. 鳞片通直，网眼壁厚，黑褐或褐棕色；叶片上面中脉不隆起。
　　　5. 叶下面中脉宽扁，两侧伸展遮盖孢子囊群 ……………………… 4. **锡金书带蕨 H. sikkimensis**
　　　5. 叶片下面中脉隆起，窄，与孢子囊群线之间有或宽或窄的不育带 ……………………………………………………………………………………………… 5. **书带蕨 H. flexuosa**
1. 孢子囊群深陷于叶缘双唇状夹缝中，唇口向外。
　6. 叶片长达1米或更长，宽约1厘米或更宽，叶柄细长 ……………… 6. **唇边书带蕨 H. elongata**
　6. 叶片长8-30厘米，宽2-4毫米，叶柄短 …………………… 7. **姬书带蕨 H. anguste-elongata**

1. 剑叶书带蕨　　　　　　　　　　　　图362：1-4

Haplopteris amboinensis (Fée) X. C. Zhang in Ann. Bot. Fennici 40: 460. 2003.

Vittaria amboinensis Fée, Mém. Foug. 3: 14. t. 1. f. 1. 1851-52; 中国植物志3(2): 14. 1999.

　　根茎横走，粗而长，须根具黄褐色根毛，常卷曲缠结成团，密被鳞片，鳞片黑褐色，暗淡，或略有光泽，钻状披针形，长3-5毫米，基部最宽，约0.5毫米，先端渐尖，边缘具长睫毛状小齿，鳞片顶部不透明，网眼壁厚，壁具突出疣点。叶近生，相距2-4毫米；叶柄长4-10厘米，扁，较细，基部被鳞片；叶片长20-40厘米，

中部宽 1-2.5 厘米，先端长渐尖，基部沿叶柄下延，边缘干后略反卷；中脉上面不明显，有一条窄缝，下面粗宽而隆起，呈方形；叶坚纸质至亚革质，干后褐色。孢子囊群线形近叶缘着生，表面生或略下陷，常被反卷叶缘遮盖，叶片中部以下及顶部不育。隔丝顶端细胞喇叭形，长约为宽的 1 倍。孢子长椭圆形，单裂缝，透明，表面具大小不一的小疣状纹饰。

产广东、香港、海南、广西及云南。印度东北部、缅甸、中南半岛及印度尼西亚有分布。

2. 带状书带蕨　　　　　　　　　　　　　图 363

Haplopteris doniana (Mett. ex Hieron.) E. H. Crane, Syst. Bot. 22: 514. 1997.

Vittaria doniana Mett. ex Hieron. in Hedwigia 57: 204. 1916; 中国植物志 3(2): 16. 1999.

Vittaria forrestiana Ching; 中国高等植物图鉴 1: 279. 1972.

根茎横走，粗短，密被鳞片，鳞片褐棕色，具虹色光泽，线状披针形，长 1-2 厘米，中下部宽 1-2.5 毫米，先端长渐尖，网眼或长或短，网眼壁细弱，下部边缘近全缘，上部略有睫毛状微齿。叶近生；叶柄长 1-2 厘米；叶片宽 1-3 厘米，中部或中上部最宽，先端渐尖或尾状渐尖，基部下延至短柄呈翅状，边缘略反卷或平展，具软骨质叶缘；中脉基部粗，略隆起，下面隆起呈龙骨状；叶质厚，干后收缩。孢子囊群线形，表面生，距叶缘 1-2 毫米；隔丝顶端细胞喇叭状，长大于宽。孢子长椭圆形，单裂缝，表面具条纹状纹饰。

产广西、贵州、四川、云南及西藏，生于海拔 1650-3300 米林中树干或岩石上。印度东北部、缅甸北部、不丹有分布。

3. 平肋书带蕨　　　　　　　　　　　　　图 364

Haplopteris fudzinoi (Makino) E. H. Crane, Syst. Bot. 22: 514. 1997.

Vittaria fudzinoi Makino in Bot. Mag. Tokyo 12: 28. 1898; 中国高等植物图鉴 1: 281. 1972; 中国植物志 3(2): 20. 1999.

根茎短，横走或斜升，密被鳞片，鳞片褐棕色，具虹色光泽，蓬松，略卷曲，宽短者长约 5 毫米，基部宽约 1 毫米，钻状长三角形，边缘具睫毛状齿，窄长者长约 8 毫米，基部宽 0.1-0.2 毫米，线状披针形，先端尾状长渐尖，扭曲，近全缘。叶近生，密集呈簇生状；叶柄色较深，长 1-6 厘米，或近无柄；叶片线形或窄带形，长 15-55 厘

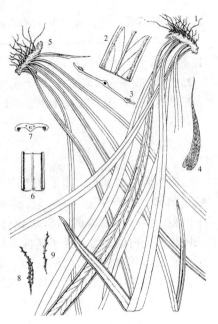

图 362：1-4.剑叶书带蕨　5-9.书带蕨
（冀朝祯绘）

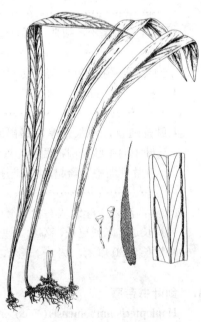

图 363 带状书带蕨
（引自《中国蕨类植物图谱》）

米，宽约 5 毫米，有的宽 0.8-1 厘米，先端渐尖，基部长下延，叶片反卷；中脉在叶片上面凸起，其两侧叶片凹陷成纵沟槽，几达叶全长，叶片下面中脉粗，通常宽

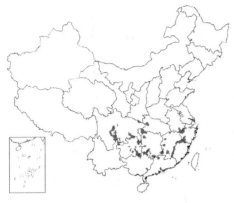

扁，与孢子囊群线接近，或较窄，两侧有宽的不育带；叶质肥厚，革质。孢子囊群线形，着生近叶缘的沟槽中，外侧被反卷的叶缘遮盖；隔丝顶端细胞头状或杯状，颜色略深，长略大于宽。孢子长椭圆形，单裂缝，具不明显颗粒状纹饰。

产安徽、浙江、福建、江西、湖北、湖南、广东、广西、贵州、四川及云南，生于海拔 1300-2800 米常绿阔叶林中树干或岩石上。

4. 锡金书带蕨 图 365

Haplopteris sikkimensis (Kuhn) E. H. Crane, Syst. Bot. 22: 514. 1997.
Vittaria sikkimensis Kuhn in Linnaea 36: 66. 1869; 中国植物志 3(2):22. 1999.

微型蕨类。根茎极短小，纤细，横走或斜升，密被鳞片，鳞片灰褐色，具虹色光泽，钻状披针形，长 2-4 毫米，基部最宽，0.25-0.5 毫米，网眼 3-6 列，长方形，中间网眼壁厚，近边缘 1 列网眼壁薄，边缘 1 列不完全网眼的横壁呈睫毛状小齿，鳞片先端无网孔，长纤毛状，具睫毛状齿。叶近生，密集成丛；叶柄短，纤弱，扁；叶片长 1.5-12 厘米，通常长

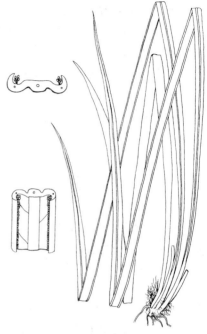

图 364 平肋书带蕨 （张桂芝绘）

4-6 厘米，宽 0.5-1.5 毫米，通常宽 1 毫米，先端尖或圆钝，下部长下延，上面中脉不明显，具凹陷浅沟，下面中脉隆起，宽而扁平，两侧伸展遮盖孢子囊群线，叶片多少反折；叶仅中上部能育；叶较薄，质脆，表面密布长骨针状细胞。孢子囊群线深陷于中脉腋部沟槽中，被反折的叶缘遮盖，孢子成熟后充满中脉与叶缘的空间，略突出于叶缘；隔丝顶端细胞倒圆锥形，长大于宽，棕色。孢子窄长椭圆形，单裂缝，表面略有疣突。

产云南及西藏东南部，生于海拔 1400-2200 米常绿阔叶林中、树干或岩石上，常同白发藓混生。印度北部，缅甸、泰国北部及越南北部有分布。

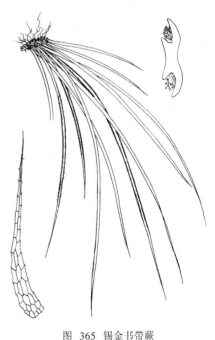

图 365 锡金书带蕨
（孙英宝仿《中国植物志》）

5. 书带蕨 细柄书带蕨 小叶书带蕨 图 362：5-9 图 366

Haplopteris flexuosa (Fée) E. H. Crane, Syst. Bot. 22: 514. 1997.
Vittaria flexuosa Fée, Mém. Foug. 3: 16. 1851-52; 中国高等植物图鉴

1: 280. 1972; 中国植物志3(2): 23. 1999.
Vittaria filipes Christ; 中国高等

植物图鉴 1: 279. 1972.

Vittaria modesta Hand.-Mazz.; 中国高等植物图鉴 1: 279. 1972.

根茎横走，密被鳞片，鳞片褐棕色，具光泽，钻状披针形，长 4-6 毫米，基部宽 0.2-0.5 毫米，先端纤毛状，边缘具睫毛状齿，网眼壁较厚，深褐色。叶近生，常密集成丛；叶柄短，纤细，下部浅褐色，基部被纤细小鳞片；叶片线形，长 15-40 厘米或更长，宽 4-6 毫米，小型个体，叶片长 6-12 厘米，宽 1-2.5 毫米；叶片下面中脉隆起，纤细，上面凹陷呈窄缝，侧脉不明显；叶薄草质，叶缘反卷，遮盖孢子囊群。孢子囊群线形，生于叶缘内侧，位于浅沟槽中，沟槽内侧略隆起或扁平，孢子囊群线与中脉之间有宽的不育带，或在窄的叶片上为成熟的孢子囊群线充满；叶片下部和先端不育；隔丝多数，先端倒圆锥形，长宽近相等，亮棕色。孢子长椭圆形，无色透明，单裂缝，表面具模糊颗粒状纹饰。

产甘肃、江苏、安徽、浙江、台湾、福建、江西、湖北、湖南、广东、海南、广西、贵州、四川、云南及西藏，生于海拔 100-3200 米林中，附生树干或岩石上。越南、老挝、柬埔寨、泰国、缅甸、印度、不丹、尼泊尔、日本及朝鲜半岛有分布。

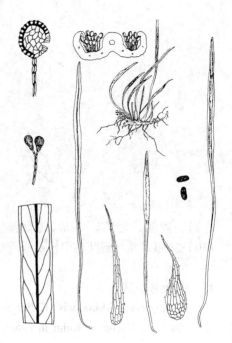

图 366 书带蕨
（孙英宝仿《中国蕨类植物图谱》）

6. 唇边书带蕨 图 367

Haplopteris elongata (Sw.) E. H. Crane, Syst. Bot. 22: 514. 1997.

Vittaria elongata Sw. Syn. Fil. 109. 302. 1806; 中国高等植物图鉴 1: 281. 1972; 中国植物志 3(2): 25. 1999.

Vittaria zosterifolia auct. non Willd.: 中国高等植物图鉴 1: 281. 1972.

根茎长而横走，多分叉，密被须根和鳞片，须根根毛绒毛状，密布，形成线状吸水结构；鳞片黑褐色，具亮光泽，钻状披针形，长 4-5 毫米，基部宽 0.5-1 毫米，先端渐尖，纤毛状，端部呈腺体状，粗筛孔网眼壁增厚，黑色，边缘具较长睫毛状齿。叶稍疏生，相距约 0.5 毫米，通常成丛倒垂；叶柄椭圆，或长或短，基部常被较根茎的鳞片窄长；叶片线形或带状，长达 1 米以上，宽 0.5-2 厘米，先端圆头或钝头，

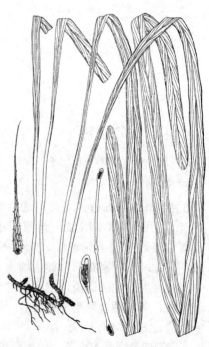

图 367 唇边书带蕨
（引自《中国蕨类植物图谱》）

下部渐窄，全缘；中脉细，两面扁平，不明显，侧脉多数，形成斜升网眼，较明显；叶近革质，干后有皱纹。孢子囊群线着生叶缘

双唇状夹缝中，开口向外，自叶片的近基部延伸直达近顶端；隔丝多数，顶端杯状，长略大于宽。孢子窄长椭圆形，单裂缝，表面纹饰模糊。

产台湾、福建、广东、海南、广西、云南及西藏，生于海拔190-1350米，附生树上或林中岩石上，常同王冠蕨Pseudo drynaria coronans、鸟巢蕨属Neottopteris及铁角蕨属Asplenium等附生蕨类混

生。越南、泰国、柬埔寨、老挝、缅甸、尼泊尔、印度、斯里兰卡、马来西亚、印度尼西亚、菲律宾、日本琉球、澳大利亚和马达加斯加有分布。

7. 姬书带蕨　　　　　　　　　图 368

Haplopteris anguste‑elongata (Hayata) E. H. Crane, Syst. Bot. 22:514. 1997.

Vittaria auguste‑elongata Hayata, Ic. Pl. Formos. 6: 161. 1916; 中国植物志 3(2): 28. 1999.

根茎细长横走，顶端略斜升，密被鳞片，鳞片褐棕色，线状披针形，长5-7毫米，下部宽0.2-0.3毫米，先端长渐尖，呈纤毛状，端部常腺体状，中间网眼壁较边缘网眼壁厚，呈深棕色，边缘近全缘。叶近生，多数；叶柄不明显，纤细，扁平，基部无鳞片；叶片线形，长8-30厘米，中部宽2-4毫米，向两端渐窄，先端短尖头或尾状；中脉纤细，在叶片上面略隆起，下面不明显；叶质较薄，干后褐色。孢子囊群线形，着生叶缘双唇状夹缝中，唇口向叶缘外，或略向叶下面；隔丝多数，下部分节，无色透明，顶端膨大，呈细长喇叭状，长约为宽的1倍，或更长，深棕色。孢子长椭圆形，单裂缝，纹饰模糊。

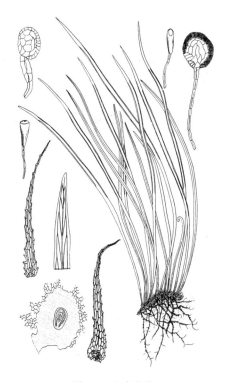

图 368 姬书带蕨
（孙英宝仿《Ogata, Ic. Fil. Jap.》）

产台湾、福建及海南，生于林中岩石或树干上。菲律宾及日本南部有分布。

2. 针叶蕨属 Vaginularia Fée

微型，附生。根茎纤细，横走，相互纤缠，被粗筛孔状小鳞片。叶2列着生，单叶状，线形，全缘，具中脉及侧脉。孢子囊成汇生囊群，短线形，着生叶下面侧脉上，每叶片有1-3枚，无囊群盖，具隔丝；孢子囊环带具14-18个增厚细胞。孢子三角状圆形，3裂缝，外壁纹饰模糊。染色体数目2n=30。

6种，分布于亚洲热带地区。我国1种。

针叶蕨　　　　　　　　　　图 369

Vaginularia trichoidea Fée, Mém. Foug. 3: 34. 1851-52.

禾草型附生蕨类。根茎细弱，横走，被粗筛孔状透明小鳞片，鳞片以基部着生，长约0.5毫米，钻状披针形。叶在根茎上呈2列，簇生，长5-12厘米，叶片不育部分宽约0.5毫米，全缘，无毛，中脉

贯通整个叶片，有1-2短小侧脉。孢子囊群着生叶片下面侧脉上，每个侧脉上生1个孢子囊群，通常每

个叶片有1-2枚孢子囊群，孢子囊群椭圆形，被隆起的中肋和能育侧脉外缘隆起的脊由两侧遮盖，成熟后膨起向外突出于叶缘之外，呈念珠状；隔丝线形，多分节，顶端细胞几不膨大；孢子囊环带具14-16个加厚细胞。孢子三角状圆形，3裂缝，外壁纹饰模糊。

产海南及台湾，生于海拔700-1400米山谷密林中，附生阴湿岩石上。泰国、菲律宾及印度尼西亚有分布。

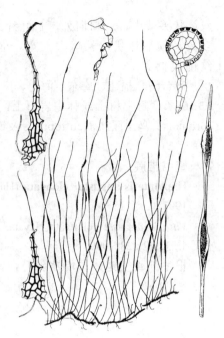

图 369　针叶蕨
（孙英宝仿《Ogata, Ic. Fil. Jap.》）

3. 一条线蕨属 Monogramma Commerson ex Schkuhr

微型，附生。根茎纤细，横走，相互纤缠，被粗筛孔状小鳞片。叶2列，单叶状，线形，极窄，质薄，全缘，无毛，具中脉，无侧脉。孢子囊为汇生囊群，每叶片1枚，连续，具隔丝，在叶下面沿中脉沟槽着生，沟槽两侧边缘隆起呈囊群盖状，遮盖孢子囊群；孢子囊环带具17-19个增厚细胞。孢子三角圆形，3裂缝，外壁纹饰模糊。

3种，分布于亚洲热带地区及东非。我国1种。

连孢一条线蕨　　　　　　　　　　　　　　　　　　图 370

Monogramma paradoxa (Fée) Bedd., Ferns Brit. Ind. Suppl. 24. 1876.

Pleurogramma paradoxa Fée, Mém. Foug. 3: 38. t. 4. f. 4. 1851-'52.

微型，附生。根茎纤细，径不及1毫米，横走，相互纤缠，密被须根及鳞片，鳞片暗褐色，粗筛孔状，细小，披针形，长0.8-1.25毫米，宽0.25-0.5毫米，边缘齿状，以基部着生。叶密集簇生；叶长3-12厘米，宽0.5-1毫米，丝状线形，先端短尖头，基部下延，无侧脉，仅有中肋。孢子囊群长圆形，不间断，通常生叶片中部以上，着生下面中脉沟槽中，

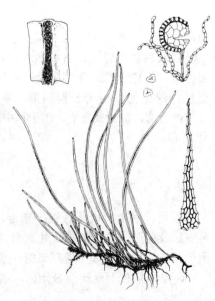

图 370　连孢一条线蕨
（引自《Fl. Taiwan》）

沟槽两侧边缘隆起呈囊群盖状，遮盖孢子囊群；孢子囊群成熟时，中脉扩张使叶片膨大；隔丝线形，多分节，顶端细胞不膨大，与其下的同形；孢子囊环带具17-19个加厚细胞。孢子圆钝三角状，3裂缝，透明。

产台湾，附生于树干及岩石上，稀有。斯里兰卡、泰国、菲律宾、印度尼西亚、波利尼西亚、密克罗尼西亚及夏威夷有分布。

36. 蹄盖蕨科 ATHYRIACEAE

（张宪春　朱维明　谢寅堂　王中仁　和兆荣）

　　土生中小型或大型蕨类。根茎短而直立或斜生，或长而横走，内具网状中脉，外被细筛孔不透明鳞片。叶簇生或疏生；叶柄光滑或疏生鳞片，上面有沟，直达叶轴，常和羽轴、小羽轴的沟相接，沟两侧棱脊交会处常形成突起，叶柄内有2维管束，向上汇合成 V 或 U 形；叶片通常二至三回羽状，稀一回羽状，末回小羽片或裂片有锯齿，叶脉羽状或羽状分叉，稀网状；叶干后草质或纸质，两面光滑或有短腺毛，或羽轴和主脉被多细胞节状毛，稀被具 1-3（4）列多角形细胞的粗筛孔状鳞片。孢子囊群圆形、半圆形、线形，通常背生叶脉，有时沿叶脉一侧生或两侧双生；囊群盖圆肾形、半月形、线形、弯钩形或马蹄形，上位生，稀卵形，成熟时被压在孢子囊群下面而半下位生，稀无盖。孢子两面形、肾形或圆肾形，透明，光滑或有翅状、波状或疣状纹饰。

　　约18属，600种，广布世界各地，主产温带、热带和亚热带高山地区。我国各属均有，约400种。

1.羽片基部具关节与叶轴相连 ⋯⋯⋯⋯⋯⋯⋯⋯⋯⋯⋯⋯⋯⋯⋯⋯⋯⋯⋯⋯⋯⋯⋯⋯⋯⋯ 1. 羽节蕨属 Gymnocarpium
1.羽片基部无关节与叶轴相连。
　2. 孢子囊群圆形，囊群盖卵圆形，尖头或扁圆，基部着生囊群托，并被压于孢子囊群下面，似下位。
　　3. 叶片无毛，一至二回羽状。
　　　4. 叶片一回羽状，羽片达30对 ⋯⋯⋯⋯⋯⋯⋯⋯⋯⋯⋯⋯⋯⋯⋯⋯⋯ 2. 光叶蕨属 Cystoathyrium
　　　4. 叶片一至二回羽状，羽片约10对 ⋯⋯⋯⋯⋯⋯⋯⋯⋯⋯⋯⋯⋯⋯⋯ 3. 冷蕨属 Cystopteris
　　3. 叶片两面被分节毛，二至三回羽状，羽片细裂 ⋯⋯⋯⋯⋯⋯⋯⋯⋯⋯⋯ 4. 亮毛蕨属 Acystopteris
　2. 孢子囊群圆肾形或线形，囊群盖背生、侧生或双生于小脉，有时不育。
　　5. 叶轴、羽轴被多细胞透明节状毛或具 1-3（4）列多角形细胞的粗筛孔状鳞毛。
　　　6. 无囊群盖 ⋯⋯⋯⋯⋯⋯⋯⋯⋯⋯⋯⋯⋯⋯⋯⋯⋯⋯⋯⋯⋯⋯⋯⋯⋯⋯⋯ 5. 角蕨属 Cornopteris
　　　6.有囊群盖。
　　　　7.叶脉网状 ⋯⋯⋯⋯⋯⋯⋯⋯⋯⋯⋯⋯⋯⋯⋯⋯⋯⋯⋯⋯⋯⋯⋯⋯⋯⋯ 6. 网蕨属 Dictyodroma
　　　　7.叶脉分离。
　　　　　8.叶片一回羽状，羽片不裂，镰状披针形，基部上侧三角形凸起 ⋯⋯⋯ 7. 毛子蕨属 Monomelangium
　　　　　8.叶片一至二回羽状，羽片或小羽片羽裂。
　　　　　　9. 根茎短粗直立或横卧；叶柄基部膨大。
　　　　　　　10.根茎短粗横卧或斜升；孢子囊群圆肾形或马蹄形 ⋯⋯⋯⋯⋯ 8. 介蕨属 Dryoathyrium
　　　　　　　10.根茎短粗直立；孢子囊群线形 ⋯⋯⋯⋯⋯⋯⋯⋯⋯⋯⋯⋯ 9. 峨眉蕨属 Lunathyrium
　　　　　　9. 根茎细长横走；叶柄基部不膨大 ⋯⋯⋯⋯⋯⋯⋯⋯⋯⋯⋯⋯ 10. 假蹄盖蕨属 Athyriopsis
　　5. 叶轴、羽轴无多细胞透明节状毛或具 1-3（4）列多角形细胞的粗筛孔状鳞毛。
　　　11. 孢子囊群圆形、半圆形、弯钩形或马蹄形。
　　　　12. 囊群盖圆肾形，具缺刻着生囊群托。
　　　　　13.叶片一回羽状，羽片边缘浅裂，叶脉分离或每组侧脉下部 1-2 对靠合形成尖三角形网眼 ⋯⋯⋯⋯
　　　　　⋯⋯⋯⋯⋯⋯⋯⋯⋯⋯⋯⋯⋯⋯⋯⋯⋯⋯⋯⋯⋯⋯⋯⋯⋯⋯⋯⋯⋯ 11. 安蕨属 Anisocampium
　　　　　13.叶片二至三回羽状，羽片深羽裂，叶脉分离 ⋯⋯⋯⋯⋯⋯⋯⋯ 12. 假冷蕨属 Pseudocystopteris
　　　　12.囊群盖在同一羽片圆肾形、长圆形、弯钩形或马蹄形，或无 ⋯⋯⋯ 13. 蹄盖蕨属 Athyrium
　　　11. 孢子囊群线形，有时双生于一脉。
　　　　14. 叶为单叶状，或奇数一回羽状，顶端有 1 片分离羽片，其大小和侧生羽片相同。
　　　　　15.叶脉分离 ⋯⋯⋯⋯⋯⋯⋯⋯⋯⋯⋯⋯⋯⋯⋯⋯⋯⋯⋯⋯⋯⋯⋯⋯⋯ 14. 双盖蕨属 Diplazium
　　　　　15.叶脉网状 ⋯⋯⋯⋯⋯⋯⋯⋯⋯⋯⋯⋯⋯⋯⋯⋯⋯⋯⋯⋯⋯⋯⋯⋯ 15. 肠蕨属 Diplaziopsis

14. 叶片一回至三回羽状，顶端羽裂渐尖。

16. 叶脉略星毛蕨型 ·· 16. 菜蕨属 Callipteris

16. 叶脉非星毛蕨型。

17. 叶片一回至二回羽状，叶脉分离或偶网结；孢子囊群有时双生于一脉 ·········· 17. 短肠蕨属 Allantodia

17. 叶片二回至三回羽状，叶脉分离；孢子囊群不双生于一脉 ·············· 18. 轴果蕨属 Rhachidosorus

1. 羽节蕨属 Gymnocarpium Newman

中小型蕨类。根茎横走，有网状中柱，顶端连同叶柄基部被棕色宽披针形或卵形薄鳞片。叶疏生；叶柄细，禾秆色，基部圆，上部上面有纵沟；叶片三角状卵形或五角状三角形，一回深羽裂，基部具关节着生于叶柄顶端，或三回深羽裂，羽片与关节着生叶轴，基部 1 对羽片不缩短；叶脉在末回裂片上羽状，侧脉单一或 2 叉，达叶缘；叶草质或薄草质，两面光滑或稀叶片两面、叶柄上部、叶轴和羽轴有淡黄色头状腺体。孢子囊群圆形或长圆形，生小脉背上，位于主脉或羽轴两侧，成熟时多少汇合，无盖。孢子两侧对称，卵状肾形，有疣状纹饰。染色体基数 x=40。

7 种，分布于北半球温带（亚洲、北美洲、欧洲）和亚洲亚热带山地。我国 5 种。

1. 叶片一回深羽裂 ·· 1. 东亚羽节蕨 G. oyamense

1. 叶片二至三回羽状。

2. 叶片五角形；叶柄和叶轴无毛 ·· 2. 欧洲羽节蕨 G. dryopteris

2. 叶片卵状三角形；叶柄和叶轴被腺毛或无毛。

3. 叶柄和叶轴被腺毛 ··· 3. 羽节蕨 G. jessoense

3. 叶柄和叶轴无毛 ·· 4. 细裂羽节蕨 G. remotepinnatum

1. 东亚羽节蕨   图 371

Gymnocarpium oyamense (Baker) Ching in Contr. Biol. Lab. Sci. Soc. China Bot. 9: 40. f. 3. 1933.

Polypodium oyamense Baker in Journ. Bot. 15: 366. 1877.

植株高 25-45 厘米。根茎细长横走，顶端连同叶柄基部被红棕色宽披针形鳞片。叶疏生；叶柄长 15-20 厘米，径约 1.5 毫米，亮禾秆色，下面圆，上面有纵沟；叶片卵状三角形，长 10-20 厘米，宽约 6 厘米，先端渐尖，基部心形，具关节和叶柄连成斜面，一回羽状深裂离叶轴 4-5 毫米，羽片 6-9 对，平展（基部 1 对向下斜展），披针状镰刀形，基部具宽翅相连，边缘片状浅裂，裂片全缘或有浅圆齿，裂片有侧脉 4-5 对，单一，直达叶缘；叶草质，干后绿或灰绿色，两面无毛。孢子囊群长圆形，生小脉中部，远离。

产河南、陕西南部、甘肃南部、安徽南部、浙江、台湾、江西

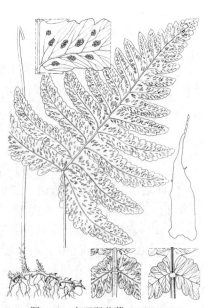

图 371 东亚羽节蕨 （冀朝祯绘）

西部、湖北西部、湖南北部及西南部、贵州西北部及北部、四川中部及东南部、云南、西藏东南部，生

于海拔300-2900米林下湿地或石上。尼泊尔、新几内亚岛、日本及菲律宾有分布。

2. 欧洲羽节蕨

图 372

Gymnocarpium dryopteris (Linn.) Newman in Phytologist 4: 371. 1851.

Polypodium dryopteris Linn. Sp. Pl. 1093. 1753.

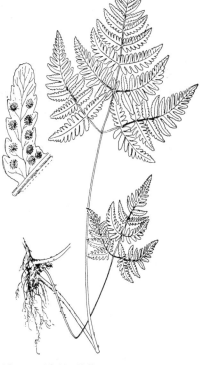

植株高20-28厘米。根茎细长横走，被淡棕色、披针形、卵形或卵状披针形、膜质鳞片。叶疏生；叶柄纤细，长13-20厘米，禾秆色，基部棕黑色，疏被卵形或卵状披针形淡棕色鳞片，向上渐光滑；叶片五角形，长7-10厘米，宽相等或较过，二回羽状（三回深羽裂），羽片5-6对，斜展，相距1-3厘米，无柄，基部1对最大，与叶片上部其余部分近等大，长

6-8厘米，宽3-5厘米，三角形，有长柄，二回羽状深裂；叶干后薄草质，绿色，叶轴及羽轴无腺毛；叶脉羽状，侧脉单一。孢子囊群圆形，背生于侧脉中部或上部，近叶缘。

产黑龙江、吉林、辽宁南部、内蒙古东北及东南部、山西中南部、陕西秦岭、新疆北部，生于海拔350-2900米针叶林下阴湿处。广布北半球温带其他地区。

图 372 欧洲羽节蕨 （引自《辽宁植物志》）

3. 羽节蕨

图 373

Gymnocarpium jessoense (Koidz.) Koidz. in Acta Phytotax. Geobot. 5: 40. 1936.

Dryopteris jessoensis Koidz. in Bot. Mag. Tokyo 38: 104. 1924.

Gymnocarpium disjunctum (Rupr.) Ching；中国高等植物图鉴1:174. 1972.

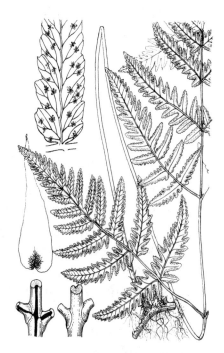

植株高25-50厘米。根茎细长横走，顶端和叶柄基部有棕色卵状披针形鳞片。叶疏生；叶柄长15-30厘米，禾秆色；叶片卵状三角形，长宽15-30厘米，叶片二回羽状（三回羽裂），羽片5-8对，对生，斜上，相距2-7厘米，下部的有柄，具关节着生叶轴，基部1对长三角形，有短柄，长7-15厘米，宽4-10厘米，二回羽裂，末回裂片全缘或有浅圆齿，侧脉单一，偶2

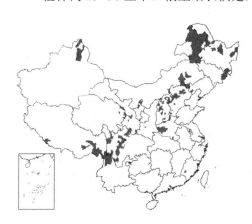

叉；叶厚草质，上面淡绿色，下面浅绿色；叶柄上部和叶轴及羽轴

图 373 羽节蕨
（冀朝祯仿《中国植物志》）

下部（特别是基部羽片）有淡黄色小腺体。孢子囊群小，圆形，背生于侧脉中部；无盖。

产黑龙江、吉林、辽宁、内蒙古、河北、山西、河南、陕西南部、宁夏、甘肃、青海东部、新疆北部、四川、云南西北部及西藏，生于海拔450-4000米林下。阿富汗、巴基斯坦北部、印度北部、尼泊尔、朝鲜半岛、日本、俄罗斯远东区和北美洲西北部有分布。

4. 细裂羽节蕨　　　　　　　　　　　　　　图 374

Gymnocarpium remotepinnatum (Hayata) H. Ito in Nakai et Honda, Nov. Fl. Jap. Polypod. – Dryopt. 1: 160. 1939.

Dryopteris remote-pinnata Hayata, Ic. Pl. Formos. 6: Suppl. 108. 1916.

植株高 30-50 厘米。根茎细长横走，疏被浅褐色卵状披针形鳞片。

叶疏生；叶柄长 10-20 厘米，禾秆色，细弱，基部疏被鳞片；叶片三角形，长 10-14 厘米，宽 6-9 厘米，通常二回羽状至三回羽状，二回小羽片羽裂，羽片 5-6 对，对生，下部两对具短柄，上部的无柄，基部 1 对羽片长三角形，长 6-8 厘米，宽 5-6 厘米，先端渐尖，基部近平截，柄长 1-2.2 厘米，基部有关节，平展，二回羽状；叶干后薄草质，褐绿色，无毛，叶轴及羽轴下面无腺体；叶脉在裂片上羽状，小脉单一，极斜上。孢子囊群小，圆形，无盖，背生于小脉，褐绿色。

产台湾山地及云南西北部，生于海拔2500-3400米冷杉及铁杉林下或林缘石上。

图 374 细裂羽节蕨
（引自《中国蕨类植物图谱》）

2. 光叶蕨属 Cystoathyrium Ching

中型阴地常绿蕨类。根茎短而横卧，被残留叶柄基部，密生较粗须根，顶端被深褐色卵状披针形鳞片。叶近生；叶柄长 7-8 厘米，径约 2 毫米，基部褐色，稍膨大，被少数伏贴披针形鳞片，向上淡禾秆色，光滑，向轴面有浅纵沟；叶片窄披针形，近纸质，一回羽状，长达 35 厘米，中部宽 6-8 厘米，顶部羽裂渐尖头，羽片羽状深裂，约 30 对，近对生，无柄，披针状镰刀形，裂片长圆形，斜上，全缘或略有小圆齿，羽轴下面圆，上面有浅纵沟，裂片叶脉羽状，两面明显，在上面稍凸起，侧脉3-5 对，斜上，上先出，单一，基部裂片基部叶脉偶 2 叉，伸达叶缘，叶淡绿色，无毛。孢子囊群圆形，每裂片 1 枚，生于基部上侧小脉背部，近羽轴两侧各排成 1 行；囊群盖卵圆形，薄膜质，灰绿色，老时脱落，基部下位。孢子圆肾形，深褐色，不透明，具较密棘状突起。

我国特有单种属。

光叶蕨 图 375

Cystoathyrium chinense Ching in Acta Phytotax. Sin. 11(1): 23. t. 4. 1966.

形态特征同属。

产四川（天全），生于海拔2450米林下阴湿处。

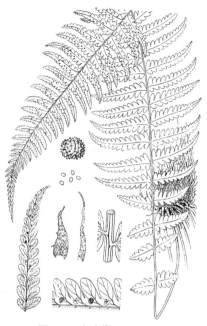

图 375 光叶蕨 （冀朝祯绘）

3. 冷蕨属 Cystopteris Bernh.

高山林下小型蕨类。根茎细长横走或短而横卧，密被红棕色柔毛，或无毛，鳞片疏生，棕色，质薄，宽披针形。叶疏生、近生或簇生；叶有长柄，禾秆色或栗褐色，基部以上无鳞片；叶片椭圆形、卵形或五角形，稀宽披针形，二至三回羽状，稀四回羽裂，上先出，羽片有短柄，小羽片与羽轴多少合生或分离，基部多少偏斜或近对称，裂片有小锯齿；叶脉分离，叉状或羽状，小脉通直或达锯齿顶端，或通达锯齿间小缺刻；叶薄草质或草质，干后绿色，无毛。孢子囊群圆形，生于小脉背上；囊群盖卵形或近圆形，基部着生孢子囊群下侧边，余分离，膜质，宿存，初覆盖孢子囊群，后被成熟孢子囊群推开，将基部压于下面，似下位。孢子椭圆形，具刺状、疣状或褶皱纹饰。染色体基数 x=42。

约 10 余种，分布于温带和寒温带地区。我国约 10 种。

1. 根茎横卧或短横走；叶近生或簇生 ·· 1. 冷蕨 **C. fragilis**
1. 根茎细长横走；叶疏生。
  2. 叶片近五角形，基部羽片下侧第一个小羽片特长 ···················· 2. 高山冷蕨 **C. montana**
  2. 叶片三角状卵形、卵状披针形或宽披针形，基部羽片下侧第一个小羽片不伸长。
    3. 囊群盖背面有短腺毛 ·· 3. 欧洲冷蕨 **C. sudetica**
    3. 囊群盖背面无短腺毛。
      4. 叶片二回羽状，羽片 12-15 对，基部 1 对略短 ·············· 4. 膜叶冷蕨 **C. pellucida**
      4. 叶片二至三回羽状，羽片 8-12 对，基部 1 对最大 ········· 5. 宝兴冷蕨 **C. moupinensis**

1. 冷蕨 图 376

Cystopteris fragilis (Linn.) Bernh. in Neues Journ. Bot. 1: 27. t. 2. f. 9. 1806.

Polypodium fragile Linn. Sp. Pl. 2: 1091. 1753.

植株高 23-35 厘米。根茎短而横卧，密生棕色宽披针形鳞片。叶近簇生；叶柄长 5-14 厘米，禾秆色；叶片宽披针形，长 18-28 厘米，宽 4-5 厘米，无毛，一回羽状至二回羽状或三回羽裂；基部 1

对羽片略短或不缩短，中部羽片长 2-3.5 厘米，宽 1-1.5 厘米，矩圆形，具有窄翅的短柄；小羽片倒卵形，基部下延，具窄翅相连，边缘有粗尖齿或浅裂；小羽片叶脉羽状，每齿有 1 小脉。孢子囊群小，圆形，生于小脉中部或稍下；囊群盖卵圆形，基部着生，幼时盖覆孢子囊群，成熟时下部压在孢子囊群下面。

图 376 冷蕨 （引自《图鉴》）

产黑龙江、吉林、辽宁、内蒙古、河北、山东、山西、河南、陕西、宁夏、甘肃、青海东部、新疆、安徽西部、台湾、四川、云南西北部及东北部、西藏，生于海拔（210-）1500-4500（-4800）米高山灌丛下、阴坡石缝中、岩石脚下或沟边湿地。广布于欧洲、亚洲北部和中部高山（朝鲜半岛、日本、蒙古、俄罗斯及印度、尼泊尔、巴基斯坦、阿富汗、伊朗、土耳其、喜马拉雅山地区）、北美洲、南美洲和非洲。

2. 高山冷蕨　　　　　　　　　　图 377

Cystopteris montana (Lam.) Bernh. in Desv. Mém. Soc. Linn. Paris 6: 264. 1827.

Polypodium montanum Lam. Fl. Franc. 1: 23. 1778.

植株高 20-30 厘米。根茎细长横走，黑褐色，疏被棕色、膜质、全缘卵形鳞片。叶近生或疏生，相距 1-7 厘米；叶柄长 15-22 厘米，禾秆色，光滑或疏被鳞片；叶片近五角形，长宽 8-12 厘米，三至四回羽状，羽片 4-7 对，开展，相距 1.5-2 厘米，有短柄，基部 1 对长 5-8 厘米，宽约 4 厘米，近三角形，三回羽裂，小羽片 6-8 对，近对生，斜展，长圆形或宽披针形，基部下侧

图 377 高山冷蕨 （引自《山西植物志》）

1 片长达 4 厘米，余向上各片渐小，二回羽裂，末回裂片长圆形，两侧全缘，顶部有 3-5 粗齿牙；自第二对羽片起，向上渐小，宽披针形或长圆形；叶脉羽状，侧脉单一或 2 叉，伸达齿端；叶草质，叶轴与叶柄同色，光滑。孢子囊群圆形，背生叶脉；囊群盖灰黄色，膜质。

产内蒙古、河北西部、山西北部、河南、陕西、宁夏、甘肃、青海、新疆、四川、云南西北部及西藏东部，生于海拔 1700-4500 米高山林下潮湿地区。欧洲东部、朝鲜半岛、日本、俄罗斯、印度北部、巴基斯坦东部及北美洲有分布。

3. 欧洲冷蕨　　　　　　　　　　图 378

Cystopteris sudetica A. Br. et Milde, Jahresber. Schles. Ges. Vaterland. Cult. 33: 92. 1855.

植株高 15-25 厘米。根茎细长而横走，褐色，叶疏生；叶柄长 10-

16 厘米，径 1-1.5 毫米，禾秆色或带栗色，略有光泽，基部被少数淡棕色膜质鳞片；叶片卵状三角形或宽卵形，长 10-15 厘米，宽 8-14 厘米，渐尖头，二至三回羽状，羽片约 10 对，斜上，基部 1 对长 3-8 厘米，宽 1.8-3 厘米，卵状披针形，有短柄，近对生，上部羽片互生，小羽片 8-10 对，上侧小羽片长 1-2 厘米，宽 0.5-1 厘米，卵形或长三角形，基部常偏斜，几无柄，互生；

裂片卵圆形或长圆形，有锯齿，基部楔形，分离或与小羽轴以窄翅相连，边缘浅裂或锯齿状；叶脉羽状，小脉伸至锯齿间缺刻或齿端凹处；叶轴及羽轴偶有稀疏短腺毛及少数多细胞长节状毛。孢子囊群小，圆形，生于小脉中部稍下；囊群盖近圆形，基部着生，背面疏生头状腺体。

产黑龙江、吉林、辽宁、内蒙古西部、河北北部、山西及西藏东南部，生于海拔 900-3300 米针叶林或针阔叶混交林下。日本、朝鲜半岛、俄罗斯远东地区及欧洲有分布。

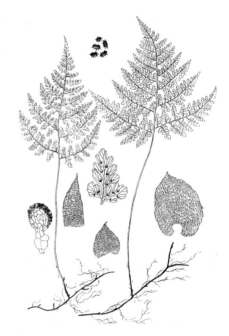

图 378 欧洲冷蕨
（孙英宝仿《Ogata, Ic. Fil. Jap.》）

4. 膜叶冷蕨 图 379

Cystopteris pellucida (Franch.) Ching in C. Chr. Ind. Fil. Suppl. 3: 67. 1934.

Aspidium pellucida Franch. in Nouv. Arch. Mus. 2, 10: 119. 1887.

植株高 30-45 厘米。根茎长而横走。叶疏生；叶柄长约 20 厘米，禾秆色或红棕色，基部有短毛和灰棕色鳞片；叶片薄草质，长卵形或窄卵状矩圆形，长 20-30 厘米，宽 10-15 厘米，二回羽状（三回羽裂），羽片 12-15 对，斜展，基部 1 对长 8-14 厘米，宽 3-4.5 厘米，三角状披针形；小羽片上先出，具有窄翅的短柄，基部下侧 1 片最大，三角状卵形，深羽裂，裂片边缘有短尖锯

图 379 膜叶冷蕨 （蔡淑琴绘）

齿；侧脉单一或分叉，伸达齿间缺刻。孢子囊群生于侧脉中部稍上；囊群盖小，卵形，膜质，基部着生，幼时覆盖孢子囊群，成熟时压在孢子囊群下面。

产河南西部、陕西南部、甘肃南部、四川、云南西北部至东北部、西藏东南部，生于海拔 1500-3700 米山坡林下或沟边阴湿处。

5. 宝兴冷蕨 图 380

Cystopteris moupinensis Franch. in Nouv. Arch. Mus. Hist. Nat. ser. 2, 10: 111. 1887.

植株高 20-38 厘米。根茎细长

横走，连同叶柄基部有少数宽卵形鳞片。叶疏生；叶柄长10-22厘米，禾秆色；叶片草质，长卵形或三角形状卵形，长10-22厘米，宽5-7厘米，二回至三回羽状，羽片8-12对，有柄，基部1对最大，斜上；小羽片略有短柄，羽裂达小羽轴两侧的窄翅；裂片边缘锐裂有短尖锯齿，每齿1小脉。孢子囊群小，圆形，生于小脉中部稍下；囊群盖近圆形，基部着生，无头状腺体，幼时覆盖孢子囊群，成熟时下半边压在孢子囊群下面。

产河北西部及东部、河南西部、陕西南部、甘肃、青海、台湾、四川、云南、西藏东南部，生于海拔1000-4000米针阔叶混交林下阴湿处或阴湿石上。日本及印度北部有分布。

图 380 宝兴冷蕨
（蔡淑琴仿《中国蕨类植物图谱》）

4. 亮毛蕨属 Acystopteris Nakai

中型土生蕨类。根茎横走或横卧，疏被灰褐色披针形鳞片。叶近生或疏生，叶柄栗褐或禾秆色，被鳞片鳞毛或节状毛；叶宽卵圆形或卵状披针形，叶片二回羽状至三回羽状；羽片披针形，有极短柄或几无柄；末回小羽片卵形或卵状披针形，羽状分裂片有齿，叶脉羽状，侧脉单一，稀2叉；叶草质，两面沿叶脉多少被节状毛。孢子囊群小，圆球形，生小脉中部，囊群疬卵圆形，边缘有腺毛，成熟时被压在囊群之下。孢子两面形，半圆形，具棒状纹饰。染色体基数 x=42。

3种。分布于亚洲东南部热带和亚热带地区及新西兰，中国为分布中心，向东至日本，向西至印度和锡金，向南分布于中南半岛和印度尼西亚。我国均产。

1. 叶柄栗褐色；羽片斜上；叶片两面被疏分节毛 ······························· 1. 亮毛蕨 A. japonica
1. 叶柄禾秆色；羽片近平展；叶片两面密被分节毛 ······················· 2. 禾秆亮毛蕨 A. tenuisecta

1. 亮毛蕨
图 381

Acystopteris japonica (Luerss.) Nakai in Bot. Mag. Tokyo. 47: 180. 1938.

Cystopteris japonica Luerss. in Engl. Bot. Jahrb. 4: 363. 1883.

植株高35-60厘米。根茎横走，疏被披针形鳞片。叶近生；叶柄长15-30厘米，栗褐色，疏被鳞片及节状毛，鳞片披针形或窄披针形；叶片卵状三角形，长20-50厘米，宽15-40厘米，基部稍上宽15-18厘米，二回羽状至三回羽状（四回羽裂），羽片10-15对，斜升，长达25厘米，宽达10厘米，近无柄；小羽片无柄与羽轴合生，羽裂达小羽轴两侧的窄翅，裂片有粗齿或锐齿；叶草质，两面沿叶脉疏生无色透明节状毛。孢子囊小，圆形，背生于裂片基部上侧小脉，略近边缘生；囊群盖极小，卵圆形，成熟时被压孢子囊群之下，几不显。

产安徽东南部、浙江、台湾、福建东部、江西东北部及西部、湖

北西部、湖南西北部、广西北部、贵州、四川、云南北部及东北部，
生于海拔400-2800米林下沟边。日本有分布。

2.　禾秆亮毛蕨　　　　　　　　　　　　　　　图382

Acystopteris tenuisecta (Bl.) Tagawa in Acta Phytotax. Geobot. 7:73.
1938.

Aspidium tenuisecta Bl. Enum. Pl. Jav. Fil. 170. 1828.

植株高0.6-1米。根茎短，横卧或斜升，疏被窄披针形鳞片。叶
簇生；叶柄长达40厘米，禾
秆色，密被鳞片及节状
毛；叶片三角状披针形或卵
状披针形，长14-50厘米，
宽10-40厘米，二回羽状至
三回羽状（四回羽裂），羽
片15-25对，对生，近平
展，无柄，卵状披针形或披
针形，长达25厘米，宽达10
厘米，小羽片长2-8厘米，宽
1-2.5厘米；叶两面沿叶脉
密生透明节状长毛。孢子囊小，圆形，背生于裂片基部上侧小脉中
部；囊群盖小，膜质，灰绿色，卵圆形，宿存，边缘常有桔黄或
黄色腺体。

产台湾、广西北部、四川中部、云南及西藏东南部，生于海拔650-
2600米山坡阔叶林下。亚洲热带亚热带地区广布。

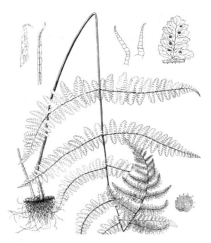

图 381　亮毛蕨　（引自《图鉴》）

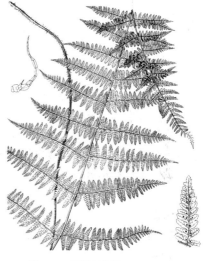

图 382　禾秆亮毛蕨　（孙英宝绘）

5. 角蕨属　Cornopteris Nakai

中型土生蕨类，根茎横走、斜生或直立，连同叶柄基部密生红棕色、卵形或卵状披针形的全缘鳞片。
叶近生或簇生；叶柄近肉质或草质，干后扁，上面有宽纵沟；叶片长圆形至长圆三角形，二回至三回羽
状，稀二回羽状半裂；羽片近直角开展，通常下部1-2对羽片向基部变窄，羽轴下侧裂片或小羽片较上
侧为长，叶轴和各回羽轴上面有宽深；沟两侧有隆起的窄梗，在汇合处上方形成一个肉质角状粗刺；叶脉
分离，小脉单一或分叉，不达叶缘；叶草质，干后常变为褐色或褐绿色，光滑，或各回羽轴下面有时生
有节短毛。孢子囊群短线形、圆形或长圆形，生小脉背上，无盖。孢子两侧对称，椭圆形，周壁有宽
翅。染色体基数 x=41。

约15种。分布于亚洲热带和亚热带，北至亚洲东北部温带，南达非洲东部（马达加斯加）。我国11种。

1. 根茎横卧或横走。
　2. 叶片二回至三回羽状，小羽片深羽状 ··· 1. 东北角蕨 **C. crenulatoserrulata**
　2. 叶片一回至二回羽状，小羽片或裂片边缘浅裂，或有疏齿，或呈波状 ············· 2. 角蕨 **C. decurrenti-alata**
1. 根茎直立或斜升 ··· 3. 黑叶角蕨 **C. opaca**

1. 东北角蕨 新蹄盖蕨

图 383

Cornopteris crenulatoserrulata (Makino) Nakai in Bot. Mag. Tokyo 45: 95. 1931.

Athyrium crenulatoserrulata Makino in Bot. Mag. Tokyo 13: 26. 1899.

Neoathyrium crenulatoserrulatum (Makino) Ching et Z. R. Wang；中国植物志 3(2): 95. 1999.

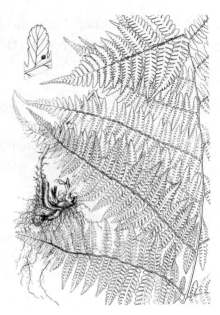

图 383 东北角蕨 （冀朝祯绘）

植株高 70-90 厘米。根茎粗而横卧，顶部有棕色披针形鳞片。叶近生；叶柄长 30-40 厘米，灰禾秆色，疏生纤维状小鳞片；叶片草质，干后带褐色，宽卵形，长 40-50 厘米，宽 25-30 厘米，上面沿叶轴顶部有肉质扁刺，二回至三回羽状，基部 1 对羽片长 16-20 厘米，宽 6-8 厘米，矩圆状披针形，基部略窄，有柄；小羽片无柄，羽裂达小羽轴，裂片开展，有不规则钝齿；裂片叶脉羽状，小脉单一或分叉。孢子囊群小，圆形或近圆形，背生小脉中部；无盖。n=40。

产黑龙江、吉林、辽宁、河南西部、陕西中南部及甘肃南部，生于海拔 800-950 米针阔叶混交林下或草地。朝鲜半岛、日本北部、俄罗斯乌苏里及远东地区有分布。

2. 角蕨

图 384

Cornopteris decurrenti‑alata (Hook.) Nakai in Bot. Mag. Tokyo 44:8. 1930.

Gymnogramma decurrenti‑alata Hook. Sp. Pl. 5: 142. t. 294. 1864.

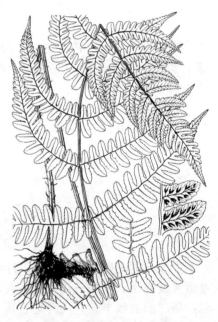

图 384 角蕨 （引自《图鉴》）

植株高 40-80 厘米。根茎细长横走或横卧，先端被褐色披针形鳞片。叶近生；叶柄长 15-40 厘米，径约 2 毫米，下部被红棕色披针形或卵状披针形鳞片，上面有 2 纵沟；叶片长圆形或卵状椭圆形，长 25-40 厘米，宽 20-28 厘米，下部一回至二回羽状，或三回羽裂，侧生羽片达 10 对，无柄，斜展，远离，披针形，基部 1 对长 12-13 厘米，中部宽 3-5 厘米，基部略窄，披针形，一回羽状或二回羽裂，小羽片或裂片长圆状披针形，基部略短，其上的长 1.5-3 厘米，宽 0.6-1 厘米，钝头，基部圆截形，无柄，或多少与羽轴合生，边缘浅裂，或有疏齿，或波状，侧脉在裂片上羽状，单一或分叉，伸达叶缘；叶薄草质，干后褐绿或褐色，无毛或下面密生短毛。孢子囊群长圆形，背生于小脉中部或小脉分叉处，或近主脉，在主脉两侧成不整齐 2 行排列。

产河南、甘肃南部、江苏南

部、安徽南部、浙江、台湾、福建、江西、湖南西南部、广东、广西、贵州、四川及云南，生于海拔250-2800米林下。朝鲜半岛南部、日本及越南有分布。

3. 黑叶角蕨
图385

Cornopteris opaca (D. Don) Tagawa in Acta Phytotax. Geobot. 8:92. 1939.

Hemionitis opaca D. Don, Prodr. Fl. Nepal. 13. 1825.

常绿蕨类。根茎粗短，斜生或直立，顶端被褐色披针形或宽披针形鳞片。叶簇生；能育叶长可达1.2米；叶柄长20-50厘米，径2-5毫米，深禾秆色（较嫩标本，干后常深褐色），基部疏被鳞片，向上鳞片早落；叶片长30-60厘米，宽20-30厘米，三角状卵形，基部圆楔形，羽裂渐尖的顶部以下一至二回羽状；侧生羽片约10对，柄长达3毫米，近对生，略斜展，或几平展，基部1对不缩短或略缩短，长10-20厘米，宽4-15

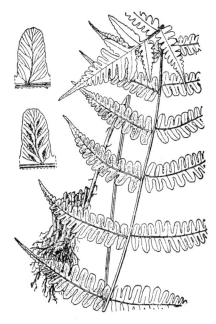

图 385 黑叶角蕨 （冀朝祯绘）

厘米，椭圆形，先端长渐尖，基部近平截，羽裂至羽状，小羽片达10对，平展，椭圆形或椭圆状披针形，羽状半裂至深裂，渐尖头或钝尖，基部平截，互生，无柄或几无柄，长达9厘米，宽达2.5厘米，通常上侧的略短，基部1对特短小，圆钝头，裂片近椭圆形或长方形，先端近平截或钝圆，全缘；下面中脉可见，小脉单一或中部以上分叉，斜上。叶草质，叶轴、羽轴及下面中脉有多细胞短节毛，疏被线形、褐色、全缘小鳞片。孢子囊群短线形或椭圆形，背生于小脉中部或近中脉，或生于小脉分叉处，在小羽片裂片

上1-3对，褐色。孢子赤道面观近肾形，周壁明显，具少数褶皱。染色体数目2n=82。

产台湾（阿里山）、江西、广西、贵州及云南，生于海拔130-2300米常绿阔叶林下。尼泊尔、不丹、印度东北部、缅甸北部及日本南部有分布。

6. 网蕨属 **Dictyodroma** Ching

中型、土生蕨类。根茎短而直立，顶端被披针形鳞片，下部有粗铁丝状肉质光滑粗根。叶簇生；叶柄污禾秆色或褐色，短于叶片，上面有浅纵沟；叶片椭圆形，下部羽状（稀深羽裂），上部羽裂，渐尖头，羽片少数，对生或近对生，近无柄，全缘或波状，稀圆齿状浅裂；主脉明显，两侧侧脉明显或无，小脉网状，在主脉与叶缘间成3-4行偏斜长网眼，沿主脉两侧的1行网眼尖三角形或近圆形，自顶端或外缘生于1-4条外行小脉；叶草质，干后深绿或橄绿色；叶轴和羽片主脉下面多少被透明蠕虫形鳞片，上面各有1条浅纵沟或近平，在交叉点无缺刻。孢子囊群线形，铁角蕨型，或基部上侧1条为双盖蕨型；囊群盖线形，膜质，宿存。孢子椭圆形，具褶皱纹饰。染色体基数x=41。

4种，分布于亚洲东南部热带及亚热带地区，西至喜马拉雅，南达越南和马来西亚北部。我国均产。

1. 叶片上部少数侧生羽片基部汇合，下部具多对分离羽片；羽片基部楔形 ⋯⋯⋯⋯⋯⋯ 1. **网蕨 D. heterophlebium**
1. 叶片上部多数侧生羽片基部汇合，下部或基部具分离羽片。

  2. 叶片下部有1-2（3）对侧生分离羽片；羽片基部圆 ⋯⋯⋯⋯⋯⋯⋯⋯ 2. **全缘网蕨 D. formosanum**

2. 叶片下部有3-6对侧生分离羽片；羽片基部浅心形 ························ 2(附). **海南网蕨 D. hainanense**

1. 网蕨

图 386

Dictyodroma heterophlebium (Mett. ex Baker) Ching in Acta Phytotax. Sin. 9: 59. pl. 5. f. 9-14. 1964.

Asplenium heterophlebium Mett. ex Baker in Hook. et Baker, Syn. Fil. 243. 1867.

植株高30-50厘米。根茎斜。叶簇生；叶柄长达30厘米，暗褐色；叶长30-50厘米，宽15-20厘米，一回羽状，上部羽裂，羽片5-6对，下部3-4对分离，近对生，无柄，镰状披针形，长9-11厘米，宽2-3厘米，边缘波状或偶圆齿状；羽片侧脉及网状小脉均明显；叶草质，两面被毛；叶轴被分节毛和小鳞片。黑色孢子囊群沿小脉呈长圆形，有时在小脉上双生盖蕨型，在侧脉两侧排成2-3行；囊群盖成熟时褐色，长圆形。孢子半圆形。

产云南及西藏东南部，生于海拔1300-1600米山谷密林中。印度东北部、尼泊尔、缅甸北部、泰国及马来西亚有分布。

图 386 网蕨 （冀朝祯绘）

2. 全缘网蕨

图 387：1-9

Dictyodroma formosanum (Rosenst.) Ching in Acta Phytotax. Sin. 9: 60. pl. 5. f. 9-14. 1964.

Diplazium formosanum Rosenst. in Hedwigia 56: 337. 1915.

植株高30-70厘米。根茎直立。叶簇生；叶柄长20-30厘米，青灰色；叶片长30-45厘米，中部宽20-28厘米，长圆形，基部略窄，一回羽状，上部羽裂，下部1-2（3）对羽片与叶轴分离，近对生，开展，披针形，长8-12厘米，中部宽3-3.5厘米，有短柄，向基部略窄，多少镰形；侧脉不明显，沿主脉两侧的1列网眼外缘圆形，向外生出2-3（4）小脉，上下两面光滑，叶轴及主脉基部下面疏生锈黄色短粗毛。孢子囊群长短不等，在主脉两侧排成不规则1-3行，生于每组小脉基部出脉的多为双盖蕨型；囊群盖成熟时褐色，窄长。

产台湾、广西、贵州及云南东北部，生于海拔800米以下沟谷

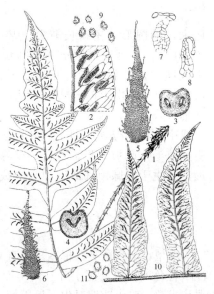

图 387：1-9.全缘网蕨　10-11.海南网蕨 （冀朝祯绘）

林下。

[附] **海南网蕨** 图 387：10-11

Dictyodroma hainanense Ching in Acta Phytotax. Sin. 9: 60. 1964. 本种与全缘网蕨的主要区别：叶片下部有3-6对侧生分离羽片，羽片基部浅心形。产海南，生于山谷密林下。

7. 毛子蕨属（毛轴线盖蕨属） **Monomelangium** Hayata

中型土生蕨类。根茎极短，直立或略斜生，幼时顶端被深棕色披针形小鳞片，后光秃。叶簇生；叶柄褐色，向上直达叶轴，羽轴和主脉密被棕色、多细胞腊肠状柔毛；叶片长圆状披针形，一回羽状，羽片镰刀状披针形；叶脉羽状，侧脉2-3叉。孢子囊群线形，生于每组侧脉上侧一脉，有时顶部羽片基部一组上侧一脉双生；囊群盖宽线形，膜质，宿存。孢子两面体，椭圆形，透明，具绒毛状纹饰。

2种，1种仅见于广东鼎湖山，1种产我国热带及亚热带，东至日本，南至越南槟榔屿。

毛子蕨 毛轴线盖蕨 毛枝蕨   图 388 彩片 84

Monomelangium pullingeri (Baker) Tagawa in Journ. Bot. Jap. 12:539. 1936.

Asplenium pullingeri Baker in Gard. Chron. n. s. 4: 484. 1875.

植株高20-50厘米。根茎短而直立，无鳞片，幼时顶部有少数深棕色小鳞片，旋脱落。叶簇生；叶柄长12-20厘米，基部褐色，向上连同叶轴和羽轴下面淡褐色，被暗棕色节状长柔毛，上面有浅沟；叶片窄长圆形或宽披针形，长20-30厘米，宽8-15厘米，先端渐尖并羽裂，基部略窄，一回羽状，羽片20-25对，下部的对生，向上的互生，平展，下部的无柄，

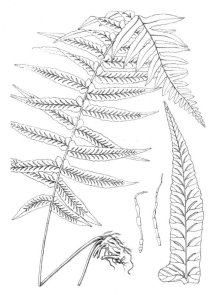

图 388 毛子蕨
（蔡淑琴仿《中国蕨类植物图谱》）

中部以上的多少与叶轴合生，顶部的具宽翅相连，基部1对短并斜下，中部羽片镰刀状披针形，长5-7厘米，宽约1厘米，基部不对称，下侧圆，上侧三角状耳形突起，全缘或稍波状；叶脉2叉，分离，明显，在基部上侧耳片上为羽状。孢子囊群线形，单生于每组侧脉上侧一小脉，伸达近叶缘；囊群盖线形，膜质，全缘，开向上方，宿存。

产浙江南部、台湾、福建、江西西南部、广东、香港、海南、广西、贵州南部及云南东南部，生于海拔450-1600米林下沟边。日本南部、中南半岛及马来半岛有分布。

8. 介蕨属 **Dryoathyrium** Ching

中型至大型土生蕨类。根茎横卧，内有网状中柱，连同叶柄基部生鳞片，鳞片宽披针形或卵形，膜质，全缘，基部着生。叶近生；叶柄内有2维管束，向上成V形；叶片长圆形或卵状长圆形，渐尖头，向基部不窄，一回羽状或二回羽状（三回羽裂），羽片无柄，开展，羽状深裂，裂片与小羽片基部通常具窄翅相连；叶轴和羽轴上面有宽浅沟，汇合处不通；羽轴，主脉，或小脉两面多少有由1-2（3）列厚壁细胞组成六角或四角形粗筛孔的蠕虫形短毛；叶脉分离，侧脉单一或分叉；叶草质或厚纸质。孢子囊群生小叶脉中部背上，圆形、长形、新月形、弯钩形或马蹄形；囊群盖同形，全缘有睫毛。孢子两侧对称，有线状或刺状纹饰。染色体基数x=40。

约20种，分布于旧大陆温带和亚热带，南至热带非洲东部马达加斯加，东北至日本、朝鲜半岛及俄罗斯，西至喜马拉雅西北部。我国14种。

1. 叶片一回羽状，羽片深羽裂。

 2. 孢子囊群圆形。

  3. 叶柄、叶轴和羽轴下面密被黑褐色小鳞片；裂片全缘或有微齿 ······ **1. 峨眉介蕨 D. unifurcatum**

  3. 叶柄、叶轴和羽轴下面疏被棕色小鳞片；裂片边缘浅裂 ······ **2. 川东介蕨 D. stenopteron**

 2. 孢子囊群长圆形或弯钩形；叶轴和羽轴下面疏生节状毛；裂片边缘浅裂 ······ **3. 朝鲜介蕨 D. coreanum**

1. 叶片二回羽状，小羽片浅裂至深羽裂。

 4. 小羽片无柄，基部与羽轴具窄翅相连。

  5. 叶厚草质，小羽片或裂片基部近方形，全缘或浅裂 ······ **4. 华中介蕨 D. okuboanum**

  5. 叶薄草质，小羽片或裂片基部宽楔形，深羽裂 ······ **4(附). 绿叶介蕨 D. viridifrons**

 4. 小羽片基部与羽轴分离，有短柄。

  6. 小羽片上裂片先端圆，两侧浅裂 ······ **5. 介蕨 D. boryanum**

  6. 小羽片上裂片先端平截，两侧全缘 ······ **5(附). 无齿介蕨 D. edentulum**

1. 峨眉介蕨   图 389

Dryoathyrium unifurcatum (Baker) Ching in Bull. Fan Mem. Inst. Biol. Bot. 11: 81. 1941.

Nephrodium unifurcatum Baker in Journ. Bot. 26: 228. 1888.

植株高 60-90 厘米。根茎粗长横走，和叶柄基部略有鳞片，鳞片披针形，长达 5 毫米，宽达 1 毫米，黑褐色。叶近生；叶柄长 30-40 厘米，禾秆色；叶片草质，宽披针形或卵状矩圆形，长 35-50 厘米，宽 20-25 厘米，叶轴及羽轴下面多少有黑褐色小鳞片，余光滑，一回羽状，二回深羽裂或近二回羽状；羽片基部 1 对羽片略短，中部羽片长 14-16 厘米，宽 3-4 厘米，羽裂几达羽轴，裂片接近，圆钝头，全缘或有钝齿；裂片叶脉羽状，小脉单一或分叉。孢子囊群圆形，生于小脉中部，多少近叶缘；囊群盖小，圆肾形。

  产陕西南部、浙江西部、台湾、湖北、湖南、贵州、四川及云

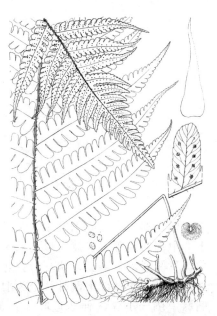

图 389 峨眉介蕨 （引自《图鉴》）

南，生于海拔 250-2800 米山地林下或沟边阴湿处。日本有分布。

2. 川东介蕨   图 390

Dryoathyrium stenopteron (Diels) Ching ex Z. R. Wang in W. T. Wang, Vasc. Pl. Hengduan Mount. 1: 69. 1993.

Nephrodium stenopteron Diels in Engl. u. Prantl Pflanzenfam. 1(4):170. 1899.

植株高 60-90 厘米。根茎横走，顶端斜升。叶近生；叶柄长 20-40 厘米，疏被深褐色窄披针形鳞片，向上禾秆色，近光滑；叶片卵状长圆形，长 25-45 厘米，中部宽 18-30 厘米，先端渐尖并羽裂，基部圆楔形，一回羽状，羽片深羽裂，羽片 8-12 对，基部的近对生，

向上的互生，有小柄或无柄，近平展，宽披针形，中部的长 12－18 厘米，宽 2.5－4 厘米，尾状尖头，基部不对称，上侧斜楔形或近截形，边缘深羽裂，裂片 15－18 对，基部的近对称，向上的互生，镰刀状长圆形，基部 1 对较短，第二对长 1.2－2 厘米，宽 4－8 毫米，钝圆头或短尖头，边缘有浅圆锯齿，中部以上的羽片渐短，深羽裂至半裂，裂片近全缘或略有小圆锯齿；裂片叶脉羽状，侧脉 3－4 叉，稀 2 叉；叶干后草质，绿色；叶轴、羽轴和主脉疏被褐色披针形小鳞片及深褐色、2－3 列细胞组成的蠕虫状毛。孢子囊群小，圆形，背生小脉中部，在主脉两侧各排成 1 行；囊群盖小，圆肾形，褐色，膜质，全缘，宿存。

产湖北东部、湖南西北部、四川中部、云南东北部及西北部，生于海拔 500-2175 米常绿阔叶林或灌木林下阴湿处。

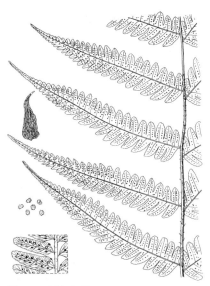

图 390 川东介蕨 （孙英宝仿《中国植物志》）

3. 朝鲜介蕨　　　　　　　　　　　图 391

Dryoathyrium coreanum (Christ) Tagawa in Journ. Jap. Bot. 22:162. 1948.

Athyrium coreanum Christ in Bull. Herb. Biossier ser. 2, 2: 327. 1902.

植株高 0.8－1 米。根茎短粗，横卧，顶端直立或斜升。叶簇生；

叶柄长 15－50 厘米，基部膨大并扁，两侧翼状，生气囊体，褐色，密被鳞片，鳞片披针形，全缘，长达 1 厘米，宽达 3 毫米，棕褐色，叶柄上部禾秆色，近无鳞片；叶片长 30-60 厘米，宽 15-25 厘米，长圆形或披针形，一回羽状，近光滑，背面稍有毛；羽片长披针形，无柄，长 8-15 厘米，宽 1.5-3.5 厘米，裂片长圆形，钝头，边缘钝齿状浅裂；叶脉羽状，主脉明显；叶草质，叶轴和羽轴下面疏生节状长毛。孢子囊群生于裂片中脉两侧成 2 行，近主脉，长圆形，常钩状弯曲；囊群盖膜质，与囊群同形，全缘。

产黑龙江、吉林、辽宁、河北北部、河南西南部、陕西南部及甘肃南部，生于海拔 780-1000 米山坡地阔叶林或针阔混交林下。日本及朝鲜半岛有分布。

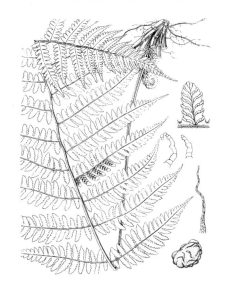

图 391 朝鲜介蕨 （冀朝祯绘）

4. 华中介蕨　　　　　　　　　　　图 392

Dryoathyrium okuboanum (Makino) Ching in Acta Phytotax. Sin. 10:303. 1965.

Athyrium okuboanum Makino in Bot. Mag. Tokyo 13: 16. 1899.

植株高约 1 米。根茎横走。叶稍疏生；叶柄长 30－50 厘米，禾秆色，基部被鳞片，鳞片披针形，全缘，长达 1 厘米，宽达 2 毫米，向上光滑；叶片三角形，长 30-80 厘米，宽 25-50 厘米，先端渐尖，

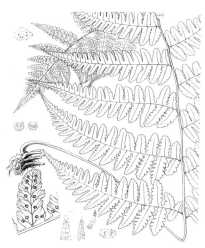

图 392 华中介蕨 （冀朝祯绘）

二回羽状至三回羽状半裂，羽片斜上，基部1对长20-28厘米，宽5-9厘米，长圆状披针形，向基部窄，平截，柄长2毫米，一回羽状，羽片12-16对，基部1对长1-12厘米，宽5毫米，长圆形或圆形，基部膨大，多少具窄翅和羽轴相连，羽状分裂，末回裂片近方形或舌形，全缘；裂片叶脉羽状，小脉单一；叶厚纸质，两面无毛。孢子囊群圆形，生小脉背上；囊群盖圆

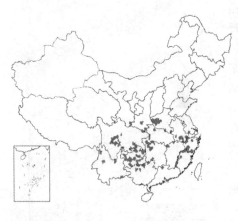

肾形或略马蹄形，褐棕色，全缘。

产河南、陕西南部、甘肃南部、江苏南部、安徽南部、浙江、福建、江西、湖北、湖南、广东北部、贵州、四川及云南，生于海拔60-2100米山谷林下、林缘或沟边阴湿处。日本有分布。

[附] **绿叶介蕨 Dryoathyrium viridifrons** (Makino) Ching, in Ball. Fan Mem. Inst. Biol. 11: 81. 1941. —— *Athyrium viridifrons* Makino in Bot. Mag. Tokyo 13: 15. 1899. 本种与华中介蕨的主要区别：叶薄草质，小羽片或裂片基部宽楔形，深羽裂。产浙江、福建、江西、湖北、湖南、四川、云南及贵州，生于海拔350-1400米林下或林缘。朝鲜半岛及日本有分布。

5. 介蕨

图393

Dryoathyrium boryanum (Willd.) Ching in Bull. Fan Mem. Inst. Biol. Bot. 11: 81. 1941.

Aspidium boryanum Willd. Sp. Pl. 4: 285. 1810.

植株高1-1.7米。根茎粗而横走。叶柄长40-75厘米，禾秆色，基部有钻状披针形鳞片；叶片宽卵形，长0.7-1米，宽60-80厘米，沿小羽轴两面疏生短毛，三回深羽裂，基部1对羽片长30-45厘米，宽约12厘米；小羽片渐尖头，有短柄，羽状深裂几达羽轴，裂片密接，先端钝圆，两边有粗钝圆齿。孢子囊群小，圆形；囊群盖马蹄形或圆肾形，早落。

图 393 介蕨 （蔡淑琴绘）

产台湾、福建南部、浙江西北部、湖南西南部、广东、海南、广西、贵州、四川、云南及西藏东南部，生于海拔560-3300米常绿林下溪边阴湿处。越南、缅甸、尼泊尔、印度、斯里兰卡、马来西亚、菲律宾、印度尼西亚及非洲有分布。

[附] **无齿介蕨 Dryoathyrium edentulum** (Kunze) Ching in Bull. Fan Mem. Inst. Biol. Bot. 11: 81. 1941. —— *Aspidium edentulum* Kunze in Bot. Zeitschr. 474. 1846. 本种与介蕨的主要区别：小羽片上裂片先端平截，两侧全缘；囊群盖小，全缘，宿存，孢子有刺状纹饰。产广东、广西、贵州及云南东南部，生于海拔500-2400米阔叶林下或山谷。越南、缅甸、印度及印度尼西亚有分布。

9. 峨眉蕨属 Lunathyrium Koidz.

中型高山林下蕨类。根茎短粗，直立或斜生，被红棕或黑褐色卵状披针形鳞片。叶簇生；叶柄禾秆色，稀栗色，比叶片短，基部纺锤形，向下尖削，沿两侧边缘有 1 列齿牙状小气囊体，密被鳞片和透明节状粗毛，干后易脱落；叶片长圆状披针形或倒长圆形，顶部羽裂渐尖，向基部窄，二回羽状深裂，下部羽片短，有时基部 1 对耳状，中部羽片窄披针形或线状披针形，无柄，羽状深裂，裂片圆头或渐尖，稀截形，全缘或稀有钝齿；叶轴和羽轴上面有沟，交接处不通；叶脉羽状，侧脉单一，稀分叉，顶端有窄纺锤形水囊；叶干后草质，叶下面或两面极少被透明节状粗毛，干后擦落。孢子囊群沿侧脉中部上侧着生，有时在裂片基部侧脉两侧着生，线形或椭圆形；囊群盖圆形或顶端马蹄形，有时在裂片基部上侧，脉上双生，成熟时穹窿形，接近，成熟时被推开。孢子两面形，椭圆形或肾状椭圆形，有皱褶，具刺状、瘤状或棒状突起。染色体基数 x=40。

约 20 种和多数变种，主产中国西部高山林下，向北经秦岭达东北，日本、越南、俄罗斯远东地区和美国东部均有分布，西至喜马拉雅西部，东至中国华中、华东高山。我国均产。

1. 羽片疏离，裂片钝头，近全缘 ⋯⋯⋯⋯⋯⋯⋯⋯⋯⋯⋯⋯⋯⋯⋯⋯⋯⋯⋯⋯ 1. 陕西峨眉蕨 L. giraldii
1. 羽片接近，裂片尖头，边缘浅裂或锯齿状。
　2. 裂片边缘有细锯齿 ⋯⋯⋯⋯⋯⋯⋯⋯⋯⋯⋯⋯⋯⋯⋯⋯⋯⋯ 2. 东北峨眉蕨 L. pycnosorum
　2. 裂片边缘具钝锯齿或浅裂 ⋯⋯⋯⋯⋯⋯⋯⋯⋯⋯⋯⋯⋯⋯⋯ 3. 华中峨眉蕨 L. shennongense

1. 陕西峨眉蕨　　　　　　　　　图 394

Lunathyrium giraldii (Christ) Ching in Acta Phytotax. Sin. 9: 71. 1964.

Athyrium giraldii Christ in Nouv. Giorn. Bot. Ital. n. s. 4: 91. 1897.

植株高 30-70 厘米。根茎粗短，斜升，被棕色鳞片，老时易脱落。

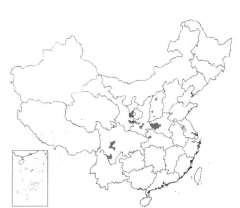

叶簇生；叶柄长 10-20 厘米，禾秆色，基部被鳞片，向上近光滑；叶片长圆状披针形，长 25-50 厘米，宽 10-18 厘米，二回羽状深裂，羽片约 15 对，下部的近对生，向上的互生，披针形，下部 4-6 对渐短，最基部 1 对常耳形，中部的长 8-10 厘米，宽达 1.5 厘米，渐尖头，基部截形，羽状深裂，裂片约 15 对，长圆形，具窄缺刻分开，基部 1 对长约 6 毫米，宽约 3 毫米，钝头，近全缘；叶脉羽状，侧脉 4-5 对，单一；叶草质，沿叶轴和羽轴疏生透明节状软毛。孢子囊群短线形，沿侧脉上侧着生，每裂片 2-5 对；囊群盖同形，浅棕色，宿存。

产山西、河南、陕西、宁夏南部、甘肃南部、湖北西部及四川南部，生于海拔 960-2900 米山谷林下。

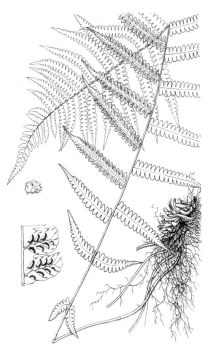

图 394 陕西峨眉蕨 （冀朝祯绘）

2. 东北峨眉蕨　　　　　　　　图 395　　31. 1932.

Lunathyrium pycnosorum (Christ) Koidz in Acta Phytotax. Geobot. 1:　　*Athyrium pycnosorum* Christ in

Bull. Herb. Boissier ser. 2, 2: 827. 1902.

植株高 50-80 厘米。根茎短粗，斜升，顶部被褐色鳞片，基部具多数须根。叶簇生；叶柄长 15-25 厘米，禾秆色，基部疏被披针形鳞片；叶片长圆状披针形，长 25-50 厘米，宽约 15 厘米，二回羽裂，羽片近 20 对，披针形，下部数对羽片稍窄，中部的长 8-10 厘米，宽 1.5-2 厘米，羽状深裂，小羽片（裂片）15-20 对，平展，互生，长圆形，长 0.8-1 厘米，宽约 5 毫米，近全缘或有不明显圆齿；叶脉羽状，侧脉

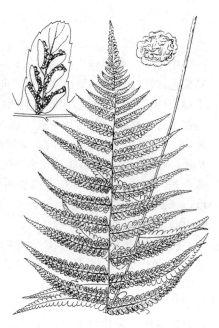

6-8 对，单一，不分叉；叶草质，近光滑，叶轴和羽轴下面被棕色节状软毛。孢子囊群成熟后长椭圆形，生于侧脉下方，每裂片生 2-4 对；囊群盖灰蓝色，宿存。

产黑龙江、吉林、辽宁、河北北部、山东及台湾，生于海拔 200-1000 米针阔叶混交林下阴湿处。朝鲜半岛、日本北部及俄罗斯远东地区有分布。

图 395 东北峨眉蕨 （蔡淑琴绘）

3. 华中峨眉蕨

图 396

Lunathyrium shennongense Ching, Boufford et Shing in Journ. Arn. Arb. 64: 21. 1983.

Lunathyrium centrochinene Ching ex Shing；中国高等植物图鉴 1: 184. 1972.

植株高 60-80 厘米。根茎斜升。叶簇生；叶柄禾秆色，长约 10 厘米，基部以上光滑；叶片长 55-70 厘米，中部宽 14-20 厘米，椭圆状披针形，基部渐窄，二回深羽裂，羽片 25-30 对，下部羽片渐短，基部 1 对三角状耳形，中部的长 7-10 厘米，基部宽 1.5-2 厘米，披针形，基部平截，与叶轴并行，近无柄，羽状深裂近羽轴，裂片舌形，圆钝

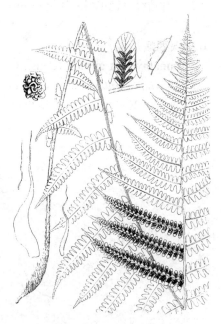

图 396 华中峨眉蕨 （冀朝祯绘）

头，有钝齿，或两侧略反卷顶部有齿；裂片叶脉 5-7 对，单一；叶草质，干后淡褐绿色，上面沿叶轴及羽轴疏生节状短毛，下面近光滑，或沿羽轴偶有 1-2 节状毛。孢子囊群长圆形，每裂片 3-5 对；

囊群盖同形，边缘多少啮蚀状。

产河南、安徽南部、浙江西北部、江西、湖北、湖南、贵州、四川及云南，生于海拔 250-3300 米山坡林下阴湿处。

10. 假蹄盖蕨属 Athyriopsis Ching

中小型土生蕨类。根茎长而横走，顶端及叶柄基部被棕色、披针形或卵形鳞片。叶疏生；叶柄禾秆色，基部圆；叶片披针形或长圆形，先端羽裂渐尖，基部不窄或略窄，一回羽状（二回羽裂），羽片披针形，几无柄，稀有短柄，羽裂达1/2或过之，裂片长圆形或近方形，近全缘或略具小圆齿；侧脉单一或2叉，不达叶缘；叶草质或薄纸质，干后绿色；叶轴、羽轴及叶面多少有卷曲、红棕色、多细胞节状毛疏生，羽轴上面具浅沟，两边钝圆，不和主脉相通。孢子囊群线形或长圆形，单生小脉上侧，或在基部上侧小脉双生；囊群盖圆形，膜质，淡棕色，边缘常啮蚀状，宿存。孢子两面形，肾形，有粗疣状突起。染色体基数 x=40。

20余种，分布于亚热带和热带亚洲的平原和丘陵地区，北至韩国及日本北海道，南经东南亚、南亚达大洋洲，西达东喜马拉雅。我国约10余种。

1. 叶片两面有较多毛；叶轴密被毛 ·· 1. **毛轴假蹄盖蕨 A. petersenii**
1. 叶片两面无毛；羽轴下面疏被毛或近光滑。
  2. 小型蕨类；叶二型；羽片长2-4厘米，钝头或尖头，羽状浅裂至半裂 ····· 2. **钝羽假蹄盖蕨 A. conilii**
  2. 中型蕨类；叶非二型；羽片长5-10厘米，渐尖头，羽状深裂 ··············· 3. **假蹄盖蕨 A. japonica**

1. 毛轴假蹄盖蕨   图 397

Athyriopsis petersenii (Kunze) Ching in Acta Phytotax. Sin. 9(1):66. 1964.

Asplenium petersenii Kunze, Anal. Pterid. 24. 1837.

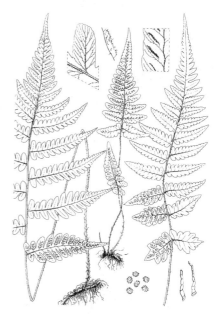

图 397 毛轴假蹄盖蕨 （蔡淑琴绘）

植株高30-80厘米。根茎细长横走，连同叶柄基部疏被红棕色宽披针形鳞片。叶疏生；叶柄长10-30（-60）厘米，灰禾秆色，疏被鳞片及棕色短毛；叶片长15-50厘米，宽10-25厘米，披针形或卵状披针形，一回羽状，羽片羽状深裂，羽片8-10对，互生或下部的近对生，披针形，中部以下的长4-5厘米，宽1-1.5厘米，裂片近平展，接近或有窄缺刻分开，窄舌形，有不规则浅齿；叶脉单一或分叉；叶草质，干后褐色或褐绿色，两面沿羽轴和叶轴疏生红棕色卷曲长毛，叶轴被同样毛和纤维状鳞片。孢子囊群长线形，单生，或裂片基部上侧双生或弯钩形，每裂片2-4对；囊群盖棕色，边缘撕裂状，宿存，背面无毛或有短节毛。

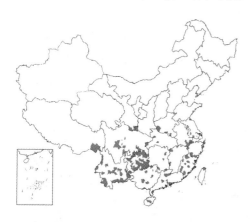

产河南西南部及南部、陕西西南部、甘肃南部、江苏、安徽南部、浙江、台湾、福建、江西、湖北西部、湖南、广东、香港、海南、广西、贵州、四川、云南、西藏东南部，生于海拔2500米以下常绿阔叶林下溪边。日本、朝鲜半岛南部、越南、印度及印度尼西亚有分布。

2. 钝羽假蹄盖蕨   图 398

Athyriopsis conilii (Franch. et Sav.) Ching in Acta Phytotax. Sin. 9(1): 65.1964.

Aspidum conilii Franch. et Sav.

Enum. Pl. Jap. 2: 227. 1877.

植株高20-40厘米。根茎长而细，横走，顶端疏生棕色、披针形鳞片。叶近生，二型；叶柄长5-20厘米，禾秆色，疏生鳞片；叶片披针形，长15-20厘米，宽5-7厘米，下部略窄，一回羽状，羽片羽裂，羽片12-15对，互生，开展，长圆形或披针形，基部2-3对较小，中部的较大，长2-4厘米，宽约1厘米，羽裂，裂片5-7对，圆头或平截，基部上侧1片较大，向上的渐小，全缘；叶脉在裂片上2-3对，羽状，单一，不达叶缘；叶薄草质，沿叶轴疏生褐棕色短毛。孢子囊群长圆形，单一或裂片基部上侧有双生或弯钩形的，每裂片1-3对；囊群盖棕色，边缘啮蚀状，宿存，无毛。

产山东东部、河南西部、甘肃南部、江苏东北部、安徽南部、浙江、江西北部及湖南东部，生于海拔100-1100米山谷溪边。日本、朝鲜半岛南部有分布。

图 398 钝羽假蹄盖蕨 （引自《山东植物志》）

3. 假蹄盖蕨 图 399

Athyriopsis japonica (Thunb.) Ching in Acta Phytotax. Sin. 9(1):65. 1964.

Asplenium japonicum Thunb. Fl. Jap. 334. 1784.

植株高30-70厘米。根茎长而横走，疏被棕色宽披针形鳞片。叶疏生；叶柄长5-25（-40）厘米，禾秆色，基部疏被小鳞片，向上近光滑；叶片窄长圆形或卵状长圆形，长20-50厘米，中部宽10-20（-30）厘米，一回羽状，羽片羽状深裂，先端渐尖，并深羽裂，羽片6-10对，无柄，斜展，中部以下的长5-10厘米，宽1-2.5厘米，披针形，先端短渐尖，基部圆截形，对称，深羽裂达羽轴两侧宽翅，裂片接近，斜展，先端圆具少数浅圆齿，两侧几全缘；叶脉羽状分叉；叶草质，干后绿色，两面几光滑，叶轴和羽轴下面疏生棕色短毛。孢子囊群线形，沿侧脉上侧单生，或基部偶有1双生或弯钩形的；囊群盖浅棕色，边缘撕裂状，宿存，无毛。

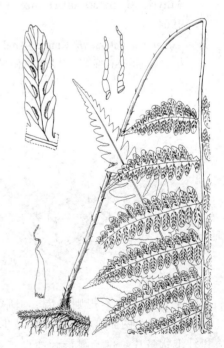

图 399 假蹄盖蕨 （冀朝祯绘）

产山东东部、河南、甘肃南部、江苏、安徽、浙江、台湾、福建、江西、湖北、湖南、广东、海南、广西、贵州、四川及云南。朝鲜半岛、日本、越南、印度、印度尼西亚及新西兰有分布。

11. 安蕨属 Anisocampium C. Presl

土生中小型蕨类。根茎长而横走或短而直立，被褐色披针形鳞片。叶疏生或簇生；叶柄长，通常禾秆色，基部疏被与根茎同样鳞片，向上近光滑，腹面有纵沟，直通叶轴；叶片卵状长圆形或三角状卵形，一回羽状，羽片2-7对，顶部羽裂或顶生羽片与侧生羽片同形，下部的对生或近对生，上部的互生，镰刀状披针形，基部两侧对称，下部的有柄，边缘浅裂，裂片有锯齿；裂片叶脉羽状，侧脉3-5对，单一或2叉，分离，有时下部1-2对小脉先端合成三角形网眼；叶干后纸质，上面光滑，下面羽轴或主脉被褐色线状披针形小鳞片和灰白色短毛。孢子囊群圆形，背生小脉中部，在主脉两侧各排成1行或3-5枚；囊群盖小，圆肾形，膜质，边缘具睫毛，早落。孢子两面型，有脊状纹饰。染色体基数 x=40。

3种，分布亚洲东南部热带和亚热带。我国2种。

1. 叶片顶部羽裂；叶脉分离 ·········· **华东安蕨 A. sheareri**
1. 奇数羽状复叶，顶生羽片与侧生羽片同形；裂片基部1-2对小脉先端合成三角形网眼 ······
·················· (附). **安蕨 A. cumingianum**

华东安蕨

图 400：1-5

Anisocampium sheareri (Baker) Ching in Y. T. Hsieh in Acta Bot. Yunnan. 7: 314. 1985.

Nephrodium sheareri Baker in Journ. Bot. 200. 1875.

植株高20-80厘米。根茎长而横走，疏被浅褐色披针形鳞片。叶近生或疏生；叶柄长15-30厘米，基部径约2毫米，疏被与根茎同样鳞片，向上禾秆色（偶带淡紫红色），近光滑；叶片卵状长圆形或卵状三角形，长15-30厘米，中部宽12-18厘米，先端渐尖，基部近截形或圆楔形，一回羽状，顶部羽裂，侧生羽片2-7对，镰刀状披针形，长

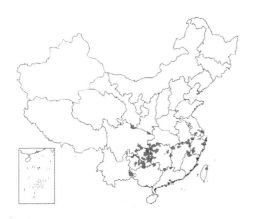

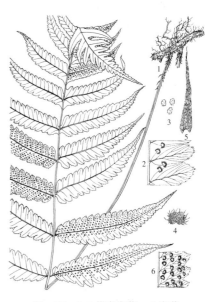

图 401：1-5.华东安蕨　6.安蕨
（蔡淑琴仿《中国蕨类植物图谱》）

6-10厘米，宽1.5-2厘米，长渐尖头，基部圆，基部1-2对羽片的基部下侧斜楔形，下部边缘浅裂至全裂，裂片卵圆形或长圆形，有长锯齿，向上的裂片渐小，成伏状尖锯齿；叶脉分离，裂片的为羽状，侧脉3-4对，单一或2叉，伸入软骨质长锯齿，基部两侧相对小脉伸达缺刻；叶干后纸质，上面光滑，下面羽轴和主脉被浅褐色小鳞片和灰白色短毛。孢子囊群圆形，每裂片3-4对，在主脉两侧各排成1行，羽片顶部的排列不规则；囊群盖圆肾形，褐色，膜质，边缘有睫毛，早落。

产甘肃南部、江苏南部、安徽南部、浙江南部、台湾、福建西北部、江西、湖北西南部、湖南、广东北部、广西北部、贵州、四川及云南，生于海拔20-1850米山谷林下溪边或阴坡。日本及朝鲜半岛南部有分布。

[附] **安蕨** 图 400：6 **Anisocampium** cumingianum C. Presl, Epim. Bot. 59. 1849. 本种与华东安蕨的主要区别：奇数羽状复叶，顶生羽片与侧生羽片同形；裂片基部1-2对小脉先端常靠合成三角形网眼。产云南南部，生于海拔700-970米常绿林下石灰岩上，阴湿处。老挝、印度南部、缅甸东部、菲律宾、印度尼西亚（爪哇）及斯里兰卡有分布。

12. 假冷蕨属 Pseudocystopteris Ching

根茎长而横走，2叉分枝，黑色，顶端被卵状披针形鳞片。叶簇生；叶柄基部圆柱形；叶片三角形或长圆状卵形，三回至四回羽裂，稀二回羽状，羽片长卵状披针形，小羽片上先出，基部略短，裂片有尖锯齿；叶脉分离，2叉，每齿有1小脉；叶草质或坚草质，光滑或沿叶轴下面有腺毛，或有棕色披针形小鳞片，各回羽轴无刺。孢子囊群小而圆，生于裂片基部上侧小脉背上，在小羽片顶部的通常生于叶脉侧面；囊群盖圆肾形，边缘撕裂或有睫毛。孢子两侧对称，椭圆形，周壁有皱褶，有颗粒状纹饰。染色体基数 x=40。

约7种。主产中国温带、亚热带及青藏高原，西至喜马拉雅山区，东北至俄罗斯远东地区、朝鲜半岛、印度北部和日本有分布。我国均产。

1. 根茎粗短横卧；叶轴略弯曲，末回裂片边缘浅裂或有微齿 ·························· 1. 大叶假冷蕨 P. atkinsonii
1. 根茎细长横走；叶轴不弯曲，末回裂片边缘有长尖齿。
　2. 叶轴和羽轴光滑；小羽片基部近圆，多少与羽轴合生；裂片边缘有窄长紧靠尖锯齿 ·····················
　·· 2. 假冷蕨 P. spinulosa
　2. 叶轴和羽轴有毛；小羽片基部截形，靠羽轴；裂片边缘锯齿短而张开 ·······················
　·· 2(附). 三角叶假冷蕨 P. subtriangularis

1. 大叶假冷蕨

图 401

Pseudocystopteris atkinsonii (Bedd.) Ching in Acta Phytotax. Sin. 9: 78. 1964.

Athyrium atkinsonii Bedd. Ferns Brit. Ind. Suppl. 2. pl. 395. 1876.

植株高 0.6-0.85（-1.4）米。根茎粗短，横卧，顶端连同叶柄基部疏生棕色卵形鳞片。叶疏生或近生；叶柄长20-25厘米，鲜时紫红色，干后深禾秆色；叶片卵状三角形，长35-50厘米，宽约25厘米，先端渐尖，三回羽状至四回羽裂，羽片10-12对，斜上，下部有柄（长0.5-1厘米），长16-20厘米，宽6-8厘米（基部略窄），长卵状圆形，渐尖头，基部近平截，上先出，二回羽状至三回羽裂，基部1对小羽片略短，中部长3.5-4.5厘米，宽1.2-1.8厘米，长圆状披针形，基部平截，一回羽状或二回羽裂，二回小羽片长5-8毫米，宽2-3毫米，长圆形或近卵形，基部宽楔形，下侧略下延，有不整齐短尖锯齿，或下部分离，浅裂，裂片有2-3小齿；叶脉下面明显，侧脉在二回小羽片上2叉；叶草质，干后褐绿色，两面无毛，沿叶轴及各回小羽轴下面偶有披针形膜质小鳞片。孢子囊群圆，生小脉背上，每裂片1枚；囊群盖小，圆肾形，膜质，灰棕色，边缘略啮齿状，早落。

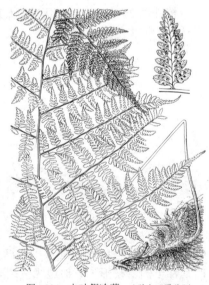

图 401 大叶假冷蕨 （引自《图鉴》）

产山西、河南、陕西南部、甘肃东南部、台湾、福建西北部、江西、湖北西部、湖南北部、贵州东北部及西北部、四川、云南、西藏，生于海拔1200-4000米山坡或疏林下。朝鲜半岛、印度、巴基斯坦北部、日本、缅甸北部、不丹、尼泊尔及克什米尔地区有分布。

2. 假冷蕨

图 402：1-2

Pseudocystopteris spinulosa (Maxim.) Ching in Acta Phytotax. Sin. 9: 78. 1964.

Cystopteris spinulosa Maxim. in Mém. Acad. Imp. Sci. St. Pétersb. 9:340. 1859.

植株高 40-55 厘米。根茎长而横走，疏生宽卵形膜质鳞片。叶疏生；叶柄长 22-26 厘米，禾秆色，略有鳞片；叶片草质，三角形，长 20-25 厘米，宽 20-30 厘米，无毛，三回羽裂，羽片斜展，基部 1 对最大，矩圆状披针形，向基部渐窄；小羽片上先出，基部近圆，多少与羽轴合生，深羽裂；裂片边缘有窄长紧靠尖锯齿，每锯齿有 1 小脉。孢子囊群圆形，生于小脉中部稍下或分叉处，囊群盖近圆肾形。

图 402：1-2.假冷蕨　3.三角叶假冷蕨
（引自《图鉴》）

产黑龙江、吉林、辽宁、内蒙古东北部、河南、陕西、甘肃南部及四川北部，生于海拔 800-3000 米针叶林、混交林下或灌丛、竹丛中阴湿处。朝鲜半岛、日本及俄罗斯远东地区有分布。

[附] **三角叶假冷蕨** 图 402：3 **Pseudocystopteris subtriangularis** (Hook.) Ching in Acta Phytotax. Sin. 9: 78. 1964.——*Asplenium subtrian gulare* Hook. in Hook. et Baker, Syn. Fil. 225. 1867. 本种与假冷蕨的主要区别：叶轴和羽轴有毛，小羽片基部截形靠羽轴，边缘锯齿短而张开。产甘肃、陕西、湖北、四川、云南、西藏东南部及青海，生于海拔 2000-4000 米山坡疏林、灌丛或草地。

13. 蹄盖蕨属 Athyrium Roth

中型或小型土生蕨类。根茎短而直立，或斜生，稀横卧或横走。叶簇生，稀近生或疏生；叶柄基部粗，向下呈鸟喙状，密被棕色、深棕或黑色鳞片，鳞片膜质，全缘，基部着生，卵状或线状披针形；叶片一至三回羽状；各回羽轴上面有纵沟，两侧边刀口状隆起，与下一回羽轴或中肋汇合处有断裂缺口，互通，缺口两侧隆起部分常形成针状刺突，或扁平；叶脉分离，叉状或羽状，小脉伸达裂片锯齿顶端；叶片干后草质、稀纸质或近草质，两面光滑。孢子囊群短圆形、短线形、长圆形、圆肾形、弯钩形或圆形，侧生或顶端横跨小脉后弯，稀背生和沿侧脉两侧双生；囊群盖棕色、膜质，全缘或边缘啮蚀状或撕裂状，通常宿存，稀无盖或早期败育。孢子两面型，极面椭圆形，赤道面豆形，光滑或具颗粒，或褶皱状。染色体基数 x=40。

约 100 余种，大洋洲不产，欧洲、非洲和美洲种类很少，主产亚洲温带和亚热带高山林下。中国和日本种类最多，喜马拉雅山地区（特别是东部）种类丰富。我国 70-80 种。

1. 各回羽轴上面沟槽相交处无刺状突起。

　2. 叶片奇数一回羽状，顶生羽片和侧生羽片同形，羽片边缘浅裂或有缺刻状尖锯齿 ························
··· 1. **拟鳞毛蕨 A. cuspidatum**

　2. 叶片非奇数一回羽状，顶部羽裂。

　　3. 孢子囊群盖不发育或发育不完全。

4. 根茎横卧，被棕色鳞片；无囊群盖 ………………………………………… 2. 疏叶蹄盖蕨 A. dissitifolium

4. 根茎直立，密被褐棕色鳞片；囊群发育不完全 …………………………… 3. 黑秆蹄盖蕨 A. wallichianum

3. 孢子囊群盖发育正常。

  5. 羽片基部两侧不对称，上侧较大，呈耳状。

    6. 小型蕨类；叶片一回羽状，羽片不裂或分裂，裂片对数少。

      7. 叶柄、叶轴密被短腺毛 ……………………………………………… 4. 红苞蹄盖蕨 A. nakanoi

      7. 叶柄、叶轴光滑 ……………………………………………………… 5. 宿蹄盖蕨 A. anisopterum

    6. 中型蕨类；叶片一至二回羽状，羽片一回深羽裂，或二回羽状，裂片或小羽片多数。

      8. 叶片长圆状披针形，下部几对略短；孢子囊群盖全缘，宿存 …………… 6. 禾秆蹄盖蕨 A. yokoscense

      8. 叶片卵状三角形，基部羽片较大；孢子囊群盖边缘啮蚀状，早落 … 7. 多变蹄盖蕨 A. drepanopterum

  5. 羽片基部两侧对称或下侧较大。

    9. 植株大中型；叶片二至三回羽状。

      10. 根茎横卧；羽片较小，具短柄；孢子囊群多形 ………………………… 8. 华东蹄盖蕨 A. niponicum

      10. 根茎直立；羽片较多，无柄；孢子囊群长圆形 ………………………… 9. 中华蹄盖蕨 A. sinense

    9. 植株中小型；叶片一回羽状，下部羽片渐短；孢子囊群多圆肾形。

      11. 植株较硬；裂片边缘齿多，较尖，叶轴和羽轴下面有时被腺毛 ………… 10. 岩生蹄盖蕨 A. rupicola

      11. 植株脆弱；裂片边缘齿较钝，叶轴和羽轴下面光滑 …………………… 11. 麦秆蹄盖蕨 A. fallaciosum

1. 各回羽轴上面沟槽相交处有刺状突起。

  12. 羽轴、小羽轴或中脉上面刺突短而硬。

    13. 孢子囊群非铁角蕨型。

      14. 叶片长圆形或卵状三角形，通常二回羽状，羽片 10-15 对，下部羽片较大。

        15. 羽片斜上，排列较紧密；孢子囊群边缘略有小齿 …………………… 12. 尖头蹄盖蕨 A. vidalii

        15. 羽片平展、下倾或反折，下部羽片间距大；孢子囊群盖边缘撕裂 ………… 13. 湿生蹄盖蕨 A. devolii

      14. 叶片长披针形，一回羽状至二回羽状，羽片 20-45 对，下部羽片略短 …… 14. 长叶蹄盖蕨 A. elongatum

    13. 孢子囊群铁角蕨型。

      16. 叶片一回羽状或近二回羽状。

        17. 叶柄紫红色；叶柄、叶轴和羽轴光滑 ……………………………… 15. 轴果蹄盖蕨 A. epirachis

        17. 叶柄禾秆色；叶柄、叶轴和羽轴被短毛。

          18. 羽片基部近对称，裂片尖头；羽轴刺突明显 ………………… 16. 假轴果蹄盖蕨 A. pubicostatum

          18. 羽片基部上侧裂片较长，裂片平截；羽轴刺突不明显 ……… 17. 中越蹄盖蕨 A. christensenii

      16. 叶片二回羽状。

        19. 羽片基部1对小羽片覆盖叶轴 ……………………………………… 18. 翅轴蹄盖蕨 A. delavayi

        19. 羽片基部 1 对小羽片不覆盖叶轴。

          20. 小羽片羽状浅裂至半裂 ……………………………………………… 19. 坡生蹄盖蕨 A. clivicola

          20. 小羽片非羽状分裂，边缘具齿。

            21. 叶片卵状三角形，小羽片钝头 ……………………………… 20. 华中蹄盖蕨 A. wardii

            21. 叶片长圆形，小羽片尖头，上侧基部耳状 ……………… 21. 光蹄盖蕨 A. otophorum

  12. 羽轴、小羽轴或中脉上面刺突针状长而软。

    22. 根茎细长横走；孢子褶皱状 …………………………………………… 22. 篦齿蹄盖蕨 A. pectinatum

    22. 根茎直立或粗短横卧；孢子光滑，具疣状或瘤状纹饰。

      23. 叶轴上面或有时羽轴生芽胞。

        24. 叶片卵状披针形，羽片对数较少；孢子囊群多型，生小羽片基部的呈马蹄形 …………………………………………………………………………………… 23. 长江蹄盖蕨 A. iseanum

24. 叶片披针形，羽片对数较多；孢子囊群一型。

  25. 芽胞只生叶轴近顶端；羽片密接，小羽片长 1-2 厘米 ·················· **24. 胎生蹄盖蕨 A. viviparum**

  25. 芽胞生叶轴上部或同时生羽轴上；羽片较稀疏，小羽片长约 1 厘米 ········· **25. 软刺蹄盖蕨 A. strigillosum**

23. 叶轴或羽轴不生芽胞。

26. 植株高 0.5-1 米；叶片二回羽状。

  27. 叶柄、叶轴和羽轴通常紫红色；羽柄较长，小羽片有短柄，深羽裂，裂片边缘齿长尖稍内弯 ··········

  ··· **26. 密羽蹄盖蕨 A. imbricatum**

  27. 叶柄、叶轴和羽轴禾秆色；羽柄短，小羽片无柄，小羽片浅羽裂至半裂，裂片全缘或有微钝齿 ········

  ··· **27. 方氏蹄盖蕨 A. fangii**

26. 植株高 15-35 厘米；叶片一回羽状 ······················· **28. 黑足蹄盖蕨 A. nigripes**

1. 拟鳞毛蕨   图 403

Athyrium cuspidatum (Bedd.) M. Kato in Bot. Mag. Tokyo 90: 27. 1977.

Lastrea cuspidata Bedd. Ferns Brit. Ind. Corr. 2: t. 18. 1870.

Kuniwatsukia cuspidata (Bedd.) Pichi Serm.；中国植物志 3(2): 78. 1999.

植株高 0.5-1 米。根茎短，直立或略斜升，顶端密被深褐色线形鳞片。叶簇生；叶柄长 30-65 厘米，基部径达 5 毫米，疏被与根茎同样鳞片，向上淡紫或浅褐色，近光滑；叶片长圆状披针形，长 35-70 厘米，宽 16-30 厘米，基部圆楔形，一回奇数羽状，侧生羽片 7-23 对，互生，具柄，斜展，披针形，长 12-18 厘米，宽 1.5-2 厘米，基部圆楔形或斜楔形，有缺刻状尖锯

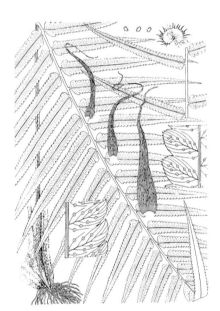

图 403 拟鳞毛蕨 （引自《中国植物志》）

齿或粗锯齿，齿尖喙状，前伸，并有 1-2 小齿；顶生羽片与侧生羽片同形，较大，通常基部有 1-2 小裂片，下部浅裂，裂片钝圆，先端有 1-3 小齿；叶脉分离，两面明显，侧脉羽状，小脉 3-6 对，单一，下先出，基部下侧 1 脉出自主脉，不伸达缺刻，上侧 1 脉出自侧脉基部；叶干后纸质，暗绿色，上面光滑，羽轴下面偶被少数褐色小鳞片。孢子囊群小，稠密，圆形，背生于小脉基部或下部（偶生于中部）；囊群盖小，圆肾形，褐色，薄膜质，边缘流苏状，早落。

  产广西、贵州、云南及西藏南部，生于海拔 500-2000 米常绿阔叶林下或灌丛阴湿处。尼泊尔、不丹、印度北部、缅甸北部、泰国北部、斯里兰卡及西喜马拉雅有分布。

2. 疏叶蹄盖蕨   图 404

Athyrium dissitifolium (Baker) C. Chr. in Contr. U. S. Nat. Herb. 26: 296. f. 18. 1931.

图 404 疏叶蹄盖蕨 （孙英宝绘）

Polypodium dissitifo-lium Baker in Kew Bull. 54. 1895.

植株高30-60厘米。根茎短而横卧或斜升。叶簇生；叶柄长达30厘米，基部被棕色鳞片，鳞片披针形，先端纤维状，卷曲；叶柄向上光滑，禾秆色或紫红色；叶片披针形，长达35厘米，宽8-15厘米，一回羽状，羽状浅裂至深裂有时下部羽片全裂，羽片12-18对，互生，平展，下部数对略反折，中部的长5-11厘米，宽1-2.5厘米，有短柄；裂片长圆形，近平展，先端钝，具锐齿；叶纸质，干后褐绿色，两面及叶轴、羽轴光滑。孢子囊群生小脉中部或稍近叶缘，长圆形或近圆形；无盖。

产湖南西北部、广西西部、贵州、云南及四川，生于海拔1000-2400米林下或林缘。缅甸、泰国及越南有分布。

3. 黑秆蹄盖蕨　　　　　　　图405

Athyrium wallichianum Ching in Bull. Fan Mem. Inst. Biol. Bot. 8:497. 1938.

植株高40-60厘米。根茎短，直立或略斜升，顶端密被鳞片，

鳞片褐棕色，有卵状披针形和纤维状两种混生，有光泽。叶簇生；叶柄长5-10厘米，基部径3-4毫米，密被与根茎同样鳞片，向上黑褐色；叶片倒披针形，长25-50厘米，中部宽5-7厘米，先端钝尖，向下渐窄，基部宽2-2.5厘米，一回羽状，羽片20-30对，下部的对生，上部的互生，略斜展，密接，无柄，下部6-10对渐短，中部羽片长2-3.5厘米，宽1-1.5厘米，两侧深羽裂几达羽轴；裂片有重锯齿，锯齿三角形，尖头；叶干后厚纸质，上面褐色，下面褐棕色，两面无毛；叶轴与叶柄同色，密被与叶柄上同样鳞片。孢子囊群圆形或卵圆形，生于上侧小脉背上，每裂片2-4对，位于主脉与叶缘间；囊群盖发育不完全，早落。孢子具皱褶周壁。

产四川中部、云南西北部及西藏东南部，生于海拔3500-4300米高山

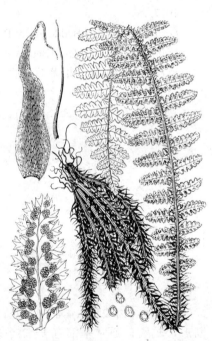

图 405　黑秆蹄盖蕨　（冀朝祯绘）

林下岩缝或高山草甸。喜马拉雅地区有分布。

4. 红苞蹄盖蕨　　　　　　　图406

Athyrium nakanoi Makino in Bot. Mag. Tokyo 23: 247. 1909.

小型岩生蕨类。根茎细，直立，长达20厘米，顶端被黑褐色、披针形鳞片。叶簇生；叶柄长8-14（-18）厘米，基径1-1.5毫米，基部鳞片暗棕色，叶柄和叶轴密被暗色腺毛；能育叶长（10-）30-38（-50）厘米，叶片披针形，长（7-）22-28（-32）厘米，宽3-7厘米，一回羽状，羽片16-20对，互生，近平展，柄长约1毫米，基部1-2对略短，斜下，中部羽片长圆形，长2-3.5厘米，宽0.6-1.2

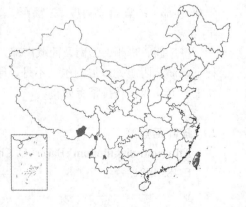

厘米，先端钝尖，有钝锯齿，基部上侧耳状凸起，全缘、略波状或具粗锯齿，基部下侧楔形，有三角形裂片或波状齿；叶脉上面不显，下面明显，羽片叶脉为羽状，侧脉 8-10 对，小脉 2 叉，耳片小脉羽状；叶干后纸质，黄褐或褐绿色，两面无毛；叶轴禾秆色。孢子囊群大，圆肾形或马蹄形，生于上侧小脉中部以上，在主脉两侧各排成 1 行，耳片上常 2-5 枚；囊群盖大，褐色，膜质，边缘啮状，宿存。孢子周壁具少数褶皱，有不明显小刺。

产台湾、云南及西藏东南部，生于海拔 500-3500 米常绿阔叶林中或潮湿石壁上。喜马拉雅东部和日本有分布。

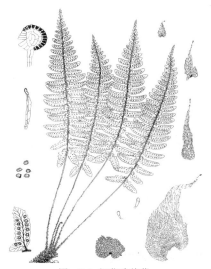

图 406 红苞蹄盖蕨
（孙英宝仿《Ogata, Ic. Fil. Jap.》）

5. 宿蹄盖蕨　图 407

Athyrium anisopterum Christ in Bull. Herb. Boissier 6: 962. 1898.

植株高约 40 厘米。根茎直立，顶端和叶柄基部密生棕色披针形鳞片。叶簇生；叶柄长约 20 厘米，基部褐色，向上禾秆色，近光滑；叶片披针形，长达 30 厘米，宽 9-12 厘米，下部二回羽状，中部二回羽裂，顶部羽裂；下部羽片长 4.5-5 厘米，宽约 2 厘米，近长三角形，短尖头或尖头，基部不对称，上侧耳状，下侧斜楔形，有短柄，一回羽状，小羽片斜上，基部上侧

1 片卵圆形，长约 1.5 厘米，宽约 1 厘米，钝头，基部近圆，浅裂，裂片全缘；叶脉下面明显，侧脉羽状，小脉单一；叶干后草质，褐黄绿色，叶轴和羽轴下面疏生棕色线状披针形小鳞片。孢子囊群大，马蹄形或弯钩形，生于裂片上侧小脉，在主脉两侧各排成不整齐 1 行，近主脉；囊群盖大，同形，边缘略啮蚀状，宿存。

产台湾、江西北部及南部、湖南、广东、广西、贵州、四川中南部、云南、西藏南部，生于海拔 1100-2500 米林下石缝中。越南、泰国、缅甸、不丹、尼泊尔、印度、斯里兰卡、马来西亚、菲律宾及印度尼西亚有分布。

图 407 宿蹄盖蕨
（引自《中国蕨类植物图谱》）

6. 禾秆蹄盖蕨　图 408

Athyrium yokoscens (Franch. ex Sav.) Christ in Bull. Herb. Boissier 4: 668. 1896.

Asplenium yokoscens Franch. et Sav. Enum. Pl. Jap. 2: 622. 1879.

植株高 30-60 厘米。根茎短而直立，连同叶柄基部密生棕色钻状披针形鳞片。叶簇生；叶柄长 10-30 厘米，禾秆色，基部以上光滑；叶片长 20-30 厘米，宽 8-18 厘米，长圆状披针形，二回深羽裂达羽轴窄翅，或三回羽状浅裂，羽片 15-20 对，下部 1-2 对略短，中部的长 5-9 厘米，宽 1.5-2 厘米，披针形，短尾头或长渐尖头，基部

图 408 禾秆蹄盖蕨　（路桂兰绘）

截形，有极短柄或近无柄，一回深羽裂达羽轴窄翅；小羽片披针形，基部不对称，上侧有小三角形尖耳，下侧下延羽轴，边缘有前伸粗齿或浅裂，裂片顶部有2-3短尖齿；侧脉在小羽片上分叉或单一；叶纸质，干后上面褐绿色，下面灰绿色，两面无毛，叶轴上面沟内偶有小鳞片，沟两侧隆起窄边在和羽轴交会处有小突起，羽轴上面沟两侧和裂片主脉交会处有薄片状突起。孢子囊群近圆形；囊群盖椭圆形、马蹄形或弯钩形，宿存。

产黑龙江、吉林、辽宁、山东、河南南部、江苏南部、安徽南部、浙江、福建西北部、江西西北部、湖南、贵州东北部及四川东南部，生于海拔100-2600米林下石缝中。朝鲜半岛及日本有分布。

7. 多变蹄盖蕨 图409

Athyrium drepanopterum (Kunze) A. Br. in Milde, Fil. Europ. Atlant. 49. 1867.

Polypodium drepanopterum Kunze in Linnaea 23: 278. 318. 1850.

植株高25-80厘米。根茎短而斜升，顶端密被棕色钻状披针形鳞片。叶簇生；叶柄长10-30厘米，密被与根茎同样鳞片，禾秆色，

光滑；叶片长圆状披针形或长圆形，长17-45厘米，中部宽5-20厘米，渐尖头，二回羽状或三回羽裂，羽片约16对，柄长1-4毫米，互生，间隔较宽，近平展，上部的略斜上，长圆状披针形或宽披针形，长3-11厘米，基部宽1.5-4厘米，基部上侧耳状，下侧圆楔形，羽状或二回深羽裂；小羽片6-10对，斜展，互生，间隔较窄，基部上侧1片最大，三角状长圆形，浅羽裂或深羽裂，其余小羽片长0.7-1.5厘米，基部宽3-7毫米，长圆形或长圆状披针形，先端尖有锯齿，基部与羽轴合生，近全缘或羽裂几达小羽轴，裂片长圆形，尖头，先端有1-2短尖齿；叶脉不明显，侧脉羽状，小脉单一；叶干后革质或纸质，棕色或灰绿色，上面有光泽，无毛。孢子囊群近圆形或圆肾形，生于小脉中下部，近主脉；囊群盖小（有时不发育或早落），同形，棕色，纸质，边缘啮蚀状。

图 409 多变蹄盖蕨 （引自《中国植物志》）

产台湾、贵州东南部、四川、云南及西藏东南部，生于海拔700-2300米山谷林下或阴湿花岗岩石缝中。越南、缅甸、不丹、尼泊尔、印度北部及菲律宾有分布。

8. 华东蹄盖蕨 日本蹄盖蕨 图410

Athyrium niponicum (Mett.) Hance in Journ. Linn. Soc. Bot. 13: 92. 1873.

Asplenium niponicum Mett. in Ann. Mus. Bot. Lugduno - Batavum 2: 240. 1866.

植株高0.3-1.35米。根茎横卧或斜升，顶端和叶柄基部密生淡棕色窄披针形鳞片。叶簇生；叶柄长10-50厘米，基部黑褐色，向上禾秆色，疏生小鳞片；叶片卵状长圆形，长23-70厘米，中部

宽 15-45 厘米，先端极窄，中部以下二回羽状或三回羽状深裂，羽片 6-12 对，互生，斜展，基部一对长 7-25 厘米，中部宽 2.5-6 厘米，先端长渐尖，略尾状，基部圆楔形，柄长 0.3-1 厘米，一回羽状，小羽片二回羽裂，小羽片斜展，中部的长 1-1.8 厘米，基部宽 0.4-1 厘米，披针形，基部不对称，上侧截形，多少凸出，与羽轴并行，下侧楔形，边缘浅裂成粗齿状；裂片叶脉羽状，小脉单一；叶草质，干后灰绿色，无毛，叶轴和羽轴下面略生棕色小鳞片。孢子囊群圆形、弯钩形或马蹄形，每裂片 2-3 对（或每小羽片 8-12 对）；囊群盖同形，膜质，边缘啮蚀状。

产吉林、辽宁南部、河北、山东、山西、河南、陕西、宁夏、甘肃南部、江苏西南部、安徽、浙江、台湾、江西、湖北、湖南、广东、广西、贵州、四川、云南，生于海拔 50-2600 米杂木林下、溪边、阴湿山坡、灌丛或草坡。日本、朝鲜半岛、越南及缅甸有分布。

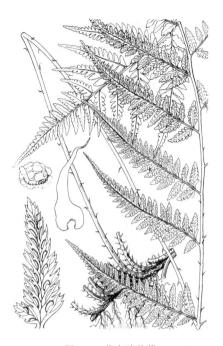

图 410 华东蹄盖蕨
（冀朝祯仿《中国植物志》）

9. **中华蹄盖蕨**　东北蹄盖蕨　多齿蹄盖蕨　　　　图 411

Athyrium sinense Rupr. Distt. Crypt. Vasc. Ross. 41. 1845.

Athyrium brevifrons Nakai；中国高等植物图鉴 1: 178. 1972.

Athyrium multidentatum (Doell.) Ching；中国高等植物图鉴 1: 178. 1972.

植株高 0.5-1.2 米。根茎粗短，直立或斜升。叶簇生；叶柄长 20-50 厘米，基部密被棕褐色披针形鳞片，禾秆色或紫红色；叶轴、羽轴被卷缩先端膨大腺毛，叶片卵状披针形或宽卵形，长 25-60 厘米，宽 10-30 厘米，通常二回羽状，羽片 15-20 厘米，互生，无柄，相距 1-4 厘米，基部 2-3 对羽片渐短，略反折，或大型植株的基部羽片不缩短，中部羽片长 8-18 厘米，宽 1.5-5 厘米，先端渐尖，基部截形，一回羽状，小羽片羽状浅裂至深裂，末回裂片先端具尖齿。孢子囊群矩圆形或马蹄形，生于裂片基部；囊群盖同形，膜质，边缘啮蚀状。

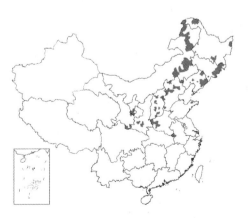

产黑龙江、吉林、辽宁、内蒙古、河北、山东、山西、河南、

图 411 中华蹄盖蕨　（引自《图鉴》）

陕西秦岭、宁夏南部、安徽西部。朝鲜半岛北部、日本及俄罗斯远东地区有分布。嫩叶做蔬菜食用。

10. 岩生蹄盖蕨

图 412

Athyrium rupicola (Edgew ex Hope) C. Chr. Ind. Fil. 145. 1905.

Asplenium rupicola Edgew ex Hope in Journ. Bombay Nat. Hist. Soc. 12: 531. t. 5. 1899.

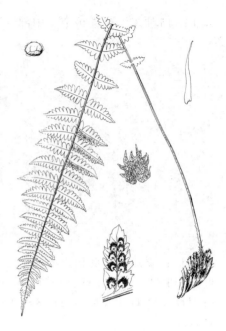

植株高 25-55 厘米。根茎短，横卧，顶端斜升，密被栗色或暗棕色、长钻状披针形鳞片。

叶簇生；叶柄长 5-15 厘米，基部径 1.2-2.5 毫米，褐棕色，被与根茎同样鳞片，向上禾秆色，近光滑；叶片披针形，长 20-35 厘米，中部宽 5-8.5 厘米，基部渐窄，一回羽状，羽片深羽裂，羽片 20-30 对，下部的近对生，向上的互生，平展或斜展，无柄，下部多对羽片渐短，成三角形耳状，长约 1 厘米，中部羽片窄三角状披针形或宽披针形，长 2.5-4 厘米，宽 0.8-1.6 厘米，基部截形，两侧深羽裂，裂片 8-12 对，基部上侧 1 片较大，余长圆形，长 4-5 毫米，宽 1.5-3 毫米，有尖锯齿，基部与羽轴合生，两侧边缘有尖锯齿；叶干后草质，上面褐绿色，下面色较淡，两面无毛，叶轴和羽轴下面禾秆色，略被小鳞片，无腺毛。孢子囊群圆形，生于小脉背上，每裂片 2-5 对；囊群盖圆肾形，灰棕色，膜质，边缘啮蚀状，宿存。孢子有周壁，

图 412 岩生蹄盖蕨
（孙英宝仿《中国植物志》）

有条状褶皱和颗粒状纹饰。

产四川、云南及西藏，生于海拔 1800-3800 米干旱岩石缝中。喜马拉雅地区有分布。

11. 麦秆蹄盖蕨

图 413

Athyrium fallaciosum Milde, Fil. Europ. Atlant. 54. 1867.

植株高 30-40 厘米。根茎短而斜升，顶部密被深棕色窄披针形鳞片。

叶簇生；叶柄长 5-7 厘米，禾秆色，基部褐棕色；叶片倒披针形，长 25-40 厘米，中部宽 5-8 厘米，基部渐窄，无毛，一回羽状，羽片深羽裂，羽片 20-30 对，下部 6-7 对羽片渐小成三角形或矩圆形，中部羽片长 3-4 厘米，深羽裂，裂片有粗齿，每齿有 1 小脉；叶草质。孢子囊群半圆形、弯钩形或马蹄形；囊群盖大，同形，边缘呈啮蚀状。

产黑龙江、吉林、辽宁、内蒙古、河北、山西、河南、陕西南部、宁夏南部、甘肃南部、湖北西部及四川中北部，生于海拔 1200-2200 米山谷林下或阴湿石上。朝鲜半岛有分布。

图 413 麦秆蹄盖蕨 （蔡淑琴绘）

12. 尖头蹄盖蕨   图 414

Athyrium vidalii (Franch. et Sav.) Nakai in Bot. Mag. Tokyo 39: 110. 1925.

Asplenium vidalii Franch. et Sav. Enum. Pl. Jap. 2: 229. 1877.

植株高 0.5-1 米。根茎粗短,直立或斜升。叶簇生;叶柄长 20-50 厘米,禾秆色或紫红色,基部密被褐色鳞片,鳞片线状披针形;叶片卵圆形或三角状卵形,长 20-50 厘米,宽 10-30 厘米,先端骤窄,长渐尖,基部最宽,二回羽状,羽片 8-12 对,下部的近对生,向上的互生,斜展,有短柄,中部羽片长 10-15 厘米,宽 2-2.5 厘米;叶干后纸质,两面无毛。孢子囊群卵形、马蹄形、长圆形,有时小羽片基部的为弯钩形;囊群盖同形,浅褐色,全缘或略有不整齐小齿。

产河南、陕西南部、甘肃南部、安徽南部、浙江、台湾、福建西北部、江西、湖北、湖南北部及西北部、广西、贵州、四川、云南及西藏,生于海拔 600-2700 米林下。日本及朝鲜半岛有分布。

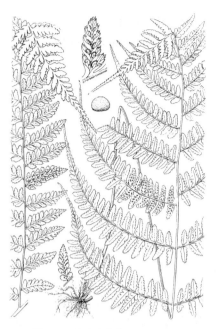

图 414 尖头蹄盖蕨 (冀朝祯绘)

13. 湿生蹄盖蕨   图 415

Athyrium devolii Ching in Sunyatsenia 3: 1. t. 1. 1935.

植株高 0.3-1 米。根茎直立,顶端和叶柄基部生淡棕色卵状披针形鳞片。叶簇生;叶柄长 20-45 厘米,基部黑褐色,向上禾秆色,光滑;叶片窄长圆形或宽卵形,长 25-55 厘米,下部宽 16-55 厘米,渐尖头,二回羽状,羽片近对生,常下弯,下部 1-2 对略短,中部的长 10-35 厘米,宽 2.5-5 厘米,宽披针形,基部平截,有短柄;小羽片互生,常反折,基部的长 1-4 厘米,宽 0.5-1.2 厘米,渐尖头,基部上侧平截,与羽轴并行,下侧斜楔形,有 1-2 毫米长的柄,深羽裂,裂片长圆形,有不整齐尖齿,上侧的较下侧的大;叶脉在末回小羽片羽状,侧脉 2-3 对,单一,伸达齿端;叶草质,干后灰绿色,光滑,羽轴上面有短硬刺。孢子囊群近圆形、长圆形、弯钩形或马蹄形,每裂片 1-7 枚;囊群盖同形,边缘有睫毛,棕色,宿存。

产浙江、福建、江西、广西北部、贵州中南部、四川南部、云南及西藏东南部,生于海拔 500-2000 米溪边草丛湿地。

图 415 湿生蹄盖蕨 (冀朝祯绘)

14. 长叶蹄盖蕨

图 416

Athyrium elongatum Ching in Acta Bot. Bor. - Occ. Sin. 6(2): 101. 1986.

植株高 25-70 厘米。根茎短而直立，顶端和叶柄基部密生褐棕色披针形鳞片。叶簇生；叶柄长约 15 厘米，径 3 毫米；叶片窄披针形，长 55 厘米，中部宽 11 厘米，先端长尾状，基部略窄，一回羽状，羽片深羽裂，羽片 20-45 对，下部的略短，中部的较大，镰状披针形，长 6-8 厘米，宽约 1.8 厘米，先端尾尖，基部圆截形，上侧靠叶轴，一回羽状；小羽片斜展，基部 1 对窄长圆形，长 8-9 毫米，宽 5-6 毫米，基部略楔形下延，具窄翅和羽轴相连，边缘浅裂，裂片先端有长尖锯齿；裂片羽状小脉 1-2 对；叶草质，干后黑褐色，两面无毛，叶轴和羽轴下面淡紫色，上面纵沟内有短腺毛；羽轴上面有短硬刺。孢子囊群短线形，生于裂片基部上侧小脉，近主脉；囊群盖与囊群同形，近全缘，宿存。

产安徽、浙江、江西西部、湖南西南部、广西北部及贵州东南部，生于海拔 150-1500 米林下阴湿石缝内。

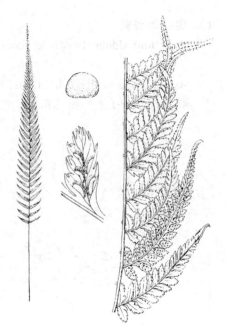

图 416 长叶蹄盖蕨 （冀朝祯绘）

15. 轴果蹄盖蕨

图 417：1-6

Athyrium epirachis (Christ) Ching in C. Chr. Ind. Fil. Suppl. 3:41. 1934.

Diplazium epirachis Christ in Bull. Soc. Bot. France 52: Mém. 1: 51. 1905.

植株高 30-70 厘米。根茎短而直立或斜升。叶簇生；叶柄长 12-34 厘米，连同叶轴、羽轴多少紫色，基部深褐色，密被棕色或中央黑褐色、坚挺披针形鳞片，向上稀疏至光滑；叶片长圆形或长圆状披针形，长 15-36 厘米，宽 5-13 厘米，基部圆楔形或近截形，先端渐尖至尾尖，一至二回羽状，羽片 10-20 对，三角状披针形或长圆状披针形，中下部的长 2.5-8 厘米，基部宽 0.8-2.5 厘米，有短柄，基部上侧耳状，下侧圆楔形，先端钝或短渐尖，边缘具短齿、浅裂、深裂至一回羽状，裂片或小羽片卵形、椭圆形或长圆形，先端圆钝，有齿；叶纸质或近革质，干后褐绿色，叶轴、羽轴上面具短硬刺突，下面光滑或具腺毛；叶脉分离，上面凹入，下面凸出。孢子囊群新月形或蛾眉形，近羽轴或小羽轴或裂片主脉着生；囊群盖同

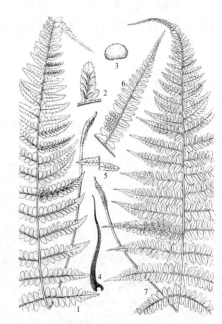

图 417：1-6.轴果蹄盖蕨　7.假轴果蹄盖蕨

形，棕色，膜质，全缘，宿存。

产湖北西部及西南部、湖南北部、广西北部、贵州、四川及云南，

生于海拔800-1900米酸性山地林下、林缘、路边或沟边。日本有分布。

16. 假轴果蹄盖蕨 贵州蹄盖蕨　　　　　　　图 417:7

Athyrium pubicostatum Ching et Z. Y. Liu in Bull. Bot. Res. (Harbin) 4(2): 7. f. 9. 1984.

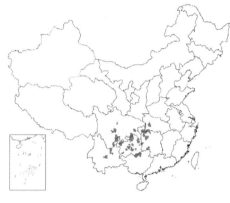

植株高达60厘米。根茎短而直立，密被鳞片，鳞片线状披针形，深棕色。叶簇生；叶柄长15-22厘米，基部密被鳞片，向上渐光滑，禾秆色；叶片长圆形或披针形，长24-38厘米，宽12-18厘米，基部截形，先端渐尖，二回羽状，羽片12-18对，窄披针形，中部的长6-9厘米，宽1.5-2厘米，基部截形，无柄或几无柄，先端渐尖，一回羽状，小羽片10-15对，互生，平展，接近，无柄，三角状长圆形，基部不对称，上侧多少耳状，全缘或具细齿；叶草质或纸质，干后淡绿色，两面光滑，叶轴及羽轴上面有刺突，下面密被腺毛；叶脉分离，侧脉单一或2叉。孢子囊群长圆形或线形，近主脉或羽轴着生；囊群盖同形，膜质，宿存。

产湖北西部及西南部、湖南、广西北部、贵州、四川、云南，生于海拔1000-2100米酸性山地林下、林缘或路边。

17. 中越蹄盖蕨　　　　　　　　　图 418

Athyrium christensenii Tardieu, Aspl. Tonkin 80. 182. t. 12. f. 1-2. 1932.

植株高40-75厘米。根茎短，直立，顶端和叶柄基部密被鳞片，鳞片深褐色，线状披针形。叶簇生；叶柄长18-30厘米，黑褐色，

向上绿禾秆色，略有小鳞片；叶片卵状长圆形，长28-55厘米，宽12-16厘米，先端渐尖，二回羽状，羽片15-20对，基部的近对生，向上的互生，平展或略斜展，有短柄或近无柄，基部1对短，宽披针形，长10-12厘米，宽约2厘米，先端渐尖，基部不对称，斜楔形，一回羽状深裂，裂片8-12对，互生，略斜展，无柄，长椭圆形，长约1.2厘米，宽约4毫米，基部与羽轴合生，下侧下延，两侧有波状浅圆裂或钝圆齿，中部羽片长达13厘米，宽约2.5厘米，先端长渐尖，略尾状，基部对称，近截形，一回羽状深裂；叶脉上面可见，下面明显，在小羽片上羽状，侧脉6-8对；叶干后草质，浅褐绿色，两面无毛；叶轴和羽轴下面禾秆色，密被深褐色短腺毛，上面连同主脉有贴伏短硬刺。孢子囊群短线形或长圆形，每小羽片约7对，在主脉两侧各排成1行，有时近叶缘；囊群盖同形，褐色，膜质，全缘，宿存。

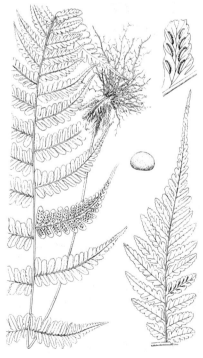

图 418 中越蹄盖蕨 （冀朝祯绘）

产广西及云南，生于海拔1000-2250米常绿林下。越南有分布。

18. 翅轴蹄盖蕨

图 419

Athyrium delavayi Ching in Bull. Soc. Bot. France 52: Mém. 1: 47. 1905.

植株高 40-60 厘米。根茎短而直立，顶部和叶柄基部密生条状披针形鳞片。叶簇生；叶柄长 13-25 厘米，淡禾秆色；叶片矩圆形，长 25-35 厘米，宽 14-20 厘米，顶部骤窄，羽轴下面密生短腺毛，上面沿纵沟两侧窄边有硬刺，二回羽状，羽片上弯，下部几对略短，中部的长 13-18 厘米，宽 1.2-1.5 厘米，披针形或条状披针形，尾头具尖齿；小羽片密接，无柄，基部 1 对略大，常覆盖叶轴，近方形，有大而张开尖牙齿；叶薄纸质。孢子囊群矩圆形；囊群盖同形，膜质，全缘或略啮蚀状。

产湖北西部、湖南北部及西部、广西北部、贵州、四川、云南，生于海拔600-2050米杂木林下阴湿处或山谷灌丛中。缅甸及印度东北部有分布。

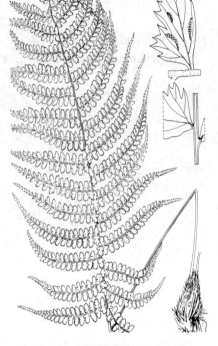

图 419 翅轴蹄盖蕨 （张桂芝绘）

19. 坡生蹄盖蕨

图 420

Athyrium clivicola Tagawa in Acta Phytotax. Geobot. 3: 32. 1934.

植株高达 50 厘米。根茎直立或斜升。叶簇生；叶柄长 10-25 厘米，基部密被褐色、有光泽、全缘窄披针形鳞片，向上光滑，禾秆色；叶片卵状三角形，约与叶柄等长或过之，宽达20厘米，基部略窄，先端骤窄，二回羽状，羽片 5-8 对，披针形，互生，略斜展，中下部的长 9-12 厘米，宽 2.5-3.5 厘米，有柄，基部羽片柄长达 1 厘米，基部平截或浅心形，先端短尾尖，一回羽状，小羽片 10-15 对，互生，平展，有短柄或无，基部上侧截形，有圆耳，下侧楔形，先端钝或圆形，中下部小羽片浅裂至中裂，裂片圆头，有锯齿，基部上侧小羽片常覆盖叶轴；叶草质，干后浅褐绿色，两面光滑，叶轴、羽轴、叶脉无毛。孢子囊群新月形，近小羽片主脉着生；囊群盖同形，膜质，全缘或几全缘，宿存。

产安徽、浙江、台湾、湖北西南部、湖南、广西北部、贵州、四川及云南，生于海拔 500-2500 米林下。日本及朝鲜半岛有分布。

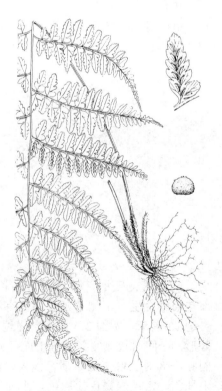

图 420 坡生蹄盖蕨 （冀朝祯绘）

20. 华中蹄盖蕨 图 421

Athyrium wardii (Hook.) Makino in Bot. Mag. Tokyo 13: 15. 1899.

Asplenium wardii Hook. Sp. Fil. 3: 189. 1860.

植株高 45-60 厘米。根茎短而直立，顶端密生深褐色线状披针形鳞片。叶簇生；叶柄长 25-30 厘米，基部黑褐色，密生鳞片，向上淡禾秆色，近光滑；叶片卵状三角形或卵状长圆形，长 20-30 厘米，基部宽 20-25 厘米，顶部长渐尖，上部羽状深裂，中部以下二回羽状或二回羽状深裂，羽片斜展，宽披针形，长达 15 厘米，中部宽 3-3.5 厘米，基部截形，有柄，一

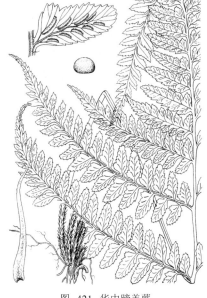

图 421 华中蹄盖蕨
（蔡淑琴仿《中国植物志》）

回羽状或羽状深裂，小羽片斜展，长圆形，长 1-1.5 厘米，宽 0.8-1 厘米，顶部略窄，基部不对称，上侧截形，稍耳状，无柄或下侧下延或窄翅，有细锯齿；小羽片叶脉羽状，小脉分叉，基部上侧的羽状；叶纸质，干后淡灰绿色，光滑，叶轴禾秆色，略被小鳞片，羽轴上面有短硬刺和主脉下面淡紫色，密生淡棕色短腺毛。孢子囊群长圆形或短线形，每小羽片 5 对，稍近叶缘；囊群盖同形，全缘，宿存。

产安徽南部、浙江、福建、湖北、湖南、贵州、四川、云南东北部及广西北部。朝鲜半岛及日本有分布。

21. 光蹄盖蕨 图 422

Athyrium otophorum (Miq.) Koidz. Fl. Symb. Orient. – Asiat. 40: 1930.

Asplenium otophorum Miq. in Ann. Mus. Bot. Lugduno – Batavum 3: 175. 1867.

植株高 60-70 厘米。根茎直立或斜升，顶部和叶柄基部密生条状披针形鳞片。叶簇生；叶柄长 30-35 厘米，禾秆色；叶片长卵形，和叶柄近等长，宽 20-25 厘米，无毛，叶轴和羽轴上面有沟互通，向顶部沿沟两侧有短刺，二回羽状，中部以下的羽片长 10-12 厘米，宽 2.5-3 厘米；小羽片无柄，具不明显细锯

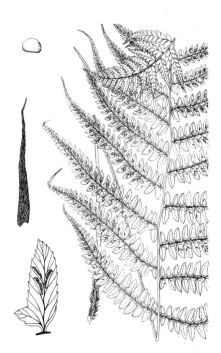

齿；叶纸质；小羽片侧脉 2 叉。孢子囊群矩圆形，近主脉两侧各 1 行；囊群盖同形。

产安徽南部、浙江西部、台湾、福建、江西南部、湖北西南部、湖南西北部、广东北部、广西、贵州及四川，生于海拔 400-2100 米常绿阔叶林或竹林下阴湿处。日本及朝鲜半岛有分布。

图 422 光蹄盖蕨
（蔡淑琴仿《中国蕨类植物图谱》）

22. 篦齿蹄盖蕨

图 423

Athyrium pectinatum (Wall. ex Mett.) Bedd. Ferns S. Ind. t. 155. 1863.

Asplenium pectinatum Wall ex Mett. Abh. Senckenberg. Naturf. Ges. 3(1): 241. 1860.

植株高达 55 厘米。根茎细长, 横走, 顶端斜升, 密被深棕色、披针形鳞片。叶近生; 叶柄 15-25 厘米, 褐棕色, 基部被与根茎同样鳞片, 向上淡棕禾秆色, 光滑; 叶片长圆状披针形, 长 15-35 厘米, 中部宽 8-25 厘米, 先端长渐尖, 略尾状, 二回至三回羽状细裂, 羽片约 20 对, 基部的对生, 向上的近对生, 斜展, 有短柄或近无柄, 基部 1 对羽片略短, 中部羽片长三角状披针形, 长 10-15 厘米, 基部宽约 3.5 厘米, 基部截形, 上侧靠叶轴, 二回羽状, 小羽片二回羽状细裂; 叶脉上面不显, 下面可见, 在末回小羽片羽状, 侧脉 3-4 对, 单一; 叶干后近膜质, 黄绿色, 两面无毛; 叶轴、羽轴和小羽轴下面禾秆色, 无毛, 上面贴伏针状长刺。孢子囊群小, 椭圆形或卵圆形, 每裂片 1 枚, 靠主脉; 囊群盖长圆形或马蹄形, 棕色, 膜质, 边缘啮蚀状, 宿存。

图 423 篦齿蹄盖蕨 (冀朝祯绘)

产西藏南部, 生于海拔约 2100 米乔松林下。喜马拉雅南坡有分布。

23. 长江蹄盖蕨

图 424

Athyrium iseanum Rosenst. in Fedde, Report Sp. Nov. 13: 124. 1913.

植株高 30-70 厘米。根茎直立, 顶端和叶柄基部密生褐棕色披针形鳞片。叶簇生; 叶柄长 12-25 厘米, 基部黑褐色, 向上禾秆色, 光滑; 叶片长圆形, 长 18-45 厘米, 中部宽 11-14 厘米, 渐尖头, 二回羽状羽片深羽裂; 羽片斜展, 基部 1 对略短, 中部羽片长 6-10 厘米, 基部宽 2-2.5 厘米, 披针形, 基部近截形, 小羽片羽裂; 小羽片斜展, 疏离, 基部 1 对卵状长圆形, 长 1-1.3 厘米, 基部宽 4-5 毫米, 基部上侧平截, 与羽轴平行, 下侧楔形, 有短柄, 边缘深羽裂几达主脉, 裂片长圆形, 上侧的较下侧大, 基部上侧 1 片最大, 有疏锯齿; 裂片叶脉羽状, 侧脉单一或 2 叉; 叶草质, 干后灰褐绿色, 叶轴顶部下面常有 1 芽孢, 叶轴和羽轴及主脉上面有针状软刺, 下面在交会处有短腺毛。孢子囊群长圆形、钩形或马蹄形, 每裂片 1 枚, 基部上侧裂片 2-4 枚; 囊群盖同形, 全

图 424 长江蹄盖蕨
(蔡淑琴仿《中国植物志》)

缘, 宿存。

产江苏南部、安徽南部、浙江、台湾、福建、江西、湖南、

广东、广西、贵州、四川、云南东北部及东南部、西藏，生于海拔
100-2800米山谷林下阴湿处。日本及朝鲜半岛南部有分布。

24. 胎生蹄盖蕨　　　　　　　　　　　　　　　　图 425

Athyrium viviparum Christ in Bull. Acad. Int. Geogr. Bot. 13. 1910.

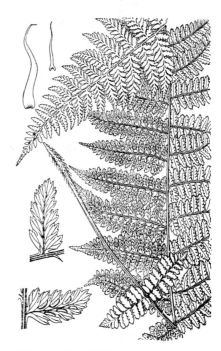

图 425　胎生蹄盖蕨　（引自《江西植物志》）

植株高40-70厘米。根茎直立，顶端有褐棕色披针形鳞片。叶
簇生；叶柄长10-25厘米，基部黑褐色，疏生鳞片，向上禾秆色，近光滑；叶片长圆状披针形，长30-45厘米，中部宽约20厘米，二回羽状，羽片斜展，下部1-2对略短，中部羽片长8-11厘米，披针形，基部圆截形，柄长2-3毫米，一回羽状；小羽片斜展，接近，基部1对长1.6-2厘米，宽约1厘米，长圆状披针形，钝尖头，基部上侧平截，略耳状，与羽轴并行，下侧楔形，无柄，羽裂达1/2，基部上侧裂片较大，斜展，先端有少数短钝齿；基部以上的小羽片向上渐小，具窄翅和羽轴相连；叶脉羽状分叉；叶干后薄草质，暗绿色，叶轴和羽轴上面有针状软刺，下面疏生短腺毛；通常在叶轴顶部有被鳞片包裹的腋生芽苞，能着地生根行营养繁殖。孢子囊群长圆形，生于上侧小脉近主脉，除基部上侧裂片有1-2对外，每裂片1枚；囊群盖同形，全

缘，宿存。

产江西西部、湖南、广东、广西、云南、贵州及四川，生于海拔500-1400米密林下阴湿处。

25. 软刺蹄盖蕨　　　　　　　　　　　　　　　　图 426

Athyrium strigillosum (T. Moore ex Lowe) T. Moore ex Salomon, Nomen. Gefasskrypt. 112. 1883.

Asplenium strigillosum T. Moore ex Lowe, Ferns Brit. Exot. 5: 107. t. 36. 1858.

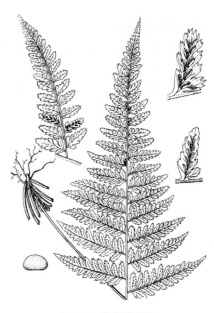

图 426　软刺蹄盖蕨
（孙英宝仿《中国植物志》）

植株高达80厘米。根茎直立或斜升，连同叶柄基部密被褐色窄披针形鳞片。叶簇生；叶柄长30-35厘米，下部略有鳞片，向上光滑，禾秆色；叶片披针形或宽披针形，长42-50厘米，中部宽10-14厘米，二回羽状，羽片15-20对，互生，略斜展，下部1-2对稍短，中部的长6-8厘米，宽2.7-3.5厘米，三角状披针形，基部浅心形，有短柄，一回羽状，小羽片约8对，互生，斜展，长圆形，无柄或几无柄，具窄翅与羽轴相连，先端

钝，边缘浅裂至深裂，裂片有长尖齿，多少内弯；叶薄草质，干后浅绿或暗绿色，下面稍淡，两面光滑；羽轴和主脉上面有软刺。孢子囊群长圆形，单生1脉，在主脉两侧各1行；囊群盖同形，厚膜质，近全缘。

产台湾、湖南、广东、广西、贵州、四川、云南及西藏东南部，生于海拔1000-2600米林下山谷溪边。印度、尼泊尔及缅甸有分布。

26. 密羽蹄盖蕨

图 427：1-5

Athyrium imbricatum Christ in Bull. Acad. Int. Geogr. Bot. 16:123. 1906.

植株高50-80厘米。根茎短而直立。叶簇生；叶柄长30厘米或过

之，基部密被褐色披针形鳞片，向上近光滑，紫红色，略有光泽；叶片卵形或椭圆形，长20-50厘米，宽8-20厘米，基部圆楔形，先端短渐尖，二回羽状一羽片一回羽状一小羽片深羽裂，羽片8-12对，互生，斜展，柄长达8毫米，长圆形或长圆状披针形，长5-14厘米，宽2.4-4厘

图 427：1-5. 密羽蹄盖蕨　6-8.黑足蹄盖蕨　（冀朝祯绘）

米，基部圆楔形，先端渐尖；小羽片窄椭圆形，8-15对，有短柄，互生，斜展，密接，基部上侧的较大，钝头，深羽裂，裂片长圆形，先端和边缘有长尖稍内弯的齿；叶草质，干后淡褐绿色，两面光滑；叶轴、羽轴多少带紫色，略具腺毛，羽轴和小羽轴上面有细长软刺；叶脉羽状。孢子囊群长圆形或钩形，近中肋生；囊群盖同形，膜质，近全缘或略啮蚀状。

产贵州东北部及四川，生于海拔800-1800米山谷常绿阔叶林下。日本有分布。

27. 方氏蹄盖蕨

图 428

Athyrium fangii Ching in Bull. Fan Mem. Inst. Biol. Bot. n. s. 1:282. 1949.

植株高0.5-1米。根茎短，直立，顶端密被深褐色、披针形鳞片。

叶簇生；叶柄长25-40厘米，基部被与根茎同样鳞片，向上淡绿禾秆色，光滑；叶片窄长圆形，长30-40厘米，中部宽14-20厘米，先端渐尖，基部稍窄，二回羽状一小羽片浅羽裂至半裂，羽片约15对，互生，斜展，柄长2-4毫米，中部的披针形，长8-10厘米，基部宽2-2.5厘米，先端尾状渐尖，基部几对称，近截形，

一回羽状；小羽片12-16对，几无柄，基部斜楔形，上侧截形，耳状，

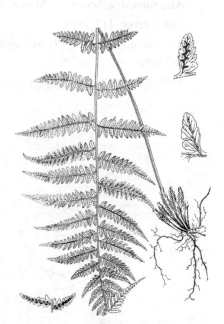

图 428　方氏蹄盖蕨　（冀朝祯绘）

与叶轴并行，下侧楔形，羽状浅裂至半裂，裂片5-6对，上侧的较长，基部上侧的裂片较大，全缘或先端有少数钝齿；叶干后草质，淡黄绿色，两面无毛；叶脉羽状，侧脉2-3对，斜上，单一；叶轴和羽轴下面禾秆色，近基部略被短毛，上面连同主脉均有针状软刺。孢子囊群长圆形或椭圆形，生于上侧小脉，每裂片通常1枚，在主脉两侧各排成1行，贴主脉；囊群盖同形，褐色，膜质，全缘，宿存，常部分覆盖主脉。

产四川及云南西部，生于海拔1800-3000米针阔混交林下。

28. 黑足蹄盖蕨　　　　　　　　图 427：6-8

Athyrium nigripes (Blume) T. Moore, Ind. Fil. 49. 1857.

Aspidium nigripes Blume Enum. Pl. Jav. 2: 162. 1828.

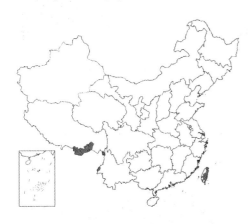

植株15-35厘米。根茎短而直立，顶端和叶柄基部被深褐色、披针形鳞片。叶簇生；叶柄长8-10厘米，禾秆色；叶片长卵形或长圆状披针形，长8-15厘米，中部宽3-6厘米，渐尖头，一回羽状至二回羽状，小羽片深羽裂，羽片10-15对，互生，平展或斜展，有短柄，三角状披针形，长2-3厘米，小羽片5-8对，深羽裂，斜上，下部2-3对分离，向上的基部下延，卵形，钝圆头，基部近楔形，略不对称，边缘有锐尖锯齿至浅裂；叶脉在小羽片羽状，侧脉3-4对；叶干后薄草质，褐绿色，两面无毛；叶轴和羽轴下面禾秆色，被浅褐色短毛，上面有贴伏针状软刺。孢子囊群每小羽片2-3对，生于小脉中部；囊群盖同形，褐色，膜质，边缘有睫毛，宿存。

产台湾、云南中部及西部、西藏南部，生于海拔1200-2800米山谷常绿阔叶林下阴湿处。日本、越南北部、印度、斯里兰卡及印度尼西亚有分布。

14. 双盖蕨属 Diplazium Sw.

中型蕨类。根茎横走或短而直立，有主轴，顶端密生鳞片，鳞片披针形，黑色，质厚，边缘有细齿，或棕色，质薄，有黑色窄边。叶近生或簇生；叶柄长，基部黑色，略生鳞片，向上淡绿或禾秆色，光滑；叶片长圆形，一回奇数羽状或为单一或3出；羽片同形，同大，披针形，卵状披针形或长圆形，渐尖头，基部楔形或近圆，全缘或略有锯齿，主脉明显，下面圆而隆起，上面有浅纵沟，沟两侧边钝圆，无刺，不与叶轴纵沟互通；每组侧脉有3-6小脉，上先出，通直，直达叶缘；叶纸质或近革质，或偶薄草质，光滑。孢子囊群长线形，单生于小脉上侧或双生于小脉上下两侧，自主脉向外，直达叶缘，通常基部1对小脉或上侧小脉能育，间或生于其他小脉；囊群盖窄线形，全缘，单生或双生，或二者混生同一羽片，单生者向上开口，双生者向上两侧开口。孢子两侧对称，椭圆形，有宽翅状或粗刺状周壁。染色体基数x=41。

约30种，分布于亚洲和美洲热带、亚热带地区。我国11种。

1. 叶片不裂，边缘全缘或波状 ·· 1. **单叶双盖蕨 D. subsinuatum**
1. 叶一回羽状，或羽状深裂至全裂。
　2. 叶片羽状深裂至全裂 ·· 2. **羽裂叶双盖蕨 D. tomitaroanum**
　2. 叶片一回羽状。
　　3. 羽片边缘全缘或顶部略有锯齿 ··· 3. **双盖蕨 C. donianum**
　　3. 羽片边缘锯齿状。
　　　4. 叶近革质，羽片边缘通常仅中部以上有锯齿，下部近全缘或浅波状 ·········· 4. **厚叶双盖蕨 D. crassiculum**
　　　4. 叶薄草质，羽片边缘基部向上有锯齿，有时浅羽裂 ······················· 5. **薄叶双盖蕨 D. pinfaense**

1. 单叶双盖蕨　　图 429　图 430：4-10　彩片 85

Diplazium subsinuatum (Wall. ex Hook. et Grev.) Tagawa, Col. Ill. Jap. Pterid. 135. 203. t. 55. f. 298. 1959.

Asplenium subsinuatum Wall. ex Hook. et Grev. Icon. Fil. 1: t. 27. 1827.

Diplazium lanceum (Thunb.) C. Presl; 中国高等植物图鉴 1: 188. 1972.

植株高 15-40 厘米。根茎细长横走，有黑色宽披针形鳞片。叶单一，疏生，纸质，无毛；叶柄长 5-16 厘米，通常中部以下密生鳞片；叶片窄披针形或条状披针形，中部宽 1.5-2.5 厘米，渐尖头，基部楔形，全缘或浅波状，侧脉羽状。孢子囊群条形，生于每组侧脉上侧 1 脉，单一（偶双生一脉）；囊群盖同形。

产河南东南部、江苏南部、安徽、浙江、福建、台湾、江西、湖南、广东、香港、海南、广西、贵州、四川及云南，生于海拔 200-1600 米溪旁林下酸性土或岩石上。广泛分布于日本、菲律宾、越南、缅甸、尼泊尔、印度及斯里兰卡。

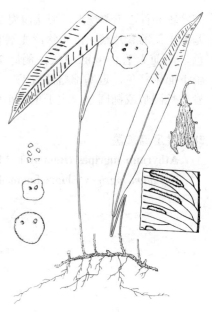

图 429　单叶双盖蕨　（引自《图鉴》）

2. 羽裂叶双盖蕨　　图 430：1-3

Diplazium tomitaroanum Mas am. in Journ. Soc. Trop. Agric. Taiwan 2: 33. 1930.

Diplazium zeylanicum auct. non (Hook.) Moore: 中国高等植物图鉴 1: 188. 1972.

植株高 15-80 厘米。根茎细长横走，黑褐色，连同叶柄疏被深褐色披针形鳞片。叶疏生；柄长 5-30 厘米，径 1-2 毫米，基部黑褐色，向上禾秆色；叶片线状披针形，长 10-50 厘米，中部宽 1.5-5.5 厘米，先端渐尖，全缘，向下浅羽裂至深裂，基部有 1-3 对无柄裂片（羽片），下部裂片向下略短，中部裂片较大，长圆形，先端具圆头；叶草质，干后绿色，沿叶轴两面疏被线状披针形小鳞片和多细胞短毛，叶脉有同样短毛，或成长后擦落；裂片叶脉羽状，侧脉单一或 2 叉，斜展。孢子囊群线形，长 2-4 毫米，单生，裂片基部上侧一脉常双生；囊群盖同形，膜质，棕色，全绿，宿存。

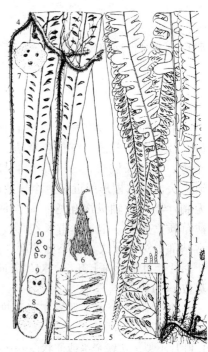

图 430：1-3. 羽裂叶双盖蕨　4-10. 单叶双盖蕨
（蔡淑琴绘）

产江苏南部、安徽南部、浙江南部、福建、江西南部、湖南南部、广东北部、香港、海南、贵州、四川中部及东南部，云南东南部，生于海拔 160-1250 米林下或沟边。日本有分布。

3. 双盖蕨 图 431

Diplazium donianum (Mett.) Tardieu, Aspl. Tonkin 58. t. 5. f. 1-2. 1932.

Asplenium donianum Mett. Farngatt. 6: 177. 1859.

植株高达 1 米。根茎横走，顶部密生黑色宽披针形鳞片。叶近生，

厚纸质，无毛；叶柄长 25-32 厘米，棕禾秆色，基部有鳞片；叶片矩圆形或卵状矩圆形，宽 15-20 厘米，奇数一回羽状，顶生羽片和侧生的同大，侧生羽片矩圆状披针形，长 10-16 厘米，宽 3-4 厘米，基部楔形，全缘，向顶部略有疏细齿；侧脉羽状，每组 3-5 条。孢子囊群条形，每组侧脉 1-2 条，双生于一脉，相

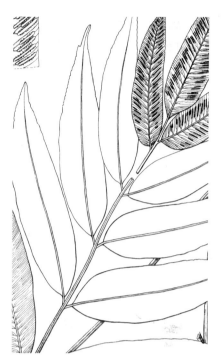

图 431 双盖蕨 （引自《图鉴》）

距 1.5-3 毫米，几达叶缘；囊群盖同形，膜质。

产安徽南部、台湾、福建、广东、香港、海南、广西、贵州及云南，生于海拔 350-1600 米常绿阔叶林下溪旁。尼泊尔、不丹、印度北部、缅甸、越南及日本南部有分布。

4. 厚叶双盖蕨 图 432

Diplazium crassiculum Ching in Lingnan Sic. Journ. 15: 279. 1936.

植株高达 1 米。根茎直立或斜生，黑褐色，木质，顶端生黑色、

披针形、边缘有小牙齿鳞片。叶簇生；叶柄长 40-60 厘米，径 3-5 毫米，基部黑色，疏生鳞片，向上禾秆色，光滑；叶片长 30-50 厘米，宽 16-24 厘米，长圆形，奇数一回羽状，羽片（2）3-4 对，同大，披针形，长 16-23 厘米，中部宽约 4 厘米，先端长渐尖，基部圆楔形，有短柄（顶生羽片常不

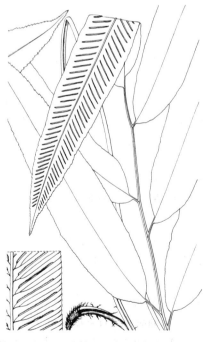

图 432 厚叶双盖蕨 （冀朝祯绘）

对称），边缘下部近全缘或微波状，至中部向顶端有细尖锯齿；叶脉明显，每组侧脉有小脉 3-4，直达叶缘；叶坚纸质，干后绿色，下面沿主脉两侧偶有线形小鳞片。孢子囊群单生于每组侧脉基部上侧 1 脉；囊群盖线形，全缘，向上开口。

产浙江南部、福建、江西、湖南南部、广东、海南、广西及贵

州，生于海拔 200-1700 米密林下溪边。日本南部有分布。

5. 薄叶双盖蕨　　　　　　　　　　　　　　图 433

Diplazium pinfaense Ching in Lingnan Sci. Journ. 15: 279. 1936.

植株高达 65 厘米。根茎直立或斜长，顶端密生鳞片，鳞片披针形，褐色，全缘。叶簇生；叶柄长 14-21 厘米，径 1-1.5 毫米，绿禾秆色，基部向上光滑，上面有浅沟；叶片长 18-25 厘米，宽 11-20 厘米，卵状长圆形，奇数一回羽状，侧生羽片 2-4 对，基部 1 对长 11-14 厘米，宽约 3 厘米，披针形，基部圆楔形，有短柄，边缘浅波状，常有锯齿，其上羽片较小，无柄，顶生羽片和其下的侧生羽片同形但较大，基部不对称；叶脉明显，每组侧脉有 2-3 小脉，直达齿端；叶薄草质，干后草绿色，两面无毛。孢子囊群长线形，单生于每组侧脉基部上侧 1 脉，偶下侧 1 脉能育，较短；囊群盖灰褐色，膜质，全缘，向上开口。

图 433　薄叶双盖蕨　（引自《江西植物志》）

　　产浙江南部、福建、江西、湖南西部、广西、贵州、四川及云南东南部，生于海拔 400-1800 米山谷或溪边。日本南部有分布。

15. 肠蕨属 Diplaziopsis C. Chr.

　　中型土生蕨类。根茎粗短，斜升或直立，略被棕色披针形鳞片。叶簇生；叶柄禾秆色或灰禾秆色，上面有深纵沟，基部疏被鳞片，向上光滑；叶片长圆形或长圆状披针形，奇数一回羽状，顶生羽片分离；叶薄草质，无毛；叶轴、羽轴、叶脉无毛；叶脉网状，无明显侧脉，网眼多角形，主脉与叶缘间 2-4 行，无内藏小脉。孢子囊群粗线形，单生于网脉，稀双生，在主脉两边各成 1 行，斜展，近主脉着生；囊群盖膜质，孢子后其远轴一侧（即上侧边）被紧压于囊群下成腊肠形，孢子成熟时，囊群盖常从圆拱形背部不规则开裂，稀上侧边张开。孢子二面体型，极面观椭圆形，赤道面观半圆形，周壁宽而褶叠，具小刺。染色体基数 x=41。

　　2 种，分布于亚洲热带、亚热带。我国均产。

1. 羽片披针形，先端渐尖 ·· 1. 川黔肠蕨 D. cavaleriana
1. 羽片长圆状披针形，先端尾尖 ·· 2. 肠蕨 D. javanica

1. 川黔肠蕨　　　　　　　　　　　　图 434 彩片 86

Diplaziopsis cavaleriana (Christ) C. Chr. Ind. Fil. Suppl. 1: 25. 1913.

Allantodia cavaleriana Christ in Bull. Acad. Int. Géogr. Bot. 243. 1906.

植株高达 1 米。根茎短而直立或斜升，顶端被棕色披针形鳞片。叶簇生；叶柄长 18-35 厘米，基部有少数鳞片，向上光滑，禾秆色至棕禾秆色；叶片长 38-65 厘米，中部宽 12-22 厘米，宽披针形或披针形，基部和先端均略窄，奇数一回羽状，羽片 7-15 对，互生，略斜展，下部 1-3 对略短，相距 5-10 厘米，有短柄或几无柄；上部羽片无柄或与叶轴稍合生；中部羽片相距 3-5 厘米，披针形，长 7-12 厘米，宽 1.5-2.8 厘米，基部宽圆楔形或截形，全缘或略波状；叶薄草质，干后褐绿色，两

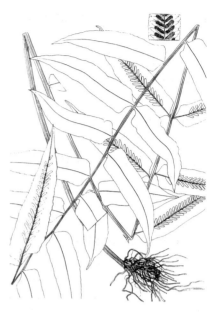

面光滑；叶脉两面可见，网状，主脉与叶缘间有 2-3 行网眼。孢子囊群粗线形，长达 5 毫米，近主脉或紧靠主脉，斜展，成熟时常密接；囊群盖成熟时灰棕色，从上侧边张开，宿存。

产浙江南部、台湾、福建、江西、湖北西南部、湖南北部、贵州、四川、云南东南部及东北部，生于海拔 500-2000 米山谷溪边林缘、密林下或山坡灌丛下。越南及日本有分布。

图 434 川黔肠蕨 （引自《图鉴》）

2. 肠蕨 图 435

Diplaziopsis javanica (Blume) C. Chr. Ind. Fil. 227. 1906.

Asplenium javanicum Blume Enum. Pl. Jav. Fil. 175. 1828.

植株高达 1 米以上。根茎短而直立或斜升。叶簇生；叶柄长 35-70 厘米，基部略生褐色窄披针形鳞片，向上光滑，禾秆色；叶片长圆形，长 60-85 厘米，中部宽 27-35 厘米，奇数一回羽状，羽片达 14 对，互生，略斜展，无柄，上部和下部的羽片略短，中部羽片长达 20 厘米，宽 2.5-5.5 厘米，长圆状披针形，基部宽楔形或圆楔形，先端骤尾尖，全缘或稍波状；叶薄草质，干后绿至褐绿色，两面光滑；叶脉网状，主脉两侧各有 2-4 行网眼。孢子囊群粗线形，长达 1.5 厘米，略斜展，稍离主脉，单生 1 脉，也有双生者；囊群盖棕色。孢子成熟时常从圆拱形囊群盖背部不规则开裂。

产台湾、海南、贵州北部及云南，生于海拔 200-1500 米山谷溪边密林下。亚洲热带地区有分布。

图 435 肠蕨 （引自《Fl. Taiwan》）

16. 菜蕨属 Callipteris Bory

大型常绿蕨类，土生。根茎粗壮，直立，有柱状主轴，被边缘有睫毛状小齿棕色鳞片。叶簇生；叶柄粗，光滑或有刺；叶片椭圆形，一至二回羽状，顶部常为羽裂状渐尖头，羽片大，渐尖头，基部平截，对称，全缘、有锯齿或羽裂，下部羽片基部裂片有时分离，基部与羽轴合生；叶草质或近革质，无毛，或叶轴、羽轴和主脉下面被锈黄色节状短毛，叶轴上部腋间偶有芽胞；叶脉明显，裂片下部多对小脉斜上，顶端连结成斜方形网眼，有 1 短脉从连结点外行，略星毛蕨型。孢子囊群椭圆形或线形，几着生于全部小脉，通常成对双生于基部 1-2 对小脉，与主脉斜交；囊群盖线形或椭圆形，膜质，全缘，宿存或消失；孢子囊环带具 16 个增厚细胞。孢子椭圆形，具较密大颗粒状或小瘤状纹饰。染色体基数 x=41。

约 5 种，分布于太平洋各群岛及亚洲东南部。我国 2 种 1 变种，分布于长江以南各省区，生于山谷溪边或河岸冲积潮湿沙地。

1. 叶轴无刺。
  2. 叶轴及羽轴无毛 ·· 1. 菜蕨 **C. esculenta**
  2. 叶轴及羽轴下面密被锈黄色绒毛 ··································· 1(附). **毛轴菜轴 C. esculenta** var. **pubescens**
1. 叶轴有刺状突起 ·· 2. **刺轴菜蕨 C. paradoxa**

1. 菜蕨
图 436　图 437：1-3

Callipteris esculenta (Retz.) J. Sm. ex T. Moore et Houlst. in Gard. Mag. Bot. 3: 265. 1851.

Hemionitis esculenta Retz. Obs. Bot. 38. 1791.

植株高 0.5-1.6 米。根茎直立或斜升，有时树干状，密被鳞片，鳞片窄披针形，长约 1 厘米，宽 1 毫米，有细齿。叶簇生；叶柄长 50-60 厘米，棕禾秆色，基部疏生鳞片；叶片三角形或长圆形，长 60-80 厘米，宽 30-60 厘米，二回（稀一回）羽状，羽片 12-16 对，开展，有柄，长 16-20 厘米，宽 6-10 厘米，宽披针形，一回羽状或羽裂，小羽片 8-10 对，长 4-6 厘米，宽 0.6-1 厘米，渐尖头，基部近截形，两侧稍耳状，边缘有齿或浅裂，裂片有浅钝齿；叶纸质或坚草质，干后褐绿色，两面无毛，厚草质，无毛或叶轴和羽轴下面有锈黄色绒毛；叶脉在裂片上为羽状，下部 2-3 对联结。孢子囊群条形，每小脉 1 条，伸达叶缘；囊群盖同形，膜质，全缘。

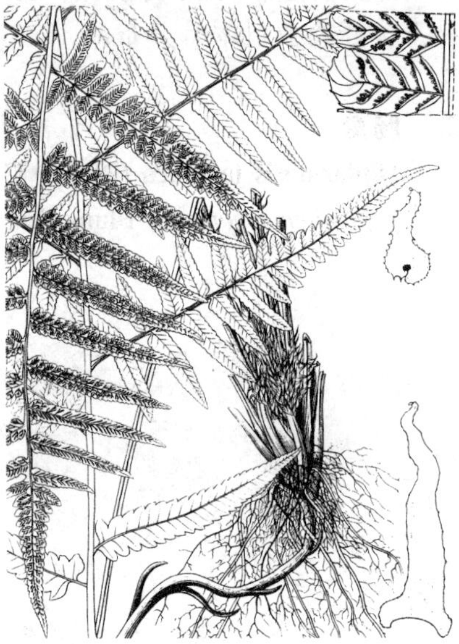

产安徽南部、浙江、台湾、福建、江西、湖南、广东、香港、海南、广西、贵州、四川中部及云南，生于海拔 100-1200 米山谷林下湿地及河沟边。亚洲热带、亚热带及热带波利尼西亚有分布。嫩叶作野菜。

[附] **毛轴菜蕨 Callipteris esculenta** var. **pubescens** (Link) Ching in Acta

图 436 菜蕨 （引自《图鉴》）

Phytotax. Sin. 9: 350. 1964. —— *Diplazium pubescens* Link in Hort. Berol. 2: 72. 1833. 与模式变种的区别：叶轴及羽片下面密被锈黄色短毛。产浙江东部、江西北部、海南、四川中部、贵州东南部、云南及西藏东南部，生于海拔 170-900 米林缘溪沟边湿地。越南北部、缅甸及印度有分布。嫩叶作野菜。

2. 刺轴菜蕨
图 437：4-6

Callipteris paradoxa (Fée) T. Moore, Ind. Fil. 217. 1861.

Diplazium paradoxum Fée, Mém. Fam. Foug. 5: 214. 1852.

根茎斜升。能育叶长达 1 米以上；叶柄长 30-40 厘米，径约 6 毫米，深禾秆色，略有小刺状突起，下部略被鳞片，幼时略被绒毛，后光滑；鳞片窄披针形，长达 1 厘米，褐色，有锯齿；叶片三角状卵形，长 50-

70 厘米，基部宽约 40 厘米，上部一回羽状，下部二回羽状，侧生羽片约 10 对，互生，斜展，下部的柄长约1.2厘米；基部1对矩圆状披针形，长约40厘米，宽约15厘米，顶部羽裂渐尖，基部平截；小羽片8-10对，近对生，平展，无柄，披针形，长4-6厘米，宽1-1.5厘米，先端短渐尖，基部宽楔形或近平截，近全缘或有波状圆齿，向顶部有细锯齿；叶脉下面明显，每组4-5对，斜上，下部1-2对联成尖三角形网孔；叶坚草质，两面无毛；叶轴及羽轴下面有较密小刺状突起。孢

子囊群线形，每组3-4对，基部上侧1条双生1脉；囊群盖线形，褐色，膜质，宿存。

产广东南部及海南（澄迈），丛生于潮湿河边沙质土。斯里兰卡有分布。

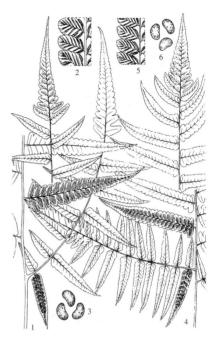

图 437：1-3.菜蕨 4-6.刺轴菜蕨
（蔡淑琴绘）

17. 短肠蕨属 Allantodia R. Br.

中型或大型林下蕨类。根茎粗大，斜生或直立（有时树干状），稀细长横走，多少生鳞片，鳞片褐或褐棕色，通常有黑色窄边，钻状披针形或宽披针形，全缘或有疏刺状小齿牙。叶散生或簇生；叶柄草质，基部褐色，通常疏生鳞片，有时有刺状突起，向上达叶轴和羽轴，上面有1-2纵沟；叶片宽卵形、长圆形或三角形，渐尖头，一回至四回羽状，多为二回羽状至三回深羽裂，羽片有柄，基部对称（稀不对称），下部的不缩短；叶全缘或有锯齿；叶脉分离，侧脉单一或分叉；叶草质或纸质，稀革质，通常光滑，沿叶轴、羽轴和主脉下面有少数钻状小鳞片，各回羽轴及主脉上面有沟互通。孢子囊群线形、长圆形或卵形，单生叶脉上侧，近裂片上侧1脉的常双生，通直或基部上侧1枚略弯曲；囊群盖膜质或厚膜质，灰白或棕色，线形或长圆形，一侧着生叶脉，覆盖孢子囊群，成熟时张开，常被压在孢子囊群下面，或肠衣状包裹整个孢子囊群，成熟时由背面破裂，宿存，有时早落或留残片。孢子两侧对称，椭圆形、圆肾形或卵圆形，有刺状或粗疣状突起。染色体基数 x=41。

约100种，产热带和亚热带地区，少数达暖温带及温带或纬度较低的亚高山带。我国73种，4变种。

1. 叶片一回羽状，或下部近二回羽状。
  2. 叶柄除基部和叶轴近光滑；羽片有短柄，边缘波状或具锯齿，或浅裂。
    3. 小型至中型蕨类；叶片一回羽状。
      4. 羽片基部上侧耳状。
        5. 根茎细长横走。
          6. 羽片边缘有不整齐尖锯齿或三角形浅裂，上部羽片下侧有窄翅和羽轴相连 ·············· **1. 假耳羽短肠蕨 A. okudairai**
          6. 羽片边缘有粗重锯齿，上部羽片下侧无窄翅和羽轴相连 ·············· **2. 耳羽短肠蕨 A. wichurae**
        5. 根茎直立。

7. 小型蕨类；中部羽片长 3 厘米以下，宽 1 厘米以下，羽片近覆瓦状，耳片常覆盖叶轴 ……………
……………………………………………………………………… 3. **异果短肠蕨 A. heterocarpa**

7. 中型蕨类；中部羽片长 5-8 厘米，宽 1-2 厘米，羽片接近非覆瓦状，耳片不覆盖叶轴 ……………
……………………………………………………………………… 4. **浅裂短肠蕨 A. lobulosa**

4. 羽片基部上侧非耳状。

8. 叶片顶部不骤缩。

9. 羽片通常浅裂 ………………………………………………… 5. **江南短肠蕨 A. metteniana**

9. 羽片边缘波状或锯齿状 ……………………… 5(附). **小叶短肠蕨 A. metteniana** var. **fauriei**

8. 叶片顶部骤缩 ……………………………………… 5(附). **假江南短肠蕨 A. yaoshanensis**

3. 中型至大型蕨类；叶片一回羽状，或下部近二回羽状。

10. 根茎直立；叶片一回羽状，羽片边缘锯齿状或浅裂。

11. 羽片窄长圆状披针形，长 15-25 厘米，宽 3-5 厘米 …………… 6. **大羽短肠蕨 A. megaphylla**

11. 羽片镰状披针形，长不及 15 厘米，宽 3 厘米以下 ………… 7. **羽裂短肠蕨 A. pinnatifido - pinnata**

10. 根茎横卧或横走；叶下下部近二回羽状，羽片羽裂。

12. 孢子囊群短线形。

13. 下部羽片的柄长达 4 厘米；小羽片或裂片镰状披针形 …………… 8. **假镰羽短肠蕨 A. petri**

13. 下部羽片的柄长 1-2 厘米；小羽片或裂片三角状披针形 ………… 9. **镰羽短肠蕨 A. griffithii**

12. 孢子囊群细长线形。

14. 叶脉在小羽片或裂片中肋两侧联成三角形网眼 ………… 10. **网脉短肠蕨 A. stenochlamys**

14. 叶脉在小羽片或裂片中肋两侧不联成三角形网眼；根茎横走或横卧；小羽片或裂片小脉多单一 ……
……………………………………………………………………… 11. **阔片短肠蕨 A. matthewii**

2. 叶柄和叶轴密被鳞片；羽片无柄，羽状浅裂至深裂。

15. 羽片羽状深裂呈篦齿形，裂片边缘有整齐锯齿 ……………………… 12. **篦齿短肠蕨 A. hirsutipes**

15. 羽片浅羽裂或边缘缺刻状，裂片全缘或近全缘 ……………………… 13. **鳞轴短肠蕨 A. hirtipes**

1. 叶片二回羽状至三回羽状。

16. 中型蕨类；叶柄、叶轴被鳞片。

17. 根茎横走，斜升或直立，褐色；叶柄、叶轴宿存较多黑褐色披针形鳞片；小羽片羽状浅裂至半裂 ……
……………………………………………………………………… 14. **鳞柄短肠蕨 A. squamigera**

17. 根茎细长横走，黑色；叶柄宿存较少褐色宽披针形鳞片；小羽片羽状深裂至全裂 ……………………
……………………………………………………………………… 15. **黑鳞短肠蕨 A. crenata**

16. 大中型蕨类；叶柄基部被鳞片，向上渐光滑；叶轴通常无或有少数鳞片。

18. 叶片二回羽状；小羽片浅羽裂至半裂。

19. 根茎直立。

20. 根茎粗大，直立或斜升，高 40-50 厘米。

21. 叶纸质；小羽片浅羽裂至半裂，或边缘缺刻状，裂片小脉单一；囊群盖边缘睫毛状 ……………
……………………………………………………………………… 16. **膨大短肠蕨 A. dilatata**

21. 叶草质；小羽片羽状半裂至深裂，裂片小脉通常 2 叉或单一，偶 2-4 叉；囊群在孢子囊群成熟前
破碎，有不明显残余 ………………………………………… 17. **深绿短肠蕨 A. viridissima**

20. 根茎短小，直立；小羽片或裂片圆钝头，方形 ……………… 17(附). **草绿短肠蕨 A. viridescens**

19. 根茎横卧或横走；叶长约 1 米。

22. 孢子囊群着生小脉基部；囊群盖背部开裂 ………………………… 18. **光脚短肠蕨 A. doederleinii**

22. 孢子囊群着生小脉中部或上部；囊群盖一侧开裂。

23. 孢子囊群着生小脉上部 ……………………………………… 19. **边生短肠蕨 A. contermina**

23. 孢子囊群着生小脉中部。

　　24. 裂片小脉单一，有时分叉；根茎鳞片边缘有小齿 ················· **20. 淡绿短肠蕨 A. virescens**

　　24. 裂片小脉2叉，或单一，偶3叉；根茎鳞片全缘 ················· **21. 薄盖短肠蕨 A. hachijoensis**

18. 叶片基部近三回羽状；小羽片羽状深裂至全裂 ················· **22. 中华短肠蕨 A. chinensis**

1. 假耳羽短肠蕨　　　　　　　　　　　图 438：1-3

Allantodia okudairai (Makino) Ching in Acta Phytotax. Sin. 9: 49. 1964.

Diplazium okudairai Makino in Bot. Mag. Tokyo 20: 84. 1906.

植株高35-60厘米。根茎长而横走。叶近生；柄长18-36厘米，基部被褐色卵形鳞片，向上疏被渐窄鳞片；叶片三角状披针形，长18-30厘米，基部宽10-20厘米，先端渐尖或尾状，一回羽状，羽片8-12对，镰状披针形，基部上侧耳状，下侧楔形，先端尾尖，具粗齿或浅裂，裂片先端钝，具

齿，下部羽片有短柄，中上部的与叶轴具窄翅相连；叶草质；叶脉分离，小脉单一，羽片基部上侧耳片小脉常2叉。孢子囊群线形，稍弯曲，近中肋着生，长达1厘米；囊群盖同形，膜质，全缘。

图 438：1-3.假耳羽短肠蕨　4-11.耳羽短肠蕨
（蔡淑琴绘）

　　产江苏南部、江西西北部、湖北西南部、湖南西部、贵州、四川及云南东北部，生于海拔400-1950米阔叶林下或阴湿处石上。日本及朝鲜半岛南部有分布。

2. 耳羽短肠蕨　　　　　　　　　　　图 438：4-11

Allantodia wichurae (Mett) Ching in Acta Phytotax. Sin. 9: 47. 1964.

Asplenium wichurae Mett. in Ann. Mus. Bot. Lugduon－Batavum 2: 237. 1866.

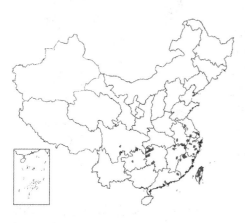

植株高30-60厘米。根茎长而横走，顶部被鳞片，鳞片棕褐色，披针形，全缘。叶疏生；柄长10-25厘米，中部以下黑褐色，疏被鳞片，向上光滑；叶片披针形或卵状披针形，长20-40厘米，宽10-18厘米，顶端渐尖并羽裂，一回羽状，羽片14-18对，互生，近平展，有短柄，镰刀状披针形，中

部以下的长8-12厘米，宽1-1.5厘米，顶端尾状渐尖，基部上侧耳状，下侧楔形，具重锯齿；叶脉羽状，侧脉分叉，小脉每组1-2对，在耳内羽状，稍明显；叶草质，无毛。孢子囊群粗线形，直或稍弯，单生于每组小脉上侧1脉中下部或双生于基部上侧小脉；囊群盖薄膜质，全缘。

　　产江苏南部、安徽南部、浙江、台湾、福建北部、江西、湖南、广东东部、贵州近中部及四川中部，生于海拔40-1200米山地林下溪沟边岩石旁，通常成片生长。朝鲜半岛南部济州岛及日本有分布。

3. 异果短肠蕨

图 439

Allantodia heterocarpa (Ching) Ching in Acta Phytotax. Sin. 9: 50. 1964.

Diplazium heterocarpum Ching in Lingnan Sci. Journ. 15: 276. 1936.

植株高 20-30 厘米。根茎直立，其上残留叶柄，顶端密被鳞片，鳞片褐色，卵状披针形，全缘。叶簇生；叶柄长 3-11 厘米，疏被鳞片或向上渐光滑，禾秆色；叶片长圆状披针形，长 8-20 厘米，宽 3-5.5 厘米，一回羽状，羽片 13-20 对，互生或基部的对生并多少反折，柄长 1-3 毫米，中部的平展，上部的略斜展，中部羽片长 2-3 厘米，基部宽 0.6-1 厘

米，斜窄三角形或披针形，基部上侧耳状，下侧斜切或通直，先端钝或短锐尖，上缘具圆齿，每圆齿有 2-4 小齿，下缘具单齿或重齿；叶草质，干后绿色，两面光滑，叶轴光滑或偶有小鳞片；叶脉上面可见，下面明显，羽片基部上侧侧脉羽状，余 2-3 叉，极斜上。孢子囊群线形，多少弯曲，每羽片 4-7 对；囊群盖同形，淡棕色，膜质，全缘，宿存。

图 439 异果短肠蕨 （孙英宝绘）

产贵州及四川东南部，生于海拔 900-1350 米石灰岩浅洞阴湿处石隙或石灰质土壤。

4. 浅裂短肠蕨

图 440

Allantodia lobulosa (Wall. ex Mett.) Ching in Acta Phytotax. Sin. 9: 49. 1964.

Asplenium lobulosum Wall. ex Mett. Farngatt. Aspl. 163. 1859.

植株高 30-40 厘米。根茎直立。叶簇生；叶柄长 15-20 厘米，基部褐色，被棕色、卵圆状披针形鳞片，向上禾秆色，近光滑；叶片长圆状宽披针形，长约 25 厘米，中部宽约 10 厘米，先端渐尖，基部略窄，一回羽状，羽片约 15 对，互生，略斜展，窄间隔分开，镰刀状披针形，长约 5 厘米，宽约 2 厘米，先端渐尖，基部下侧楔形，上侧截形有

三角形大耳，边缘浅羽裂，裂片先端具尖锯齿；叶脉下面略隆起。孢子囊群线形，略弯弓，生各组小脉基部上侧 1 脉中部，单生或稀双生；囊群盖线形，膜质，浅褐色，全缘，宿存。

产云南及西藏南部，生于海拔 1500-2500 米山地常绿阔叶林下阴湿处

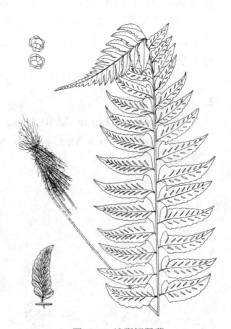

图 440 浅裂短肠蕨
（孙英宝仿《中国植物志》）

岩石上。缅甸北部、尼泊尔及印度北部有分布。

5. 江南短肠蕨 图 441

Allantodia metteniana (Miq.) Ching in Acta Phytotax. Sin. 9: 51. 1964.

Asplenium mettenianum Miq. in Ann. Mus. Bot. Lugduon - Batavum 3: 174. 1867.

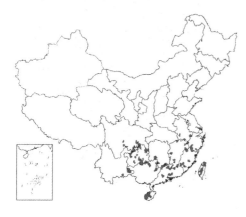

植株高 40-70 厘米。根茎长而横走，顶部密被黑色、线状披针形、有小齿鳞片。叶近生或疏生；叶柄长 20-40 厘米，基部黑褐色，疏被黑色鳞片，向上渐禾秆色而光滑；叶片三角状宽披针形或宽卵形，长 25-40 厘米，宽 12-17 厘米，顶端渐尖羽裂，一回羽状，羽片 6-10 对，互生，有短柄，镰刀状披针形，下部的羽片长 6-10 厘米，中部宽 1.2-1.8 厘米，顶端尾状渐尖，基部圆或近截形，边缘波状至羽裂达 1/2 或 1/3，裂片有浅钝齿；裂片叶脉羽状，侧脉单一；叶纸质，无毛。孢子囊群线形，单生于小脉中部，或双生于基部上侧小脉上；囊群盖同形，膜质。

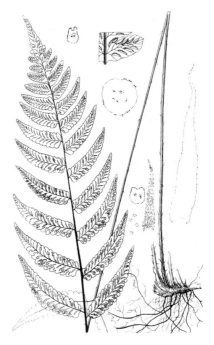

图 441 江南短肠蕨 （引自《图鉴》）

产安徽南部、浙江、台湾、福建、江西、湖南、广东、香港、海南、广西、贵州、四川、云南东南部及东北部，生于海拔 600-1400 米山谷林下。日本、越南北部及泰国东北部有分布。

[附] **小叶短肠蕨 Allantodia metteniana** var. **fauriei** (Christ) Ching in Acta Phytotax. Sin. 9: 51. 1964. —— *Diplazium fauriei* Christ in Bull. Herb. Boissier ser. 2, 1: 1015. 1901. 与模式变种的区别：叶近革质，侧生羽片较窄短，长 3-6 厘米，披针形，羽片边缘波状或锯齿状。产福建、浙江、江西及广东，生于海拔 400-500 米林下溪边阴湿处岩石上。日本及越南北部有分布。

[附] **假江南短肠蕨 Allantodia yaoshanensis** (Y. C. Wu) W. M. Chu et Z. R. He in W. M. Chu, Fl. Reipubl. Popul. Sin. 3(2): 416. 1999. ——

Diplazium japonicum var. *yaoshanense* Y. C. Wu in Y. C. Wu, Wong et Pong in Bull. Dept. Biol. Coll. Sci. Sun Yatsen Univ. 3: 152. pl. 67. 1932. 本种与江南短肠蕨的主要区别：根茎鳞片披针形；叶柄长达 50 厘米，叶片长达 50 厘米，基部宽达 25 厘米，顶端骤缩，叶片厚纸质或近革质。产广西中东部。越南南部及日本有分布。

6. 大羽短肠蕨 图 442

Allantodia megaphylla (Baker) Ching in Acta Phytotax. Sin. 9: 50. 1964.

Asplenium megaphyllum Baker in Journ. Bot. 28: 264. 1890.

植株高 1 米以上。根茎横卧，顶端密被鳞片，鳞片线状披针形，先端长而卷曲，具黑边有齿突。叶近生；叶柄长 40-80 厘米，基部黑褐至黑色，密被与根茎同样鳞片，向上渐光滑，淡绿色；叶片长圆形，长 50-96 厘米，宽 25-36 厘米，一回羽状，羽片 7-12 对，互生或基部的对生，斜展，有短柄，中部羽片长 15-22 厘米，宽 3-5 厘米，窄长圆状披针形，基部近截形或圆楔形，先端渐尖，具粗浅齿；叶厚纸质或薄革质，干后绿色，两面光滑；中肋在下面凸出，侧脉羽状，小脉单一，5-6 对。孢子囊群线形，沿小脉着生，成熟时常汇合；囊群盖同形，膜质，不规则开裂。

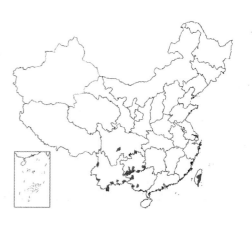

产台湾、广西、贵州南部、四川中部及东南部、云南，生于海拔200-1700米山谷林下溪沟边，多见于石灰岩地区。越南北部、泰国北部及缅甸东部有分布。

7. 羽裂短肠蕨　　图 443

Allantodia pinnatifido - pinnata (Hook.) Ching in Acta Phytotax. Sin. 9: 50. 1964.

Asplenium pinnatifido - pinnatum Hook. Sp. Fil. 3: 238. 1860.

植株高50-70厘米。根茎直立，黑褐色，顶端及叶柄基部被鳞片，

鳞片线形，长约4毫米，深褐色，有小齿。叶簇生；叶柄长20-30厘米，径约3毫米，绿禾秆色，无毛，上面有沟；叶片卵状长圆形，长30-40厘米，宽15-20厘米，先端渐尖，基部圆截形，顶部浅羽裂，向下一回羽状，羽片8-10对，互生，稍斜上，相距2-3厘米，最下3-4对的柄长约2毫米，向上的近无柄，镰刀状披针形，长8-10厘米，宽1-2厘米，先端渐尖，基部圆截形，有宽浅锯齿；叶脉可见，羽状，每组有3-4对小脉，单一，极斜上；叶坚纸质，干后淡褐绿色，两面无毛；叶轴禾秆色，无毛，上面有沟。孢子囊群线形，长3-8毫米，在每组小脉通常有2对，基部上侧1条双生，不达叶缘；囊群盖线形，淡褐色，膜质，全缘，宿存。

产海南及云南南部，生于海拔300-800米林下阴处。缅甸、越南及印度东北部有分布。

8. 假镰羽短肠蕨　　图 444

Allantodia petri (Tardieu) Ching in Acta Phytotax. Sin. 9: 53. 1964.

Diplazium petri Tardieu, Aspl. Tonkin 67. 181. t. 9. f. 1-2. 1932.

植株高50-60厘米。根茎横走，黑褐色，密被鳞片，鳞片线形，长约5毫米，黑色，有小齿。叶近生；叶柄长25-45厘米，纤细，坚硬，棕禾秆色，基部被黑色线形鳞片，上面有浅沟；叶片三角形，长25-40厘米，

宽12-25厘米，顶端渐尖，二回羽状或近二回羽状，羽片8-12对，

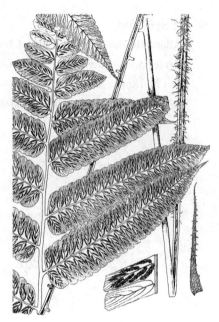

图 442 大羽短肠蕨
（引自《中国蕨类植物图谱》）

图 443 羽裂短肠蕨
（孙英宝仿《中国植物志》）

互生或近对生，斜上，相距4-5厘米，下部的柄长1-1.5厘米，上部的近无柄，披针形，下部的羽片长8-15厘米，宽4-6厘米，先端长渐尖具齿，基部截形，羽状深裂达羽轴，基部有分离小羽片，小羽片12-14对，互生，平展，无柄，相距3-5毫米，镰刀状披针

形，长 2.5-8 厘米，宽 6-8 毫米，先端渐尖，基部与羽轴合生并稍下延，具齿，基部 1 对分离，基部不对称，其上侧稍具耳；叶脉不明显，小脉分叉，斜上；叶坚草质，干后绿褐色，两面无毛。孢子囊群密集，短线形，不达叶缘；囊群盖线形，褐色，膜质，全缘，宿存。

产浙江南部、台湾、海南、广西、贵州西南部及云南东南部，生于海拔 1000-1750 米常绿阔叶林下。越南北部、菲律宾及日本南部有分布。

图 444 假镰羽短肠蕨
（孙英宝仿《中国植物志》）

9. 镰羽短肠蕨　　　　　　　　　　图 445

Allantodia griffithii (T. Moore) Ching in Acta Phytotax. Sin. 9: 52. 1964.

Diplazium griffithii T. Moore, Ind. Fil. 330. 1861.

植株高 60-90 厘米。根茎横卧，连同叶柄基部疏被鳞片，鳞片黑色，窄披针形，边缘有齿突。叶近生；叶柄长 30-56 厘米，下部黑褐色，向上禾秆色，光滑；叶片宽卵状三角形，长 30-40 厘米，宽约 25 厘米，先端渐尖，二回羽状，羽片约 8 对，略斜展，互生或基部的近对生，下部羽片窄披针形，长达 15 厘米，宽 3-5 厘米，柄长约 1.5 厘米，基部心形，先端渐尖略上弯，基

部具无柄小羽片，其余的与羽轴合生，小羽片或裂片长圆形，多少镰状，先端钝，具齿；叶纸质，干后绿色，下面色稍浅，两面光滑；叶脉羽状，小脉分叉。孢子囊群线形，近中肋着生，长达小脉 2/3；囊群盖同形。

产湖南西南部、广西西部、贵州南部及西南部、云南东南部，生于海拔 1000-1900 米常绿阔叶林下阴湿处。印度东北部及越南北部有分布。

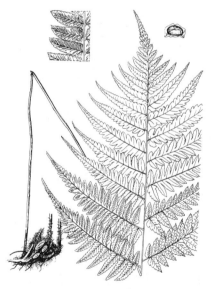

图 445 镰羽短肠蕨 （蔡淑琴绘）

10. 网脉短肠蕨　　　　　　　　　　图 446

Allantodia stenochlamys (C. Chr.) Ching ex W. M. Chu in W. M. Chu, Fl. Reipubl. Popul. Sin. 3(2): 416. 1999.

Diplazium stenochlamys C. Chr. Ind. Fil. 240. 1906.

常绿中型林下蕨类。植株高达 1 米。根茎直立，径 1.5 厘米，木质，顶端和叶柄基部被褐色、有细齿的披针形小鳞片。叶簇生；叶柄长 15-40 厘米，径 2-8 毫米，近肉质，干后扁，青褐或浅褐色，基部以上无鳞片；叶片三角形或矩圆形，长 20-60 厘米，宽 15-30 厘米，羽裂渐尖的顶部以下一回羽状或基部二回羽状，侧生羽片 4-7 对，互生，近平展或斜上，基部 1-2 对长 9-23 厘米，宽 3.5-7 厘米，矩圆形，短尖头，基部近平截，柄长 0.5-1.5 厘米，羽裂达 2/3

或有不整齐锯齿；侧生羽片裂片 4-6 对，长卵圆形，先端圆钝或尖，全缘，近平展，密接，基部上侧偶有 1 片具柄小羽片；叶脉两面明显，羽状，通常每组侧脉有小脉 7-8 对，基部小脉在羽片中肋两侧连成 2 列三角形网孔向上连成斜上窄长网孔；叶薄纸质，干后褐绿色，两面无毛，叶轴和叶柄同色。孢子囊群细线形，不达羽片边缘，接近中肋的常双生于 1 小脉两侧，其上的均单生于小脉上侧；囊群盖黄褐色，膜质，宿存。

产云南东南部，生于海拔 100-900 米常绿阔叶林下溪沟边。越南北部有分布。

图 446　网脉短肠蕨 （蔡淑琴绘）

11. 阔片短肠蕨　　　　　　　　　图 447：1-3 彩片 87

Allantodia matthewii (Copel.) Ching in Acta Phytotax. Sin. 9: 52. 1964.

Athyrium matthewii Copel. in Philipp. Journ. Sci. Bot. 3: 278. 1908.

植株高 50-70 厘米或更高。根茎粗壮，斜升或直立，顶部被鳞片，鳞片棕色，披针形，长约 5 毫米，全缘或有疏细齿。叶簇生或近生；叶柄长 23-28 厘米，深禾秆色，基部疏被鳞片，向上连同叶轴均光滑；叶片披针形或长圆状披针形，长 30-40 厘米，宽 15-20 厘米，顶端短渐尖或渐尖，一回至二回羽状，羽片 6-8 对，互生，有短柄，卵状披针形或披针形，基部 1 对

长 10-13 厘米，基部宽 4-6 厘米，顶端短渐尖或短尖，基部圆截形或近心形，有小耳，具钝齿、波状圆齿或浅羽裂；裂片长圆形或卵形，顶端钝，有浅钝齿；裂片叶脉羽状，分离，小脉单一或 2 叉；叶草质或厚草质，无毛。孢子囊群线形，自小脉基部外行，不达叶缘，通常单生，或双生于每组小脉上侧 1 条脉上，每裂片有 2-8 对；囊群盖膜质，宿存。

产福建南部、广东、香港及广西，生于海拔约 340 米林下沟旁阴湿处。越南北部有分布。

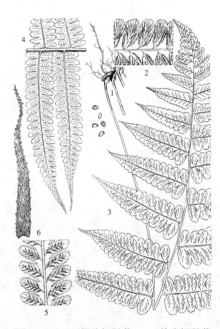

图 447：1-3.阔片短肠蕨 4-6.篦齿短肠蕨
（蔡淑琴绘）

12. 篦齿短肠蕨　　　　　　　　　图 447：4-6

Allantodia hirsutipes (Bedd.) Ching in Acta Phytotax. Sin. 9: 52. 1964.

Diplazium stoliczkae Bedd. var. *hirsutipes* Bedd. Handb. Fern Brit. Ind. 182. 1883.

植株高约 80 厘米。根茎斜升至直立，密被鳞片，鳞片褐棕或黑褐色，线形或线状披针形，长约 1 厘米，有黑色窄边及稀疏小齿。叶簇生；叶柄长 15-25 厘米，径 3-4 毫米，下部黑褐色，密被与根茎相同鳞片，上部暗禾秆色，近光滑；叶片长圆状披针形，长 40-60 厘米，中部宽约 20 厘米，先端尾状渐尖，一回羽状，羽片羽状深裂，羽片近

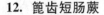

30 对，互生，窄间隔分开，相距约 2 厘米，略斜展，披针形，中部羽片长约 10 厘米，基部宽约 1.5 厘米，基部近平截，无柄，羽状深裂，裂片 15-17 对，略斜展，长圆形，圆头，边缘浅波状或疏生锯齿；叶脉下面略可见，羽状，小脉单一，斜上，均达叶缘；叶干后草质，常褐绿色，叶轴和羽片中肋下面被线形小鳞片。孢子囊群线形，生小脉下半部，近裂片主脉，每裂片 3-5 对，在基部小脉常为双生；囊群盖膜质，宿存。

产云南、西藏东南部及南部，生于海拔1800-2700米常绿阔叶林下。越南、缅甸北部、不丹、尼泊尔东部及印度东北部有分布。

13. 鳞轴短肠蕨 图 448

Allantodia hirtipes (Christ) Ching in Acta Phytotax. Sin. 9: 50. 1964.

Diplazium hirtipes Christ in Bull. Herb. Boissier 7: 12. 1899.

植株高 40-70 厘米。根茎直立或斜生，密被鳞片，鳞片窄披针形，棕色或黑褐色，具黑边和齿突。叶簇生；叶柄长 12-22 厘米，基部黑褐色，向上禾秆色，密被张开、具齿突线状披针形鳞片；叶片披针形，长 25-55 厘米，中部宽 13-26 厘米，先端渐尖，一回羽状，羽片羽状浅裂至半裂，或边缘缺刻状，羽片 15-20 对，中部的近平展，互生，窄长披针形，长 7-14 厘米，宽 1.2-2 厘米，基部近截形，上侧多少凸出，有时下侧稍凸出，先端渐尖，平直或略上弯，边缘波状至浅裂，最下部 1-2 对羽片稍短并反折，具短柄；叶草质，干后绿或褐黄色，上面光滑，下面多少被腺毛；叶轴被鳞片和伏生腺毛，沿羽轴和小脉有较多腺毛，叶脉分离，侧脉羽状，小脉单一。孢子囊群线形，多少弯弓，生侧脉基部上侧 1 小脉，近羽轴；囊群盖同形，膜质，全缘，宿存。

产湖北西南部、湖南、广西、贵州、四川、云南东南部及东北部，生于海拔 900-2700 米山谷密林下阴湿沟边。越南北部有分布。

图 448 鳞轴短肠蕨
（引自《中国蕨类植物图谱》）

14. 鳞柄短肠蕨 有鳞短肠蕨 图 449

Allantodia squamigera (Mett.) Ching in Acta Phytotax. Sin. 9: 55. 1964.

Asplenium squamigerum Mett. in Ann. Mus. Bot. Lugduon -Batavum 2: 239. 1866.

植株高 60-80 厘米。根茎长而横走，顶部密被鳞片，鳞片褐黑色，线状披针形，有小齿。叶簇生；叶柄长 25-35 厘米，禾秆色，基部密被鳞片，向上达叶轴及羽轴，疏被褐黑色小鳞片；叶片卵状三角形，长 30-35 厘米，基部宽 25-30 厘米，顶端渐尖并羽裂，一回至二回羽状，羽片约 10 对，互生，斜展，有柄，披针形，基部 1 对长 15-23 厘米，宽 5-10 厘米，顶端渐尖尾状，小羽片 10-15 对，下部的无柄，两侧具窄翅，长圆形，下部小羽片较小，中部

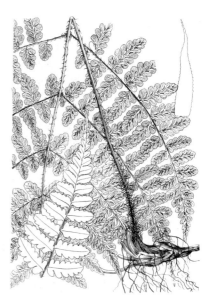

图 449 鳞柄短肠蕨 （引自《图鉴》）

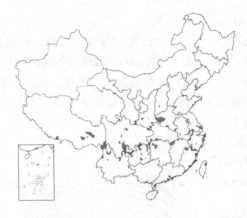

的长 3-4 厘米，顶端钝，基部圆楔形，有细齿，浅羽裂至深羽裂达 2/3，裂片长圆形，顶端钝有波状圆形齿，两侧全缘或波状；裂片叶脉羽状，分离，小脉 2 叉，伸达叶缘；叶革质；孢子囊群线形，稍弯弓，常单生于分叉小脉上侧 1 条脉的下部，较近中脉，稀双生；囊群盖同形，膜质。

产山西、河南、陕西南部、甘肃南部、江苏南部、安徽、浙江、台湾、福建、江西、湖北、湖南、广西、贵州、四川、云南、西藏南部，生于海拔 800-3000 米阔叶林下。日本、朝鲜半岛、印度西北部及克什米尔地区有分布。

15. 黑鳞短肠蕨　　　　　　图 450

Allantodia crenata (Sommerf.) Ching in Acta Phytotax. Sin. 10: 303. 1965.

Asplenium crenatum Sommerf., Veget. Scand. Akad. Handl. 103. 1834.

植株高 60-80 厘米。根茎长而横走，径约 3 毫米，黑色，顶部被黑褐色、宽披针形鳞片。

叶疏生，2 列；叶柄长 30-45 厘米，禾秆色，基部被同样鳞片，向上有少数鳞片；叶片卵状三角形，长 25-35 厘米，宽 18-25 厘米，二回羽状，羽片约 10 对，互生，斜展，相距 2-3.5 厘米，宽披针形，有柄，基部 1 对长 15-18 厘米，宽 5-8 厘米，小羽片 10-13 对，近平展，披针

图 450　黑鳞短肠蕨　（引自《图鉴》）

形，中部的长 3-3.5 厘米，宽达 1 厘米，渐尖头，基部平截，对称，羽状深裂，裂片长圆形，长约 2 倍于宽，钝头，基部与小羽轴合生，有小圆齿或近全缘；末回小羽片叶脉为羽状，侧脉 3-5 对，单一或分叉，伸达叶缘；叶纸质，下面沿小羽轴和主脉多少被灰白色柔毛（幼时较多）。孢子囊群长圆形，每末回小羽片有 2-3 对；囊群盖边缘啮蚀，宿存。

产黑龙江、吉林、辽宁东南部、内蒙古、河北、山西、河南西部、陕西南部及甘肃，生于海拔 1100-2400 米针阔混交林或阔叶林下。日本、朝鲜半岛、俄罗斯及欧洲北部有分布。

16. 膨大短肠蕨　毛柄短肠蕨　　　　　图 451

Allantodia dilatata (Blume) Ching in Acta Phytotax. Sin. 9: 54. 1964.

Diplazium dilatatum Blume Enum. Pl. Jav. 194. 1828.

Allantodia crinipes (Ching) Ching; 中国高等植物图鉴 1: 190. 1972.

植株高 1-1.5 米。根茎粗短，直立，顶部密被鳞片，鳞片深棕色，线状窄披针形，长 1-2 厘米，具褐黑色窄边及小齿。叶簇生；叶柄长 30-90 厘米，粗壮，基部棕黑色，被鳞片，向上连同叶轴均光滑；叶片近三角形，长 0.6-1 米，基部宽 0.8-1 米，先端渐尖并羽裂，二回羽状，羽片约 12 对，互生，斜上，羽柄长 2-3 厘米，长圆状宽披针形，基部 1 对长约 50 厘米，宽 20-25 厘米，顶端渐尖；小羽片 12-15 对，互生，平展，柄长 2-4 毫米，线状披针形，基部的长约 10 厘米，基部宽约 2 厘米，顶端渐尖或短尖，基部截形或圆，边缘浅羽裂，偶裂达 1/3，裂片长圆形，顶端钝或近截形，有小齿；裂片叶脉为羽状，小脉单一；叶纸质，两面无毛。孢子囊群线形，自小脉基部外行，不达叶缘，每裂片有 4-5 对；囊群盖线形，膜质。

产浙江南部、台湾、福建南部、广东、香港、海南、广西、贵州、四川及云南，生于海拔 100-1900 米林下或河谷地带。尼泊尔、印度、缅甸、泰国、老挝、越南、日本南部、印度尼西亚、马来西亚、菲律宾及澳洲、玻利尼西亚有分布。

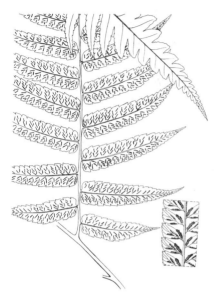

图 451 膨大短肠蕨 （引自《图鉴》）

17. 深绿短肠蕨

图 452

Allantodia viridissima (Christ) Ching in Acta Phytotax. Sin. 9: 56. 1964.

Diplazium viridissimum Christ in Lecomte, Not. Syst. 1: 45. 1909.

植株高达 2 米以上。根茎直立至斜升，顶部连同叶柄基部密被开展鳞片，鳞片线状披针形，棕色，有黑边和齿突。叶簇生，叶柄长 60-80 厘米，禾秆色；叶片卵状三角形，长 0.7-1.4 米，下部宽 60-80 厘米，二回羽状，羽片约 8 对，互生，略斜展，下部的柄长 2-6 厘米，长圆形或长圆状披针形，长 35-45 厘米，宽 12-16 厘米，基部截形，先端渐尖，一回羽状，小羽片 12-15 对，互生，平展或近平展，有短柄，披针形，长 8-10 厘米，宽 2-3 厘米，羽状深裂，裂片长圆形，圆头，有浅锯齿；叶草质，干后深绿色，两面光滑；叶轴、羽轴禾秆色，小羽轴下面具腺毛；叶脉上面不显，下面可见，在裂片上羽状，达 7 对，2 叉，稀单一。孢子囊群线形，自小脉基部向上达小脉之半或稍过，基部上侧 1 条通常分叉；囊群盖同形，膜质。

产台湾、广东、海南、广西、贵州、四川、云南、西藏东南部及南部，生于海拔 400-2200 米阔绿叶林下及林缘溪沟边。越南、菲律宾、缅甸东北部、尼泊尔及印度东北部至西北部喜马拉雅山区有分布。

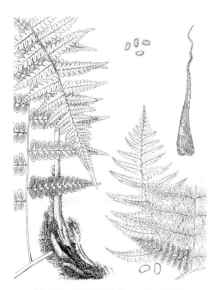

图 452 深绿短肠蕨 （蔡淑琴绘）

[附] **草绿短肠蕨 Allanto dia viridescens** (Ching) Ching in Acta Phytotax. Sin. 9: 51. 1964. —— *Diplazium viridescens* Ching in Acta Phytotax. Sin. 8: 146. 1959. 本种与膨大短肠蕨和深绿短肠蕨的主要区别：根茎短小，直立；小羽片或裂片圆钝头，方形。产海南及广西与越南边界附近，生于海拔 700-1200 米山地雨林下。

18. 光脚短肠蕨 图 453

Allantodia doederleinii (Luerss.) Ching in Acta Phytotax. Sin. 9:47. 1964.

Asplenium doederleinii Luerss. in Engl. Bot. Jahrb. 4: 258. 1833.

植株高 1-1.2 米。根茎短，直立或斜生，顶部被棕色、披针形、全缘鳞片。叶簇生或近生；

叶柄长 50-60 厘米，禾秆色，基部疏被鳞片，老时脱落，向上光滑；叶片卵状披针形，长 50-70 厘米，宽 30-50 厘米，顶端渐尖并羽裂，二回羽状，小羽片羽裂，羽片 8-10 对，互生，有柄，长圆状披针形，基部 1 对长 30-36 厘米，宽 10-14 厘米，顶端长渐尖，小羽片近平展，无柄，披针形或长圆状披针形，长 3-6 厘米，宽 1.5-2.3 厘米，基部楔形，羽状深裂，裂片长圆形或宽长圆形，顶端圆或近截形，全缘或略有小齿；裂片叶脉羽状，小脉 2 叉，稀单一；叶纸质，无毛或下面脉上疏被短毛。孢子囊群长圆形，着生于小脉基部或中部以下，近中脉，每裂片 3-5 对；囊群盖腊肠形，膜质，成熟时从背部作不规则破裂。

产浙江东部、台湾、福建南部、湖南西南部、广东、香港、广

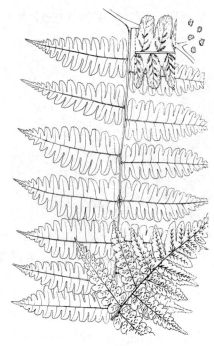

图 453 光脚短肠蕨 （蔡淑琴绘）

西、贵州、四川及云南，生于海拔 500-2300 米阴湿山谷阔叶林下。日本及越南北部有分布。

19. 边生短肠蕨 图 454

Allantodia contermina (Christ) Ching in Acta Phytotax. Sin. 9:47. 1964.

Diplazium conterminum Christ in Journ. Bot. 19: 67. 1905.

植株高 0.7-1 米。根茎直立或斜升，顶部被黑色、披针形、有小齿鳞片。叶簇生或近生；

叶柄长 30-50 厘米，禾秆色，基部被鳞片，向上光滑；叶片卵状披针形，长 40-60 厘米，宽 25-35 厘米，顶端渐尖并羽裂，二回羽状，小羽片浅羽裂，羽片 8-11 对，互生，斜展，下部的羽柄长 2-3 厘米，向上渐短，披针形或长圆状披针形，基部一对长 15-25 厘米，宽 4-6 厘米，顶端长渐尖，小羽片或裂片略平展，披针形或长圆状披针形，顶端短渐尖或钝圆，基部圆截形，具锯齿或浅圆裂；裂片叶脉为羽状，小脉 2 叉，稀单一；叶草质，上面无毛，下面沿羽轴或中脉通常疏生棕色小鳞片。孢子囊群长圆形，着生于小脉上部或近顶部，近中缘，每

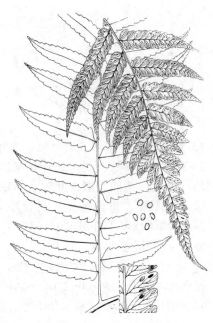

图 454 边生短肠蕨 （蔡淑琴绘）

裂片有 2-4 对；囊群盖膜肠形，成熟时沿背部破裂。

　　产浙江南部、福建、江西、湖南、广东、广西、贵州、四川东南部及云南东南部，生于海拔400-950米山谷密林下或林缘溪边。越南、泰国及日本有分布。

20. 淡绿短肠蕨　　　　　　　　　　　　　　　　图 455

Allantodia virescens (Kunze) Ching in Acta Phytotax. Sin. 9: 55. 1964.

Diplazium virescens Kunze in Bot. Zeitschr. 537. 1848.

植株高 50-80 厘米。根茎短，直立或斜升，顶部密被鳞片，鳞片

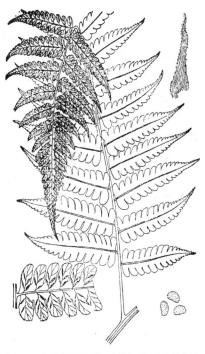

图 455　淡绿短肠蕨　（引自《江西植物志》）

黑色，线形，长约 1 厘米。叶簇生或近生；叶柄长 30-50 厘米，基部黑褐色，疏被黑色鳞片，向上禾秆色，光滑；叶片卵状披针形，长 35-45 厘米，基部宽 25-30 厘米，顶端渐尖并羽裂，二回羽状，小羽片浅羽裂至半裂，羽片 8-10 对，互生，斜展，下部的羽柄长 2-3.5 厘米，向上渐短，披针形或长圆状披

针形，基部 1 对长 15-25 厘米，宽 10-15 厘米；小羽片互生，下部的有短柄，上部的无柄，镰刀状披针形，长 5-8 厘米，宽 2-2.5 厘米，基部截形，具圆钝齿至羽状浅裂；裂片叶脉为羽状，分离，小脉单一；叶纸质，两面无毛或上面沿小羽轴疏被短毛。孢子囊群长圆形，长约 2 毫米，着生于小脉中部或近上部，不达叶缘，每裂片 2-5 对；囊群盖同形，膜质。

　　产安徽南部、浙江南部、台湾、福建、江西、湖南、广东、香港、广西、贵州、四川及云南，生于海拔350-1500米常绿阔叶林下。日本、朝鲜半岛及越南有分布。

21. 薄盖短肠蕨　　　　　　　　　　　　　　　　图 456

Allanto dia hachijoensis (Nakai) Ching in Acta Phytotax. Sin. 9:55. 1964.

Diplazium hachijoense Nakai in Bot. Mag. Tokyo 35: 148. 1921.

植株高达 1 米以上。根茎横走，顶端被鳞片，鳞片披针形，黑褐色，全缘。叶近生；叶柄长达 60 厘米，基部残存鳞片，向上光滑，禾秆色；叶片三角形或卵状三角形，长 50-80 厘米，宽达 60 厘米，二回羽状，小羽片深羽裂，羽片 6-8 对，互生，略斜展，基部 1 对长达 40 厘米，宽 14 厘米，长圆状披针

形，羽柄长达 5 厘米，一回羽状，小羽片 8-12 对，互生，略斜展，

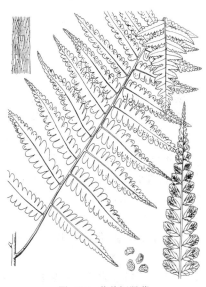

图 456　薄盖短肠蕨
（孙英宝仿《中国植物志》）

有短柄，长圆状披针形，长6-8厘米，宽1.5-2.5厘米，基部上侧截形，下侧浅心形，先端渐尖，边缘深羽裂，裂片长圆形，密接，先端截形或近圆，全缘或具小齿；叶干后纸质，绿色，光滑，沿羽轴、小羽轴下面略有小鳞片；叶脉羽状，小脉2叉。孢子囊群长圆形，着生于小脉中部；囊群盖同形，膜质。

产安徽南部、浙江、福建、江西、湖南、广东北部、广西、贵州及四川，生于海拔400-1700米阔叶林下。朝鲜半岛南部及日本有分布。

22. 中华短肠蕨

图 457

Allantodia chinensis (Baker) Ching in Acta Phytotax. Sin. 9: 57. 1964.

Asplenium chinense Baker in Hook. et Baker, Syn. Fil. 237. 1867.

植株高0.5-1米。根茎横走，顶部被线状披针形鳞片。叶近生；叶柄长25-30厘米，深禾秆色，基部被鳞片，向上光滑；叶片宽卵状三角形，长35-60厘米，基部宽25-45厘米，顶端长渐尖并羽裂，叶片二回羽状1小羽片深羽裂至全裂，下部近三回羽状，羽片12-16对，互生，斜展，有柄，长圆状披针形或窄长披针形，基部1对长约40厘米，宽约12厘米，顶端尾状

渐尖，小羽片互生，近平展，长圆状披针形，长5-8厘米，基部宽1.5-2.3厘米，基部近截形，边缘下部羽状，向上深羽裂几达小羽轴，末回小羽片或裂片长圆形，宽3.5-5毫米，顶端圆钝，边缘缺刻状；裂片叶脉为羽状，小脉2叉；叶草质，无毛，叶轴和羽轴均无鳞片。孢子囊群线形或长圆形，单生于分叉小脉上侧的1脉中部，每裂片有3-5对；囊群盖膜质。

产江苏南部、安徽南部、浙江、福建、江西、湖南、广西西部、

图 457 中华短肠蕨 （引自《图鉴》）

贵州及四川，生于海拔10-800米山谷林下溪沟边。朝鲜半岛南部、日本及越南北部有分布。

18. 轴果蕨属 Rhachidosorus Ching

大中型蕨类，土生，高达2米。根茎直立，横卧或横走，顶端和叶柄基部疏被全缘、棕色披针形鳞片。叶簇生、疏生或近生；叶柄长，淡禾秆色，稀红棕色，基部不加厚，疏被鳞片，向上光滑；叶片大，宽三角形或卵状三角形，顶端尾状渐尖，二回至三回羽状，小羽片深羽裂，羽片互生，斜展，有柄，小羽片或末回裂片上先出，渐尖头，基部不对称或近对称，略有小锯齿；叶草质，淡绿色，无毛；叶脉明显，分离，末回裂片侧脉为单一或多少2叉；羽轴上面略具浅纵沟，两侧边稍隆起。孢子囊群线形，略新月形，单生于末回小羽片（或裂片）基部上侧1小脉，紧靠小羽轴（或主脉），近平行；囊群盖新月形，单生，厚膜质。稍膨胀，全缘，宿存。孢子椭圆形，周壁明显，稍透明，具疣状突起，外壁层次不明显。染色体基数x=40。

约7种，产我国亚热带地区，向东至日本、菲律宾，向南经越南至印度尼西亚（苏门答腊）。

1. 根茎长而横卧或横走；叶柄和叶轴红褐色，羽片5-10对，小羽片基部不对称 ………… 1. **轴果蕨 R. mesosorus**

1. 根茎短而直立或横卧；叶柄和轴禾秆色，羽片 12-18 对，小羽片基部近对称 ······ 2. **云贵轴果蕨 R. truncatus**

1. 轴果蕨 图 458

Rhachidosorus mesosorus (Makino) Ching in Acta Phytotax. Sin. 9: 74. 1964.

Asplenium mesosorum Makino in Bot. Mag. Tokyo 12: 120. 1898.

植株高 50-80 厘米。根茎长而横走或粗而横卧，先端及叶柄基部

密生鳞片，鳞片褐色，披针形。叶近生；叶柄长 20-40 厘米，径 2-3 毫米，浅栗色或红褐色，有光泽，基部以上无鳞片；叶片宽卵形或三角形，长 30-40 厘米，基部最宽 15-25 厘米，顶部骤渐尖，下部二至三回羽状，小羽片或末回小羽片羽裂，羽片 5-10 对，斜展，有柄，长卵形或宽披针形，先端长渐尖，基部 1 对长 15-20 厘米，宽 4.5-10 厘米，柄长 2-4 厘米；叶两面无毛，干后薄草质，绿或褐绿色；叶脉两面明显，羽状，小脉单一或分叉。孢子囊群略新月形，成熟时长椭圆形，单生于末回裂片基部上侧小脉下部，紧靠小羽片中肋或裂片主脉；囊群盖新月形，灰绿色，后灰褐色。

产江苏南部、安徽西南部、浙江西北部及湖北西部，生于海拔 100-1000 米山谷阴湿林下。日本及朝鲜半岛南部有分布。

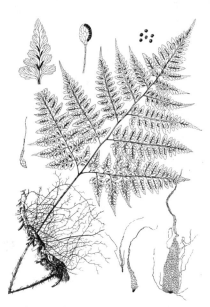

图 458 轴果蕨
（孙英宝仿《Ogata, Ic. Fil. Jap.》）

2. 云贵轴果蕨 图 459

Rhachidosorus truncatus Ching in Acta Phytotax. Sin. 9: 75. 1964.

植株高达 2 米。根茎短而直立或横卧。叶近生；叶柄长 0.6-1 米，

基部深褐色，被深棕色线状披针形鳞片，向上光滑，禾秆色或带褐色；叶片三角形，长 0.6-1 米，宽 40-80 厘米，先端渐尖，二至三回羽状，羽片 12-18 对，互生，略斜展，有柄，下部羽片近对生，柄长达 1.5 厘米，长圆形或长圆状披针形，长 25-40 厘米，宽 8-18 厘米，基部截形，不对称，先端渐尖，一回羽状，小羽片二回羽裂或基部二回羽状，小羽片 10-15 对，互生，平展，密接，宽披针形，下部的有长 2-6 毫米的带翅短柄，基部浅心形或截形，一回羽状或小型植株为一回羽裂；二回小羽片三角状卵形，

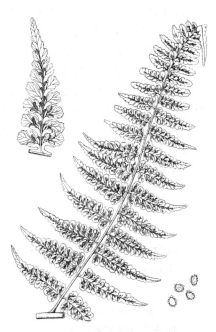

图 459 云贵轴果蕨 （冀朝祯绘）

长 1.5-2.5 厘米，宽 0.7-1.4 厘米，羽状分裂，裂片长圆形，先端圆截形；叶草质，两面光滑；叶脉分离，末回羽片或裂片有侧脉 3-4 对，

通常 2 叉，极斜展，明显。孢子囊群线形，每裂片有 1-4 枚，长达 3 毫米，近主脉着生，排成整齐 2 行，斜上；囊群盖淡棕色，新月形，全缘。

产广西西部、贵州南部及云南东南部，生于海拔 570-1500 米溪边林下或石灰岩洞内。

37. 肿足蕨科 HYPODEMATIACEAE
（林 尤 兴）

中小型石灰岩旱生蕨类。根茎粗壮，横卧或斜生，具网状中柱，连叶柄膨大基部密被松散大鳞片，鳞片长卵状披针形，先端长渐尖，毛发状，全缘或偶有细齿，淡棕色，有光泽，宿存。叶近生或近簇生；叶柄禾秆色或棕禾秆色，基部梭形，被鳞片，向上常光滑，或被柔毛或球杆状腺毛，下部横切面有 2 条维管束，向上合成 V 字形；叶片卵状长圆形或五角状卵形，先端渐尖羽裂，三至四回羽状或五回羽裂，基部 1 对羽片最大，三角状披针形或三角状卵形，基部不对称，有柄，各回小羽片上先出，互生或近对生，其下侧基部 1 片一回小羽片最大，向上渐小，具短柄；末回小羽片长圆形，浅至深裂；叶脉在末回小羽片上羽状，侧脉单一或分叉，斜上，伸达叶缘，下面凸起，上面下凹；叶草质或纸质，干后灰绿或淡褐绿色，两面连同叶轴和各回羽轴被单细胞柔毛或针状毛，有时被球杆状腺毛，稀下面无毛。孢子囊群圆形，背生侧脉中部，囊群盖大，膜质，灰白或淡棕色，圆肾形或马蹄形，偶肾形或圆心形，背面多少有针毛或腺毛，稀无毛，宿存。孢子两面型，圆肾形，具透明或不透明周壁，具条纹状或环状褶皱，稀周壁内面有垂直柱状分子，具小刺状或颗粒状纹饰，稀光滑。

单属科。

肿足蕨属 Hypodematium Kunze

属的特征同科。染色体 n=41，40。

约 16 种，主产亚洲和非洲亚热带至暖温带地区。我国为分布中心，12 种，1 变种，生于干旱石灰岩缝中。

1.叶片下面无球杆状腺毛。
  2.囊群盖背面密被柔毛。
    3.羽片两面及叶轴密被灰白色柔毛 ························· 1. 肿足蕨 H. crenatum
    3.羽片两面疏被灰白色柔毛；叶柄基部以上至叶轴下面无毛 ········· 2. 光轴肿足蕨 H. hirsutum
  2.囊群盖背面疏被柔毛。
    4.植株高 22-40 厘米；叶轴及羽轴上面疏被柔毛 ············· 3. 修株肿足蕨 H. gracile
    4.植株高 12-30 厘米；叶轴及羽轴上面除密被柔毛外，兼疏生线形小鳞片 ··········
    ······················· 4. 鳞毛肿足蕨 H. squamuloso - pilosum

1. 叶片下面多少被球杆状腺毛。

　5. 叶草质，叶柄长20-30厘米；孢子囊群成熟时分离，囊群盖灰棕或灰白色，疏被腺毛，成熟时覆盖孢子囊群。

　　6. 叶轴、羽轴和羽片下面无灰白色柔毛，仅疏被球杆状腺毛 ················· 5. **福氏肿足蕨 H. fordii**

　　6. 叶轴、羽轴和羽片下面有灰白色柔毛和球杆状腺毛 ················· 5(附). **球腺肿足蕨 H. glanduloso - pilosum**

　5. 叶纸质，叶柄长4.5-8厘米；孢子囊群成熟时密接，囊群盖浅棕色，光滑，有1-2腺毛，成熟后多少隐没于孢子囊群中 ················· 6. **腺毛肿足蕨 H. glandulosum**

1. 肿足蕨

图 460

Hypodematium crenatum (Forssk.) Kuhn in v. Disk. Reis. Bot. 3(3): 37. f. a. 1879.

Polypodium crenatum Forssk. Fl. Aegyp. – Arab. 185. 1775.

植株高20-50厘米。根茎横走，连同叶柄基部密被鳞片。叶近生；

叶柄长10-25厘米，禾秆色，上部被灰白色柔毛；叶片长20-30厘米，卵状五角形，三回羽状；羽片8-12对，基部1对羽片长10-20厘米，基部宽5-10厘米，三角状长圆形，基部心形，具短柄，二回羽状；一回小羽片6-10对，基部1片最大，基部宽2-5厘米，卵状三角形，基部近圆，下部以窄翅下延，一回羽状，末

图 460 肿足蕨
（引自《中国蕨类植物图谱》）

回小羽片长圆形，基部与小羽轴合生，羽状深裂，裂片长圆形，全缘或略波状。叶脉明显，侧脉羽状，单一；叶草质，干后黄绿色，两面连同叶轴和各回羽轴密被灰白色柔毛；羽轴下面偶有红棕色线状披针形窄鳞片。孢子囊群每裂片1-3枚，囊群盖肾形，浅灰色，膜质，背面密被柔毛，宿存。孢子圆肾形，周壁具较密褶皱，成弯曲条纹，光滑。染色体2n=82。

　产河南、甘肃东南部、安徽、浙江、台湾、江西、湖南、广东、广西、贵州、四川及云南，生于海拔500-1800米干旱石灰岩缝中。广布亚洲和非洲热带地区。

2. 光轴肿足蕨

图 461

Hypodematium hirsutum (Don) Ching in Ind. Fern Journ. 1(1- 2): 49. 1984.

Nephrodium hirsutum Don, Fl. Nepal 6. 1825.

植株高35-60厘米。根茎横卧，连同叶柄基部密被鳞片。叶近生；叶柄长15-25厘米，浅棕禾秆色，上部光滑；叶片长17-45厘米，基部最宽，宽卵形或五角状宽卵形，下部四回羽状，向上三回羽状或三回羽裂；羽片8-12对，长9-25厘米，基部宽8-12厘米，三角状长圆形，基部圆截形，具短柄，三回羽状；一回小羽片8-20

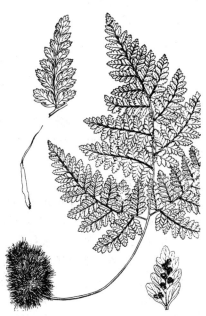

图 461 光轴肿足蕨 （肖　溶绘）

对，三角状披针形，二回羽状，二回小羽片7-15对，披针形或长圆形，一回羽状；末回小羽片5-8对，长圆形，具3-5长圆状裂片，裂片先端具2-3个浅锯齿，叶脉明显，侧脉羽状分叉；叶干后薄纸质，黄绿色，疏被灰白色柔毛，羽轴下面偶有红棕色窄鳞片。孢子囊群圆形，每末回

小羽片1-3枚，囊群盖圆肾形，灰棕色，背面隆起，密被柔毛，宿存。孢子圆肾形，周壁具褶皱，形成网胞状，具小刺状纹饰。

产河南、陕西、甘肃、湖南西北部、贵州、四川、云南及西藏，生于海拔400-2000山坡或林下石灰岩缝中。印度北部、缅甸和尼泊尔有分布。

图 462 修株肿足蕨 （赵南先绘）

3. 修株肿足蕨 图 462

Hypodematium gracile Ching, Fl. Tsingling. 2: 129. 1974.

植株高22-40厘米。根茎长而横走，连同叶柄基部密被鳞片。叶近生；叶柄长8-19厘米，近基部有时疏被红棕色小鳞片，向上光滑或偶有灰白色细长柔毛疏生；叶片长14-20厘米，宽8-14厘米，三角状卵形，羽裂，四回羽裂；羽片8-12对，基部1对最大，长7.5-14厘米，基部宽3.5-6厘米，三角状披针形，具短柄，三回羽裂；一回小羽片10对，三角状披

针形，一回羽裂，小羽片6-8对，长圆形，基部宽楔形，下延，羽状深裂；裂片长圆形，全缘或具少数粗圆齿，叶脉明显，侧脉单一或分叉；叶草质，干后淡黄绿色，上面沿叶脉疏被灰白色细柔毛，下面连同叶脉和各回羽轴的毛较密，并密生金黄色球杆状腺毛。孢子囊群每裂片1-3枚，囊群盖圆肾形，灰棕色，膜质，疏被柔毛，近中央有腺毛。孢子圆肾形，周壁具褶皱，成不规则条纹状，具颗粒状纹饰。

产河北、山东、河南、陕西西南部、安徽、浙江、江西及湖南北部，生于海拔300-1000米山谷岩缝中。

4. 鳞毛肿足蕨 图 463

Hypodematium squamuloso-pilosum Ching, Fl. Jiangsu 1: 465. 49. 1977.

植株高12-30厘米。根茎横卧，连同叶柄基部密被鳞片。叶近生；叶柄长5-18厘米，禾秆色，被较密灰白色柔毛；叶片长7-15厘米，基部宽6-12厘米，卵状长圆形，羽裂短渐尖头，基部心形，三至四回羽裂，向上二至三回羽裂；羽片8-12对，长圆状披针形，二至三回羽裂；一回小羽片6-8对，长圆形或卵状长圆形，钝尖头，基部近平截，下延成翅，一至二回羽裂；末回小羽片5-8对，长圆形，

图 463 鳞毛肿足蕨 （冀朝祯绘）

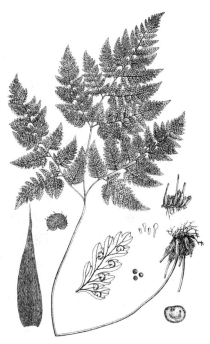

基部楔形，下延，具窄翅相连，锐裂或羽状深裂，裂片近圆形，先端略具1-2锯齿。叶脉小脉明显，羽状，侧脉单一或分叉；叶草质，干后黄绿色，两面被较密灰白色柔毛。叶轴和各回羽轴被较密长毛，连同叶柄上部有时被球杆状短腺毛，沿叶轴和羽轴中部以下疏生线形鳞片。孢子囊群每裂片1-3枚，囊群盖圆肾形，平覆囊群上，灰棕色，密被细柔毛，宿存。孢子周壁透明，具弯曲条状褶皱。

产河北、山东、山西、河南、江苏、安徽、浙江、福建、江西、湖北、广西及贵州，生于林下干旱石灰岩缝中。

5. 福氏肿足蕨　　　　　　　　图464

Hypodematium fordii (Baker) Ching in Sunyatsenia 3(1): 12. f. 2. 1935.

Nephrodium fordii Baker in Journ. Bot. 117. 1859.

植株高35-50厘米。根茎横卧，连同叶柄基部密被红棕色鳞片。

叶近生；叶柄长20-30厘米，禾秆色，基部以上疏被金黄色球杆状短腺毛；叶片长15-20厘米，基部宽12-18厘米，宽卵状五角形，羽裂渐尖头，基部心形，四回羽状，向上三回羽状；羽片7-8对，基部1对最大，长8-13厘米，基部宽6-9厘米，三角状卵形，基部心形，具短柄，三回羽状；一回小羽片8-10对，长圆形，羽轴下侧的比上侧的大，基部1片最大，二回羽状；二回小羽片8-10对，卵状长圆形，一回羽状；三回小羽片约15对，长圆形，边缘锐裂过1/2；裂片3-4对，长圆形，全缘或下部的略有钝齿。叶脉下面明显，侧脉通常单一，每裂片1-2条；叶草质，干后棕绿色，两面疏被金黄色球杆状腺毛，沿叶轴及各回羽轴下面毛密。孢子囊群小，每裂片1-2枚，囊群盖小，浅灰色，膜质，

图 464　福氏肿足蕨
（引自《中国蕨类植物图谱》）

背面及边缘疏被腺毛，宿存。孢子圆肾形，周壁不透明，具褶皱，成环状。

产安徽、福建、江西、广东及贵州，生于海拔达900米石灰岩缝中。日本有分布。

[附]　球腺肿足蕨 **Hypodematium glanduloso-pilosum** (Tagawa) Ohwi in Bull. Tokyo Nat. Mus. 3: 98. 1956.——*Hypodematium fauriei* Baker f. *glanduloso-pilosum* Tagawa in Journ. Jap. Bot. 27: 321. 1952. 本种与福氏肿足蕨的主要区别：叶片宽卵形，羽片卵状长圆形；叶轴、羽轴和羽片下面有灰白色柔毛和球杆状腺毛。产河南南部、江苏南部、浙江及福建西南部，生于石灰岩缝中。日本、朝鲜半岛南部及泰国有分布。

6. 腺毛肿足蕨　　　　　　　　图465

Hypodematium glandulosum Ching ex Shing, Fl. Reipub. Popul. Sin. 4(1): 319. pl. 2: 16-20. 1999.

植株高12-20厘米。根茎粗短，横卧，连同叶柄基部密被红棕色鳞片；叶近生；叶柄长4.5-8厘米，深禾秆色，中部以上直达叶轴和羽轴密被金黄或暗红色球杆状短腺毛；叶片长7.5-13厘米，下部宽8-10厘米，卵形，羽裂短尖头，基部四回羽裂，向上三回羽裂；羽片

图 465 腺毛肿足蕨
（孙英宝仿《中国植物志》）

约 8 对，基部 1 对最大，长 4-7 厘米，宽 2.8-4 厘米，卵状三角形，基部宽截形，三回羽裂；一回小羽片 5-7 对，羽轴下侧的比上侧的大，基部 1 片最大，长 1.8-3 厘米，基部宽约 1.2 厘米，短尖头，基部心形，具短柄，二回羽裂；二回小羽片约 5 对，卵状三形，羽状深裂；裂片 3-4 对，长圆形，全缘；第二对以上的羽片渐小，卵状长圆形，二回羽裂。叶脉明显，裂片侧脉分叉，小脉伸达叶缘；叶厚纸质，干后灰绿色，两面尤以叶轴和羽轴下面密被金黄色球杆状腺毛。孢子囊群较大，每裂片 1-3 枚，囊群盖较小，圆肾形，浅棕色，膜质，有 1-2 腺毛，成熟后多少隐没于囊群中，宿存。孢子圆肾形，周壁厚而不透明，具褶皱，常呈环状。

产湖南及贵州北部，生于海拔 300-1180 米山坡草地石缝中。

38. 金星蕨科 THELYPTERIDACEAE

（林尤兴　邢公侠）

土生蕨类。根茎粗壮，具网状中柱，直立，斜生或细长横走，顶端被鳞片，鳞片针形，棕色，质厚，背面有短刚毛或边缘有睫毛。叶簇生，近生或疏生；叶柄禾秆色，基部有鳞片，向上有毛；叶一型，稀近二型，多长圆状披针形或倒披针形，稀卵形或卵状三角形，二回羽裂，稀三至四回羽裂或一回羽状，密生灰白色针状毛，羽片基部下面常有瘤状气囊体；叶脉分离，或部分连结，侧脉间小脉连成不规则四方形或五角形网眼，网眼内有单一或分离内藏小脉或无；叶草质或纸质，稀革质，干后绿或褐绿色，两面被灰白色针状毛，稀无毛；羽片小脉有橙或橙红色、具柄或无柄球形或棒形腺体。孢子囊群圆形、长圆形或粗短线形，背生于叶脉，有盖或无盖，盖圆肾形，以深缺刻着生，多少有毛，宿存或隐没于囊群中，早落，或沿网脉散生，无盖；孢子囊有长柄，在囊体顶部或囊柄顶部常有毛或腺毛。孢子两面型，稀四面型，有瘤状、刺状、颗粒状纹饰或有翅状周壁。

约 20 余属，近 1000 种，广布热带和亚热带，少数产温带，亚洲为多。我国 18 属。

1. 叶脉分离。
　2. 叶轴下面羽片着生处有瘤状气囊体。
　　3. 裂片侧脉均伸达缺刻以上叶缘；叶片两面除被针状毛外，多少混生顶端呈钩状粗长毛 ·················
　　·············· 9. **钩毛蕨属 Cyclogramma**
　　3. 裂片基部 1 对侧脉或上侧 1 脉伸达缺刻，余伸达缺刻以上叶缘；叶片两面有针状毛 ·················
　　·············· 12. **假毛蕨属 Pseudocyclosorus**
　2. 叶轴下面羽片着生处无瘤状气囊体。

4. 裂片缺刻底部无软骨质驼峰，向下无透明膜质连线。

 5. 叶片卵状三角形，三回至四回羽裂，基部1对羽片最大；植株被多细胞针状毛 ······

  ·· 5. **针毛蕨属 Macrothelypteris**

 5. 叶片长圆形或宽披针形；二回羽裂至三回羽状，基部1对羽片与其上的同大或较小；植株被单细胞针状毛。

  6. 羽片上面无单细胞针状毛（偶有早落疏柔毛）。

   7. 叶轴和羽轴无鳞片。

    8. 沼泽蕨类；裂片侧脉2叉；孢子囊群有盖，孢子囊顶部具1-2根短头状腺毛 ······

    ···························· 1. **沼泽蕨属 Thelypteris**

    8. 土生蕨类；裂片侧脉单一；孢子囊群无盖，孢子囊顶部有几根针状毛或刚毛。

     9. 侧脉不达叶缘；孢子囊群长圆形、卵圆形或近圆形，孢子囊光滑或具短刚毛 ······

     ······························ 8. **紫柄蕨属 Pseudophegopteris**

     9. 侧脉伸达叶缘；孢子囊群细长形，孢子囊顶部有2-6根刚毛 ······ 10. **茯蕨属 Leptogramma**

   7. 叶轴和羽轴上面有较多小鳞片。

    10. 叶轴和羽轴的鳞片顶端具腺体，无缘毛；羽片无柄，基部不与叶轴合生 ······ 2. **假鳞毛蕨属 Lastrea**

    10. 叶轴和羽轴的鳞片顶端无腺体，顶部以下具缘毛；羽轴基部与叶轴合生并下延 ······

    ································· 6. **卵果蕨属 Phegopteris**

  6. 羽片上面多少被灰白色针状毛。

   11. 羽轴上面圆形隆起；孢子囊柄上部有时有1根顶端膨大的毛 ······ 4. **凸轴蕨属 Metathelypteris**

   11. 羽轴上面有纵沟；孢子囊柄上部有时有1个无柄球形腺体或囊体顶部有1根刚毛。

    12. 叶脉顶端不膨大，伸达叶缘；孢子囊群圆形，有盖，孢子囊柄上部有时具1-3无柄球形腺体 ······

    ······························ 3. **金星蕨属 Parathelypteris**

    12. 叶脉顶端有略膨大水囊，不达叶缘；孢子囊群长圆形，无盖，孢子囊体顶部常有1根刚毛 ·······

    ····························· 7. **边果蕨属 Craspedosorus**

4. 裂片缺刻底部有软骨质驼峰，向下有1条透明膜质连线。

 13. 植株多少有针状毛；羽片深裂近羽轴，裂片镰状披针形；孢子囊群近主脉 ······

  ··· 11. **方秆蕨属 Glaphyropteridopsis**

 13. 植株无毛；羽片羽裂达1/2，裂片三角形；孢子囊群不靠近主脉 ············· 13. **龙津蕨属 Mesopteris**

1. 叶脉部分连结；相连裂片的基部1对叶脉顶端结成三角形网眼，并自交结点伸出1条膜质连线，第2-5对侧脉和外行小脉连结或和透明膜连成斜方形网眼，其余叶脉伸达缺刻以上的叶缘（星毛蕨型），除近叶缘的少数外，所有叶脉均连结成方形或斜方形网眼（新月蕨型），网眼均无内藏小脉，或所有侧脉间小脉全部连成多角形网眼。

14. 叶脉部分连结；孢子囊群圆形或线形。

 15. 叶脉连成星毛蕨型。

  16. 叶片被单毛。

   17. 裂片缺刻底部向下有1条透明膜质纵线；叶片下面有橙色或橙红色圆形或棒形腺体；孢子囊群圆形，有盖 ······ 14. **毛蕨属 Cyclosorus**

   7. 裂片缺刻底部向下无透明膜质纵线；叶片下面无腺体；孢子囊群线形，无盖 ······

   ·· 15. **溪边蕨属 Stenogramma**

  16. 叶片腋间常有鳞芽；叶片除单毛外混生分叉短毛 ······ 16. **星毛蕨属 Ampelopteris**

 15. 叶脉连成新月型 ······ 17. **新月蕨属 Pronephrium**

14. 叶脉连成网状；孢子囊沿网脉散生 ······ 18. **圣蕨属 Dictyocline**

1. 沼泽蕨属 Thelypteris Schmidel

中小型沼泽或草甸蕨类。根茎长而横走，顶端被鳞片，鳞片卵状披针形，上面及边缘具针状毛和腺毛。叶疏生或近生；叶柄基部近黑色，略被针状毛，向上禾秆色，光滑；叶片长圆状披针形，先端短渐尖，二回深羽裂；裂片卵状三角形或长圆形，全缘或浅波状；叶脉分离，在裂片上网状，侧脉2叉或通常在能育裂片上单一，伸达叶缘；叶厚草质或近革质，幼时两面略被针状毛，羽轴上面有纵沟，下面隆起。孢子囊群圆形，背生于侧脉，位于主脉和叶缘间，在主脉两侧各成一列，被反卷叶缘覆盖；囊群盖膜质，圆肾形；孢子囊顶部有1-2根短头状腺毛。孢子两面型，肾形，周壁透明，具刺状突起，外壁光滑。染色体基数x=35。

4种，广布于北半球温带，向南经中国云南及印度南部达热带非洲（阿尔及利亚及大西洋沿岸）和新西兰南部；生沼泽或草甸中。我国2种1变种。

1. 植株高35-65厘米；叶近生，叶柄基部径2-2.5毫米；羽轴下面无鳞片。

  2. 叶轴、羽轴和叶脉均无毛 ·· 1. **沼泽蕨 T. palustris**

  2. 叶轴、羽轴和叶脉下面被多细胞针状长毛 ·················· 1(附). **毛叶沼泽蕨 T. palustris var. pubescens**

1. 植株高14-26厘米；叶疏生，叶柄纤细，基部径约0.5毫米；羽轴下面疏被易脱落宽卵形、淡棕色膜质鳞

  片 ··· 2. **鳞片沼泽蕨 T. sqaumulosa**

1. 沼泽蕨　金星蕨　　　　　　　　　　图 466：1-9

Thelypteris palustris (Linn.) Schott, Gen. Fil. Adnot. t. 10. 1834.

Acrostichum palustris Linn. Sp. Pl. 1071. 1753.

植株高35-65厘米。根茎细长横走，光滑或顶端疏生红棕色卵状披针形

鳞片。叶近生；叶柄长20-40厘米，基部径2-2.5毫米，黑褐色，向上禾秆色，无毛，或幼时被柔毛；叶片长22-28厘米，宽6-9厘米，披针形，先端短渐尖并羽裂，基部几不变窄，二回羽裂；羽片约20对，接近，成熟时略下弯；基部1对略缩短，中部羽片长4-5厘米，宽1-1.5厘米，披针形，短渐尖头，基部平截，羽裂几达羽轴；裂片长5-7毫米（基部的略较长），宽2-5毫米，圆钝头或短尖头，能育裂片边缘常反卷而成尖头；叶脉在裂片上羽状，侧脉4-6对，单一或分叉，伸达叶缘；叶厚纸质，两面光滑，叶轴和羽轴上面有纵沟，两面隆起，均无毛。孢子囊群圆形，背生于叶脉中部，位于主脉和叶缘间；囊群盖圆肾形，成熟时脱落。孢子外壁光滑，周壁透明，具刺状突起。染色体2n=70。

产黑龙江、吉林、内蒙古、河北、山东半岛、河南、新疆、江苏、安徽、浙江及四川，生于海拔200-800米草甸和芦苇中沼泽地或林下阴湿处。广泛分布于北半球温带地区。

[附] **毛叶沼泽蕨 Thelypteris palustris var. pubescens** (Lawson) Fernald in Rhodora 31: 34. pl. 180. f. 7-10. 1929.—— *Lastrea thelypteris* (Linn.) Bory

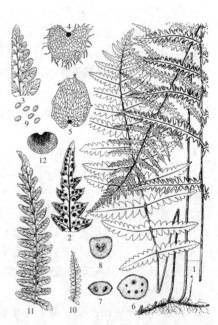

图 466：1-9.沼泽蕨　10-12.鳞片沼泽蕨
（引自《中国植物志》）

var. *pubescens* Lawson, Syn. Canada. Ferns et Fil. Pl. 21. 1864. 与模式变种的主要区别：叶轴、羽轴和叶下面被多细胞针状长毛。产东北、山东及江苏北部，生于海拔约800米湿草甸和针叶林地。东亚温带地区及北美有分布。

2. 鳞片沼泽蕨   图 466：10-12

Thelypteris squamulosa (Schlecht.) Ching in Bull. Fan Mem. Inst. Biol. Bot. 6: 329. 1936.

Aspidium thelypteris Gray var. *squamulosum* Schlecht. Adumbr. 23. pl. 11. 1825.

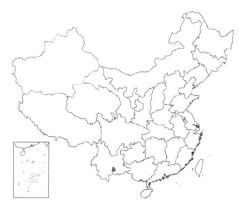

植株形体同沼泽蕨，高14-26厘米，根茎细长，横走，黑色，顶端连同叶柄基部疏被薄膜质、淡紫色卵状披针形鳞片。叶疏生；叶柄纤细，长6-18厘米，基部径约0.5毫米，向上禾秆色，无毛；羽片长8-10厘米，宽3-5厘米，长圆状披针形或三角状披针形，二回羽裂；羽片10-12对，中部的长2-3厘米，宽5-8毫米，线状披针形，基部平截，羽状深裂；裂片长圆形或三角状披针形，边缘常反折，全缘，叶脉在裂片上羽状，侧脉常分叉，小脉伸达叶缘；叶近革质，无毛，沿叶轴和羽轴上面有时疏生短柔毛，羽轴下面疏被淡棕色、膜质、易脱落卵状披针形鳞片。

产云南南部，生于林中。印度南部、新西兰及非洲南部有分布。

2. 假鳞毛蕨属 **Lastrea** Bory

中型土生蕨类。根茎短，直立或斜生。叶簇生；叶柄深禾秆色，密被大而薄的棕色披针形鳞片，向上渐稀；叶轴和羽轴上面有较多小鳞片，鳞片先端具腺体，无缘毛；叶片长圆状倒披针形，向基部渐窄，二回羽状深裂，下部羽片渐短，基部的三角状耳形，羽片无柄，中部羽片披针形，羽状深裂达羽轴两侧窄翅；叶脉羽状，分离，伸达叶缘。孢子囊群圆形，生于侧脉中部以上，离主脉；孢子囊顶部近环带和囊柄相连处有具柄腺体；囊群盖圆肾形，边缘具腺体。孢子两面型，肾形，周壁不明显，易脱落，具颗粒状纹饰。染色体基数 x=17。

3 种，1 种产亚洲西部、欧州和北美洲，2 种产亚洲东北部及西部。我国 2 种。

亚洲假鳞毛蕨   图 467

Lastrea quelpaertensis (Christ) Cop. Gen. Fil. 139. 1947.

Dryopteris quelpaertensis Christ in Bull. Acad. Int. Geogr. Bot. Mans. 7. 1910.

植株高（0.4）0.7-1.05米。根茎短，直立或斜生，密被鳞片。

叶簇生；叶柄长（10-）20-30厘米，连同叶轴被较密鳞片，鳞片亮棕或浅棕色，卵形、披针形或线形，先端均具腺体；叶片长（13）50-70厘米，中部或中部以上宽（10-）20-30厘米，长圆状倒披针形，二回羽状深裂；羽片20-35对，下部3-4对渐短，基部1对三角状披针形，中部

羽片长（5-）10-15厘米，基部宽1-2.5厘米，长渐尖头，基部

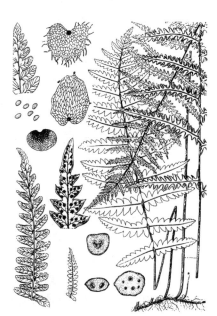

图 467 亚洲假鳞毛蕨 （引自《中国植物志》）

平截，羽状深裂几达羽轴；裂片多数，基部 1 对最长，三角状长圆形，全缘或浅波状，反卷，叶脉分离，侧脉单一或中部以上分叉，伸达叶缘；叶草质，灰绿色，沿羽轴有浅棕色线形鳞片及灰白色短柔毛，余光滑。孢子囊群圆形，生于侧脉中部稍上，较近叶缘；囊群盖圆肾形，棕色，膜质，边缘具腺毛状小突起。孢子具细颗粒状纹饰。染色体 2n=68。

产吉林及辽宁长白山，生于海拔 1000-1800 米林下。朝鲜半岛北部、日本及俄罗斯远东地区有分布。

3. 金星蕨属 Parathelypteris (H. Ito) Ching

中、小型土生蕨类，稀生于沼泽、草甸。根茎细长横走或短而横卧、斜生或直立，光滑或被鳞片或毛。叶疏生、近生或簇生；叶柄禾秆色或栗色，基部光滑或被多细胞针状毛，向上光滑或被短毛；叶片卵状长圆形、长圆状披针形或披针形，二回深羽裂；侧生羽片多数，窄披针形或线状披针形；基部平截或宽楔形，无柄或有柄，下部羽片不缩短或 1 至数对羽片缩短，或退化成小耳状，羽状深裂；裂片多数，长圆形、长方形或近方形，全缘或有锯齿；叶脉羽状，分离，侧脉单一，顶端不膨大，伸达叶缘；叶草质或纸质，两面多少被柔毛或针状毛，下面有时被橙黄或红紫色腺体；羽轴上面成纵沟，密被短刚毛，下面圆形隆起，通常被针状毛或柔毛。孢子囊群圆形，背生于叶脉中部或近顶部，位于主脉和叶缘间或稍近叶缘；囊群盖圆肾形，稀马蹄形，光滑或被毛；孢子囊柄上部有时具 1-3 无柄腺体或囊体顶部有 1 根刚毛。孢子圆肾形，周壁薄而透明，具褶皱，有多少不等细网状纹饰，有时周壁或褶皱顶部和网脊具小刺，外壁光滑或具细网状纹饰。染色体基数 x=8，9，31。

约 60 种，主要分布于亚洲东南部热带和亚热带山区。我国 24 种 6 变种。

1. 叶柄淡禾秆色，近基部无毛或稍有疏短毛；孢子囊群通常生于侧脉近顶端，较近叶缘。
  2. 叶片下部数对羽片明显缩短。
    3. 植株高不及 40 厘米；根茎细长，横走；中部羽片长 1.5-3.5 厘米 ·················· 1. **长根金星蕨 P. beddomei**
    3. 植株高 40 厘米以上；根茎较粗壮，横走或斜生；中部羽片长 4 厘米以上。
      4. 叶片下面密被微细腺毛或有少数橙黄色圆球状腺体；根茎长而横走，近光滑 ·············
      ··· 2. **中日金星蕨 P. nipponica**
      4. 叶片下面被较多橙黄色、圆球形腺体；根茎斜生或横走，密被浅锈黄色柔毛.。
        5. 根茎长而横走；叶轴下面近光滑；囊群盖背面近无毛 ············· 2(附). **狭脚金星蕨 P. borealis**
        5. 根茎斜生；叶轴下面被灰白色细针状毛；囊群盖背面密被刚毛 ········ 2(附). **秦岭金星蕨 P. qinlingensis**
  2. 叶片基部羽片不缩短或略缩短。
    6. 植株高不及 20 厘米；中部羽片长 1.2-2 厘米，宽 4-8 厘米，裂片 2-5 对。
      7. 羽片下面近光滑，几无腺体；囊群盖较大，背面近光滑，偶有少数灰白色刚毛 ·············
      ··· 3. **马蹄金星蕨 P. cystopteroides**
      7. 羽片下面沿羽轴和主脉疏生灰白色细针状毛及橙黄色球圆形腺体；囊群盖较小，背面被较多刚毛 ·······
      ··· 3(附). **矮小金星蕨 P. grammitoides**
    6. 中型或大型蕨类。
      8. 羽轴下面多少被针状毛；能育叶裂片边缘全缘。
        9. 中部羽片长 2-3 厘米，尖头，裂片 6-10 对；下部数对羽片略缩短；羽轴下面有少数针状毛 ·············
        ··· 4. **狭叶金星蕨 P. angustifrons**
        9. 中部羽片长 4.5 厘米以上，渐尖头，裂片 15 对以上；下部羽片不缩短；羽轴下面被较多针状毛。
          10. 羽片下面沿羽轴和主脉疏生灰白色针状毛，余近光滑 ············· 5. **金星蕨 P. glanduligera**
          10. 羽片下面沿羽轴和主脉有较多针状毛，叶脉和脉间疏被平伏细针毛 ·············
          ··· 5(附). **微毛金星蕨 P. glanduligera var. puberula**

8. 羽轴下面无毛；能育叶裂片边缘具圆齿 ·· 5(附). **有齿金星蕨 P. serrulata**
1. 叶柄下部或全部（常直达叶轴）栗或栗棕色，稀禾秆色，基部光滑或被开展灰白色针状毛；孢子囊群通常背生侧脉中部，位于主脉和叶缘间。
  11. 羽片下面被红紫色的圆球形大腺体。
    12. 叶柄基部被开展的、由2-3个细胞组成的灰白色长针状毛。
      13. 叶片下面沿羽轴被长针状毛。
        14. 叶轴下面通常被毛；侧生羽片12-15对；裂片先端多少具棱角，每裂片侧脉3-6对；叶片下面被红紫色腺体 ·· 5(附). **秦氏金星蕨 P. chingii**
        14. 叶轴下面通常光滑，侧生羽片18-20对或更多；裂片先端圆钝或圆截形，无棱角，每裂片有侧脉7-8对；羽片下面被较密红紫色腺体 ················· 6(附). **毛脚金星蕨 P. hirsutipes**
      13. 叶片下面沿叶轴被短毛或光滑 ··· 6(附). **尾羽金星蕨 P. caudata**
    12. 叶柄基部无毛。
      15. 叶片披针形，中部羽片宽0.8-1.2厘米，下面光滑或偶有极少数灰白色短柔毛；囊群盖背面光滑或疏被短毛；叶柄栗棕色。
        16. 叶片下面被橙红色圆球形腺，无毛；囊群盖背面无毛 ················· 6. **中华金星蕨 P. chinensis**
        16. 叶片下面沿羽轴有疏腺毛，沿羽轴、叶脉和脉间疏被短针状毛；囊群盖背面疏被短毛 ·················
        ·· 6(附). **毛果金星蕨 P. chinensis** var. **hirticarpa**
      15. 叶片卵状长圆形；中部羽片宽1.3-1.6厘米，下面通常被灰白色柔毛，稀无毛；叶柄通常栗色，偶禾秆色。
        17. 叶柄和叶轴均栗褐或栗棕色 ··· 7. **光脚金星蕨 P. japonica**
        17. 叶柄和叶轴均禾秆色。
          18. 羽片下面和囊群盖背面无毛 ················· 7(附). **光叶金星蕨 P. japonica** var. **glabrata**
          18. 叶片下面和囊群盖背面多少有疏柔毛 ··· 7(附). **禾秆金星蕨 P. japonica** var. **musashiensis**
  11. 叶柄下面无红紫色圆球形腺体。
    19. 叶柄基部被开展多细胞针状长毛。
      20. 裂片先端圆或圆截形，具2-4个缺刻状钝棱角 ································· 8. **钝角金星蕨 P. angulariloba**
      20. 裂片先端圆或圆截形，无缺刻状棱角 ··· 8(附). **黑叶金星蕨 P. nigrescens**
    19. 叶柄基部密被单细胞灰白色针状毛；叶片两面密被同样毛 ··········· 8(附). **台湾金星蕨 P. castanea**

1. 长根金星蕨   图 468

Parathelypteris beddomei (Bedd.) Ching in Acta Phytotax. Sin. 8: 1963.

Lastrea beddomei Bedd. Ferns Brit. Ind. Corr. 2. 1870.

植株高20-30（-40）厘米。根茎极长，横走，疏被棕色卵形小鳞片，无毛或幼时被淡棕色长毛。叶疏生或近生；叶柄细，长4-10厘米，禾秆色，光滑；叶片长15-25（-30）厘米，中部宽3-4（-6）厘米，倒披针形，羽裂渐尖头，二回羽状深裂；羽片20-24（-30）对，无柄，下部7-9对小耳形，中部羽片长1.5-3.5厘米，宽4-7毫米，披针形，基部圆截形，羽裂达叶轴两侧窄翅；裂片10-14对，长圆形，全缘；叶脉两面可见，侧脉羽状分枝，小脉单一，伸达叶缘，基部1对出自主脉基部；叶草质，干后黄褐色，下面有少数橙黄色圆球形腺体，沿叶轴和叶柄被较多、灰白色、具3-7个细胞的细长毛，上面沿叶轴和叶脉被单细胞短针毛。孢子囊群每

裂片2-3对，生于侧脉近顶处，近叶缘；囊群盖圆肾形，棕色，无毛。染色体2n=62。

产浙江、台湾北部、广西北部、贵州及云南，生于海拔650-2500米山地草甸、溪边或湿地。日本南部、印度南部、马来西亚、菲律宾及印度尼西亚有分布。

2. 中日金星蕨 扶桑金星蕨 图469

Parathelypteris nipponica (Franch. et Sav.) Ching in Acta Phytotax. Sin. 8(4): 302. 1963.

Aspidium nipponicum Franch. et Sav. Enum. Pl. Jap. 2: 242. 636. 1879.

植株高40-60厘米。根茎长而横走，近光滑。叶近生；叶柄长

10-20厘米，基部褐棕色，多少被鳞片，向上禾秆色；羽片长30-40厘米，中部宽7-10厘米，倒披针形，羽裂渐尖头，二回羽状深裂；羽片约25-33对，下部5-7对近对生，向下小耳状，最下的瘤状，长4-5厘米，宽0.7-12厘米，披针形，基部截形，羽裂几达羽轴；裂片约18对，长3-5毫米，宽

约2毫米，长圆形，全缘或具浅粗锯齿；叶脉明显，侧脉单一，每裂片4-5对；叶草质，干后草绿色，下面沿叶轴、主脉和叶缘被灰白色、单细胞针状毛，偶混生少数具2-3个细胞的针状毛，脉间密被微细腺毛及少数橙黄色圆球形腺体；上面叶轴和叶脉被短针毛，余近光滑。孢子囊群圆形，每裂片3-4对，背生于侧脉中部以上，远离主脉；囊群盖圆肾形，背面被灰白色长针毛。孢子圆肾形，中部具褶皱，外壁具不规则网状纹饰。染色体2n=124。

产山东、河南、陕西、甘肃、江苏北部、安徽、浙江、福建、江西、湖北、湖南、广西、贵州、四川及云南，生于海拔400-2500米丘陵地区林下。朝鲜半岛南部及日本有分布。

[附] **狭脚金星蕨 Parathelypteris borealis** (Hara) Shing, Fl. Reipub. Popul. Sin. 4(1): 37. pl. 5: f. 19-21. 1999.——*Dryopteris nipponica* C. Chr. var. *borealis* Hara in Bot. Mag. Tokyo 48: 695. 1934. 本种与中日金星蕨的主要区别：根茎密被浅锈黄色毛；叶下面密被橙黄色圆球形腺体；囊群盖近无毛。产陕西、安徽、福建、江西、湖南、广西、贵州及四川，生于海拔400-1850米山谷灌丛和林下阴湿处。日本有分布。

[附] **秦岭金星蕨 Parathe-lypteris qinlingensis** Ching ex Shing, Fl. Reipub. Popul. Sin. 4(1): 36. 1999. 本种与狭脚金星蕨的主要区别：根茎斜

3. 马蹄金星蕨 图470

Parathelypteris cystopteroides (Eaton) Ching in Acta Phytotax. Sin. 8

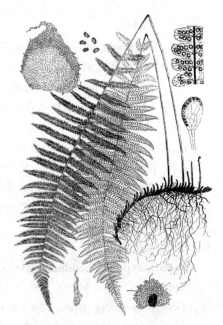

图 468 长根金星蕨 (孙英宝绘)

图 469 中日金星蕨
(孙英宝仿《Ogata, Ic. Fil. Jap.》)

生；叶近簇生；叶轴下面被灰白色细针状毛；囊群盖背面密被刚毛。产陕西及甘肃，生于海拔约1800米华山松林下。

(4): 302. 1963.

Athyrium cystopteroides Eaton in

Proc. Amer. Acad. Arts. 4: 110. 1958.

植株高7-20厘米。根茎细长横走，分枝密集成毡状，疏被深棕色披针形小鳞片。叶近生；叶柄长3-5（-13）厘米，纤细，深

禾秆色，近光滑；叶片长4-7厘米或过之，宽约1.5厘米，披针形，羽裂渐尖头，二回羽状深裂；羽片7-10对，具短柄，基部1对和其上的同形，长0.7-1厘米，宽6-7毫米，基部近楔形，羽状深裂几达叶轴；裂片2-3对，长约3毫米，宽约1.5毫米，长圆形，基部1对不规则2裂；叶脉明显，侧脉单一，斜上，每裂片约3对；叶草质，干后褐绿色，下面近光滑，几无腺体，上面沿羽轴纵沟被平伏短毛，叶轴疏生柔毛。孢子囊群圆形或长圆形，中等大，每裂片2-4枚，背生侧脉稍上；囊群盖大，圆肾形，棕色，厚膜质，背面偶有少数灰白色刚毛，宿存。

产福建沿海岛屿，生于石上。日本和朝鲜半岛南部有分布。

[附] **矮小金星蕨 Parathelypteris grammitoides** (Christ) Ching in Acta Phytotax. Sin. 8: 302. 1963.——*Aspidium grammitoides* Christ in Bull. Herb. Boissier 6: 193. 1898. 本种和马蹄金星蕨的主要区别: 羽片下面沿羽轴和主脉疏被灰白色细针状毛及橙黄色球圆形腺体；囊群盖较小，背面被较多刚毛。产台湾，生于海拔1000-1350米林下石上。日本、朝鲜半岛南部及菲律宾有分布。

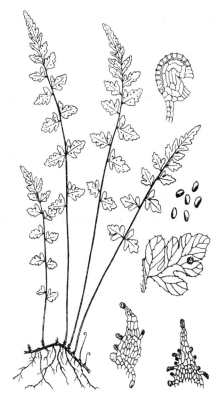

图 470 马蹄金星蕨 （引自《中国植物志》）

4. 狭叶金星蕨 图 471

Parathelypteris angustifrons (Miq.) Ching in Acta Phytotax. Sin. 8(4): 302. 1963.

Aspidium angustifrons Miq. in Ann. Mus. Bot. Lugduon–Batavum 3: 178. 1867.

植株高25-35厘米。根茎长而横走，顶端连同叶柄基部略被深棕色披针形厚鳞片。叶近生；叶柄长10-15厘米，禾秆色，近光滑，连同叶轴被较多灰白色柔毛；叶片长15-20厘米，宽3-4厘米，披针形，羽裂渐尖头，基部略窄，二回羽状深裂或近二回羽状；羽片10-15对，无柄

或柄极短，基部1对与其上的同形较短，中部羽片长2-3厘米，宽

图 471 狭叶金星蕨
（引自《中国植物志》）

约1厘米，披针形，基部平截，羽状深裂几达羽轴或近羽状；裂片或小羽片6-20对，下部2-3对分离，基部1对较大，长4-5毫米，长圆形，基部略与羽轴合生，全缘或具粗锯齿，向上各对渐小；叶脉下面明显，侧脉单一，每裂片3-4对；叶草质，干后褐绿色，下面被橙黄色圆球形腺体，沿羽轴和主脉被少数针状毛。孢子囊群圆形，每裂片3-4对，背生侧脉上部，近叶缘；囊群盖圆肾形，棕色，膜质，背面有较多刚毛，宿存。

产浙江、台湾及福建，生于林下石上。日本有分布。

5. 金星蕨 腺毛金星蕨 图 472

Parathelypteris glanduligera (Kunze.) Ching in Acta Phytotax. Sin. 8 (4): 303. 1963.

Aspidium glanduligera Kunze, Anal. Pterid. 44. 1837.

植株高35-50（-60）厘米。根茎长而横走，顶端略被鳞片。叶

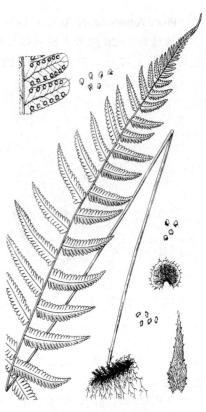

图 472 金星蕨 （引自《中国植物志》）

近生；叶柄长15-20（-30）厘米，禾秆色，多少被毛或光滑；叶片长18-30厘米，宽7-13厘米，披针形或宽披针形，羽裂渐尖头，二回羽状深裂；羽片约15对，无柄，长4-7厘米，宽1-1.5厘米，披针形或线状披针形，基部平截，羽裂几达羽轴；裂片15-20对或更多，长5-6毫米，宽约2毫米，

长圆状披针形，全缘；叶脉明显，侧脉单一，每裂片5-7对；叶草质，干后草绿或褐绿色，羽片下面密被橙黄色腺体，无毛或疏被短毛，上面沿羽轴纵沟密被针状毛，沿叶脉偶有短毛，叶轴多少有短毛。孢子囊群圆形，每裂片4-5对，背生侧脉近顶部，近叶缘；囊群盖圆肾形，棕色，背面疏被灰白色刚毛。孢子圆肾形，周壁具褶皱及细网状纹饰。染色体2n=144。

产山东、河南、江苏、安徽、浙江、台湾、福建、江西、湖北、湖南、广东、香港、海南、广西、贵州、四川及云南，生于海拔50-1500米疏林下。朝鲜半岛南部、日本、越南及印度北部有分布。

[附] **微毛金星蕨 Parathelypteris glanduligera var. puberula** (Ching) Ching ex Shing, Fl. Jiangxi 1: 199. 1993.——*Thelypteris glanduligera var. puberula* Ching in Bull. Fan Mem. Inst. Biol. Bot. 6: 323. 1936. 与模式变种的主要区别：叶片下面被较密短柔毛，沿羽轴有较多针状细毛，上面沿羽轴纵沟内被针状毛，叶脉和脉间疏被平伏细针毛。产江苏、安徽及江西，生于海拔250-1000米毛竹林下阴湿处。

[附] **秦氏金星蕨 Parathelypteris chingii** Shing et J. F. Cheng in Jiangxi Sci 8(3): 44. 1990. 本种与金星蕨的主要区别：根茎短而直立；叶簇生，叶柄下部褐棕色，向上棕禾秆色，疏生多细胞开展针状毛。产江西南部及福建北部，生于海拔300-500米山谷密林下湿地。

[附] **有齿金星蕨 Parathelypteris serrulata** (Ching) Ching in Acta Phytotax Sin. 8(4): 303. 1963.——*Thelypteris serrulata* Ching in Bull. Fan Mem. Inst. Biol. Bot. 6: 319. 1936. 本种与金星蕨的区别：羽片宽披针形，约20对，裂片披针形，边缘圆齿状或锐裂；囊群盖无毛，偶有毛。产浙江、四川西南部及贵州，生于海拔约100米林下沟边。

6. 中华金星蕨 图 473

Parathelypteris chinensis (Ching) Ching in Acta Phytotax. Sin. 8(4): 303. 1963.

Thelypteris chinensis Ching in Bull. Fan Mem. Inst. Biol. Bot. 6:311. 1936.

植株高57-80厘米。根茎短而横卧或斜生。叶近生；叶柄长27-40厘米，基部近黑色，向上栗棕或红棕色；叶片长30-40厘米，宽8-12厘米，披针形，羽裂渐尖头，二回羽状深裂；羽片约18对，无柄，中部羽片长5-7厘米，宽0.8-1.2厘米，窄披针形，羽状深裂达羽轴两侧窄翅，翅宽3-4毫米；裂片18-24对，长3-5毫米，宽2-3毫米，长圆形或三角状长圆形，全缘；叶

脉较明显，侧脉单一，每裂片4-5（6）对，基部1对出自主脉基部稍上；叶草质，干后棕绿色，下面被红橙色圆球形腺体，无毛，上面疏被短毛，沿羽轴纵沟被浅棕色针状毛，沿叶脉有少数短毛；叶轴棕色，有光泽，下面光滑。孢子囊群圆形，背生叶脉中部，每裂片约3对；囊群盖肾圆形，棕色，背面无毛。

产安徽南部、浙江、福建、江西、湖南、广西、贵州、四川南部及云南，生于海拔700-1000米山谷林下阴湿处。

[附] **毛果金星蕨 Parathelypteris chinensis** var. **hirticarpa** Ching ex Shing et J. F. Cheng in Jiangxi Sci. 8(3): 44. 1990. 与模式变种的主要区别：羽轴下面有疏腺毛，沿羽轴、叶脉和脉间疏被短针毛；孢子囊群多少分开，囊群盖背面疏被短毛。产江西、贵州及云南，生于海拔700-2100米沟谷林下或灌丛中。

[附] **尾羽金星蕨 Parathelypteris caudata** Ching ex Shing, Fl. Reipub. Pupul. Sin. 4(1): 49. pl. 8: 7-11. 1999. 本种与中华金星蕨的区别：根茎直立；叶簇生，叶柄被针状毛，叶片长圆状披针形，羽片20-25对，裂片线状披针形或长方形。产广西中部及云南南部，生于海拔1700-1900米

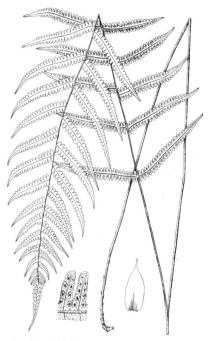

图 473 中华金星蕨 （孙英宝绘）

亚高山苔藓林和竹林下。

[附] **毛脚金星蕨 Parathelypteris hirsutipes** (Clarke) Ching in Acta Phytotax. Sin. 8:303.1963.——*Nephrodium gracilescens* var. *hirsutipes* Clarke in Trans. Linn. Soc. 2. Bot. 1: 514. t. 67. f. 1. 1880. 本种与中华金星蕨的主要区别：叶柄基部灰棕色，向上深禾秆色；羽片下面沿羽轴及叶脉密被多细胞针状毛。产云南东南部，生于海拔1400-1600米山地季雨林和混交林下。缅甸北部及印度北部有分布。

7. 光脚金星蕨 日本金星蕨 图 474

Parathelypteris japonica (Baker) Ching in Acta Phytotax. Sin. 8 (4):304. 1963.

Nephrodium japonicum Baker in Ann. Bot. 5: 318. 1891.

植株高55-70厘米。根茎短，横卧或斜生。叶近生或近簇生；叶柄长25-35厘米；叶片长30-35厘米，下部宽17-20厘米，卵状长圆形，羽裂渐尖头，二回羽状深裂；羽片15-20对，下部3-4对羽片较长，无柄，中部羽片长8-10厘米，中部宽1.3-1.6厘米，披针形，羽裂达羽轴两侧窄翅，翅宽约2.5毫米；裂片25-30对，长

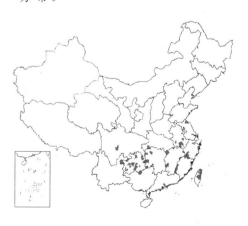

5-7毫米，宽约2.6毫米，披针形，略镰刀状，全缘；叶脉明显，侧脉单一，每裂片8-9（10）对，基部1对出自主脉近基部；叶草质，干后褐棕色，下面沿羽轴、主脉、有时连同侧脉和叶缘被灰白色疏柔毛，并被较多红棕色、圆球形大腺体，上面沿羽轴纵沟密被针状毛，沿叶轴被平伏短针毛，叶轴与叶柄同色，向顶部禾秆色，下面光滑。孢子囊群圆形，背生侧脉中部稍上，每裂片3-4对；囊群盖圆肾形，浅棕色，膜质，背面被较多灰白色柔毛。染色体2n=124。

产江苏北部、安徽、浙江、台湾、福建、江西、湖北、湖南、贵州及四川西部，生于海拔约1000米林下阴处。日本及朝鲜半岛南部有分布。

[附] **光叶金星蕨 Parathelypteris japonica** var. **glabrata** (Ching) Shing, Fl. Jiangxi 1: 201. 1993.——*Thelypteris japonica* Ching var. *glabrata* Ching in Bull. Fan Mem. Inst. Biol. Bot. 6: 313. 1936. 与模式变种的主要区别：叶柄和叶轴禾秆色，羽片下面和囊群盖背面无毛。产江西。日本和朝鲜半岛南部有分布。

[附] **禾秆金星蕨 Parathelypteris japonica** var. **musashiensis** (Hiyama) Jiang, Fl. Anhui 1: 124. 1985. non Ching. ——*Thelypteris japonica* Ching var. *musashiensis* Hiyama in Journ. Jap. Bot. 26: 155. 1951. 与模式变种的主要区别：羽片下面沿羽轴、主脉和囊群盖背面多少有疏柔毛。染色体2n=62。产安徽、浙江西部及南部、福建北部、江西、湖南中部、四川东南部、云南北部，生于海拔800-2000米山谷林下阴处。日本及朝鲜半岛南部有分布。

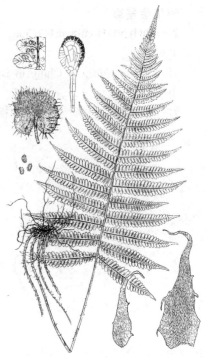

图 474 光脚金星蕨
（孙英宝仿《Ogata, Ic. Fil. Jap.》）

8. 钝角金星蕨

图 475: 1-5

Parathelypteris angulariloba (Ching) Ching in Acta Phytotax. Sin. 8(4): 304. 1963.

Thelypteris angulariloba Ching in Bull. Fan Mem. Inst. Biol. Bot. 6: 323. 1936.

植株高30-60厘米。根茎短，横卧或斜生。叶近簇生；叶柄长10-30厘米，基部近黑色，密被针状毛，向上栗红或栗棕色；叶片长17-30厘米，中部宽6-12厘米，窄长圆形，先端渐尖并羽裂，二回羽状深裂；羽片约20对，中部羽片长3-6厘米，宽7-15厘米，披针形或线状披针形，先端渐尖并羽裂或近全缘，无柄，基部平截，羽状深裂达1/2-1/3；裂片8-12对，长3-5毫

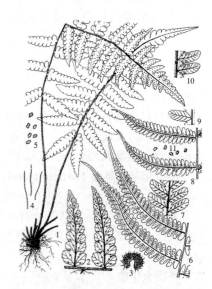

图 475: 1-5.钝角金星蕨 6-7.黑叶金星蕨 8-11.台湾金星蕨 （引自《中国植物志》）

草质，干后近绿色，下面沿羽轴和主脉被多细胞短针毛，有时混生橙色头状腺毛，上面沿羽轴纵沟被针状毛，余几光滑。孢子囊群圆形，棕色，厚膜质，背生侧脉中部，每

米，宽约3.5毫米，长方形或近方形，先端圆或圆截形，具2-4缺刻状钝棱角，全缘；叶脉明显，侧脉单一，每裂片2-3（4）对；叶厚

裂片 1-2 对；囊群盖圆肾形，棕色，厚膜质，背面被灰白色短刚毛。孢子圆肾形，周壁具褶皱，有不规则小刺。

产浙江南部、台湾、福建、广东及广西东部，生于海拔 500-800 米山谷林下水边或灌丛阴湿处。日本有分布。

[附] **黑叶金星蕨** 图 475:6-7 **Parathelypteris nigrescens** Ching ex Shing, Fl. Reipub. Popul. Sin. 4(1): 56. pl. 10: f. 9-10. 1999. 本种与钝角金星蕨的主要区别：裂片先端圆或圆截形，无缺刻状棱角。产广西及云南，生于海拔 1000-1200 米山谷林下沟边。

[附] **台湾金星蕨** 图 475:8-11 图 476 **Parathelypteris castanea** (Tagawa) Ching in Acta Phytotax. Sin. 8: 304. 1963. —— *Dryopteris castanea* Tagawa in Acta Phytotax. Geobot. 4: 132. 1935. 本种与钝角金星蕨的主要区别：叶柄及羽片两面密被单细胞灰白色针状毛。产台湾，生于林下潮湿处。日本有分布。

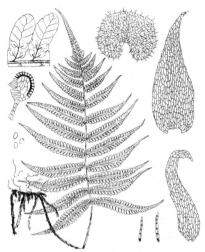

图 476 台湾金星蕨 （引自《Fl. Taiwan》）

4. 凸轴蕨属 **Metathelypteris** (H. Ito) Ching

中、小型土生蕨类。根茎短，横卧、斜生或直立，稀长而横走，被棕色披针形鳞片或灰白色短毛，或近光滑。叶近生或簇生；叶柄基部近褐色，向上禾秆色，光滑或疏被毛；叶片长圆形，披针形或卵状三角形，先端渐尖并羽裂，二回羽状深裂，稀三回羽状，若为后者，一回小羽片分离，从不沿叶轴以窄翅相连；叶草质或薄草质，干后绿色，两面多少被灰白色、单细胞（稀多细胞）针状毛，沿叶轴和羽轴毛较密，羽片下面无腺体，稀有橙红色圆球形腺体，羽轴上面圆形隆起，叶脉羽状，侧脉单一，或分叉，斜生，不达叶缘。孢子囊群小，圆形，生于侧脉中部以上，孢子囊柄上部有时有 1 根顶端膨大的毛，囊群盖中等大，圆肾形，以缺刻着生，膜质，通常绿色，干后灰黄或浅棕色，宿存。孢子两面型，周壁具褶皱，常有小穴状纹饰，外壁具细网状纹饰。染色体基数 x=7（35）。

约 12 种。主要分布于亚洲东南部热带和亚热带地区。我国 10 种，1 变种。

1. 羽片下面无橙红色圆球形腺体；羽轴下面被单细胞针状毛或近光滑。
　2. 叶片长圆形或披针形。
　　3. 叶纸质；植株高 75-95 厘米；叶片下面光滑或沿羽轴和主脉偶被稀疏针状毛 ·················
　　　·· 1. 鲜绿凸轴蕨 **M. singalanensis**
　　3. 叶草质或薄草质，植株较矮小，高不及 65 厘米；叶片下面多少被短针状毛或无毛。
　　　4. 羽片下面光滑，或沿羽轴、主脉偶被极稀短针毛。
　　　　5. 基部羽片通常不缩短，向基部不变窄；叶片上面沿叶轴和羽轴密被灰白色短针毛，侧脉通常单一，偶 2 叉 ································· 2. 凸轴蕨 **M. gracilescens**
　　　　5. 叶片下部 1-2 对羽片稍短，羽片基部明显窄；上面沿叶轴和羽轴疏被灰白色短针毛；基部羽片的小羽片侧脉通常 2 叉，向上的单一 ················· 3. 微毛凸轴蕨 **M. adscendens**
　　　4. 羽片下面至少沿羽轴被较密短针毛。
　　　　6. 羽片较疏，下部羽片相距 2-4 厘米，基部窄，裂片具粗圆齿状缺刻，或羽裂成小裂片 ·········
　　　　　··· 4. 疏羽凸轴蕨 **M. laxa**
　　　　6. 羽片较密，下部羽片相距 1-2 厘米，基部几不变窄，裂片全缘，或浅波状 ················
　　　　　··· 5. 乌来凸轴蕨 **M. uraiensis**
　2. 叶片卵状三角形。
　　7. 叶片二回羽状深裂，裂片全缘 ······························· 6. 迷人凸轴蕨 **M. decipiens**

7. 叶片三回羽状深裂或三回羽状至四回羽裂。

　8. 叶片卵状三角形，两面被毛；囊群盖也有毛。

　　9. 羽片无柄或下部羽片具0.5-1毫米短炳，一回小羽片先端圆钝或尖，无柄 ……… 7. 林下凸轴蕨 **M. hattorii**

　　9. 下部羽片具长3.5-5厘米的柄，一回小羽片尾状长渐尖头，羽柄长4-7毫米 …………

　　　　……………………………………………………………………… 8. 有柄凸轴蕨 **M. petiolulata**

　8. 叶片长圆形，除羽轴上面有长柔毛外，余光滑；囊群盖无毛 ………… 9. 武夷山凸轴蕨 **M. wuyishanensis**

1. 羽片下面无腺体，沿羽轴下面被有多细胞灰白色、开展长针状毛 ……………… 10. 薄叶凸轴蕨 **M. flaccida**

1. 鲜绿凸轴蕨　　　　　　　　　　　　　　　　图 477

Metathelypteris singalanensis (Baker) Ching in Acta Phytotax. Sin. 8 (4): 306. 1963.

Nephrodium singalanense Baker in Journ. Bot. 18: 212. 1880.

植株高75-95厘米或过之。根茎粗短，直立，顶端连同叶柄基部密被鳞片。叶柄长30-50厘米，禾秆色，基部以上光滑；叶片长30-70厘米，宽20-30厘米，披针形或宽披针形，羽裂渐尖头，基部圆楔形，二回羽状深裂；羽片15-25对，无柄，基部1对通常稍短，其上的羽片长12-18厘米，宽2-3.5厘米，线状披针形，有时镰刀状，尾状渐尖头，基部近截形，

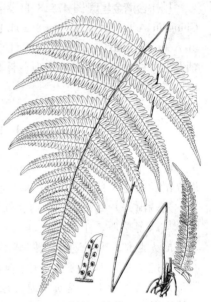

图 477 鲜绿凸轴蕨 （孙英宝绘）

深裂几达羽轴；裂片20-30对，羽轴下侧的较上侧的长，长圆形，长0.8-1.5厘米，宽3-5毫米，钝尖头，全缘或具锯齿；叶脉明显，侧脉单一，或在下部的裂片上常2叉，每裂片6-10（-12）对，不达叶缘；叶纸质，干后鲜绿或黄绿色，下面光滑，或有时沿羽轴和主脉被极疏短针毛，上面沿叶轴、羽轴被灰白色短针毛。孢子囊群小，生于侧脉近顶部或分叉侧脉上侧1脉的中部；囊群盖小，圆肾形，膜质，干后棕黄色，边缘有时具缺刻，光滑或疏被头状短毛。染色体2n=144。

产海南东南部，生于海拔800-1000米溪边林下。泰国、马来西亚及印度尼西亚有分布。

2. 凸轴蕨　　　　　　　　　　　　　　　　图 478：1-4

Metathelypteris gracilescens (Bl.) Ching in Acta Phytotax. Sin. 8(4): 306. 1963.

Aspidium gracilescens Bl. Enum. Pl. Jav. 155. 1828.

植株高40-60厘米。根茎短，横卧或斜生，顶端连同叶柄基部被小鳞片。叶近簇生；叶柄长15-30厘米，禾秆色或深禾秆色，光滑或被毛；叶片长20-30厘米，中部宽6.5-10厘米，窄长圆形，羽裂渐尖头，二回羽状深裂；羽片15-18对，下部1-2对不缩短，向基

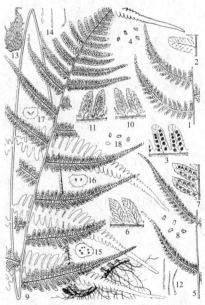

图 478：1-4.凸轴蕨　　5-8.微毛凸轴蕨
9-18.疏羽凸轴蕨　（引自《中国植物志》）

部稍窄，向下反折，无柄，中部的长 4-6.5 厘米，宽 1-1.4 厘米，线状披针形，基部不变窄，羽状深裂达羽轴两侧窄翅，翅宽约 1.5 毫米；裂片 12-15 对，以窄的缺刻分开，长 4-6 毫米，宽 2-4 毫米，长圆形，全缘或略有波状圆齿；叶脉下面明显，侧脉单一，偶 2 叉，每裂片 5-6 对，基部 1 对出自主脉基部以上；叶草质，干后黄绿色，下面光滑或羽轴上部疏被短针毛，上面沿叶轴、羽轴密被灰白色短针毛，上面沿叶脉疏被针毛。孢子囊群圆形，每裂片 3-4 对，背生侧脉中部，位于主脉和叶缘间；囊群盖圆肾形，膜质，浅棕色，光滑。孢子圆肾形，周壁具褶皱，有小穴，外壁具细网状纹饰。

产台湾及云南中部，生于海拔 980-2500 米山地密林下。日本南部、马来西亚、菲律宾、印度尼西亚及波利尼西亚有分布。

3. 微毛凸轴蕨

图 478：5-8 图 479

Metathelypteris adscendens (Ching) Ching in Acta Phytotax. Sin. 8(4): 306. 1963.

Thelypteris adscendens Ching in Bull. Fan Mem. Inst. Biol. Bot. 6:332. 1936.

植株高 25-50 厘米。根茎短，横卧，疏被短毛和鳞片。叶簇生或近生；叶柄长 10-20 厘米，禾秆色，基部以上光滑；叶片长 15-25 厘米，中部宽 8-12 厘米，先端长渐尖并羽裂，基部渐窄，二回羽状深裂；羽片 10-15 对，无柄，下部 1-2 对短，基部略窄，中部的长 4-6 厘米，宽 1-1.5 厘米，窄披针形，有时略尾状，羽状深裂达羽轴两侧窄翅；裂片 10-14 对，

图 479 微毛凸轴蕨 （引自《Fl. Taiwan》）

长 4-6 毫米，宽约 2.5 毫米，长圆状披针形，先端圆钝，全缘或下部裂片具粗齿状缺刻；叶脉明显，侧脉在下部裂片上常 2 叉，向上的单一，每裂片 3-5 对，基部 1 对出自主脉基部稍上，不伸达叶缘；叶草质，干后绿色，沿羽轴和主脉下面偶被疏短毛。孢子囊群圆形，每裂片 2-4（5）对，生于侧脉近顶部，较近叶缘；囊群盖圆肾形，膜质，绿色或干后淡棕色，无毛或偶有几根短毛。孢子圆肾形，周壁透明，褶皱有小穴，有时成细网状。

产浙江南部、台湾、福建、江西、广东及广西，生于海拔约 250 米山谷林下。

4. 疏羽凸轴蕨　疏羽金星蕨

图 478：9-18

Metathelypteris laxa (Franch. et Sav.) Ching in Acta Phytotax. Sin. 8(4): 306. 1963.

Aspidium laxum Franch. et Sav. Enum. Pl. Jap. 2: 237. 1876.

植株高 30-60 厘米。根茎长，横走或斜生。叶近生，连同叶柄疏被短毛及鳞片；叶柄长 10-35 厘米，浅禾秆色，基部以上近光滑；叶片长 15-35 厘米，中部宽 10-18 厘米，长圆形，先端渐尖并羽裂，二回羽状深裂，下部羽片相距 2-4 厘米，基部窄；羽片 8-18 对，近对生，长 5-9 厘米，中部

宽1-2厘米，线状披针形，基部平截，无柄，羽状深裂达羽轴两侧窄翅；裂片长圆状披针形，中部的长4-8毫米，宽2-3毫米，全缘或具粗圆齿状缺刻，或裂成小裂片；叶脉明显，侧脉在下部羽片的裂片2叉，余单一，每裂片5-7对，基部1对出自主脉基部以上，不达叶缘；叶草质，干后绿色，下面被灰白色短柔毛，上面沿叶轴、羽轴和叶脉被针状毛。孢子囊群圆形，每裂片4-6对，生于侧脉或分叉脉上侧1脉顶端，较近叶缘；囊群盖圆肾形，膜质，绿色，干后黄色，背面疏生柔毛。孢子圆肾形，周壁具褶皱，有小穴状纹饰，有时连成链珠状。染色体2n=140（?），144。

产江苏、浙江、台湾、福建、江西、湖南、广东、广西、贵州、四川及云南，生于海拔100-750米山麓林下和山谷密林下。朝鲜半岛南部及日本有分布。

5. 乌来凸轴蕨　毛柄凸轴蕨 图 480：1-5

Metathelypteris uraiensis (Rosenst.) Ching in Acta Phytotax. Sin. 8(4): 306. 1963.

Dryopteris uraiensis Rosenst. in Hedwigia 56: 341. 1915.

植株高30-40厘米。根茎短，横卧或斜生，顶端连同叶柄基部疏被短针毛和小鳞片。叶近簇生；

叶柄长14-20厘米，禾秆色，被短毛；叶片长16-22厘米，近基部宽8-15厘米，长圆状披针形，先端长渐尖并羽裂，向基部不变窄，二回羽状深裂；下部羽片相距1-2厘米；羽片12-15对，无柄，基部1对常稍短，基部略窄，其上若干对长4-8厘米，宽1.2-1.7厘米，线状披针形，羽状深裂达羽轴两侧窄翅；裂片14-20对，长4-7厘米，宽2-3毫米，长圆状披针形，全缘或浅波状；叶脉下面明显，侧脉2叉，或上部的单一，每裂片5-7对，斜上，基部1对出自主脉基部以上；叶薄草质，干后黄绿色，下面被灰白色短针毛，沿叶轴和羽轴毛较密，上面沿叶轴和羽轴密被灰黄色针状毛。孢子囊群圆形，每裂片2-4对，生于侧脉近顶部，较近叶缘；囊群盖圆肾形，膜质，绿色，干后浅棕色，边缘以上撕裂状，具针状柔

图 480：1-5.乌来凸轴蕨
6-11.林下凸轴蕨　（引自《中国植物志》）

毛。染色体2n=124。

产台湾、广东北部及云南西南部，生于海拔500-1100米山谷溪边林下。日本及菲律宾有分布。

6. 迷人凸轴蕨 图 481

Metathelypteris decipiens (C. B. Clarke) Ching in Acta Phytotax. Sin. 8 (4): 306. 1963.

Nephrodium gracilescens Hook. var. *decipiens* C. B. Clarke in Trans. Linn. Soc. 2. Bot. 2: 514. t. 65. f. 2. 1880.

植株高23-55厘米。根茎短，斜生，连同叶缘基部被灰白色针状毛和少数棕色线状披针形小鳞片。叶近簇生；叶柄长10-30厘米，禾秆色，基部以上近光滑；叶片长13-30厘米，基部宽10-16厘米，卵状三角形，先端长渐尖并羽裂，二回羽状深裂；羽片 10-14 对，较密接，下部的羽片最大，向上弯曲，长 5.5-9.5 厘米，基部以上宽 1.2-2.2 厘米，线状披针形，基部平截，无柄，羽状深裂达羽轴两侧窄翅；裂片 15-20 对，长 0.5-1 厘米，宽 2-3 毫米，先端钝尖，全缘；叶脉下面明显，侧脉单一或 2 叉，每裂片 5-6 对，斜生不达叶缘；叶薄草质，干后黄绿色，两面被灰白色短针毛，沿叶轴和羽轴毛较密。孢子囊群圆形，生于侧脉近顶部，较近叶缘；囊群盖圆肾形，薄膜质，绿色，干后灰绿色，背面密被针状毛，宿存。

产湖南及云南，生于海拔 600-2200 米溪边石缝中或竹林下沟边。印度北部有分布。

7. 林下凸轴蕨 图 480：6-11

Metathelypteris hattorii (H. Ito) Ching in Acta Phytotax. Sin. 8 (4):306. 1963.

Drypteris hattorii H. Ito in Bot. Mag. Tokyo 99: 359. 1935.

植株高 30-60 厘米。根茎短，横卧，顶部连同褐色叶柄基部易脱落鳞片和细毛。叶近簇生；叶柄长 15-30 厘米，基部以上禾秆色，近光滑；叶片长 15-35 厘米，基部最宽，14-26 厘米，卵状三角形，羽裂渐尖头，基部圆截，三回羽状深裂；羽片 12-16 对，无柄，或下部羽片有时有 0.5-1 毫米短柄，长 10-15 厘米，中部宽 2.5-3.5 厘米，披针形，二回羽状深裂；小羽片约 16 对，近对生，中部以上的具窄翅相连，下部的长 2.5 - 3 厘米，宽约 1 厘米，长圆状披针形，基部下延，无柄，分离，羽状深裂达 2/3；裂片向上，长 3.5-4 毫米，宽约 2.4 毫米，长圆形，全缘；叶脉不甚明显，侧脉单一或 2 叉，每裂片 2-3 对，不达叶缘；叶草质，干后绿色，两面被较密灰白色短柔毛。孢子囊群圆形，每裂片通常 1 对，生于基部上侧小脉近顶处，较近叶缘；囊群盖圆肾形，膜质，背面有疏毛。孢子圆肾形，周壁具皱褶，连成网状，具小穴状纹饰。

产安徽南部、浙江、福建、江西、湖南、广西、贵州及四川，生于海拔 120-1700 米山谷密林下。日本有分布。

8. 有柄凸轴蕨 图 482：1-4

Metathelypteris petiolulata Ching ex Shing, Fl. Reipub. Popul. Sin. 4(1): 69. pl. 13: f. 1-4. 1999.

植株高 55-65 厘米。根茎短而横卧。叶近生；叶柄长 23-30 厘米，褐棕色，密被针状毛，向上禾秆色，近光滑，有光泽；叶片长 30-40 厘米，基部最宽，与长几相等，卵状三角形，先端渐尖并羽裂，基部宽心形，三回羽状，或下部四回羽裂；羽片 10-12 对，下部的对生或近对生，具 3.5-5 厘米的长柄，基部 1 对最大，长 17-22 厘米，基部宽 10-12 厘米，三角状披针形，尾状长渐尖头，基部近平截，二回羽状至三回羽状深裂；小羽片 10-15 对，下部数

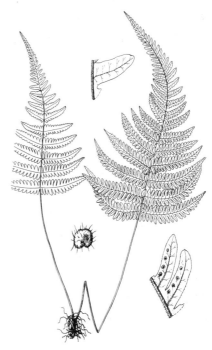

图 481 迷人凸轴蕨 （孙英宝绘）

对具长 4-7 毫米的短柄，向上的无柄，羽轴下侧小羽片较上侧的为长，基部以上的长 6-7 厘米，宽约 2.5 厘米，披针形，尾状长渐尖头，基部宽楔形，羽状深裂；二回小羽片约 10 对，下部 2-3 对，长 0.6-1.5 厘米，宽 3-4 毫米，窄长圆形，基部与小羽轴合生，下延，具窄翅相连，边缘缺刻状锐裂达 1/2；裂片 4-5 对，三角形，全缘；叶脉不甚明显，侧脉 2 叉，在末回小羽片或裂片上 2-6 对，不达叶缘；叶薄草质，干后黄绿色，两面疏被灰白色短针毛。孢子囊群圆形，每末回小羽片或裂片 5-10 对，生于分叉侧脉上侧叶脉近顶端，稍近叶缘；囊群盖圆肾形，膜质，绿色，背面被短针毛。孢子圆肾形，周壁具褶皱，连成网状，有小穴状纹饰。

产安徽、浙江南部、福建及江西北部，生于海拔 850-1500 米山谷林下阴湿处。

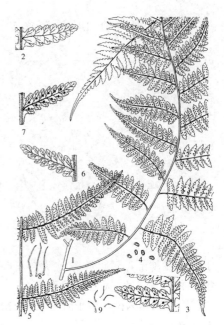

图 482：1-4.有柄凸轴蕨　5-9.薄叶凸轴蕨
（引自《中国植物志》）

9. 武夷山凸轴蕨　　　　　　　　　　图 483

Metathelypteris wuyishanensis Ching in Wuyi Sci. Journ. 1: 5. 1981.

植株高达 42 厘米。根茎短而直立。叶簇生；叶柄长约 15 厘米，禾秆色，基部密被暗棕色披针形鳞片及灰白色针状毛，向上光滑；叶片长约 25 厘米，基部宽约 15 厘米，长圆形，渐尖头，三回羽状深裂；羽片约 10 对，开展，基部 1 对和其上的等大，长约 7 厘米，中部宽约 3 厘米，长圆状披针形，略斜向上弯，具短柄，羽状深裂；小羽片约 14 对，羽轴下侧的较上侧的长，长约 2 厘米（基部的 1 对略短），宽约 5 毫米，披针形，基部具窄翅相连，羽状浅裂，上侧的长约 1.2 厘米，宽约 3 毫米，羽状浅裂；叶薄草质，干后淡棕色，除羽轴上面被长柔毛外，余无毛。孢子囊群小，每末回小羽片 4-5 对；囊群盖小，圆肾形，棕色，无毛，早落。

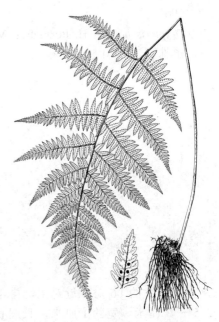

图 483　武夷山凸轴蕨　（孙英宝绘）

产浙江及福建，生于海拔达 1000 米山地灌丛或岩隙阴处。

10. 薄叶凸轴蕨　　　　　　　　　　图 482：5-9

Metathelypteris flaccida (Bl.) Ching in Acta Phytotax. Sin. 8(4): 306. 1963.

Aspidium flaccidum Bl. Enum. Jav. 1661. 1828.

植株高40-60厘米。根茎粗短，直立，被深棕色线状披针形鳞片。叶簇生；叶柄长15-30厘米，基部褐棕色，被与根茎同样鳞片，向上禾秆色，疏被短毛；叶片长25-40厘米，下部宽12-16厘米，长圆状披针形，先端渐尖并羽裂，三回羽状深裂；羽片10-15对，无柄，下部的长7-9厘米，宽2-2.5厘米，披针形，尾状渐尖头，二回羽状深裂；小羽片10-15对，长1-1.5厘米，宽3-5毫米，披针形，基部下延，沿羽轴成窄翅；羽状深裂达1/2-2/3；裂片5-7对，长1-2毫米，基部宽约1毫米，三角状披针形，全缘；叶脉不甚明显，侧脉单一或2叉，每裂片2-3对，

基部1对出自基部以上，不达叶缘；叶薄草质，干后黄绿色，两面连羽轴下面密被开展多细胞针状毛。孢子囊群圆形，每裂片通常1枚，生于基部分叉侧脉上侧1脉中部以上；囊群盖圆肾形，膜质，淡绿色，干后灰棕色，无毛或边缘偶有少数针状毛。孢子圆肾形，周壁透明，成网胞状。染色体2n=140。

产贵州中南部及云南，生于海拔700-1800米沟边林下。越南北部、印度、斯里兰卡、泰国、马来西亚、印度尼西亚及菲律宾有分布。

5. 针毛蕨属 **Macrothelypteris** (H. Ito) Ching

中型土生蕨类，有时近树状，高达4米。根茎粗短，直立、斜生或横卧，被棕色披针形长鳞片，鳞片质厚，被针状疏睫毛。叶簇生；叶柄禾秆色或红棕色，光滑，或被与根茎相同鳞片，脱落后有半月形糙痕；叶片大，卵状三角形，三至四回羽裂，羽片和各回小羽片斜展或近平展，沿羽轴或小羽轴两侧具窄翅相连；叶脉羽状，分离，侧脉单一，有时2叉；叶草质或近纸质，干后黄绿色，羽轴和小羽轴上面圆而隆起，两面和脉间多少被毛，稀无毛，毛细长，灰白色，针状，沿叶轴兼有棕色、多细胞针状粗毛和少数披针状或钻状鳞片，鳞片脱落后留下突痕。孢子囊群小，生于侧脉近顶部，无盖或具早落的盖；孢子囊近顶部有时有具短柄头状毛。孢子两面型，椭圆状肾形；周壁透明，具褶皱，具柱状分子，有小刺状或小穴状纹饰，或由柱状分子周壁形成网状或小瘤块状；外壁具细网状纹饰。染色体基数x=31。

约10种，产亚洲热带和亚热带、大洋洲东北部和太平洋岛屿。我国7种、1变种。

1. 叶轴和羽轴下面被鳞片，鳞片基部泡状或加厚，脱落后留下糙痕。
  2. 植株高3-4米；羽轴和小羽轴下面被基部膨大的泡状鳞片。
    3. 根茎鳞片长钻状；羽轴鳞片全缘 ·· 1. **树形针毛蕨 M. ornata**
    3. 根茎鳞片线形；羽轴鳞片边缘具较密缘毛 ···························· 1(附). **桫椤针毛蕨 M. polypodioides**
  2. 植株高1-1.4米；根茎鳞片线状披针形；羽轴和小羽轴下面被基部加厚鳞片，不膨大呈泡状 ················
  ·· 1(附). **刚鳞针毛蕨 M. setigera**
1. 叶轴和羽轴下面无鳞片，或被灰白色针状毛，或无毛。
  4. 羽片下面光滑或被单细胞针状毛。
    5. 叶草质，干后黄绿色，小羽片斜上，与羽轴锐角相交，羽片下面无毛，或沿羽轴疏被针状毛。
      6. 羽片两面无毛 ·· 2. **针毛蕨 M. oligophlebia**
      6. 羽片下面沿羽轴和小羽轴均被灰白色单细胞针状短毛 ······· 2(附). **雅致针毛蕨 M. oligophlebia var. elegans**
    5. 叶薄草质，干后草绿色；小羽片平展，与羽轴直角相交，羽片下面被较多开展针状毛 ·······················
  ·· 3. **翠绿针毛蕨 M. viridifrons**
  4. 羽片下面被开展多细胞针状毛。

7. 叶草质；小羽片斜上，与羽轴锐角相交，下部羽片柄长 2-2.5 厘米，下面的毛多，毛长 2.5-3 毫米 ⋯⋯⋯⋯⋯⋯ ⋯⋯⋯⋯⋯⋯⋯⋯⋯⋯⋯⋯⋯⋯⋯⋯⋯⋯⋯⋯⋯⋯⋯⋯⋯ **4. 普通针毛蕨 M. torresiana**

7. 叶薄草质；小羽片平展，与羽轴直角相交，羽片几无柄，下面的毛较疏，毛长 1.5-2 毫米 ⋯⋯⋯⋯⋯⋯⋯ ⋯⋯⋯⋯⋯⋯⋯⋯⋯⋯⋯⋯⋯⋯⋯⋯⋯⋯⋯ **4(附). 细裂针毛蕨 M. contigens**

1. 树形针毛蕨 图 484

Macrothelypteris ornata (Wall. ex Bedd.) Ching in Acta Phytotax. Sin. 8(4): 309. 1963.

Polypodium ornatum Wall. ex Bedd. Ferns South Ind. t. 171. 1864.

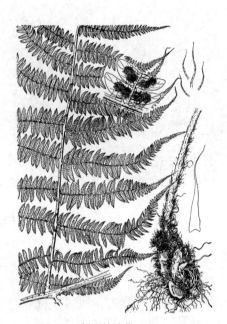

植株高 3-4 米或过之。根茎直立，圆柱形，密被浅棕色、边缘具节毛、长钻状厚质鳞片。叶簇生；叶柄长 0.6-1 米，浅禾秆色，有光泽，基部密被鳞片，脱落后留下瘤状或半月形糙痕；叶片长宽 2 米以上，三角状卵形，先端渐尖并羽裂，四回羽裂；羽片 18-25 对，近对生，下部的有柄，长达 60 厘米，宽 30 厘米，长圆状披针形，三回羽裂；一回

图 484 树形针毛蕨 （肖　溶绘）

小羽片多数，柄不明显，长 10-16 厘米，宽 3-4 厘米，披针形，基部平截，二回羽裂；二回小羽片 18-25 对，无柄，披针形，长 1.5-2 厘米，宽约 4 毫米，略镰刀状，基部下延，沿羽轴两侧具窄翅相连，羽状深裂达 1/2；裂片 10-12 对，宽圆齿状或三角形，全缘；叶脉羽状，侧脉在裂片上 2-3 对，分叉，不明显；叶草质，干后黄绿色，下面沿小羽轴和主脉被多细胞针状毛；各回羽轴下面疏被线状披针形鳞片，鳞片基部泡状。孢子囊群圆形，每裂片 1 对，生于基部上侧小脉近顶端；囊群盖不发育。染色体 2n=62。

产云南西部及西藏东南部，生于海拔 850-1000 米河谷林下。缅甸北部、不丹、印度及泰国有分布。

[附] **桫椤针毛蕨 Macrothelypteris polypodioides** (Hook.) Holtt. in Blumea 17: 29. 1969. —— *Alsophila polypodioides* Hook. in Nightingale, Oceanic Skelches 131. 1835. 本种形体极似树形针毛蕨，但形体大而粗如桫椤，根茎短而横卧，径约 20 厘米；叶柄长 1.5 米，被鳞片，鳞片线形，具毛，叶轴鳞片稀疏或近光滑，羽轴鳞片边缘具较密缘毛；囊群盖宿存。产台湾，生于海拔约 700 米林下。泰国、菲律宾、新西兰、巴布亚新几内亚、澳大利亚及太平洋诸岛有分布。

[附] **刚鳞针毛蕨 Macrothelypteris setigera** (Bl.) Ching in Acta Phytotax. Sin. 8(4): 309. 1963.—— *Cheilanthes setigera* Bl. Enum. Pl. Jav. 138. 1828. 本种与树形针毛蕨的主要区别：根茎鳞片线状披针形；叶片长圆状披针形，长 50-80 厘米或过之，三回羽状；羽片 14-18 对。产台湾，生于热带雨林下。马来西亚、印度尼西亚及波利尼西亚有分布。

2. 针毛蕨 光叶金星蕨 图 485

Macrothelypteris oligophlebia (Baker) Ching in Acta Phytotax. Sin. 8(4): 309. 1963.

Nephrodium oligophlebium Baker in Journ. Bot. 291. 1875.

植株高 0.6-1.5 米。根茎短而斜生，连同叶柄基部深棕色披针形、边缘具疏毛的鳞片。叶簇生；叶柄长 30-70 厘米，禾秆色，基部以上光滑；叶片几与叶柄等长，下部宽 30-40 厘米，三角状卵形，先

端渐尖并羽裂，三回羽裂；羽片约14对，柄长达2厘米，基部1对较大，长达20厘米，宽达5厘米，长圆状披针形，羽裂渐尖头，向基部略窄，柄长1-4毫米，二回羽裂；第二对以上各对羽片渐小，小羽片15-20对，中部的长3.5-8厘米，宽1-2.5厘米，披针形，无柄（下部的有短柄），多少下延（上部的具窄翅相连），深羽裂几达小羽轴；裂片10-15对，长0.5-1.2厘米，宽2-3.5毫米，基部沿小羽轴具窄翅相连，全缘或锐裂；叶脉下面明显，侧脉单一或在具锐裂裂片上2叉，每裂片4-8对；叶草质，干后黄绿色，两面无毛，下面有橙黄色、透明头状腺毛，或沿小羽轴及主脉近顶端偶有少数单细胞针状毛，上面沿羽轴及小羽轴被灰白色短针毛，羽轴常具浅紫红色斑。孢子囊群圆形，每裂片3-6对，生于侧脉近顶部；囊群盖圆肾形，灰绿色，光滑，成熟时脱落或隐没囊群中。孢子圆肾形，周壁具不规则小瘤块状，或拟网状，或网状纹饰。

产河南南部、陕西、甘肃、江苏南部、安徽、浙江、江西、湖北、湖南、广西北部及贵州，生于海拔400-800米山谷沟边或林缘湿地。日本有分布。

[附] **雅致针毛蕨** 稀毛针毛蕨 **Macrothelypteris oligophlebia** var. **elegans** (Koidz.) Ching in Acta Phytotax. Sin. 8(4): 309. 1963.——*Dryopteris elegans* Koidz. in Bot. Mag. Tokyo 38: 108. 1924. 与模式变种的主要区别：

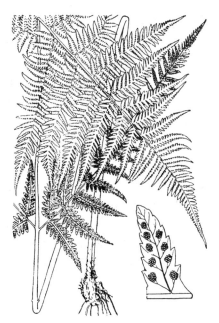

图 485 针毛蕨 （引自《图鉴》）

羽片下面沿羽轴和小羽轴均被灰白色单细胞针状短毛。染色体2n=62，124。产长江以南各省区，北达河南南部，南至广西西北部，东至福建北部，西达贵州东北部，生于较低海拔丘陵、平原山谷沟边或林缘。朝鲜半岛南部、日本中部及南部有分布。

3. 翠绿针毛蕨　　　　　　　　图 486：1-6

Macrothelypteris viridifrons (Tagawa) Ching in Acta Phytotax. Sin. 8 (4): 310. 1963.

Thelypteris viridifrons Tagawa in Journ. Jap. Bot. 12: 747. 1936.

植株高0.6-1.1米。根茎短而直立，顶端被具毛鳞片。叶簇生；叶柄长30-50厘米，禾秆色，基部被毛，向上光滑；叶片几与叶柄等长或略长，下部宽20-50厘米，先端渐尖并羽裂，四回羽裂；羽片10-12对，柄长1.5-5厘米，基部1对最大，长24-30厘米，中部宽达10厘米，长圆状披针形，第二对起向上羽片和基部1对同形，向上渐小，三回羽裂；一回小羽片10-

图 486：1-6.翠绿针毛蕨　7-12.普通针毛蕨
（引自《中国植物志》）

15 对，基部一对略短，其上的长5-6.5厘米，基部宽2.5-3厘米，长圆状披针形，二回羽裂；二回小羽片10-15对，长1-1.5厘米，宽4-7毫米，披针形，基部下延，沿小羽轴两侧具窄翅相连，羽状浅裂或深裂达2/3；裂片长约2.5厘米，宽约1.5毫米，矩圆形，全缘或略波状，叶脉明显，侧脉单一，每裂片2-3对；叶薄草质，干后草绿色，下面被较多开展针状毛，上面沿小羽轴有较多短针毛。孢子囊群圆形，生于基部侧脉近顶端；囊群盖圆肾形，绿色，背面有1-2根柔毛，成熟后脱落。孢子圆肾形，周壁具小刺状和小穴状纹饰。染色体2n=124。

产江苏南部、安徽、浙江、福建、江西及湖南，生于海拔约750米山谷林下阴处。朝鲜半岛南部、日本中部及南部有分布。

4. 普通针毛蕨 华南针毛蕨 图486：7-12 图487

Macrothelypteris torresiana (Gaud.) Ching in Phytotax. Sin. 8(4):310. 1963.

Polystichum torresianum Gaud. in Freyc. Voy Bot. 333. 1824.

植株高0.6-1.5米。根茎短，直立或斜生，顶端密被红棕色有毛鳞片。叶簇生；叶柄长30-70厘米，灰绿色，干后禾秆色，基部被短毛，向上光滑；叶片长30-80厘米，下部宽20-50厘米，三角状卵形，羽裂渐尖头，三回羽状；羽片约15对，有柄，基部1对最大，长10-30厘米，宽4-12厘米，长圆状披针形，二回羽状；一回小羽片15-20对，向上的多少与羽轴合生并下延相连，下部数对有短柄，长3-10厘米，宽0.8-2厘米，披

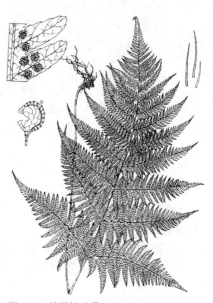

图487 普通针毛蕨 （引自《Fl. Taiwan》）

针形，羽状分裂；裂片10-15对，长0.4-1.2厘米，宽2-3毫米，披针形，基部具窄翅相连，全缘或锐裂；第二对以上各对羽片和基部的同形；叶脉不甚明显，侧脉单一或在锐裂裂片上分叉，每裂片3-7对；叶草质，干后褐绿色，下面被较多细长针状毛和头状短腺毛，上面沿羽轴和小羽轴被短针毛。孢子囊群圆形，每裂片2-6对，生于侧脉近顶部；囊群盖圆肾形，成熟时隐没囊群中，不明显。孢子囊顶部具2-3根短毛。孢子圆肾形，周壁具小刺状及小穴状纹饰。染色体2n=144，186。

产江苏、安徽、浙江、台湾、福建、江西、湖北、湖南、广东、海南、广西、贵州、四川、云南及西藏，生于海拔1000米以下山谷潮湿处。缅甸、尼泊尔、不丹、印度、越南、日本、菲律宾、印度尼西亚、澳大利亚及美洲热带和亚热带地区有分布。

[附] **细裂针毛蕨 Mcrothe-lypteris contigens** Ching in Acta Phytotax. Sin. 8(4): 310. 1963. 本种与普通针毛蕨的主要区别：叶薄草质；小羽片平展，与羽轴直角相交，羽片几无柄，下面毛较稀而短，毛长1.5-2毫米。产浙江南部及云南南部，生于海拔900-1050米山谷林下湿地。

6. 卵果蕨属 Phegopteris Fée

中、小型土生蕨类。根茎长而横走或短而直立，密被棕色裂片和灰白色针状毛。叶疏生或簇生；叶柄细长，淡禾秆色，有光泽，基部被鳞片，鳞片棕色，披针形，边缘略有疏长毛；叶片卵状三角形或窄披针形，二回羽裂；羽片与羽轴合生，具窄翅相连，或下部1-3对分离，下部羽片不缩短或基部1对略短，或下部多对羽片成耳状；叶脉羽状，侧脉单一或稍分叉，小脉伸达叶缘；叶草质或软纸质，两面

多少被灰白色针状毛，叶轴、羽轴和小羽轴两面圆形隆起，密生毛，有时混生顶端分叉毛，两面被浅棕色、疏生长缘毛的鳞片，鳞片顶端无腺体，顶部以下具缘毛。孢子囊群卵圆形或长圆形，背生侧脉中部以上，无盖；孢子囊体顶部近环带有少数短针毛或头状毛。孢子两面型，肾形，周壁翅状，薄而透明，有颗粒状纹饰。染色体基数 x=30。

4 种，产北半球温带和亚热带地区。我国 3 种。

1. 根茎长而横走；叶片三角形，下部 1-2 对羽片分离，其余的具倒三角形的翅相连 ⋯⋯ 1. **卵果蕨 P. connectilis**
1. 根茎短而直立；叶片披针形，羽片具圆耳状或三角形的翅相连 ⋯⋯⋯⋯⋯⋯ 2. **延羽卵果蕨 P. decursive-pinnata**

1. 卵果蕨 广羽金星蕨 　　　　　　　　　　　　图 488

Phegopteris connectilis (Michx.) Watt in Canad. Naturolist & Quart. Journ. Sci. n. s. 3: 29. 1866.

Polypodium connectilis Michx., Fl. Bor. Amer. 2: 271. 1803.

Phegopteris polypodioides Fee; 中国高等植物图鉴 1: 206. 1972.

植株高 25-40 厘米。根茎长而横走，顶端被棕色卵状披针形鳞片。

叶疏生；叶柄长 15-30 厘米，褐棕色，疏被鳞片，向上禾秆色，近光滑；叶片三角形，先端渐尖并羽裂，长 13-20 厘米，基部宽 10-18 厘米，二回羽裂；羽片约 10 对，披针形，基部 1 对最大，略下斜展，与第二对羽片分离，长 5-9 厘米，宽 1-2 厘米，裂片长圆形，全缘或波状浅裂；其上各对羽片渐小，基部沿叶轴具倒三角形翅相连；叶脉羽状，侧脉单一或偶有分叉；叶草质或纸质，干后灰绿或黄绿色，两面疏被灰白色针状长毛，沿叶轴和小羽轴多少被小鳞片，鳞片浅棕色，长卵状披针形，有疏缘毛。孢子囊群卵圆形或圆形，背生侧脉近顶端，近叶缘，无盖；孢子囊顶部近环带有 1-2 刚毛。孢子光滑，周壁具颗粒状纹饰。染色体 2n= 60，90。

产黑龙江、吉林、辽宁、河南、陕西、台湾、贵州、四川及云南，生于海拔 1200-3140 米林下。广布北半球温带地区，南至中亚山地和喜马拉雅山地区。

2. 延羽卵果蕨 窄叶金星蕨 　　　　　　　　　图 489

Phegopteris decusive-pinnata (van Hall) Fée, Gen. Fil. 242. t. 20A. f. 1. 1852.

Polypodium decusive-pinnatum van Hall, Nieuwe Verhdl. Inst. 5:204c. 1836.

植株高 30-60 厘米。根茎短而直立，连同叶柄基部被具缘毛鳞片。叶簇生；叶柄长 10-25 厘米，淡禾秆色；叶片长 20-50 厘米，中部

图 488 卵果蕨
（孙英宝仿《Ogata, Ic. Fil. Jap.》）

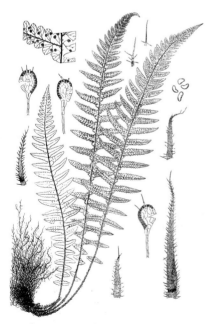

图 489 延羽卵果蕨
（孙英宝仿《Ogata, Ic. Fil. Jap.》）

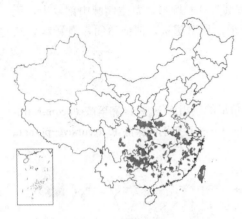

宽5-12厘米，披针形，羽裂渐尖头，向基部渐窄，二回羽裂，或一回羽状而具粗齿；羽片20-30对，中部的最大，长2.5-6厘米，宽约1厘米，窄披针形，基部宽而下延，羽片具圆耳状或三角形的翅相连，羽裂达1/3-1/2；裂片斜展，卵状三角形，全缘，向两端的羽片渐短，基部1对羽片耳状；叶脉羽状，侧脉单一，伸达叶缘；叶草质，沿叶轴、羽轴和叶脉两面被灰白色单细胞针状短毛，下面混生顶端分叉或星状毛，在叶轴和羽轴下面疏生淡棕色、毛状或披针形具缘毛的鳞片。孢子囊群近圆形，背生侧脉近顶端，每裂片2-3对，幼时中央有成束、具柄分叉毛，无盖；孢子囊体顶部近环带有时有1-2短刚毛或具柄头状毛。孢子光滑，周壁具颗粒状纹饰。染色体2n= 60，90，120。

产山东、山西、河南、陕西、江苏、安徽、浙江、台湾、福建、江西、湖北、湖南、广东、广西、贵州、四川及云南，生于海拔50-2000米冲积平原和丘陵低山地区河沟两岸或路边林下。日本、朝鲜半岛南部和越南北部有分布。

7. 边果蕨属 Craspedosorus Ching et W. M. Chu

植株高达1.1米。根茎直立，连同叶柄基部被鳞片和短糙毛，鳞片红棕色，卵状披针形，具缘毛，背面密被短糙毛。叶簇生；叶柄淡绿色，长约40厘米，径4毫米，下部密被有分隔的灰白色、透明针状细长毛；叶片宽披针形，先端渐尖并羽裂，二回深羽裂；羽片约25对，无柄，互生，中部的长达14厘米，宽约2.5厘米，披针形，基部上侧平截和羽轴平行，下侧斜切，羽裂2/3以上；裂片约20对，中部的长约1厘米，下部3-4对较短，宽5毫米，长圆状披针形，有透明膜质窄边，微波状，干后反卷，斜展，裂片侧脉5-9对，略斜上，单一或偶在中部分叉，顶端有略膨大水囊，不达叶缘；叶草质，干后反卷，下面无毛，上面连同叶轴和羽轴有长刚毛，并兼有短糙毛。孢子囊群长圆形，着生侧脉顶部稍下，较近叶缘，主脉两侧有宽的不育空间；孢子囊近环带常有1根短针毛。孢子有刺状纹饰。

单种属。

边果蕨

图 490

Craspedosorus sinensis Ching et W. M. Chu in Acta Phytotax. Sin. 16(4): 34. t. 1. 1978.

形态特征同属。

产云南东北部，生于海拔1400-1500米阴地灌丛中。

图 490 边果蕨 （引自《植物分类学报》）

8. 紫柄蕨属 **Pseudophegopteris** Ching

中型土生蕨类。根茎短而直立，或斜生或长而横走，连同叶柄基部被灰白色针状毛和棕色披针形鳞片。叶簇生、疏生或远生；叶柄栗棕或红棕色，稀禾秆色或棕禾秆色，有光泽，基部有时混生星状毛，基部以上光滑；叶片披针形、长圆状披针形、长圆形或卵形，羽裂渐尖头，二回至三回羽状分裂；羽片对生或近对生，平展或斜展，中部以下的羽片不与羽轴合生，无柄或偶有短柄，披针形或三角状披针形，基部圆截形，或骤宽而呈不对称戟形，羽轴两面隆起，常与叶柄、叶轴同色或较浅，上面被毛，下面光滑或被灰白色针状毛，偶混生星状毛；叶脉分离，侧脉单一或分叉，顶端多成纺锤形水囊，不伸达叶缘。孢子囊群长圆形、卵圆形或近圆形，背生侧脉中部或中部以上，无盖；孢子囊光滑或具短刚毛。孢子两面型，圆肾形，具周壁，周壁薄而透明，背面具网状纹饰，外壁光滑。染色体基数 x=31。

约 20 种，主要分布于亚洲热带和亚热带地区，东至太平洋群岛（波利尼西亚和夏威夷），西达非洲西部。我国 12 种。

1. 叶柄禾秆色，基部连同叶轴和羽轴下面被灰白色针状毛，兼有不规则分叉星状毛 ⋯⋯ 1. **星毛紫柄蕨 P. levingei**
1. 叶柄栗红或栗棕色，若为禾秆色或棕禾秆色，则叶柄基部、叶轴和羽轴下部无针状毛混生。
  2. 下部羽片基部 1 对小羽片或裂片，尤其是下侧 1 片比相邻的长且边缘分裂，羽片基部为不对称戟形。
    3. 根茎长而横走；叶柄与叶片近等长或稍短，叶纸质，棕绿色，两面无毛 ⋯⋯⋯⋯ 2. **耳状紫柄蕨 P. aurita**
    3. 根茎短而直立；叶柄较叶片短，叶薄草质，黄绿色，两面被细针状毛 ⋯⋯⋯ 2(附). **光囊紫柄蕨 P. subaurita**
  2. 下部的基部 1 对小羽片或裂片和其上的各对同形同大或略大，羽片基部非戟形。
    4. 叶柄栗红、栗棕或红棕色。
      5. 叶片宽达 20 厘米以上，（二）三回羽状分裂。
        6. 叶片长圆形或长圆状披针形，基部 1 对羽片和其上的同大或略短，长 10-20 厘米，宽 2.5-7 厘米；小羽片羽状分裂达1/2。
          7. 根茎长而横走；叶片下面疏被针状短毛或无毛；孢子囊无毛。
            8. 沿羽轴、小羽轴和叶脉被较密短针状毛，脉间毛稀疏 ⋯⋯⋯⋯⋯⋯ 3. **紫柄蕨 P. pyrrhorachis**
            8. 叶片下面连同叶轴、羽轴和小羽轴均无毛，或具极短头状毛 ⋯⋯⋯⋯⋯⋯
              ⋯⋯⋯⋯⋯⋯⋯⋯⋯⋯⋯⋯ 3(附). **光叶紫柄蕨 P. pyrrhorachis var. glabrata**
          7. 根茎短而斜生；叶片下面密被针状短毛；孢子囊具 2 至多根短刚毛 ⋯⋯ 4. **密毛紫柄蕨 P. hirtirachis**
        6. 叶片卵形，基部 1 对羽片最大，长 30-45 厘米，宽 13-20 厘米，小羽片羽状深裂几达小羽轴 ⋯⋯⋯
          ⋯⋯⋯⋯⋯⋯⋯⋯⋯⋯⋯⋯ 4(附). **云贵紫柄蕨 P. yunkweiensis**
      5. 叶片宽 7-20 厘米，二回羽状深裂 ⋯⋯⋯⋯⋯⋯⋯⋯⋯⋯ 5. **对生紫柄蕨 P. rectangularis**
    4. 叶柄禾秆色，偶棕禾秆色；植株高 0.9-1.2 米；叶片长 60-80 厘米，宽 20-30 厘米，末回裂片边缘粗齿状，稀全缘 ⋯⋯⋯⋯⋯⋯⋯⋯⋯⋯⋯⋯⋯⋯⋯⋯⋯⋯⋯⋯ 5(附). **禾秆紫柄蕨 P. microstegia**

1. 星毛紫柄蕨 星毛卵果蕨 图 491

Pseudophegopteris levingei (C. B. Clarke) Ching in Acta Phytotax. Sin. 8(4): 314. 1963.

Gymnogramma levingei C. B. Clarke in Trans. Linn. Soc. ser. 2, Bot. 1: 568. 1880.

植株高 60-80 厘米。根茎长而横走，被鳞片和节状毛。叶疏生；叶柄长 15-30 厘米，禾秆色，下部被鳞片和密生针状毛及少数节毛；叶片长 35-60 厘米，中部宽 7-15 厘米，披针形或长圆状披针形，羽裂渐尖头，向基部略窄，二回羽状深裂；羽片约 20 对，对生，无

柄，向下渐短为三角形，基部1对最小，长3-5厘米，其余的长5-8（-10）厘米，基部宽1.5-2.5厘米，披针形，基部圆截形，羽状深裂几达羽轴；裂片8-15对，对生，长1-1.3厘米（基部1对有时略大），宽约5毫米，长圆形，基部稍宽，以窄翅相连，全缘，或较大裂片具圆齿或深裂；叶脉两面明显，侧脉单一或2叉，每裂片5-7对，基部1对出自主脉基部以上；叶草质，干后褐绿色，下面沿叶轴、羽轴和叶脉被较密灰白色星状短毛和针状毛，脉间多被毛，上面疏被针状毛，沿叶轴毛较密。孢子囊群近圆形或长圆形，每裂片3-5（-7）对，背生侧脉中部以上，近叶缘，无盖；孢子囊顶端有2-3根刚毛。孢子圆肾形，周壁具细网状纹饰，网眼小，不规则。染色体2n=124。

产陕西中南部、甘肃东南部、贵州西部、四川、云南及西藏，生于海拔1300-2900米林下沟边或灌丛。克什米尔地区及印度东北部有分布。

图 491 星毛紫柄蕨 （引自《中国植物志》）

2. 耳状紫柄蕨

图 492：1-2

Pseudophegopteris aurita (Hook.) Ching in Acta Phytotax. Sin. 8(4): 314. 1963.

Gymnogramma aurita Hook. Icon. Pl. 10: t. 974. 989. 1854.

植株高0.4-1米。根茎长而横走，密被长柔毛及棕色具缘毛鳞片。

叶疏生；叶柄长30-60厘米，栗红色；叶片长20-70厘米，宽15-30厘米，卵状披针形，先端渐尖并羽裂，基部略窄，二回羽状深裂；羽片10-18对，无柄，下部1-2对略短，披针形，其上的羽片长7-15厘米，基部以上宽2-4厘米，渐尖头，基部截形，不对称，羽状深裂几达羽轴两侧窄翅，中部以上羽片基部近对称，并与羽轴合生；裂片（10-）15-20对，羽轴下侧裂片较上侧的长，基部1对最大，斜下，长2.5-4厘米，宽0.7-1厘米，披针形，羽状浅裂或具圆齿，其上侧1片较短，与叶轴并行，长1-2厘米，长圆形，全缘或浅波状；叶脉下面明显，侧脉2叉或单一，每裂片5-7对，基部1对出自主脉基部，顶端具水囊，不达叶缘；叶纸质，干后棕绿色，沿羽轴两面（或仅上面）被短毛，余光滑，叶轴上面密被短毛，下面光滑。孢子囊群长圆形或卵圆形，背生侧脉中部以上，离主脉，每裂片2-5对，无盖。孢子圆肾形，淡黄色，周壁透明，具不明显网状纹饰。染色体2n=62，124。

产浙江、福建、江西、湖南、广西、贵州、四川、云南及西藏东南部，生于海拔1200-2000米山地溪边林下。缅甸北部、不丹、印度东

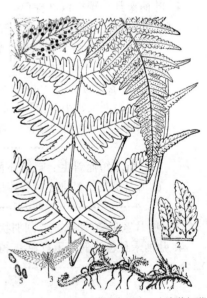

图 492：1-2.耳状紫柄蕨 3-5.光囊紫柄蕨
（引自《江西植物志》《Fl. Taiwan》）

北部、越南北部、日本、马来西亚、菲律宾、印度尼西亚及巴布亚新几内亚有分布。

[附] **光囊紫柄蕨** 图 492：3-5
Pseudophegopteris subaurita (Tagawa) Ching in Acta Phtotax. Sin. 8(4): 315.

1963.——*Dryopteris subaurita* Tagawa in Acta Phytotax. Geobot. 1: 157. 1932. 本种与耳状紫柄蕨的主要区别：根茎短而直立；叶柄较叶片短，叶薄草质，干后黄绿色，两面被细针状毛。产台湾，生于海拔 200-100 米林下沟边或山坡开阔地。日本有分布。

3. 紫柄蕨 图 493

Pseudophegopteris pyrrhorachis (Kunze) Ching in Acta Phytotax. Sin. 8 (4): 315. 1963.

Polypodium pyrrhorachis Kunze in Linnaea 24: 257. 1851.

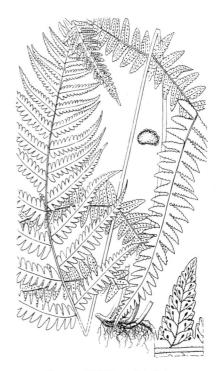

图 493 紫柄蕨 （蔡淑琴绘）

植株高 0.8-1 米。根茎长而横走，顶端密被短毛。叶近生或疏生；叶柄长 20-40 厘米，栗红色，基部被短刚毛及少数鳞片；叶片长 60-70 厘米，宽 20-35 厘米，长圆状披针形，二回羽状深裂；羽片 15-20 对，窄披针形，中部羽片长 13-20 厘米，宽 2.5-5 厘米，下部 1-3 对有时略短，一回羽状深裂；小羽片 15-25 对，披针形，略镰刀状，长 1.5-2.5 厘米，宽 5-8 毫米，基部与羽轴合生，具窄翅相连，羽裂达 1/2；裂片三角状长圆形，先端渐尖，全缘；叶脉不明显，在裂片上羽状，小脉单一，每裂片 2-4 对，基部 1 对出自主脉基部以上；叶草质，干后褐绿色，上面沿小羽轴及主脉被短刚毛，下面疏被短针状毛，沿羽轴、小羽轴及叶脉毛较密；叶轴和羽轴红综色，光滑或疏生细刚毛。孢子囊群近圆形或卵圆形，每裂片 1-2 枚，着生小脉中部以上，较近叶缘，在小羽轴两侧各成不整齐 1 行，无盖；孢子囊近顶部无毛或有 1-2 根短刚毛。孢子圆肾形，周壁具网状纹饰。染色体 $2n= 62$，124，186。

产河南、甘肃南部、浙江、福建、江西、湖北、湖南、广东北部、广西、贵州、四川及云南，生于海拔 800-2400 米溪边林下。不丹、尼泊尔、印度北部、缅甸、越南和斯里兰卡等国均有分布。

[附] **光叶紫柄蕨 Pseudophegopteris pyrrhorachis** var. **glabrata** (C. B. Clarke) Holtt. in Blumea 17: 24. 1969.——*Polypodium distans* Kaulf. var. *glabratum* C. B. Clarke in Trans. Linn. Soc. 2. Bot. 1: 544. 1880. 与模式变种的主要区别：叶片下面连同叶轴、羽轴和小羽轴均无毛，或具极短头状毛。产湖北西部、四川、贵州北部及云南，生境同模式变种，海拔达 3000 米。印度北部、缅甸和喜马拉雅山山区有分布。

4. 密毛紫柄蕨 图 494

Pseudophegopteris hirtirachis (C. Chr.) Holtt. in Blumea 17: 22. 1969. *Dryopteris hirtirachis* C. Chr. in Lévl. Cat. Pl. Yunnan 104. 1916. 植株高达 1.3 米。根茎短而斜升，连同叶柄基部被棕色鳞片。叶近簇生；叶柄长达 55 厘米，径 3-4 毫米，栗棕色，有光泽，基部被鳞片和灰白色毛，向上近光滑；叶片长达 80 厘米，中部宽 30-35 厘米，长圆形，先端渐尖并羽裂，向基部略窄，三回羽状分裂；羽片多数，无柄，下部的疏离，披针形，中部羽片最大，长 20 厘

米或过之，宽达 6 厘米，基部略宽，下部 1-2 对短，基部 1 对长约 10 厘米，二回羽状分裂；小羽片约 20 对，披针形，羽轴下侧的较上侧的稍长，长约 3.5 厘米，宽约 8 毫米，短渐尖头，基部与羽轴合生，具窄翅相连，基部 1 对

小羽片与其上的同大或稍长，羽状分裂达 1/2；裂片三角状长圆形，全缘，叶脉纤细，不明显；叶草质，下面连同小羽轴和叶脉密被灰白色针状短毛，上面沿叶轴、羽轴和小羽轴被伏贴粗短刚毛。孢子囊群近圆形，孢子囊具 2 至多根短刚毛。

产台湾、湖南、广东北部、广西北部、贵州、四川中部及云南西部，生于海拔 1500-2000 米沟边林下。缅甸、印度东北部有分布。

[附] **云贵紫柄蕨 Pseudophegopteris yunk-weiensis** (Ching) Ching in Acta Phytotax. Sin. 6: 315. 1963. —— *Thelypteris yunkweiensis* Ching in Bull. Fen Mem. Inst. Biol. Bot. 6: 274. 1936. 本种与密毛紫柄蕨的主要区别：叶片卵形，基部 1 对羽片最大，长 30-45 厘米，宽 13-20 厘米，小羽片羽裂几达小羽轴。产贵州西南部及云南东南部，生于沟边林下。越南北部有分布。

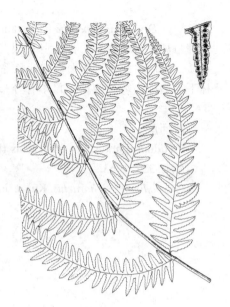

图 494 密毛紫柄蕨 （孙英宝绘）

5. 对生紫柄蕨　　　　　　　图 495

Pseudophegopteris rectangularis (Zoll.) Holtt. in Blumea 17: 19. 1969.

Polypodium rectangulare Zoll. Syst. Verz. 37, 48. 1854.

植株高 40-70 厘米。根茎短而直立。叶簇生；叶柄长 10-25 厘米，栗棕色，被短针毛，基部被鳞片；叶片长 30-45 厘米，中部宽 7-12 厘米，窄长圆状披针形，先端渐尖并羽裂，向基部略窄，二回羽状深裂；羽片约 20 对，对生，平展，无柄，下部 1-3 对略短，长 3 厘米，向上的羽片长 4-6 厘米，基部宽 0.8-1.8 厘米，披针形，全缘，羽状深裂达 3/4；裂片 12-17 对，长圆状三角形，全缘；叶脉较明显，侧脉单一，每裂片 3-5 对，基部 1 对出自主脉基部以上，其上侧 1 条伸向缺刻，均不达叶缘；叶草质，上面除羽轴被毛外几光滑，下面疏生细针状毛，沿羽轴毛较密，脉间生有少数头状毛，叶轴与叶柄同色，密被针状毛。孢子囊群近圆形，背生侧脉中部；孢子囊近顶部具 1-2 根细针状刚毛。孢子圆肾形，周壁具大网状纹饰，近轴面网脊常不连续或无纹饰。染色体 2n=124。

产广西、云南东南部及西部、西藏东南部，生于海拔 1000-1500 米溪边林下。不丹、印度北部、马来西亚及印度尼西亚有分布。

[附] **禾秆紫柄蕨 Pseudoph-egopteris microstegia** (Hook.) Ching, Fl.

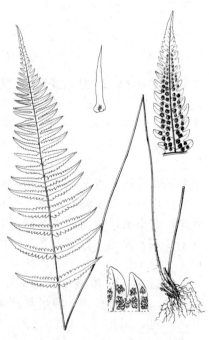

图 495 对生紫柄蕨 （孙英宝绘）

Xizang. 1: 162. f. 3-5. 1983. —— *Polypodium microstegium* Hook. Sp. Fil. 1: 119. f. 250. 1862. 本种与对生紫柄蕨的主要区别：叶疏生；叶柄长 30-40 厘米，无毛；叶片长 60-80 厘米；孢子囊群卵圆形。产四川、云南及西藏，生于海拔 2300-2400 米常绿阔叶林下。印度东北部有分布。

9. 钩毛蕨属 **Cyclogramma** Tagawa

中型土生蕨类。根茎粗短，直立或长而横走，被灰白色单细胞针状毛和少数厚鳞片，鳞片棕色，宽披针形，背面和边缘有针状毛和钩状毛。叶簇生或疏生；叶柄多少被毛或近光滑；叶片长圆形或宽披针形，羽裂，羽片多数，互生或对生，披针形，下部数对耳状，无柄或偶具短柄，中部羽片羽状深裂，裂片多数，披针形或近长圆形，全缘；叶脉羽状，分离，侧脉单一，斜生，伸达缺刻以上的叶缘；叶草质或纸质，干后褐绿或近褐色，两面多少被灰白色单细胞针状毛和少数顶端钩状粗长毛，在叶轴下面羽片着生处具瓣状或粗瘤状黑褐色气囊体。孢子囊群小，由少数孢子囊组成，圆形，背生侧脉中部或中部以下，在主脉两侧各成1行，无盖；孢子囊具短柄，在近顶部环带两侧常有1-3根直立短刚毛或钩状毛。孢子圆肾形，周壁明显，具刺状突起或褶皱，褶皱成不规则大网状隆起具小刺，外壁光滑。染色体基数x=9。

约10种，主产中国亚热带山地，西经缅甸北部至喜马拉雅山地区，东至日本和菲律宾。我国9种。

1. 叶片下部1至数对羽片短。
  2. 下部2-5对羽片渐短，基部1-2对羽片耳形，长1厘米以下。
    3. 植株高1米以上；根茎粗短直立；上面脉间疏被伏生短毛，叶轴被粗长针状毛，脱落无突痕；孢子囊体近顶部有1-2根刚毛 ···························· **1. 耳羽钩毛蕨 C. auriculata**
    3. 植株高60-70厘米；根茎长而横走；上面脉间近光滑，叶轴两面针状毛脱落后留下瘤状突痕；孢子囊体无毛 ·· **2. 峨眉钩毛蕨 C. omeiensis**
  2. 羽片下部1-3对羽片渐短或骤短，基部1对非耳状，长2-4厘米 ········ **3. 狭基钩毛蕨 C. leveillei**
1. 叶片基部1对羽片和其上的同大 ··· **4. 小叶钩毛蕨 C. flexilis**

1. 耳羽钩毛蕨

图 496

Cyclogramma auriculata (J. Sm.) Ching in Acta Phytotax. Sin. 8 (4): 317. 1963.

Phegopteris auriculata J. Sm. Hist. Fil. 4: 233. 1875.

植株高1米以上。根茎粗短，直立，黑色，被鳞片或老时光滑。

叶簇生；叶柄长10-20（-30）厘米，径3-6毫米，基部黑色，被针状毛及鳞片，向上深禾秆色；叶片长（0.6）0.9-1.3米，中部宽20-30厘米，长圆状披针形，先端渐尖并羽裂，向基部渐窄，二回羽状深裂；羽片30-50对，对生或向上有时互生，无柄，下部3-5对向下渐短，基部耳形，长1厘米；

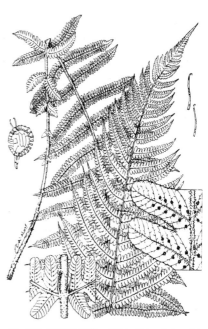

图 496 耳羽钩毛蕨 （引自《Fl. Taiwan》）

中部羽片长12-20厘米，宽1.5-2.5厘米，线状披针形，基部羽状深裂达3/4-4/5；裂片20-30对，长0.5-1厘米，宽4-6.5毫米，长圆形，全缘并疏生针状毛；叶脉明显，侧脉单一，每裂片10-12对，基部1对出自主脉基部；叶草质或近纸质，干后褐绿色，下面沿羽轴被较密、顶端钩状长毛，沿主脉略有短毛，余近光滑，羽轴上面纵沟密生长针毛，脉间疏被平伏短毛，叶轴下面在羽轴着生处有长约5

毫米褐色气囊体。孢子囊群圆形，背生侧脉中部以下，近主脉，每裂片8-12对，无盖；孢子囊近顶处有 1-2 刚毛。孢子圆肾形，深棕色，周壁透明，由较多褶皱形成网眼，具小刺，外壁光滑。染色体 2n＝144。

产台湾、四川南部及云南，生于海拔 1800-2800 米常绿阔叶林下沟边。尼泊尔、缅甸、不丹、印度北部及印度尼西亚有分布。

2. 峨眉钩毛蕨　　　　　　　　　　　图 497

Cyclogramma omeiensis (Baker) Tagawa in Acta Phytotax. Geobot. 7: 53. 1938.

Polypodium omeiense Baker in Journ. Bot. 229. 1875.

植株高 60-70 厘米。根茎长而横走。叶疏生；叶柄长 15-20 厘米，基部以上光滑；叶片长 40-45 厘米，中部宽约 20 厘米，长圆状披针形，二回羽状深裂；羽片 25-28 对，无柄，下部 2-3 对羽片短，基部 1 对长 1 厘米，中部羽片长 9-12 厘米，宽约 2 厘米，线状披针形，尾头长 1.5-2 厘米，基部圆截形，羽状深裂几达羽轴；裂片 15-22 对，长 0.7-1.2 厘米，宽 3-4 毫米，镰状披针形，全缘；叶脉下

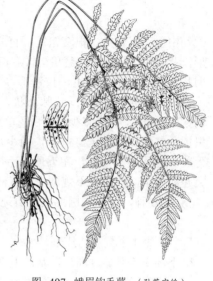

图 497 峨眉钩毛蕨 （孙英宝绘）

面明显，侧脉单一，每裂片 11-12 对，基部 1 对出自基部以上，伸达缺刻以上叶缘；叶厚纸质，干后浅褐色，下面沿羽轴疏生粗长针状毛，主脉上略疏被短毛，上面沿羽轴纵沟密被短针毛，兼有先端钩状粗长毛，羽片着生处有气囊体。孢子囊群圆形，背生侧脉中部以下，近主脉，每裂片 10-11 枚；孢子囊无毛。孢子周壁具小刺。染色体 2n＝272。

产台湾、湖南西南部、贵州西南部、四川中部及云南，生于海拔 950-1700 米草坡沟边林下。

3. 狭基钩毛蕨　　　　　　　　　　　图 502

Cyclogramma leveillei (Christ) Ching in Acta Phytotax. Sin. 8 (4):208. 1963.

Dryopteris leveillei Christ in Bull. Acad. Geogr. Mans 20: 176. 1909.

植株高 0.4-1 米。根茎长而横走，连同叶柄基部被有毛厚鳞片及针状毛。叶疏生；叶柄长 15-45 厘米，基部褐色，向上禾秆色，被疏毛或光滑；叶片长 30-55 厘米，中部宽 12-20 厘米，长圆状披针形，二回羽状深裂；羽片 12-20 对，下部的对生，中部的互生，基部 1 对长 2-4 厘米，中部宽 1-1.5 厘米，长圆状披针形，中部的长 7-13 厘米，宽 1.5-2 厘米，线状披针形，羽状深裂达 3/4；裂片 12-18 对，长 6-8 毫米，宽 4-5 毫米，

图 498 狭基钩毛蕨 （引自《图鉴》）

长圆形或近矩形，全缘；叶脉下面明显，侧脉单一，每裂片6-10对，基部1对出自主脉基部以上，均伸达缺刻以上的叶缘；叶草质，干后褐绿色，下面沿羽轴和主脉被较密开展灰白色针状毛，脉间有柔毛或近光滑，上面纵沟密被针状毛。孢子囊群圆形，背生于侧脉中部，每裂片5-7对；孢子囊有2-3根刚毛，孢子周壁具基部分叉刺状突起，外壁光滑。

产浙江南部、江西、湖南西北部、台湾、福建、广东北部、贵州、四川及云南，生于海拔560-2100米林下石缝中。日本有分布。

4. 小叶钩毛蕨
图 499

Cyclogramma flexilis (Christ) Tagawa in Acta Phytotax. Geobot. 7: 55. 1938.

Aspidium flexile Christ in Bull. Acad. Int. Geogr. Bot. 252. 1902.

植株高30-60厘米。根茎长而横走或斜升，黑色，疏被黑褐色有毛鳞片。叶疏生；叶柄长10-30厘米，基部黑色，疏被鳞片及针状毛，向上禾秆色，近光滑；叶片长20-30（-40）厘米，宽6-10（-14）厘米，窄披针形，二回羽状深裂；羽片12-20对，互生或基部的对生，无柄，下部的长3.5-8厘米，宽0.8-2.5厘米，线状披针形，羽状深裂达两侧窄翅；裂片

7-13（-15）对，长4-12毫米，宽2-4毫米，长圆形，全缘；叶脉下面明显，侧脉单一，每裂片4-9对，基部1对出自主脉基部以上，均伸达缺刻以上叶缘；叶纸质，干后褐绿色，下面疏被灰白色短毛，沿羽轴和主脉较密，兼有少数针状长毛，上面沿羽轴纵沟密被短针毛，余近光滑，叶轴两面密生短针毛，下面兼有少数长针状毛，羽片着生处有浅棕色气囊体。孢子囊群圆形，生于侧脉中部以下，稍近主脉，每裂片4-6对；孢子囊有1-2（3）刚毛。孢子圆

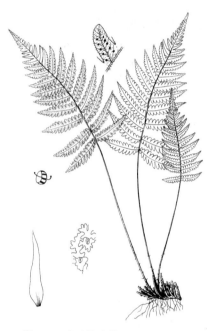

图 499 小叶钩毛蕨 （孙英宝仿绘）

肾形，周壁具刺状纹饰。

产湖南、贵州、四川及云南，生于海拔350-1400米林下石灰岩缝中。

10. 茯蕨属 Leptogramma J. Sm.

中型土生蕨类。根茎短而直立或斜生，疏被鳞片，鳞片卵状长圆形或披针形，红棕色，背面有毛。叶簇生；叶柄深禾秆色，下部疏被鳞片，被灰白色针状长毛和短刚毛；叶片长椭圆形、戟形或披针形，二回羽裂；羽片7-8对，斜展或近平展，披针形，通常无柄，下部1-2对或数对分离，向上多少与叶轴合生，羽轴上面有纵沟，羽裂达1/2-2/3；裂片圆形或长圆形，全缘，叶脉分离，每裂片侧脉单一，3-6对，斜，伸达叶缘，稀伸达缺刻；叶草质或纸质，干后褐棕或褐绿色，两面常被针状毛或短刚毛，或混生。孢子囊群细长形，沿侧脉着生，无盖。孢子囊顶部有2-6刚毛。孢子两面型，肾状，有刺状纹饰。染色体2n=72（36）。

约15种，产亚洲热带和亚热带地区，西达非洲。我国10种。

1. 叶片基部1对羽片比其上的羽片长，呈戟形。

  2. 植株高17-32厘米；叶片戟状披针形，羽片钝头或短尖头 ·························· 1. 小叶茯蕨 **L. tottoides**

　　2. 植株高30厘米以上；叶片三角状卵形，羽片渐尖头 ·· 2. 中间茯蕨 **L. intermedia**
　1. 叶片基部1对羽片与其上的等长或略短，非戟形。
　　　3. 植株高4-5厘米；孢子囊近顶部有3-6刚毛 ··· 3. 喜马拉雅茯蕨 **L. himalaica**
　　　3. 植株高20-45厘米；孢子囊近顶部有1-3刚毛。
　　　　4. 叶片黄绿色，纸质 ·· 4. 峨眉茯蕨 **L. scallanii**
　　　　4. 叶片干后深绿色，草质 ·· 5. 毛叶茯蕨 **L. pozoi**

1. 小叶茯蕨　　　　　　　　　　　　　　图 500

Leptogramma tottoides H. Ito in Bot. Mag. Tokyo 44: 434. f. 7. 1935.

植株高17-32厘米。根茎短而直立，连同叶柄基部疏被红棕色鳞片和灰白色针状毛。叶簇生；叶柄长10-17厘米，纤细，深禾秆色，被单细胞针状毛；叶片戟状披针形，长14-20厘米，基部戟形，宽4-6厘米，中部宽2.5-4厘米，渐尖头，一回羽状；羽片16-20对，近对生，平展，近无柄，下部2-3对分离，向上的多少与叶轴合生，基部1对最

图 500 小叶茯蕨
（孙英宝仿《中国蕨类植物图谱》）

大，长2-3厘米，宽1厘米，平展，长圆状披针形，钝头或短尖头，基部平截，羽裂达1/2；裂片4-6对，卵圆形，全缘；自第二对起，羽片长1.5-2厘米，与基部1对同形，中部各对羽片同形，同大，基部与叶轴合生，分离，上部各对比中部的略短，基部有宽翅相连，全缘或下部的略浅圆齿状；叶脉明显，小脉在裂片上3-4对，单一，基部1对出自主脉基部以上，其上侧1条伸达缺刻内或稍上叶缘，下侧1条伸达缺刻以上叶缘；叶薄草质，干后褐棕色，羽片上面密被针状毛，下面沿羽轴连同叶轴有开展的针状细密，沿叶脉疏被柔毛。孢子囊群线形，沿基部1对小脉下半部着生；孢子囊近顶部有3-4刚毛。

　　产浙江、台湾、福建、江西、湖南西北部、广西北部、贵州及四川南部，生于海拔800-2500米林下岩缝中。

2. 中间茯蕨　　　　　　　　　　　　　　图 501

Leptogramma intermedia Ching ex Y. Y. Lin, Fl. Zhejiang 1: 154. 1993.

植株高30厘米以上。根茎短而直立，连同叶柄基部疏生有毛鳞片和密生针状毛。叶簇生；叶柄长20-35厘米，疏被鳞片和毛；叶片三角状卵形，长15-30厘米，基部戟形，宽12-20厘米，先端渐尖并深羽裂，一回羽状；羽片15-18对，无柄，基部1对最大，长6-10厘米，宽1.5-2厘米，平展，披针形，镰刀状，渐尖头，基部下侧楔形，上侧平截，羽裂深略过1/2；裂片12-15对，卵状三角形，

图 501 中间茯蕨 （孙英宝绘）

全缘，长5-7毫米，宽约5毫米；自第二对起向上羽片长约5厘米，宽约1.5厘米，下部1-2对分离，其上各对多少与叶轴合生，披针形，基部平截；叶脉明显，小脉弯向上，基部1对出自主脉基部以上，其上侧1脉伸达缺刻，下侧1条伸达缺刻以上叶缘；叶草质，褐绿色，上面密被伏生针状毛，下面沿主脉有灰白色针状毛，叶轴被开展针状毛。孢子囊群线形，沿小脉下部着生，每裂片3-4对，分离。孢子囊近顶部有3-6刚毛。

产浙江、福建及江西，生于海拔400-1100米林下或沟边湿地。

3. 喜马拉雅茯蕨　　　　　　　　　　图 502：1-4

Leptogramma himalaica Ching in Sinensia 7: 100. t. 6. 1936.

植株高40-50厘米。根茎短而直立。叶簇生；叶柄长达20厘米，下部灰禾秆色，密被柔毛并有1-2红棕色披针形有毛鳞片，向上近光滑，禾秆色；叶片长22-26厘米，宽6.5-8厘米，披针形，一回羽状；羽片12-16对，对生，上部的互生，无柄，下部2-3对分离，其上各对多少与叶轴合生，中部的长3-3.5厘米，宽约1厘米，披针形，基部平截，对称，羽裂深达1/3；裂片6-8对，卵形，具倒三角形缺刻；叶脉明显，每

裂片有侧脉3对，基部1对出自主脉基部以上，均伸达缺刻；叶草质，干后褐绿色，羽片上面疏生针状毛，下面和叶轴密被柔毛。孢子囊群线形，沿侧脉中部着生，分开；孢子囊近顶部有3-4刚毛。

产云南及西藏，生于海拔2100-2500米岩缝阴处或陡坡。印度北部及喜马拉雅西北部有分布。

4. 峨眉茯蕨　　　　　　　　　　图 502：5-9

Leptogramma scallanii (Christ) Ching in Sinensia 7: 101. t. 7. 1936.

Asplenium scallanii Christ in Bull. Soc. Bot. Ital. 296. 1901.

植株高20-30厘米。根茎短而直立，连同叶柄下部疏被鳞片和密生针状毛。叶簇生；叶柄长5-10厘米，深禾秆色，上部密生针状毛；叶片长14-20厘米，宽5-7厘米，长圆形，羽裂渐尖头，基部不变窄，一回羽状，羽片10-14对，互生，斜上，接近，下部3-5对有短柄，与其上各对同大，中部的长2.5-4厘米，宽0.7-1厘米，披针形，基部近平截，对称，羽裂深达1/3-1/2；裂片约10对，卵圆形，斜生，全缘，具倒三角形缺刻；叶脉明显，每裂片有侧脉4（5）对，斜上，基部1对出自

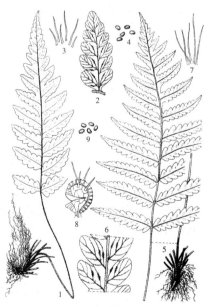

图 502：1-4.喜马拉雅茯蕨　5-9.峨眉茯蕨
（引自《中国植物志》）

主脉基部以上，上侧 1 条伸达缺刻；叶纸质，黄绿色，上面沿主脉和侧脉具 1-2 针状毛，下面沿羽轴和主脉疏被针状粗毛。孢子囊群长圆形或线形，沿小脉下面着生，每裂片 1-2 对；孢子囊近顶部有 2-3 刚毛。

产河南、甘肃南部、浙江、福建、江西、湖北、湖南、广东、广西、贵州、四川及云南，生于海拔 400-1380 米林下湿地或沟谷岩石缝中。越南北部有分布。

5. 毛叶茯蕨

图 503

Leptogramma pozoi (Lag.) Ching in Acta Phytotax. Sin. 8: 318. 1963.

Hemionitis pozoi Lag. Nov. Gen. Sp. 331. 1816.

图 503 毛叶茯蕨 （引自《中国植物志》）

植株高 35-45 厘米。根茎短而直立，被棕色、披针形、有毛鳞片。叶簇生；叶柄长约 13 厘米，淡禾秆色，基部被棕色鳞片，向上至叶轴均密被灰白色针状毛；叶片长 20-28 厘米，中部宽 10-13 厘米，披针形，先端羽状渐尖头，二回羽裂；侧生分离羽片 9 对，基部 1 对与其上的同形同大并反折，中部羽片披针形，长约 6 厘米，宽

约 1.5 厘米，羽裂深达 1/2；裂片长方形，全缘；叶脉明显，侧脉单一，基部 1 对的下侧 1 脉出自羽轴，上侧 1 脉出自主脉基部，伸达叶缘；叶草质，干后深绿色，叶轴、羽轴和叶脉均被针状毛，两面脉间被针状短毛。孢子囊群窄卵形，沿侧脉中下部着生，略近基部；孢子囊近顶部有 1-2 针状毛。染色体 2n=144。

产台湾东部，生于低海拔山区。非洲、中南半岛、波利尼西亚及日本有分布。

11. 方秆蕨属 Glaphyropteridopsis Ching

大中型土生蕨类。根茎短粗，横卧或斜生，无毛，稍被鳞片。叶簇生或近生；叶柄粗壮，基部疏被棕色披针形鳞片；叶片椭圆形，二回羽状深裂；羽片多对，线状披针形，无柄，分离，对生或近对生，基部与羽轴相连处下面无瘤状气囊体，叶轴下面方形，扁平，光滑或有疏短毛，干后常微红色，羽轴上面有纵沟，沟内生密毛，羽裂近羽轴；裂片多对，镰状披针形；叶脉分离，在裂片上羽状，小脉单一，多且密，达叶缘，基部 1 对近缺刻或缺刻以上叶缘；叶草质、纸质或革质，干后黄绿色，叶轴和羽轴两面多少被灰白色长毛，无腺体。孢子囊群圆形，生于侧脉基部，近主脉两侧各成 1 行，成熟时密接，成线形，无盖或有盖；孢子囊近顶部具针状毛。孢子椭圆状，两面型，具刺状或小瘤状突起。染色体 x=12（36）。

12 种，产中国西南部，西至印度、尼泊尔，东至我国台湾及马来群岛。

1. 叶簇生，叶柄长 1-2 米，叶片长 1-2 米；孢子囊群无盖 ·························· 1. **方秆蕨 G. erubescens**
1. 叶近生，叶柄长 20-40 厘米，叶片长 40-50 厘米；孢子囊群有盖 ·············· 2. **粉红方秆蕨 G. rufostraminea**

1. 方秆蕨

图 504

Glaphyropteridopsis erubescens (Wall. ex Hook.) Ching in Acta Phytotax. Sin. 8(4): 320. 1963.

Polypodium erubescens Wall. ex Hook. Sp. Fil. 4: 236. 1862.

植株高 2–3 米或更高。根茎粗短，横卧，木质，光滑。叶簇生；

叶柄长 1–2 米，有棱，无毛，禾秆色，常带微红色；叶片长 1–2 米，中部宽 25–50 厘米，先端渐尖，二回羽状深裂或近二回羽状；羽片 40–50 对，对生，无柄，下部数对斜上，中部羽片平展，长（10）20–30 厘米，宽（1.5）2.5–4 厘米，线形，靠羽轴，羽裂几达羽轴两侧窄翅；裂片约 50 对，近平展，篦齿状排列，线状披针形，略镰刀状，长 1.4–2 厘米，宽 4 毫米，全缘，具窄缺刻；叶脉明显，侧脉在裂片上 12–23 对，单一，斜向，基部 1 对出自主脉基部，伸达圆缺刻两侧；叶厚纸质，干后淡绿或黄绿色，羽片上面无毛，沿叶缘有 1–2 针状毛，或下面略有疏毛；叶轴下面方形，扁平，禾秆色或带微红色，幼时被灰白色针状毛。孢子囊群每裂片有 10–15 对，着生侧脉基部，靠主脉两侧，各成 1 行，成熟时合成线形，无盖；孢子囊无毛。

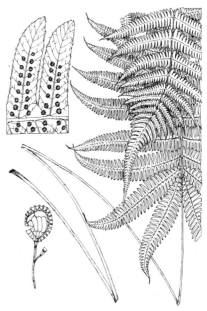

图 504 方秆蕨 （引自《Fl. Taiwan》）

产台湾、湖南西北部、贵州、四川、云南及西藏，生于海拔 800–1800 米沟谷林下。越南北部、缅甸北部、不丹、尼泊尔、印度北部、菲律宾和日本有分布。

2. 粉红方秆蕨

图 505

Glaphyropteridopsis rufostraminea (Christ) Ching in Acta Phytotax. Sin. 8(4): 321. 1963.

Aspidium rufostramineum Christ in Bull. Soc. Bot. France 70: Mem. 1: 36. 1905.

植株高 0.5–1 米。根茎横走，光滑。叶近生；叶柄长 20–40 厘米，

禾秆色，光滑，常带微红色；叶片长 40–50 厘米，宽 18–25 厘米，长圆状披针形，先端渐尖并羽裂，二回羽状深裂几达羽轴；羽片 20–28 对，对生或向上的近互生，无柄，近平展或略斜上弯，线状披针形，下部 1–2 对略短，斜下，中部羽片长 10–16 厘米，中部宽 1.2–2 厘米，基部近平截，靠叶轴，羽裂几达羽轴；裂片 30–35 对，线状镰刀形，长 0.6–1 厘米，宽 2–2.5 毫米，全缘；叶脉明显，侧脉每裂片有 8–10 对，单一，斜向，基部 1 对侧脉出自主脉

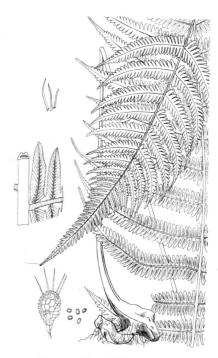

图 505 粉红方秆蕨 （张桂芝绘）

基部，伸达缺刻以上叶缘；叶纸质，干后黄绿色，近平截，下面沿叶轴、羽轴、叶脉及脉间密被长针状毛，上面被短刚毛。孢子囊群圆形，每裂片3-5对，着生侧脉基部，靠主脉两侧各成1行，有盖，盖被针状毛；孢子囊近顶部被针状毛。

产湖北西部、贵州、四川及云南北部，生于海拔1300-1500米林缘或路旁。

12. 假毛蕨属 **Pseudocyclosorus** Ching

中型湿生蕨类。根茎横走、横卧或直立，基部疏生披针形棕色鳞片。叶疏生、近生或簇生；叶柄疏被短毛，禾秆色；叶片二回深羽裂，下部羽片渐短成耳状、蝶形或成瘤状，叶轴在羽片着生处下面有褐色瘤状气囊体，有时不明显；叶脉分离，主脉两面隆起，小脉下面稍隆起，相邻裂片基部1对小脉有时伸达软骨质缺刻，稀靠合，上侧1脉伸达缺刻，下侧1脉伸达缺刻以上叶缘；叶干后深绿色，纸质，稀草质或革质，叶片下面沿羽轴纵沟密生伏贴刚毛，叶脉疏被刚毛，下面脉间有针状毛，稀无毛。孢子囊群圆形，生于侧脉中部，稀上部或下部；囊群盖圆肾形，质厚，多棕色，宿存，被细毛，或无毛，稀有腺体。孢子多单裂缝，稀3裂缝，外壁有刺状纹饰，周壁有脊状隆起。染色体基数 x=7（35）。

约50种，主产热带和亚热带地区。我国40种。

1. 叶片下部羽片成气囊体或成耳状或蝶形；囊群盖无毛或有腺体。
  2. 叶片下部多对羽片成褐色气囊体。
    3. 植株高达1.2米；中部羽片长约13厘米，宽1.2-1.4厘米，裂片宽1.5-2毫米 ·········· 1. **假毛蕨 P. tylodes**
    3. 植株高2米以上；中部羽片长20-30厘米，宽2.2-3厘米，裂片宽约4毫米 ·······················
    ··· 2. **瘤羽假毛蕨 P. tuberculiferus**
  2. 叶片下部羽片成耳状或蝶形。
    4. 叶轴下面多少被长针状毛或刚毛，羽轴和叶脉下面被针状毛，稀无毛。
      5. 叶簇生，叶片披针形，长60-70厘米 ························· 3. **镰片假毛蕨 P. falcilobus**
      5. 叶疏生，叶片宽长圆状披针形，长达1.3米 ················ 4. **西南假毛蕨 P. esquirolii**
    4. 叶轴、羽轴和叶脉下面被细毛或伏贴刚毛，或末端有1-2针状毛。
      6. 根茎斜生，顶端密被鳞片；中部羽片近平展 ················ 5. **景烈假毛蕨 P. tsoi**
      6. 根茎短而横卧，疏被鳞片；中部羽片斜展 ·········· 6. **普通假毛蕨 P. subochthodes**
1. 叶片基部羽片不渐小，非瘤状体耳状或蝶形；囊群盖密被毛 ·········· 7. **溪边假毛蕨 P. ciliatus**

1. 假毛蕨　　　　　　　　　　　图 506：1-6

Pseudocyclosorus tylodes (Kunze) Holtt. in Fern Gaz. 11 (1): 55. 1974.

Aspidium tylodes Kunze in Linnaea 24: 283. 1851.

植株高达1.2米。根茎直立，顶端及叶柄基部疏被鳞片。叶簇生；叶柄长25-40厘米，灰棕色，向上深禾秆色，无毛；叶片长45-80厘米，中部宽达24厘米，长圆状披针形，先端羽裂渐尖，二回羽状深裂，下部多对羽片成瘤状气囊体；正常羽片约34对，无柄，中部羽片长约13厘米，中部宽1.2-1.4厘米，披针形，中部以上的羽片向基部略宽，宽楔形，深羽裂；裂片40-45对，似舌状，长约5毫米，宽1.5-2毫米，全缘；叶脉两面明显，侧脉斜生，每裂片有9-10对，基部1对出自主脉基部，均伸达缺刻；叶干后坚纸质，淡褐色，叶轴和羽轴有针状刚毛，余光滑。孢子囊群圆形，着生侧脉中下部，近主脉；囊群盖圆肾形，质

厚，棕色，无毛，宿存。

产广东、海南、广西、贵州、四川、云南及西藏东南部，生于海拔 800-4300 米溪边林下或岩石上。印度、斯里兰卡、缅甸和中南半岛有分布。

2. 瘤羽假毛蕨 图 506：7-10

Pseudocyclosorus tuberculiferus (C. Chr.) Ching in Acta Phytotax. Sin. 8 (4): 324. 1963.

Dryopteris tuberculifera C. Chr. in Contr. U. S. Not. Herb. 2: 275. 1936.

植株高 2 米以上。根茎直立，坚硬，顶端密被鳞片。叶簇生；

叶柄长 1-1.3 米，淡褐色，基部疏被鳞片，向上光滑；叶片长约 1 米，中部宽达 45 厘米，宽长圆状披针形，二回羽状深裂，下部多达 15 对羽片退化成褐色气囊体；中部正常羽片 28-30 对，下部的对生或近对生，向上的互生，无柄；中部的羽片长 20-30 厘米，中部宽 2.2-3 厘米，线状披针形，羽裂长渐

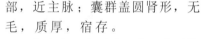

尖头；下部羽片基部楔形，向上各羽片基部圆楔形，羽裂达羽轴两侧宽翅；裂片 35-45 对，近镰刀状，长 0.8-1.4 厘米，宽约 4 毫米，全缘；叶脉两面隆起，侧脉斜上，每裂片 11-15 对，基部 1 对侧脉伸向缺刻底部；叶干后纸质，褐绿色，叶轴和羽轴下面末端有稀疏针状毛，羽轴背面沿纵沟密被伏贴刚毛，余光滑。孢子囊群着生侧脉中下

图 506：1-6.假毛蕨 7-10.瘤羽假毛蕨
（引自《中国植物志》）

部，近主脉；囊群盖圆肾形，无毛，质厚，宿存。

产广东、广西及云南，生于海拔 600-1900 米溪边砂砾土。印度北部有分布。

3. 镰片假毛蕨 图 507

Pseudocyclosorus falcilobus (Hook.) Ching in Acta Phytotax. Sin. 8 (4): 324. 1963.

Lastrea falciloba Hook. in Journ. Bot. 9: 337. 1857.

植株高 65-80 厘米。根茎直立，木质，顶端及叶柄基部被鳞片。叶簇生；叶柄长 6-10 厘米，基部褐色，向上禾秆色，无毛；叶片披针形，长 60-70 厘米，中部宽 14-18 厘米，羽裂渐尖头，下部骤窄，二回深羽裂，下部 3-6 对羽片成小耳片；中部正常羽片 36-38 对，极向上，互生或近对生，无柄，线状披

针形，长 12-13 厘米，中部宽 1-1.2 厘米，羽裂几达羽轴；裂片 22-25

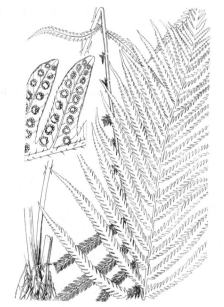

图 507 镰片假毛蕨 （张桂芝绘）

对，镰状披针形，全缘，间隔窄，长5-7毫米，宽2-2.5毫米，基部上侧1片长达1厘米；叶脉上面明显，主脉两面隆起，基部1对侧脉出自主脉基部，上侧1脉伸达缺刻底部，下侧1脉伸达缺刻以上的叶缘；叶光滑，纸质，下面沿叶轴、羽轴和叶脉有针状刚毛，脉间无毛，上面沿羽轴纵沟有伏贴刚毛，叶脉及叶缘几无毛。孢子囊着生小脉中部；囊群盖圆肾形，上面有腺体。

产浙江、福建、湖南、广东、海南、广西、贵州及云南，生于海拔300-1100米山谷水边石砾土。印度、缅甸、老挝、越南、泰国及日本有分布。叶可入药，有清热解毒、杀虫的功效。

4. 西南假毛蕨　艾葵假毛蕨　　　　　图508

Pseudocyclosorus esquirolii (Christ) Ching in Acta Phytotax. Sin. 8 (4): 324. 1963.

Dryopteris esquirolii Christ in Bull. Acad. Int. Geogr. Bot. Mans 144. 1907.

植株高达1.5米。根茎横走。叶疏生；叶柄深禾秆色，基部以上光滑；叶片长达1.3米，中部宽约30厘米，宽长圆状披针形，先端羽裂渐尖，二回深羽裂；羽片多对，下部9-11对互生，向下成三角形耳状，向上各对互生，无柄，披针形，长15-20厘米，基部宽2-2.3厘米，羽裂达近羽轴；裂片30-35对，披针形，长0.9-1厘米，宽2.5-3毫米，全缘，基部1对（尤其上侧1片）伸长；主脉两面隆起，每裂片8-12对，基部1对侧脉出自主脉基部，上侧1脉伸达缺刻底部，下侧1脉伸至缺刻以上叶缘；叶干后厚纸质，褐绿色，两面脉间均无毛，下面沿叶轴和羽轴有针状毛，上面沿羽轴纵沟密被伏贴刚毛，叶脉及叶缘有1-2刚毛。孢子囊群着生侧脉中部，每裂片10-12对；囊群盖圆肾形，棕色，无毛。

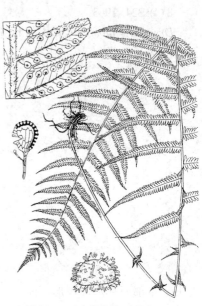

图 508　西南假毛蕨　（蔡淑琴绘）

产台湾、福建、江西、湖南、广西、贵州、四川及云南，生于海拔450-2100米山谷溪边石上或箐沟边。缅甸、东喜马拉雅有分布。

5. 景烈假毛蕨　　　　　图509

Pseudocyclosorus tsoi Ching, Fl. Fujian 1: 150. 1982.

植株高0.75-1.5米。根茎斜生，顶端密被鳞片。叶簇生；叶柄长20-50厘米，基部褐色，疏被鳞片；向上深禾秆色，无毛；叶片长0.5-1米，中部宽20-30厘米，长圆状披针形，羽裂渐尖头，二回深羽裂；下部多对羽片成耳状或蝶形，中部正常羽片20-25对，近平展，无柄，互生，窄披针形，长15-18厘米，基部宽1.5-3厘米，羽裂长渐尖头，基部宽

楔形，羽裂几达羽轴；裂片25-30对，披针形，基部1对长约1.5厘米，向上的长0.7-1.2厘米，宽2-4毫米，全缘；叶脉两面明显，主脉隆起，侧脉斜上，每裂片9-12对，基部1对侧脉出自主脉基部，上侧1脉伸达缺刻底部，下侧1脉伸至缺刻以上叶缘；叶纸质，干后褐绿色，下面沿叶轴、羽轴和叶脉被细短毛，上面沿羽轴纵沟密被伏贴刚毛，主脉先端和侧脉及叶缘均有稀

疏刚毛，两面脉间均无毛。孢子囊群着生侧脉中部；囊群盖圆肾形，淡棕色，无毛。

产江苏南部、安徽南部、浙江、福建、江西、湖南、广东及广西，生于海拔 500-700 米山谷湿地或沟边。

6. 普通假毛蕨 图 510

Pseudocyclosorus subochthodes (Ching) Ching in Acta Phytotax. Sin. 8 (4): 325. 1963.

Thelypteris subochthodes Ching in Bull. Fan Mem. Inst. Biol. Bot. 6: 305. 1936.

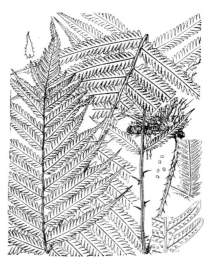

图 509 景烈假毛蕨 （冯增华绘）

植株高 0.9-1.1 米。根茎短而横卧，黑褐色，疏被鳞片。叶近生或近簇生；叶柄长 20-25 厘米，基部深棕色，疏被鳞片，向上禾秆色，无毛，羽片长圆状披针形，长 70-85 厘米，中部宽约 20 厘米，羽裂渐尖头，一回深羽裂；下部有 3-4 对羽片成三角形耳片，中部正常羽片 26-28 对，斜展，无柄，披针形，长 10-15 厘米，宽 1.2-2 厘米，深羽裂几达羽轴；裂片 28-30 对，披针形，基部 1 对裂片上侧 1 片略伸长，全缘；叶脉明显，主脉隆起，基部 1 对侧脉出自主脉基部以上，上侧 1 脉伸达缺刻底部，下侧 1 脉伸至缺刻以上叶缘；叶干后纸质，两面脉间无毛，叶轴、羽轴和叶脉下面近无毛，沿羽轴上面纵沟密被伏贴刚毛，叶脉有 1-2 刚毛。孢子囊群着生侧脉中上部；囊群盖无毛。

产河南、甘肃南部、江苏南部、安徽南部、浙江、福建、江西、湖北、湖南、广东、广西、贵州、四川及云南，生于海拔 200-1970 米杂木林下湿地或石上。朝鲜半岛南部和日本有分布。

图 510 普通假毛蕨
（孙英宝仿《Ogata, Ic. Fil. Jap.》）

7. 溪边假毛蕨 绿毛金星蕨 图 511 彩片 88

Pseudocyclosorus ciliatus (Wall. ex Benth.) Ching in Acta Phytotax. Sin. 8 (4): 324. 1963.

Aspidium ciliatus Wall. ex Benth. Fl. Hongk. 455. 1861.

植株高 20-40 厘米。根茎短而直立，近光滑。叶簇生；叶柄长 8-25 厘米，基部褐色，疏被鳞片，向上禾秆色，密被灰白色针状毛；叶片披针形，长 12-15 厘米，中部宽 7-8 厘米，羽裂渐尖头，二回深羽裂；羽片约 15 对，基部 1 对略短，对生，斜下，余各对斜上，互生，无柄，披针形，长 3.5-5 厘米，基部宽 0.8-1.5 厘米，羽裂深达 1/4-1/3；裂片 9-12 对，斜上，间隔极窄，近三角状披针形，长 1.5-4 毫米，基部宽 1-1.5 毫米，全缘；叶脉明显，每裂片 4-6 对，基部 1 对侧脉出自主脉基部以上，上侧 1 脉伸达缺刻底部，

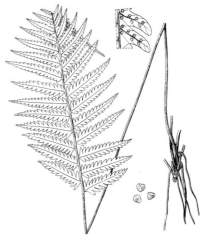

图 511 溪边假毛蕨 （孙英宝仿《中国植物志》）

下侧 1 脉伸至缺刻以上叶缘，有时 2 侧脉相连延伸至缺刻底部；叶干后坚纸质，褐色，两面脉间均无毛；叶轴和主脉两面密被针状毛，侧脉两面有疏毛。孢子囊群着生侧脉下部，近主脉；囊群盖密被毛。孢子 3 裂缝，四面型。

产广东、香港、海南、广西、贵州及云南，生于海拔 160-900 米山谷湿地或溪边石缝中。广布于尼泊尔、印度北部、斯里兰卡、缅甸、越南、马来西亚、新加坡、泰国和印度尼西亚。

13. 龙津蕨属 Mesopteris Ching

土生大型蕨类，高达 2 米，植株无毛。根茎长而横走，木质，连同叶柄基部密被褐棕色披针形鳞片。叶疏生；叶柄粗壮，近四棱形，长 1.2 米，基部以上无毛，无瘤状气囊体；叶片窄椭圆形，长 50-80 厘米，中部宽达 40 厘米，奇数二回羽状半裂；裂片三角形，对生羽片和下侧羽片几同形同大，有柄；侧生羽片达 30 对，长 30-40 厘米，宽达 2 厘米，羽状半裂，下部的近对生，向上的互生，斜展，下部多少有金色、球形、无柄腺体散生；裂片尖头，叶脉 8-10 对，单一，极斜上，下部 3 对以高的尖三角形斜伸达缺刻内半透明膜，不靠合，分开，缺刻，伸长，顶部在叶片下面伸出一胼胝质的拱形坚硬突起；叶干后纸质，褐棕色，两面近光滑。孢子囊群圆形，无盖，在羽轴两侧成 1 行，生于裂片基部 1 对叶脉的下部，近叶轴，或成不规则 2-5 行，上部小脉均不育；孢子囊无毛。

单种属。

龙津蕨　　　　　　　　　　　　　　　　　　　图 512

Mesopteris tonkinensis (C. Chr.) Ching in Acta Phytota. Sin. 16 (4): 21. 1978.

Dryopteris tonkinensis C. Chr. In Bull. Mus. Paris, VI, 102. 1934.

形态特征同属。

产广西南部，生于海拔约 110 米石灰岩山地疏林中湿润石上。越南北部有分布。

图 512 龙津蕨 （蔡淑琴绘）

14. 毛蕨属 **Cyclosorus** Link

中型林下蕨类。根茎横走，或长或短，稀直立圆柱形，疏被鳞片，鳞片披针形或卵状披针形，质厚，通常多少被短刚毛，全缘或有刚毛状睫毛。叶疏生或近生，稀簇生；叶柄淡绿色，干后禾秆色或淡灰色，基部疏被鳞片，兼有灰白色单细胞针状毛或柔毛；叶片长圆形、三角状长圆形或倒披针形，先端成羽裂尾状羽片，二回羽裂，稀一回羽状；侧生羽片 10-30 对，窄披针形或线状披针形，无柄或有短柄，下部羽片向下渐短，或成耳状或瘤状，有时成气囊体，二回羽裂，稀全缘或近二回羽状；裂片多数，镰状披针形、三角状披针形或长方形，多全缘，基部上侧 1 片较长；叶脉单一，偶 2 叉；或以羽轴为底边，相邻裂片间基部 1 对侧脉顶端结成三角形网眼，自交结点伸出 1 条外行小脉，直达缺刻或和缺刻下的透明膜联结，或第 2 对或多至 4 对侧脉顶端和外行小脉相连，或伸达斜方形网眼（星毛蕨型），向上侧脉均伸达缺刻以上叶缘；叶草质或厚纸质，淡绿色，两面被毛，下面有橙色或橙红色圆形或棒形腺体。孢子囊群圆形，多生于侧脉中部，有盖，上面多数被毛。孢子囊光滑、有毛或腺体。孢子两面型，偶四面型，有刺状或瘤状突起。染色体基数 x=36。

约 250 种，广泛分布于热带和亚热带，亚洲最多。我国 127 种。

1. 在叶片中部羽片中部以下，其相邻裂片侧脉，基部 1 对顶端交结成三角形网眼，并自交结点延伸 1 条外行小脉达缺刻或和缺刻下透明膜相连；裂片第二对侧脉或伸达缺刻以上叶缘，或上侧 1 脉伸达缺刻，下侧 1 脉伸达缺刻以上叶缘，稀第二对侧脉全部伸达缺刻下透明膜质联线。
    2. 相邻裂片基部第二对侧脉伸达缺刻以上叶缘或第二对上侧 1 脉伸达缺刻，下侧 1 脉伸达缺刻以上叶缘。
        3. 下部多对羽片骤短成瘤状或渐短成蝶形。
            4. 羽片下面有腺体；除叶柄基部外，向上达叶轴无鳞片。
                5. 侧生中部羽片基部等宽；囊群盖略有柔毛 ·· 1. **异果毛蕨 C. heterocarpus**
                5. 侧生中部羽片基部上侧稍凸出；囊群盖有 1-2 刚毛，边缘有腺体 ············· 2. **台湾毛蕨 C. taiwanensis**
            4. 羽片下面无腺体；叶柄及叶轴被长毛，兼有较密深棕色、膜质披针形鳞片 ······· 3. **鳞柄毛蕨 C. crinipes**
        3. 下部羽片不缩短，或基部 1 对略缩短，或多对羽片骤短或渐短，基部的成三角形耳片。
            6. 下部羽片不缩短或基部 1 对略缩短。
                7. 羽片下面无腺体。
                    8. 羽片羽裂达 1/2 或稍深。
                        9. 裂片基部 1 对侧脉出自主脉基部，或上侧 1 脉出自主脉基部，下侧 1 脉远离羽轴 ·······················
                        ·· 4. **细柄毛蕨 C. kuliangensis**
                        9. 裂片基部 1 对侧脉出自主脉基部以上。
                            10. 植株高 40-60 厘米；羽片 11-13 对，长不及 10 厘米 ············· 5. **齿牙毛蕨 C. dentatus**
                            10. 植株高 60-80 厘米；羽片 15-17 对，长约 10 厘米 ·········· 5(附). **东方毛蕨 C. orientalis**
                    8. 羽片羽裂达 2/3。
                        11. 裂片钝尖或圆钝尖。
                            12. 叶草质；中部羽片长 9-15 厘米；叶柄长 20-40 厘米 ········· 6. **美丽毛蕨 C. molliusculus**
                            12. 叶坚纸质；中部羽片长约 10 厘米；叶柄长 40-50 厘米 ········· 7. **无腺毛蕨 C. procurrens**
                        11. 裂片尖头或骤尖头 ·· 8. **元江毛蕨 C. yuanjiangensis**
                7. 羽片下面有腺体。
                    13. 植株高 18-50 厘米 ··· 9. **小叶毛蕨 C. parvifolius**
                    13. 植株高 50 厘米以上。
                        14. 裂片基部 1 对侧脉出自主脉基部以上。
                            15. 裂片第二对侧脉伸达缺刻以上叶缘；囊群盖密生柔毛 ········· 10. **华南毛蕨 C. parasiticus**

15. 裂片第二对侧脉的上侧 1 脉伸达缺刻，下侧 1 脉伸达缺刻以上叶缘；囊群盖疏被柔毛 ……………
………………………………………………………………………… 11. **高大毛蕨 C. excelsior**

14. 裂片基部 1 对侧脉出自主脉基部。

16. 孢子囊群生于裂片全部侧脉，羽轴两侧无不育带，羽片除羽轴外，无毛；囊群盖纸质，有柔毛 …
……………………………………………………………………… 12. **海南毛蕨 C. hainanensis**

16. 孢子囊群生于裂片上部侧脉，下部 1-3 对侧脉不育，羽轴两侧各有 1 条宽不育带，上面沿叶脉有少
数伏生针状毛；囊群盖厚膜质，无毛或边缘有黄色腺毛 …………… 13. **腺脉毛蕨 C. opulentus**

6. 下部数对羽片骤短或渐短，基部的成三角形耳片。

17. 植株高 15-20 厘米；叶片先端渐尖，羽片下面有 1-2 腺体 ………………… 14. **短尖毛蕨 C. subacutus**

17. 植株高 40-60 厘米；叶片先端有羽裂尾状羽片，下面无腺体 …………… 5. **齿牙毛蕨 C. dentatus**

2. 相邻裂片基部第二对侧脉均伸达缺刻或缺刻下的透明膜质联线。

18. 孢子囊群生于裂片上部，下部 1-3 对侧脉不育，羽轴两侧各有 1 条不育带。

19. 叶干后纸质；侧生羽片长 18-25 厘米，长渐尖头，羽轴下面无鳞片，下面沿叶脉有 1-2 硫磺色腺体 …
………………………………………………………………………… 15. **顶育毛蕨 C. terminans**

19. 叶干后近革质；侧生羽片长达 15 厘米，羽轴下面有宽卵形鳞片，下面叶脉有 1-2 橙红色腺体 …………
…………………………………………………………………………… 16. **毛蕨 C. interruptus**

18. 孢子囊群自基部侧脉起均有分布，羽轴两侧无不育带。

20. 羽片先端渐尖；囊群盖密生短柔毛 ………………………………… 17. **宽羽毛蕨 C. latipinnus**

20. 羽片先端骤尖头；囊群盖疏生短柔毛 ……………………………… 4. **细柄毛蕨 C. kuliangensis**

1. 中部羽片相邻裂片的侧脉，基部 1 对顶端交结成三角形网眼，自交结点伸出 1 条外行小脉和缺刻下透明膜质线
相连，第二对侧脉伸达缺刻或缺刻下透明膜质线相连，第三对或更多对侧脉和外行小脉相连或伸达缺刻下膜质
联线，形成多个斜长方形网眼，缺刻下有两对半以上。

21. 相邻裂片间缺刻下有侧脉 2 1/2-3 1/2 对。

22. 叶片下部羽片不缩短或 1-4 对羽片略缩短。

23. 叶片下部羽片不缩短；囊群盖密生柔毛 ………………………… 18. **渐尖毛蕨 C. acuminatus**

23. 叶片下部 1-4 对羽片缩短；囊群盖无毛或有短柔毛。

24. 羽片间隔宽 1.5-2 厘米；囊群盖无毛 …………………………… 19. **假渐尖毛蕨 C. subacuminatus**

24. 羽片疏离，间隔宽 4-5 厘米；囊群盖有短柔毛 …………… 19(附). **南川毛蕨 C. nanchuanensis**

22. 叶片下部羽片渐短或骤短，最下部的耳状或瘤状。

25. 羽片下面有腺体。

26. 叶草质；羽片羽裂达 1/3；下面沿羽轴及主脉几无毛 ……………… 20. **闽台毛蕨 C. jaculosus**

26. 叶纸质；羽片羽裂不及 1/3，呈粗齿状，下面沿羽轴有 1-2 针状毛 ………………………
…………………………………………………………………… 20(附). **兰屿大叶毛蕨 C. productus**

25. 羽片下面无腺体。

27. 叶草质或薄草质，下部多对羽片成耳状；羽片上面有短针毛，下面有微毛，裂片顶部钝尖。

28. 叶片顶部渐尖，无大的顶生羽片；中部羽片的裂片约 20 对 …………… 21. **蝶状毛蕨 C. papilio**

28. 叶片顶部具大的顶生羽片；侧生羽片 5-6 对 …………… 21(附). **长尾毛蕨 C. paralatipinnus**

27. 叶纸质，下部多对羽片成三角形，羽轴上面有 1-2 针毛，脉间有泡状突起 ……………………
…………………………………………………………………………… 22. **截裂毛蕨 C. truncatus**

21. 相邻裂片间缺刻下有侧脉 4 对以上。

29. 羽片下面无腺体 …………………………………………………… 23. **河池毛蕨 C. euphlebius**

29. 羽片下面有腺体。

30. 中部羽片宽 1-1.5 厘米 ………………………………………… 24. **干旱毛蕨 C. aridus**

30. 中部羽片宽2-3厘米。
　31. 下部羽片略短，不成小耳片 ································· **25. 福建毛蕨 C. fukienensis**
　31. 下部羽片缩短成小耳片。
　　32. 羽片长达25厘米，羽轴及叶脉下面疏被针状毛，脉间无毛；囊群盖无毛 ········ **24. 干旱毛蕨 C. aridus**
　　32. 羽片长12厘米，下面脉间有微糙毛；囊群盖有较密柔毛 ····················· **25(附). 德化毛蕨 C. dehuaensis**

1. 异果毛蕨　　　　　　　　　　　图 513

Cyclosorus heterocarpus (Bl.) Ching in Bull. Fan Mem. Inst. Biol. Bot. 8: 180. 1938.

Asplenium heterocarpum Bl. Enum. Pl. Jav. 155. 1828.

植株高达1米。根茎粗壮，直立，连同叶柄基部有1-2鳞片。叶簇

图 513 异果毛蕨 （孙英宝绘）

生；叶柄长约30厘米，坚硬，基部褐棕色，向上青灰色，幼时被柔毛；叶片长30-70厘米，中部宽20-30厘米，长圆状披针形，二回羽裂，羽片约40对，无柄，下部5-10对成耳状，最下的瘤状，中部羽片长10-16厘米，宽1-1.5厘米，线状披针形，羽状深裂达2/3；裂片20-30对，长4-5毫米，宽2-2.5毫米，

长圆形或长圆状披针形，全缘；叶脉两面明显，裂片侧脉8-9对，相邻裂片基部1对侧脉出自主脉基部稍上，顶端交结成钝三角形网眼，自交结点伸出外行小脉达缺刻，第二对以上侧脉伸达缺刻以上叶缘；叶草质，干后褐绿色，羽轴下面有密柔毛和针状毛，沿主脉两面和侧脉上面疏生针状毛，下面密被腺体。孢子囊群生于侧脉中部，每裂片4-8对；

囊群盖大，略有柔毛。染色体2n=72。

　产福建东部、广东、海南及广西，生于海拔500-900米山谷溪边阴处。越南、菲律宾、马来西亚及波利尼西亚有分布。

2. 台湾毛蕨　　　　　　　　　　　图 514

Cyclosorus taiwanensis (C. Chr.) H. Ito in Bot. Mag. Tokyo 51: 728. 1937.

Dryopteris taiwanensis C. Chr. Ind. Fil. 279. 1905.

植株高0.6-1.2米。根茎直立，顶端密被大鳞片。叶簇生；叶

图 514 台湾毛蕨
（孙英宝仿《Ogata, Ic. Fil. Jap.》）

柄长10-20厘米，灰褐色，疏被鳞片，向上光滑；叶片长50-90厘米，中部宽约20厘米，宽披针形，二回羽裂；羽片30-45对，下部4-6对成耳片，中部羽片长10-13厘米，宽1-1.2厘米，线状披针形，羽裂达1/2或稍深；裂片25-30对，长3-5毫米，宽2-2.5毫米，近长

方形，全缘；叶脉两面明显，侧脉每裂 5-7 对，基部 1 对侧脉出自主脉基部稍上，先端交结成三角形网眼，自交结点伸出极短外行小脉和缺刻下向透明膜质连线相接（或几无外行小脉），第二对侧脉伸达缺刻底部或上侧 1 脉伸达缺刻透明膜质底部附近，下侧 1 脉伸达缺刻稍上叶缘；叶坚纸质，干后淡褐或褐绿色，上面疏生短刚毛及少数针状毛，下面沿羽轴及主脉有短毛，连同叶片被球形腺体。孢子囊群生于侧脉中部稍下，每裂片 4-6 对；孢子囊柄有腺体；囊群盖有 1-2 刚毛，边缘有腺体。

产浙江、台湾、福建、江西、广东、广西及云南南部，生于海拔 300 米以下低山密林下或溪边。

3. 鳞柄毛蕨　　　　图 515

Cyclosorus crinipes (Hook.) Ching in Bull. Fan Mem. Inst. Bio. Bot. 8: 179. 1938.

Nephrodium crinipes Hook. Sp. Fil. Addenda 4: 71. 1862.

植株高 0.8-1.5 米。根茎粗壮，斜生，顶端密被深棕色鳞片。叶簇生；叶柄长 20-25 厘米，深禾秆色，基部至叶轴下部密被鳞片，脱落后留下褐色瘤状突起；叶片长 0.4-1 米，中部宽 25-45 厘米，宽长圆状披针形，具羽裂尾状，二回羽裂；羽片 30 对以上，下部 4-5 对成三角形耳片，中部羽片长约 25 厘米，宽 1.4-2 厘米，线状披针形，羽裂达 1/2-2/3；裂片 30-35 对，斜上，长 5-7 毫米，宽约 4 毫米，长圆状披针形或近镰状披针形，全缘；叶脉两面明显，每裂片有侧脉 7-9 对，基部 1 对侧脉出自主脉基部稍上，先端交结成钝三角形网眼，自交结点伸出 1 条外行小脉和缺刻下的透明膜质连线相接，第二对侧脉均伸达透明膜质连线；叶厚草质或纸质，干后绿或褐绿色，上面沿叶脉有 1-2 针状毛，灰棕色，厚膜质，宿存，下面沿主脉有少数短柔毛，余光滑。孢子囊群生于侧脉中部，每裂片 6-8 对；囊群盖有少数短柔毛。染色体 2n=72。

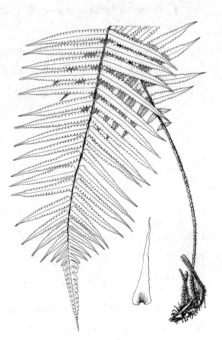

图 515 鳞柄毛蕨 （孙英宝绘）

产广东西南部、海南及云南，生于海拔 190-1200 米山谷水边或林缘湿地。尼泊尔、印度、泰国、印度尼西亚有分布。

4. 细柄毛蕨　　　　图 516

Cyclosorus kuliangensis (Ching) Shing, Fl. Jiangxi 1: 207. f. 198. 1993.

Cyclosorus acuminatus Nakai var. *kuliangensis* Ching in Bull. Fan Mem. Inst. Biol. Bot. 8: 192. 1938.

植株高 40-60 厘米。根茎细长横走。叶疏生；叶柄纤细，长 18-30 厘米；叶片长约 25 厘米，中部宽 6-9 厘米，先端渐尖并具羽裂长尾，二回羽裂；羽片 8-10 对，中部以下的具极短柄，向上的无柄，互生，中部的长 3-4 厘米，中部以上最宽 1-1.2 厘米，长圆状披针形或披针形，骤尖头，羽裂达 2/3；裂片约 6 对，长圆形，突尖或钝尖；叶脉两面明显，基部下侧 1 条侧脉出自主脉基部，上侧 1 条出自主脉以上，先端交结成钝三角形网眼，自交结点有 1 外行小脉伸达缺刻；第二对侧脉伸达缺刻；叶坚纸质，上面光滑，下面沿叶轴有 1-2 短柔毛。孢子囊群

生于侧脉中部，每裂片4-5对；囊群盖疏生短柔毛。

产安徽、浙江、台湾、福建及江西，生于海拔100-400米灌丛下湿地或路旁阴处。

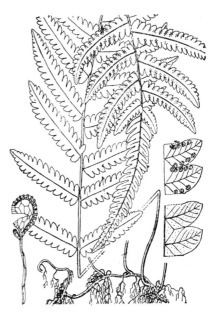

图 516 细柄毛蕨 （王利生绘）

5. 齿牙毛蕨 图 517

Cyclosorus dentatus (Forssk.) Ching in Bull. Fan Mem. Inst. Biol. Bot. 8: 206. 1938.

Polypodium dentatum Forssk. Fl. Aegypt. Arab. 185. 1773.

植株高40-60厘米。根茎短而直立，顶端连同叶柄基部密被鳞片及短毛。叶簇生；叶柄长10-35厘米，褐色；叶片长25-30厘米，中部宽12-14厘米，披针形，先端具深羽裂披针形长尾头，二回羽裂；羽片11-13对，近开展，下部2-3对略短，基部1对长约5厘米，中部羽片长6-8厘米，基部宽1.2-1.5厘米，披针形，羽裂达1/2；裂片13-15对，长约4毫米，基部上侧1片较长，基部宽3-4毫米，长方形，全缘；叶脉两面明显，每裂片

有侧脉5-6对，基部1对出自主脉基部以上，先端交结成钝三角形网眼，自交结点伸出外行小脉和第二对的上侧1脉连接成斜方形网眼，第二对的下侧1脉伸达缺刻底部；叶干后草质或纸质，淡褐绿色，上面密生短刚毛，沿叶脉有1-2针状毛，下面密被短柔毛。孢子囊群生于侧脉中部以上，每裂片2-5对；囊群盖有短毛，深棕色，厚膜质。染色体2n=72，144。

产浙江、台湾、福建、江西、湖南西北部、广东、海南、广西、贵州、四川及云南，生于海拔1250-2850米山谷疏林下或路旁水池边。印度、缅甸、越南、泰国、印度尼西亚、马达加斯加、阿拉伯、热带非洲、大西洋沿岸岛屿与热带美洲有分布。

[附] **东方毛蕨 Cyclosorus orientalis** Ching ex Shing, Fl. Reipub. Popul. Sin. 4 (1): 192. 333. 1999. 本种与齿牙毛蕨的主要区别：植株高60-80厘米；羽片15-17对，长约10厘米。产浙江及台湾，生于林下。日本有分布。

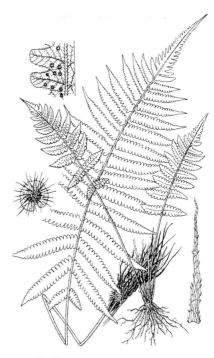

图 517 齿牙毛蕨 （冀朝祯绘）

6. 美丽毛蕨 图 518

Cyclosorus molliusculus (Wall. ex Kuhn) Ching in Bll. Fan Mem. Inst. Biol. Bot. 8: 196. 1938.

Aspidium molliusculum Wall. ex Kuhn in Bot. Zeitschr. 1868: 41. 1868.

植株高达1.1米。根茎长而横走，连同叶柄基部疏被有毛鳞片。叶近生；叶柄长20-40厘米，基部灰褐色，向上禾秆色，连同叶轴疏被长针毛；叶片长30-85厘米，中部宽18-20厘米，长圆状披针形，二

回深羽裂；羽片约30对，无柄，下部4-5对略短，对生，斜下，长4-9厘米，和其上的同形，中部羽片长9-15厘米，中部宽1.5-2厘米，披针形，羽裂深达羽轴两侧宽翅；裂

片 25-30 对，基部 1 对较长，中部的长 0.8-1 厘米，宽 2-2.5 毫米，披针形，全缘；叶脉两面明显，侧脉斜上，单一，每裂片 9-13（14）对，基部 1 对侧脉出自主脉基部或近基部，其先端交结成钝三角形网眼，并自交结点向缺刻伸出外行小脉，第二对侧脉均伸达缺刻以上叶缘；叶草质，干后淡绿色，两面沿叶轴、羽轴和叶脉疏生细长针状毛，上面脉间偶有 1-2 短刚毛。孢子囊群生于侧脉基部稍上，每裂片 8-10 对；囊群盖被针状毛，淡棕色，膜质，宿存。染色体 2n=72。

产台湾、贵州、广西及云南，生于海拔 300-1600 米林下或林缘湿地。尼泊尔、缅甸、印度及泰国有分布。

图 518 美丽毛蕨 （孙英宝绘）

7. 无腺毛蕨 图 519

Cyclosorus procurrens (Mett.) Ching in Acta Phytotax. Sin. 8 (4):328. 1936.

Aspidium procurrens Mett. in Ann. Mus. Bot. Lugduon-Batavum 1: 231. 1864.

植株高达 1 米。根茎横走，木质，连同叶柄基部疏被鳞片。叶近生；叶柄长 40-50 厘米，基部淡褐色，向上深禾秆色，光滑或有 1-2 柔毛；叶片长 50-60 厘米，宽 20-25 厘米，宽披针形，二回羽裂；羽片 20-25 对，无柄，下部的披针形，长约 13 厘米，中部宽 1.5-1.8 厘米，羽裂达 2/3 以上；裂片约 25 对，中部的长 6-7 毫米，宽约 4 毫米，近镰刀状披针形，中部羽片和

下部的同形同大，向上的羽片渐短；叶脉两面明显，每裂片有侧脉 6-8 对，基部 1 对侧脉出自主脉基部，其先端交结成钝三角形网眼，并自交结点伸出外行小脉和缺刻下透明膜质线相连，第二对侧脉伸达缺刻以上叶缘；叶坚纸质，干后褐绿色，厚膜质。上面疏生短刚毛，下面密生灰白色针状毛，无腺体。孢子囊群生于侧脉中部，每裂片 6-8 对；囊群盖有密柔毛，棕色。

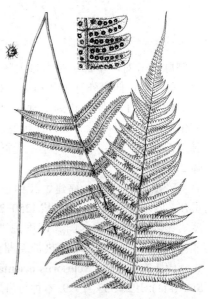

图 519 无腺毛蕨 （孙英宝绘）

产台湾北部、海南、贵州及云南，生于海拔 200-1900 米常绿林下或灌木林缘湿地。缅甸、印度南部、菲律宾、印度尼西亚及马来西亚有分布。

8. 元江毛蕨 图 520:1-4

Cyclosorus yuanjiangensis Ching ex Shing, Fl. Reipub. Popul. Sin.

4 (1): 203. 1999.

植株高达 1.1 米。叶柄长 50 厘

米，基部褐色，疏被鳞片，向上棕禾秆色，光滑；叶片长约60厘米，中部宽约25厘米，长圆状披针形，二回羽裂；羽片约20对，无

柄，基部1对略短，中部羽片长14-15厘米，中部宽约1.6厘米，披针形，羽裂达2/3；裂片约25对，基部上侧1片较大，其余的长5-6毫米，基部宽约4毫米，镰刀状披针形，尖头或骤尖头，全缘；叶脉明显，每裂片有侧脉7-9对，基部1对侧脉出自主脉基部，其先端交结成钝三角形网眼，并自交结点向缺刻伸出1

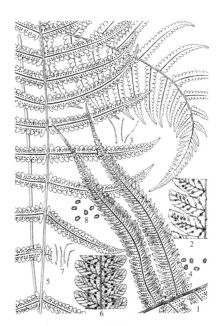

图 520：1-4.元江毛蕨 5-8.华南毛蕨
（引自《中国植物志》）

条外行小脉；第二对上侧1脉伸达缺刻，下侧1脉伸达缺刻以上叶缘；叶纸质，干后绿色，上面微有短柔毛，下面疏被针状毛。孢子囊群生于侧脉中部，每裂片6-7（-9）对；囊群盖有短柔毛，棕色，厚膜质，宿存。

产福建、广西及云南南部，生于海拔约800米山沟溪边湿地。

9　小叶毛蕨　　　　　　　　　　　　图 521

Cyclosorus parvifolius Ching, Fl. Fujian. 1: 155. f. 143. 1982.

小型蕨类，高18-50厘米。根茎直立，顶端略被小鳞片。叶簇

生；叶柄长5-8厘米，禾秆色，疏生长柔毛；叶片长8-10厘米，中部宽3.3-4.5厘米，宽披针形，二回羽状深裂；羽片5-8对，无柄，下部1-2对略宽短，中部的长1.7-2.2厘米，宽约6毫米，长圆形或宽披针形，羽裂近1/2；裂片5-6对，长约2毫米，宽约1.5毫米，近长方形，全缘；叶脉明显，每裂片有侧

脉3-4对，基部1对侧脉出自主脉基部以上，先端结成不等边三角形网眼，自交结点有1外行小脉伸达缺刻，第二对侧脉伸至缺刻以上叶缘；叶草质或薄纸质，干后绿色，上面沿叶脉有少数短柔毛及1-2针状毛，下面有密柔毛和橙色腺体。孢子囊群生于基部上侧小脉中部以上，每裂片1枚，在羽轴两侧成1-2行；囊群盖有短柔毛，棕色，膜质，宿存。

产浙江、福建及海南，生于海拔400米以下沟边或林缘。

图 521 小叶毛蕨 （引自《福建植物志》）

10. 华南毛蕨　　　　　　　　　　　图 520：5-8

Cyclosorus parasiticus (Linn.) Farwell. in Amer. Midl. Naturalist 12: 259. 1931.

Polypodium parasiticus Linn. Sp. Pl. 1090. 1753.

植株高达70厘米。根茎横走，连同叶柄基部被鳞片。叶近生；叶柄长达40厘米，深禾秆色，基部有1-2柔毛；叶片长约35厘米，长尾披针形，先端羽裂，二回羽裂；羽片12-16对，无柄，顶部略上弯或斜展，中部羽片长10-11厘米，中部宽1.2-1.4厘米，披针形，羽裂达1/2或稍深；羽片20-25对，基部上侧1片长6-7毫米，其余的长4-5毫米，长圆形，全缘；叶脉明显，侧脉单一，每裂片6-8对，基部1对侧脉出自主脉基部以上，先端渐尖成钝三角形网眼，自交结点伸出外行小脉直达缺刻，第二对侧脉均伸达缺刻以上的叶缘；叶草质，干后褐绿色，上面沿叶脉有1-2伏生针状毛，脉间疏生短糙毛，下面沿叶轴、羽轴及叶脉密生具分隔针状毛，叶脉有腺体。孢子囊群生于侧脉中部以上，每裂片（1-2-）4-6对；囊群盖密生柔毛，棕色，膜质，宿存。染色体2n=144。

产浙江、台湾、福建、江西、湖南、广东、海南、广西、贵州、四川及云南东南部，生于海拔90-1900米山谷密林下或溪边湿地。日本、朝鲜半岛南部、尼泊尔、缅甸、印度南部、斯里兰卡、越南、泰国、印度尼西亚和菲律宾有分布。

11. 高大毛蕨　　　　　　　　　　图522

Cyclosorus excelsior Ching et Shing, Fl. Fujian. 1: 598. 156. f. 144. 1982.

植株高达1.4米以上。根茎横走，顶端及叶柄基部被褐色鳞片。叶疏生；叶柄长30-50厘米，淡棕禾秆色，基部以上密生短柔毛；叶片长45-95厘米，中部宽21-30厘米，长圆状披针形，二回羽裂；羽片24-25对，无柄，基部1对略短，中部羽片长11-16厘米，中部宽1.6-1.8厘米，线状披针形，羽裂达1/2；裂片20-30对，长5-6毫米，宽3-4毫米，长圆形，全缘；叶脉明显，每裂片有侧脉6-8对，基部1对侧脉出自主脉基部稍上，顶端交结成钝三角形网眼，自交结点有1外行小脉伸向缺刻下透明膜质连线，通常第二对侧脉伸达缺刻以上叶缘；叶草质，干后褐绿色，两面均被柔毛，脉上混生针状毛，下面密，沿主脉有1-2腺体。孢子囊群小而密，生于侧脉中部，每裂片5-6对；囊群盖有疏柔毛。

图 522　高大毛蕨　（引自《浙江植物志》）

产浙江、福建、广东及广西，生于海拔450米以下山地林下、路旁或沟边。

12. 海南毛蕨　　　　　　　　　　图523

Cyclosorus hainanensis Ching in Acta Phytotax. Sin. 9 (4): 62. 1964.

植株高达1米。根茎长而横走，疏被鳞片。叶疏生；叶柄长30-35厘米，基部褐禾秆色，向上色淡，被疏柔毛；叶片长38-60厘米，中部宽16-25厘米，长圆状披针形，二回羽裂；羽片16-20对，无柄，基部1对不缩短或略缩短，向上的长10-15厘米，中部以上宽1.1-2厘米，线状披针形，基部戟形，对称，羽裂达2/3；裂片20-30对，长5-7毫米，基部宽3-5毫米，长圆形，全缘；叶脉下面清晰，每裂片有侧脉8-10对，基部1对侧脉出自主脉基部，相邻裂片基部的1对侧脉顶端交结，自交结点伸出1条外行小脉达缺刻下透明膜质连线，第二对侧脉上侧1脉伸达膜质连线，下侧1脉伸达缺刻以上叶缘；叶干后坚纸质，褐绿色，两面沿羽轴及叶轴疏被长针状毛，下面有黄色腺体。孢子囊群生于侧脉中部，每裂片7-9对；囊群盖纸质，有柔毛。

产浙江、广东及海南，生于海拔20-400米山谷沟边或林下。

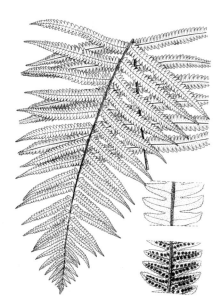

图 523 海南毛蕨 （孙英宝绘）

13. 腺脉毛蕨
图 524

Cyclosorus opulentus (Kaulf.) Nakai, Enum. Pterid Jap. 277. 1975.

Aspidium opulentum Kaulf. Enum. Fil. Chamisso 238. 1824.

植株高约80厘米。根茎横走，顶端和叶柄基部疏被褐色披针形鳞片。叶疏生；叶柄长约22厘米，淡褐色；叶片长约60厘米，中部宽30-40厘米，宽披针形，顶部尾状，羽裂渐尖，尾长约11厘米，二回羽裂；羽片约20对，基部1对略短，中部以下的长23-25厘米，中部宽约2厘米，披针形，羽裂达2/3；裂片35-40对，中部的长8-9毫米，基部宽约5毫米，三

角状披针形，全缘；叶脉下面明显，基部1对侧脉出自主脉基部，先端在缺刻下透明膜质连线处交结，成三角形网眼，或靠合，第二对侧脉上侧1脉伸达缺刻以上叶缘，下侧1脉伸达缺刻；叶草质，干后绿色，两面光滑，羽轴上面有密毛，下面脉间有少数柔毛，沿侧脉有柠檬黄色圆形腺体；孢子囊群圆形，生于侧脉中部以上，近叶缘；每裂片6-7对，通常下部1-2对不育，在羽轴两侧各有1条不育带；孢子囊柄有时具1伸长棒形腺毛；囊群盖棕色，厚膜质，无毛或边缘有黄色腺毛。

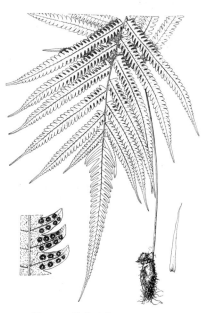

图 524 腺脉毛蕨 （孙英宝绘）

产海南，生于潮湿沙质土。印度南部、斯里兰卡、缅甸、泰国、马来西亚、菲律宾和印度尼西亚均有分布。

14. 短尖毛蕨
图 525

Cyclosorus subacutus Ching, Fl. Fujian. 1: 155. 598. f. 142. 1982.

植株高15-20厘米。根茎短小，直立，顶端密被有毛鳞片。叶簇生；叶柄长3-7厘米，灰禾秆色，基部被鳞片，向上有短柔毛和针状

毛；叶片长8-14厘米，中部宽3.5-6厘米，二回羽裂；羽片6-12对，无柄，下部2-3对略短，中部的长

2-3 厘米，宽约 1 厘米，长圆状披针形，羽裂达 1/2-2/3；裂片 7-9 对，长 2.5-3 毫米，长圆形，全缘，中部以上的羽片向上渐短，叶片顶部深羽裂渐尖头；叶脉明显，每裂片侧脉 4-5 对，基部 1 对侧脉出自主脉基部以上，先端结成钝三角形网眼，自交结点有 1 条外行小脉伸达缺刻，第二对起侧脉均伸达缺刻以上叶缘；叶草质，干后灰绿色，上面沿羽轴密生针状毛，叶脉疏生针状毛，脉间被短刚毛，沿叶脉密生短柔毛和 1-2 腺体。孢子囊群背生侧脉中部，每裂片（1）2-3 对；囊群盖密生短柔毛，灰棕色，宿存。

产浙江、台湾、福建、江西及广东，生于沟边或墙脚。

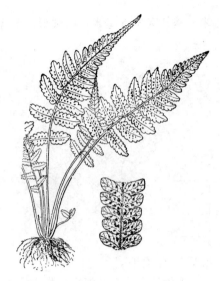

图 525 短尖毛蕨 （引自《江西植物志》）

15. 顶育毛蕨

图 526：1-3

Cyclosorus terminans (Hook.) Shing, Fl. Reipub. Popul. Sin. 4(1):220. pl. 38: f. 1-3. 1999.

Nephrodium terminans Hook. Sp. Fil. 4: 73. 1862.

植株高 1 米以上。根茎长而横走，灰褐色，疏被鳞片。叶疏生；叶柄长约 55 厘米，疏被鳞片，向上光滑，深禾秆色；叶片几和叶柄等长，或稍短，宽 30-36 厘米，先端羽裂，成长尾，二回羽裂；羽片约 15 对，几无柄，中部以下的侧生羽片长 18-25 厘米，宽 1.4-1.6 厘米，线状披针形，羽裂深达 1/2-1/3；裂片 30-38 对，长宽 3-4 毫米，三角形，顶生羽片披针形，深羽裂；叶脉下面明显，每裂片有侧脉 7-8 对，基部 1 对侧脉出自主脉基部，先端结成钝三角形网眼，自交结点有外行小脉伸达缺刻，第二对侧脉伸达缺刻透明膜质联线，第三对伸达缺刻以上的叶缘；叶纸质，干后褐绿色，羽轴上面有毛，沿羽轴下面及叶脉、有极短柔毛和硫磺色腺体疏生。孢子囊群生于侧脉近先端，近叶缘，下部 2-3 对不育，沿羽轴形成两侧不育空间；囊群盖无毛，厚膜质，棕色，宿存。染色体 $2n=144$。

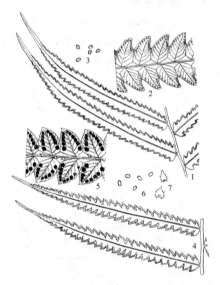

图 526：1-3.顶育毛蕨 4-7.毛蕨
（冀朝祯绘）

产台湾及海南，生于海拔 380 米以下灌丛下潮湿沙土。广布于日本、越南、泰国、缅甸、印度、马来西亚、印度尼西亚、波利尼西亚、密克罗尼西亚、澳大利亚东北部及非洲赞比亚。

16. 毛蕨

图 526：4-7

Cyclosorus interruptus (Willd.) H. Ito in Bot. Mag. Tokyo 51: 714. 1937.

Pteris interrupta Willd. in Phytogr. 1: 13. t. 10. 1794.

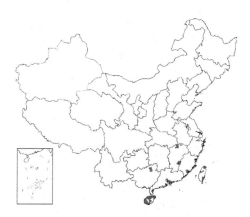

植株高达 1.3 米。根茎横走，连同叶柄基部偶有 1-2 鳞片。叶疏生；叶柄长约 70 厘米；基部黑褐色，向上渐禾秆色，光滑，叶片长约 60 厘米，宽 20-25 厘米，卵状披针形或长圆状披针形，二回羽裂；羽片 20-25 对，顶生羽片三角状披针形，柄长约 5 毫米，深羽裂；侧生中部羽片近线状披针形，羽裂达 1/3；裂片约 30 对，三角形；叶脉下面明显，每裂片侧脉 8-10 对，基部 1 对侧脉的上侧 1 脉出自主脉基部，下侧 1 脉出自羽轴，二者先端渐尖成钝三角形网眼，自交结点向缺刻下的膜质联线伸出外行小脉，

第二对侧脉伸至膜质联线，在主脉两侧形成两个斜长方形网眼，第三对侧脉伸达缺刻以上的叶缘；叶近革质，干后褐绿色，上面光滑，下面沿脉疏生柔毛及 1-2 橙红色腺体，羽轴下面有 1-2 棕色宽卵形鳞片。孢子囊群生于侧脉中部，每裂片 5-9 对，羽轴两侧有不育带；囊群盖疏生柔毛，淡棕色，膜质，宿存，成熟时隐没囊群中。染色体 2n=72，144。

产台湾、福建、江西、广东、海南及广西，生于海拔 200-380 米山谷溪边湿地。广布于热带和亚热带。

17. 宽羽毛蕨
图 527

Cyclosorus latipinnus (Benth.) Tard. -Blot in Lecomte, Not. Syst. 7:73. 1938.

Aspidium moll var. *latipinna* Benth. Fl. Hongk. 455. 1861.

植株高 20-25 厘米。根茎短，横卧或斜生，顶端与叶柄基部被鳞片。叶簇生；叶柄长 5-6 厘米，淡禾秆色，疏生短柔毛；叶片长 15-22 厘米，中部宽 5-8 厘米，披针形或长圆状披针形，二回羽裂；侧生羽片（2-）4-6 对，几无柄，下部 2-3 对略短，基部 1 对成三角形耳状，中部羽片长 3-5 厘米，中部以上宽约 1 厘米，披针形，有粗大锯齿；顶生羽片披针形，

裂片 15-18 对，三角状披针形；叶脉明显，侧脉在顶生羽片裂片 7-9 对；侧生羽片侧脉 3-4 对，基部 1 对出自离主脉基部以上，先端结成三角形网眼，向交结点伸向缺刻下的透明膜质联线，第二对侧脉伸达缺刻，第三对伸达缺刻以上叶缘；叶纸质，干后绿色，上面近光滑，下面沿叶轴、羽轴及主脉有 1-2 柔毛和腺体，脉间疏生柔毛。孢子囊群生于基部 1 对侧脉近先端，成熟时汇合，或生于第二对侧脉中部以上，在羽轴两侧各成 1-2 列，在顶生羽片上，每裂片约 3 对；囊群盖密生短柔毛。

产浙江、福建、广东、香港、海南、广西及贵州南部，生于海拔 30-320 米溪边或山谷石缝中。印度、斯里兰卡、越南、马

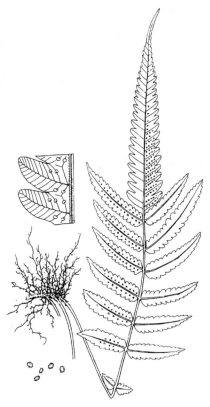

图 527 宽羽毛蕨 （冀朝祯绘）

来西亚、波利尼西亚及菲律宾有分布。

18. 渐尖毛蕨 图 528

Cyclosorus acuminatus (Houtt.) Nakai in Thunb. Miscel. Paper Regard. Jap. pl. 15. 1935.

Polypodium acuminatum Houtt. in Nat. Hist. 14: 181. t. 99. f. 2. 1783.

植株高 70-80 厘米。根茎长而横走，顶端密被鳞片。叶 2 列疏生；叶柄长 30-42 厘米，褐色，向上深禾秆色，有 1-2 毛，无鳞片；叶片长 40-50 厘米，中部宽 14-17 厘米，长圆状披针形，二回羽裂；羽片 13-18 对，柄极短，中部以下羽片长 7-11 厘米，中部宽 8-12 厘米，披针形，羽裂达 1/2-2/3；裂片 18-24 对，基部上侧 1 片长约 0.8-1 厘米，披针形，下侧 1 片长

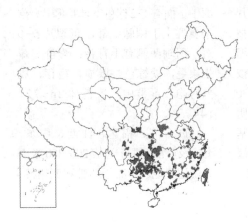

不及 5 毫米，近镰刀状披针形，全缘；下部羽片不缩短；叶脉明显，每裂片侧脉 7-9 对，单一，基部 1 对侧脉出自主脉基部，先端结成钝三角形网眼，自交结点向缺刻下的透明膜质联线伸出外行小脉，第二对和第三对的上侧 1 脉伸达透明膜质联线，缺刻下有 2 1/2 对；叶坚纸质，干后灰绿色，羽轴下面疏被针状毛，羽片上面被极短糙毛。孢子囊群生于侧脉中部以上，每裂片 5-8 对；囊群盖密生柔毛，宿存。染色体 2n=72。

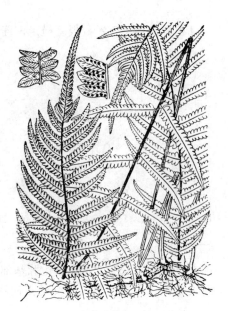

图 528 渐尖毛蕨 （引自《图鉴》）

产山东、河南、陕西、甘肃、江苏、安徽、浙江、台湾、福建、江西、湖北、湖南、广东、香港、海南、广西、贵州、四川及云南，生于海拔 100-2700 米灌丛、田边、路边、沟旁湿地或山谷石缝中。日本有分布。

19. 假渐尖毛蕨 图 529

Cyclosorus subacuminatus Ching ex Shing et J. F. Cheng in Jiangxi Sci. 8 (3): 45. 1990.

植株高 80-90 厘米。根茎长而横走，疏被披针形鳞片。叶疏生；叶柄长约 30 厘米，淡褐色，偶有 1-2 鳞片，向上渐深禾秆色，近光滑；叶片长 59-60 厘米，中部宽 20-26 厘米，宽披针形，二回羽裂；羽片 15-20 对，中部羽片长 10-15 厘米，中部宽 1.5-1.7 厘米，长渐尖头，基部近平截，深羽裂几达羽轴两侧宽翅；裂片 25-30 对，中部的长 6-7 毫米，基部宽 3-4 毫米，镰状

披针形，全缘，基部上侧 1 片长 0.8-1 厘米，长圆状披针形或卵状长圆形，具粗齿，每裂片侧脉 8-10 对，基部 1 对侧脉出自主脉基部，先端结成三角形网眼，自交结点伸出外行小脉和缺刻下透明膜质联线相接，第二对侧脉和第三对上侧 1 脉伸达缺刻下透明膜质联线，余侧

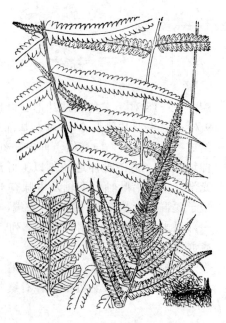

图 529 假渐尖毛蕨 （引自《江西植物志》）

脉伸达缺刻以上叶缘；叶纸质，干后褐绿色，下面沿羽轴及叶脉有少数针状毛。孢子囊群生于侧脉中部以上，每裂片7-8对；囊群盖无毛，淡棕色，膜质，宿存。

产江西、广东、广西及四川，生于海拔500-800米灌丛和林缘。

[附] **南川毛蕨 Cyclosorus nanchuanensis** Ching et Z. Y. Liu in Bull.

Bot. Res. (Harbin) 3 (4): 26. Photo 23. 1983. 本种和假渐尖毛蕨的主要区别：植株高达1.2米；羽片相距达5厘米；囊群盖有短柔毛。产四川中部及东部，生于海拔300-760米林下。

20. 闽台毛蕨 图530

Cyclosorus jaculosus (Christ) H. Ito in Bot. Mag. Tokyo 51: 725. 1937.

Aspidium jaculosum Christ in Bull. Herb. Boissier ser. 2, 4: 615. 1904.

植株高达1米。根茎长而横走，顶端和叶柄基部疏被鳞片。叶

疏生 x；叶柄长10-30厘米，淡褐禾秆色，疏被短柔毛；叶片长50-90厘米，中部宽20-24厘米，倒披针形或倒长圆状披针形，二回羽裂；羽片15-20对，下部4-6对渐小，基部1对长宽约1.5厘米，三角形，在叶轴两侧呈蝶状，中部羽片披针形，长11-13厘米，宽约1.5厘米，圆截形，羽裂达1/3或稍

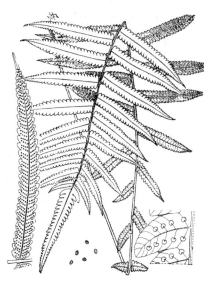

图 530 闽台毛蕨 （引自《浙江植物志》）

深；裂片多数，三角状长圆形，长2-3.5毫米，基部宽约2.5毫米，全缘或具浅齿；叶脉明显，每裂片侧脉6-8对，基部1对侧脉出自主脉基部以上，先端结成三角形网眼，自交结点伸出外行小脉与第二对侧脉连成斜方形网眼，第三对的上侧1脉伸至缺刻下透明膜质联线，下侧1脉伸到缺刻以上叶缘；叶草质，干后褐绿色，叶脉上面有1-2针状毛，脉间密生短刚毛，下面有少数腺体。孢子囊群生于侧脉中部，每裂片4-6对；囊群盖无毛或中央略被微毛。

产浙江、台湾及福建，生于海拔500-700米山谷石上或林下湿地。日本有分布。

[附] **兰屿大叶毛蕨 Cyclosorus productus** (Kaulf.) Ching in Bull. Fan

Mem. Inst. Biol. Bot. 10: 248. 1941.
—— *Aspidium productum* Kaulf. Enum. Fil. Chamisso 237. 1824. 本种和闽台毛蕨的区别：叶纸质；羽片裂不及1/3，呈粗齿状，下面沿羽轴及主脉有1-2针状毛。产台湾（兰屿），生于林下。菲律宾有分布。

21. 蝶状毛蕨 图531

Cyclosorus papilio (Hope) Ching in Bull. Fan Mem. Inst. Biol. Bot. 8: 214. 1938.

Nephrodium papilio Hope in Journ. Bombay Nat. Hist. Soc. 12: 625. t. 12. 1899.

植株高达1.5米。根茎直立。叶簇生；叶柄长6-30厘米，褐禾秆色，基部有鳞片，向上光滑；叶片长（-0.4）0.6-1.2米，中部宽20-32厘米，长圆状披针形或披针形，二回羽裂；羽片14-30对，无柄，下部4-6对羽片向下渐短成三角形，基部裂片长，在羽轴两侧呈蝶状；中部羽片长10-16厘米，基部宽约2厘米。线状披针形，基部平截，羽裂达2/3；裂片约20对，基部上侧1片较长，余长5-6毫米，宽3.5-4

毫米，长圆形，全缘；叶脉隆起，每裂片侧脉 6-8 对，基部 1 对侧脉出自主脉基部稍上，先端结成三角形网眼，自交结点伸出外行小脉达缺刻，第二对侧脉上侧 1 脉伸达近缺刻底部叶缘，下侧 1 脉伸达远离缺刻叶缘；叶薄草质，干后淡褐绿色，上面叶脉疏被针状毛，下面羽轴密被短针毛，脉间密生短柔毛。孢子囊群生于侧脉中部，每裂片 6 对；囊群盖密生柔毛。

产浙江、台湾、云南南部及西藏，生于海拔 590-1300 米山坡阔叶林下。印度北部及西北部、尼泊尔、斯里兰卡有分布。

[附] **长尾毛蕨 Cyclosorus paralatipinnus** Ching ex Shing, Fl. Reipubl. Popul. Sin. 4 (1): 253. 1999. 本种与蝶状毛蕨的区别：植株高 40-60 厘米；叶片具大的顶生羽片，侧生正常羽片 5-6 对。产广西南部及云南南部，生于海拔 400-1300 米潮湿山谷疏林下。

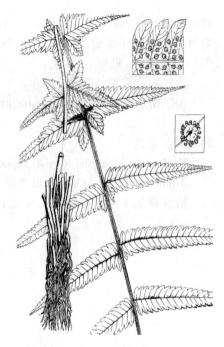

图 531 蝶状毛蕨
(引自《Journ. Bombay Nat. Hist. Soc.》)

22. 截裂毛蕨 图 532

Cyclosorus truncatus (Poir.) Farwell in Amer. Midl. Naturalist 12:250. 1931.

Polypodium truncatum Poir. Encycl. Meth. Bot. 5: 534. 1840.

植株高达 2 米。根茎短而直立，木质，顶端疏被鳞片。叶簇生；

叶柄长 30-50 厘米，禾秆色，疏被贴生鳞片；叶片长 1-1.1 米，中部宽 30-35（40）厘米，长圆状披针形，二回羽裂；羽片 35 对以上，下部 5-6（或更多对）骤窄，基部 1 对卵状三角形，长宽不及 1 厘米，中部羽片长 18-23 厘米，中部宽 1.8-2.5 厘米，披针形，羽裂达 1/3-1/2；裂片 35-40 对，长 3-6 毫米，宽 3-4 毫米，长方形，全缘；叶脉明显，每裂片侧脉 6-10 对，基部 1 对侧脉出自主脉基部，顶端结成三角形网眼，自交结点向缺刻伸出外行小脉和第二对上侧 1 脉连接，形成斜方形网眼，第二对的下侧 1 脉和第三对的上侧 1 脉均伸达缺刻底部，余侧脉伸达缺刻以上的叶缘；叶纸质，干后草绿色，羽轴上面有 1-2 针状毛，脉间有泡状突起。孢子囊群生于侧脉中部，每裂片 6-8 对；囊群盖无毛。

产台湾、福建、广东、海南、广西、贵州、云南及西藏，生于海拔 130-650 米溪边林下或山谷湿地。缅甸、印度、中南半岛、斯里兰卡、马来西亚、波利尼西亚、菲律宾及澳大利亚北部有分布。

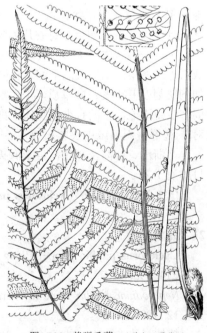

图 532 截裂毛蕨 （引自《图鉴》）

23. 河池毛蕨 图 533

Cyclosorus euphlebius Ching in Bull. Fan Mem. Inst. Biol. Bot. 8:226. 1938.

植株高达 2 米。根茎粗短，直立，木质。叶簇生；叶柄长达 1 米，

坚硬，污褐或带黑色，光滑或有 1-2 鳞片；叶片几与叶柄等长或过之，宽约 20 厘米，长圆状披针形，二回

浅羽裂；羽片约20对，下部羽片长13-17厘米，宽2-2.5厘米，披针形，羽裂达1/5，有时粗齿牙状；裂片22-25对，长2-2.5毫米，基部宽3-4毫米，三角形，边缘略波状；上部羽片向顶部渐短，顶生羽片和其下的分离；叶脉明显，每裂片侧脉7-11对，基部1对侧脉出自主脉基部稍上，先端结成宽三角形网眼，自交结点伸出外行小脉和第2-5对侧脉联结，在外行小脉两侧形成数个斜方形网眼，第6-7对的上侧1脉伸达缺刻下的透明膜质联线处；叶纸质，上面沿叶脉及羽轴基部有1-2针状毛，下面沿叶轴、羽轴及主脉疏被细毛。孢子囊群生于侧脉中部，每裂片7-10对；孢子囊柄有棒状腺毛，囊群盖无毛。

产广西、贵州及云南东南部，生于海拔150-420米溪边灌丛或阴湿低地。越南北部和泰国北部有分布。

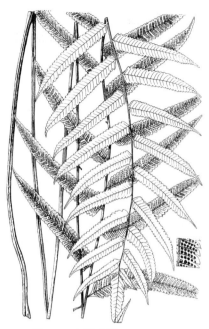

图 533 河池毛蕨 （孙英宝绘）

24. 干旱毛蕨

图 534

Cyclosorus aridus (Don) Tagawa in Acta Phytotax. Geobot. 7: 78. 1938.

Aspidium aridum Don, Prodr. Fl. Nepal. 4. 1825.

植株高达1.4米。根茎横走，黑褐色，连同叶柄基部疏被鳞片。叶疏生；叶柄长约35厘米，黑褐色，向上淡禾秆色，近光滑；叶片长60-80厘米，中部宽20-25厘米，宽披针形，二回羽裂；羽片约36对，下部6-10对渐成小耳片，中羽片长约10厘米，基部宽1.5厘米，披针形，羽裂达1/3；裂片25-30对，三角形，长2毫米，基部宽2.5-3毫米，全缘；叶脉明显，每裂片侧脉9-10对，基部1对侧脉出自主脉基部稍上，顶端结成三角形网眼，自交结点向缺刻延伸出外行小脉和第二对侧脉（有时仅和上侧1脉）连接，在外行小脉两侧形成斜方形网眼，第3-6对侧脉伸至缺刻下透明膜质联线，第7对以上侧脉伸达缺刻以上叶缘；叶近革质，干后淡绿或褐绿色，上面近光滑，下面沿叶脉疏生针状毛和腺体，脉间无毛。孢子囊群生于侧脉中部稍上，每裂片6-8对；囊群盖鳞片状，淡棕色，无毛。

产安徽南部、浙江、台湾、福建、江西、湖南、广东、海南、广西、贵州、四川、云南及西藏，生于海拔150-1800米沟边疏林、杂木林下或河边湿地，常成群丛。尼泊尔、印度、越南、菲律宾、印度尼西亚、马来西亚、澳大利亚及南太平洋岛屿有分布。

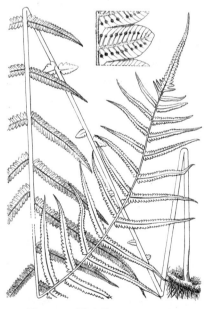

图 534 干旱毛蕨 （引自《图鉴》）

25. 福建毛蕨　乐清毛蕨　　　　　　　　　　　图 535

Cyclosorus fukienensis Ching in Bull. Fan Mem. Tnst. Biol. Bot. 8: 109. 1938.

植株高 40-60 厘米。根茎长而横走，顶端及叶柄基部略被鳞片，密生针状毛。叶疏生；叶柄长 16-25 厘米，褐色，向上禾秆色，疏被柔毛；叶片长 35-45 厘米，中部宽 12-20 厘米，宽披针形，二回羽裂；羽片 8-13 对，下部 1-3 对稍短，基部 1 对长 2-4 厘米；中部羽片长 10-13 厘米，基部宽 1.8-2.2 厘米，披针形，羽裂达 1/3；裂片约 15 对，长宽各 3-7 毫米，方形，全缘；叶脉明显，每裂片侧脉 6-8 对，基部 1 对侧脉出自主脉基部，顶端结成三角形网眼，自交结点伸出外行小脉和第二对侧脉相连，在主脉两侧各形成斜方形网眼，第 3-4 对的上侧 1 脉，伸达缺刻下的透明膜质联线连接，余伸达缺刻以上叶缘；叶纸质，沿羽轴及主脉有 1-2 短针毛，下面叶脉疏生糙毛和淡黄色棒形腺体。孢子囊群生于侧脉中部，每裂片 4-5 对；囊群盖密生短柔毛。

产浙江及福建，生于海拔 50-300 米林下沟边。

[附] **德化毛蕨 Cyclosorus dehuaensis** Ching et Shing, Fl. Fujian. 1: 599. 163. f. 152. 1982. 本种与福建毛蕨的区别：植株高 0.95-1.45 米；基部羽片成耳状，羽片渐尖头；孢子囊群每裂片 6-7 对。产福建及浙江，生于海拔 80-500 米林下沟边。

图 535　福建毛蕨　（孙英宝绘）

15. 溪边蕨属 Stenogramma Bl.

中型土生蕨类。根茎短，直立或斜生，密被单细胞有分隔的长毛，疏被棕色、边缘具刚毛披针形鳞片。叶簇生；叶柄深禾秆色，基部被鳞片和针状长毛；叶片长圆状披针形或宽披针形，一回羽状；羽片约 10 对，无柄或下部几对具极短柄，向上多数与叶轴合生，披针形或卵状披针形，基部圆楔形或平截，近对称，边缘波状或圆齿状，或羽裂深达 1/3，两面多被毛，羽轴下面隆起，上面有纵沟，密被针状毛；叶脉为星毛蕨型，侧脉 3-5 对，斜上，下部 1-3 (-5) 对顶端连成三角形或四角形网眼，基部 1 对出自主脉基部以上，向上的叶脉伸达叶缘或无透明膜缺刻；叶草质，干后褐绿色，下面常被灰白色针状毛，上面疏被刚毛；叶轴被多细胞的长毛和短毛。孢子囊群线形，生于侧脉，无盖；孢子囊有短毛，稀无毛。孢子四面型，椭圆状，外壁具长尖刺。

约 10 余种，主产中国西南部，南至印度、缅甸、越南及太平洋诸岛。我国 6 种。

1. 羽片侧脉两侧有 3-4 对小脉相联，形成 2 列网眼，网眼四方形或五角形 ……… 1. **屏边溪边蕨 S. dictyoclinoides**
1. 羽片侧脉两侧有 1-2 对小脉相联，形成 1-3 个网眼，网眼三角形、菱形或不规则形。
   2. 孢子囊群着生处孢子囊散落后残留大量短刚毛 …………………………… 2. **贯众叶溪边蕨 S. cyrtomioides**
   2. 孢子囊群着生处孢子囊散落后残留腺体状残余物 …………………… 3. **金佛山溪边蕨 S. jinfoshanensis**

1. 屏边溪边蕨

图 536：1-4

Stegnogramma dictyoclinoides Ching in Sinensia 7: 92. t. 1. 1936.

植株高达 50 厘米。根茎粗短，斜生，几无鳞片。叶簇生；叶柄长 15-23 厘米，深禾秆色，基部近光滑，被针状毛和短毛；叶片长 15-25 厘米，宽 7-10 厘米，宽披针形，羽裂渐尖头，一回羽状；羽片 7-8 对，基部 1-2 对分离，无柄，向上各对多少与叶轴合生，基部羽片长 3-4 厘米，宽约 1.5 厘米，长圆状披针形，有圆齿；中部羽片与其下的同形，长达 5 厘米，宽 2 厘米以上，基部与叶轴合生；叶脉明显，小脉 2-4 对连接成网状，网眼 2 排，每排有 4-5 网眼，近四方形或五角形，自连接点向外行小脉多少曲折，基部 1 对小脉出自侧脉基部以上；叶草质，干后褐绿色，两面均密被针状毛。孢子囊群线形，沿小脉着生（有时外行小脉上也有），无盖；孢子囊近顶处有 1-2 根直立针状毛。

产台湾及云南东南部，生于海拔 1200 米林下沟边。越南有分布。

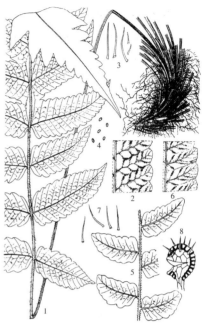

图 536：1-4.屏边溪边蕨 5-8.金佛山溪边蕨
（张荣厚 冀朝祯绘）

2. 贯众叶溪边蕨

图 537

Stenogramma cyrtomioides (C. Chr.) Ching in Sinensia 7(1): 95. 1936.

Dryopteris stegnogramma C. Chr. var. *cyrtomioides* C. Chr. in Acta Hort. Geobot. 1: 56. 1924.

植株高 28-50 厘米。根茎短而直立，密被鳞片和针状毛。叶簇生；叶柄长 8-25 厘米，禾秆色，基部疏被鳞片，幼时密被长针状毛，老时渐脱落；叶片披针形，长 15-25 厘米，宽 4-8 厘米，一回羽状；羽片 8-10 对，基部 1 对略短，下部 3-4 对分离，无柄，其上的多少与叶轴合生，中部的长 2-3.5 厘米，宽约 1.5 厘米，卵状长圆形，近全缘或略浅波状；叶脉明显，侧脉间小脉 2-3 对，基部 1 对先端交结，有时交结脉上延和第二对小脉的上侧 1 脉在边缘相交，形成 1 个三角形和另一个菱形网眼；叶干后黄绿色，草质或纸质，下面脉间有短毛，上面沿叶缘和先端有刚毛；叶轴下面密被长针状毛，羽轴和叶脉下面被短毛，上面被刚毛。孢子囊群线形，沿小脉

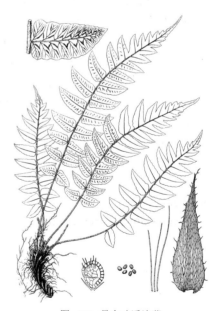

图 537 贯众叶溪边蕨
（孙英宝仿《中国蕨类植物图谱》）

着生，着生处在孢子囊散落后残留丛生直立短毛，无盖；孢子囊有 2-3 根短毛。

产贵州、四川及云南西北部，生于海拔 600-1500 米灌丛中。

3. 金佛山溪边蕨 图 536：5-8

Stegnogramma jinfoshanensis Ching et Z. Y. Liu in Bull. Bot. Res. (Harbin) 3(4): 13. 1983.

植株高 35-40 厘米。根茎短而斜生，连同叶柄基部被针状毛和有

毛鳞片。叶簇生；叶柄长 10-20 厘米，灰褐色，下部疏被鳞片和针状毛，兼有刚毛；叶片长 18-27 厘米，宽 5.2-7 厘米，披针形，一回羽状；羽片 8-12 对，无柄，下部 3-4 对分离，向上各对多少与叶轴合生，中部羽片长 4-5 厘米，宽约 1.6 厘米，宽披针形，基部近平截，边缘圆齿状或羽状浅裂；叶脉

明显，小脉 3-4 对，下部 2 对顶端交结，基部 1 对出自主脉基部以上；叶干后灰绿或淡绿色，薄纸质，下面脉间被短针状毛，上面脉间被短毛；叶轴两面被长刚毛，羽轴和叶脉下面被短毛，羽轴上面密被刚毛，叶脉上面疏被刚毛。孢子囊群线形，沿小脉着生，先端汇合，无盖，孢子囊脱落后，着生处留有腺体状残余物；孢子囊有刚毛。

产贵州北部、四川及云南，生于海拔 2500 米以下石灰岩山地阴处灌丛中。

16. 星毛蕨属 **Ampelopteris** Kunze

土生蔓状蕨类，高达 1 米以上。根茎长而横走，连同叶柄基部疏被有星状分叉毛的鳞片。叶簇生或近生；叶柄禾秆色，坚硬，长达 40 厘米；叶片披针形，叶轴顶端常延长成鞭状，着地生根，形成新株，一回羽状，羽片达 30 对，披针形，长 5-10（-15）厘米，宽达 2 厘米，钝尖头，基部圆截形，边缘浅波状，近无柄，羽片腋间常有鳞芽，长出一回羽状小叶片；叶脉明显，侧脉斜展，顶端连接，并自连接点伸出 1 条曲折外行小脉连接各对侧脉直达叶缘缺刻，外行小脉两侧各形成 1 排斜方形网眼，构成星毛蕨型的特有脉型；叶干后纸质，淡绿或褐绿色，叶轴两面和脉间有分叉或不分叉短毛，老时脱落光滑。孢子囊群近圆形或长圆形，着生侧脉中部，成熟后汇合，无盖。孢子囊无毛。孢子椭圆形，单裂缝，周壁薄而透明，具细网状纹饰，网脊具小刺。染色体基数 x=36。

单种属。

星毛蕨 图 538

Ampelopteris prolifera (Retz.) Cop. Gen. Fil. 144. 1947.

Hemionitis prolifera Retz. in Obs. Bot. 6: 36. 1791.

形态特征同属。

产台湾、福建、江西、湖南、广东、香港、海南、广西、贵州、四川及云南，生于海拔 100-950 米向阳溪边河滩沙地。除美洲外，热带和亚热带地区均有分布。嫩叶可作蔬菜。

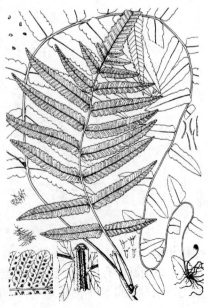

图 538 星毛蕨 （引自《中国植物志》）

17. 新月蕨属 Pronephrium Presl

土生中型蕨类。根茎长而横走，或短而横卧，略被带毛鳞片。叶疏生或近生；叶柄基部以上被针状毛；叶片奇数一回羽状，稀单叶或 3 出，羽片大，3-10（-15）对，顶生羽片分离，与侧生羽片同形，基部 1 对羽片不缩短或稍缩短，披针形，近无柄或有短柄，不与叶轴合生，全缘或有粗锯齿；叶脉新月形，小脉在侧脉之间联结成斜方形网眼，直达叶缘，每对小脉交结点生出外行小脉连续或断续，顶端有小水囊；叶草质或纸质，稀近革质，干后绿或褐色，常有红晕，两面多少被针状毛或钩状毛（至少沿叶轴及羽轴下面），脉间下面通常有泡状突起。孢子囊群圆形，在侧脉间成 2 行，背生于小脉，若生于小脉上部则成熟时双双汇合为新月型，稀密被羽片下面，无盖或有盖，盖有毛或光滑；孢子囊光滑或有针状毛。孢子两面型，肾状，周壁透明或半透明，有脊状隆起或褶皱，或具小瘤状和刺状纹饰。染色体基数 x = 12（36）。

约 61 种，分布于热带和亚热带地区。我国 18 种。

1. 植株各部具钩状毛。
  2. 单叶，二型，不育叶基部深心形，两侧圆耳状；孢子囊成熟时密被羽片下面 ········ 1. **单叶新月蕨 P. simplex**
  2. 叶 3 出或羽状（偶有单叶，基部圆或楔形），一型，稀稍二型；孢子囊成熟时成行。
    3. 叶 3 出（有时有 2 对侧生羽片），干后绿色 ···························· 2. **三羽新月蕨 P. triphyllum**
    3. 叶羽状，有多对侧生羽片，干后绿色或稍红色。
      4. 根茎短而横卧；叶近生，上部羽片腋间有芽胞 ··············· 2(附). **顶芽新月蕨 P. cuspidatum**
      4. 根茎长而横走；叶疏生，上部羽片腋间无芽胞。
        5. 最下部羽片先端尾状，长 2-4 厘米 ··················· 3. **微红新月蕨 P. megacuspe**
        5. 最下部羽片较大，羽片先端非长尾状 ··············· 3(附). **羽叶新月蕨 P. parishii**
1. 植株各部无钩状毛。
  6. 孢子囊群无盖。
    7. 叶干后褐或红褐色，羽片宽线形，有软骨质尖锯齿或深裂成齿牙状 ········ 4. **披针新月蕨 P. penangianum**
    7. 叶干后多少紫红色，羽片卵状披针形，边缘全缘或略波状。
      8. 叶片下面叶轴和羽轴疏生短毛，余光滑；叶柄长 80-90 厘米 ········· 5. **红色新月蕨 P. lakhimpurense**
      8. 叶片下面沿叶轴、羽轴、叶脉及脉间均密被针状毛；叶柄长 25-70 厘米 ········ 6. **针毛新月蕨 P. hirsutum**
  6. 孢子囊群有盖。
    9. 羽片长圆状宽卵形，基部不变窄或略变窄，边缘具规则粗锯齿。
      10. 孢子囊无毛；囊群盖偶有 1-2 根短毛 ··················· 7. **大羽新月蕨 P. nudatum**
      10. 孢子囊和囊群盖均有毛 ··························· 7(附). **云贵新月蕨 P. yunguiensis**
    9. 羽片宽卵形或卵状长圆形，基部楔形。全缘、具粗钝锯齿或波状。
      11. 叶片下面羽轴和叶脉疏被短毛 ··················· 8. **新月蕨 P. gymnopteridifrons**
      11. 叶片下面脉间、羽轴和叶脉均密被节状长毛或针状毛。
        12. 羽片长圆状披针形，基部圆楔形，脉间下面无泡状突起，被单细胞针状毛 ·············
        ·· 8(附). **硕羽新月蕨 P. macrophyllum**
        12. 羽片卵状披针形，基部楔形，脉间下面泡状突起，密被多细胞节状毛 ··········
        ·· 9. **河口新月蕨 P. hekouensis**

1. 单叶新月蕨　新月蕨　　　　　图 539：1-2　图 540　彩片 89

Pronephrium simplex (Hook.) Holtt. in Blumea 20: 122. 1972.

Meniscium simplex Hook. in London Journ. Bot. 1: 294. f. 11. 1842.

Abacopteris simplex (Hook.) Ching; 中国高等植物图鉴 1: 213. 1972.

植株高 30-40 厘米。根茎细长横走，顶端疏被棕色披针形鳞片和钩状短毛。叶疏生；单叶，二型；不育叶柄长 14-18 厘米，禾秆色，基部偶有 1-2 鳞片，向上密被钩状短毛，间有针状毛；叶片长 15-20 厘米，中部宽 4-5 厘米，椭圆状披针形，基部深心形，两侧圆耳状，全缘或浅波状；上面叶脉明显，侧脉间基部有 1 个近长方形网眼，其上具 2 行近正方形网眼；叶干后纸质，两面均被钩状短毛，叶轴和叶脉上面毛密，脉间有长针状毛；能育叶高于不育叶，具长柄，叶片长 5-10 厘米，中部宽 0.8-1.5 厘米，披针形，基部心形，全缘；叶脉同不育叶，被同样的毛。孢子囊群生于小脉，初圆形，无盖，成熟时密布羽片下面。

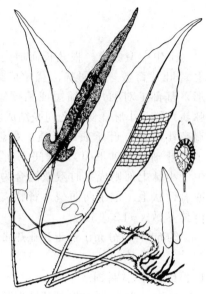

图 540 单叶新月蕨 （引自《图鉴》）

产台湾、福建、广东、海南、广西及云南东南部，生于海拔 20-1500 米溪边林下或山谷林下。越南和日本有分布。

2. 三羽新月蕨　　　　　　　　　图 541　图 542：1-8

Pronephrium triphyllum (Sw.) Holtt. in Blumea 20: 122. 1972.

Meniscium triphyllum Sw. in Journ. Bot. (Schrader) 1800 (2): 16. 1801.

Abacopteris triphylla (Sw.) Ching; 中国高等植物图鉴 1: 213. 1972.

植株高 20-50 厘米。根茎细长横走，密被灰白色钩状毛和鳞片。叶疏生，一型或近二型；叶柄长 10-20 厘米，深禾秆色，基部疏被鳞片，密被钩状短毛；叶片长 12-20 厘米，下部宽 7-11 厘米，卵状三角形，长尾头，基部圆，三出；侧生羽片 1 (2) 对，对生，长 5-9 厘米，中部宽 1.5-2.5 厘米，长圆状披针形，短渐尖头，基部圆或圆楔形，有柄，全缘；顶生羽片披针形；叶

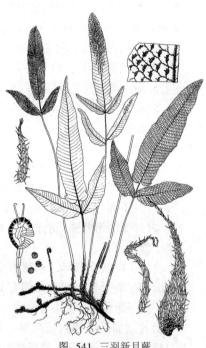

图 541 三羽新月蕨
（孙英宝仿《Ogata, Ic. Fil. Jap.》）

脉下面较明显，小脉在羽片中部 8-9 对，侧脉间基部有一个由小脉顶端联成的三角形网眼，交结点延伸外行小脉和侧脉联成近方形网眼；叶干后绿色，坚纸质，上面沿主脉凹槽密被钩状毛，余无毛，下面沿主脉、侧脉及小脉均被钩状毛，脉间疏被钩状毛；能育叶略高出不育叶，柄较长，羽片较窄。孢子囊群生于小脉，初圆形，后长形并双双汇合，无盖；孢子囊有 2 根钩状毛。

产台湾、福建、广东、广西及云南，生于海拔 120-600 米林下。

泰国、缅甸、印度、斯里兰卡、马来西亚、印度尼西亚、日本、韩国南部及澳大利亚东北部均有分布。

[附] 顶芽新月蕨　琉球新月蕨 **Pronephrium cuspidatum** (Bl.) Holtt. in Blumea 20: 123. 1972.── *Meniscium cuspidatum* Bl. Pl. Jav. 114. 1828. 本种

和三羽新月蕨的区别：根茎短而横卧；叶近生，羽状，有2-4对羽片，上部羽片腋间有芽胞，叶干后棕色并略带红晕色。产台湾，生于低山密林下。日本、所罗门岛和印度尼西亚有分布。

3. **微红新月蕨** 沙氏新月蕨　　　　　图 542：9-10

Pronephrium megacuspe (Baker) Holtt. in Blumea 20: 122. 1972.

Polypodium megacuspe Baker in Journ. Bot. 28: 266. 1890.

植株高50-70厘米。根茎横走，密被钩状毛和鳞片。叶疏生；

图 542：1-8.三羽新月蕨　9-10.微红新月蕨
（引自《中国植物志》）

叶柄长25-30厘米，禾秆色，基部疏被鳞片，向上疏生刚毛；叶片和叶柄等长，中部宽约30厘米，长圆形，尾状渐尖头，奇数一回羽状；侧生羽片5-6对，基部1对略短，长12-14厘米，中部以上宽约25厘米，披针形，尾状渐尖头，全缘或浅波状；顶生羽片和侧生羽片同形，较大，柄长2-4毫米；

叶脉明显，小脉近斜展，在侧脉间基部联成三角形网眼，向上联成1列似倒"V"字形网眼，各连接点伸出短的外行小脉，顶端膨大成水囊；叶干后纸质，微红色，幼时下面有较多钩状毛，老时脱落，少量残留叶轴和叶脉。孢子囊群着生小脉中部以上，成熟时双双汇合，在侧脉间形成1行等距横列孢子囊群，无盖；孢子囊幼时有毛，后脱落。

产江西南部、广东、广西及云南，生于海拔130-400米密林下。越南、泰国和日本有分布。

[附] **羽叶新月蕨 Pronephrium parishii** (Bedd.) Holtt. in Blumea 20: 110. 1972. —— *Meniscium parishii* Bedd. Ferns Brit. Ind. t. 184. 1866. 本种与微红新月蕨的区别：最下部羽片较大，羽片先端非长尾状。产台湾，生于林下。印度南部、斯里兰卡、缅甸、中南半岛、马来西亚和日本有分布。

4. **披针新月蕨**　　　　　图 543

Pronephrium penangianum (Hook.) Holtt. in Blumea 20: 110. 1972.

Polypodium penangianum Hook. Sp. Fil. 5: 13. 1863.

Abacopteris penangiana (Hook.) Ching; 中国高等植物图鉴1: 215. 1972.

植株高1-2米。根茎长而横走，偶有1-2棕色鳞片。叶疏生；叶柄长达1米，褐棕色，向上淡红色，光滑；叶片长圆状披针形，长40-80厘米，宽25-40厘米，奇数一回羽状；侧生羽片10-15对，有短柄，宽线形，中

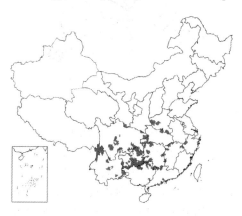

部以下的长20-30厘米，宽2-2.7厘米，渐尖头，基部宽楔形，有

软骨质尖锯齿，或深裂成齿牙状，上部羽片略短，顶生羽片和中部的同形同大，有柄；下面叶脉明显，小脉9-10对，先端联结，在侧脉间基部形成三角形网眼，由交结点向上伸出外行小脉，和其上的小脉交接点相连（有时中断），形成2列窄长斜方形网眼，顶端2-3对小脉分离，伸达叶缘；叶干后纸质，褐或红褐色，光滑。孢子囊群圆形，生于小脉中部或中部稍下，在侧脉间成2列，每列6-7枚，无盖。

产河南、甘肃南部、浙江、江

西、湖北、湖南、广东、广西、贵州、四川及云南，生于海拔900-3600米疏林下或阴地沟边。印度、尼泊尔有分布。为四川峨眉山民间草药，根茎治崩症，叶治经血不调。

5. 红色新月蕨 图544

Pronephrium lakhimpurense (Rosenst.) Holtt. in Blumea 20: 110. 1972.

Dryopteris lakhimpurensis Rosenst. Medel. Rijks Herb. 31: 7. 1917.

Abacopteris rubra (Ching) Ching；中国高等植物图鉴 1: 214. 1972.

植株高1.5米以上。根茎长而横走。叶疏生；叶柄长80-90厘米，

基部偶有1-2鳞片，深禾秆色；叶片长60-80厘米，长圆状披针形或卵状长圆形，奇数一回羽状；侧生羽片8-12对，中部以下的有柄，长24-32厘米，中部宽4-6厘米，宽披针形，短尾尖，基部近圆，全缘或浅波状；顶生羽片和其下的同形，柄长1.5-2厘米；叶脉纤细，下面较明显，侧脉近斜展，基部1对小脉顶端联成三角形网眼，其上各对小脉和相交点的外行小脉形成2列斜方形网眼，外行小脉几达上一对小脉连接点；叶干后薄纸质或草质，褐色，两面无毛，偶叶背有1-2刚毛；叶轴、羽轴和叶脉有疏短毛。孢子囊群圆形，生于小脉中部或稍上，在侧脉间成2行，成熟时偶汇合，无盖。

产福建、江西、广东、广西、贵州、四川、云南及西藏，生于海拔300-1550米山谷和林下沟边。印度北部、越南及泰国北部有分布。

6. 针毛新月蕨 图545

Pronephrium hirsutum Ching et Y. X. Lin, Fl. Reipub. Popul. Sin. 4 (1): 305. pl. 58: f. 1-2. 1999.

植株高0.6-1米。根茎长而横走，疏被鳞片。叶疏生；叶柄长25-70厘米，基部疏被鳞片，淡禾秆色；叶片披针形，长30-50厘米，宽15-30厘米，一回奇数羽状；侧生羽片4-8对，无柄，基部1对小，中部羽片长圆状披针形，长10-25厘米，中部宽2-5厘米，基部圆楔形，边缘平滑或略波状；顶生羽片比侧生羽片大，卵状披针形，柄长1-4厘米，边缘波状或圆齿状；

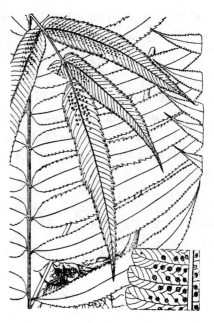

图 543 披针新月蕨 （引自《图鉴》）

图 544 红色新月蕨 （引自《图鉴》）

叶脉下面明显，主脉粗而隆起，基部1对小脉在侧脉间联成三角形网眼，向下各对双双联成网眼，外行小脉不达上一对连接点，各回叶脉均密被短刚毛；叶干后纸质或草质，暗绿、淡红或赤红色；叶轴、

羽轴、叶脉及脉间均密被针状毛，叶下面羽轴和叶脉疏被短刚毛，脉间偶有1-2刚毛。孢子囊群圆形，生于小脉中部或稍上，成熟时不汇合，无盖。

产福建、广东、贵州及四川，生于陡峭斜坡阴湿地、河边湿地或沼泽地。

7. 大羽新月蕨

图 546

Pronephrium nudatum (Roxb.) Holtt. in Blumea 20: 111. 1972.

Polypodium nudatum Roxb. in Calc. Journ. Nat. Hist. 4: 491. 1844.

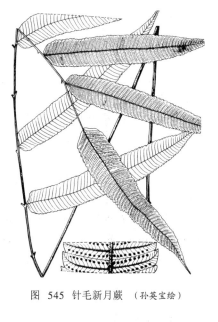

图 545 针毛新月蕨 （孙英宝绘）

植株高达2.5米。根茎粗壮，横走，木质，疏被鳞片。叶疏生；叶柄长0.5-0.8（1.4）米，基部被鳞片，褐棕色，向上光滑，淡棕色；叶片长60-90厘米，中部以下宽26-40（-60）厘米，长圆状宽卵形，奇数一回羽状；侧生羽片8-14（-16）对，近无柄，中部以下的长26-30（-35）厘米，宽3-4（5）厘米，宽线状披针形，具规则粗锯齿，上部羽片略短；顶生羽片和中部的同形，略短，基部不对称，柄长1厘米；叶脉明显，小脉在侧脉基部形成三角形网眼，向上形成并列斜方形网眼；叶干后草质，绿或灰绿色，下面沿叶脉疏被短刚毛，叶轴和羽轴两面被同样的毛，下面脉间有泡状突起。孢子囊群圆形，着生小脉中部，在侧脉间成2行；囊群盖小，偶有1-2短毛；孢子囊体无毛。

产贵州、云南及西藏，生于海拔120-1580米山坡疏林下阴处。锡金、印度北部、缅甸、越南、菲律宾及印度尼西亚有分布。

[附] **云贵新月蕨 Pronephrium yunguiensis** Ching et Y. X. Lin, Fl. Reipub. Popul. Sin. 4(1): 308. t. 59: 5-6. 1999. 本种与大羽新月蕨的主要区别：孢子囊和囊群盖均有毛。产贵州、云南，生于海拔210-800米山坡疏林下。

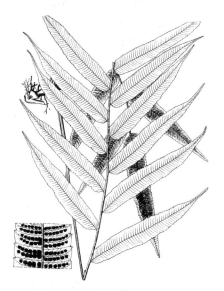

图 546 大羽新月蕨 （孙英宝绘）

8. 新月蕨　培史新月蕨

图 547

Pronephrium gymnopteridifrons (Hayata) Holtt. in Blumea 20: 112. 1972.

Dryopteris gymnopteridifrons Hayata Ic. Pl. Formos. 8: 148. f. 75-76. 1919.

Abacopteris aspera (Presl) Ching; 中国高等植物图鉴 1: 214. 1972.

植株高达0.8-1.2米。根茎长而横走，密被鳞片。叶疏生；叶柄长28-80厘米，基部被鳞片，向上密被短毛，禾秆色；叶片长40-80厘米，中部宽15-30厘米，宽卵形或卵状长圆形，奇数一回羽状；侧生

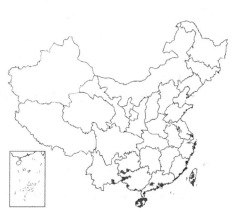

羽片 3-8 对，无柄，基部 1 对较短；中部叶片长圆状披针形，长 15-30 厘米，中部宽 3.5-5.5 厘米，全缘或具粗钝锯齿；上部羽片略小；顶生羽片和中部的同形，稍大，有长柄；叶脉下面隆起，主脉上面有纵沟，小脉斜上，基部 1 对联成三角形网眼，向上各对和外行小脉联成近方形或长方形网眼；叶干后淡绿色，纸质，上面沿主脉纵沟有伏贴短毛，余光滑，下面叶脉被疏短毛，侧脉间偶有 1-2 短毛和少数泡状突起。孢子囊群圆形，生于小脉中部，在侧脉间成 2 行，不汇合；囊群盖小，上面有毛；孢子囊有毛。

产台湾、广东、香港、海南、广西、贵州及云南，生于海拔 100-500 米山谷沟边林下或山坡疏林下。菲律宾有分布。

[附] **硕羽新月蕨** *Pronephrium macrophyllum* Ching et Y. X. Lin, Fl. Reipub. Popul. Sin. 4(1): 311. 1999. 本种与新月蕨的主要区别：叶脉下面脉间、羽轴和叶脉均密被长针状毛。产广西北部及云南，生于海拔 540-760 米沟边林下。

图 547 新月蕨
（孙英宝仿《Ogata, Ic. Fil. Jap.》）

9. 河口新月蕨   图 539：3-5

Pronephrium hekouensis Ching et Y. X. Lin, Fl. Reipub. Popul. Sin. 4(1): 311. pl. 55: f. 3-5. 1999.

植株高 0.4-1.1 米。根茎长而横走，黑色，木质，被鳞片。叶疏生；叶柄长 25-60 厘米，基部被鳞片，向上被针状毛，禾秆色；叶片长 20-50 厘米，中部宽 15-30 厘米，宽卵形或卵状长圆形，奇数一回羽状；侧生羽片 3-6 对，具短柄，基部 1 对略短，中部羽片长 15-25 厘米，中部宽 3-6.5 厘米，卵状披针形或长圆状披针形，边缘波状；上部羽片渐小；

顶生羽片略大于中部羽片，基部不对称，具长柄；叶脉下面隆起，主脉上面有纵沟，侧脉斜展，平行，基部 1 对小脉联成三角形网眼，其上各对和外行小脉联成近方形或长方形网眼；叶干后纸质或草质，绿、淡绿或灰绿色，上面沿主脉纵沟密被伏贴刚毛，侧脉和小脉有疏毛，下面叶脉和脉间被针状毛和节状毛，脉间多少有泡状突起。孢子囊群圆形，生于小脉中部，成熟时双双汇合，有盖，盖被密毛；孢子囊有毛。

产海南及云南，生于海拔 130-500 米山坡或沟边林下。

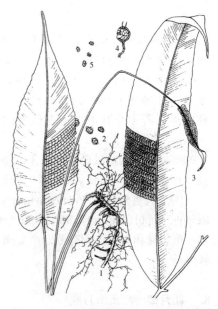

图 539：1-2.单叶新月蕨　3-5.河口新月蕨
（冀朝祯绘）

18. 圣蕨属 Dictyocline Moore

中型土生蕨类。根茎短而直立或斜生，连同叶柄基部疏被鳞片，鳞片披针形，褐色，质厚，边缘有针状刚毛。叶簇生；叶柄灰禾秆色，上面有浅纵沟，被毛；叶片椭圆形或三角形，先端渐尖，基部心形，一回羽状或羽裂，或单叶，如羽状，有1-6对侧生羽片，羽片宽披针形，基部圆，全缘，分离或合生，斜展，羽轴两面隆起，侧脉明显，斜上，直达叶缘，侧脉两侧小脉网状，粗而明显，网眼3-4排，略四角形或五角形，无内藏小脉或有单一或分叉内藏小脉；叶干后褐色，纸质，粗糙，两面均密被先端钩状粗毛。孢子囊群散生网脉，无盖；孢子囊近顶处有直立针状刚毛。孢子椭圆形，有刺状纹饰。染色体x=12（36）。

4种，主产中国长江以南各省区，东至日本，西至印度，南达越南。

1. 叶片羽状，有1-6对分离侧生羽片，网状脉网眼内无内藏小脉。
　　2. 顶生羽片3叉，侧生分离羽片1-3（4）对，羽片宽3-4厘米 ⋯⋯⋯⋯⋯⋯⋯⋯ 1. 圣蕨 **D. griffithii**
　　2. 顶生羽片羽裂，侧生分离羽片4-6对，宽达2厘米 ⋯⋯⋯⋯⋯⋯⋯ 2. 闽浙圣蕨 **D. mingchegensis**
1. 叶片羽裂或不裂，网状脉网眼内多少有单一或分叉内藏小脉。
　　3. 叶片下面有长针状毛，侧脉横间隔不明显，叶轴和羽轴两侧长方形网眼内有少数内藏小脉，稀联成小方形网眼 ⋯⋯⋯⋯⋯⋯⋯⋯⋯⋯⋯⋯⋯⋯⋯⋯⋯⋯⋯⋯⋯⋯ 3. 羽裂圣蕨 **D. wilfordii**
　　3. 叶片下面被柔毛，或有极少针状毛，侧脉间有较明显横隔脉，叶轴和羽轴两侧长方形大网眼内有较多内藏小脉，内藏小脉联成小方形小网眼 ⋯⋯⋯⋯⋯⋯⋯⋯⋯ 4. 戟叶圣蕨 **D. sagittifolia**

1. 圣蕨　　　　　　　　　　　　　图548 彩片90

Dictyocline griffithii Moore in Gard. Chron. 854. 1855.

植株高40-70厘米。根茎短而斜生，连同叶柄基部略被鳞片和密生针状长刚毛。叶簇生；叶柄长12-30厘米，深禾秆色，密被针状毛；叶片长圆形，长20-35厘米，宽12-19厘米，先端尾尖，奇数羽状；侧生羽片2-3对，几无柄，基部1对和其上各对同形同大，长圆状披针形，长10-15厘米，宽3-4厘米，基部圆楔形或圆，全缘；顶生羽片3叉，基部楔形或圆楔形，有长柄，

侧生1对羽片与其下的羽片同形，中央裂片较大，渐尖头，全缘；羽轴通直，两面隆起，密被粗刚毛；侧脉明显，直达叶缘，侧脉间小脉网状，有2-3排网眼，网眼近四方形或斜方形，无内藏小脉；叶粗纸质，干后褐色，被毛，下面沿叶脉有粗毛，上面疏生短刚毛。孢子囊群沿网脉散生，无盖；孢子囊圆球形，具短柄，有3-4根刚毛。孢子椭圆形，具刺状纹饰。

产浙江、台湾、福建、江西、香港、广西、贵州、四川及云

图 548 圣蕨 （引自《中国蕨类植物图谱》）

南，生于海拔600-1400米密林下或阴湿山沟。越南、缅甸和印度北部有分布。

2. 闽浙圣蕨　　　　　　　　　　　图549

Dictyocline mingchegensis Ching in Acta Phytotax. Sin. 8: 334. 1963.

植株高约50厘米。根茎短而斜生，密被红棕色、有刚毛鳞片和针状毛。叶簇生；叶柄长约20厘米，淡禾秆色，疏被针状毛，基部有1-2鳞片；叶片长26-30厘米，宽12-14厘米，窄长圆形，渐

尖头，一回羽状；侧生羽片4-6对，对生，几无柄，基部1对长7-8厘米，宽约2厘米，宽披针形，

全缘或多少波状；顶生羽片大，渐尖头，基部下延，边缘羽裂，基部1对裂片与侧生的同形，羽轴两面均隆起，被针状毛，侧脉明显，斜上，侧脉间小脉网状，网眼2排，近四方形，无内藏小脉；叶干后草绿色，粗纸质，下面沿叶脉有针状刚毛，上面光滑或叶脉有1-2短毛。孢子囊沿叶脉疏生。

产浙江、福建及江西，生于海拔280-850米山谷阴湿处或林下。

图 549 闽浙圣蕨 （冯增华绘）

3. 羽裂圣蕨

图 550 彩片 91

Dictyocline wilfordii (Hook.) J. Sm. Hist. Fil. 149. 1875.

Hemionitis wilfordii Hook. Fil. Exot. t. 93. 1859.

植株高30-50厘米。根茎粗短斜上，密被黑褐色硬鳞片，鳞片边缘具针状短毛。叶簇生；叶柄长17-30厘米，径2-2.5毫米，深禾秆色，坚硬，下部密被鳞片和短刚毛及针状毛；叶片长约20厘米，基部宽约17厘米，三角形，渐尖头，基部心形，下部羽状深裂几达叶轴，向上深羽裂，顶部波状；侧生裂片通常3对，基部1对长达9厘米，宽2.5-

3.5厘米，宽披针形，略上弯，全缘或波状，具宽翅和上一对相连（有时近分开），余裂片同形，向上渐短，最上的三角形，裂片主脉两面均隆起，有密生针状毛；侧脉明显，侧脉间小脉网状，有3排近四方形或五角形网眼，有单一或分叉内藏小脉；叶干后褐色，粗纸质，小脉沿叶脉有针状毛，上面密生伏贴刚毛。孢子囊沿网脉疏生，无盖。

产安徽、浙江、台湾、福建、江西、湖南、广东、香港、广西、贵州、四川及云南，生于海拔100-850米山谷阴湿处或林下。日本及越南有分布。

图 550 羽裂圣蕨 （孙英宝仿《中国植物志》）

4. 戟叶圣蕨

图 551 彩片 92

Dictyocline sagittifolia Ching in Acta Phytotax. Sin. 8(4): 335. 1963.

植株高30-40厘米。根茎短而斜上，疏被褐色线状披针形鳞片，鳞片边缘有长睫毛。叶簇生；叶柄长15-30厘米，径约1.5毫米，密被棕色短刚毛；叶片长达17厘米，基部宽11-13厘米，戟形，短渐尖头，

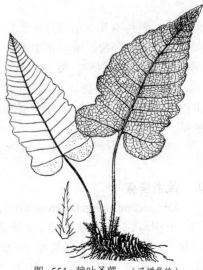

图 551 戟叶圣蕨 （冯增华绘）

基部深心形，全缘或波状；主脉两面隆起，侧脉明显，斜展，侧脉间有5-7条纵隔脉，隔成长方形大网眼，再分隔成2-4个近四方形小网眼，网眼有单一或分叉内藏小脉；叶干后褐色，粗纸质，上面沿主脉密被短柔毛，脉间有伏贴短毛，下面沿主脉和侧脉密生短柔毛，沿网脉疏生柔毛。孢子囊沿网脉散生。

产福建西部、江西、湖南、广东、广西及贵州，生于海拔400-650米常绿林下或石缝中。

39. 铁角蕨科 ASPLENIACEAE
（林尤兴　吴兆洪）

多为中型或小型石生或附生、稀土生或攀援蕨类。根茎横走、横卧或直立，被具透明粗筛孔的褐或深棕色披针形小鳞片，无毛，有网状中柱。叶疏生、近生或簇生；草质、革质或近肉质，光滑或疏被星芒状小鳞片；有柄，基部无关节，叶柄草质，栗色、淡绿或青灰色，上面有纵沟，基部有维管束2条，向上结合成 X 形，羽状叶羽轴上面有纵沟，两侧通常有窄翅；单叶、深羽裂，或一至三回羽状细裂，偶四回羽状，复叶分枝式为上先出，末回小羽片或裂片常斜方形或不等边四边形，基部不对称，全缘，偶有锯齿或撕裂，叶脉分离，上先出，一至多回二歧分枝，小脉不达叶缘，有时近叶缘多少结合。孢子囊群多线形，有时近椭圆形，沿小脉上侧着生，稀生于相近脉下侧，多有盖；盖厚膜质或薄纸质，全缘，以一侧着生小脉，通常开向主脉，有时相向对开。孢子囊水龙骨型，环带垂直，间断，具20个增厚细胞。孢子两侧对称，单裂缝，周壁具褶皱，褶皱连成网状或否，有小刺或无，外壁光滑。染色体 x＝12（36），细辛蕨属 Boniniella（x＝19）。

约10属，700余种，广布世界各地，主产热带。我国8属，131种。

1. 单叶，不裂。
  2. 叶脉分离，不在叶缘结合。
    3. 叶片基部楔形，稀近圆，边缘常有缺刻或锯齿，偶全缘 ……………………………… **1. 铁角蕨属 Asplenium**
    3. 叶片基部心形，两侧宽大成圆耳垂，耳垂间有宽缺口，全缘 ……………………… **2. 对开蕨属 Phyllitis**
  2. 叶脉近叶缘顶生连接，叶全缘。
    4. 叶片披针形或倒披针形，基部楔形，偶心形。
      5. 中型附生蕨类；叶大，纸质或近革质，先端渐尖或尾尖，侧脉先端与叶缘平行的边脉结合 …………
        …………………………………………………………………………… **3. 巢蕨属 Neottopteris**
      5. 石生或土生蕨类；叶小，草质或纸质，先端延伸成细长鞭状并着地生根，小脉沿主两侧联成1-2列长网眼，向叶缘分离 ……………………………………………………… **4. 过山蕨属 Camptosorus**
    4. 叶片团扇形或卵形。
      6. 根茎短而直立；叶簇生，叶片圆形或团扇形，小脉不达叶缘，先端具水囊 ………………………
        ………………………………………………………………………… **5. 水鳖蕨属 Sinephropteris**

6. 根茎细长而横走；叶疏生，叶片卵圆形或长卵形，小脉伸达叶缘，先端渐尖 ┄┄┄┄┄ 6. **细辛蕨属 Boniniella**
1. 叶深羽裂或一至多回羽状。
　7. 叶片披针形，深羽裂，裂片互生，在平面上交错成曲折交互凹凸排列。
　　8. 叶片下面无鳞片，叶脉分离；囊群盖线形或椭圆形 ┄┄┄┄┄┄┄┄ 7. **苍山蕨属 Ceterachopsis**
　　8. 叶片下面密被覆瓦状淡棕色卵形宿存鳞片，叶脉网状；囊群盖不发育 ┄┄┄┄┄┄ 8. **药蕨属 Ceterach**
　7. 叶片非深羽裂，披针形、椭圆形或卵形，一至多回羽状，羽片在平面对称或近对称排列 ┄┄┄┄┄┄
┄┄┄┄┄┄┄┄┄┄┄┄┄┄┄┄┄┄┄┄┄┄┄┄┄┄┄┄┄┄┄┄┄ 1. **铁角蕨属 Asplenium**

1. 铁角蕨属 Asplenium Linn.

　　草本蕨类。根茎横走、斜卧或直立，密被小鳞片，鳞片黑褐或深棕色，披针形，近全缘，基部着生。叶疏生、近生或簇生；叶柄草质、栗褐、淡绿或青灰色，上面有纵沟，基部不具关节着生，疏被鳞片；单叶，或一至几回羽状或羽裂，末回小羽片形态变异，有锯齿或撕裂，叶脉分离，稀小脉在叶缘多少成网状，末回小羽片一至多回二歧分枝，或每一末回线状裂片有 1 不分枝小脉，小脉通直，不达叶缘，无毛；叶草质或革质，有时肉质，干后淡绿或棕色，无毛；叶轴顶端或羽片着生处有时有 1 芽胞。孢子囊群线形，通直，沿叶脉上侧 1 脉一侧着生，多单生于 1 脉；囊群盖同形，厚膜质或纸质，棕或灰白色，全缘，开向主脉或开向叶缘。孢子椭圆形，具 20-28 个增厚细胞。孢子椭圆形，单裂缝，具小刺状纹饰或光滑，小刺常排列在褶皱上及其周围，外壁光滑。染色体基数 x=12（36）。

　　约 600 种，广布于世界各地，热带为多。我国 110 种。

1. 单叶或 2-3 叉。
　2. 单叶，披针形，基部多少下延叶柄，偶椭圆形，基部不下延。
　　3. 叶片有黑边，长 3-6（-8.5）厘米，椭圆形，钝头 ┄┄┄┄┄┄┄┄ 1. **黑边铁角蕨 A. speluncae**
　　3. 叶片无黑边，长 10 厘米以上，披针形，渐尖头。
　　　4. 叶缘具波状圆齿或有细缺刻；孢子囊群斜展。
　　　　5. 叶革质，有圆锯齿或细缺刻 ┄┄┄┄┄┄┄┄┄ 2. **狭叶铁角蕨 A. scortechinii**
　　　　5. 叶肉质，上部有细缺刻或波状圆齿 ┄┄┄┄┄┄┄ 3. **厚叶铁角蕨 A. griffithianum**
　　　4. 叶全缘或多少波状，无缺刻；孢子囊群极斜上。
　　　　6. 叶主脉下面不显著隆起 ┄┄┄┄┄┄┄┄┄ 4. **江南铁角蕨 A. loxogrammioides**
　　　　6. 叶主脉下面圆形隆起。
　　　　　7. 叶片披针形 ┄┄┄┄┄┄┄┄┄┄┄┄ 5. **剑叶铁角蕨 A. ensiforme**
　　　　　7. 叶片线状披针形 ┄┄┄┄┄┄┄ 5(附). **线叶铁角蕨 A. ensiforme f. stenophyllum**
　2. 叶 2-3 叉，裂片线形，长 2-3 厘米，宽 1-1.5 毫米 ┄┄┄┄┄┄ 6. **叉叶铁角蕨 A. septentrionale**
1. 复叶，一至四回羽状或羽裂。
　8. 叶草质、纸质或革质，干后不褶皱，末回裂片或羽片非线形，有叶脉及孢子囊群多条；囊群盖开向主脉，
　　偶同时开向叶缘。
　　9. 叶小，披针形，一回羽状，叶柄和叶轴上面纵沟两侧有棕色膜质窄翅或啮蚀状锯齿（有时背面背脊有
　　　翅）。
　　　10. 叶柄和叶轴棕或深棕色，叶轴上面纵沟两侧（有时连同叶背）有棕色、膜质、全缘窄翅。
　　　　11. 叶轴有窄翅 2，上面两侧各有 1 条，叶轴背面无翅 ┄┄┄┄┄┄ 7. **铁角蕨 A. trichomanes**
　　　　11. 叶轴有宽翅 3，上面两侧及背面各有 1 条 ┄┄┄┄┄┄ 8. **三翅铁角蕨 A. tripteropus**
　　　10. 叶柄和叶轴黑褐色，叶轴上面纵沟两侧无翅，有啮齿状锯齿或长刺 ┄┄┄ 9. **滇南铁角蕨 A. microtum**
　9. 叶大小不一，披针形或宽椭圆形，一至四回羽状或羽裂，叶柄和叶轴上面纵沟两侧平滑。

12. 叶草质或薄草质，偶纸质，一回羽状，羽片为近对开式不等边四边形。

  13. 侧生羽片钝头，偶尖头。

    14. 根茎短而直立；叶簇生。

      15. 叶片宽 2-3.2 厘米，长 12-24 厘米 ·························· 10. **倒挂铁角蕨 A. normale**

      15. 叶片宽约 1 厘米，长 3-5 厘米 ·························· 11. **庐山铁角蕨 A. gulingense**

    14. 根茎长而横走；叶散生。

      16. 孢子囊群着生小脉上部锯齿内，离主脉 ·················· 12. **齿果铁角蕨 A. cheilosorum**

      16. 孢子囊群着生锯齿以下小脉中部或下部，近主脉。

        17. 叶草质或薄草质，干后灰绿色 ··················· 13. **半边铁角蕨 A. unilaterale**

        17. 叶透明膜质，干后常暗绿色 ··············· 13(附). **阴湿铁角蕨 A. unilaterale** var. **udum**

  13. 侧生羽片渐尖头。

    18. 叶片披针状椭圆形；羽片菱形 ····················· 14. **切边铁角蕨 A. excisum**

    18. 叶片披针形或宽披针形；羽片略菱状披针形。

      19. 叶片先端渐尖并羽裂；叶轴褐色，上面纵沟边缘灰绿色。

        20. 叶草质或薄草质，干后灰绿色 ··················· 13. **半边铁角蕨 A. unilaterale**

        20. 叶透明膜质，干后常暗绿色 ············· 13(附). **阴湿铁角蕨 A. unilaterale** var. **udum**

      19. 叶片先端尾状；叶轴灰绿色 ··················· 15. **绿秆铁角蕨 A. obscurum**

12. 叶草质、纸质或革质，一至四回羽状或羽裂，羽片非对开式不等边四边形。

  21. 叶一回羽状，羽片披针形，有锯齿或圆齿，羽片主脉两侧各有 1 行孢子囊群，囊群盖开向主脉，叶脉两面不隆起，叶面非沟脊状。

    22. 叶奇数羽状，顶生 1 片羽片分离，和侧生羽片同形或近同形。

      23. 侧生羽片卵状披针形，顶生羽片（2）3 叉形，小脉近叶缘多少结合 ············· 16. **网脉铁角蕨 A. finlaysonianum**

      23. 侧生羽片和顶生羽片均披针形，叶脉分离 ············· 16(附). **南海铁角蕨 A. loriceum**

    22. 叶非奇数羽状，顶部的羽裂，裂片渐小。

      24. 叶轴两侧窄翅下延至中部，羽片有单锯齿或重锯齿。

        25. 下部羽片长渐尖头，弯弓，疏生粗锯齿 ··················· 17. **狭翅铁角蕨 A. wrightii**

        25. 下部羽片渐尖头，通直，有小锯齿。

          26. 羽片窄披针形，基部窄楔形，近对称 ··················· 18. **两广铁角蕨 A. pseudowrightii**

          26. 羽片披针形，基部宽楔形略偏斜 ··················· 19. **福建铁角蕨 A. fujianense**

      24. 叶轴两侧顶部有窄翅。

        27. 中部羽片长 4-7 厘米。

          28. 叶柄和叶轴灰禾秆色，羽片疏生锯齿 ··················· 20. **疏齿铁角蕨 A. wrightioides**

          28. 叶柄和叶轴下面灰褐色，羽片有不明显细密锯齿 ··················· 21. **华东铁角蕨 A. serratissimum**

        27. 中部羽片长 9-10 厘米 ··················· 19. **福建铁角蕨 A. fujianense**

  21. 叶一回至四回羽状，羽片形状多样，非披针形，边缘啮蚀状和不同程度分裂。

    29. 叶柄浅绿、青灰或褐色，叶纸质或革质，常椭圆形，叶轴如有鳞片，则基部星芒状，易脱落，叶脉两面隆起呈沟脊状；孢子囊群在主脉两侧（或上侧）有多行，囊群盖开向主脉，下侧的开向叶缘。

      30. 叶一回羽状或二回羽裂。

        31. 叶奇数羽状，顶生羽片大于侧生羽片 ··················· 22. **镰叶铁角蕨 A. falcatum**

        31. 叶非奇数羽状，顶端羽裂，裂片向上渐小。

          32. 羽片不深裂，有不规则锯齿和条裂。

            33. 叶柄和叶轴密被黑褐色鳞片 ··················· 23. **毛轴铁角蕨 A. crinicaule**

33. 叶柄和叶轴近光秃或有少数红棕色纤维状鳞片。
    34. 植株高 20-45 厘米；羽片长 2-3.5 厘米 ·· 24. 胎生铁角蕨 A. indicum
    34. 植株高 10-20 厘米；羽片长 1-2 厘米 ················· 24(附). 棕鳞铁角蕨 A. indicum var. yoshinagae
32. 羽片边缘片裂，深裂几达主脉。
    35. 植株高（20-）25-50 厘米；羽片菱形或菱状披针形。
      36. 叶柄和叶轴被红棕色纤维状薄鳞片 ·· 25. 西南铁角蕨 A. praemorsum
      36. 叶柄和叶轴无鳞片或被黑褐色披针形鳞片。
        37. 羽片柄长 1-2 毫米，裂片顶部常浅片裂 ······································ 26. 撕裂铁角蕨 A. laciniatum
        37. 羽片柄长 0.5-1 厘米，裂片顶部略具细圆齿 ······························· 27. 石生铁角蕨 A. saxicola
    35. 植株高 15-20 厘米；羽片斜方形 ·· 28. 东南铁角蕨 A. oldhami
30. 叶二至三回羽状或四回羽裂。
    38. 叶二回羽状或三回羽裂。
      39. 叶片椭圆形，中部羽片通常长过 10 厘米。
        40. 小羽片边缘撕裂；孢子囊群线形，长达 1 厘米，棕色 ················· 29. 匙形铁角蕨 A. spathulinum
        40. 小羽片边缘有锯齿；孢子椭圆形，长约 4 毫米，灰白色 ··················
        ··· 32(附). 稀羽铁角蕨 A. bullatum var. shikokianum
      39. 叶片披针形或线状披针形，中部羽片通常长不及 10 厘米。
        41. 叶柄长 2-4 厘米，连同叶轴密被红棕色披针形鳞片 ······················· 30. 瑞丽铁角蕨 A. rockii
        41. 叶柄长 10-20 厘米，无鳞片，或略不同于上述的鳞片。
          42. 羽片长尾渐尖头 ······································· 31. 华南铁角蕨 A. austro-chinense
          42. 羽片骤尖头 ······································· 31(附). 海南铁角蕨 A. hainanense
    38. 叶三回羽状至四回羽裂。
      43. 叶草质，叶脉两面不隆起；囊群盖椭圆形，长达 4 毫米，灰白色 ············· 32. 大盖铁角蕨 A. bullatum
      43. 叶厚纸质或近革质，叶脉两面隆起，成沟脊状；囊群盖线形或窄线形。
        44. 囊群盖线形，长 2-3 毫米，淡灰色 ······································ 33. 闽浙铁角蕨 A. wilfordii
        44. 囊群盖窄线形，长 3-6 毫米，棕色。
          45. 末回小羽片宽倒卵形，长宽几相等，顶端撕裂 ·············· 34. 拟大羽铁角蕨 A. sublaserpitiiolium
          45. 末回小羽片长过于宽，顶端有钝锯齿。
            46. 叶柄和叶轴青褐或青灰色，末回小羽片斜方状菱形，宽约 1 厘米，长 0.8-1 厘米 ·············
            ··· 35. 大羽铁角蕨 A. neolaserpitiifolium
            46. 叶柄和叶轴青灰或深青灰色，末回小羽片舌形或三角状卵形，宽 3-5 毫米，长 0.8-1 厘米 ········
            ·························· 35(附). 假大羽铁角蕨 A. pseudolaserpitiifolium
29. 叶柄栗色、近黑或浅绿色，向基部栗色，叶片草质或薄草质，披针形或椭圆披针形，偶卵形或三角形，叶
   轴如有鳞片，则基部全缘，叶面平；囊群盖开向主脉。
    47. 叶一回羽状或二回羽裂。
      48. 羽片基部与叶轴合生，沿叶轴有窄翅相连 ································· 36. 东海铁角蕨 A. castaneo-viride
      48. 羽片基部与叶轴分离。
        49. 叶片先端深羽裂，或鞭状，中部羽片椭圆形，深羽裂 ············· 37. 云南铁角蕨 A. yunnanense
        49. 叶片先端钝圆头或渐尖有粗牙齿，羽片长宽几相等，近斜方形或卵形，有粗齿。
          50. 叶片线形，长 6-12 厘米；羽片有粗圆齿 ······························· 38. 欧亚铁角蕨 A. viride
          50. 叶片宽披针形，长 10-27 厘米；羽片先端有粗齿牙 ················· 39. 虎尾铁角蕨 A. incisum
    47. 叶片二至三回羽状或四回羽裂。
      51. 叶二回羽状或三回羽裂。

52. 下部羽片渐短，基部羽片通常小耳形。

  53. 叶片线形或线状披针形，中部宽0.8-2.5厘米 ·················· 37. 云南铁角蕨 A. yunnanense

  53. 叶宽披针形，中部宽2-5厘米。

    54. 叶柄淡绿、栗色或红棕色，上面两侧各有1条淡绿色窄边 ·········· 39. 虎尾铁角蕨 A. incisum

    54. 叶柄栗褐色，上面两侧非淡绿色 ·················· 40. 宝兴铁角蕨 A. moupinense

52. 下部羽片不或略缩短，基部羽片与其上的同形（或）稍长。

  55. 末回小羽片近卵形或宽斜方形，全缘，或有不整齐齿牙。

    56. 叶柄径约1毫米，叶片卵形，侧生小羽片2-3对，卵形或近斜方形，有尖齿牙 ·············

    ··················· 41. 卵叶铁角蕨 A. ruta-muraria

    56. 叶柄径不及0.5毫米，叶片三角形，侧生小羽片3-4对，卵形，边缘微波状或有不明显钝齿牙 ·········

    ··················· 41(附). 疏羽铁角蕨 A. subtenuifolium

  55. 末回小羽片不同形，边缘有锯齿。

    57. 叶干后坚草质。

      58. 叶柄下部黑褐色，小羽片边缘有钝齿牙 ·················· 42. 西北铁角蕨 A. nesii

      58. 叶柄淡绿色，基部偶红棕色；小羽片顶端有窄尖锯齿或齿牙。

        59. 叶片椭圆形，叶柄近光滑；基部羽片卵状三角形，裂片窄线形，长1.5-5毫米 ·············

        ··················· 43. 华中铁角蕨 A. sarelii

        59. 叶片披针形，叶柄下部疏生黑褐色披针形鳞片；基部羽片椭圆形，裂片长5-6毫米 ·············

        ··················· 44. 北京铁角蕨 A. pekinense

    57. 叶干后薄草质。

      60. 植株高3-8厘米，细弱；叶片宽0.7-1厘米，叶柄丝状，叶轴顶端鞭状；小羽片2-4片，椭圆形，

        全缘 ·················· 45. 线柄铁角蕨 A. capillipes

      60. 植株高6-15厘米，较粗壮；叶片宽1-3厘米，叶柄较粗，顶端非鞭状，小羽片舌形、扇形、卵形

        或倒卵形，顶端有锯齿或齿牙。

        61. 小羽片顶端有少数钝齿或圆齿。

          62. 小羽片顶端有波状圆齿 ·················· 46. 细茎铁角蕨 A. tenuicaule

          62. 小羽片顶端有2-3粗齿或浅裂 ·················· 47. 钝齿铁角蕨 A. subvarians

        61. 小羽片顶端有尖锯齿或齿牙。

          63. 小羽片顶端锯齿大而长。

            64. 叶柄上面暗绿色，下面淡栗色，叶片宽2-3厘米 ·········· 48. 内邱铁角蕨 A. propinquum

            64. 叶柄绿色，叶片宽1-1.2厘米 ·················· 49. 掌裂铁角蕨 A. subdigitatum

          63. 小羽片顶端有6-8小锯齿 ·················· 50. 变异铁角蕨 A. varians

            65. 叶厚纸质，末回小羽片（或裂片）顶端有锐锯齿，叶柄栗红色 ·············

            ··················· 51. 黑色铁角蕨 A. adiantum-nigrum var. yuanum

            65. 叶草质或薄草质，末回小羽片全缘或有粗钝齿牙。

              66. 叶柄及叶轴乌木色。

                67. 植株高10-25厘米；叶片长三角形，细裂，长6-10厘米，宽3-5厘米 ·············

                ··················· 52. 线裂铁角蕨 A. coenobiale

                67. 植株高18-30厘米；叶片三角状披针形，长15-22厘米，宽10-15厘米 ·············

                ··················· 53. 乌木铁角蕨 A. fuscipes

              66. 叶柄浅绿色，或部分带棕色，或红棕色。

                68. 叶片宽披针形，长12-30厘米，叶柄长7-21厘米；孢子囊群长1.5-2毫米 ·············

                ··················· 54. 细裂铁角蕨 A. tenuifolium

68. 叶片宽三角形或三角状卵形，叶柄长于叶片；孢子囊群长达6毫米 ······ 54(附). **贵阳铁角蕨 A. interjectum**

8. 叶近肉质，干后略褶皱，末回小羽片或裂片线形（偶膜连），或披针状椭圆形，有1条叶脉或1枚线形孢子囊群；囊群盖宽达叶缘并向外开。

69. 叶片二回羽状，偶一回羽状（裂片膜连）。

70. 叶片一回羽状，羽片有整齐锯齿 ·················· 55. **膜连铁角蕨 A. tenerum**

70. 叶片二回羽状。

71. 叶轴顶端鞭状，羽片略上弯，中部羽片上侧小羽片通常5片，下侧通常3片 ·············· 56. **长叶铁角蕨 A. prolongatum**

71. 叶轴顶端非鞭状，羽片几平展，中部羽片两侧各有小羽片5片以上。

72. 叶柄长3-6厘米，羽片向下缩短，中部羽片长1.4-2.5厘米，小羽片5-9对 ·············· 57. **岭南铁角蕨 A. sampsoni**

72. 叶柄长6-13厘米，羽片向下略缩短，中部羽片长2.5-4厘米，小羽片10-16对 ·············· 57(附). **南方铁角蕨 A. belangeri**

69. 羽片三回羽状或三回羽裂。

73. 植株高20-40厘米；叶柄长7-22厘米；羽片长3-7.5厘米，羽轴两侧有窄翅 ·············· 58. **骨碎补铁角蕨 A. davallioides**

73. 植株高80-90厘米；叶柄长约40厘米；羽片长达15厘米，羽轴两侧无窄翅 ·············· 59. **台南铁角蕨 A. trigonopterum**

1. 黑边铁角蕨 图 552

Asplenium speluncae Christ in Bull. Acad. Int. Geogr. Bot. 1904:113. cum. fig. 1904.

附生蕨类，植株高4-8厘米。根茎短而直立，顶端密被黑褐色、有虹色光泽的鳞片。单叶，簇生成莲座状，平铺地面；叶柄纤细，长0.5-1.2厘米，圆柱状，紫黑色，光亮，幼时疏被伏生黄棕色鳞片，老时脱落而光滑；叶片椭圆形，长3-6（-8.5）厘米，中部宽1.2-1.7（-2）厘米，基部宽楔形或近圆，边缘浅波状，有1条极窄黑边，主脉下面明显，黑色，光亮，上面不明显，与叶片同色，小脉不显，2叉，纤细，弯拱，不达叶缘；叶干后上面橄榄色，下面棕色，革质，下面主脉基部偶被鳞片。孢子囊群椭圆形，长3-6毫米，生于上侧小脉，斜展，位于主脉与叶缘间，离主脉而近叶缘；囊群盖线状椭圆形，全缘，有纤细紫色窄边，或沿叶脉着生处有紫色窄边，开向主脉，宿存。

产江西、广东北部、广西及贵州南部，生于林下溪边石灰岩缝中。

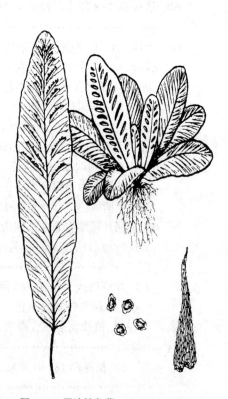

图 552 黑边铁角蕨 （引自《中国植物志》）

2. 狭叶铁角蕨　　　　　　　　　　　图 553:1-4

Asplenium scortechinii Bedd. in Journ. Bot. 25: 322. 1887.

附生，植株高 16-40 厘米。根茎短而直立，褐色，顶端密被卵状披针形或椭圆状披针形褐棕色、近全缘有稀疏小齿牙鳞片。单叶，簇生；叶柄长 2-7 毫米或叶柄基部下延近无柄，禾秆色；叶片线状披针形，长 15-40 厘米，中部宽 1.5-2 厘米，两边近平行，先端长渐尖头，基部窄线形，下延成窄翅状，有细缺刻或圆齿，主脉明显，上面有浅纵沟，两面均隆起；小脉明显，单一，向上部 2 叉，不达叶缘，先端有水囊；叶干后棕绿色，革质，小脉沿主脉两侧及基部疏被褐棕色星芒状小鳞片。孢子囊群宽线形，长 4-7 毫米，生于上侧 1 小脉上侧边，自主脉向外行达叶片宽 2/3；囊群盖宽线形，全缘，沿小脉棕色处有 1 条稍隆起宽脊，开向主脉，宿存。染色体 2n=144。

产广东、海南、广西及云南东南部，生于海拔 300-1600 米密林中

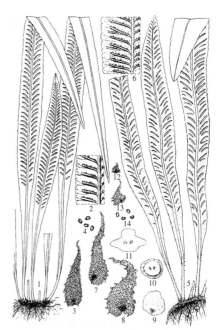

图 553：1-4.狭叶铁角蕨　　5-14.厚叶铁角蕨
（蔡淑琴绘）

树干或阴湿岩石上。印度、中南半岛和马来半岛有分布。

3. 厚叶铁角蕨　　　　　　　　　　　图 553:5-14

Asplenium griffithianum Hook. Icon. Pl. t. 928. 1854.

植株高 15-30 厘米。根茎短而直立，深褐色，顶端密被边缘有小齿牙披针形或卵状披针形黑褐色鳞片。叶簇生，单叶；叶柄极短或近无柄，淡禾秆色；叶片披针形，长 15-25 厘米，中部宽 1.4-2（-3.9）厘米，基部下延成窄翅状，下部全缘，向上部为不整齐波状圆齿（有时仅有疏缺刻）；主脉明显，粗，上面圆而隆起，淡禾秆色，小脉不显或上面可见，2 叉，不达叶缘；叶干后淡绿色，肉质，两面疏被深褐色或基部褐棕色星状小鳞片，下面较密，老时部分脱落。孢子囊群宽线形，长 5-8.5 毫米，生于上侧小脉的上侧边，略斜展，自主脉向外行，达叶片宽 2/3 或过之，棕色；囊群盖宽线形，开向主脉，宿存。染色体 2n=72。

产台湾、福建、湖南、广东、香港、海南、广西、贵州、四川、云南及西藏，生于海拔 150-1600 米林下潮湿岩石上。印度北部、不丹、缅甸、越南及日本有分布。

4. 江南铁角蕨　假剑叶铁角蕨　　　　图 554

Asplenium loxogrammioides Christ in Bull. Acad. Int. Geogr. Bot. 20: 171. 1909.

附生，植株高 25-40 厘米。根茎短而直立，褐色，顶端密被褐或黑褐色披针形全缘鳞片。单叶，簇生；叶柄长 2-4 厘米，灰禾秆色，密被与根茎同样鳞片；叶片披针形，长 15-36 厘米，中部宽 3-4 厘米，基部下延成窄翅，边缘多少波状，有时全缘，有厚膜质窄边，主脉明显，微隆起，淡棕色，小脉不显或

上面可见，极斜上，2叉，不达叶缘；

叶干后棕色，软纸质，上面偶被小鳞片，下面疏被小鳞片，小鳞片披针形，深紫色，全缘，或褐色星芒状。孢子囊群线形，长1.5-2.2（-2.7）厘米，极斜上，生于上侧小脉，自主脉向外行稍近叶缘；囊群盖线形，开向主脉，宿存。

产江西、湖北、湖南、广东、海南、广西、贵州、四川及云南，生于海拔550-910米林下溪边石上。越南及日本有分布。

5. 剑叶铁角蕨　　　　　　　　图555

Asplenium ensiforme Wall. ex Hook. et Grev. Icon. Fil. 1: pl. 71. 1829.

植株高25-45（-65）厘米。根茎短而直立，黑色，密被黑色

全缘或疏被小齿牙披针形鳞片。单叶，簇生；叶柄长5-8（-15）厘米，禾秆色，基部密被与根茎同样鳞片，向上渐稀疏；叶片披针形，长18-25（-50）厘米，中部宽1.5-2（-4）厘米，两边近平行，基部有窄翅，全缘，干后略反卷，主脉明显，粗，禾秆色，下面圆形隆起，上面有浅纵沟，小脉两面均不明显，

极斜上，2叉，不达叶缘；叶干后黄绿或淡棕色，革质，上面光滑，下面疏被棕色星状小鳞片，老时渐脱落而光滑。孢子囊群线形，长0.8-2（-4）厘米，棕色，生于上侧小脉，自主脉向外行达叶片宽2/3-3/4，开向主脉，宿存。染色体2n=72，144。

产台湾、江西、湖南南部、广东、广西、贵州、四川、云南及西藏，生于海拔840-2800米密林下岩石或树干上。印度北部、尼泊尔、不丹、斯里兰卡、缅甸、泰国、越南及日本南部均有分布。

[附] **线叶铁角蕨**　狭叶铁角蕨 **Asplenium ensiforme** Wall. ex Hook. et Grev. f. **stenophyllum** (Bedd.) Ching, Fl. Reipub. Popul. Sin. 4(2): 22. 1999 —— *Asplenium stenophyllum* Bedd. Ferns Brit. Ind. t. 147. 1866. 本变型与模式变形的区别：叶片线状披针形，长15-35（-45）厘米，中部宽0.8-1.6厘米，质较厚；孢子囊群长0.5-1（-1.4）厘米，椭圆形，近主脉着生。产云南及西藏，生于海拔1700-3500米杂木林中树干或溪边岩石上。喜马拉雅及锡金有分布。

图 554　江南铁角蕨　（邓晶发绘）

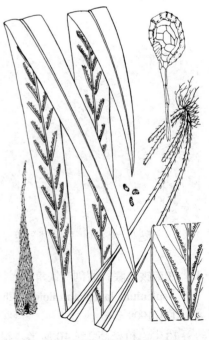

图 555　剑叶铁角蕨　（引自《图鉴》）

6. 叉叶铁角蕨 叉裂铁角蕨 线叶铁角蕨 图 556 彩片 93

Asplenium septentrionale (Linn.) Hoffm. Deutschl. Fl. 2: 12. 1795.

Acrostichum septentrionale Linn. Sp. Pl. 1068. 1753.

植株高 8-15 厘米。根茎短而直立或斜上，顶端密被鳞片，鳞片

线状披针形，长 3-4 毫米，薄膜质，黑褐色，有虹色光泽，略有齿牙。叶簇生；叶柄长 6-10 厘米，径约 0.5 毫米，草绿色，基部栗色，有光泽，光滑；叶片先端 2-3 叉，裂片线形，长 2-3 厘米，宽 1-1.5 厘米，先端常裂为 2-3 条针状小裂片，基部渐窄柄状，两侧全缘，叶脉不明显，主脉隐约可见，小脉纤

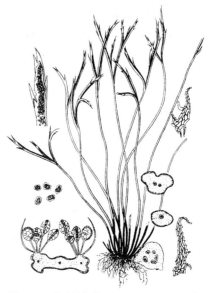

图 556 叉叶铁角蕨 （引自《中国植物志》）

细，几与主脉平行，每裂片有 1 小脉；叶干后草绿色，革质。孢子囊群窄线形，生于小脉上侧，靠主脉并与主脉平行，密接，密被裂片下面；囊群盖窄线形，棕色，膜质，全缘，开向主脉，宿存。染色体 2n=144。

产陕西、新疆、台湾及西藏，生于海拔 1100-4100 米裸露岩缝中。北美洲、俄罗斯、日本、巴基斯坦及印度北部有分布。

7. 铁角蕨 图 557

Asplenium trichomanes Linn. Sp. Pl. 1080. 1753.

植株高 10-30 厘米。根茎短而直立，密被线状全缘黑色略带虹色

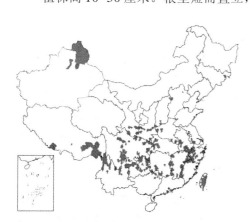

光泽披针形鳞片。叶多数，簇生；叶柄长 2-8 厘米，栗褐色，基部密被与根茎同样鳞片，两边有棕色膜质全缘窄翅，有宽纵沟，下面圆，通常叶片脱落而柄宿存；叶片长线形，长 10-25 厘米，中部宽 0.9-1.6 厘米，一回羽状，羽片 20-30 对，对生，向上的对生或互生，近无柄，中部羽片长 3.5-6（-9）

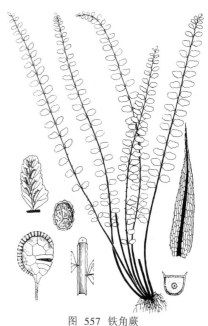

图 557 铁角蕨
（蔡淑琴绘仿《中国植物志》）

2n=144。

毫米，中部宽 2-4（-5）毫米，椭圆形或卵形，有钝齿牙，基部近对称或不对称圆楔形，上侧较大，偶有小耳状突起，全缘，两侧边缘有小圆齿；下部羽片向下渐疏生并缩小，卵形、圆形、扇形、三角形或耳形，叶脉羽状，不显，小脉 2 叉，不达叶缘；叶干后草绿、棕绿或棕色，纸质；叶轴栗褐色，两侧有棕色膜质全缘窄翅，下面圆。孢子囊群宽线形，长 1-3.5 毫米，通常生于上侧小脉，每羽片 4-8 枚，位于主脉和叶缘间；囊群盖宽线形，开向主脉，宿存。染色体

产河南、山西、陕西、甘肃、新疆、江苏、安徽、浙江、台湾、福建、江西、湖北、湖南、广东、广西、贵州、四川、云南及西藏，生于海拔 400-3400 米林下山谷石缝中。广布于温带和亚热带、热带高山。

8. 三翅铁角蕨

图 558：1-5

Asplenium tripteropus Nakai in Bot. Mag. Toyyo 44：9. 1930.

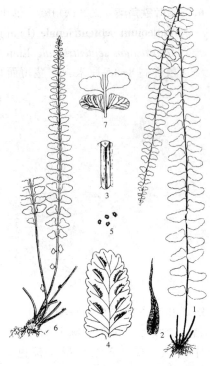

植株高 15-30 厘米。根茎短而直立，径约 2 毫米，顶端密被褐棕或深褐色、有棕色窄边线状披针形鳞片。叶簇生；叶柄长 3-5 厘米，乌木色，有光泽，基部密被与根茎同样鳞片，三角形，在上面两侧和下面棱脊各有 1 条棕色膜质全缘宽翅，羽片脱落而柄宿存；羽片长线形，长 12-28 厘米，中部宽 1-2.5 厘米，一回羽状，羽片 23-35 对，无柄，中部羽片长 0.5-1.3 厘米，宽 2-7 毫米，椭圆形，基部不对称，上侧近平截，略耳状，基部全缘，以上有细钝锯齿；下部数对羽片向下渐小，圆形、卵形或扇形，叶脉羽状，小脉纤细，2 叉；叶干后草绿或褐绿色，纸质；叶轴乌木色，三角形，在上面两侧及下面棱脊各有 1 条棕色全缘膜质宽翅，叶轴向顶部常有 1-2（3）个被鳞片的腋生芽胞，在母株萌发。孢子囊群椭圆形，长 1-2 毫米，生于上侧小脉，位于主脉和叶缘间，每羽片有 3-6（-11）枚；囊群盖椭圆形，开向主脉。染色体 2n=144。

产陕西南部、甘肃东南部、江苏南部、安徽南部、浙江、台湾、福建、江西、湖北、湖南、贵州、四川及云南，生于海拔

图 558：1-5.三翅铁角蕨　6-7.滇南铁角蕨
（引自《中国植物志》）

400-1350 米林下潮湿岩石上或酸性土。日本、朝鲜半岛及缅甸北部有分布。

9. 滇南铁角蕨

图 558：6-7

Asplenium microtum Maxon in Contr. U. S. Nat. Herb. 12：411. pl. 60. 1909.

植株高约 15 厘米。根茎短而直立，密被线状披针形厚膜质褐色鳞片。叶簇生；叶柄长 2-3 厘米，黑褐色，两侧具不连续窄翅；叶片线状披针形，长 12-17 厘米，宽 1-1.3 厘米，一回羽状，羽片 25-32 对，对生或近对生，无柄，易脱落，中部羽片几同大，长 5-7 毫米，基部宽约 5 毫米，椭圆状三角形，基部下侧楔形，上侧略耳状突起，基部以上边缘微波状或为波状圆齿；下部羽片向下渐小，菱形，叶脉羽状，不显，小脉 2 叉或单一；叶近革质，干后灰绿色；叶轴黑褐色，上面平宽，两侧有深棕色啮蚀状锯齿或长刺，下部在 1-2 片羽片基部通常有 1 个芽胞。孢子囊群椭圆形，着生主脉两侧，每羽片 2-5 枚；囊群盖椭圆形，全缘，开向主脉。

产贵州、四川中部及云南东南部，生于海拔达 2000 米林下石上。

10. 倒挂铁角蕨

图 559

Asplenium normale Don, Prod. Fl. Nepal. 7. 1825.

植株高 15-40 厘米。根茎直立或斜生，黑色，密被鳞片或顶端及较嫩部分密被披针形鳞片。叶簇生；叶柄长 5-15（-21）厘米，

栗褐或紫黑色，略四棱形，基部疏被与根茎同样鳞片，向上渐光滑；叶片披针形，长 12-24（-28）厘米，中部宽 2-3.2（-3.6）厘米，

一回羽状，羽片 20-30（-44）对，互生，无柄，中部羽片长 0.8-1.8 厘米，基部宽 4-8 毫米，三角状椭圆形，基部不对称，内缘全缘，余部均有粗锯齿，下部 3-5 对羽片稍反折，与中部的同形同大，或略小成扇形或斜三角形，叶脉羽状，纤细，小脉单一或 2 叉，极斜上，不达叶缘；叶干后棕绿或灰绿色，草质或薄纸质，两面均无毛；叶轴栗褐色，光滑，上面有宽纵沟，下面圆，近先端常有 1 枚被鳞片的芽胞，在母株上萌发。孢子囊群椭圆形，长 2-2.5（-3）毫米，伸达叶缘；囊群盖椭圆形，开向主脉。染色体 2n=144。

产辽宁南部、江苏、安徽、浙江、台湾、福建、江西、湖南、广东、香港、海南、广西、贵州、四川、云南及西藏，生于海拔 600-2500 米密林下或溪旁石上。尼泊尔、印度、斯里兰卡、缅甸、越南、马来西亚、菲律宾、日本、澳大利亚、马达加斯加及夏威夷等太平洋岛屿有分布。

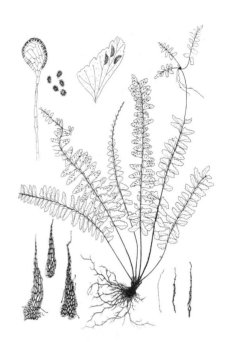

图 559 倒挂铁角蕨
（孙英宝仿《Ogata, Ic. Fil. Jap.》）

11. 庐山铁角蕨

图 560

Asplenium gulingense Ching et S. H. Wu in Bull. Bot. Res. (Harbin) 9(2): 17. 1989.

植株高约 6 厘米。根茎短而直立，密被线状披针形、中部黑褐色边缘具齿牙的鳞片。叶丛生；叶柄长 1.8-3.5 厘米，栗红色，疏被小鳞片；叶片线形，稍镰刀形，长 3-5 厘米，宽约 1 厘米，一回羽状；羽片 8-11 对，下部的近对生，向上的互生，中部的长宽约 4-5 毫米，近斜方形，全缘或浅波状，或有 1-2 浅缺刻，基部上侧平截，下侧楔形，无柄或近无柄，密

接，下部羽片略缩小，疏离，早落，叶脉纤细，羽状，不显，小脉单一或 2 叉；叶纸质，干后灰绿色；叶轴栗色，疏被小鳞片。孢子囊群椭圆形，长约 1 毫米，生于小脉中部或下部，每羽片 3-5 枚；囊群盖同形，淡灰绿色，全缘，开向主脉。

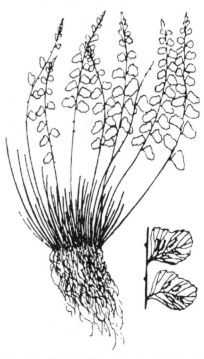

图 560 庐山铁角蕨（引自《中国植物志》）

产江西及湖南，生于林下石上。

12. 齿果铁角蕨   图 561

Asplenium cheilosorum Kunze ex Mett. Farngat. Aspl. 133. n. 104. t. 5. f. 12-13. 1859.

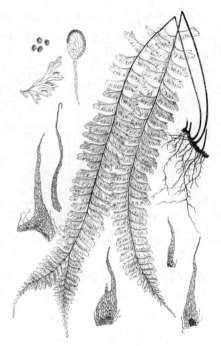

图 561 齿果铁角蕨
（孙英宝仿《Ogata, Ic. Fil. Jap.》）

植株高 30-50 厘米。根茎长而横走，黄褐色，顶端密被披针形或线状披针形全缘鳞片。叶近生或疏生；叶柄长 9-16 厘米，栗褐色，稍四棱形，基部密被与根茎同样鳞片；叶片线状披针形，长 14-35 厘米，中部宽 3-5（-7）厘米，一回羽状，羽片 25-40 对，互生，近无柄，中部叶片长 1.8-2.5（-3.6）厘米，基部宽 5-9 毫米，对开式不等边四边形，基部斜截形，下缘平截全缘，外缘及上缘浅裂为 9-14 椭圆形裂片，通常裂达 1/4-2/5，裂片顶端有 1-2 浅缺刻呈圆齿状，叶脉羽状，主脉明显，下部与下缘合一，小脉纤细，明显，2 叉，每裂片有 1 小脉，不达叶缘；叶干后暗绿色，膜质或草质，两面无毛；叶轴栗褐色，上面有纵沟。孢子囊群椭圆形，长 1-3 毫米，生于小脉顶端，位于锯齿内，每裂片 1（2）枚；囊群盖椭圆形，膜质，全缘，开向主脉，宿存。染色体 2n=108。

产浙江、台湾、福建、广东、香港、海南、广西、贵州及云南东南部，生于海拔 50-1800 米密林下或溪旁阴湿石上。不丹、尼泊尔、印度、斯里兰卡、缅甸、泰国、越南、菲律宾、马来西亚、印度尼西亚及日本南部有分布。

13. 半边铁角蕨   图 562

Asplenium unilaterale Lam. Encycl. Meth. Bot. 2: 305. 1786.

植株高 25-40 厘米。根茎长而横走，褐色，顶端密被褐色全缘披针形鳞片。叶疏生；叶柄长 11-20 厘米，栗褐色，基部疏被与根茎同样鳞片，向上光滑，上面有浅纵沟；叶片披针形，长 15-23 厘米，中部宽 3-6 厘米，一回羽状，羽片 20-25 对，互生，近无柄，中部羽片同大，长 2-3.5 厘米，基部宽 0.6-1 厘米，半开式不等边四边形，渐尖头，基部斜楔形，上缘平截，略耳状，下侧窄楔形，内缘及下缘下部全缘，余有尖锯齿，下部羽片略疏离，略反折，与中部的同形同大或略小，叶脉羽状，明显，主脉下部与羽片下缘合一，小脉纤细，2 叉，偶单一，基部上侧小脉常二回 2 叉，伸向锯齿顶端，不达叶缘；叶干后灰绿色，草质或薄草质，两面无毛；叶轴栗褐色，有光泽，上面有浅纵沟，纵

图 562 半边铁角蕨
（蔡淑琴仿《中国植物志》）

沟边缘灰绿色。孢子囊群线形，长 2.5-4 毫米，棕色，着生小脉中部，位于主脉与叶缘间，每羽片 10-16（-18）枚；囊群盖线形，开向主脉或叶缘，宿存。染色体 2n=72。

产安徽、浙江、台湾、福建、江西、湖北、湖南、广东、香港、海南、广西、贵州、四川及云南，生于海拔 120-2700 米林下或溪边石上。日本、菲律宾、印度尼西亚、马来西亚、越南、缅甸、印度、斯里兰卡及马达加斯加等地有分布。

[附] **阴湿铁角蕨 Asplenium unilaterale** var. **udum** Atkinson ex Clarke

in Trans. Linn. Soc. 2. Bot. 1:481. 1880. 本变种与模式变种的区别：植株细弱；羽片较小，透明膜质，干后常暗绿色。产台湾、江西、湖南、广东、广西、四川、贵州及云南，生于海拔 860-2800 米阴湿滴水岩壁上。日本南部和印度北部有分布。

14. 切边铁角蕨　　　图 563

Asplenium excisum Presl, Epim. Bot. 74. 1849.

植株高 40-60 厘米。根茎横走，顶端密被黑褐色全缘披针形鳞片。

叶疏生；叶柄长 15-32 厘米，栗褐色，基部疏被与根茎相同鳞片，向上光滑，有纵沟；叶片披针状椭圆形，长 22-40 厘米，基部宽（9-）12-16（-18）厘米，尾状头，向基部稍宽，一回羽状，羽片 18-20（-25）对，下部的近对生，向上的互生，柄长 0.5-2 毫米，下部 2-3（4）对长 6-10 厘米，基部宽 1-2 厘米，菱形，镰刀状，渐尖头，基部斜楔形，上侧平截，下侧斜切至主脉，上缘及下缘中部以上有粗锯齿，向上各对与下部的同形而渐短，叶脉羽状，主脉下面与叶轴同色，下部 1/4-1/3 与羽片下缘合一并上弯，小脉纤细，明显，下面隆起，2 叉，达锯齿先端；叶干后暗绿色，薄草质，近透明，无毛；叶轴栗褐或乌木色，上面有纵沟，沟边灰绿色。孢子囊群宽线形，长 4-6 毫米，着生上侧小脉中部，位于小脉和叶缘间，远离主脉和叶缘；囊群盖宽线形，膜质，全缘，开向主脉。

产浙江、台湾、湖南、广东、海南、广西、贵州、云南及西藏，

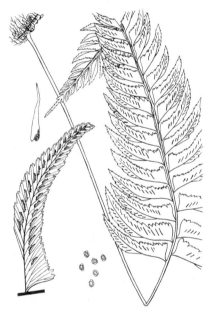

图 563 切边铁角蕨
（蔡淑琴仿《广西瑶山水龙骨科》）

生于海拔 300-1700 米密林下阴湿处或溪边乱石中或附生树干。印度北部、泰国、越南、马来西亚及菲律宾有分布。

15. 绿秆铁角蕨　　　图 564

Asplenium obscurum Bl. Enum. Pl. Jav. 181. 1828.

植株高 20-40 厘米。根茎长而横走，密被褐色全缘披针形鳞片。叶近生；叶柄长 6-16 厘米，淡绿色，基部疏被与根茎同样鳞片，向上光滑，有纵沟；叶片宽披针形，长 19-25 厘米，宽 5-9 厘米，先端尾状，一回羽状，羽片 15-28 对，基部（或下部）的对生，向上的互生，下部羽片长 3-6 厘米，基部宽 0.8-1.1 厘米，菱状披针形，镰刀状，基部斜楔形，上侧平截，下侧斜切达主脉，下缘上部及上缘均有粗齿，叶脉羽状，明显，主脉 1/3-1/2 与羽片下缘合一，小脉纤细，2 叉，达锯齿先端；叶干后灰绿色，草质，略透明，无

毛；叶轴灰绿色，光滑。孢子囊群线状椭圆形，长 3-5 毫米，着生上侧小脉中部，位于小脉和叶缘间；囊群盖同形，膜质，全缘，开向主脉。

产台湾、福建、广东、香港、海南、广西南部、贵州及云南南部，生于海拔 150-1600 米密林下潮湿处或沟边乱石中。印度尼西亚、越南及马达加斯加有分布。

16. 网脉铁角蕨 图 565：1-4

Asplenium finlaysonianum Wall. ex Hook. Icon. Pl. t. 937. 1854.

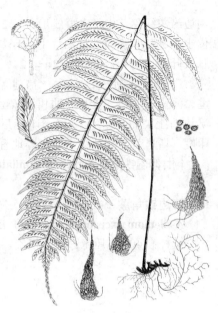

图 564 绿秆铁角蕨
(孙英宝仿《Opaga, Ic. Fil. Jap.》)

植株高 30-50 厘米。根茎短而直立，顶端密被褐棕色全缘披针形鳞片。叶簇生；叶柄长 15-26 厘米，灰绿或淡禾秆色，基部密被与根茎同样鳞片，向上疏被针状小鳞片，有纵沟；叶片椭圆形，长 20-32 厘米，宽 10-22 厘米，奇数一回羽状，侧生羽片 2-6（-9）对，对生，向上的互生，有短柄，下部与上部的同形，长 7-12 厘米，基部以上宽 2-3.6 厘米，卵状披针形，基部渐窄成羽柄，全缘，略浅波状；顶生羽片和其下的侧生羽片分离，长 8-15 厘米，宽 5-11 厘米，常三叉形或二叉形，或略斜方形，叶脉羽状，主脉明显，小脉略明显，2 叉分枝，不达叶缘，有时多数结合；叶干后棕绿色，纸质或近革质，幼时下面沿主脉附近疏被褐色星状小鳞片，老时脱落；叶轴禾秆色或灰绿色，疏被小鳞片，上面有纵沟。孢子囊群长线形，长 0.5-4.5 厘米，生于小脉上侧，不达叶缘；囊群盖长线形，开向主脉或开向叶缘，宿存。染色体 2n=72。

产海南、广西、云南南部及西藏，生于海拔 700-1100 米密林下潮湿岩石或树干上。印度、越南、马来西亚及印度尼西亚有分布。

[附] **南海铁角蕨 Asplenium loriceum** Christ in C. Chr. Ind. Fil. 119. 1905. 本种与网脉铁角蕨的主要区别：叶片长卵形，侧生羽片和顶生羽片均披针形，叶脉分离。产台湾、广东及海南，生于海拔 500-2300 米密林下阴湿处或溪边。越南及日本有分布。

17. 狭翅铁角蕨 图 565：5-11

Asplenium wrightii Eaton ex Hook. Sp. Fil. 3: 113. t. 182. 1860.

植株高达 1 米。根茎短而直立，密被褐棕色全缘披针形鳞片。叶簇生；叶柄长 20-32 厘米，淡绿色，基部有时栗褐色，幼时被披针形鳞片和纤维状小鳞片，老时仅基部或下部密被鳞片，向上渐光滑，有纵沟；叶片椭圆形，长 30-80 厘米，宽 16-25（-30）厘米，一

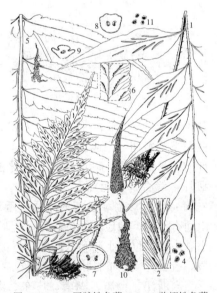

图 565：1-4.网脉铁角蕨 5-11.狭翅铁角蕨
(蔡淑琴绘)

回羽状，羽片16-24对，基部的对生或近对生，向上的互生，柄长4-8毫米，下部羽片长9-15（-23）厘米，基部宽1.5-1.8（-3）厘米，披针形或镰状披针形，有粗锯齿或重锯齿，向上各对羽片与下部的同形，渐短，叶脉羽状，两面明显，小脉二回2叉，不达叶缘；叶干后草绿或暗绿色，纸质；叶轴绿色，光滑，下面圆形，上面有纵沟，中部有时两侧有窄翅。孢子囊群线形，长约1厘米，略外弯，生于上侧一脉，自主脉向外行几达叶缘，沿主脉两侧排列；囊

群盖线形，全缘，开向主脉，宿存。染色体 2n=288。

产江苏、安徽、浙江、台湾、福建、江西、湖南、广东、香港、广西、贵州及四川，生于海拔230-1100米林下溪边岩石上。越南及日本有分布。

18. 两广铁角蕨　图566

Asplenium pseudowrightii Ching in Acta Phytotax. Sin. 9(4): 360. 1964.

植株高60-70厘米。根茎短而直立，顶端密被有锯齿褐棕色披针形鳞片。叶簇生；叶柄长约15厘米，灰绿色，有纵沟，基部密被卷曲鳞片，向上光滑；叶片椭圆形，长约55厘米，宽约24厘米，顶部尾状，一回羽状，羽片约20对，下部的对生，向上互生，柄长2-3毫米，中部1-2对羽片略短，中部的长12-14厘米，宽1-1.3厘米，窄披针形，基部窄楔形，下部

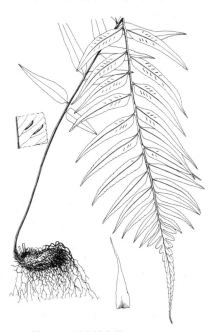

图 566　两广铁角蕨　（孙英宝绘）

近全缘或略有疏齿，向上疏生细锯齿，顶部锯齿较粗大，叶脉羽状，两面明显，小脉纤细，略隆起，下部的二回2叉，不达叶缘，先端有纺锤形水囊；叶干后灰绿色，薄纸质；叶轴灰绿色，在叶柄着生处略被纤维状鳞片，向顶部两侧有窄翅。孢子囊群椭圆形或短线形，长约6毫米，着生上侧小脉，位于主脉与叶缘间；囊群盖线形，开向主脉，宿存。

产江西、湖南、广东及广西，生于林下。

19. 福建铁角蕨　图567

Asplenium fujianense Ching ex S. H. Wu in Bull. Bot. Res. (Harbin) 9(2): 21. f. 7. 1989.

植株高约70厘米。根茎短而直立，密被褐色、有虹色光泽全缘披针形鳞片。叶簇生；叶柄长约28厘米，灰褐色，下部密被鳞片，向上疏被棕色纤维状鳞片，有纵沟；叶片椭圆状披针形，长38-45厘米，中部宽约18厘米，一回羽状，羽片15-18对，下部的近对生，向上互

图 567　福建铁角蕨　（邓晶发绘）

生，柄长 3-4 毫米，基部羽片略短，中部的同大，长 9-10 厘米，基部宽 1.2-1.4 厘米，披针形，基部宽楔形，略偏斜，自基部向上有密匀细锯齿，叶脉羽状，明显，小脉纤细，二回 2 叉，不达叶缘；叶干后草绿色，纸质；叶轴上面与叶片同色，下面褐绿色，略被棕色纤维状鳞片，向顶部两侧有窄翅。孢子囊群线形，长 5-7 毫米，着生上侧小脉，位于主脉和叶缘间，在主脉两侧排列；囊群盖线形，开向主脉，宿存。

产福建、江西及湖南，生于海拔 400-1150 米林下溪边石上。

20. 疏齿铁角蕨
图 568

Asplenium wrightioides Christ in Bull. Acad. Int. Geogr. Bot. 1902:238. 1902.

植株高 30-40 厘米。根茎短而直立，

顶端密被褐棕色近全缘披针形鳞片。叶簇生；叶柄长 10-20 厘米，灰褐或灰禾秆色，有纵沟，被红棕色具齿牙钻状披针形鳞片，老时脱落；叶片椭圆状披针形，长 20-30 厘米，宽 6-10 厘米，一回羽状，羽片 12-18 对，下部的近对生，向上的互生，柄长 2-3 毫米，基部羽片略短，中部以下的羽片同大，长 4-6 厘米，基部宽 0.8-1.3 厘米，披针形，稍镰刀状，自基部向上疏生锯齿，叶脉羽状，两面明显，小脉纤细，基部的二回 2 叉，向上的 3 叉或 2 叉，不达叶缘，先端有水囊；叶干后暗绿色，薄纸质；叶轴灰禾秆色，密被红棕色纤维状鳞片，老时脱落，上面有纵沟，顶部两侧有窄翅。孢子囊群线形，长约 3 毫米，着生上侧小脉，略离主脉，不达叶缘；囊群盖线形，开向主脉。

产湖南、广西、贵州、四川及云南，生于海拔 750-1800 米林下或溪边石灰岩上。越南北部有分布。

图 568 疏齿铁角蕨 （孙英宝绘）

21. 华东铁角蕨
图 569

Asplenium serratissimum Ching ex S. H. Wu in Bull. Res. (Harbin) 9(2): 20. 1989.

植株高约 50 厘米。根茎短而直立，顶端密被栗褐色全缘披针形鳞片。叶簇生；叶柄长 11-15 厘米，上面灰绿色，有宽纵沟，下面灰褐色，基部密被鳞片，向上略被纤维状鳞片；叶片椭圆状披针形，长 20-25 厘米，宽 8-10 厘米，一回羽状，羽片约 16 对，下部的

图 569 华东铁角蕨 （邓晶发绘）

对生或近对生，向上的互生，基部的略短，中部羽片同大，长6-7厘米，基部宽1.2-1.4厘米，披针形，基部向上有不明显密细锯齿，叶脉羽状，不显，小脉纤细，二回2叉，不达叶缘，先端有水囊；叶干后棕绿色，纸质；叶轴上面与叶柄同色并有纵沟，下面灰褐色，顶部两侧有窄翅。孢子囊群宽线形，长4-8毫米，着生上侧小脉，位于主脉和叶缘间或略近主脉，几达叶缘；囊群盖宽线形，开向主脉。

产安徽南部、浙江东部、江西及湖南南部，生于海拔300米林下路边草丛中。

22. 镰叶铁角蕨 图 570

Asplenium falcatum Lam. Encycl. Meth. 2: 306. 1786.

植株高20-60厘米。根茎短而直立，密被黑褐色有虹色光泽先端钻

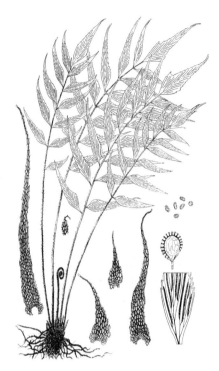

图 570 镰叶铁角蕨
（孙英宝仿《Ogato, Ic. Fil. Jap.》）

状披针形鳞片。叶簇生；叶柄长15-18厘米，灰褐色，上面有窄纵沟，基部密被小鳞片，向上光滑；叶片椭圆形，长10-30厘米，宽8-16厘米，奇数一回羽状，羽片2-5（-7）对，对生或近对生，柄长3-4毫米，下部羽片同大，长4-10厘米，基部以上宽1.2-2.2厘米，菱状宽披针形，稍镰刀状，基部全缘，向上有不规则粗锯齿或撕裂状尖锯齿，上部羽片与下部的同形，略小，顶生羽片大于其下的侧生羽片，菱状披针形或三叉形，叶脉明显，二回2叉或3叉，基部上侧数脉二至三回2叉，小脉密接，达叶缘；叶干后褐棕色，革质，两面均沟脊状；叶轴灰褐色，上面有浅纵沟。孢子囊群窄线形，长1-3厘米，着生上侧小脉，自主脉向外行，几达叶缘，在羽片上部的沿主脉两侧各成1行，在下部的或仅上侧的有多行；囊群盖窄线形，多数开向主脉，在羽片基部的一部分开向叶缘，宿存。染色体2n=144。

产台湾、广东、香港、海南、广西、贵州南部及云南东南部，生于海拔320-750米密林下石上或石灰岩上。越南、缅甸、印度、斯里兰卡、马来西亚、加里曼丹、波利尼西亚、澳大利亚、新西兰及南非有分布。

23. 毛轴铁角蕨 毛铁角蕨 图 571

Asplenium crinicaule Hance in Ann. Sci. Nat. 5: 254. 1866.

植株高20-40厘米。根茎短而直立，密被黑褐色有虹色光泽、全缘或有少数纤毛披针形鳞片。叶簇生；叶柄长5-12厘米，灰褐色，与叶轴密被黑褐或深褐色鳞片，老时渐脱落；叶片宽披针形或线状披针形，长10-30厘米，中部宽3.5-7厘米，一回羽状，羽片18-28

图 571 毛轴铁角蕨
（蔡淑琴仿《中国植物志》）

对，互生或下部的对生，斜展，几无柄或柄极短，基部羽片略短，长卵形，中部羽片长1.5-4厘

米，基部宽 0.8-1.3 厘米，菱状披针形，有不整齐粗大锯齿，叶脉明显，隆起呈钩状脊；小脉多为二回 2 叉，或 2 叉、3 叉或单一，不达叶缘；叶干后褐棕色，纸质，两面（或仅上面）呈沟脊状；叶轴灰褐色，密被黑褐色鳞片，上面有纵沟。孢子囊群宽线形，长 4-8 毫米，着生上侧小脉，自主脉（向外

行）不达叶缘，沿主脉两侧排列，或成多行；囊群盖宽线形，开向主脉，或开向叶缘，宿存。染色体 2n=144。

产浙江、福建、江西、湖南西南部、广东、香港、海南、广西、贵州、四川及云南，生于海拔 120-3000 米溪边林下潮湿岩石上。印度、缅甸、越南、马来西亚、菲律宾及澳大利亚有分布。

24. 胎生铁角蕨　斜叶铁角蕨　　　　图 572

Asplenium indicum Sledge in Bull. Brit. Mus. (Nat. Nist.) 3(6): 264. 1965.

植株高 20-45 厘米。根茎短而直立，密被红棕色有虹色光泽全缘披针形鳞片。叶簇生；叶柄长 10-20 厘米，灰绿或灰禾秆色，上面有纵沟，疏被红棕色窄披针形鳞片；叶片宽披针形，长 12-30 厘米，宽 4-7 厘米，一回羽状，羽片 8-20 对，互生或下部的对生，柄长 2-3 毫米，中部的长 2-3.5 厘米，基部宽 1-1.3 厘米，菱形或菱状披针形，通直或略镰刀状，基部上侧

平截，有耳状突起，下侧长楔形，有不规则片裂，裂片顶部有钝齿牙；叶脉明显，隆起呈沟脊状，侧脉二回 2 叉，不达叶缘；叶干后草绿色，革质，两面成沟脊状；叶轴禾秆色或下面灰栗色，疏被红棕色纤维状小鳞片，在羽片腋间有 1 枚被鳞片的芽胞，在母株萌发。孢子囊群线形，长 4-8 毫米，自主脉向外行，几达叶缘，在主脉两侧各成 1 行，在中部以下多列；囊群盖线形，开向主脉或开向叶缘，宿存。染色体 2n=144。

产甘肃东南部、安徽、浙江、台湾、福建、江西、湖南、广东、广西、贵州、四川、云南及西藏，生于海拔 600-2700 米密林下潮湿岩石或树干上。尼泊尔、印度、缅甸、泰国、越南、菲律宾及日本南部有分布。

[附] **棕鳞铁角蕨 Asplenium indicum** Sledge var. **yoshinagae** (Makino) Ching et S. H. Wu, Fl. Reipub. Popul. Sin. 4(2): 63. 1999. —— *Asplenium yoshinagae* Makino, Phan. Pter. Jap. Ic. Illustr. 1: 64. 1900. 本变种与模式变

图 572 胎生铁角蕨
（蔡淑琴仿《中国植物志》）

种的区别：植株高 10-20 厘米；羽片长 1-2 厘米，下部羽片腋间有 1 芽胞，萌发幼株。染色体 2n=144。产浙江、江西、福建、湖北、湖南、广东、广西、四川、云南及西藏，生于林下潮湿岩石或树干下部。日本有分布。

25. 西南铁角蕨　毛叶铁角蕨　　　　图 573

Asplenium praemorsum Sw. Prodr. 130. 1788.

植株高 25-45 厘米。根茎短而直立，密被黑褐色有虹色光泽全缘披

针形鳞片。叶簇生；叶柄长8-22厘米，上面灰绿色，下面褐色，和叶轴密被红棕色、有光泽披针形或纤维状薄鳞片。叶片披针形，长15-28厘米，宽4.5-8厘米，一回羽状，羽片10-15对，下部的对生，向上的近对生或互生，几无柄，中部以下各对羽片几同大，菱形，长2.5-4.5厘米，宽1-2厘米，渐尖头，基部不对称楔形，边缘片裂深达主脉，裂片2-4对，椭圆形，长0.4-1.2厘米，宽2-5毫米，基部上侧一片特大，圆头并有小齿牙，两侧全缘，叶脉明

显，隆起呈沟脊状，侧脉二回2叉，纤细，不达叶缘；叶干后上面暗绿色，下面棕绿色，革质，两面均沟脊状并疏被红棕色纤维状薄鳞片，后渐脱落；叶轴灰绿色，上面有纵沟，密被纤维状鳞片。孢子囊群窄线形，长3-8毫米，着生小脉中部，在羽片上部沿主脉两侧各成1行，靠主脉，生于裂片的为不整齐扇形排列；囊群盖窄线形，多开向主脉，稀开向叶缘，宿存。

产四川及云南，生于海拔1100-2600米杂木林下岩石上。印度、缅甸、泰国、越南、马来西亚及印度尼西亚有分布。

图 573　西南铁角蕨　（孙英宝绘）

26. 撕裂铁角蕨　　　　图 574：1-6

Asplenium laciniatum Don, Prodr. Fl. Nepal. 8. 1825.

植株高25-35厘米。根茎短而直立，顶端密被深褐或红棕色全缘披针形鳞片。叶簇生；叶柄长4-6厘米，禾秆色，连同叶轴密被黑褐色披针形鳞片，有宽纵沟；叶片线状披针形，长20-30厘米，中部宽3-4厘米，一回羽状，羽片20-26对，基部的近对生，向上的互生，柄长1-2毫米，斜菱形，长1.4-2厘米，基部宽6-9毫米，基部有耳状突起，边缘不规则条裂或片

裂，向上深裂达2/3成宽线形裂片，叶脉两面明显，主脉下部1/3-2/3与羽片下缘合一，侧脉2叉，上侧1脉常3叉或二回2叉，纤细，伸达裂片先端；叶干后淡草绿色，草质，平滑，下面略被小鳞片；叶轴淡禾秆色，幼时下部密被鳞片，上面有纵沟，基部1对羽片腋间偶有被鳞片芽胞。孢子囊群宽线形，长2-3.5毫米，着生小脉中部，羽片上部沿主脉两侧排列，近主脉，在基部上侧裂片常扇形排列，每羽片有5-8枚；囊群盖宽线形，大部分开向主脉，着生小脉下侧的开向叶缘。染

图 574：1-6.撕裂铁角蕨　7-12.石生铁角蕨
（蔡淑琴绘）

色体2n=144。

产台湾北部、广西、云南及西藏东南部，生于海拔1550-2600米溪边潮湿岩石上。尼泊尔、不丹、缅甸北部及印度北部有分布。

27. 石生铁角蕨　粤铁角蕨　　　　　　图 574：7-12

Asplenium saxicola Rosent. in Fedde, Repert. Sp. Nov. 13: 122. 1913.

植株高 20-50 厘米。根茎短而直立，密被褐色有小齿牙线状披针形鳞片。叶近簇生；叶柄长 10-22 厘米，灰禾秆色，基部密被鳞片，上面有纵沟；叶片宽披针形，长 12-28 厘米，基部宽 5-11 厘米，先端渐尖并羽状，裂片少数，几分离，顶生 1 片多数三叉状，向下为一回羽状，羽片 5-12 对，下部的对生，向上的互生，柄长 0.5-1 厘米，基部 1 对稍大，长 3-6 厘米，

基部宽 2-3 厘米，菱形，渐尖头，基部近圆楔形，有小圆齿，或片裂，深达 2/3 或几达叶轴，裂片 1-3，椭圆形或倒卵形，长 0.6-2 厘米，中部宽 0.3-1.2 厘米，先端圆截形或钝头，有细圆齿，两

侧全缘，向上各对羽片均与基部的同形而略小，叶脉两面均隆起呈沟脊状，主脉不明显，侧脉扇状分叉，不达叶缘；叶干后上面暗棕色，下面棕色，革质，两面均呈沟脊状；叶轴灰禾秆色，疏被鳞片。后脱落，上面有宽纵沟。孢子囊群窄线形，长 0.4-1.5 厘米，单生小脉上侧或下侧，每裂片 3-6 枚（基部 1 对裂片有 8-12 枚），近扇状排列；囊群盖窄线形，开向主脉或开向叶缘。

产湖南、广东、广西、贵州、四川及云南，生于海拔 300-1399 米密林下潮湿岩石上。越南有分布。

28. 东南铁角蕨　　　　　　图 575：1-5

Asplenium oldhami Hance in Ann. Sci. Nat. ser. 5, Bot. 5: 256. 1866.

植株高 15-20 厘米。根茎短而直立，密被褐色全缘线状披针形鳞片。叶簇生；叶柄长 4-10 厘米，灰禾秆色，有纵沟，和叶轴、羽柄均疏被红棕色窄披针形小鳞片，后渐脱落；叶片椭圆状披针形，长 6-10 厘米，基部宽 3-4 厘米，一回羽状，羽片 5-9 对，近对生或上部的互生，柄长 2-3 毫米，基部 1 对长 1.8-3 厘米，宽 1-2 厘米，斜方形，边缘片裂几达主脉，

裂片 1-2 对，椭圆形，基部上侧 1 片长 0.3-1.1 厘米，宽 2.5-5 毫米，圆截头并具长齿，两侧全缘；向上各对均与基部的同形而渐小，叶脉两面均呈沟脊状，主脉不显著，侧脉扇状分叉，不达叶缘；叶干后暗绿色，革质，两面均呈沟脊状；叶轴灰禾秆色或灰绿色，上面有宽纵沟。孢子囊群短线形，长 3-5 毫米，着生小脉中部，每裂片 1-4 枚（基部上侧 1 片 3-7 枚），不整齐排列；囊群盖短线形，开向主脉或开向叶缘，宿存。

图 575：1-5.东南铁角蕨　6-10.匙形铁角蕨
（蔡淑琴绘）

产安徽、浙江、台湾、福建及江西，生于海拔约 700 米林下潮湿岩石上。琉球群岛有分布。

29. 匙形铁角蕨　　　　　　图 575：6-10

Asplenium spathulinum J. Sm. ex Hook. Sp. Fil. 133. 1905.

植株高 30-65 厘米。根茎直立或斜升，密被深褐色略具齿牙披针

形鳞片。叶近生；叶柄长 14-30 厘米，灰禾秆色，光滑，有纵沟；

叶片椭圆形，长21-36厘米，宽10-20厘米，渐尖头，二回羽状，羽片12-15对，近对生或互生，有短柄，基部1对长7-14厘米，基部宽3.5-4.5厘米，宽披针形，一回羽状，小羽片6-8对，上先出，近无柄，匙形，基部1对长2-3厘米，宽1-1.3厘米，基部长楔形，下延，两侧全缘，上部边缘及外缘撕裂，下部有时几裂达主脉成匙形裂片；叶脉明显，上面隆起，下面凹陷呈沟脊状，侧脉2叉，基部上侧1脉有时3叉或近羽状；叶纸质，干后褐绿色，叶轴灰褐色，有纵沟，顶部常有1-2枚芽胞。孢子囊群宽线形，长0.5-1厘米，棕色，自主脉外行，每小羽片1-4对；囊群盖同形，全缘，开向主脉。

产海南，生于海拔800-1400米密林下溪边。斯里兰卡、印度尼西亚、马来西亚及菲律宾有分布。

30. 瑞丽铁角蕨　　　　　　　图 576：1-5

Asplenium rockii C. Chr. in Contr. U. S. Nat. Herb. 26: 332. 1931.

植株高达20厘米。叶柄淡禾秆色，长2-4厘米，有宽纵沟，密被红棕色具稀齿披针形鳞片。叶片披针形，长12-16厘米，中部宽3-3.5厘米，二回羽状，羽片15-20对，互生，具短柄，中部的长1.5-2厘米，基部宽0.9-1.1厘米，椭圆形，一回羽状，小羽片3对，互生，上先出，基部上侧1片长6-8毫米，中部以上宽3-4毫米，匙形，圆头，基部楔形，与羽轴合生，下延，上部的常裂片状，裂片线形，先端近撕裂，叶脉明显，上面隆起，下面呈沟脊状，小脉2叉，几达叶缘；叶坚草质，干后棕绿色；叶轴淡禾秆色，有纵沟，被红棕色小鳞片。孢子囊群宽线形，长2-4毫米，着生小脉中部，每小羽片1-2枚；囊群盖同形，全缘，开向主脉或相对开。

产云南西部，生于岩石上。印度、缅甸及泰国有分布。

31. 华南铁角蕨　　　　　　　图 577

Asplenium austro-chinense Ching in Bull. Fan Mem. Inst. Biol. Bot. 2: 209. t. 27. 1931.

植株高30-40厘米。根茎短粗，横走，顶端密被褐棕色全缘披针形鳞片。叶近生；叶柄长10-20厘米，下部青灰色，向上灰禾秆色，与叶轴及羽轴下面光滑或略被1-2棕红色鳞片；叶片宽披针形，长18-26厘米，基部宽6-10厘米，二回羽状，羽片10-14对，下的对生，向上的互生，有长柄，基部羽片长4.5-8厘米，基部宽1.7-3厘米，披针形，长尾渐尖头，一回羽状，小羽片3-5对，互生，上先出，基部上侧1片匙形，长1-2厘米，中部宽0.6-1.2厘米，基部长楔形，与羽轴合生，下

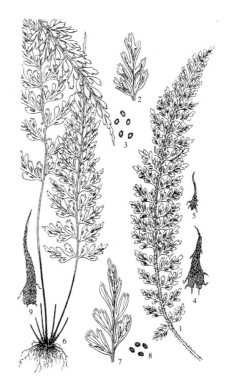

图 576：1-5.瑞丽铁角蕨　6-9.海南铁角蕨
（引自《中国植物志》）

侧下延，两侧全缘，顶部浅片裂成2-3裂片，裂片顶端近撕裂；羽轴两侧有窄翅，叶脉明显，上面隆起，下面下凹陷呈沟脊状，小脉扇状2叉分枝，几达叶缘；叶干后棕色，坚革质；叶轴及羽轴上面有纵沟。孢子囊群短线形，长3-5毫米，着生小脉中部或中部以上，每小羽

片2-6（-9）枚，不整齐排列；囊群盖线形，开向主脉或开向叶缘，宿存。

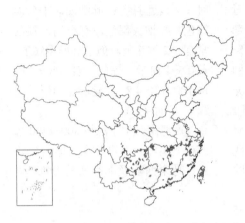

产安徽、浙江、台湾、福建、江西、湖北、湖南、广东、香港、广西、贵州、四川及云南东南部，生于海拔400-1100米密林下潮湿岩石上。越南有分布。

[附] **海南铁角蕨** 图576：6-9 **Asplenium hainanense** Ching in Lecomte, Not. Syst. 5: 7. t. 1. f. 3. 1936. 本种与华南铁角蕨的区别：叶柄长5-15厘米，叶片披针形，羽片尖头，叶坚纸质。产海南，生于海拔400-700米林下溪边潮湿岩石上。越南有分布。

图 577 华南铁角蕨 （冀朝祯绘）

32. 大盖铁角蕨 大铁角蕨 图578：1-3

Aspleium bullatum Wall. ex Mett. Farngat. Aspl. 106. n. 51. 1859.

植株高0.6-1米。根茎粗壮，直立，木质，顶端密被褐棕色具齿牙披针形鳞片。叶簇生；叶柄长26-43厘米，淡绿色，上面有浅宽纵沟，基部密被鳞片；叶片椭圆形，长45-63厘米，宽18-24厘米，三回羽状，羽片16-19对，互生或基部的对生，柄长1厘米，茎部羽片较短，中部羽片长11-19厘米，宽4-8厘米，披针形，略镰刀状，二回羽状，小羽片11-13对，互生，上先出，柄长2-3毫米，基部上侧1片长2.5-4厘米，宽1.6-2.2厘米，卵状三角形，基部沿小羽轴具窄翅下延，羽状；末回小羽片3-4对，长1.2-1.5厘米，宽6-8毫米，长卵形，基部与叶轴合生具窄翅下延，有三角形的锯齿，叶脉明显，小脉单一或分叉，每锯齿有1小脉，先端有水囊，不达叶缘；叶干后草质，草绿色；叶轴淡绿色，光滑，上面有浅纵沟，上部两侧有窄翅，羽轴淡绿色，隆起，有宽翅。孢子囊群近椭圆形，长达4毫米，着生小脉中部，每末回小羽片有1-3枚；囊群盖长达4毫米，椭圆形，灰白色，开向主脉，宿存。染色体2n=144。

产台湾、福建、贵州、四川及云南，生于海拔约2600米林下溪边。印度北部、缅甸及越南有分布。

[附] **稀羽铁角蕨** Asplenium bullatum Wall. ex Mett. var. **shikokianum**

图 578：1-3. 大盖铁角蕨 4-10. 闽浙铁角蕨 （引自《中国植物志》）

(Makino) Ching et S. H. Wu, Fl. Reipub. Popul. Sin. 4(2): 75. 1999. —— *Asplenium shikokianum* Makino in Bot. Mag. Tokyo 13: 13. 1899. 与模式变种的区别：叶二回羽状。染色体2n=c. 170. 产湖北、四川及台湾，生于海拔700-800米林下溪边。日本有分布。

33. 闽浙铁角蕨 图 578：4-10

Asplenium wilfordii Mett. ex Kuhn in Linnaea 26：94. 1869.

植株高 30-40 厘米。根茎斜生，木质，密被红棕色全缘披针形

鳞片。叶簇生；叶柄长 12-20 厘米，深绿或下面褐色，上部疏被棕色披针形小鳞片，有纵沟；叶片椭圆形，长 12-25 厘米，宽 5-13 厘米，三回羽状或四回羽裂，羽片 9-15 对，基部的对生，向上的互生，有长柄，基部 1 对长 5-8 厘米，宽 2.5-4 (-6) 厘米，三角状披针形，尾尖头，基部不对称，宽楔形，二回羽状，小羽片 4-6 对，互生，上先出，基部 1 对较大，向上各对渐小，近菱状三角形，长 1.8-2.5 厘米，宽 1-1.5 厘米，有柄，羽状，末回小羽片 2-3 对，舌形，长 0.9-1.2 厘米，宽 4-5 毫米，基部长楔形下延，掌状 2-3 深裂，裂片线形，顶端有 2-3 钝齿，两侧全缘，叶脉明显，两面沟脊状，小脉在裂片或末回小羽片 2 叉，几达叶缘，叶干后灰绿色，厚纸质；叶轴淡绿色，羽轴与叶片同色，上面均有纵沟。孢子囊群线形，长 2-3 毫米，每裂片或末回小羽片有 1-2 枚，不整齐排列；囊群盖线形，长 2-3 毫米，淡灰色，相对开，宿存。染色体 2n=144。

产浙江、台湾、福建及江西，生于海拔 200-250 米林下石上。日本和朝鲜半岛南部有分布。

34. 拟大羽铁角蕨 图 579

Asplenium sublaserpitiifolium Ching in Lecomte, Not. Syst. 5：146. t. 6. f. 3-4. 1936.

植株高达 1 米或更高。根茎直立，木质，顶端密被褐棕色全缘

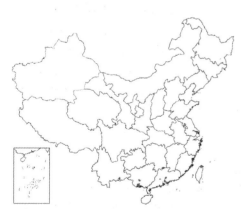

线状披针形鳞片。叶簇生；叶柄长 20-45 厘米，青灰色，基部疏被纤维状棕色小鳞片；叶片椭圆形，长 40-65 厘米，宽 16-30 厘米，三回羽状，羽片 13-16 对，下部的对生，向上的互生，有长柄，基部 1 对长 15-23 厘米，宽 7-11 厘米，长三角形，稍镰刀状，短尾头，二回羽状，小羽片 10-14 对，互生，上先出，有长柄，基部 1 对长 4-7 厘米，宽 2.5-3 厘米，长三角形，基部略偏斜圆截形，羽状，末回小羽片 4-6 对，基部 1 对长 1.5-2 厘米，宽 1.5-1.7 厘米，宽倒卵形，有短柄，掌状 2-3 深裂或浅裂，裂片舌形，两侧全缘，顶端撕裂；叶脉明显，沟脊状，小脉在末回小羽片或裂片为扇状 2 叉分枝，达叶缘；叶干后草绿色，软纸质，叶轴及羽轴与叶柄同色，上面有浅纵沟，小羽轴与叶柄同色。孢子囊群窄线形，长 4-6 毫米，每末回小羽片 2-3 枚，位于中部以下；囊群盖窄线形，开向主脉，宿存。

产台湾、广东、广西及云南，生于海拔 800-900 米林下溪边石

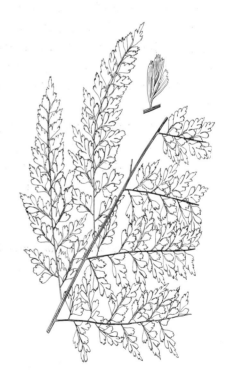

图 579 拟大羽铁角蕨 （孙英宝绘）

上。印度、缅甸、越南及马来西亚有分布。

35. 大羽铁角蕨 图 580

Asplenium neolaserpitiifolium Tard.‐Blot et Ching in Lecomte, Not. Syst. 5: 153. t. 6. f. 1‐2. 1936.

植株高 60-70 厘米。根茎短而直立，顶端密被褐棕或深棕色全缘线状披针形鳞片。叶簇生，叶柄长 24-35 厘米，深青灰或深青褐色，有光泽，光滑，有纵沟；叶片椭圆形，长 50-60 厘米，中部宽 28-40 厘米，渐尖头，三回羽状或四回深羽裂，羽片 10-12 对，基部的对生，向上的互生，有长柄，中部羽片长 15-23 厘米，基部宽 10-15 厘米，长三角形，略镰刀状，短尾尖头，

图 580 大羽铁角蕨
（孙英宝仿《Ogata, Ic, Fil. Jap.》）

基部圆，二回羽状，小羽片 9-11 对，有长柄，基部 1 对长 6-10 厘米，宽 3.5-4.5 厘米，短尾头，上先出，长三角形，羽状或下部的二回羽状，末回小羽片 4-8 对，互生或基部 1 对对生或近对生，基部 1 对较大，上侧 1 片长 2-2.5 厘米，宽 1.4-1.6 厘米，斜方状菱形，有短柄，掌状 3 深裂或羽状深裂，裂片 3-5 片，舌形，长 0.8-1.1 厘米，宽约 5 毫米，合生或基部 1 对分离，顶端有钝齿，两侧全缘；叶脉明显，沟脊状，小脉在末回小羽片或裂片扇状 2 叉分枝，几达叶缘。叶干后草绿色，软纸质，叶轴及羽轴深青褐或深青灰色。孢子囊群窄线形，长达 8 毫米，着生末回小羽片或裂片中部以下；囊群盖窄线形，相对开，宿存。

产台湾、香港、海南及云南，生于海拔 650-800 米密林中树干上。越南、缅甸、泰国、印度、马来群岛及日本有分布。

[附] **假大羽铁角蕨** 大羽铁角蕨 **Asplenium pseudolaserpitiifolium** Ching in Lecomte, Not. Syst. 5: 150. t. 6. 1936. 本种与大羽铁角蕨的主要区别：根茎斜生；叶柄和叶轴青灰或深青灰色，末回小羽片舌形或三角状卵形，宽 3-5 毫米，长 0.8-1 厘米。产台湾、福建、广东、海南、广西及云南东南部，生于海拔 100-1100 米林下溪边岩石上。印度、越南、菲律宾及印度尼西亚有分布。

36. 东海铁角蕨 曲阜铁角蕨 图 581

Asplenium castaneo-viride Baker in Ann. Bot. (London) 5: 304. 1891.

植株高 8-20 厘米。根茎短而直立，被黑色线形披针形鳞片。叶簇生；叶柄纤细，上面淡绿色，下面栗色有光泽；叶有大型叶和小型叶，大型叶柄长 6-8 厘米，叶片披针形，长 11-14 厘米，中部宽 2-3 厘米，一回羽状，羽片 10-15 对，下部的椭圆形，中部披针形，长 1-2 厘米，宽 3-5 毫米，基部与叶轴合生，具锯齿；小型叶柄长 2-4 厘米，叶片线状披针形，长 5-9 厘米，宽约 1 厘米，羽片 7-9 对，椭圆形或倒卵形，下部的长 5-7 厘米，中部宽 3-5 毫米，基部与叶轴合生，沿叶轴有窄翅相连，上部有粗锯齿，余全缘；叶脉羽状，纤细，不明显，小脉单一或 2 叉，有水囊，不达叶缘；叶干后淡绿色，近草质；叶轴淡绿色，光滑。孢子囊群线状椭圆形，长约 2 毫米，着生小脉上侧，每羽片 3-6 枚；囊群盖同形，开

向主脉，宿存。

产辽东半岛、山东及江苏北部，生于石壁上。日本有分布。

37. 云南铁角蕨　　　　　　　　　　　图 582

Asplenium yunnanense Franch. in Bull. Sco. Bot. France 32: 28. t. 32. 1885.

植株高 5-20 厘米。根茎直立，密被黑褐色边缘流苏状披针形鳞片。

叶密集簇生；叶柄纤细，长 1-5 厘米，红棕或栗褐色，有纵沟，疏被黑褐色纤维状小鳞片；叶片线形或线状披针形，长 3-15 厘米，中部宽 0.8-2.5 厘米，先端深羽裂，或鞭状，着地生根，向下一回羽状或二回羽状，羽片 10-20 对，无柄，下部的向基部下延成扇形或耳形，中部羽片椭圆形，长（0.2-）1-1.5 厘米，宽 2-7 毫米，顶端缺刻内有芽胞，深羽裂几达主脉，裂片 2-4 对，线形或舌形，钝头有 2-3 齿牙，两侧全缘；叶脉上面隆起，下面明显，侧脉 2 叉，纤细，不达叶缘；叶干后草绿色，草质，无毛；叶轴淡禾秆色，或下部（下面）与叶柄同色，有少数黑褐色纤维状小鳞片，有纵沟，两侧稍草绿色。孢子囊群近椭圆形，着生小脉中部或下部，长约 1 毫米，每裂片有 1 枚，成熟后密被羽片下面；囊群盖近椭圆形，开向主脉或叶缘。

产河北、河南、青海、台湾、广西、贵州、四川、云南及西藏，生于海拔 1100-3300 米林下岩缝中。

38. 欧亚铁角蕨　绿柄铁角蕨　　　　　图 583

Asplenium viride Hudson, Fl. Angl. 385. 1762.

植株高 8-15 厘米。根茎短而直立，或长而斜生，栗褐色，顶端密被披针形栗褐色鳞片。

叶簇生；叶柄长 2-7 厘米，红棕或栗棕色，向上草绿色，略被褐色纤维状鳞片，后渐脱落；叶片线形，长 6-12 厘米，中部宽 1-1.2 厘米，一回羽状，羽片 14-16 对，中部羽片长宽均 4-6 毫米，近斜方形，外缘有粗圆齿，基部圆楔形，下部 2-3 对羽片等边三角形，基部近平截，顶部羽片密接，向顶端成椭圆形，无柄；叶脉羽状，略明显，

图 581 东海铁角蕨　（引自《中国植物志》）

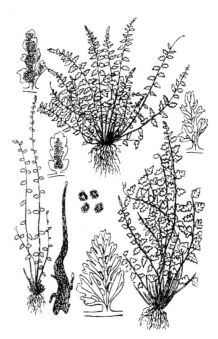

图 582 云南铁角蕨　（引自《中国植物志》）

纤细，小脉多 2 叉，稀单一或 3 叉，不达叶缘；叶干后草绿色，草质；叶轴草绿色，有时下部红

棕色，上面有宽纵沟，偶被小鳞片。孢子囊群椭圆形，长约 1 毫米，靠主脉，每裂片有 4-8 枚，成熟时近汇合；囊群盖同形，白绿色，开向主脉，宿存。染色体 2n=72。

产新疆天山西部、台湾、四川及西藏，生于海拔 4100 米以下林下石缝中。欧洲、北美洲、喜马拉雅、俄罗斯西伯利亚、日本本州中部以北有分布。

39. 虎尾铁角蕨 缩羽铁角蕨 图 584

Asplenium incisum Thunb. in Trans. Linn. Soc. 2: 342. 1794.

植株高 10-30 厘米。根茎短而直立或横卧，顶端密被窄披针形黑色鳞片。叶密集簇生；叶柄长 4-10 厘米，淡绿、栗色或红棕色，上面两侧各有 1 条淡绿色窄边，有宽纵沟，略被小鳞片；羽片宽披针形，长 10-27 厘米，中部宽 2-4（-5.5）厘米，二回羽状，羽片 12-22 对，下部羽片卵形或半圆形，长宽不及 5 毫米，中部各对羽片三角状披针形或披针形，长 1-2 厘米，基部宽 0.6-1.2 厘米，先端渐尖有粗齿牙，一回羽状或深羽裂达叶轴，小羽片 4-6 对，基部 1 对长 4-7 毫米，宽 3-5 毫米，椭圆形或卵形，圆头有粗齿牙，基部宽楔形，无柄或稍与叶轴合生下延；叶脉明显，侧脉 2 叉或单一，基部的常 2-3 叉，纤细，伸达齿牙；叶干后草绿色，薄草质，光滑；叶轴淡禾秆色或下面栗色或红棕色，顶部两侧有线形窄翅。孢子囊群椭圆形，长约 1 毫米，着生小脉中部或下部，靠主脉，不达叶缘；囊群盖椭圆形，开向主脉或向叶缘。染色体 2n=72。

产吉林、辽宁、内蒙古、河北、山东、山西、河南、陕西、甘肃、江苏、安徽、浙江、台湾、福建、江西、湖北、湖南、贵州、四川、云南及西藏，生于海拔 70-1600 米林下潮湿岩石上。朝鲜半岛、日本及俄罗斯远东地区有分布。

40. 宝兴铁角蕨 图 585

Asplenium moupinense Franch. in Nouv. Arch. Mus. Hist. Nat. ser. 2, 10: 14. 1887.

植株高 10-20 厘米。根茎短而直立，密被褐黑色披针形鳞片。叶簇生；叶柄长 2-5 厘米，栗褐色，密被黑褐色纤维状鳞片，后脱落；叶片宽披针形，长 8-18 厘米，中部宽 2.5-4 厘米，二回羽状，羽片 16-24 对，下部羽片耳形，中部羽片椭圆状披针形，长 1-2 厘米，基部宽 6-9 毫米，顶端缺刻内有小芽胞，一回羽状深裂，几达主脉，裂片 4-5 对，上先出，基部 1 对较大，上侧 1 片长 4-6 毫米，宽 2-4 毫米，椭圆形，

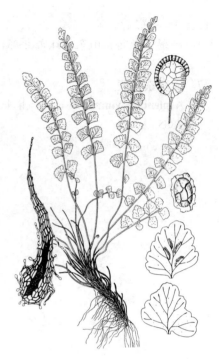

图 583 欧亚铁角蕨
（孙英宝仿《Ogata, Ic. Fil. Jap.》）

图 584 虎尾铁角蕨
（蔡淑琴仿《中国植物志》《图鉴：图 394》）

稍扇形，齿牙状深裂达 1/3-2/3，向上各对较小，长方形，叶脉略隆起，下面明显，基部裂片侧脉扇形分枝或近羽状，纤细；叶干后草绿色，草质，光滑；叶轴上面草绿

色，有宽纵沟，下面栗褐色，略被小鳞片。孢子囊群近椭圆形，长约2毫米，着生小脉下部，靠主脉，每裂片有1-2枚，成熟后密被羽片下面；囊群盖近椭圆形，开向主脉或向叶缘。

产山西、河南、陕西、甘肃、四川及云南，生于海拔1600-2800米林下溪边潮湿岩石上。

图 585 宝兴铁角蕨 （孙英宝绘）

41. 卵叶铁角蕨 银杏叶铁角蕨 图 586

Asplenium rutamuraria Linn. Sp. Pl. 1081. 1753.

植株高3-10厘米。根茎横走，顶端向上并密被线形鳞片。叶密集簇生；叶柄长2-5厘米，径约1毫米，禾秆色或灰绿色，基部栗色，疏被褐色纤维状小鳞片；叶片卵形，长2-5厘米，基部宽1.5-3厘米，上部奇数一回羽状，下部二回羽状；羽片3-4对，基部1对长0.8-1厘米，基部宽0.8-1.2厘米，三角形，奇数一回羽状或3出，侧生小羽片2-3对，长4-6毫米，

中部宽3-5毫米，卵状或近斜方形，有不整齐尖齿牙；顶生小羽片与侧生的同形而略大，有时浅裂呈戟状；第二对羽片与基部的同形而较小，或单一，向上各对均单一，顶生羽片斜方形，单一或不等2叉，叶脉不明显，上面隆起，扇状2叉分枝，纤细，达叶缘；叶干后灰绿色，软革质；叶轴及羽轴与叶片同色。孢子囊群线形，长1-4毫米，每羽片或小羽片有5-12枚，扇形排列，不整齐，成熟后密被羽片下面；囊群盖线形，灰白色，开向主脉或向叶缘。染色体2n=144。

产内蒙古、山西、河南、陕西、新疆、台湾、四川、云南及西藏。欧州、北美洲、俄罗斯西伯利亚及远东地区、日本、中亚、喜马拉雅有分布。

[附] **疏羽铁角蕨 Asplenium subtenuifolium** (Christ) Ching et S. H. Wu in Acta Phytotax. Sin. 23(1): 3. 1985.—— *Asplenium rutamuraria* Linn.

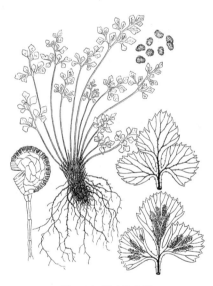

图 586 卵叶铁角蕨
（孙英宝仿《Ogata, Ic. Fil. Jap.》）

var. *subtenuifolium* Christ in Hedwigia 42: 167. 1903. 本种与卵叶铁角蕨的主要区别：叶柄径不及0.5毫米，叶片三角形，侧生小羽片3-4对，卵形，边缘微波状或有不明显圆钝齿牙；囊群盖棕色。产四川东北部。欧洲中部有分布。

42. 西北铁角蕨 图 587

Asplenium nesii Christ in Nuov. Giorn. Bot. Ital. n. s. 4: 90. 1897.

植株高6-12厘米。根茎短而直立，顶端密被黑色全缘披针形鳞片。叶多数簇生；叶柄长2.5-8厘米，下部黑褐色，上部禾秆色，疏被黑褐色

纤维状小鳞片，有窄纵沟；叶片披针形，长4-6厘米，中部宽1-2厘米，二回羽状；羽片7-9对，互生或基部的对生，有极短柄，下部的

略缩短，中部的较大，椭圆形，长0.9-1.2厘米，基部宽4-8毫米，急尖头并羽裂，基部不对称，一回羽状；小羽片3-5对，互生，上先出，基部1对略大，舌形，圆头，基部楔形，与羽轴合生并下延，边缘有钝齿牙，其余小羽片略小；叶脉不明显，小脉在小羽片上2叉或单一，几达叶缘；叶干后草绿色，坚草质；叶轴禾秆色，上面有纵沟，略被黑褐色小鳞片。孢子囊群椭圆形，长约1毫米，在羽片基部1对小脉各有2-4枚，向上各小羽片各有1枚，靠羽轴，整齐排列，成熟后密被羽片下面；囊群盖椭圆形，开向羽轴或主脉。

产内蒙古、河北、山西、河南、陕西、宁夏、甘肃、青海、新疆、四川、云南及西藏，生于海拔1100-4000米干旱石灰岩缝中。阿富汗、巴基斯坦及印度北部有分布。

图 587 西北铁角蕨 （蔡淑琴绘）

43. 华中铁角蕨 图 588

Asplenium sarelii Hook. in Blakiston, Five Months on the Yang-tsze Append. 363. 1862.

植株高10-23厘米。根茎短而直立，顶端密被黑褐色全缘有齿牙

披针形鳞片。叶簇生；叶柄长5-10厘米，淡绿色，近光滑；叶片椭圆形，长5-13厘米，宽2.5-5厘米，三回羽裂，羽片8-10对，对生，向上的互生，有短炳，基部1对长1.5-3厘米，宽1-2厘米，卵状三角形，二回羽裂，小羽片4-5对，互生，上先出，基部上侧1片长0.5-1.1厘米，宽4-7毫

图 588 华中铁角蕨
（孙英宝仿《中国蕨类植物图谱》）

米，卵形，羽状深裂达小羽轴，裂片5-6片，窄线形，长1.5-5毫米，宽0.5-2毫米，基部1对常2-3裂，小裂片顶端有2-3钝齿或尖头小齿牙，向上各裂片顶端有尖齿牙，叶脉明显，上面隆起，裂片小脉2-3叉；叶干后灰绿色，坚草质；叶轴及各回羽轴均与叶柄同色，两侧有线形窄翅，叶轴两面隆起。孢子囊群近椭圆形，长1-1.5毫米，每裂片有1-2枚，着生小脉上部；囊群盖同形，开向主脉，宿存。染色体2n=144。

产吉林、辽宁、河北、山东、山西、河南、陕西、江苏、安徽、浙江、福建、江西、湖北、湖南、广西北部、贵州、四川及云南，生于海拔300-2800米潮湿岩壁或石缝中。朝鲜半岛南部、俄罗斯西伯利亚及远东地区有分布。

44. 北京铁角蕨

图 589

Asplenium pekinense Hance in Journ. Bot. 5: 262. 1867.

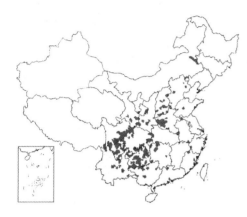

植株高 8-20 厘米。根茎短而直立,顶端密被黑褐色全缘或略波状披针形鳞片。叶簇生;叶柄长 2-4 厘米,淡绿色,下部疏被鳞片,向上疏被黑褐色纤维状小鳞片;叶片披针形,长 6-12 厘米,中部宽 2-3 厘米,二回羽状或三回羽裂,羽片 9-11 对,下部羽片略短,较疏离,对生,向上的互生,柄极短,中部羽片三角状椭圆形,长 1-2 厘米,宽 0.6-1.3 厘米,尖头,基部不对称,一回羽状,小羽片 2-3 对,上先出,基部上侧 1 片椭圆形,长 5-6 毫米,宽 2-3 毫米,基部与羽轴合生,下延,羽状深裂,裂片 3-4 片,舌形或线形,长 1-3 毫米,先端圆截形有 2-3 个锐尖小齿牙,两侧全缘,叶脉明显,上面隆起,小脉扇状,2 叉分枝,伸达齿牙先端,不达叶缘;叶干后坚草质,灰绿或暗绿色;叶轴及羽轴与叶片同色,两侧有窄翅,下部疏被小鳞片。孢子囊群近椭圆形,长 1-2 毫米,每小羽片有 1-2 枚,位于小羽片中部,成熟后密被小羽片下面;囊群盖同形,开向羽轴或主脉,宿存。染色体 2n=144。

产辽宁、内蒙古、河北、山东、山西、河南、陕西、宁夏、甘肃、江苏、安徽、浙江、台湾、福建、江西、湖北、湖南、广东北部、广西、贵州、四川及云南,生于海拔 380-3900 米岩石或石缝中。朝鲜半岛及日本有分布。

图 589 北京铁角蕨
(孙英宝仿《Ogata, Ic. Fil. Jap.》)

45. 线柄铁角蕨

图 590

Asplenium capillipes Makino in Bot. Mag. Tokyo 17: 77. 1903.

植株高 3-8 厘米,细弱,半匍匐状。根茎短而直立,顶端密被黑褐色流苏状宽披针形鳞片。叶簇生;叶柄纤细,丝状,长 0.3-2.5 厘米,草绿色,光滑,上面纵沟两侧边缘淡绿秆色;叶片线状披针形,长 2-6 厘米,宽 0.7-1 厘米,二回羽状,羽片 5-11 对,互生或基部的对生,几无柄,基部 1 对宽卵形,近一回羽状或 3 出,小羽片 2-4 片,3 出,椭圆形,长 2-3 毫米,中部宽 1.5-2 毫米,基部宽楔形,与叶轴合生下延,全缘,顶部 2-3 裂;上部 2-3 裂,近顶部的不裂,叶脉明显,上面略隆起,小脉单一,每裂片 1 脉,有水囊不达叶缘,叶干后灰绿色,薄草质;叶轴草绿色,光滑,有纵沟,顶端鞭状,有 1 枚被鳞片小芽胞,着

图 590 线柄铁角蕨 (引自《中国植物志》)

地生根。孢子囊群近椭圆形，长 1-1.5 毫米，每小羽片或裂片 1 枚，着生小脉上侧或下侧，位于小羽片或裂片中央；孢子囊群盖同形，开向主脉或叶缘，宿存。染色体 2n=72。

产台湾、湖南西南部、贵州、四川及云南，生于海拔 2000-2700 米阴湿石灰岩洞中，常与藓类混生。朝鲜半岛及日本有分布。

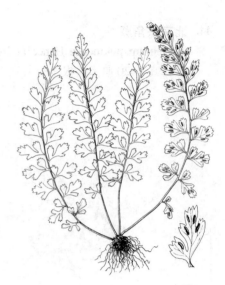

图 591 细茎铁角蕨 （孙英宝绘）

46. 细茎铁角蕨　小叶铁角蕨　　　图 591

Asplenium tenuicaule Hayata, Ic. Pl. Formos. 4: 228. f. 158. 1914.

植株高 8-10 厘米。根茎短而直立，顶端密被褐棕色全缘卵状披针形鳞片。叶簇生；叶柄长 1.5-3 厘米，有纵沟，褐棕色，基部疏被鳞片；叶片披针形，长 6-9 厘米，中部宽 1.5-2 厘米，二回羽状，羽片 12-18 对，互生，具短柄，中部羽片长 1-1.3 厘米，宽 6-9 毫米，三角状卵形，基部不对称宽楔形，一回羽状，小羽片 2-3 片，互生，上先出，密接，基部上侧 1 片长 4-6 毫米，宽 3-4 毫米，倒卵形，顶端 2-3 浅裂，两侧全缘，裂片顶端有波状圆齿；其余小羽片同形较小，顶端圆头有波状圆齿，叶脉上面明显，下面略显，小脉 2 叉分枝；叶薄草质，干后暗绿色；

叶轴绿色，有浅纵沟。孢子囊群宽线形，长 2-3 毫米，着生小脉中部，上部小羽片各有 1 枚，整齐排列，下部小羽片各有 2-3 枚，不整齐排列；囊群盖同形，全缘，开向羽轴或主脉。

产台湾及海南，生于林中树干上。

47. 钝齿铁角蕨　　　图 592

Asplenium subvarians Ching ex C. Chr. Ind. Fil. Suppl. 3: 38. 1934.

植株高 6-15（-20）厘米。根茎短而直立，顶端密被深棕色全缘宽披针形鳞片。叶簇生；叶柄长 1-5 厘米，暗绿色，或基部淡栗色疏被鳞片，两侧有窄翅状边缘；叶片披针形，长 5-9（-15）厘米，中部宽 1.5-2（-5）厘米，二回羽状，羽片 8-10 对，基部的近对生，向上的互生，有短柄，基部羽片几不缩短，中部羽片长 0.6-1.1 厘米，宽 6-9 毫米，三角状卵形，一回羽状，小羽片 2-3 对，互生，上先出，基部上侧 1 片长 3-5 毫米，宽 2.5-3.5 毫米，宽倒卵形，基部下延，多少与羽轴合生，顶端有 2-3 粗齿或浅裂，两侧全缘，叶脉上面明显，小脉 2 叉或单一，纤细，不达叶缘；叶干后草绿色，薄草质；叶轴暗绿色，光滑。孢子囊群椭圆形，长 1-2 毫米，着生小脉中部，每小羽片 1 枚；囊

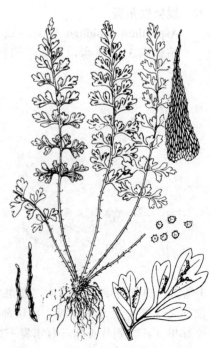

图 592 钝齿铁角蕨（引自《中国植物志》）

群盖同形，多开向羽轴或主脉，少数开向叶缘，宿存。

产黑龙江、吉林、辽宁、内蒙古、河北、山东、山西、河南、陕西、甘肃、江苏、浙江、江西、湖南、贵州、四川、云南及西藏，生于海拔950-2880米林下阴湿处岩石上。日本和朝鲜半岛有分布。

48. 内邱铁角蕨
图 593

Asplenium propinquum Ching in Acta Phytotax. Sin. 23(1): 8. pl. 1. f. 4. 1985.

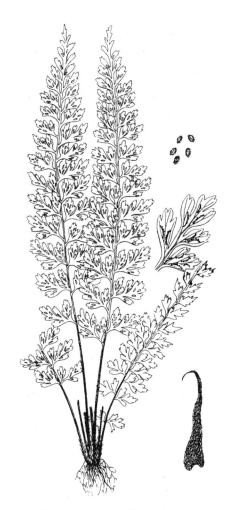

植株高 10-15 厘米。根茎短而直立，顶端密被深褐色全缘披针形鳞片。叶簇生；叶柄长 3-6 厘米，上面暗绿色，下面淡栗色，疏被黑褐色纤维状小鳞片，向上光滑；叶片披针形，长 6-12 厘米，中部宽 2-3 厘米，先端渐尖，二回羽状，羽片 10-12 对，互生或基部的对生，斜展，柄长约 1.2 毫米，中部羽片卵形，长 0.8-1.7 厘米，宽 0.7-1.2 厘米，一回羽状，小羽片 2-3 对，互

生，上先出，基部上侧 1 片宽卵形，长 6-8 毫米，宽 4-6 毫米，圆头或圆截头，基部宽楔形，下延，有短柄，掌状浅裂，裂片短小，4-6 片，齿状，全缘，余小羽片有长尖锯齿；叶脉多少隆起，上面明显，小羽片小脉 2 叉或多次 2 叉分枝，先端有水囊；叶干后草绿色，薄草质；叶轴上面与叶片同色有浅宽纵沟，下面淡绿或下部淡棕色，有光泽。孢子囊群短线形，长 2-3 毫米，着生小脉中部或下部，每小羽片 1-3 枚（基部 1 对小羽片有 3-5 枚），不整齐排列；囊群盖同形，全缘，多开向主脉或叶缘。

产河北、山西及陕西，生于海拔约 1700 米林下石上。

图 593 内邱铁角蕨 （蔡淑琴绘）

49. 掌裂铁角蕨
图 594

Asplenium subdigitatum Ching in Acta Phytotax. Sin. 23(1): 8. pl. 1. f. 3. 1985.

植株高 6-15 厘米。根茎短而直立，顶端密被黑褐色有虹色光泽有小齿披针形鳞片。叶簇生；叶柄长 3-8 厘米，绿色，基部疏被鳞片。叶片披针形，长 4-7 厘米，宽 1-1.2 厘米，二回羽状，羽片 6-10 对，对生或上部的互生，无柄，基部 1 对与其上的几同形同大，长 5-7 毫

图 594 掌裂铁角蕨 （孙英宝绘）

米，宽 6-8 毫米，卵状扇形，近掌状分裂；小羽片 1 对或 3 出，基部上侧 1 片倒卵形，长 4-5 毫米，宽 2.5-3.5 毫米，顶端浅条裂，裂片 5-6 片，齿状，全缘，其余小羽片较小，基部与羽轴合生，下延，叶脉上面明显，小羽片 2 叉分枝，每裂片有 1 条；叶薄草质，干后草绿色；叶轴及羽轴均与叶片同色。孢子囊群近椭圆形，长 1-2 毫米，着生小脉中下部，每小羽片 2-3 枚；囊群盖同形，全缘，开向羽轴或相对开，宿存。

产甘肃南部及云南西北部，生于海拔 2400-3700 米林下溪边石上。

50. 变异铁角蕨　　　　　　　　　　　　　图 595

Asplenium varians Wall. ex Hook. et Grev. Icon. Fil. t. 172. 1830.

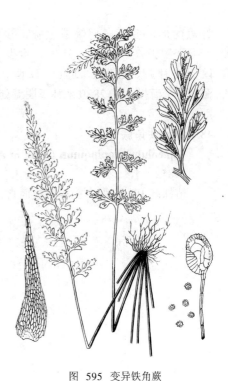

图 595　变异铁角蕨
（蔡淑琴仿《中国植物志》）

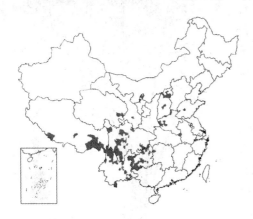

植株高 10-22 厘米。根茎短而直立，顶端密被黑褐色全缘披针形鳞片。叶簇生；叶柄长 4-7（-10）厘米，全部或下部栗色，有光泽，或向上绿色，疏被黑褐色纤维状鳞片，后脱落，上面有浅纵沟；叶片披针形，长 7-13 厘米，宽 2.5-4 厘米，二回羽状，羽片 10-11 对，下部的对生，向上的互生，平展，柄长约 1 毫米，中部羽片长 0.8-1.7 厘米，宽 0.7-1.1 厘米，三角状卵形，一回羽状，小羽片 2-3 对，互生，上先出，基部上侧 1 片倒卵形，长 3.5-5.5 毫米，宽 2.5-4（-6）毫米，无柄，稍与羽轴合生，两侧全缘，顶端有 6-8 小锯齿，叶脉隆起，上面明显，小羽片小脉 2 叉或二回 2 叉，基部小羽片的近羽状分枝，不达叶缘；叶干后草绿色或上面暗褐色，薄草质；叶轴灰绿色，上面有纵沟，光滑。孢子囊群短线形，长 1.5-3 毫米，着生小脉下部，每小羽片 2-4 枚，成熟后密被羽片下面；囊群盖同形，开向羽轴或主脉，宿存。

染色体 2n=72，144。

产山东、山西、河南、陕西、宁夏、甘肃、青海、浙江、安徽、湖南、贵州、四川、云南及西藏，生于海拔 650-3500 米杂木林下潮湿岩石或岩壁上。尼泊尔、不丹、印度、斯里兰卡、中南半岛、印度尼西亚、夏威夷群岛及非洲南部有分布。

51. 黑色铁角蕨　深山铁角蕨　　　　　　图 596

Asplenium adiantum-nigrum Linn. var. **yuanum** (Ching) Ching in Fl. Tsinling. 2: 125. 1974.

Asplenium yuanum Ching in Bull. Fan Mem. Inst. Biol. Bot. 10: 174. 1940.

植株高 15-40 厘米。根茎斜生，顶端密被黑褐色全缘卵状披针形鳞片。叶簇生；叶柄长 8-15 厘米，栗红色，有光泽，基部疏被鳞片；叶片椭圆状披针形，长 9-20 厘米，宽 4-6 厘米，三回羽状，羽片 9-13 对，互生，柄长 3-5 毫米，基部 1 对长 4-6 厘米，基部宽 1.8-2.4 厘米，卵状披针形，二回羽状，小羽片 7-8 对，上先出，基部 1 对披针形，长 1.5-3.2 厘米，宽 0.6-1 厘米，有短柄或近无柄，羽状，末回小羽片 4-6 对，互生，上先出，基部 1 对长 5-7 毫米，宽 2.5-3.5 毫米，椭圆形或窄舌形，顶端有较长极尖锐锯齿，基部楔形，与小羽轴合生，叶脉稍

隆起，上面明显，下面可见，末回小羽片的近羽状分枝，小脉单一或下部的2叉，几达叶缘；叶干后棕色或上面褐绿色，厚纸质；叶轴禾秆色，下面中部以下常栗红色有光泽，上面有纵沟。孢子囊群椭圆形，长1-2.5毫米，着生小脉中部，每末回小羽片有1-3对，靠主脉两侧排列，成熟后密被小羽片下面；囊群盖粗线形，开向主脉，偶向叶缘，宿存。

产陕西、台湾、云南西北部及西藏东部，生于海拔2000-2800米溪旁。巴基斯坦、印度北部有分布。

52. 线裂铁角蕨　　　　　　　　　　图597

Asplenium coenobiale Hance in Journ. Bot. 1874: 142. 1874.

植株高10-25（-30）厘米。根茎直立，顶端密被黑色略有齿牙的厚膜质线形鳞片。叶簇生；叶柄圆形，长6-18厘米，乌木色，有光泽，光滑；叶片长三角形，细裂，长6-10厘米，宽3-5厘米，三回羽状，羽片12-16对，下部的对生，向上的互生，有短柄或近无柄，基部1对长2-4.3厘米，宽0.7-1.5厘米，长三角形，二回羽状，小羽片6-10对，互生，上先出，基部1对（或

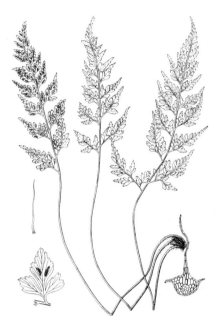

图 596　黑色铁角蕨　（孙英宝绘）

上侧1片）椭圆形，长0.5-1厘米，宽5-7毫米，羽状，有短柄，末回小羽片2-4对，互生，上侧的长宽均2-4毫米，二至三回深裂，分裂极细，不育裂片窄线形，宽约0.6毫米，能育裂片较宽，长1.5-2.5毫米，全缘；叶脉隆起，每裂片有1小脉，不达叶缘；叶干后草绿色，薄草质；叶轴中部以下乌木色，有光泽，上面有纵沟，羽轴和小羽轴均与叶片同色，隆起。孢子囊群椭圆形，长1-1.5毫米，每能育裂片1枚，着生小脉中部或下部上侧；囊群盖椭圆形，透明，全缘，开向叶缘，宿存。

产浙江、台湾、福建、湖南、广东、广西、贵州、四川及云南，生于海拔700-1800米林下溪边石上。越南北部有分布。

53. 乌木铁角蕨　　　　　　　　　　图598

Asplenium fuscipes Baker in Journ. Bot. 1879: 304. 1879.

植株高18-30（-40）厘米。根茎短而直立，顶端密被褐色、有棕色窄边全缘线形鳞片。叶簇生；叶柄圆，长10-20厘米，乌木色，光滑；叶片三角状披针形，长15-22厘米，宽10-15厘米，四回羽裂，羽片11-13对，互生，柄短或近无柄，基部1对3.5-8厘米，宽1.5-4厘米，长三角形，三回羽裂，小羽片7-9对，互生，上先出，柄短或几无柄，基部上侧1片长0.7-2.7厘米，宽0.5-1.5厘米，长三角形，二回羽裂，第二回小羽片4-5片，互生，基部上侧1片长

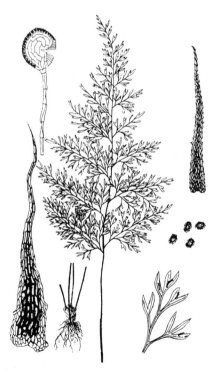

图 597　线裂铁角蕨　（蔡淑琴绘）

4-8毫米，宽2.5-4毫米，椭圆形，基部楔形，柄短或无柄，羽状或羽裂，裂片披针形，长2-2.5毫米，宽1毫米，基部上侧1片较大，3

深裂，全缘；叶脉明显，每裂片或末回小羽片有 1 小脉，不达叶缘；叶干后草绿色，薄草质；叶轴乌木色，有光泽，向顶部淡绿色，上面有纵沟，羽轴下面和叶轴同色或淡绿色。孢子囊群粗线形，长 1.5-2 毫米，每裂片或末回小羽片 1 枚，着生小脉中部上侧；囊群盖同形，开向叶缘，宿存。

产福建、广东、广西及四川，生于疏林下岩石上。

图 598 乌木铁角蕨 （孙英宝绘）

54. 细裂铁角蕨 薄叶铁角蕨 图 599:1-6

Asplenium tenuifolium D. Don. Prodr. Fl. Nepal. 8. 1825.

植株高 20-45 厘米。根茎短而直立，顶端密被有齿牙的黑褐色披针形鳞片。叶簇生；叶柄长 7-21 厘米，淡绿色，疏被棕色纤维状小鳞片，后光滑，上面有纵沟；叶片宽披针形，长 12-30 厘米，宽 6-13 厘米，四回羽裂，羽片 14-16 对，互生，有短柄，基部 1 对镰状披针形，长 3-8 厘米，宽 1.6-3 厘米，三回羽裂，小羽片 8-16 对，互生，上先出，有短柄，上

侧的卵形，长 1.3-2.8 厘米，宽 1-1.3 厘米，二回羽裂，末回小羽片 3-4 对，互生，基部 1 对舌形，长 5-8 毫米，宽 4-6 毫米，基部与小羽轴合生，下延，掌状或近羽状 2-4 深裂，裂片披针形，宽约 1.5 厘米，全缘，其余末回小羽片较小，不裂或顶端 2 浅裂，叶脉纤细，每裂片或末回小羽片有 1 小脉，不达叶缘；叶干后草绿色，薄草质；叶轴淡绿色，各回羽轴与叶片同色。孢子囊群宽椭圆形，长 1.5-2 毫米，着生小脉下部；囊群盖同形，开向叶缘，宿存。染色体 2n=72。

产台湾、湖南、海南、广西、贵州、四川、云南及西藏南部，生于海拔 1200-2400 米杂木林下潮湿岩石上。不丹、尼泊尔、印度、斯里兰卡、缅甸、越南、马来西亚、印度尼西亚及菲律宾有分布。

[附] **贵阳铁角蕨** 黔铁角蕨 图 599:7-9 **Asplenium interjectum** Christ in Bull. Acad. Geogr. Bot. Mans 1902:241. 1902. 本种与细裂铁角蕨的区别：根茎鳞片线形，叶柄长于叶片，叶片宽三角形或三角状卵形；孢

图 599：1-6.细裂铁角蕨 7-9.贵阳铁角蕨 （孙英宝仿《Ogata, Ic. Fil. Jap.》《中国蕨类植物图谱》）

子囊群线形，长达 6 毫米。产贵州及云南，生于海拔 600-1100 米林下潮湿岩缝中。

55. 膜连铁角蕨

图 600

Asplenium tenerum Forst. Fl. Ins. Austr. Prodr. 80. 1786.

植株高 30-65 厘米。根茎短而直立，木质，顶端密被栗褐色、有红棕色窄边、卵状披针形鳞片。叶簇生；叶柄长 12-30 厘米，淡禾秆色，上面有纵沟，基部密被鳞片，叶片宽披针形，长 20-38 厘米，宽 7-10 厘米，一回羽状，羽片 15-23 对，对生，向上的互生，柄长约 2 毫米，下部羽片长 3-5 厘米，基部宽 1-1.5 厘米，椭圆状披针形，有整齐锯齿，叶脉羽状，明显，下面小脉隆起，单一，基部上侧 1 脉为 2-3 叉，伸达锯齿先端；叶干后灰绿色，肉质；叶轴淡禾秆色，光滑，有纵沟，短柄两侧有窄翅。孢子囊群线形，长约 3 毫米，着生小脉上侧，位于主脉和叶缘间，不达主脉和锯齿基部；囊群盖同形，全缘，开向主脉，宿存。染色体 2n=144。

产台湾及海南，生于海拔约 400 米密林下石上。印度、斯里兰卡、缅甸、越南、马来西亚、菲律宾、日本、波利尼西亚及斐济有分布。

图 600 膜连铁角蕨
（孙英宝仿《Ogata, Ic. Fil. Jap.》）

56. 长叶铁角蕨

图 601

Asplenium prolongatum Hook. Second Cent. Ferns t. 42. 1860.

植株高 20-40 厘米。根茎短而直立，顶端密被棕色窄边、黑褐色、全缘或有微齿牙披针形鳞片。叶簇生；叶柄长 8-18 厘米，淡绿色，幼时与叶片疏被褐色纤维状小鳞片，后脱落；叶片线状披针形，长 10-25 厘米，宽 3-4.5 厘米，二回羽状，羽片 20-24 对，下部的对生，向上互生，近无柄，下部羽片不缩短，中部的长 1.3-2.2 厘米，宽 0.8-1.2 厘米，窄椭圆形，羽状，小羽片上先出，窄线形，略上弯，长 0.4-1 厘米，宽 1-1.5 毫米，基部与叶轴合生，具宽翅相连，全缘，上侧基部 1-2 片 2-3 裂，裂片与小羽片同形较短，叶脉明显，略隆起，每小羽片或裂片有 1 小脉，先端有水囊，不达叶缘；叶干后草绿色，肉质；叶轴与叶柄同色，顶端鞭状生根，羽轴与叶片同色，两侧有窄翅。孢子囊群窄线形，长 2.5-5 毫米，每小羽片或裂片 1 枚，着生小羽片中部上侧边；囊群盖同形，开向叶缘；宿存。染色体 2n=144。

产河南、甘肃、浙江、台湾、福建、江西、湖北、湖南、广东、香港、海南、广西、贵州、四川、云南及西藏，生于海拔 150-1800 米林中树干或潮湿岩石上。印度、斯里兰卡、缅甸、中南半岛、日本、朝鲜半岛南部和斐济群岛有分布。

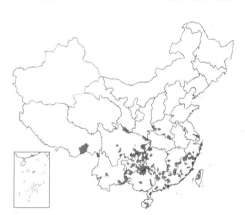

图 601 长叶铁角蕨
（蔡淑琴仿《中国植物志》）

57. 岭南铁角蕨 图 602

Asplenium sampsoni Hance in Ann. Sci. Nat. ser. 5, 5: 257. 1866.

植株高 15-30 厘米。根茎短而直立，顶端密被棕色窄边黑褐色、有齿牙或流苏状披针形鳞片。叶簇生；叶柄肉质，长 3-6 厘米，禾秆色或草绿色，疏被黑色小鳞片；叶片纺锤状披针形，长 13-25 厘米，中部宽 2-5 厘米，二回羽状，羽片 17-28 对，基部的对生，近无柄，向下成三角形，中部羽片长 1.4-2.5 厘米，宽 0.8-1 厘米，椭圆形，略镰刀状，羽状，小羽片 5-9 对，互生，上先出，线形，长 2-4 毫米，宽 1-1.5 毫米，基部与羽轴合生具宽翅相连，基部上侧 1 片 2-3 裂，裂片与小羽片同形较短，叶脉上面隆起，下面不明显，每小羽片有 1 小脉，不达叶缘；叶干后草绿色，近肉质，下面疏被 1-2 星芒状小鳞片；叶轴棕禾秆色或草绿色，肉质，有纵沟，羽轴与叶片同色，上面隆起，两侧有宽翅。孢子囊群线形，每小羽片 1 枚，着生小脉中部上侧；囊群盖同形，开向叶缘，宿存。

产广东、广西、贵州及云南东南部，生于海拔 300-750 米石上。

[附] **南方铁角蕨** 桂琼铁角蕨 **Asplenium belangeri** (Bory) Kunze in Bot. Zeitschr. 1848: 176. 1848.——*Darea belangeri* Bory in Bél. Voy. Bot.

图 602 岭南铁角蕨
（孙英宝仿《中国蕨类植物图谱》）

2: 51. 1833. 本种与岭南铁角蕨的主要区别：叶柄长 6-13 厘米，叶片线状披针形，羽片向下略缩短，中部羽片长 2.5-4 厘米，小羽片 10-16 对。产海南及广西，生于密林下岩石上。印度、越南、马来西亚及印度尼西亚有分布。

58. 骨碎补铁角蕨 图 603

Asplenium davallioides Hook. in Journ. Bot. 9: 343. 1857.

植株高 20-40 厘米。根茎短而直立，顶端密被有齿牙褐色披针形鳞片。叶簇生；叶柄长 7-22 厘米，基部密被鳞片，向上疏被纤维状小鳞片，两侧有窄翅；叶片椭圆形，长 11-17 厘米，中部宽 5-7 厘米，长尾头，三回羽状，羽片 10-12 对，互生，柄长 2-5 毫米，基部 1 对长 3-7.5 厘米，宽 1.6-3 厘米，三角状披针形，二回羽状，小羽片 6-9 对，互生，上先出，无柄，基部上侧 1 片直立，长 1-2.5 厘米，宽 0.7-1.3 厘米，卵状披针形，基部宽楔形，沿小羽柄下延，羽状，末回小羽片 4-5 对，基部 1 对（或仅上侧 1 片）长 5-8 毫米，宽 3-6 毫米，舌形，与小羽轴合生沿小羽轴下延成窄翅，2-3 浅裂，裂片短线形，长 2 毫米，其余末回小羽

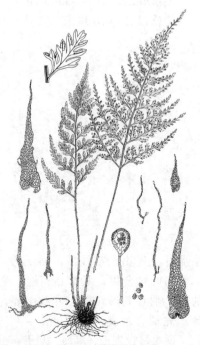

图 603 骨碎补铁角蕨
（孙英宝仿《Ogata, Ic. Fil. Jap.》）

片较小，叉状浅裂或不裂，叶脉上面隆起，下面明显，每裂片有1小脉，不达叶缘；叶干后草绿色，近肉质；叶轴及羽轴灰绿色，两面隆起，两侧有窄翅。孢子囊群椭圆形，与裂片近等长，不达裂片先端，每裂片或末回小羽片1枚；囊群盖同形，开向叶缘，宿存。染色体2n=72。

产浙江、台湾、福建、江西及广东。日本及朝鲜半岛南部有分布。

59. 台南铁角蕨
图 604

Asplenium trigonopterum Kunze in Bot. Zeitschr. 6. 524. 1848.

植株高80-90厘米。根茎短而直立。叶柄长约40厘米，淡绿色，基部被淡褐色披针形鳞片；叶片椭圆形，长约40厘米，宽约22厘米，三回羽状或四回羽裂。羽片12对，下部的对生或近对生，相距5-6厘米，向上互生，略斜上，有柄，下部1-3对羽片长达15厘米，卵形，柄长0.6-1厘米，二回羽状，小羽片9-11对，互生，上先出，斜上，有柄，基部1对长5-

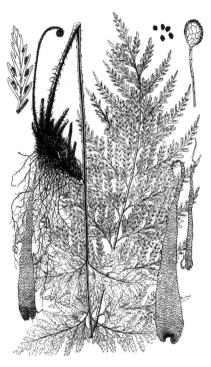

图 604 台南铁角蕨
（孙英宝仿《Ogata, Ic. Fil. Jap.》）

7厘米，宽2-2.5厘米，宽披针形，上侧1片直立，靠羽轴，羽状，末回小羽片8-9对，互生，斜上，基部1对或上侧1片长1.5-1.7厘米，宽6-7毫米，披针状椭圆形，近无柄，羽状深裂，裂片3对，斜上，披针形，长3-4毫米，宽1.5毫米，全缘，上部各对较小，顶端2叉或不裂，披针形，斜上，疏离；叶脉两面明显，上面隆起，每裂片或末回小羽片有1小柄，不达叶缘；叶近肉质，干后翠绿色，略皱缩，下面略有褐色星芒状小鳞片；叶轴及羽轴淡绿色，上面有浅纵沟，小羽轴两侧有窄翅。孢子囊群宽线形，长3-5毫米，深棕色，每裂片或末回小羽片1枚，着生小脉中部，囊群盖同形，灰绿色，膜质，全缘，开向叶缘，宿存。

产我国台湾。日本南部（小笠原群岛）有分布。

2. 对开蕨属 **Phyllitis** Hill

土生，常绿蕨类。根茎短而直立或斜生，连同叶柄基部被粗筛孔状披针形鳞片。单叶，簇生；叶柄通常棕色，长为叶片1/2或等长；叶片线状披针形或椭圆状披针形，全缘或略波状，或略浅裂，基部深心形，两侧成圆垂耳，耳垂间有宽缺口，叶脉分离，主脉粗，侧脉2-3叉，通直，平行，不达叶缘，叶干后薄纸质或薄革质，鲜叶幼时肉质，下面疏生小鳞片。孢子囊群线形，位于主脉与叶缘间，着生相邻小脉一侧；囊群盖线形，膜质，全缘，成对相向开口。孢子椭圆形。染色体x=12（36）。

4-5种，广布于欧洲、大洋洲、西亚、中亚及东亚、北美和墨西哥等地。我国1种。

对开蕨
图 605 彩片 94

Phyllitis scolopendrium (Linn.) Newm. Hist. Brit. Ferns ed. 2, 10. 1844.

Aplenium scolopendrium Linn. Sp. Pl. 1079. 1753.

植株高约60厘米。根茎粗壮，短而直立或斜升，和叶柄基部密被浅棕色长渐尖头、全缘或略有具间隔刺状突起披针形鳞片。叶（3-）5-8片簇生；叶柄长10-20

厘米，棕或褐棕色，疏被鳞片；叶片舌状披针形，长15-45厘米，中部宽3.5-4.5（-6）厘米，基部心形，两侧耳状，全缘略波状，

具软骨质；主脉粗，暗禾秆色，下面圆，隆起，上面有浅纵沟，下部疏被与叶柄相同小鳞片，向上近光滑；侧脉纤细，斜展，单一，或自下部2叉，通直，平行，上面明显，下面可见，先端有纺锤形水囊，不达叶缘；叶鲜时稍肉质，干后薄草质，棕绿色，上面光滑，下面疏被窄披针形小鳞片，干后侧脉间有洼点。孢子囊群粗线形，长1.5-2.5厘米，斜展，靠近或略离主脉向外行，着生相邻两小脉间一侧；囊群盖线形，向侧脉相对开，宿存。染色体2n=72，244。

产吉林，生于海拔700-1000米落叶混交林下腐殖质层中。俄罗斯远东地区、日本、朝鲜半岛、北美、欧洲西部及中部有分布。

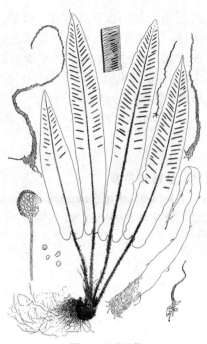

图 605 对开蕨
（孙英宝仿《Ogata, Ic. Fil. Jap.》）

3. 巢蕨属 Neottopteris J. Sm.

中型附生蕨类。根茎直立，粗壮，顶端被小鳞片，鳞片黑褐或棕色，披针形或卵形，有粗筛孔。叶簇生成鸟巢状；单叶，披针形，全缘，向基部渐窄，下延，无柄或柄粗短，稀有无翅长柄；纸质或革质，两面均无毛，或幼时下面疏生星芒状小鳞片，旋脱落，上面光滑，叶缘干后反卷成窄圆边，主脉明显，色淡，干后两面平或下部下面半圆形隆起，上面有宽纵沟，侧脉密，明显，斜展，单一或2-3叉，小脉平行，通直，分离，先端在叶缘内连接，连接脉和叶缘平行，略波状。孢子囊群长线形，通直，着生小脉上侧，自主脉外行达叶片中部或近叶缘，排列整齐；囊群盖长线形，厚膜质，灰白或浅棕色，全缘，均开向主脉，宿存。孢子椭圆形，浅黄色，透明，周壁薄膜质，微褶皱，有时褶皱较密成网状，具小刺状网形或颗粒状纹饰，或光滑，外壁光滑。染色体基数x=12（36）。

约30种，分布热带亚洲。我国11种。

1. 叶柄多汁草质，干后上下两面扁平，皱缩成小纵沟，不平滑。
　2. 叶柄长4-8厘米，无翅，叶片披针形或椭圆状披针形 ·············· 1. **扁柄巢蕨 N. humbertii**
　2. 叶柄不明显，两侧有翅直达基部，叶片倒披针形。
　　3. 叶片长25-50厘米，翅宽1-1.5厘米 ·············· 2. **狭翅巢蕨 N. antrophyoides**
　　3. 叶片长55-65厘米，翅宽2-2.5厘米 ·············· 3. **阔翅巢蕨 N. latipes**
1. 叶柄干后木质，下面半圆形隆起，上面有宽纵沟，不皱缩。
　4. 叶片宽9-15厘米；根茎鳞片线形，先端纤维状并卷曲，边缘有几条卷曲长纤毛；叶柄两侧无翅 ···········
　··········· 4. **巢蕨 N. nidus**
　4. 叶片中部宽达8.5厘米，稀达9厘米。
　　5. 叶片宽披针形；根茎鳞片宽披针形 ·············· 5. **大鳞巢蕨 N. antiqua**
　　5. 叶片披针形或线形披针形；根茎鳞片卵状披针形或宽披针形。

6. 叶片骤窄短尾状，中部宽 5-8 厘米，叶柄无翅或有窄翅 ⋯⋯⋯⋯⋯⋯⋯⋯⋯⋯ 6. **长叶巢蕨 N. phyllitidis**

6. 叶片渐尖头或长尾尖，中部宽 3.8-5.5 厘米，叶柄有窄翅 ⋯⋯⋯⋯⋯⋯⋯⋯ 7. **狭叶巢蕨 N. simonsiana**

1. 扁柄巢蕨

图 606：1-2

Neottopteris humbertii (Tard.-Blot) Tagawa in Journ. Jap. Bot. 22:161. 1948.

Asplenium humbertii Tard.-Blot, Aspl. du Tonkin in Bull. Soc. Hist. Nat. Toulouse 25, pl. 2, f. 1-2. 1932.

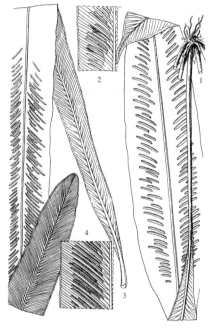

图 606：1-2.扁柄巢蕨 3-4.大鳞巢蕨
（蔡淑琴绘）

植株高约 30 厘米。根茎短而直立，径约 1.5 厘米，褐色，木质，密被鳞片，鳞片长卵形，先端渐尖，边缘具疏睫毛，褐色，膜质。叶簇生；叶柄长 4-8 厘米，径约 2 毫米，草质，暗禾秆色，干后上下两面均扁平，皱缩成小纵沟，两侧无翅，基部密被长卵形褐色鳞片，向上近光滑；叶片披针形或椭圆状披针形，长 18-22 厘米，中部宽 3.5-

5 厘米，先端短尾状，全缘有软骨质窄边，干后略反卷，主脉两面平，干后下面稍皱缩，禾秆色，下面偶被褐棕色小鳞片；小脉上面不显，下面隐显，斜展，单一或近基部分叉，平行；叶薄革质，干后灰绿色，两面无毛。孢子囊群线形，长 1-1.5 厘米，着生下面上侧，位于主脉与叶缘间；囊群盖线形，灰黄色，厚膜质，全缘，宿存。

产海南及云南东南部，生于海拔 260-900 米极阴湿老林内，附生石灰岩石上。越南北部有分布。

2. 狭翅巢蕨 狭基巢蕨

图 607：1-4

Neottopteris antrophyoides (Christ) Ching in Bull. Fan Mem. Inst. Biol. Bot. 10: 7. 1940.

Asplenium antrophyoides Christ in Bull. Acad. Int. Geobr. Bot. Mans 20: 170. 1909.

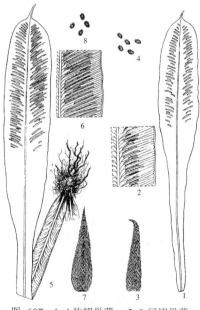

图 607：1-4.狭翅巢蕨 5-8.阔翅巢蕨
（蔡淑琴绘）

植株高 30-50 厘米。根茎直立，粗短，木质，径约 2 厘米，褐色，顶端密被鳞片，鳞片披针形，全缘，褐棕色，膜质。叶簇生；叶柄极短或近无柄，径 3-5 毫米，禾秆色，草质，干后上下两面扁平，上面皱缩成小纵沟，两侧有宽翅几达基部，基部以上 5 厘米处翅宽 1-

1.5 厘米，基部密被褐棕色披针形鳞片，向上光滑；叶片倒披针形，长

25-50厘米，宽4.5-6.5（-8）厘米，向下骤窄长下延，全缘有软骨质窄边，干后略反卷，主脉两面平，稍皱缩成小纵沟，禾秆色，无毛，小脉两面略明显，斜展，单一或分叉，平行；叶近革质，干后棕绿或暗绿色，两面无毛。孢子囊群线形，长1.5-2.5厘米，着生小脉上侧，由小脉外行达1/2-2/3，具宽间隔，叶片中部以下不育；囊群盖线形，浅皱缩，膜质，全缘，宿存。

3. 阔翅巢蕨

图 607：5-8

Neottopteris latipes Ching et S. H. Wu in Guihaia 9(4): 290. f. 2. 1989.

植株高约65厘米。根茎直立，粗短，木质，径约3厘米，褐色，顶端密被鳞片，鳞片椭圆状披针形，长约1厘米，全缘，膜质，褐棕色。叶簇生；无柄，叶轴草质，浅棕或棕禾秆色，干后上下两面扁平，上面略皱缩成小纵沟，基部被宽披针形褐棕色鳞片，向上光滑；叶片倒披针形，长55-65厘米，先端圆有短渐尖，上部最宽5.5-6厘米，中部具宽翅直达基

产湖南西南部、广东西北部、广西、贵州南部及云南东南部，生于海拔300-1300米石灰岩岩壁或山沟林中树干上。越南及老挝有分布。

部，基部以上5厘米处翅宽2-2.5厘米，全缘有软骨质窄边，干后略反卷，主脉两面平，略皱缩成小纵沟，禾秆色，无毛；小脉两面略明显，略斜展，平行，单一或分叉；叶坚纸质或近革质，干后棕绿色，无毛。孢子囊群线形，长2-2.5厘米，着生小脉上侧，叶片中部以下不育；囊群盖线形，棕色，厚膜质，全缘，宿存。

产广西东北部及贵州，生于阴湿密林下石灰岩或附生林中树干上。

4. 巢蕨 山苏花 台湾山苏花

图 608：1-3 彩片 95

Neottopteris nidus (Linn.) J. Sm. in Journ. Bot. 3: 409. 1841.

Asplenium nidus Linn. Sp. Pl. 1079. 1753.

植株高1-1.2米。根茎直立，粗短，木质，径2-3厘米，深棕色，顶端密被鳞片，鳞片松散，线形，有光泽，长1-1.7厘米，先端纤维状卷曲，边缘有几条卷曲长纤毛，膜质，深棕色，有光泽。叶簇生；叶柄长约5厘米，径5-7毫米，浅禾秆色，木质，干后下面半圆形隆起，上面有宽纵沟，平滑，两侧无翅，基部密被深棕色鳞片，向上光滑；叶宽披针形，长0.9-1.2米，中部最宽（8）9-15厘米，向下渐窄长下延，全缘有软骨质窄边，反卷；主脉下面隆起为半圆，上面下部有宽纵沟，向上部稍隆起，光滑，暗禾秆色，小脉两面稍隆起，斜展，分叉或单一，平行；叶厚纸质或薄革质，干后灰绿色，两面无毛。孢子囊群线形，长3-5厘米，着生小脉上侧，自小脉基部外行约达1/2，接近，叶片下部通常不育；囊群盖线形，浅棕色，厚

图 608：1-3.巢蕨 4-6.长叶巢蕨
（蔡淑琴绘）

膜质，全缘，宿存。

产台湾、广东、香港、海南、广西、贵州、云南及西藏，生于海拔100-1900米林中树干或岩石上。斯里兰卡、印度、缅甸、柬埔寨、越南、日本、菲律宾、马来西亚、印度尼西亚、大洋洲热带地区及东非洲有分布。

5. 大鳞巢蕨

图 606：3-4

Neottopteris antiqua (Makino) Masamune in Trans. Nat. Hist. Soc. Taiwan. 22: 219. 1932.

Asplenium antiqum Makino in Journ. Jap. Bot. 6: 32. 1929.

植株高0.8-1米。根茎直立，粗短，木质，径约2厘米，深棕色，顶端密被鳞片，鳞片宽披针形，长约1厘米，全缘，深棕色，薄膜质。叶簇生；叶柄长2-7厘米，径约7毫米，禾秆色或暗棕色，木质，干后下面半圆隆起，上面有宽纵沟，不皱缩，两侧有窄翅，基部被宽披针形鳞片，向上光滑；叶片宽披针形，长75-98厘米，中部最宽6.5-8.5厘米，向下窄长下延，全缘有软革质窄边，干后略反卷，主脉两面隆起，上面下部有宽纵沟，不皱缩，暗棕色，光滑；小脉两面稍隆起，斜展，分叉或单一，平行；叶革质，干后棕绿或浅棕色，无毛。孢子囊群线形，长3-4厘米，着生小脉上侧，自小脉基部以上外行近叶缘，具宽间隔，叶片下部通常不育；囊群盖线形，深棕或灰棕色，厚膜质，宿存。

产台湾、福建、海南及云南，生于海拔约850米山谷林下，附生岩石或树干上。朝鲜半岛南部及日本有分布。

6. 长叶巢蕨

图 608：4-6

Neottopteris phyllitidis (D. Don) J. Sm. in Journ. Bot. 3: 408. 1841.

Asplenium phyllitidis D. Don, Prod. Fl. Nepal. 7. 1825.

植株高（0.5-）0.7-1.1米。根茎直立，粗短，木质，褐色，顶端密被鳞片，鳞片宽披针形或卵状披针形，长7-9毫米，有时略卷曲，全缘，膜质，黑棕或褐棕色，略有光泽。叶簇生；叶柄长3-7厘米，径4-6毫米，禾秆色，木质，干后下面半圆隆起，上面有宽纵沟，不皱缩，两侧无翅或有窄翅，基部被与根茎同样鳞片，向上光滑；叶片线状披针形或披针形，长（0.5-）0.7-1厘米，先端短尾状，中部以上宽5-8厘米，向下渐窄长下延，全缘有软骨质窄边，干后略反卷，主脉下部下面隆起为半圆形，下部上面有宽纵沟，向上部两面均平，禾秆色，光滑；小脉两面隐约可见，略斜上，分叉或单一；叶厚纸质或薄革质，干后棕绿色，两面无毛。孢子囊群线形，长2-3厘米，着生小脉上侧，自小脉基部外行达3/4，接近，叶片下部通常不育；囊群盖线形，浅棕色，木质，全缘，宿存。

产海南、广西、贵州、四川、云南及西藏，生于海拔600-1400米林下溪边岩石或附生树干上。尼泊尔、印度及东南亚地区有分布。

7. 狭叶巢蕨

图 609

Neottopteris simonsiana (Hook.) J. Sm. Hist. Fil. 330. 1875.

Asplenium simonsianum Hook. Icon. Pl. t. 925. 1854.

植株高（0.3-）0.5-1米。根茎直立，粗短，木质，径约2厘米，褐色，顶端密被卵状披针形鳞片，长2-4毫米，全缘，膜质，褐棕色。叶簇生；叶柄长2-3厘米，径1-4

毫米，禾秆色，木质，干后下面半圆隆起，上面有宽纵沟，两侧有窄翅，基部被卵状披针形棕色或褐棕色鳞片，向上光滑；叶片窄披针形或线状披针形，长（25-）45-90厘米，中部或中部以上最宽（2-）3.8-5.5厘米，向下渐窄长下延成翅状，全缘有软骨质窄边，干后略反卷，下面主脉下部隆起为半圆形，上面下部有宽纵沟，向上部两面均平，禾秆色，光滑；小脉略明显，斜展或略斜展，分叉或单一，平行，密接；叶革质，光滑，棕绿或浅棕色。

孢子囊群线形，长1.5-2厘米，着生小脉上侧，自小脉近基部外行达2/3-3/4，间隔宽，叶片下部通常不育；囊群盖同形，无毛，膜质，全缘，宿存。

产四川、云南及西藏，生于海拔350-1700米密林中，附生于树干上。越南北部、印度北部及东部有分布。

图 609 狭叶巢蕨 （孙英宝绘）

4. 过山蕨属 Camptosorus Link

小型石生蕨类。根茎短而直立，顶端密被鳞片，鳞片窄披针形，栗黑色，膜质，具粗筛孔。叶簇生，披针形（基生叶不育，较小，椭圆形），全缘，先端鞭状，着地生根，基部楔形或心形，沿叶柄略下延，叶脉网状，主脉两侧有1-2（3）行长形网眼，无内藏小脉，网眼外小脉分离，不达叶缘；叶干后草绿色，草质或纸质，无毛。孢子囊群线形或椭圆形，在主脉两侧排成不规则1-3行，近主脉1行生于网眼向轴一侧，与主脉近平行，余1-2行斜上，若成对生于网眼内，则囊群盖相对开，若单生于网眼内，则囊群盖开向主脉或叶缘；囊群盖同形，膜质，灰绿或浅棕色；孢子囊椭圆形或近圆形，柄长，有1行细胞，环带具19个增厚细胞。孢子左右对称，椭圆形，周壁透明，具褶皱，连成大网状，具小刺状纹饰，外壁光滑。染色体 x＝12，（36）。

2种，1种产朝鲜半岛、日本及俄罗斯远东地区，另1种产北美洲。我国1种。

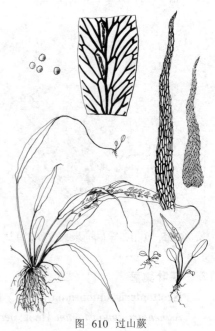

过山蕨 图610

Camptosorus sibiricus Rupr. Distr. Crypt. Vasc. Ross. 45. 1845.

植株高达20厘米。根茎小，直立，顶端密被小鳞片，鳞片披针形，黑褐色，膜质，全缘。叶簇生；基生叶不育，较小，叶柄长1-3厘米，叶片长1-2厘米，宽5-8毫米，椭圆形；能育叶叶柄长1-5厘米，叶片长10-15厘米，宽0.5-1厘米，披针形，全缘或略波状，基部沿叶柄具窄翅下延，先端鞭状，长3-8厘米，末端稍卷曲，着地生根。叶脉网状，仅上面隐约可见，网眼1-3行，近主脉1行网眼窄长，与主脉平行，余1-2行网眼斜上，网眼外小脉分离，不达叶柄；

图 610 过山蕨
（张桂芝仿《中国蕨类植物图谱》）

叶干后暗绿色，草质，无毛。孢子囊群线形或椭圆形，每主脉两侧形成不规则 1-3 行，近主脉的 1 行较长，着生网眼向轴一侧，囊群盖开向主脉，其外的 1-2 行，若成对生于网眼内，则囊群盖相对开，若单生于网眼内，则囊群盖开向主脉或叶缘；囊群盖窄，同形，膜质，灰绿或浅棕色。

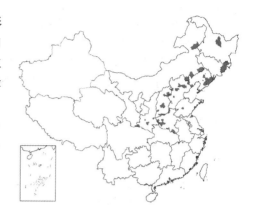

产黑龙江、吉林、辽宁、内蒙古、河北、山东、山西、河南、陕西、江苏北部及江西，生于海拔 300-2000 米林下石上。朝鲜半岛、日本及俄罗斯远东地区有分布。

5. 水鳖蕨属 **Sinephropteris** Mickel

土生。植株高达 15 厘米。根茎短而直立，被鳞片；鳞片披针形，长约 3 毫米，膜质，黑色，筛孔粗，具疏齿。单叶，簇生；叶柄长 3-10 厘米，栗黑色，有光泽，基部疏被鳞片，上部光滑，上面有纵沟；叶片圆形或团扇形，径 3-6 厘米，基部心形，全缘或浅波状，具粗短节状缘毛，叶脉上面不显，扇形，自基部向叶缘辐射，多回 2 叉分枝，小脉先端具水囊，分离或偶近叶缘连成少数窄长网眼；叶干后棕绿或棕色，草质或厚纸质，无毛。孢子囊群线形，着生每 2 小脉相对两侧，成熟时汇合；囊群盖线形，膜质，相对开；孢子囊圆形或近圆形，柄细长，环带具 18-20 个增厚细胞。孢子椭圆形，周壁薄而透明，具褶皱，连成大网状，具刺状纹饰，外壁光滑。

单种属。

水鳖蕨　　　　　　　　　　　　　图 611

Sinephropteris delavayi (Franch.) Mickel in Brittonia 28: 327. f. 2. 1976.

Scolopendrium delavayi Franch. in Bull. Soc. Bot. France 32:29.1885.

Schaffneria delavayi (Franch.) Tard. - Blot; 中国高等植物图鉴 1:200.1972.

形态特征同属。

产甘肃南部、广西、贵州、四川及云南，生于海拔 600-1750 米林下阴湿岩石或岩洞脚下。缅甸北部及印度北部有分布。

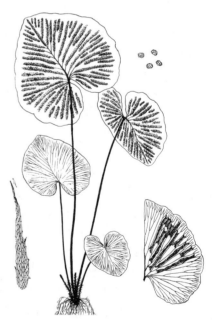

图 611 水鳖蕨
（蔡淑琴仿《中国植物志》）

6. 细辛蕨属 **Boniniella** Hayata

中型土生蕨类。根茎细长横走，分枝，密被黑褐色卵状披针形小鳞片，具网状中柱。单叶，疏生；叶柄乌木色，略有光泽，基部以上光滑；叶片卵圆形或长卵形，先端渐尖，基部深心形，全缘，叶薄纸质，无毛，主脉明显，侧脉羽状，多回 2 叉分枝，近叶缘有 2 行不规则窄长网眼，或主脉两侧有近三角形网眼，小脉先端分离，略膨大，不达叶缘。孢子囊群线形，着生主脉和叶缘间，斜出；囊群盖线形，向轴开或相对开；孢子囊倒卵形，有长柄，环带具 20-22 个增厚细胞。孢子椭圆形，周壁不透明，具褶皱，褶皱联结，不形成网眼，有时偶成网眼，周壁具稀而较大刺状纹饰，外壁光滑。染色体基数 x=19。

东亚特有属，2 种，一种产我国海南和台湾，另一种产日本小笠原群岛。

细辛蕨　　　　　　　　　　　　　　　　图 612 彩片 96

Boniniella cardiophylla (Hance) Tagawa in Journ. Jap. Bot. 12:541. 1936.

Micropodium cardiophyllum Hance in Journ. Bot. 1883: 268. 1883.

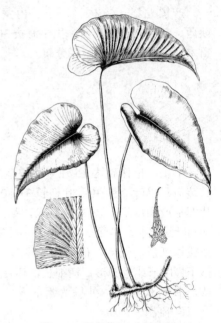

图 612　细辛蕨　（引自《图鉴》）

植株高达 30 厘米。根茎长而横走，径 3-5 毫米，密被鳞片，略有黄棕色毛混生，鳞片卵状披针形，长约 1 毫米，黑褐色，有粗齿牙，早落。叶疏生；相距 1-2.5 厘米；叶柄细瘦柔韧，长 10-20 厘米，径 1-1.5 毫米，乌木色，有光泽，上面有纵沟，基部有疏毛伏生，向上光滑；叶片直立或斜上，卵形，长 9-14 厘米，宽 5-9 厘米，基部深心形，全缘或

浅波状，主脉明显，中部以下和叶柄同色，侧脉羽状，纤细，上面隐见，多回 2 叉分枝，近叶缘连成窄长平行网眼，小脉先端分离，略膨大，不达叶缘；叶薄草质，光滑，暗绿或棕绿色，无毛。孢子囊群线形，单生于每组侧脉上侧小脉，向外向上，或偶在叶片下部对生于每组侧脉相对小脉一侧；囊群盖线形，薄膜质，浅棕色，

全缘，宿存。

产海南，生于林下溪边石上或沙土。

7. 苍山蕨属 Ceterachopsis (J. Sm.) Ching

中、小型半旱生石生草本蕨类。根茎短而直立，顶端和叶柄基部密被鳞片，鳞片披针形，棕色膜质，全缘，基部着生。叶簇生；叶柄短或近无柄，上面有浅纵沟，基部以上连同叶轴下面疏生鳞片，鳞片深棕色，厚膜质，三角形、椭圆形或披针形，有锯齿或两侧呈星芒状突起；叶片倒披针形，两侧深羽裂几达羽轴，裂片近三角形或椭圆形，基部宽而上延，互生，全缘，有近膜质的半透明的窄边，有时中部以上裂片基部上侧近叶缘各有 1 小芽孢，能发芽生根；叶脉不明显，裂片上羽状，主脉基部自叶轴斜出，侧脉分离，一至二回 2 叉，斜上，基部上侧 1 脉几与叶轴平行，小脉不达叶缘，先端略膨大；叶两面无毛。孢子囊群线形，自主脉斜行几达叶缘，平行，沿每组侧脉上侧 1 小脉上侧着生；囊群盖线形或椭圆形，薄膜质，开向主脉或偶开向叶缘；孢子囊倒卵形，具长柄，环带具 20-24 增厚细胞。孢子椭圆形或近圆形，具周壁，具网状或刺状纹饰，外壁光滑，染色体 x=12（36）。

5 种，主产我国西南亚热带山地，1 种分布于喜马拉雅西北部及非洲东部。

1. 叶裂片平展，近椭圆形或三角状卵形，圆头，无芽胞 ······················· 疏脉苍山蕨 **C. paucivenosa**
1. 叶裂片斜展，三角形或三角状椭圆形，镰刀状，尖头，中部以上的一些裂片基部上侧上面近叶缘处各有 1 个芽胞 ·· （附）. 阔基苍山蕨 **C. latibasis**

疏脉苍山蕨

图 613：1-4

Ceterachopsis paucivenosa (Ching) Ching in Bull. Fan Mem. Inst. Biol. Bot. 10: 9. 1940.

Cetrach paucivenosa Ching in Bull. Fan Mem. Inst. Biol. Bot. 2 (10): 210. pl. 28. 1931.

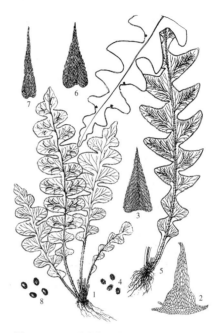

植株高 15-20 厘米。根茎短而直立，顶端及叶柄基部密被鳞片，鳞片披针形，长 3-6 毫米，棕色，膜质，全缘或具疏睫毛。叶簇生；叶柄短，基部以上连同叶轴下面疏被星芒状棕色小鳞片；叶片宽披针形，长 11-16 厘米，中部宽 3-4 厘米，羽状深裂几达叶轴，裂片 6-10 对，互生，平展，无芽胞，基部的圆形，向上的椭圆形或三角状卵形，圆头，中部的长 1.5-2 厘米，基部宽 1-1.5 厘米，全缘，有干后微波状灰白色透明窄边，下面叶脉隐约可见，侧脉羽状，每裂片有 3 对小脉，斜上，2 叉或偶单一，基部上侧 1 脉 3 叉；叶干后上面褐绿色，下面棕绿或浅暗绿色，草质，叶轴下面被鳞片，余无毛。孢子囊群近椭圆形，长 4-5 毫米，每裂片 2-3 对，着生每组侧脉上侧 1 小脉中部，不达叶缘；囊群盖同形，灰棕色，薄膜质，全缘，宿存。

图 613：1-4.疏脉苍山蕨　5-8.阔基苍山蕨
（蔡淑琴绘）

产云南及西藏，生于海拔 2000-2700 米沟边杂木林下石壁上。印度有分布。

[附] **阔基苍山蕨** 图 613：5-8 **Ceterachopsis latibasis** Ching ex Ching et S. H. Wu in Acta Phytotax. Sin. 22 (5): 411. pl. 1, f. 3. 1984. 本种与疏脉苍山蕨的区别：植株高达 28 厘米；叶裂片斜展，三角形或三角状椭圆形，稍镰刀状，尖头，中部以上一些裂片基部上侧上面近叶缘各有 1 芽胞。产云南西北部，生于海拔约 1800 米林下石上。

8. 药蕨属 Ceterach Willd.

小型旱生蕨类。根茎短而直立，除叶片上面光滑外，密被小鳞片，鳞片卵状披针形或卵圆形，全缘或具粗短锯齿，褐棕或浅棕色，薄膜质，透明，具粗筛孔，近基部一点着生。叶簇生；叶柄短；叶片披针形，深羽裂或近一回羽状，下面密被覆瓦状淡棕色卵形宿存鳞片，叶脉不显，多回分叉，近叶缘连成近六角形网眼。孢子囊群线形，着生小脉一侧；囊群盖不发育或具不完全的盖；孢子囊近圆形，具长柄，环带具 20-24 增厚细胞。孢子椭圆形，周壁透明，具褶皱，周壁具较密刺状纹饰。染色体基数 x=12（36）。

3 种，分布于欧洲、非洲及中亚干旱地区（古地中海地区）。我国 1 种。

药蕨

图 614

Ceterach officinarum Willd. Anleit. Selsbstud. Bot. 578. 1804.

植株高达 12 厘米。根茎短而直立，顶端连同叶柄密被小鳞片，鳞片褐棕或浅棕色，卵状披针形，薄膜质，透明，有疏齿。叶簇生；柄长 2-4 厘米，径不及 1 毫米，棕色；叶片长 5-8 厘米，中部宽 1-1.6 厘米，披针形或近倒披针形，钝头，羽状深裂或近一回羽状，裂片 6- 8 对，互生，三角形或椭圆形，基部和叶轴合生，全缘或略波状，缺刻倒三角形，上部宽约 5 毫米，主脉不明显，基部沿叶轴下延，侧脉

斜上，在裂片上 2-4 叉；基部上侧 1 脉几与叶轴平行，近叶缘处连接成

近六角形网眼，网眼外小脉分离，不达叶缘；叶干后棕绿或褐绿色，革质，上面光滑，有时沿叶轴偶有灰白色具长渐尖头小鳞片，老时脱落，下面密被浅棕色、卵状披针形或卵形、薄膜质小鳞片。孢子囊群线形，位于主脉与叶缘间，沿小脉一侧着生；囊群盖不发育，或呈不完全黄棕色膜质盖。

产新疆，生于海拔 1400-2600 米干旱石缝间。欧洲、非洲北部、中亚及喜马拉雅山西部有分布。

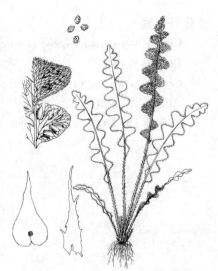

图 614 药蕨
（蔡淑琴仿《中国植物志》）

40. 睫毛蕨科 **PLEUROSORIOPSIDACEAE**
（林尤兴）

小型草本蕨类。根茎纤细，长而横走，有 2 条左右排列的维管束，横断面卵圆形，密被长 1-3 毫米开展红棕色单细胞线状毛，近顶部被线形鳞片，鳞片基部略具同样毛。叶疏生；叶柄纤细，禾秆色，密被和根茎同样的毛，有 1 圆柱状维管束；叶片披针形，长达 6 厘米，二回羽裂，裂片近舌形，全缘或近全缘；叶脉分离，每裂片有 1 小脉，不达叶缘；叶草质，两面均密被棕色节状毛，边缘有睫毛。孢子囊群粗线形，沿叶脉着生，不达叶脉先端，无盖；孢子囊有短柄，环带具 14 (-16) 增厚细胞。孢子肾形，两侧对称，透明，平滑，无周壁。

1 属，分布于亚洲东部及东北部。

睫毛蕨属 **Pleurosoriopsis** Fomin

属的特征同科。染色体 x=12（36）。

单种属。

睫毛蕨

图 615

Pleurosoriopsis makinoi (Maxim. ex Makino) Fomin in Bull. Jard. Bot. Kieff 11: 8. 1930.

Gymnogramma makinoi Maxim. ex Makino in Bot. Mag. Tokyo 8:481, t. 9. 1894.

植株高 3-10 厘米。根茎细长横走，密被红棕色线形毛，近顶部被深棕色线形小鳞片。叶疏生；叶柄长 1.5-3 厘米，纤细，禾秆色，连

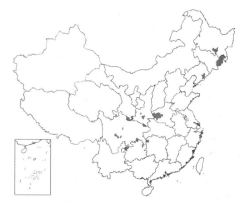

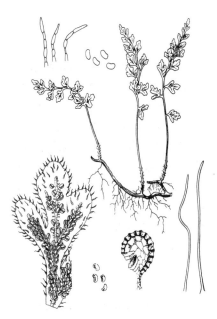

同叶轴及羽轴均密被棕或红棕色短节状毛；叶片披针形，长1-8厘米，宽0.5-1.5厘米，二回羽状深裂，羽片4-7对，互生，疏离，斜上，有短柄，卵圆形或三角状卵形，中部羽片长0.5-1.5厘米，宽4-8毫米，先端圆钝，基部偏斜楔形，深羽裂，裂片1-3对，互生，斜上，近舌形，长2-3毫米，宽约1毫米，全缘，稀不等2浅裂，叶脉分离，每裂片有1小脉，顶端膨大成纺锤形，不达叶缘；叶干后棕绿或暗绿色，薄草质，两面密被棕色节状毛，边缘密被睫毛。孢子囊群短线形，沿叶脉着生，不达叶脉先端，无囊群盖。染色体2n=144。

产黑龙江、吉林、辽宁、河南、陕西、甘肃、湖南、贵州、四川及云南东北部，生于海拔800-2700米山地溪边潮湿苔藓丛中、树干或岩石上。日本、朝鲜半岛、俄罗斯远东地区有分布。

图 615 睫毛蕨 （引自《图鉴》）

41. 球子蕨科 ONOCLEACEAE

（林尤兴）

土生蕨类。根茎粗短，直立或横走，有网状中柱，被卵状披针形或披针形鳞片。叶簇生或疏生，有柄，二型：不育叶绿色，草质或纸质，椭圆状披针形或卵状三角形，一回羽状或二回深羽裂，羽片线状披针形或宽披针形，互生，无柄，羽状深裂达1/2，裂片镰刀状披针形或椭圆形，全缘或有微齿，叶脉羽状，分离或连成网状，无内藏小脉；能育叶椭圆形或线形，一回羽状，羽片反卷成荚果状，深紫或黑褐色，圆柱状或圆球形，叶脉分离，在裂片上羽状或叉状分枝，能育的末回小脉先端具囊托。孢子囊群圆形，着生囊托；囊群盖下位或无盖，为反卷叶片包被；孢子囊圆球形，有长柄，环带具36-40增厚细胞，纵行。孢子两侧对称，单裂缝，无边缘，周壁透明，薄膜状，疏散包孢子，微褶皱，有小刺状纹饰，外壁光滑。

2属，分布于北半球温带。我国均产。

1. 根茎长而横走；叶疏生，不育叶叶脉联成网状，能育叶羽片反卷紧缩成串珠状 ·········· 1. 球子蕨属 Onoclea

　　2. 根茎短而直立；叶簇生，不育叶叶脉羽状，分离，能育叶羽片反卷成荚果状 ········· 2. 荚果蕨属 Matteuccia

1. 球子蕨属 Onoclea Linn.

土生。植株高30-70厘米。根茎长而横走，黑褐色，疏被棕色鳞片，鳞片宽卵形，全缘或微波状，薄膜质。叶疏生，二型：不育叶柄长20-50厘米，基部略三角形，向上深禾秆色，圆柱形，上面有纵沟，疏被棕色鳞片；叶片宽卵状三角形或宽卵形，长13-30厘米，宽12-22厘米，先端羽状半裂，向下一回羽状，羽片5-8对，披针形，基部1对或下部1-2对长8-12厘米，宽1.3-3厘米，有短柄，波状浅裂，向上的无柄，基部与叶轴合生，波状或近全缘，叶轴两侧有窄翅。叶脉网状，网眼无内藏小脉，近叶缘小脉分离，叶干后暗绿或浅棕色，草质，初略被小鳞片，后脱落。能育叶叶片长15-25厘米，宽2-4厘米，二回羽状，羽片线形，极斜上，小羽片反卷成小球形，包被孢子囊群，分离，近对生，排列羽轴两侧；孢子囊圆球形，具细柄，环带具36-40厚壁细胞及10扁平细胞。孢子长椭圆形，周壁透明，具褶皱，有小刺状纹饰，外壁光滑。染色体基数 x=37。

单种属。

球子蕨　　　　　　　　　　　　图 616 彩片 97

Onoclea sensibilis Linn. Sp. Pl. 1062. 1753.

形态特征同属。

产黑龙江、吉林、辽宁、内蒙古、河北及河南，生于海拔250-900米潮湿草甸或林区河谷湿地。俄罗斯远东地区、朝鲜半岛、日本及北美洲有分布。可栽培供观赏。

图 616 球子蕨 （蔡淑琴绘）

2. 荚果蕨属 Matteuccia Todaro

土生蕨类。根茎粗壮，直立或斜生，被棕色披针形鳞片。叶簇生，有柄，二型；不育叶椭圆状披针形或倒披针形，顶端羽裂，基部不缩或窄缩，二回深羽裂，羽片窄披针形，互生，平展或斜展，无柄，羽裂达 1/2，裂片镰刀状披针形或椭圆形，近全缘或有微齿，叶脉分离，羽状，小脉伸达叶缘；叶草质或纸质，绿色，近光滑或叶轴、羽轴和主脉疏生柔毛和鳞片；能育叶与不育叶等高或较矮，叶片椭圆形或宽披针形，一回羽状，羽片线形，互生，几无柄，两侧反卷成褐色荚果状，包被孢子囊群，孢子囊群圆球形，着生小脉顶端囊托，无隔丝；囊群盖有或无；孢子囊大，近球形，稍两侧扁，柄纤细，环带纵行，约具40个增厚细胞，裂口不明显。孢子椭圆形，周壁透明，薄膜状，略具褶皱，具刺状纹饰，外壁光滑。染色体基数 x=39。

约5种，分布于北半球温带。我国3种。

1. 不育叶片下部羽片小耳形；能育叶羽片念珠状。
　　2. 不育叶裂片椭圆形或近方形，圆头或钝头 ·················· **1. 荚果蕨 M. struthiopteris**
　　2. 不育叶裂片三角形，尖头 ·················· 1(附). **尖裂荚果蕨 M. struthiopteris** var. **acutiloba**

1. 不育叶片下部羽片不缩短或略缩短，非耳形；能育叶羽片非念珠状。

   3. 不育叶片羽片宽 2 厘米以上；囊群盖膜质 ·················· **2. 东方荚果蕨 M. orientalis**

   3. 不育叶片羽片宽不及 2 厘米；无囊群盖 ·················· **2(附). 中华荚果蕨 M. intermedia**

1. 荚果蕨

图 617 彩片 98

Matteuccia struthiopteris (Linn.) Todaro, Syn. Pl. Acat. Vasc. Sicilia 30. 1899.

Osmunda struthiopteris Linn. Sp. Pl. 1066. 1753.

植株高 0.7-1.1 米。根茎短而直立，木质，坚硬，深褐色，与叶柄基部密被披针形鳞片。叶簇生，二型；不育叶叶柄褐棕色，长 6-10 厘米，上面有纵沟，基部三角形，具龙骨状突起，密被鳞片；叶片椭圆状披针形或倒披针形，长 0.5-1 米，中部宽 17-25 厘米，向基部渐窄，二回深羽裂；羽片 40-60 对，下部的小耳形，中部羽片披针形或线状披针形，长 10-15

厘米，宽 1-1.5 厘米，无柄，羽状深裂，裂片 20-25 对，篦齿状排列，椭圆形或近长方形，中部以下的长 5-8 厘米，圆头或钝头，近全缘或具波状圆齿，反卷，叶脉明显，在裂片上羽状，小脉单一，叶干后绿或棕绿色，草质，无毛。能育叶柄长 12-20 厘米，叶片倒披针形，长 20-40 厘米，中部以上宽 4-8 厘米，一回羽状，羽片线形，两侧反卷成念珠状，深褐色，包被孢子囊群。孢子囊群圆形，着生叶脉先端囊托，成熟时连成线形，囊群盖膜质。染色体 2n=78，80。

产黑龙江、吉林、辽宁、内蒙古、河北、山西、河南、陕西、甘肃、新疆、四川、云南及西藏，生于海拔 80-3000 米山谷林下或河岸湿地。日本、朝鲜半岛、俄罗斯、北美洲及欧洲有分布。

　　[附] **尖裂荚果蕨 Matteuccia struthiopteris var. acutiloba** Ching in Fl. Tsiniling. 2: 140, 221. 1978. 本变种与模式变种的区别：不育叶裂片三角状披针形，尖头。 产河南、陕西、山西、湖北及四川，生于海拔 1560-3800 米山谷林下或河岸湿地。日本有分布。

2. 东方荚果蕨

图 618 彩片 99

Matteuccia orientalis (Hook.) Trev. in Atti. 1st Veneto 3(14): 586. 1869.

Struthiopteris orientalis Hook. Cent. Fern. ed. 2, t. 4. 1861.

植株高达 1 米。根茎短而直立，木质，坚硬，顶端及叶柄基部密被长 2 厘米披针形鳞片。叶簇生，二型；不育叶叶柄长 30-70 厘米，基部褐色，向上深禾秆色，连同叶轴密被鳞片，叶柄鳞片脱落后留下褐色痕迹，叶片椭圆形，长 40-80 厘米，宽 20-40 厘米，羽裂渐尖头，二

图 617 荚果蕨 （引自《图鉴》）

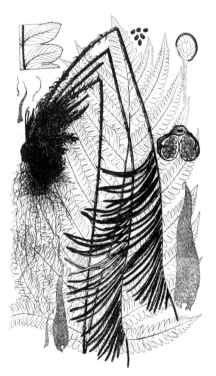

图 618 东方荚果蕨
（引自《Ogata, Ic. Fil. Jap.》）

回羽裂，羽片 15-20 对，下部的线状倒披针形，长 13-20 厘米，宽 2-3.5 厘米，无柄，深羽裂，裂片长椭圆形，全缘或有微齿，下部的较短，中部以上的最长，叶脉明显，在裂片上羽状，小脉单一，伸达叶缘；叶草质，无毛，羽轴和主脉疏被鳞片。能育叶柄长 20-45 厘米，叶片椭圆形或椭圆状披针形，长 12-38 厘米，宽 5-11 厘米，一回羽状，羽片多数，线形，长达 10 厘米，宽达 5 厘米，两侧反卷成荚果状，深紫色，包被孢子囊群，平直而非念珠状，孢子囊群圆形，着生叶脉先端囊托，成熟时合成线形；囊群盖膜质，染色体 2n=80。

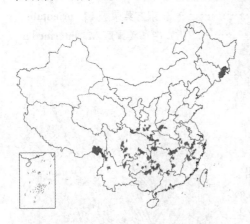

产吉林、河南、陕西、甘肃、安徽、浙江、台湾、福建、江西、湖北、湖南、广东、广西、贵州、四川、云南及西藏，生于海拔 1000-2700 米林下溪边。日本、朝鲜半岛、俄罗斯远东地区及印度北部有分布。

[附] **中华荚果蕨**　彩片 100 **Matteuccia intermedia** C. Chr. in Bot. Gaz. 56: 337. 1913. 本种与东方荚果蕨的主要区别：不育叶基部略窄，羽片宽不及 2 厘米；无囊群盖。产河北、山西、陕西、甘肃、湖北、四川及云南，生于海拔 1500-3200 米山谷林下。印度北部有分布。

42. 岩蕨科 WOODSIACEAE
（林尤兴）

旱生中小型草本蕨类。根茎短而直立或横卧，或斜生，幼时为原生中柱或管状中柱，后为简单网状中柱，被棕色、筛孔细密披针形鳞片。叶簇生；叶柄稍被鳞片及节状毛；叶片椭圆状披针形或卵形，一回羽状或二回羽裂，叶脉羽状，分离，小脉先端有水囊，不达叶缘；叶草质或纸质，多少被毛，有时有腺毛或腺体，或沿羽轴下面被小鳞片，叶轴下面圆，上面有纵沟，被毛和鳞片。孢子囊群圆形，具 3-18 个孢子囊，着生小脉中部或近顶部，无隔丝；囊托略隆起，在远轴端生孢子囊；囊群盖下位，膜质，碟形或杯形边缘具睫毛，或为顶端开口的球形或膀胱形，有卷曲长毛状及由叶缘反卷成的假盖。孢子囊球形，具短柄，环带纵行。孢子椭圆形，单裂缝，周壁有褶皱，具各式纹饰，外壁光滑。

3-4 属，50 余种，主要分布于北半球温带及寒带，少数至南美洲，南部非洲有 1 种。我国 3 属。

1. 囊群盖球形。
　　2. 叶通常多少被有间隔的短腺毛，羽片无关节着生羽轴；叶缘不反折 ·················· 1. **膀胱蕨属 Protowoodsia**
　　2. 叶被有节透明粗毛及头状腺体，羽片具关节着生羽轴；叶缘反折成假囊群盖，幼时覆盖孢子囊群，后脱落
··· 2. **滇蕨属 Cheilanthopsis**
1. 囊群盖杯形或碟形，或成卷发状多细胞长毛，或无盖，孢子囊群裸露 ························· 3. **岩蕨属 Woodsia**

1. 膀胱蕨属 Protowoodsia Ching

石生草本蕨类。根茎直立，顶端密被卵状披针形或披针形全缘鳞片。叶簇生或近簇生；叶柄短，无关节，

质脆易断而下部宿存；叶片披针形，长于叶柄，二回羽状深裂，羽片多数，无毛或略被腺毛，无鳞片，叶脉分离，羽状，小脉不达叶缘，叶草质，叶轴易断，略被短腺毛。孢子囊群小，圆形，具 6-12 孢子囊，位于小脉中部或顶部，囊托隆起；囊群盖下位，圆球形或膀胱形，膜质，包被孢子囊群，成熟时顶部开口，口部边缘无睫毛，宿存，或裂为瓣状脱落；孢子囊球形，环带纵向，具 16-22 增厚细胞，孢子囊柄细短。孢子椭圆形，周壁具褶皱，外壁光滑。染色体基数 x=11（33）。

约 12 种，分布于北半球温带至南美洲，非洲 1 种。我国 1 种。

膀胱蕨 膀胱岩蕨 　　　　　　　　　　　　　　　　图 619

Protowoodsia manchuriensis (Hook.) Ching in Sunyatsenia 5(4):145. 1940.

Woodsia manchuriensis Hook. Cent. Ferns ed. 2, t. 98. 1861; 中国高等植物图鉴 1: 221. 1972.

植株高（8-）15-20 厘米。根茎短而直立，顶端密被棕色、全缘卵状披针形或披针形鳞片。叶簇生；叶柄长 2-2.5 厘米，棕禾秆色，疏被短腺毛，下部疏被鳞片；叶片披针形或线状披针形，长 12-18 厘米，宽 1.5-4 厘米，二回羽状深裂，羽片（12-）16-20 对，对生或上部的互生，下部的形小，基部 1 对常卵形或扇形，长 1-2 毫米，中部羽片卵状披针形或长卵形，长 1-1.5 厘米，基部宽不及 1 厘米，钝头具小齿牙，羽状深裂几达羽轴，裂片约 4 对，基部 1 对近椭圆形，截头具 2-3 小齿牙，两侧波状或有 1-2 小锯齿；顶部羽片向上渐小，基部与羽轴合生沿叶轴下延，叶脉稍明显，在裂片上羽状，小脉不达叶缘，叶干后草绿色，草质，叶轴或叶片两面疏被短腺毛。孢子囊群圆形，具 6-8 个孢子囊，位于小脉中部或近顶部，每裂片有 1-3 枚；囊群盖圆球形，黄白色，薄膜质，顶部开口。染色体 n=33，2n=66。

图 619 膀胱蕨
（孙英宝仿《中国蕨类植物图谱》）

产黑龙江、吉林、辽宁、内蒙古、河北、山东、山西、河南、安徽、浙江、江西、贵州及四川，生于海拔 830-4000 米林下石上。日本、朝鲜半岛及俄罗斯远东地区有分布。

2. 滇蕨属 Cheilanthopsis Hieron.

石生中小型草本蕨类。根茎斜上或横卧，顶端被膜质披针形鳞片。叶簇生；短柄，淡禾秆色，易断，基部或下部密被鳞片，上部有毛；叶片披针形，二回羽状深裂，羽片披针形，无柄，具不明显关节着生叶轴，枯后多少脱落；叶脉羽状，分离，小脉不达叶缘；叶草质，叶片两面连同叶轴均有头状腺体及多细胞、有节透明粗毛。孢子囊群小，圆形，具 4-10 孢子囊，着生小脉近顶部，近叶缘，囊托略隆起；囊群盖下位，近球形，有时发育不全，薄膜质；叶缘有圆齿状、膜质断裂假囊群盖，假盖卵圆形，灰棕色，边缘流苏状，平覆裂片下面，幼时部分或全部覆盖孢子囊群，后渐脱落；孢子囊大，球形，环带具 20 增厚细胞，孢子囊具短柄。孢子椭圆形，周壁具少数褶皱，有细颗粒状纹饰，外壁光滑。

2 种，分布于喜马拉雅山南坡及缅甸北部和中国西南部。

1. 根茎斜生；叶两面密被节状毛；囊群盖发育不全，假囊群盖发达，卵圆形，靠近，平覆裂片下面，宽达主脉 ··· 1. 滇蕨 C. indusiosa
1. 根茎横卧；叶两面疏被节状毛；囊群盖发育正常，球形，假囊群盖小，不发达，横肾形或心形，疏离，略覆盖囊群盖 ··· 2. 长叶滇蕨 C. elongata

1. 滇蕨   图 620

Cheilanthopsis indusiosa (Christ) Ching in Sinensia 3(5): 154. 1932.

Woodsia indusiosa Christ in Lecomte, Not. Syst. 1: 44. 1909.

植株高25-50厘米。根茎斜生，顶端密被全缘棕色宽披针形鳞片。

叶簇生；叶柄淡禾秆色，长3-11厘米，质脆，幼时密被鳞片及疏被节状毛，后渐脱落；叶片披针形，长25-40厘米，中部宽5-6.5厘米，二回深羽裂，羽片25-30对，多互生，偶对生，无柄，具关节着生，下部羽片三角形、舌形或耳形，中部羽片披针形，长2-3.5厘米，基部宽0.3-1厘米，一回羽状深裂；裂片7-12对，对生，平展，椭圆形，基部1对长3-5毫米，边缘波状，叶脉不显，小脉不达叶缘；叶干后绿或棕色，草质，两面密被节状毛及腺体；叶轴淡禾秆色，被节状毛和腺体，疏生小鳞片。孢子囊群圆形，具4-8孢子囊，着生小脉顶端，近叶缘；囊群盖发育不全，假囊群盖发达，卵圆形，边缘流苏状，宽达主脉，完全覆盖孢子囊群。

产四川及云南，生于海拔2100-3200米山谷密林下或石上。

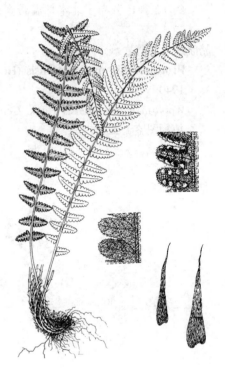

图 620 滇蕨 (蔡淑琴绘)

2. 长叶滇蕨   图 621

Cheilanthopsis elongata (Hook.) Cop. in Univ. Calif. Publ. Bot. 7: 395. 1931.

Woodsia elongata Hook. Sp. Fil. 1: 62, t. 21: C. 1844.

植株高25-28厘米。根茎横卧，顶端密被全缘棕色宽披针形鳞片。叶簇生；叶柄长3-6厘米，淡禾秆色，质脆，基部密被鳞片，向上连同叶轴密被节状毛及少数小鳞片；叶片披针形，长18-22厘米，中部宽2.5-4厘米，二回深羽裂，羽片17-

21对，疏离，平展，下部羽片三角状卵形或耳形，中部羽片宽披

图 621 长叶滇蕨 (肖 溶绘)

针形，长 1.2-2 厘米，基部宽 0.6-1 厘米，一回深羽裂，裂片 5-6 对，对生，椭圆形，基部 1 对长 3-5 毫米，宽 1.5-3 毫米，圆头，边缘浅波状，叶脉明显，小脉不达叶缘；叶薄草质，干后棕绿色，被疏节状毛及腺体。孢子囊群圆形，具 4-6 孢子囊，着生小脉顶，近叶缘；囊群盖球形，假盖小，不发达，横肾形或心形，略覆盖

孢子囊群，隔离。染色体 2n=82。

产云南及西藏，生于海拔 3200-3400 米林荫下。印度北部有分布。

3. 岩蕨属 Woodsia R. Br.

石生小型草本蕨类。根茎短，直立或斜生，稀横卧，被鳞片，鳞片披针形或线状披针形，全缘、流苏状、具小齿牙或睫毛。叶簇生或近簇生；叶柄具关节，叶片枯后在关节处脱落，或无关节而叶柄和叶轴宿存；叶片披针形，一至二回羽状分裂，叶脉分离，羽状，小脉不达叶缘；叶草质或近纸质，无毛或有毛，或被毛及鳞片，沿叶轴小脉偶被小鳞片。孢子囊群小，圆形，具 3-18 孢子囊，着生稍隆起囊托，位于小脉顶端或中部；囊群盖下位，杯状或蝶状，易碎，边缘具睫毛或流苏状，或成卷发状多细胞长毛，或无盖而孢子囊群裸露；孢子囊大，球形，环带纵向，具 18-20 增厚细胞，孢子囊柄粗短，有 3 行细胞。孢子椭圆形，周壁有褶皱，联成网状，有纹饰，外壁光滑。染色体基数 x=39，41?

约 40 种，产北半球温带至寒带，北至极地，亚洲、欧洲及北美洲均有分布。我国 19 种。

1. 叶柄有关节（有时位于基部 1 对羽片着生处）；囊群盖杯形或碟形，具流苏状长睫毛。
 2. 叶柄关节位于中部以下。
  3. 植株细弱，无毛或叶片被长毛，无鳞片；叶柄纤细，近禾秆色。
   4. 叶片无毛，羽片无柄。
    5. 羽片三角状卵形，钝头，长 3-5 毫米 ·············· 1. 光岩蕨 W. glabella
    5. 羽片近斜方形或斜卵形，渐尖头或尖头，长 4-8 毫米 ·········· 2. 华北岩蕨 W. hancockii
   4. 叶轴及羽片下面疏被节状毛；羽片具短柄 ············· 3. 陕西岩蕨 W. shensiensis
  3. 植株粗壮，被长毛及鳞片；叶柄粗，栗色或栗红色。
   6. 叶片两面被节状毛，叶轴及羽轴被小鳞片和节状毛，羽片卵状披针形，深羽裂几达羽轴 ···············
    ·· 4. 岩蕨 W. ilvensis
   6. 叶片近无毛，叶轴疏被长毛及鳞片，羽片三角状卵形或卵形，羽裂不达羽轴 ················
    ·· 4(附). 西疆岩蕨 W. alpina
 2. 叶柄关节位于顶端，在 1 对羽片着生处，或位于叶柄上部。
  7. 囊群盖杯形；羽片基部不对称。
   8. 叶片顶部以下羽片分离，羽片椭圆状披针形或线状披针形，下面疏被长毛及小鳞片 ·················
    ·· 5. 耳羽岩蕨 W. polystichoides
   8. 上部羽片合生，或除基部 1 对外均为合生，三角状披针形或椭圆形，主脉下面无鳞片或有少数鳞片。
    9. 羽片基部 1 对分离，向上的均为合生，叶轴密被节状毛，无鳞片 ······· 6. 大囊岩蕨 W. macrochlaena
    9. 羽片上部的或中部以上的合生，叶轴被毛及鳞片。
     10. 羽片两面均被密毛，近纸质，干后草绿色或上面灰绿色 ············· 7. 东亚岩蕨 W. intermedia
     10. 羽片被疏毛，草质，干后棕绿或暗绿色 ············· 7(附). 妙峰岩蕨 W. oblonga
  7. 囊群盖蝶形；羽片基部对称或近对称 ············· 8. 等基岩蕨 W. subcordata
1. 叶柄无关节；囊群盖成卷发状多细胞长毛，或孢子囊群无盖。
 11. 根茎斜生或横卧；叶片奇数一回羽状，羽片全缘或略波状；孢子囊群无盖 ········· 9. 栗柄岩蕨 W. cycloloba
 11. 根茎直立，偶斜出；叶片偶数一回羽状或二回羽裂，羽片有 2-3 粗齿或小齿；孢子囊群被多数卷发状多细胞长毛包被。

12. 植株高（2-）5（-10）厘米；叶柄及叶轴乌木色，叶片下面被毛及鳞片；羽片4-10对 ······················
······························· 10(附). **毛盖岩蕨 W. lanosa**

12. 植株高过25厘米；叶片下面密被蓬松锈色毛，叶柄棕色或棕禾秆色，羽片6-15对。

　13. 羽片卵形，羽状浅裂，基部羽片不缩小或略缩小；孢子囊群盖具8-10条卷曲长毛 ····················
·· 10. **蜘蛛岩蕨 W. andersonii**

　13. 羽片椭圆形，羽状深裂，下部羽片耳形；孢子囊群盖毛基部合生成碟状 ····· 11. **密毛岩蕨 W. rosthorniana**

1.　光岩蕨　　　　　　　　　　　　　　图 622

Woodsia glabella R. Br. ex Richardin. in Franklin, Narr. of a Journ. 1823: 754. 1823.

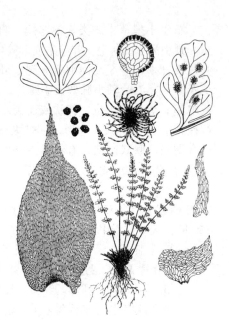

图 622 光岩蕨
（孙英宝仿《Ogata, Ic. Fil. Jap.》）

植株高5-10厘米。根茎短而斜升，

连同叶柄基部密被鳞片，鳞片披针形或卵状披针形，纤维状渐尖头，深棕色，近全缘。叶簇生；叶柄纤细，长1-2厘米，棕禾秆色，中部以下具关节，中部以上光滑或被小鳞片；叶片线状披针形鳞片，长3-6厘米，中部宽0.7-1.1厘米，二回羽裂，羽片4-9对，无柄，下部数对略小，基部1对扇形，中部羽片三角状卵形，长3-5毫米，基部宽2-5毫米，钝头，深羽裂几达羽轴，裂片2-3对，斜展，基部1对长约3毫米，椭圆形或舌形，边缘波状或顶部圆齿状，叶脉明显，裂片叶脉多回二歧分枝，小脉先端不达叶缘；叶干后绿或浅棕色，薄草质，无毛。孢子囊群圆形，着生小脉中部或分叉处，具少数孢子囊；囊群盖蝶形，边缘流苏状，薄膜质，质脆，成熟后脱落。染色体2n=78。

　　产吉林、内蒙古、河北、甘肃、青海及新疆，生于海拔2150-3650米针阔叶混交林下岩缝中。亚洲北部、北欧及加拿大有分布。

2.　华北岩蕨　　　　　　　　　　　　　图 623

Woodsia hancockii Baker in Ann. Bot. (London) 5: 196. 1891.

图 623 华北岩蕨 （蔡淑琴绘）

　　植株高3-10厘米。根茎短而直立，顶端及叶柄基部被鳞片，鳞片卵状披针形或椭圆形，全缘，棕色。叶簇生；叶柄长1-2厘米，纤细，淡禾秆色，中部以下具关节；叶片披针形，长2-8厘米，中部宽0.3-1.2厘米，二回深羽裂，羽片7-14对，无柄，下部数对略小，对生或近对生，

向上的互生或近对生，中部羽片长4-8毫米，基部宽3-5毫米，近斜方形或斜卵形，渐尖头或尖头，基部宽楔形或上侧截形靠叶轴，深羽裂达羽轴，裂片2-3对，基部1对倒卵形或舌形，长约2毫米，边缘波状或顶部具1-2小齿，叶脉明显，裂片叶脉二歧分枝，小脉不达叶缘；叶干后棕绿色，薄草质，两面无毛。孢子囊群圆形，具少数孢子囊，着生小脉顶端或中部以上，每裂片有1-3枚；囊群盖蝶形，边缘具膝曲棕色节状毛。

产辽宁、内蒙古、河北、山西及陕西，生于海拔1670-2200米潮湿岩缝中。日本、朝鲜半岛及俄罗斯远东地区有分布。

图 624 陕西岩蕨 （孙英宝绘）

3. 陕西岩蕨　　　　　　　　　　图 624

Woodsia shensiensis Ching in Sinensia 3(5): 141. 1932.

植株高10-15厘米。根茎短而直立，连同叶柄基部密被全缘披针形鳞片。叶簇生；叶柄长3-5厘米，纤细，禾秆色，下部有关节，向上疏被鳞片；叶片披针形，长7-10厘米，中部宽1.5-2.9厘米，二回深羽裂或二回羽状，羽片8-10对，具短柄，下部2-3对对生，下部羽片小，中部的卵状菱形，长1-1.5厘米，宽0.7-1厘米，基部不对称宽楔形，羽状深裂或羽状，裂片2-3对，倒卵形，基部1对长达7毫米，向上的渐尖，具粗齿或圆

齿状，叶脉明显，下部裂片叶脉羽状，小脉不达叶缘；叶薄草质，上面光滑，下面疏被节状毛，叶缘、叶轴和羽轴下面疏被节状毛。孢子囊群近圆形，着生脉端，每裂片2-4枚；囊群盖碟形，边缘具长柔毛。

产内蒙古、陕西及四川东北部，生于海拔2000-2900米林下石生。

4. 岩蕨　　　　　　　　　　图 625 彩片 101

Woodsia ilvensis (Linn.) R. Br. Prodr. Fl. Nov. Holl. 158. 1810.

Acrostichum ilvense Linn. Sp. Pl. 1071. 1753.

植株高12-17厘米。根茎短而直立或斜生，与叶柄基部密被鳞片，鳞片宽披针形，先端纤维状渐尖，棕色，全缘膜质。叶簇生；叶柄长3-7厘米，栗色，有光泽，基部以上被节状毛和小鳞片，中部以下具关节；叶片披针形，长8-11厘米，中部宽1.3-2厘米，二回羽裂，裂片10-20对，无柄，互生或下部的对生，斜展，向基部渐小，中部羽片卵状披针形，长8-11厘米，基部宽4-8毫米，基部上侧平截，下侧楔形，羽状深裂，裂片3-5对，基部1对长2-4毫米，椭圆形，全缘或浅波状，叶脉不显，裂

图 625 岩蕨 （张桂芝绘）

片叶脉多回二歧分枝，小脉不达叶缘；叶干后青绿或棕绿色，草质，两面被节状毛，沿叶轴及羽轴被棕色线形小鳞片和节状毛。孢子囊群圆形，着生小脉先端，近叶缘；囊群盖蝶形，膜质，边缘具睫毛。染色体2n=78。

　　产黑龙江、吉林、辽宁、内蒙古、河北及新疆，生于海拔180-2170米岩石上。欧洲、亚洲北部、北美洲及环北极地区有分布。

　　[附] **西疆岩蕨 Woodsia alpina** (Boltan) Gray in Nat. Arrang. Brit. Pl. 2: 17. 1821. —— *Acrostichum alpinum* Boltan, Fil. Brit. 76. t. 42. 1790. 本种与

岩蕨的主要区别：叶片近无毛，叶轴疏被长毛及鳞片，羽片三角状卵形或卵形，羽裂不达羽轴。产西藏，生于海拔4000米山坡林下。中亚西亚、亚洲北部、欧洲北部及中部、北美洲、环北极地区有分布。

5. 耳羽岩蕨　　　　　　　　　　　　　图 626

Woodsia polystichoides Eaton in Proc. Amer. Acad. Arts. 4: 110. 1858.

植株高15-30厘米。根茎短而直立，顶端密被披针形或卵状披针形全缘鳞片。叶簇；叶柄长4-12厘米，禾秆色或棕禾秆色，顶端或上部有关节，基部被鳞片，向上连同叶轴被窄披针形或线形小鳞片和节状毛；叶片线状披针形或窄披针形，长10-23厘米，中部宽1.5-3厘米，一回羽状，羽片16-30对，互生或近对生，下部3-4对小并反折，基部1对三角形，中部的椭圆状披针形或线状披针形，长8-10厘米，基部宽4-7毫米，基部上侧有耳状突起，下侧楔形，全缘或波状，有时缺刻状或牙状浅裂；叶脉明显，羽状，小脉2叉，先端具水囊，不达叶缘；叶干后草绿或棕绿色，纸质或草质，上面近无毛或疏被长毛，下面疏被长毛及小鳞片；叶轴浅禾秆色或棕禾秆色。孢子囊群圆形，着生2叉小脉上侧分枝顶端，每裂片1枚，近叶缘；囊群盖杯形，边缘浅裂有睫毛。染色体n=41；2n=82。

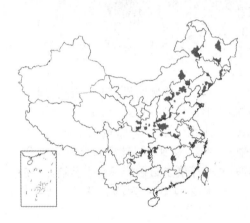

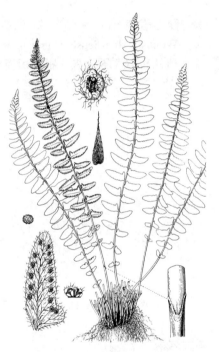

图 626　耳羽岩蕨　（冀朝祯绘）

　　产黑龙江、吉林、辽宁、内蒙古、河北、山东、山西、河南、陕西、甘肃、江苏、安徽、浙江、台湾、江西、湖北、湖南、贵州及四川，生于海拔250-2700米林下石上及山谷石缝间。日本、朝鲜半岛及俄罗斯远东地区有分布。

6. 大囊岩蕨　　　　　　　　　　　　　图 627

Woodsia macrochlaena Mett. ex Kuhn in Journ. Bot. 6: 270. 1868.

植株高5-16（-20）厘米。根茎短，直立或斜升，顶端及叶柄基部密被有睫毛棕色披针形鳞片。叶簇生；叶柄长1-5厘米，基部向上与叶轴疏被节状毛，顶端有竹节状关节；叶片椭圆状披针形，长4-10厘米，中部宽2-3（4）厘米，二回浅羽裂，羽片7-10对，对生，仅基部1对羽片分离，无柄，向上的均与叶轴合生，下部2对有时略短，中部羽片长椭圆形，长0.7-1.1（-2.2）厘米，基部宽0.5-0.7（-1）厘米，基部与羽轴合生，波状浅裂，裂片全缘，叶脉不显，下部小脉2-3叉，向上的2叉，先端具水囊，不达叶缘；

叶干后棕绿色，草质，两面及叶轴密被节状毛。孢子囊群圆形，着生分叉小脉顶端，略近叶缘，沿羽片边缘成行；囊群盖杯形，膜质，边缘撕裂状。染色体2n=81。

产吉林、辽宁、河北及山东，生于林下石缝中。日本、朝鲜半岛及俄罗斯乌苏里有分布。

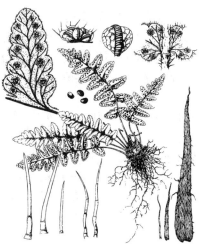

图 627 大囊岩蕨
（孙英宝仿《中国蕨类植物图谱》）

7. 东亚岩蕨　　　　　　　　　　　　　　　　图 628

Woodsia intermedia Tagawa in Acta Phytotax. Geobot. 5: 250. 1936.

植株高10-25厘米。根茎短而直立或斜升，与叶柄基部密被鳞片，鳞片棕色，近全缘或有睫毛，披针形或卵状披针形。叶簇生；叶柄长3-7.5厘米，棕禾秆色或浅栗色，上部具关节，基部以上及叶轴均密被节状毛和稀疏线形小鳞片，后多脱落；叶片披针形，长8-18厘米，中部宽2-3.8厘米，一回羽状，羽片14-20对，对生或中部以上的互生，平展，中部以下的羽片无柄，基部不与叶轴合生，上部的合生，下部数对椭圆形或三角状卵形，中部羽片长三角状披针形，长1-2厘米，基部宽0.4-1厘米，基部上侧耳形突起，边缘波状或圆齿状浅裂，叶脉不显，小脉2-3叉，有水囊，不达叶缘；叶干后草绿或上面灰绿色，近纸质，两面被密毛。孢子囊群圆形，着生小脉顶端，近叶缘，沿叶缘成行；囊群盖杯形，边缘具睫毛或毛发状。染色体n=82。

产黑龙江、吉林、辽宁、内蒙古、河北、山东、山西及河南，生于海拔550-1760米河谷或林下石缝中。朝鲜半岛及日本有分布。

[附] **妙峰岩蕨 Woodsia oblonga** Ching et S. H. Wu in Fl. Tsinling. 2: 144. 221. 1974. 本种与东亚岩蕨的主要区别：羽片仅被疏毛；草质，干后棕绿或暗绿色。产河北、山东、河南及陕西，生于海拔200-1800米山坡阴处岩石间。

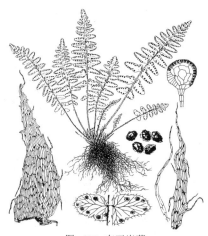

图 628 东亚岩蕨
（孙英宝仿《Ogata, Ic. Fil. Jap.》）

8. 等基岩蕨　　　　　　　　　　　　　　　　图 629

Woodsia subcordata Turcz. in Bull. Soc. Nat. Mosc. 5: 206. 1823.

植株高14-22厘米。根茎短而直立或斜升，顶端及叶柄基部密被有睫毛棕色卵状披针形或宽披针形鳞片。叶多数簇生；叶柄长（2-）4-8厘米，浅栗或棕禾秆色，顶端有关节，基部以上疏被节状毛及小鳞片，后脱落；叶片披针形，长8-15厘米，中部宽2-3厘米，二回羽裂，羽片11-16对，近对生或互生，顶部的多少与叶轴合生，下部2-3对小，基部1对长约5毫米，中部羽片长0.8-2厘米，基部宽0.4-1厘米，椭圆形或长三角状披针形，基部上侧耳形，波状羽裂达1/2，裂片3-4对，椭圆形，长2-4毫米，全缘，叶脉略明显，裂片叶脉羽状，

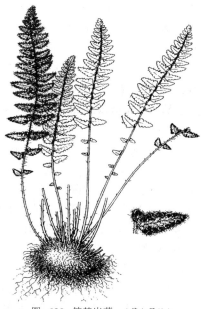

图 629 等基岩蕨　（蔡淑琴绘）

小脉先端有水囊，不达叶缘，叶干后草绿或棕色，草质，两面疏被灰或棕色节状毛及小鳞片，叶轴禾秆色，疏被节状毛和小鳞片，上面有纵沟。孢子囊群圆形，着生分叉小脉顶部，每裂片有1-4枚，近叶缘；囊群盖蝶形，边缘具睫毛。

产黑龙江、吉林、辽宁、内蒙古、河北及山西，生于海拔550-3000米林下岩隙间。日本、朝鲜半岛、俄罗斯及蒙古有分布。

9. 栗柄岩蕨 图630

Woodsia cycloloba Hand. - Mazz. Symb. Sin. 6: 19. t. 1. f. 5. 1929.

植株高4-10厘米。根茎斜升或横卧，密被全缘或具稀齿牙披针形鳞片。叶近簇生；叶柄长2-5厘米，栗色，易断，下部被鳞片及节状毛，向上连同叶轴密被节状膝曲长毛，后渐脱落；叶片椭圆状披针形，长3-6厘米，宽1-2.5厘米，一回羽状，羽片5-6对，对生，平展，无柄，卵形或椭圆形，长0.8-1.2厘米，宽5-9毫米，全缘或略波状，叶脉明显，羽状，侧脉2叉，小脉不达叶缘；叶薄草质，上面近光滑，下面沿叶脉及叶缘密被节状长毛。孢子囊群圆形，着生侧脉分叉处或2叉分枝上侧小脉中部，稍近叶缘，无盖。

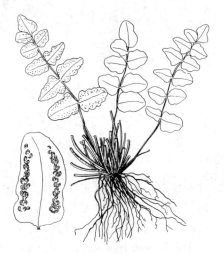

图 630 栗柄岩蕨 （孙英宝绘）

产陕西、青海、四川、云南及西藏，生于海拔2900-4600米林下石缝中或石壁上。

[附] **毛盖岩蕨 Woodsia lanosa** Hook. Syn. Fil. 47. 1867. 本种与栗柄岩蕨的主要区别：根茎直立；叶二回羽裂，羽片边缘波状或具1-2小齿牙；具多细胞毛发状囊群盖。产四川、云南及西藏，生于海拔3100-4180米林下石上。

10. 蜘蛛岩蕨 图631

Woodsia andersonii (Bedd.) Christ in Bull. Soc. Bot. France 52: Mem. 1: 45. 1905.

Gymnogramme andersonii Bedd. Ferns Brit. Ind. pl. 190. 1866.

植株高10-20厘米。根茎短粗，直立或斜升，顶端密被近全缘及纤维状先端线状披针形鳞片。叶簇生；叶柄长5-10厘米，禾秆色或棕禾秆色，有光泽，无关节，幼时与叶轴均被纤维状小鳞片和节状长毛，后脱落，老时叶轴近光滑，羽片脱落后叶柄和叶轴宿存；叶片披针形，长5-10厘米，宽1-2厘米，先端羽裂渐尖头，二回羽状深裂，羽片6-9对，无柄，上部的多互生，下部羽片不缩小或略缩小，中部羽片卵圆形或近圆形，长0.7-1.2厘米，长略过于宽或几相等，基部宽楔形，羽状半裂，裂片椭圆形，基部1对最大，相等，先端有2-3粗齿，两侧

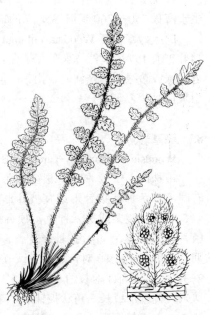

图 631 蜘蛛岩蕨 （张桂芝绘）

全缘或波状，叶脉不显，裂片叶脉羽状，侧脉分叉，小脉不达叶缘；叶草质，两面密被锈色长毛。孢子囊群圆形，着生小脉上侧分叉脉中部或上部，每裂片1-3枚；囊群盖具8-10卷曲长毛。

产陕西、甘肃、青海、四川、云南及西藏，生于海拔2500-4500米林下石缝中或石壁上。印度北部有分布。

11. 密毛岩蕨 图632

Woodsia rosthorniana Diels in Engl. Bot. Jahrb. 29: 187. 1900.

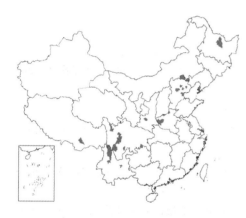

植株高7-25厘米。根茎短而直立，连同叶柄基部密被先端钻形全缘线状披针形鳞片。叶簇生；叶柄长2-6厘米，棕色，基部以上连同叶轴密被黄棕色节状长毛及小鳞片，叶柄和叶轴呈S形弯曲；叶片披针形，长7-20厘米，中部宽1.5-3厘米，羽裂尖头，基部窄，二回羽状，羽片10-15对，近对生或互生，平展，无柄，下部羽片耳形，中部羽片长椭圆形或卵状披针形，长0.8-1.5厘米，基部宽5-8毫米，基部上侧平截，下侧楔形，羽裂深达1/2-2/3，裂片4-5对，椭圆形，基部1对最大，全缘或先端有2-3小齿，叶脉不显，裂片叶脉二歧分枝，小脉几达叶缘；叶干后棕绿色，草质，两面密被节状长毛。孢子囊群圆形，着生小脉顶端或上部，近叶缘，成熟时密被羽片下面；囊群盖毛基部合生成浅蝶形，边缘毛发状，成熟时裂成3-5小瓣。

产黑龙江、辽宁、内蒙古、河北、河南、陕西、四川、云南及西藏，生于海拔1000-3000米林下石上或灌丛中。

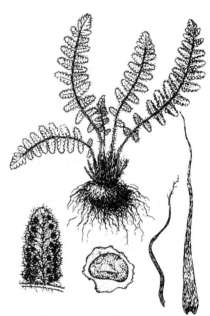

图 632 密毛岩蕨 （蔡淑琴绘）

43. 乌毛蕨科 BLECHNACEAE

（林尤兴）

土生，有时亚乔木状，或中型附生蕨类。根茎横走或直立，偶横卧或斜升，有具树干状主轴，有网状中柱，被具细密筛孔全缘红棕色鳞片。叶一型或二型；有柄，柄内有多条维管束；叶片一至二回羽裂，稀单叶，厚纸质或革质，无毛，常被小鳞片；叶脉分离或网状，如分离则小脉单一或分叉，平行，如网状则小脉沿主脉两侧各形成 1-3 行多角形网眼，无内藏小脉，网眼外的小脉分离，直达叶缘。孢子囊群为长的汇生囊群，或椭圆形，着生与主脉平行的小脉或网眼外的小脉，均近主脉；囊群盖同形，开向主脉，稀无盖；孢子囊大，环带纵行在基部中断。孢子椭圆形，两侧对称，单裂缝，具周壁，常成褶皱，有颗粒，外壁光滑或具不明显纹饰。

13 属，约 240 种，主产南半球热带地区。我国 7 属，13 种。

1. 孢子囊群无盖；植株苏铁状，有直立粗壮圆柱状主轴 ·················· 1. 苏铁蕨属 Brainea
1. 孢子囊群有盖；植株非苏铁状。
  2. 孢子囊群长线形，连续。
    3. 附生蕨类；叶脉网状 ·················· 2. 乌木蕨属 Blechnidium
    3. 陆生或石生蕨类；叶脉分离。
      4. 叶一型；孢子囊群着生主脉两侧纵脉 ·················· 3. 乌毛蕨属 Blechnum
      4. 叶二型或略二型；孢子囊群着生主脉和叶缘间。
        5. 植株无地上主轴；叶片一回羽状，披针形，中部宽 2-8 厘米；囊群盖纸质，着生叶缘内 ··················
        ·················· 4. 荚囊蕨属 Struthiopteris
        5. 植株有细长圆柱形主轴；叶片二回羽状，椭圆状披针形，中部宽 10-14 厘米；囊群盖干膜质，着生叶缘 ·················· 5. 扫把蕨属 Diploblechnum
  2. 孢子囊群椭圆形或粗线形，不连续，每网眼内有 1 枚孢子囊群。
    6. 根茎短而直立或斜升；叶簇生，侧生羽片分离；孢子囊群外侧有 1-2 列网眼，小脉向叶缘分离 ··················
    ·················· 6. 狗脊属 Woodwardia
    6. 根茎长而横走；叶散生，侧生羽片合生，沿叶轴两侧具窄翅相连；孢子囊群外侧叶脉均网状 ··················
    ·················· 7. 崇澍蕨属 Chieniopteris

1. 苏铁蕨属 Brainea J. Sm.

土生苏铁状大型草本蕨类。根茎短而粗壮，木质，主轴直立圆柱状，高达 1.5 米，径 10-15 厘米，单一或分叉，顶部与叶柄基部均密被鳞片，鳞片线形，长达 3 厘米，钻状渐尖，边缘略具缘毛，红棕或褐棕色，有光泽，膜质。叶略二型，簇生主轴顶部；叶柄长 10-30 厘米，径 3-6 毫米；叶片椭圆状披针形，长 0.5-1 米，一回羽状，羽片 30-50 对，对生或互生，线状披针形或窄披针形，基部不对称心形，近无柄，有细密锯齿，偶有裂片，干后软骨质边缘内卷，下部羽片略短，相距 2-5 厘米，平展或反折，中部羽片长达 15 厘米，宽 0.7-1.1 厘米，羽片基部靠叶轴；能育叶较短窄，较疏离，有时不规则浅裂；叶脉两面明显，沿主脉两侧各有 1 行三角形或多角形网眼，网眼外的小脉分离，单一或二至三回分叉；叶革质，干后上面灰绿或棕绿色，光滑，下面棕色，光滑或主脉下部疏被棕色披针形小鳞片；叶轴棕禾秆色，上面有纵沟，光滑。孢子囊群着生主脉两侧小脉，成熟时渐散布主脉两侧至密被能育羽片下面。染色体 x=11（33）。

单种属。

苏铁蕨

图 633 彩片 102

Brainea insignis (Hook.) J. Sm. Cat. Kew Ferns 5. 1856.

Browiningia insignis Hook. in Journ. Bot. 5: 237. t. 23. 1853.

形态特征同属。

产台湾、福建南部、广东、香港、海南、广西、贵州及云南，生于海拔450-1700米阳坡。印度至东南亚、菲律宾热带地区有分布。植株苍劲，栽培供观赏。

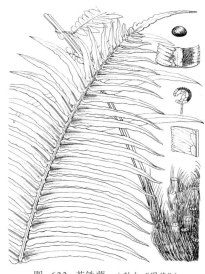

图 633 苏铁蕨 （引自《图鉴》）

2. 乌木蕨属 Blechnidium Moore

附生中小型蕨类，植株高30-50厘米。根茎细长横走，径约3毫米，密被红棕色有光泽披针形或卵状披针形鳞片，长约5毫米，近全缘，膜质。叶疏生或近生；叶柄长12-26厘米，径约1毫米，乌木色，基部密被与根茎同样鳞片，上面具纵沟；叶片披针形或宽披针形，长15-25厘米，宽3-7厘米，一回深羽裂达叶轴，羽片15-26对，互生，平展或斜展，全缘有软骨质窄边，下部2-3对圆耳形，长0.4-1.2厘米，中部羽片披针形或宽披针形，镰刀状，长1.5-4.7厘米，基部宽0.5-1厘米，全缘；叶干后内卷，褐绿色，厚纸质至革质；叶脉不明显，沿主脉两侧各有1-3行网眼，网眼外小脉分离，单一或2叉，达叶缘。羽片仅先端不育，孢子囊群线形，在主脉两侧各有1行，靠主脉，不达主脉基部；囊群盖线形，着生囊托，开向主脉，宿存。孢子椭圆形，具周壁，有网状纹饰，疏被粗颗粒，外壁光滑。

单种属。

乌木蕨

图 634

Blechnidium melanopus (Hook.) Moore, Ferns Great Brit. Nat. Printed oct. ed. 2, 210. 1860.

Blechnum melanopus Hook. Sp. Fil. 3: 64. pl. 161. 1860.

形态特征同属。

产台湾及云南，生于海拔1600-2800米林中，附生树干或石壁上。印度北部及缅甸北部有分布。

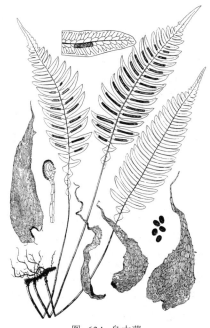

图 634 乌木蕨
（孙英宝仿《Ogata, Ic. Fil. Jap.》）

3. 乌毛蕨属 Blechnum Linn.

土生蕨类。根茎通常粗短,直立,有复杂网状中柱,被深棕色全缘窄披针形鳞片。叶簇生,一型;叶柄粗硬;叶片通常革质,无毛,一回羽状,羽片线状披针形,两边平行,全缘或具锯齿,主脉粗,上面有纵沟,下面隆起,小脉分离,平行,密接,单一或2叉。孢子囊群线形,连续,稀中断,靠主脉平行,着生主脉两侧纵脉,羽片先端(有时基部)不育;囊群盖线形,纸质,开向主脉,宿存;孢子囊有柄,环带具14-28增厚细胞。孢子椭圆形,具稍褶皱周壁,外壁光滑。染色体2n=56,62,64,66,74,112,124,128,136,198。

约35种,主产南半球。我国1种。

乌毛蕨

图635

Blechnum orientale Linn. Sp. Pl. 1077. 1753.

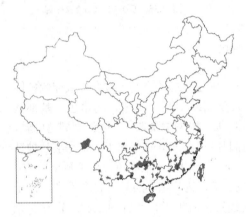

植株高0.5-2米。根茎粗短,直立,木质,黑褐色,顶端及叶柄下部密被鳞片,鳞片窄披针形,先端纤维状,全缘,中部深棕或褐棕色,边缘棕色,有光泽。叶二型,簇生;叶柄长3-80厘米,径0.3-1厘米,坚硬,基部黑褐色,向上棕禾秆色或棕绿色,无毛;叶片卵状披针形,长达1米,宽20-60厘米,一回羽状,羽片多数,互生,下部的圆耳状,长约数毫米,不育,向上的羽片长,中上部的能育,线形或线状披针形,长10-30厘米,宽0.5-1.8厘米,基部下侧与叶轴合生,全缘或微波状,干后反卷,上部羽片渐短,基部与叶轴合生下延,顶生羽片与侧生的同形,较长;叶脉上面明显,主脉隆起,有纵沟,小脉分离,单一或2叉,斜展或近平展,平行,密接;叶干后棕色,近革质,光滑;叶轴粗,棕禾秆色,无毛。孢子囊群线形,羽片上部不育;囊群盖线形,开向主脉,宿存。染色体2n=66。

产浙江、台湾、福建、江西、湖南、广东、香港、海南、广西、贵州、四川、云南及西藏,生于海拔300-800米较阴湿沟旁、坑

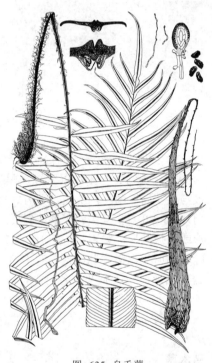

图 635 乌毛蕨
(引自《Ogata, Ic. Fil. Jap.》)

穴边缘、山坡灌丛中或疏林下。印度、斯里兰卡、东南亚、日本至波利尼西亚有分布。

4. 荚囊蕨属 Struthiopteris Scopoli

石生中小型蕨类。根茎粗短而直立,或长而斜升,被棕色、全缘、厚质披针形鳞片。叶簇生,略二型;有柄;叶片革质,披针形,一回羽状,羽片多数,篦齿状排列,平展,镰状披针形,基部与叶轴合生;能育叶与不育叶同形,较窄,叶脉不显,小脉分离,2叉,基部的3叉,不达叶缘。孢子囊群线形,连续,沿羽片主脉两侧各有1行,几与羽片等长,羽片先端喙状不育;囊群盖纸质,紧包孢子囊群,与孢子囊群着生主脉与叶缘间的囊托,成熟时开向主脉。孢子椭圆形,周壁褶皱,外壁光滑。染色体2n=62,68。

约10种,主要分布于北半球温带,南至澳大利亚温带地区。我国2种。

1. 叶柄长 3-24 厘米；不育叶宽 2-4 厘米 ·· 1. 荚囊蕨 S. eburnea
1. 叶柄极短或近无柄；不育叶宽 5-8 厘米 ·· 2. 宽叶荚囊蕨 S. hancockii

1. 荚囊蕨
图 636 彩片 103

Struthiopteris eburnea (Christ) Ching in Sunyasenia 5(4): 243. 1940.

Blechnum eburneum Christ in Bull. Acad. Int. Geogr. Bot. 233. 1902.

植株高 18-60 厘米。根茎粗短，直立或长而横走，密被鳞片，鳞片先端纤维状，全缘或偶有少数小齿牙，棕色或中部深褐色，有光泽，厚膜质。叶簇生，二型；叶柄长 3-24 厘米，禾秆色，基部密被鳞片，向上渐光滑；叶片线状披针形，长 14-45 厘米，中部以上宽 2-4（-6）厘米，一回羽状，羽片多数，篦齿状排列，下部羽片向基部渐小，基部 1 对小耳形，向上的羽片镰刀状

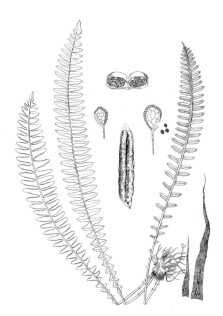

图 636 荚囊蕨
（蔡淑琴仿《中国蕨类植物图谱》）

披针形，长 1.5-3 厘米，宽 4-6 毫米，基部与叶轴合生，全缘，干后略内卷，平展，叶脉不显，羽片具羽状脉，小脉向上，2 叉，不达叶缘；叶干后暗绿或棕绿色，坚革质，无毛，上面有时褶皱；叶轴禾秆色，光滑，上面有浅纵沟。能育叶与不育叶同形较窄；孢子囊群线形，着生主脉与叶缘间，沿主脉两侧各 1 行，几与羽片等长，不达羽片基部和先端；囊群盖纸质，与孢子囊群同形紧包孢子囊群，开向主脉，宿存。

产安徽、台湾、福建、湖北西部、湖南西北部、广西北部、贵州及四川，生于海拔 500-1800 米溪边岩石上。

2. 宽叶荚囊蕨
图 637

Struthiopteris hancockii (Hance) Tagawa in Acta Phytotax. Geobot. 14: 192. 1952.

Blechnum hancockii Hance in Journ. Bot. 21: 267. 1883.

植株高 30-40 厘米。根茎短而直立，密被鳞片，鳞片披针形，钻状头，全缘，深棕色或中部深褐色，膜质。叶簇生；叶柄极短或近无柄；叶片宽披针形，长 30-40 厘米，中部宽 5-8 厘米，一回羽状，羽片多数，篦齿状排列，基部 1 对小耳形，向上的线状披针形，镰刀状，长 2.5-4 厘米，中部宽 4-5 毫米，基部与叶轴合生，全缘，干后略内卷，

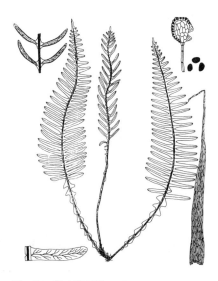

图 637 宽叶荚囊蕨 （引自《Fl. Taiwan》）

平展，叶脉不显，羽片具羽状脉，小脉 2 叉，不达叶缘，先端具水囊，叶上面洼点状；叶干后褐色，坚革质，上面有时褶皱状；叶轴褐禾秆色，上面有浅纵沟，下面与羽片下面疏被小鳞片。能育叶与不育

叶同形较窄，下部羽片小耳片状；孢子囊群线形，着生主脉与叶缘间，沿主脉两侧各有 1 行，与羽片近等长，达羽片基部；囊群盖纸质，拱形，与孢子囊群同形，紧包孢子囊群，全缘，开向主脉，宿存。染色体 2n=68。

产台湾，生于林下。日本有分布。

5. 扫把蕨属 Diploblechnum Hayata

土生中型林下蕨类。根茎具细圆柱形直立主轴，高达 50 厘米以上，径约 1.5 厘米，为宿存有鳞片的叶柄紧包，主轴上部密被鳞片，鳞片披针形，长 0.5-1 厘米，深棕色。叶二型，簇生主轴顶端；叶柄长约 3 厘米，径约 2 毫米，禾秆色，被鳞片，上部易折断，中下部宿存；不育叶叶片椭圆状披针形，长约 40 厘米，中部宽 10-14 厘米，二回深羽裂，羽片达 30 对，下部 1-3 对小耳状，长约 1 毫米，向上羽片三角形或长三角形，长达 4 毫米，中部羽片长 6.5-8.5 厘米，中部宽 1.5-1.8 厘米，披针形或略镰状，基部窄与叶轴合生，沿叶轴两侧具窄翅相连，翅缘有三角形凸起，深羽裂近羽轴，裂片 13-15 对，斜展，疏离，披针形或三角状披针形，长达 9 毫米，宽约 3 毫米，全缘或疏生钝齿，干后叶缘略反卷；裂片叶脉羽状，小脉斜上 2-3 叉。能育叶与不育叶同形，较窄。孢子囊群线形，着生主脉与叶缘间，成熟时覆盖裂片下面，囊群盖线形，边生，干膜质，开向主脉，宿存。

单种属。

图 638

扫把蕨

Diploblechnum freseri (A. Cunn.) De Vol in H. L. Li et al. Fl. Taiwan 1: 153. pl. 52. 1975.

Lomaria fraseri A. Cunn. in Hook. Comp. Bot. Mag. 2: 264. 1836.

形态特征同属。

产台湾。菲律宾、印度尼西亚、巴布亚新几内亚及新西兰有分布。

图 638 扫把蕨 （引自《Fl. Taiwan》）

6. 狗脊属 Woodwardia Smith

土生大型草本蕨类。根茎短而粗壮，直立、斜升或横卧，有网状中柱，密被棕色厚膜质披针形鳞片。叶簇生；有柄；叶片椭圆形，二回深羽裂，侧生羽片多对，披针形，分离，深羽裂，裂片有细锯齿，叶脉网状或分离，沿羽轴及主脉两侧各有 1 行平行于羽轴或主脉的窄长能育网眼，外侧有 1-2 行多角形网眼，无内藏小脉，余小脉均分离，直达叶缘；叶纸质或近革质。孢子囊群粗线形或椭圆形，不连续，成单行平行于主脉两侧，着生近主脉网眼外侧小脉，多少陷入叶肉中；囊群盖与孢子囊群同形，厚纸质，深棕色，着生近主脉网眼外侧小脉，成熟时开向主脉，宿存；孢子囊梨形，有长柄，环带纵行中断，具 17-24 增厚细胞。孢子椭圆形，周壁具褶皱，外壁光滑。染色体基数 x=17。

约 12 种，分布于亚、欧、美洲温带至亚热带地区。我国 5 种。

1. 上部羽片腋间有被鳞片的芽胞 ⋯⋯⋯⋯⋯⋯⋯⋯⋯⋯⋯⋯⋯⋯⋯⋯⋯⋯ 1. **顶芽狗脊 W. unigemmata**

1. 上部羽片腋间无芽胞。
　2. 下部羽片基部极不对称，上侧裂片较长并上先出，下侧下部 1-3 裂片缺；孢子囊群近新月形，顶端略外弯
　　　··· 2. 东方狗脊 **W. orientalis**
　2. 下部羽片基部近对称，裂片略下先出，下侧下部裂片不缺，基部 1 片小或略小；孢子囊群线形，顶端平
　　直。
　　　3. 下部几对侧生羽片基部下侧 1 裂片圆形、卵形或耳形，圆头，与其上的裂片不同形 ······························
　　　　　··· 3. 狗脊 **W. japonica**
　　　3. 下部几对侧生羽片基部下侧 1 裂片披针形，尖头，与其上的裂片同形 ·········· 3(附). **滇南狗脊 W. magnifica**

1. 顶芽狗脊 单芽狗脊　　　　　　　　　图 639 彩片 104

Woodwardia unigemmata (Makino) Nakai in Bot. Mag. Tokyo 39:103.
1925.

Woodwardia radicans Smith var. *unigemmata* Makino in Journ. Jap. Bot.
2: 7. 1918.

植株高达 2 米。根茎横卧，黑褐色，密被棕色披针形鳞片。叶近生；叶柄长 0.3-1 米，基部褐色，密生鳞片，向上棕禾秆色，被少数小鳞片，鳞片脱落后留下鳞痕；叶片长卵形或椭圆形，长 0.4-0.8（-1）厘米，下部宽 20-40（-80）厘米，基部圆楔形，二回深羽裂，羽片 7-13（-18）对，具短柄或近无柄，宽披针形或椭圆状披针形，长 15-30（-40）厘米，

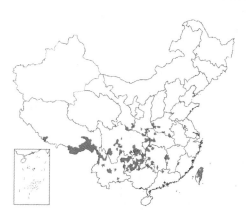

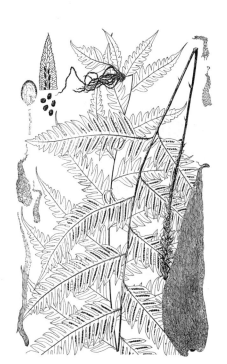

图 639 顶芽狗脊
（孙英宝仿《Ogata, Ic. Fil. Jap.》）

中部宽 5-7（-14）厘米，尾状尖头，基部圆截，羽状深裂达羽轴两侧宽翅，裂片 14-18（-22）对，下部几对略短，中部的长 1-5（-9）厘米，基部宽 0.8-1.2（-1.4）厘米，披针形，具齿牙，干后内卷，叶脉明显，棕禾秆色，羽轴和主脉两侧有 1 行窄长网眼及 1-2 行多角形网眼，其外的小脉分离，单一或 2 叉，先端具水囊，直达叶缘；叶干后棕或褐棕色，革质，无毛，近叶轴顶端有一被鳞片的腋生芽胞。孢子囊群粗线形，着生窄长网眼，陷入叶肉；囊群盖同形，成熟时开向主脉。染色体 2n=68。

产河南、陕西、甘肃、台湾、福建、江西、湖北、湖南、广东、香港、广西、贵州、四川、云南及西藏，生于海拔 450-3000 米疏林下或路边灌丛中。菲律宾、越南北部、缅甸、不丹、尼泊尔及印度北部有分布。

2. 东方狗脊　　　　　　　　　　　　图 640

Woodwardia orientalis Sw. in Journ. Bot. (Schrader) 1800(2): 76. 1801.

植株高 0.7-1 米。根茎横卧，黑褐色，木质，与叶柄基部密被全缘深棕色披针形鳞片。叶簇生；叶柄长 20-55 厘米，基部褐色，向上禾秆色并疏被鳞片，脱落后留下鳞痕；叶片卵形，长 35-45 厘米，宽 15-43 厘米，基部圆截形，二回羽状深裂达羽轴两侧宽翅，羽片 6-8 对，有短柄，基部 1 对略短，第二对羽片长三角状披针形，长 11-28 厘米，基部宽 4.5-9 厘米，基部不对称，一回羽状；裂片 11-18 对，宽披针形，长达 5.5 厘米，基部宽 0.8-1 厘米，有锯齿，干后内卷，上侧下部几片长，下侧基部第一片缺，第二、三裂片略短，下侧中部裂片较长，叶

脉明显，羽轴与主脉隆起，棕禾秆色或禾秆色，在羽轴和主脉两侧各有 1 行窄长网眼，其外有 1-2 行多角形小网眼，余小脉分离，单一或分叉，几达叶缘或锯齿先端；叶干后棕或淡绿色，革质，无毛。孢子囊群新月形或长椭圆形，生于羽轴两侧的窄长网眼，排列整齐，深陷叶肉内；囊群盖同形，开向叶缘，宿存。染色体 2n=136。

产浙江、台湾、福建、江西、广东、香港及广西，生于海拔 100-1100 米山坡和疏林下阴湿地方或溪边。日本及菲律宾有分布。

图 640 东方狗脊
（孙英宝仿《中国蕨类植物图谱》）

3. 狗脊

图 641 彩片 105

Woodwardia japonica (Linn. f.) Sm. in Mem. Acad. Sci. Turin 5: 411. 1793.

Blechnum japonicum Linn. f. Suppl. Syst. Veg. 447. 1781.

植株高（0.5）0.8-1.2 米。根茎粗壮，横卧，暗褐色，与叶柄基部密被全缘深棕色披针形或线状披针形鳞片。叶近生；叶柄长 15-70 厘米，暗棕色，坚硬，基部残留根茎；叶片长卵形，长 25-80 厘米，下部宽 18-40 厘米，二回羽裂，顶生羽片卵状披针形或长三角状披针形，侧生羽片（4-）7-16 对，无柄或近无柄，基部 1 对略短，下部的线状披针形，长 12-22（-25）厘米，

宽 2-3.5（-5）厘米，基部圆或圆截形，羽状半裂，裂片 11-16 对，基部 1 对小，下侧 1 片圆形、卵形或耳形，长 0.5-1 厘米，圆头，向上数对椭圆形或卵形，长 1.3-2.2 厘米，宽 0.7-1 厘米，有细锯齿，干后反卷；叶脉明显，隆起，在羽轴和主脉两侧各有 1 行窄长网眼，外有若干多角形网眼，余小脉分离，直达叶缘；叶干后棕或棕绿色，近革质，无毛或下部疏被柔毛。孢子囊群线形，着生主脉两侧窄长网眼，不连续，单行排列；囊群盖同形，开向主脉或羽轴，宿存。染色体 2n=68。

产河南、江苏、安徽、浙江、台湾、福建、江西、湖北、湖南、广东、香港、广西、贵州、四川及云南，生于疏林下。朝鲜半岛南部和日本有分布。药用，有镇痛、利尿及强壮之效。根茎富含淀粉，可酿酒，亦作土农药，防治蚜虫及红蜘蛛。

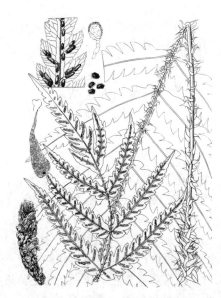

图 641 狗脊 （引自《图鉴》）

[附] **滇南狗脊 Woodwardia magnifica** Ching et P. S. Chiu in Acta Phytotax. Sin. 12(2): 247. 1974. 本种与狗脊的主要区别：下部几对侧生羽片基部下侧 1 裂片披针形，尖头，与其上的裂片同形。产云南，生于海拔 1400-1600 米路旁。越南北部有分布。

7. 崇澍蕨属 Chieniopteris Ching

土生中小型草本蕨类。根茎长而横走，褐黑色，被棕色全缘或具睫毛披针形鳞片。叶散生；有长柄；叶片比叶柄短，单叶，3裂或卵状三角形羽状深裂，侧生羽片（或裂片）1-5对，披针形，向基部略窄，沿叶轴两侧窄翅相连，顶生羽片与侧生羽片同形，全缘、波状或不规则羽裂，具软骨质窄边，上部疏生细锯齿，主脉明显，隆起，小脉网状，不显，沿主脉两侧成1列窄长网眼，向外有2-3行六角形斜网眼，近叶缘小脉分离，伸达小锯齿；叶厚纸质或近革质，无毛。孢子囊群粗线形，不连续，平行着生主脉两侧，有时向外侧伸出1对孢子囊群，囊群盖同形，背面拱圆，纸质，深棕色，着生近主脉窄长网眼的小脉，成熟时开向主脉，宿存。孢子椭圆形，周壁略褶皱，外壁具不明显颗粒状纹饰。

2种，主产我国。越南北部和日本南部岛屿有分布。

1. 单叶或3出 ·· 1. 崇澍蕨 C. harlandii
1. 叶羽状深裂，下部近羽状。
　2. 侧生羽片4对，全缘或略波状，斜上；顶生羽片长于其下的侧生羽片，全缘或波状 ················
　·· 1. 崇澍蕨 C. harlandii
　2. 侧生羽片5-7对，不规则羽裂，斜展，基部1对有时近平展；叶片先端羽裂 ········ 2. 裂羽崇澍蕨 C. kempii

1. 崇澍蕨 羽裂狗脊蕨　　　　　　　　图 642：1-5 彩片 106

Chieniopteris harlandii (Hook.) Ching in Acta Phytotax. Sin. 9 (1):39, pl. 4. 1964.

Woodwardia harlandii Hook. Fil. Exot. Pl. 7. 1857.

植株高达1.2米。根茎长而横走，黑褐色，密被全缘或有少数睫毛棕色披针形鳞片。叶散生；叶柄15-90厘米，径约4毫米，基部黑褐色，被鳞片，向上禾秆色或棕禾秆色；单叶披针形，或3出而中央羽片特大，常羽状深裂，侧生羽片（或裂片）1-4对，对生，披针形，基部与叶轴合生下延，具翅相连，基部1对羽片长20-29厘米，宽2-3厘米，向上渐短，顶生羽片较长且宽，羽

图 642：1-5.崇澍蕨　6.裂羽崇澍蕨
（蔡淑琴绘）

片有软骨质窄边，干后略反卷，中部以上全缘或波状，上部有锯齿；叶脉明显，主脉隆起，沿主脉两侧有窄长网眼和六角形网眼，近叶缘小脉分离；叶干后灰绿或棕色，厚纸质或近革质，无毛。孢子囊群粗线形，长1-2.2厘米，靠主脉并平行，成熟时合成连续的线形，常在2个孢子囊群结头处伸出1对较短孢子囊群；囊群盖同形，纸质，成熟时红棕色，开向主脉，宿存。

产台湾、福建、江西、湖南南部、广东、香港、海南及广西，生于海拔420-1250米山谷湿地。越南北部及日本南部有分布。

2. 裂羽崇澍蕨　　　　　　　　图 642：6 图 643

Chieniopteris kempii (Cop.) Ching in Acta Phytotax. Sin. 9(1): 39. 1964.

Woodwardia kempii Cop. in Philipp. Journ. Sci. Bot. 3: 280. 1908.

植株高达1米。根茎长而横走，黑褐色，密被全缘披针形鳞片。叶

二型，散生；叶柄长 30-70 厘米，基部黑褐色，密被鳞片，向上禾秆色；叶片宽卵状三角形，长 13-20（-32）厘米，宽 11-20（-35）

厘米，羽裂渐尖头，基部圆截形，不育叶一回羽裂，能育叶二回羽裂；侧生羽片（或裂片）5-7 对，对生，斜展；不育叶深羽裂达叶轴两侧宽翅，基部 1 对裂片披针形，长 6.5-10 厘米，中部宽 1.2-2.5 厘米，基部具宽翅相连，有锯齿；能育叶羽片一回羽裂，基部 1 对长 11-20 厘米，宽 4.5-10 厘米，椭圆状披针形，无柄或具短柄，深羽裂达羽轴两侧宽翅，裂片披针形或线形，中部长达 9 厘米，宽达 1.5 厘米，边缘波状或具短裂片，向上的裂片渐短，羽片顶部浅裂，第二对羽片与基部的同形较窄，基部与叶轴合生，向上的渐小，基部下延，与宽翅相连，叶脉不明显，主脉隆起，两侧有窄长网眼，向外有六角形网眼，近叶缘小脉分离，叶干后棕色，近革质，无毛。孢子囊群粗线形，长 0.4-1.7 厘米，沿主脉及叶轴着生，靠主脉及叶轴，成熟时合成线形，有时两个孢子囊群结头处伸出较短孢子囊群；囊群盖同形，成熟时开向主脉，宿存。

图 643 裂羽崇澍蕨 （引自《Fl. Taiwan》）

产台湾、福建、广东、香港及广西，生于林下潮湿山地。日本南部有分布。

44. 球盖蕨科 PERANEMACEAE
（林尤兴）

土生中型草本蕨类。根茎直立或斜升，粗短，木质，有复杂网状中柱，密被栗棕色宽鳞片。叶一型，簇生；叶柄粗长，基部无关节，被鳞片，脱落后有粗糙鳞痕，具多条分离维管束；叶片大，长卵形或三角状卵形，三回羽状至四回羽裂，末回小羽片上面疏被粗短红棕色节状毛，下面无毛或有腺体；叶脉分离，羽状，小脉斜上，不达叶缘；叶纸质或草质，叶轴及各回羽轴下面圆，上面有纵沟。孢子囊群圆球形，背生或顶生于小脉，无或有细长柄；囊群盖下位，圆球形，革质，幼时全包孢子囊群，成熟时顶端纵裂为 2-3 宿存瓣片，或半球形，膜质，幼时包孢子囊群，成熟时下部被压于孢子囊群下面；囊托隆起；孢子囊水龙骨型，有细长柄，环带纵向，具 11-16 增厚细胞，通常无隔丝。孢子椭圆形，周壁薄膜状，松散包被孢子，具褶皱，形成大网，网脊较宽，有小穴或网状纹饰，外壁光滑。

3 属，约 20 种，分布于亚洲热带及亚热带山地，亚洲大陆为分布中心。我国 3 属均产。

1. 各回羽轴基部着生处无心形大鳞片；囊群盖革质，圆球形，成熟后自顶端纵裂成 2-3 瓣。

  2. 孢子囊群具线形长柄；孢子囊柄下部无短毛；叶柄基部鳞片边缘有少数单细胞棍棒状短毛 ⋯⋯⋯⋯⋯⋯⋯⋯

1. 柄盖蕨属 Peranema D. Don

土生中型草本蕨类，植株高0.8-2米。根茎直立，粗短，木质，顶端密被大鳞片，鳞片卵状披针形，边缘及背面疏生单细胞棍棒状短毛。叶簇生；叶柄长25-65厘米，棕禾秆色，密被鳞片，向上深禾秆色，连同叶轴密被褐色长钻状鳞片，脱落后留下褐色鳞痕；叶片长卵形，长0.7-1.3米，基部宽32-70厘米，三回羽状至四回羽裂，羽片15-20对，有短柄，下部2-3对椭圆形或椭圆状披针形，长23-28厘米，中部宽8-10厘米，三回羽裂，小羽片15-20对，有短柄，中部下侧小羽片长5.8-7厘米，宽2.3-2.8厘米，宽披针形，二回羽裂，末回小羽片9-16对，无柄，椭圆形，长1-1.5厘米，宽4-5毫米，羽裂近小羽轴，裂片4-5对，椭圆形，长3-4毫米，宽约2毫米，全缘或顶端有小圆齿，裂片叶脉羽状，小脉单一，几达叶缘，先端具水囊；叶干后深棕色，纸质，上面疏被棕色节状毛，下面无毛或偶有短毛，叶轴、羽轴及小羽轴略被长钻状、具睫毛鳞片和卷曲节状毛。孢子囊群球形，包于球形囊群盖内，每末回小羽片或裂片各有1枚，背生于基部上侧小脉，沿小羽轴两侧各有1行；囊群盖革质，有细长柄，成熟时裂成2-3瓣，裂瓣褐色，宿存。孢子长椭圆形，周壁具摺皱，具小穴状纹饰，外壁光滑。

单种属。

1. 叶柄及叶轴密被长钻状鳞片；末回小羽片羽状深裂几达小羽轴 ······ **柄盖蕨 P. cyatheoides**
1. 叶柄及叶轴疏被深棕色线状披针形鳞片；末回小羽片多少锐裂 ······
······ (附). **东亚柄盖蕨 P. cyatheoides var. luzonicum**

柄盖蕨 柄囊蕨   图644

Peranema cyatheoides Don, Prodr. Fl. Nepal. 12. 1825.

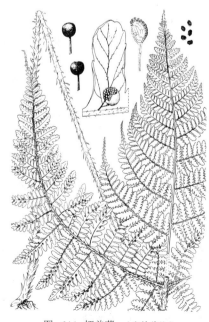

形态特征同属。

产台湾、湖北、广西、贵州、云南西北部及西藏，生于海拔2000-2400米林下沟边。印度北部、尼泊尔及缅甸北部有分布。

[附] **东亚柄盖蕨**
Peranema cyatheoides var. **luzonicum** (Cop.) Ching et S. H. Wu in Acta Phytotax. Sin. 21 (4): 373. 1983. —— *Peranema luzonicum* Cop. in Philipp. Journ. Sci. Bot. 4: 111. 1909. 本变种与模式变种的主要区别：叶柄及羽轴疏被深棕色线状披针形鳞片；末回小羽片多少锐裂。产台湾、湖北、海南、广西、贵州、四川及云南，生于海拔500-31000米杂木林下。菲律宾（吕宋）有分布。

图 644 柄盖蕨 （张桂芝绘）

2. 红腺蕨属 Diacalpe Bl.

土生蕨类。根茎直立，粗短，木质，密被鳞片，鳞片宽披针形，栗色，厚质，全缘，背面有少数棍棒状短毛。叶簇生；叶柄长，密被鳞片，脱落后留下隆起褐色鳞痕，上面有纵沟；叶片卵形或长卵形，三回羽状至四回深羽裂，基部1对最大，一回小羽片上先出，末回小羽片上面疏被粗短节状毛，下面沿叶脉有橙红或柠檬黄色球形小腺体，羽轴及各回小羽轴均被小鳞片及短节状毛，上面有纵沟；叶脉分离，羽状，小脉不达叶缘；叶干后褐棕或草绿色，草质或纸质。孢子囊群圆球形，着生小脉基部或中部，每末回小羽片1枚；囊群盖下位，圆球形，革质，栗色，幼时全包孢子囊群，成熟时自顶端纵裂为2-3瓣，宿存；囊托半球形，位于囊群盖内底部；孢子囊具细短柄，通常两侧不对称，环带纵向中断，具14-16增厚细胞。孢子长椭圆形，周壁不透明，褶皱有时形成大网，网脊较宽，网眼大小不一，具小穴状纹饰。染色体基数 x=41。

约10种，分布于亚洲热带地区。我国7种。

1. 下部羽片一回小羽片圆截头微波状，末回小羽片圆头无锯齿，两侧全缘或上侧略浅片裂 ·················
·· 1. **圆头红腺蕨 D. annamensis**
1. 下部羽片一回小羽片渐尖头，有锯齿，两侧多少羽裂。
  2. 叶轴及各回羽轴下面光滑或近光滑，一回小羽片钝头有3-7尖齿 ················ 1(附). **光轴红腺蕨 D. laevigata**
  2. 叶轴及各回羽轴下面被鳞片，或鳞片脱落后粗糙，一回小羽片渐尖头或尖头，有2-3钝齿。
    3. 各回小羽片均斜展；孢子囊群径约0.8毫米，叶柄下部被脱落性鳞片。
      4. 叶片长30-48厘米，基部宽17-40厘米，基部叶片长达24厘米。
        5. 羽片和小羽片有短柄 ·· 2. **红腺蕨 D. aspidioides**
        5. 羽片和小羽片几无柄 ······················ 2(附). **西藏红腺蕨 D. aspidioides** var. **hookeriana**
      4. 叶片长12-26厘米，基部宽10-12厘米，基部羽片长7-10厘米 ···············
·· 2(附). **旱生红腺蕨 D. aspidioides** var. **minor**
    3. 各回小羽片均平展；孢子囊群径约1.5毫米；叶柄通体密被脱落性鳞片 ········ 3. **大囊红腺蕨 D. chinensis**

1. 圆头红腺蕨

图 645

Diacalpe annamensis Tagawa in Acta Phytotax. Geiobot. 14: 46. 1950.

植株高50-70厘米。根茎短而直立，顶端密被深棕色全缘披针形鳞片。叶簇生；叶柄长23-36厘米，深棕色，下部密被鳞片，有鳞痕；叶片卵状披针形或卵形，长26-35厘米，中部宽24-27厘米，四回深羽裂，羽片20-22对，基部1对有长柄，向上的近无柄，基部1对长15-16厘米，长三角状披针形，三回深羽裂，小羽片16-22对，上先出，有短炳，上下两侧的不等长，基部下侧1-2片长6.5-7厘米，披针形，基部上侧平截与羽轴平行，下侧楔形，二回羽裂；末回小羽片（10-）14-16对，有短柄，椭圆形，长1-1.5厘米，基部宽5-8毫米，圆头无锯齿，两侧全缘

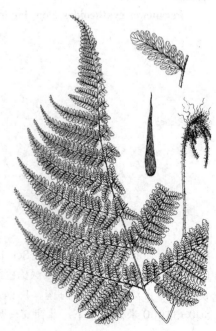

图 645 圆头红腺蕨 （蔡淑琴绘）

或上侧为浅片裂，基部上侧平截与羽轴平行，下侧楔形，羽裂深达末回小羽轴，裂片 3-5 对，椭圆形，长 4-5 毫米，宽约 2 毫米，圆截状，全缘或微波状；向上羽片较窄小；叶脉下面明显，末回小羽片叶脉羽状，小脉单一，不达叶缘；叶干后棕或草绿色，纸质，上面疏被节状毛，下面无毛或沿叶脉偶有节状毛及黄色腺体；叶轴下面棕禾秆色，上部及各回叶轴均禾秆色，疏被节状毛及小鳞片。孢子囊群球形，径约 1 毫米，包于圆球形囊群盖内，每末回小羽片或裂片各 1 枚，背生基部上侧 1 小脉；囊群盖褐色，近革质，成熟时自顶部纵裂成 2-3 瓣，宿存。

产海南、云南东南部及西藏，生于海拔 1600-2800 米密林下。越南

北部有分布。

[附] 光轴红腺蕨 **Diacalpe laevigata** Ching et S. H. Wu in Acta Phytotax. Sin. 21(4): 377. pl. 1. f. 3. 1983. 本种与圆头红腺蕨的主要区别：叶片卵形，羽片基部 1 对有短柄，下部羽片一回小羽片渐尖头，有锯齿，两侧多少羽裂。产云南及西藏，生于海拔 1800-1900 米山坡阔叶林下。印度北部有分布。

2. 红腺蕨

图 646 彩片 107

Diacalpe aspidioides Bl. Enum. Pl. Jav. 241. 1828.

植株高 50-75 厘米。根茎短而直立，木质，顶端密被全缘棕色卵状披针形鳞片。叶簇生；叶柄长 25-33 厘米，褐棕色，下部被鳞片，有鳞痕；叶片卵形或长卵形，长 30-48 厘米，基部宽 17-40 厘米，四回羽状深裂，羽片 16-20 对，有长柄，基部 1 对长 15-24 厘米，基部宽 6.5-11 厘米，长三角状披针形，三回深羽裂，小羽片 16-18 对，上先出，有

短柄，上下两侧小羽片下侧的比上侧的长，基部下侧 1 片长 5-10 厘米，披针形，基部圆截形，二回羽裂，末回小羽片 10-17 对，有短柄，分离，椭圆形，长 1-1.8 厘米，尖头或钝头有 2-4 齿牙，羽裂深达末回小羽轴，裂片 4-5 对，椭圆形，长 3-6 毫米，顶端全缘或具 2-4 小齿；叶脉下面明显，末回小羽片叶脉羽状，小脉单一或 2 叉；叶干后褐棕色，纸质，上面疏被节状毛，下面沿叶脉有腺体，叶轴及各回羽轴疏被小鳞片及卷曲节状毛。孢子囊群球形，径 0.8 毫米，包于圆球形囊群盖内，每末回小羽片或裂片各 1 枚，背生基部上侧小脉；囊群盖近革质，纵裂成 2-3 瓣，宿存。染色体 $2n=82$，164。

产浙江、台湾、海南、云南及西藏，生于海拔 1200-2600 米密林下溪边。尼泊尔、不丹、印度、斯里兰卡、越南、泰国、缅甸、马来西亚、印度尼西亚及菲律宾有分布。

[附] 旱生红腺蕨 **Diacalpe aspidioides** var. **minor** Ching ex S. H. Wu in Acta Phytotax. Sin. 21 (4): 375. 1983. 与模式变种的主要区别:植株较矮小；叶片长 12-26 厘米，基部宽 10-12 厘米，基部羽片长 7-10 厘米。产云南及海南，生于海拔 1200-1700 米山谷或山腰石上。

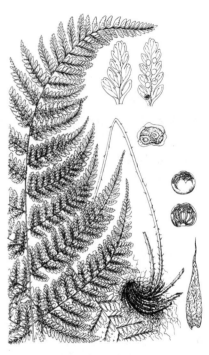

图 646 红腺蕨 （蔡淑琴绘）

[附] 西藏红腺蕨 喜马拉雅红腺蕨 **Diacalpe aspidioides** var. **hookeriana** (Moore) Ching et S. H. Wu in Acta Phytotax. Sin. 21(4): 375. 1983. —— *Diacalpe hookeriana* Moore in Gard. Chron. 135. 1854. 与模式变种的主要区别：羽片和小羽片几无柄。产西藏东南部，生于海拔 1600-2200 米山坡阔叶林下。尼泊尔及印度西北部有分布。

3. 大囊红腺蕨

图 647

Diacalpe chinensis Ching et S. H. Wu in Acta Phytotax. Sin. 21(4): 376. pl. 1. f. 4. 1983.

图 647 大囊红腺蕨 (孙英宝绘)

植株高 60-80 厘米。根茎短而直立，木质，顶端密被全缘深棕色披针形鳞片。叶簇生；叶柄长 26-39 厘米，棕禾秆色或基部栗色，密被鳞片，脱落后有鳞痕；叶片卵形，长 35-40 厘米，宽 22-29 厘米，四回羽状深裂，羽片 14-18 对，有长柄，基部 1 对长 18-20 厘米，三角状披针形，三回深羽裂，小羽片 15-18 对，上先出，有短柄，下侧羽片长于上侧羽片，基部下侧 1 片长 5.5-7 厘米，披针形，二回羽裂，末回小羽片约 12 对，有短柄，长椭圆形，长 1.2-1.4 厘米，基部宽 7-8 毫米，圆头具 3-4 齿牙，羽裂深达末回小羽轴，裂片 4-5 对，椭圆形，长 3-5 毫米，圆头并波状，两侧边缘波状或浅片裂；向上羽片较窄，下侧 1 片小羽片略窄长，下先出，在末回小羽片叶脉羽状，小脉单一；叶干后褐棕色，纸质，上面疏被节状毛，下面沿叶脉有腺体，叶轴及各回羽轴疏被小鳞片及卷曲节状毛。孢子囊群球形，径约 1.5 毫米，包于圆球形囊群盖内，每末回小羽片或裂片各 1 枚，背生基部上侧小脉；囊群盖近革质，成熟时自顶端 2-3 瓣裂，宿存。

产四川及云南西部，生于海拔 2300 米林下石上。

3. 鱼鳞蕨属 Acrophorus Presl

土生蕨类。根茎直立或斜升，粗短，木质，被栗色全缘或波状卵状披针形鳞片。叶簇生；柄长，禾秆色，下部密被鳞片，脱落后有鳞痕，上面有纵沟；叶片大，三角状卵形，四回羽状细裂，羽片多对生，一回小羽片近对生，直角开展，末回小羽片上面疏被节状毛，下面无毛，羽轴及各回小羽轴禾秆色，上面有纵沟，基部着生处密被节状毛，有心形大鳞片；叶脉分离，羽状，小脉斜上，不达叶缘，叶干后绿棕色，纸质。孢子囊群圆形，着生裂片或末回小羽片基部上侧小脉顶端，每裂片 1 枚；囊群盖半球形，膜质，下位，幼时包孢子囊群，成熟时下部被压于孢子囊群下面；囊托略隆起；孢子囊球形，或稍两侧扁，环带纵行而中断，具 14-16 增厚细胞，柄细长。孢子长椭圆形，周壁褶皱，形成大网，具网状纹饰，外壁光滑。染色体基数 x=41。

约 8 种，产于亚洲东南部及大洋洲。我国 6 种。

1. 叶末回小羽片长椭圆形；孢子囊群径约 0.5 毫米 ⋯⋯⋯⋯⋯⋯⋯⋯⋯⋯⋯⋯⋯⋯⋯⋯ **鱼鳞蕨 A. stipellatus**
1. 叶末回小羽片长方形；孢子囊群径约 1 毫米 ⋯⋯⋯⋯⋯⋯⋯⋯⋯⋯⋯⋯⋯ (附). **滇缅鱼鳞蕨 A. diacalpioides**

鱼鳞蕨

图 648 彩片 108

Acrophorus stipellatus Moore in Gard. Chron. 135. 1854.

植株高 0.8-1.5 米。根茎直立或斜升，顶端密被深棕色卵状披针形鳞片。叶簇生；叶柄长 40-80 厘米，基部深棕色，密被鳞片，向上禾秆色渐光滑，有鳞痕；叶片卵形，长宽 50-80 厘米，四回偶五回羽裂，羽片约 10 对，对生，基部 1 对柄长 3-4 毫米，长卵形，长 36-43 厘米，宽约 30 厘米，三回羽裂，小羽片约 15 对，基部 1 对对生并缩短，柄极短，上侧羽片短于下侧的，基部下侧第二片长15-19厘米，基部宽5-6厘米，椭圆状披针形，二回羽裂，末回小羽片14-16对，基部1对对生，近无柄，长椭圆形，中部的长2-3.2厘米，基部宽1-1.4厘米，羽裂深达末回小羽轴，裂片6-8对，平展，长椭圆形，长4-7.5毫米，宽2-4毫米，两侧羽裂达1/4-1/2或波状；叶脉下面明显，羽状，小脉单一；叶干后棕绿色，近纸质，上面疏被节状毛，下面无毛；叶轴及各回羽轴禾秆色，有光泽，上面

有纵沟，基部上面密被节状毛，下面有心形棕色鳞片。孢子囊群圆形，径约0.5毫米，着生小脉顶端，每裂片3-5枚；囊群盖半球形或卵形，基部着生，宿存。染色体2n=82。

产浙江、台湾、福建、江西、湖南、广东、海南、广西、贵州、四川、云南及西藏，生于海拔500-3300米林下溪边。印度、不丹、尼泊尔、越南、菲律宾及日本南部有分布。

[附] **滇缅鱼鳞蕨 Acrophorus diacalpioides** Ching et S. H. Wu in Acta Phytotax. Sin. 21(4): 381. 1983. 本种与鱼鳞蕨的主要区别：叶片四回

图 648 鱼鳞蕨 （蔡淑琴绘）

羽状，末回小羽片长方形，长5-6.5（-8）毫米，宽3.5-5毫米；孢子囊群径约1毫米。产云南西南部和缅甸北部接壤地区。

45. 鳞毛蕨科 DRYOPTERIDACEAE

（林尤兴　朱维明　孔宪需　谢寅堂　武素功　陆树刚　张丽兵　和兆荣）

中型或小型土生蕨类。根茎短而直立或斜升，具簇生叶，或横走，具散生或近生叶，连同叶柄密被鳞片，具网状中柱；鳞片窄披针形或卵形，基部着生，棕色或黑色，质厚，边缘多少具锯齿或睫毛。叶簇生或散生，有柄；叶柄横切面具4-7或更多维管束，上面有纵沟，多少被鳞片；叶片一至五回羽状，稀单叶，纸质或革质，干后淡绿色，光滑，叶轴、各回羽轴和主脉下面多少被鳞片；各回小羽轴和主脉下面圆，上面有纵沟；羽片和各回小羽片基部对称或不对称，叶常有锯齿或有芒刺，叶脉常分离，上先出或下先出，小脉单一或2叉，不达叶缘，顶端具小水囊。孢子囊群小，圆形，顶生或背生小脉，有盖或无盖，盖膜质，圆肾形，具深缺刻着生，或圆形，盾状着生，稀椭圆形，草质，近黑色，以外侧边中部凹点着生囊托，成熟时开向主脉。孢子两面形、卵圆形，具周壁。

约14属，1200余种，分布世界各地，主产北半球温带和亚热带高山地区。我国13属，472种。

1. 孢子囊群有盖或无盖，盖圆肾形或椭圆形，深缺刻着生。

　2. 根茎长而横走；叶散生，三至四回羽状或一回羽状，如二回羽状复叶，则各回小羽片为上先出。

3. 叶草质，各回羽轴下面被多细胞柔毛或小鳞片 ·················· 3. 毛枝蕨属 Leptorumohra

3. 叶革质、纸质，稀草质，各回羽轴无毛。

　　4. 叶片三角形或卵状三角形，多三至四回羽状，末回小羽片基部不对称 ··········· 4. 复叶耳蕨属 Arachniodes

　　4. 叶片披针形或宽披针形，一回羽状，羽片披针形，基部楔形，近对称 ········· 5. 黔蕨属 Phanerophlebiopsis

2. 根茎粗短直立；叶簇生或偶近生，一至四回羽状，如二回以上羽状复叶，则除假复叶耳蕨属 Acrorumohra 和基部 1 对羽片的二回小羽片为上先出外，其余各回小羽片均下先出。

　　5. 叶片二至四回羽状；叶轴常"之"字形弯曲或直立；小羽片上先出；末回小羽片基部不对称 ············
　　·· 2. 假复叶耳蕨属 Acrorumohra

　　5. 叶片一至四回羽状；侧生羽片的羽轴下部通直，斜下；如叶片为二回以上羽状复叶，则除基部 1 对羽片
　　为上先出外，其余均下先出；末回小羽片基部多对称。

　　　6. 叶纸质或近革质；叶柄鳞片通常棕色，质薄，全缘或有不规则齿牙；小羽轴和主脉上面无红棕色肉质
　　　　粗刺 ··· 7. 鳞毛蕨属 Dryopteris

　　　6. 叶近革质，叶柄鳞片红棕或褐棕色，质坚厚，全缘；小羽轴和小脉分叉点具褐棕色肉质粗刺 ·········
　　　·· 1. 肉刺蕨属 Nothoperanema

1. 孢子囊群无盖或有盖，盖全缘，圆形，膜质，盾状着生，或椭圆形，革质，外侧边缘中部着生。

　7. 孢子囊群无盖；叶片一回羽状或偶羽裂或单叶，羽片全缘或具波状圆齿。

　　8. 叶轴顶端通常延伸成鞭状 ·· 13. 鞭叶蕨属 Cyrtomidictyum

　　8. 叶轴顶端不延伸成鞭状 ··· 12. 玉龙蕨属 Sorolepidium

　7. 孢子囊群盖盾形或椭圆形；叶片一至五回羽状，边缘具锯齿或芒刺。

　　9. 叶片四至五回羽状细裂；囊群盖椭圆形，坚革质，黑紫色，外侧边缘一点着生囊托，成熟时 2-3 瓣裂
　　　··· 6. 石盖蕨属 Lithostegia

　　9. 叶片一至二回羽状粗裂；囊群盖圆形，中央一点盾状着生，膜质，成熟时边缘不裂。

　　　10. 叶脉网状。

　　　　11. 叶片全缘，基部楔形，对称，主脉（中脉）两侧叶脉向叶缘联成 1 行窄长网眼 ·················
　　　　·· 9. 柳叶蕨属 Cyrtogonellum

　　　　11. 羽片具锯齿，基部稍不对称；主脉（中脉）两侧叶脉通常联成 2-6 行偏斜稍六角形网眼 ·········
　　　　··· 11. 贯众属 Cyrtomium

　　　10. 叶脉分离。

　　　　12. 侧生羽片无关节着生叶轴，基部非心形。

　　　　　13. 叶片二回羽状或二回羽裂（稀三回羽状细裂），羽片或小羽片基部通常不对称 ·················
　　　　　·· 8. 耳蕨属 Polystichum

　　　　　13. 叶片一回羽状。

　　　　　　14. 羽片线状披针形或卵状长圆形，基部不对称，上侧耳状凸起，下侧楔形，有尖锯齿（有时全
　　　　　　　缘） ·· 8. 耳蕨属 Polystichum

　　　　　　14. 羽片长圆状披针形或线形，基部楔形，对称或近对称，全缘或略具锯齿，稀羽裂 ·················
　　　　　　·· 9. 柳叶蕨属 Cyrtogonellum

　　　　12. 侧生羽片具关节着生叶轴，基部近心形 ···························· 10. 拟贯众属 Cyclopeltis

1. 肉刺蕨属 Nothoperanema (Tagawa) Ching

　　土生中型草本蕨类。根茎粗壮，直立或斜升。叶簇生；有粗柄，下部密被鳞片，鳞片红棕或褐棕色，卵形，质坚厚，有光泽，全缘，基部着生，向上鳞片渐小，披针形或钻状；叶片卵状三角形，三回羽状，基部 1 对羽片近三角形，基部不对称，下侧 1 片小羽片特大，下伸，小羽片基部 1 对羽片上先出，向上的稍

下先出；第二对羽片披针形或宽披针形，基部对称；叶轴密被窄披针形或钻状鳞片，叶轴和小羽轴两面光滑，下面隆起，上面有纵沟，在小羽轴和小脉分叉点两侧各有 1 个褐棕色粗短肉刺；叶脉分离，小脉伸达叶缘；顶端有水囊；叶干后近革质，棕色。孢子囊群圆形，着生小脉顶端，在中脉两侧各排成 1 行，囊群盖（有时无盖）褐或深褐色，圆肾形，缺刻着生，全缘，宿存或脱落。孢子两面型，肾状，具瘤状或疏网状纹饰。染色体基数 x=41。

5 种，广布于中国西南部、中部和台湾，向东至日本，西达印度和尼泊尔，南达非洲中部、南部和东部（马达加斯加）。我国均产。

1. 叶轴鳞片钻状，褐色 ·· 1. 肉刺蕨 N. squamisetum
1. 叶轴鳞片披针形或线状披针形。
  2. 孢子囊群有盖；叶轴鳞片深红棕色，末回小羽片上部及先端具钝锯齿 ········ 2. 有盖肉刺蕨 N. hendersonii
  2. 孢子囊群无盖；叶轴鳞片棕色，末回小羽片浅裂至深裂 ·················· 2(附). 无盖肉刺蕨 N. shikokianum

1. 肉刺蕨   图 649

Noothoperanema squamisetum (Hook.) Ching in Acta Phytotax. Sin. 11: 27. 1966.

Nephrodium squamisetum Hook., Sp. Fil. 4: 140. t. 268. 1862.

植株高 0.9-1.1 米。根茎粗而直立，连同叶柄基部密被棕色全缘鳞片。叶簇生；柄长 38-50 厘米，向上禾秆色，上面有 2 纵沟，被棕色长钻状鳞片；叶片卵形，长 52-60 厘米，三回羽状，羽片约 16 对，互生，有柄，斜展，基部 1 对宽披针形，长达 21 厘米，宽约 10 厘米，基部不对称，二回羽状，小羽片约 16 对，互生，有柄，基部下侧 1（2）片长圆状披针

形，长 5-7 厘米，宽 2-2.8 厘米，末回小羽片 9-10 对，下部的近对生，卵状长圆形，长 1.4-1.6 厘米，宽约 8 毫米，羽裂；裂片 3-5 对，基部 1 对长圆形，全缘；第二对羽片向上各对羽片渐小，三角状羽裂渐尖头，叶脉在末回小羽片上为羽状，小脉分叉或单一；叶干后草质，棕绿色，沿叶轴和小羽轴下面被棕色、钻状小鳞片。孢子囊群大而圆，着生小脉顶部，在主脉两侧各排成 1 行；囊群盖圆肾形，棕色，脱落。

图 649 肉刺蕨 （蔡淑琴绘）

产台湾、云南及西藏，生于海拔1900-2500米山谷林下。印度及非洲东部（马达加斯加）、中部和南部有分布。

2. 有盖肉刺蕨   图 650

Nothoperanema hendersonii (Bedd.) Ching in Acta Phytotax. Sin. 11: 28. 1966.

Lastrea hendersonii Bedd. Ferns Brit. Ind. Suppl. 17. t. 337. 1876.

植株高 48-75 厘米。根茎粗短，斜升，顶端连同叶柄下部密被暗棕色披针形鳞片。叶簇生；柄长 15-30 厘米，红紫色，向上直达叶轴疏被鳞片；叶片卵形，长 30-45 厘米，宽 26-34 厘米，四回羽状，

羽片 4-5 对，基部 1（2）对对生，有柄，长圆状披针形，长 14-25 厘米，三回羽状，一回小羽片 12-16 对，互生，有柄，下侧的较上侧的大，基部下侧 1 片长圆状披针形，长 5-12 厘米，二回羽状，二回小羽片约 15 对，长圆形，基部的长达 3 厘米，宽约 1.1 厘米，一回羽状；末回小羽片 8-9 对，长圆形，下部的分离，长约 5 毫米，宽约 2 毫米，上部及先端具钝锯齿；中部以上的二回小羽片深羽裂，裂片长圆形，上部边缘及顶端具小钝

齿；第二对羽片与基部的同形而略短；末回小羽片叶脉羽状，小脉分叉或单一，伸达叶缘；叶轴鳞片深红棕色。孢子囊群圆形，着生小脉顶部，每裂片基部 1 枚，近主脉并在两侧各排成 1 行；囊群盖圆形，暗棕色，脱落。

产台湾、贵州及云南，生于海拔 1060-2500 米林下或灌丛中。尼泊尔、印度北部、缅甸北部及日本有分布。

[附] **无盖肉刺蕨 Nothoperanema shikokianum** (Makino) Ching in Acta Phytotax. Sin. 11: 28. 1966. —— *Aspidium shikokianum* Makino in Bot. Mag. Tokyo 6: 46. 1892. 本种与有盖肉刺蕨的主要区别：根茎直立；叶柄长 26-55 厘米，叶片卵状五角形，羽片约 16 对，末回小羽片浅裂至深

图 650 有盖肉刺蕨 （孙英宝绘）

裂，叶轴鳞片棕色；孢子囊群无盖。产湖南、广西、贵州、四川及云南，生于海拔 370-1800 米竹林或杂木林下。日本有分布。

2. 假复叶耳蕨属 Acrorumohra (H. Ito) H. Ito

中型土生草本蕨类。根茎短，直立或斜升，顶端连同叶柄基部密被鳞片，鳞片栗褐或棕色，披针形，全缘。叶簇生；有柄，禾秆色；叶片卵状披针形，二回至四回羽状，小羽片上先出，末回小羽片或裂片边缘及顶端具钝齿，无芒刺，基部不对称，叶脉分离，羽状，小脉顶端不膨大；叶轴常'之'形弯曲，或直立，各回羽轴上面具纵沟，下面被披针形或线形鳞片。孢子囊群小，圆形，着生小脉顶部；囊群盖肾形或无盖；孢子囊环带直立，中断，具 14-17 加厚细胞。孢子两面型，球状，有周壁。染色体基数 x=41。

7 种，分布于东亚及东南亚。我国 4 种。

1. 叶轴'之'形弯曲；小羽片 7-8 对 ·············· 1. 弯柄假复叶耳蕨 A. diffrecta
1. 叶轴直伸，非'之'形弯曲；小羽片 12-16 对 ·············· 2. 草质假复叶耳蕨 A. hasseltii

1. 弯柄假复叶耳蕨 图651

Acrorumohra diffrecta (Baker) H. Ito in Nakai et Honda, Nov. Fl. Jap. 4: 101. 1930.

Nephrodium diffractum Baker in Bull. Kew 1898: 230. 1898.

植株高 0.6-1 米。根茎短而直立，顶端连同叶柄基部密被棕色披针形鳞片。叶簇生；叶柄长 30-55 厘米，禾秆色；叶片宽卵形，长

30-45 厘米，四回羽状，羽片 7-8 对，互生，有柄，基部 1 对三角形，长达 18 厘米，三回羽状，一回小羽片 7-9 对，互生，有柄，基部下侧 1 片长圆状披针形，长 9-11

厘米，二回羽状，二回小羽片7-8对，有柄，基部1对宽卵形，一回羽状；末回小羽片3-4对，有柄，宽卵形，长1.2-1.8厘米，羽裂，

裂片2-3对，基部的几分离，宽卵形，具3-5钝齿，向上的羽片渐短；末回小羽片叶脉羽状，小脉分叉或单一；叶干后草质，绿色，光滑；叶轴"之"字形弯曲，基部反折。孢子囊群小，圆形，着生小脉顶部，每裂片基部1枚；囊群盖圆肾形，棕色，脱落。

产台湾、海南、广西、贵州、云南及西藏，生于海拔900-2250米针阔叶混交林下。越南和日本有分布。

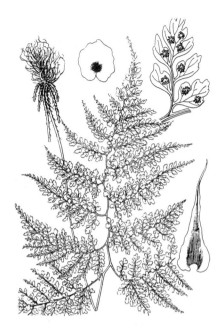

图 651 弯柄假复叶耳蕨 （蔡淑琴绘）

2. 草质假复叶耳蕨 假复叶耳蕨 图 652

Acrorumohra hasseltii (Bl.) Ching in Acta Phytotax. Sin. 9: 385. 1964.

Polypodium hasseltii Bl. Fl. Jav. 195. pl. 92. 1829.

植株高达72厘米。根茎短而直立，顶端连同叶柄基部密被栗棕色、

披针形全缘鳞片。叶簇生；叶柄长29厘米，禾秆色，向上达叶轴疏被小鳞片；叶片三角状披针形，长45厘米，羽裂渐尖头，三回羽状；羽片14-16对，互生，有柄，斜展，基部1对卵状披针形，长约18厘米，二回羽状，小羽片约15对，有柄，基部下侧1片宽披针形，长约7厘米，一回羽状；末回小羽片9-10

对，基部上侧1片卵状长圆形，长约1.3厘米，浅羽裂，基部上侧1片几分离，先端有2-3钝齿，余较小，长圆形，基部上侧略耳状，向上各对羽片渐短；末回小羽片叶脉羽状，小脉分叉或单一；叶干后草质，绿色，光滑；各回羽轴下面略被小鳞片。孢子囊群小，圆形，着生小脉顶部，每裂片基部1枚；无囊群盖。

产台湾、海南及云南，生于海拔900-1200米山谷密林下。印度尼西亚有分布。

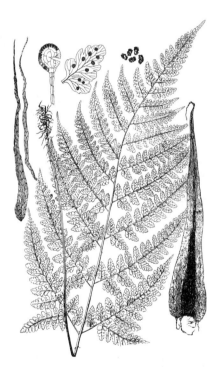

图 652 草质假复叶耳蕨
（孙英宝仿《Ogata, Ic. Fil. Jap.》）

3. 毛枝蕨属 Leptorumohra H. Ito

大中型土生草本蕨类。根茎长而横走，密被棕色或栗褐色、披针形全缘鳞片。叶近生或疏生，有长柄，禾秆色或深棕色，基部被与根茎同样鳞片；叶片五角形或卵形，三至四回羽状，羽片6-15对，基部1对较大，

向上渐短，各回羽片细裂，均上先出，两面密被多细胞粗毛；叶草质，叶脉分离，羽状，各回羽轴下面被多细胞柔毛或小鳞片。孢子囊群圆形，背生小脉；囊群盖圆肾形，膜质，全缘或有睫毛；孢子囊环带直立，中断，具14-18厚壁细胞。孢子两面型，肾状，具瘤状纹饰。染色体基数 x=41。

4种；分布于日本、朝鲜半岛和中国。我国3种。

1. 叶四回或五回羽状，叶柄基部鳞片棕色，叶宽卵形。
　2. 叶柄基部鳞片披针形；囊群盖边缘无睫毛 ·············· 1. **毛枝蕨 L. miqueliana**
　2. 叶柄基部鳞片卵状披针形；囊群盖边缘具睫毛 ·········· 2. **四回毛枝蕨 L. quadripinnata**
1. 叶三回羽状，叶柄基部鳞片栗黑色，叶片长三角形 ·········· 2(附). **无鳞毛枝蕨 L. sino-miqueliana**

1. 毛枝蕨　　　　　　　　　　　　　　图 653

Leptorumohra miqueliana (Maxim.) H. Ito in Nakai et Honda, Nov. Fl. Jap. 4: 119. 1939.

Aspidium miquelianum Maxim. ex Franch. et Sav. Fl. Enum. Jap. 2:249. 1896.

植株高0.8-1米。根茎长而横走，连同叶柄基部被棕色披针形鳞

片；叶疏生；叶柄长40-62厘米，基部红棕色，上达叶轴棕禾秆色，疏被小鳞片；叶片宽卵形，长43-52厘米，四回或五回羽状，羽片6-8对，互生，有柄，基部1对三角状卵形，长29-32厘米，四回羽状；一回小羽片约18对，有柄，基部1（2）片三角状披针形，长达15厘米，二回羽状，二回小羽片约16对，有柄，基部下侧1片长三角形，长约3.5厘米，二回羽状；三回小羽片6-7对，斜卵形，基部1对长约1.2厘米，一回羽状；末回小羽片3-4对，近卵形，全缘或具3-5锯齿，向上的羽片渐短小，末回小羽片的叶脉羽状，小脉单一或分叉；叶干后草质，黄绿色，两面密被粗毛；各回羽轴下面疏被小鳞片。孢子囊群小，圆形，背生于小脉，每末回小羽片1-3枚；囊群盖圆肾形，棕色，脱落。

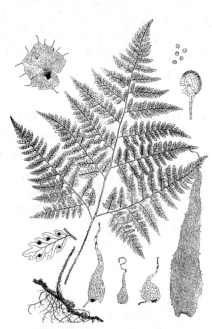

图 653 毛枝蕨
（孙英宝仿《Ogata, Ic. Fil. Jap.》）

产吉林、安徽、浙江、江西、湖南、贵州及四川，生于海拔800-1700米山谷疏林下或岩壁阴湿处。日本和朝鲜半岛有分布。

2. 四回毛枝蕨　毛苞拟复叶耳蕨　　　图 654

Leptorumohra quadripinnata (Hayata) H. Ito in Nakai et Honda, Nov. Fl. Jap. 4: 121. 1930.

Microlepia quadripinnata Hayata, Mat. Fl. Formos. 434. 1911.

植株高0.9-1米。根茎长而横走，连同叶柄基部被棕色全缘卵状披针形鳞片。叶近生；叶柄长42-60厘米，禾秆色，向上达叶轴疏被小鳞片；叶片宽卵形，长42-48厘米，四回羽状，羽片约10对，互生，下部的有柄，基部1对卵状披针形，长16-28厘米，三回

羽状，一回小羽片8-10对，有柄，基部下侧1片卵状披针形，长5-13厘米，二回羽状，二回小羽片约12对，有短柄，卵状披针形，中部的长达3.5厘米，一回羽状；末回小羽片6-7对，基部上侧1片卵状长圆形，长达1厘米，

浅裂至深裂，裂片有粗齿，向上各对羽片渐短，末回小羽片的叶脉羽状，小脉分叉或单一；叶干后草质，淡绿色，两面密被灰白色粗毛；各回羽轴下面疏被小鳞片。孢子囊群小，圆形，背生小脉，每末回小羽片1-4枚；囊群盖圆肾形，膜质，棕色，有睫毛。

产台湾、江西、湖南、广西、贵州及云南，生于海拔1000-3000米山谷林下。日本有分布。

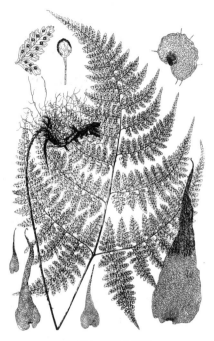

图 654 四回毛枝蕨
(孙英宝仿《Ogata, Ic. Fil. Jap.》)

[附] **无鳞毛枝蕨 Leptorumohra sino-miqueliana** (Ching) Tagawa in Acta Phytotax. Geobot. 8: 232. 1939. —— *Rumohra sino-miqueliana* Ching in Sinensia 5: 65. t. 15. 1934. 本种与四回毛枝蕨的主要区别：根茎鳞片栗黑色、披针形；叶疏生，叶柄长25-40厘米，叶片长三角形，长23-40厘米，三回羽状，叶两面密被锈色粗毛。产湖南、四川、贵州及云南，生于海拔1365-1800米疏林下。日本有分布。

4. 复叶耳蕨属 Arachniodes Blume

中型土生草本蕨类。根茎粗壮，长而横走，稀斜升，连同叶柄基部被密鳞片，鳞片全缘或有齿；叶疏生或近生，叶片三角形或卵状三角形，多三至四回羽状，稀二回或五回羽状；羽片有柄，常斜展，接近或密接，基部羽片多三角形或长圆形，基部小羽片长，偶短，一回至三回小羽片均上先出，末回小羽片顶端常尖头，基部不对称，具芒状锯齿；叶脉羽状，分离。孢子囊群顶生或近顶生于小脉，稀背生，着生主脉与叶缘间，或叶缘，圆形；囊群盖圆肾形，深缺刻着生，膜质，脱落。孢子两面型，椭圆状，周壁具褶皱，透明，有瘤状或刺状纹饰。染色体基数 x=41。

约150种，广布于热带、亚热带和南温带，非洲、亚洲、大洋洲和中南美洲均产。我国103种、2变种。

1. 孢子囊群背生于小脉；小羽片或裂片通常具钝锯齿 ······························· 1. **背囊复叶耳蕨 A. cavalerii**
1. 孢子囊群顶生或近顶生于小脉（偶背生）；小羽片具尖锯齿，齿尖具芒刺。
  2. 叶片顶部长尾状，即具1片有柄的顶生羽片，与其下的侧生羽片同形或近同形。
    3. 小羽片或末回小羽片宽约1厘米。
      4. 叶二至三回羽状。
        5. 叶二回羽状，基部羽片与其上的羽片均为披针形 ························ 2. **斜方复叶耳蕨 A. rhomboidea**
        5. 叶三回羽状，基部羽片与其上的羽片不同形，基部1对或下侧1片小羽片伸长并为羽状。
          6. 孢子囊群中生，即孢子囊群生于主脉与叶缘之间 ··················· 3. **刺头复叶耳蕨 A. exilis**
          6. 孢子囊群近叶缘着生 ··················· 4. **异羽复叶耳蕨 A. simplicior**
      4. 叶四回羽状，基部羽片的基部下侧（1）2-3（4）片一回小羽片伸长，并为二回羽状，其中第一片的基部下侧1片的二回小羽片伸长，并为羽状。
        7. 基部羽片的基部2对一回小羽片伸长，并二回羽状；第二、三对羽片的基部1对一回小羽片伸长，羽

状 ·· 5. **多羽复叶耳蕨 A. amoena**

　7. 基部羽片的基部 1 对或上侧 1 片、下侧 2 片的一回羽片伸长，并二回羽状；第二、三对羽片的基部 1 对
　　或下侧 1 片的一回小羽片伸长 ·················· 5(附). **中越复叶耳蕨 A. tonkinensis**

　3. 小羽片或末回小羽片宽 1.5-2.5 厘米 ················ 6. **阔羽复叶耳蕨 A. assamica**

2. 叶片顶部三角形，羽裂渐尖头，若具顶生羽片，则与其下的侧生羽片不同形。

　8. 孢子囊群中生或略近主脉着生。

　　9. 叶二至三回羽状。

　　　10. 小羽片或末回小羽片镰刀形，基部羽片披针形。

　　　　11. 叶二回羽状 ························· 7. **粗裂复叶耳蕨 A. grossa**

　　　　11. 叶三回羽状 ························· 8. **中华复叶耳蕨 A. chinensis**

　　　10. 小羽片或末回小羽片非镰刀形，基部羽片长圆形、卵状披针形或三角形。

　　　　12. 叶片下面无黄棕色腺毛 ················· 9. **美丽复叶耳蕨 A. speciosa**

　　　　12. 叶片下面具黄棕色腺毛 ················· 10. **日本复叶耳蕨 A. nipponica**

　　9. 叶四至五回羽状。

　　　13. 叶四回羽状。

　　　　14. 叶柄基部鳞片黄褐或棕色。

　　　　　15. 叶草质，末回小羽片或裂片卵形，具张开的三角形锯齿 ·········· 11. **华南复叶耳蕨 A. festina**

　　　　　15. 叶纸质，末回小羽片或裂片斜方形，边缘羽裂 ·········· 11(附). **川滇复叶耳蕨 A. henryi**

　　　　14. 叶柄基部鳞片黑或黑褐色 ·············· 11(附). **黑鳞复叶耳蕨 A. nigrospinosa**

　　　13. 叶五回羽状 ······················ 12. **细裂复叶耳蕨 A. coniifolia**

　8. 孢子囊群近叶缘着生，叶三或四回羽状 ·············· 13. **华西复叶耳蕨 A. simulans**

1. 背囊复叶耳蕨

图 655

Arachniodes cavalerii (Christ) Ohwi in Journ. Jap. Bot. 37: 76. 1962.

Aspidium cavalerii Christ in Bull. Acad. Geogr. Bot. Mans 116. 1904.

植株高 0.45-1 米。叶柄长 17-60 厘米，禾秆色，基部被鳞片，向上光滑；叶片三角形或卵状三角形，长 15-50 厘米，下部宽 7-40 厘米，二至三回羽状；羽片 3-9 对，有柄，互生，斜展，基部 1 对最大，三角状披针形或长三角形，长 5-21 厘米，基部宽 3.5-11 厘米，渐尖头，基部宽楔形，一至二回羽状；小羽片 3-9 对，互生，下部的具短柄，基部 1 对最大，三角状

披针形，长 5-12 厘米，基部宽 3.5-6 厘米，渐尖头，基部圆楔形，边缘羽状或羽裂；末回羽片（或裂片）4-8 对，基部上侧 1 片较大，卵形或三角状披针形，长 1.5-4 厘米，基部宽 1-1.8 厘米，钝头或渐尖头；叶干后坚纸质或近革质，绿或褐绿色，光滑，叶轴和羽轴下面偶有小鳞片。孢子囊群大，圆形，背生于小脉上，每小羽片 3-6 对，在主脉两侧各排成 1 行，略近主脉；囊群盖棕色，近革质，

图 655 背囊复叶耳蕨 （孙英宝绘）

宿存。

　产浙江、福建、江西、广东及广西，生于海拔 330-1500 米山谷密林下阴处。日本有分布。

2. 斜方复叶耳蕨 可赏复叶耳蕨 图 656

Arachniodes rhomboidea (Wall. ex Mett.) Ching in Acta Phytotax. Sin. 9: 383. 1964.

Aspidium rhomboideum Wall. ex Mett. Farngatt. Aspd. et Pheg. 350. 1858.

图 656 斜方复叶耳蕨
（引自《图鉴》）

植株高 40-80 厘米。叶柄长 20-38 厘米，禾秆色，基部密被鳞片，向上近光滑；叶片长卵形，长 25-45 厘米，宽 16-32 厘米，长尾状羽裂尖头，二回羽状，基部三回羽状；侧生羽片 3-6 对，互生，有柄，密接，基部 1 对三角状披针形，长 15-22 厘米，基部宽 5-7 厘米，二回羽状；小羽片 6-12 对，互生，有柄，基部下侧 1 片不伸长，若伸长，则为披针形；末回小羽片 7-12 对，菱状椭圆形，长约 1 厘米，中部宽约 5 毫米，上侧边缘具芒状锯齿；第二对羽片披针形，羽状；小羽片 14-20 对，有柄，斜方形或菱状长圆形，基部上侧耳状凸起，具芒状锯齿；叶干后薄纸质，褐绿色，光滑。孢子囊群生于小脉顶端，近叶缘；囊群盖棕色，膜质，有睫毛，脱落。

产江苏、安徽、浙江、台湾、福建、江西、湖北、湖南、广东、广西、贵州、四川及云南，生于海拔 260-1200 米林下或岩缝中。尼泊尔及日本有分布。

3. 刺头复叶耳蕨 湘黔复叶耳蕨 图 657

Arachniodes exilis (Hance) Ching in Acta Phytotax. Sin. 10: 256. 1962.

Aspidium exilis Hance in Journ. Bot. 21: 268. 1983.

Arachnoides michelli (Lévl.) Ching ex Y. T. Hsieh; 中国植物志 5 (1): 91. 2000.

图 657 刺头复叶耳蕨 （孙英宝绘）

植株高 50-70 厘米。叶柄长 28-36 厘米，禾秆色，基部密被鳞片；叶片五角形或卵状五角形，长 22-34 厘米，宽 14-24 厘米，顶部羽片与下侧的同形，三回羽状；侧生羽片 4-6 对，有柄，基部 1 对长三角形，长 12-15 厘米，基部宽 8-12 厘米，二回羽状；小羽片 16-20 对，互生，有柄，基部下侧 1 片披针形，长 8-10 厘米，基部宽 2.5-3 厘米，一回羽状；末回小羽片 10-14 对，基部 1 对对生，斜长方形，长达 1.5 厘米，宽约 7 毫米，基部上侧耳状，下侧浅裂或有芒刺齿；叶干后纸质，棕色，叶轴和羽轴下面密被钻形鳞片。孢子囊群每小羽片 5-8 对，中生；囊群盖棕色，膜质，脱落。

产山东、河南、江苏、安徽、

浙江、台湾、福建、江西、湖南、广东、广西、贵州及云南，生于海拔 400-1100 米林下或岩石上。

4. 异羽复叶耳蕨　多距复叶耳蕨　　　　图 658

Arachniodes simplicior (Makino) Ohwi in Journ. Jap. Bot. 37: 76. 1962.

Polystichum aristatum (Fost.) Sw. var. *simplicius* Makino in Bot. Mag. Tokyo. 15: 65. 1901.

Arachniodes calcarata Ching; 中国植物志 5(1): 44. 2000.

植株高约 75 厘米。叶柄长约 40 厘米，禾秆色，基部被鳞片，向上近光滑；叶片卵状五角形，长约 35 厘米，宽约 20 厘米，顶部具有与侧生羽片同形的羽状羽片，三回羽状；侧生羽片 4 对，基部 1 对对生，有柄，基部 1 对斜三角形，长约 16 厘米，宽约 8 厘米，二回羽状；小羽片约 22 对，有柄，基部下侧 1 片披针形，长约 8 厘米，宽约 2.2 厘米，一回羽状；末回小羽片约 16

图 658 异羽复叶耳蕨
（蔡淑琴仿《Ogata, Ic. Fil. Jap.》）

对，互生，几无柄，长圆形，长约 1.5 厘米，宽约 6 毫米，钝尖头，具芒状锯齿；第二至四对羽片披针形，羽状；叶干后纸质，灰绿色，光滑，叶轴和羽轴偶被小鳞片。孢子囊群每小羽片 4-6 对，略近叶缘；囊群盖深棕色，膜质，脱落。

产河南、陕西、甘肃、江苏、安徽、浙江、福建、江西、湖北、湖南、广西、贵州、四川及云南，生于海拔 550-1250 米林下或灌丛中。日本有分布。

5. 多羽复叶耳蕨　　　　图 659

Arachniodes amoena (Ching) Ching in Acta Bot. Sin. 10: 256. 1962.

Rumohra amoena Ching in Sinensia 5: 40. t. 1. 1934.

植株高 70-85 厘米。叶柄长 20-45 厘米，棕禾秆色，基部密被鳞片，向上稀疏；叶片五角形，长 30-45 厘米，宽 28-40 厘米，顶部具柄的羽状羽片，四回羽状；侧生羽片 4-5（6）对，基部的对生或近对生，有柄，基部 1 对三角状长尾形，长达 24 厘米，基部宽约 18 厘米，三回羽状；一回小羽片约 20 对，互生，有柄，基部 1（2）对伸长，其中基部下侧 1 片披针形，长

达 18 厘米，宽约 4 厘米，二回羽状；二回小羽片约 20 对，互生，有柄，长卵圆形，中部的长约 2 厘米，宽约 6 毫米，边缘浅裂、深裂或有芒刺粗齿；第二对羽片披针形，二回羽状；第三对以上各对羽片线

图 659 多羽复叶耳蕨　（引自《图鉴》）

状披针形，二回或一回羽状；叶干后近纸质，暗棕色，光滑，叶轴和各回羽轴偶有小鳞片。孢子囊群生于小脉顶端，位于末回小羽片上侧裂片基部，在上侧边缘排成1行，每行有4（5）枚；囊群盖棕色，膜质，边缘啮蚀状，脱落。

产安徽、浙江、福建、江西、湖南、广东、广西及贵州，生于海拔400-1400米林下或溪边阴湿岩石上。

[附] **中越复叶耳蕨 Rachniodes tonkinensis** (Ching) Ching in Acta Bot. Sin 10: 260. 1962.——*Rumohra tonkinensis* Ching in Sinensia 5: 52.

1934. 本种与多羽复叶耳蕨的主要区别：基部羽片基部1对或上侧1片及下侧2片一回小羽片伸长，并二回羽状；第二、三对羽片基部1对或下侧1片一回小羽片伸长。产云南东南部，生于海拔1300-1600米混交林下。越南有分布。

6. 阔羽复叶耳蕨 西南复叶耳蕨 图660：5-7

Arachniodes assamica (Kuhn) Ohwi in Journ. Jap. Bot. 36: 76. 1962.

Aspidium assamicum Kuhn in Linnaea 36: 108. 1869.

Arachnoides leuconeura Ching; 中国植物志5(1): 48. 2000.

植株高达1.2米。叶柄长40-65厘米，禾秆色，基部疏被鳞片；叶片卵状三角形，长45-55厘米，宽35-45厘米，顶部有1片与侧生羽片同形的羽片，三回羽状；侧生羽片2-6对，互生，有柄，基部1对三角状披针形，长约28厘米，基部宽约12厘米，二回羽状；小羽片约12对，互生，有柄，菱状披针形，基部下侧1片长约15厘米，宽约3.2厘米，羽状或深羽裂；

末回小羽片或裂片约8对，下部2对分离，菱状披针形，长约3.8厘米，宽约1.5厘米，有锯齿，向上的与小羽轴合生；第二至四对羽片宽披针形或披针形；叶干后纸质，淡绿色，光滑，叶轴和羽轴下面偶有小鳞片。孢子囊群每小羽片7-10对；囊群盖棕色，近革质，脱落。

产贵州、四川、云南及西藏，生于海拔650-2300米山谷杂木林下。尼泊尔、印度及缅甸有分布。

7. 粗裂复叶耳蕨 图661

Arachniodes grossa (Tard. - Blot et C. Chr.) Ching in Acta Phytotax. Sin. 10: 257. 1962.

Rumohra grossa Tard. - Blot et C. Chr. in Lecomte, Fl. Indo - China 7(2): 323. t. 37. f. 3-4. 1941.

植株高达1米以上。叶柄长48-57厘米，禾秆色，基部被鳞片，向上近光滑；叶片卵状三角形，长48-52厘米，宽24-32厘米，羽裂渐尖头，基部圆楔形，二回羽状；羽片6-7对，有柄，基部1对三角状披针形，长达28厘米，基部宽9-15厘米，下部羽片羽状，向上的深羽裂；小羽片或裂片14对，镰状披针形，下部的长达10厘米，中部宽约1.6厘米，基部

图 661 粗裂复叶耳蕨 （引自《海南植物志》）

斜楔形，浅裂或深裂，裂片斜长方形，第二对羽片长圆状披针形，长达23厘米，基部宽8-10厘米，羽状或全裂；小羽片或裂片约18对，基部的分离，向上的基部下延并具宽翅相连，基部上侧1片披针形；第三对向上的羽片渐短，基部相连，具锯齿；叶干后纸质，棕色，光滑，叶轴和羽轴下面略被小鳞片。孢子囊群着生小脉顶端，在主脉两侧各排成2-3对；囊群盖暗棕色，纸质，脱落。

产广东及海南，生于海拔600-659米林下。越南有分布。

8. 中华复叶耳蕨 急尖复叶耳蕨　　　　图 660：1-4

Arachniodes chinensis (Rosenst.) Ching in Acta Pytotax. Sin. 10:257. 1962.

Polystichum amabile var. *chinensis* Rosenst. in Fedde, Repert. Sp. Nov. 13: 130. 1914.

Arachniodes abrupta Ching; 中国植物志 5(1): 59. 2000.

植株高40-65厘米。叶柄长14-30厘米，禾秆色，基部密被鳞片，向上连同叶轴被黑色小鳞片。叶片卵状披针形，长26-35厘米，宽17-20厘米，顶部三角状尖头，三回羽状；羽片约8对，基部1（2）对对生，有柄，基部1对三角状披针形，长10-18厘米，基部宽4-8厘米，二回羽状；小羽片约25对，互生，有柄，基部下侧1片披针形，略镰刀形，长3-6厘米，羽状（或羽裂）；末回小羽片（或裂片）约9对，长圆形，长8毫米，上部边缘具2-4尖齿；第二至五对羽片披针形，第六至七对羽片缩短，披针形；叶干后纸质，暗棕色，光滑，叶轴下面被小鳞片。孢子囊群每小羽片5-8对；囊群盖棕色，近革质，脱落。

产浙江、福建、江西、湖南、广东、香港、海南、广西、贵州、四川及云南，生于海拔450-1600米杂木林下。

图 660：1-4.中华复叶耳蕨
5-7.阔羽复叶耳蕨　　（引自《图鉴》）

9. 美丽复叶耳蕨　　　　　图 662：1-3

Arachniodes speciosa (D. Don) Ching in Acta Bot. Sin. 10: 259. 1962.

Aspidium speciosum D. Don, Prodr. Fl. Nepal. 5. 1825.

Arachniodes gansuensis (Ching) Y. T. Hsieh; 中国植物志5(1): 68. 2000.

Arachniodes pseudo-aristata (Tagawa) Ohwi; 中国植物志5(1): 81. 2000.

植株高达95厘米。叶柄长35-57厘米，棕禾秆色，基部密被褐棕色、卵状披针形鳞片，向上光滑；叶片宽卵状五角形，长约35厘米，宽约28厘米，三回羽状；羽片约6对，基部1（2）对对生，有柄，基部1对三角形，长约24厘米，基部宽约16厘米，二回羽状；小羽片约18对，互生，有柄，基部1对宽披针形，长约13厘米，宽约4.5厘米，一回羽状；末回小羽片约16对，互生，长圆形，边缘浅裂至半裂，基部上侧一裂片全缘，椭圆形，顶端具 3-4 长芒刺，基部下侧 1 片比同侧第二片小，第二对羽片宽披针形，二回羽状；叶干后薄纸质，棕色，叶轴和各回羽轴下面偶有小鳞片。孢子囊群每小羽片 3-5 对；囊群盖棕色，膜质，脱落。

产广西、海南、贵州及云南，生于海拔约 1550 米山谷混交林下。尼泊尔有分布。

10. 日本复叶耳蕨　贵州复叶耳蕨　　　图 662：4-6

Arachniodes nipponica (Rosenst.) Ohwi in Journ. Jap. Bot. 37:76. 1962.

Polystichum nipponicum Rosenst. in Fedde, Report. Sp. Nov. 13:190. 1914.

植株高达 1.5 米。叶柄长 36-75 厘米，禾秆色，基部密被鳞片，

图 662：1-3.美丽复叶耳蕨
4-6.日本复叶耳蕨　　（蔡淑琴绘）

向上光滑；叶片长圆形，长 38-75 厘米，宽 30-45 厘米，三回羽状；羽片 5-6 对，互生，有柄，基部 1 对三角状披针形，长 18-35 厘米，基部宽约 10 厘米，二回羽状；小羽片 15-17 对，互生，有柄，基部 1 对宽披针形，长 6-8 厘米，宽 2-3 厘米，一回羽状；末回小羽片 7-18 对，互生，椭圆

形，长约 1.5 厘米，宽约 7 毫米，有尖锯齿；第二至三对羽片与基部的同形，二回羽状；第四至五对宽披针形，羽状；第七对短，羽裂，叶干后草质，淡绿色，下面叶脉伏生黄棕色多细胞毛；叶轴与羽轴光滑。孢子囊群着生小脉顶端，每小羽片（3-）5-7 对，不

并行排列；囊群盖棕色，薄膜质，全缘，脱落。

产浙江、江西、湖南、广东、贵州、四川及云南，生于海拔 800-2200 米山谷常绿阔叶林下或混交林下、溪边阴处。日本有分布。

11. 华南复叶耳蕨　细裂复叶耳蕨　　　图 663

Arachniodes festina (Hance) Ching in Acta Bot. Sin. 10: 257. 1962.

Aspidium festinum Hance in Journ. Bot. 21: 269. 1883.

植株高 65-95 厘米或更高。叶柄长 30-55 厘米，禾秆色，基部被暗棕色鳞片，向上疏被小鳞片；叶片卵状三角形或长圆形，长 32-65 厘米，宽 18-30 厘米，四回羽状；一回羽片 7-9 对，互生，基部 1 对三角形，长 14-24 厘米，下部宽 6-10 厘米，三回羽状；二回小羽片 12-16 对，互生，有柄，基部下侧 1 片

长圆状披针形，长 6-12 厘米，宽 2-4 厘米，基部宽楔形，二回羽状；

图 663　华南复叶耳蕨　（引自《图鉴》）

三回小羽片 3-16 对，三角形或卵形，长 1.2-2.5 厘米，宽 0.8-1.2 厘米，基部不对称，一回羽状；末回小羽片 3-4 对，下部的分离，卵状三角形，长 0.5-1.2 厘米，宽约 4 毫米，基部不对称楔形，具 3-5 锯齿；第二对羽片宽披针形，二回羽状或三回羽裂；第三对以上渐小；叶干后草质，暗绿色，光滑，叶轴和各回羽轴下面偶有 1-2 小鳞片。孢子囊群每小羽片或裂片 2-4（5）枚；囊群盖暗棕色，厚膜质，脱落。孢子无周壁，外壁具刺状纹饰。

产河南、浙江、台湾、福建、江西、湖北、湖南、广东、广西、贵州、四川及云南，生于海拔 700-950 米山谷或山地常绿阔叶林下。

[附] 川滇复叶耳蕨 Arachniodes henryi (Christ) Ching in Acta Bot. Sin. 10: 258. 1962.——*Polystichum henryi* Christ in Lecomte Not. Syst. 1: 36. 1909. 本种与华南复叶耳蕨的主要区别：叶纸质，末回小羽片或裂片斜方形，

边缘羽裂。产四川及云南，生于海拔 1400-2000 米常绿阔叶林下。

[附] 黑鳞复叶耳蕨 Arachniodes nigrospinosa (Ching) Ching in Acta Bot. Sin. 10: 258. 1962.——*Polystichum nigrospinosum* Ching in Bull. Fan Mem. Inst. Biol. Bot. 2: 191. t. 6. 1931. 本种与华南复叶耳蕨的主要区别：叶柄密被黑色鳞片，叶片长圆状卵形，一回羽片约 20 对，末回小羽片卵状长圆形或摺扇形。产台湾、广东、广西及贵州，生于海拔 500-800 米山地密林下。

12. 细裂复叶耳蕨 图 664

Arachniodes coniifolia (T. Moore) Ching in Acta Bot. Sin. 10: 257. 1962.
Lastrea coniifolia T. Moore, Ind. Fil. 88. 1957.

植株高达 1 米。叶柄长 50-60 厘米，禾秆色，基部密被鳞片，

向上连同叶轴被黑色小鳞片；叶片长圆状卵形，长 50-56 厘米，宽 25-40 厘米，四回羽状；羽片 8-10 对，基部 1 对对生，三角状披针形，长达 30 厘米，基部宽约 12 厘米，三回羽状；一回小羽片 12 对，互生，有柄，披针形，基部下侧 1 片长达 12 厘米，宽约 3 厘米，二回羽状；二回小羽片 22 对，宽披针形，长约 2 厘米，宽约 1 厘米，一回羽状；末回小羽片约 6 对，几无柄，长圆形，长约 7 毫米，宽约 3 毫米，边缘浅裂，裂片窄长圆形，宽约 1.5 毫米，锐尖头并具长尖齿，全缘；第二至三对羽片均披针形，向上各对渐小，一至三回羽状或羽裂；叶干后薄草质，暗绿色，光滑，各回羽轴下面疏被黑色小鳞片。孢子囊群每裂片上侧 1 枚，略近主脉；囊群盖棕色，薄膜质，全缘，早落。

图 664 细裂复叶耳蕨 （孙英宝绘）

产贵州、四川西南部及云南，生于海拔 1100-2300 米山谷林下或山坡灌丛中。尼泊尔有分布。

13. 华西复叶耳蕨 图 665

Arachniodes simulans (Ching) Ching in Acta Bot. Sin. 10: 259. 1962.
Rumohra simulans Ching in Sinensia 5: 54. t. 8. 1934.

植株高 0.8-1.2 米。叶柄长 35-50 厘米，禾秆色，基部密被鳞片，向上疏被小鳞片至近光滑；叶片宽卵状三角形，长 30-55 厘米，宽 25-40 厘米，四回羽状；一回羽片约 20 对，互生，有柄，基部

1 对三角状披针形，长达 30 厘米，基部宽约 15 厘米，三回羽状；二回小羽片 16 对，互生，有柄，基

部下侧1片披针形，长达14厘米，宽约4厘米，二回羽状；三回小羽片约16对，互生，下部的有柄，下部1（2）对羽状或羽裂；末回小羽片或裂片4-6对，卵状长圆形，有芒状锯齿；第二至六对羽片宽披针形或披针形，三回羽状或羽裂；第七对羽片披针形，羽状，向上各对渐小，叶近草质，干后灰绿色，光滑，叶轴和各回羽轴偶有小鳞片。孢子囊群每二回小羽片或裂片4-6对，近叶缘着生；囊群盖棕色，厚膜质，边缘具睫毛。

产甘肃、湖北、湖南、贵州、四川及云南，生于海拔100-1900米山谷林下。越南有分布。

图 665 华西复叶耳蕨 （孙英宝绘）

5. 黔蕨属 Phanerophlebiopsis Ching

土生中型草本蕨类。根茎长而横走，粗壮，连同叶柄基部被棕色披针形全缘鳞片。叶疏生；有长柄；叶片披针形或宽披针形，一回羽状，顶生羽片单一或羽裂，侧生羽片6-12对，互生，有柄，披针形，渐尖头，基部楔形，近对称，边缘具芒状尖锯齿；羽轴上面有纵沟，下面圆隆起；叶脉分离，羽状，每组小脉2-3对，纤细，斜出，不达叶缘，顶部不膨大。叶纸质，光滑。孢子囊群圆形，着生小脉顶端以下，在主脉两侧不规则排成1-2（3）行；囊群盖圆肾形，膜质，全缘，以缺刻着生。孢子两面型，长圆形，不透明，表面有瘤状纹饰。

中国特有属，9种。

1. 叶柄基部被棕色鳞片，叶片下面光滑 ·························· 1. 粗齿黔蕨 Ph. blinii
1. 叶柄基部被黑棕色鳞片，叶片下面沿叶轴和羽轴疏被小鳞片 ·········· 2. 长叶黔蕨 Ph. neopodophylla

1. 粗齿黔蕨   图 666

Phanerophlebiopsis blinii (Lévl.) Ching in Acta Phytotax. Sin. 10:125. pl. 21. f. 1-4. 1965.

Aspidium blinii Lévl. Fl. Kouy-tchéou 456. 1915.

植株高0.3-1米。根茎长而横走，连同叶轴密被鳞片。叶近生；叶柄长13-45厘米，基部密被棕色窄披针形鳞片，禾秆色；叶片宽披针形，长16-55厘米，宽9-22厘米，一回羽状；顶生羽片长卵形，基部羽裂深达1/2；侧生羽片6-13对，基部1对对生，有柄，疏离，披针形，中部的长6-12厘米，宽1.5-2厘米，边缘浅裂，裂片先端具1-2个短尖齿，叶脉羽状，侧脉分枝，小脉不伸达叶缘，明显；叶近革质，干后绿色，两面光滑；叶轴和主脉下面疏被小鳞片。孢子囊群圆形，着生小脉顶端，在主脉两侧各排成2行；囊群盖圆肾形，缺刻着生，棕色，膜质，脱落。

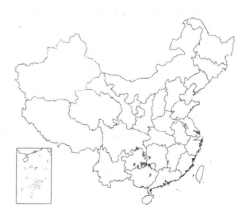

产江西、湖南、广西、贵州及四川，生于海拔 500-1620 米河谷溪边、林缘及林下。

2. 长叶黔蕨   图 667

Phanerophlebiopsis neopodophylla (Ching) Ching ex Y. T. Xie in Bull. Bot. Res. (Harbin) 10(1): 88. 1990.

Dryopteris neopodophyllum Ching in Bull. Fan Mem. Inst. Biol. Bot. 8: 401. 1938.

植株高 47-86 厘米。根茎粗壮，长而横走，连同叶柄基部密被鳞片。叶近生；叶柄长 24-60 厘米，基部密被黑棕色窄披针形鳞片，禾秆色；叶片长圆形，长 23-34 厘米，宽 16-24 厘米，奇数一回羽状，侧生羽片 5-8 对，基部 1 对对生，余互生，有柄，窄披针形，中部的长 8-17 厘米，宽 1.4-2.8 厘米，尾状披针形，具粗浅齿，每齿有 2-4 骨质芒刺；顶生羽片与侧生羽片

同形同大。叶脉羽状，侧脉分叉，不达叶缘；叶纸质，干后灰绿色，上面光滑，下面沿叶轴和羽轴疏被小鳞片。孢子囊群圆形，着生小脉顶端或背生中部，在主脉两侧排成 2-3 行；囊群盖圆肾形，棕色，缺刻着生，棕色，膜质。

产广西、贵州及云南，生于海拔 800-1300 米山坡及山谷林下。

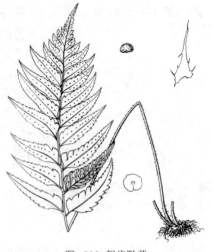

图 666 粗齿黔蕨
（孙英宝仿《中国植物志》）

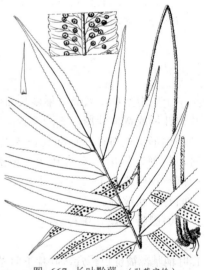

图 667 长叶黔蕨 （孙英宝绘）

6. 石盖蕨属 Lithostegia Ching

土生中型草本蕨类，高 0.6-1.2 米。根茎粗短，斜升，顶端连同叶柄及叶轴被鳞片，鳞片棕色，卵圆形，具齿牙。叶簇生；叶柄禾秆色或淡棕色，长 18-40 厘米，径 5-6 毫米，上面有纵沟；叶长卵形、卵形或三角状披针形，长 45-80 厘米，宽 30-50 厘米，四至五回羽状细裂；羽片 4-5（6）对，基部 1 对对生，向上的互生，有柄，密接，基部 1 对三角状披针形，长达 25 厘米，宽约 13 厘米，三回羽状，一回小羽片 14-16 对，互生，上先出，有柄，基部 1 对披针形，长 8-15 厘米，宽 1.6-3 厘米，二回羽状，二回小羽片约 10 对，互生，上先出，菱状长圆形，中部的长 1.6-2.4 厘米，宽 0.7-1 厘米，一回羽状，末回小羽片 3-4 对，互生，窄披针形或线形，下部的 2 叉或 3 叉；第二对羽片与基部的同形，几等长，向上各对渐短；叶脉分离，羽状，小脉单一；叶干后近革质，上面亮绿色，下面灰色，各回羽轴下面及小脉簇生棕色、长毛纤维状鳞片。孢子囊群小，圆形，着生小脉顶端，每裂 1 枚；囊群盖椭圆形，坚革质，黑紫色，外侧边缘中部一点着生囊托，成熟时 2-3 瓣裂；孢子囊梨形，有长柄，具 17 个加厚细胞。孢子卵圆形，具周壁。

单种属。

石盖蕨 图 668
Lithostegia foeniculacea (Hook.) Ching in Sinensia 4: 5. t. 1. 1933.

Aspidium foeniculaceum
Hook. Sp. Fil. 4: 36. t. 237. 1862.

形态特征同属。

产云南及西藏，生于海拔2100-3200米常绿阔叶林或针阔叶混交林下及陡壁岩缝中。印度及缅甸有分布。

图 668 石盖蕨 （蔡淑琴绘）

7. 鳞毛蕨属 **Dryopteris** Adans on

土生中型蕨类。根茎粗壮，直立或斜升，稀横走，顶部密被鳞片。叶簇生；螺旋状排列，向四面辐射呈中空倒圆锥形，有柄，被棕色鳞片，全缘或有不规则齿牙；叶片一至四回羽状或羽裂，一回小羽片上先出，余均下先出，通常多少被鳞片，末回小羽片或裂片基部通常对称，无芒状尖齿；叶纸质或近革质，干后淡绿或草绿色；叶脉分离，羽状，单一或2-3叉，不达叶缘，先端有水囊。孢子囊群圆形，背生或顶生小脉，通常有盖，缺刻着生；孢子囊近圆球形，有长柄，环带具14-20加厚细胞。孢子椭圆形，周壁具褶皱，呈片状或瘤状突起。染色体基数 x=41。

约230种，广布世界各地。我国127种。

1. 叶片一回奇数羽状，顶生羽片与侧生羽片同形。
  2. 植株高达1.5米；叶片具6-12对侧生羽片，纸质，每组叶脉下部2-3对小脉不伸达叶缘，羽片具缺刻状锯齿；孢子囊群不规则排列，不靠近主脉 ························· 1. **大平鳞毛蕨 D. bodinieri**
  2. 植株高不及1米；叶片具1-5对侧生羽片，革质或草质，每组叶脉基部1小脉不伸达叶缘。
    3. 叶柄草质，基部鳞片淡棕或红棕色，披针形；叶侧生羽片宽3-5厘米，向基部不变窄，纸质。
      4. 叶片有1-4对侧生羽片，全缘或具缺刻状锯齿 ··············· 2. **奇羽鳞毛蕨 D. sieboldii**
      4. 叶片有3-4(-7)对侧生羽片，具粗锯齿或浅裂 ··········· 3. **宜昌鳞毛蕨 D. enneaphylla**
    3. 叶柄坚硬，基部鳞片黑或褐色，线状披针形；叶侧生羽片宽2-2.5厘米，薄革质，向基部多少变窄 ······
        ··· 3(附). **柄叶鳞毛蕨 D. podophylla**
1. 叶片一至四回羽状或羽裂，顶生羽片羽裂渐尖头，不与侧生羽片同形。
  5. 叶轴、羽轴下面的鳞片扁平，基部非泡囊状。
    6. 小羽片基部对称。
      7. 叶片长圆形或长圆状披针形，基部羽片披针形或长圆形，基部下侧1片小羽片不伸长。
        8. 叶一回羽状，羽片有尖齿或浅羽裂，稀基部深羽裂几达羽轴。
          9. 羽片有锯齿或羽裂达1/3（1/2），裂片基部1对侧脉或基部上侧1叶脉较短，伸达羽片中部；孢子囊群盖小，圆肾形，或无盖。
            10. 孢子囊群无盖；鳞片全缘或具疏齿。
              11. 侧生羽片10-16对；叶柄、叶轴被黑褐色线状披针形或披针形鳞片 ······ 4. **无盖鳞毛蕨 D. scottii**

11. 侧生羽片达20对；叶柄和叶轴密被深棕或褐棕色宽披针形鳞片 ⋯ 4(附). **两广鳞毛蕨 D. liangkwangensis**
10. 孢子囊群有盖，鳞片边缘流苏状或全缘。
　12. 孢子囊群靠或略近叶缘着生。
　　13. 孢子囊群靠叶缘着生 ⋯⋯⋯⋯⋯⋯⋯⋯⋯⋯⋯⋯⋯⋯⋯⋯⋯⋯ 5. **边生鳞毛蕨 D. handeliana**
　　13. 孢子囊群略近叶缘着生。
　　　14. 叶柄鳞片黑色，披针形或窄披针形 ⋯⋯⋯⋯⋯⋯⋯⋯⋯⋯ 6. **黑鳞远轴鳞毛蕨 D. namegatae**
　　　14. 叶柄鳞片禾秆色或褐色，鳞片宽披针形 ⋯⋯⋯⋯⋯⋯⋯⋯⋯ 7. **远轴鳞毛蕨 D. dickinsii**
　12. 孢子囊群着生主脉两侧，近主脉。
　　15. 羽片具粗锯齿或羽状浅裂。
　　　16. 叶柄被褐色或黑褐色鳞片。
　　　　17. 基部羽片缩短并常反折 ⋯⋯⋯⋯⋯⋯⋯⋯⋯⋯⋯⋯⋯⋯ 8. **桫椤鳞毛蕨 D. cycadina**
　　　　17. 基部羽片不缩短或略缩短，不反折。
　　　　　18. 羽片约20对，边缘浅裂。
　　　　　　19. 孢子囊群着生小脉中部，密被主脉两侧；叶片长达30厘米；鳞片线状或钻状 ⋯⋯⋯⋯⋯
　　　　　　　⋯⋯⋯⋯⋯⋯⋯⋯⋯⋯⋯⋯⋯⋯⋯⋯⋯⋯⋯⋯⋯⋯ 9. **暗鳞鳞毛蕨 D. atrata**
　　　　　　19. 孢子囊群着生小脉中上部，不整齐散生羽轴两侧；叶片长35-45厘米；鳞片线状披针形 ⋯⋯⋯
　　　　　　　⋯⋯⋯⋯⋯⋯⋯⋯⋯⋯⋯⋯⋯⋯⋯⋯⋯⋯⋯⋯ 10. **混淆鳞毛蕨 D. commixta**
　　　　　18. 羽片25-40对，边缘具粗齿或浅裂 ⋯⋯⋯⋯⋯⋯⋯⋯⋯ 11. **狭鳞鳞毛蕨 D. stenolepis**
　　　16. 叶柄被棕色鳞片 ⋯⋯⋯⋯⋯⋯⋯⋯⋯⋯⋯⋯⋯⋯⋯ 11(附). **密鳞鳞毛蕨 D. pycnopteroides**
　15. 羽片羽状半裂或叶片基部羽状深裂。
　　20. 裂片钝角分开，宽三角形，具软骨质窄边；孢子囊群5-7对，在主脉两侧排成"V"字形 ⋯⋯
　　　⋯⋯⋯⋯⋯⋯⋯⋯⋯⋯⋯⋯⋯⋯⋯⋯⋯⋯⋯⋯⋯ 12. **陇蜀鳞毛蕨 D. thibetica**
　　20. 裂片锐角分开，裂片长方形；孢子囊群在主脉两侧非"V"字形排列。
　　　21. 叶轴鳞片黑色 ⋯⋯⋯⋯⋯⋯⋯⋯⋯⋯⋯⋯⋯⋯⋯⋯ 13. **路南鳞毛蕨 D. lunanensis**
　　　21. 叶轴上的鳞片棕色或深棕色。
　　　　22. 叶轴和羽轴鳞片毛发状或线状钻形 ⋯⋯⋯⋯⋯⋯⋯⋯ 14. **连合鳞毛蕨 D. conjugata**
　　　　22. 叶轴和羽轴鳞片细线形 ⋯⋯⋯⋯⋯⋯⋯⋯⋯⋯ 14(附). **细鳞鳞毛蕨 D. microlepis**
9. 羽片羽状半裂至深裂，裂片叶脉基部上侧1条单一，通常伸达缺刻下面附近，余2叉或单一；孢子囊群盖大，膜质，全包孢子囊群。
　23. 叶柄基部贴生褐棕或褐色卵圆形鳞片，叶轴无鳞片或偶被披针形鳞片 ⋯⋯⋯⋯⋯ 15. **大果鳞毛蕨 D. panda**
　23. 叶柄和叶轴密被淡棕或褐色鳞片。
　　24. 孢子囊群在羽轴两侧靠主脉排成整齐1行 ⋯⋯⋯⋯⋯⋯⋯ 16. **东京鳞毛蕨 D. tokyoensis**
　　24. 孢子囊群在羽轴两侧离主脉排成多行。
　　　25. 羽片下面被腺毛 ⋯⋯⋯⋯⋯⋯⋯⋯⋯⋯⋯⋯⋯⋯⋯ 17. **细叶鳞毛蕨 D. woodsiisora**
　　　25. 羽片下面无腺毛。
　　　　26. 叶片披针形，叶柄鳞片棕褐色；孢子囊群盖不完全覆盖孢子囊群 ⋯⋯⋯⋯⋯⋯⋯⋯⋯
　　　　　⋯⋯⋯⋯⋯⋯⋯⋯⋯⋯⋯⋯⋯⋯⋯⋯⋯⋯ 17(附). **木里鳞毛蕨 D. himachalensis**
　　　　26. 叶片长圆披针形，叶柄鳞片棕色或淡棕色，孢子囊群盖完全笼罩着孢子囊群。
　　　　　27. 植株高达1.2米；裂片具缺刻状锯齿 ⋯⋯⋯⋯⋯⋯⋯ 18. **金冠鳞毛蕨 D. chrysocoma**
　　　　　27. 植株高20-30厘米，裂片近全缘 ⋯⋯⋯⋯⋯⋯ 18(附). **高山金冠鳞毛蕨 D. alpicola**
8. 叶片二回羽状或三回羽裂，或一回羽状，羽片羽状深裂，小羽片叶脉2-3叉，稀单一。
　28. 叶片二回羽状，小羽片披针形，合生，叶轴、羽轴被纤维状鳞毛或羽轴下面被平直披针形鳞片。
　　29. 叶轴和羽轴被纤维状鳞毛或流苏状鳞片。

30. 小羽片叶脉单一，不分叉，有时基部下侧有1-2条分叉。

  31. 叶柄鳞片深棕色，边缘流苏状 ·················· 19. 黄山鳞毛蕨 **D. huangshanensis**

  31. 叶柄鳞片黑、褐或黑褐色 ·················· 19(附). 豫陕鳞毛蕨 **D. pulcherrima**

30. 小羽片叶脉2-3叉。

  32. 下部羽片稍短 ·················· 20. 易贡鳞毛蕨 **D. yigongensis**

  32. 下部羽片渐短，基部1对羽片长仅为中部羽片的1/2-1/4。

    33. 裂片两侧边缘锐裂达羽片1/3-1/2 ·················· 21. 深裂鳞毛蕨 **D. incisolobata**

    33. 裂片两侧全缘或近全缘。

      34. 叶柄和羽轴鳞片窄披针形，常扭曲 ·················· 22. 纤维鳞毛蕨 **D. sinofibrillosa**

      34. 叶柄和叶轴鳞片不扭曲，叶轴鳞片棕或淡棕色 ·········· 22(附). 藏布鳞毛蕨 **D. redactopinnata**

29. 叶轴和羽轴下面被线状平直披针形流苏状鳞片。

  35. 叶片基部1对羽片不或略窄缩；叶柄与叶片等长或较短，叶片披针形或卵状披针形 ··········

    ·················· 23. 黑鳞鳞毛蕨 **D. lepidopoda**

  35. 叶片基部数对羽片缩短或渐缩短，长度仅为中部羽片的1/2。

    36. 叶轴的鳞片棕、红棕或暗红棕色。

      37. 裂片边缘锐裂或具圆锯齿，背面疏被毛状鳞片。

        38. 叶纸质，羽片宽1.5-2.5厘米，裂片钝圆头；孢子囊群和囊群盖均较大 ··········

        ·················· 24. 欧洲鳞毛蕨 **D. filix-mas**

        38. 叶草质，羽片宽2-3厘米，裂片钝尖头；孢子囊群及囊群盖均较小 ··········

        ·················· 24(附). 东北亚鳞毛蕨 **D. coreano-montana**

      37. 裂片全缘或略具浅缺刻，背面密被纤维状鳞片。

        39. 叶片薄革质，裂片具软骨质窄边 ·················· 25. 大羽鳞毛蕨 **D. wallichiana**

        39. 叶片厚草质或纸质，裂片无软骨质边缘 ·················· 26. 粗茎鳞毛蕨 **D. crassirhizoma**

    36. 叶柄和叶轴鳞片黑色，有时褐棕色。

      40. 根茎顶端和叶轴鳞片黑或黑褐色 ·················· 27. 川西鳞毛蕨 **D. rosthornii**

      40. 根茎顶端鳞片棕色，叶轴鳞片棕或栗黑色 ·········· 27(附). 近川西鳞毛蕨 **D. neorosthornii**

28. 叶片二回羽状或基部三回羽裂，或三回羽状。

  41. 叶片三回羽状或基部三回羽裂。

    42. 小羽片或裂片边缘具刺状锯齿；孢子囊群盖小，膜质，边缘撕裂啮齿状。

      43. 叶柄和叶轴密被棕或褐棕色鳞片。

        44. 植株高60-80厘米；叶片卵圆形或长圆状披针形，侧生羽片20对以上，叶轴密被棕色纤维状鳞毛 ···

        ·················· 28. 多鳞鳞毛蕨 **D. barbigera**

        44. 植株高30-50厘米；叶片长圆状披针形，侧生羽片18-20对，叶轴密被棕色披针形和线状披针形鳞

        片 ·················· 29. 近多鳞鳞毛蕨 **D. komarovii**

      43. 叶柄和叶轴疏被黑或深棕色小鳞片或腺体。

        45. 叶柄和叶轴具黄色腺体。

          46. 叶羽片约20对；叶柄长1-2厘米，叶柄鳞片具锯齿和黄色腺体 ······ 30. 香鳞毛蕨 **D. fragrans**

          46. 叶羽片8-10对；叶柄长3-10厘米，叶柄鳞片全缘 ······ 31. 多雄拉鳞毛蕨 **D. alpestris**

        45. 叶柄和叶轴无黄色腺体。

          47. 裂片具渐尖头重锯齿；孢子囊群盖边缘撕裂 ······ 32. 刺尖鳞毛蕨 **D. serrato-dentata**

          47. 裂片边缘具钝尖头单锯齿；囊群盖边缘啮齿状 ······ 32(附). 尖齿鳞毛蕨 **D. acutodentata**

    42. 小羽片或裂片无长刺状锯齿；孢子囊群盖角质或膜质，全缘。

      48. 孢子囊群着生叶片上部1/3-1/2，叶片下部不育。

49. 叶片两面被腺毛 ·· 33. 腺毛鳞毛蕨 D. sericea

49. 叶片两面无腺毛。

  50. 叶片上部 1/3 以上羽片能育，常骤窄缩，小羽片长渐尖头 ·············· 34. 狭顶鳞毛蕨 D. lacera

  50. 叶片上部能育，仅部分略窄缩，小羽片通常钝尖头。

    51. 叶干后薄纸质，小羽片基部两侧非耳状 ·············· 35. 同形鳞毛蕨 D. uniformis

    51. 叶干后坚纸质或厚纸质，基部羽片基部稍耳状。

      52. 叶片基部几对小羽片基部稍耳状，具浅波状齿 ·············· 36. 半岛鳞毛蕨 D. peninsulae

      52. 叶片基部羽片基部略突出，两侧边缘不育具缺刻状锯齿 ·········· 36(附). 半育鳞毛蕨 D. sublacera

48. 孢子囊群分布至下部羽片。

  53. 囊群盖圆肾形，常角质，红棕色；叶片长圆状披针形，叶柄被褐色披针形鳞片，脱落后粗糙。

    54. 小羽片羽状深裂，裂片先端具三角状尖锯齿：孢子囊群着生小羽片上部 ·······························

      ··· 37. 凸背鳞毛蕨 D. pseudovaria

    54. 小羽片全缘或少数羽状半裂，裂片先端具 1-2 鸟喙状齿牙；孢子囊群着生小羽片下部 ·········

      ··· 37(附). 硬果鳞毛蕨 D. fructuosa

  53. 孢子囊群盖圆肾形，常纸质，深棕色；叶片披针形或卵圆状披针形。叶柄向上光滑。

    55. 叶片干后黄绿或灰绿色，叶柄下部被淡棕色鳞片 ·············· 38. 脉纹鳞毛蕨 D. lachoongensis

    55. 叶片干后淡绿色，叶柄被亮褐色厚纸质鳞片 ·············· 38(附). 粗齿鳞毛蕨 D. juxtaposita

41. 叶片三回羽裂，或三回至四回羽状。

  56. 叶片长圆状披针形或卵圆形。

    57. 叶二型；叶卵圆形，基部心形；能育叶基部略窄，孢子囊群盖螺壳状 ·······························

      ··· 39. 二型鳞毛蕨 D. cochleata

    57. 叶一型；能育叶基部不或略窄，孢子囊群盖平，非螺壳状。

      58. 叶厚革质，叶缘具软骨质窄边 ·············· 40. 微孔鳞毛蕨 D. porosa

      58. 叶草质或纸质，叶缘边缘不具有半透明边缘。

        59. 叶从根茎腹部生出，草质，干后淡绿色 ·············· 41. 狭叶鳞毛蕨 D. angustifrons

        59. 叶从根茎顶端生出，纸质，光滑，黄绿色 ·············· 41(附). 蕨状鳞毛蕨 D. pteridoformis

  56. 叶片宽三角状披针形，基部最宽。

    60. 叶片基部小羽片浅裂至羽状分裂；囊群盖宿存，质厚，红褐色 ······ 42(附). 柳羽鳞毛蕨 D. subimpressa

    60. 叶片的小羽片全为羽状，囊群盖早落，质薄，淡棕或棕色。

      61. 叶三回羽状深裂，干后淡绿色，草质，沿叶轴及羽轴疏被淡棕色披针形鳞片和具节念珠状鳞毛 ······

      ··· 42. 边果鳞毛蕨 D. marginata

      61. 叶三回羽状，干后黄绿色，薄革质，沿叶轴和羽轴疏被线状披针形鳞片 ·······························

      ··· 43. 假边果鳞毛蕨 D. caroli-hopei

7. 叶片多少五角形，基部 1 对羽片最大，三角形，即基部下侧 1 片羽片比同侧第二片小羽片长。

  62. 羽片具短柄，末回羽片边缘具长刺齿。

    63. 叶柄短于叶片，鳞片二色，叶片三回羽状，余二回羽状，渐尖头；孢子囊群着生小脉顶端或上部 ···

      ··· 44. 广布鳞毛蕨 D. expansa

    63. 叶柄几与叶片等长，鳞片一色，三回羽裂，羽片短渐尖头；孢子囊群着生侧脉近顶端 ···············

      ··· 44(附). 刺叶鳞毛蕨 D. carthusiana

  62. 羽片具较长羽柄，羽片边缘无刺齿。

    64. 叶柄长 30-40 厘米；小羽片和裂片全缘或具锯齿 ·············· 45. 裸叶鳞毛蕨 D. gymnophylla

    64. 叶柄长 10-20 厘米；裂片羽裂或具粗齿 ·············· 46. 中华鳞毛蕨 D. chinensis

6. 羽片和小羽片基部不对称、斜楔形（有时基部 1 对小羽片基部对称）。

65. 下部羽片（特别是基部羽片）基部下侧 1 片小羽片不伸长。

  66. 叶片三回羽裂，下部羽片（特别是基部羽片）基部下侧 1 片小羽片通常比同侧第二片羽片短，裂片先端具尖锯齿。

    67. 孢子囊群沿主脉两侧各排成 2 行，囊群盖边缘啮齿状 ························· 47. 华北鳞毛蕨 **D. goeringiana**

    67. 孢子囊群沿主脉两侧各排成 1 行，囊群盖全缘。

      68. 叶柄鳞片褐色，边缘具齿牙；叶裂片先端具 2-3 尖齿牙 ·············· 48. 西域鳞毛蕨 **D. blanfordii**

      68. 叶柄鳞片黑或深褐色；裂片先端通常无齿 ··· 48(附). 黑鳞西域鳞毛蕨 **D. blanfordii** subsp. **nigrosquamosa**

  66. 叶片二回羽状或三回羽裂，基部羽片的下侧 1 片小羽片不比同侧的第二片小羽片短，裂片先端无尖锯齿。

    69. 植株高 50-93 厘米；叶羽片 10-12 对；叶柄淡禾秆色 ·············· 49. 倒鳞鳞毛蕨 **D. reflexosquamata**

    69. 植株高 1.2-1.8 米；叶羽片 25-32 对；叶柄深乌木色 ·············· 50. 光亮鳞毛蕨 **D. splendens**

65. 下部（基部）羽片下侧 1 片小羽片伸长，羽轴下侧小羽片比上侧的长。

  70. 叶柄鳞片线状披针形，金黄色，密被叶柄基部，上部光滑 ·············· 51. 肿足鳞毛蕨 **D. pulvinulifera**

  70. 叶柄鳞片卵圆形或披针形，暗褐、红棕或棕色，由根茎延伸至叶柄下部。

    71. 孢子囊群无盖 ·· 52. 蓝色鳞毛蕨 **D. polita**

    71. 孢子囊群具盖。

      72. 叶柄长 20-40 厘米，叶片长 30-45 厘米 ························· 53. 稀羽鳞毛蕨 **D. sparsa**

      72. 叶柄长 15-20 厘米，叶片长 15-25 厘米 ·················· 53(附). 栗柄鳞毛蕨 **D. yoroii**

5. 植株具扁平鳞片，叶柄、叶轴、羽轴和小羽轴兼具泡状鳞片。

  73. 叶片二回羽状，披针形或卵状披针形；基部羽片的基部下侧小羽片缩短或不缩短，非燕尾状伸长。

    74. 叶柄基部鳞片披针形或宽披针形，棕或淡棕色；叶柄至叶轴密被鳞片。

      75. 叶柄和叶轴鳞片窄披针形，质较厚，全缘。

        76. 叶片一回羽状，羽片有锯齿或羽状深裂至全裂，小羽片与羽轴合生而无柄。

          77. 羽片边缘波状或浅裂，稀深裂 ·························· 54. 迷人鳞毛蕨 **D. decipiens**

          77. 羽片羽状深裂或羽状全裂呈二回羽状 ··········· 54(附). 深裂迷人鳞毛蕨 **D. decipiens** var. **diplazioides**

        76. 叶片二回羽状，小羽片具短柄。

          78. 小羽片三角状卵形，有锯齿或羽状浅裂，钝圆头。

            79. 小羽片具浅齿；孢子囊群近主脉着生 ·············· 55. 黑足鳞毛蕨 **D. fuscipes**

            79. 小羽片浅裂；孢子囊群近叶缘着生 ·············· 55(附). 宽羽鳞毛蕨 **D. ryo‑itoana**

          78. 小羽片披针形，羽状浅裂至深裂，渐尖头。

            80. 小羽片具浅齿或浅裂，羽轴和小羽轴下面密被泡状鳞片；孢子囊群盖中部红色 ·············

            ·· 56. 红盖鳞毛蕨 **D. erythrosora**

            80. 小羽片深羽裂；羽轴和小羽轴下面疏被泡状鳞片；孢子囊群盖中部淡红色 ·············

            ·· 56(附). 桃花岛鳞毛蕨 **D. hondoensis**

      75. 叶柄和叶轴鳞片卵状披针形、宽披针形或窄披针形，极密，质薄，具锯齿或全缘。

        81. 叶柄中部和叶轴鳞片卵形，鳞片具密锯齿。

          82. 叶片长 25-50 厘米，二回羽状，小羽片具浅齿或羽状浅裂 ········· 57. 轴脉鳞毛蕨 **D. lepidorachis**

          82. 叶片长 50-70 厘米，二至三回羽状，小羽片基部深羽裂，上部浅裂或锯齿状 ·············

          ·· 58. 观光鳞毛蕨 **D. tsoongii**

        81. 叶柄及叶轴鳞片宽披针形或窄披针形，全缘或具锯齿。

          83. 叶柄及叶轴鳞片较密或较稀疏 ·················· 59. 京鹤鳞毛蕨 **D. kinkiensis**

          83. 叶柄及叶轴鳞片极密，通常 2 层，完全覆盖叶柄与叶轴。

            84. 叶片无柄或近无柄；叶柄和叶轴鳞片近全缘 （基部偶有 1-2 锯齿）。

              85. 叶轴密被鳞片，羽轴密被泡状鳞片，叶下面疏被毛状鳞片；植株鳞片较密 ·············

··· 60. 高鳞毛蕨 **D. simasakii**

  85. 叶轴鳞片更密，具宽披针形鳞片及窄披针形鳞片；植株密被鳞片 ··················

··· 60(附). 密鳞高鳞毛蕨 **D. simasakii** var. **paleacea**

 84. 羽片具柄；叶柄和叶轴鳞片具疏锯齿 ······························· 61. 阔鳞鳞毛蕨 **D. championii**

75. 叶柄基部鳞片窄披针形或线状披针形，黑或黑棕色；叶柄中部向上至叶轴鳞片稀少或近光滑。

  86. 孢子囊群无盖；羽片对生或近对生，几无柄 ·················· 62. 裸果鳞毛蕨 **D. gymnosora**

  86. 孢子囊群具盖。

   87. 侧生羽片无柄或几无柄；羽轴基部平直伸展，垂直于叶轴。

    88. 羽片基部小羽片略短，与叶轴平行，覆盖叶轴 ·················· 63. 平行鳞毛蕨 **D. indusiata**

    88. 羽片基部小羽片不收缩或稍收缩，下侧小羽片斜展，不平行于及不覆盖叶轴。

     89. 叶片二回羽状；小羽片具锯齿或羽状浅裂，齿尖具芒状刺；叶柄长20-45厘米 ··············

··· 64. 华南鳞毛蕨 **D. tenuicula**

     89. 叶片三回羽状，小羽片深裂至羽状全裂，裂片顶端钝圆或具无刺锯齿；叶柄长40-50厘米 ··········

··· 64(附). 无柄鳞毛蕨 **D. submarginata**

   87. 侧生羽片具短柄；羽轴斜展。

    90. 小羽片矩圆形，基部圆或楔形，顶端圆或截形，上下几等宽。

     91. 叶片三角形，基部1对羽片最长；小羽片圆钝头 ·················· 65. 三角鳞毛蕨 **D. subtriangularis**

     91. 叶片三角状卵形，叶片基部2-3对羽片等长；小羽片顶端圆头或截头，具尖齿 ················

·· 66. 阿萨姆鳞毛蕨 **D. assamensis**

    90. 小羽片披针形或卵状披针形，基部最宽，短尖头或钝圆尖，羽状浅裂至羽状深裂。

     92. 小羽片基部心形，柄长2-3毫米。

      93. 羽轴基部密被黑色披针形鳞片；孢子囊群着生小羽片主脉和叶缘间 ··················

··· 67. 羽裂鳞毛蕨 **D. integriloba**

      93. 羽轴基部疏被暗棕色披针形鳞片；孢子囊群近小羽片主脉着生 ·····················

··· 67(附). 大明鳞毛蕨 **D. tahmingensis**

     92. 小羽片基部圆或截形，具短柄或无柄。

      94. 叶片基部羽片基部下侧小羽片羽状浅裂至半裂，比上侧的小羽片长约1倍；叶柄基部鳞片披针形，

       褐棕色或基部黑色 ································· 68. 假稀羽鳞毛蕨 **D. pseudosparsa**

      94. 叶片基部羽片基部下侧小羽片羽状深裂至羽状全裂，比上侧的小羽片长2-3倍；叶柄基部鳞片线

       状披针形，黑色 ····························· 68(附). 齿头鳞毛蕨 **D. labordei**

73. 叶片二至三回羽状；叶片五角状卵形，基部羽片的基部下侧小羽片呈燕尾状。

 95. 叶片基部1对小羽片的羽柄长3-4厘米 ······················ 69. 德化鳞毛蕨 **D. dehuaensis**

 95. 叶片基部1对小羽片的羽柄长1厘米以下。

  96. 叶片五角状卵形、卵圆形，长宽几相等；三回羽状，末回小羽片羽状深裂。

   97. 叶柄鳞片淡褐色；羽片和小羽片的羽柄较长 ·················· 70. 黑水鳞毛蕨 **D. amurensis**

   97. 叶柄鳞片栗色；羽片和小羽片近无柄 ······················ 71. 台湾鳞毛蕨 **D. formosana**

  96. 叶片卵状披针形，二至三回羽状，末回小羽片全缘或羽裂。

   98. 根茎顶端连同叶柄基部鳞片均黑或近黑色 ·················· 72. 太平鳞毛蕨 **D. pacifica**

   98. 根茎顶端连同叶柄基部鳞片棕色、暗棕色或二色。

    99. 根茎顶端及叶柄基部鳞片棕或暗棕色，鳞片顶端毛发状或长钻状。

     100. 叶片二回羽裂，短渐尖头；孢子囊群大，在羽轴两侧各1行 ············ 73. 假异鳞毛蕨 **D. immixta**

     100. 叶片二至三回羽状全裂，渐尖头；孢子囊群小，在羽轴两侧排成不规则多行 ··················

1. **大平鳞毛蕨** 大羽鳞毛蕨   图 669

Dryopteris bodinieri (Christ) C. Chr. Ind. Fil. 254. 1905.

Aspidium bodinieri Christ in Bull. Acad. Geogr. Bot. 11: 248. cum fig. 1902.

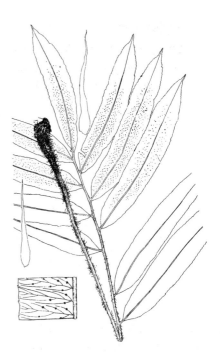

植株高达 1.5 米。根茎粗壮，横卧，密被宽披针形、棕或褐棕色全缘鳞片。叶簇生；叶柄长 30-50 厘米，禾秆色，有纵沟，基部密被与根茎相似鳞片，向上直达叶轴，被窄披针形、先端毛发状鳞片；叶片长圆状披针形，长 0.6-1 米，宽 32-48 厘米，奇数一回羽状，羽片 6-12 对，互生，长圆状披针形，长 16-28 厘米，中部宽 2.5-4（-6）厘米，具短柄，上部的与叶轴合生，具缺刻状锯齿，顶端羽片与侧生的同形，较小，有柄；叶干后黄绿色，纸质，两面光滑；羽轴上面有纵沟，下面隆起，疏生纤维状鳞片；叶脉羽状，每组侧脉有小脉 4-5 对，多伸达叶缘。孢子囊群圆形，多数着生下部 3 对小脉中下部，在羽轴两侧各排成不规则 5-6 行；囊群盖小，圆肾形，早落。

图 669 大平鳞毛蕨 （杨建昆绘）

产湖南、广西、贵州、四川及云南东南部，生于海拔 500-1800 米密林下或灌丛中。

2. **奇羽鳞毛蕨** 奇数鳞毛蕨   图 670

Dryoteris sieboldii (van Houtte ex Mett.) O. Kuntze. Rev. Gen. Pl. 2: 813. 1891.

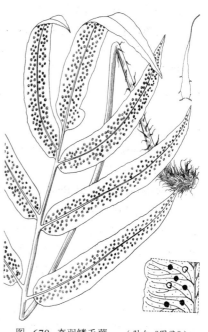

Aspidium sieboldii van Houtte ex Mett. Fil. Hort. Bot. Lips. 87. t. 20: 1-4. 1856.

植株高 0.4-1 米。根茎粗短，直立，连同叶柄下部密被淡棕色、全缘披针形鳞片。叶柄长 20-60 厘米，深禾秆色，中部以上近光滑；叶片长 16-40 厘米，宽 15-32 厘米，长圆形或三角状卵

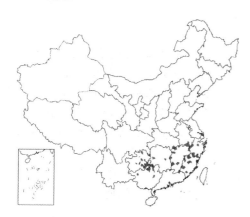

图 670 奇羽鳞毛蕨 （引自《图鉴》）

形，奇数一回羽状，侧生羽片1-4对，长12-25厘米，宽1.8-5厘米，宽披针形或长圆状披针形，有短柄，全缘或具缺刻状锯齿，顶生羽片与侧生的同形，稍大，有长柄，叶脉羽状分叉，每组有4-6小脉，基部上侧1条稍短，均伸达叶缘；叶厚革质，干后褐绿色，上面光滑，下面偶有纤维状小鳞片。孢子囊群圆形，着生小脉中部稍下，在羽轴两侧各排成不规则3-4行，近叶缘不育；囊群盖圆肾

形，全缘，宿存。

产安徽、浙江、福建、江西、湖北、湖南、广东、香港、广西及贵州，生于海拔400-1500米山坡密林下、溪边、灌丛中。日本有分布。常栽培供观赏。

3. 宜昌鳞毛蕨 顶羽鳞毛蕨 图671

Dryopteris enneaphylla (Baker) C. Chr. Ind. Fil. 263. 1905.

Nephrodium enneaphyllum Baker in Journ. Bot. 1887: 170. 1887.

植株高0.5-1米。根茎粗短，直立，连同叶柄下部密被黑褐或棕色披针形鳞片。叶簇生；叶柄长20-60厘米，深禾秆色，中部以上近光滑；叶片长25-40厘米，宽约30厘米，三角状长方形，奇数一回羽状，侧生羽片3-4 (-7) 对，长15-20厘米，宽2.5-3.5 (-6) 厘米，宽披针形或长圆状披针形，基部的有柄，顶生羽片与侧生的同形，稍小，基部有耳状大裂片，羽片具粗锯齿或浅裂；叶脉羽状分叉，每组有4-6小脉，基部上侧1条较短，余均伸达叶缘；叶厚纸质，干后褐绿色，上面光滑，下面偶有纤维状小鳞片。孢子囊群圆形，生于小脉中下部，在羽轴两侧排成不整齐3-4行，近叶缘不育；囊群盖圆肾形，全缘。

产浙江、台湾及湖北，生于海拔550-700米林下阴湿处。

[附] 柄叶鳞毛蕨 Dryopteris podophylla (Hook.) O. Ktze. Rev. Pl. 2: 813. 1891.——*Aspidium podophylla* Hook. in Journ. Bot. Kew. Misc. 5: 236. t. 1. 1853. 本种与宜昌鳞毛蕨的主要区别：叶柄坚硬，基部鳞片黑或褐色，线状披针形；侧生羽片宽2-2.5厘米，薄革质，向基部多少变

图 671 宜昌鳞毛蕨
（引自《中国蕨类植物图谱》）

窄。产福建、广东、海南、广西及云南，生于海拔700-1500米林下溪边。

4. 无盖鳞毛蕨 图672

Dryopteris scottii (Bedd.) Ching ex C. Chr. in Bull. Dep. Biol. Sun. Yatsen Unv. 6: 3. 1933.

Polypodium scottii Bedd., Fern. Brit. Ind. 2: 345. pl. 345. 1870.

植株高50-80厘米。根茎粗短，直立，连同叶柄下部密被黑褐色、披针形、具疏齿鳞片。叶簇生；叶柄长18-35厘米，禾秆色，中部向上达叶轴疏生钻状披针形具齿小鳞片；叶片长25-45厘米，宽15-25厘米，长圆形或三角状卵形，羽裂渐尖头，基部不或略变窄；一回羽状，羽片10-16对，长6-14厘米，宽1.5-3厘米，披针形或长圆状披针形，有短柄或近无柄，有前伸波状圆齿；叶脉羽状分枝，每组3-7小脉；叶薄草质，干后褐绿色，上面光滑，下面沿

羽轴和侧脉有1-2纤维状小鳞片，沿叶轴下面疏生边缘具齿、黑褐或褐棕色线状披针形鳞片。孢子囊群圆形，着生小脉中下部，在羽轴两侧各排成波状不整齐2-3 (4) 行，无盖。

产江苏、安徽、浙江、台湾、福建、江西、湖南、广东、香港、

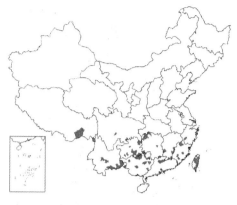

海南、广西、四川、贵州、云南及西藏，生于海拔 500-2200 米密林下、溪边、灌丛中。不丹、印度、缅甸、泰国、越南及日本有分布。

[附] **两广鳞毛蕨**
Dryopteris liangkwangensis Ching, Icon. Fil. Sin. 4: t. 180. 1937. 本种与无盖鳞毛蕨的主要区别：侧生羽片达 20 对；叶柄和叶轴密被深棕或褐棕色宽披针形鳞片。产广西及云南，生于海拔 600-1700 米阔叶林下沟边。

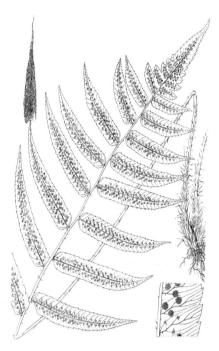

图 672 无盖鳞毛蕨 （引自《图鉴》）

5. 边生鳞毛蕨 图 673

Dryopteris handeliana C. Chr. Dansk Bot. Arkiv 9: 62. pl. 6. f. 5-6. 1937.

植株高 35-74 厘米。根茎直立或斜升，连同叶柄基部密被棕色、披针形全缘鳞片。叶簇生；

叶柄长 10-29 厘米，禾秆色，疏被棕色、披针形全缘鳞片；叶片长圆状披针形，长 20-45 厘米，宽 9-18 厘米，先端羽裂尾状，基部略窄，一回羽状，羽片 15-20 对，互生，平展，接近，披针形，长 5-8 厘米，宽约 1.5 厘米，具缺刻状锯齿，锯齿先端具鸟喙状刺尖；叶坚纸质，干后淡绿色，两面光滑，沿叶轴和羽轴疏被小鳞片；叶脉羽状，不分叉，1 条伸达缺刻，余伸达叶缘，上面凹陷，下面突起，两面均明显。孢子囊群圆形，靠叶缘着生，排成不规则 1-2 行；囊群盖小，圆肾形，棕色。

产浙江、湖北、湖南、贵州、四川及云南，生于海拔 850-1520 米山坡阴处、密林下。日本有分布。可栽培供观赏。

6. 黑鳞远轴鳞毛蕨 图 674

Dryopteris namegatae (Kurata) Kurata in Journ. Geobot. 17: 87. 1969.

Dryopteris dickinsii (Franch. et Sav.) Kurata var. *namegatae* Kurata in Journ. Geobot. 7: 115. 1959.

植株高 25-80 厘米。根茎短而直立，密被褐棕色宽披针形鳞片。叶簇生；叶柄长 12-35 厘米，禾秆色，连同叶轴被黑色披针形或窄披针形、具刺齿鳞片；叶片长圆状披针形，长 15-45 厘米，中部宽 12-18 厘米，羽裂短尖头，基部略窄，一回羽状，羽片 15-30 对，互生，平展，披针形，中部的长 6-9 厘米，宽 1.1-1.4 厘米，近无柄，具粗齿，下部

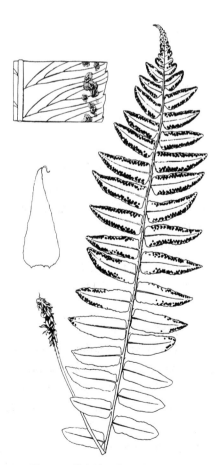

图 673 边生鳞毛蕨 （杨建昆绘）

数对羽片稍短；叶脉羽状，侧脉不分叉，下面隆起，上面凹陷，伸达叶缘；叶纸质，主脉下面疏被黑色小鳞片。孢子囊群圆形，着生小脉中上部，在主脉两侧各排成不整齐 2-3 行，近叶缘；囊群盖小，圆肾形，棕色，全缘。

产甘肃、浙江、江西、湖南、贵州、四川及云南，生于海拔 400-1200 米林下。日本有分布。

7. 远轴鳞毛蕨　　图 675

Dryopteris dickinsii (Franch. et Sav.) C. Chr. Ind. Fil. 262. 1905.

Aspidium dickinsii Franch. et Sav. Enum. Pl. Jap. 2: 236. 1879.

植株高 43-98 厘米。根茎短而直立，密被棕色披针形鳞片。叶簇生；叶柄长 15-30 厘米，禾秆色或褐色，基部被宽披针形鳞片，向上疏被小鳞片；叶片长圆状披针形，长 27-68 厘米，宽 12-22 厘米，羽裂渐尖头，基部略窄，一回羽状，羽片 18-25 对，互生，有短柄，披针形，中部的长 6-12 厘米，宽 1.5-2.5 厘米，具短柄，具粗齿或羽裂达 1/3，下部数对羽片略短；叶脉羽

图 674 黑鳞远轴鳞毛蕨 （孙英宝绘）

状，侧脉每组 3-5 条，除基部上侧 1 条外，均伸达叶缘；叶厚纸质或纸质，叶轴和羽轴下面疏被褐色小鳞片。孢子囊群圆形，着生小脉中部以上或近顶端，主脉两侧各排成不整齐 2-3 行，近叶缘；囊群盖圆肾形，全缘。

产河南、陕西、安徽、浙江、福建、江西、湖北、湖南、广西、贵州、四川、云南及西藏，生于海拔 700-2750 米山坡或山谷常绿阔叶林下。印度和日本有分布。

8. 桫椤鳞毛蕨　　图 676

Dryopteris cycadina (Franch. et Sav.) C. Chr. Ind. Fil. 260. 1905.

Aspidium cycadinum Franch. et Sav. Enum. Pl. Jap. 2: 236. 1877.

植株高 30-93 厘米。根茎粗短，直立，连同叶柄基部被黑褐色、具睫毛窄长披针形鳞片。叶簇生；叶柄长 10-41 厘米，深紫褐色，基部以上疏被同样鳞片；叶片披针形或椭圆状披针形，20-52 厘米，中部宽 8-18 厘米，羽裂渐尖头，基部稍窄缩，一回羽状半裂或深裂，羽片 12-24 对，互生，镰刀状披针形，几无柄，下部数对略缩短，

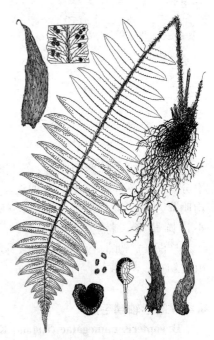

图 675 远轴鳞毛蕨
（孙英宝仿《Ogata, Ic. Fil. Jap.》）

并反折，中部羽片长 4-9 厘米，宽 1.2-4 厘米，渐尖头，基部圆截形，羽状半裂至深裂，裂片近长方形，顶端圆截，具疏锯齿，叶

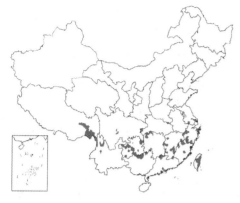

脉羽状，侧脉单一；叶薄纸质，两面近光滑，羽轴下面偶有小鳞片，叶轴密被黑褐色、具睫毛线状小鳞片。孢子囊群小，圆形，着生小脉中部，散生主脉两侧；囊群盖圆肾形，全缘。

产河南、江苏、浙江、台湾、福建、江西、湖北、湖南、广东、广西、贵州、四川、云南及西藏，生于海拔 850-3200 米林缘、溪边及田边阴处。日本有分布。

9. 暗鳞鳞毛蕨 图 677

Dryopteris atrata (Kunze) Ching in Sinensia 3: 326. 1933.

Aspidium atratum Kunze in Linnaea 24: 279. 1851.

植株高 50-60 厘米。根茎短而直立，密被披针形大鳞片。叶簇

生；叶柄长 20-30 厘米，禾秆色，基部密被黑褐色披针形鳞片，向上达叶轴密被黑褐色、具疏缘毛线状或钻状鳞片；叶片披针形或宽披针形，长达 30 厘米，中部宽约 15 厘米，尾状羽裂渐尖头，基部不窄，一回羽状；羽片约 20 对，互生，披针形，中部的长 8-10 厘米，宽 1.2-1.5 厘米，近无柄，具粗锯齿或

浅羽裂，叶脉羽状，侧脉单一；叶纸质，下面沿羽轴和叶脉疏生黑褐色小鳞片。孢子囊群圆形，着生小脉中部，密被主脉两侧；囊群盖小，圆肾形。

产河南、甘肃、江苏、安徽、台湾、湖南、广西及云南，生于海拔 500-2000 米常绿阔叶林下。尼泊尔、不丹、印度、斯里兰卡、缅甸、泰国及中南半岛有分布。

10. 混淆鳞毛蕨 图 678

Dryopteris commixta Tagawa in Acta Phytotax. Geobot. 2: 190. 1933.

植株高 50-70 厘米。根茎横卧，连同叶柄基部密被黑或褐棕色、近全缘线状披针形鳞片。叶近生；叶柄长约 25 厘米，禾秆色，基部以上疏被根茎同样鳞片；叶片披针形或椭圆状披针形，长 35-45 厘米，中部宽约 20 厘米，羽裂长渐尖头，基部稍窄缩，二回羽裂，羽片 15-20 对，披针形，中部的长约 10 厘米，宽约 1.2 厘米，无柄或柄极短，羽状浅裂，下部数对羽片略短，反折，基部 1 对长 6-

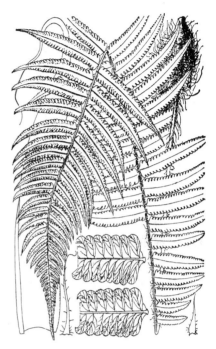

图 676 桫椤鳞毛蕨 （引自《江西植物志》）

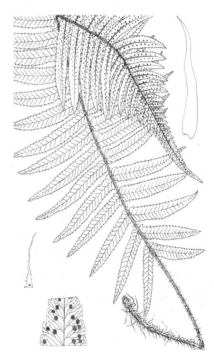

图 677 暗鳞鳞毛蕨 （引自《图鉴》）

7 厘米，裂片顶端全缘或鸟喙状，顶生几个齿牙；叶脉羽状，小脉单一；叶纸质，上面近光滑，下面沿侧脉疏被纤维状小鳞片，叶

轴密被褐棕色、边缘具缘毛线状鳞片。孢子囊群小而圆形，着生小脉中上部，不整齐散生羽轴两侧；囊群盖小，圆肾形，膜质，全缘，早落。

产浙江、福建、江西、广西、四川及云南，生于海拔约400米林下阴处。日本有分布。

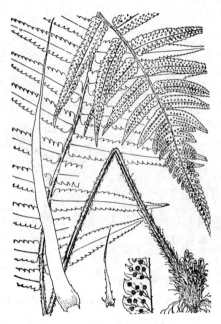

图 678 混淆鳞毛蕨
（引自《江西植物志》）

11. 狭鳞鳞毛蕨　　　　　　　　　图 679

Dryopteris stenolepis (Baker) C. Chr. Ind. Fil. 294. 1905.

Polypodium stenolepis Baker in Kew Bull. 1898: 231. 1898.

植株高 0.8-1.1 米。根茎直立或斜升，顶端密被浅棕色、线状披针形或宽披针形鳞片。叶簇生；叶柄长 33-43 厘米，基部灰棕色，向上连同叶轴浅棕色，密被褐棕或黑褐色、披针形鳞片；叶片长圆状披针形，长 51-70 厘米，宽 22-29 厘米，一回羽状，羽片 25-40 对，下部的对生，窄披针形，长 11-15 厘米，宽 1.2-2 厘米，具粗齿或浅裂；叶近纸质，上面近光滑，下面沿羽轴被黑褐色、具齿钻状小鳞片，叶脉羽状，侧脉单一，明显。孢子囊群近羽轴着生，每侧各有 2-4 行；囊群盖小，棕色，膜质，易脱落。

产甘肃南部、广西部、贵州、四川、云南及西藏，生于海拔700-2200 米山坡、溪边密林下。不丹及印度有分布。

　　[附] **密鳞鳞毛蕨 Dryopteris pycnopteroides** (Christ) C. Chr. Ind. Fil. Suppl. 1: 38. 1913. —— *Aspidium pycnopteroides* Christ in Bull. Acad. Int. Geogr. Bot. 1906: 116. 1906. 本种与狭鳞鳞毛蕨的主要区别：叶柄被棕色鳞片。产湖北、四川、贵州、云南西北部及东北部，生于海拔 1800-2800 米沟边林下。

12. 陇蜀鳞毛蕨　西藏鳞毛蕨　　　　图 680

Dryopreis thibetica (Fanch.) C. Chr. Ind. Fil. 298. 1905.

Aspidium thibeticum Franch. in Nouv. Arch. Mus. Hist. Nat. ser. 2, 10: 118. 1887.

植株高 0.5-1.2 米。根茎短，直立或斜升，顶端密被黑褐色披针形鳞片。叶簇生；叶柄长 16-30 厘米，棕或褐色，连同叶轴密被褐

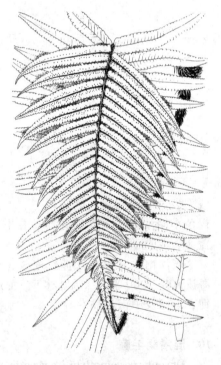

图 679 狭鳞鳞毛蕨 （孙英宝绘）

色、具睫毛披针形鳞片；叶片长圆状披针形，长 38-85 厘米，中部宽 16-26 厘米，向下稍窄，一回羽状，羽片 18-30 对，披针形，

长 10-17 厘米，宽 1.5-3 厘米，几无柄，羽轴半裂，裂片 7-9 对，宽三角形，分开，圆钝头，近全缘，具软骨质窄边；叶干后褐绿色，草质或纸质，上面近光滑，下面沿羽轴被棕色、边缘睫毛状披针形鳞片。孢子囊群圆形，每裂片 5-7 对，近边缘着生，常"V"字形排列；囊群盖圆肾形，棕色，易脱落。

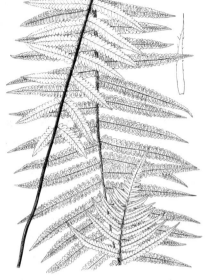

图 680 陇蜀鳞毛蕨 （孙英宝绘）

产甘肃、湖北、贵州、四川及云南，生于海拔 1800-2780 米山坡林下或石缝中。

13. 路南鳞毛蕨 图 681

Dryopteris lunanensis (Christ) C. Chr. Ind. Fil. 276. 1905.

Aspidium lunanensis Christ in Bull. Herb. Boissier 6: 266. 1898.

植株高 42-80 厘米。根茎短而直立，密被黑褐色披针形鳞片。叶簇生；叶柄长约 32 厘米，连同叶轴密被黑褐色线状披针形鳞片；叶片长卵形，长约 48 厘米，中部宽达 30 厘米，一回羽状，羽片约 18 对，互生，几无柄，披针形，长约 16 厘米，宽约 2.4 厘米，向基部略窄，羽状半裂；裂片长方形，长约 7 毫米，宽约 5 毫米，顶部有尖锯齿；叶脉羽状，侧脉单一，基部上侧 1 条不伸达缺刻；叶草质，上面几光滑，下面沿羽轴被黑色披针形小鳞片。孢子囊群背生侧脉，在主脉两侧各排成 1 行；囊群盖棕色，膜质，脱落。

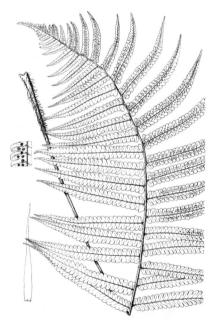

图 681 路南鳞毛蕨 （孙英宝绘）

产甘肃、贵州、四川及云南，生于海拔 900-1500 米林下、山谷沟边。日本有分布。

14. 连合鳞毛蕨 图 682

Dryopteris conjugata Ching in Bull. Fan Mem. Inst. Biol. Bot. 11:63. 1941.

植株高 0.8-1.2 米。根茎横卧，密被红棕色、披针形或线状披针形鳞片。叶近生；叶柄长 20-35 厘米，深禾秆色，密被褐棕色毛发状全缘鳞片；叶片披针形，长 60-70 厘米，中部宽约 28 厘米，羽裂渐尖头，一回羽状半裂，羽片 30-40 对，披针形，长约 14 厘米，中部最宽达 2 厘米，向基部略宽，无柄，羽裂达羽轴中部；叶薄纸质，干后上面暗

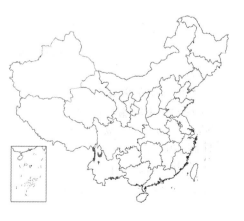

栗色，下面绿棕色，两面光滑，沿叶轴密被棕色线状披针形鳞片，沿羽轴被棕色线状钻形鳞片；叶脉羽状，侧脉单一或分叉，下面隆起。孢子囊群圆形，每裂片2-3对，着生裂片中下部，近羽轴；囊群盖圆肾形，质薄，易脱落。

产云南，生于海拔1100-2300米常绿阔叶林下。尼泊尔及印度有分布。

[附] **细鳞鳞毛蕨 Dryopteris microlepis** (Baker) C. Chr. Ind. Fil. Suppl. 1: 36. 1913.—— *Nephrodium microlepis* Baker in Kew Bull. 1906: 10. 1906. 本种与连合鳞毛蕨的主要区别：叶柄和叶轴鳞片细钻形。产贵州及云南，生于海拔165-1300米常绿阔叶林下或河谷。

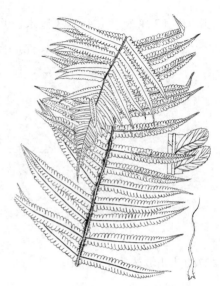

图 682 连合鳞毛蕨 （杨建昆绘）

15. 大果鳞毛蕨 　　　　　　　　　　图 683

Dryopteris panda (C. B. Clarke) Christ in Bull. Acad. Int. Geogr. Bot. 20: 176. 1909.

Nephrodium filis-mas (Linn.) Rich. var. *panda* C. B. Clarke in Trans. Linn. Soc. ser. 2, Bot. 1: 519. pl. 68. f. 1. 1880.

植株高40-80厘米。根茎横卧或斜升，被褐棕色卵圆形鳞片。叶

近生或簇生；叶柄长20-30厘米，禾秆色，基部贴生褐棕或褐色卵圆形鳞片，向上近光滑，或偶有贴生鳞片，羽片卵圆状披针形或披针形，长20-50厘米，中部宽20-25厘米，一回羽状，羽片8-18对，披针形，长5-9（-14）厘米，宽1.1-2（-4）厘米，具短柄，下部几对羽片常变宽，羽状半裂或深裂，裂片10-15对，近长方形，具三角状锯齿，两侧全缘或缺刻状；叶纸质，干后绿或黄绿色，两面光滑，叶轴和羽轴偶被披针形鳞片；叶脉羽状，单一或分叉，下面隆起。孢子囊群大，生于羽轴两侧，常排成不整齐1行，在裂片或羽片基部裂片有2-3对，近羽轴和主脉；囊群盖圆肾形，棕色，具白色膜质窄边，全包孢子囊群。

产甘肃、贵州、四川、云南及西藏，生于海拔1300-3100米杂木林下或山顶岩缝中。尼泊尔及印度有分布。

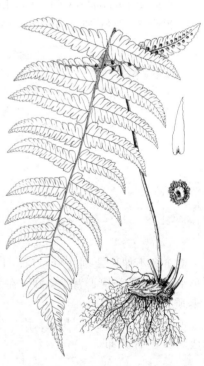

图 683 大果鳞毛蕨 （孙英宝绘）

16. 东京鳞毛蕨 　　　　　　　　　　图 684

Dryopteris tokyoensis (Matsum. ex Makino) C. Chr. Ind. Fil. 298. 1905.

Nephrodium tokyoense Matsum. ex Makino in Bot. Mag. Tokyo 12:87. 1898.

植株高0.9-1.1米。根茎短而直立，顶端密被棕色、宽披针形大鳞片。叶簇生；叶柄长20-25厘米，禾秆色，连同叶轴密被淡棕或褐色宽披针形鳞片；叶片长圆状披针形，长60-85厘米，中部宽12-15厘米，羽裂渐尖头，二回羽状深裂，羽片30-40对，互生，具短柄，窄长披针形，中部的长8-

9.5 厘米，基部宽 1.2-1.6 厘米，深羽裂，下部多对羽片渐短，基部 1 对羽片长约 4 厘米，羽状半裂或深裂，裂片长圆形，圆头具细齿，全缘或有细齿，叶脉羽状，侧脉 2 叉，伸达叶缘；叶纸质，两面光滑，羽轴下面近基部疏被小鳞片。孢子囊群大，圆形，着生小脉中部，在羽轴两侧靠近主脉排成整齐 1 行；囊群盖圆肾形，全缘，宿存。

产浙江、福建、江西、湖北及湖南，生于海拔 1000-1200 米林下湿地或沼泽中。日本有分布。

图 684 东京鳞毛蕨 （引自《浙江植物志》）

17. 细叶鳞毛蕨　岩鳞毛蕨　　图 685

Dryopteris woodsiisora Hayata, Ic. Pl. Formos. 6: 158. 1916.

植株高达 60 厘米。根茎短，直立或斜升，密被棕色、边缘流苏状卵状披针形鳞片。叶簇生；叶柄长（4-）6-20 厘米，禾秆色，下部疏被宽披针形鳞片，向上鳞片变小；叶片卵状披针形或披针形，长（9-）20-50 厘米，宽（3.5-）6-17 厘米，一回羽状深裂，羽片 12-20 对，披针形或卵状披针形，长 2-9 厘米，宽 1.5-2.5 厘米，近无柄或具短柄，基部 1-2 对羽片略短，羽状深裂，小羽片（或裂片） 5-10 对，长圆形或椭圆形，具浅锯齿，叶脉羽状，小脉 2-3 叉；叶纸质，两面被短腺毛，羽轴疏生小鳞片。孢子囊群圆形，背生于小脉，每裂片 1-6 枚，在羽轴两侧离主脉排成多行；囊群盖蚌壳状，淡棕色，全缘，疏被短毛，覆盖孢子囊群，宿存。

产辽宁、山东、台湾、江西、广东、四川及云南，生于岩缝中。不丹、尼泊尔、印度及泰国有分布。

[附] **木里鳞毛蕨 Dryopteris himachalensis** Fraser-Jenkins in Bull. Brit. Mus. Nat. Hist. 18(5): 367. f. 22. 1989. 本种与细叶鳞毛蕨的主要区别：羽片下面无腺毛。产四川西南部及云南西北部，生于海拔 3200-3400 米云、冷杉林中。印度西部有分布。

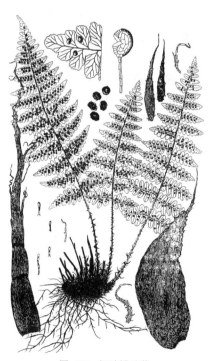

图 685 细叶鳞毛蕨
（孙英宝仿《Ogata, Ic. Fil. Jap.》）

18. 金冠鳞毛蕨　　图 686

Dryopteris chrysocoma (Christ) C. Chr. Ind. Fil. 257. 1905.

Aspidium filix-mas Linn. var. *chrysocoma* Christ in Bull. Herb. Bois-

sier 6: 966. 1898.

植株高 0.3-1.2 米。根茎短而直立，密被亮红棕色、边缘具齿、毛发状披针形鳞片。叶柄长为叶片 1/3-1/2，禾秆色，被卵圆状披针形或线状披针形、淡棕、棕色或黑褐色鳞片，向上至叶轴鳞片渐小；

叶片卵圆状披针形，长 20-80 厘米，宽 10-35 厘米，基部略窄，二回羽状深裂，小羽片（裂片）约 13 对，互生，近四方形，具窄翅与羽轴相连，具圆齿，两侧具缺刻状锯齿，叶脉羽状，多 2 叉；叶坚纸质，褐色，沿羽轴被棕色披针形鳞片。孢子囊群圆肾形，生于裂片中下部侧脉中部，每裂片 3-4 对；囊群盖大，螺壳状，成熟时全包孢子囊群，宿存。

产台湾、贵州、四川、云南及西藏，生于海拔 550-3000 米山坡灌丛下或常绿阔叶林林缘。不丹、尼泊尔、印度北部及缅甸有分布。

[附] **高山金冠鳞毛蕨** 高山鳞毛蕨 **Dryopteris alpicola** Ching et Z. R. Wang in Acta Phytotax. Sin. 23(3): 349. 1985. 本种与金冠鳞毛蕨的主要区别：植株高 20-40 厘米；裂片近全缘。产四川及云南，生于海拔 2800-3400 米草地或云、冷杉林下。

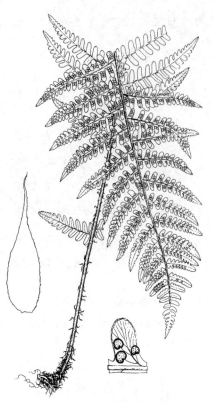

图 686 金冠鳞毛蕨 （杨建昆绘）

19. 黄山鳞毛蕨

Dryopteris huangshanensis Ching in Bull. Fan Mem. Inst. Biol. Bot. 8: 421. 1938.

植株高 60-80 厘米，根茎直立，密被深棕色披针形全缘鳞片。叶

簇生；叶柄长约 20 厘米，禾秆色，被深棕色边缘流苏状披针形或线状披针形鳞片；叶片长 30-40 厘米，中部宽 10-12 厘米，披针形，一回羽状深裂，羽片 20-22 对，披针形，长 5-6 厘米，基部最宽，约 1.2 厘米，下部 3-4 对羽片渐短，裂片约 16 对，长方形，长 5-6 毫米，宽 2-2.5 毫米，平截头，具 3-4 粗

齿，有浅缺刻，常反折，叶干后草质，棕绿色，两面沿羽轴和主脉及叶轴上面边缘被流苏状鳞片，叶脉羽状，不分叉。孢子囊群着生叶片上部裂片顶端，近边缘，每裂片 5-6 对，成熟时孢子囊开裂而突出；囊群盖小，圆肾形，淡褐色，全缘。

产安徽、浙江、福建、江西及湖北，生于海拔 1200-1800 米林下。

[附] **豫陕鳞毛蕨 Dryopteris pulcherrima** Ching in Bull. Fan Mem. Inst. Biol. Bot. 8: 422. 1938. 本种与黄山鳞毛蕨的主要区别：叶柄鳞片褐或黑褐色。产甘肃、陕西、河南、安徽、四川及西藏，生于海拔 1500-2300 米林下或山谷阴湿处。

20. 易贡鳞毛蕨

图 687：1-3

Dryopteris yigongensis Ching, Fl. Xizang 1: 253. f. 60. 1-3. pl. 6: 5-6. 1983.

植株高 40-55 厘米。根茎短而直立，密被红棕色钻状披针形鳞片。

叶簇生；叶柄长 10-14 厘米，暗棕色，基部密被褐棕或近黑色披针形鳞片；叶片长 35-40 厘米，中部宽 15-17 厘米，长圆形，二回羽状，侧生羽片约 25 对，互生，有短柄，下部数对稍短，基部 1 对长 5-6 厘米，中部最长的约 8 厘米，基部宽 1.5-1.8 厘米，披针形，一回羽状；小羽片 14-16 对，近平展，窄长方形，长 0.7-1 厘米，宽约 3.5 毫米，全缘或具齿牙，基部 2 对分离，向上各对基部略合生，叶脉羽状，小羽片的小脉 2-3 叉；叶干后黄绿色，薄纸质，两面疏生棕色鳞毛，沿羽轴下面疏生棕色鳞片，叶轴下面疏生近黑色线状披针形鳞片兼有棕色纤维状鳞毛和小鳞片，脱落后留下棕色痕迹。孢子囊群每裂片 4-5 对，近主脉着生；囊群盖红棕色，纸质，成熟时卷折，宿存。

产贵州、云南东北部及西藏，生于海拔 2500-2600 米林下。印度有分布。

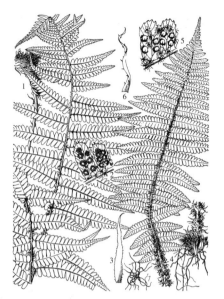

图 687：1-3.易贡鳞毛蕨　4-6.纤维鳞毛蕨
（肖　溶绘）

21. 深裂鳞毛蕨　褐鳞鳞毛蕨　　　　　图 688

Dryopteris incisolobata Ching, Fl. Xizang. 1: 249. 1983.

植株高 70-80 厘米。根茎直立，密被棕色披针形鳞片。叶簇生；叶柄长 15-25 厘米，密被鳞片或纤维状鳞毛，鳞片披针形或长圆状披针形，褐色，具齿，先端钻状；叶片长圆状披针形，长 50-60 厘米，中部宽 15-20 厘米，二回羽状深裂，羽片约 30 对，披针形，中部羽片长达 10 厘米，宽约 2.5 厘米，羽状深裂，小羽片（裂片）约 15 对，椭圆形，长约 1 厘米，宽 4-5 毫米，疏具三角状齿牙，两侧边缘锐裂达 1/3-1/2；叶干后纸质，上面绿色，下面黄绿色，叶脉不显；叶轴混生黑褐色窄披针形鳞片和棕色纤维状鳞毛。孢子囊群圆形，每小羽片（裂片）5 对，在主脉和叶缘间排成整齐 1 行；囊群盖圆肾形，纸质，红棕色。

产陕西、四川西南部、云南西北部及西藏，生于海拔 2800-3700 米冷杉林下。

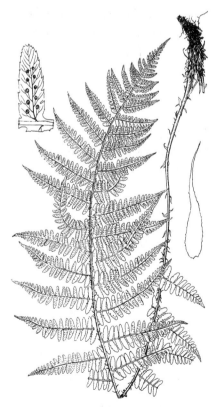

图 688　深裂鳞毛蕨　（杨建昆绘）

22. 纤维鳞毛蕨　　　　　图 687：4-6　图 689

Dryopteris sinofibrillosa Ching in Bull. Fan Mem. Inst. Biol. Bot. 10: 180. 1940.

植株高 40-70 厘米。根茎直立，

密被深棕色、钻状、具齿披针形鳞片。叶簇生；叶柄长 10-15 厘米，基部密被黑褐色、钻状扭曲窄披针形鳞片；叶片披针形，羽裂渐尖头，

长 30-55 厘米，中部宽约 15 厘米，二回羽状，侧生羽片约 25 对，互生或近对生，披针形，几无柄，中部的长约 7 厘米，宽约 1.5 厘米，下部数对稍短，基部 1 对长 3 厘米，羽状深裂，小羽片 14-16 对，长约 1 厘米，宽 3-4 毫米，长圆形，略具钝齿牙或波状，两侧近全缘，略反折；叶干后薄纸质，棕黄色；叶脉羽状，2 叉，羽片下面具淡棕色鳞片，上面近光滑，叶轴下面被褐色鳞片，上部被棕色纤维状鳞毛，羽轴下面疏被鳞片。孢子囊群圆形，着生叶缘与主脉间；囊群盖圆肾形。染色体 n=82。

产四川、云南及西藏，生于海拔 2800-4000 米针叶林下。尼泊尔、印度北部、巴基斯坦及克什米尔地区有分布。

[附] **藏布鳞毛蕨 Dryopteris redactopinnata** S. K. Basu et Panigr. in India Journ. For. 3(3): 270. 1980. 本种与纤维鳞毛蕨的主要区别：叶柄和叶轴鳞片不扭曲，叶轴鳞片棕或淡棕色。产四川、云南及西藏东南部，生于海拔 3200-3800 米云、冷杉林下。巴基斯坦、印度、东喜马拉雅有分布。

图 689 纤维鳞毛蕨 （杨建昆绘）

23. 黑鳞鳞毛蕨
图 690 彩片 109

Dryopteris lepidopoda Hayata, Ic. Pl. Formos. 4: 161. t. 101. 1914.

植株高 44-90 厘米。根茎粗壮，直立或斜升，密被披针形全缘鳞片。叶簇生；叶柄长 15-30 厘米，禾秆色，基部被黑或褐棕色线状披针形、具毛发状鳞片；叶片卵圆状披针形或披针形，长 25-34 厘米，宽 13-17 厘米，羽裂渐尖头，二

回羽状深裂，侧生羽片 14-20 对，互生，窄长圆状披针形，有短柄，中部的长 10-14 厘米，基部最宽 1.7-3 厘米，羽状深裂，裂片 15-20 对，圆

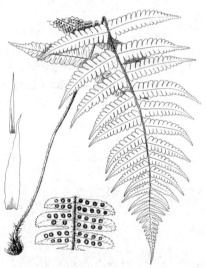

图 690 黑鳞鳞毛蕨 （孙英宝绘）

钝头，疏具三角状齿牙，边缘具缺刻状锯齿；叶干后淡绿色，纸质，沿叶轴及羽轴下面被黑色线状披针形鳞片；叶脉羽状，分叉。孢子囊群圆形，每裂片 4-6 对，着生叶缘与主脉间，稍近主脉；囊群盖圆肾形，棕色，脱落。

产台湾、贵州、四川、云南及西藏，生于海拔 1500-2500 米阔叶林下、路边灌丛中、山谷沟边。不丹、尼泊尔及印度西北部有分布。

24. 欧洲鳞毛蕨
图 691

Dryopteris filix-mas (Linn) Schott, Gen. Fil. t. 9. 1834.

Polypodium filix-mas Linn. Sp. Pl. 1090. 1753.

植株高 0.5-1.2 米。根茎横卧，顶端密被淡棕色卵圆状披针形或披针形、毛发状全缘鳞片。叶簇生；叶柄长 20-30 厘米，深禾秆色，连同叶轴疏被淡棕色流苏状窄披针形鳞片和纤维状鳞毛；叶片长圆状披针形，长 50-60 厘米，中部宽 15-25 厘米，羽裂渐尖头，二回羽状，羽片约 28 对，披针形，具短柄，长 12（-15）厘米，宽 1.5（-2.5）厘米，基部几对羽片短，长为中部羽片 2/3，羽状分裂；小羽片 18-19 对，长

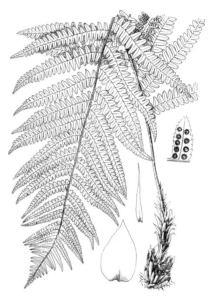

图 691 欧洲鳞毛蕨 （孙英宝绘）

1-1.5 厘米，宽约 5 毫米，长圆形，具缺刻状锯齿，基部与羽轴合生；叶干后淡绿色，纸质，叶脉羽状，2 叉，每小羽片 6-7 对，不显，沿羽轴下面疏被纤维状鳞毛，余光滑。孢子囊群着生主脉两侧，近羽轴，每小羽片 3-4 对；囊群盖圆肾形，纸质，淡褐色，具缺刻，宿存。

产新疆，生于海拔 1500-1900 米山地针叶林下或河边，成群落分布。欧洲、美洲、中亚及北温带有分布。

[附] **东北亚鳞毛蕨 Dryopteris coreano-montana** Nakai in Bot. Mag. Tokyo 35: 132. 1921. 本种与欧洲鳞毛蕨的主要区别：叶草质；羽片宽 2-3 厘米，裂片钝尖头；孢子囊群及囊群盖均较小。产黑龙江及吉林，生于草甸湿地。俄罗斯远东地区、朝鲜半岛及日本有分布。

25. 大羽鳞毛蕨

图 692

Dryopteris wallichiana (Spreng.) Hylander in Bot. Not. 1953: 352. 1953.

Aspidium wallichianum Spreng. Syn. Veg. ed. 16, 4(1): 104. 1827.

植株高达 1.4 米。根茎粗壮直立，密被褐棕或褐色窄披针形全缘鳞片。叶簇生；叶柄长约 30 厘米，禾秆色，基部密被棕或褐棕色毛发状披针形鳞片；叶片卵圆状披针形，长 0.6-1 米，宽 17-28 厘米，羽裂渐尖头，二回羽状深裂，侧生羽片 25-30 对，互生；中部羽片长 12-14 厘米，披针形，基部最宽 2.5-3 厘米，具短柄，羽状深裂，裂片 13-22 对，疏具

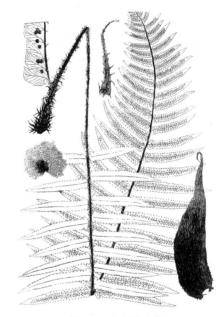

图 692 大羽鳞毛蕨
（孙英宝仿《Ogata, Ic. Fil. Jap.》）

孢子囊群圆形，每裂片 4-6 对，生于主脉与叶缘间，近主脉；囊群盖圆肾形，棕色。

产陕西、台湾、福建、江西、湖北、湖南、贵州、四川、云南及西藏，生于海拔 1500-3600 米铁杉林、云杉林下。尼泊尔、印度、缅甸、马来西亚及日本有分布。

三角形齿牙，侧边近全缘或疏具缺刻，有软骨质窄边；叶干后淡绿色，薄革质，沿叶轴被褐棕或棕色披针形或线状披针形鳞片，沿羽轴被棕色、线状鳞片和纤维状鳞毛；叶脉羽状，分叉，脉端具水囊。

26. 粗茎鳞毛蕨

图 693 彩片 110

Dryopteris crassirhizoma Nakai, Cat. Sem. Spor. Hort. Univ. Imp. Tokyo 32. 1920.

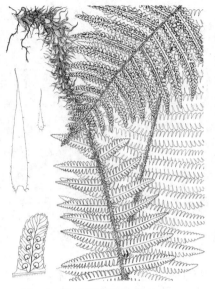

植株高达1米。根茎粗壮，直立或斜升，连同叶柄密被淡褐或栗棕色、边缘具刺、卵状披针形或窄披针形鳞片，向上为线形或钻形而扭曲窄披针形鳞片。叶簇生；叶柄深禾秆色，短于叶片；叶片长圆形或倒披针形，长0.5-1.2米，宽15-30厘米，二回羽状深裂，羽片30对以上，无柄，线状披针形，下部羽片缩短，中部稍上的长8-15厘米，宽1.5-3厘米，向两端

渐短，羽状深裂，裂片长圆形，宽2-5毫米，基部与羽轴合生，全缘或具浅钝齿；叶脉羽状，侧脉分叉，偶单一；叶厚草质或纸质，下面淡绿色，沿羽轴具鳞片，裂片两面散生扭卷鳞片和鳞毛。孢子囊群圆形，着生叶片上部1/3-1/2小脉中下部，每裂片1-4对；囊群盖圆肾形或马蹄形，近全缘，棕色，成熟时不完全覆盖孢子囊群。孢子具周壁。

图 693 粗茎鳞毛蕨 （引自《图鉴》）

产黑龙江、吉林、辽宁、河北、山西、河南及宁夏，生于山地林下。俄罗斯远东地区、朝鲜半岛及日本有分布。根茎及叶柄残基入药，可清热解毒，活血散瘀。

27. 川西鳞毛蕨

图 694

Dryopteris rosthornii (Diels) C. Chr. Ind. Fil. 289. 1905.

Nephrodium rosthornii Diels in Engl. Bot. Jarb. 29: 190. 1900.

植株高0.6-1.2米。根茎粗壮直立，密被黑或褐棕色线状披针形鳞片。

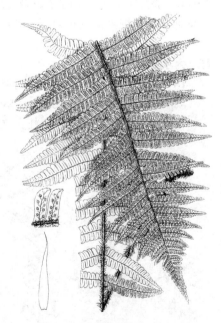

叶簇生；叶柄长10-25厘米，禾秆色，基部密被深棕色宽披针形鳞片，向上连同叶轴被黑褐色线状披针形和线形具锯齿鳞片；叶片椭圆状披针形，长0.5-1米，中上部宽16-26厘米，二回羽状，羽片20-25对，宽披针形，中部的长8-14厘米，宽1.5-2.5厘米，有短柄，羽状深裂几达羽轴；裂片约15对，长圆形，长约

1.2厘米，宽约4毫米，疏具锯齿；叶草质，羽轴上面疏被棕色鳞毛，下面被黑褐色线状披针形鳞片；叶脉羽状，2叉，基部上侧1条侧脉单一。孢子囊群圆形，着生叶片上半部主脉与叶缘间，每裂片2-6对；囊群盖圆肾形，棕色，宿存。

产陕西、甘肃、湖北、湖南、贵州、四川及云南，生于海拔1500-2450米阔叶林下或林缘。

图 694 川西鳞毛蕨 （孙英宝绘）

[附] **近川西鳞毛蕨** 新川西鳞毛蕨 **Dryopteris neorosthornii** Ching in Bull. Fan Mem. Inst. Biol. Bot. 11: 62.

1941. 本种与川西鳞毛蕨的主要区别: 根茎顶端鳞片棕色; 叶轴鳞片棕或栗黑色。产四川、云南及西藏, 生于海拔 1500-3100 米林下。尼泊尔、不丹及印度有分布。

28. 多鳞鳞毛蕨　　　　　　　　　　　　　　　　图 695

Dryopteris barbigera (T. Moore et Hook.) O. Kuntze, Rev. Pl. 2: 812. 1891.

Nephrodium barbigerum T. Moore et Hook. Sp. Fil. 4: 113. 1862.

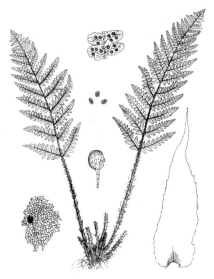

图 695 多鳞鳞毛蕨
(孙英宝仿《Hook. Sp. Fil.》)

植株高 60-80 厘米。根茎丛生, 连同叶柄基部密被红棕色、卵状披针形鳞片。叶簇生; 叶柄长 20-30 厘米, 密被同样鳞片及棕色纤维状鳞毛; 叶片卵圆形或长圆状披针形, 三回羽状深裂; 侧生羽片 20 对以上, 披针形, 长约 13 厘米, 宽约 3 厘米, 具短柄, 二回羽状, 小羽片约 20 对, 长圆形, 基部与叶轴合生, 羽状深裂或半裂, 具三角形锯齿, 干后常反折; 叶干后呈黄绿色, 叶脉两面明显, 羽状, 叶轴、羽轴及小羽轴均密被棕色纤维状鳞毛和窄披针形鳞毛。孢子囊群着生小羽轴两侧, 每裂片 1 枚; 囊群盖圆肾形, 红棕色, 早落。

产青海、台湾、四川、云南及西藏, 生于海拔 3600-4700 米山坡灌丛草地。尼泊尔、印度北部及克什米尔地区有分布。

29. 近多鳞鳞毛蕨　　　　　　　　　　　　　　　图 696

Dryopteris komarovii Kosshinsky in Hotulae Syst. Herb. Hort. Peteop. 2: 1. 1921.

图 696 近多鳞鳞毛蕨　(杨建昆绘)

植株高 30-50 厘米。根茎丛生, 短而直立, 密被红棕色、长圆状披针形鳞片。叶簇生; 叶柄长 8-18 厘米, 棕褐色, 基部被棕色、长圆状披针形大鳞片; 叶片长圆状披针形, 长 20-35 厘米, 宽 8-10 厘米, 二回羽状, 侧生羽片 18-20 对, 中部羽片长 3.5-5 厘米, 宽 1.2-2 厘米, 披针形, 无柄, 基部 1 对羽片长 2.5-4 厘米, 卵圆状披针形, 羽状深裂, 小羽片 8-10 对, 长圆形, 具三角形齿牙, 基部与羽轴合生, 边缘通常具圆齿 (基部数对偶羽裂); 叶干后黄绿色, 纸质, 叶脉明显, 羽状, 叶轴、羽轴密被棕色、披针形和线状披针形鳞片, 稀有纤维状鳞毛, 羽片上面光滑, 下面被纤维状鳞毛。孢子囊群着生主脉两侧; 囊群盖棕色, 膜质, 具不整齐齿牙。

产陕西、甘肃、青海、四川、云南及西藏，生于海拔 2800-4500 米灌丛石缝中、林下或山坡草地。俄罗斯、不丹、尼泊尔、印度及缅甸有分布。

30. 香鳞毛蕨 图 697

Dryopteris fragrans (Linn.) Schott, Gen. Fil. t. 9. 1834.

Polypodium fragrans Linn. Sp. Pl. 1089. 1753.

植株高 20-30 厘米。根茎直立或斜升，顶端连同叶柄基部密被红棕色卵圆形或卵圆状披针形、具齿鳞片。叶簇生；叶柄长 1-2 厘米，生于石缝中的长达 12 厘米，禾秆色，有纵沟，密被红棕色、长圆状披针形、具锯齿鳞片和黄色腺体；叶片长圆状披针形，长 10-25 厘米，中部宽 2-4 厘米，短尖头，最下的宽不及 1 厘米，二回羽状至三回羽裂，羽片约 20 对，披针形，中部羽片长 1.5-2 厘米，基部宽 6-8 毫米，下部数对成耳形，羽状或羽状深裂；小羽片（裂片）椭圆形，具齿或浅裂；叶草质，干后上面褐色，下面棕色，两面光滑，沿叶轴和羽轴被棕色披针形裂片和腺体，叶脉羽状，不显。孢子囊群圆形，背生小脉；囊群盖圆形或圆肾形，具疏齿，上面

图 697 香鳞毛蕨
（孙英宝仿《Ogata, Ic. Fil. Jap.》）

有腺体。孢子椭圆形，周壁具瘤状突起。二倍体。

产黑龙江、吉林、辽宁、内蒙古、河北及新疆，生于海拔 700-2400 米林下。俄罗斯远东地区、朝鲜半岛、日本及欧洲、美洲有分布。

31. 多雄拉鳞毛蕨 腺鳞毛蕨 图 698

Dryopteris alpestris Tagawa in Acta Phytotax. Geobot. 3: 88. 1934.

植株高 9-25 厘米。根茎短而直立，密被棕色卵圆形全缘鳞片。叶簇生；叶柄长 3-10 厘米，禾秆色或褐棕色，疏具根茎同样鳞片；叶片长 8-18 厘米，宽 2-5 厘米，长圆状披针形，二回羽状，羽片 8-10 对，有短柄，基部 1 对比其上的 1 对略短，卵圆形或长圆形，长 2-2.5 厘米，基部宽约 1.3 厘米，对称，钝头，一回羽状；小羽片 3-5 对，卵圆形，圆头并具长尖齿牙，基部与叶轴合生，基部 1 对长宽均 5-7 毫米，具同样尖齿牙；叶干后绿色，草质，叶脉羽状，不显，每齿 1 脉，两面光滑；叶轴被棕色卵圆形鳞片，连同叶柄密生黄色腺体。孢子囊群着生叶片上部，每小羽片 2-3 对；囊群盖小，棕色，膜质，具疏齿。

产台湾、四川、云南及西藏，生于海拔 3500-4200 米岩石上或山坡

图 698 多雄拉鳞毛蕨 （孙英宝仿《中国植物志》《Ogata, Ic. Fil. Jap.》）

水沟边砾石滩。尼泊尔有分布。

32. 刺尖鳞毛蕨　锯齿叶鳞毛蕨　　　　　　　图 699

Dryopteris serrato-dentata (Bedd.) Hayata, Ic. Pl. Formos. 4: 179. f. 116. 1914

Lastrea filix-mas (Linn.) Presl var. *serrato-dentata* Bedd. Handb. Ferns. Bri. Ind. Suppl. 551. 1892.

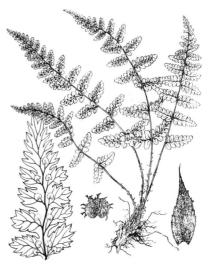

图 699 刺尖鳞毛蕨
（孙英宝仿《中国蕨类植物图谱》）

植株高 18-40 厘米。根茎短而直立，被棕或褐棕色具齿卵状披针形鳞片。叶簇生；叶柄长 5-8 厘米，基部被根茎同样鳞片；叶片卵圆状披针形，长 14-32 厘米，中部宽 5-12 厘米，羽裂渐尖头，二回羽裂，羽片 10-18 对，长圆状披针形，无柄或有短柄，羽状深裂，裂片 6-10 对，长圆形，具渐尖头重锯齿；叶干后黄绿色，纸质；叶脉羽状，下面明显；叶轴和羽轴被黑或褐棕色卵圆状披针形鳞片。孢子囊群着生羽片中下部；囊群盖小，薄质，边缘撕裂。

产台湾、、四川、云南及西藏，生于海拔 3400-3800 米冷杉林下。不丹、尼泊尔、印度北部及缅甸北部有分布。

[附] 尖齿鳞毛蕨 **Dryopteris acutodentata** Ching in Bull. Fan Mem. Biol. Bot. 8: 432. 1938. 本种与刺尖鳞毛蕨的主要区别：裂片具单锯齿，锯齿先端钝尖；孢子囊群盖边缘啮齿状。产四川西部、云南西北部及西藏东南部，生于海拔 3500-4500 米杜鹃灌丛中或高山松林下。尼泊尔、印度北部及克什米尔地区有分布。

33. 腺毛鳞毛蕨　　　　　　　　　　　图 700

Dryopteris sericea C. Chr. in Bot. Gaz. 56: 336. 1913.

植株高 20-40（50）厘米。根茎斜升，被棕色披针形鳞片。叶簇生；叶柄长 10-20 厘米，禾秆色，连同叶轴密被腺毛和疏生黑色披针形鳞片；叶片卵状长圆形，长 20-25 厘米，宽 10-15 厘米，二回羽状，羽片 8-11 对，互生，有柄，宽披针形，向下不缩短，最下 1 对羽片和其上的同形同大，长 6-10 厘米，宽 2-3.5 厘米，基部圆楔形，一回羽状，小羽片 6-8 对，长圆形，长 1.5-2.5 厘米，宽 6-8 毫米，基部两侧略耳状，多少与羽轴合生，浅裂或具粗锯齿，叶脉羽状，侧脉 2-3 叉，下面较显；叶草质，两面被腺毛，上面较密，羽轴下面疏生小鳞片。孢子囊群着生侧脉顶端，每小羽片 3-6 对，近叶缘；囊群盖圆肾形，棕色，纸质，

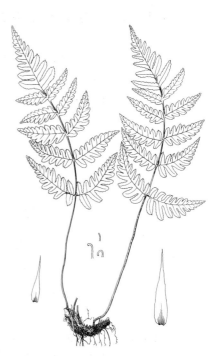

图 700 腺毛鳞毛蕨　（孙英宝绘）

有腺毛。

产山西、河南、陕西、甘肃、湖北及贵州，生于海拔700-1600米林下岩石上或荒坡石缝中。

34. 狭顶鳞毛蕨　　　　　　　　　　　　　　图 701

Drypoteris lacera (Thunb.) O. Kuntze, Rev. Gen. Pl. 2: 813. 1891.

Polypodium lacerum Thunb. Fl. Jap. 337. 1784.

植株高60-80厘米。根茎粗短，直立或斜升。叶簇生；叶柄通常

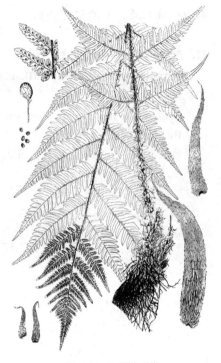

图 701 狭顶鳞毛蕨
（孙英宝仿《Ogata, Ic. Fil. Jap.》）

短于叶片，禾秆色，连同叶轴密被褐或深褐色全缘或略具尖齿卵状长圆形鳞片；叶片椭圆形或长圆形，长40-70厘米，宽15-30厘米，二回羽状；羽片约10对，具短柄，宽披针形或长圆状披针形，下部羽片几不缩短，上部羽片常骤窄缩，着生孢子囊群；小羽片长卵状披针形或披针形，长达2厘米，宽0.5-1厘米，基部与羽轴合生，具齿；叶厚纸质或革质，淡绿色，叶轴和羽轴有小鳞片，叶脉羽状。孢子囊群着生上部羽片；囊群盖圆肾形，全缘。孢子具周壁。

产黑龙江、辽宁、山东、河南、江苏、安徽、浙江、江西、湖北、湖南及四川，生于山地疏林下。朝鲜半岛及日本有分布。

35. 同形鳞毛蕨　　　　　　　　　　　　　　图 702

Dryopteris uniformis (Makino) Makino in Bot. Mag. Tokyo 23: 145. 1909.

Nephrodium lacerum (Thunb.) Baker var. *uniforme* Makino in Bot. Mag. Tokyo 17: 79. 1903.

植株高30-60厘米。根茎直立，顶端密被披针形鳞片。叶簇生；

叶柄长15-25厘米，禾秆色，密被近黑或深褐色宽披针形、线状披针形全缘或具齿鳞片；叶片卵圆状披针形，长约40厘米，宽达20厘米，羽裂渐尖头，基部近截形，二回羽状深裂或全裂，羽片约17对，互生，基部羽片与中部的同形同大，披针形，长9-11厘米，宽1.5-2厘米，基部最宽达2.5厘米，无柄，截

形，一回深羽裂几达羽轴，小羽片或裂片约15对，近卵形或卵圆状披针形，长为宽1-1.5倍，具浅锯齿；叶干后薄纸质，黄绿色，两面光

图 702 同形鳞毛蕨
（孙英宝仿《Ogata, Ic. Fil. Jap.》）

滑，仅羽轴下面有少数小鳞片，叶轴密被黑色线状披针形具齿鳞片；叶脉羽状，多2叉，明显。孢子囊群着生叶片中部以上，每裂片3-6对；囊群盖大，褐棕色，早落。

产江苏、安徽、浙江、江西及福建，生于海拔100-1200米常绿宽叶林下。朝鲜半岛和日本有分布。

36. 半岛鳞毛蕨　辽东鳞毛蕨　　　　　　　　图703

Dryopteris peninsulae Kitag. in Rep. First. Sci. Exped. Manch. 4(2): 54. f. 10. 1935.

植株高30-60厘米。根茎粗短，直立或斜升。叶簇生；叶柄长11-24厘米，禾秆色或淡棕色，有纵沟，基部密被褐棕色披针形或长圆状披针形、具细齿鳞片，向上连同叶轴散生根茎同样鳞片；叶片长圆形或卵状披针形，长13-40厘米，宽8-23厘米，短渐尖头，基部稍缩小，略心形，二回羽状；羽片12-20对，具短柄，卵状披针形或披针形，基部不对称，长渐尖头呈镰状上弯，下部羽片长达11厘米，宽达4.5厘米，向上渐小，小羽片或裂片达15对，长圆形，钝圆头且具短尖齿，基部几对小羽片的基部稍耳状，具浅波状齿，小羽片和裂片叶脉羽状，明显。孢子囊群着生叶片上半部，沿裂片主脉两侧各排成2行；囊群盖圆肾形或马蹄形，近全缘，成熟时不完全包被孢子囊群。孢子椭圆形，外壁具瘤状突起。

产辽宁、山东、山西、河南、陕西、甘肃、江苏、安徽、浙江、江西、湖北、湖南、贵州、四川及云南东北部，生于海拔720-

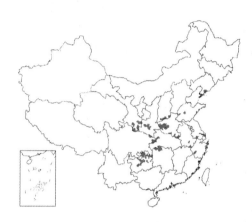

图 703　半岛鳞毛蕨　　（孙英宝绘）

1460米阴湿地杂草丛中、山坡密林下、林缘、田边、墙缝。

　　[附]　**半育鳞毛蕨 Dryoteris sublacera** Christ in Not. Syst. 1: 43. 1909. 本种与半岛鳞毛蕨的主要区别：基部羽片基部略突出，具缺刻状锯齿。产台湾、湖北、陕西、四川、云南及西藏，生于海拔1800-3400米松林或常绿阔叶林林缘。不丹、尼泊尔及印度有分布。

37. 凸背鳞毛蕨　　　　　　　　　　　图704

Dryopteris pseudovaria (Christ) C. Chr. Ind. Fil. 287. 1905.

Aspidium pseudovarium Christ in Bull. Soc. Bot. France 52: Mem. 1: 42. 1905.

植株高60-80厘米。根茎短而直立，连同叶柄基部密被褐棕色、毛发状扭曲卵圆状披针形鳞片。叶簇生；叶柄长为叶片1/2-1/4，深禾秆色，有纵沟，被褐色披针形鳞片，脱落后留下痕迹，向上鳞片渐小；叶片长圆状

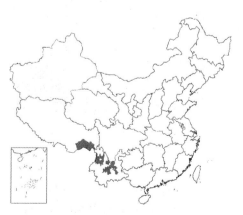

披针形，长40-60厘米，宽20-30厘米，二回羽状至三回羽裂，一回羽片约20对，长圆状披针形，长7-15厘米，宽3-5厘米，基部平截，无柄，沿羽轴被棕色披针形鳞片，一回羽状；小羽片8-10对，互生，长圆状披针形，具三角状尖锯齿，长2-3厘米，宽约1厘米，羽轴下侧小羽片长于上侧的，羽状深裂，裂片4-6对，近长方形，先端具三角状尖锯齿，叶脉羽状，多2叉，明显；

叶纸质或薄革质，上面暗褐色，下面褐色。孢子囊群着生小羽片上部，近主脉，每小羽片 2-5 对；囊群盖红棕色，角质，成熟时不完全包被孢子囊群，宿存。

产云南及西藏，生于松林或常绿阔叶林下。

[附] **硬果鳞毛蕨 Dryopteris fructuosa** (Christ) C. Chr. Ind. Fil. 267. 1905. —— *Aspidium varium* (Linn.) Sw. var. *fructuosum* Christ in Bull. Herb. Boissier 6: 967. 1898. 本种与凸背鳞毛蕨的主要区别：小羽片全缘或少数小羽片羽状半裂，裂片先端具 1-2 鸟喙状齿牙；孢子囊群着生小羽片下部。产台湾、陕西、湖北、四川、云南及西藏，生于海拔 1800-3400 米松林下或常绿阔叶林林缘。不丹、尼泊尔、印度及缅甸有分布。

38. 脉纹鳞毛蕨 图 705

Dryopteris lachoongensis (Bedd.) Nayar et Kaur, Comp. Beddome's Handb. Fern. Brit. Ind. 61. 1972.

Lastrea filix-mas (Linn.) Presl var. *lachoongensis* Bedd. Suppl. Ferns Brit. Ind. 58. 1892.

植株高 55-85 厘米。根茎粗壮直立，连同叶柄下部具淡棕色、宽披针形钻状鳞片。叶簇生；叶柄长 25-28 厘米，深禾秆色，具纵沟，下部以上光滑；叶片长圆状披针形或卵圆状披针形，长 35-45 厘米，二回羽状，侧生羽片 8-11 对，具短柄，基部 1 对长 9-16 厘米，基部宽 4-7 厘米，长三角形，有短柄，基部羽片不缩短，一回羽状，小羽片 8-10 对，长圆形，基部稍凸出，钝圆头并具尖齿，具浅齿，基部 1 对小羽片有短柄，向上的与羽轴多少合生；叶近革质，干后黄绿或灰绿色，两面光滑；叶轴、羽轴疏被褐色窄披针形小鳞片，叶脉分离，小羽片的侧脉羽状或分叉，凹陷。孢子囊群着生小羽片下半部，靠羽轴或主脉，两侧各有 1 行；囊群盖纸质，圆肾形，深棕色，宿存。

产贵州、云南及西藏，生于海拔 1900-2710 米山沟杂木林下、林缘石壁或岩缝中。不丹、尼泊尔及印度有分布。

[附] **粗齿鳞毛蕨 Dryoperis juxtaposita** Christ in Bull. Geogr. Bot. Mans 1907: 138. 1907. 本种与脉纹鳞毛蕨的主要区别：叶片淡绿色，叶柄被亮褐色、厚纸质鳞片。产甘肃、四川、贵州、云南及西藏，生于海拔 148-2500 米山坡林下、灌丛中、山谷、河旁、石上或石缝中。

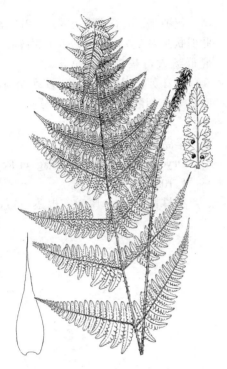

图 704 凸背鳞毛蕨 （杨建昆绘）

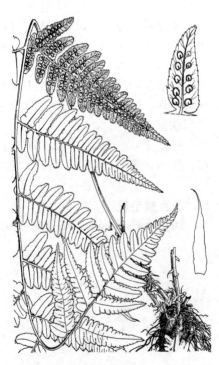

图 705 脉纹鳞毛蕨 （肖 溶绘）

39. 二型鳞毛蕨 图 706

Dryopteris cochleata (Buch.-Ham. ex D. Don) C. Chr. Ind. Fil. 258. 1905.

Nephrodium cochleata Buch. - Ham. ex D. Don, Prodr. Fl. Nepal.

6. 1825.

植株高60-90厘米。根茎横卧，密被棕色、线状披针形鳞片。叶近生，二型；不育叶柄长20-32厘米，禾秆色，疏被棕色线状披针形鳞片；叶片卵圆形，长30-40厘米，基部宽14-26厘米，基部心形，二回羽状深裂，羽片8-12对，基部1对三角状披针形，长10-12厘米，宽3-4厘米，具短柄，羽状深裂，裂片（小羽片）10-12对，长圆形，或近镰刀状，无柄，与羽轴合生，具缺刻状锯齿，第二对羽片以上的羽片披针形，基部心形，具短柄，叶草质；上面棕黄色，叶轴、羽轴近光滑，疏具棕色线形鳞片；叶脉羽状，下面明显。能育叶基部略窄，叶柄长27-45厘米，禾秆色，基部被棕色线状披针形鳞片；叶片长达50厘米，宽5-18厘米，长圆状披针形，二回羽状，羽片或裂片10-12对，长条形，长1.5厘米，宽2-3毫米，具柄，羽状浅裂。孢子囊群在裂片排成整齐2行，成熟后汇合覆盖叶面；囊群盖螺壳状。

产广西、贵州、四川及云南，生于海拔1250-1600米阔叶林下。

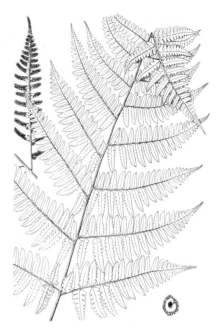

图 706 二型鳞毛蕨 （孙英宝绘）

不丹、尼泊尔、孟加拉国、泰国、缅甸、菲律宾及印度尼西亚有分布。

40. 微孔鳞毛蕨　　　　　　图 707

Dryopteris porosa Ching in Bull. Fan Mem. Inst. Biol. Bot. 8: 460. 1938.

植株高0.6-1.2米。根茎斜生，连同叶柄下部被棕色宽披针形钻状鳞片。叶近生；叶柄长20-40厘米，禾秆色，具纵沟；叶片三角状披针形，长50-80厘米，三回羽状或三回羽状深裂，侧生羽片8-15对，基部1对长20-35厘米，基部宽12-15厘米，三角状披针形，具短柄，二回羽状或二回深羽裂，二回小羽片10-15对，披针形，基部心形，具短柄，长7-9厘米，宽约2厘米，羽状深裂，裂片7-8对，近长方形，长约1厘米，宽约6毫米，具软骨质窄边和疏齿，向上的羽片渐小；叶干后绿或褐棕色，厚革质，光滑，叶脉两面凹陷，羽状，在裂片上的分叉，先端具水囊，脉间有气孔带。孢子囊群着生叶片上部羽片，在小羽轴两侧各排成1行；囊群盖平，棕色，纸质，全缘，宿存。

产湖北、贵州、四川及云南，生于海拔600-1500米山沟密林

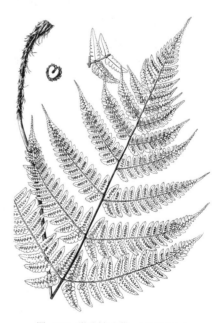

图 707 微孔鳞毛蕨 （孙英宝绘）

下。不丹、尼泊尔、印度及泰国有分布。

41. 狭叶鳞毛蕨

图 708

Dryopteris angustifrons (Hook.) O. Kuntze, Revis. Gen. Pl. 2:812. 1891.

Nephrodium splendens Hook. var. *angustifrons* Hook. Sp. Fil. 4:126. 1862.

植株高达90厘米。根茎粗壮，横走，密被淡棕色卵圆形贴伏鳞片。叶疏生，从根茎腹部生出；叶柄长约30厘米，禾秆色，基部疏被鳞片；叶片长圆状披针形，长50-55厘米，中部宽12-17厘米，羽裂渐尖头，三回羽状深裂，羽片12-14对，基部2-3对羽片三角状披针形，长10-13厘米，基部最宽5-10厘米，具短柄，二回羽状半裂或浅裂；二回羽片长圆状披针形，基部1对小羽片长3-5厘米，基部楔形，具短柄，羽状深裂或浅裂，裂片5-7对，长圆形，疏具三角状锯齿，两侧全缘或具缺刻状锯齿；叶草质，干后淡绿色，叶轴疏被棕色鳞片和具节念珠状鳞毛，沿各回羽轴疏被披针形鳞片，叶脉羽状分叉，下面凸起，先端具水囊。孢子囊群着生叶片上部羽片，在小羽片主脉两侧各排成1行，近主脉；囊群盖质厚，褐棕色，宿存。

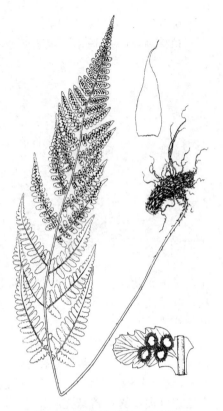

图 708 狭叶鳞毛蕨 （杨建昆绘）

产云南，生于海拔2100-2650米松、栎混交林下或沟边。尼泊尔、印度及缅甸中部有分布。

[附] **蕨状鳞毛蕨 Dryopteris pteridoformis** Christ in Bull. Acad. Geogr. Bot. 1907: 137. 1907. 本种与狭叶鳞毛蕨的主要区别：叶从根茎顶端生出，纸质，干后黄绿色。产贵州及云南，生于海拔1900-2100米常绿阔叶林下。印度及缅甸北部有分布。

42. 边果鳞毛蕨

图 709

Dryopteris marginata (C. B. Clarke) Christ in Philipp Journ. Sci. Bot. 2: 212. 1907.

Nephrodium filix-mas (Linn.) Rich. var. *marginatum* C. B. Clarke in Trans Linn. Soc. London ser. 2, Bot. 1: 521. pl. 71. 1880.

植株高达1.7米。根茎粗壮，横卧，密被鳞片。叶从根茎顶端生出，近生；叶柄禾秆色，长约80厘米，基部密被棕色全缘鳞片；叶片三角状卵形，长约90厘米，基部宽约80厘米，三回羽状深裂，一回羽片约10对，基部1-2对卵圆状披针形，长

约40厘米，基部最宽约20厘米，具柄，二回深羽裂，小羽片12-14

图 709 边果鳞毛蕨 （孙英宝绘）

对，披针形，基部羽片长约 10 厘米，宽约 2.5 厘米，羽状深裂，裂片约 10 对，长方形，具三角形锯齿，两侧具缺刻，基部与羽轴合生；中部以上羽片渐小；叶干后淡绿色，草质，叶片、叶轴和各回羽轴疏被鳞片和具节念珠状鳞毛；侧脉羽状，上面不显，下面凸起。孢子囊群在小羽轴和主脉两侧各排成 1 行；孢子囊群盖圆肾形，红棕色，全缘，宿存。

产台湾、福建、广西、贵州、四川及云南，生于海拔 1100-2300 米沟边林下。尼泊尔、印度、缅甸、泰国及越南有分布。

43. 假边果鳞毛蕨 图 710

Dryopteris caroli-hopei Fraser-Jenkins in Bull. Brit. Mus. Nat. Hist. 18(5): 422. f. 50. 1989.

植株高达 90 厘米。根茎粗壮，横走，被伏贴棕色卵圆状披针形鳞片。叶近生；叶柄长约 30 厘米，基部深棕或褐色，被棕色卵圆状披针形鳞片及纤维状鳞毛，向上渐光滑；叶片宽三角状披针形，长约 60 厘米，宽约 40 厘米，羽裂渐尖头，三回羽状，羽片 6-8 对，宽披针形，羽裂渐尖头，具长柄，二回羽裂，小羽片 9-12 对，披针形，具短柄，基部小羽片长约 8 厘米，宽约 2.5 厘米，向上羽片渐短，二回羽状浅裂；三回小羽片长 1.5 厘米，宽约 6 毫米，近长椭圆形，基部与羽轴合生，羽状浅裂，裂片先端具三角状锯齿；叶干后黄绿色，薄革质，两面光滑，沿羽轴疏被线状披针形鳞片；侧脉羽状，多 2 叉，下面显著。孢子囊群每裂片 1 枚，中生；囊群盖圆肾形，棕色，全缘，宿存。

产云南及西藏东南部，生于海拔 2100-2300 米栎林中。不丹、尼泊尔、印度及缅甸有分布。

44. 广布鳞毛蕨 图 711

Dryopteris expansa (Presl) Fraser-Jenkins et Jermy in Fern Gaz. 11(5): 338. 1977.

Nephrodium expansum Presl in Ral. Haenk. 1: 38. 1825.

植株高 0.4-1 米。根茎粗短，斜升或横卧。叶簇生；叶柄短于叶片，下部密被卵形或宽披针形、中部淡褐或栗黑色边缘淡棕色鳞片；叶片长圆形、卵状长圆形或近三角形，长 25-50 厘米，宽 12-35 厘米，渐尖头，三回羽状深裂；羽片 6-11 对，基部羽片斜三角形，具短柄，羽轴下侧小羽片长于上侧的，其余羽片多长圆状披针形，具短柄，二回羽状，小羽片下先出，长圆形，尖头，具短柄，羽状深裂，

[附] **柳羽鳞毛蕨 Dryopteris subimpressa** Loyal in Nova Hedwingia 16(3-4): 467. pls 177 et 178. 1969. 本种与边果鳞毛蕨的主要区别：叶片基部小羽片浅裂至羽状分裂；囊群盖宿存，质厚，红褐色。产云南，生于海拔 2000-2400 米林下。尼泊尔及印度有分布。

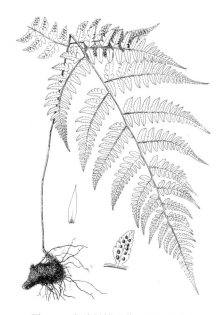

图 710 假边果鳞毛蕨 （孙英宝绘）

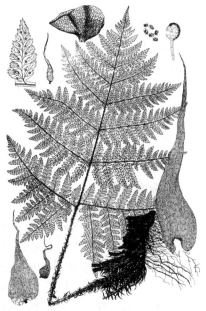

图 711 广布鳞毛蕨
（孙英宝仿《Ogata, Ic. Fil. Jap.》）

裂片长方形或长圆形，宽2-4毫米，先端具芒刺齿牙；叶草质，光滑，上面绿色，下面淡绿色，叶脉羽状，每裂片3-4对，不分叉。孢子囊群着生小脉顶端或上部；囊群盖全缘或具缺刻。

产黑龙江、吉林、辽宁、内蒙古及河北，生于海拔700-1800米林下。俄罗斯远东地区、朝鲜半岛、日本及欧洲有分布。

[附] **刺叶鳞毛蕨 Dryopteris carthusiana** (Vill.) H. P. Fuchs in Bull. Soc. Bot. France 105: 339. 1959.——*Polypodium carthusianum* Vill. Hist. Pl. Dauph. 1: 292. 1786. 本种与广布鳞毛蕨的主要区别：叶柄与叶片几等长，鳞片一色，三回羽裂，羽片短渐尖头；孢子囊群着生侧脉顶端。产新疆，生于海拔约2000米山地林缘和疏林下。俄罗斯西伯利亚、高加索、欧洲和北美洲有分布。

45. 裸叶鳞毛蕨　　　　　　图712

Dryopteris gymnophylla (Baker) C. Chr. Ind. 269. 1905.

Nephrodium gymnophyllum Baker in Journ. Bot. 1887: 170. 1887.

植株高50-60厘米。根茎短而横走，顶部和叶柄基部密被红棕色披针形鳞片。叶近生；叶柄长30-40厘米，连同叶轴及羽轴淡禾秆色，带绿色，光滑；叶片五角形，长宽25-40厘米，三回羽状或四回羽裂，羽片5-8对，具柄，基部1对三角状披针形，长10-25厘米，宽6-18厘米，尾状渐尖头，下侧小羽片最长最大，上侧1片与同侧的第二片等大，

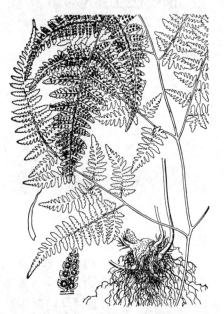

图712　裸叶鳞毛蕨　（引自《江西植物志》）

小羽片10-12对，有柄，三角状长圆形，羽轴下侧的比上侧的大，二回浅裂或深裂；末回小羽片或裂片无柄，基部下延，镰状长圆披针形，全缘或具锯齿；余羽片渐小，叶脉羽状，不分叉；叶草质，干后绿色。孢子囊群着生小脉顶端，近叶缘；囊群盖圆肾形，棕色，宿存。

产辽宁、山东、河南、江苏、安徽、浙江、江西、湖北及湖南，生于海拔300-700米林下。

46. 中华鳞毛蕨　　　　　　图713

Dryopteris chinensis (Baker) Koidz. Fl. Symb. Orient. Asiat. 39. 1930.

Nephrodium chinense Baker in Hook. Syn. 278. 1867.

植株高25-35厘米。根茎粗短直立，连同叶柄基部密被棕色披针形鳞片。叶簇生；叶柄长10-20厘米，禾秆色，基部以上疏被鳞片或近光滑；叶片等于或略长于叶柄，宽8-18厘米，五角状渐尖头，基部四回羽裂，中部三回羽状，羽片5-8对，基部1对长6-12厘米，基部宽3-8厘米，三角状披针形，具短柄，三回羽裂；小羽片斜

图713　中华鳞毛蕨　（引自《图鉴》）

展，下侧的比上侧的大，基部1片长2.5-5厘米，基部宽1.5-2.5厘米，三角状披针形，具短柄，二回羽裂；末回小羽片或裂片三角状卵形或披针形，基部与小羽轴合生，边缘羽裂或具粗齿；叶脉下面可见，在末回小羽片或裂片上为羽状，侧脉分叉或单一；叶纸质，干后褐绿色，上面光滑，下面沿叶轴和羽轴被小鳞片，沿叶脉疏生短毛。孢子囊群着生于小脉顶端，近叶缘；囊群盖圆肾形，近全缘，宿存。

图 714 华北鳞毛蕨 （引自《图鉴》）

产吉林、辽宁、山东、河南、江苏、安徽、浙江及江西，生于海拔200-1200米林下。朝鲜半岛及日本有分布。

47. 华北鳞毛蕨   图 714

Dryopteris goeringiana (Kunze) Koidz. in Bot. Mag. Tokyo 43: 386. 1929.

Aspidium goeringianum Kunze in Bot. Zeitschr. 557. 1948.

Dryopteris laeta (Kom.) C. Chr.；中国高等植物图鉴 1: 240. 1972.

植株高50-90厘米。根茎粗壮，横卧。叶近生；叶柄长25-50厘米，淡褐色，有纵沟，被褐色具微齿鳞片，下部的较大，宽披针形或线形，上部连同叶轴被线形或毛状鳞片；叶片卵状长圆形或三角状宽卵形，长25-50厘米，宽15-40厘米，渐尖头，三回羽状深裂，羽片互生，具短柄，披针形或长圆状披针形，中下部羽片长11-27厘米，宽2.5-

6厘米，向基部稍窄；小羽片稍疏离，基部下侧几片披针形或长圆状披针形，羽状深裂，裂片长圆形，宽1-3毫米，顶端具尖齿牙，侧脉羽状，分叉；叶草质或薄纸质，羽轴及小羽轴下面具毛状鳞片。孢子囊群沿小羽片主脉两侧各排成2行；囊群盖圆肾形，膜质，边缘啮齿状。

产黑龙江、吉林、辽宁、内蒙古、河北、山东、山西、河南、陕西、甘肃及四川，生于阔叶林下或灌丛中。俄罗斯远东地区、朝鲜半岛及日本有分布。

48. 西域鳞毛蕨   图 715

Dryopteris blanfordii (C. Hope) C. Chr. Ind. Fil. 254. 1905.

Nephrodium blanfordii C. Hope in Bomb. Nat. Hist. Soc. 12: 624. pl. 11. 1899.

植株高达90厘米。根茎粗壮，斜升或横卧，被褐或黑色披针形鳞片。叶簇生；叶柄长约30厘米，淡褐色，有纵沟，密被褐色具齿牙长圆形鳞片，向上的小而稀疏；叶片卵状长圆形或三角状宽卵形，长约65厘米，中部宽约28厘米，三回羽状深裂，羽片约15对，互生，具短柄，披针形或长圆状披针形，中下部羽片长11-15

厘米，宽2.5-4厘米，基部下侧小羽片披针形或长圆状披针形，二回羽状深裂，小羽片长圆形，长1.5-2厘米，宽6-8毫米，顶端具尖锯齿，基部与羽轴合生，羽状半裂至深裂，裂片近长方形，先端具2-3尖齿牙，侧脉羽状，分叉，上面不显，下面显著；叶草质或薄纸质，羽轴及小羽轴小脉有棕色线形鳞片。孢子囊群沿小羽片主脉两侧各排成1行；囊群盖圆肾形，膜质，全缘。

产四川、云南及西藏，生于海拔2900-3500米冷杉林下。阿富汗、巴基斯坦、印度及西喜马拉雅有分布。

[附] **黑鳞西域鳞毛蕨 Dryopteris blanfordii** subsp. **nigrosquamosa** (Ching) Freser-Jenkins in Bull. Brit. Mus. Nat. Hist. Bot. 18(5): 388. 1989. —— *Dryopteris nigrosquamosa* Ching in Bull. Fan Mem. Inst. Biol. Bot. 2: 194. 1931. 本亚种和西域鳞毛蕨的主要区别：叶柄鳞片黑或深褐色；叶裂片先端通常无齿。产甘肃、四川、云南及西藏，生于海拔2900-3500米云杉和冷杉林下。

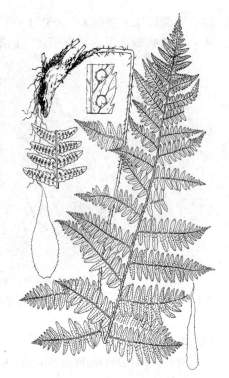

图 715 西域鳞毛蕨 （杨建昆绘）

49. 倒鳞鳞毛蕨　湿地鳞毛蕨　　　　图 716

Dryopteris reflexosquamata Hayata, Ic. Pl. Formos. 4: 176. f. 1:4. 1914.

植株高50-93厘米。根茎斜生，密被深棕色全缘鳞片。叶簇生；叶柄长16-40厘米，淡禾秆色，基部密被褐棕色、边缘流苏状尖齿的披针形鳞片；叶片卵圆状披针形，长32-53厘米，中部宽24-32厘米，羽裂渐尖头，二回羽状，羽片10-12对，互生，披针形，下部数对长约15厘米，宽约4厘米，具短柄，一回羽状，小羽片约14对，长圆状披针形，长2-3厘米，宽约1厘米，基部下侧斜节，与羽轴合生，上侧平截或耳状凸起，羽片基部下侧小羽片常缩短，具缺刻状锯齿，叶脉羽状，分叉，上面凹陷，下面隆起；叶草质，下面灰绿色，上部深褐色，叶轴及羽轴被具流苏状尖齿披针形鳞片，小羽片下面疏被鳞片。孢子囊群着生叶片上部羽片，在主脉两侧各排成1行，中生；囊群盖小，早落。

产台湾、湖南、贵州、四川及云南东北部，生于海拔1400-2800米林下溪边。印度北部有分布。

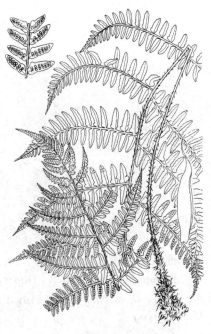

图 716 倒鳞鳞毛蕨 （杨建昆绘）

50. 光亮鳞毛蕨　　　　图 717

Dryopteris splendens (Hook.) O. Kuntze, Rev. Gen. Pl. 3: 813. 1891.
Nephrodium splendens Hook. Sp. Fil. 4: 126. 1862.

植株高1.2-1.8米。根茎粗壮，横卧。叶近生；叶柄长为叶片1/3，粗壮，深乌木色，基部具脊状凸起，被棕色卵圆状披针形贴生小鳞片；叶片披针形或卵圆状披针形，长约70厘米，宽约50厘米，羽裂渐尖头，基部平截，二回羽状，羽片25-32对，窄披针形，长约25厘米，宽约4厘米，基部数对羽片有短柄，一回羽状，小羽片20-24对，长圆形或近圆状镰刀形，基部不对称，与羽轴合生，浅裂或具缺刻状锯齿；叶草质，干后淡绿色，叶轴、羽轴与叶柄同色，疏被棕褐色披针形具齿鳞片，叶脉羽状，分叉，明显，先端具水囊。孢子囊群在小羽片或裂片主脉两侧各排成1行，靠主脉，羽片上侧和先端常有不育空间；囊群盖圆肾形，褐棕色，全缘。

产云南西北部，生于海拔约2400米常绿阔叶和落叶阔叶混交林下。不丹、尼泊尔及印度有分布。

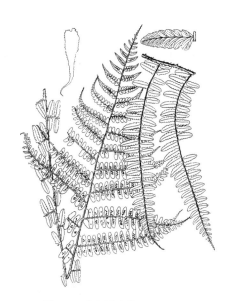

图 717 光亮鳞毛蕨 （杨建昆绘）

51. 肿足鳞毛蕨

图 718

Dryopteris pulvinulifera (Bedd.) O. Kuntze, Rev. Gen. Pl. 2: 813. 1891.

Lastrea pilvinulifera Bedd. Ferns Brit. Ind. 2: 333. pl. 333. 1870.

植株高约90厘米。根茎横卧，密被金黄色线状披针形鳞片。叶簇生；叶柄长25-30厘米，禾秆色，基部被与根茎同样鳞片，余近光滑；叶片三角状披针形，长40-60厘米，基部宽约40厘米，下部四回羽裂，上部三回羽裂，羽片10-18对，基部1-2对三角状披针形，长约20厘米，基部宽约14厘米，具短柄，三回羽状浅裂；二回小羽片12-14对，披针形，具短柄，羽轴下侧基部羽片长达9厘米，基部宽1.5-2厘米，二回羽状深裂或半裂；小羽片8-10对，长圆形或近镰刀形，基部羽状深裂，以上的浅裂，裂片先端具尖齿，全缘或偶有缺刻，叶脉羽状，上面不显，下面显著。孢子囊群着生小脉先端，在主脉两侧各排成1行；孢子囊群盖圆肾形，膜质。

图 718 肿足鳞毛蕨 （杨建昆绘）

宿存。

产云南西北部，生于海拔2200-2700米常绿阔叶林下。不丹、尼泊尔、印度、斯里兰卡及菲律宾有分布。

52. 蓝色鳞毛蕨

图 719

Dryopteris polita Rosenst. in Fedd, Repert. Sp. Nov. 13: 218. 1914.

植株高约75厘米。根茎直立，被暗褐色全缘线状鳞片。叶柄长30-35厘米，基部棕色，疏被披针形红棕色鳞片，上部淡禾秆色，具窄沟，光滑；叶片三角形，长约30厘米，基部宽约20厘米，羽裂渐尖头，长圆状镰刀形，近二回羽状，羽片7-9对，互生，具短柄，中部羽片线状披针形，长5-8厘米，基部宽1.5-2.5厘米，具浅锯齿，羽状深裂达

或近羽轴，裂片圆头，具小钝齿，下部几对羽片长三角状披针形，长8-10厘米，基部宽3-4厘米，基部1-2对羽片分离，下侧的最大；小羽片披针形，长2.5-3厘米，基部宽6-8毫米，钝圆头，基部圆截形，无柄，上部具钝齿，下部浅裂，叶脉羽状，在叶片中部以上的小脉单一，下部的常分叉；叶草质，干后褐蓝色，光滑。孢子囊群每裂片有1-3对，位于主脉与叶缘间，着生小脉近顶部；无囊群盖。

产台湾、海南、广西及云南，生于海拔1780-2200米常绿阔叶林下。越南、泰国、印度尼西亚及日本有分布。

图 719 蓝色鳞毛蕨 （杨建昆绘）

53. 稀羽鳞毛蕨　　　　　　　　　　　图 720

Dryopteris sparsa (Buch. -Ham. ex D. Don) O. Kuntze, Rev. Gen. Pl. 2: 813. 1891.

Nephrodium sparsum Buch. -Ham. ex D. Don, Prodr. Fl. Napal. 6. 1825.

植株高0.5-1米。根茎短粗，直立或斜升，连同叶柄基部密被棕

色全缘披针形鳞片。叶簇生；叶柄长20-40厘米，下部褐色，向上棕禾秆色，基部以上连同叶轴均无鳞片；叶片卵状长圆形或三角状卵形，长30-45厘米，宽12-25厘米，羽裂长渐尖头，二回羽状或三回羽裂，羽片7-12对，具短柄，基部1对三角状披针形，长7-18厘米，宽5-10厘米，具短柄，羽轴下侧的羽片比上侧的大，基部下侧1片长6-8厘米，基部宽约2厘米，一回羽状，向上各对羽片渐短；末回小羽片或裂片长圆形，钝圆头并具尖齿，疏具细齿；叶草质或纸质，无毛，叶脉羽状，不显，侧脉单一或分叉。孢子囊群着生小脉中部；囊群盖圆肾形，全缘，宿存。

产河南、陕西、安徽、浙江、台湾、福建、江西、湖北、湖南、广东、香港、海南、广西、贵州、四川、云南及西藏，生于海拔140-2000米山坡林下溪边。不丹、尼泊尔、印度、缅甸、泰国、越南、印度尼西亚及日本有分布。

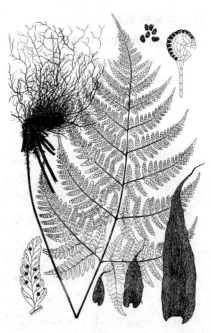

图 720 稀羽鳞毛蕨
（孙英宝仿《Ogata, Ic. Fil. Jap.》）

[附] **栗柄鳞毛蕨 Dryopteris yoroii** Serizawa in Journ. Jap. Bot. 46: 20. t. 16. 1971. 本种与稀羽鳞毛蕨的主要区别：叶柄长15-20厘米，叶片长15-25厘米。产台湾、广西、四

川、贵州、云南及西藏，生于海拔500-200米林下溪边。尼泊尔、不丹、印度及缅甸有分布。

54. 迷人鳞毛蕨 图 721

Dryopteris decipiens (Hook.) O. Kuntze, Rev. Gen. Pl. 2:812. 1891.

Nephrodium decipiens Hook. Sp. Fil. 4: 86. t. 243. 1862.

植株高34-70厘米。根茎短而直立或斜升，连同叶柄基部密被深褐色窄披针形鳞片。叶柄长12-30厘米，基部黑色、密被披针形全缘鳞片，余禾秆色，近光滑；叶片披针形，长22-40厘米，宽7-20厘米，羽裂渐尖头，一回羽状，羽片10-18对，有短柄，窄披针形，稍镰状，长4-12厘米，宽0.8-2厘米，基部心形，边缘波状或浅裂，稀深裂或基部具分离羽片；叶厚纸质或革质，干后灰绿色，叶轴疏被泡状鳞片，羽片下面被泡状鳞片及稀疏刺状毛，叶脉羽状，小脉单一，上面不显，下面可见，基部1小脉伸达羽片中部，余小脉几伸达羽片边缘。孢子囊群在主脉两侧各排成1行，稀不规则2行，近主脉；囊群盖圆肾形，深褐色，全缘，宿存。

产安徽、浙江、福建、江西、湖南、广东、香港、广西、贵州及四川，生于海拔520-1400米山坡林下、路边林缘、灌丛中和溪边，陆生或生于石缝中。日本有分布。

[附] **深裂迷人鳞毛蕨 Dryopteris decipiens** var. **diplazioides** (Christ)

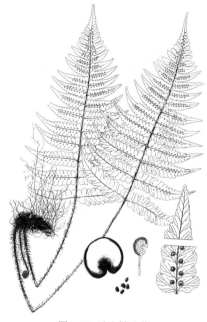

图 721 迷人鳞毛蕨
（孙英宝仿《Ogata, Ic. Fil. Jap.》）

Ching in Bull. Fan Mem. Inst. Biol. Bot. 8: 476. 1938. —— *Polystichum diplazioides* Christ in Bull. Acad. Geogr. Bot. 1902: 260. 1902. 本变种与模式变种的主要区别：羽片羽状深裂或羽状全裂，二回羽状。产江苏、安徽、浙江、江西、福建、四川及贵州，生于林下。日本有分布。

55. 黑足鳞毛蕨 图 722

Dryopteris fuscipes C. Chr. Ind. Fil. Suppl. 2: 14. 1917.

植株高40-92厘米。根茎直立或斜升，连同叶柄基部密被深棕色披针形全缘鳞片。叶簇生；叶柄长20-49厘米，基部深褐或黑色，向上棕禾秆色，连同叶轴疏被窄披针形鳞片；叶片卵形或卵状长圆形，长18-43厘米，宽12-26厘米，基部不缩短，羽裂渐尖头；羽片8-16对，互生或下部的对生，具短柄，披针形，中下部羽片几等大，长7.5-17厘米，宽2-5.5厘米；小羽片10-12对，三角状卵形，长约1.5-2厘米，钝圆头，边缘具浅齿，基部羽片的中部下侧小羽

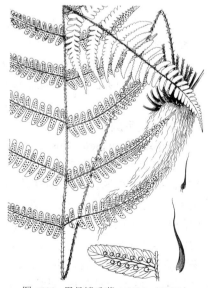

图 722 黑足鳞毛蕨 （引自《图鉴》）

片通常比基部羽片基部下侧小羽片长；叶轴、羽轴和中脉上面均具浅沟；叶脉羽状，上面不显，下面可见；叶纸质，干后褐绿色，叶轴和羽轴密被泡状鳞片。孢子囊群近主脉着生，在主脉两侧各排成1行；囊群盖圆肾形，棕色，全缘，宿存。

产江苏、安徽、浙江、福建、江西、广东、香港、广西、湖北、湖南、贵州、四川及云南，生于海拔140-1500米山坡林下、林缘、路边、溪边、阳坡。

56. 红盖鳞毛蕨　　　　　　　　　　图 723

Dryopteris erythrosora (Eaton) O. Kuntze, Rev. Gen. Pl. 2: 812. 1891.

Aspidium erythrosorum Eaton in Perry. Narr. Exp. China 2: 330. 1856.

植株高40-93厘米。根茎短，横卧或斜升，连同叶柄基部密被褐棕色披针形全缘鳞片。叶簇生；叶柄长20-30厘米，禾秆色或略带紫色，基部以上疏被鳞片；叶片长圆状披针形，长25-60厘米，宽14-26厘米，羽裂渐尖头，二回羽状，羽片8-15对，互生或下部的对生，披针形，长8-22厘米，宽2.2-6厘米，具柄，一回羽状，小羽片10-15对，披针形，长2-3厘米，宽0.8-1.2厘米，具浅齿或浅裂，裂片顶端具1-2尖齿；叶干后纸质，无毛，叶轴疏被小鳞片，羽轴和小羽轴下面密被泡状鳞片，叶脉羽状，上面不显，下面可见。孢子囊群近主脉着生，在主脉两侧各排成1至多行；囊群盖圆肾形，全缘，中部红色，边缘灰白色，干后反卷，宿存。

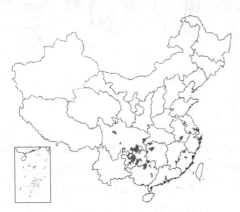

产江苏、安徽、浙江、福建、江西、广东、广西、湖北、湖南、贵州、四川及云南，生于海拔900-1500米林下、林缘、溪边、阳坡。朝鲜半岛及日本有分布。

[附] **桃花岛鳞毛蕨 Dryopteris hondoensis** Koidz. in Acta Phytotax. Geobot. 1: 31. 1932. 本种与红盖鳞毛蕨的主要区别：小羽片深羽裂；羽

57. 轴脉鳞毛蕨　　　　　　　　　　图 724

Dryopteris lepidorachis C. Chr. Ind. Fil. 374. 1906.

植株高约30-60厘米。根茎横卧或斜升，叶簇生；叶柄长15-25厘米，密被鳞片，中部鳞片卵形；叶片卵状披针形，长25-50厘米，宽20-30厘米，二回羽状，羽片10-12对，基部近对生，上部的互生，披针形，长8-15厘米，宽2-4厘米，羽裂渐尖头，一回羽状或二回浅羽裂，小羽片10-13对，长圆状披针形，长1-2厘米，宽约5毫米，具浅齿或羽状浅裂，钝圆头具细齿，基部心形并具短柄；叶轴密被与根茎相同鳞片，羽轴下面具披针形鳞片和泡状鳞

[附] **宽羽鳞毛蕨 Dryopteris ryo-itoana** Kurata in Journ. Geobot. 15: 84. 1967. 本种与黑足鳞毛蕨的主要区别：小羽片边缘浅裂；孢子囊群近叶缘着生。产浙江及江西，生于林下。中南半岛、朝鲜半岛及日本有分布。

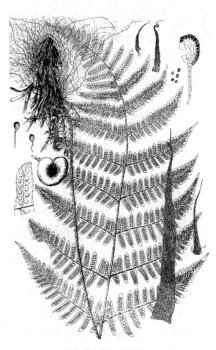

图 723 红盖鳞毛蕨
（孙英宝仿《Ogata, Ic. Fil. Jap.》）

轴和小羽轴下面疏被泡状鳞片；孢子囊群盖中部淡红色。产浙江及四川，生于山谷林下。朝鲜半岛及日本有分布。

片；叶脉羽状，2 叉；叶干后纸质，暗绿色，上面光滑，下面有小鳞片。孢子囊群近叶缘着生，在主脉两侧各排成 1 行；囊群盖圆肾形，暗棕色。

产江苏、安徽、浙江、福建、江西、湖南、广东、广西及贵州，生于林下阴湿处。

58. 观光鳞毛蕨   图 725

Dryopteris tsoongii Ching in Bull. Bot. Res. (Harbin) 2: 14. pl. 6. f. 1. 1987.

图 724 轴脉鳞毛蕨 （引自《江苏植物志》）

植株高 0.8-1 米。根茎斜升或直立，顶端连同叶柄基部被披针形、棕色，具齿卵状鳞片。叶柄长 40-50 厘米，密被棕色鳞片，鳞片脱落处叶柄禾秆色；叶片卵状披针形，长 50-70 厘米，宽 35-45 厘米，羽裂渐尖头，二回羽状或三回羽裂，羽片 15-18 对，披针形，长 15-20 厘米，宽 4-5 厘米，羽裂渐尖头，二回羽裂，小羽片 10-15 对，披针形，长 2-3 厘米，宽 1-1.5 厘米，基部深羽裂，上部浅裂或锯齿状，裂片圆钝头，顶端具尖齿；叶轴和主脉具浅沟，叶脉羽状，上面不显，下面可见；叶纸质，干后上面褐绿色，下面黄绿色，叶轴被与叶柄具同样鳞片，羽轴被宽披针形和窄披针形泡状鳞片。孢子囊群近叶缘着生，在主脉两侧各排成 1 行；囊群盖圆肾形，易脱落。

产江苏、安徽、浙江、福建、江西、湖北及湖南，生于林下。

59. 京鹤鳞毛蕨   图 726

Dryopteris kinkiensis Koidz. ex Tagawa in Acta Phytotax. Geobot. 2: 200. 1933.

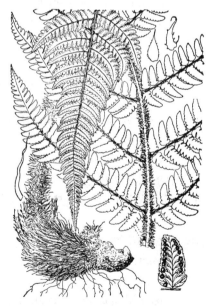

图 725 观光鳞毛蕨 （引自《江西植物志》）

植株高 40-70 厘米。根茎直立，连同叶柄基部较密被棕或褐棕色具缘毛披针形鳞片。叶簇生；叶柄长 20-40 厘米，禾秆色，上部鳞片稀疏；叶片卵状披针形，长 25-40 厘米，宽 15-20 厘米，二回羽状，羽片 10-15 对，披针形，互生。长 10-15 厘米，小羽片 10-12 对，披针形，长 2-3 厘米，宽约 1 厘米，具短柄或无柄，羽状浅裂，裂片顶端前方具尖齿，叶脉羽状，上面不显，下面明显；叶纸质，干后上面褐色，下面灰黄色；叶轴和羽轴基部较密被鳞片，羽轴上部疏被泡状鳞片。孢子囊群在主脉两侧各排成 1 行，着生主脉与叶缘间；囊群盖圆肾形，全

缘，宿存。染色体 n=82。

产浙江、福建、江西、贵州及四川，生于海拔约740米林下。朝鲜半岛及日本有分布。

60. 高鳞毛蕨 图727

Dryopteris simasakii (H. Ito) Kurata in Journ. Grobot. 18: 5. 1970.

Dryopteris indusiata (Makino) Yamamoto var. *simasakii* H. Ito in Journ. Jap. Bot. 9: 57. t. 6. 1973.

植株高50-90厘米。根茎横卧或斜升，顶端及叶柄基部密被披针形棕色鳞片。叶簇生；叶柄长20-30（-57）厘米，禾秆色，被鳞片；叶片卵状披针形，长30-50厘米，宽15-25厘米，二回羽状，羽片12-15对，近对生，长圆状披针形，长15-18厘米，宽4-5厘米，小羽片10-15对，披针形，长2-4厘米，宽0.8-1.2厘米，基部浅心形，羽状浅裂至羽状全裂，裂片5-

8对，圆头并具喙状齿；叶脉羽状，下面单一或2叉，上面不显，下面可见；叶干后纸质，黄绿色，叶轴密被鳞片，羽轴密被泡状鳞片，叶上面光滑，下面疏被毛状鳞片。孢子囊群近叶缘着生；囊群盖圆肾形，全缘。染色体 n=123。

产浙江、广西、贵州、四川及云南，生于山地林下。日本有分布。

[附] **密鳞高鳞毛蕨 Dryopteris simasakii** var. **paleacea** (H. Ito) Kurata in Journ. Geobot. 18: 5. 1970.——*Dryopteris indusiata* var. *paleacea* H. Ito in Journ. Jap. Bot. 9: 57. f. 7. 1933. 本变种与模式变种的主要区别：叶轴鳞片更密，在较大宽披针形鳞片间兼有较小窄披针形鳞片。产广西、四川、贵州及云南，生于林下。日本有分布。

61. 阔鳞鳞毛蕨 图728

Dryopteris championii (Benth.) C. Chr. apud Ching in Sinensia 3:327. 1933.

Aspidium championii Benth. Fl. Hongk. 456. 1861.

植株高40-94厘米。根茎粗壮，短而直立或斜升，密被鳞片。叶簇生；叶柄长16-48厘米，禾秆色，连同叶轴密被具尖齿鳞片；叶片卵状披针形或长圆形，长24-60厘米，宽16-30厘米，羽裂渐尖头或长渐尖头，二回羽状或三回羽裂，羽片10-15对，有柄，披针形或线状披针形，基部羽片长10-20厘米，宽3-6厘米，小羽片8-13对，卵形或卵状披针形，长2-3厘米，宽0.7-1厘米，具短柄或无柄，基部宽楔形或浅心形，圆钝头并具细尖齿，具粗齿或深羽裂，裂片圆钝头，顶

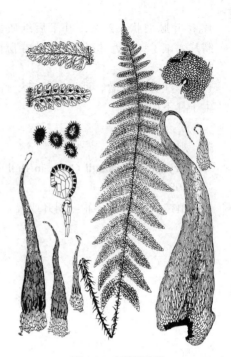

图 726 京鹤鳞毛蕨
（孙英宝仿《Ogata, Ic. Fil. Jap.》）

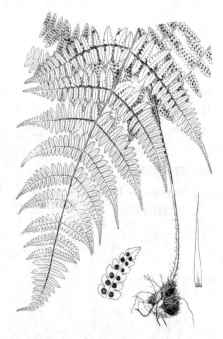

图 727 高鳞毛蕨 （孙英宝绘）

端具尖齿，叶脉羽状，上面不显，下面可见；叶纸质，干后褐绿色，叶轴密被具齿宽披针形鳞片，羽轴和主脉具棕色泡状鳞片。孢子囊群

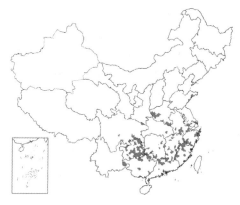

近边缘或小脉中部着生，在主脉两侧各排成1行；囊群盖圆肾形，棕色，全缘，宿存。染色体 n=123。

产山东、河南、江苏、安徽、浙江、福建、江西、湖北、湖南、广东、香港、广西、贵州、四川及云南，生于海拔约1450米山坡林缘、路边灌丛或岩缝中。朝鲜半岛及日本有分布。

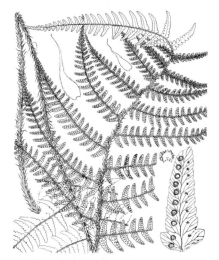

图 728 阔鳞鳞毛蕨 （引自《图鉴》）

62. 裸果鳞毛蕨 图729

Dryopteris gymnosora (Makino) C. Chr. Ind. Fil. 269. 1906.

Nephrodium gymnosorum Makino in Bot. Mag. Tokyo 13: 64. 1899.

植株高 36-60 厘米。根茎斜升，连同叶柄基部密被窄披针形黑色鳞片。叶簇生；叶柄长 17-30 厘米，深禾秆色，近光滑；叶片卵状披针形，长 21-40 厘米，宽 15-30 厘米，羽裂尾状头，二回羽状；羽片 8-13 对，对生或近对生，几无柄，基部 1 对长 9-16 厘米，宽 4-6.5 厘米，渐尖头或尾状尖头，一回羽状，小羽片约 10 对，长圆形或卵状披针形，长 2-3 厘米，宽约 1 厘米，钝圆头并具尖齿，羽状或深裂，裂片长圆形，先端及边缘具尖齿，叶脉羽状，小脉单一，下面明显；叶纸质，干后灰绿色，上面光滑，下面沿羽轴和主脉疏被泡状鳞片，叶轴近光滑。孢子囊群着生小羽片或裂片主脉两侧，无盖。

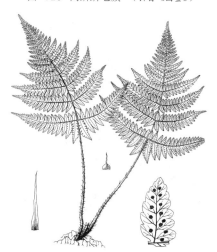

图 729 裸果鳞毛蕨 （孙英宝绘）

产安徽、浙江、福建、江西、湖北、湖南、广西、贵州、四川及云南，生于海拔 600-1430 米溪边、峡谷密林下。日本有分布。

63. 平行鳞毛蕨 有盖鳞毛蕨 图730

Dryopteris idusiata (Makino) Yamamoto, Suppl. Ic. Pl. Formos. 5:3. 1932.

Nephrodium gymnosorum var. *indusiatum* Makino in Bot. Mag. Tokyo 13: 65. 1899.

植株高 40-65 厘米。根茎横卧或斜升。叶簇生；叶柄长 20-35 厘米，禾秆色，最基部密被窄披针形黑色鳞片，向上至叶轴近光滑；叶片卵状披针形，长 25-40 厘米，宽 20-25 厘米，二回羽状，羽片 10-15 对，近对生，几无柄，卵状披针形，长 12-17 厘米，宽 3-

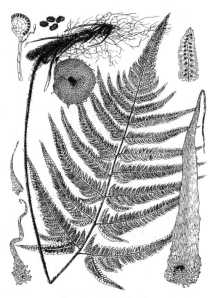

图 730 平行鳞毛蕨
（孙英宝仿《Ogata, Ic. Fil. Jap.》）

5厘米，二回羽裂，小羽片10-12对，长圆状披针形，长2-3厘米，宽1-1.2厘米，无柄，深裂或半裂，基部羽片的最基部小羽片略短并与叶轴平行，裂片5-7对，圆头，先端具1-2尖齿，全缘，叶脉在上面不显，下面可见，羽状，单一或分叉；叶纸质，干后褐绿色，上面光滑，下面叶轴疏具黑色鳞片，羽轴和主脉两侧具棕色泡状鳞片。孢子囊群着生小羽片主脉两侧或基部裂片边缘；囊群盖圆肾形，红棕色，全缘。染色体 n=82（123）。

产浙江、福建、江西、湖北、湖南、广东、广西、贵州、四川及云南，生于林下。日本有分布。

64. 华南鳞毛蕨　　　　　　　　图 731

Dryopteris tenuicula Matthew et Christ in Lecomte, Not. Syst. 1:51. 1909.

植株高40-85厘米。根茎直立或斜升。叶簇生；叶柄长20-45

厘米，基部密被黑或红棕色窄披针形鳞片，向上稀疏或近光滑；叶片卵状披针形，长30-40厘米，宽20-30厘米，二回羽状，羽片10-15对，卵状披针形，长9-15厘米，宽3-7厘米，几无柄；小羽片8-10对，长圆状披针形，长2-3厘米，宽0.7-1厘米，羽状浅裂，基部羽片基部1对小羽

片缩短，下侧2-3对小羽片较大，裂片近长方形，先端具尖齿，齿尖具芒状刺；叶脉羽状，单一，上面不显，下面可见；叶纸质，干后褐绿色，上面光滑，下面沿羽轴和小羽片主脉密被棕色泡状鳞片。孢子囊群着生小羽片主脉两侧及裂片边缘；囊群盖圆肾形，棕色，全缘。

产浙江、湖南、广东、香港、广西、贵州及四川，生于海拔450-1700米山坡林下沟边石缝中。朝鲜半岛及日本有分布。

[附] **无柄鳞毛蕨 Dryopteris submarginata** Rosenst. in Fedd, Repert. Sp. Nov. 13: 132. 1914. 本种与华南鳞毛蕨的主要区别：叶柄基部密被黑色顶端毛发状披针形鳞片；叶片三回羽状，小羽片卵状披针形，羽

状深裂至全裂，叶干后灰绿色，下面沿叶轴有黑色披针形鳞片。产福建、浙江、江西、湖南、广西、四川及贵州，生于海拔450-1700米山坡林下沟边石缝中。

图 731　华南鳞毛蕨　（孙英宝绘）

65. 三角鳞毛蕨　　　　　　　　图 732

Dryopteris subtriangularis (Hope) C. Chr. Ind. Fil. 296. 1906.

Nephrodium subtriangularis Hope in Journ. Bot. London 28: 327. 1890.

植株高40-50厘米。根茎横卧或斜升。叶簇生；叶柄长20-30厘米，禾秆色，基部密被黑或黑棕色披针形鳞片，向上近光滑；叶片

三角形，长18-35厘米，宽14-25厘米，二回羽状，羽片5-8对，基部1对披针形，长8-13厘米，宽3-5厘米，具柄，尾状头，基

部平截，一回羽状，小羽片4-6对，椭圆形，圆钝头，基部羽片下侧小羽片长约3厘米，宽约1厘米，具波状齿或羽状全裂；叶脉上面不显，下面明显，羽状，小脉单一或2叉；叶纸质，干后灰绿色，叶轴近光滑，羽轴和小羽片主脉基部被较密泡状鳞片。孢子囊群在小羽轴两侧各排成1行；囊群盖全缘，棕色，宿存。

产福建、湖南、海南、广西、贵州、四川、云南及西藏，生于海拔800-1500米山坡、谷地密林下。印度、缅甸、越南及菲律宾有分布。

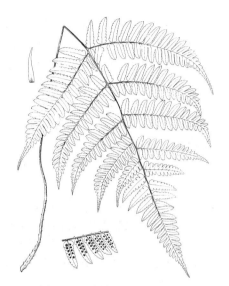

图 732 三角鳞毛蕨 （孙英宝绘）

66. 阿萨姆鳞毛蕨　　　　　　图 733

Dryopteris assamensis (Hope) C. Chr. et Ching in Bull. Dept. Biol. Coll. Sci. Sun Yatsen Univ. 6:4. 1933.

Nephrodium assamense Hope in Journ. Bot. London 28: 326. 1890.

植株高50-70厘米。根茎横卧或斜升。叶簇生；叶柄长25-30厘米，禾秆色，基部密被黑色线状披针形鳞片，中上部至叶轴疏被黑色披针形小鳞片；叶片三角状卵形，长约30厘米，宽约25厘米，二回羽状，羽片10-13对，披针形，长10-13厘米，宽2.5-3厘米，具短柄，羽裂渐尖头；小羽片8-10对，椭圆形，长1-2厘米，宽6-8毫米，圆头或截头并具尖齿，具疏尖齿或羽状全裂，裂片顶端具锐尖齿；叶脉上面不显，下面可见，小脉羽状或2叉；叶纸质，干后灰绿色，上面近光滑，下面沿羽轴和小羽片主脉基部被较密黑或黑棕色泡状鳞片。孢子囊群着生小羽片主脉和叶缘间；囊群盖圆肾形，棕色，全缘。

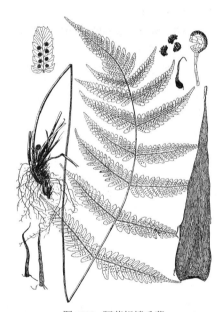

图 733 阿萨姆鳞毛蕨
（孙英宝仿《Ogata, Ic. Fil. Jap.》）

产广东、广西及云南。印度北部有分布。

67. 羽裂鳞毛蕨　　　　　　图 734

Dryopteris integriloba C. Chr. in Bull. Dept. Biol. Sun Yatsen Univ. 6: 5. 1933.

植株高50-70厘米。根茎横卧或斜升，连同叶柄基部密被黑或褐色披针形鳞片。叶簇生；叶柄长30-40厘米，深禾秆色，具较密黑

色披针形鳞片，后近光滑；叶片卵状披针形，长 35-40 厘米，宽 20-25 厘米，二回羽状；羽片 10-12 对，卵状披针形，长 12-15 厘米，宽 3-4 厘米，具短柄，羽裂渐尖头；小羽片约 12 对，披针形，长 2-3 厘米，基部心形并具短柄，基部最宽达 1.5 厘米，边缘羽状半裂或基部深羽裂；裂片圆头或在前方具钝齿；叶脉羽状，2 叉，上面不显，下面可见；叶纸质，干后上面深绿色，近光滑，下面黄绿色，叶轴下面和羽轴基部密被黑色披针形鳞片，羽轴中上部及小羽轴基部具泡状鳞片。孢子囊群着生小羽片主脉和叶缘间，略近边缘；囊群盖圆肾形，棕色，全缘。

产广东、海南、广西及云南。越南有分布。

[附] **大明鳞毛蕨 Dryopteris tahmingensis** Ching in Bull. Fan Mem. Inst. Bot. 8: 480. 1938. 本种和羽裂鳞毛蕨的主要区别：羽轴基部疏被暗棕色披针形泡状鳞片，孢子囊群近小羽片主脉着生。产福建、广东、广西及云南，生于林下。

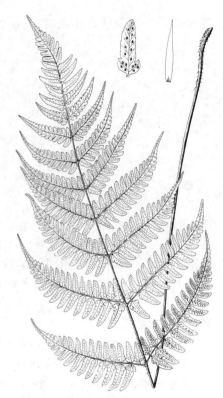

图 734 羽裂鳞毛蕨 （孙英宝绘）

68. 假稀羽鳞毛蕨　　　　　　　图 735：1-4

Dryopteris pseudosparsa Ching in Bull. Fan. Mem. Inst. Biol. Bot. 8: 489. 1938.

植株高 33-60 厘米。根茎横卧或斜升，顶端密被黑或褐黑色披针形鳞片。叶簇生；叶柄长 14-30 厘米，禾秆色，基部密被乌黑或褐棕色鳞片，向上稀疏；叶片卵状披针形，长 35-40 厘米，宽 20-25 厘米，羽裂渐尖头，二回羽状，羽片 10-13 对，卵状披针形，长 15-18 厘米，宽 2-4.5 厘米，具短柄，羽裂渐尖头；小羽片 10-13 对，披针形，长 2-3 厘米，基部近截形，宽 1-1.2 厘米，羽状全浅裂或基部小羽片羽状半裂，裂片顶端具小尖齿；叶脉下面明显，羽状，伸达叶缘；叶纸质，干后灰绿色，上面近光滑，下面叶轴具乌黑色披针形鳞片，羽轴和小羽片具棕色泡状鳞片。孢子囊群着生小羽片主脉与叶缘间，略近主脉；囊群盖圆肾形，中部红色，边缘淡红色，全缘。

产广西、贵州、四川及云南，生于海拔 1000-1350 米的山坡、溪边林下。

[附] **齿头鳞毛蕨** 图 735：5 **Dryopteris labordei** (Christ) C. Chhr. Ind. Fil. 273. 1906. —— *Aspidium labordei* Christ in Bull. Soc. Bot. France 52: Mem 1: 40. 1905. 本种与假稀羽鳞毛蕨的主要区别：叶片基部羽片基部下侧小羽片羽状深裂至羽状全裂，比上侧小羽片长 2-3 倍；叶柄基部鳞片线状披针形，黑色。产安徽、浙江、江西、福建、台湾、湖北、湖

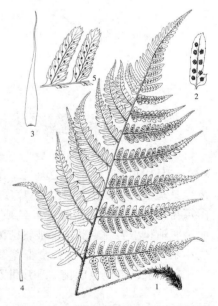

图 735：1-4.假稀羽鳞毛蕨　5.齿头鳞毛蕨
（孙英宝绘）

南、广东、广西、四川、贵州及云南，生林下。日本有分布。

69. 德化鳞毛蕨

图 736

Dryopteris dehuaensis Ching et Shing, Fl. Fujian. 1:209. 601. f. 197. 1982.

植株高40-70厘米。根茎横卧或斜升，顶端密被栗黑色线状披针形鳞片。叶簇生；叶柄长25-35厘米，深禾秆色，基部淡褐色，密被披针形栗褐黑色鳞片，向上的渐小变黑并紧贴叶柄；叶片卵状披针形，长35-45厘米，基部宽25-30厘米，羽裂渐尖头，基部下侧1对小羽片向后伸长，三回羽状，羽片10-14对，披针形，具柄，基部1对长约17厘米，宽约10厘米，柄长3-4厘米，下侧羽片较大，最基部1对最大；小羽片15-18对，披针形，基部的羽状全裂，向上的深裂至浅裂；末回小羽片长圆形，钝圆头并具锯齿，全缘；叶脉羽状，小脉单一或2叉，下面明显；叶厚纸质或近革质，干后褐绿色，叶轴和羽轴密被具睫毛黑色鳞片，主脉下面密被棕色泡状鳞片。孢子囊群着生小羽片主脉和叶缘间；无囊群盖。

产安徽、浙江、福建、江西、广东及广西，生于林下。

图 736 德化鳞毛蕨
（引自《浙江植物志》）

70. 黑水鳞毛蕨

图 737

Dryopteris amurensis Christ in Bull. Acad. Int. Geogr. Bot. 1909:35. 1909.

植株高40-50厘米。根茎直立，具分枝细鞭，顶端生新植株。叶簇生；叶柄长20-30厘米，基部黑色，上部禾秆色，疏被披针形淡褐色鳞片；叶片五角形，长20-30厘米，宽20-22厘米，三回羽状，羽片5-7对，基部1对三角形，长约10厘米，宽约8厘米；小羽片5-7对，下侧小羽片较大，下侧基部1对长6-7厘米，宽2-3厘米，羽状全裂；羽片和小羽片的柄较长；末回小羽片5-7对，三角状，羽状半裂至羽状深裂，小羽片和裂片顶端均具锐尖齿；叶片纸质，干后绿色，叶轴和羽轴疏被披针形小鳞片，小羽片下面中脉具泡状鳞片。孢子囊群着生主脉两侧；囊群盖圆肾形，全缘。

产黑龙江、吉林、辽宁及内蒙古，生于林下。朝鲜半岛、日本及俄罗斯远东地区有分布。

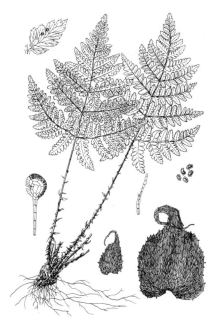

图 737 黑水鳞毛蕨 （孙英宝绘）

71. 台湾鳞毛蕨

图 738

Dryopteris formosana (Christ) C. Chr. Ind. 266. 1906.

Aspidium formosanum Christ in Bull. Herb. Boissier ser. 2, 4:615. 1904.

植株高 40-60 厘米。根茎横卧或斜升，顶端密被栗色披针形鳞片。叶簇生；叶柄长 25-35 厘米，禾秆色，基部密被栗色全缘披针形鳞片，中部以上近光滑；叶片五角形，长 20-30 厘米，基部宽 20-25 厘米，基部下侧 1 对小羽片向后伸长，三回羽状，羽片 8-10 对，披针形，基部 1 对长 10-15 厘米，基部宽达 10 厘米；小羽片约 10 对，基部下侧小羽片伸长为羽状，余小羽片羽状深裂或浅裂，裂片边缘锐裂；基部下侧小羽片的末回小羽片 8-10 对，长圆形，长 1-1.5 厘米，宽 4-5 毫米；羽片和小羽片近无柄；边缘及顶端均具锐尖齿，叶脉羽状，两面均显；叶厚纸质，干后绿色，叶轴和羽轴密被黑色泡状鳞片。孢子囊群小，着生主脉两侧；囊群盖棕色，全缘。染色体 n=123。

图 738 台湾鳞毛蕨 （引自《Fl. Taiwan》）

产浙江、台湾、贵州及四川。日本有分布。

72. 太平鳞毛蕨 图 739

Dryopteris pacifica (Nakai) Tagawa, Col. Illustr. Jap. Pterid. 100. 211. pl. 36. f. 204. 1954.

Polystichum pacificum Nakai in Bot. Mag. Tokyo 39: 119. 1925.

植株高 0.6-1 米。根茎横卧或斜升，顶端密被黑色披针形鳞片。叶簇生；叶柄长 35-45 厘米，禾秆色，基部密被与根茎相同鳞片，向上鳞片渐小成毛状及短小淡褐色紧贴鳞片；叶片五角状卵形，长 40-60 厘米，基部宽 25-35 厘米，三回羽状，基部下侧小羽片向后伸长，羽片 10-15 对，互生，基部 1 对长约 20 厘米，宽约 10 厘米；小羽片 10-15 对，披针形，基部下侧小羽片长约 10 厘米，羽状全裂或羽状深裂，中上部的小羽片半裂或具锯齿；基部小羽片的末回小羽片或裂片 10-12 对，披针形，长 1-1.5 厘米，宽 5-7 毫米，短尖头并具尖齿，叶脉羽状，小脉 2 叉或单一，伸达叶缘；叶厚纸质，干后绿色，叶轴和羽轴密被基部棕色上部黑色小鳞片，小羽片主脉被较大泡状鳞片。孢子囊群着生主脉与叶缘间，略近边缘；囊群盖圆肾形，边缘啮齿状。染色体 n=123。

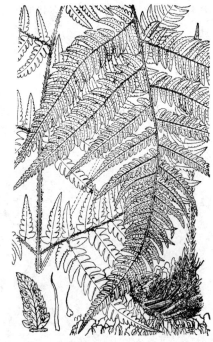

图 739 太平鳞毛蕨 （引自《江西植物志》）

产江苏、安徽、浙江、福建、江西、湖南及贵州，生于海拔 500-880 米河谷、路边、低山茶林中。朝鲜半岛及日本有分布。

73. 假异鳞毛蕨

图 740

Dryopteris immixta Ching, Fl. Tsinling. 2:165.225. pl. 41. f. 1-2. 1974.

植株高 15-35 厘米。根茎横卧或斜升，连同叶柄基部密被棕或暗棕色长钻状披针形鳞片；叶柄长 8-20 厘米，禾秆色，基部以上至叶轴密生棕色或褐棕色具锯齿小鳞片。叶簇生；叶片卵状披针形，长 9-25 厘米，基部宽 7-18 厘米，二回羽状或基部三回羽裂；羽片 5-10 对，基部 1 对长 5-10 厘米，基部宽 3-7 厘米，三角状披针形，基部上侧与叶轴平行，下侧斜出，具短柄，一回羽状；小羽片 5-8 对，基部下侧的长 5-6 厘米，宽 1-1.5 厘米，宽披针形，具粗齿或羽状深裂，裂片短渐尖头，具锯齿，第二对向上的羽片渐短，叶脉羽状，小脉 2 叉或单一；叶纸质或厚纸质，上面光滑，干后黄绿色，下面沿羽轴及小羽轴具棕色泡状鳞片。孢子囊群大，着生小羽轴两侧各 1 行，近叶缘；囊群盖圆肾形，厚质，边缘啮蚀状。

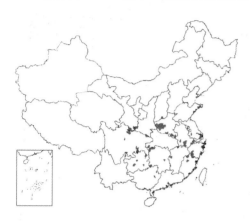

产山东、山西、河南、陕西、甘肃、江苏、安徽、浙江、

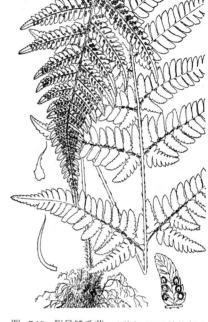

图 740 假异鳞毛蕨 （引自《江西植物志》）

福建、江西、湖北、湖南、贵州、四川及云南，生于海拔约 1200 米林下。

74. 变异鳞毛蕨

图 741

Dryopteris varia (Linn.) O. Kuntze, Rev. Gen. Pl. 2:814.1891.

Polypodium varium Linn. Sp. Pl. 1090. 1753.

植株高 0.3-1 米。根茎粗短，直立或斜升，连同叶柄基部密被褐棕或黑色窄披针形顶端毛发状鳞片。叶柄长 13-56 厘米，禾秆色，基部以上被与根茎相同鳞片及棕色薄鳞片；叶簇生；叶片五角状卵形或宽卵形，长 13-51 厘米，基部宽 20-25 厘米，长尾状渐尖头，基部截形，二回羽状或三回羽状全裂，羽片 8-12 对，披针形，基部 1 对长 15-20 厘米，基部宽 10-15 厘米，羽裂渐尖头，具短柄；小羽片 6-10 对，披针形，基部羽片的小羽片上先出，下侧羽片较大，第一片长达 15 厘米，基部宽达 3 厘米，羽状全裂；基部小羽片的末回小羽片或裂片披针形，羽状浅裂或具齿，叶脉下面明显，羽状，小脉分叉或单一；叶厚纸质或近革质，干后绿色，叶轴和羽轴疏被黑色毛状小鳞片，小羽片和裂片主脉下面疏被灰棕色泡状鳞片。孢子囊群小，近小羽片或裂片边

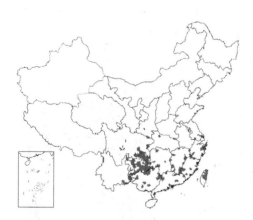

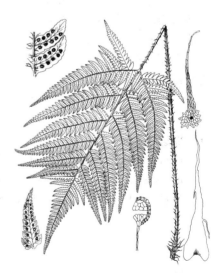

图 741 变异鳞毛蕨 （孙英宝绘）

缘着生，在羽轴两侧常不规则多行排列；囊群盖圆肾形，棕色，全缘。

产河南、陕西、江苏、安徽、浙江、台湾、福建、江西、湖北、

湖南、广东、香港、广西、贵州、四川及云南，生于海拔 300-1500 米山地、林下、溪边、灌丛中、路边及山谷石缝中。朝鲜半岛、日本、菲律宾及印度有分布。

75. 两色鳞毛蕨 图 742

Dryopteris setosa (Thunb.) Akasawa in Bull. Kochi Wom. Univ. 7:27. 1959.

Polypodium setosum Thunb. Fl. Jap. 337. 1784.

Dryopteris bissetiana (Bak.) C. Chr.; 中国高等植物图鉴 1:241. 1972.

植株高 35-60 厘米。根茎粗短，直立或斜升，密被黑或黑褐色窄披针形鳞片。叶簇生；叶柄长 15-40 厘米，基部以上达叶轴密被褐棕色卵状披针形毛状鳞片；叶片卵形或披针形，长 20-40 厘米，宽 15-25 厘米，三回羽状，羽片 10-15 对，互生，具短柄，羽裂渐尖头，基部 1 对长约 15 厘米，基部宽约 7 厘米，披针形，具短柄，二回羽状或三回羽裂，小羽片 10-13

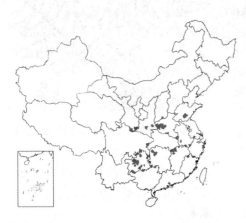

图 742 两色鳞毛蕨 （引自《图鉴》）

对，披针形，下侧小羽片较大，基部 1 对长约 6 厘米，宽约 1.5 厘米，羽状全裂；末回小羽片 5-8 对，披针形，长 1-1.5 厘米，宽 3-5 毫米，具粗齿或全缘，叶脉不显，羽状；叶近革质，干后黄绿色，叶轴和羽轴密被泡状鳞片，小羽轴和裂片主脉下面密被泡状鳞片。孢子囊群近小羽片及裂片主脉着生；囊群盖圆肾形，棕色，全缘或具睫毛。

产山东、山西、河南、陕西、甘肃、江苏、安徽、浙江、福

建、江西、湖北、湖南、贵州、四川及云南，生于海拔达 850 米林下沟边。朝鲜半岛及日本有分布。

[附] **虎耳鳞毛蕨 Dryopteris saxifraga** H. Ito in Bot. Mag. Tokyo 50: 125. 1936. 本种与两色鳞毛蕨的主要区别：叶柄和叶轴鳞片反折。产吉林及辽宁。朝鲜半岛和日本有分布。

76. 棕边鳞毛蕨 图 743

Dryopteris sacrosancta Koidz. in Bot. Mag. Tokyo 38: 108. 1924.

Dryopteris bissetiana (Baker) C. Chr.; 中国高等植物图鉴 1:241. 1972.

植株高 35-45 厘米。根茎横卧或斜升，顶端密被棕色窄披针形鳞片。叶簇生；叶柄长约 20 厘米，基部密被边缘棕色、中间黑色披针形鳞片；叶片卵状披针形，长 25-35 厘米，宽 15-20 厘米，基部心形，三回羽状，羽片 10-13 对，卵状披针形，基部 1 对羽片长 13-28 厘米，宽 7-10 厘米，具柄，羽裂渐尖头；

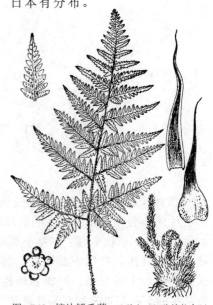

图 743 棕边鳞毛蕨 （引自《江苏植物志》）

小羽片 8-10 对，披针形，基部下侧的较大，最基部 1 片长达 7 厘米，宽达 2.5 厘米，基部心形并具短柄；末回小羽片 5-7 对，短渐尖头或钝圆头，羽状浅裂或具锯齿，叶脉羽状，小脉分叉或单一；叶厚纸质或近革质，叶轴疏被棕色披针形鳞片，羽轴和小羽轴疏被棕色披针形泡状鳞片。孢子囊群着生小羽片或裂片主脉两侧；囊群盖圆肾形，棕色，边缘啮齿状。 染色体 n=123。

产辽宁、山东、安徽、浙江及湖南。朝鲜半岛及日本有分布。

8. 耳蕨属 **Polystichum** Roth

土生中小型蕨类。根茎短粗，直立或斜升，连同叶柄基部常被鳞片，鳞片卵形、披针形、线形或纤维状，全缘、具缘毛或锯齿，腹部着生，棕或黑色，有光泽。叶簇生；叶柄具纵沟，基部以上被与基部同样较小鳞片；叶片线状披针形、卵形长圆形，基部不对称，一至三回羽裂，末回小羽片基部上侧通常有耳状凸起，下侧楔形，有尖锯齿，有时全缘；叶脉羽状，分离，上先出；叶纸质或革质，稀草质或薄革质，小脉多少被小鳞片；叶轴有时具芽胞，能萌发成新植株。孢子囊群圆形，通常着生小脉顶端，稀背生或近顶生；囊群盖圆形，盾状着生，稀无盖；孢子囊群环带具 18 或更多加厚细胞。孢子椭圆形，周壁具褶皱。染色体基数 x=41。

约 300 种，多分布于北半球温带及亚热带山地；中国西南和南部为分布中心。我国约 170 种。

1. 叶轴有芽胞。
　2. 芽胞生于叶轴顶端，并延伸成鞭状。
　　3. 羽片长圆形、窄长圆形或三角状卵形，长不及 2 厘米；叶柄下部鳞片披针形。
　　　4. 孢子囊群盖全缘 ·············· 1. **鞭叶耳蕨 P. craspedosorum**
　　　4. 孢子囊群盖边缘啮齿状 ·············· 2. **蚀盖耳蕨 P. erosum**
　　3. 羽片带状披针形，长 2-2.5 厘米；叶柄下部鳞片窄卵形 ·············· 3. **山东耳蕨 P. shandongense**
　2. 芽胞生于叶轴上部，叶轴顶端不延伸成鞭状。
　　5. 叶片一回羽状，披针形或线状披针形。
　　　6. 叶革质；叶片羽裂长渐尖头；羽片顶端渐尖。
　　　　7. 羽片边缘缺刻状或具刺状浅锯齿,基部上侧的耳片内侧不与其上部裂开 ·············· 4. **狭叶芽胞耳蕨 P. stenophyllum**
　　　　7. 羽片边缘具粗锯齿或浅羽裂，基部上侧的耳片内侧向下浅裂至半裂，与上部分开 ·············· 4(附). **错那耳蕨 P. stenophyllum** var. **conaense**
　　　6. 叶纸质；叶片具镰状长圆形羽片，羽片钝头，稀尖头 ·············· 5. **小狭叶芽胞耳蕨 P. atkinsonii**
　　5. 叶片一回羽状或一回羽状至二回羽状分裂，叶片为宽披针形、卵状披针形或三角形。
　　　8. 叶片一回羽状至二回羽状分裂。
　　　　9. 叶近二型，能育叶较小；叶片宽披针形；叶柄鳞片边缘锯齿不整齐，常分叉或不整齐羽状分枝 ·············· 6. **锯鳞耳蕨 P. prionolepis**
　　　　9. 叶一型；叶片窄长披针形；叶柄鳞片具整齐单锯齿 ·············· 7. **柔软耳蕨 P. lentum**
　　　8. 叶片二回羽状。
　　　　10. 下部羽片的小羽片基部多少具窄翅下延叶轴。
　　　　　11. 小羽片及其下部羽片的裂片菱状卵形或倒卵形，骤尖头，具芒刺尖 ·············· 8. **陈氏耳蕨 P. chunii**
　　　　　11. 小羽片及其下部羽片的裂片为卵形或长圆形，渐尖头或短尖头。
　　　　　　12. 叶片长三角形，基部不或略窄缩；羽片顶端渐尖头或长渐尖头 ·············· 8(附). **长羽芽胞耳蕨 P. attenuatum**
　　　　　　12. 叶片窄长椭圆状披针形，基部通常窄缩，近中部处最宽；羽片顶端尖头 ··············

·· 8(附). **长叶芽胞耳蕨 P. attenuatum** var. **subattenuatum**

10. 下部羽片的小羽片基部不沿羽轴下延。

   13. 小羽片顶端及上部两侧锯齿具芒刺尖 ·············· 9. **疏羽耳蕨 P. disjunctum**

   13. 小羽片顶端尖，锯齿无芒状刺，两侧浅裂片或具锯齿，或边缘浅缺刻状或波状 ·······························
·· 10. **灰绿耳蕨 P. eximium**

1. 叶轴无芽胞。

  14. 叶纸质或革质；叶片一至二回羽状，末回裂片非条形、窄线形或匙形。

    15. 叶革质或近革质，上面常有光泽；羽片或小羽片顶端具硬尖刺或芒状刺头。

     16. 孢子囊群着生小脉背部。

      17. 叶一回羽状，羽片不裂。

       18. 叶片线状披针形或窄倒披针形，宽 3.5-4 厘米；羽片具张开刺状锯齿 ······ 11. **矛状耳蕨 P. lonchitis**

       18. 叶片倒披针形或宽倒披针形，宽 4.5-12 厘米；羽片具软骨质小尖齿或重齿 ·····
·· 12. **尼泊尔耳蕨 P. nepalense**

      17. 叶片二回羽状分裂；羽片或裂片边缘具软骨质小齿 ·········· 13. **镰叶耳蕨 P. manmeiense**

     16. 孢子囊群着生小脉顶端。

      19. 叶轴被黑、深棕或黑棕色钻状或线形鳞片。

       20. 叶一回羽状；羽片不裂，有时基部上侧有一分离耳片，或羽片下部浅裂状 ·····························
·· 14. **剑叶耳蕨 P. xiphophyllum**

       20. 叶二回羽状深裂或二回羽状，稀三回羽状分裂。

        21. 羽片羽状深裂，无分离耳片或基部有 1 片或 1-2 对分离小羽片 ······ 15. **浪穹耳蕨 P. langchungense**

        21. 羽片具多数分离小羽片。

         22. 羽片基部上侧具第一片小羽片，其余小羽片基部上侧均无明显耳状凸起，小羽片无明显锯齿。

          23. 叶片长达 20 厘米；羽片短渐尖头 ·············· 16. **中华对马耳蕨 P. sino-tsus-simense**

          23. 叶片长达 50 厘米；羽片长渐尖头或尾状头 ·············· 17. **洪雅耳蕨 P. pseudo-xiphophyllum**

         22. 小羽片基部上侧均有耳状凸起，小羽片具锯齿，齿端常芒刺状。

          24. 叶片为薄革质或革质；叶轴下面被线状、基部扩大具睫毛的鳞片。

           25. 小羽片斜长圆形、斜卵形或宽卵形 ·············· 18. **对马耳蕨 P. tsus-simense**

           25. 小羽片宽披针形或窄椭圆形 ·············· 18(附). **草叶耳蕨 P. herbaceum**

          24. 叶片坚革质；叶轴下面下部密被棕或黑棕色鳞片 ·········· 19. **前原耳蕨 P. mayebarae**

      19. 叶轴被多型棕色或红棕色鳞片。

       26. 叶片一回羽状，披针形或线状披针形，宽不及 4（5）厘米，长为宽 5 倍以上，羽片不裂或羽状
        全裂，稀深裂，裂片 4 对以下。

        27. 叶片线状披针形，下部羽片具 1-2 对裂片。

         28. 羽片先端近圆具刺状头，边缘具刺状齿 ·············· 20. **菱羽耳蕨 P. pseudorhomboideum**

         28. 羽片先端尖或刺尖，边缘具细齿 ·············· 20(附). **猫儿刺耳蕨 P. stimulans**

        27. 叶片披针形或三角状披针形；羽片为羽状或羽状分裂。

         29. 裂片或小羽片边缘全缘或具小齿。

          30. 叶轴下面密生绒毛状鳞片；叶片披针形，尖头 ·············· 21. **圆片耳蕨 P. cyclolobum**

          30. 叶轴下面被有纤毛状边缘或带分枝的棕色鳞片；叶片窄披针形，渐尖头 ·····
·· 22. **印西耳蕨 P. mehrae**

         29. 裂片、小羽片或下部羽片基部的裂片或小羽片边缘具张开刺状齿 ·······························
·· 23. **刺叶耳蕨 P. acanthophyllum**

       26. 叶片二回羽状分裂或二回羽状，宽 6 厘米以上，长约为宽 4 倍以下，裂片或小羽片 4-15 对。

31. 羽片羽状分裂不达叶轴，除基部第一或二对外，无分离小羽片 ························· 24. **阔鳞耳蕨 P. rigens**

31. 羽片羽状，具分离的小羽片，或深裂达叶轴。

    32. 羽片中部以下的小羽片基部上侧具三角状耳形凸起，顶端刺状。

        33. 羽片基部上侧第一片小羽片长 1.2-2 厘米，羽状浅裂，侧脉下面略凹陷 ·······························
        ··· 25. **宝兴耳蕨 P. baoxingense**

        33. 羽片基部上侧的第一片小羽片不裂或上侧羽状浅裂, 侧脉下面不凹陷或略凸起 ····················
        ··· 25(附). **密鳞耳蕨 P. squarrosum**

    32. 小羽片基部上侧无耳状凸起。

        34. 中部羽片的小羽片较窄，倒卵形、宽披针形或镰状窄长圆形。

          35. 叶轴下面鳞片平直 ······························· 26. **宽鳞耳蕨 P. latilepis**

          35. 叶轴下面鳞片扭曲 ······························· 27. **革叶耳蕨 P. neolobatum**

        34. 中部羽片的小羽片较宽，斜宽卵形、斜长圆形或菱状卵形。

          36. 叶片长 25-60 厘米；小羽片具小尖齿，基部羽片的小羽片具张开刺状齿 ·············
          ···································· 28. **喜马拉雅耳蕨 P. brachypterum**

          36. 叶片长 20-40 厘米；小羽片均具张开长刺状锯齿 ········· 29. **斜方刺叶耳蕨 P. rhombiforme**

15. 叶草质、纸质或厚纸质，稀近革质；羽片或小羽片顶端及边缘具短尖头或细软芒状刺。

  37. 孢子囊群着生小脉背部，囊群盖早落或无囊群盖。

    38. 叶柄被棕色鳞片，无带黑色的鳞片。

      39. 叶轴被流苏状鳞片；无孢子囊群盖 ······················· 30. **大叶耳蕨 P. grandifrons**

      39. 叶轴被全缘或具少数小锯齿鳞片；孢子囊群盖发育不良，不明显 ··········· 31. **高大耳蕨 P. altum**

    38. 叶柄具二色鳞片，棕色兼有带黑色的鳞片。

      40. 叶轴具带黑色鳞片 ··· 32. **长刺耳蕨 P. longispinosum**

      40. 叶轴无带黑色鳞片。

        41. 羽片 16-27 对；叶柄鳞片长达 3 厘米 ··············· 33. **南亚耳蕨 P. tacticopterum**

        41. 羽片 8-12 对；叶柄鳞片长达 2 厘米 ··············· 34. **二尖耳蕨 P. biaristatum**

  37. 孢子囊群着生小脉顶端，囊群盖宿存。

    42. 根茎多次 2 叉分枝，形成密丛，夏绿植物。

      43. 羽片或小羽片下面具披针形或窄披针形小鳞片。

        44. 叶片一回羽状，羽片具锯齿或羽状浅裂。

          45. 叶片上面光滑，叶轴鳞片常脱落近光滑 ··············· 35. **拉钦耳蕨 P. lachenense**

          45. 叶片上面被毛状鳞片，叶轴下面密被鳞片 ··············· 36. **杜氏耳蕨 P. duthiei**

        44. 叶片一回羽状，羽片羽裂至中部，基部具 1 对深裂裂片，或具 2-7 对深裂裂片。

          46. 羽片下部具 1-2 对深裂裂片。

            47. 叶片中部及以下羽片三角状卵形或卵形；叶柄及叶轴鳞片一色 ······· 37. **穆坪耳蕨 P. moupinense**

            47. 叶片中部及其下羽片卵形或椭圆形，基部的三角状卵形；叶柄及叶轴具淡棕及紫棕色鳞片 ·······
            ··· 38. **栗鳞耳蕨 P. castaneum**

          46. 羽片具 3 对以上深裂达羽轴的裂片 ··············· 39. **陕西耳蕨 P. shensiense**

      43. 羽片或小羽片下面具纤毛状小鳞片。

        48. 羽片先端及边缘锯齿或裂片先端具芒状尖刺 ··············· 40. **芒刺耳蕨 P. prescottianum**

        48. 羽片先端及边缘锯齿无毛状尖。

          49. 叶柄鳞片均棕色，有时向叶柄基部渐深棕色，向上无深色鳞片。

            50. 叶柄下部棕色。

              51. 羽片三角状披针形，裂片 3-4 对 ··············· 41. **昌都耳蕨 P. qamdoense**

51. 羽片披针形，裂片8-12对 ································ 42. **工布耳蕨 P. gongboense**
50. 叶柄禾秆色或下部带褐色。
　52. 叶片中部宽18厘米以上；中部羽片较长，具小羽片12对以上；叶柄鳞片红棕或棕色。
　　53. 叶片长60-72厘米；小羽片长圆形或斜卵形；孢子囊群有盖 ·········· 43. **薄叶耳蕨 P. bakerianum**
　　53. 叶片长32-60厘米；小羽片斜长圆形；孢子囊群无盖 ············ 44. **红鳞耳蕨 P. rufopaleaceum**
　52. 叶片中部宽不及14厘米；羽片较短，中部通常具裂片（或小羽片）10对以下；叶柄鳞片棕或黄棕色。
　　54. 叶轴下面具宽披针形或窄卵形鳞片；叶柄基部具卵形鳞片 ·········· 45. **中华耳蕨 P. sinense**
　　54. 叶轴下面具纤毛状及线形鳞片；叶柄基部被披针形鳞片 ·········· 46. **毛叶耳蕨 P. mollissimum**
49. 叶柄具棕色鳞片，兼有边缘棕色中央深棕色的鳞片 ············ 47. **秦岭耳蕨 P. submite**
42. 植株不形成密丛状，常绿植物。
　55. 叶片二回羽状分裂或二回羽状；羽片和小羽片非对开式，主脉居中部，基部对称，下面被纤毛状小鳞片。
　　56. 小羽片上面小脉顶端具水囊 ································ 48. **中缅耳蕨 P. punctiferum**
　　56. 小羽片上面无水囊。
　　　57. 叶柄具线形棕色鳞片 ································ 49. **分离耳蕨 P. discretum**
　　　57. 叶柄具卵形、卵状披针形或宽披针形鳞片。
　　　　58. 中上部羽片的小羽片上侧无耳状凸起；叶轴鳞片宽卵形或卵状披针形；小羽片下面具长纤毛状小鳞片；有或无孢子囊群盖。
　　　　　59. 叶轴密被淡棕色大鳞片；叶片顶端能育；孢子囊群无盖。
　　　　　　60. 叶柄密被棕色披针形鳞片 ·················· 50. **长鳞耳蕨 P. longipaleatum**
　　　　　　60. 叶柄密被棕色线形、棕色和中间黑棕色大鳞片 ·········· 51. **裸果耳蕨 P. nudisorum**
　　　　　59. 叶轴密被黑棕或深棕色大鳞片；叶片顶端不育；孢子囊群具盖 ······ 52. **片马耳蕨 P. pianmaense**
　　　　58. 中上部羽片的小羽片上侧具耳状凸起。
　　　　　61. 羽片下面小鳞片为长纤毛状，密集；叶柄小鳞片一色或二色；叶片中部以下的羽片渐短或不缩短。
　　　　　　62. 叶柄或叶柄基部具黑棕色鳞片，叶轴鳞片淡棕色 ·········· 53. **布朗耳蕨 P. braunii**
　　　　　　62. 叶柄无黑棕色鳞片，叶轴鳞片棕或灰棕色。
　　　　　　　63. 叶轴下面的鳞片先端指向上方、侧方或不定向（非倒生）。
　　　　　　　　64. 叶轴或中部以下具卵形或卵状披针形鳞片 ·········· 54. **卵鳞耳蕨 P. ovato-paleaceum**
　　　　　　　　64. 叶轴鳞片窄长披针形和线形 ·················· 55. **棕鳞耳蕨 P. polyblepharum**
　　　　　　　63. 叶轴下面鳞片先端指向下方（倒生） ············ 56. **倒鳞耳蕨 P. retroso-paleaceum**
　　　　　61. 羽片下面小鳞片短纤毛状，稀疏；叶柄鳞片二色；叶片中部以下的羽片不缩短。
　　　　　　65. 叶轴鳞片一色（不混生黑棕色鳞片）。
　　　　　　　66. 孢子囊群近小羽片边缘着生。
　　　　　　　　67. 叶片三角状卵形，叶轴鳞片披针形或线形；小羽片长圆形，钝圆头，基部耳状凸弧形，囊群盖全缘 ································ 57. **假黑鳞耳蕨 P. pseudo-makinoi**
　　　　　　　　67. 叶片三角状披针形或长圆形，叶轴鳞片线形；小羽片镰状三角形，锐尖头，耳状凸三角形；囊群盖边缘啮齿状 ························ 58. **尖头耳蕨 P. acutipinnulum**
　　　　　　　66. 孢子囊群中生或近主脉着生。
　　　　　　　　68. 叶片先端骤窄缩或尾状。
　　　　　　　　　69. 叶轴或羽轴着生处具披针形或线形鳞片，小羽片三角形或长圆形 ································
　　　　　　　　　　 ·· 59. **半育耳蕨 P. semifertile**
　　　　　　　　　69. 叶轴鳞片线形，小羽片长圆形或镰状长圆形 ········ 60. **长羽耳蕨 P. longipinnulum**
　　　　　　　　68. 叶片渐尖头，不骤窄缩。

70. 叶轴被卵状披针形鳞片，小羽片具长芒状锯齿 ································ 60(附). 长芒耳蕨 **P. longiaristatum**

70. 叶轴无或下部具卵状披针形鳞片；小羽片具短芒状尖齿。

  71. 植株高 40-60 厘米；叶长 28-52 厘米；叶轴鳞片非倒生 ································ 61. 黑鳞耳蕨 **P. makinoi**

  71. 植株高 60-80 厘米；叶长 50-64 厘米；叶轴具倒生线状、钻形鳞片 ·········· 62. 钻鳞耳蕨 **P. subulatum**

65. 叶柄被二色鳞片，兼有带黑棕色鳞片，稀无黑棕色鳞片。

  72. 叶轴无或下部具卵状披针形鳞片，小羽片镰状三角形或窄长圆形 ·········· 61. 黑鳞耳蕨 **P. makinoi**

  72. 叶轴被卵状披针形鳞片。

   73. 叶片长圆状披针形；小羽片长圆形，上侧近全缘或具芒尖锯齿，下面密被小鳞片；羽片非尾状尖头，基部 1-2 对羽片常不育 ································ 63. 乌鳞耳蕨 **P. piceo-paleaceum**

   73. 叶片长圆形或椭圆状披针形；小羽片三角状卵形，上侧具粗齿或浅裂，齿端具芒尖，下面疏被小鳞片；羽片常尾状尖头，羽片全能育 ································ 64. 云南耳蕨 **P. yunnanense**

55. 叶片一回羽状，披针形，基部 1 对羽片通常特长，并羽状或羽裂呈十字形；羽片及小羽片对开式，主脉偏生下侧，基部不对称。

74. 基部 1 对羽片不伸长，非羽状或羽裂，叶片披针形或窄长圆状披针形。

  75. 羽片不裂。

   76. 叶脉先端增粗呈棒状。

    77. 羽片具波状锯齿或浅钝齿，叶脉均粗而凸起 ································ 65. 粗脉耳蕨 **P. crassinervium**

    77. 羽片具不整齐尖锯齿，齿端多具短尖头 ································ 66. 宜昌耳蕨 **P. ichangense**

   76. 叶脉先端不增粗呈棒状。

    78. 羽片边缘除下侧基部，通常具密而整齐并有芒状尖头的锯齿 ·········· 67. 芒齿耳蕨 **P. hecatopteron**

    78. 羽片边缘非上述情况。

     79. 羽片顶端通常钝圆、圆截或截形，有或无短尖头。

      80. 羽片边缘波状或有尖齿，顶端钝圆 ································ 68. 圆顶耳蕨 **P. dielsii**

      80. 羽片具顶端芒刺或短硬刺头的牙齿，顶端圆截或截形。

       81. 叶厚纸质或近革质；羽片具顶端有芒刺或短硬刺头的牙齿。

        82. 羽片上面无光泽，下面疏被小鳞片、鳞毛及节毛，上侧边缘具多达 10 个牙齿；叶轴鳞片披针形或宽披针形 ································ 69. 正宇耳蕨 **P. liui**

        82. 羽片上面有光泽，下面疏被短节毛，上侧边缘具 1-2 个牙齿；叶轴鳞片卵形，尾状长渐尖头 ································ 70. 亮叶耳蕨 **P. lanceolatum**

       81. 叶薄纸质；羽片具有顶端尖或具短刺头牙齿或浅裂片状粗齿，下面疏被细小鳞片及节毛 ································ 69(附). 金佛山耳蕨 **P. jinfoshanense**

     79. 羽片尖头或渐尖头。

      83. 羽片稍向上斜展 ································ 72. 近边耳蕨 **P. submarginale**

      83. 羽片平展，或反折斜展，或中部以上的略向上斜展。

       84. 羽片稍反折斜展 ································ 72. 涪陵耳蕨 **P. consimile**

       84. 羽片多平展或近平展，中部以上的略向下斜展，有时中部以下的反折斜展，或同一植株个别叶片的羽片多反折斜展。

        85. 羽片卵形、菱状卵形、长圆形、短镰刀形或短宽弯刀形，中部羽片长与基部宽比例为 2：1 或更宽。

         86. 羽片边缘锯齿多少具短刺头。

          87. 叶长 7-13 厘米，宽 1-2 厘米；羽片卵形或卵状长圆形，长 5-9 毫米，宽 3-4 毫米 ································ 73. 拌藓耳蕨 **P. muscicola**

         87. 叶片通常长 25 厘米，宽 2 厘米以上；羽片矩圆形或短镰刀形，中部的长 1.5 厘米以上，宽 7 毫米以上，两侧斜展。

88. 羽片上侧耳状凸起的边缘具粗锯齿或锯齿。

89. 羽片锯齿不整齐，兼有单锯齿及重锯齿，下部锯齿浅钝，顶端有或无短刺头 ……………… …………………………………………………………………………………………… **74. 对生耳蕨 P. deltodon**

89. 羽片有整齐单一锯齿，无重锯齿，下部的锯齿较长，向上的锯齿略短，齿端尖，具芒状刺头 …………………………………………………… **74(附). 纳雍耳蕨 P. nayongense**

88. 羽片通常短宽弯刀形，中部以上具少数尖头浅锯齿，中部以下波状或具缺刻状钝齿，偶上侧近耳 状凸起边缘有 1 短刺头小齿 …………………………… **74(附). 刀羽耳蕨 P. deltodon** var. **cultripinnum**

86. 羽片锯齿通常钝头或尖头，先端无短刺，若有，则羽片菱状卵形。

90. 羽片多达 40 对，长圆形或镰刀状长圆形。

91. 孢子囊群近羽片边缘着生；羽片达 40 对 ………………… **74(附). 钝齿耳蕨 P. deltodon** var. **henryi**

91. 孢子囊群中生或略近羽片边缘着生；羽片 20 对以下 ………… **75. 新对生耳蕨 P. paradeltodon**

90. 羽片 15 对以下，通常菱状卵形，有时部分羽片近长圆形；孢子囊群中生 ………………… …………………………………………………………………………………… **76. 斜羽耳蕨 P. obliquum**

85. 羽片披针形、镰刀状披针形、长圆状披针形或三角形，中部羽片的长宽比例约 3：1。

92. 羽片长不及 1.8 厘米，最宽 5 毫米以下；叶片窄长椭圆状披针形 ……… **77. 无盖耳蕨 P. gymnocarpium**

92. 中部羽片长 2 厘米以上，最宽 7 毫米以上，叶片披针形或宽披针形。

93. 羽片下侧边缘波状，或具缺刻状浅圆齿，或具浅钝锯齿及少数尖头浅锯齿 ……………… …………………………………………………………………………………… **78. 尖顶耳蕨 P. excellens**

93. 羽片具尖锯齿，齿端具短刺头。

94. 羽片边缘锯齿稍内弯或前伸；孢子囊群中生 ……………… **79. 尖齿耳蕨 P. acutidens**

94. 羽片边缘锯齿向上斜展；孢子囊群近羽片边缘着生或近中生。

95. 叶纸质；羽片下面被顶端腺体状节毛 ………………… **80. 台湾耳蕨 P. formosanum**

95. 叶革质；羽片下面具小鳞片 ………………… **81. 长镰羽耳蕨 P. falcatilobum**

75. 羽片深羽裂或浅羽裂。

96. 叶轴无芽胞 ………………………………………………………… **82. 尾叶耳蕨 P. thomsonii**

96. 叶轴基部上面第一对羽片间有 1 小芽胞 …………………… **82(附). 基芽耳蕨 P. capilipes**

74. 基部 1 对羽片羽状或羽裂，通常特长，叶常呈十字形（戟形）。

97. 叶片线状披针形，基部羽片不伸长，或与中部羽片等长，有时略缩短 … **83. 单羽耳蕨 P. simplicipinnum**

97. 叶片 3 出，呈戟形，基部羽片或部分叶片的基部羽片或多或少向两侧伸长。

98. 中央羽片的小羽片斜长方形，先端尖或钝尖，下面光滑 ……………… **84. 小戟叶耳蕨 P. hancockii**

98. 中央羽片的小羽片镰刀状披针形，先端渐尖，下面沿主脉疏生棕色披针形鳞片 …………………………………………………………………………… **85. 戟叶耳蕨 P. tripteron**

14. 叶草质、纸质或薄纸质；叶片二至四回羽状细裂，或一至二回羽状细裂，裂片及末回裂片线形、条形、 窄楔形或匙形，具 1 小脉。

99. 叶柄和叶轴鳞片贴生，或多数贴生，叶柄基部有少数开展鳞片。

100. 叶片三至四回羽状，末回裂片线形。

101. 叶片长椭圆形或椭圆状倒宽披针形，羽片密接，达 40 对，中部或中部以下的渐短，叶轴下面疏被窄 长披针形贴生鳞片，羽轴禾秆色或浅绿禾秆色；孢子囊群具囊群盖 ………… **86. 峨嵋耳蕨 P. omeiense**

101. 叶片长卵形，羽片具窄的间距，25 对以下，基部不缩短或略缩短，叶轴被较密宽卵形贴生鳞片，叶 轴绿色；孢子囊群无盖 ……………………………………………… **87. 角状耳蕨 P. alcicorne**

100. 叶片一至二回羽状，羽片或小羽片浅裂、深裂或全裂，裂片非线形。

102. 叶片二回羽状，小羽片羽状全裂或深裂。

  103. 叶片椭圆状披针形，中部宽5-6厘米；羽片基部不对称；小羽片长不及8毫米，宽3毫米以下，羽片半裂或深裂，基部窄楔形，基部上侧的1片耳状，裂片椭圆状条形或匙形 ·············· ······················· 88. **拟角状耳蕨 P. christii**

  103. 叶片卵形或卵状宽披针形，中下部宽（7-）10-23厘米 3；羽片基部对称或近对称，小羽片羽状浅裂或半裂，稀深裂，基部宽楔形，较大的长1-2厘米，宽4-8毫米，基部羽片以上的等大或近等大，裂片卵圆状三角形，稀条状长圆形。

    104. 羽片尖头，羽轴下半部无绿色窄翅，小羽片长达2厘米，宽5毫米以下；孢子囊群中生或近中生 ··· ························· 89. **中越耳蕨 P. tonkinense**

    104. 羽片渐尖头至长渐尖头，羽轴两侧具绿色窄翅，小羽片长达1厘米，宽2-4毫米；孢子囊群近边缘着生 ················· 90. **杰出耳蕨 P. excelsius**

102. 叶片一回羽状，羽片羽状浅裂至全裂 ················· 91. **武陵山耳蕨 P. leveillei**

99. 叶柄及叶轴鳞片开展 ······························· 92. **细裂耳蕨 P. wattii**

1.　鞭叶耳蕨　华北耳蕨　　　　　　　　　图744

Polystichum craspedosorum (Maxim.) Diels in Engl. u. Prantl, Nat. Pflanzenfam. 1(4): 189. f. 99. 1899.

Aspidium craspedosorum Maxim. in Bull. Acad. Imp. Sci. St. Petersb. 15: 231. 1870.

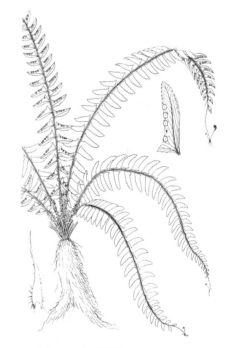

图 744 鞭叶耳蕨 （引自《图鉴》）

植株高9-20厘米。根茎短而直立，连同叶柄基部密被褐棕色、边缘流苏状披针形鳞片。叶簇生；叶柄长2-7厘米，禾秆色，具纵沟，基部以上至叶轴密生与根茎同样鳞片及钻状鳞片；叶片线状披针形或窄倒披针形，长10-20厘米，宽2-4厘米，一回羽状，羽片13-26对，下部的对生，向上的互生，几无柄，长圆形或窄长圆形，中部的长0.8-2厘米，宽5-8毫米，基部上侧具三角形耳状凸起，下侧楔形，具内弯尖齿；叶脉羽状，小脉单一或2叉，上面不显，下面稍隆起；下面沿脉被棕色鳞片；叶轴具纵沟，下面密被鳞片，先端延伸成鞭状，顶端芽胞萌发长成新植株。孢子囊群通常沿叶缘着生，在主脉上侧排成1行；囊群盖大，圆形，全缘，盾状，宿存。

产黑龙江、吉林、辽宁、河北、山东、山西、河南、陕西、宁夏、甘肃、浙江、湖北、湖南、广西、贵州、四川及云南，生于海拔1100-2300米石灰岩地区石缝中或岩壁。俄罗斯远东地区、朝鲜半岛及日本有分布。

2.　蚀盖耳蕨　　　　　　　　　　　图745

Polystichum erosum Ching et Shing in Acta Phytotax. Sin. 10(4):303. 1965.

植株高5-15厘米。根茎直立，密被披针形棕色鳞片。叶簇生；叶柄长1-5厘米，禾秆色，具纵沟，密被褐棕色边缘纤毛状披针形鳞片；叶片线状披针形或倒披针形，长5-16厘米，宽1-2.6厘米，一回羽状，羽片14-25对，无柄，三角状卵形或长圆形，中部的长0.6-1.5厘米，宽3-5毫米，基部上侧略耳状凸起，下侧楔形，具内弯尖齿牙；叶脉羽状，侧脉单一或2叉，上面不显，下面略隆起，叶纸质，两面被鳞片，叶轴具纵沟，下面被

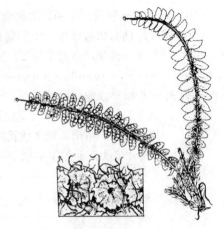

图 745 蚀盖耳蕨 （陈笺绘）

鳞片，顶端有芽胞。孢子囊群在主脉两侧各排成1行；囊群盖大而圆，边缘啮齿状。

产甘肃、河南、湖北、湖南、贵州、四川及云南，生于海拔1400-2400米林下岩石上。

3. 山东耳蕨 图746

Polystichum shandongense J. X. Li et Y. Wei in Acta Phytotax. Sin. 22(2): 164. f. 1. 1984.

植株高30-40厘米。根茎直立，密被棕色披针形鳞片。叶簇生；叶柄长10-15厘米，禾秆色，具纵沟，密被窄卵形棕色有齿鳞片；叶片线状披针形，长20-30厘米，宽4-5厘米，一回羽状，羽片30-40对，互生，带状披针形，中部的长2-2.5厘米，宽5-6毫米，钝头，基部上侧有三角形耳状凸起，下侧楔形，具内弯尖牙齿，叶脉羽状，侧脉单一，上面不显，

图 746 山东耳蕨 （引自《山东植物志》）

下面稍隆起；叶纸质，下面叶脉被线形及毛状鳞片，叶轴具纵沟，下面密被披针形鳞片，先端延伸成鞭状，顶端芽胞萌发成新植株。孢子囊群在主脉两侧各排成1行，略近叶缘；囊群盖大，圆形隆起，全缘。

产辽宁及山东，生于海拔1100米以下林下石缝中。

4. 狭叶芽胞耳蕨 芽胞耳蕨 图747

Polystichum stenophyllum Christ in Bull. Soc. Bot. France 52 Mém. 1: 27. 1905.

植株高15-60厘米。根茎短而直立，顶端密被棕色边缘流苏状披针形鳞片。叶簇生；叶柄长1-12厘米，禾秆色或浅紫红色，具纵沟，通

图 747 狭叶芽胞耳蕨
（引自《中国蕨类植物图谱》）

常密被两种鳞片；叶片线状披针形，长8-50厘米，中部宽1-5厘米，一回羽状，羽片20-60对，互生，镰状长圆形，中部的长0.5-2.5厘米，宽0.3-1厘米，渐尖头，具缺刻状锯齿，基部上侧为三角形耳状凸起，下侧楔形，具缺刻状或短刺状浅锯齿，中部以下各对羽片渐短，并多少反折；叶脉羽状，单一或2叉；叶革质，上面光滑，下面密被卵状披针形棕色小鳞片；叶轴禾秆色

或浅紫红色，具纵沟，两面均被小鳞片，近顶端具芽胞。孢子囊群着生小脉顶端，在小羽片主脉两侧各排成1行；囊群盖圆盾形，棕色，近全缘。

产河南西南部、甘肃南部、台湾、湖北西部、四川、云南及西藏，生于海拔1700-3200米山地针阔混交林及竹林下。不丹、尼泊尔和缅甸北部有分布。

[附] **错那耳蕨** 图 748：3-4
Polystichum stenophyllum var. **conaense** (Ching et S. K. Wu) W. M. Chu et Z. R. He, Fl. Republ. Popul. Sin. 5(2): 8. 2001. —— *Polystichum conaense* Ching et S. K. Wu in C. Y. Wu, Fl. Xizang. 1: 217. pl. 53: 7-9. 1983. 本变种与模式变种的主要区别：羽片具粗锯齿或浅羽裂，基部上侧耳片内侧向下浅裂至半裂，与上部分开。产四川西部、云南西北部及西藏南部，生于海拔2500-3050米针阔叶混交林中石壁上。

5. **小狭叶芽胞耳蕨** 小芽胞耳蕨 小羽耳蕨 图 748：1-2

Polystichum atkinsonii Bedd. Ferns Brit. Ind. Suppl. 14, t. 362. 1876.

植株高5-22厘米。根茎短而直立，顶端密被红棕色、具疏长齿披针形鳞片。叶簇生，叶柄纤细，长0.5-10厘米，浅紫色，具纵沟，疏被小鳞片；叶片线状披针形，长3-11厘米，中部宽0.5-2厘米，钝头，具2-4小裂片，一回羽状，羽片10-24对，具短柄，镰状长圆形，中部的长0.2-1厘米，宽0.2-1厘米，钝头，稀尖头，基部上侧耳状凸起，下侧楔形，浅裂或半

裂，多具钝锯齿，稀有重锯齿，叶脉羽状，不显，侧脉单一或2叉；叶纸质，干后浅绿色，下面被小鳞片，叶轴通常浅紫色，具浅沟，两面疏被小鳞片，顶端通常有小芽胞。孢子囊群中生，位于小脉顶端，在主脉两侧各排成1行，囊群盖圆盾形，棕色，厚膜质，密接或重叠，宿存。

产陕西、湖北、湖南、贵州、四川、云南及西藏，生于海拔1550-4000米山地林下或山顶岩缝中。不丹、尼泊尔和日本有分布。

6. **锯鳞耳蕨** 锯叶耳蕨 图 749：1-2

Polystichum prionolepis Hayata, Ic. Pl. Formos. 4: 198, f. 134. 1914.

植株高40-60厘米。根茎短而斜上。叶簇生，近二型，能育叶较小；叶柄深禾秆色，长13-23厘米，被大小二型鳞片；鳞片边缘密生

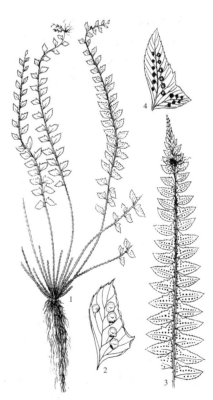

图 748：1-2.小狭叶芽胞耳蕨
3-4.错那耳蕨 （蔡淑琴绘）

不整齐、常分叉或分枝锯齿；叶片宽披针形，不育叶长达30厘米，宽

达12厘米，能育叶长达16厘米，宽达6厘米，羽裂渐尖头，一回羽状或二回羽状分裂；侧生羽片8-20对，披针形，基部上侧耳状凸起，下侧楔形，羽状浅裂或半裂，上部的具粗浅锯，不育羽片长达6厘米，宽达1.5厘米，能育的长达3厘米，宽达1厘米，裂片戟形，具1-5锐尖小齿，边缘锐齿较多；主脉明显，小脉不显，单一或分叉。叶革质，干后绿或黄绿色；叶轴禾秆色，

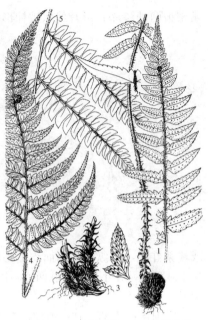

具深沟，下面密被小鳞片，近顶端下面有时具芽胞。孢子囊群生于小脉背部，近主脉，每组侧脉1-5枚；囊群盖圆盾形，棕色，边缘浅裂。孢子周壁具网状纹饰。

产台湾及云南中南部，生于海拔2100-2400米山地云杉林及杉木林下阴处岩石上。

图 749：1-2.锯鳞耳蕨　3-6.疏羽耳蕨
（蔡淑琴绘）

7. 柔软耳蕨　长柄耳蕨　墨脱耳蕨　　　　　　图750

Polystichum lentum (Don) Moore, Ind. Fil. 86. 1858.

Aspidium lentum Don, Prodr. Fl. Nepal. 4. 1825.

植株高0.4-1米。根茎短而直立，顶端密被鳞片，鳞片中部黑色，边缘棕色和密被细齿，长卵形或卵状披针形。叶簇生，一型；叶柄禾秆色，长10-30厘米，上面具纵沟，基部密被与根茎相同鳞片及混生边缘有整齐单锯齿小鳞片，向上渐稀；叶片窄长披针形，长30-70厘米，中部宽5-10厘米，二回羽状浅裂或深裂，羽片25-40对，下部的向下反折，披针形或镰刀形，中部的长3-

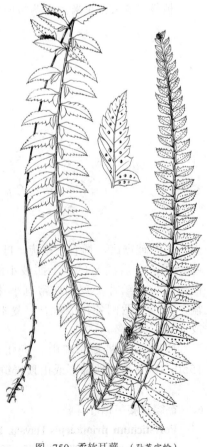

5厘米，基部以上宽1.3-1.5厘米，具短刺尖，具短柄，基部上侧耳状凸起，下侧楔形，羽状浅裂或深裂；裂片5-10对，近椭圆形，具短刺尖，边缘疏生少数细尖齿，基部上侧1片长卵形，具锯齿或浅缺刻，或近全缘，叶脉不显，羽状，小脉多单一；叶近革质，光滑，干后下面浅绿色，上面色深；叶轴及羽片基部疏被小鳞片，近顶端下部有1大芽胞。孢子囊群每裂片1-4枚，耳状基部裂片达6枚；囊群盖圆盾形，成熟时棕色。

产四川、云南及西藏，生于海拔850-1600米山地常绿宽叶林下岩石上。不丹、尼泊尔、印度东北部至西喜马拉雅山南坡有分布。

图 750 柔软耳蕨　（孙英宝绘）

8. 陈氏耳蕨　陈氏耳叶蕨　　　　　图751

Polystichum chunii Ching in Sinensia 1: 2. 1929.

植株高32-69厘米。根茎粗短，直立或斜上，顶端连同叶柄基部密被大小二种鳞片。叶簇生；叶柄禾秆色，长6-25厘米，具纵沟，向上被渐小而易脱落的鳞片；叶片披针形，长20-44厘米，宽3-8.5厘米，二回羽状，羽片32-40对，互生，具短柄，基部1-2对常反折，长圆状披针形，长1.5-4厘米，宽0.5-1厘米，上侧的小羽片耳状，下侧的最小，向上羽片渐短，羽裂或不裂；小羽片1-4对，菱状卵形，先端具芒刺，边缘具尖锯齿，无柄，多少下延；裂片菱状卵形或倒卵形，顶端具芒刺骤尖，边缘具锯齿，叶脉上面不显，下面明显，羽状，小脉单一或分叉；叶薄草质，干后黄绿或浅黄色；叶轴禾秆色，具纵沟，密被小鳞片，近顶端有1芽胞。孢子囊群着生小脉背部，每小羽片或裂片1-5枚；囊群盖圆盾形，全缘。

产湖南西南部、广西、贵州及云南，生于海拔550-1350米山谷常绿阔叶林下岩石上。

[附] **长羽芽胞耳蕨 Polystichum attenuatum** Tagawa et Iwatsuki in Acta Phytotax. Geobot. 23: 113. f. 9. 1968. 本种与陈氏耳蕨的主要区别：叶柄长达35厘米，叶片长三角形，近革质，羽轴两侧具绿色窄翅；孢子囊群生于小脉顶端，在主脉两侧各排成1行。产云南，生于海拔1400-2150米山谷常绿阔叶林下。印度北部、缅甸及泰国有分布。

[附] **长叶芽胞耳蕨 Polystichum attenuatum** var. **subattenuatum** (Ching et W. M. Zhu) W. M. Zhu et Z. R. He, Fl. Republ. Popul. Sin. 5(2): 17. 2001. —— *Polystichum subattenuatum* Ching et W. M. Zhu in Acta Bot. Yunnan.

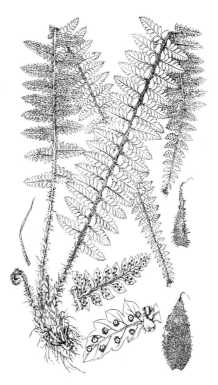

图 751　陈氏耳蕨
（引自《中国蕨类植物图谱》）

Suppl. 5: 51. 1992. 本变种与模式变种的主要区别：叶片较长，窄长椭圆状披针形；羽片较宽，尖头，近中部的羽片最长，通常基部羽片较短。产广西、贵州及云南，生于海拔800-2100米山地常绿阔叶林下、灌木林中或林缘。缅甸北部有分布。

9. 疏羽耳蕨　　　　　图749：3-6

Polystichum disjunctum Ching ex W. M. Zhu et Z. R. He, Fl. Republ. Popul. Sin. 5(2): 18. 2001.

植株高达1.5米。根茎粗短直立，顶端密被鳞片。叶簇生；叶柄长达50厘米以上，下部密被大小二型鳞片；叶片卵状披针形或长三角形，长达60厘米，宽达30厘米，羽裂尖头，二回羽状，羽片达20对，近顶部的几对斜卵状披针形或斜卵形，骤尖头，羽状深裂或浅裂，余均披针形或长圆镰刀状披针形，长达18厘米，宽达4厘米，羽状；小羽片多达15对，斜卵形，长达2厘米，中部宽达1厘米，顶端略上弯，锯齿具芒刺尖；基部上侧呈钝耳状凸起，下侧弧形，边缘缺刻状；叶脉二回羽状，略隆起，明显，主脉凹陷，小脉斜上，多伸达叶缘；叶草质，干后绿或浅绿色；叶轴及羽轴禾秆色，具纵沟，下面密被小鳞片，叶

轴近顶处具1-2芽胞；小羽片下面密被棕色线形小鳞片。孢子囊群着生小脉顶端，中生或近边缘着生；囊群盖圆盾形，全缘。孢子周壁较薄，具浅网状纹饰。

产广西西部、云南西南部及东南部，生于海拔1150-2100米山地常绿阔叶林下。越南北部有分布。

10. 灰绿耳蕨　吊罗山耳蕨　阿里山耳蕨　　　　　　图 752

Polystichum eximium (Mett. ex Kuhn) C. Chr. in Bull. Dept. Biol. Sci. Sun Yatsen Univ. 6: 8. 1933.

Phegopteris eximia Mett. ex Kuhn in Linnaea 3 6: 107. 1869.

植株高0.7-2米。根茎粗短，直立或斜升，顶端连同叶柄下部

密被二型鳞片。叶簇生；叶柄长19-80厘米，禾秆色；叶片在大型植株上三角形，长达1.2米，宽达70厘米，渐尖头，二回羽状；在小型能育植株上，叶片长圆状披针形，长约40厘米，宽约12厘米，一至二回羽状；大型叶羽片达16对，披针形或长圆状披针形，长达35厘米，宽达8厘米，柄长达1厘米；小型叶羽片长约8厘米，宽约3厘米，柄长1毫米；小羽片对开式，大型叶的镰刀状披针形或镰刀状菱形，长达7厘米，宽达1.5厘米，边缘羽状浅裂成三角形裂片，或为钝粗锯齿，基部上侧具三角形耳状凸起，下侧弧形，小型叶的小羽片斜卵菱形，具浅缺刻或波状，基部上侧耳状凸起短而钝或不明显；叶脉二回羽状，不显，小脉单一或分叉；叶革质，干后灰绿色；叶轴禾秆色，具纵沟，两面被小鳞片，近顶部具1-2个芽胞。孢子囊群生于小脉背部或顶部，近主脉在小羽片主脉两侧各排成1-2行；囊群盖圆盾形，全缘。

产浙江、台湾、福建、江西、湖南南部、广东、香港、海南、广西、贵州、四川南部及云南，生于海拔250-1850米山谷常绿阔叶林下溪边或山谷灌丛中。斯里兰卡、泰国、越南和日本有分布。

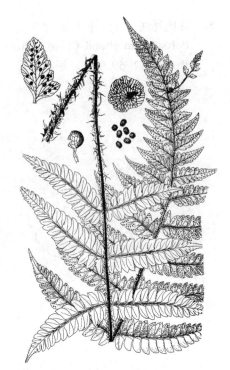

图 752 灰绿耳蕨
（孙英宝仿《Ogata, Ic. Fil. Jap.》）

11. 矛状耳蕨　　　　　　　　　　　　　　　　图 753：1-2

Polystichum lonchitis (Linn.) Roth in Rom Mag. 2(1): 106. 1799.

Polypodium lonchitis Linn. Sp. Pl. 1088. 1753.

植株高16-30厘米。根茎短而直立，密被棕色披针形鳞片。叶簇生；叶柄长2-4厘米，禾秆色，基部有时棕色，密被鳞片；叶片线状披针形或窄倒披针形，长26-40厘米，宽3.5-4厘米，一回羽状，羽片30-40对，互生，近无柄，披针状镰形，下部的三角

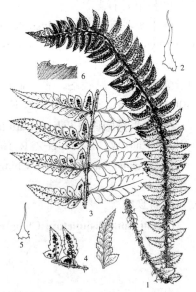

图 753：1-2.矛状耳蕨　3-6.镰叶耳蕨
（陈 笈绘）

形，中部的长2-2.5厘米，宽0.8-1厘米，基部上侧三角形耳状凸起，下侧楔形，具张开刺状锯

齿；叶革质，下面被披针形小鳞片，叶脉羽状，主脉上面下凹，下面稍隆起，小脉分叉，不显，叶轴上面具纵沟，下面下部被鳞片。孢子囊群在主脉两侧各排成1行；囊群盖圆形，边缘不整齐。

产新疆，生于海拔1600-2200米云杉林下。日本、印度尼西亚北部、中亚、欧洲及北美洲有分布。

12. 尼泊尔耳蕨 软骨耳蕨 图 754

Polystichum nepalense (Spreng.) C. Chr. Ind. Fil. 84. 1906.

Aspidium nepalense Spreng. Syst. Veget. 4: 97. 1827.

植株高30-90厘米。根茎粗短直立，密被深棕色线状披针形鳞片。

叶簇生；叶柄长16-46厘米，禾秆色，疏生鳞片；叶片倒披针形或宽倒披针形，长30-52厘米，中部宽4.5-12厘米，一回羽状，羽片22-30对，互生，具短柄，镰状披针形，中部的长2.5-7厘米，宽0.8-1.8厘米，基部上侧三角形耳状凸起，下侧楔形，具软骨质小尖齿或重齿；叶革质，下面被小鳞片；叶脉羽状，

主脉上面凹陷，下面平，侧脉二回分枝，两面明显。孢子囊群在主脉两侧各排成1行；囊群盖圆盾形，全缘。

产台湾、贵州、四川、云南及西藏，生于海拔1500-3000米林下。印度、尼泊尔、缅甸北部及菲律宾有分布。

13. 镰叶耳蕨 曼迷耳蕨 图 753：3-6

Polystichum manmeiense (Christ) Nakaike in Misc. Publ. Nat. Sci. Mus. Tokyo 1982: 141. pl. 4. f. 1. 1982.

Aspidium manmeiense Christ in Bull. Herb. Boissier. 6: 965. 1898.

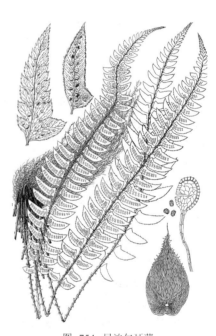

图 754 尼泊尔耳蕨
（孙英宝仿《中国蕨类植物图谱》）

植株高16-50厘米。根茎直立，密被线状披针形深棕色鳞片。叶簇生；叶柄长8-26厘米，禾秆色，基部密被鳞片，向上稀疏；叶片矩圆状披针形，长14-35厘米，宽3.2-8厘米，二回羽状；羽片12-25对，互生，具短柄，卵状披针形，中部的长3-5厘米，宽1-1.5厘米，基部上侧耳状凸起，下

侧楔形，羽状浅裂或深裂，裂片4-6对，互生，长圆形或倒卵形，

具小尖突，边缘具数个软骨质小齿，羽片基部上侧1片最大，常深裂达羽轴；叶革质，下面有小鳞片，叶脉羽状，主脉上面凹陷，小脉2叉，不明显。孢子囊群着生小羽片或裂片主脉两侧，排成不规则1-2行；囊群盖圆盾形，全缘。

产台湾、贵州及云南，生于海拔1600-2900米路边石缝中。印度北部、尼泊尔及不丹有分布。

14. 剑叶耳蕨 革叶耳蕨 关山耳蕨　　　　图 755

Polystichum xiphophyllum (Baker) Diels in Engl. u Prantl, Nat.Pflan-zenfam. 1(4): 189. 1899.

Aspidium xiphophyllum Baker in Journ. Bot. 26: 227. 1888.

植株高 25-86 厘米。根茎短粗而直立，密被窄卵形棕或黑棕色鳞

片。叶柄长 12-41 厘米，禾秆色，密被披针形黑棕色鳞片，下部混生窄卵状鳞片；叶片宽披针形，长 18-40 厘米，宽 6-18 厘米，基部近截形，一回羽状，羽片 16-26 对，互生，具短柄，线状披针形或卵状披针形，中部的长 3-10 厘米，宽 0.7-1.6 厘米，基部上侧凸出，具有一分离或互生的卵状渐尖头耳片，具有规则锯齿，或浅裂至深裂至羽状；裂片或卵形小羽片先端硬尖，叶脉羽状，小脉二回分叉；叶革质，小脉疏被纤毛状鳞片；叶轴下面密被黑棕色线形鳞片。孢子囊群位于主脉两侧，各排成 1 行；囊群盖圆盾形，边缘波状。

产甘肃南部、台湾、湖北西部、湖南、广西、贵州、四川及云南，生于海拔 520-1800 米常绿阔叶林下，或石灰岩山地路边、林下或林缘。

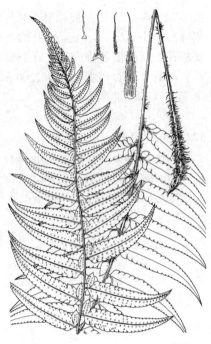

图 755 剑叶耳蕨 （陈 笺绘）

15. 浪穹耳蕨　　　　图 756：1-3

Polystichum langchungense Ching ex H. S. Kung in Chin. Journ. Appl. Environ. Biol. 3(2): 134. f. I: 1. 1997.

植株高 30-50 厘米。根茎粗短直立，密被卵形棕色或黑棕色鳞

片。叶簇生；叶柄长 14-28 厘米，禾秆色，密被深棕色鳞片，下部混生边缘具睫毛披针形鳞片；叶片窄卵形或宽披针形，长 30-40 厘米，中部宽 10-16 厘米，二回羽状；羽片 16-25 对，互生，具短柄，披针形，中部的长 6. 5-10 厘米，宽 1.5-2 厘米，基部下侧楔形，上侧 1 片或 1-2 对分离小羽片，向

上的羽状深裂几达羽轴，裂片 10-14 对，互生，长圆形或卵形，下部的长 0.8-1.3 厘米，宽 4-5 毫米，先端具小刺尖，具小尖齿或全缘。叶脉羽状，小脉 2 叉，上面不显，下面略明显；叶革质或薄革质，小脉疏生纤毛状黄棕色鳞片；叶轴禾秆色，有纵沟，下面有

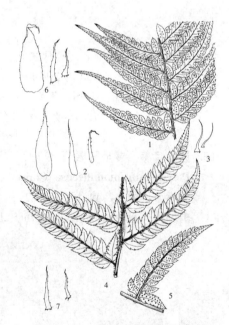

图 756：1-3.浪穹耳蕨　4-7.前原耳蕨
（陈 笺绘）

鳞片。孢子囊群位于小羽片或裂片主脉两侧；囊群盖圆盾形，边缘钝齿状。

产四川及云南，生于海拔 400-2200 米林下。

16. 中华对马耳蕨　中华马祖耳蕨　　　　　图 757

Polystichum sino-tsus-simense Ching et Z. Y. Liu ex Z. Y. Liu in Bull. Bot. Res. (Harbin) 4(4): 18. f. 47. 1984.

植株高 18-30 厘米。根茎粗短直立，密被窄卵形棕色鳞片。叶簇生；叶柄长 6-16 厘米，禾秆色，下部被鳞片，向上渐光滑；叶片披针形或宽披针形，长 12-20 厘米，宽 4-7 厘米，二回羽状；羽片 16-24 对，互生，具短柄，披针形，中部的长 2-5 厘米，宽 0.6-1 厘米，短渐尖头，基部上侧截形，下侧宽楔形，羽状，小羽片 4-9 对，互生，斜宽卵形或宽倒卵形，下部的

长 4-6 毫米，宽 2-4 毫米，先端钝具小尖齿，基部上侧无明显耳状凸起，全缘或具少数不明显小齿，叶脉羽状，侧脉单一或 2 叉；叶革质或薄革质，下面疏被毛状黄棕色鳞片；叶轴下面疏生边缘睫毛状鳞片。孢子囊群位于小羽片主脉一侧或两侧，每小羽片 1-6 枚；囊群盖圆盾形，边缘波状。

产湖北、湖南、贵州中部及四川东部，生于海拔 1150-1750 米林下。

图 757 中华对马耳蕨
（孙英宝仿《中国植物志》）

17. 洪雅耳蕨　　　　　图 758

Polystichum pseudo-xiphophyllum Ching ex H. S. Kung in Chin. Journ. Appl. Environs. Biol. 3(2): 135. f. 1: 2-3. 1997.

植株高 30-60 厘米。根茎粗短直立，密被窄卵形棕色鳞片。叶簇生；叶柄长 18-45 厘米，禾秆色，密被线状披针形棕或黑棕色鳞片；叶片宽披针形或窄卵形，长 25-50 厘米，宽 10-14 厘米，二回羽状，羽片 18-20 对，互生，具短柄，线状披针形，中部的长 6-10 厘米，宽 1.2-2 厘米，长渐尖头或尾状头，羽状，小羽片 6-12 对，互生，下部的具短柄，宽卵形或宽倒卵形，下部的长 6-8

毫米，宽 4-5 毫米，先端具小尖刺，基部下侧宽楔形，上侧无或有不明显耳状凸起，全缘或具少数不明显小齿；叶脉羽状，下面 2 叉；叶革质，下面疏生毛状黄棕色鳞片。孢子囊群位于小羽片主脉两侧，每小羽片 2-8 枚；囊群盖圆盾形，边缘波状。

产江西、湖南、广东、四川及云南，生于海拔 1280-1850 米灌木林下。

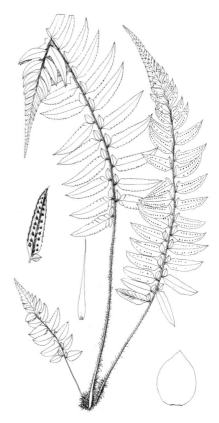

图 758 洪雅耳蕨　（孙英宝绘）

18. 对马耳蕨 马祖耳蕨 图 759 彩片 111

Polystichum tsus-simense (Hook.) J. Sm. Hist. Fil. 219. 1875.

Aspidium tsus-simense Hook. Sp. Fil. 4: 16. t. 220. 1862.

图 759 对马耳蕨
（孙英宝仿《中国蕨类植物图谱》）

植株高 25-72 厘米。根茎粗壮直立，连同叶柄基部密被黑褐色卵状披针形和棕色钻状鳞片。叶簇生；叶柄长 10-34 厘米，禾秆色，基部至叶轴及羽轴被近黑褐色窄披针形和线状鳞片；叶片长圆状披针形，长 15-42 厘米，宽 6-14 厘米，二回羽状，羽片 20-26 对，互生，具短柄，卵状披针形，中部以下的长 4-11 厘米，宽 0.8-2.5 厘米，一回羽状，小羽片 7-13 对，互生，密接，柄极短，斜卵形或宽卵形，下部的长 0.5-1 厘米，宽 4-6 毫米，尖头或具小刺头的钝头，基部上侧具三角状耳状凸起，下侧宽楔形，具小尖齿，基部上侧 1 片卵形或三角状卵形；叶脉羽状，侧脉分叉；叶纸质或近革质，下面疏被线形鳞片，叶轴下面被线状、基部扩大具睫毛鳞片。孢子囊群着生小羽片主脉两侧，每小羽片 3-9 枚；囊群盖圆盾形，全缘。

产吉林、山东、河南、陕西南部、甘肃南部、安徽、浙江、台湾、福建、江西、湖北、湖南、广西、贵州、四川、云南及西藏，生于海拔 250-3400 米常绿阔叶林下或灌丛中。印度北部及西北部、越南、朝鲜半岛、日本有分布。

[附] **草叶耳蕨 Polystichum herbaceum** Ching et Z. Y. Liu ex Z. Y. Liu in Bull. Bot. Res. (Harbin) 4(4): 20. f. 49. 1984. 本种与对马耳蕨的主要区别：叶片卵形或窄卵形，小羽片宽披针形或窄椭圆形，叶下面疏被毛状黄棕色鳞片。产湖南西部、四川及贵州，生于海拔 1100-1700 米阴湿林下石缝中。

19. 前原耳蕨 图 756：4-7

Polystichum mayebarae Tagawa in Acta Phytotax. Geobot. 3: 91. 1934.

植株高 45-60 厘米。根茎粗短直立，连同叶柄下部密被鳞片。

叶簇生；叶柄长 22-30 厘米，禾秆色，中部以上密被边缘毛状棕色鳞片；叶片窄卵形或宽披针形，长 28-48 厘米，宽 8-14 厘米，二回羽状，羽片 20-26 对，互生，具短柄，披针形或镰状披针形，中部的长 6-10 厘米，宽 1.5-2.5 厘米，基部上侧近楔形，下侧圆楔形，一回羽状，小羽片 10-14 对，互生，下部的具短柄，斜卵形或窄卵形，上侧有三角形耳状凸起，边缘具小尖齿，基部上侧第一片窄卵形；叶脉羽状；叶坚革质，下面具分枝纤毛状鳞片；叶轴下面密被棕或黑棕色鳞片。孢子囊群位于小羽片主脉两侧，每小羽片 6-12 枚；囊群盖圆盾形，全缘。

产河南、甘肃、浙江、湖北、贵州、四川及云南，生于海拔 800-2100 米林下或山麓滴水洞边湿地。日本有分布。

20. 菱羽耳蕨

图 760

Polystichum pseudorhomboideum H. S. Kung et L. B. Zhang in Acta
Phytotax. Sin. 36(5): 468. 1998.

植株高 10-18 厘米。根茎粗短直立，连同叶柄基部密被鳞片。叶簇生；叶柄长 4-8 厘米，禾秆色，被鳞片；叶片披针形或线状披针形，长 6-12 厘米，宽 2-3 厘米，一回羽状，有时基部羽片的基部上侧有 1 裂片；羽片 8-16 对，互生，卵形或近三角形，长 1-1.8 厘米，宽 0.8-1.4 厘米，先端近圆具刺状头，基部上侧具三角形耳状凸起，具短柄，具刺状齿，通常基部上

图 760 菱羽耳蕨 （引自《秦岭植物志》）

侧有 1 或 1 对裂片，有时具分离小羽片，裂片倒卵形或菱形，具刺状尖头，叶脉羽状，两面略隆起；叶革质，下面被纤毛状鳞片；叶轴下面具有睫毛窄鳞片。孢子囊群位于主脉两侧；囊群盖圆盾形，边缘啮齿状。

产甘肃南部、四川南部、云南中部及西北部，生于海拔约 2000 米岩石上。

[附] **猫儿刺耳蕨 Polystichum stimulans** (Kunze ex Mett.) Bedd. Ferns Brit. Ind. pl. 31. 1865. —— *Aspidium stimulans* Kunze ex Mett. Farng. Pheg.

Asp. 327. 1858. 本种与菱羽耳蕨的主要区别：叶羽片斜镰状或三角形，宽 6-8 毫米，先端尖或刺尖，具细齿。产四川、贵州、云南及西藏，生于海拔 1700-3000 米沟边石缝中。尼泊尔、不丹及印度北部有分布。

21. 圆片耳蕨

图 761

Polystichum cyclolobum C. Chr. in Lévl. Cat. Pl. Yunnan 111. 1916.

植株高 12-40 厘米。根茎粗短直立，密被棕色宽披针形鳞片。叶簇生；叶柄长 2-12 厘米，禾秆色，密被卵形及窄披针形棕色鳞片；叶片披针形，长 8-25 厘米，宽 1.8-5 厘米，二回羽裂或二回羽状，羽片 15-26 对，互生，卵形或窄卵形，长 0.8-2.5 厘米，宽 0.6-2 厘米，尖头或带刺尖圆钝头，具短柄，羽状分裂或羽状，裂片或小羽片 1-4 对，互生，倒卵形、菱状卵形或长圆形，基

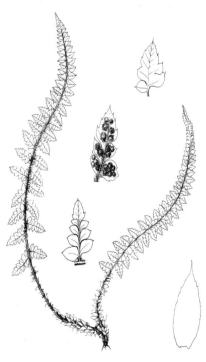

部上侧 1 片最大，带刺尖的圆钝头，全缘，有时具小齿；叶脉羽状，上面不显，下面略隆起；叶硬革质，下面具纤毛状鳞片；叶轴禾秆色，具边缘睫毛状鳞片和纤毛状分枝棕色鳞片，下面密生绒毛状鳞片。孢子囊群位于主脉两侧，成熟时汇合，密布于小羽片下面；囊群盖圆盾形，棕色，边缘略具缺刻。

图 761 圆片耳蕨 （孙英宝绘）

产贵州、四川、云南及西藏东南部，生于海拔 1900-3000 米疏林下及裸露石灰岩缝中。

22. 印西耳蕨

图 762

Polystichum mehrae Fraser-Jenkuns et Khullar in Ind. Fern Journ. 2: 10. f. 7. 8. 1985.

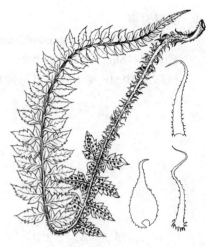

图 762 印西耳蕨 （吕发强绘）

植株高 12-30 厘米。根茎粗短直立，密被窄披针形鳞片。叶簇生；叶柄长 2-14 厘米，禾秆色，被卵形及窄披针形棕色鳞片；叶片窄披针形，长 10-26 厘米，宽 2.5-5 厘米，二回羽状分裂或二回羽状，羽片 14-25 对，互生，卵形或窄卵形，长 1.2-3 厘米，宽 0.8-1.5 厘米，具短柄，羽状分裂或羽状，裂片或小羽片 1-4 对，互生，宽卵形或卵形，基部上侧 1 片常分离而最大，刺状渐尖头，全缘或具小齿；叶脉羽状，不显；叶革质，下面被纤毛状分枝鳞片；叶轴下面被有纤毛状边缘或带分枝棕色鳞片。孢子囊群位于主脉两侧；囊群盖圆盾形，边缘啮齿状。

产四川、云南及西藏，生于海拔 2300-2800 米山坡岩石下。尼泊尔、印度北部及西北部、缅甸北部有分布。

23. 刺叶耳蕨 针叶耳蕨

图 763

Polystichum acanthophyllum (Franch.) Christ in Bull. Soc. Bot. France 52: Mem. 1: 30. 1905.

Aspidium acanthophyllum Franch. in Bull. Soc. Bot. France 32: 28. 1885.

图 763 刺叶耳蕨
（孙英宝仿《中国蕨类植物图谱》）

植株高 8-28 厘米。根茎粗壮直立，密被披针形黑色或深棕色鳞片。叶簇生；叶柄长 2-12 厘米，禾秆色，疏被棕色鳞片；叶片披针形，长 6-26 厘米，宽 1.2-5 厘米，二回羽状，羽片 12-28 对，互生，卵形或窄卵形，宽披针形，长 2-3.5 厘米，宽 1-1.5 厘米，刺状渐尖头，几无柄，一回羽状，小羽片 1-3 对，互生，卵形或窄卵形，刺状渐尖头，基部楔形，具少数张开刺状齿；叶脉羽状，不显；叶革质，下面疏被纤毛状分枝鳞片；叶轴疏被边缘纤毛状及纤毛状分枝鳞片。孢子囊群稀疏，位于主脉一侧或两侧，每小羽片 1-2 枚；囊群盖圆盾形，边缘啮齿状。

产台湾、四川、云南及西藏。生于海拔 2800-4100 米高山针叶林下或针阔叶混交林下。尼泊尔及印度北部有分布。

24. 阔鳞耳蕨 宽盖耳蕨 图 764

Polystichum rigens Tagawa in Acta Phytotax. Geobot. 6: 91. 1937.

植株高 40-60 厘米。根茎粗短直立，连同叶柄密被披针形棕色鳞片。

叶簇生；叶柄长 14-30 厘米，禾秆色；叶片卵状或窄椭圆形，长 26-50 厘米，宽 11-16 厘米，二回羽状深裂，羽片 14-23 对，互生，线状披针形或镰刀形，中部的长 6-11 厘米，宽 1.5-2.5 厘米，具短柄，羽状深裂，基部第一或第二对为分离的小羽片；小羽片及裂片 10-15 对，互生，窄卵形或三角状卵形，基部上侧 1 片长 1-2 厘米，宽 5-6 毫米，刺状渐尖头，具前倾刺状齿，叶脉羽状，上面平或略凹陷，下面略凹陷；叶革质，下面具纤毛状分枝鳞片；叶轴下面密被边缘具节状毛卵形及披针形鳞片。孢子囊群位于主脉两侧；囊群盖圆盾形，近全缘。

产陕西、甘肃、湖北西北部及四川北部，生于海拔约 1500 米林下。日本有分布。

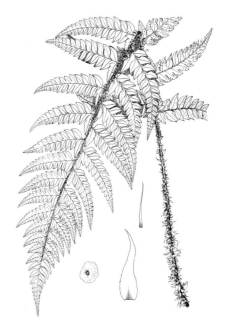

图 764 阔鳞耳蕨 （孙英宝绘）

25. 宝兴耳蕨 图 765

Polystichum baoxingense Ching et H. S. Kung in Acta Bot. Bor. -Occ. Sinica 9(4): 271. f. 2: 1-2. 1989.

植株高 30-60 厘米。根茎粗壮直立，连同叶柄密被宽披针形深棕色鳞片。叶簇生；叶片窄卵形或窄椭圆形，长 28-50 厘米，宽 9-12 厘米，二回羽状，羽片 24-34 对，互生，密接，线状宽披针形或镰刀形，中部的长 5.5-8 厘米，宽 1.5-2.5 厘米，具短柄，一回羽状，小羽片 10-12 对，互生，密接，卵形或窄卵形，刺状尖头，基部上侧具刺状三角形耳状凸起，基部上侧第一片

长 1.2-2 厘米，宽 6-8 毫米，两侧羽状浅裂，具小齿，叶脉羽状，上面不显，下面略凹陷；叶革质，下面被纤毛状分枝鳞片；叶轴两面密被具睫毛的披针形及线形棕色鳞片。孢子囊群位于主脉两侧，每小羽片 3-7 对；囊群盖圆盾形，全缘。

产陕西南部、湖北西部、四川及贵州，生于海拔 1250-2300 米林下。

[附] **密鳞耳蕨** 密鳞刺叶耳蕨 **Polystichum squarrosum** (Don) Fee, Gen.

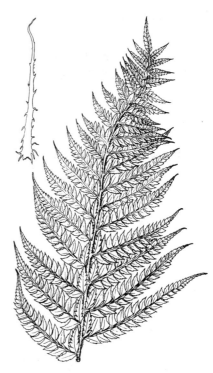

图 765 宝兴耳蕨 （吕发强绘）

Fil. 278. 1852. —— *Aspidium squarrosum* Don, Prodr. Fl. Nepal. 4. 1825. 本种与宝兴耳蕨的主要区别：叶片长 45-62 厘米，羽片基部上侧的第一片小羽片不裂或上侧羽状浅裂，

侧脉下面不凹陷或略凸起。产西藏南部，生于海拔 1900-2400 米林下。不丹、尼泊尔、印度北部及巴基斯坦有分布。

26. 宽鳞耳蕨 图 766

Polystichum latilepis Ching et H. S. Kung in Act Bot. Bor.－Oce. Sin. 9(4): 273. f. 2: 3-4. 1989.

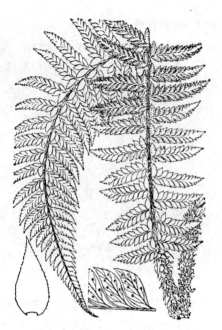

图 766 宽鳞耳蕨 （引自《浙江植物志》）

植株高 40-60 厘米。根茎短而直立，密被披针形棕色鳞片。叶簇生；叶柄长 12-28 厘米，禾秆色，基部密被卵形及披针形棕色鳞片；叶片窄卵形或宽披针形，长 30-45 厘米，宽 8-12 厘米，二回羽状，羽片 24-26 对，互生，线状披针形或镰刀形，中部的长 5-8.5 厘米，宽 1.4-1.6 厘米，具短柄，一回羽状，小羽片 6-12 对，互生，密接，倒卵形或宽披针形，刺状渐尖头，全缘或具少数刺状小尖齿，基部上侧第一片长 1.2-1.8 厘米，宽 4-6 毫米；叶脉羽状，上面平或略凹陷，下面明显；叶革质，下面具纤维状分枝鳞片；叶轴下面密被卵形及窄披针形棕色平直鳞片。孢子囊群位于主脉两侧；囊群盖圆盾形，全缘。

产安徽、浙江、江西及湖北。

27. 革叶耳蕨 新裂耳蕨 图 767 彩片 112

Polystichum neolobatum Nakai in Bot. Mag. Tokyo 39: 118. 1925.

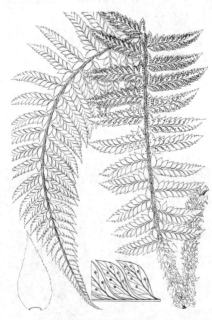

图 767 革叶耳蕨
（引自《中国高等植物图鉴》）

植株高 30-60 厘米。根茎短，直立或斜升，密被具睫毛黑褐色披针形鳞片。叶簇生；叶柄长 8-30 厘米，禾秆色，密被红棕色宽卵形大鳞片及混生披针形及线形小鳞片；叶片窄卵形或宽披针形，长 32-55 厘米，宽 6-11 厘米，二回羽状，羽片 26-32 对，互生，密接，线状披针形或镰状，中部的长 3.5-10 厘米，宽 1.2-2 厘米，渐尖头，基部宽楔形或浅心形，具短柄，一回羽状，小羽片 5-10 对，互生，密接，卵状斜方形，刺状渐尖头，全缘或具少数小尖齿，基部上侧第一片长 1-2 厘米，宽 4-6 毫米。叶脉羽状，侧脉 2-3 叉；叶硬革质，下面密被纤维状分枝的鳞片；叶轴下面密被扭曲成钻形的窄披针形棕或黑棕色鳞片。孢子囊群背生小脉中下部；囊群盖圆盾形，棕色全缘。

产河南、陕西、甘肃、安徽、浙江、台湾、江西、湖北、湖南、贵州、四川、云南及西藏，生于海拔 1260-3000 米阔叶林下、山谷阴处。不丹、尼泊尔、印度及日本有分布。

28. 喜马拉雅耳蕨 图 768

Polystichum brachypterum (Kuntze) Ching, Fl. Xizang. 1: 209. 1983.

Aspidium brachypterum Kuntze in Linnaea 24: 288. 1851.

植株高 30-85 厘米。根茎粗壮直立，密被卵形深棕色鳞片。叶簇生；叶柄长 10-30 厘米，深禾秆色，密被卵圆形边缘流苏状的棕色或褐棕色鳞片；叶片窄披针形，长 25-60 厘米，宽 6-14 厘米，二回羽状，羽片 22-32 对，互生，线状披针形，中部的长 3-9 厘米，宽 1.2-2.4 厘米，具短柄，一回羽状；小羽片 5-10 对，互生，密接，菱状卵形、宽卵形、椭圆形，刺状尖头，具小尖齿，基部羽片的小羽片具张开刺状齿，基部上侧第一片长 0.8-2.2 厘米，宽 6-9 毫米；叶脉羽状，不显；叶硬革质，小脉被纤维状分枝鳞片；叶轴下面密被棕色或黑棕色扭曲窄披针形鳞片。孢子囊群位于主脉两侧；囊群盖圆盾形，全缘。

产河南西部、陕西南部、甘肃南部、贵州西北部、四川、云南及西藏，生于海拔 1500-3400 米阔叶林或高山针叶林下、林缘、溪边。尼泊尔、不丹、克什密尔地区及印度有分布。

图 768 喜马拉雅耳蕨 （吕发强绘）

29. 斜方刺叶耳蕨 斜方刺耳蕨 图 769

Polystichum rhombiforme Ching et S. K. Wu, Fl. Xizang. 1: 209. f. 49: 1-4. 1983.

植株高 25-57 厘米。根茎粗短直立，被深棕色披针形鳞片。叶簇生；叶柄长 10-20 厘米，禾秆色或淡棕色，密被卵形或长圆形边缘流苏状褐棕色鳞片；叶片宽披针形，长 20-40 厘米，宽 5-9 厘米，二回羽状；羽片 24-30 对，互生，密接，长圆状披针形或披针形，中部的长 2.5-5 厘米，宽 1-2 厘米，具短柄，一回羽状，小羽片 5-7 对，互生，密接，斜方形或菱形，长刺状尖头，基部楔形，两侧上部具张开长刺状锯齿，基部上侧第一片近三角形，长 0.7-1 厘米，宽 3-6 毫米；叶脉羽状，主脉上面凹陷，侧脉不显；叶革质，下面具纤毛状分枝鳞片；叶轴两面具边缘睫毛状披针形或线形棕色鳞片。孢子囊群生于主脉两侧，每小羽片 2-4 对；囊群盖圆盾形，全缘。

图 769 斜方刺叶耳蕨 （孙英宝绘）

产四川、云南及西藏，生于海拔2200-3300米高山针阔叶混交林或高山栎林下。

30. 大叶耳蕨 九州耳蕨 失盖耳蕨 图 770：1-3

Polystichum grandifrons C. Chr. Ind. Fil. Suppl. 3: 163. 1934.

植株高 0.8-1 米。根茎粗短，直立或斜升，连同叶柄基部密被具密齿长尾状褐色卵状披针形鳞片。叶簇生；叶柄长 25-40 厘米，禾秆色，向上连同叶轴密被张开披针形或窄披针形鳞片；叶片宽披针形，长 33-73 厘米，中部宽 20-31 厘米，顶端和下部均能育，二回羽状，羽片 9-15 对，对生或近对生，具短柄，尾状头，中部的长 11-17 厘米，宽 2.5-3.2 厘米，

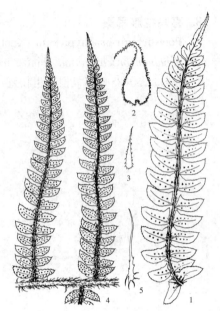

一回羽状，小羽片 5-17 对，互生，具短柄，卵状长圆形，基部上侧具三角状凸起，下侧斜切；叶脉羽状，侧脉 6-9 对，二歧分叉，明显；叶革质，上面疏被、下面密被披针形小鳞片；叶轴被披针形灰棕色边缘流苏状鳞片；羽轴密被线形灰棕色鳞片。孢子囊群位于主脉两侧，近主脉着生，每小羽片 8-11 对；无囊群盖。染色体 2n=164。

产台湾、广西、贵州及云南，生于海拔 500-2300 米林下或竹林下。日本有分布。

图 770：1-3.大叶耳蕨 4-5.二尖耳蕨
（陈 笈绘）

31. 高大耳蕨 图 771：1-5

Polystichum altum Ching ex L. B. Zhang et H. S. Kung in Acta Phytotax. Sin. 36(5): 465. 1998.

植株高达 1 米。根茎粗短，直立或斜升，密被线状棕色鳞片。

叶簇生；叶柄长 22-44 厘米，禾秆色，密被线形、披针形棕色和较大卵状披针形和宽披针形、灰棕色鳞片；叶片长圆状披针形，长 38-66 厘米，中部宽 20-36 厘米，二回羽状，羽片 14-18 对，互对或近对生，具短柄，披针形，中部的长 12-20 厘米，宽 2.5-3.4 厘米，一回羽状，小羽片 15-21

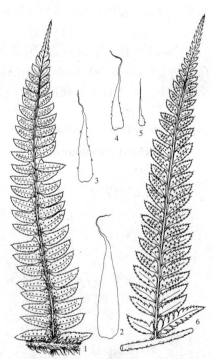

图 771：1-5.高大耳蕨 6.长刺耳蕨
（陈 笈绘）

对，互生，具短柄，镰状窄长圆形，长 1.4-2.3 厘米，宽 6-8 毫米，顶端具锐尖头，基部上侧三角状凸起，具短芒状尖锯齿，下侧全缘具短芒，羽片基部最大，具缺刻，叶脉羽状，侧脉每小羽片 6-9 对，二歧分叉，明显；叶革质，上面近光滑，下面密被披针形小鳞片；叶轴密被线形、披针形灰棕色小鳞片和较大全缘或具少数小

锯齿鳞片。孢子囊群位于主脉两侧，着生小脉近顶处，每小羽片（4-）8-10 对；囊群盖发育不良，不明显。

产四川及云南，生于海拔 1100-1800 米林下。

32. 长刺耳蕨

图 771：6

Polystichum longispinosum Ching ex L. B. Zhang et H. S. Kung in Acta Phytotax. Sin. 36(5): 467. f. 1. 1998.

植株高 0.6-1.2 米。根茎粗短，直立或斜升，密被棕色线形鳞片。

叶簇生；叶柄长 16-57 厘米，禾秆色，疏被线形灰棕色鳞片和贴生黑棕色披针形鳞片；叶片三角状披针形，长 54-92 厘米，宽 19-40 厘米，二回羽状，羽片 18-26 对，互生，具短柄，披针形，尾状头，基部羽片长 11-17 厘米，宽 1.8-3.5 厘米，一回羽状，小羽片 18-23 对，互生，窄三角形，长 1.6-2.6 厘米，宽 6-8 毫米，顶端锐尖头，基部心形，上侧三角状凸起，边缘长芒状浅裂，基部上侧 1 片最大，羽状深裂；叶脉羽状，侧脉每小羽片 6-9 对，二歧分叉，明显；叶纸质，上面光滑，下面被披针形小鳞片；叶轴及羽轴均被线形、披针形和卵形中间带黑色鳞片。孢子囊群着生小脉顶端，位于主脉两侧；无盖或囊群盖发育不良而早落。

产四川及云南，生于海拔 1700-2400 米阔叶林、杂木林下及灌丛中。

33. 南亚耳蕨

图 772

Polystichum tacticopterum (Kunze) Moore, Ind. Fil. 105. 1858.

Aspidium tacticopterum Kunze in Linnaea 24: 290. 1851.

植株高 40-60 厘米。根茎粗短，直立或斜升，密被纤维状棕色鳞片。叶簇生；叶柄长 11-26

厘米，禾秆色，密被线形或披针形棕色鳞片和长 3 厘米、宽达1厘米宽卵形或宽卵状披针形二色鳞片；叶片三角形，长 21-47 厘米，近基部宽 11-22 厘米，二回羽状，羽片 16-27 对，基部的长 8-12 厘米，宽 1.8-2.2 厘米，一回羽状，小羽片 13-25 对，互生，具短柄，椭圆形，长 0.7-1.1 厘米，宽 3-4.6 毫米，基部上侧具弧形耳状凸起，向上具钝齿牙，下侧具有短芒的浅锯齿，羽片基部上侧 1 片最大，羽状浅裂，叶脉羽状，侧脉每小羽片 6-8 对，二歧分叉，明显；叶纸质，上面近光滑，下面被小鳞片；叶轴和羽轴均被鳞片。孢子囊群着生小脉近顶处，每小羽片（2）3-5 对，在主脉两侧各排成 1 行；囊群盖圆盾形，边缘为不规则齿裂。

产台湾及云南，生于海拔 1600-2400 米林下、溪边棕色森林土。尼泊尔、不丹、印度南部及东北部、斯里兰卡、缅甸北部有分布。

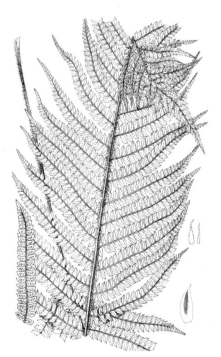

图 772 南亚耳蕨 （孙英宝绘）

34. 二尖耳蕨

图 770：4-5

Polystichum biaristatum (Bl.) Moore, Ind. Fil. 86. 1858.

Aspidium biaristatum Bl. Enum. Pl. Jav. 164. 1828.

植株高达 1 米。根茎短，直立或斜升，密被线形棕色鳞片。

叶簇生；叶柄长 50-58 厘米，禾秆色，被线形或披针形及密被卵状披针形中间带黑棕色长达 2 厘米大鳞片；叶片长 57-61 厘米，中部宽 27-29 厘米，三角状椭圆形，二回羽状，羽片 8-12 对，互生，具短柄，披针形，尾状渐尖头，长 12-14 厘米，宽 2.5-2.8 厘米，一回羽状，小羽片 14-18 对，互生，具短柄，椭圆形，长 1.5-2 (-3) 厘米，宽 6-8 毫米，基部心形，上侧三角状凸起，具浅钝齿，

羽片基部上侧 1 片最大；叶脉羽状，每小羽片有侧脉 5-8 对，二歧分叉，明显；叶革质，上面近光滑，下面疏被小鳞片；叶轴和羽轴密被深棕色线形及钻形鳞片。孢子囊群着生小脉顶端，每小羽片 6-8 对，在主脉两侧各排成 1 行；囊群盖圆盾形，全缘。

产台湾，生于海拔 1300-1600 米林下湿地。斯里兰卡、印度尼西亚及新加坡有分布。

35. 拉钦耳蕨　高山耳蕨　高山小耳蕨　浅裂高山耳蕨　　　　图 773
Polystichum lachenense (Hook.) Bedd. Ferns Brit. Ind. 1: pl. 32. 1865.
Aspidium lachenense Hook. Sp. Fil. 4: 8. t. 212. 1862.

植株高 6-25 厘米。根茎短而直立，密被卵圆形棕色或褐色鳞片。

叶簇生；叶柄纤细，长 2-6 厘米，下部禾秆色，疏被线形或窄披针形棕色鳞片；叶片窄披针形，长 5-15 厘米，宽 0.8-1.6 厘米，一回羽状，羽片 12-20 对，互生，疏离，卵状三角形，无柄或具短柄，中部的长 0.5-1.2 厘米，宽 3-8 毫米，基部上侧略耳状凸起，羽状浅裂或具小尖齿；叶脉羽状，侧脉分叉，不显；叶纸质，两面光滑或疏被小鳞片；叶轴两面光滑或疏被棕色鳞片。孢子囊群多生于上部羽片，着生主脉两侧，近主脉；囊群盖圆盾形，边缘啮齿状。

产甘肃、新疆、台湾、四川、云南及西藏，生于海拔 3600-5000 米山坡草地或灌丛中。尼泊尔、印度西北部及克什密尔地区有分布。

36. 杜氏耳蕨　舟曲耳蕨　舟曲高山耳蕨　　　　图 774
Polystichum duthiei (Hope) C. Chr. Ind. Fil. 72. 1905.
Aspidium duthiei Hope in Journ. Bombay Nat. Hist. Soc. 12: 532. pl. 6. 1899.

植株高 5-20 厘米。根茎粗短直立，密被披针形棕色鳞片，具残留叶柄基部。叶簇生；叶柄长 1-3 厘米，禾秆色，密被窄卵形或披针形小鳞片；叶片线状披针形，长 6-13 厘米，宽 1-1.2 厘米，一回

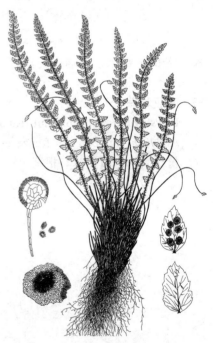

图 773 拉钦耳蕨
（孙英宝仿《Ogata, Ic. Fil. Jap.》）

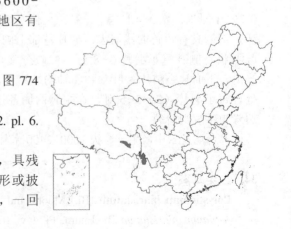

羽状，羽片16-25对，互生，密接，无柄，卵形或三角状卵形，中部的长6-7毫米，宽4-5毫米，基部两侧均具耳状凸起，羽状浅裂或具钝齿；叶脉羽状，不显；叶薄革质，上面被毛状鳞片，下面被窄披针形棕色鳞片；叶轴上面被窄披针形鳞片或毛状棕色鳞片，下面鳞片密生。孢子囊群生于上部羽片，在主脉两侧各排成1行；囊群盖圆盾形，具锯齿。

产甘肃、台湾、云南及西藏，生于海拔2850-4800米高山草甸或高山林下岩石上或石缝中。尼泊尔、印度北部及西北部有分布。

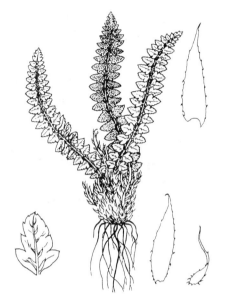

图 774 杜氏耳蕨 （陈 箋绘）

37. 穆坪耳蕨 宝兴耳蕨 图 775

Polystichum moupinense (Franch.) Bedd. Handb. Ferns Brit. Ind. Suppl. 42. 1892.

Aspidium moupinense Franch. in Nouv. Arch. Mus. Hist. Nat. ser. 2, 10: 115. 1887.

植株高12-20厘米。根茎短而直立，密被宽披针形棕色鳞片。叶簇生；叶柄长4-9厘米，禾秆色，基部有时带棕色，被卵形或披针形鳞片；叶片线状披针形，长12-22厘米，宽1.2-2.2厘米，二回羽状分裂，羽片20-30对，互生，无柄，卵形或三角状卵形，中部的长0.6-1厘米，宽4-6毫米，两侧耳状凸起，羽状分裂，有时上侧的略长，羽状分裂至中部，裂片3-5对，1-2对深裂近叶轴，互生，密接，宽卵形或倒卵形，全缘或具小齿；叶脉羽状，不显；叶纸质，上面光滑，下面被窄披针形鳞片；叶轴两面被鳞片。孢子囊群生于中部以上羽片，着生羽轴两侧或主脉两侧；囊群盖圆盾形，边缘啮齿状。

产陕西、甘肃、青海、湖北、四川、云南西北部及西藏，生于海拔2500-4500米高山草甸或高山针叶林下。印度西北部有分布。

图 775 穆坪耳蕨 （孙英宝仿《中国植物志》）

38. 栗鳞耳蕨 栗鳞高山耳蕨 图 776

Polystichum castaneum (C. B. Clarke) Nayar et Kaur, Comp. Bedd. Handb. Ferns Brit. Ind. 50. 1972.

Aspidium prescottianum Hook. var. *castaneum* C. B. Clarke in Trans. Linn. Soc. ser. 2, Bot. 1: 510. 1880.

植株高24-30厘米。根茎短而直立，密被披针形深棕色鳞片。叶簇生；叶柄长6-9厘米，禾秆色，被披针形或线形淡棕色及卵形或披针形紫色鳞片；叶片线状披针形或线状倒披针形，长20-30厘米，宽2-3厘米，二回羽状分裂，羽片24-38对，互生，无柄，卵形

或椭圆形，基部的三角状卵形，中部的长1-1.6厘米，宽7-8毫米，基部上侧有耳状凸起，羽状分裂达中部，裂片4-6对，近对生，宽倒卵形或椭圆形，叶脉羽状，不显；叶纸质，两面被鳞片；叶轴两面被淡棕色鳞片，下面混生披针形紫棕色鳞片。孢子囊群生于中部及以上羽片，在羽轴两侧各排成1行；囊群盖圆盾形，近全缘。

产四川、云南及西藏，生于海拔3200-4600米高山草甸或高山灌丛中。印度北部及缅甸北部有分布。

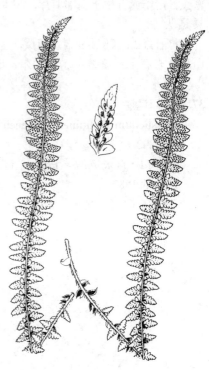

图 776 栗鳞耳蕨 （孙英宝仿《中国植物志》）

39. 陕西耳蕨　钝羽耳蕨　　　　图 777

Polystichum shensiense Christ in Bull. Acad. Int. Geogr. Bot. 16:113. 1906.

植株高12-40厘米。根茎短，直立或斜升，密被棕色披针形鳞片。

叶簇生；叶柄长3-10厘米，禾秆色，被宽卵形及披针形鳞片；叶片线状披针形或倒披针形，长11-30厘米，宽1.2-3厘米，二回羽状深裂，羽片24-32对，互生，无柄，窄卵形或窄三角卵形，中部的长0.6-1.5厘米，宽4-6毫米，基部两侧耳状凸起，羽状深裂达叶轴或近羽轴；裂片4-6对，互生，倒卵形或卵形，尖头，常具数枚尖齿。叶脉羽状，不显；叶草质，两面光滑或具少数鳞片；叶轴两面疏被披针形及线形棕色鳞片。孢子囊群着生中部或以上羽片，在羽轴两侧各排成1行，或在裂片主脉两侧各有1-2个；囊群盖圆盾形，近全缘。

产陕西、甘肃、青海、四川、云南及西藏，生于海拔2600-4000米高山草甸或高山针叶林下。尼泊尔、印度西北部及北部有分布。

40. 芒刺耳蕨　长芒高山耳蕨　芒刺高山耳蕨　　图 778

Polystichum prescottianum (Wall. ex Mett.) Moore, Ind. Fil. 101. 1858.

Aspidium prescottianum Wall. ex Mett. Farng. Pheg. Asp. 332. 1858.

植株高30-45厘米。根茎短而直立，被宽披针形深棕色鳞片；叶簇生；叶柄长8-15厘米，禾秆色，被卵形或披针形棕色鳞片；叶片披针形，长28-38厘米，中部宽3-5厘米，二回羽状深裂，羽片25-32对，互生，无柄，

长卵形或窄披针形，中部的长1.5-2厘米，宽0.8-1厘米，具芒状尖头或钝头，基部两侧略耳状凸起，羽状深裂达羽轴或近羽轴，裂片4-6

图 777 陕西耳蕨 （陈　笈绘）

对，近对生，长圆形，芒状尖头或钝头，具有芒小齿；叶脉羽状，上面明显；叶纸质，上面疏生毛状鳞片，下面具线形或纤维状棕色鳞片；叶轴两面均具毛状鳞片。孢子囊群着生上部羽片，在主脉两侧各排成1行；囊群盖圆盾形，近全缘。

产台湾及西藏，生于海拔3400-4000米高山草甸、冷杉林下或山坡石缝中。阿富汗、不丹、尼泊尔、印度北部及克什密尔地区有分布。

41. 昌都耳蕨　昌都高山耳蕨　　　　　　　　　图779

Polystichum qamdoense Ching et S. K. Wu, Fl. Xizang. 1: 227. 1983.

植株高30-40厘米。根茎短而直立，密被宽披针形棕色鳞片。叶簇生；叶柄长8-13厘米，棕色，下部密被卵形或线形棕色鳞片，向上稀疏；叶片披针形，长24-30厘米，宽3-4厘米，二回羽状深裂，羽片24-30对，互生，无柄，三角状披针形，中部的长1.5-2厘米，宽0.8-1厘米，基部上侧耳状凸起，羽状深裂；裂片3-4（5）对，近对生，密接，长圆

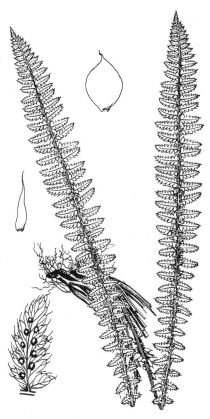

图 778　芒刺耳蕨　（引自《西藏植物志》）

形或倒卵形，上部两侧具齿；叶脉羽状，上面微隆起，下面平；叶草质，下面被长纤毛状小鳞片；叶轴禾秆色，下部带棕色，上面有披针形及线形鳞片。孢子囊群着生主脉两侧；囊群盖圆盾形，边缘具齿。

产甘肃、四川西部、云南西北部及西藏，生于海拔3000-4200米高山针阔叶混交林下石上或高山草甸。

42. 工布耳蕨　工布高山耳蕨　　　　　　　　　图780

Polystichum gongboense Ching et S. K. Wu, Fl. Xizang. 1: 228. 1983.

植株高30-72厘米。根茎短而直立，密被窄披针形深棕色鳞片。叶簇生；叶柄长14-25厘米，淡栗色，基部密被棕或褐棕色卵形或披针形大鳞片，并混生窄披针形鳞片及纤维状鳞毛；叶片窄长圆状披针形，长30-50厘米，中部宽8-12厘米，二回羽状或二回羽状深裂，羽片26-32对，互生，无柄，

披针形或线状披针形，中部的长4-6厘米，宽1-1.5厘米，基部上

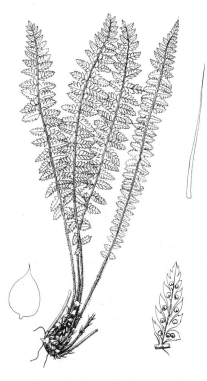

图 779　昌都耳蕨　（孙英宝绘）

侧耳状凸起，羽状深裂或下部的羽状，裂片（小羽片）8-12 对，近对生，密接或略疏离，长圆形或倒卵形，长 5-8 毫米，宽 3-4 毫米，基部斜截形，多少下延于羽轴，两侧具尖齿，叶脉羽状，明显；叶草质，上面光滑，下面被较多长纤毛状小鳞片；叶轴禾秆色，两面具披针形或线形鳞片。孢子囊群着生主脉两侧；囊群盖圆盾形，边缘具齿。

产湖北西部、四川、云南及西藏，生于海拔 2500-4200 米高山云杉林下、灌丛中或草甸。

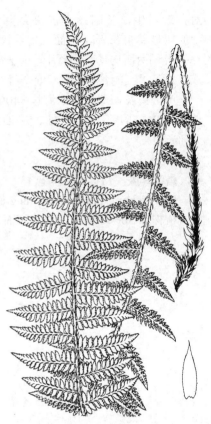

图 780 工布耳蕨 （陈　笈绘）

43. 薄叶耳蕨　薄叶高山耳蕨　　　　　图 781：1-6

Polystichum bakerianum (Atkins. ex C. B. Clarke) Diels in Engl. u Prantl, Nat. Pflanzenfam. 1(4): 191. 1899.

Aspidium prescottianum Hook. var. *bakeriana* Atkins. ex C. B. Clarke in Trans. Linn. Soc. ser. 2, Bot. 1: 510. pl. 66. 1880.

植株高 60-80 厘米。根茎直立或斜升，密被披针形红棕色鳞片。

叶簇生；叶柄长 24-35 厘米，禾秆色，密被披针形和线形红棕色鳞片并混生大鳞片；叶片窄卵形或窄椭圆形，长 60-72 厘米，宽 18-24 厘米，二回羽状，羽片 20-40 对，互生，具短柄，线状披针形，中部的长 9-12 厘米，宽 1.8-2.5 厘米，基部上侧具耳状凸起，一回羽状，小羽片 16-20 对，近对生，长圆形或斜卵形，长 0.8-1.4 厘米，宽约 6 毫米，基部楔形下延羽轴，上侧具耳凸，两侧具尖而张开大齿牙或羽状浅裂，叶脉羽状，明显；叶纸质，上面疏生纤毛状鳞片，下面较密；叶轴禾秆色，两面密被线形及纤毛状棕色鳞片。孢子囊群着生小羽片主脉两侧；囊群盖圆盾形，边缘具缺刻状锯齿。

产四川西部、云南西北部及西藏，生于海拔 2900-4000 米高山针叶林下、高山栎林下或草甸。尼泊尔及印度北部有分布。

44. 红鳞耳蕨　　　　　图 781：7-12

Polystichum rufopaleaceum Ching ex H. S. Kung et L. B. Zhang in Acta Phytotax. Sin. 36(3): 246. f. 1. 1998.

植株高 40-70 厘米。根茎直立或斜升，密被披针形红棕色鳞片。叶簇生；叶柄长 22-34 厘米，禾秆色，密被披针形和线形红棕色鳞片，并混生卵形红棕色大鳞片；叶片窄卵形或窄椭圆形，长 32-60 厘米，宽 18-26 厘米，二回羽状，羽片 20-25 对，互生，具短柄，线状披针形，中部的长 8-15 厘米，宽 2-2.5 厘米，基部上侧具耳状凸起，一回羽状，小羽片 14-20 对，互生，斜长圆形，长 1-1.8

图 781：1-6.薄叶耳蕨　7-12.红鳞耳蕨

（江无琼绘）

厘米，宽5-8毫米，基部斜楔形下延，上侧具耳凸，两侧具小尖齿，羽片基部上侧小羽片较大，常羽状浅裂，叶脉羽状，下面明显；叶草质，上面疏生小鳞片，下面密被纤毛状小鳞片；叶轴禾秆色，两面密被披针形及线形红棕色小鳞片。孢子囊群着生小羽片主脉两侧；无囊群盖。

产四川西部、云南及西藏东南部，生于海拔2400-3500米阔叶林及高山针叶林下或林缘。

图 782：1-4.中华耳蕨　5-9.毛叶耳蕨
（江无琼绘）

45. 中华耳蕨

图 782：1-4

Polystichum sinense Christ in Bull. Soc. Bot. France 52: Mem. 1: 30. 1905.

植株高20-70厘米。根茎短，直立，密被披针形棕色鳞片。叶簇生；叶柄长5-34厘米，禾秆色，密被卵形、披针形和线形棕色鳞片；羽片窄椭圆形或披针形，长25-58厘米，宽4-14厘米，二回羽状深裂或二回羽状，羽片24-32对，互生，具短柄，披针形，中部的长2.5-7厘米，宽0.6-2厘米，基部上侧耳状凸起，羽状深裂达羽轴，裂片7-14对，近对生，

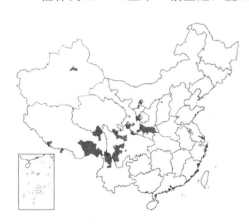

斜卵形或斜长圆形，长0.4-1.2厘米，宽2-5毫米，基部斜楔形下延羽轴，上侧略有耳状凸起，两侧具小尖齿；叶脉羽状，不显；叶草质，两面具纤毛状小鳞片，下面较密；叶轴禾秆色，两面具线形棕色鳞片，下面混生宽披针形或窄卵形鳞片。孢子囊群着生裂片主脉两侧；囊群盖圆盾形，边缘缺刻状。

产内蒙古、山西、陕西、宁夏、甘肃南部、青海、新疆、四川、云南西北部及西藏，生于海拔2500-4000米高山针叶林下或草甸。巴基斯坦及印度西北部有分布。

46. 毛叶耳蕨　毛叶高山耳蕨

图 782：5-9

Polystichum mollissimum Ching, Fl. Xizang. 1: 232. pl. 57: 5-8. 1983.

植株高7-20厘米。根茎短，直立，密被披针形棕色鳞片。叶簇生；叶柄长2-8厘米，纤细，禾秆色，密被披针形和线形黄棕或棕色鳞片；叶片披针形，长7-18厘米，宽1.5-3.5厘米，二回羽状分裂，羽片11-22对，互生，无柄，披针形，中部的长0.8-2厘米，宽4-8毫米，基部上侧具耳凸，羽状深裂近羽轴，裂片3-6对，斜长圆形，长1-3毫米，宽0.5-1.5毫米，两侧具小齿，叶脉羽状，不显；叶纸质，两面具毛状小鳞片，下面较密；叶轴禾秆色，两面密被纤毛状并混生线形鳞片。孢子囊群着生羽轴两侧或裂片主脉两侧；囊群盖圆盾形，边缘具钝齿缺刻。

产内蒙古、河北、山西、陕西、甘肃、青海、四川西部、云南西北部及西藏，生于海拔约2700米高山灌木林中或针叶林下。

47. 秦岭耳蕨 图 783

Polystichum submite (Christ) Diels in Engl. Bot. Jahrb. 29: 192. 1900.

Aspidium submite Christ in Nouv. Giron. Bot. Ital. new ser. 4: 93. 1897.

植株高 12-30 厘米。根茎短，直立，密被披针形棕色鳞片。叶簇生；叶柄长 3-12 厘米，禾秆色，被披针形或线形鳞片，并混生中间黑色边缘棕色大鳞片；叶片披针形，长 7-27 厘米，宽 2-5 厘米，二回羽状深裂，羽片 12-24 对，互生，具短柄，卵形或披针形，中部的长 1-3 厘米，宽 0.6-1 厘米，基部上侧耳状凸起，羽状深裂，裂片（小羽片）2-10 对，互生，斜长圆形或菱状卵形，长 4-6 毫米，宽 2-3 毫米，钝头或尖头并具小尖刺，基部楔形下延羽轴，上侧耳凸不明显，两侧具小尖齿，叶脉羽状，不显；叶草质，上面光滑，下面被纤毛状棕色小鳞片；叶轴禾秆色，两面密被披针形或线形棕色鳞片，下面混生中间深棕色边缘棕色的鳞片。孢子囊群着生小脉顶端，位于主脉两侧；囊群盖圆盾形，边缘具锯齿。

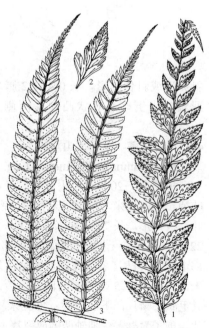

图 783 秦岭耳蕨 （陈 笈绘）

产山西、河南、陕西、甘肃及四川，生于海拔 1200-2500 米林下。

48. 中缅耳蕨 图 784: 1-2

Polystichum punctiferum C. Chr. in Contr. U. S. Nat. Herb. 26: 288. pl. 17. 1931.

植株高 0.6-1.2 米。根茎短，直立或斜升，密被线形棕色鳞片。叶簇生；叶柄长 34-62 厘米，黄棕色，密被线形、钻形、披针形及下部密生卵形和卵状披针形具睫毛大鳞片；叶片三角状卵形，长 48-74 厘米，近基部宽 20-35 厘米，二回羽状，羽片 13-18 对，互生，具短柄，披针形，下部的长 15-23 厘米，宽 3.5-5.5 厘米，一回羽状，小羽片 12-20 对，互生，具短柄，镰状三角形，基部上侧耳状凸起，具尖锯齿，羽片基部上侧 1 片最大，羽状浅裂，叶脉羽状，侧脉二歧分叉，明显，小脉顶端具水囊；叶草质。上面疏被、下面密被纤毛状小鳞片；叶轴和羽轴

图 784: 1-2. 中缅耳蕨 3. 长羽耳蕨
（陈 笈绘）

密被鳞片。孢子囊群每小羽片 5-20 枚，在主脉两侧各排成 1 行；囊群盖圆盾形，边缘不规则撕裂。

产云南西部及西藏，生于海拔 1700-2700 米阔叶林、针宽叶混交林下。尼泊尔、印度及缅甸有分布。

49. 分离耳蕨 图 785

Polystichum discretum (Don) J. Sm. in Journ. Bot. 3: 413. 1841.

Aspidium discretum Don in Prodr. Fl. Nepal. 4. 1825.

植株高 30-90 厘米。根茎短，直立或斜升，密被线形棕色鳞片。

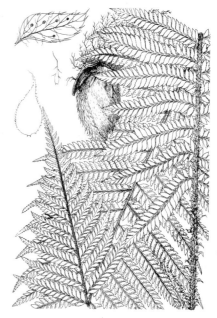

图 785 分离耳蕨 （引自《图鉴》）

叶簇生；叶柄长 13-40 厘米，褐色，疏被线形棕色鳞片；叶片长圆形或三角状卵形，长 24-70 厘米，中部宽 10-35 厘米，二回羽状，羽片 12-26 对，互生，披针形，具短柄，中部羽片长 12-17 厘米，宽 2.6-3.5 厘米，一回羽状，小羽片 12-35 对，互生，具短柄，长圆形，长 0.9-2.2 厘米，宽 5-8 毫米，基部上侧耳状凸起，具锯齿或浅裂，具芒尖，羽片的基部上侧 1 片最大，羽状深裂，叶脉羽状，侧脉二歧分叉，明显；叶草质，上面近光滑，下面疏被短毛状小鳞片；叶轴和羽轴下面被线形、扭曲、深棕或黑褐色鳞片。孢子囊群每小羽片（3-）5-8 对，着生小脉顶端，位于主脉两侧各排成 1 行；囊群盖圆盾形，边缘不规则撕裂。染色体 2n=82。

产云南及西藏，生于海拔 1700-2900 米林下湿地。不丹、尼泊尔、印度、巴基斯坦及缅甸有分布。

50. 长鳞耳蕨 图 786

Polystichum longipaleatum Christ in Lecomte, Not. Syst. 1: 35. 1909.

植株高 0.5-1.2 米。根茎短，直立或斜升，密被线形棕色鳞片。

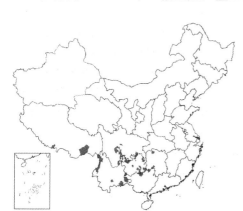

叶簇生；叶柄长 16-48 厘米，黄棕色，密被棕色披针形、卵形或卵状披针形大鳞片；叶片宽披针形，长 32-87 厘米，近基部宽 11-25 厘米，二回羽状，羽片 25-40 对，互生，具短柄，披针形，近基部的长 7-14 厘米，宽 1.7-2 厘米，一回羽状，小羽片 16-38 对，互生，近无柄，长圆形，长 0.5-1 厘米，宽 3-5 毫米，基部心形，上侧全缘，下侧具短芒尖，羽片基部上侧 1 片最大，边缘缺刻状，叶脉羽状，侧脉二歧分叉，明显；叶纸质，两面密被长纤毛状小鳞片；叶轴下面密被棕色线形鳞片及疏被卵状披针形或宽披针形大鳞片。孢子囊群小，圆形，着生小脉顶端，

图 786 长鳞耳蕨 （孙英宝绘）

在主脉两侧各排成1行，近主脉，无囊群盖。

产湖南、广西、贵州、四川、云南及西藏，生于海拔900-2600米针阔叶林或竹林下及灌丛中、林缘、溪边及路边。印度北部有分布。

图 787：1-3.裸果耳蕨　4-6.片马耳蕨
（陈 笈绘）

51. 裸果耳蕨　漾濞耳蕨　　　　图 787：1-3

Polystichum nudisorum Ching in Bull. Fan Mem. Inst. Biol. Bot. 11(2): 71. 1941.

植株高0.3-1米。根茎短，直立或斜升，密被线形棕色鳞片。叶簇生；叶柄长9-47厘米，黄棕色，密被棕色线形、棕色和中间黑棕色大鳞片；叶片矩圆状披针形或长圆形，长22-85厘米，近基部宽6-20厘米，二回羽状，羽片21-39对，互生，具短柄，披针形，下部的长5-10厘米，宽1.4-2厘米，一回羽状，小羽片13-38对，互生，近无柄，长圆形，长0.4-1厘米，宽2-5毫米，基部上侧全缘，下侧具短芒尖，羽片基部上侧1片最大，边缘缺刻状；叶脉羽状，侧脉5-7对，二歧分叉，明显；叶纸质，两面密被长纤毛状鳞片；叶轴下面密被棕色披针形和卵状披针形大鳞片。孢子

囊着生小脉顶端，每小羽片2-5对，在主脉两侧各排成1行，近主脉，无囊群盖。

产云南及西藏，生于海拔1800-3100米针、阔叶林下或林缘。

52. 片马耳蕨　　　　　　　图 787：4-6

Polystichum pianmaense W. M. Chu in Acta Bot. Yunnan. Suppl. 5: 51. f. 30. 1992.

植株高达80厘米。根茎短，直立或斜升，密被线形棕色鳞片。叶簇生；叶柄长11-32厘米，黄棕色，密被披针形鳞片和疏生中间黑棕色卵形或卵状披针形大鳞片；叶片矩圆状披针形或长圆形，长27-60厘米，宽11-24厘米，二回羽状，羽片23-26对，互生，具短柄，披针形，不育，下部的长7-10厘米，宽1.7-2厘米，一回羽状，小羽片16-25对，互生，近无柄，

长圆形，长0.8-1厘米，宽3-4毫米，基部上侧全缘，下侧具短芒尖，羽片基部1片最大，缺刻状，叶脉羽状，侧脉5-7对，二歧分叉，明显；叶草质，两面密被长纤毛状小鳞片；叶轴下面密被棕色线形、披针形鳞片和卵形或卵状披针形黑棕色、深棕色大鳞片。孢子囊群着生小脉顶端，每小羽片1-3对，在主脉两侧各排成1行，近主脉；囊群盖圆盾形，发育不良，边缘啮齿状。

产云南及西藏，生于海拔2200-2600米林下。

53. 布朗耳蕨　棕鳞耳蕨　　　　图 788

Polystichum braunii (Spenn.) Fee. Gen. Fil. 278. 1850.

Aspidium braunii Spenn. Fl. Friburg. 1: 9. t. 2. 1825.

植株高40-70厘米。根茎短，直立或斜升，密被线形淡紫色鳞

片。叶簇生；叶柄长 13-21 厘米，基部棕色，密被淡棕色披针形鳞片和卵状披针形或宽披针形、中间黑棕色的大鳞片；叶片椭圆状披针形，长 36-60 厘米，中部宽 14-24 厘米，能育，下部不育，二回羽状，羽片 19-25 对，互生，具短柄，披针形，中部的长 10-15 厘米，宽 2.3-2.8 厘米，一回羽状，小羽片（2-）6-17 对，互生，无柄，长圆形，长 0.9-1.7 厘米，宽 5-9 毫米，基部楔形下延，上侧全缘，下侧具芒尖，耳状凸弧形，不

明显，羽片基部上侧 1 片最大，缺刻状或羽裂；叶脉羽状，侧脉 5-7 对，二歧分叉，明显；叶薄草质，两面密被纤毛状小鳞片；叶轴下面密被淡棕色线形、披针形大鳞片。孢子囊群着生或近小脉顶端，在主脉两侧各排成 1 行，近主脉；囊群盖圆盾形，近全缘，染色体 2n=164。

产黑龙江、吉林、辽宁、河北、山西、河南、陕西、甘肃南部、新疆、安徽、湖北西北部、四川及西藏，生于海拔 1000-3400 米林下及林缘阴处或半阴处。朝鲜半岛、日本、俄罗斯远东地区、欧洲、美国夏威夷及北美洲有分布。

图 788 布朗耳蕨
（孙英宝仿《Fl. Polonicae》《中国植物志》）

54. 卵鳞耳蕨   图 789

Polystichum ovato-paleaceum (Kodama) Kurata in Sci. Rep. Yokosuka City Mus. 10: 35. 1964.

Polystichum aculeatum (Linn.) Roth. ex Mertens var. *ovato-paleaceum* Kodama in Bot. Mag. Tokyo 29: 323. 1915.

植株高 48-67 厘米。根茎短，直立或斜升，密被线形棕色鳞片。叶簇生；叶柄长 19-25 厘米，黄棕色，密被棕色线形、披针形鳞片和卵形及卵状披针形大鳞片；叶片椭圆形或椭圆状披针形，长 42-49 厘米，中部宽 18-20 厘米，先端渐尖，能育，基部变窄，二回羽状；羽片 23-26 对，具短柄，披针形，中部的长 9-12 厘米，宽 1.8-2.2 厘米，一回羽状，小羽片 15-20 对，互生，具短

柄，长圆形，长 0.9-1.3 厘米，宽 4-6 毫米，渐尖头，基部楔形，下延，上侧全缘略波状，具弧状耳凸，下侧具短芒尖，羽片基部上侧 1 片最大，具深缺刻，叶脉羽状，侧脉 5-7 对，二歧分叉，明显；叶草

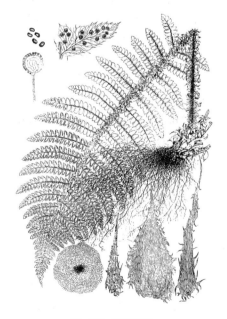

图 789 卵鳞耳蕨
（孙英宝仿《Ogata, Ic. Fil. Jap.》）

质，两面密被纤毛状小鳞片；叶轴下面密被棕色线形、披针形鳞片和卵形、卵状披针形大鳞片；羽轴具翅，下面密被鳞片。孢子囊群着生

小脉顶端，在主脉两侧各排成1行，近主脉；囊群盖圆盾形，全缘。染色体2n=164。

产安徽及浙江，生于海拔600-1200米林下。朝鲜半岛和日本有分布。

55. 棕鳞耳蕨 棕鳞大耳蕨

图 790

Polystichum polyblepharum (Roem. ex Kunze) Presl in Epim. Bot. 56. 1849.

Aspidium polyblepharum Roem. ex Kunze in Bot. Zaitschr. 572. 1848.

植株高40-80厘米。根茎短，直立或斜升，密被线形灰棕色鳞片。

图 790 棕鳞耳蕨 （陈 笈绘）

叶簇生；叶柄长14-22厘米，黄棕色，密被黄棕色线形鳞片和卵状、宽披针形大鳞片；叶片宽椭圆状披针形，长37-70厘米，中部宽15-20厘米，能育，下部不育，二回羽状，羽片20-26对，互生，具短柄，披针形，中部的长7-10厘米，宽1.4-2.2厘米，一回羽状，小羽片15-20对，互生，具短柄，长圆形，长1-2厘米，宽5-7.5毫米，基部楔形下延，上侧波状或近全缘，具三角形耳状凸，下侧具长芒尖，羽片基部上侧1片最大，具缺刻，叶脉羽状，侧脉4-6对，二歧分叉，明显；叶草质，上面疏被、下面密被长纤毛状小鳞片；叶轴下面密被灰棕色线形和窄披针形大鳞片，羽轴下面密被灰棕色线形鳞片。孢子囊群着生或近小脉顶端，中生或近边缘，在主脉两侧各排成1行；囊群盖圆盾形，近全缘。染色体2n=164。

产江苏及浙江，生于海拔100-400米山谷林下湿地。朝鲜半岛及日本有分布。

56. 倒鳞耳蕨

图 791

Polystichum retroso-paleaceum (Kodama) Tagawa in Journ. Jap. Bot. 13: 187. 1937.

Polystichum aculeatum var. *retroso-paleaceum* Kodama in Bot. Mag. Tokyo 29: 330. 1915.

植株高50-80厘米。根茎短，直立或斜升，密被棕色线形鳞片。叶簇生；叶柄长24-52厘米，黄棕色，密被黄棕色线形、披针形鳞片及卵形、卵状披针形黄棕色大鳞片；叶片椭圆形或椭圆状披针形，长36-63厘米，中部宽约20厘米，二回羽状，羽片20-25对，互生，具短柄，披针形，中部的长9-12厘米，宽1.8-2.5厘米，一回羽状，小羽片18-22对，互生，具短柄，长圆形或三角状卵形，长1-1.5厘米，宽5-6毫米，上侧全缘或波状，稀浅裂，

图 791 倒鳞耳蕨 （孙英宝绘）

具耳状凸，下侧具芒尖，羽片基部上侧1片最大，羽状深裂，叶脉羽状，侧脉5-7对，二歧分叉，明显；叶草质或薄草质，上面疏被、下面密被长纤毛状鳞片；羽轴下面密被淡棕或灰棕色线形、披针形鳞片及卵状披针形和宽披针形倒生大鳞片；羽轴具翅，下面密被淡棕色线形鳞片。孢子囊群中生小脉顶端，在主脉两侧各排成1行；囊群盖圆盾形，近全缘。染色体2n=82。

产安徽、浙江、江西及湖北，生于海拔600-1600米林下。朝鲜半岛及日本有分布。

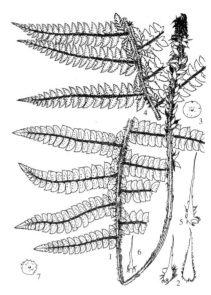

57. 假黑鳞耳蕨

图 792：1-3

Polystichum pseudo-makinoi Tagawa in Acta Phytotax. Geobot. 5:257. 1936.

植株高50-80厘米。根茎短，直立或斜升，密被线形棕色鳞片。

叶簇生；叶柄长20-30厘米，黄棕色，密被线形、披针形鳞片及被卵形或卵状披针形，二色（中间黑棕色）大鳞片；叶片三角状披针形或三角状卵形，长32-60厘米，基部宽14-23厘米，二回羽状，羽片14-21对，具短柄，披针形，羽片长5-12厘米，宽2.2-2.8厘米，一回羽状，小羽片14-21对，互生，长圆形，长0.9-1.2厘米，宽5-6毫米，具小尖钝圆头，基部楔形，弧形耳凸不明显，全缘，或具少数芒尖，羽片基部上侧1片最大，具深缺刻，叶脉羽状，侧脉5-8对，二歧分叉；叶纸质或薄草质，两面疏生

图 792：1-3.假黑鳞耳蕨　4-7.尖头耳蕨
（陈　笺绘）

短纤毛状小鳞片；叶轴下面被线形或披针形鳞片。孢子囊群着生小脉顶端，在主脉两侧或上侧各排成1行，近边缘；囊群盖圆盾形，全缘。染色体2n=164。

产河南、江苏、安徽、浙江、福建、江西、湖北、湖南、广东、广西、贵州及四川，生于海拔200-2000米山坡沟边、路旁林下及林缘。日本有分布。

58. 尖头耳蕨

图 792：4-7

Polystichum acutipinnulum Ching et Shing in Wuyi Sci. Journ. 1:9. 1981.

植株高47-83厘米。根茎短，直立或斜升，密被线形棕色鳞片。

叶簇生；叶柄长16-38厘米，黄棕色，密被线形、披针形鳞片及卵状披针形或宽披针形二色大鳞片；叶片长圆形或三角状披针形，长30-50厘米，宽11-16厘米，二回羽状，羽片14-25对，互生，具短柄，披针形，羽片长5-10厘米，宽1.5-2.2厘米，一回羽状，小羽片9-16对，互生，具短柄，镰状三角形，长1.2-1.6厘米，宽5-6毫米，基部上侧具三角形耳状

凸，全缘或具芒尖锯齿，羽片基部上侧1片最大，羽状深裂几达羽轴，叶脉羽状，侧脉6-8对，二歧分叉，明显；叶草质，上面近光滑，下面疏被纤毛状小鳞片，叶轴及羽轴常黑褐色，下面被棕色线形鳞片。孢子囊群近叶缘着生，在主脉两侧各1行；囊群盖圆盾形，边缘啮齿状。染色体2n=82。

产河南、浙江、福建、湖北、湖南、广东、贵州、四川及云南，生于海拔800-3000米山谷密林下。

59. 半育耳蕨

图 793

Polystchum semifertile (C. B. Clarke) Ching in Lingnan. Sci. Journ. 15: 398. 1936.

Aspidium aculeatum (Linn.) Swartz var. *semifertile* C. B. Clarke in Trans. Linn. Soc. ser. 2, Bot. 509. 1880.

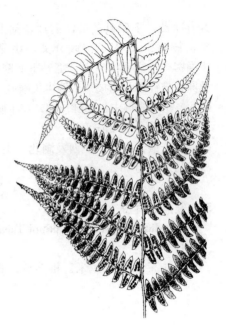

图 793 半育耳蕨 （陈 箓绘）

植株高 0.6-1 米。根茎短，直立或斜升。密被线形棕色鳞片。叶簇生；叶柄长 26-60 厘米，褐色，密被线形、披针形鳞片及卵形或卵状披针形二色大鳞片；叶片矩圆状卵形，长 45-68 厘米，基部宽 13-40 厘米，先端尾状，二回羽状，羽片 14-25 对，互生，具短柄，披针形，近基部的长 8-26 厘米，宽 2-3.8 厘米，一回羽状，小羽片 10-20 对，互生，具短柄，三角卵形或长圆形，长 1-2.3 厘米，宽 0.5-1 厘米，基部上侧弧状凸，全缘或具芒尖浅裂，羽片基部上侧 1 片最大，羽状深裂。叶脉羽状，侧脉 5-10 对，二歧分叉；叶薄革质或草质，上面光滑，下面疏生纤毛状小鳞片；叶轴下面被疏或密的棕色披针形或线形鳞片；羽轴下面被线形棕色鳞片。孢子囊群近主脉着生小脉顶端，在主脉两侧各 1 行；囊群盖圆盾形，边缘芒状撕裂。染色体 2n=82。

产四川、云南及西藏，生于海拔 1000-3000 米山坡、河谷、箐沟边阔叶林、混交林或苔藓林下湿地。尼泊尔、印度、缅甸、泰国及越南有分布。

60. 长羽耳蕨

图 784：3

Polystichum longipinnulum Nair in Amer. Fern Journ. 64(1): 15. f. 1. 1974.

植株高 0.6-1 米。根茎短，直立或斜升，密生线形棕色鳞片。叶簇生；叶柄长 33-58 厘米，基径约 5 毫米，黄棕色，疏生线形、披针形鳞片，大鳞片卵状披针形，二色，中间黑棕色，长达 1.8 厘米，宽达 7 毫米，近全缘；叶片三角状卵形，长 40-77 厘米，下部宽 20-45 厘米，尖头，下部 1-2 对羽片不育，二回羽状，羽片 11-14 （-17） 对，互生，上弯，具短柄，披针形，先端尾状，不育，下部羽片长 16-22 厘米，宽 3-4 厘米，一回羽状，小羽片 20-24 （-30） 对，镰状长圆形或长圆形，长 1.3-2.6 厘米，宽 5-9 毫米，基部上侧具三角形耳状突，具浅锯齿，齿端有短芒，小羽片侧脉 6-9 对，二歧分叉；叶草质，上面近光滑，下面疏生短纤毛状小鳞

片，叶轴和羽轴下面疏生线形暗棕色鳞片。孢子囊群每小羽片 8-10 对，主脉两侧各 1 行，略近主脉，着生小脉末端；囊群盖圆形，盾状，全缘。

产云南西部及中西部，生于海拔 1100-1700 米林下湿地。尼泊尔中部、印度、缅甸、泰国及越南有分布。

[附] **长芒耳蕨 Polystichum longiaristatum** Ching, Boufford et Shing in Journ. Arn. Arb. 64(1): 33. 1983. 本种与长羽耳蕨的主要区别：叶片渐尖头，不骤窄缩。产陕西、甘肃南部、湖北及西藏，生于海拔 1000-2600 米林下湿地。

61. 黑鳞耳蕨

图 794

Polystichum makinoi (Tagawa) Tagawa in Acta Phytotax. Geobot. 5: 258. 1936.

Polystichum aculeatum (Linn.) Roth ex Mertens var. *makinoi* Tagawa in Acta Phytotax. Geobot. 1: 88. 1932.

植株高 40-73 厘米。根茎短，直立或斜升，密被线形棕色鳞片。叶簇生；叶柄长 15-31 厘米，黄棕色，密被线形、披针形鳞片及卵形或卵状披针形二色大鳞片；叶片三角状卵形或三角状披针形，长 28-52 厘米，近基部宽 9-18 厘米，二回羽状，羽片 13-30 对，互生，具短柄，披针形，下部羽片长 3.5-8 厘米，宽 1-2 厘米，一回羽状，小羽片 14-22 对，互生，具短柄，镰状三角形或窄长圆形，长 0.8-1.3 厘米，宽 4-7 毫米，基部上侧耳状凸起，全缘或近全缘，常具短芒尖，羽片基部上侧 1 片最大，具缺刻或羽状浅裂，叶脉羽状，侧脉 5-8 对，二歧分叉；叶草质，上面近光滑，下面疏生纤毛状小鳞片；叶轴下面被线形或披针形棕色鳞片。孢子囊群近主脉着生小脉顶端，在主脉两侧各 1 行；囊群盖圆盾形，边缘啮齿状。染色体 2n=164。

产河北、山西、河南、陕西南部、甘肃南部、江苏、安徽、浙

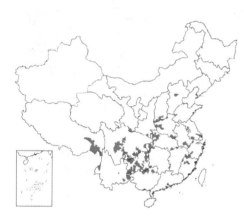

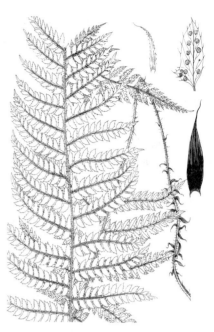

图 794 黑鳞耳蕨 （引自《图鉴》）

江、福建、江西、湖北、湖南、广西、贵州、四川、云南及西藏，生于海拔 600-2500 米山坡林缘、密林下溪边、湿地岩缝中。不丹、尼泊尔及日本有分布。全草入药，清热解毒，治下肢疖肿。

62. 钻鳞耳蕨

图 795

Polystichum subulatum Ching et L. B. Zhang in Acta Bot. Yunnan. 16 (2): 133. f. 1: 2-3. 1994.

植株高 60-80 厘米。根茎短，直立或斜升，密被线形棕色鳞片。叶簇生；叶柄长 30-38 厘米，黄棕色，被线形、披针形鳞片及密被卵形或卵状披针形二色大鳞片；叶片长圆状披针形，长 50-64 厘米，中部宽 18-22 厘米，二回羽状，羽片 18-26 对，互生，具短柄，披针形，中部的长 8-12 厘米，近基部宽 2.6-2.8 厘米，一回羽状，小羽片 13-16 对，互生，具短柄，镰状三角形，长 1.2-1.5 厘米，宽 5-6 毫米，基部上侧具三角形耳状凸起，具带长芒尖浅锯齿，羽片基部上侧 1 片最大，羽状深裂几达羽轴，叶脉羽状，侧脉 6-8 对，二歧分叉，明显；叶草质，上面光滑，下面疏被纤毛状

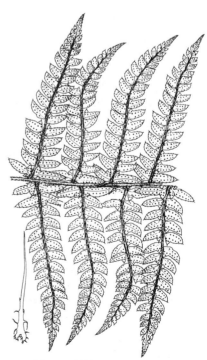

图 795 钻鳞耳蕨 （陈 箓绘）

小鳞片；叶轴和羽轴下面被线形和钻形、倒生深棕色鳞片，钻形鳞片边缘流苏状。孢子囊群着生小脉顶端，中生，在主脉两侧各 1 行；囊群盖圆盾形，近全缘。

产贵州及四川，生于海拔 1300-1800 米山坡、山谷、针叶林、阔叶林或竹林下湿地。

63. 乌鳞耳蕨　黑鳞耳蕨　　　　　　　　图 796

Polystichum piceo-paleaceum Tagawa in Acta Phytotax. Geobot. 5: 255. 1936.

植株高 48-95 厘米。根茎短，直立或斜升，密被线形棕色鳞片。

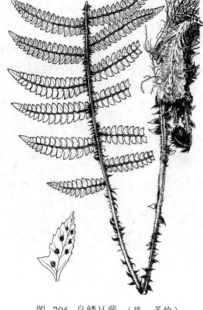

图 796 乌鳞耳蕨 （陈 箂绘）

叶簇生；叶柄长 16-32 厘米，黄棕色，密被线形、披针形鳞片及被卵状披针形或宽披针形二色大鳞片；叶片长圆状披针形，长 32-63 厘米，近基部宽 10-22 厘米，下部的能育或 1-2 对不育，二回羽状，羽片 17-26 对，互生，具短柄，披针形，羽片长 6-12 厘米，宽 1.3-2.8 厘米，一回羽状，小羽片 9-16 对，互生，具短柄，长圆形，长 0.8-1.6 厘米，宽 4-6 毫米，基部上侧具弧形耳状凸，近全缘或其芒尖锯齿，羽片基部上侧 1 片最大，具深缺刻，叶脉羽状，侧脉 6-8 对，二歧分叉，明显；叶草质，上面近光滑，小脉密被纤毛状小鳞片；叶轴下面密被棕色线形、披针形鳞片及卵状披针形二色大鳞片。孢子囊群着生小脉顶端，中生，在主脉两侧各 1 行；囊群盖圆盾形，边缘不规则齿裂。染色体

2n=164。

产陕西南部、甘肃、台湾、湖北西部、贵州、四川、云南及西藏，生于海拔 1200-3400 米山沟、溪边、河谷林下岩壁、岩缝或湿地。阿富汗东北部、印度南部、克什米尔地区、斯里兰卡、缅甸及日本有分布。

64. 云南耳蕨　鸡足山耳蕨　　　　　　　图 797

Polystichum yunnanense Christ in Lecomte, Not. Syst. 1: 34. 1909.

植株高达 80 厘米。根茎短，直立或斜升，密被线形棕色鳞片。

图 797 云南耳蕨 （孙英宝绘）

叶簇生；叶柄长 16-39 厘米，黄棕色，密被披针形鳞片及卵状披针形或宽披针形二色大鳞片；叶片长圆形或椭圆状披针形，长 30-60 厘米，中部宽 13-22 厘米，二回羽状，羽片 14-21 对，互生，具短柄，披针形，中部的长 5-11 厘米，宽 1.4-2.6 厘米，一回羽状，小羽片 10-18 对，互生，具短柄，三

角状卵形，长 1-1.7 厘米，宽 5-7 毫米，基部上侧具弧形耳状凸，

具粗齿或浅裂，齿端具芒尖，羽片基部上侧1片最大，具深缺刻至羽状深裂，叶脉羽状，侧脉5-7对，二歧分叉，明显；叶草质，上面近光滑，下面疏被短纤毛状小鳞片；叶轴下面密被披针形鳞片及卵状披针形或宽披针形二色大鳞片。孢子囊群着生小脉顶端，在主脉两侧各1行，近主脉；囊群盖圆盾形，边缘不规则齿裂。染色体

2n=164。

产四川西南部、云南及西藏东南部，生于海拔1400-3100米沟边、林下岩石上或湿地。尼泊尔有分布。

65. 粗脉耳蕨   图798

Polystichum crassinervium Ching ex W. M. Chu et Z. R. He, Fl. Republ. Popul. Sin. 5(2): 121. 2001.

植株高25-65厘米。根茎斜升，顶端及叶柄基部密被厚膜质鳞片。叶簇生；叶柄长2.5-18厘米，浅绿禾秆色，基部以上疏被披针形流苏状棕色小鳞片；叶片窄长椭圆状披针形，长15-45厘米，中部宽2.5-6厘米，一回羽状，羽片20-50对，长圆形或镰刀形，稀镰状披针形，中部的长1.5-3厘米，中部宽4-7毫米，基部上侧三角形耳状凸起，具波状锯齿，羽片基部以上两侧具浅钝齿，稀为长锯齿，叶脉羽状，下面隆起，侧脉粗，顶端增粗呈棒状，几达边缘，多二叉状；叶纸质或厚纸质，叶轴浅绿禾秆色，下面疏被棕色卵状披针形贴生小鳞片，羽轴上面光滑，下面疏被短节毛。孢子囊群着生小脉顶端，在主脉两侧各1行，中生或近叶缘；囊群盖边缘啮齿状或具疏钝齿，稀撕裂状。

产湖南南部、广东及广西，生于海拔200-400米的石灰岩丘陵阴处岩隙。

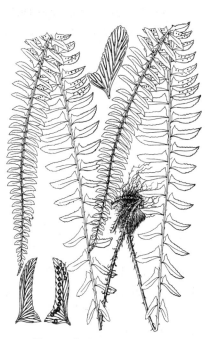

图 798 粗脉耳蕨 （蔡淑琴绘）

66. 宜昌耳蕨   假对生耳蕨   雅致耳蕨   图799

Polystichum ichangense Christ in Bull. Soc. Bot. France 52: Mem. 1: 28. 1905.

植株高14-48厘米。根茎短，斜升或近直立，顶端密被棕色或深棕色或栗色披针形鳞片。叶簇生；叶柄浅禾秆色，长3-10厘米，疏被卵形或卵状宽披针形鳞片或栗色伏贴薄鳞片；叶片长椭圆状披针形，长10-34厘米，中部宽1.5-3.5厘米，一回羽状，羽片17-35对，无柄或基部的具短柄，近长圆形，基部上侧三角形耳状凸起，具不整

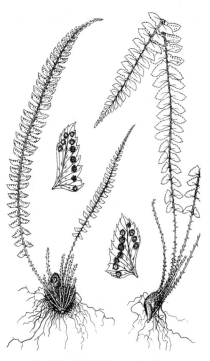

图 799 宜昌耳蕨 （蔡淑琴绘）

齐尖锯齿，齿端具短尖头，下侧上半部具尖锯齿，叶脉羽状，侧脉顶端增粗呈棒状，2 叉或单一；叶薄纸质，干后浅绿或灰绿色；叶轴深禾秆色，两面疏被与叶柄上同形较小鳞片；羽轴上面光滑，下面疏被小鳞片。孢子囊群着生小脉顶端，中生或近边缘；囊群盖圆

盾形，边缘波状，早落。

产湖北西部、湖南、贵州北部及四川东南部，生于海拔1000-1600米山地阔叶林下阴湿岩缝中。

67. 芒齿耳蕨　锯齿叶耳蕨　多翼耳蕨　　　　　　图 800

Polystichum hecatopteron Diels in Engl. Bot. Jahrb. 29: 193. 1900.

植株高 25-60 厘米。根茎短，斜升或直立，顶端密被鳞片。叶簇生；叶柄长 4-15 厘米，连同叶轴均禾秆色或深禾秆色，密被大小两种鳞片；叶片窄长椭圆披针形，长 17-43 厘米，中部宽 2-4 厘米，羽裂渐尖头，一回羽状，羽片 35-66 对，具短柄，基部的极斜向下，镰刀形或矩圆状镰刀形，中部的长 1-2 厘米，宽 3-8 毫米，具短芒刺，两侧不对称，上侧具三角形耳状凸起，除基部下侧外，边缘具芒刺的整齐锯齿，外侧具少数锯齿；叶脉羽状，伸达锯齿，侧脉单一或 2 叉；叶纸质，干后绿或浅棕色，上面光滑，下面疏被小鳞片。孢子囊群着生小脉顶端，在主脉两侧各有 1 行，中生；囊群盖圆盾形，边缘波状或啮齿状。孢子周壁具褶皱，网状纹饰。

产浙江、台湾、江西、湖北、湖南、广西、贵州、四川及云南，生于海拔1000-2300米山地阔叶林及竹林下阴湿处土坎或岩缝中。

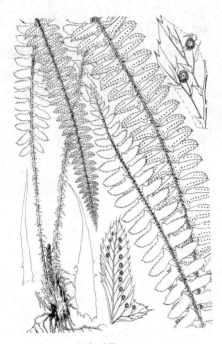

图 800　芒齿耳蕨　　（引自《图鉴》）

68. 圆顶耳蕨　边果耳蕨　　　　　　图 801

Polystichum dielsii Christ in Bull. Acad. Int. Geogr. Bot. 16: 238. 1906.

植株高达 50 厘米。在干旱环境的高 6 厘米。根茎短而直立，顶端密被棕、深棕或栗黑色厚鳞片。叶簇生；叶柄浅禾秆色，长 3-10（-18）厘米，被开展栗黑色厚鳞片；叶片窄长椭圆状披针形，长 15-30（-33）厘米，中部宽 2-3.5 厘米，一回羽状，羽片（8-）30-50（-60）对，无柄。近长圆形，中部的长 0.5-2 厘米，宽 2.5-8 毫米，上侧多少呈三角形耳状凸起，边缘近截形，波状，顶端有 1-2 尖头或短尖头锯齿，有时基部上侧圆钝，无明显耳状凸起，下侧边缘波状或具 3-4 尖齿，叶

图 801　圆顶耳蕨
（孙英宝仿《中国蕨类植物图谱》）

脉羽状，2 叉状或单一；叶纸质，有时革质，光滑，浅绿或浅棕绿色；叶轴浅禾秆色，疏被小鳞片；羽轴上面光滑，下面疏被小鳞片。孢子囊群着生小脉顶端，近边缘；囊群盖圆盾形，黄棕色，全缘。孢子周壁具褶皱。

产湖南、广西西部、贵州、四川及云南东南部，生于海拔 500-1550 米常绿阔叶林下及岩洞口阴处石灰岩上或岩隙中，稀见于林缘石灰岩隙。越南北部有分布。

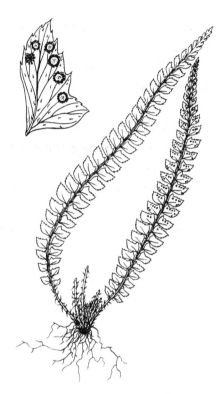

图 802 正宇耳蕨 （蔡淑琴绘）

69. 正宇耳蕨　　　　　　　　　　　图 802

Polystichum liui Ching in Bull. Bot. Res. (Harbin) 3 (4)：28. 1983.

植株高 7-25 厘米。根茎短而直立，顶端连同叶柄基部密被鳞片。

叶簇生；叶柄禾秆色，长 1-4 厘米，基部以上疏被鳞片；叶片长椭圆状披针形，长 4.5-18 厘米，中部宽 0.8-2 厘米，一回羽状；羽片 16-45 对，具短柄，近长圆形，基部上侧具芒尖三角形耳状凸起，下面疏被小鳞片、鳞毛及节毛，顶端及上侧边缘具达 10 个芒尖或硬刺头牙齿，叶脉羽状，侧脉 2 叉或单一；叶厚纸质或近革质，干后绿色；叶轴禾秆色，下面疏被红棕色披针形或宽披针形、边缘流苏状鳞片；羽轴上面光滑，下面疏被小鳞片、鳞毛及短节毛。孢子囊群着生小脉顶端，近边缘；囊群盖圆盾形，边缘啮齿状。

产湖南、贵州、四川及云南，生于海拔 600-1700 米山谷阴湿处石灰岩隙中。

[附] **金佛山耳蕨 Polystichum jinfoshanense** Ching et Z. Y. Liu in Bull. Bot. Res. (Harbin) 3(4)：29. 1983. 本种与正宇耳蕨的主要区别：叶薄纸质；叶片顶端尖或具短刺头牙齿或浅裂片状粗齿，下面疏被细小鳞片及短节毛。产四川、贵州及云南东北部，生于海拔 850-1950 米山地常绿阔叶林阴湿地石灰岩隙中。

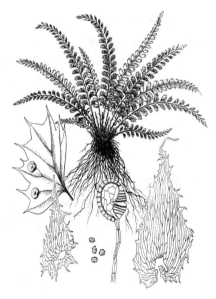

图 803 亮叶耳蕨
（孙英宝仿《中国蕨类植物图谱》）

70. 亮叶耳蕨　披针耳蕨　　　　　图 803

Polystichum lanceolatum (Baker) Diels in Engl. Bot. Jahrb. 29:193. 1900.

Aspidium lanceolatum Baker in Gard. Chron. n. s. 14: 294. 1880.

植株高 4-14 厘米。根茎短而直立，顶端被小鳞片。叶簇生；叶柄淡棕禾秆色或浅绿禾秆色，长 3-10 厘米，疏被小鳞片；叶片线状披针形，长 2-11 厘米，宽 0.5-1.6 厘米，一回羽状，羽片 15-24 对，具短柄，长圆形，顶端截形并具 1-3 短硬刺头牙齿，基部上侧略耳状凸起，顶端具短硬刺头或尖或钝尖头，其上边缘具 1-2 具芒刺或短硬刺头牙齿，下侧全缘，叶脉羽状，侧脉单一或 2 叉，几达齿端；叶厚纸质或近革

质，干后浅棕绿或灰绿色；叶轴浅棕禾秆色或浅绿禾秆色，下面疏被卵形、尾状被具长齿的棕色小鳞片，羽片具光泽，上面光滑，下面

疏被浅棕色短节毛。孢子囊群着生小脉分枝顶端，中生；囊群盖圆盾形，全缘。

产江西、湖北、湖南、贵州、四川及云南，生于海拔900-1800米山谷阴湿处石灰岩隙中。

71. 近边耳蕨 边缘耳蕨　　　　　　　　　　图804

Polystichum submarginale (Baker) Ching ex P. S. Wang, Pterid. Fanjing Mt. 129. 1992.

Aspidium auriculatum var. *submarginale* Baker in Journ. Bot. 26:227. 1888.

植株高15-55厘米。根茎短而直立，顶端及叶柄基部密被鳞片，并混生较小鳞片。叶簇生；叶柄长2-20厘米，浅禾秆色；叶片近线状披针形，长14-27厘米，宽2-3.5厘米，一回羽状，羽片15-35对，互生，稍向上斜展，具短柄，镰刀状长圆形，中部的长1-2.5厘米，基部宽0.4-1厘米，尖头或短芒刺头，上侧基部三角形或三角形耳状凸起，顶端尖头或具短芒刺

头，外侧全缘或具1-3浅齿，内侧具1-3粗锯齿，耳状凸起以上边缘具尖头或短刺头锯齿，叶脉羽状，侧脉达锯齿基部，2叉或单一；叶纸质，干后浅绿或浅棕绿色；羽片上面光滑，下面疏被小鳞片及节状毛。孢子囊群聚生羽片上半部；囊群盖圆盾形，全缘。孢子周壁具细密颗粒状纹饰。

产贵州、四川及云南，生于海拔750-2500米山地阴湿处石灰岩隙及岩壁上。

图 804 近边耳蕨 （陈 笈绘）

72. 涪陵耳蕨 刺叶耳蕨　　　　　　　　　　图805

Polystichum consimile Ching, Icon. Fil. Sin. 5: pl. 237. 1958.

植株高30-40厘米。根茎短而直立，顶端及叶柄基部疏被鳞片。叶簇生；叶柄灰禾秆色，长10-14厘米，基部以上几光滑；叶片长椭圆状披针形，长20-28厘米，中部宽3厘米，羽裂尖头，一回羽状，羽片30-35对，稍反折斜展，具短柄，互生，长圆形，上侧基部略耳状凸起，具有芒刺的疏锯齿，基部羽片略小，反折，叶脉羽状，侧脉

图 805 涪陵耳蕨
（孙英宝仿《中国蕨类植物图谱》）

几达边缘，2 叉或单一；叶纸质，干后深棕色；叶轴禾秆色，下面光滑；羽片两面光滑。孢子囊群着生小脉顶端，近边缘；囊群盖圆盾形，全缘。

产贵州北部及四川东南部，生于海拔约 200 米石灰岩洞岩壁上。

73. 伴藓耳蕨

图 806

Polystichum muscicola Ching ex W. M. Chu et Z. R. He, Fl. Republ. Popul. Sin. 5(2): 140. 2001.

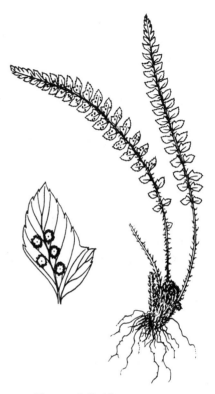

图 806 伴藓耳蕨 （蔡淑琴绘）

植株高 10-20 厘米。根茎短而直立。叶簇生；叶柄禾秆色，长 2-6 厘米，疏被鳞片；叶片椭圆状披针形或线状披针形，长 7-13 厘米，宽 1-2 厘米，一回羽状；羽片 10-23 对，近平展，卵形或卵状长圆形，无柄，边缘浅羽裂或具短刺头疏锯齿，基部不对称，上侧具耳状凸起，下侧斜截，中部的长 5-9 毫米，宽 3-4 毫米，基部羽片长宽约 3 毫米，下部裂片常具 2-3 锐齿；叶薄革质，干后黄绿色；叶轴禾秆色，疏被鳞片。孢子囊群着生小脉背部，中生或近羽片中肋；囊群盖圆盾形。

产湖北西部及四川西部，生于海拔 2050-2800 米山谷林中，多苔藓潮湿岩石上。

74. 对生耳蕨 对生叶耳蕨

图 807

Polystichum deltodon (Baker) Diels in Engr. u. Prantl, Nat. Pflanzenfam. 1(4): 191. 1899.

Aspidium deltodon Baker in Gard. Chron. n. s. 14: 494. 1880.

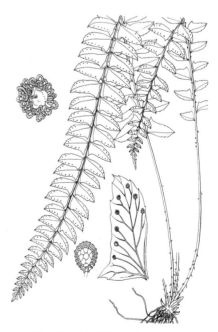

图 807 对生耳蕨 （引自《图鉴》）

植株高 13-42 厘米。根茎短，斜升或直立，顶端及叶柄基部被厚膜质鳞片。叶簇生；叶柄禾秆色，长 3-16 厘米，基部以上疏被膜质鳞片；叶片披针形或窄长椭圆状披针形，长 9-30 厘米，中部宽 2-4.5 厘米，羽裂渐尖头，一回羽状；羽片 18-40 对，近平展，有时大部或中部以下的略向下斜展，长圆形或镰刀状长圆形，中部的长 0.8-2.2 厘米，基部宽 0.4-2.2 厘米，具芒状刺尖头，基部上侧三角形耳状凸起，外侧全缘或具 1-2 浅钝锯齿，耳状凸起的以上具粗齿或重齿，下侧具短刺头粗齿，叶脉羽状，侧脉 2 叉或

单一；叶坚纸质或薄革质，干后浅绿或浅棕绿色；叶轴禾秆色，两面疏被膜质鳞片及长钻形小鳞片；羽

片上面光滑，下面疏被细小鳞片、鳞毛及短节毛。孢子囊群着生小脉顶端，近边缘，在中脉上侧顶部至基部排成 1 行；囊群盖圆盾形，边缘啮齿状，早落。孢子周壁具褶皱。

产安徽、浙江、台湾、福建、湖北、湖南、广西、贵州、四川及云南，生于海拔 1000-2600 米山地常绿阔叶林下石灰岩隙中。缅甸、日本及菲律宾有分布。

[附] **纳雍耳蕨 Polystichum nayongense** P. S. Wang et X. Y. Wang in Acta Bot. Yunnan. 19(1): 41. f. 1. 1997. 本种与对生耳蕨的主要区别：植株高 30-60 厘米；叶羽片有整齐单一锯齿，无重锯齿，下部的锯齿较长，向上的略短，齿端尖，具芒状刺头，叶纸质或厚纸质，孢囊群聚生叶片上部。产四川南部及北部、贵州西部、云南东南部，生于海拔 750-1600 米山地阴湿处岩石上。

[附] **刀羽耳蕨 Polystichum deltodon** var. **cultripinnum** W. M. Chu et Z. R. He, Fl. Republ. Popul. Sin. 5(2): 143. 2001. 本变种与模式变种的主要区别：羽片短宽弯刀形，中部以上具少数尖或具短刺头浅锯齿，中部以下全缘、波状或具缺刻状钝齿，偶基部上侧近耳状凸起具短刺头小齿。产四川、贵州及云南东南部、东北部及西北部，生于海拔 500-2500 米山谷阔叶林下阴湿处岩隙。

[附] **钝齿耳蕨 Polystichum deltodon** var. **henryi** Christ in Bull. Soc. Bot. France 52: Mém. 1: 27. 1905. 本变种与模式变种的主要区别：羽片边缘波状或具浅钝锯齿，羽片及耳状凸起顶端尖或锐尖，有时具短刺头。产广西北部、四川中部、贵州中部及西部、云南东南部及中部，生于海拔 950-2200 米的山地阴湿处石灰岩隙中。

75. 新对生耳蕨 图 808

Polystichum paradeltodon L. L. Xiang in Acta Phytotax. Sin. 32(3): 265. pl. 4. 1994.

植株高 10-30 厘米。根茎短而直立。叶簇生；叶柄禾秆色，长 3-10 厘米，基部疏被鳞片，并混生少数小鳞片，向上光滑；叶片披针形，长 7-20 厘米，中部宽 2-4.5 厘米，羽裂渐尖头，一回羽状；羽片 12-20 对，互生，近长圆形，长 0.8-2 厘米，中部宽 5-8 毫米，基部上侧具三角形或近半圆形耳状凸起，下侧边缘下部窄楔形，上部上弯，具粗齿或略内弯锯齿，叶脉羽状，侧脉羽状，2 叉或单一，叶轴禾秆色，下面疏被小鳞片；羽片上面光滑，下面略被短节毛。孢子囊群着生小脉顶端，中生或近边缘，在主脉两侧各有 1 行；囊群盖圆盾形，边缘波状。孢子周壁具网状纹饰。

产广西北部、贵州西部、云南东南部及南部，生于海拔 800-1920 米河谷阴湿处石灰岩隙中。

图 808 新对生耳蕨
（孙英宝仿《中国植物志》）

76. 斜羽耳蕨 知本耳蕨 图 809

Polystichum obliquum (Don) Moore, Ind. Fil. 87. 1858.

Aspidium obliquum Don, Prodr. Fl. Nepal. 3. 1825.

植株高 6-32 厘米。根茎短而直立，顶端密被鳞片。叶簇生；叶柄浅禾秆色，长 0.5-12 厘米，疏被鳞片；叶片披针形，长 3.5-21 厘米，中部宽 1-5 厘米，一回羽状，羽片 7-15 对，菱状卵形或近长圆形，羽裂渐尖头或钝头，具短柄，基部 1-2 对向下斜展，有时中部以下的或大部多少向下斜展，菱状卵形或近长圆形，基部上侧具三角形或近三角形耳状凸起，全缘或具 1-2 浅锯齿，凸起以上的边缘有少数锯齿或波状，下侧的下部楔形，全缘，上部具齿，叶脉羽状，侧脉几达边缘，3 叉、2 叉或单一；叶厚纸质，干后绿或灰绿色；叶轴浅禾秆色，下面疏被小鳞片；羽片上面光滑，下面疏被细小鳞片、鳞毛及节状毛。孢子囊群中生；囊群盖圆盾形，全缘。

产台湾、贵州西部、四川西部及云南，生于海拔 1900-2800 米山地阴湿处石灰岩隙中。不丹、尼泊尔、印度东北部及西北部、缅甸有分布。

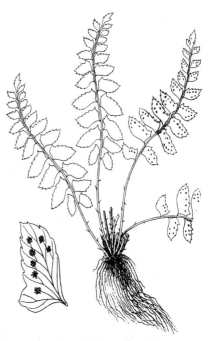

图 809　斜羽耳蕨
（孙英宝仿《中国植物志》）

77. 无盖耳蕨　　图 810

Polystichum gymnocarpium Ching ex W. M. Chu et Z. R. He, Fl. Republ. Popul. Sin. 5(2): 146. 2001.

植株高 25-65 厘米。根茎短而斜升，顶端及叶柄基部密被膜质鳞片。叶簇生；叶柄禾秆色，长 6-14 厘米，基部以上至叶轴被细小鳞片；叶片窄长椭圆状披针形，长 15-52 厘米，中部宽 2-3.5 厘米，一回羽状；羽片 30-70 对，中部以上的平展，下部的稍反折，镰刀形或镰状披针形，最大的长达 1.8 厘米，中部宽约 5 毫米，顶端具芒刺，基部上侧三角

形耳状凸起，顶端具芒刺，具少数浅齿，下侧基部以上具芒刺锯齿，叶脉羽状，侧脉多 2 叉，几达边缘；叶厚纸质，叶轴禾秆色；羽片下面疏被小鳞片。孢子囊群着生小脉顶端，在主脉两侧各有 1 行，中生；无盖。

产浙江西南部及福建北部，生于海拔 300-700 米林下及林缘岩石上。

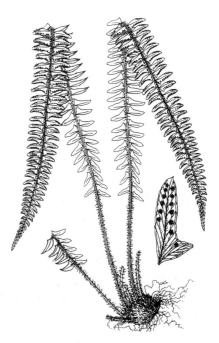

图 810　无盖耳蕨
（孙英宝仿《中国植物志》）

78. 尖顶耳蕨　　图 811

Polystichum excellens Ching, Icon. Fil. Sin. 5: 234. 1958.

植株高 23-55 厘米。根茎短而直立，顶端及叶柄基部密被鳞片。叶簇生；叶柄禾秆色，长 7-20 厘米，基部以上疏被红棕色鳞片；叶片线状披针形，长 11-30 厘米，中部宽 3-10 厘米，一回羽状，羽片 9-30 对，近镰刀形或矩圆状披针形，中部的长 1.5-5 厘米，中部宽 0.7-1.5 厘米，具芒刺尖头，基

部上侧略三角形耳状凸起，顶端具 1-3 浅齿，有疏浅锯齿或波状，下侧上部具疏浅钝齿，叶脉羽状，主脉上面凹陷，侧脉几达边缘；叶纸质，干后灰绿色；叶轴禾秆色，下面疏被小鳞片；羽片上面光滑，下面疏被细小鳞片、鳞毛及节状毛。孢子囊群着生小脉顶端，中生，在主脉两侧各有 1 行；囊群盖圆盾形，红棕色，边缘具整齐细齿。孢子周壁具网状纹饰。

产湖南西北部、贵州、四川及云南，生于海拔 800-1800 米山地常绿阔叶林下石灰岩隙中。

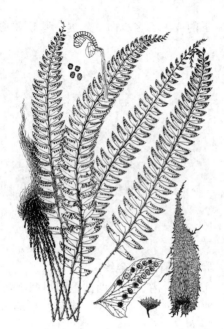

图 811 尖顶耳蕨
（孙英宝仿《中国蕨类植物图谱》）

79. 尖齿耳蕨　台东耳蕨　　　　　图 812

Polystichum acutidens Christ in Bull. Acad. Int. Geogr. Bot. 11:259. 1902.

植株高 0.3-1 米。根茎短而直立，高达 10 厘米，顶端及叶柄基部密被厚膜质鳞片。叶簇生；叶柄禾秆色，长 5-40 厘米，向上疏被小鳞片；叶片披针形，长 18-65 厘米，宽 2.5-12 厘米，一回羽状，羽片 25-45 对，无柄，平展，镰刀状披针形，长 1-6 厘米，中部宽 0.3-1 厘米，基部上侧耳状凸起，基部下侧窄楔形，基部以上两侧边缘均具带短芒刺锯齿，锯齿稍内弯或前伸；叶脉羽状；叶纸质或薄纸质，干后绿或灰绿色；叶轴禾秆色，下面疏被小鳞片；羽片上面光滑，下面疏被细小鳞片及节状毛。孢子囊群着生小脉顶端，中生，在主脉两侧各有 1 行；囊群盖圆盾形，近全缘。孢子周壁具褶皱成网状。

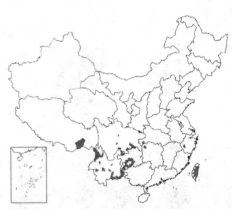

产浙江、台湾、湖北、湖南、广西、贵州、四川、云南及西藏东南部，生于海拔 600-2400 米山地常绿阔叶林下，多见于阴湿石灰岩山谷。越南北部有分布。

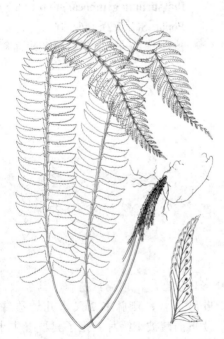

图 812 尖齿耳蕨　（引自《图鉴》）

80. 台湾耳蕨　　　　　　　　　图 813

Polystichum formosanum Rosenst. in Hedwigia 56: 338. 1915.

植株高 30-50 厘米。根茎短而斜升，顶端及叶柄基部密被膜质鳞片。叶簇生；叶柄浅绿禾秆色，长 9-22 厘米，基部以上光滑；叶片长椭圆状披针形，长 17-30 厘米，中部宽 3.5-7.5 厘米，一回羽状，羽片 15-20 对，平展或略斜展，镰刀形或镰刀状披针形，中部的长 1.5-4 厘米，基部宽 0.5-1.5 厘米，基部上侧三角形或半圆形耳状凸起，下侧楔形，具不整齐带芒刺的重锯齿或单锯齿，叶脉明

显，羽状，小脉几达齿端；叶纸质，干后浅绿色；叶轴浅绿禾秆色；羽片小脉疏被顶端腺体状节毛。孢子囊群聚生羽片上部，下部不育，近中生或近边缘，着生小脉顶端，在主脉两侧各有1行；囊群盖圆盾形，边缘具不规则锯齿。

产台湾及云南，生于山地沟边崖壁上。日本南部琉球有分布。

81. 长镰羽耳蕨　　　　图 814

Polystichum falcatilobum Ching ex W. M. Chu et Z. R. He, Fl. Ripubl. Popul. Sin. 5(1): 152. pl. 44: 3-4. 2001.

植株高 25-60 厘米。根茎短而斜升，顶端及叶柄基部被棕色宽披针形鳞片。叶簇生；叶柄长 8-25 厘米，禾秆色；羽片披针形或长椭圆状披针形，羽裂长渐尖头，长 15-40 厘米，中部宽 4-9 厘米，一回羽状，羽片 10-30 对，略斜上，镰刀状披针形，中部的长 2-5 厘米，基部宽 1-1.5 厘米，中部以下的短，渐尖头，基部上侧多角形或半圆形耳状凸起，近凸起的略重齿状，

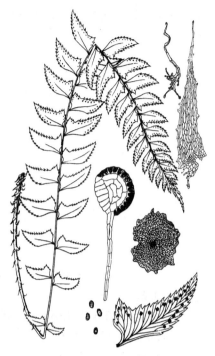

图 813 台湾耳蕨 （蔡淑琴绘）

下侧楔形或弧形，锯齿具短尖头，下侧的下部全缘，叶脉羽状，小脉不达边缘；叶革质，干后上面深绿色，下面浅绿色；叶轴禾秆色，下面疏生伏贴小鳞片；羽片上面光滑，下面疏被与叶轴同样小鳞片。孢子囊群着生叶片上部，近叶缘，在主脉两侧各有1行；孢子囊群盖圆盾形，近全缘。

产四川南部及云南东北部，生于海拔 1000-1600 米山地常绿阔叶林下溪边阴处岩隙。

82. 尾叶耳蕨　　　　图 815

Polystichum thomsonii (Hook. f.) Bedd. Ferns Brit. Ind. pl. 126. 1866.

Aspidium thomosonii Hook. f. Cent. Ferns ed. 2, pl. 25. 1860.

植株高 8-50 厘米。根茎短而直立，顶端密被鳞片。叶簇生；叶柄禾秆色，长 2-20 厘米，下部密被大小两类鳞片。叶片披针形，长 5-35 厘米，宽 1-5 厘米，羽裂长渐尖头，尾状，一回羽状，羽片 10-25 对，具带窄翅的短柄，斜卵形，长 0.5-2.5 厘米，宽 0.2-1.2 厘米，基部上侧耳状凸起，下侧斜切形，羽状半裂至全裂，裂片 2-7 对，基

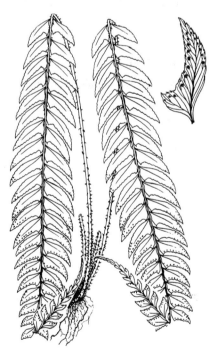

图 814 长镰羽耳蕨 （蔡淑琴绘）

部上侧耳状凸起裂片较大，卵形，羽状浅裂至半裂，基部下侧1片及上侧第二片有时羽状浅裂，各对羽

片均向上斜展，叶脉羽状，下面明显，被浅棕色线形鳞片，顶端棒状；叶草质，干后下面浅黄绿色，上面色较深暗；叶轴禾秆色，下

面疏被与叶柄上部相同的小鳞片；羽片两面疏被棕色针状长毛。孢子囊群着生小脉下面或顶端；囊群盖圆盾形，膜质，边缘具浅圆齿或啮蚀状，成熟时边缘常浅裂。孢子周壁具片状褶皱。

产甘肃南部、台湾、贵州、四川、云南及西藏东部，生于海拔 2000-3900 米山地阔叶林、针阔叶混交林及冷杉林

中崖壁上及岩缝中。缅甸北部、不丹、尼泊尔、印度东北部至西北部、巴基斯坦及阿富汗有分布。

[附] **基芽耳蕨 Polystichum capillipes** (Baker) Diels in Engl. u. Prantl, Nat. Pflanzefam. 1(4): 191. 1899.—— *Aspicium capillipes* Baker in Journ. Bot. 26: 228. 1888. 本种与尾叶耳蕨的主要区别：叶轴基部上面第一对羽片间具 1 个小芽胞。产湖北西部、四川西南部及东部、贵州东北部及西部、云南东北部、中部及西北部、西藏东南部，生于海拔 1700-3900 米山地阴湿处岩隙及崖壁苔藓密丛中。不丹、尼泊尔及印度西北部有分布。

图 815 尾叶耳蕨
（孙英宝仿《中国蕨类植物志》）

83. 单羽耳蕨　　　　　　　　　　图 816

Polystichum simplicipinnum Hayata, Ic. Pl. Formos. 5: 343. f. 137-j. 146. 1915.

植株高 18-20 厘米。根茎短而直立，密被深棕色、边缘具小齿披

针形鳞片。叶簇生；叶柄禾秆色，长 6-7 厘米，基部被鳞片，向上近光滑或疏生窄披针形鳞片；叶片线状披针形，长 9-11 厘米，中部宽 2-3 厘米，一回羽状或基部的二回羽状，羽片 14-16 对，互生，具短柄或近无柄，斜方形或斜方状长圆形，中部长 0.8-1.2 厘米，宽约 4 毫米，基部上侧具三角形耳状凸起，

下侧平切，具刺尖头粗锯齿，下部数对稍短，叶脉单一；叶薄草质，两面近光滑。孢子囊群圆形，着生侧脉顶端，近主脉；囊群盖圆盾形，膜质。

产福建及台湾。

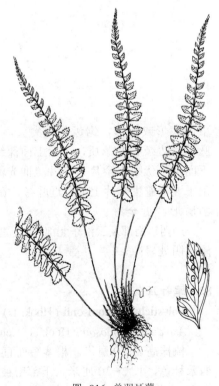

图 816 单羽耳蕨
（孙英宝仿《中国植物志》）

84. 小戟叶耳蕨 小三叶耳蕨　韩氏耳蕨　　　　　图 817

Polystichum hancockii (Hance) Diels in Engl. u Prantl, Nat. Pflanzenfam. 1(4): 191. 1899.

Ptilopteris hancockii Hance in Journ. Bot. 22: 139. 1884.

植株高 30-50 厘米。根茎短而直立，顶端及叶柄基部密被鳞片。

叶簇生；叶柄长 10-20 厘米，基部以上禾秆色，疏被鳞片或近光滑；叶片戟状披针形，长 20-25 厘米，基部宽 8-12 厘米，具 3 枚线状披针形羽片；侧生 1 对羽片长 2-5 厘米，宽 1-2 厘米，短渐尖头，具短柄，羽状，有小羽片 5-6 对；中央羽片大于侧生羽片，长 20-25 厘米，宽 3-6 厘米，长渐尖头，基部具长柄，一回羽状，具小羽片 20-25 对；小羽片均互生，近平展，下部的具短柄，上部的近无柄，中部的长 1.5-2 厘米，宽 6-8 毫米，斜长方形，尖头或钝尖，基部上侧具三角形耳状凸起，具带小刺头粗锯齿，叶脉羽状，小脉单一或 2 叉；叶薄草质，干后绿色，两面近光滑。孢子囊群圆形，着生小脉顶端；囊群盖圆盾形，边缘略啮齿状。孢子周壁褶皱，具小瘤状突起。染色体 2n=41。

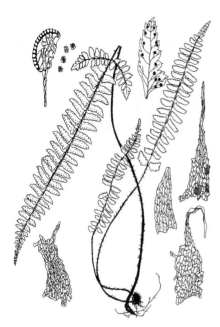

图 817 小戟叶耳蕨 （引自《Fl. Taiwan》）

产安徽、浙江、台湾、福建、江西、湖南、广东及广西，生于海拔 600-1200 米林下。朝鲜半岛及日本有分布。

85. 戟叶耳蕨 三叶耳蕨　三叉耳蕨　　　　　图 818

Polystichum tripteron (Kunze) Presl, Epim. Bot. 55. 1849.

Aspidium tripteron Kunze in Bot. Zeitschr. 6: 569. 1848.

植株高 30-65 厘米。根茎短而直立，顶端连同叶柄基部密被鳞片。叶簇生；叶柄长 12-30 厘米，基部以上禾秆色，连同叶轴及羽轴疏生披针形小鳞片；叶片戟状披针形，长 30-45 厘米，基部宽 10-16 厘米，具 3 枚椭圆状披针形羽片；侧生 1 对羽片长 5-8 厘米，宽 2-5 厘米，具短柄，斜展，羽状，具小羽片 25-30 对，小羽片均互生，近平展，下部的具短柄，向上的

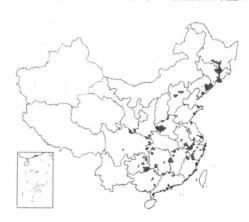

几无柄，中部的长 3-4 厘米，宽 0.8-1.2 厘米，镰刀状披针形，基部下侧斜切，上侧截形，具三角形耳状凸起，具粗锯齿或浅羽裂，锯齿及裂片顶端具芒状小刺尖，叶脉羽状，小脉单一或 2 叉；叶草质，干后绿色，沿叶脉疏生小鳞片。孢子囊群圆形，着生小脉顶端；囊群盖圆盾形，边缘略啮齿状。孢子周壁具褶皱，常成网状，薄而透

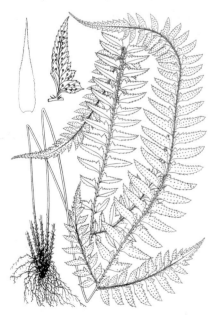

图 818 戟叶耳蕨 （引自《图鉴》）

明。染色体 2n=41。

产黑龙江、吉林、辽宁、河北、山东、河南、陕西、甘肃、

江苏、安徽、浙江、福建、江西、湖北、湖南、广东、广西、贵州及四川，生于海拔 400-23000 米林下石隙或岩石上。俄罗斯远东地区、朝鲜半岛及日本有分布。

86. 峨眉耳蕨　　　　　　　　　　　　　　　　图 819

Polystichum omeiense C. Chr. Ind. Fil. 585. 1906.

图 819　峨眉耳蕨　（引自《图鉴》）

植株高 20-60 厘米。根茎短而斜升，顶端密被鳞片。叶簇生；叶柄禾秆色，长 5-15 厘米，叶柄初密被贴生小鳞片，后鳞片脱落而稀疏；叶片椭圆形或椭圆状倒宽披针形，长 15-45 厘米，中部宽 3-10 厘米，基部浅心形，三至四回羽状细裂，羽片 25-40 对，密接，几无柄，平展或略向上斜展，下部几对略短并反折，宽披针形，下部的近卵形，二至三回羽状细裂；一回裂片 6-12 对，矩圆状卵形，两侧有窄翅下延与羽轴窄翅相连，二回裂片 1-4 对，羽状、两次 2 分叉或一次 2 分叉，顶部的单一；末回裂片线形，宽约 0.5 毫米，全缘，芒刺状锐尖头，裂片有 1 小脉，不达顶端；叶草质，干后绿色；叶轴禾秆色，下面疏被贴生小鳞片；羽片下面疏被细小棕色鳞片。孢子囊群着生末回裂片上部小脉顶端；囊群盖圆盾形，全缘，宽于末回裂片。孢子有褶皱，具细颗粒。

产贵州西部、四川及云南，生于海拔 750-1750 米石灰岩地区山谷溪边阴湿处岩石上及岩洞洞壁上。

87. 角状耳蕨　　　　　　　　　　　　　　　　图 820

Polystichum alcicorne (Baker) Diels in Engl. Bot. Jahrb. 29: 194. 1900.

Polypodium alcicorne Baker in Journ. Bot. 26: 229. 1888.

图 820　角状耳蕨　（孙英宝绘）

植株高 30-60 厘米。根茎短，斜升，顶端及叶柄至叶轴密被伏贴棕色、卵形或宽卵形、流苏状鳞片。叶簇生；叶柄禾秆色，长 7-30 厘米；叶片长卵形，长 18-25 厘米，宽 6-12 厘米，三至四回羽裂；羽片 18-25 对，向上斜展，镰刀状披针形，长 2-7 厘米，宽 1-3 厘米，有短柄或无柄，羽轴两侧具窄翅，上面具深纵沟，下面疏被贴生小鳞片；小羽片6-10对，略向上斜展，矩圆状卵形，长0.5-1.5厘米，宽2-8毫米，基部楔形下延成窄翅的短柄，两侧羽状深裂至全裂成2-5对矩圆状卵形或倒卵形裂片，基部上侧1枚小羽片及下侧的裂片稍大，2叉状半裂或浅裂，或羽状深裂成2对二回裂片，余3裂、二叉状或不裂；二回裂片及裂片顶部的裂片披针形或倒披针形，锐尖头，各有不达顶端小脉1条；叶草质，干后绿色，叶轴禾秆色，上面具纵沟，下面被棕色、宽卵形贴生鳞片；羽轴绿色，上面具纵沟，下面被小鳞片。孢子囊群着生小脉顶端，无囊群盖。

产贵州及四川，生于海拔600-1000米山地常绿阔叶林下阴湿处石灰岩隙中。

图 821 拟角状耳蕨
（孙英宝仿《中国植物志》）

88. 拟角状耳蕨 图 821

Polystichum christii Ching in Bull. Fan Mem. Inst Biol. Bot. 2(10): 192. pl. 7. 1931.

植株高30-45厘米。根茎短而直立，顶端及叶轴密被易脱落贴生黑色鳞片。叶簇生；叶柄禾秆色或浅禾秆色，长6-16厘米；叶片椭圆状披针形，长18-32厘米，中部宽5-6厘米，三回羽状深裂至全裂，羽片约30对，密接，平展或向上斜展，无柄，镰刀状披针形或矩圆状披针形，基部上侧扩大，下侧斜切，中部的长2.5-4厘米，宽1-1.5厘米；小羽片7-10对，细小，

长4-8厘米，宽1-3毫米，椭圆形或矩圆状卵形，两侧羽裂成条状裂片，基部上侧1片最大，略耳状凸起；裂片椭圆状条形或匙形或2浅裂，顶端具短芒刺尖，叶脉纤细，每裂片1条，伸达芒刺基部；叶草质，干后绿或浅绿色；叶轴禾秆色，光滑，叶轴和羽轴下面疏被伏贴小鳞片；小羽片及裂片下面疏被细短毛。孢子囊群着生小脉上部，近裂片顶端，每裂片1枚；囊群盖圆盾形，全缘，与裂片等宽。

产贵州及云南东南部，生于海拔1800-1900米山地常绿阔叶林下阴湿处石灰岩隙。越南北部有分布。

89. 中越耳蕨 图 822

Polystichum tonkinense (Christ) W. M. Chu et Z. R. He, Fl. Reipubl. Popul. Sin. 5(2): 169. 2001.

Aspidium aculeatum var. *tonkinense* Christ in Bull. Sci. France et Belg. 28: 268. pl. 12. f. 6. 1898.

植株高0.4-1米。根茎短而斜升。叶簇生；叶柄禾秆色，长12-60厘米，连同叶轴密被鳞片；叶片卵形或镰状披针形，长18-47厘米，中部宽7-23厘米，一回羽状，羽片10-15对，略向上斜展，具短柄，略上弯，长矩圆形或镰刀状披针形，长2-15厘米，宽1-3厘米，尖头，小羽片3-17对，矩圆形或矩圆状卵形，互生，密接，长0.5-2厘米，宽3-8毫米，基部楔形下延成具窄翅的小柄，略耳状凸起，下侧窄楔形，羽状浅裂至深裂，裂片2-5对，卵圆状

三角形，稀长圆形，全缘，叶脉羽状，侧脉羽状或二叉状，顶部的单一，不达边缘；叶草质，干后绿色；叶轴及羽轴禾秆色，羽轴下部两侧通常无绿色窄翅，向上具绿色窄翅，上面光滑，下面上部被鳞片；小羽片上面光滑，下面疏被细小鳞片。孢子囊群着生小脉顶端，中生或近中生；囊群盖圆盾形，全缘。孢子周壁具少数宽翅状褶皱。

产广西、贵州及云南，生于海拔 850-1500 米石灰岩丘陵及山坡常绿阔叶林下岩石上。越南北部有分布。

90. 杰出耳蕨

图 823

Polystichum excelsius Ching et Z. Y. Liu in Bull. Bot. Res. (Harbin) 4(4): 16. f. 44. 1984.

植株高 45-80 厘米。根茎斜升。叶簇生；叶柄禾秆色，长 15-30 厘米，叶轴密被鳞片；叶

片卵形或卵状宽披针形，长 25-45 厘米，中部宽 9-18 厘米，二回羽状，羽片 15-25 对，具短柄，镰刀状披针形，渐尖头至长渐尖头，长 2-11 厘米，宽 1-2 厘米，一回羽状，小羽片 7-20 对，互生，长圆形，长 0.5-1 厘米，宽 2-4 毫米，基部楔形，下延成具窄翅小柄，不对称，羽状浅裂至浅半裂，裂片 2-4 对，卵圆三角形，顶端具芒尖弯弓的尖头，不裂或不等长的 2 浅裂。叶脉羽状，侧脉单一或分叉，每裂片具 1 小脉，不达边缘；叶草质，干后绿色；叶轴禾秆色或淡绿禾秆色，两侧通常具绿色窄翅，光滑，下面疏被膜质薄鳞片；小羽片上面光滑，下面疏被线形鳞片。孢子囊群着生小脉顶端，近边缘；囊群盖圆盾形，灰棕或灰色，全缘。孢子周壁具褶皱。

产湖北、湖南、贵州、四川东南部及云南东南部，生于海拔 400-1400 米山谷常绿阔叶林下溪边。

91. 武陵山耳蕨

图 824

Polystichum leveillei C. Chr. in Bull. Acad. Geogr. Bot. Mans. 23:143. 1913.

植株高 13-45 厘米。根茎短而直立，顶端及叶柄基部被鳞片。叶簇生；叶柄禾秆色，长 2-16 厘米，中部以上至叶轴疏被小鳞片；叶片披针形，长 5-27 厘米，中部宽 1.5-4.5 厘米，羽裂渐尖头，一回羽状，羽片 8-30 对，平展或略向上斜展，有时下部 1 对或数对略反折，几无柄，斜卵形、长圆形或矩圆状披针形，具 3-7 粗齿或羽状浅裂至深裂，基部上侧常深裂成卵状或倒卵状菱形耳状裂片，其余裂片倒卵形或近方形，下侧近平直或极窄楔形，具 2-5 粗齿或裂片，

图 822 中越耳蕨 （孙英宝仿《中国植物志》）

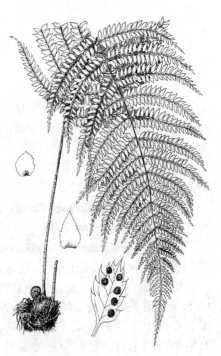

图 823 杰出耳蕨 （孙英宝绘）

叶脉纤细，不达边缘，侧脉羽状，2 叉至单一，每小羽片具 1 小

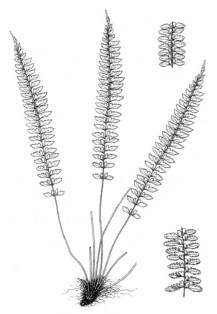

脉；叶草质，干后绿色；叶轴禾秆色；羽片上面光滑，下面疏被小鳞片。孢子囊群着生小脉顶端，近边缘；囊群盖圆盾形，灰棕色，全缘。

产湖南西北部、四川东南部及贵州，生于海拔400-1150米山谷、河沟及瀑布旁阴湿处岩壁上。

图 824 武陵山耳蕨
（孙英宝仿《中国植物志》）

92. 细裂耳蕨   图 825

Polystichum wattii (Bedd.) C. Chr. Fil. 589. 1906.

Aspidium wattii Bedd. in Journ. Bot. 26: 234. 1888.

植株高30-85厘米。根茎短，斜升或直立，顶部及叶柄基部密被开展大鳞片。叶簇生；叶柄禾秆色，长3-25厘米；叶片椭圆状披针形，长20-60厘米，中部宽3-20厘米，基部宽2-7厘米，三至四回羽状细裂，羽片25-40对，无柄，披针形，略向上弯呈镰刀形，中部的长1.5-13厘米，宽0.5-2厘米，小羽片斜卵形，互生，具短柄，基部上侧1片稍大，中部羽片5-

15对；二回小羽片斜方形或倒卵形，具短柄或窄楔形下延，基部上侧1片较大，顶端叉状浅裂或羽状浅裂成1-2对分离的倒卵形裂片，其余的全缘或具2-3浅裂片，叶脉不显，每裂片1条，伸达顶尖；叶薄草质，干后绿或深绿色；叶轴禾秆色，疏被小鳞片；羽轴绿色，下面疏被小鳞片。孢子囊群着生小脉背部，位于二回小羽片或裂片中部；囊群盖圆盾形，全缘。孢子周壁具网状纹饰。

产云南西北部及西藏东南部，生于海拔1400-2000米山地常绿阔叶林下岩石上及岩隙。印度东北部及缅甸北部有分布。

图 825 细裂耳蕨 （孙英宝仿《中国植物志》）

9. 柳叶蕨属 **Cyrtogonellum** Ching

小型草本蕨类。根茎短，直立，坚硬，顶端连同叶柄及叶轴均被棕色、具睫毛卵形鳞片。叶簇生；叶柄禾秆色，腹面具纵沟并与叶轴相通；叶片长圆状披针形或线形，基部楔形，对称或近对称，一回羽状，顶部羽裂或具顶生羽片，侧生羽片长圆形或披针形，互生或基部的对生，有柄，全缘或具锯齿，稀羽裂，主脉上面具纵沟，侧脉分离或向叶缘联成1行窄长网眼，具内藏小脉；叶草质，稀纸质。孢子囊群圆形，着生每组小脉的基部上侧1脉顶端或内藏小脉顶端，在主脉两侧各有1（2）行；囊群盖近圆形，鳞片状，盾状着生，棕色，膜质，全缘。孢子周壁常脱落，具颗粒状纹饰。

8 种，主产我国。

1. 叶脉多少联结，侧脉联成 1（2）行斜方形网眼，具内藏小脉；向外的小脉分离。
   2. 侧生羽片 5-10 对 ·· 柳叶蕨 **C. fraxinellum**
   2. 侧生羽片 4（5）对 ·· （附）. 峨眉柳叶蕨 **C . emeiensis**
1. 叶脉分离，侧脉分叉 ·· （附）. 离脉柳叶蕨 **C. caducum**

柳叶蕨

图 826

Cyrtogonellum fraxinellum (Christ) Ching in Bull. Fan Mem. Inst. Biol. Bot. 8: 329. t. 7. f. 1. 1938.

Cyrtomium fraxinellum Christ in Bull. Herb. Boissier 7: 15. 1899.

植株高 28-60 厘米。根茎短，直立或斜升，连同叶柄密被鳞片。

叶簇生；叶柄长 12-34 厘米，深禾秆色，向上连同叶轴疏被边缘睫毛状鳞片；叶片长圆形，长 12-27 厘米，宽 7-12 厘米，奇数一回羽状，羽片 5-10 对，互生，具短柄，披针形，下部的长 8-10 厘米，宽 1.4-2.5 厘米，渐尖头，基部楔形，近全缘或上部边缘波状或缺刻状齿，顶生羽片与侧生羽片同形；叶脉网状，在主脉两侧各有 1 行斜方形网眼，具内藏小脉，网眼外小脉分离，两面可见；叶厚革质，干后暗绿色，上面光滑；叶轴及主脉下面疏被棕色披针形小鳞片。孢子囊大，圆形，生于内藏小脉顶端，在主脉两侧各有 1 行，着生主脉与叶缘间；囊群盖圆形，盾状着生，棕色，膜质，全缘。

产台湾、湖南、广西、贵州、四川及云南，生于海拔 500-1520 米山坡灌木林、竹林及阔叶林下石灰岩缝中。越南有分布。

[附] **峨眉柳叶蕨 Cyrtogonellum emeiensis** Ching et Y. T. Hsieh in Bull. Bot. Res. (Harbin) 9(3): 15. pl. 1. 1989. 本种与柳叶蕨的主要区别：叶侧生羽片 4（5）对。产四川及贵州，生于海拔 900-1250 米山谷林下岩缝中。

图 826 柳叶蕨 （引自《Fl. Taiwan》）

[附] **离脉柳叶蕨** 厚叶柳叶蕨 **Cyrtogonellum caducum** Ching in Bull. Fan Mem. Inst. Biol. Bot. 8: 330. t. 7. f. 3. 1938. 本种与柳叶蕨的主要区别：叶片披针形，长 17-35 厘米，羽片 13-26 对，叶脉分离，侧脉分叉。产湖南、广西、贵州、云南及四川，生于海拔 340-1780 米石灰岩地区杂木林或灌木林下岩缝中、谷底、洞口石隙间。

10. 拟贯众属 Cyclopeltis J. Sm.

土生中型蕨类。根茎短而粗壮，斜升，连同叶柄密被棕色、线形栗棕色鳞片。叶簇生；具柄；叶片向两端渐窄，一回羽状，羽片多对，具关节着生叶轴，无柄，披针形，基部近心形，下侧略耳状凸起并覆盖叶轴，全缘或疏具波状齿；叶脉分离，多回 2 叉分枝或羽状，最下 1 条小脉上先出；叶纸质，两面光滑；叶轴被棕色线形鳞片。孢子囊群圆形，背生小脉，在主脉两侧各有 1-4 行；囊群盖圆形，盾状着生，膜质；孢子囊环带具 14-16 增厚细胞。孢子两面型，椭圆形，周壁具褶皱，有瘤状纹饰。染色体基数 x=41。

约 5 种，分布于所罗门群岛经菲律宾及中南半岛至中国海南。我国 1 种。

拟贯众   图 827

Cyclopeltis crenata (Fee) C. Chr. Ind. Suppl. 3: 64. 1934.

Hemicardion crenata Fee, Gen. Fil. 283. t. 22 A. f. 1. 1852.

植株高 76-90 厘米。根茎短粗，近直立，连同叶柄密被鳞片，鳞片暗棕色，线形或钻状，纤维状尖头，边缘具睫毛。叶簇生；叶柄长 26-54 厘米，棕禾秆色；叶片披针形，长 50-65 厘米，中部宽 12-25 厘米，一回羽状，羽片 10-15 对，互生，具关节着生，无柄，略斜展，披针形，中部的长 8-14 厘米，宽 1.5-2.8 厘米，基部近心形，下侧略耳状凸起，覆盖叶轴，具波状齿，叶脉分离，主脉两面隆起，侧脉四回分枝，伸达叶缘；叶近革质，干后绿棕色，上面光滑，羽轴下面被棕色纤维状鳞片。孢子囊群大而圆，着生小脉顶部，在主脉两侧排成不连续 3 行；囊群盖近圆形，盾状着生，棕色，草质，全缘。

产海南，生于海拔 800-1300 米河边密林下岩石旁阴湿处。中南半岛有分布。

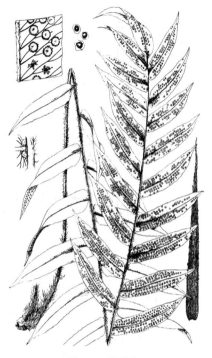

图 827 拟贯众
（引自《中国蕨类植物图谱》）

11. 贯众属 Cyrtomium Presl

土生蕨类。根茎粗短，斜升或直立，连同叶柄基部密被鳞片，鳞片卵形或披针形，具锯齿或流苏状。叶簇生；叶柄上面有纵沟，基部以上鳞片稀疏；叶片卵形或矩圆状披针形，稀三角形，具锯齿，基部稍不对称，顶生羽片奇数一回羽状或羽状分裂，稀单叶或顶部具 3 小叶；侧生羽片多少上弯成镰刀状，基部上侧或下侧有或无耳状凸起；主脉明显，侧脉羽状，小脉联成网状，在主脉两侧各有 2-6 行偏斜略六角形网眼，每个网眼具 1-3 不分枝内藏小脉；叶革质或纸质，稀草质，两面无毛，沿叶轴或羽轴下面疏被纤维状鳞片。孢子囊群圆形，沿主脉两侧各有 1 至多行，背生于内藏小脉上；囊群盖钝圆形，盾状着生。

约 50 种，主产亚洲温带地区，中国西南为分布中心，极少数种类达印度南部及非洲东部。我国 38 种。

1. 叶革质，羽片全缘或波状。
  2. 侧生羽片基部两侧多少内凹成心形。
    3. 侧生羽片长不及 4 厘米 ·················· 1. **低头贯众 C. nephrolepioides**
    3. 侧生羽片长 6 厘米以上。
      4. 叶具 1 枚顶生羽片，有时其下部深裂成 1 对裂片，或成 1 对羽片 ·············· 2. **单叶贯众 C. hemionitis**
      4. 叶奇数一回羽状，侧生羽片 1-5 对 ·············· 3. **厚叶贯众 C. pachyphyllum**
  2. 侧生羽片基部两侧不内凹，圆楔形、宽楔形或近截形。
    5. 羽片钝圆头。
      6. 侧生羽片两侧及基部近对称 ·················· 4. **世纬贯众 C. tengii**
      6. 侧生羽片两侧及基部不对称，基部偏斜近截形 ·············· 5. **斜基贯众 C. obliquum**
    5. 羽片渐尖头或尾状头。
      7. 侧生羽片披针形或镰刀形 ·················· 6. **披针贯众 C. devexiscapulae**

　　　7. 侧生羽片斜卵形或卵状披针形 ·· 7. **全缘贯众 C. falcatum**
1. 叶纸质，羽片具锯齿或近顶部具锯齿。
　　8. 叶羽状，羽裂渐尖头。
　　　　9. 羽片主脉两侧各具 1 行网眼 ·· 8. **斜方贯众 C. trapezoideum**
　　　9. 羽片主脉两侧各具有 2-3 行网眼。
　　　　10. 羽片基部偏斜，上侧具尖的耳状凸起，羽片多少上弯或上弯。
　　　　　11. 羽片上缘平直或向下弯弓；叶柄基部鳞片边缘具小齿牙。
　　　　　　12. 羽片边缘具前倾钝齿或近全缘 ·································· 9. **镰羽贯众 C. balansae**
　　　　　　12. 羽片全缘或顶部具极少数缺刻状锯齿 ·············· 9(附). **无齿镰羽贯众 C. balansae f. edentatum**
　　　　　11. 羽片披针形或略向上弯弓呈镰形 ·································· 10. **小羽贯众 C. lonchitoides**
　　　　10. 羽片基部近对称，其上侧无或具不明显耳状凸起 ·············· 11. **尖羽贯众 C. hookerianum**
　　8. 叶奇数羽状复叶，顶端具 2-3 叉状或不裂的顶生羽片。
　　　13. 羽片边缘具前倾小齿牙或顶部具锯齿，锯齿有时不明显而近全缘。
　　　　14. 侧生羽片基部近对称，宽楔形、圆楔形或楔形。
　　　　　15. 侧生羽片卵形或基部 1-2 对卵形。
　　　　　　16. 囊群盖全缘 ··· 12. **大叶贯众 C. macrophyllum**
　　　　　　16. 囊群盖边缘具细齿 ··· 13. **齿盖贯众 C. tukusicola**
　　　　　15. 侧生羽片宽披针形、矩圆状披针形、椭圆形或披针形。
　　　　　　17. 侧生羽片宽披针形、椭圆形或矩圆状披针形，基部宽楔形；囊群盖着生处的叶面平，无囊托凸起
　　　　　　　 ··· 14. **峨眉贯众 C. omeiense**
　　　　　　17. 侧生羽片披针形或线状披针形；囊群盖着生处的叶面下凹成小穴状，有凸起囊托 ··············
　　　　　　　 ··· 15. **线羽贯众 C. urophyllum**
　　　　14. 侧生羽片基部不对称，上下侧不同形。
　　　　　18. 侧生羽片长 8 厘米以下，基部上侧有时呈耳状凸起。
　　　　　　19. 侧生羽片达 32 对，长 3 厘米以下，宽 1 厘米以下 ·········· 16(附). **小羽贯众 C. fortunei f. polypterum**
　　　　　　19. 侧生羽片 7-19 对以下，长 5-9 厘米，宽 1.2 厘米 ··············· 16. **贯众 C. fortunei**
　　　　　18. 侧生羽片长 8-12 厘米，基部上侧具半圆形或三角形耳状凸起。
　　　　　　20. 羽片全缘或近顶处具小齿 ······································· 17. **阔羽贯众 C. yamamotoi**
　　　　　　20. 羽片边缘波状或具粗钝齿 ·························· 17(附). **粗齿阔羽贯众 C. yamamotoi var. intermedium**
　　　13. 羽片边缘具张开尖齿。
　　　　21. 侧生羽片基部上侧具耳状凸起。
　　　　　22. 侧生羽片的基部上侧有小而钝的耳状凸起，有时呈半圆形。
　　　　　　23. 囊群盖边缘具锯齿 ··· 18. **维西贯众 C. neocaryotideum**
　　　　　　23. 囊群盖边缘全缘 ··· 19. **秦岭贯众 C. tsinglingense**
　　　　　22. 侧生羽片的基部上侧具长而尖的耳状凸起。
　　　　　　24. 羽片边缘具张开小尖齿 ·· 20. **刺齿贯众 C. caryotideum**
　　　　　　24. 羽片边缘羽裂或粗锯齿状 ···················· 20(附). **粗齿贯众 C. caryotideum f. grossedentatum**
　　　　21. 侧生羽片基部上侧无耳状凸起。
　　　　　25. 侧生羽片较宽，卵形、矩圆状卵形、矩圆状披针形或宽披针形。
　　　　　　26. 侧生羽片卵形 ··· 21. **尖齿贯众 C. serratum**
　　　　　　26. 侧生羽片宽披针形或长圆状披针形 ···························· 22. **显脉贯众 C. nervosum**
　　　　　25. 侧生羽片披针形 ··· 23. **等基贯众 C. aequibasis**

1. 低头贯众
图 828

Cyrtomium nephrolepioides (Christ) Cop. in Philipp. Journ. Sci. Bot. 38: 136. 1929.

Polystichum nephrolepioides Christ in Bull. Acad. Int. Geogr. 11:258. cum fig. 1902.

植株高 12-45 厘米。根茎直立或斜升，密被披针形鳞片。叶簇生；叶柄长 3-8 厘米，禾秆色，有时带紫色，上面具纵沟，密被卵形及披针形红棕色边缘流苏状鳞片；叶片线状披针形，长 10-30 厘米，宽 2-8 厘米，奇数一回羽状，侧生羽片 8-26 对，互生，平展，有柄，密接，中部的长 1.5-4 厘米，宽 0.6-2 厘米，卵形或卵状长圆形，圆头，基部心形或斜心形，全缘常略反卷；

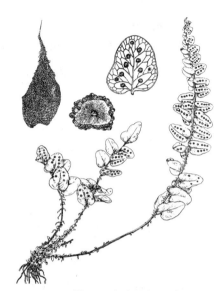

图 828 低头贯众
（引自《中国蕨类植物图谱》）

叶脉羽状，主脉两面下凹，侧脉联结，不显；顶生羽片卵形，有时下部具 1-2 裂片，长 1.5-2.5 厘米，宽 0.8-1 厘米；叶厚革质，干后棕绿或淡棕色，两面无毛；叶轴上面具纵沟，下面密被披针形、具齿棕色鳞片。孢子囊群着生近内藏小脉顶部，在主脉两侧各有 1 行；囊群盖圆形，棕色，边缘具细齿。

产湖南、广西、贵州及四川，生于海拔 900-1600 米林下岩石缝或裸岩石缝中。

2. 单叶贯众
图 829 彩片 113

Cyrtomium hemionitis Christ in Bull. Acad. Int. Geogr. Bot. 20: 138. cum fig. 1910.

植株高 4-28 厘米。根茎直立或斜升，连同叶柄基部密被黑褐色卵状披针形鳞片。叶簇生；叶柄长 10-18 厘米，禾秆色，上面具浅纵沟，基部以上鳞片稀疏；叶通常为单叶状（即有 1 片顶生羽片），三角状卵形或心形，下部两侧常有钝角状凸起，长 4-12 厘米，宽 3.5-10 厘米，基部深心形，全缘；有时下部深裂成 1 对裂片或 1 对分离羽片，叶脉 3 出或 5 出，小脉联成多行网状；叶

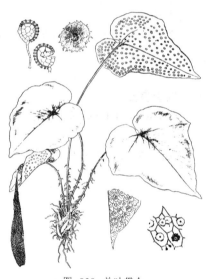

图 829 单叶贯众
（引自《中国蕨类植物图谱》）

革质，上面光滑，下面疏被纤维状鳞片。孢子囊群圆形，不规则散布叶片下面；囊群盖圆形，中央黑色，边缘具锯齿，早落。

产广西北部、贵州南部及云南东南部，生于海拔 1100-1800 米林下岩缝中。

3. 厚叶贯众　国楣贯众
图 830

Cyrtomium pachyphyllum (Rosenst.) C. Chr. Ind. Fil. Suppl. 2:11. 1917.

Polypodium pachyphyllum Rosenst. in Fedde, Repert. Sp. Nov.

13:130. 1914.

植株高 12-40 厘米。根茎直立，密被披针形鳞片。叶簇生；叶柄长 4-25 厘米，禾秆色，上面具纵沟，被披针形棕色边缘睫毛状的鳞片；叶片长圆形或三角形，长 7-21 厘米，宽 7-15 厘米，奇数一回羽状，侧生羽片 1-5 对，三角形或卵形，长 3.5-7.5 厘米，宽 2.5-3.5 厘米，基部心形，全缘，略反卷；顶生羽片戟状 3 裂，长 3-8 厘米，宽 3-5 厘米，与侧生羽片分离或合生，叶脉羽状，不显，在主脉两侧各有 3-4 行网眼，具 1-2 内藏小脉；叶厚革质，干后灰绿色，上面光滑，下面疏被纤维状淡棕色小鳞片。孢子囊群圆形，在主脉两侧排成不规则 3-4 行；囊群盖圆盾形，边缘具细齿。

产贵州南部及云南东南部，生于海拔 1300-1500 米石灰岩山地林下岩缝中。

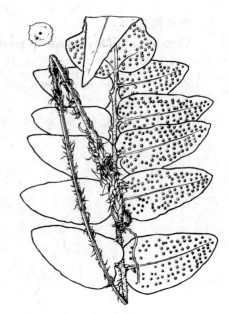

图 830 厚叶贯众 （陈 笈绘）

4. 世纬贯众 图 831

Cyrtomium tengii Ching et Shing in Acta Phytotax. Sin. Addit. 1:10. 1965.

植株高 12-20 厘米。根茎直立，密被披针形棕色鳞片。叶簇生；叶柄长 5-10 厘米，禾秆色，上面具纵沟，密被卵形及披针形、边缘具齿棕色鳞片；叶片线状披针形，长 12-18 厘米，宽 3-4 厘米，奇数一回羽状，侧生羽片 8-18 对，互生，平展，柄极短，卵形或长圆形，钝圆头，中部的长 1-2 厘米，宽 0.5-1 厘米，基部斜截形或圆楔形，全缘；叶脉羽状，不显，主脉上面下部凹陷，侧脉联成网状；顶生羽片卵形，下部常具 1-2 浅裂片，长 1-3 厘米，宽 0.6-2 厘米；叶厚革质，两面光滑；叶轴上面具纵沟，下面疏被披针形具齿棕色鳞片。孢子囊群圆形，在主脉两侧各有 1 行；囊

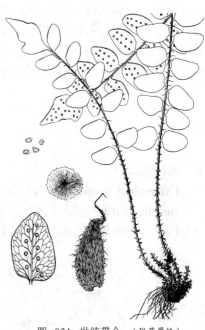

图 831 世纬贯众 （张荣厚绘）

群盖圆盾形，近全缘。

产湖南西部、贵州及四川，生于海拔 60-100 米阴湿石灰岩上。

5. 斜基贯众 黄志贯众 钙生贯众 图 832

Cyrtomium obliquum Ching et Shing ex Shing in Acta Phytotax. Sin. Addit. 1: 11. 1965.

植株高 20-35 厘米。根茎直立，密被披针形棕色鳞片。叶簇生；

叶柄长 6-10 厘米，禾秆色，上面具纵沟，基部密被卵形及披针形具齿鳞片；叶片披针形，长 13-35 厘米，

宽 3-5 厘米，奇数一回羽状，侧生羽片 12-21 对，互生，平展，柄极短，三角状卵形，钝圆头，中部的长 2-3 厘米，宽 1-1.5 厘米，基部上侧弧形，下侧宽楔形，全缘；顶生羽片宽披针形或近菱形，下部常具 1-2 裂片，长 2-2.5 厘米，宽 1.2-2 厘米；叶脉羽状，主脉上面略凹陷，下面微隆起，侧脉联成网状；叶革质，两面光滑；叶轴上面具纵沟，下面密被披针形、有齿棕色鳞片。

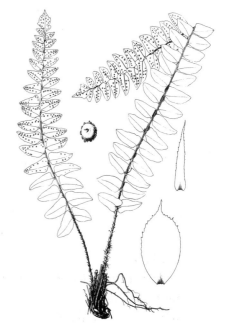

图 832 斜基贯众 （孙英宝绘）

孢子囊群圆形，在主脉两侧各有 1（2）行，近叶缘着生；囊群盖圆形，盾状，全缘。

产浙江、广东及广西，生于林下或阴湿处岩石上。

6. 披针贯众 无齿贯众　　　　　　　　　图 833：1-3

Cyrtomium devexiscapulae (Koidz.) Ching in Bull. Chin. Bot. Soc. 2(2): 96. 1936.

Polystichum devexiscapulae Koidz. in Acta Phytotax. Geobot. 1: 33. 1932.

植株高 40-80 厘米。根茎直立，密被披针形棕色鳞片。叶簇生；叶柄长 16-55 厘米，棕禾秆色，上面具纵沟，密被卵形及披针形、中间带黑棕色边缘流苏状棕色鳞片，向上近光滑；叶片镰状披针形，长 34-64 厘米，宽 12-20 厘米，奇数一回羽状，侧生羽片 5-11 对，互生，斜上，具短柄，披针形或镰刀形，下部的长 9-17 厘米，宽 2-6 厘米，基部上侧截形或近截形，下

图 833：1-3.披针贯众　4-8.全缘贯众
（张荣厚绘）

侧楔形，全缘或波状，叶脉羽状，下面微隆起，侧脉联成网状，在主脉两侧各有 3-7 行网眼；顶生羽片披针形，边缘波状，下部有时浅裂，长 9-10 厘米，宽 2.5-3.5 厘米；叶革质，两面光滑；叶轴上面具纵沟，下面疏被披针形及线形棕色鳞片，易脱落。孢子囊群着生内藏小脉中部，密布羽片下面；囊群盖圆盾形，中央黑棕色，边缘淡棕色，近全缘。

产浙江、福建、江西、湖南、广东、广西、贵州及四川，生于

海拔 140-720 米阴湿林下、灌丛中石灰岩上。越南、朝鲜半岛及日本有分布。

7. 全缘贯众　　　　　　　　　图 833：4-8

Cyrtomium falcatum (Linn. f.) Presl, Tent. Pterid. 86. 1836.

Polypodium falcatum Linn. f. Sp. Pl. Suppl. 446. 1781.

植株高 30-40 厘米。根茎直立，密被披针形棕色鳞片。叶簇生；叶

柄长 15-27 厘米，禾秆色，密被卵形棕色或中间带黑棕色边缘流苏状鳞片，向上近光滑；叶片宽披针形，长 22-35 厘米，宽 12-15 厘米，奇数一回羽状，侧生羽片 5-14 对，互生，平展或略向上斜展，有短柄，斜卵形或镰状披针形，常上弯，中部的长 6-10 厘米，宽 2.5-3 厘米，基部上侧圆，下侧宽楔形或弧形，边缘常波状；顶生羽片镰状披针形，2 叉或 3 叉状，

长 4.5-8 厘米，宽 2-4 厘米，叶脉羽状，上面不显，下面微隆起，侧脉联成网状，在主脉两侧各有 3-4 行网眼；叶革质，两面光滑；叶轴上面具纵沟，下面疏被具锯齿披针形棕色鳞片或近光滑。孢子囊群着生内藏小脉，密布羽片下面；囊群盖圆盾形，边缘具细齿。

产辽宁、山东、江苏、浙江、台湾、福建、广东及香港。日本有分布。

8. 斜方贯众　　　　　　　　　　图 834：1-4

Cyrtomium trapezoideum Ching et Shing ex Shing in Acta Phytotax. Sin. Addit. 1: 15. 1965.

植株高 35-50 厘米。根茎直立，密被披针形棕色鳞片。叶簇生；

叶柄长 20-24 厘米，禾秆色，上面具纵沟，基部密被窄卵形及披针形棕色具细齿鳞片，向上近光滑；叶片披针形，长 22-40 厘米，宽 6-9 厘米，羽裂渐尖头，一回羽状，羽片 14-16 对，互生，略斜上，柄极短，菱状卵形，中部的长 3.5-5 厘米，宽 1.5-2 厘米，基部上侧耳状凸起，下侧楔形，具前倾尖

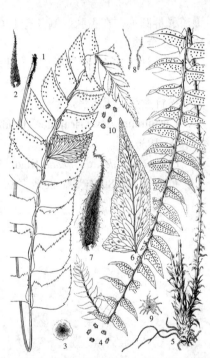

图 834：1-4. 斜方贯众　5-10. 小羽贯众
（张荣厚绘）

齿，叶脉羽状，上面不显，下面微隆起，侧脉联成网状，在主脉两侧各有 1 行网眼；叶纸质，两面光滑；叶轴上面具纵沟，下面疏被线形棕色鳞片或近光滑。孢子囊群在主脉两侧各有不规则 2 行；囊群盖圆盾形，全缘。

产广东及四川，生于密林下。

9. 镰羽贯众　巴兰贯众　　　　　　图 835

Cyrtomium balansae (Christ) C. Chr. Ind. Fil. Suppl. 1: 23. 1913.

Polystichum balansae Christ in Acta Hort. Petrop. 28: 193. 1908.

植株高 25-61 厘米。根茎直立或斜升，密被棕色披针形鳞片。叶柄长 12-35 厘米，禾秆色，上面具纵沟，基部被窄卵形及披针形具锯齿棕色鳞片，向上近光滑；叶片披针形或宽披针形，长 16-42 厘米，宽 6-15 厘米，羽裂渐尖头，一回羽状，羽片 12-20 对，互生，略斜上，柄极短，镰刀状披针形，下部的长 3.5-9 厘米，宽 1-2 厘米，基部上侧尖三角形耳状，下侧楔形，具前倾钝齿或近全缘，叶脉羽状，小脉联成 2 行网眼，具内藏小脉；叶纸质，上面光滑，下面疏被披针形小鳞片；

叶轴上面具纵沟，下面疏被披针形及线形卷曲棕色鳞片。孢子囊群背生内藏小脉中上部或近顶端；囊群盖圆盾形，全缘。

产山东、安徽、浙江、福建、江西、湖南、广东、香港、海南、广西、贵州及四川，生于海拔80-1600米沟谷湿地、岩石上或密林下。越南和日本有分布。

[附] **无齿镰羽贯众 Cyrtomium balansae f. edentatum** Ching ex Shing in Acta Phytotax. Sin. Addit. 1: 18. 1965. 与模式变型的主要区别：羽片全缘或顶部具极少缺刻状锯齿。产浙江、江西、福建、广东及广西，生境与模式变型相同。

10. 小羽贯众 拟贯众　　　　　　　图 834：5-10 彩片 114

Cyrtomium lonchitoides (Christ) Christ in Bull. Acad. Int. Geogr. Bot. 11: 264. 1902.

Aspidium lonchitoides Christ in Bull. Hrb. Boiss. 7: 16. 1899.

植株高20-40厘米。根茎直立，密被披针形棕色鳞片。叶簇生；

叶柄长5-15厘米，禾秆色，上面具纵沟，下部密被卵形及披针形中间黑棕色的棕色鳞片，向上稀疏；叶片披针形，长22-45厘米，宽3-8厘米，一回羽状，羽片18-24对，互生，平展，柄极短，宽披针形，或略向上弯弓呈镰形，中部的长1.5-4厘米，宽0.8-1.5厘米，基部上侧为尖耳状凸起，下侧楔形，边缘多少具锯齿；叶脉羽状，小脉在主脉两侧联成2-3行网眼，具内藏小脉；叶纸质，上面光滑，下面疏被棕色小鳞片或近光滑；叶轴具纵沟，下

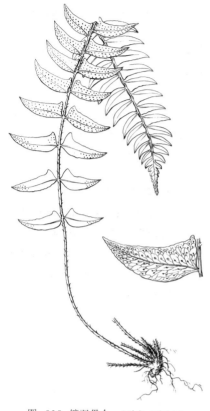

图 835 镰羽贯众 （引自《图鉴》）

面疏被披针形及线形具睫毛的棕色鳞片。孢子囊群密布羽片下面；囊群盖圆盾形，边缘具长齿。

产河南、甘肃、广西、贵州、四川及云南，生于海拔1200-2700米阔叶林下或松林下岩石上。

11. 尖羽贯众 虎克贯众　窄叶贯众蕨　　　　图 836

Cyrtomium hookerianum (Presl) C. Chr. Ind. Fil. Suppl. 1: 101. 1913.

Lastrea hookeriana Presl nom. nov. Tent. Pterid. 77. 1836.

植株高0.5-1米。根茎直立或斜升，疏被披针形棕色鳞片。叶簇生；叶柄长21-54厘米，禾秆色，上面具纵沟，下部被鳞片至光滑；叶片卵状披针形或宽披针形，长36-78厘米，宽12-22厘米，一回羽状，羽片12-20对，互生，略斜上，具短柄，披针形，中部的长8-15厘米，宽1-3厘米，基部上侧不或稍凸出，楔形或

图 836 尖羽贯众 （引自《Fl. Taiwan》）

圆楔形，下侧窄楔形，全缘，中下部近全缘，向上具小齿，叶脉羽状，小脉在主脉两侧各联成 1-2 行网眼，具内藏小脉；叶厚纸质，上面光滑，下面疏被披针形小鳞片；叶轴上面具纵沟，下面疏被披针形棕色鳞片。孢子囊群着生内藏小脉近顶处，在主脉两侧各有不规则 1-3 行；囊群盖圆盾形，全缘。

产台湾、湖北、湖南、广西、贵州、四川、云南及西藏，生于海拔 600-2450 米阴湿林下、林缘、山路旁或沟边。不丹、尼泊尔、印度北部、越南北部及日本有分布。

图 837 大叶贯众
（引自《中国蕨类植物图谱》）

12. 大叶贯众 大羽贯众   图 837 彩片 115

Cyrtomium macrophyllum (Makino) Tagawa in Acta Phytotax. Geobot. 3(2): 62. f. 3(5-7). 1934.

Aspidium falcatum (Linn. f.) Sw. var. *macrophyllum* Makino in Bot. Mag. Tokyo 16: 90. 1902.

植株高 30-60 厘米。根茎直立或斜升，密被披针形黑棕色鳞片。叶

簇生；叶柄长 16-38 厘米，禾秆色，上面具纵沟，下部密被卵形及披针形、具齿的黑棕色鳞片，向上近光滑；叶片矩圆状卵形或窄长圆形，长 28-54 厘米，宽 10-30 厘米，奇数一回羽状，侧生羽片 3-8 对，互生，略斜上，具短柄，基部 1-2 对常较大，卵形，其余的长圆形，中部的长 12-20 厘米，宽 4-7 厘米，渐尖头或尾状短尖头，基部宽楔形或圆楔形，全缘，有时近顶处有细齿；顶生羽片卵形或菱状卵形，2 叉或 3 叉，长 10-16 厘米，宽 10-12 厘米，

叶脉羽状，小脉在主脉两侧联成多行网眼；叶厚纸质，上面光滑，下面疏被披针形棕色鳞片；叶轴上面具纵沟，下面有披针形及线形黑棕色鳞片。孢子囊群密布羽片下面；囊群盖圆形，盾状，全缘。

产陕西南部、甘肃南部、台湾、江西、湖北、湖南、贵州、四川、云南及西藏，生于海拔 750-2700 米林下。不丹、尼泊尔、印度、巴基斯坦及日本有分布。

13. 齿盖贯众   图 838：1-3

Cyrtomium tukusicola Tagawa in Acta Phytotax. Geobot. 7: 79. 1938.

植株高 40-97 厘米。根茎短而直立，密被黑棕色披针形鳞片。叶簇生；叶柄长 8-48 厘米，禾秆色，上面具纵沟，下部密被卵形及披针形黑棕色鳞片，向上近光滑；叶片矩圆状卵形或矩圆状披针形，长 24-50 厘米，宽 14-20 厘米，奇数一回羽状，侧生羽片 2-9 对，互生，斜展，具短柄，基部 1 或 2 对较大，卵形，其余的长圆形或窄卵形，中部的长 11-15 厘米，宽 3-5 厘米，渐尖头或尾

状头，全缘或疏具细齿；顶生羽片倒卵形或菱状卵形，2 叉或 3 叉，长 7-14 厘米，宽 4-10 厘米，叶脉网状，在主脉两侧各有 7-8 行网眼；叶纸质，干后黄褐色，两面光滑；叶轴下面具纵沟，疏被披针形及线形棕色鳞片。孢子囊群成不规则多行密布羽片下面；囊群盖浅碟形，边缘具细齿。

产浙江、湖南、贵州、四川及云南，生于海拔 1000-2500 米林下。日本有分布。

14. 峨眉贯众　尾头贯众　革叶贯众

图 838：4-6

Cyetomium omeiense Ching ex Shing in Acta Phytotax. Sin. Addit. 1: 36. 1965.

植株高 40-85 厘米。根茎短，直立或斜升，密被披针形黑棕色鳞片。叶簇生；叶柄长 20-35 厘米，禾秆色，上面具纵沟，向上渐光滑；羽片长圆状披针形或矩圆状披针形，长 32-60 厘米，宽 16-20 厘米，奇数一回羽状，侧生羽片 4-11 对，互生，斜上，具短柄，椭圆形或矩圆状披针形，中部的长 10-15 厘米，宽 2.5-3.5 厘米，渐尖头，基部楔形或近圆，全缘或上部具细齿；顶生羽片倒卵形或菱状卵形，2 叉或 3 叉，长 10-13 厘米，宽 6-10 厘米，叶脉网状，在主脉两侧有 7-8 行网眼，下面稍隆起，明显；叶纸质，两面光滑；叶轴上面具纵沟，下面疏被纤维状小鳞片。孢子囊群成不规则多列分布羽片下面；囊群盖圆形，盾状，全缘，成熟时边缘反卷。

产湖北西部、湖南、贵州、四川、云南东北部及西藏，生于海拔 700-2500 米阔叶林下、草地或溪边疏林下。

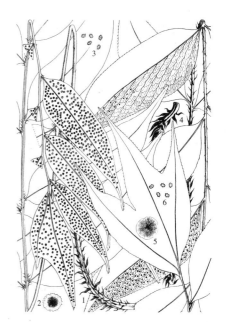

图 838：1-3. 齿盖贯众　4-6. 峨眉贯众
（张荣厚绘）

15. 线羽贯众　柳叶贯众

图 839

Cyrtomium urophyllum Ching in Bull. Chin. Bot. Soc. 2(2): 101. 1936.

植株高 0.5-1 米。根茎直立，密被披针形鳞片。叶簇生；叶柄长 24-48 厘米，禾秆色，基部密被卵形及披针形棕色鳞片，向上稀疏至光滑；羽片矩圆状披针形，长 34-70 厘米，中部宽 16-25 厘米，奇数一回羽状，侧生羽片 8-13 对，互生，斜上，具短柄，披针形或线状披针形，中部的长 9-20 厘米，宽 1.5-3 厘米，全缘或上部具细齿；顶生羽片倒卵形或菱状卵形，2 叉或 3 叉，长 6-10 厘米，宽 4-6 厘米；叶纸质，两面光滑，上面在孢子囊群着生处隆起，下面呈穴状凹陷；叶轴上面具纵沟，下面疏被纤维状小鳞片。孢子囊群圆形，着生内藏小脉中部或近顶端，在主

图 839 线羽贯众　（孙英宝仿　张荣厚绘）

脉与叶缘间成不规则多行排列；囊群盖圆形，盾状，边缘具细齿或近全缘。

产湖南、广西、贵州、四川及云南，生于海拔 600-1650 米山谷阴湿常绿阔叶林下、溪边。

16. 贯众

图 840

Cyrtomium fortunei J. Sm. Ferns Brit. & Fore, 286. 1866.

植株高 25-70 厘米。根茎粗短，直立或斜升，连同叶柄基部

密被宽卵形棕色大鳞片。叶簇生；叶柄长 10-26 厘米，禾秆色，上面具纵沟，向上稀疏至近光滑；叶片长圆状披针形，长 20-50 厘米，宽 8-16 厘米，奇数一回羽状，侧生羽片 7-19 对，近平展，柄极短，披针形，或多少呈镰刀形，中部的长 5-9 厘米，宽 1.2-2 厘米，基部上侧稍或不凸起，楔形，全缘或具细齿；顶生羽片窄卵形，下部有时具 1-2 浅裂片，长 3-6 厘米，宽 1.5-3 厘米，叶脉网状，在主脉两侧各有 2-3 行网眼，具内藏小脉；叶纸质，两面光滑；叶轴上面具纵沟，下面疏被纤维状小鳞片。孢子囊群圆形，背生内藏小脉中部或近顶端；囊群盖圆形，盾状，大而全缘。

产河北、山东、山西南部、河南、陕西、甘肃南部、江苏、安徽、浙江、福建、江西、湖北、湖南、广东、广西、贵州、四川及云南，生于海拔 1400-2400 米空旷石灰岩缝、路边岩石缝、墙隙、山坡林缘、溪边或谷底。越南北部、泰国、朝鲜半岛南部及日本有分布。

[附] **小羽贯众 Cyrtomium fortunei f. polypterum** (Diels) Ching, Icon. Fil. Sin. 3: pl. 126. f. 3. 1935. —— *Polystichum falcatum* Diels var. *polypterum*

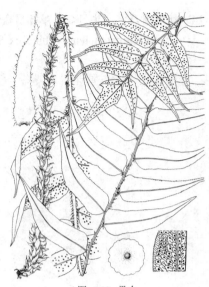

图 840 贯众
（蔡淑琴仿《中国蕨类植物图谱》）

Diels in Engl. Bot. Jahrb. 29: 195. 1900. 与模式变型的主要区别：侧生羽片达 32 对，长 3 厘米以下，宽 1 厘米以下。产山西、陕西、甘肃、河南、江西、湖北西部、湖南西部、四川及贵州，生于海拔 500-2120 米阴湿处岩缝中。

17. 阔羽贯众 同羽贯众 狭顶贯众 图 841

Cyrtomium yamamotoi Tagawa in Acta Phytotax. Geobot. 7: 187. 1938.

植株高 40-60 厘米。根茎直立，密被披针形鳞片。叶簇生；叶柄长 22-30 厘米，禾秆色，上面具纵沟，下部密被卵形或披针形黑棕色鳞片，向上渐稀疏；叶片卵形或镰状披针形，长 24-44 厘米，宽 12-18 厘米，奇数一回羽状，侧生羽片 4-14 对，互生，略斜上，具短柄，披针形或宽披针形，多少上弯成镰状，中部的长 8-12 厘米，宽 3-3.5 厘米，尾状渐尖头，基部不对称，上部具半圆形或耳状凸起，全缘或近顶处具小齿；顶生羽片卵形或菱状卵形，2 叉或 3 叉，长 8-12 厘米，宽 6-8 厘米，叶脉网状，在主脉两侧各有 3-4 行网眼，具内藏小脉；叶纸质，两面光滑；叶轴上面具纵沟，下面疏被黑棕色或棕色鳞片。孢子囊群散布羽片下面；囊群盖圆形，盾状，边缘缺刻状。

图 841 阔羽贯众 （孙英宝绘）

产河南、甘肃南部、陕西南部、安徽、浙江、江西、湖北、湖南、广西及四川，生于海拔 400-2100 米林下。

[附] **粗齿阔羽贯众 Cyrtomium yamamotoi** var. **intermedium** (Diels) Ching et Shing ex Shing in Acta Phytotax. Sin. Addit. 1: 29. 1965.—— *Polystichum falcatum* Diels f. *intermedium* Diels in Engl. Bot. Jahrb. 29: 195.

1900. 与模式变种的主要区别：羽片边缘波状或具粗钝齿。产陕西、安徽、浙江、江西、湖北、湖南、广西、四川、贵州及云南，生于海拔 400-200 米林下。日本有分布。

18. 维西贯众

图 842

Cyrtomium neocaryotideum Ching et Shing ex Shing in Acta Phytotax. Sin. Addit. 1: 40. 1965.

植株高 25-45 厘米。根茎直立，密被披针形鳞片。叶簇生；叶柄长 14-32 厘米，禾秆色，上面具纵沟，下部具卵形及披针形棕色鳞片，向上渐光滑；羽片椭圆形或窄椭圆形，长 18-44 厘米，宽 10-16 厘米，奇数一回羽状，侧生羽片 3-6 对，互生，略斜上，具短柄，卵形或椭圆状披针形，中部的长 7-14 厘米，宽 2.5-4.5 厘米，基部上侧稍耳状凸起，具张开小尖齿；顶生羽片宽倒卵形，2 叉或 3 叉，长 8-13 厘米，宽 6-11 厘米，叶脉网状，在主脉两侧联成多行网眼，不显；叶纸质，两面光滑；叶轴上面具纵沟，下面疏被纤维状鳞片。孢子囊群散布羽片下面；囊群盖圆形，盾状，边缘具锯齿。

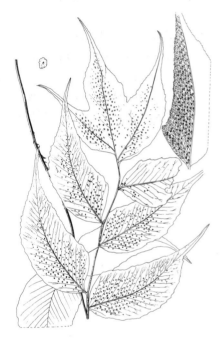

图 842 维西贯众 （孙英宝绘）

产四川西部、云南及西藏，生于海拔 2000-2800 米林中。

19. 秦岭贯众

图 843

Cyrtomium tsinglingense Ching et Shing ex Shing in Acta Phytotax. Sin. Addit. 1: 41. 1965.

植株高 40-80 厘米。根茎短，直立或斜升，密被披针形棕色鳞片。叶簇生；叶柄长 15-36 厘米，禾秆色，上面具纵沟，下部密被鳞片，向上渐光滑；叶片椭圆形或椭圆状披针形，长 30-60 厘米，宽 15-26 厘米，奇数一回羽状，侧生羽片 4-7 对，互生，斜上，具短柄，基部 1-2 对较大，卵形，其余的椭圆状披针形，中部的长 8-20 厘米，宽 3.5-7 厘米，基部上侧或两侧稍三角形耳状凸起，具张开小尖齿；顶生羽片宽倒卵形，2 叉或 3 叉，长 9-15

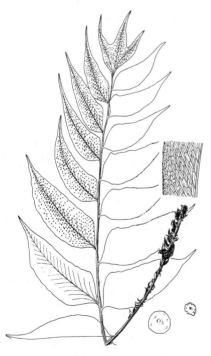

图 843 秦岭贯众 （陈 笈绘）

厘米，宽6-9厘米；叶脉网状，在主脉两侧各有多行网眼，两面略隆起；叶纸质，上面光滑，下面疏被棕色披针形小鳞片；叶轴上面具纵沟，下面疏被纤维状小鳞片。孢子囊群散布羽片下面；囊群盖圆形，盾状，全缘。

产陕西、甘肃、广西、贵州、四川及云南，生于海拔1050-2400米阔叶林下或冷杉林下及岩洞内。

20. 刺齿贯众 尖耳贯众 细齿贯众蕨 　　　　　图844

Cyrtomium caryotideum (Wall. ex Hook. et Grev.) Presl, Tent. Pterid. 86. t. 2. f. 26. 1836.

Aspidium caryotideum Wall. ex Hook. et Grev. Icon. Fil. 1: t. 69. 1828.

植株高30-70厘米。根茎粗壮，直立或斜升，连同叶柄基部密被宽披针形、褐色大鳞片。叶簇生；叶柄长15-32厘米，禾秆色，向上渐光滑；叶片长圆状披针形，长25-48厘米，宽11-18厘米，奇数一回羽状，侧生羽片3-7对，互生，斜上，柄极短，宽镰状三角形，中部的长9-14厘米，宽2.5-3.5厘米，尾状渐尖头，基部上侧或下侧具三角形耳状凸起，具张开小

图 844 刺齿贯众
(蔡淑琴仿《Ogata, Ic. Fil. Jap.》)

尖齿；顶生羽片卵形或菱状卵形，2叉或3叉，长10-16厘米，宽8-11厘米，叶脉网状，在主脉两侧各有多行网眼，具内藏小脉；叶纸质。上面光滑，下面疏被棕色小鳞片；叶轴上面具纵沟，下面疏被纤维状鳞片。孢子囊群背生内藏小脉中下部，几密布羽片下面；囊群盖圆形，盾状，边缘流苏状。

产陕西南部、甘肃南部、台湾、江西、湖北西部、湖南、广东北部、贵州、四川、云南及西藏，生于海拔500-2500米石灰岩山地沟边、林下、林缘、石隙、岩洞口。不丹、尼泊尔、印度、巴基斯坦、越南、日本及菲律宾有分布。

[附] **粗齿贯众 Cyrtomium caryotideum** f. **grossedentatum** Ching ex Shing in Acta Phytotax. Sin. Addit. 1: 43. 1965. 与模式变型的主要区别：羽片边缘羽裂或粗锯齿状。产四川、云南及西藏，生于海拔1200-2700米林下岩石上。

21. 尖齿贯众 卵羽贯众 　　　　　图845

Cyrtomium serratum Ching et Shing ex Shing in Acta Phytotax. Sin. Addit. 1: 38. 1965.

植株高25-50厘米。根茎短而直立，密被披针形鳞片。叶簇生；叶柄长10-18厘米，禾秆色，上面具有纵沟，下部被卵形及披针形棕色鳞片，向上渐光滑；叶片披针形，长22-40厘米，宽10-12厘米，奇数一回羽状，侧生羽片8-13对，互生，略斜上，柄极短，卵形，中部的长5.5-7厘米，宽2.2-3厘米，基部上侧截形，下侧宽楔形，具小尖齿；顶生羽片卵形或菱状卵形，2叉或3叉，长4-5厘米，宽2.2-3厘米，叶脉网状，在主脉两侧各有3行网眼，两面均不显；叶纸质，两面光滑；叶轴上面具纵沟，光滑。孢子囊群几密布羽片下面；囊群盖圆形，盾状，全缘。

产湖南及四川，生于林下。

22. 显脉贯众 顺宁贯众 长柄贯众 图 846

Cytomium nervosum Ching et Shing ex Shing in Acta Phytotax. Sin. Addit. 1: 46. 1965.

图 845 尖齿贯众 （孙英宝绘）

植株高 50-70 厘米。根茎短而直立，密被披针形棕色鳞片。叶簇生；叶柄长 30-55 厘米，禾秆色，上面具纵沟，下部被卵形及披针形棕色鳞片，向上渐光滑；叶片长圆形或长圆状披针形，长 32-36 厘米，宽 12-16 厘米，奇数一回羽状，侧生羽片 5-6 对，互生，略斜上，具短柄，宽披针形或长圆状披针形，中部的长 11-15 厘米，宽 3-4 厘米，渐尖头，基部宽楔形，具张开小尖齿；顶生羽片倒卵形或卵形，2 叉或 3 叉状，长 6-12 厘米，宽 5-7 厘米，叶脉网状，在主脉两侧各有多行网眼，上面不显，下面稍隆起；叶纸质，两面光滑；叶轴上面具纵沟，被纤维状棕色鳞片或光滑。孢子囊群几密布羽片下面；囊群盖圆形，盾状，全缘。

产云南及西藏，生于海拔约 2699 米常绿阔叶林下。

23. 等基贯众 学煜贯众 楔基贯众 图 847

Cyrtomium aequibasis (C. Chr.) Ching in Bull. Chin. Bot. Soc. 2(2): 99. 1936.

Cyrtomium caryotideum (Wall. ex Hook. et Grev.) Presl. var. *aequibasis* C. Chr. in Amer. Fern. Journ. 20(2): 51. 1930.

图 846 显脉贯众 （孙英宝绘）

植株高 30-50 厘米。根茎短而直立，密被披针形鳞片。叶簇生；叶柄长 22-36 厘米，禾秆色，上面具纵沟，下部密被卵形及披针形黑棕色鳞片，向上近光滑；叶片长圆形或长圆状披针形，长 30-40 厘米，宽 12-20 厘米，奇数一回羽状，侧生羽片 4-6 对，互生，略斜上，柄极短，披针形，中部的长 10-16 厘米，宽 2.2-3.5 厘米，具张开小尖齿；顶生羽片卵形或菱状卵形，2 叉或 3 叉状，长 11-13 厘米，宽 3-8 厘米，叶脉网状，在主脉两侧各有 3-5 行网眼，两面稍隆起；叶纸质或厚纸质，两面光滑；叶轴上面具纵沟，下

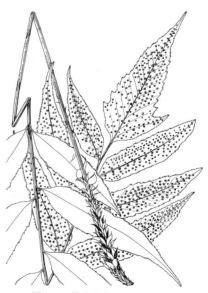

图 847 等基贯众 （陈 箓绘）

面疏被纤维状小鳞片或近光滑。孢子囊群几密布羽片下面；囊群盖钝圆形，边缘啮齿状。

产贵州及云南，生于海拔600-2000米常绿阔叶林下、石灰岩缝中。

12. 玉龙蕨属 Sorolepidium Christ, emend. Ching

高山小型蕨类。根茎短，直立，密被红棕色、卵形具睫毛披针形鳞片，老时苍白色，宿存。叶簇生；具短柄；叶片线状披针形，一回羽状至二回羽裂；叶片长圆形或宽卵形，羽片多对，椭圆形或宽卵形，尖头或圆头，基部对称，无柄，边缘波状或深裂，裂片全缘，具不透明边缘，反折或反卷；叶脉分离，羽状；叶厚革质，无毛，叶轴顶端不延伸成鞭状。孢子囊群圆形，着生小脉顶端；囊群盖圆形，盾状，缺刻着生，无囊群盖。孢子椭圆形，周壁具褶皱，有瘤块状凸起，外壁层次不明显。

约2种。特产我国西南地区。

1. 羽片长圆形，长约1厘米，宽约3毫米，全缘或浅裂 ·· 玉龙蕨 **S. glaciale**
1. 羽片卵形，长5-8毫米，宽约5毫米，下部边缘具2-3圆形裂片，上部全缘或浅波状 ····································
··· (附). 卵羽玉龙蕨 **S. ovale**

玉龙蕨　　　　　　　　　　　　　　　　　　　图 848

Sorolepidium glaciale Christ in Bot. Gaz. 51: 350. cum f. 1911.

植株高约20厘米，密被鳞片及长柔毛，鳞片红棕色，老时苍白色，卵形或宽披针形，顶端纤维状，边缘睫毛状。叶簇生；叶柄长4-8厘米，下部褐棕色，向上禾秆色，上面具2纵沟，与叶轴的连通；叶片线形，长12-15厘米，宽2-2.5厘米，羽裂渐尖头，一回羽状，羽片约28对，互生，近无柄，长圆形，长约1厘米，宽约3毫米，圆头，基部近圆，全缘或波状

浅裂，叶脉分离，羽状，小脉单一，伸达叶缘，密被鳞片，不显；叶厚革质，干后黑褐色，两面密被灰白色长柔毛；叶轴及主脉下面密被淡棕色、宽披针形、顶端纤维状鳞片。孢子囊群圆形，着生小脉顶端，位于主脉与叶缘间，每羽片3-4对，无囊群盖，通常被鳞片覆盖。

产台湾、甘肃、青海、四川、云南及西藏，生于海拔3200-4700米高山冰川洞穴内、林下岩缝中。

[附] **卵羽玉龙蕨 Sorolepidium ovale** Y. T. Hsieh in Bull. Bot. Res. (Harbin) 11(2): 17. pl. 1. f. 1. 1991. 本种与玉龙蕨的主要区别：羽片卵形，长5-8毫米，宽约5毫米，下部边缘具2-3圆形裂片，上部全缘或浅

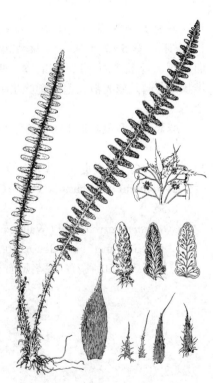

图 848 玉龙蕨
(孙英宝仿《中国蕨类植物图谱》)

波状。产云南西北部（丽江玉龙山），生于海拔约4000米岩缝中。

13. 鞭叶蕨属 Cyrtomidictyum Ching

陆生草本蕨类。根茎短，直立，顶端疏被鳞片。叶簇生，一型或近二型，具长柄；叶片披针形或长圆形，一回羽状或单叶，二型叶具能育叶和不育叶，能育叶先端羽状分裂，不育叶叶轴顶端延伸成鞭状，顶端具1芽胞，着地生根发育成新植株；叶柄和叶轴及小脉被宽披针形暗棕色具睫毛鳞片；小羽片及裂片卵形，渐尖头，或披针形，或多少镰刀形，全缘或具波状圆齿，叶脉羽状或下部偶联结，小脉伸达叶缘；叶纸质，干后棕色，上面光滑，下面密被伏贴鳞片。孢子囊群小，圆形，背生小脉；无盖。孢子两面型，具周壁，有颗粒状纹饰。染色体 x=41。

4 种，主产我国东部及中南部，1 种分布至日本。

1. 能育叶线状披针形，宽 2.2-3.5 厘米，羽状浅裂至全裂，不育叶与能育叶同形，浅裂 ……………………………………………………………………………………………… 1. 单叶鞭叶蕨 C. basipinnatum
1. 能育叶镰状披针形或宽披针形，宽 5.5-10 厘米，一回羽状。
　2. 羽片近全缘，基部上侧生耳片为短尖头；每组叶脉的基部上方 1 脉伸达中部；主脉两侧各有 2 行孢子囊群 ……………………………………………………………………… 2. 鞭叶蕨 C. lepidocaulon
　2. 羽片边缘具尖锯齿，基部上侧耳片为长尖头；每组叶脉均伸达叶缘；主脉两侧各有 1 行孢子囊群 ……………………………………………………………………………………… 3. 阔镰鞭叶蕨 C. faberi

1. 单叶鞭叶蕨

图 849

Cyrtomidictyum basipinnatum（Baker）Ching in Acta Phytotax. Sin. 6: 262. pl. 51. 1957.

Aspidium basipinnatum Baker in Journ. Bot. 176. 1889.

植株高 30-40 厘米。根茎直立，连同叶柄密被棕色、卵形或披针形具睫毛鳞片。叶簇生；二型，叶柄长 5-16 厘米，棕禾秆色；能育叶叶片线状披针形，长 15-20 厘米，中部宽 2.2-3.5 厘米，渐尖头，基部近截形，羽状浅裂至全裂；基部 1 对长圆形，长 1.3-1.8 厘米，宽约 1 厘米，基部近圆形，全缘或具不明显波状齿；向上的羽片多少与叶轴合生，中部以上全裂至深裂，裂片先端全缘；不育叶与能育叶同形，羽裂常较浅，叶轴先端伸长成鞭状，顶端芽胞发育成新植株，叶脉分离，侧脉 2-3 叉，小脉伸达叶缘，两面明显；叶革质，干后暗棕色，上面光滑；叶轴、羽轴及主脉下面密被淡棕色卵形或线形有睫毛小鳞片。孢子囊群圆形，着生小脉，在主脉两侧各有 1 行；无囊群盖。

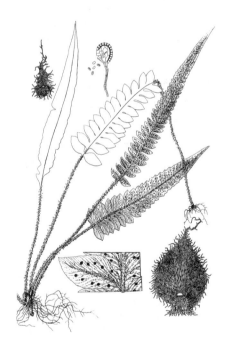

图 849 单叶鞭叶蕨
（孙英宝仿《中国蕨类植物图谱》）

产广东及香港，生于岩缝中。公园有栽培。

2. 鞭叶蕨

图 850

Cyrtomidictyum lepidocaulon（Hook.）Ching in Bull. Fan Mem. Inst. Biol. Bot. 10: 182. 1940.

Aspidium lepidocaulon Hook. Sp. Fil. 4: 12. t. 217. 1862.

植株高 28-48 厘米。根茎短而直立，连同叶柄基部密被棕色、心形或卵形、具睫毛鳞片。叶簇生；二型，叶柄长 10-23 厘米，禾秆色；

能育叶宽披针形，长达 25 厘米，宽约 10 厘米，羽裂短尖头，基部不对称，近圆形，一回羽状，羽片 7-8 对，互生，有柄，近平展，宽镰刀形，长达 6 厘米，中部宽约 1.5 厘米，渐尖头，基部上侧耳状凸起，下侧圆形，两侧近全缘；不育叶叶片较窄，羽片少而稀疏，羽轴先端伸长成鞭状，顶端芽胞发育成新植

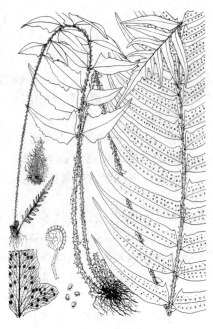

图 850 鞭叶蕨
(蔡淑琴仿《中国蕨类植物图谱》)

株；叶脉分离，每组 5-6 条，侧脉分叉，基部上方 1 条向外伸至中部，余伸达叶缘，下部的有时联结，下面隆起；叶革质，干后绿色，上面疏生伏贴长柔毛；羽轴及主脉下面密被淡棕色、卵形、具睫毛小鳞片和灰白色长柔毛。孢子囊群圆形，背生或顶生小脉，在主脉两侧各有 2 (3) 行，无囊群盖。

产江苏南部、安徽南部、浙江、福建、江西、湖南及广西，生于海拔 300-1200 米山谷岩石缝阴湿处。朝鲜半岛及日本有分布。

3. 阔镰鞭叶蕨 普陀鞭叶蕨 图 851

Cyrtomidictyum faberi (Baker) Ching in Acta Phytotax. Sin. 6:265. t. 54. 1957.

Nephrodium faberi Baker in Ann. Bot. 5: 318. 1891.

植株高达 52 厘米。根茎短而直立，连同叶柄及叶轴密被棕色、卵

形、具睫毛鳞片。叶簇生，二型；叶柄长 10-28 厘米，禾秆色；能育叶片宽披针形，长 13-24 厘米，宽 5.5-10 厘米，羽裂短渐尖头，向下一回羽状，羽片 (5-) 7-12 对，下部的近对生，向上的互生，几无柄，斜展，披针形或镰刀状，基部以上的长 4-5 厘米，宽 0.5-1 厘米，渐尖头，基部不对称，上侧具三角形耳状凸

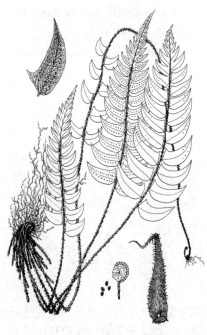

图 851 阔镰鞭叶蕨
(孙英宝仿《中国蕨类植物图谱》)

起，下侧圆楔形，具粗尖锯齿。不育叶片较窄长，羽片少而稀疏，叶轴先端延长成鞭状，顶端芽胞发育成新植株，叶脉分离，每组 3-4 条，小脉伸达叶缘，略明显。孢子囊群圆形，生于小脉，在主脉两侧各有 1 (2) 行；无囊群盖。

产江苏南部、安徽南部、浙江、福建、江西及湖南，生于海拔 500-2400 米山谷林下溪边。

46. 叉蕨科（三叉蕨科）ASPIDIACEAE

（林尤兴　吴兆洪　王铸豪）

多为中型至中大型土生蕨类，稀小型。根茎通常短，直立或斜升，稀长而横走，具网状中柱，被全缘或有睫毛棕色披针形鳞片。叶簇生或近生；叶柄无关节，上面有纵沟，光滑或被节状毛或鳞片；叶一型或二型，一回羽状至多回羽裂，稀单叶，叶脉多型，或分离，小脉单一或分叉，或沿小羽轴及主脉两侧连成无内藏小脉的网眼，或在侧脉间联成方形或六角形网眼，有或无内藏小脉；主脉两面隆起，上面被有关节的淡棕色毛，有时光滑；叶薄纸质或厚纸质，被毛或光滑；叶轴上面通常被毛，稀光滑；各回羽轴隆起，被节状毛。孢子囊群圆形，着生分离小脉顶端、近顶端或中部，或生于联成网眼的小脉或联结点；囊群盖圆肾形或圆盾形，膜质，宿存或早落，或孢子囊散生小脉上，无盖，成熟时密被能育叶下面；环带具 12-16 增厚细胞。孢子两面型，椭圆形或卵形，单裂缝，周壁具褶皱或刺状纹饰。

约20属，400种。我国8属，90种。

1. 叶脉分离，或裂片基部小脉偶在缺刻下相联结。
　　2. 叶轴及羽轴上面被有关节的淡棕色毛；叶裂片缺刻内无三角形尖齿。
　　　3. 根茎长而横走，稀直立；叶疏生；叶片五角形，细裂，一回小羽片边缘加厚，具窄边沿羽轴下延；小羽轴及主脉下面被黄或红色腺毛 ·· 1. **节毛蕨属 Lastreopsis**
　　　3. 根茎短，直立或斜升；叶簇生；叶片长过于宽，粗裂，一回羽片边缘不加厚，不下延羽轴；小羽轴及主脉下面无腺毛。
　　　　4. 裂片基部 1 对小脉出自主脉基部；孢子囊群着生小脉中部 ·············· 2. **肋毛蕨属 Ctenitis**
　　　　4. 裂片基部上侧 1 条小脉出自主脉基部，下侧 1 条小脉出自小羽轴或羽轴；孢子囊群着生小脉顶端或中部
　　　　　·· 3. **轴脉蕨属 Ctenitopsis**
　　2. 叶轴及羽轴上面无毛；叶裂片缺刻内有 1 枚三角形尖齿 ·············· 4. **牙蕨属 Pteridrys**
1. 叶脉多少联结，或沿羽轴、小羽轴及主脉两侧联成窄长无内藏小脉的网眼，或在侧脉间联成方形或六角形网眼，内有单一或分叉内藏小脉或无内藏小脉。
　　5. 叶多一型或略近二型；孢子囊群圆形，分开，通常有盖。
　　　6. 叶裂片缺刻内有 1 枚尖齿；叶脉下面被黄或红色圆柱形腺体 ·············· 5. **黄腺羽蕨属 Pleocnemia**
　　　6. 叶裂片缺刻内无尖齿；叶脉下面无腺体。
　　　　7. 小脉沿羽轴及主脉联结成窄长或近三角形网眼，无内藏小脉 ·············· 3. **轴脉蕨属 Ctenitopsis**
　　　　7. 小脉在侧脉间联成方形或六角形网眼，通常有或无内藏小脉 ·············· 6. **叉蕨属 Tectaria**
　　5. 叶二型；孢子囊密布能育叶下面汇合成孢子囊群，无盖。
　　　8. 植株高 10-20 厘米；叶疏生；叶柄纤细，叶片上面疏被有关节的毛 ·············· 7. **地耳蕨属 Quercifilix**
　　　8. 植株高 30-70 厘米；叶簇生；叶柄粗，叶片两面无毛 ·············· 8. **沙皮蕨属 Hemigramma**

1. 节毛蕨属 Lastreopsis Ching

土生蕨类。根茎长而横走，稀直立，连同叶柄基部密被全缘或疏睫毛披针形或卵形鳞片。叶疏生，稀近生；叶柄上面有纵沟，疏被有关节长毛；叶片五角形，三回羽状至四回羽裂；羽片下先出或上部裂片上先出，稀全部上先出，基部 1 对羽片最大，其下侧 1 小羽片伸长，叶脉分离，小脉单一，稀分叉，达或不达叶缘；主脉及小羽轴上面均隆起；叶纸质，两面密被有关节长毛，通常疏被黄或红色腺毛，一回小羽片边缘加厚，具窄边沿小羽轴下延；叶轴上面有纵沟，两侧有隆起脊，叶轴、各回羽轴及主脉两面均密被有关节长毛，主脉及小羽轴下面疏被黄或红色腺毛。孢子囊群圆形，着生小脉顶端或中部；孢子囊无毛，环带具 13-16 增厚细胞，柄细长；囊群盖多圆肾形，稀盾形，棕色，光滑或被毛或腺毛，边缘全缘或有小齿或腺毛，稀无盖。

孢子球状椭圆形，有间断或连续的翅。染色体基数 x=41。

约 30 种，分布于非洲、澳大利亚、新西兰、波利尼西亚和热带美洲，澳大利亚为分布中心。我国 2 种。

台湾节毛蕨　　　　　　　　　　　　　　　　　图 852

Lastreopsis tenera (R. Br.) Tindale in Victoria Natwalist 73: 181. 1957.

Nephrodium tenerum R. Br. Prodr. Fl. Nov. Holl. 149. 1810.

植株高 60-80 厘米。根茎短而直立，顶部密被有小齿、先端纤维状线形鳞片。叶簇生；叶柄长 25-40 厘米，淡棕色，密被有关节的毛和鳞片；叶片卵状五角形，长 30-45 厘米，基部宽 20-25 厘米，渐尖头，基部心形，三回羽裂或近三回羽状，羽片约 15 对，下部几对近对生，有柄，基部 1 对斜三角形，长 15-18 厘米，基部宽 12-15 厘米，基部圆戟形，基部 1 对

羽片的小羽片 12-14 对，互生，基部 1 对有短柄，披针形，基部下侧最大的长 8-10 厘米，基部宽 3-3.5 厘米，基部戟形，深羽裂达有窄翅小羽轴，基部 1 对裂片近分离，裂片约 10 对，互生，长圆形，长 0.8-1.2 厘米，基部宽 4-5 毫米，下部 1-2 对基部圆截形，向上的与小羽轴合生，叶脉羽状，小脉 2 叉，上面被毛；叶干后褐绿色，纸质，上面被短毛，下面疏被腺毛；叶轴和羽轴棕禾秆色，两面被毛，下面疏被钻形鳞片。孢子囊群小，圆形，每裂片 3-4 对，着

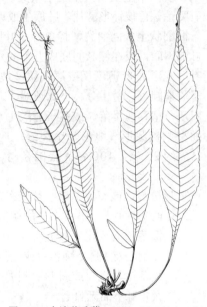

图 852 台湾节毛蕨　（引自《Fl. Taiwan》）

生小脉近顶处，近边缘；囊群盖肾形。

产台湾。澳大利亚、菲律宾、印度南部、斯里兰卡新喀里多尼亚有分布。

2. 肋毛蕨属 Ctenitis (C. Chr.) C. Chr.

耐阴中型土生蕨类。根茎粗短，直立或斜升，有网状中柱，连同叶柄基部密被鳞片。叶簇生；叶柄基部以上至叶轴及羽轴下面多少被鳞片；叶片披针形、椭圆状披针形、卵状三角形或近五角形，二至四回羽状，三回羽状基部 1 对羽片的一回小羽片上先出，各回羽片的小羽片均下先出；基部 1 对与其上的同形同大，或缩短，或基部下侧小羽片伸长；叶脉分离，单一或分叉，先端不达叶缘，下端不下延主脉或末回小羽轴，基部 1 对小脉出自主脉基部；叶干后常棕或褐棕色，草质或坚纸质，各回小羽轴及主脉上面隆起，密被红棕或灰白色、多细胞有关节粗毛。孢子囊群圆形，着生小脉中部或近顶部；囊群盖圆形或圆肾形，棕色，边缘有睫毛，早落或宿存，有时无盖；孢子囊着生小囊托，柄细长，具 3 行细胞，环带具 14-16 增厚细胞。孢子卵形或椭圆形，不透明，有瘤状突起或断裂翅状周壁。染色体基数 x=41。

约 100 余种，分布于热带和亚热带地区，热带美洲种类最丰富。我国约 35 种。

1. 叶轴和叶柄基部鳞片质厚，无虹色光泽，筛孔窄长，全缘，渐尖头。

　2. 羽轴下面鳞片泡状，或鳞片基部泡状。

　　3. 叶柄基部以上及叶轴禾秆色，无光泽。

　　　4. 叶片二回羽状或近二回羽状，质较厚；鳞片一色 ·························· **1. 泡鳞肋毛蕨 C. mariformis**

4. 叶片三回羽裂，薄草质；鳞片二色 ·· 1(附). 异鳞肋毛蕨 C. heterolaena

3. 叶柄及叶轴下部浅栗棕色，有光泽 ··· 1(附). 顶囊肋毛蕨 C. apiciflora

2. 羽轴下面鳞片平直而非泡状，或无鳞片而密被有关节的毛。

　5. 叶片下部三回至四回羽裂；基部 1 对羽片较大，三角形，与其上羽片不同形，其基部下侧小羽片通常特

　　大并伸展。

　　6. 叶柄基部以上及叶轴下面鳞片钻状线形，质坚硬，平直 ····························· 2. 直鳞肋毛蕨 C. eatoni

　　6. 叶柄及叶轴鳞片披针形，质较薄，稍卷曲 ····························· 3. 阔鳞肋毛蕨 C. maximowicziana

　5. 叶二回羽状或近二回羽状；基部 1 对羽片与其上的羽片同形，通常多少缩短。

　　7. 叶柄长 4-12 厘米，叶片披针形；下部多对羽片渐短 ····························· 3(附). 膜边肋毛蕨 C. clarkei

　　7. 叶柄通常长 10-15 厘米，叶片椭圆状披针形；下部 1-2 对羽片略缩短 ······· 3(附). 长柄肋毛蕨 C. nidus

1. 叶轴和叶柄基部以上鳞片质薄，有虹色光泽，具透明六角形粗筛孔，边缘通常有齿和睫毛，先端纤维状。

　8. 叶片下面被灰白色贴生短腺毛；囊群盖缺或早落 ····························· 4. 棕鳞肋毛蕨 C. pseudorhodolepis

　8. 叶片下面无毛；囊群盖宿存。

　　9. 叶柄鳞片窄披针形，深棕色而少光泽；末回裂片钝头，先端边缘有疏睫毛 ·············

　　　·· 5. 云南肋毛蕨 C. yunnanensis

　　9. 叶柄鳞片宽披针形，棕色而有虹色光泽；末回裂片尖头，先端边缘无睫毛 ·············

　　　·· 6. 亮鳞肋毛蕨 C. subglandulosa

1. 泡鳞肋毛蕨 图 853

Ctenitis mariformis (Ros.) Ching in Bull. Fan Mem. Inst. Biol. Bot. 8: 286. 1938.

Dryopteris mariformis Ros. in Fedde, Repert. Sp. Nov. 13: 131. 1914.

植株高 25-40 厘米。根茎短而直立，顶端密被全缘厚膜质褐棕色披针形鳞片。叶簇生；叶柄长 10-15 厘米，深禾秆色，上面有浅沟，连同叶轴密被鳞片；叶片宽披针形，长 20-30 厘米，中部宽 8-12 厘米，二回羽状，羽片 20-26 对，互生，下部几对略短并稍斜下，近无柄，披针形，中部的长 4-6 厘米，中部宽 1.2-1.6 厘米，羽状；小羽片约 10 对，椭圆形，长 0.8-1 厘米，宽 4-4.5 毫米，基部与羽轴合生，有疏锯齿，下部 2-3 对的基部下侧小羽片短，叶脉羽状，小脉 3-5 对，2 叉和主脉上面均疏被长毛，小脉贴生细毛；叶干后褐棕色，纸质，叶轴和羽轴禾秆色，上面浅沟密被淡棕色毛，羽轴下面密被泡状鳞片。孢子囊群圆形，每小羽片有 2-3 对，着生上侧小脉近顶部，稍近叶缘；囊群盖圆形，棕色，宿存，常反卷。

产浙江、福建、江西、湖南、广西、贵州、四川及云南，生于海拔 1600-2700 米山地竹林或冷杉林下。

[附] **顶囊肋毛蕨** 顶果肋毛蕨 **Ctenitis apiciflora** (Wall. ex Mett.) Ching

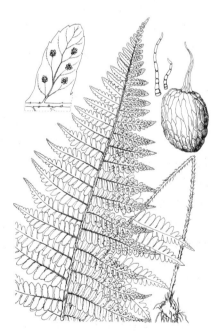

图 853 泡鳞肋毛蕨 （张桂芝绘）

in Bull. Fan Mem. Inst. Biol. Bot. 8: 284. 1938. —— *Aspidium apiciflorum* Wall. ex Mett. Forngatt. Theg. Aspid. 54, n. 128. 1858. 本种与泡鳞肋毛蕨的主要区别：植株高 0.8-1.2 米，叶柄及叶轴下部浅栗棕色，有光

泽，叶片圆形，长60-90厘米，中部宽25-30厘米，二回深羽裂，羽片35-45对，叶坚纸质。产台湾、云南西部及西藏，生于海拔1800-3300米山地密林下沟边。印度北部、不丹及尼泊尔有分布。

[附] **异鳞肋毛蕨 Ctenitis heterolaena** (C. Chr.) Ching in Bull. Fan Mem. Inst. Biol. Bot. 8: 293. 1938.——*Dryopteris heterolaena* C. Chr. in Acta Hort. Gothob. 1: 62. t. 17. 1924. 本种与泡鳞肋毛蕨的主要区别：植株高50-70厘米；叶柄长25-30厘米，叶片椭圆状披针形，长35-45厘米，中

部宽约15厘米，小羽片12-14对，窄椭圆形，长1.3-1.8厘米，叶薄草质；孢子囊群每小羽片5-6对。产四川西部、云南、贵州、广西及湖南，生于海拔1100-1800米山谷密林下阴处。

2. 直鳞肋毛蕨 图854

Ctenitis eatoni (Baker) Ching in Bull. Fan Men. 2nst. Bid. Bot. 8: 291. 1938.

Nephrodium eatoni Baker in Baker Syn. Fil. 276. 1867.

植株高20-30厘米。根茎短而直立，顶端密被全缘平直披针形鳞片。叶簇生；叶柄长8-15厘米，灰棕色，上面有浅沟，密被短毛和平直钻状线形鳞片；叶片三角形，长10-15厘米，基部宽8-12厘米，基部心形，三回深羽裂，羽片6-8对，基部1对对生，下部2对有短柄，基部1对三角形，长5-7厘米，基部宽4.5-6厘米，基部圆截形，其下侧1小羽片伸长，二回深羽

裂；第二对以上的羽片宽披针形或披针形，基部有1-2对分离小羽片，向上的深羽裂达有窄翅羽轴；基部羽片的小羽片6-8对，互生，基部1对有短柄，披针形，基部下侧最大的长3.5-5厘米，基部宽1.2-1.5厘米，深羽裂达小羽轴，裂片6-7对，椭圆形；叶脉羽状，小脉5-6对，2叉，上面疏被短粗毛，下面密被细毛；叶干后褐棕色，坚纸质，下面疏被细毛，边缘有睫毛；叶轴灰棕色，密被短毛和钻状线形鳞片；羽轴和小羽轴两面密被棕色毛，下面疏被小鳞片。孢子囊群圆形，每裂片3-4对，着生上侧小脉基部近分叉处，近主脉；囊群盖同形，全缘，脱落。

产台湾、湖北、湖南、广东、香港、贵州及四川，生于海拔300-1200米河边岩石旁阴处或灌木丛中。越南及日本有分布。

[附] **膜边肋毛蕨 Ctenitis clarkei** (Baker) Ching in Bull. Fan Mem. Inst. Biol. Bot. 8: 287. 1938.——*Nephrodium clarkei* Baker in Hook. et Baker, Syn. Fil. 497. 1874. 本种与直鳞肋毛蕨的主要区别：植株高约65厘米；根茎鳞片线状披针形；叶片倒披针形，长35-50厘米，二回羽裂，羽片30-40对，基部1对长圆形，叶干后纸质，下面被小鳞片；孢子囊群每裂片2-3对，着生上侧小脉近顶部，近叶缘。产西藏东南部、云南、四川、贵州及广西，生于海拔1300-3800米山地林下。印度北部、

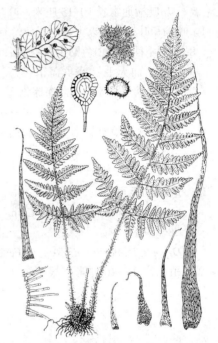

图 854 直鳞肋毛蕨 （蔡淑琴绘）

不丹及缅甸有分布。

[附] **长柄肋毛蕨 Ctenitis nidus** (Clarke) Ching in Bull. Fan Mem. Inst. Biol. Bot. 8: 287. 1938.——*Nephrodium nidus* Clarke in Journ. Linn. Soc. 15: 156. 1876. 本种与直鳞肋毛蕨的主要区别：植株高40-50厘米；叶片椭圆状披针形，长30-40厘米，二回深羽裂，羽片15-20对，小脉4-5对，与主脉上面疏被长毛，叶纸质，下面被鳞片。产四川、云南西部及西藏东南部，生于海拔2100-3600米山地竹林下或冷杉林下沟边。印度北部有分布。

3. 阔鳞肋毛蕨　图 855

Ctenitis maximowicziana (Miq.) Ching in Bull. Fan Mem. Inst. Biol. Bot. 8: 294. 1938.

Aspidium maximowiczianum Miq. in Ann. Mus. Bot. Lugduon‐Batavum 3: 178. 1867.

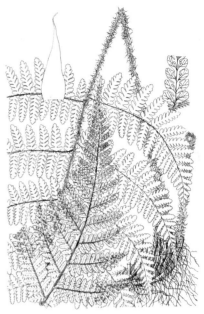

图 855　阔鳞肋毛蕨　（引自《图鉴》）

植株高 0.5-1.1 米。根茎短而直立，粗壮，密被先端纤维状稍卷曲披针形鳞片。叶簇生；叶柄长 15-40 厘米，禾秆色，上面有 2 浅沟，密被鳞片，下部的先端长渐尖并稍卷曲，卵形，上部的披针形；叶片三角状卵形，长 35-45 厘米，基部宽 25-54 厘米，基部浅心形，三回羽状，羽片 8-10 对，基部 1 对有短柄，椭圆状披针形，长 15-30 厘米，中部宽 6-11 厘米，二回羽状，一回小羽片 10-15 对，互生，有短柄，披针形，中部的长 4.5-8 厘米，基部宽 1.5-2 厘米，一回羽状，末回小羽片 7-8 对，无柄，椭圆形，长 0.8-1 厘米，宽 3.5-4 毫米，基部与羽轴合生以窄翅相连，有粗齿，叶脉羽状，小脉 4-5 对，单一，上面疏被淡棕色毛，下面偶有细毛；叶干后暗绿或褐绿色，纸质，下面被腺体；叶轴和羽轴禾秆色，上面纵沟密被长毛，下面被与叶柄同样小鳞片。孢子囊群圆形，每末回小羽片有 2-4 对，着生小脉顶部，位于叶缘与主脉间；囊群盖同形，边缘撕裂，红棕色，宿存，染色体 2n=82。

产安徽、浙江、台湾、福建、江西、湖南、贵州及四川，生于海拔 500-1200 米山谷密林下沟边潮湿岩缝中。日本南部有分布。

4. 棕鳞肋毛蕨　图 856

Ctenitis pseudorhodolepis Ching et C. H. Wang in Acta Phytotax. Sin. 19: 121. 1981.

图 856　棕鳞肋毛蕨　（孙英宝绘）

植株高约 1 米。根茎直立，顶部密被线状披针形、全缘鳞片。叶柄长 50-60 厘米，深禾秆色，具 2 纵沟，基部以上密被窄披针形、深棕色鳞片；叶片三角形，长 40-50 厘米，基部宽 35-45 厘米，基部心形，三回羽状至四回羽裂，羽片 8-10 对，下部的近对生，基部 1 对三角形，长 20-30 厘米，基部宽 10-15 厘米，有柄；基部羽片的一回小羽片 8-10 对，互生，上先出，下部的有柄，基部下侧 1 片披针形，长 8-10 厘米，基部宽 3-4 厘米，二回小羽片 10-12 对，互生，无柄，椭圆状披针形，长 1.5-2 厘米，基部宽 5-6 毫米，基部与羽轴合生，具粗齿或深羽裂，裂片 5-6 对，椭圆状三角形，长

2.5-3 毫米，宽约 2 毫米，全缘，叶脉羽状，小脉 5-6 对，单一或 2 叉，两面疏被有关节的棕色毛；叶纸质，干后暗绿色，叶缘被棕色睫毛；叶轴及羽轴禾秆色，上面被有关节的棕色毛，两面均被鳞片。孢子囊群圆形，每羽片 4-6 对，着生小脉下部或分叉，近主脉，无囊群盖，常被小鳞片覆盖。

产湖南、贵州及四川，生于海拔 600-1000 米山谷溪边密林下。

5. 云南肋毛蕨 图 857

Ctenitis yunnanensis Ching et C. H. Wang in Acta Phytotax. Sin. 19: 124. 1981.

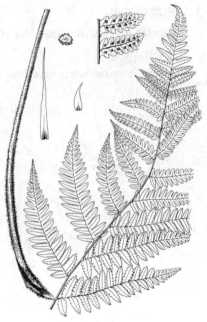

图 857 云南肋毛蕨 （孙英宝绘）

植株高达 1.2 米。根茎短而直立，顶端密被垫状鳞片。叶簇生；叶柄长 40-70 厘米，深棕色，具 2 纵沟，基部以上鳞片窄披针形，边缘有疏短睫毛，深棕色；叶片三角状卵形，长 50-70 厘米，基部宽 35-45 厘米，基部浅心形，三回羽状或四回羽裂，羽片 12-15 对，互生，渐尖头，基部圆截形，具柄；第 2 对羽片椭圆状披针形，二回羽状，基部羽片的一回小羽片 12-15 对，互生，下部的有

柄，披针形，长 8-12 厘米，基部宽 2.5-4 厘米，羽裂几达小羽轴；二回小羽片 10-12 对，椭圆形，圆钝头，两侧具粗锯齿或深羽裂，裂片 4-6 对，梯形或钝三角形，长与宽均 2-3.5 毫米，全缘，叶脉羽状，小脉单一或 2 叉，下面贴生疏细毛，主脉上面疏被棕色毛，下面贴生疏细毛；叶纸质，干后暗绿色，叶缘疏生睫毛；叶轴及羽轴禾秆色，上面密生有关节的棕色毛，下面偶有小鳞片。孢子囊群圆形，每裂片 1-2 对，着生小脉中部，位于主脉和叶缘间；囊群盖圆肾形，宿存。

产贵州及云南，生于海拔 720-1600 米密林下。泰国有分布。

6. 亮鳞肋毛蕨 图 858

Ctenitis subglandulosa (Hance) Ching in Bull. Fan Mem. Inst. Biol. Bot. 8: 302. 1938.

Alsophila subglandulosa Hance in Ann. Sci. Nat. ser. 5, 5: 253. 1866.

图 858 亮鳞肋毛蕨
（孙英宝仿《Ogata, Ic. Fil. Jap.》）

植株高约 1 米。根茎粗短，直立，顶部及叶柄基部密被先端纤维状卷曲、锈棕色线状鳞片。叶簇生；叶柄长 40-50 厘米，暗棕色，向上禾秆色，上面有 2 纵沟，基部以上被全缘棕色有虹色光泽宽披针形鳞片；羽片卵状三角形，长 45-60 厘米，基部宽 30-40 厘米，渐尖头，基部心形，四回羽裂，羽片 12-14

对，基部 1 对斜三角形，长 18-22 厘米，基部宽 12-16 厘米，不对称，

有柄；第二对羽片宽披针形，二回羽状，基部羽片的一回小羽片 10-12 对，互生，下部几对有柄，基部下侧 1 片披针形，二回小羽片 10-12 对，互生，椭圆状披针形，第三对以上的基部与小羽轴合生，深羽裂几达小羽轴，裂片 4-6 对，椭圆形或斜三角形，长 3.5-6 毫米，基部宽 3-4 毫米，全缘，叶脉羽状，小脉 3-4 对，单一或 2 叉，两面隆起，上面疏被淡棕色毛；主脉上面疏被淡棕色毛，下面隆起并疏被贴生细毛；叶干后淡棕色，纸质；叶轴、羽轴及小羽轴禾秆色，上面密被淡棕色毛，下面密被鳞片。孢子囊群圆形，每裂片 2-4 对，着生小脉中部以下，近

主脉；囊群盖心形，全缘，膜质，宿存。

产浙江、台湾、福建及香港，生于海拔 450-3600 米山谷林下沟旁石缝中。日本、不丹、印度、孟加拉国、斯里兰卡、马来西亚、菲律宾、波里尼西亚及太平洋热带和亚热带地区有分布。

3. 轴脉蕨属 Ctenitopsis Ching ex Tard. -Blot et C. Chr.

中型至大型土生蕨类。根茎粗壮，直立，具网状中柱，顶部与叶柄基部密被鳞片。叶簇生；叶柄暗棕或棕禾秆色，稀栗棕或黑色，有光泽；叶片卵状三角形、卵状五角形或椭圆形，二回羽裂至四回羽裂；基部 1 对羽片通常最大，其基部下侧 1 小羽片或裂片向下伸长；叶脉分离，2-3 叉，小脉不达叶缘，下侧 1 条较长而常弯弓，基部下侧 1 组小脉出自羽轴或小羽轴，2-3 叉，小脉弯弓伸向缺刻或联成窄长或三角形网眼，无内藏小脉；叶薄纸质或膜质，稀坚纸质，干后褐或褐绿色，上面被有关节灰白或棕色毛，边缘或缺刻内疏被毛，各回小羽轴或主脉上面隆起并被多细胞有关节棕色粗毛。孢子囊群圆形，分离，着生小脉顶端或中部，在主脉或小羽轴两侧各排成 1 列，稀不整齐 2 列；囊群盖圆肾形，棕或深棕色，厚膜质，宿存，稀囊群盖不发育。孢子两面型，卵形或椭圆形，不透明，有刺状凸起。染色体基数 x=10,(40)。

约 50 种，主产亚洲热带和亚热带地区。我国 17 种。

1. 叶柄基部以上鳞片网眼非粗筛孔型，褐棕或黑褐色，无虹色光泽；叶草质，叶脉明显，小脉 2-3 叉。
　　2. 基部羽片的基部下侧小羽片或裂片不显著延长或缩短。
　　　　3. 叶柄基部径约 1 厘米，与叶轴均暗褐色，无光泽；基部羽片稍缩短，两侧近对称；孢子囊群在主脉两侧排成不规则 2 列，着生小脉中部，无囊群盖 ·················· 1. **无盖轴脉蕨 C. subsageniaca**
　　　　3. 叶柄基部径约 5 毫米，与叶轴均栗褐或近黑色并有光泽；基部羽片不缩短，下部下侧 2-3 片裂片缩短；孢子囊群在主脉两侧各有 1 列，着生小脉顶端，有囊群盖 ·················· 2. **轴脉蕨 C. sagenioides**
　　2. 基部羽片的基部下侧小羽片或裂片伸长。
　　　　4. 植株高达 1 米；叶片基部三回羽裂或近三回羽状，向上部二回羽裂。
　　　　　　5. 叶柄鳞片披针形，黑褐或深黑色。
　　　　　　　　6. 羽片 7-10 对，第二对羽片有短柄；羽轴及羽片下面光滑，羽轴上面被淡棕色短毛，羽片上面偶有 1-2 贴生短毛 ·················· 3. **光滑轴脉蕨 C. glabra**
　　　　　　　　6. 羽片 3-6 对，第二对羽片无柄；羽轴及羽片密被淡棕色长毛 ·················· 3(附). **黑鳞轴脉蕨 C. fuscipes**
　　　　　　5. 叶柄鳞片宽披针形或长卵形，褐棕或棕色。
　　　　　　　　7. 叶脉沿羽轴及主脉联成网眼 ·················· 4. **毛叶轴脉蕨 C. devexa**
　　　　　　　　7. 叶脉分离。
　　　　　　　　　　8. 叶片三角状卵形或长卵形，薄纸质；羽片 6-8 对 ·················· 4(附). **薄叶轴脉蕨 C. dissecta**
　　　　　　　　　　8. 叶片椭圆状披针形或椭圆形，厚纸质；羽片 9-12 对。
　　　　　　　　　　　　9. 中部羽片的裂片全缘；孢子囊群在主脉两侧各有 1 列 ·················· 5. **台湾轴脉蕨 C. kusukusensis**
　　　　　　　　　　　　9. 中部羽片的裂片有锯齿；孢子囊群在主脉两侧各有不规则 2 列 ·················· ·················· 5(附). **齿裂轴脉蕨 C. kusukusensis var. crenatolobata**
　　　　4. 植株高达 2 米；叶片基部三回羽状至四回羽裂，向上部二回羽状至三回羽裂。

10. 叶一型；羽片上面密被贴生有关节淡棕色毛 ·················· **6. 棕毛轴脉蕨 C. setulosa**

10. 叶二型；羽片两面近光滑 ················· **6(附). 西藏轴脉蕨 C. ingens**

1. 叶柄基部以上鳞片网眼粗筛孔型，近紫色，有虹色光泽；叶坚纸质或近革质，叶脉不显，羽状 ············
·················· **7. 厚叶轴脉蕨 C. sinii**

1. 无盖轴脉蕨
图 859

Ctenitopsis subsageniaca (Christ) Ching in Bull. Fan Mem. Inst. Biol. Bot. 8: 311. 1938.

Aspidium subsageniacum Christ in Bull. Acad. Int. Geogr. Bot. 240. 1906.

植株高 1.5-2 米。根茎粗壮，直立，顶部与叶柄基部密被全缘褐棕色宽披针形鳞片。叶簇生；叶柄长 40-50 厘米，基部径约 1 厘米，暗褐色，上面有浅沟，基部以上疏被鳞片；叶片窄长圆形，长 1-1.5 米，中部宽 30-45 厘米，二回羽裂，羽片约 20 对，互生，近无柄，线状披针形，中部的长 18-22 厘米，宽 3-4 厘米，深羽裂达 2/3，下部 2-3 对羽片与其上的同形、

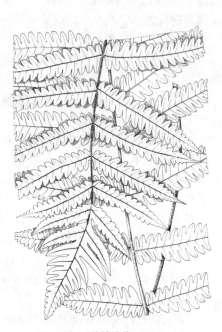

图 859 无盖轴脉蕨 （孙英宝绘）

略短、稍向下，裂片约 20 对，镰状长圆形，长 1-1.5 厘米，基部宽 7-8 毫米，全缘；叶脉羽状，7-9 对，小脉 2-3 叉，分离或出自羽轴的小脉，偶于缺刻下联结；叶干后灰褐色，近草质，两面均光滑，缺刻边缘有睫毛；叶轴暗褐色，下部偶有小鳞片，上面密被有关节棕色毛；羽轴及主脉上面密被有关节棕色毛，下面几光滑。孢子囊群圆形或椭圆形，着生小脉中部，在主脉两侧排成不规则 2 列；无囊群盖。

产广西、贵州南部及云南，生于海拔 800-1500 米雨林下石灰岩缝中。越南北部有分布。

2. 轴脉蕨
图 860

Ctenitopsis sagenioides (Mett.) Ching in Bull. Fan Mem. Inst. Biol. Bot. 8: 312. 1936.

Aspidium sagenioides Mett. Farngatt. Phag. u. Aspid. 133. 269. 1858.

植株高 70-80 厘米。根茎短而直立，顶部密被全缘棕色膜质宽披针形鳞片。叶柄长 30-40 厘米，基部栗棕或黑色有光泽，上面有浅沟，偶被窄鳞片，向上疏被淡棕色短毛；叶片椭圆形，

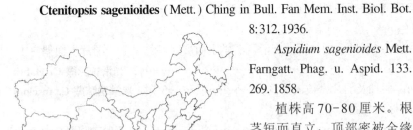

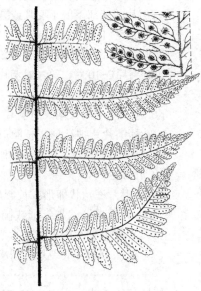

图 860 轴脉蕨 （黄少容绘）

长 40-50 厘米，中部宽 20-25 厘米，基部浅心形，二回羽裂，羽片 12-15 对，下部几对近对生，近无柄；基部 1 对羽片与其上的等长而

略宽，镰状宽披针形，长10-12厘米，中部宽4-4.5厘米，篦齿状深羽裂达3/4，中部下侧几片伸长，两侧有粗锯齿，下部下侧裂片渐短；第二对以上羽片披针形，长10-12厘米，基部宽约3厘米，深羽裂达2/3；裂片约15对，近平展，椭圆形，长1.2-1.5厘米，基部宽4-5毫米，近全缘；叶脉分离，羽状，5-6对，小脉2叉；叶干后暗绿色，草质，两面密被淡棕色短毛，叶缘有睫毛；叶轴栗棕或近黑色有光泽，上面密被淡棕色毛；羽轴基部栗棕色，向上禾秆色，两面均被淡棕色毛。孢子囊群着生小脉顶端，主脉两侧各有1列，位于主脉与

叶缘间；囊群盖圆肾形，棕色。染色体2n=80。

产海南、广西及云南东南部，生于海拔120-220米山谷雨林下潮湿处。印度、缅甸、越南、泰国、马来西亚及印度尼西亚等亚洲热带地区有分布。

3. 光滑轴脉蕨   图861

Ctenitopsis glabra Ching et H. H. Wang in Acta Phytotax. Sin. 9:370. 1964.

植株高50-70厘米。根茎短而直立，顶部密被先端纤维状黑褐色有光泽披针形鳞片。叶簇生；叶柄长25-30厘米，禾秆色，上面有浅沟，下部疏被鳞片，向上光滑；叶片近二型，能育叶通常长圆状宽披针形，长30-40厘米，基部宽15-25厘米，基部三回羽裂，向上二回羽裂，羽片7-10对，基部1对有柄，斜三角形，长10-12厘米，宽7-8厘米，有1对分离小羽片，下侧小羽片伸长，上部的深羽裂；第二对羽片披针形，长约10厘米，基部宽3-3.5厘米，基部有1对近分离的小羽片，上部的深羽裂；小羽片镰状披针形，长6-8厘米，宽1.6-1.8厘米，深羽裂达1/2，裂片10-12对，镰状长圆形，长7-8毫米，基部宽5-6毫米，短尖头，全缘，叶脉分离，在不育叶裂片基部上侧常联成长角形网眼，羽状，小脉8-9对，2叉；叶干后暗绿或褐绿色，两面光滑，上面偶有1-2短毛，草质；叶轴禾秆色，下部偶有小鳞片，上面连同羽轴及小羽轴密被淡棕色短毛，下面均光滑。孢子囊群圆形，每裂片6-7对，生于上侧小脉顶部，位于主脉与叶缘间；囊群盖圆肾形，薄膜质，棕色，宿存。

产海南、广西、贵州南部及云南南部，生于海拔150-380米山谷雨林下及竹林下。越南北部有分布。

4. 毛叶轴脉蕨   图862

Ctenitopsis devexa (Kunze) Ching et C. H. Wang in Acta Phytotax. Sin. 9: 369. 1964.

Aspidium devexum Kunze in Bot. Zeitschr. 259. 1848.

植株高50-70厘米。根茎直立，顶部与叶柄基部，密被先端纤维状卷曲全缘深褐色披针形鳞片。叶簇生；叶柄长25-30厘米，禾

图 861 光滑轴脉蕨 （孙英宝绘）

[附] **黑鳞轴脉蕨** 拟肋毛蕨 屏东拟肋毛蕨 **Ctenitopsis fuscipes** (Bedd.) Tard.-Blot et C. Chr. in Lecomte, Not. Syst. 7: 87. 1938, pro part——*Aspidium fuscipes* Bedd. Fern Brit. Ind. Suppl. 15. t. 366. 1876. 本种与光滑轴脉蕨的主要区别：羽片3-6对，第二对羽片无柄；羽轴及羽片两面均密被淡棕色长毛。产西藏南部。印度北部和缅甸有分布。

秆色或棕禾秆色，上面有浅沟并疏被短毛，下面光滑；叶片三角形，长25-40厘米，基部宽20-25厘米，基部心形并三回羽裂，向上二回羽裂，羽片3-5对，近

对生，基部 1 对有柄，三角形，长 12-14 厘米，基部宽 7-9 厘米，长渐尖头，基部圆截形，不对称，并有 2 对分离小羽片，基部下侧

小羽片伸长，向上部深羽裂达羽轴；中部羽片披针形，长 7-9 厘米，基部宽 2-2.5 厘米，深羽裂达 2/3；基部羽片下侧的小羽片宽披针形，深羽裂达小羽轴，裂片约 10 对，镰状披针形，长 1-1.5 厘米，基部宽 4-5 毫米，有钝齿，叶脉沿羽轴及裂片主脉两侧联成 1 行网眼，向外分离；叶干后褐绿色，叶薄纸质，两面疏被淡棕色毛，边缘有睫毛；叶轴棕禾秆色，上面密被淡棕色毛；羽轴、小羽轴及主脉两面均密被同样毛。孢子囊群圆形，着生小脉顶端，近叶缘；囊群盖圆肾形，全缘，有毛，宿存。染色体 2n=80，160。

产浙江、台湾、广东、海南、广西、贵州、四川及云南，生于海拔 150-1400 米潮湿石灰岩缝中。日本、越南、泰国、中南半岛、斯里兰卡、马来西亚、菲律宾、印度尼西亚及波利尼西亚有分布。

[附] **薄叶轴脉蕨** 薄叶拟肋毛蕨 Ctenitopsis dissecta (Forst.) Ching in Bull. Fan Mem. Inst. Biol. Bot. 8: 321. 1938.——*Polypodium dissecta* Forst.

图 862 毛叶轴脉蕨 （张桂芝绘）

Prod. 81. 1786. 本种与毛叶轴脉蕨的主要区别：叶脉分离，羽片 6-8 对。产台湾中部。印度中部、东南亚至波利尼西亚有分布。

5. 台湾轴脉蕨　　　　　　　　　　　图 863

Ctenitopsis kusukusensis (Hayata) C. Chr. ex Tard.-Blot et C. Chr. in Lecomte, Not. Syst. 7: 87. 1938.

Dryopteris kusukusensis Hayata, Ic. Pl. Formos. 4: 157. f. 98. 1914.

植株高 0.9-1 米。根茎短而直立，顶部密被褐棕色全缘宽披针形

鳞片。叶簇生；叶柄长 40-50 厘米，暗褐色，上面有浅沟，疏被淡棕色短毛，基部疏被鳞片；叶片椭圆状披针形，长 40-50 厘米，基部宽约 25 厘米，基部心形，三回羽裂，向上部二回羽裂，羽片约 12 对，基部 1 对有柄，斜三角形，长 15-20 厘米，基部宽 10-15 厘米，基部有 1 对分离小羽片，下侧小羽片

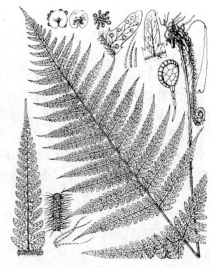

图 863 台湾轴脉蕨 （引自《Fl. Taiwan》）

伸长，向上部的深羽裂达 2/3；第二对羽片线状披针形，长 15-17 厘米，基部宽 2.5-3 厘米，基部有 1 对近分离的裂片，向上部的深羽裂达 2/3-3/4；基部下侧最大的小羽片线状披针形，长 8-12 厘米，基部宽 1.5-2 厘米，向上部的深羽裂达 2/3，裂片约·12 对，三角状椭圆

形，长 0.6-1 厘米，宽 6-7 毫米，全缘或波状，叶脉分离，羽状，小脉 2 叉；叶干后暗褐色，纸质，上面疏被有关节棕色长毛，下面光

滑，叶缘疏被睫毛；叶轴暗褐色，下部和羽轴基部偶有褐棕色小鳞片，上面密被淡紫色长毛；羽轴、小羽轴及主脉两面均被淡棕色毛。孢子囊群圆形，每裂片6-8对，着生上侧小脉顶端，在主脉两侧各有1列；囊群盖圆肾形，深褐色，宿存。

产台湾、广西及海南，生于山谷林下溪旁。

[附] **齿裂轴脉蕨 Ctenitopsis kusukusensis** var. **crenatolobata** Tagawa in Acta Phytotax. Geobot. 14(2): 47. 1950. 与模式变种的主要区别：中部羽片的裂片有锯齿；孢子囊群在主脉两侧各有不整齐2列。产台湾中南部。

6. 棕毛轴脉蕨 　　　　　　　　　　　　　图 864

Ctenitopsis setulosa (Baker) C. Chr. ex Tard.-Blot et C. Chr. in Lecomte, Not. Syst. 7: 87. 1938.

Nephrodium setulosum Baker in Journ. Bot. 265. 1890.

植株高达2米。根茎粗短，直立，顶部密被深棕色宽披针形或卵状披针形鳞片。叶簇生；叶柄长60-80厘米，褐棕色，上面有浅沟，疏被淡棕色短毛，基部密被鳞片；叶片三角状卵形，长1-1.5米，基部宽70-80厘米，基部心形，三回羽状至四回羽裂，向上部三回羽裂，羽片约15对，基部最大1对羽片有长柄，斜三角形，长40-50厘米，基部宽30-35厘米，下侧1小羽

片稍长；第二对羽片三角状卵形，长35-40厘米，基部宽25-30厘米，基部下侧最大的一回小羽片宽披针形，长16-20厘米，基部宽7-9厘米，基部有1对分离的二回小羽片，向上部的深羽裂；二回小羽片褐色，基部与一回小羽轴合生，基部较大的1对披针形，基部下侧下延，缺刻上侧有斜三角形粗齿，中部以下的深羽裂，向上部的具钝齿或近全缘，裂片约10对，镰状椭圆形，长与宽均3-4毫米，全缘，叶脉分离，羽状，小脉3-7对，单一或2叉，两面隆起并疏被淡棕色短毛；叶干后褐色，纸质，上面疏被淡棕色毛，下面光滑，叶缘疏被睫毛；叶轴、羽轴、各回小羽轴及主脉淡褐色，两面均被淡棕色

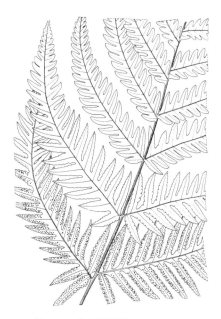

图 864 棕毛轴脉蕨 （孙英宝绘）

短毛。孢子囊群圆形，每裂片3-5对，着生小脉顶端，稍近叶缘；囊群盖圆肾形，宿存。

产广东、广西及云南，生于海拔300-600米山谷潮湿岩石旁。越南及印度北部有分布。

[附] **西藏轴脉蕨 Ctenitopsis ingens** (Atkinson ex C. B. Clarke) Ching in Bull. Fan Mem. Inst. Biol. Bot. 8: 320. 1938. —— *Nephrodium ingens* Atkinson ex C. B. Clarke in Trans. Linn. Soc. ser. Bot. 1: 526. t. 73. 1880. 本种与棕毛轴脉蕨的主要区别：叶二型，羽片两面近光滑。产西藏南部，生于海拔1000-2500米。印度东北部、越南及马来西亚有分布。

7. 厚叶轴脉蕨 三相蕨 　　　　　　　　　图 865

Ctenitopsis sinii (Ching) Ching in Bull. Fan Mem. Inst. Biol. Bot. 8: 319. 1938.

Tectaria sinii Ching in Bull. Dept. Biol. Coll. Sci. Sun Yatsen Univ. 6: 22. 1933.

植株高0.8-1米。根茎直立，顶部及叶柄基部密被先端纤维状卷曲、锈棕色窄线形鳞片。叶簇生；叶柄长40-50厘米，基部暗棕色，向上

部深禾秆色，上面有浅沟，基部以上密被近紫色有虹色光泽、有六角形粗筛孔型披针形鳞片；叶片五角形，长50-60厘米，基部宽30-45厘米，基部心形并三回羽裂，向上部二回羽裂，羽片7-8对，有柄，

斜三角形，长 20-25 厘米，基部宽 12-16 厘米，下侧一小羽片伸长，下部有 1-2 对分离羽片，向上部的深羽裂达羽轴；第二对羽片椭圆状披针形，长 15-20 厘米，宽 5-6 厘米，深羽裂达羽轴；基部下侧小羽片镰状披针形，长 8-10 厘米，基部宽约 2 厘米，深羽裂，裂片约 10 对，镰状椭圆形或三角形，长 0.6-1 厘米，基部宽 5-6 毫米，全缘，干后略反卷，叶脉不显，羽状，小脉 6-7 对，单一或 2-4 叉，裂片下部小脉沿羽轴联成 1 列窄长网眼；叶坚纸质或近革质，两面光滑；叶轴、羽轴及小羽轴深禾秆色，上面密被淡棕色毛和鳞片。孢子囊群圆形，着生小脉中部，在主脉两侧各有不整齐 2 列；无囊群盖。染色体 2n=82。

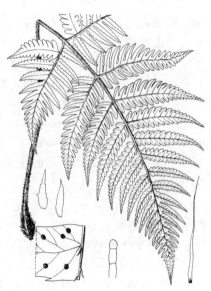

图 865 厚叶轴脉蕨
（孙英宝仿《Ogata, Ic. Fil. Jap.》）

产浙江、福建、湖南、广东及广西，生于海拔 300 米山谷密林下。日本有分布。

4. 牙蕨属 Pteridrys C. Chr. et Ching

中型或大型土生蕨类。根茎斜升或横走，具网状中柱，顶部与叶柄基部均密被全缘棕色披针形鳞片。叶簇生或近生；叶柄长，上面有沟，无毛；叶片椭圆形或卵形，下部二回羽裂，向顶部深羽裂，侧生羽片 6-20 对，有柄或近无柄，线状披针形，羽状深裂，基部 1 对羽片不缩短或其基部下侧伸长，裂片镰刀形或披针形，有锯齿，缺刻窄或宽圆形，底部有三角形尖齿；叶脉分离或在裂片基部小脉偶联结，小脉羽状，2-3 叉，基部下侧 1 脉出自主脉基部，基部上侧 1 小脉达缺刻尖齿；叶厚纸质，两面无毛，叶轴及羽轴光滑或下面被关节毛。孢子囊群小，圆形，着生上侧小脉中部或顶端，在主脉两侧各排成 1 列，位于主脉与叶缘间；囊群盖圆肾形，淡棕色，膜质；孢子囊环带具 12 个增厚细胞。孢子椭圆形，有不明显网状突起。染色体基数 x=41。

约 8 种，分布于中国南部、中南半岛、印度北部、印度尼西亚、菲律宾及波利尼西亚等亚洲及太平洋热带地区。我国 4 种。

1. 植株高 2-3 米；羽片羽状深裂达羽轴两侧宽翅，柄长 1-2 厘米，裂片短尖头；叶干后淡绿色，叶柄及羽轴淡禾秆色 ·· 1. 薄叶牙蕨 P. cnemidaria
1. 植株高 1-1.5 米；羽片深羽裂达 1/2-2/3，有短柄或近无柄，裂片钝头；叶干后灰褐或深褐色，叶柄及叶轴棕禾秆色或黑褐色。
  2. 羽轴及叶下面被有关节灰白色毛；基部 1 对羽片基部下侧裂片不伸长 ·················· 2. 毛轴牙蕨 P. australis
  2. 叶轴及叶下面光滑；基部 1 对羽片基部下侧裂片伸长 ································ 2(附). 云贵牙蕨 P. lofouensis

1. 薄叶牙蕨 云南牙蕨 图 866

Pteridrys cnemidaria (Christ) C. Chr. et Ching in Bull. Fan Mem. Inst. Biol. Bot. 5: 136. t. 12. 18. 19. 20. f. 8-9. 1934.

Dryopteris cnemidaria Christ in Bull. Acad. Int. Geogr. Bot. 140. 1910.

植株高 2-3 米。根茎粗壮，斜升，顶部及叶柄基部均密被全缘暗棕色披针形鳞片。叶簇生；叶柄长达 1 米,淡禾秆色,上面有深沟,无毛,下部偶有鳞片;叶片椭圆形,长达 2 米,基部宽约 60 厘米,二回深羽裂,羽片达 30 对,

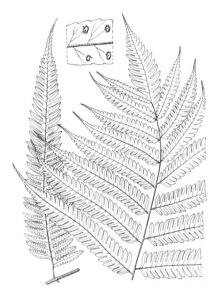

互生,基部 1 对有长柄,宽披针形,长约 30 厘米,基部宽 7-9 厘米,深羽裂达羽轴两侧宽翅,裂片 30-35 对,互生,具圆缺刻分开,缺刻内有尖齿,镰状披针形,长 2-4 厘米,基部宽 6-8 毫米,有钝锯齿,小脉羽状,小脉通常 3 叉,15-18 对,两侧稍隆起;主脉两面隆起;叶干后淡绿色,薄纸质,两面

无毛;叶轴淡禾秆色,上面有浅沟,无毛;羽轴淡禾秆色,两面隆起。孢子囊群圆形,着生上侧小脉中部,在主脉两侧各排成 1 列,每裂片有 10-16 对;囊群盖圆肾形,灰白色,薄膜质,光滑。染色体 2n=82。

图 866 薄叶牙蕨 (孙英宝绘)

产台湾、贵州南部及云南,生于海拔 100-800 米山谷密林下。印度东北部、越南、老挝及缅甸有分布。

2. 毛轴牙蕨 刚毛牙蕨 图 867

Pteridrys australis Ching in Bull. Fan Mem. Inst. Biol. Bot. 5: 142. t. 15-16. 19. f. 12-13. 1934.

植株高达 1.5 米。根茎短,斜升或近直立,顶部与叶柄基部密被渐尖头全缘暗棕色披针形鳞片。叶簇生;叶柄长达 60 厘米,棕禾秆色,上面有深沟,无毛;叶片椭圆形,长 60-80 厘米,基部宽达 30 厘米,二回羽裂,羽片约 15 对,互生,下部的有短柄,上部的无柄,线状或线状披针形,长 20-25 厘米,基部宽 3-4 厘米,深羽裂,达 1/2-2/3,裂片约 25 对,互生,缺刻内有尖齿,

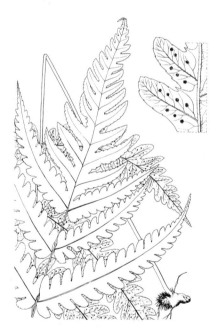

图 867 毛轴牙蕨 (张桂芝绘)

镰状椭圆形,长 1-2 厘米,基部宽 6-8 毫米,有钝齿,叶脉在裂片上羽状,小脉约 10 对,2-3 叉,两面稍隆起,上面光滑,下面偶被有关节灰白色柔毛,基部 1 脉出自主脉基部达缺刻,有时偶于缺刻下联结,主脉隆起,上面光滑,下面疏被柔毛;叶干后灰褐色,厚纸质,两面均无毛;叶轴暗禾秆色,疏被灰白色柔毛或近光滑,上面有浅宽沟,沟旁有脊;羽轴禾秆色,隆起,上面光滑,下面疏被灰白色柔毛,基部与叶轴连接处密被棕色刚毛。孢子囊群圆形,着生上侧小脉顶端或近顶端,在主脉两侧各排成 1 列,每裂片有 6-8 对;囊群盖圆肾形,上面

有毛。染色体 2n=82。

产广东及云南,生于海拔 100-500 米山谷密林下溪边。缅甸、越南、老挝、泰国及马来西亚等亚洲热带地区有分布。

[附] **云贵牙蕨 Pteridrys lofouensis** (Christ) C. Chr. et Ching in Bull. Fan Mem. Nst. Biol. Bot. 5: 141, t. 19, f. 14. 1934. —— *Dryopteris* *lofouensis* Christ in Bull. Acad. Int. Geogr. Bot. 134. 1910. 本种与毛轴牙蕨的主要区别：羽轴及叶轴下面无毛；基部 1 对羽片基部下侧裂片伸长。

产贵州南部及云南南部，生于海拔 1200 米密林下。

5. 黄腺羽蕨属 Pleocnemia Presl

土生蕨类。根茎直立或斜升，顶端与叶柄基部密被有小齿、棕色有光泽窄长鳞片。叶簇生；叶片近五角形，二回羽状至三回羽裂，基部 1 对羽片基部下侧小羽片伸长，裂片缺刻内有齿，齿上部凸出，叶脉沿小羽轴有时沿主脉联成窄长网眼，无内藏小脉，余小脉分离，主脉及小脉下面疏被黄或红色圆柱状腺体；叶轴上面及羽轴基部被平展通直短刚毛。孢子囊群圆形，着生分离小脉顶端、小脉中部或联结小脉上；隔丝顶端有黄色圆柱形大腺体；囊群盖圆肾形或无。孢子有翅状皱纹或细刺。染色体基数 x=41。

约 17 种，分布于中国、印度、缅甸、越南、泰国、马来西亚、印度尼西亚、菲律宾及太平洋群岛等地。我国 3 种。

黄腺羽蕨

图 868 彩片 116

Pleocnemia winitii Holtt. in Reinwardtia 1(2): 181. 1951.

植株高 2-3 米。根茎直立，径 4-5 厘米，顶部及叶柄基部密被鳞片，鳞片线形，先端纤维状，几全缘，褐棕色有光泽。叶簇生，近二型；叶柄长 0.6-1 米，基部深褐棕色，向上暗褐色，上面有宽浅沟，沟边有脊，疏被棕色短刚毛；叶片三角形，长 1.2-2 米，基部宽 1.2-1.3 米，基部心形并四回羽裂，向上部三回羽裂；能育叶渐窄，羽片约 15 对，下部的对生，向

上的互生，基部 1 对有长柄，三角形，基部下侧一回小羽片伸长并有多对分离深羽裂的二回小羽片，基部上侧的一回小羽片深羽裂；第二对羽片椭圆状三角形，长 30-40 厘米，基部宽 15-25 厘米；基部羽片的一回小羽片 10-12 对，有柄，基部下侧一回小羽片椭圆状披针形，长达 50 厘米，基部宽 25-30 厘米，中部以下有 6-10 对分离二回小羽片，上部的深羽裂；二回小羽片 12-14 对，基部 1 对披针形，长 7-10 厘米，基部宽 2-2.5 厘米，深羽裂达 1/2，裂片 7-10 对，缺刻内有钝齿，椭圆形或镰状椭圆形，长 5-7 毫米，基部宽 4-6 毫米，有锯齿，叶脉沿小羽轴及主脉下部两侧结成窄长网眼，裂片小脉分离，2-3 叉，隆起，上面光滑，下面与主脉及小羽轴均疏被各色腺毛；叶干后暗绿或褐色，纸质，两面光滑；叶轴及羽轴下面淡褐色，上面深禾秆色，两面疏被刚毛。孢子囊群在主脉两侧各排成 1 列或 2 列，

图 868 黄腺羽蕨 （引自《图鉴》）

着生分离小脉及联结小脉上，无囊群盖，被黄色圆柱状腺毛。

产台湾、福建、广东、香港、海南、广西及云南，生于海拔 120-1000 米密林下或森林迹地，常组成稠密层片。越南、泰国及印度东北部有分布。

6. 叉蕨属（三叉蕨属）Tectaria Cav.

中型或大型土生蕨类。根茎粗短，横走或直立，顶部密被全缘或有睫毛、褐棕色鳞片。叶簇生；叶柄

禾秆色、棕色、栗色或乌木色，基部或全部被鳞片；叶片三角形，一回羽状或三回羽裂，稀单叶状，非细裂，羽片或裂片全缘，无齿，叶脉联成方形或六角形网眼，有单一或分叉内藏小脉或无内藏小脉，侧脉明显或不显；叶草质或膜质，上面光滑或被有关节毛；叶轴及羽轴上面被有关节短毛或光滑。孢子囊群圆形，着生网脉联结处或内藏小脉中部或顶部，在侧脉间排成2列或多列，或在主脉两侧各有1列；囊群盖盾形或圆肾形，宿存或脱落，稀无囊群盖；孢子囊环带具14个增厚细胞。孢子椭圆形，有瘤状或小刺状突起。染色体基数 x=10,(40)。

约240种，产热带及亚热带地区。我国约27种，为本属在亚洲大陆分布北界。

1. 孢子囊群大，通常着生内藏小脉顶端，在侧脉间有2列；囊群盖大，宿存。
  2. 羽轴两侧有弧状脉，形成1列窄长网眼；叶脉网眼无内藏小脉或有1内藏小脉。
    3. 叶一型；叶柄与叶片等长或短于叶片。
      4. 叶片上面被有关节淡棕色毛，叶缘有睫毛，叶干后绿或暗绿色 ·············· 1. **大齿叉蕨 T. coadunata**
      4. 叶片两面无毛，叶缘几无睫毛，叶干后褐色 ························ 1(附). **鳞柄叉蕨 T. griffithii**
    3. 叶二型；能育叶叶柄长为叶片2倍 ····························· 2. **瘤状叉蕨 T. variolosa**
  2. 羽轴两侧无明显弧状脉形成的窄长网眼；叶脉网眼有内藏分叉小脉。
    5. 叶片基部下延叶柄两侧形成宽翅几达叶柄基部 ····················· 3. **下延叉蕨 T. decurrens**
    5. 叶片基部不下延，叶柄无翅。
      6. 叶柄、叶轴及羽轴均乌木色，有光泽 ······················· 4(附). **黑柄叉蕨 T. ebenina**
      6. 叶柄、叶轴栗色或近禾秆色，无光泽或稍有光泽。
        7. 叶柄上部禾秆色，叶片三角状卵形，掌状3-5裂 ·············· 4. **掌状叉蕨 T. subpedata**
        7. 叶柄棕色至褐棕色，叶片椭圆形，一回羽状至三回羽裂。
          8. 羽片5-7对，基部1对羽片的基部两侧不对称，中部羽片披针形，宽3-5厘米，羽状撕裂 ··········
            ·· 5. **条裂叉蕨 T. phaeocaulis**
          8. 羽片3-4对，基部1对羽片的基部两侧对称，中部羽片椭圆状披针形，宽达8厘米，深羽裂 ··········
            ·· 6. **云南叉蕨 T. yunnanensis**
1. 孢子囊群小，着生形成网眼的小脉或网眼交结处，在侧脉间有不规则多列；囊群盖小，早落。
  9. 叶柄两侧达基部有窄翅 ···································· 7. **芽胞叉蕨 T. fauriei**
  9. 叶柄无翅。
    10. 顶生羽片披针形或椭圆形，分离，单一或3叉，与下一对羽片同形。
      11. 叶柄及叶轴禾秆色或淡棕色，无光泽。
        12. 顶生羽片基部窄楔形下延 ························· 8. **多变叉蕨 T. variabilis**
        12. 顶生羽片基部浅心形或圆楔形，不下延 ·············· 9. **多形叉蕨 T. polymorpha**
      11. 叶柄及叶轴乌木色，光亮 ························· 10. **燕尾叉蕨 T. simonsii**
    10. 羽片顶部羽状分裂，与下一对羽片不同形 ·············· 11. **三叉蕨 T. subtriphylla**

1. **大齿叉蕨** 大齿三叉蕨   图 869 彩片 117

Tectaria coadunata (Wall. ex Hook. et Grev.) C. Chr. in Contr. U. S. Nat. Herb. 26: 331. 1931.

Aspidium coadunatum Wall. ex Hook. et Grev, Icon. Fil. 2: Pl. 202. 1831.

植株高 0.7-1.4 米。根茎斜升或直立，顶部及叶柄基部密被全缘膜质褐棕色披针形鳞片。叶簇生；叶柄长 25-35 厘米，栗褐色，上面有浅沟；叶片三角状卵形，长 30-40 厘米，基部宽 20-25 厘米，基部心形，三回羽裂，向上部二回羽裂，羽片 2-5 对，有柄，第二对

以上无柄；基部1对羽片三角状卵形，长 30-72 厘米，基部宽 18-42 厘米，基部浅心形，深羽裂达羽轴；中部羽片披针形，长 12-14 厘米，中部宽 3-4 厘米，基部与叶轴合生，深羽裂达 1/2-2/3，形成披针形裂片；基部羽片的小羽片约 8

对，具宽翅相连，基部 1 对镰状披针形，长 5-7 厘米，基部宽约 2 厘米，基部与小羽轴合生，深羽裂，裂片约 8 对，长 5-6 毫米，宽 4-5

毫米，全缘，叶脉联成网眼，羽轴及小羽轴两侧有弧形脉形成的网眼，有单一内藏小脉或无，两面疏被淡棕色短毛；裂片主脉禾秆色，隆起并疏被淡棕色毛；叶干后暗绿色，薄纸质，两面密被淡棕色毛，边缘有睫毛；叶轴栗褐色，上面浅沟疏被毛，下面几光滑；羽轴两面被同样毛。孢子囊群着生内藏小脉顶端，在小羽轴或主脉两侧各有 1 列；囊群盖圆盾形，膜质，棕色，宿存并略反卷。染色体 2n=80。

产台湾、广东、广西、贵州、四川及云南，生于海拔 500-2000 米山地常绿阔叶林下石灰岩缝或沟边。印度、尼泊尔、泰国、越南、老挝及马达加斯加有分布。

[附] **鳞柄叉蕨 Tectaria griffithii** (Baker) C. Chr. Ind. Fil. Suppl. 3: 180. 1934. —— *Nephrodium griffithii* Baker, Syn. Fil. 390. 1867. 本种与大齿叉蕨的主要区别：根茎鳞片线状披针形；叶柄长达 60 厘米，叶片五角形，长宽均约 60 厘米，基部 1 对羽片斜三角形，长 20-25 厘米，中部羽片三角状披针形，长 15-20 厘米，叶两面无毛，叶缘几无睫毛，叶干后

图 869 大齿叉蕨
（引自《中国蕨类植物图谱》）

褐色；囊群盖圆肾形。产云南、贵州及台湾，生于海拔 100-800 米山谷密林下或岩洞内。印度、缅甸、泰国、中南半岛、马来西亚、印度尼西亚及菲律宾有分布。

2. 瘤状叉蕨 二型叉蕨 变叶三叉蕨　　　　图 870

Tectaria variolosa (Wall. ex Hook.) C. Chr. in Contr. U. S. Nat. Herb. 26: 289. 1931.

Aspidium variolosum Wall. ex Hook. Sp. Fil. 4: 58. 1862.

植株高 40-70 厘米。根茎短，横走或近直立，顶端及叶柄基部密被

边缘有睫毛棕色线状披针形鳞片。叶簇生，二型；不育叶柄长 30-35 厘米，能育叶柄长达 50 厘米，暗禾秆色，上面有沟被短毛；不育叶片五角形，长宽约 30 厘米，长渐尖头，基部浅心形，基部二回羽裂，能育叶各部均较小；羽片 1-4 对，对生，有柄，基部 1 对羽片三角形，长 15-20 厘米，基部宽 2-9 厘米，渐

尖头，下部有 1-2 对分离小羽片，向上部羽裂成钝圆裂片；中部羽片披针形，长 6-7 厘米，基部宽约 1.5 厘米，长渐尖头，基部圆截形或近心形，两侧稍尖耳状，边缘有圆裂片；基部下侧小羽片最大，镰状披针

图 870 瘤状叉蕨 （孙英宝绘）

形，基部截形，羽裂几达 1/2；裂片 6-8 对，半圆形或椭圆形，长与宽约 4-6 毫米，圆钝头，全缘，叶

脉联结成网眼，有单一或无内藏小脉，羽轴及小羽轴两侧有弧状脉，形成 1 行窄长网眼；叶干后淡褐色，近革质，两面光滑；叶轴、羽轴及小羽轴深禾秆色，上面密被淡棕色短毛，下面毛稀疏。孢子囊群生于内藏小脉顶端，在主脉两侧各有 1 列，叶片上面有瘤状斑点；囊群盖圆肾形，宿存。

产台湾、海南、广西、贵州及云南，生于海拔 150-700 米山谷或河边密林下阴湿处。印度、尼泊尔、越南、老挝、泰国及印度尼西亚有分布。

3. 下延叉蕨 下延三叉蕨　　　　　图 871

Tectaria decurrens (Presl) Cop. Elmer's Leaflets 1: 234. 1907.

Aspidium decurrens Presl, Rel. Haenk. 28. 1825.

植株高 0.5-1 米。根茎短，直立，顶部及叶柄基部密被全缘褐棕色披针形鳞片。叶簇生，二型；叶柄长 35-60 厘米，基部褐色，向上深禾秆色，上面有沟，两侧有翅；叶片椭圆状卵形，长 30-80 厘米，基部宽 30-40 厘米，奇数一回羽裂，能育叶各部窄缩，顶生裂片宽披针形，长 20-25 厘米，中部宽 5-8 厘米，全缘或波状，侧生裂片 3-8 对，对生，披针形，长 15-20 厘米，中部宽 3-4 厘米，基部与羽轴合生，全缘，基部 1 对裂片分叉，叶脉联成网眼，内藏分叉小脉；叶干后淡褐色，坚纸质，两

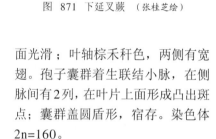

图 871 下延叉蕨　（张桂芝绘）

面光滑；叶轴棕禾秆色，两侧有宽翅。孢子囊群着生联结小脉，在侧脉间有 2 列，在叶片上面形成凸出斑点；囊群盖圆盾形，宿存。染色体 2n=160。

产台湾、福建、广东、香港、海南、广西及云南，生于海拔 150-1200 米山谷密林下阴湿处或岩石旁。印度、缅甸、越南、菲律宾、印度尼西亚及日本有分布。

4. 掌状叉蕨　　　　　图 872

Tectaria subpedata (Harr.) Ching in Sinensia 2(2): 23. f. 4. 1931.

Nephrodium subpedatum Harr. in Journ. Linn. Soc. Bot. 16: 30. 1877.

植株高 30-45 厘米。根茎短，横走或斜生，顶部及叶柄基部密被全缘褐棕色披针形鳞片。叶簇生；叶柄长 20-30 厘米，基部褐棕色，上部禾秆色，疏被淡黄色长毛；叶片三角状卵形，长 15-20 厘米，基部宽 12-16 厘米，基部浅心形，掌状 3-5 裂，顶生裂片椭圆状披针形，长 15-18 厘米，中部宽 5-7 厘米，全缘或有弯锯齿；第二对侧生羽片宽披针形，长 8-9 厘米，中部宽 3-4 厘米，近全缘；基部 1 对侧生裂片镰状披针形，

图 872 掌状叉蕨　（孙英宝绘）

长5-6厘米，中部宽2-2.5厘米，全缘，叶脉联成网眼，两面隆起，上面偶被而下面密被淡黄色长毛，内藏分叉小脉；羽轴及侧脉禾秆色，上面光滑。下面密被淡黄色长毛；叶干后暗褐色，纸质，上面光滑，下面密被淡黄色短毛。孢子囊群着生网眼小脉，在侧脉间排成2列，近侧脉；囊群盖圆盾形，宿存并略反卷。

产贵州及广西，生于石灰岩上阴处。越南及缅甸有分布。

[附] 黑柄叉蕨 **Tectaria ebenina** (C. Chr.) Ching in Sinensia 2(2): 18. 1931.

—— *Aspidium ebeninum* C. Chr. in Bull. Acad. Geogr. Bot. Mans 138. 1913. 本种与掌状叉蕨的主要区别：叶柄、叶轴及羽轴均乌木色，有光泽。产贵州及云南，生于海拔740-1600米溪边林下山谷湿地。越南北部有分布。

5. 条裂叉蕨 条裂三叉蕨

图 873 彩片 118

Tectaria phaeocaulis (Ros.) C. Chr. Ind. Fil. Suppl. 3: 183. 1934.

Aspidium phaeocaulon Ros. in Hedwigia 56: 345. 1915.

植株高0.6-1.4厘米。根茎直立，顶端及叶柄基部密被边缘有睫毛褐棕色披针形鳞片。叶簇生；叶柄长30-80厘米，褐棕色，上面有沟；叶片椭圆形，长45-60厘米，基部宽30-40厘米，羽裂渐尖头，二回羽状至三回羽裂；羽片5-7对，下部的对生，有柄；基部1对羽片三角状披针形，长约20厘米，基部宽达10厘米，下部有2-3对分离小羽片，上部的羽状深裂成披针形尖裂片，

中部羽片披针形，长约15厘米，基部宽3-5厘米，基部两侧有披针形尖耳，羽状深裂成披针形或三角形尖裂片，基部羽片下侧小羽片披针形，羽状撕裂达1/3-1/2，裂片约15对，披针形或三角状披针形，长0.5-1.5厘米，基部宽5-6毫米，叶脉联成网眼，内藏分叉小脉；叶干后暗绿或褐绿色，纸质，两面光滑；叶轴、羽轴及小羽轴暗褐色，上面均密被有关节的淡棕色短毛。孢子囊群着生内藏小脉顶端，在侧脉间排成2列，近侧脉，在叶片上面形成稍凸斑点；囊群盖圆盾形，宿存，反卷。

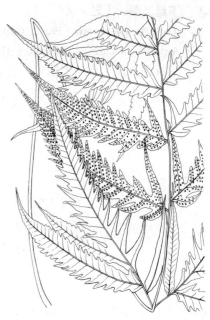

图 873 条裂叉蕨 （冀朝祯绘）

产台湾、福建、湖南、广东、香港、海南及广西，生于海拔400-500米山谷或河边密林下阴湿处。越南北部及日本有分布。

6. 云南叉蕨

图 874

Tectaria yunnanensis (Baker) Ching in Sinensia 2(2): 24. f. 6. 1931.

Nephrodium yunnanense Baker in Kew Bull. 1906: 11. 1906.

植株高1.5-2米。叶柄长60-80厘米，红棕色，上面有沟；叶片三角状卵形，长60-80厘米，基部宽约50厘米，基部浅心形，二回羽裂；羽片4-6对，下部的对生，基部1对有柄，三角形，长30-35厘米，基部宽20-25厘米，深羽裂达羽轴，有时基部有1对近分离小羽片，中部羽片椭圆状披针形，长25-30厘米，中部宽7-8厘米，基部下侧下延与羽轴合生，深羽裂成镰状披针形尖裂片；基部羽片的小羽片8-10对，互生，无柄，基部1对披针形，长10-12厘米，基部宽3.5-4厘米，基部与羽轴合生，具宽翅相连，波状或有粗锯齿，

叶脉联成网眼，内藏分叉小脉，上面明显，光滑，下面隆起并上部
有关节淡棕色短毛，侧脉下面隆起，两面均被短毛；叶干后褐绿色，
纸质，两面光滑；叶轴红棕色，上面有沟被短毛，下面光滑，顶部
两侧有宽翅；羽轴棕色，两面被短毛；小羽轴暗禾秆色，两面被短
毛。孢子囊群着生内藏小脉顶端，在侧脉间排成 2 列；囊群盖圆盾形，
宿存，略反卷。

产台湾、海南、四川及云南，生于海拔 100-1400 米卵形沟边阴湿
处。越南有分布。

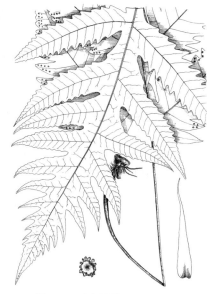

图 874 云南叉蕨 （孙英宝绘）

7. 芽胞叉蕨　　　　　　　　　　　图 875

Tectaria fauriei Tagawa in Journ. Jap. Bot. 14: 102. 1938.

植株高达 1 米。根茎短而直立，顶部及叶柄基部密被暗棕色披针
形鳞片。叶簇生；叶柄长
60-70 厘米，深禾秆色，上
面有沟，偶有线形鳞片，两
侧有窄翅；叶片三角形，长
30-40 厘米，基部宽 20-25 厘
米，奇数一回羽状；顶生羽
片 3 叉，顶生裂片椭圆形，
长 15-18 厘米，中部宽约 6 厘
米，尾状骤尖头，基部渐窄
下延，无柄，全缘，侧生
裂片与顶生裂片同形较小，

有腋生小芽胞；侧生羽片 1-2 对，对生，无柄，有腋生小芽胞，
椭圆状披针形，长约 18 厘米，中部宽 4.5-5 厘米，基部楔形，下
侧下延，全缘，基部 1 对羽片较大，基部下侧分叉，叶脉联成网眼，
不明显，内藏分叉小脉，无毛；侧脉上面光滑，下面疏被淡棕色短
毛；叶薄纸质，干后淡褐色，两面光滑；叶轴及羽轴深禾秆色，上
面光滑，下面疏被淡棕色毛，叶轴两侧有宽翅。孢子囊群着生网眼
的小脉或交结处，在侧脉间排成 4-5 列；囊群盖小，圆盾形，棕
色，早落。

产台湾及云南，生于海拔 800 米山谷林下。越南及日本有分布。

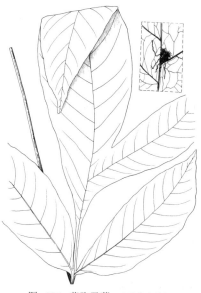

图 875 芽胞叉蕨 （孙英宝绘）

8. 多变叉蕨　　　　　　　　　　　图 876

Tectaria variabilis Tard.‐Blot et Ching in Lecomte, Not. Syst. 5: 81.
1936.

植株高 50-60 厘米。根茎长而横走，顶端及叶柄基部均密被淡棕色
线状披针形鳞片。叶近生；叶柄长 30-35 厘米，禾秆色，无毛；叶片
三角形，长 20-25 厘米，基部宽 15-20 厘米，奇数一回羽状或披针形单
叶；顶生羽片披针形，长约 20 厘米，中部宽 4.5-5 厘米，基部窄楔形
下延，具柄，近全缘；侧生羽片 1-2 对，对生，具短柄，披针形，
长 15-17 厘米，中部宽 2.5-4 厘米，全缘，叶脉联成近六角形网眼，内
藏单一或分叉小脉；侧脉两面隆起稍曲折，无毛；叶纸质，干后灰褐

色，无毛。孢子囊群圆形，着生网眼交结处，在侧脉间排成不整齐2-3列；囊群盖圆盾形，全缘。

产海南，生于海拔约300米山谷林下岩石上。越南有分布。

9. 多形叉蕨

图 877

Tectaria polymorpha (Wall. ex Hook.) Cop. in Philipp. Journ. Sci. Bot. 2: 413. 1907.

Aspidium polymorphum Wall. ex Hook. Sp. Fil. 4: 54. 1862.

植株高0.6-1.5米。根茎短，直立，顶部及叶柄基部密被边缘由睫毛褐棕色线状披针形鳞片。叶簇生；叶柄长40-60厘米，禾秆色，上面有沟，光滑；叶片椭圆状卵形，长35-70厘米，基部宽25-50厘米，奇数一回羽状，顶生羽片单一或3叉，椭圆形，长18-20厘米，中部宽8-9厘米，基部浅心形或圆楔形，全缘或波状；侧生羽片1-4对，对生，基部1对有柄，椭圆形，长20-30厘米，中部宽6-10厘米，长尾状尖头，基部心形，全缘，基部1对单一或分叉；叶脉联成网眼，内藏分叉小脉，两面隆起，下面疏被淡棕色短毛；羽轴及侧脉禾秆色，上面光滑，下面密被短毛；叶干后褐绿或红褐色，纸质，上面光滑，下面偶被短毛；叶轴禾秆色，上面有沟，疏被短毛。孢子囊群着生网眼小脉或交结处，在侧脉间排成不整齐3-5列，囊群盖圆盾形，早落。染色体2n=160。

产台湾、广西、贵州、云南及西藏，生于海拔800-1400米山谷、密林下阴湿处或岩石上。印度、尼泊尔、不丹、斯里兰卡、缅甸、泰国、中南半岛、马来西亚、菲律宾及印度尼西亚有分布。

10. 燕尾叉蕨

图 878

Tectaria simonsii (Baker) Ching in Sinensia 2(2): 32. f. 13. 1931.

Nephrodium simonsii Baker in Hook. et Baker, Syn. Fil. 504. 1874.

植株高0.8-1米。根茎短，直立，顶部及叶柄基部密被全缘深褐色线状披针形鳞片。叶簇生；叶柄长40-60厘米，乌木色而光亮，上面有沟，疏被淡紫色短毛；叶片三角形，长30-45厘米，基部宽25-30厘米，奇数一回羽状至二回羽裂；顶生羽片3叉，顶生裂片披针形，长15-20厘米，中部宽3-4厘米，基部两侧稍叶耳状，全缘，侧生裂片与顶生的同形但较小；侧生裂片2-3对，对生；基部1对羽片三角形，长宽约15厘米，3叉或有1对分离小羽片；中部羽片披针形，长约10厘米，基部宽4-5厘米，基部近心形，全缘，单一

图 876 多变叉蕨 （孙英宝绘）

图 877 多形叉蕨
（引自《Ogata, Ic. Fil. Jap.》）

或基部两侧有3叉裂片；小羽片披针形，长6-8厘米，基部宽2-3厘米，单一或基部两侧有耳或3叉，

全缘，基部近心形；叶脉联成网眼，内藏单一或分叉小脉，两面明显，光滑，侧脉下面隆起，疏被短毛；叶干后暗绿或褐绿色，两面光滑，纸质；叶轴乌木色，光亮，上面有沟，被短毛；羽轴基部乌木色，向上部禾秆色，两面被短毛。孢子囊群着生网脉中部或联结处，在侧脉间排成不整齐多列；囊群盖圆盾形，脱落。

产台湾、福建、广东、海南、广西、贵州及云南，生于海拔200-1200米山谷或河边密林下潮湿岩石上。印度、泰国、越南及日本有分布。

图 878 燕尾叉蕨
（引自《中国蕨类植物图谱》）

11. 三叉蕨 图 879

Tectaria subtriphylla (Hook. et Arn.) Cop. in Philipp. Journ. Sci. Bot. 2: 410. 1907.

Polypodium subtriphyllum Hook. et Arn. Bot. Capt. Beechey's Voy. 256. t. 50. 1838.

植株高 50-90 厘米。根茎长而横走，顶部及叶柄基部密被全缘褐棕色线状披针形鳞片。叶近生，二型；叶柄长 20-60 厘米，深禾秆色，上面有沟，疏被短毛；不育叶片三角状五角形，长 25-35 厘米，基部宽 20-25 厘米，基部近心形，一回羽状，能育叶片与不育的相似但各部窄缩；顶生羽片三角形，长 15-20 厘米，基部宽约 15 厘米，基部楔形下延，两侧羽裂，基部 1 对裂片最长；

侧生羽片 1-2 对，对生，基部 1 对三角形或三角状披针形，长约 15 厘米，基部宽约 10 厘米，基部两侧有 1 对披针形小裂片，边缘具波状圆裂片；第二对羽片椭圆状披针形，长 10-12 厘米，基部宽 3-4 厘米，基部稍与叶轴合生，全缘或有波状圆裂片；叶脉联成网眼，内藏分叉小脉，两面隆起，下面被短毛，侧脉下面隆起，疏被短毛；叶干后褐绿色，纸质，上面光滑，下面疏被短毛，叶缘疏被睫毛；叶轴及羽轴禾秆色，上面被短毛，羽轴下面密被长毛。孢子囊群着生小脉联结处，在侧脉间排成不整齐 2 至多列；囊群盖圆肾形，坚膜质，棕色，脱落。染色体 2n=160。

产台湾、福建、广东、香港、海南、广西、贵州及云南，生于

图 879 三叉蕨 （引自《图鉴》）

海拔100-640米山地或河边密林下阴湿处或岩石上及岩洞内。日本、印度、斯里兰卡、缅甸、越南、印度尼西亚及波利尼西亚有分布。

7. 地耳蕨属 **Quercifilix** Cop.

小型土生蕨类，高10-24厘米。根茎长，横走，径2-3毫米，密被褐色披针形鳞片，长约3毫米，先端纤维状，有疏睫毛，膜质，有光泽。叶疏生，二型；不育叶叶柄长3-12厘米，基径约1.5毫米，暗禾秆色，上面有浅沟，基部密被鳞片，向上密被有关节开展淡棕色长毛，能育叶叶柄长10-18厘米，下部疏被鳞片，向上几无毛；不育叶三角状椭圆形，长6-9厘米，基部宽2.5-3.5厘米，基部戟状心形，两侧有波状圆裂片，或浅波状至全缘，基部常有1对分离羽片，羽片对生，平展，有短柄，三角形，长1-2.5厘米，基部宽1-2厘米，圆截形或浅心形，边缘浅波状至全缘，能育叶窄缩，羽片3叉，顶生羽片线形，长5-7厘米，基部宽2-3毫米，钝头，基部楔形，上部边缘波状，下部羽状浅裂成几对钝圆裂片，侧生羽片对生，斜上，有短柄，线形，长1-2厘米，基部下侧有短分叉，边缘浅波状；叶脉联成近六角形网眼，内藏分叉单一小脉或无内藏小脉，两面不明显，羽轴及侧脉暗禾秆色，下面密被有关节淡棕色长毛；叶纸质，干后褐色，上面疏被早落有关节淡棕色毛，下面几光滑，叶缘密被有关节淡棕色长睫毛。孢子囊群汇合成线形，成熟时密被能育叶下面；无囊群盖。染色体2n=80。

单种属。

地耳蕨

图 880

Quercifilix zeylanica (Houtt.) Cop. in Philipp. Journ. Sci. Bot. 37: 409. 1928.

Ophioglossum zeylanicum Houtt. in Nat. Hist. 14: 43. 1783.

形态特征同属。

产台湾、福建、广东、香港、海南、广西、贵州及云南，生于海拔300-1000米林下或溪旁阴湿地或岩石上。印度南部、斯里兰卡、越南、马来西亚、印度尼西亚、毛里求斯及波利尼西亚有分布。

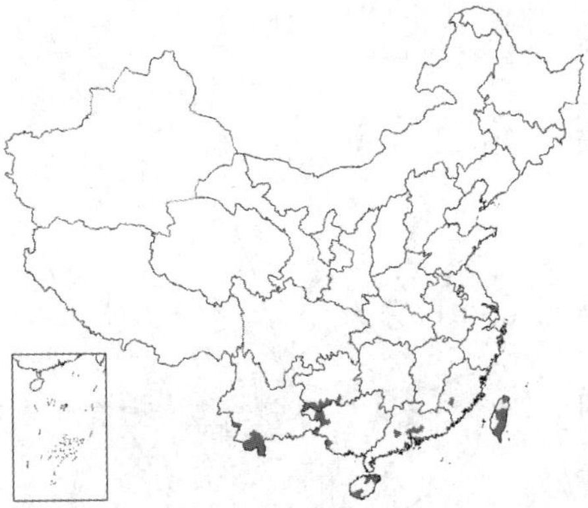

图 880 地耳蕨
（孙英宝仿《中国蕨类植物图谱》）

8. 沙皮蕨属 **Hemigramma** Christ

小型或中型土生蕨类。根茎斜升或直立，顶部与叶柄基部密被棕色披针形鳞片。叶簇生，二型；叶柄幼时被有关节毛，后脱落；不育叶幼时莲座状，卵状披针形，全缘，近无柄或具短柄，叶分裂、深羽裂或一回羽状，成熟叶三角形并具较长柄；能育叶具长柄，幼时线形，后一回羽状，基部1对羽片分叉，叶脉联成方形或近六角形网眼，内藏分叉小脉，能育叶无内藏小脉；叶干后褐色，纸质，无毛。孢子囊群沿叶脉连续着生，成熟时密布能育叶片下面，环带具约14增厚细胞；囊群盖缺。孢子椭圆形，外壁皱缩成网状刺。染色体基数x=10,(40)。

约6种，分布于波利尼西亚、印度尼西亚、菲律宾、中国南部、日本琉球群岛及越南。我国1种。

沙皮蕨

图 881

Hemigramma decurrens (Hook.) Cop. in Philipp. Journ. Sci. Bot. 37: 404. 1928.

Gymnopteris decurrens Hook. in Journ. Bot. 9: 359. 1857.

植株高30-70厘米。根茎短，横走或斜升，顶部及叶柄基部密被有睫毛褐棕色线状披针形鳞片。叶簇生，二型；不育叶柄长10-25厘米，暗禾秆色或棕色，上面有沟，无毛，顶部两侧有窄翅，能育叶长达40厘米。不育叶片卵形，长20-35厘米，基部宽20-25厘米，基部下延或不下延，奇数一回羽状或3叉、或单叶披针形；顶生羽片披针形，长约20厘米，中部宽5-6厘米，有柄或近无柄而与下面1对侧生羽片合生，全缘或浅波状；侧生羽片1-3对，对生，近无柄，披针形，长15-20厘米，中部宽3-4厘米，基部下侧下延形成窄翅，全缘；能育叶片与不育的同形较小，能育羽片8-10对，宽约2厘米，叶脉网状，有内藏小脉，两面稍隆起，无毛；叶干后暗褐色，坚纸质，两面光滑；叶轴和羽轴暗禾秆色，上面稍凹下，无毛。孢子囊群沿叶脉网眼着生，成熟时密被能育叶片下面；囊群盖缺。染色体2n=160。

产台湾、福建、广东、香港、海南及云南，生于海拔100-700米

图 881 沙皮蕨
（蔡淑琴仿《中国蕨类植物图谱》）

密林下阴湿处或岩石上。日本琉球及越南有分布。

47. 实蕨科 BOLBITIDACEAE
（林尤兴）

中小型土生蕨类，偶水生，稀攀援树干基部。根茎粗短，横走，有腹背面，密被鳞片，鳞片宽披针形，棕色，筛孔细密或粗。叶近簇生；有长柄；幼叶和成长叶同形，二型，单叶或一回羽状，顶部有芽胞，能着地生根行无性繁殖；羽片与叶轴联结处无关节，不育羽片较宽，无柄或近无柄，全缘、波状或浅缺刻，有的缺刻内有芒刺；羽轴明显；小脉分离或联结，在侧脉间形成几行弧形网眼，有或无内藏小脉；能育叶窄缩，具长柄，羽片较小。孢子囊群棕色，密布能育羽片下面。孢子两面型，有翅状周壁。

3属，约100种，分布于热带地区。我国2属，约23种。

1. 叶脉沿羽轴联成整齐网眼 ·· 1. 实蕨属 Bolbitis
1. 叶脉分离或单一 ·· 2. 刺蕨属 Egenolfia

1. 实蕨属 **Bolbitis** Schott

土生小型或中型蕨类。根茎横走，有网状中柱，鳞片黑色，全缘。叶通常对生；叶柄基部无关节，疏被鳞片；叶片一回羽状，稀单叶或二回羽裂，具钝齿、深羽裂或撕裂，缺刻有时由小脉延伸成 1 小刺，叶脉明显，羽轴及侧脉两侧网眼整齐，余网眼整齐或不整齐，有延伸内藏小脉；叶草质，光滑；能育叶小，具长柄。孢子囊群密布能育羽片下面，无囊群盖和隔丝；孢子囊环带具 14-16 增厚细胞，稀 12-20 个。孢子两面型，棕色或无色透明。染色体基数 x=41。

约 85 种，分布于热带，主产印度、东南亚及南美洲。我国约 13 种。

1. 不育叶为单叶（有时基部有小耳片），披针形，基部下延；叶柄长 5-8 厘米 ·············· 1. **广西实蕨 B. annamensis**
1. 不育叶三出或羽状，基部不下延；叶柄长 15 厘米以上。
　2. 不育叶的侧生羽片 1-5 对，基部圆楔形，近无柄，顶生羽片通常伸长成鞭状 ····· 2. **长叶实蕨 B. heteroclita**
　2. 不育叶的侧生羽片多 7 对以上，有短柄，基部心形或圆形，顶生羽片不伸长成鞭状。
　　3. 植株高 90 厘米以下；不育叶的侧生羽片 10 对以下。
　　　4. 顶生羽片基部 3 裂，先端常延长入土生根，叶脉网眼内常有内藏小脉 ············· 3. **华南实蕨 B. subcordata**
　　　4. 顶生羽片羽状半裂至深裂，叶脉网眼内无内藏小脉 ·················· 3(附). **黔桂实蕨 B. christensenii**
　　3. 植株高 1 米以上；不育叶的侧生羽片 15-20 对 ·················· 3(附). **多羽实蕨 B. angustipinna**

1.　广西实蕨 图 882

Bolbitis annamensis Tard. - Blot et C. Chr. in Not. Syst. 7: 10. 1938.

植株高 25-30 厘米。根茎短而横卧，密被深棕色全缘卵状披针形鳞

片。叶近生；不育叶柄长 5-8 厘米，禾秆色，上面有沟，幼时略被鳞片后几全脱落；叶片单一，宽披针形，长 16-22 厘米，中部宽 3 厘米，近顶部有 1 芽胞，基部下延，具圆齿，基部偶有平展椭圆形小耳片，长 2-5 厘米，宽 0.7-2 厘米，无柄；侧脉明显，通直平行；小脉在羽轴两侧各形成 1 行窄长方形网眼，向上有 2-3 行小网眼，无内藏小脉；叶草质，干后褐色。能育叶高于不育叶，柄长约 20 厘米，叶片披针形，长 3-5 厘米，宽 4-6 毫米，全缘，下部有 2 片出自叶柄的小羽片。孢子囊群着生网状脉，成熟时密布能育羽片下面。

产广西，生于海拔 280-370 米山谷沟边密林下阴湿处。越南有分布。

图 882　广西实蕨　（孙英宝绘）

2.　长叶实蕨 图 883

Bolbitis heteroclita (Presl) Ching in C. Chr. Ind. Fil. Suppl. 3:48. 1934.

Acrostichum heteroclitum Presl, Rel. Haenk. 15. pl. 2. f. 2. 1825.

根茎粗，横走，密被盾状着生、近全缘卵状披针形鳞片。叶近

生，二型；叶柄长 15 厘米或更长，禾秆色，疏被鳞片，上面有沟；不育叶片三出或一回羽状，

稀披针形单叶，顶生羽片长且大，披针形，先端常有延长能生根的鞭状长尾，侧生羽片1-5对，近无柄，宽披针形，长10-15厘米，宽3-4厘米，渐尖头，近全缘或浅波状，疏被刚毛状锯齿；侧脉明显，下面联成四角形或六角形网眼，网眼在侧脉间排成3列，无内藏小脉，近叶缘小脉分离；叶干后黑色，薄草质；能育叶叶柄较长，叶片与不育叶同形而较小。孢子囊群初沿网脉分布，后密被能育叶片下面。染色体2n=82。

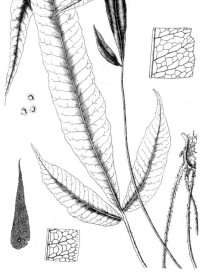

图 883 长叶实蕨 （引自《图鉴》）

产台湾、福建、湖南、广东、海南、广西、贵州、四川及云南，生于海拔50-1500米密林下树干基部或岩石上。印度、尼泊尔、孟加拉国、越南、泰国、缅甸、马来西亚、菲律宾、印度尼西亚及日本琉球群岛有分布。

3. 华南实蕨　　　　　　　　　　图 884

Bolbitis subcordata (Cop.) Ching in C. Chr. Ind. Fil. Suppl. 3:50. 1934. *Campium subcordatum* Cop. in Philipp. Journ. Sci. Bot. 37: 369. pl. 16. f. 23. 1928.

植株高50-80厘米。根茎粗，横走，密被鳞片，鳞片卵状披针形，灰棕色，盾状着生，筛孔粗，近全缘。叶簇生，二型；叶柄长30-60厘米，径1.5-2.5毫米，上面有沟，疏被鳞片；不育叶片椭圆形，长20-50厘米，宽15-28厘米，一回羽状，羽片4-10对，下部的对生，有短柄；对生羽片基部3裂，先端通常延伸着地生根；侧生羽片宽披针形，长9-20厘米，宽2.5-5厘米，叶缘有深波状裂片，裂片有微齿，缺刻内有尖刺，侧脉明显，小脉在侧脉间联成3行网眼，有或无内藏小脉，近叶缘小脉分离；叶干后黑色，草质，两面光滑；叶轴上面有沟。能育叶与不育叶同形而较小，宽7-10厘米；羽片长6-8毫米，宽约1厘米。孢子囊群初沿网脉分布，成熟时密被能育羽片下面。染色体2n=82。

图 884 华南实蕨
（孙英宝仿《Ogata, Ic. Fil. Jap.》）

产浙江、台湾、福建、江西、广东、香港、海南、广西、贵州南部及云南，生于海拔300-1050米山谷水边密林下石上。日本及越南有分布。

[附] **多羽实蕨 Bolbitis angustipinna** (Hayata) H. Ito in Journ. Jap. Bot. 14: 443. 1938. —— *Leptochilus angustipinna* Hayata, Ic. Pl. Formos. 5: 297. f. 119. 1915. 本种与华南实蕨的主要区别：植株高1.2-1.5米；根茎鳞片近黑色；叶近生，叶片长60-

80 厘米，羽片 15-20 对，线状披针形，长 20-25 厘米，有圆齿，缺刻有尖刺，叶干后褐绿色，坚草质。产台湾及云南，生于海拔 250-1500 米山谷密林下石上。印度、不丹、尼泊尔、缅甸、泰国及斯里兰卡有分布。

[附] **黔桂实蕨 Bolbitis christensenii** (Ching) C. Chr. Ind. Fil. Suppl. 3: 47. 1934. —— *Campium christensenii* Ching in Bull. Fan Mem. Inst. Biol. Bot. ser. 2: 214. pl. 31. 1931. 本种与华南实蕨的主要区别：根茎直立，密被褐棕色披针形鳞片；叶片长圆形，长 40-80 厘米，顶生羽片羽状半裂至深裂，叶脉网眼内无内藏小脉。产贵州及广西，生于低海拔河谷密林下溪边。越南北部有分布。

2. 刺蕨属 Egenolfia Schott

土生中型蕨类。根茎短，横走，有网状中柱，木质，被鳞片，鳞片披针形或卵形，暗褐色，筛孔粗，全缘或具不整齐锯齿。叶簇生或近生，二型；叶柄基部无关节，被鳞片；叶片披针形或椭圆状披针形，一回羽状或二回羽裂，顶部通常具腋生不定芽；不育羽片椭圆形或披针形，有短柄或无柄；叶脉分离，稀基部有 1 对小脉偶联成三角形网眼，分叉或单一，伸至叶缘成锐齿；叶草质，两面光滑；叶轴被屑状鳞片，常有翅；能育叶叶柄较长，叶片窄缩，羽片较小，卵形或椭圆形，常全缘。孢子囊群密布能育羽片下面，无囊群盖及隔丝；孢子囊环带具 12-18 增厚细胞。孢子两面型，外壁厚。染色体 $x=41$。

约 13 种，产于热带亚洲。我国 10 种。

1. 不育叶一回羽状，羽片圆钝头或短尖头，基部两侧不对称，上侧有三角形耳状突起，有波状浅圆齿。
  　2. 不育叶长 12-22 厘米，羽片长 2-3 厘米，圆钝头 ·························· 1. **刺蕨 E. appendiculata**
  　2. 不育叶长 40-45 厘米，羽片长 2.5-4 厘米，短尖头 ·············· 1(附). **根叶刺蕨 E. rhizophylla**
1. 不育叶二回羽裂，羽片渐尖头，基部两侧对称，其上侧非耳状突起。
  　3. 裂片尖头，近镰刀状；叶轴被鳞片；小脉多延伸至叶缘外成小刺 ·············· 2. **镰裂刺蕨 E. tonkinensis**
  　3. 裂片圆头，非镰刀状；叶轴近光滑，稀有鳞片；小脉基部上侧 1 条从缺刻伸出成尖刺。
  　　4. 小脉分离，不联成网眼，2 小脉伸达缺刻。
  　　　5. 羽片长达 11 厘米，基部羽片基部对称，两侧裂片等长 ·············· 3. **中华刺蕨 E. sinensis**
  　　　5. 羽片长达 15 厘米，基部羽片基部不对称，下侧裂片伸长 ·············· 3(附). **长耳刺蕨 E. bipinnatifida**
  　　4. 基部 1 对小脉联成弧形网眼，有 3 小脉伸达缺刻 ·············· 3(附). **云南刺蕨 E. yunnanensis**

1. 刺蕨　　　　　　　　　　　　　图 885

Egenolfia appendiculata (Willd.) J. Sm. Ferns Brit. and Fore. 111. 1866.

Acrostichum appendiculatum Willd. Sp. Pl. 5: 114. 1810.

植株高 20-40 厘米。根茎短，横走，密被鳞片，鳞片小，披针形，褐棕色，具不整齐小齿。叶近生，二型；不育叶叶柄长 5-15 厘米，基部疏被鳞片，上部有翅，上面有浅沟；叶片披针形，长 12-22 厘米，宽 3.5-6 厘米，先端渐尖延长，通常有芽胞能萌发生根，一回羽状，羽片 15-30 对，下部的近对生，以上的互生，有短柄或无柄，椭圆状线形，长 2-3.5 厘米，宽 5-8 毫米，基部上侧截形有耳，下侧斜楔形，边缘波状有锐齿；叶脉明显，小脉 10-12 对，羽状分叉；叶干后深绿色，草质，两面光滑；叶轴疏被鳞片，两侧有窄翅。能育叶叶柄长 20-25 厘米，叶片披针形，长 8-12 厘米，宽 1.2-

2 厘米，一回羽状，羽片卵状椭圆形，长 0.8-1 厘米，宽 2-3 毫米。孢子囊群密布能育叶片下面。染色体 2n=82。

产台湾、广东、香港、海南、广西及云南，生于海拔 400-1500 米山谷溪旁林下岩石旁。印度、不丹、斯里兰卡、孟加拉国、越南、柬埔寨、老挝、泰国、缅甸、马来西亚、菲律宾、印度尼西亚及日本有分布。

[附] **根叶刺蕨 Egenolfia rhizophylla** (Kaulf) Fee. Gen. Fil. 48. 1852. —— *Gymnogramma rhizophylla* Kaulf. Enum. Fil. 78. 1824. 本种与刺蕨的主要区别：不育叶长 40-45 厘米，羽片长 2.5-4 厘米，短尖头。产台湾，生于海拔 1000 米以下河边密林下岩石上。菲律宾有分布。

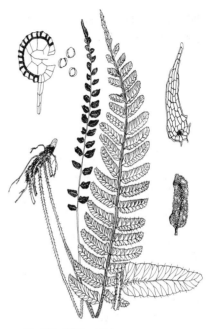

图 885 刺蕨 （引自《Fl. Taiwan》）

2. 镰裂刺蕨　　　　　　　　　　　　　　图 886

Egenolfia tonkinensis C. Chr. ex Ching in Bull. Fan Mem. Inst. Biol. Bot. 2: 306. 1931.

植株高约 80 厘米。根茎短，横走，径约 1 厘米，密被暗褐色卵形鳞片，长约 3 毫米，边缘啮蚀状，贴生。叶近生；不育叶叶柄长约 30 厘米，基部径约 3 毫米，暗禾秆色，上面被暗褐色卵状披针形小鳞片；不育叶三角状卵形，长 50-60 厘米，基部宽 25-30 厘米，先端鞭状并羽裂，叶轴上面近顶部有一大芽胞，二回深羽裂，羽片 12-16 对，互生，平展，接近，柄长 2-

4 毫米，披针形，长 13-15 厘米，羽轴上面近顶部有 1 小芽孢，深羽裂达 2/3，裂片 16-18 对，斜展，间隔 2-3 毫米，椭圆状披针形，镰刀状，长 1-1.5 厘米，宽 5-6 毫米，尖头，缺刻底部有长尖刺，裂片边缘有小尖刺，小脉 6-7 对，羽状，分离，单一或分叉；叶草质，干后暗绿色，两面光滑；叶轴及羽轴下面多少被暗褐色卵形小鳞片。能育叶柄长 40-45 厘米；叶片窄披针形，长约 25 厘米，宽约 6 厘米，一回羽状，羽片约 10 对，椭圆状披针形，长 2.5-3 厘米，全缘。孢子囊群密被能育羽片下面。

产云南南部，生于密林下阴湿岩石上。越南北部、泰国北部有分布。

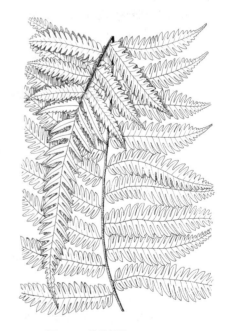

图 886 镰裂刺蕨 （孙英宝绘）

3. 中华刺蕨　　　　　　　　　　　　　　图 887

Egenolfia sinensis (Baker) Maxon in Proc. Biol. Soc. Wash. 36:173. 1923.

Acrostichum sinense Baker in Kew Bull. 1906: 14. 1906.

植株高达 1 米或更长。根茎横走，被鳞片，鳞片卵状披针形，暗褐色，全缘或稍啮齿状。叶近生，二型；叶柄基部常宿存；不育叶叶柄长 15-30 厘米，禾秆色，上面有沟，基部被鳞片；叶片椭圆状披

针形，长 50-70 厘米，宽 15-20 厘米，先端鞭状，近顶部叶轴上面有一大芽胞，着地生根，二回羽裂，羽片 16-20 对或更多，下部的近互生，近无柄，披针形，长 10-14 厘米，宽 2-2.5 厘米，具浅圆齿，近

羽轴顶部上面有一小芽胞，深羽裂达 2/3，裂片 16-20 对，椭圆形，长 0.8-1.2 厘米，宽 4-5 毫米，全缘或微波状，缺刻底部有小尖刺；小脉

6-7 对，羽状，分离，单一或分叉；叶干后褐绿色，草质，两面无毛；叶轴淡禾秆色，上部两侧有窄翅，上面疏生暗棕色小鳞片。能育叶叶柄与不育的等长较细，叶片披针形，长 22-30 厘米，宽 4-5 厘米，一回羽状，羽片 10-14 对，互生，下部的有柄，窄披针形，长 4-5 厘米，宽 5-7 毫米，基部截形或心形，下部边缘有浅圆齿，上部的全缘。孢子囊群密被能育羽片下面。染色体 2n=82。

产香港、贵州及云南，生于海拔 850-1700 米密林下，土生，攀附岩石上或树干基部，有时在林下成片生长。印度、孟加拉国、越南、柬埔寨、缅甸、泰国及印度尼西亚有分布。

[附] **长耳刺蕨 Egenolfia bipinnatifida** J. Sm. Hist. Fil. 132. 1875. 本种与中华刺蕨的主要区别：羽片长达 15 厘米，基部羽片基部不对称，下侧的裂片伸长。产云南，生于海拔约 1200 米密林下岩石上。泰国及缅甸有分布。

[附] **云南刺蕨 Egenolfia yunnanensis** Ching et Chiu ex Ching et C. H.

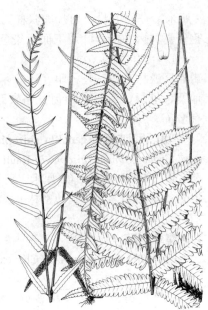

图 887 中华刺蕨 （孙英宝绘）

Wang in Acta Phytotax. Sin. 21: 216. 1983. 本种与中华刺蕨的主要区别：基部 1 对小脉联成弧形网眼，有 3 小脉伸达缺刻。产云南西南部及南部，生于海拔约 850 米沟谷密林下。泰国有分布。

48. 藤蕨科 LOMARIOPSIDACEAE
（林尤兴）

大型攀援蕨类。根茎攀援树干，腹背扁，腹面生根，背面有叶多行，叶柄基部下延根茎成棱脊，有网状中柱，顶端密被鳞片，鳞片披针形，黑色，边缘具睫毛。叶疏生，二型；质厚，具长柄；成长叶一回羽状，顶生羽片基部无关节，侧生羽片基部与叶轴连接处有关节；不育叶羽片较宽，披针形，全缘或有锯齿，叶脉分离或网结，无内藏小脉，有基生叶和顶生叶，基生叶羽片较小；能育叶羽片窄。孢子囊群卤蕨型，密被能育羽片下面，无囊群盖，有隔丝或无；孢子囊大，环带具 14-22 增厚细胞。孢子椭圆形。

4 属，约 40 种，分布于亚洲、非洲、和大洋洲热带地区。我国 2 属，约 6 种。

1. 叶脉分离，有时下面顶端被软骨质边脉联结 ·· 1. **藤蕨属 Lomariopsis**
1. 叶脉在主脉两侧联成 2-3 行网眼，无内藏小脉 ·· 2. **网藤蕨属 Lomagramma**

1. 藤蕨属 Lomariopsis Fée

大型攀援蕨类，常攀援至树冠顶部。根茎粗壮，扁平，有腹背面，腹面生根，背面具多列叶，顶端密被黑色不透明披针形鳞片。叶二型；叶柄禾秆色，上面有纵沟，被鳞片，无关节，基部沿根茎下延成棱脊；幼叶为单叶，成长叶一回羽状，侧生羽片基部具关节着生叶轴，顶生羽片无关节，不育羽片披针形，能育羽片窄；叶脉分离，小脉单一或分叉，有时顶端被软骨质边脉所联结。孢子囊群密被能育羽片下面；孢子囊大，环带具14-22增厚细胞。孢子椭圆形，褐色。染色体2n= 32，62，78，164。

约20种，分布于热带亚洲及非洲。我国3种。

1. 不育叶侧生羽片宽1.5-1.8厘米，渐尖头 ································· 1. 美丽藤蕨 L. spectabilis
1. 不育叶侧生羽片宽3-5厘米，有3-5厘米长骤窄尖尾头 ················· 2. 藤蕨 L. cochinchinensis

1. 美丽藤蕨 图888

Lomariopsis spectabilis (Kunze) Mett. Fil. Lips 22. 1856.

Lomaria spectabilis Kunze in Bot. Zeit. 6: 144. 1848.

植株攀援，长4-5米。根茎攀援树干，腹背扁，木质，红褐色，顶端密被鳞片，下部渐光滑，鳞片披针形，先端钻形，基部盾状，具疏齿，褐色。叶疏生；叶柄深禾秆色，有纵沟，长10-20厘米，基部被脱落大鳞片，有棱脊；幼株叶为单叶，线状披针形，长20-25厘米，宽1-1.5厘米，柄极短或近无柄；成长植株不育叶长卵形，长40-50厘米，宽20-

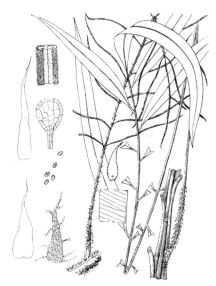

图 888 美丽藤蕨 （孙英宝仿 黄少容绘）

25厘米，一回羽状，侧生羽片10-15对，互生，有长柄或近无柄，披针形，长12-18厘米，宽1.5-1.8厘米，渐尖头，叶缘具软骨质边，近全缘或微波状，具关节着生叶轴，顶生羽片较大，基部下延，无关节；叶脉明显，小脉羽状，单一或分叉，分离；叶革质，两面光滑；叶轴上部有窄翅，疏被线形鳞片；能育叶长椭圆形，叶轴密被鳞片，能育羽片线形，长8-20厘米，宽约3毫米，有短柄或无柄，顶生羽片及侧生羽片具关节着生叶轴。孢子囊群密被能育羽片下面。

产海南及台湾，生于海拔620-700米，攀援树干。越南、菲律宾及印度尼西亚有分布。

2. 藤蕨 图889

Lomariopsis cochinchinensis Fée, Acrost. 66. t. 26. 1845.

植株攀援，长达3米或更长。根茎腹背扁，顶端密被鳞片，下部渐光滑，鳞片披针形，基部盾状，具睫毛，深褐色。叶疏生；叶柄淡褐色，长10-20厘米，基部被脱落鳞片；幼株叶为单叶，叶

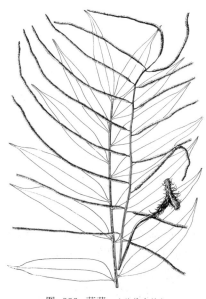

图 889 藤蕨 （孙英宝绘）

片披针形，长约20厘米，宽约5厘米，基部有时有1对无柄羽片，全缘；成长植株不育叶片椭圆形，长约40厘米，宽约20厘米，一回羽状，羽片约10对，下部的近顶生，有柄，披针形，长12-20厘米，宽3-5厘米，骤窄尖尾头，全缘，具关节着生叶轴，顶生羽片较大，基部下延，无关节；小脉羽状，分离，单一或分叉；叶近革质，两面光滑；能育羽片线形，长10-15厘米，宽3-5毫米，下部的有柄。孢子囊群密被能育羽片下面。染色体2n=164。

产云南东南部，生于密林下，攀援树干。中南半岛、马来西亚及印度尼西亚有分布。

2. 网藤蕨属 Lomagramma J. Sm.

大型或中型攀援蕨类。根茎扁平，有腹背面，顶端密被鳞片，横切面具多数纤维状维管束，中央的较大；根茎幼时纤细，上面生2行不育基生叶，攀援溪旁潮湿石壁，攀援树干的根茎粗，生出不育顶生叶；鳞片黑色，披针形，筛孔透明。叶疏生，二型；具长柄；叶片一回羽状，稀二回羽状，侧生羽片具关节着生叶轴，顶生羽片有时无关节；不育叶羽片多数，披针形，全缘、波状或具锯齿，基生叶羽片较短，顶生羽片较长；能育叶羽片窄，叶脉网状，在主脉两侧联成2-3行网眼，无内藏小脉，能育叶网眼较少。孢子囊群无盖，密被能育羽片下面，有时羽轴两侧不育；孢子囊柄具3行细胞，环带具14-20增厚细胞，具头部扩张的隔丝。孢子椭圆形，透明，无周壁。染色体基数x=41。

约15种，分布于南亚、东南亚至波利尼西亚。我国2-3种。

网藤蕨   图890

Lomagramma matthewii (Ching) Holtt. in Gars. Bull. Str. Settl. 9(2): 206. 1937.

Campium matthewii Ching in Bull. Fan Mem. Inst. Biol. Bot. 1(9):158. f. 3. 1930.

图 890 网藤蕨 （黄少容绘）

植株攀援，长达3米或更长。根茎长而横走，腹背扁，暗褐色，初被鳞片，后脱落。叶疏生，二型；不育叶柄长20-30厘米，淡绿色，向上和叶轴均有浅纵沟并疏被鳞片，鳞片披针形，深棕色；叶片椭圆状披针形，长50-70厘米，中部宽15-17厘米，一回羽状；顶生羽片窄披针形，无关节，侧生羽片20-32对，互生，无柄，具关节着生叶轴，下部羽片略短，中部的线状披针形，长6-9厘米，宽1.5-2.1厘米，具圆齿，向上的渐小；叶脉在羽轴与叶缘间联成3行网眼，在羽轴两侧的网眼为不规则五角形或三角形，余为五角形或六角形，无内藏小脉，侧脉不显；叶轴上部两侧有窄翅；叶干后草绿色，薄纸质，下面沿羽轴及下部网眼疏被深棕色囊状小鳞片，上面光滑。能育叶柄长10-15厘米；叶片椭圆状宽披针形，长50-60厘米，宽15-20厘米，一回羽状；羽片 22-28 对，互生，无柄，线形，长 7-9 厘米，宽 3-5 毫米，全缘；孢子囊群密被能育羽片下面，羽轴两侧不育；偶有不育叶上部羽片窄缩成能育羽片。

产福建、广东北部、香港及云南，生于海拔 380-700 米沟谷密林下，攀援石上或树干。

49. 舌蕨科 ELAPHOGLOSSACEAE
（林尤兴）

附生蕨类，通常生长岩石上或石缝中，偶附生树干。根茎直立或横走，有网状中柱，被卵状披针形鳞片。叶簇生或近生，偶疏生，单叶，近二型，全缘，有柄，与叶基连接处有关节，通常有鳞片；不育叶披针形或椭圆形，革质，有软骨质窄边，叶脉通常分离，小脉单一或分叉；能育叶较窄，叶柄较长。孢子囊群卤蕨型，成熟时密布能育叶下面，无隔丝；孢子囊环带纵行，具 12 个增厚细胞。孢子细小，两侧对称，椭圆形，单裂缝，色暗，具周壁。

4 属，400-500 种，主产热带美洲。我国 1 属，约 8 种。

舌蕨属 Elaphoglossum Schott

附生，偶土生，多中小型、稀大型蕨类。根茎直立或斜升，或短而横走，稀细长横走，具网状中柱，维管束少，无厚壁细胞束，被鳞片。叶簇生或近生，稀疏生，二型；叶柄与膨大叶基具关节相连或无明显关节；单叶，全缘，有时具软骨质窄边；能育叶较窄，有长柄；叶脉明显或不显，小脉通常分叉，斜出，通直，平行，多分离，偶顶端相连，叶多硬革质，多少被鳞片或近光滑。孢子囊群卤蕨型，孢子囊沿侧脉着生，成熟时密被能育叶下面，无隔丝；孢子囊环带具 12 个增厚细胞。孢子椭圆形，具多少不等褶皱周壁，有不明显小刺或颗粒，外壁较薄，光滑。染色体基数 x=41。

400-500 种，产热带及南温带，主产美洲。我国约 8 种。

1. 根茎长而横走；叶疏生。
　2. 不育叶圆形、卵形或椭圆形 ·· 1. 圆叶舌蕨 E. sinii
　2. 不育叶披针形或椭圆状披针形 ······································ 2. 爪哇舌蕨 E. angulatum
1. 根茎直立或斜出，若横走则粗短；叶簇生或近生。
　3. 根茎鳞片卵形或卵状披针形；不育叶叶柄短或近无柄，叶片基部下延几达叶柄基部 ··········
　　·· 3. 华南舌蕨 E. yoshinagae
　3. 根茎鳞片钻形、窄披针形或披针形；不育叶有长柄，叶片基部沿叶柄略下延。
　　4. 侧脉不明显 ·· 4. 舌蕨 E. conforme
　　4. 侧脉明显 ·· 5. 云南舌蕨 E. yunnanense

1. 圆叶舌蕨　　　　　　　　　　　　　　　　　　图 891：1-5

Elaphoglossum sinii C. Chr. ex Wu in Bull. Dept. Biol. Coll. Sci. Sun Yatsen Univ. 3. 346. pl. 164. 1932.

根茎长而横走，单一或分叉，纤细，密被鳞片，鳞片卵形或卵状披针形，渐尖头，以腹部盾状着生，近全缘或疏被睫毛，深棕色。叶疏生，二型；不育叶柄长2-8厘米，棕禾秆色，基部密被鳞片，向上疏被同样鳞片及卵形小鳞片；叶片圆形、卵形或椭圆形，长2.5-6厘米，宽1.8-3.5厘米，基部沿叶柄下延，全缘，有软骨质窄边，内卷；主脉明显，隆起，上面有沟，侧脉不显或略显，分离，单一或2叉，达叶缘；叶干后棕色，厚革质，两面疏被棕或褐色星芒状小鳞片。能育叶柄长5-10厘米，疏被小鳞片，叶片椭圆形，长2.5-6厘米，宽1-2厘米。孢子囊密被能育叶下面。

产广西及云南，生于海拔1150-1900米潮湿岩石或树干上。

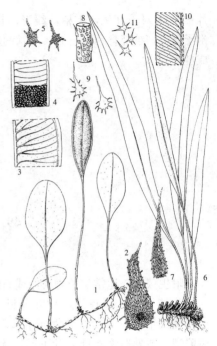

图 891：1-5.圆叶舌蕨　6-11.云南舌蕨
（蔡淑琴绘）

2. 爪哇舌蕨　　　　　　　　　　　　　图 892

Elaphoglossum angulatum (Bl.) Moore, Ind. Fil. 5. 1857.

Acrostichum angulatum Bl. Enum. Pl. Jav. 101. 1828.

根茎细长横走，单一或分枝，密被鳞片，鳞片卵形，亮棕色，尖头，全缘或具睫毛。叶疏生，近二型；不育叶柄长5-15厘米，禾秆色，疏被鳞片；叶片披针形或椭圆状披针形，与叶柄等长或略长，宽1.5-3厘米，全缘，具软骨质窄边；主脉明显，隆起，疏被棕色小鳞片，侧脉不显，2叉，达叶缘；叶干后棕色，革质。能育叶柄长达20厘米，叶片似不育叶，较窄小。孢子囊沿侧脉着生，成熟时密被能育叶下面。

产台湾及海南，生于海拔约1600米潮湿岩石或树干基部。越南、马来西亚、印度尼西亚、菲律宾及斯里兰卡有分布。

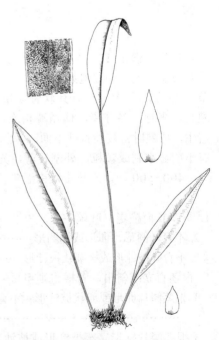

图 892 爪哇舌蕨　（孙英宝绘）

3. 华南舌蕨　褐斑舌蕨　　　　　图 893 彩片 119

Elaphoglossum yoshinagae (Yatabe) Makino, Phan. Pterid. Jap. Icon. 3: pl. 51-52. 1901.

Acrostichum yoshinagae Yatabe in Bot. Mag. Tokyo 5: 109. pl. 23. 1891.

Elaphoglossum fusco - punctatum Christ; 中国高等植物图鉴1: 278. 1972.

植株高15-35厘米。根茎短，横卧或斜升，与叶柄下部密被鳞片，鳞片卵形或卵状披针形，有睫毛，棕色。叶簇生或近生，二型；不育叶近无柄或具短柄，披针形，长15-30厘米，中部宽3-6厘米，基部下延几达叶柄基部，全缘，具软骨质窄边，平展或略内卷；叶脉可见，主脉平，上面纵沟不明显，侧脉单一，或一至二回分叉，几达叶缘；叶干后棕色，肥厚，革质，两面疏被褐色星芒状小鳞片，主脉下面较多。能育叶与不育叶等高或略低，叶柄长7-10厘米，叶片略窄短。孢子囊沿侧脉着生，成熟时密被能育叶下面。

产浙江、台湾、福建、江西、湖南、广东、香港、海南、广西及贵州，生于海拔370-1700米山谷岩石或潮湿树干上。老挝、泰国及日本南部有分布。

4. 舌蕨
图894

Elaphoglossum conforme (Sw.) Schott, Gen. Fil. pl. 14. 1834.

Acrostichum conforme Sw. Syn. Fil. 10: 192. pl. 1. f. 1. 1806.

植株高15-40厘米。根茎短，横卧或斜升，连同叶柄基部密被鳞片，鳞片披针形，具睫毛，褐棕色。叶近生或簇生，二型；不育叶柄长5-13厘米，禾秆色，基部以上疏被披针形或星芒状卵形小鳞片；叶片披针形，长10-30厘米，宽2-4.5厘米，基部楔形，略下延，全缘，具软骨质窄边；叶脉可见，主脉上面有沟，下面隆起，侧脉不显，1-2次分叉，达叶缘；叶干后革质，肥厚，两面伏生棕或褐色星芒状小鳞片。能育叶与不育叶等高或略高于不育叶，叶柄长10-20厘米，叶片与不育叶同形而较短窄；孢子囊沿侧脉着生，成熟时密被能育叶下面。

产台湾、湖南、海南、广西、贵州、四川、云南及西藏，生于海拔480-2600米杂木林中，附生潮湿岩石或树干上。印度北部有分布。

5. 云南舌蕨
图891：6-11

Elaphoglossum yunnanense (Baker) C. Chr. in Contr. U. S. Nat. Herb. 26: 327. 1931.

Acrostichum yunnanense Baker in Kew Bull. 1898: 233. 1898.

植株高24-50厘米。根茎短而横走或斜升，木质，连同叶柄基部密被鳞片，鳞片钻形或披针形，芒状尖头，具疏齿，褐棕色有光泽，质

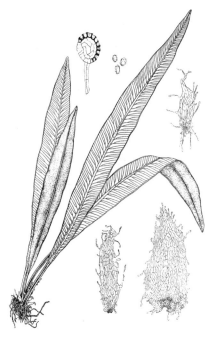

图 893 华南舌蕨
（孙英宝仿《中国蕨类植物图谱》）

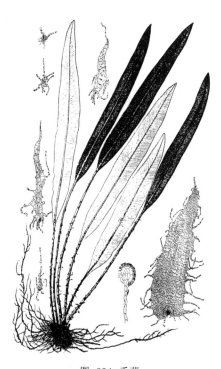

图 894 舌蕨
（孙英宝仿《Ogata, Ic. Fil. Jap.》）

硬。叶2列，近生，二型；不育叶柄长4-16厘米，棕禾秆色或棕色，基部以上密被星芒状褐棕色小

鳞片，偶混生钻形或窄披针形鳞片，老时部分脱落；叶片长披针形，长渐尖头，长14-40厘米，中部宽1.3-3.3厘米，基部略下延，全缘或略波状，边缘平展或稍内卷，有软骨质窄边；主脉明显，隆起，上面有纵沟，侧脉略可见，单一或2叉，达叶缘；叶干后棕色或灰棕色，革质，两面疏被棕色星芒状小鳞片，主脉下面较密，上面的老时部分脱落。能育叶与不育叶等高或略低，叶柄长8-22厘米，密被鳞片；叶片线状披针形，长13-20厘米，中部宽约1厘米。孢子囊密被能育叶下面。

产云南，生于海拔1100-1800米次生林林缘。越南、马来西亚及印度有分布。

50. 肾蕨科 NEPHROLEPIDACEAE

（林尤兴）

多土生或附生，稀攀援中型蕨类。根茎长而横走，有腹背面，或短而直立，成辐射状生出细长匍匐枝，生有小块茎，均被鳞片，具管状中柱或网状中柱；鳞片腹部盾状着生，边缘色淡而薄，有睫毛。叶簇生，一型；叶柄无关节与根茎连接，或疏生，叶2列，叶柄具关节着生叶基或蔓生茎；叶片披针形或椭圆状披针形，一回羽状，羽片多数，无柄，具关节着生叶轴，全缘或稍具缺刻，叶脉分离，侧脉羽状，几达叶缘，小脉先端具水囊，上面通常有1个白色石灰质小鳞片；叶草质或纸质，无毛或被疏毛，稀有伏生糠秕状鳞片。孢子囊群表面生，单一，圆形，偶两侧汇合，着生小脉顶端或小脉中部，近叶缘排成1行，或离叶缘成多行排列；囊群盖圆肾形或肾形，缺刻着生，向外开，多宿存；孢子囊水龙骨型，无隔丝。孢子两侧对称，椭圆形或肾形。

3属，分布于热带。我国2属。

1. 土生或附生；叶簇生，叶柄无关节着生根茎 ·· 1. 肾蕨属 Nephrolepis
1. 附生或蔓生；叶疏生，叶柄具关节着生叶基或蔓生茎 ···················· 2. 爬树蕨属 Arthropteris

1. 肾蕨属 Nephrolepis Schott

土生或附生蕨类。根茎短，直立，有网状中柱，有簇生叶丛，向四周生出细长匍匐侧生枝，匍匐枝自每个叶柄基部下侧伸出，向四面横走，从上面生出须根和侧枝或块茎，生长成新植株。根茎及叶柄密被鳞片，鳞片腹部着生，边缘有睫毛。叶长而窄，有柄，无关节着生根茎；叶片一回羽状，羽片40-80对，无柄，具关节着生叶轴，光滑易脱落，披针形或镰刀形，通常上侧稍耳状突起或有1小耳片，向上羽片渐小，具圆齿或锯齿；主脉明显，侧脉羽状，2-3叉，小脉伸达近叶缘，先端有水囊，明显；叶草质或纸质；叶轴下面圆，上面有纵沟，幼时纵沟两侧密生纤维状鳞片。孢子囊群圆形，着生小脉顶端，近叶缘排成1列；囊群盖多圆肾形，稀肾形，缺刻着生，暗棕色，宿存。孢子椭圆形或肾形，无周壁，外壁具不规则瘤状纹饰。染色体基数 x=41。

约30种，广布于热带，亚热带有分布。我国6种。多为观叶蕨类。

1. 叶宽3-30厘米，羽片披针形或镰刀形，长2厘米以上。

  2. 叶几光滑，无鳞片，薄草质，干后淡绿色。

    3. 叶通常下垂，叶柄径3-5毫米，中部羽片镰刀形，长5-6厘米 ·················· 1. 镰叶肾蕨 N. falcata

    3. 叶直立，叶柄径约1毫米，中部羽片披针形，长2-3厘米 ·················· 1(附). 薄叶肾蕨 N. delicatula

  2. 叶轴和叶片下面稍具线形鳞片或被柔毛，厚草质或纸质，干后淡绿色；羽片披针形，有时略镰刀状。

    4. 中部羽片长约2厘米，圆钝头或尖头，覆瓦状排列 ·················· 2. 肾蕨 N. auriculata

    4. 中部羽片长4厘米以上，渐尖头，非覆瓦状排列。

      5. 孢子囊群排列离叶缘；中部羽片长9厘米以上，基部近对称，或上侧有耳形突起，排列稀疏，下面光滑，主脉光滑或被极稀疏鳞片。

      6. 羽片基部两侧近对称 ·················· 3. 长叶肾蕨 N. biserrata

      6. 羽片基部上侧有长达约1厘米耳片 ·················· 3(附). 耳叶肾蕨 N. biserrata var. auriculata

      5. 孢子囊群排列近叶缘；中部羽片长4-8厘米，基部上侧有三角形小耳片，下面和主脉均密被线形鳞片 ·················· 4. 毛叶肾蕨 N. hirsutula

      7. 叶宽1-1.4厘米，羽片椭圆形或团扇形，长约5毫米 ·················· 5. 圆叶肾蕨 N. duffii

1. 镰叶肾蕨 图895

Nephrolepis falcata (Cav.) C. Chr. in Dansk. Bot. Ark. 9(3): 15. t. 1. f. 5-9. 1937.

Tectaria falcata Cav. Descr. Pl. 250. 1802.

根茎短，直立，密被暗棕色披针形鳞片，具横走匍匐茎，匍匐

茎径约1毫米，疏被鳞片，鳞片披针形，中部褐棕色，边缘棕色，具睫毛。叶簇生，通常下垂；叶柄长11-25厘米，径3-5毫米，老时枯禾秆色，连同叶轴疏被贴生鳞片；叶片长60-80厘米或更长，宽9-11厘米，宽披针形，一回羽状，羽片40-60对，互生或对生，下部羽片长约2.8厘米，宽1-1.5厘米，

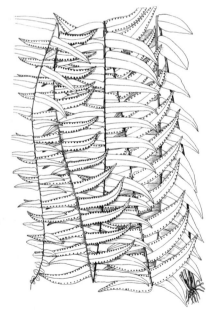

图 895 镰叶肾蕨 （孙英宝绘）

椭圆形，中部羽片长5-6厘米，宽1.5-1.8厘米，镰刀形，基部上侧截形，稍耳状突起，下侧圆，有钝锯齿或稀疏缺刻，主脉隆起，侧脉纤细，明显，斜上，2-3叉，不达叶缘，小脉顶端有圆形水囊；叶干后淡绿色，薄草质，无毛。孢子囊群圆形，近叶缘，着生小脉顶端；囊群盖圆肾形，褐棕色，无毛。

产云南，生于海拔600-800米，附生棕榈和油棕树干上。越南、缅甸、马来西亚及菲律宾有分布。

[附] 薄叶肾蕨 Nephrolepis delicatula (Decne.) Pichi - Serm. in Webbia

23: 181. 1968. —— *Nephrodium delicatula* Decne. in Jacqem. Voy. Ind. Bot. 4: 178. t. 179. 1844. 本种与镰叶肾蕨的主要区别：叶柄长6-7厘米，径约1毫米，近光滑，叶片线状披针形，长28-48厘米，中部羽片披

针形，长2-3厘米；孢子囊群扇形，囊群盖圆肾形，灰棕色。产云南，生于海拔约1150米石上。印度、缅甸及泰国有分布。

2. 肾蕨

图 896

Nephrolepis auriculata (Linn.) Trimen in Journ. Linn. Soc. Bot. 24: 152. 1887.

Polypodium auriculatum Linn. Sp. Pl. 1089. 1753.

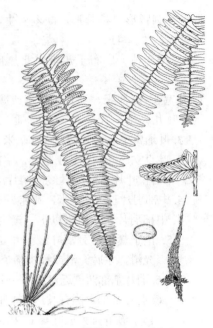

图 896 肾蕨 （引自《图鉴》）

附生或陆生。根茎直立，被蓬松淡棕色长钻形鳞片，下部有向四方伸展匍匐茎；匍匐茎长达30厘米，棕褐色，不分枝，疏被鳞片，有褐棕色须根及近圆形密被鳞片的块茎。叶簇生；叶柄长6-11厘米，暗褐色，略有光泽，上面有纵沟，下面圆，密被淡棕色线形鳞片；叶片线状披针形或窄披针形，长30-70厘米，宽3-5厘米；叶轴两侧被纤维状鳞片，一回羽

状，羽片45-120对，褐色，密集覆瓦状排列，披针形，中部的长约2厘米，宽6-7毫米，圆钝头或尖头，基部下侧圆楔形，上侧三角状耳形，几无柄，具关节着生叶轴，有疏浅钝锯齿，向基部的羽片卵状三角形，长不及1厘米，叶脉明显，侧脉纤细，斜出，在下部分叉，小脉伸达近叶缘，顶端具纺锤形水囊；叶干后棕绿或褐棕色，草质或坚草质，光滑。孢子囊群排成1行位于主脉两侧，肾形，稀圆肾形或近圆形，着生小脉顶端，略近主脉；囊群盖肾形，棕色，边缘色淡，无毛。

产安徽、浙江、台湾、福建、江西、湖南、广东、香港、海南、广西、贵州、四川、云南及西藏，生于海拔30-1500米林下。广布热带及亚热带地区。普遍栽培供观赏。块茎富含淀粉，可作食品和药物。

3. 长叶肾蕨

图 897

Nephrolepis biserrata (Sw.) Schott, Gen. Fil. t. 3. 1834.

Aspidium biserratum Sw. in Journ Bot. (Schrader) 1800(2): 32. 1801.

根茎短，直立，被红棕色具睫毛伏生披针形鳞片；根茎的匍匐茎暗褐色，被棕色披针形鳞片。叶簇生；叶柄长10-30厘米，坚实，上面有纵沟，灰褐或淡棕色，略有光泽，基部被披针形或纤维状鳞片；叶片长0.7-0.8（-1）米，宽14-30厘米，窄椭圆形，一回羽状，羽片35-50厘米，互生，基部两侧近对称，柄极短，具关节着生叶轴，叶轴两侧疏被柔毛，中

部羽片披针形或线状披针形，长9-15厘米，宽1-2.5厘米，疏生缺刻

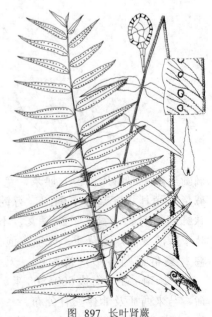

图 897 长叶肾蕨

（孙英宝仿《Ogata, Ic. Fil. Jap.》）

或粗钝锯齿，主脉明显，侧脉纤细，斜上，2-4 叉，伸达近叶缘；下部羽片披针形，较短；叶干后褐绿色，薄纸质或纸质，幼时疏被披针形或纤维状鳞片，后部分或全脱落。孢子囊群圆形，在主脉与叶缘间排成 1 行，略近主脉；囊群盖圆肾形，深缺刻着生，褐棕色，边缘红棕色，无毛。

产台湾、广东、香港、海南及云南，生于海拔 30-750 米林中。印度、中南半岛、马来西亚、日本及美洲有分布。栽培供观赏。

[附] **耳叶肾蕨 Nephrolepis biserrata** var. **auriculata** Ching in Chien et Chun, Fl. Reipubl. Popul. Sin. 2:317. 1959. 与模式变种的主要区别：植株高约 80 厘米；叶片宽 22-30 厘米，中部羽片长 14-16 厘米，宽 1.6-2.2 厘米，基部上侧有长 1 厘米耳片，叶轴下面密被长柔毛，羽片下面沿主脉两侧有棕色纤维状鳞片。产海南。栽培供观赏。

4. 毛叶肾蕨 毛绒肾蕨　　　　　图 898

Nephrolepis hirsutula (Forst.) Presl, Tent. Pterid. 79. 1836.

Polypodium hirsutulum Forst. Prodr. 81. 1786.

根茎短而直立，有伏生鳞片，具横走匍匐茎，匍匐茎暗褐色，疏被边缘棕色有睫毛、中部红褐色披针形或卵状披针形。叶簇生，密集；叶柄长 15-35 厘米，灰棕色，有棕色披针形伏生鳞片，上面有纵沟，下面圆；叶片宽披针形或椭圆状披针形，长 30-75 厘米，宽 9-15 厘米，叶轴上面密被棕色纤维状鳞片，下面稀疏，一回羽状，羽片 20-45 对，近生，下部的对生，近无柄，具关节着生叶轴，近平展，下部的长 3-4 厘米，宽披针形，中部羽片披针形或线状披针形，长 4-8 厘米，宽 1-1.3 厘米，基部下侧圆，上侧截形并有三角形小耳片，疏生钝锯齿，叶脉纤细，侧脉斜上，2-3 叉，小脉几达叶缘，顶端有圆形水囊；叶干后褐绿色，坚草质或纸质，下面沿主脉及小脉密生线形鳞片，疏被星芒状小鳞片，上面有短毛及星芒状小鳞片，老时部分脱落。孢子囊群圆形，着生小脉顶端，近叶缘；囊群盖圆肾形，红棕色，无毛。

产台湾、福建、广东、香港、海南、广西及云南，生于林下。广布热带亚洲，北达日本的琉球及小笠原诸岛。

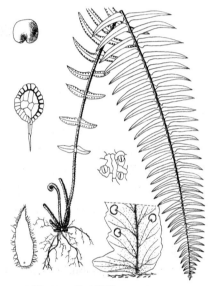

图 898 毛叶肾蕨 （孙英宝仿绘）

5. 圆叶肾蕨　　　　　图 899

Nephrolepis duffii Moore in Gard. Chron. n. s. 9: 622. f. 113. 1878.

根茎短，直立，具少数铁丝状须根。叶丛生；叶柄长 10-20 厘米，灰棕色，有纵沟，与叶轴均被开展或贴生鳞片，鳞片线状披针形或卵状披针形，中部褐色，边缘棕色并具睫毛。叶片线形，长 30-60 厘米，宽 1-1.4 厘米，渐尖头或 2 叉，中部以上有时 1-2 次分枝，分枝长 10-15 厘米，先端再分出短枝，一回羽状；羽片多数，互生，椭圆形或团扇形，中部的长约 5 毫米，宽 7 毫米，基部常圆截形，下部的羽片较小，疏离，向上的羽片近生或覆瓦状，短枝的几密集成丛，具不规

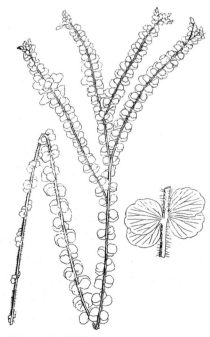

图 899 圆叶肾蕨 （引自《Chron. n. s.》）

则钝圆齿，叶脉明显，主脉不显，小脉纤细，掌状分叉，单生或分叉，伸近叶缘，先端有圆形水囊；叶干后棕绿或棕色，草质，两面疏被伏生糠秕状小鳞片。

产云南西北部。缅甸北部、马来西亚、印度尼西亚至澳大利亚北部有分布。植株秀丽雅致，多栽培供观赏。

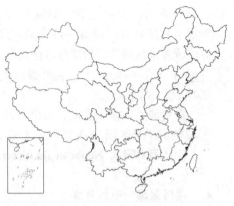

2. 爬树蕨属（藤蕨属）Arthropteris J. Sm.

附生蕨类。根茎攀援，粗铁丝状，具管状中柱，被盾状伏生鳞片。叶疏生；具短柄，2列具关节着生叶基或蔓生茎；叶片长披针形，纸质，一回羽状，羽片多数，近无柄，接近，斜展，具关节着生叶轴，近镰刀形，基部上侧稍耳状，下侧楔形，疏生圆齿或波状，叶脉明显，侧脉分离，羽状，小脉羽状或2-3叉，不达叶缘，顶端有圆形水囊。孢子囊群圆形，顶生叶背面小脉顶端，在主脉与叶缘间排成 1 列，略近叶缘；囊群盖圆肾形，缺刻着生；孢子囊不同时成熟，具长柄，环带具10-13增厚细胞。孢子椭圆形，周壁具颗粒状纹饰，外壁光滑。染色体x=41。

约20种，分布于马达加斯加至新西兰及南美洲胡安—斐南德斯群岛，北达阿拉伯、吕宋及斐济群岛，伊里安、新喀里多尼亚及马达加斯加为分布中心，1种向北至越南和我国南部。

爬树蕨　藤蕨　　　　　　　　　　　　　　　图 900

Arthropteris palisotii (Desv.) Alston in Bol. Soc. Broter. 30: 6. 1956.

Aspidium palisotii Desv. in Berlin Mag. 5: 320. 1811.

根茎细长，蔓生，攀援，高2-3米，被有睫毛黑褐色盾状贴生卵形鳞片。叶2列互生，相距5-10厘米；叶柄长1-2厘米，被鳞片。具关节着生蔓生茎的叶基；叶片披针形，长20-45厘米，中部宽4-8.5厘米，一回羽状，羽片30-40对，互生，相距1-1.3厘米，近无柄，平展或略斜展，具关节着生叶轴，叶轴上面有纵沟，下面圆，密被棕色腺毛及小鳞片，中部羽

片披针形，有时镰刀状，长2-4厘米，宽约1 厘米，基部上侧平截，常耳状突起，下侧斜楔形，边缘浅波状或有钝锯齿，下部羽片较小并有时反折，略疏离，叶脉明显，侧脉斜上，一至数回分叉，基部上侧的羽状，小脉不达叶缘，先端有纺锤形水囊；叶干后褐或褐绿色，纸质，两面光滑，主脉及小脉疏生短节状毛。孢子囊群圆形，着生小脉顶端，位于主脉与叶缘间；囊群盖圆肾形，红棕色，无毛，宿存或早落。

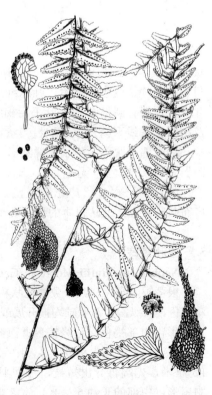

图 900 爬树蕨
（孙英宝仿《中国蕨类植物图谱》）

产台湾、海南、广西及云南，生于海拔 250-600 米，攀援林中树干或岩壁上。印度、越南、马来西亚、菲律宾、日本琉球和冲绳以南、波利尼西亚、澳大利亚及热带非洲有分布。

51. 条蕨科 OLEANDRACEAE

（林尤兴）

附生或土生，匍匐或半攀援中小型蕨类。根茎长而横走和分枝、稀直立亚灌木状，坚硬挺拔，有网状中柱，下面生细长气生根，密被覆瓦状红棕色厚鳞片，鳞片长披针形，易折断脱落，基部圆钝，盾状着生，边缘常有睫毛。叶基疏生或密集，螺旋状排列于根茎，高达数厘米；单叶，疏生，有柄，具关节着生叶基；叶片披针形或线状披针形，全缘或波状，叶缘有软骨质窄边，叶脉明显，主脉凸起，侧脉分离，单一或分叉，平展或略斜展，密而平行；叶草质、纸质或革质，干后黄褐色，无毛或被节状细毛或小鳞片。孢子囊群圆形，背生于近小脉基部，成单行排列于主脉两侧，有时紧靠或稍离主脉；囊群盖肾形或圆肾形，缺刻着生，红棕色，膜质或纸质，宿存；孢子囊水龙骨型，长柄具 3 列细胞，环带具 12-14 增厚细胞。孢子细小，两侧对称，椭圆形，周壁具颗粒状纹饰或刺状纹饰，外壁光滑。

1 属。

条蕨属 Oleandra Cav.

形态特征与科相同。染色体基数 x=41。

约 45 种，分布于热带和亚热带山地。我国 8 种。

1. 叶 3-4 片簇生根茎 ·· 1. 光叶条蕨 O. musifolia
1. 叶 2 列疏生或近生。
  2. 叶厚纸质，边缘波状 ·· 2. 波边条蕨 O. undulata
  2. 叶薄草质或纸质，边缘非波状。
    3. 叶基长 2-3 毫米，被根茎鳞片覆盖 ······················· 3. 高山条蕨 O. wallichii
    3. 叶基长 1.2-2 厘米，高出根茎鳞片 1 厘米以上，明显。
      4. 根茎被蓬松鳞片；叶片基部宽圆，边缘密被睫毛；孢子囊群排列近主脉 ········ 4. 圆基条蕨 O. intermedia
      4. 根茎鳞片紧贴或略松散；叶片基部窄楔形，边缘无毛 ··············· 5. 华南条蕨 O. cumingii

1. 光叶条蕨 瑶山条蕨 　　　　　　　　　图 901：1-5

Oleandra musifolia (Bl.) Presl, Epim. Bot. 42. 1849.

Aspidium musifolium Bl. Enum. Pl. Jav. 141. 1828.

根茎粗壮，长而横走，分枝，两侧稍扁，被鳞片，鳞片卵状披针形，盾状着生，着生点黑褐色，边缘及先端棕色，全缘，疏生睫毛。叶 3-4 片簇生根茎节上，连同叶基长约 1 厘米，暗棕色，疏生披针形鳞片，叶基长 1-2 毫米，被根茎鳞片覆盖；叶片披针形，长 40-43 厘米，中部宽 3-3.5 厘米，全缘，有软骨质窄边，叶脉明显，主脉禾秆色或带棕色，上面有纵沟，下面隆起，侧脉纤细

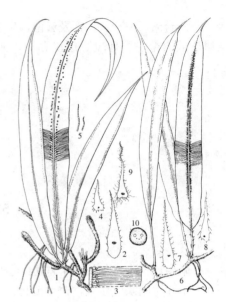

且密，平行，斜展，单一或分叉，达叶缘，叶干后褐绿或棕色，草质，下面近光滑，沿主脉两侧偶疏生鳞片，上面疏被棕色柔毛或近光滑。孢子囊群肾形或近圆形，在主脉两侧排成1行；囊群盖肾形，质厚，棕色，边缘色淡，无毛。

产广西和云南，生于海拔300-1800米密林中。越南、泰国、马来西亚、印度尼西亚及斯里兰卡有分布。

图 901：1-5.光叶条蕨
6-10.高山条蕨　（蔡淑琴绘）

2. 波边条蕨　　　　　　　　　图 902

Oleandra undulata (Willd.) Ching in Lingnan Sci. Journ. 12: 565. 1933.

Polypodium undulatum Willd. Sp. Pl. 5: 155. 1810.

植株高30-40厘米。根茎长，横走，密被鳞片，鳞片卵状披针形，盾状着生，先端及边缘红棕色，中部黑褐色。叶2列疏生或近生；叶柄连同叶基长11-12厘米，暗褐色，基部疏生鳞片，叶基长3-4.5厘米，宿存；叶片宽披针形，长23-25厘米，中部宽4-4.5厘米，全缘，具软骨质窄边，常波状，主脉明显，上面有浅沟，下面隆起，侧脉细密，平展，平行，单一或分叉，达叶缘，叶干后褐绿色，厚纸质，上面及叶缘无毛，下面沿叶脉密被棕色柔毛。孢子囊群近圆形，成1行排列主脉两侧；囊群盖肾形，质厚，红棕色，略被短毛。

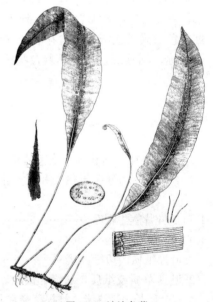

产广东、海南及云南，生于山地石缝中或林下石上。中南半岛、马来西亚、菲律宾及印度有分布。

图 902 波边条蕨
（引自《中国蕨类植物图谱》）

3. 高山条蕨　　　　图 901：6-10 图 903 彩片 120

Oleandra wallichii (Hook.) Presl, Tent. Pterid. 78. 1836.

Aspidium wallichii Hook. Exotic Fl. 1: t. 5. 1823.

植株高30-50厘米。根茎长，横走，分枝，老时灰白色，密被鳞片，鳞片卵状披针形，中部黑褐色，边缘及先端色淡，边缘具流苏状长毛。叶2列疏生；叶柄连同叶基长3-7厘米，禾秆色或淡褐色，下面疏被鳞片，叶基长2-3毫米，被鳞片覆盖；叶片披针形，长26-40厘米，中部宽1.8-3.8厘米，全缘，具软骨质窄边并被较密睫毛，叶脉明显，上面主脉成纵沟，下面隆起，侧脉细密，平行，近斜展，单

一或分叉，达叶缘，叶干后棕绿色，薄草质，上面沿主脉及脉间疏被短柔毛，下面沿主脉疏被棕色披针形鳞片及灰白色短毛，小脉两侧略具短毛。孢子囊群近圆形，近主脉两侧各排成 1 行；囊群盖圆肾形，红棕色，略具毛。

产台湾、广西、四川、云南及西藏，生于海拔 1750-2700 米林中，附生石坡或树干上。印度北部、尼泊尔、缅甸北部、泰国及越南有分布。

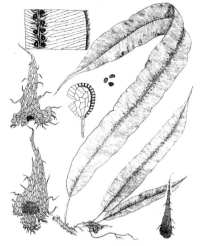

图 903 高山条蕨
（引自《中国蕨类植物图谱》）

4. 圆基条蕨　　　　　　　　　图 904

Oleandra intermedia Ching in Bull. Fan Mem. Inst. Biol. Bot. 2:187. pl. 2. 1931.

根茎长，横走，被蓬松鳞片，鳞片钻状披针形，红棕色，腹部黑褐色，基部圆。叶 2 列疏生或近生，叶柄连叶基长 4-7 厘米，深禾秆色，疏被节状长毛2；叶基长 1.5-2 厘米，宿存；叶片卵状披针形，长 8-14 厘米，基部宽 2-4 厘米，边缘有软骨质窄边及密被睫毛，叶脉明显，主脉上面有纵沟，下面隆起，侧脉纤细，平行，斜展，单一或二回分叉，小脉达叶缘；叶干后棕绿色，纸质，沿主脉及侧脉被棕色柔毛，下面较密。孢子囊群圆形，近主脉两侧各排成 1 行；囊群盖肾形，红棕色，略被毛。

产广东、香港、广西、贵州及云南，生于海拔 1100-5000 米石坡或崖壁上。

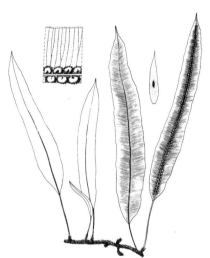

图 904 圆基条蕨　（孙英宝绘）

5. 华南条蕨　　　　　　　　　图 905

Oleandra cumingii J. Sm. ex Presl, Epim. Bot. 41. 1849.

根茎长，横走，径 3-4 毫米，密被紧贴或略松散棕色披针形鳞片。叶疏生或近生，连叶基长 2.5-5.5 厘米，暗棕色，基部偶有疏生鳞片，叶基长 1.2-2 厘米，宿存；叶片披针形，长 20-34 厘米，中部宽 2-3 厘米，全缘并具软骨质窄边，叶脉明显，主脉上面稍隆起，有浅纵沟，下面隆起，侧脉平行，细密，单一或基部分叉，达叶缘；叶草质，干后棕绿色，上

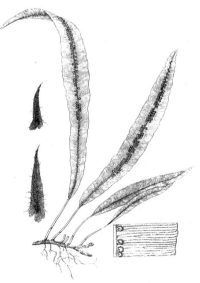

图 905 华南条蕨
（引自《中国蕨类植物图谱》）

面及边缘无毛，下面贴生灰色短毛。孢子囊群近圆形，在主脉两侧排成不整齐 1 行，近主脉；囊群盖肾形或圆肾形，褐棕色，无毛。

产广东，生于溪边石上。菲律宾及南洋群岛有分布。

52. 骨碎补科 DAVALLIACEAE
（林尤兴）

多附生，稀土生中型蕨类。根茎多横走，稀直立，有网状中柱，通常密被腹部盾状着生伏贴鳞片，稀基部着生。叶疏生；叶柄基部具关节与根茎连接；叶片三角形，二至四回羽状分裂，羽片不具关节着生叶轴，叶脉分离；叶草质或坚革质，无毛，稀被鳞片及毛。孢子囊群叶缘内生或叶背生，着生小脉顶端；囊群盖半管形、杯形、圆形、半圆形或肾形，基部着生或稍两侧着生，以口部开向叶缘，孢子囊柄细长，环带具 12-16 增厚细胞。孢子两侧对称，圆形或长椭圆形，单裂缝，具边缘或无边缘，通常无周壁。

8 属，100 余种，主要分布于亚洲热带和亚热带地区。我国 5 属，约 30 余种。

1. 叶草质。
　　2. 叶片有毛，宽披针形或椭圆状披针形，基部 1 对叶片与其上的 1 对同形 ………… 1. **假钻毛蕨属 Paradavallodes**
　　2. 叶片无毛，或幼时有柔毛，卵形、长卵状披针形或三角形，基部 1 对羽片比其上的 1 对大。
　　　　3. 附生蕨类；根茎鳞片无毛，盾状着生；叶轴和羽轴上面隆起，上部两侧有窄翅；叶片细裂，末回裂片窄线形，全缘，有 1 小脉；孢子囊群和囊群盖小 …………………… 2. **小膜盖蕨属 Araiostegia**
　　　　3. 土生蕨类；根茎有鳞片和毛，基部着生；叶轴和羽轴上面有沟；叶片粗裂，末回裂片斜方状三角形，有齿牙，有多脉；孢子囊群和囊群盖大 …………………… 3. **大膜盖蕨属 Leucostegia**
1. 叶革质或坚草质。
　　4. 囊群盖管形或杯形，基部和两侧着生 ………………………………………… 4. **骨碎补属 Davallia**
　　4. 囊群盖近圆形或半圆肾形，基部着生，或圆肾形，基部和两侧着生 ………………… 5. **阴石蕨属 Humata**

1. 假钻毛蕨属 Paradavallodes Ching

中小型附生蕨类。根茎粗壮，长而横走或攀援，密被鳞片，鳞片卵状披针形或披针形，棕色，全缘，腹部盾状着生。叶 1 列，疏生，叶柄基部具关节着生根茎，光滑或多少被毛；叶片宽披针形或椭圆状披针形，三回深羽裂，一回羽片基部具窄翅沿羽轴两侧相连，末回裂片全缘，尖头；侧脉 2 叉，小脉一长一短；叶草质，两面和叶轴多少被淡灰色多细胞柔毛。孢子囊群小，生于每裂片短小脉顶端，不达叶缘；囊群盖小，半圆形或圆肾形，基部着生，宿存或脱落。孢子长椭圆形，无周壁，外壁具瘤状或条状纹饰。染色体基数 x=10，（40）。

4 种，产中国西部和西南部，尼泊尔、印度北部、缅甸北部至越南北部有分布。

1. 羽片近无柄，羽轴基部和小脉无鳞片；囊群盖半圆形，宿存 ……………… 1. **膜叶假钻毛蕨 P. membranulosum**
1. 下部羽片有柄，羽轴基部和下面被少数卵形大鳞片；囊群盖圆肾形，脱落 ……… 2. **假钻毛蕨 P. multidentatum**

1. 膜叶假钻毛蕨 膜钻毛蕨 图 906

Paradavallodes membranulosum (Wall. ex Hook.) Ching in Acta Phytotax. Sin. 11(1): 20. 1966.

Davallia membranulosa Wall. ex Hook. Sp. Fil. 1: 158. t. 53 A. 1846.

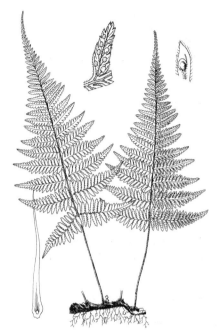

图 906 膜叶假钻毛蕨 （孙英宝绘）

植株高 30-35 厘米。根茎长而横走，密被鳞片，鳞片披针形，钻状长渐尖头，薄膜质，全缘，边缘淡棕色，中部红棕色，盾状着生。叶疏生；叶柄禾秆色，长 8-10 厘米，基部被鳞片，上面有纵沟，被灰白色短毛；叶片卵状披针形，长 20-30 厘米，宽 10-12 厘米，基部心形，三回深羽裂，羽片约 15 对，下部的近对生，柄极短，卵状披针形，长 4-7 厘米，宽 2-3.5 厘米，基部 1 对羽片与第二对同形，深羽裂达有窄翅的羽轴；小羽片 6-8 对，下部 1-2 对对生，椭圆形或卵形，长 1-2 厘米，宽 0.5-1 厘米，基部下侧楔形，上侧截形，羽状深裂达具宽翅的小羽轴，裂片 6-8 对，斜上，椭圆形，长 2-4 毫米，宽 2-3 毫米，钝头上弯，全缘或浅裂，基部上侧 1 片稍大，侧脉明显，褐色，纤细，不达叶缘，疏被灰白色短柔毛；叶干后暗绿色，薄草质，密被短柔毛，叶轴和羽轴两面被短柔毛。孢子囊群着生小脉顶端，每裂片 1 枚，在小羽轴两侧各排成 1 行；囊群盖半圆形，薄膜质，全缘，灰白色，基部着生，宿存。

产云南，生于海拔 1800-2600 米山地溪旁岩石或树干上。越南北部、泰国北部、缅甸北部及尼泊尔有分布。

2. 假钻毛蕨 毛叶小膜盖蕨 图 907

Paradavallodes multidentatum (Hook. et Baker) Ching in Acta Phytotax. Sin. 11(1): 20. 1966.

Davallia multidentatum Hook. et Baker Syn. Fil. 91. 1867.

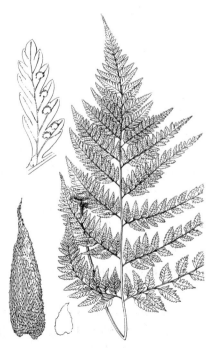

图 907 假钻毛蕨 （蔡淑琴绘）

植株高 40-60 厘米。根茎长而横走，密被鳞片，鳞片宽披针形，边缘有小齿，棕色，蓬散卷曲，膜质。叶疏生；叶柄棕色，有纵沟，长 15-20 厘米，基部密被鳞片；叶片长卵形，长 35-40 厘米，基部宽 18-22 厘米，基部圆心形，四回羽裂，羽片约 15 对，柄长 4-7 毫米，三角状披针形，长 12-15 厘米，基部宽 7-9 厘米，基部 1 对近对生；一回小羽片 12-14 对，有柄，椭圆状披针形，下部的长 3.5-5 厘米，宽 1.5-3 厘米，基部上侧截形，下侧楔形，深羽裂达具宽翅的小羽轴；二回小羽片 8-10 对，无柄，互生，斜卵形或椭圆形，长 0.8-1.2 厘米，宽 3-5 毫米，具浅尖齿，基部下侧下延，上侧 1 片较大，下部几对深羽裂，上部几对具浅尖齿，裂片宽披针形，宽 0.6-1 毫米，全缘；上部羽片渐小，宽披针形，叶脉明显，暗褐色，每尖齿有 1 小脉，不达叶缘；叶干后暗棕或棕绿色，薄草质，羽轴及小羽轴两面或上面被短毛，各回羽轴分叉点下面有一大鳞片。孢子囊群着生裂片基部上侧缺刻处，在小羽轴两侧各排成 1 行；囊群盖圆肾形，基部着生，边缘棕色，中央黑色，全缘，成熟后脱落。

产四川及云南，生于林下石上或树干上。缅甸北部、印度北部、尼泊尔有分布。

2. 小膜盖蕨属 Araiostegia Cop.

附生树干或岩石蕨类。根茎长，横走，具环形网状中柱，密被鳞片，鳞片大而质薄，全缘，红棕色，腹部盾状着生。叶近生或疏生；叶柄长，紫或淡紫色，基部具不明显关节着生根茎，稍被鳞片或光滑；羽片宽卵形或窄卵形，幼时无毛，多回羽状细裂；末回裂片窄线形，全缘，有 1 小脉；叶轴和羽轴上面隆起，至少上部两侧有窄翅；叶草质，无毛。孢子囊群小，圆形，生于上侧小脉顶端；囊群盖小，膜质，半圆形或圆肾形，基部着生，稀半圆形或近杯形，基部和两侧边下部着生；孢子囊具 3 纵行细胞，环带具 12-14 增厚细胞。孢子椭圆形，多无周壁，外壁具平顶瘤状纹饰，少数具网状或穴状纹饰。染色体基数 x=10,(40)。

约 13 种，中国西南山区为分布中心，西至缅甸北部和印度北部，东达中国台湾、马来群岛。我国 9 种。

1. 根茎鳞裂片宽卵形，圆钝头。
　2. 根茎鳞片稀疏而紧贴，多少具褶皱。
　　3. 叶片长三角状卵形，五回羽片状细裂，羽片约 10 对；囊群盖半圆肾形 ⋯⋯⋯⋯⋯⋯⋯⋯⋯⋯⋯⋯⋯⋯⋯⋯⋯⋯⋯⋯⋯⋯⋯⋯ 1. **长片小膜盖蕨 A. pseudocystopteris**
　　3. 叶片长卵形，四至五回羽状细裂；羽片约 12 对；囊群盖半圆形 ⋯⋯⋯⋯⋯⋯ 2. **美小膜盖蕨 A. pulchra**
　2. 根茎鳞片稠密而蓬松，覆瓦状排列，无褶皱。
　　4. 叶草质，干后棕褐或棕绿色，叶轴棕或褐棕色。
　　　5. 植株高 30-40 厘米；叶片长 20-25 厘米，宽 10-12 厘米，基部近圆；囊群盖圆肾形，边缘色浅 ⋯⋯⋯⋯⋯⋯⋯⋯⋯⋯⋯⋯⋯⋯⋯⋯⋯⋯⋯⋯⋯⋯⋯⋯⋯ 3. **假美小膜盖蕨 A. beddomei**
　　　5. 植株高 16-18 厘米；叶片长约 15 厘米，宽 5-6 厘米，基部浅心形；囊群盖半圆形，边缘与中部浅褐色 ⋯⋯⋯⋯⋯⋯⋯⋯⋯⋯⋯⋯⋯⋯⋯⋯⋯⋯⋯⋯⋯⋯ 4. **小膜盖蕨 A. delavayi**
　　4. 叶坚草质，干后暗绿色；叶轴禾秆色 ⋯⋯⋯⋯⋯⋯ 5. **云南小膜盖蕨 A. yunnanensis**
1. 根茎鳞片宽披针形，渐尖头。
　6. 植株高 15-35 厘米；叶片卵状披针形，三回羽状细裂，叶柄长 5-15 厘米 ⋯⋯ 6. **宿枝小膜盖蕨 A. hookeri**
　6. 植株高 40-70 厘米；叶片卵形或三角状卵形，四至五回羽状细裂，叶柄长 12-35 厘米。
　　7. 叶柄长 12-15 厘米；羽片三角状披针形或长卵形 ⋯⋯⋯⋯⋯⋯⋯⋯ 7. **细裂小膜盖蕨 A. faberiana**
　　7. 叶柄长 25-35 厘米；羽片椭圆形或椭圆状披针形 ⋯⋯⋯⋯⋯ 8. **鳞轴小膜盖蕨 A. perdurans**

1. 长片小膜盖蕨　　　　　　　图 908

Araiostegia pseudocystopteris (Kunze) Cop. in Philipp. Journ. Sci. Bot. 34: 241. 1927.

Davallia pseudocystopteris Kunze in Bot. Zeitschr. 1850: 68. 1850.

植株高 25-50 厘米。根茎长，横走，被鳞片，鳞片宽卵形，全缘，棕色，稀疏紧贴根茎。叶疏生；叶柄长 10-20 厘米，棕禾秆色，光滑，上面有纵沟，基部被贴生鳞片；叶片长三角状卵形，长 20-30 厘米，基部宽 12-18 厘米，基部心形，五回羽状细裂，羽片约 10 对，有柄，基部 1 对长三角形，长 8-14 厘米，宽

3-10厘米，四回细羽裂；一回小羽片8-10对，有短柄，基部下侧1片三角状卵形，长2.5-6厘米，宽1-3厘米，基部上侧截形，下侧楔形，三回羽裂；二回小羽片4-6对，有短柄，卵形或椭圆形，长0.5-1.3厘米，宽3-9毫米，二回深羽裂；三回小羽片3-5对，近无柄，斜卵形，长3-6毫米，宽2-4毫米，深羽裂达小羽轴，裂片长线形，宽约0.5毫米，全缘，有时分叉；向上的羽片渐小，披针形，叶脉不显，分叉，每裂片有1小脉，伸

达叶缘；叶干后棕绿色，薄草质。孢子囊群着生上侧短小脉顶端，位于裂片缺刻以下；囊群盖半圆肾形，棕褐色，膜质，全缘，基部着生。

产四川、云南及西藏，生于海拔220-3400米针阔叶混交林及冷杉林下岩石或树干上。不丹、尼泊尔、印度北部、缅甸北部及泰国北部有分布。

图 908 长片小膜盖蕨 （孙英宝绘）

2. 美小膜盖蕨

图 909

Araiostegia pulchra (Don) Cop. in Philipp. Journ. Sci. Bot. 34: 241. 1972.

Davallia pulchra Don, Prodr. Nepal. 11. 1825.

植株高35-58厘米。根茎长，横走，连叶柄基部被鳞片，鳞片宽卵形，全缘，中央红棕色，边缘淡棕色，盾状着生。叶疏生；叶柄长10-25厘米，棕禾秆色，光滑，上面有纵沟；叶片长卵形，长25-40厘米，宽12-20厘米，四至五回羽状细裂，羽片约12对，有柄，基部1对与其上的1对均卵状披针形，长8-12厘米，宽4-5厘米，各回小羽片上先出；一回小羽片

10-12对，有柄，三角状长卵形，长1.5-3厘米，宽1-1.8厘米，基部上侧截形，下侧楔形，深羽裂达小羽轴；二回小羽片6-8对，无柄，斜卵形或椭圆形，基部上侧1片长0.5-1厘米，宽2.5-5毫米，基部斜楔形，深羽裂；三回小羽片3-5对，无柄，楔形或倒卵形，长2-4毫米，宽1.5-3毫米，下部1-2对羽裂，向上的分叉；羽片镰刀状线形，极斜上，全缘，单一或分叉；向上的羽片渐小，渐尖头，基部斜楔形。叶脉不显，分叉，每裂片有1小脉，几达叶缘，叶干后暗绿或褐绿色，薄草质，无毛。孢子囊群着生上侧小脉顶端，

图 909 美小膜盖蕨 （引自《图鉴》）

位于缺刻下；囊群盖半圆形，中部褐棕色，边缘色浅，全缘，基部着生。

产浙江、四川、云南及西藏，

生于海拔1500-3500米山地林下沟边岩石或树干上。尼泊尔、印度及中南半岛有分布。

3. 假美小膜盖蕨 图 910

Araiostegia beddomei (Hope) Ching, Fl. Reipubl. Popul. Sin. 2:288. 1959.

Davallia beddomei Hope in Journ. Bomb. Nat. Hist. Soc. 12(3): 527. t. 1. 1899.

植株高30-40厘米。根茎长，横走，密被鳞片，鳞片宽披针形，全缘，褐棕色，覆瓦状蓬松覆盖根茎，无褶皱。叶疏生；叶柄长8-15厘米，褐棕色，上面有纵沟，基部被鳞片；叶片长卵形或椭圆形，长20-25厘米，宽10-12厘米，基部近圆形，四回羽状细裂，羽片12-14对，互生，有柄，基部1对与其上的同形而稍短，宽披针形，长7-8厘米，宽2-3厘米，羽状深裂达羽轴；一回小羽片10-12对，有柄，长1-1.5厘米，宽6-8毫米，斜卵形，基部上侧截形，下侧楔形；二回小羽片6-8对，无柄，楔形或椭圆形，基部上侧1片长3-4毫米，宽2-3毫米，基部下侧下延，基部几对羽裂，上部的常2裂成短裂片，裂片窄线形，宽约0.5毫米，全缘；叶脉明显，分叉，每裂片有1小脉，不达叶缘；叶干后棕褐或棕绿色，草质。孢子囊群着生小脉顶端，上方具尖角；囊群盖圆肾形，中部褐棕色，边缘棕色，全缘，基

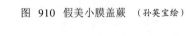

图 910 假美小膜盖蕨 （孙英宝绘）

部着生。

产四川、云南西北部及西藏，生于海拔2700-3500米山地针阔叶混交林或冷杉林中树干上。印度北部、不丹及尼泊尔有分布。

4. 小膜盖蕨 图 911

Araiostegia delavayi (Bedd. ex C. B. Clarke et Baker) Ching, Fl. Reipubl. Popul. Sin. 2: 288. 1959.

Davallia pulchra Don var. *delavayi* Bedd. ex C. B. Clarke et Baker in Journ. Linn. Soc. Bot. 24: 410. 1888.

植株高16-18厘米。根茎长，横走，密被鳞片，鳞片宽卵形，全缘，棕色，覆瓦状蓬松覆盖根茎，无褶皱。叶疏生；叶柄长4-6厘米，棕色，上面有纵沟，基部被鳞片，叶基长约2毫米；叶片长卵形，长约15厘米，宽5-6厘米，基部

浅心形，三至四回羽状细裂，羽片10-12对，基部1对近对生，有

图 911 小膜盖蕨 （孙英宝绘）

短柄，三角状披针形，长3-5厘米，宽1.5-2厘米，一回羽片8-10对，互生，近无柄，斜卵形或椭圆形，基部1对或下侧1片长0.6-1厘米，宽3-5毫米，基部不对称；二回小羽片3-5对，无柄，楔形或椭圆形，长2-3毫米，宽1.5-2.5毫米，基部下侧下延，下部1-2对羽裂，其上的2裂成短裂片，裂片线状披针形，宽达0.5毫米，全缘，叶脉明显，分叉，褐棕色，各末回裂片有1小脉，不达叶缘；叶干后棕绿色，薄草质；叶轴顶部两侧有窄翅。孢子囊群着生

小脉顶端，位于裂片缺刻下；囊群盖半圆形，浅褐色，全缘，基部着生。

产四川、云南及西藏，生于海拔2300-3200米山地林中树干上。印度北部有分布。

5. 云南小膜盖蕨　　图912

Araiostegia yunnanensis (Christ) Cop. in Philipp. Journ. Sci. Bot. 34: 240. 1927.

Davallia yunnanensis Christ in Bull. Herb. Boissier 6: 970. 1898.

植株高50-60厘米。根茎长，横走，密被鳞片，鳞片宽卵形，全缘，中部褐色，边缘棕色，盾状着生，覆瓦状蓬松覆盖根茎，无褶皱。叶疏生；叶柄长18-24厘米，禾秆色或略灰色，上面有纵沟，基部密被鳞片；叶片长卵形，长25-30厘米，宽10-15厘米，四回羽裂，羽片约12对，极斜上，基部1对与其上的1对同形而稍大，长约15厘米，宽5-6厘米，椭圆状披针形，有柄，一回小羽片12-15对，互生，上先出，有柄，三角状披针形，基部下侧1片较大，二回小羽片6-8对，互生，近无柄，椭圆形，长1-1.5厘米，宽6-8毫米，基部下侧下延，深羽裂几达小羽轴，裂片椭圆形，长约1毫米，全缘或为不等长短裂片，叶脉稍隆起，分枝，暗绿色，每裂片有1小脉，不达叶缘；叶干后暗绿色，坚草质，无毛；叶轴禾秆色，光滑。孢子囊群着生小脉顶端或叶脉分叉处，不近叶缘；囊群盖杯形，灰褐色，全缘，基部及两侧边下部着生。

产广西、贵州及云南，生于海拔1000-1500米山地针阔叶混交林下岩石上。越南北部有分布。

6. 宿枝小膜盖蕨　　图913

Araiostegia hookeri (Moore ex Bedd.) Ching, Fl. Reipubl. Popul. Sin. 2: 291. 1959.

Acrophorus hookeri Moore ex Bedd. Ferns Brit. Ind. t. 95. 1865.

植株高15-35厘米。根茎长，横走，密被鳞片，鳞片宽披针形，全缘，红棕色，覆瓦状蓬松覆盖根茎。叶近生；叶柄长5-15厘米，深禾秆色，宿存的栗黑色、上面有纵沟、基部密被鳞片；叶片卵状披针形，长15-20厘米，宽6-10厘米，渐尖头细羽裂，三回羽状，

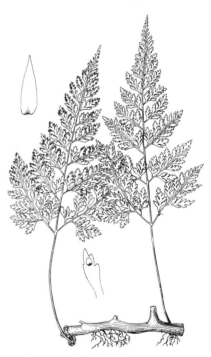

图 912 云南小膜盖蕨　（孙英宝绘）

图 913 宿枝小膜盖蕨
（引自《中国蕨类植物图谱》）

羽片10-12对，下部几对对生，无柄，基部1对与其上的1对椭圆状披针形，长3-5厘米，宽1-1.5厘米，小羽片8-10对，基部1对对生，近无柄，斜卵形，长（0.4-）0.6-1厘米，宽3-5毫米，基部斜楔形，深羽裂达小羽轴，裂片线形，宽达0.5毫米，下部的2裂成短裂片，上部的单一，叶脉明显，分叉，暗褐色，每裂片有1小脉，不达叶缘；

叶干后浅黄绿色，薄草质，各回羽轴小脉交叉点处常有一卵形鳞片。孢子囊群着生上侧小脉顶端；囊群盖半圆形，棕色，全缘，基部着生。

产四川、云南及西藏，生于海拔2700-3500米山地针阔叶混交林或冷杉林中，附生树干或岩石上。印度北部、不丹及尼泊尔有分布。

7. 细裂小膜盖蕨　　　　　　　　图914

Araiostegia faberiana (C. Chr.) Ching, Fl. Reipubl. Popul. Sin. 2:293. 1959.

Davallia clarkei Baker var. *faberiana* C. Chr. in Acta Hort. Gothob. 1: 73. 1924.

植株高40-50厘米。根茎粗壮，长而横走，密被鳞片，鳞片卵状披针形，具不整齐牙齿，红棕色，覆瓦状蓬松覆盖根茎。叶疏生；叶柄长12-15厘米，棕禾秆色或稍褐色，上面有纵沟，基部密被鳞片；叶片卵形，长30-35厘米，宽16-20厘米，五回羽状，羽片12-15对，无柄，基部1对与其上的同形而稍大，三角状披针形或长卵形，长15-25厘米，宽4.5-

10厘米，一回小羽片14-16对，下先出，基部下侧1片生于叶轴基部，有短柄或近无柄，长卵形，长3-7厘米，宽2-3厘米，三回羽裂；二回小羽片5-8对，有短柄，上先出，斜卵形或椭圆形，基部上侧1片长0.8-1厘米，宽4-5毫米，三回小羽片3-4对，无柄，楔形或斜卵形，基部上侧1片长3-4毫米，宽2-3毫米，基部斜楔形，上部的2裂成短裂片，裂片长线形，宽约0.5毫米，叶脉不明显，分叉，每裂片有1小脉；叶干后棕绿或褐棕色，薄草质，各回羽轴分叉处下面有几片大鳞片。孢子囊群着生小脉顶端，其上方有1对线形长

图 914　细裂小膜盖蕨　（孙英宝绘）

角状凸起，位于裂片缺刻下；囊群盖半圆形，基部中央褐色，边缘色浅，全缘，基部着生。

产贵州、四川、云南及西藏，生于海拔1500-3100米针阔叶混交林中树干上。泰国北部及缅甸有分布。

8. 鳞轴小膜盖蕨　　　　　　　　图915

Araiostegia perdurans (Christ) Cop. in Univ. Calif. Publ. Bot. 12:400. 1931.

Davallia perdurans Christ in Bull. Herb. Boissier 6: 970. 1898.

植株高50-70厘米。根茎长，横走，密被有齿牙棕色宽披针形鳞片。叶疏生；叶柄长25-35厘米，暗棕或棕禾秆色，上面有沟，基部密被鳞片；叶片卵形或三角状卵形，长30-40厘米，宽

20-35 厘米，四回羽状，羽片 10-15 对，无柄，基部 1 对与其上的 1 对同形，椭圆形或椭圆状披针形，长 10-20 厘米，宽 3.5-8 厘米，三回羽裂，一回小羽片 14-16 对，无柄，基部 1 对长 1.5-5 厘米，宽 1-1.5 厘米，椭圆形，深羽裂达小羽轴；二回小羽片 5-10 对，无柄，斜卵形，基部上侧 1 片长 0.7-1 厘米，宽 4-8 毫米，三回小羽片 4-5 对，近无柄，基部 1 片斜卵形，基部下侧下延，下部 2-3 对羽裂，向上的 2 裂成短裂片，或单一；末回裂片短披针形，长 1.5-3 毫米，向上的羽片宽披针形，叶脉不显，分叉，每裂片有 1 小脉；叶干后黄绿或棕绿色，薄草质，各回羽轴分叉处下面有几片大鳞片。孢子囊群位于裂片缺刻下，着生上侧小脉顶端或小脉分叉处，上方外侧有角状凸起；囊群盖半圆形，基部黑褐色，边缘褐色，全缘，基部着生。

图 915 鳞轴小膜盖蕨 （引自《图鉴》）

产浙江、台湾、福建、江西、广西西部、贵州、四川、云南及西藏，生于海拔 1900-3400 米山地针阔叶混交林中树干上。

3. 大膜盖蕨属 Leucostegia Presl

中型土生蕨类。根茎粗壮，横走，基本组织具单宁细胞，被鳞片及柔毛，鳞片卵形或披针形，全缘或近全缘，腹部着生。叶疏生，有长柄，光滑，具关节着生叶基；叶片大，幼时被细柔毛，长卵状披针形，多回羽裂，羽片及各回小羽片基部偏斜，上先出；末回小羽片斜方状三角形，有齿牙，具多脉；叶轴和羽轴上面有纵沟；叶干后浅绿色，草质，无毛。孢子囊群大，位于叶缘内，着生小脉顶端；囊群盖大，宽肾形，薄纸质，透明，灰白色，基部着生或两侧下部稍附着；孢子囊柄细长，有 3 行细胞，环带具 16 增厚细胞。孢子椭圆形，无周壁，外壁具不规则瘤状纹饰。染色体 x=41。

2 种，1 种产尼泊尔、印度北部、中国、中南半岛、马来西亚及波利尼西亚，1 种产印度尼西亚及波利尼西亚。

大膜盖蕨 图 916

Leucostegia immersa (Wall. ex Hook.) Presl, Tent. Pterid. 95. pl. 4. f. 11. 1836.

Davallia immersa Wall. ex Hook. Sp. Fil. 1: 156. 1846.

土生蕨类，高 30-70 厘米。根茎粗壮，长而横走，木质，密被鳞片及黄棕色柔毛，鳞片披针形或卵状披针形，近全缘，棕色。叶疏生；叶柄长 20-35 厘米，禾秆色或棕禾秆色，直立，草质，无毛；叶片长三角状卵形，长 25-38 厘米，基部宽 17-25 厘米或稍宽，三回羽状，羽片 10-12 对，基部 1 对对生，有柄，长三角形，基部

图 916 大膜盖蕨
（仿《中国蕨类植物图谱》）

1对长12-20厘米，宽6-12厘米，具浅裂尾尖，上部羽片椭圆状披针形或卵状披针形；一回小羽片约10对，互生，上先出，有短柄，斜卵形或椭圆形，基部下侧1片长5-8厘米；末回小羽片5-8对，互生，无柄或有短柄，近菱状卵形，长1-2.5厘米，宽0.6-1.2厘米，圆头或钝头有钝齿，基部上缘浅裂，裂片2-3片，卵形或倒卵形，宽3-4毫米，具钝齿，叶脉纤细，多回分叉，每齿有1小脉，顶端有水囊，不达叶缘；叶干后淡绿色，草质，无毛。孢子囊群位于近裂片基部上侧缺刻处，着生小脉顶端，每末回小脉1-2枚；囊群盖椭圆形或肾形，灰色，全缘，基部着生，宿存。

产台湾、广西、云南及西藏，生于海拔1800-2800米山地针阔叶混交林下或灌丛中。尼泊尔、印度北部、缅甸、泰国、柬埔寨、越南、马来西亚、菲律宾及波利尼西亚有分布。

4. 骨碎补属 Davallia Sm.

中型附生蕨类。根茎长，横走，被覆瓦状鳞片，鳞片有睫毛，腹部盾状着生根茎。叶疏生；叶柄具关节着生根茎；叶片五角形或卵形，一型或近二型，多回羽状细裂，深达小羽轴；叶脉分裂，小脉分叉，有时达软骨质边缘，小脉间有时具假脉；叶革质或坚草质，无毛。孢子囊群着生小脉顶端，每末回裂片1枚；囊群盖基部及两侧着生叶面，多少长形，有时长过于宽2倍，管形或杯形，先端近或达叶缘，边缘外侧常有角状凸起；孢子囊柄细长，环带约具14增厚细胞。孢子椭圆形，无周壁，外壁具瘤状纹饰。染色体x=10,(40)。

约45种，分布从大西洋岛屿横跨非洲至亚洲南部达马来西亚，东至澳大利亚及萨摩亚等太平洋岛屿，北达日本，马来西亚种类最多。我国8种。多种根茎药用。

1. 裂片小脉间具假脉，叶片下面明显 ·· 1. **假脉骨碎补 D. denticulata**
1. 裂片小脉间无假脉。
  2. 囊群盖管状，长约为宽1.5-2倍。
    3. 植株高达1米；叶片长宽均60-90厘米，四回羽状或五回羽裂 ·············· 2. **大叶骨碎补 D. formosana**
    3. 植株高达50厘米；叶片长宽均18-30厘米，三回羽状或四回羽裂。
      4. 叶革质或厚纸质；根茎径0.8-1厘米，密被覆瓦状褐或棕色鳞片 ·············· 3. **阔叶骨碎补 D. solida**
      4. 叶坚草质；根茎径4-5毫米，被蓬松灰棕色鳞片 ······························· 4. **骨碎补 D. mariesii**
  2. 囊群盖杯形，长宽几相等或长略过宽。
    5. 叶片三回羽状，末回小羽片宽0.6-1厘米 ·································· 5. **麻栗坡骨碎补 D. brevisora**
    5. 叶片四回羽状或五回羽状深裂，末回小羽片宽约2毫米 ·················· 6. **云桂骨碎补 D. amabilis**

1. 假脉骨碎补

图917

Davallia denticulata (Burm. f.) Mett. ex Kuhn, Fil. Desk. 27. 1867.

Adiantum denticulatum Burm. f. Fl. Ind. 23b. 1768.

植株高50-60厘米。根茎粗壮，长而横走，木质，幼时密被鳞片，鳞片卵状披针形，顶端长线形，边缘有睫毛，中部褐棕色，边缘棕色。叶疏生；叶柄长20-25厘米，上面有沟，栗色，无毛；叶片三角形，长宽均约30厘米或稍过，基部近心形，三或四回羽状，羽片7-10对，互生，基部1对具柄，长15-20厘米，宽8-12厘米，长三角形，一回小羽片10-12对，互生，基部1对具柄，卵状披针形，长6-8厘米，宽2.5-3厘米，上部的披针形，长尾状尖头并浅裂，基部近二回羽裂，二回小羽片6-8对，互生，仅基部 1 对有柄，其上侧 1 片椭圆状披针形，长约 2 厘米，宽 5-7 毫米，下部 1-2 对深羽裂，上部的椭圆形并浅羽裂；末回裂片椭圆形，宽约 1 毫米，具小齿牙；向上的羽片宽披针形，中部以下二回羽状，顶部的深裂达羽轴；叶脉明显，羽状或扇形分叉，栗褐色，近平行，裂片的每小齿有 1 小脉，小脉间有假脉；叶干后褐或栗褐色，近革质，无毛。孢子囊群着生小脉顶端，每裂片有 1 枚；囊群盖圆管状，先端截形达叶缘，基部钝圆，深棕褐色，质坚厚，顶部外侧有小弯角。

产香港及海南，生于山地疏林下，附生树干或岩石上。广布于越南、马来西亚和印度尼西亚亚洲热带地区，东南达澳大利亚和波利尼西亚，西至马达加斯加。

图 917 假脉骨碎补 （孙英宝绘）

2. 大叶骨碎补

图 918

Davallia formosana Hayata in Journ. Coll. Sci. Univ. Tokyo 30: 430. 1911.

植株高达 1 米。根茎粗壮，径达 1 厘米，长而横走，密被蓬松鳞片，鳞片宽披针形，有睫毛，红棕色。叶疏生；叶柄长 30-60 厘米，连同羽轴均亮棕或褐棕色，上面有纵沟；叶片三角形或卵状三角形，长宽均 60-90 厘米，四回羽状或五回羽裂，羽片约 10 对，互生，基部 1 对有柄，长三角形，长 20-30 厘米，宽 12-18 厘米，一回小羽片约 10 对，互生，基部

上侧 1 片有柄，三角形，长约 7 厘米，宽约 4 厘米，二回小羽片 7-10 对，互生，有短柄，基部上侧 1 片长卵形，长约 2 厘米，宽约 1 厘米，基部下延；末回小羽片椭圆形，基部下侧下延，深羽裂，裂片斜三角形，宽 1-2 毫米，常 2 裂为不等长尖齿；中部羽片宽披针形，向上的渐小，披针形；叶脉明显，叉状分枝，每锯齿有 1 小脉，几达叶缘；叶干后褐棕色，坚草质或纸质，无毛。孢子囊群生于小脉中部弯弓处或分叉处，离叶缘及尖齿弯缺刻，每裂片有 1 枚；囊群盖管状，长约为宽的 2 倍，先端截形，褐色有金黄色光泽，厚膜质。

产台湾、福建、广东、香港、海南、广西及云南，生于海拔 600-

图 918 大叶骨碎补 （引自《图鉴》）

700 米低山山谷岩石或树干上。越南北部及柬埔寨有分布。

3. 阔叶骨碎补 图 919

Davallia solida (Forst.) Sw. in Journ. Bot. 1800(2): 87. 1901.

Trichomanes solidum Forst. Prodr. 86. 1786.

植株高 30-50 厘米。根茎粗壮，径 0.8-1 厘米，木质，密被鳞

片，鳞片卵状披针形，先端钻形，具睫毛，中部褐色，边缘棕或灰棕色，覆瓦状排列。叶疏生；叶柄长 15-18 厘米，棕禾秆色，上面有沟，基部密被鳞片，向上光滑；叶片五角形，长宽均 18-30 厘米，基部心形，三回羽状或基部四回羽裂，羽片约 10 对，下部 1-2 对，对生或近对生，有柄，基部 1

图 919 阔叶骨碎补 （蔡淑琴绘）

对长三角形，长 10-17 厘米，宽 8-10 厘米，一回小羽片 8-12 对，有短柄，基部下侧羽片 1 片卵状披针形或卵形，长 5-10 厘米，宽 2.5-3.5 厘米，末回小羽片 6-8 对，互生，无柄或近无柄，基部 1 对长 1-1.5（-1.8）厘米，宽 4-6（-9）毫米，椭圆形，基部下侧下延，下部 1-2 对常羽裂成椭圆形裂片，向上的有齿或近全缘，叶脉纤细，褐色，扇状分枝，先端有水囊；叶干后暗褐或褐棕色，厚纸质或革质。孢子囊群着生小羽片上部，近叶缘，每裂片或锯齿常有 1 枚；囊群盖管状，长约 1.5 毫米，为宽的 1.5 倍，顶部叶缘两侧各有小钝角，红棕色。

产台湾、广东、香港、广西及云南，生于海拔 500-1400 米山谷溪旁岩石或树干上。缅甸、泰国、越南、菲律宾、马来西亚至波利尼西亚有分布。

4. 骨碎补 图 920

Davallia mariesii Moore ex Baker in Ann. Bot. (London) 5: 201. 1891.

植株高 15-40 厘米。根茎长，横走，径 4-5 毫米，密被蓬松灰棕色鳞片，鳞片窄披针形或披针形，有睫毛。叶疏生；叶柄长 6-20 厘

米，深禾秆色或带棕色，上面有纵沟，基部被鳞片，向上光滑；叶片五角形，长宽均 8-25 厘米，基部心形，四回羽裂，羽片 6-12 对，下部 1-2 对对生或近对生，向上的互生，有短柄，基部 1 对长宽均 5-10 厘米，三角形；一回小羽片 6-10 对，互生，有短柄，基部下侧 1 片长 2.5-7 厘米，宽 2-3 厘米，长卵形，

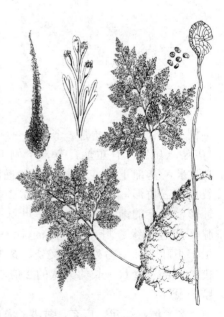

图 920 骨碎补
（孙英宝仿《中国蕨类植物图谱》）

深羽裂达小羽轴；二回小羽片 5-8 对，无柄，基部上侧 1 片长 0.8-1.5 厘米，宽 4-8 毫米，椭圆形，基部下侧下延，下部几对深羽裂达具宽翅的主脉，向上的为浅羽裂，裂片椭圆形，宽 1.5-2 毫米，单一或 2 裂

成锯齿；向上的羽片渐小，椭圆形，下部的二回羽状，上部深羽裂达羽轴，叶脉明显，2叉分枝，每齿有1小脉，几达叶缘；叶干后棕褐或褐绿色，坚草质。孢子囊群着生小脉顶端，每裂片有1枚；囊群盖管状，长约1毫米，为宽的1.5倍，先端截形，外侧有尖角，褐色，厚膜质。

产辽宁、山东、江苏、浙江、台湾及福建，生于海拔500-700米山地林中树干或岩石上。朝鲜半岛南部和日本有分布。

5. 麻栗坡骨碎补 图 921

Davallia brevisora Ching, Fl. Reipubl. Popul. Sin. 2: 305. 1959.

植株高25-40厘米。根茎长，横走，密被鳞片，鳞片披针形，先端长钻状，有睫毛，中部具黑色纵条，边缘棕色。叶疏生；叶柄长15-20厘米，棕禾秆色，上面有纵沟，基部密被鳞片，向上光滑；叶片五角形，长宽均20-25厘米，基部心形，三回羽状或四回羽裂，羽片约10对，下部的近对生，基部1对三角状卵形，长12-16厘米，宽6-11厘米；一回小羽片8-10对，互生，有短柄，基部下侧1片长6-9厘米，宽2.5-3.5厘米，卵状披针形，一回羽状；末回小羽片7-8对，互生，无柄，基部1对椭圆形，长2-2.8厘米，宽0.6-1厘米，具锯齿，基部两侧下延，下部二至三回深羽裂，向上的边缘有粗齿，裂片椭圆形，有锯齿；向上的羽片宽披针形，叶脉明显，棕褐色，多回2叉分枝，小脉纤

图 921 麻栗坡骨碎补 （孙英宝绘）

细，几达叶缘；叶干后暗褐色，近革质，无毛。孢子囊群着生末回小羽片上部，近边缘，每锯齿常有1枚；囊群盖杯形，长宽几相等或长略过宽，先端截形，不达叶缘，顶部叶缘两侧各有1小角，棕褐色，膜质。

产广西及云南，生于海拔120-1500米山地针阔叶混交林中岩石上。

6. 云桂骨碎补 图 922

Davallia amabilis Ching, Fl. Reipubl. Popul. Sin. 2: 303. 376. 1959.

植株高达1米。根茎粗壮，长而横走，密被蓬松鳞片，鳞片窄披针形，有睫毛，褐棕色。叶疏生；叶柄长25-35厘米，暗红褐或褐色，基部被鳞片，向上光滑；叶片三角形，长40-70厘米，宽30-40厘米，四回羽状或五回羽裂，羽片约10对，互生，基部1对具长柄，长三角形，长达30厘米，宽约15厘米，中部羽片三角状披针形，向上的宽披针形；一回小羽片12-15对，互生，下部的具短柄，基部1对三角形，长

图 922 云桂骨碎补 （孙英宝绘）

7-8厘米，宽5-6厘米，二回小羽片8-10对，互生或基部1对近对生，基部1对有短柄，三角状卵形，长约3厘米，宽约2厘米，具粗齿，向上的渐小，椭圆形；三回小羽片5-6对，近无柄，基部1对卵形，长1-1.2厘米，宽6-8毫米，有粗齿，深羽裂达主脉，裂片3-5对，椭圆形，宽约2.5毫米，有钝齿，叶脉明显，羽状，每粗齿有1小脉；末回小羽片宽约2毫米。叶干后上面褐色，下面棕色，草质，无毛。孢子囊群每粗齿有1枚，着生处隆起，不达叶缘；囊群盖杯形，长宽几相等或长略过于宽，先端截形，基部宽圆，顶部外侧有小钝角，深棕色，厚膜质。

产广西西北部及云南，生于海拔300-900米低山山谷潮湿岩石上。

5. 阴石蕨属 Humata Cav.

附生小型蕨类。根茎长，横走，有网状中柱，密被鳞片，鳞片盾状伏生，向上渐窄，非钻形，边缘无或稍有睫毛。叶疏生；叶柄基部具关节着生根茎；叶片一型或近二型，常三角形，多回羽裂，稀披针形单叶；叶脉分离；叶革质，光滑或稍被鳞片。孢子囊群着生小脉顶端，近叶缘；囊群盖圆形、圆肾形或半圆宽肾形，革质，基部或两侧下部着生叶面；孢子囊柄细长，具3行细胞，环带具12增厚细胞。孢子椭圆形，无周壁，外壁具瘤状纹饰。染色体x=10，(40)。

约50种，主要分布于马来西亚至波利尼西亚，伊里安种类最多，北达日本，西至喜马拉雅，南至非洲马达加斯加。我国约9种。

1. 叶片宽披针形或卵状披针形。
　2. 根茎鳞片淡棕色；叶片长15-26厘米，宽5-7厘米，三回深羽裂 ……………… 1. 长叶阴石蕨 H. assamica
　2. 根茎鳞片黑褐色；叶片长8-12厘米，宽3.5-5厘米，一回羽状 ……………… 1(附). 马来阴石蕨 H. pectinata
1. 叶片宽卵形、三角状卵形、宽三角状卵形、长三角状卵形或长三角形。
　3. 根茎径2-4（5）毫米；叶柄长5-9（-12）厘米。
　　4. 根茎鳞片红棕色，披针形。
　　　5. 叶柄及叶轴下面无鳞片或疏生鳞片，基部1对羽片深羽裂 ……………… 2. 阴石蕨 H. repens
　　　5. 叶柄及叶轴下面密被鳞片；基部1对羽片二回羽裂 ……………… 2(附). 鳞叶阴石蕨 H. trifoliata
　　4. 根茎鳞片褐色或淡棕色，线状披针形。
　　　6. 根茎径2毫米；叶片三角状卵形，长5-9厘米，宽4-7厘米 ……………… 3. 热带阴石蕨 H. vestita
　　　6. 根茎径4-5毫米；叶片长三角状披针形，长宽均10-15厘米……………… 4. 圆盖阴石蕨 H. tyermanni
　3. 根茎径5-10毫米；叶柄长10-17厘米。
　　7. 叶片三角状卵形，长16-25厘米 ……………… 5. 杯盖阴石蕨 H. griffithiana
　　7. 叶片长三角形，长达30厘米，基部宽20厘米 ……………… 5(附). 云南阴石蕨 H. henryana

1. 长叶阴石蕨　　　　　　　　　图923

Humata assamica (Bedd.) C. Chr. in Contr. U. S. Nat. Herb. 26: 293. 1931.

Acrophorus assamicus Bedd. Ferns Brit. Ind. t. 94. 1866.

植株高20-35厘米。根茎长，横走，肉质，密被淡棕色披针形鳞片，老时上部脱落。叶疏生；叶柄长5-10厘米，淡棕或禾秆色，光滑；叶片宽披针形，长15-26厘米，宽5-7厘米，三回深羽裂，羽片约20对以上，具短柄，互生，长三角状披针形，二回深羽裂，小羽片7-12对，椭圆形，长约1厘米，宽3-5毫米，基部1对或上侧1片较长，先端有2-3牙齿，无柄，上先出，深羽裂达2/3，裂片先端有2-4牙齿，基部1对小羽片较大，裂片有2-3对小缺刻；中部以上的羽片渐短，二回深羽裂，叶脉不明显，羽状分叉，下面2叉，不达叶缘；叶干后褐棕色，近革质，光滑；叶轴和叶柄同色，向上部有窄翅。孢子囊群着生裂片上侧小脉分叉处；囊群盖半圆形，棕色，全缘，质较厚，基部着生。

产云南及西藏，生于海拔1400-2300米林中树干或岩石上。印度北部有分布。

[附] **马来阴石蕨 Humata pectinata** (Sm.) Desv. Prodr. 323. 1827. —— *Davallia pectinata* Sm. in Mém. Acad. Sci. Turin 5: 415. 1793. 本种与长叶阴石蕨的主要区别：植株高 13-19 厘米；根茎密被黑褐色鳞片；叶片长 8-12 厘米，宽 3.5-5 厘米，一回羽状。产台湾，生于海拔约 400 米树干或岩石上。东南亚至密克罗尼西亚有分布。

2. 阴石蕨

图 924: 1-6

Humata repens (Linn. f.) Diels in Engl. u. Prantl. Nat. Pflanzefam. 1 (4): 209. 1899.

Adiantum repens Linn. f. Suppl. 446. 1781.

植株高 10-20 厘米。根茎长，横走，径 2-3 毫米，密被鳞片，鳞片披针形，红棕色，盾状伏贴着生。叶疏生；叶柄长 5-12 厘米，

棕色或棕禾秆色，疏被鳞片；叶片三角状卵形，长 5-10 厘米，基部宽 3-5 厘米，二回羽状深裂，羽片 6-10 对，无柄，具窄翅相连，基部 1 对长 2-4 厘米，宽 1-2 厘米，近三角形或三角状披针形，基部楔形，下延，上部常牙齿状，下部深羽裂，裂片 3-5 对，基部下侧 1 片长 1-1.5 厘米，椭圆形，略斜下，全缘或浅裂；自第二对羽片以上渐短，椭圆状披针形，斜展或斜下，浅裂或具不明显疏缺刻，上面叶脉不明显，下面明显，褐棕或深棕色，羽状；叶干后褐色，革质，无毛或下面沿叶轴偶有少数棕色鳞片。孢子囊群沿叶缘着生，在羽片上部有 3-5 对；囊群盖半圆形，棕色，全缘，质厚，基部着生。

产浙江、台湾、福建、江西、广东、香港、海南、广西、贵州、四川及云南，生于海拔 500-1900 米溪边树干或阴处岩石上。日本、印度、斯里兰卡、东南亚、波利尼西亚、澳大利亚至东非马达加斯加有分布。

[附] **鳞叶阴石蕨** 图 924: 7-12 **Humata trifoliata** Cav. Descr. Pl. 273. 1802. 本种与阴石蕨的主要区别：叶柄及叶轴下面密被鳞片；基部 1 对羽片二回羽裂。产台湾东部及中部，生于海拔约 500 米林下岩石上。东南亚及日本南部有分布。

图 923 长叶阴石蕨
（引自《中国蕨类植物图谱》）

图 924: 1-6.阴石蕨 7-12.鳞叶阴石蕨
（孙英宝仿《Ogata, Ic. Fil. Jap.》）

3. 热带阴石蕨　图 925

Humata vestita (Bl.) Moore, Ind. Fil. 92. 1857.

Davallia vestita Bl. Enum. Pl. Jav. 233. 1828.

植株高 14-20 厘米。根茎细长横走，径 2 毫米，密被鳞片，鳞

片线状披针形，长 6-9 毫米，宽约 1.2 毫米，褐色，边缘色较淡，有睫毛。叶疏生；叶柄长 5-9 厘米，禾秆色或棕色；叶片三角状卵形，长与叶柄相等或稍过，宽 4-7 厘米，二回羽状或基部三回羽裂，叶脉下面明显，棕或褐色，小脉分叉；叶革质，无毛，叶柄、叶轴及羽轴下面多少被鳞片。孢子囊群

图 925 热带阴石蕨 （孙英宝绘）

小，近叶缘着生；囊群盖半圆形，宽约 0.6 毫米，棕色，全缘，基部着生。

产台湾。菲律宾、印度尼西亚、马来西亚及泰国有分布。

4. 圆盖阴石蕨　图 926

Humata tyermanni Moore in Gard. Chron. 870. f. 178. 1871.

植株高 16-45 厘米。根茎长，横走，径 4-5 毫米，密被蓬松鳞片，

鳞片线状披针形，基部圆盾形，淡棕色，中部色深。叶疏生；叶柄长 6-8 厘米，棕色或深禾秆色，基部被鳞片，向上光滑；叶片长三角状披针形，长宽 10-15 厘米，或长稍过宽，基部心形，三至四回羽状深裂，羽片约 10 对，有短柄，互生，基部 1 对长 5.5-7.5 厘米，宽 3-5 厘米，长三角形，三回深羽裂；一回小

图 926 圆盖阴石蕨 （引自《图鉴》）

羽片 6-8 对，上侧的常较短，基部下侧 1 片长 2.5-4 厘米，宽 1.2-1.5 厘米，椭圆状披针形或三角状卵形，柄极短，二回羽裂；二回小羽片 5-7 对，长 5-8 毫米，宽约 3 毫米，椭圆形，深羽裂或波状浅裂，裂片近三角形，全缘；羽轴下侧自第二片一回小羽片起向上渐小，椭圆形，长达 2.5 厘米，羽状深裂，裂片近三角形，第二对羽片向上，较小；椭圆状披针形，一回羽状，小羽片上缘有 2-3 小裂片；叶脉上面隆起，下面可见，羽状，小脉单一或 2 叉，不达叶缘；叶干后棕或棕绿色革质，光滑。孢子囊群着生小脉顶端；囊群盖近圆形，全缘，浅棕色，基部一点着生。

产江苏、安徽、浙江、福建、江西、湖南、广东、香港、广

西、贵州、四川及云南，生于海拔 140-1760 米林中树干或岩石上。越南北部及老挝有分布。栽培供观赏；根茎入药。

5. **杯盖阴石蕨** 杯状盖阴石蕨 图 927

Humata griffithiana (Hook.) C. Chr. in Contr. U. S. Nat. Herb. 26:293. 1931.

Davallia griffithiana Hook. Sp. Fil. 1: 168. t. 49 B. 1846.

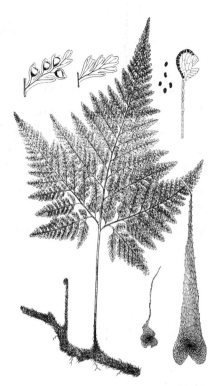

植株高达 40 厘米。根茎长，横走，径 6 毫米，密被蓬松鳞片，鳞片线状披针形，基部盾状着生，黄棕或棕色，老时浅灰色。叶疏生；叶柄长 10-15 厘米，浅棕色，上面有纵沟，光滑；叶片三角状卵形，长 16-25 厘米，宽 14-18 厘米，自基部、中部至顶部分别为四回、三回和二回羽裂，羽片 10-15 对，互生，基部 1 对长 8.5-11 厘米，宽 4-8 厘米，长三角形，有柄，三回深羽裂，一回小羽片约 10 对，互生，上先出，有柄，羽轴上侧的较短，基部下侧 1 片长 4-5.5 厘米，宽 2-2.5 厘米，椭圆形或长卵形，二回羽裂；二回小羽片 5-7 对，互生，上先出，上侧的略短，下侧的长 0.8-1.5 厘米，宽 5-6 毫米，椭圆形，基部下延，深羽裂；鳞片全缘，渐尖头或具小缺刻；自第二对羽片椭圆状披针形，羽轴基部上侧 1 片深羽裂，余下侧全缘，上侧有 2-3 裂片，叶脉不显，侧脉单一或 2 叉，几达叶缘；叶干后上面浅褐色，下面棕色，革质，无毛。孢子囊群生于上侧小脉顶端，每裂片 1-3 枚；囊群盖宽杯形，高稍过于宽，两侧着生叶面，棕色，有光泽。

图 927 杯盖阴石蕨
（孙英宝仿《Ogata, Ic. Fil. Jap.》）

产台湾、广东及云南，生于海拔 1100-2200 米林中树干上。印度北部有分布。

[附] **云南阴石蕨 Humata henryana** (Baker) Ching, Fl. Reipubl. Popul. Sin. 2: 312. 1959.——*Davallia henryana* Baker in Kew Bull. Misc. Inf. 1906: 8. 1906. 本种与杯盖阴石蕨的主要区别：叶片长三角形，羽片基部 1 对三角状披针形，长 13-14 厘米，小羽片约 10 对，基部下侧 1 片长三角状披针形；囊群盖扁圆形。产云南南部及西南部、贵州、西藏，生于海拔 1100-2200 米林中树干上。

53. 雨蕨科 GYMNOGRAMMITIDACEAE

（林尤兴）

附生中型蕨类。根茎横走，圆柱形，辐射对称，坚挺，灰蓝色，具网状中柱，密被鳞片，鳞片小，覆瓦状排列，披针形，锈棕色，长钻状尖头，腹部盾状着生，密生长睫毛，具细筛孔，网眼窄长。叶疏生，螺旋状排列；叶柄圆柱形，棕色，有光泽，基部以上光滑，具关节着生灰蓝色叶基，老时由此断落；叶片长卵形或宽卵形，四回羽状细裂，各回羽片及羽片密接，从叶轴及小羽轴锐角斜展，末回小羽片及裂片披针形，全缘，各有单一的小脉1条，不达叶缘；叶薄草质，极光滑。孢子囊群圆形，无盖，具少数孢子囊，无隔丝，每末回裂片有1枚，着生小脉背部，成熟时稍扩展而大于裂片；孢子囊有细柄，具3行细胞，环带具12-16增厚细胞。孢子两侧对称，椭圆形，透明，单裂缝，外壁有细长棒状纹饰，上面及顶端常有易脱落小球状物，外壁有不明显细网。

1 属。

雨蕨属 Gymnogrammitis Griff.

形态特征与科同。

单种属。

雨蕨

图 928

Gymnogrammitis dareiformis (Hook.) Ching ex Tard. - Blot et C. Chr. in Notul. Syst. (Paris) 6(1): 2. 1937.

Polypodium dareiforme Hook. 2nd. Cent. Ferns. t. 24. 1860.

植株高 30-40 厘米。根茎长，横走，粗壮，灰蓝色，密被鳞片。叶疏生；叶柄长 6-18 厘米，栗褐或深禾秆色，上面有纵沟，基部具关节与叶基连接；叶片长 20-35 厘米，基部宽 15-25 厘米，渐尖头，基部心形，四回羽裂，羽片 10-15 对，下部 2 对近对生，向上的互生，斜展，密接或重叠，有短柄，下部 1-2 对长 8-15 厘米，宽 3.5-7 厘米，三角状拔针

形，三回羽裂；一回小羽片 10-15 对，互生，斜展，柄具窄翅，椭圆形，长 1.5-4 厘米，宽 0.5-1.8 厘米，二回羽裂，二回小羽片 4-8 对，略斜上，具短柄，椭圆形，长 3-7 毫米，宽 1.5-4.5 毫米，基部下侧下延，常细裂为短裂片，裂片 2-4 对，斜上，线形，长 2-3 毫米，宽不及 1 毫米，全缘，叶脉不显，每裂片有 1 小脉，不达裂片先端；叶干后褐绿色，草质，无毛，叶轴栗褐色，顶部两侧具绿色窄片，小羽轴两侧有窄翅。孢子囊群着生小脉顶端以下，圆

图 928 雨蕨 （引自《图鉴》）

形，成熟时略宽于裂片，无盖，无隔丝。

产湖南、广东、海南、广西、贵州、云南及西藏，生于海拔 1300-2700 米山地密林下树干或岩石上。印度北部、尼泊尔、不丹、缅甸、泰国、老挝、柬埔寨及越南有分布。

54. 双扇蕨科 DIPTERIDACEAE
（林尤兴）

土生较大型蕨类。根茎长而横走，粗壮，木质，有管状中柱，被黑褐色刚毛状裂片。叶疏生；单叶；叶柄比叶片长，光滑，上面有纵沟，基部无关节；叶片及主脉多回二歧分叉，形成多数不等长排成扇形裂片，第一回分叉将叶片等分两部分，各自再多回二歧分叉；叶脉网状，小脉明显，网眼有内藏反折分叉小脉。孢子囊群小，圆形，成点状或汇生于联结小脉，无囊群盖，具棒状或盘状隔丝；孢子囊少数，球状或梨形，短柄具4行细胞，环带通常垂直，具12个增厚细胞。孢子两侧对称，单裂缝，光滑。

1 属。

双扇蕨属 Dipteris Reinw.

属的特征与科同。染色体基数 x=11。

约 8 种，产亚洲热带地区。我国 3 种。

1. 叶片厚纸质或纸质，末回裂片钝尖头或短渐尖头，具锯齿，叶脉无横脉。
  2. 植株高达90厘米；叶片纸质，末回裂片钝尖头，具粗锯齿，下面有灰棕色毛 ································
  ···················· 1. 中华双扇蕨 D. chinensis
  2. 植株高达 2 米；叶片厚纸质，末回裂片短渐尖头，下面灰白色 ············ 2. 双扇蕨 D. conjugata
1. 叶片硬革质，末回裂片长渐尖头，无锯齿，叶脉具突起平行横脉 ············ 1(附). 喜马拉雅双扇蕨 D. wallichii

1. 中华双扇蕨

图 929 彩片 121

Dipteris chinensis Christ in Bull. Acad. Int. Geogr. Bot. 1090. f. et t. c. 1904.

植株高 0.6-1.3 米。根茎长，横走，木质，被钻状黑色披针形鳞片。叶疏生；叶柄长 0.3-1 米，灰棕或淡禾秆色；叶片纸质，下面沿主脉疏生灰棕色有节硬毛，长 20-30 厘米，宽 30-60 厘米，中部分裂成 2 相等扇形，每扇再深裂为 4-5 裂片，裂片宽 5-8 厘米，每裂片顶部浅裂，末回裂片钝尖头，有粗锯齿；主脉多回二歧分叉，小脉网状，网眼有单一或分叉内藏小脉。孢子囊群小，近圆形，散生于网脉交结点，被浅杯状隔丝覆盖。

产广西、贵州及云南，生于海拔 800-2100 米灌丛中。中南半岛及缅甸北部有分布。

[附] **喜马拉雅双扇蕨 Dipteris wallichii** (R. Br.) T. Moore, Ind. 8. 1857. —— *Polypodium wallichii* R. Br. Wall. List 287. 1828. 本种与中华双扇蕨

图 929 中华双扇蕨
（引自《中国蕨类植物图谱》）

的主要区别：叶片硬革质，末回裂片长渐尖头，无锯齿，叶脉具突起

平行横脉。产西藏东南部，生于海拔 1400 米山坡阔叶林下。印度东北部有分布。

2. 双扇蕨 灰背双扇蕨　　　　　　　　图 930 彩片 122

Dipteris conjugata (Kaulf.) Reinw., Syll. Pl. 2: 3. 1824.

Polypodium conjugatum Kaulf. Wes. d. Farrnkr. 104. 1827.

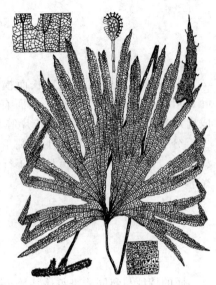

图 930 双扇蕨 （引自《Fl. Taiwan》）

植株高达 2 米。根茎长，横走，径约 1 厘米，木质，坚硬，密被黑色有光泽刚毛状鳞片。叶疏生；叶柄长 0.4-1.2 米，径 5-8 毫米，基部密被鳞片，向上光滑，坚硬，圆柱形，上面有宽纵沟；叶片中部 2 裂，长 25-50 厘米，每裂片向基部深裂至叶片 4/5，形成不等长 4 裂片，每裂片 1-2 回深裂，末回裂片长三角形，短渐尖头，具尖锯齿；叶厚纸质，上面无毛，下面灰白色，主脉多

回二歧分叉，两面均隆起，每末回裂片有 2-4 主脉，横脉平行，小脉联结成网眼，有内藏小脉。孢子囊群小型，圆形，大小不等，散生叶片下面。

产台湾及海南，生于密林下。泰国、马来西亚、印度尼西亚、菲律宾及斐济群岛有分布。

55. 燕尾蕨科 CHEIROPLEURIACEAE

（林尤兴）

生于石缝蕨类。根茎粗壮，横走，具原生中柱或管状中柱，密被绣棕色长柔毛。叶疏生，二型；单叶；叶柄直立，与根茎连接处无关节；不育叶片卵形或圆形，先端 2 裂或不裂，全缘；能育叶片宽线形，全缘，干后近革质，无毛；主脉 4-5，从叶片基部放射状向叶缘上部伸展，小脉联结成网眼，内藏单一或分叉小脉。孢子囊密被能育叶片下面，具长柄，环带稍斜，具 24 个增厚细胞，隔丝棒状。孢子 3 裂缝，四面形，三角形，外壁光滑。

1 属。

燕尾蕨属 Cheiropleuria C. Presl

属的特征同科。染色体基数 x=11。

单种属。

燕尾蕨 图 931 彩片 123

Cheiropleuria bicuspis（Bl.）C. Presl, Epim. Bot. 189. 1839.

Polypodium bicuspe Bl. Enum. 125. 1828.

植株高 30-40 厘米。根茎粗壮，横走，木质，径 1 厘米，密被绣棕色有节绢丝状长毛。叶近生，二型；不育叶柄长 20-30 厘米，径约 1 毫米，棕禾秆色，光亮，下部圆柱形，上面有纵沟，顶端稍膨大；叶片卵圆形，厚革质，长 10-15 厘米，宽 5-8 厘米，先端 2 深裂，基部圆或略下延，缺刻宽，圆弧形，裂片近三角形，渐尖头，无毛；主脉 3-4，自基部向顶部放射状伸长，稍曲

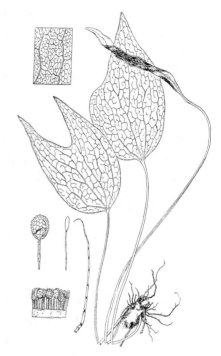

图 931 燕尾蕨
（引自《中国蕨类植物图谱》）

折，其间有不整齐横脉相连，小脉联结成网，内藏单一或分叉小脉；能育叶柄长达 40 厘米，叶片披针形，不裂，主脉 3。孢子囊密被下面网状脉上，幼时被棒状隔丝覆盖。

产浙江、台湾、广东、海南、广西北部及贵州南部，生于海拔约 1000 米林下石灰岩上。中南半岛、印度尼西亚、菲律宾及日本有分布。

56. 水龙骨科 POLYPODIACEAE

（林尤兴　陆树刚　石雷）

中小型蕨类，通常附生，稀土生。根茎长，横走，有网状中柱，通常有厚壁组织，被鳞片；鳞片盾状着生，通常具粗筛孔，全缘或有锯齿，稀具刚毛或柔毛。叶一型或二型；有柄并具关节着生根茎；单叶全缘，或分裂，或羽状，草质或纸质，无毛或被星状毛，罕疏被鳞片；叶脉网状，稀分离，网眼有分叉内藏小脉，小脉顶端具水囊。孢子囊群圆形、椭圆形或线形，或幼时密被能育叶片下面一部或全部；无囊群盖，有隔丝；孢子囊具长柄，具 12-18 个增厚细胞，成纵行环带。孢子椭圆形，单裂缝，两侧对称。

约 40 余属，广布全世界，主产热带和亚热带地区。我国 25 属。

1. 叶脉分离，或羽状两侧成 1 行网眼，具内藏单一不分叉小脉。

　2. 羽片不具关节着生叶轴。

　　3. 叶脉分离，不联结成网眼。

　　　4. 侧脉羽状；根茎鳞片质厚，不透明，具厚壁细胞 ·················· 1. **多足蕨属 Polypodium**

　　　4. 侧脉 2 叉；根茎鳞片质薄，透明，具粗筛孔 ·················· 2. 篦齿蕨属 **Metapolypodium**

　　3. 叶脉在羽轴和主脉两侧构成 1 列窄长网眼。

　　　　5. 叶片深裂达叶轴两侧窄翅，羽片约 15 对，接近 ·················· 3. 水龙骨属 **Polypodiodes**

　　　　5. 叶片羽状，叶轴两侧无翅，羽片约 10 对，疏离 ·················· 4. 拟水龙骨属 **Polypodiastrum**

　　2. 羽片具关节着生叶轴 ·················· 5. 棱脉蕨属 **Schellolepis**

1. 叶脉联结成网眼，通常具分叉内藏小脉。

　　6. 叶片下面及孢子囊群通常被星状毛和隔丝覆盖。

　　　7. 叶片下面疏被鳞片；孢子囊群被隔丝覆盖。

　　　　8. 孢子囊群圆形、长圆形或椭圆形。

　　　　　9. 叶鸟足状或三叉状深裂 ·················· 6. 扇蕨属 **Neocheiropteris**

　　　　　9. 单叶，全缘，偶分裂。

　　　　　　10. 根茎鳞片具簇生柔毛或刚毛；侧脉明显；孢子囊群在主脉两侧成不整齐 1-3（4）行。

　　　　　　　11. 根茎鳞片着生处有簇生柔毛；叶片披针形、长圆形、椭圆形或卵状披针形，下面疏被鳞片 ········
　　　　　　　　·················· 7. 盾蕨属 **Neolepisorus**

　　　　　　　11. 根茎鳞片有簇生刚毛；叶片披针形或带状，无毛 ·················· 13. 毛鳞蕨属 **Tricholepidum**

　　　　　　10. 根茎鳞片基部无毛，侧脉不显；孢子囊群在侧脉两侧成 1 行或散生。

　　　　　　　12. 叶革质或肉质；孢子囊群大型，在主脉两侧成 1 行。

　　　　　　　　13. 叶一型，革质；根茎粗壮，或细如铁丝，横走，非绿色，密被鳞片 ········ 8. 瓦韦属 **Lepisorus**

　　　　　　　　13. 叶二型，或近二型，肉质；根茎细长横走，淡绿色，几光滑 ··········
　　　　　　　　　·················· 9. 骨牌蕨属 **Lepidogrammitis**

　　　　　　　12. 叶纸质；孢子囊群较小，通常较密或散生主脉两侧 ·················· 14. 鳞果星蕨属 **Lepidomicrosorum**

　　　　8. 孢子囊群线形，在主脉两侧各成 1 行，与主脉平行。

　　　　　14. 叶二型，不育叶倒卵形或椭圆形，长 2-12 厘米 ·················· 10. 伏石蕨属 **Lemmaphyllum**

　　　　　14. 叶一型，线形或线状披针形，长 15-25 厘米。

　　　　　　15. 叶片线状披针形，顶端能育部分骤缩成线形；孢子囊群生于叶片下面 ········ 11. 尖嘴蕨属 **Belvisia**

　　　　　　15. 叶片长线形，顶端不窄缩；孢子囊群生于主脉两侧纵沟内 ·················· 12. 丝带蕨属 **Drymotaenium**

　　7. 叶片下面密被星状毛；孢子囊群被星状毛覆盖。

　　　16. 孢子囊群近圆形、长圆形、近卵形或椭圆形 ·················· 15. 石韦属 **Pyrrosia**

　　　16. 孢子囊群线形。

　　　　17. 叶二型，不育叶卵形、圆形或舌状，能育叶线形或长舌形，小脉网眼有内藏小脉 ········
　　　　　·················· 16. 抱树莲属 **Drymoglossum**

　　　　17. 叶一型，线形，小脉网眼无内藏小脉 ·················· 17. 石蕨属 **Saxiglossum**

　　6. 叶片下面及孢子囊群无星状毛和隔丝覆盖。

　　　18. 孢子囊群通常圆形或长圆形，较大，规则排列于主脉或羽轴两侧；孢子囊群若密被能育叶下面，则叶
　　　　片掌状 3 深裂；孢子囊群若线形，则位于主脉两侧，并与主脉平行；根茎具厚质、红棕色、不透明大
　　　　鳞片。

　　　　19. 孢子囊群圆形或长圆形。

　　　　　20. 羽片不具关节着生叶轴。

　　　　　　21. 根茎肉质，被半透明粗筛孔褐色卵状鳞片 ·················· 18. 瘤蕨属 **Phymatosorus**

　　　　　　21. 根茎细长，木质，被不透明窄长筛孔棕色披针形鳞片 ·················· 19. 假瘤蕨属 **Phymatopteris**

　　　　　20. 羽片具关节着生叶轴 ·················· 21. 节肢蕨属 **Arthromeris**

　　　　19. 孢子囊群长条形或线形或密被能育叶下面。

　　　　　22. 单叶，全缘；孢子囊群长条形 ·················· 20. 修蕨属 **Selliquea**

22. 叶掌状 3 深裂；孢子囊群密被能育叶下面 ··· 22. **戟蕨属 Christiopteris**
18. 孢子囊群圆形，细小，通常不规则散生叶片下面，若孢子囊群密被能育叶下面，则为单叶，全缘；若孢
　　子囊群线形，则根茎具薄而透明粗筛孔棕色小鳞片。
　　23. 孢子囊群圆形，细小，通常成多行不规则散生叶片下面 ······························· 23. **星蕨属 Microsorum**
　　23. 孢子囊群线形或密被能育叶下面。
　　　24. 孢子囊群线形 ··· 24. **线蕨属 Colysis**
　　　24. 孢子囊群密被能育叶下面 ·· 25. **薄唇蕨属 Leptochilus**

1. 多足蕨属 Polypodium Linn. emend. Ching

中小型附生蕨类。根茎长，横走，密被鳞片，鳞片披针形或窄披针形，棕或黄棕色，由窄长厚壁细胞组成，质厚，不透明，宿存。叶疏生，叶柄具关节着生根茎；叶片披针形，单叶，羽状深裂，裂片 5 对以上，披针形，略镰刀状，先端钝圆，全缘或有疏浅缺刻，叶脉分离，裂片侧脉羽状，不达叶缘，顶端具水囊。孢子囊群圆形或椭圆形，着生侧脉基部上侧 1 小脉顶端，在裂片中脉两侧各排成 1 行，隔丝有或无，无囊群盖。孢子椭圆形，外壁有瘤状纹饰。染色体基数 x=37。

约 5-6 种，分布于北温带地区。我国 2 种。

1. 侧生裂片斜向叶先端；孢子囊群着生裂片中脉与叶缘间 ································· 1. **欧亚多足蕨 P. vulgatum**
1. 侧生裂片近平展；孢子囊群近裂片边缘着生 ··· 2. **东北多足蕨 P. virginianum**

1. 欧亚多足蕨　　　　　　　　　图 932

Polypodium vulgatum Linn. Sp. Pl. 1085. 1753.

根茎长，横走，径 3-4 毫米，密被鳞片，鳞片卵状披针形，长 4-5 毫米，膜质，淡棕色，有锯齿。叶疏生；叶柄长 5-10 厘米，禾秆色，无毛；叶片卵状披针形，长 10-20 厘米，宽 5-7 厘米，羽状深裂或羽状全裂，短尾尖头，侧生裂片 12-15 对，斜向叶先端，条形，长 3-4 厘米，宽 5-8 毫米，基部与叶轴合生，具窄翅相连，钝头，具浅锯齿；叶干后黄绿色，草质或近革质，两面无毛，叶脉分离，裂片中脉纤细，侧脉不显。孢子囊群圆形，在裂片中脉两侧各成 1 行，着生中脉与叶缘间或略近中脉，无盖。

产新疆，生于海拔约 1910 米，附生岩石。欧亚大陆及北美洲温带地区、朝鲜半岛、日本有分布。

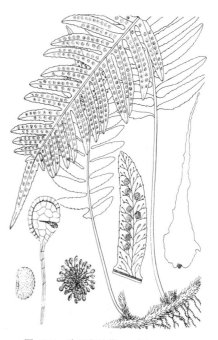

图 932 欧亚多足蕨 （引自《图鉴》）

2. 东北多足蕨　　　　　　　　　图 933

Polypodium virginianum Linn. Sp. Pl. 1085. 1753.

根茎长，横走，径 2-3 毫米，密被披针形鳞片，暗棕色，长 3-4 毫米，具疏锯齿。叶疏生或近生；叶柄长 5-8 厘米，禾秆色，无

毛；叶片长圆状披针形，长 10-20 厘米，宽 3-5 厘米，羽状深裂或基部羽状全裂，羽裂渐尖头或尾尖

头，侧生裂片 12-16 对，近平展，条形，长 2-2.5 厘米，宽约 6 毫米，基部与羽轴合生，钝圆头，具浅锯齿；叶片近革质，干后上面灰绿色，平滑，下面黄绿色，褶皱，两面无毛，叶脉分离，裂片中脉和侧脉均不明显，侧脉顶端有水囊，不达叶缘。孢子囊群圆形，在裂片中脉两侧各成 1 行，近边缘，无盖。

产黑龙江、吉林、辽宁、内蒙古及河北，附生树干或岩石上。蒙古、朝鲜半岛、俄罗斯远东地区、日本及北美洲有分布。

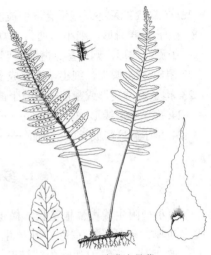

图 933　东北多足蕨
（孙英宝仿《Ogata, Ic. Fil. Jap.》）

2. 篦齿蕨属 Metapolypodium Ching

中等附生蕨类。根茎长，横走，径 2-3 毫米，密被淡褐色披针形鳞片及混生棕色毛状鳞片，质薄，透明，具粗筛孔。叶疏生；叶柄基部具关节着生根茎，长 8-10 厘米，纤细，禾秆色或淡紫色，无毛；叶片长条形或卵状披针形，长 20-30 厘米，宽 5-7 厘米，羽状深裂或基部全裂，羽裂渐尖头，裂片 20-40 对，平展，基部 1 对略反折并略短，上部裂片接近，篦齿状，条形，短渐尖头或钝头，基部与叶轴合生，具粗锯齿；叶轴与叶柄同色；叶脉分离，裂片主脉与侧脉纤细，侧脉 2 叉；叶干后黄绿色，膜质，两面无毛。孢子囊群圆形，在裂片主脉成 1 行，位于主脉与叶缘间，在叶面呈乳头状突起，无盖。

单种属。

篦齿蕨　　　　　　　　　　图 934

Metapolypodium manmeiense (Christ) Ching in Acta Phytotax. Sin. 16 (4): 29. 1978.

Polypodium manmeiense Christ in Bull. Herb. Boissier 6: 870. 1898.

形态特征同属。

产贵州、四川及云南，生于海拔 1000-2500 米，附生树干和岩石。印度、泰国、缅甸北部、老挝、越南及柬埔寨有分布。

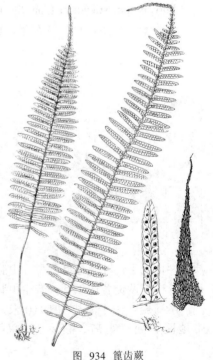

图 934　篦齿蕨
（引自《中国蕨类植物图谱》）

3. 水龙骨属 **Polypodiodes** Ching

中型附生蕨类。根茎长，横走，被鳞片，稀近光滑，常被白粉，鳞片披针形或卵状披针形，棕或暗红色，由等直径筛孔组成，薄而透明，基部宽，盾状着生，渐尖头或毛状尖，近全缘或有不规则疏齿，稀具纤毛。叶疏生；叶柄具关节着生根茎；单叶，羽状深裂，达叶轴两侧窄翅，偶基部羽片全裂，椭圆形或披针形，裂片10-60对，窄披针形，接近，基部汇合，在叶轴两侧形成窄翅，渐尖头，有缺刻或锯齿；叶脉网状，在裂片间的叶轴窄翅常具窄长网眼，裂片中脉两侧各具1行网眼，内具1内藏小脉，网眼外侧叶脉分离，不达叶缘，或偶有1无内藏小脉网眼；叶草质，无毛或被短柔毛，少数叶背面具小鳞片。孢子囊群圆形，在裂片中脉两侧各成1行，着生网眼内内藏小脉顶端，表面生或略下陷叶肉内，幼时被盾状隔丝覆盖，隔丝形状不规则，早落。孢子椭圆形，无周壁，外壁具瘤状纹饰。染色体基数 x=37。

约16种，分布于亚洲大陆热带和亚热带山地，主产喜马拉雅山地区。我国11种和3变种。

1. 根茎灰绿或灰白色，无或被极少鳞片；叶裂片全缘。
 2. 叶片上面疏被柔毛，下面近无毛；根茎鳞片早落近光滑 ·················· 1. **台湾水龙骨 P. formosana**
 2. 叶片两面密被短柔毛；根茎无或疏被披针形鳞片。
  3. 根茎灰绿色，无或略具白粉，疏被窄披针形鳞片 ·············· 2. **日本水龙骨 P. niponica**
  3. 根茎灰白色，密被白粉，除芽和幼叶柄基部外，均无鳞片 ·············· 3. **光茎水龙骨 P. wattii**
1. 根茎密被鳞片，无白粉或白粉被鳞片覆盖；叶裂片边缘有缺刻状浅齿或尖齿。
 4. 根茎鳞片淡黄色，窄披针形，长6-9毫米 ·················· 4. **滇越水龙骨 P. bourretii**
 4. 根茎鳞片棕色，披针形，长2-5毫米。
  5. 叶裂片间基部1对侧脉不联结，叶轴两侧无窄长网眼；叶柄和叶轴栗紫色 ···············
  ·················· 5. **栗柄水龙骨 P. microrhizoma**
  5. 叶裂片间1对侧脉联结，叶轴两侧有窄长网眼；叶柄和叶轴多禾秆色。
   6. 叶片长条形，裂片40-60对，裂片长2-5厘米，先端钝圆。
    7. 根茎鳞片黑褐色，上部窄披针形或钻形，毛状尖头，基部具棕色毛状突起 ·············
    ·················· 6. **濑水龙骨 P. lachnopus**
    7. 根茎鳞片棕色，卵状披针形，有不规则齿突 ·············· 7. **假毛柄水龙骨 P. pseudolachnopus**
   6. 叶片卵状披针形或宽披针形，裂片10-20对，裂片长5-15厘米。
    9. 根茎鳞片卵状披针形，棕色，近全缘 ·············· 8. **假水龙骨 P. subamoena**
    9. 根茎鳞片窄披针形，先端毛发状，乌黑色，有尖齿 ········ 9. **喜马拉雅水龙骨 P. hendersonii**
   8. 裂片边缘具稀疏的钝锯齿或浅缺刻状锯齿。
    10. 根茎鳞片乌黑色；侧生裂片宽5-7毫米，疏离；孢子囊群近裂片中脉着生 ·············
    ·················· 10. **中华水龙骨 P. chinensis**
    10. 根茎鳞片棕色；侧生裂片宽1.5-1.8厘米，接近；孢子囊群排列于裂片中脉与边缘间。
     11. 叶片两面及叶轴和裂片中脉均无毛。
      12. 叶柄禾秆色；裂片披针形，基部1-2对裂片反折 ·············· 11. **友水龙骨 P. amoena**
      12. 叶柄常紫红色；裂片窄披针形，基部1对裂片不反折 ················
      ·················· 11(附). **红杆水龙骨 P. amoena var. duclouxi**
     11. 叶片两面被疏毛，至少叶轴及裂片中脉疏被短柔毛 ········ 11(附). **柔毛水龙骨 P. amoena var. pilosa**

1. 台湾水龙骨   图 935

Polypodiodes formosana (Baker) Ching in Acta Phytotax. Sin. 16(4): 27. 1978.

Polypodium formosanum Baker in Journ. Bot. 23: 105. 1885.

附生蕨类。根茎长，横走，径约 4 毫米，灰绿色，幼时疏被鳞片；鳞片卵状披针形，褐色，全缘，早落。叶疏生；叶柄长15-20 厘米，禾秆色，无毛；叶片窄长椭圆形，长30-50 厘米，宽 10-15 厘米，基部心形，羽裂渐尖头或尾状尖头，羽状深裂，裂片 20-30 对，窄披针形，长 5-8 厘米，宽 0.8-1 厘米，全缘，基部 1 对裂片反折，中下部的近平展，中上部的略斜展，裂片侧脉纤细，网状，在中

脉两侧各具 1-2 行网眼，内行网眼具内藏小脉；叶干后黄绿色，草质，上面疏被柔毛，下面光滑或近无毛，叶轴及裂片中脉毛较密。孢子囊群圆形，裂片中脉两侧各成 1 行，着生内藏小脉顶端，位于中脉与叶缘之间。

产台湾及福建，附生于海拔 200-1200 米的树干或岩石上。日本南部有分布。

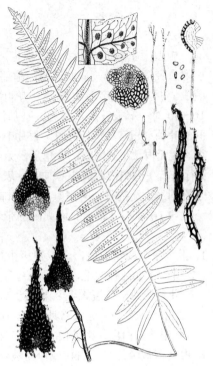

图 935 台湾水龙骨
（孙英宝仿《Ogata, Ic. Fil. Jap.》）

2. 日本水龙骨 图 936

Polypodiodes niponica (Mett.) Ching in Acta Phytotax. Sin. 16 (4):27. 1978.

Polypodium niponicum Mett. in Ann. Mus. Bot. Lugduon - Batavum 2: 222. 1866; 中国高等植物图鉴 1: 274. 1972.

附生蕨类。根茎长，横走，径约 5 毫米，肉质，灰绿色，无或略具白粉，疏被鳞片，鳞片窄披针形，暗棕色，基部盾状着生，有浅锯齿。叶疏生；叶柄长5-15 厘米，禾秆色，疏被柔毛，脱落后近光滑；叶片卵状披针形或长椭圆状披针形，长达 40 厘米，宽达 12 厘米，羽状深裂，基部心形，羽裂渐尖头，裂片 15-25 对，长 3-5 厘米，宽 0.5-1 厘米，圆钝头或渐尖头，全缘，基部 1-3 对裂片反折；叶脉网状，裂片侧脉和

小脉不明显；叶干后灰绿色，草质，两面密被白色柔毛，下面毛密。孢子囊群圆形，在裂片中脉两侧各成 1 行，着生内藏小脉顶端，较近裂片中脉。

产河南、陕西、甘肃、江苏、安徽、浙江、台湾、福建、江西、湖北、湖南、广东、广西、贵州、四川、云南及西藏，

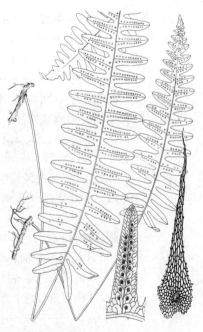

图 936 日本水龙骨 （引自《图鉴》）

生于海拔 1000-1600 米树干或岩石上。日本、越南及印度东北部有分布。

3. 光茎水龙骨　　　　　　　　　　　　图 937

Polypodiodes wattii (Bedd.) Ching in Acta Phytotax. Sin. 16(4): 27. 1978.

Polypodium niponicum Mett. var. *wattii* Bedd. in Journ. Bot. 26:235. 1888.

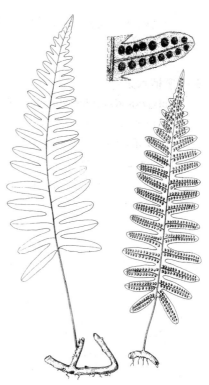

附生蕨类。根茎肉质，长而横走，密被白粉呈灰白色，径 5-7 毫米，仅幼叶柄基部和侧芽被鳞片，鳞片窄披针形，暗棕色，有细齿；叶疏生；叶柄长 5-15 厘米，深禾秆色，疏被柔毛，脱落后近光滑；叶片椭圆形，长 20-30 厘米，宽约 10 厘米，基部浅心形或平截，尾状尖头，羽状深裂几达叶轴，裂片 15-20 对，长 4-5 厘米，宽 1.2-1.4 厘米，圆钝头，全缘，基部 1 对裂片

近平展或略反折；叶脉网状，裂片中脉两侧各具 2-3 行网眼，内行网眼具内藏小脉；叶草质，干后黄绿或灰绿色，两面密被白色短柔毛，下面毛密。孢子囊群圆形，在裂片中脉两侧各成 1 行，着生内藏小脉顶端，略近裂片中脉，无盖。

图 937　光茎水龙骨　（孙英宝绘）

　　产四川西部、云南及西藏，生于海拔 1300-3000 米，附生树干或岩石上。印度东北部、缅甸北部及越南有分布。

4. 滇越水龙骨　　　　　　　　　　　　图 938

Polypodiodes bourretii (C. Chr. et Tardieu) W. M. Chu ex P. S. Wang in Gauizhou Sci. 2: 12. 1985.

Polypodium bourretii C. Chr. et Tardieu in Not. Syst. 8: 183. 1939.

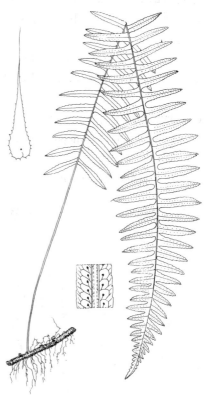

附生蕨类。根茎长，横走，长约 4 毫米，密被鳞片，鳞片窄披针形，淡黄色，长 6-9 毫米，全缘，基部具细齿，盾状着生。叶疏生；叶柄长 10-15 厘米，禾秆色，基部被鳞片；叶片卵状披针形，羽状深裂，长 20-40 厘米，宽 8-14 厘米，基部浅心形，羽裂渐尖头，裂片 20-30 对，披针形，长 4-7 厘

米，宽 6-8 毫米，短渐尖头，边缘浅齿状，基部几对略反折；叶脉网状，侧脉与小脉不显；叶干后淡绿色，草质，上面疏被针状毛，下面密被短毛，脱落后光滑。孢子囊群圆形，在裂片主脉两侧成 1 行，近主脉着生，无盖。

图 938　滇越水龙骨
（孙英宝仿《中国植物志》）

产贵州南部及云南东南部，生于海拔600-1500米树干或岩石上。越南有分布。

5. 栗柄水龙骨　　　　　　　　　　　　　　图939

Polypodiodes microzhizoma (C. B. Clarke ex Baker) Ching in Acta Phytotax. Sin. 16(4): 27. 1978.

Polypodium microzhizoma C. B. Clarke ex Baker in Hook. et Baker, Syn. Fil. ed. 2. 511. 1874.

土生或石生蕨类。根茎长，横走，径2-3毫米，密被鳞片，鳞片披针形，褐或褐棕色，基部宽，盾状着生，具尖齿。叶近生或疏生；叶柄长8-12厘米，纤细，基部禾秆色，上部栗紫色，无毛；叶片披针形，长20-30厘米，宽5-8厘米，基部平截，羽裂渐尖头，中部羽状深裂几达叶轴或中下部的全裂，裂片15-30对，披针形，长4-5厘米，宽6-8毫

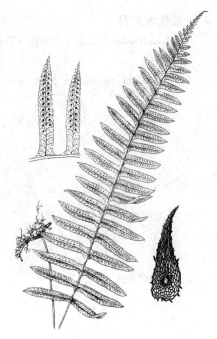

图 939 栗柄水龙骨
（引自《中国蕨类植物图谱》）

米，短渐尖头或圆钝头，有浅齿，基部裂片略收缩，近平展，裂片间基部1对侧脉不联结；叶轴栗紫色，两侧无窄长网眼；叶脉明显，网状，在裂片中脉两侧各成1行，着生内藏小脉顶端，位于中脉与叶缘间，无盖。

产台湾、四川、云南及西藏，生于海拔2300-3300米针阔叶混交林下。不丹、尼泊尔、印度东北部及克什米尔地区有分布。

6. 濑水龙骨　毛柄水龙骨　　　　　　　　　图940

Polypodiodes lachnopus (Wall. ex Hook.) Ching in Acta Phytotax. Sin. 16(4): 27. 1978.

Polypodium lachnopus Wall. ex Hook. Icon. Pl. t. 952. 1854.

附生蕨类。根茎长，横走，径约4毫米，密被鳞片，鳞片基部宽，具棕色毛状突起，盾状着生，黑褐色，边缘有长睫毛，上部窄披针形或钻形，黑色，质厚，两侧近全缘，毛状尖头。叶疏生；叶柄长5-8厘米，禾秆色，无毛；叶片线状披针形，长40-60厘米，宽5-7厘米，羽状深

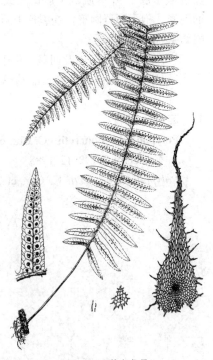

图 940 濑水龙骨
（引自《中国蕨类植物图谱》）

裂，基部浅心形，羽裂渐尖头，裂片40-50对，短披针形，长2-

3厘米，宽5-7毫米，具锯齿，基部裂片略收缩并反折；叶脉网状，叶轴两侧各具1行窄长网眼，裂片中脉两侧各具1行方形网眼，具内

藏小脉；叶干后绿色，纸质，叶轴上面及裂片中脉上部疏被柔毛，叶片小脉无毛，被小鳞片，鳞片黑或黑棕色，基部宽，边缘具长睫毛，顶部毛发状。孢子囊群圆形，裂片中脉两侧各成1行，着生内藏小脉顶端，位于中脉与叶缘间，无盖。

产四川、云南及西藏，生于海拔1700-2500米树干或岩石上。印度北部、不丹、尼泊尔及克什米尔地区有分布。

7. 假毛柄水龙骨 图941

Polypodiodes pseudolachnopus S. G. Lu in Acta Phytotax. Sin. 37 (3): 294. 1999.

附生蕨类。根茎长，横走，径5-6毫米，密被鳞片，鳞片卵状披针形，棕色，质薄而筛孔透明，基部宽，盾状着生，有不规则齿突。叶疏生；叶柄长10-15厘米，上面有纵沟，禾秆色，疏被柔毛；叶片披针形，长40-50（-70）厘米，宽6-8厘米，基部浅心形，羽裂渐尖头，羽状深裂，裂片40-60对，披针形，长4-5厘米，宽0.5-1厘米，具锯齿，基部裂片

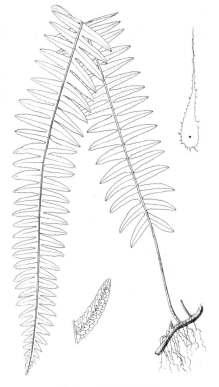

图 941 假毛柄水龙骨
（孙英宝仿《中国植物志》）

略收缩反折；叶脉网状，裂片中脉纤细，侧脉和小脉不显；叶干后绿色，纸质，叶轴禾秆色，叶片两面疏被柔毛，叶轴和叶脉毛密，叶片下面疏被鳞片；鳞片披针形，黑或棕色，基部宽，边缘具长睫毛，顶端毛发状。孢子囊群圆形，裂片中脉两侧各成1行，着生内藏小脉顶端，略近中脉，无盖。

产四川、云南及西藏，附生于海拔1800-3000米树干上。

8. 假水龙骨 图942

Polypodiodes subamoena (C. B. Clarke) Ching in Acta Phytotax. Sin. 16 (4): 27. 1978.

Polypodium subamoenum C. B. Clarke in Trans. Linn. Soc. London ser. 2, 1: 550. pl. 82. f. 2. 1880.

附生蕨类。根茎长，横走，密被鳞片，连鳞片径2-3毫米，鳞片卵状披针形，棕或褐棕色，基部宽，盾状着生，全缘。叶疏生；叶柄长5-10厘米，禾秆色，无毛；

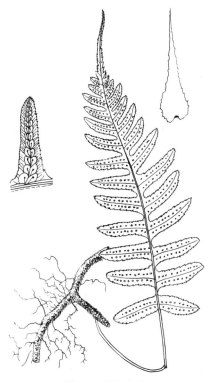

图 942 假水龙骨
（孙英宝仿《中国植物志》）

叶片披针形或卵状披针形，长15-20厘米，宽5-8厘米，基部心形，尾

状尖头或羽裂渐尖头，羽状深裂；裂片 10-15（-20）对，条形，长
3-4 厘米，宽 0.8-1 厘米，有重锯齿或粗锯齿，基部 1 对反折；叶脉网
状，叶轴两侧及裂片中脉两侧各具 1-2 行网眼，裂片两侧的内行网眼具
内藏小脉；叶干后绿色，草质，两面无毛，下面疏被褐色、边缘具锯
齿的宽卵形鳞片。孢子囊群大型，圆形，裂片中脉两侧各成 1 行，着
生内藏小脉顶端，近中脉，无盖。

产云南及西藏，生于海拔 2400-3300 米树干或岩石。尼泊尔有
分布。

9. 喜马拉雅水龙骨

图 943

Polypodiodes hendersonii (Bedd.) S. G. Lu in Acta Bot. Yunnan. 21(1):
24. 1999.

Goniophlebium hendersonii Bedd. Ferns Brit. Ind. Suppl. 21. pl. 383.
1876.

附生蕨类。根茎长，横走，径 3-4 毫米，密被鳞片，鳞片脱落
后露出白粉，鳞片窄披针
形，乌黑色，基部盾状着
生，具尖齿，先端毛发状。
叶疏生；叶柄长 8-12 厘
米，禾秆色，无毛；叶片
披针形，长 20-25 厘米，宽
5-8 厘米，羽状深裂或基部
全裂，基部浅心形，羽裂渐
尖头，裂片 20-25 对，基部
1 对反折，余近平展或斜
上，披针形，长 3-4 厘米，

宽约 1 厘米，有尖锯齿；叶脉网状，叶轴及主脉两侧各具 1 行网眼；

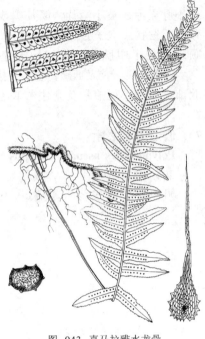

图 943 喜马拉雅水龙骨
（孙英宝仿《西藏植物志》）

叶干后绿色，纸质，无毛，下面
疏被鳞片。孢子囊群圆形，主脉两
侧各成 1 行，着生内藏小脉顶端，
位于主脉与叶缘间，无盖。

产台湾及西藏，生于海拔 2400-
3300 米树干或岩石上。尼泊尔及印
度北部有分布。

10. 中华水龙骨

图 944

Polypodiodes chinensis (Christ) S. G. Lu in Acta Bot. Yunnan. 21(1):
24. 1999.

Polypodium subamoenum
C. B. Clarke var. *chinense* Christ
in Nuovo Giom. Bot. Ital. 4: 99.
1897.

附生蕨类。根茎长，横
走，径 2-3 毫米，密被鳞片，
乌黑色，卵状披针形，近全
缘或具疏齿。叶疏生或近
生；叶柄长 10-20 厘米，禾
秆色，无毛；叶片卵状披针

形或宽披针形，长 15-25 厘米，宽 7-10 厘米，基部心形，羽裂渐尖头
或尾状尖头，深羽裂或基部的几全裂，裂片 15-25 对，线状披针形，长

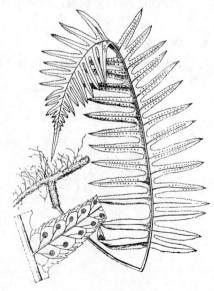

图 944 中华水龙骨
（引自《秦岭植物志》）

3-5厘米，宽5-7毫米，疏离，具锯齿，基部1对反折；叶脉网状，裂片中脉明显，禾秆色，侧脉和小脉纤细，不显；叶草质，两面近无毛，下面疏被小鳞片。孢子囊群圆形，较小，生于内藏小脉顶端，近裂片中脉着生，无盖。

产河北、山西、河南、陕西、甘肃、安徽、浙江、江西、湖北、湖南、广东、贵州、四川及云南，生于海拔900-2800米树干或岩石上。

11. 友水龙骨

图 945

Polypodiodes amoena (Wall. ex Mett.) Ching in Acta Phytotax. Sin. 16 (4): 27. 1978.

Polypodium amoenum Wall. ex Mett. Farngatt. 1. Polypodium. 80. 131. 1857.

附生蕨类。根茎横走，径5-7毫米，密被鳞片，鳞片披针形，基部宽，盾状着生，具锯齿。叶疏生；叶柄长30-40厘米，禾秆色，径3-4毫米，无毛；叶片卵状披针形，长40-50厘米，宽20-25厘米，基部略收缩，羽裂渐尖头，羽状深裂，裂片20-25对，披针形，长10-13厘米，宽1.5-2厘米，有锯齿，基部1-2对裂片反折；叶脉网状，叶轴两侧各具1行长网眼，裂片中脉两侧各具1-2行网眼，内行网眼具内藏小脉，分离小脉顶端具水囊，几达裂片边缘；叶干后黄绿色，厚纸质，两面无毛，叶轴下面及裂片中脉具披针形褐色鳞片。孢子囊群圆形，在裂片中脉两侧各成1行，着生内藏小脉顶端，位于中脉与叶缘间，无盖。

产山西、河南、安徽、浙江、台湾、江西、湖北、湖南、广东、海南、广西、贵州、四川、云南及西藏，生于海拔1000-2500米大树干基部或岩石上。尼泊尔、不丹、印度、缅甸、泰国、老挝及越南有分布。

[附] **红杆水龙骨 Polypodiodes amoena** var. **duclouxi** (Christ ex Lecomte) Ching ex S. G. Lu, Fl. Reipubl. Popul. Sin. 6 (2): 25. 2000.——*Polypodium*

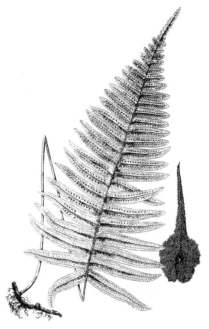

图 945 友水龙骨
（引自《中国蕨类植物图谱》）

duclouxi Christ ex Lecomte in Not. Syst. 1: 34. 1909. 与模式种的主要区别：叶柄与叶轴下面紫红色，裂片窄披针形，基部1对裂片不反折，叶脉纤细不甚明显。产四川及云南。

[附] **柔毛水龙骨 Polypodiodes amoena** var. **pilosa** (C. B. Clarke) Ching in C. Y. Wu, Fl. Xizang. 1: 294. 1983.

—— *Polypodium amoenum* Wall. ex Mett. var. pilosum C. B. Clarke in Journ. Linn. Soc. Bot. 24: 417. 1888. 与模式变种的主要区别：叶片两面被疏毛，或至少叶轴及裂片中脉疏被短柔毛。产浙江、湖北、四川、贵州、云南及西藏。印度北部、尼泊尔有分布。

4. 拟水龙骨属 Polypodiastrum Ching

中小型附生蕨类。根茎长，横走，幼时密被鳞片，鳞片披针形，褐棕或深棕色，具粗筛孔，鳞片脱落后露白粉。叶疏生；叶柄基部具关节着生根茎；叶片一回羽状；羽片约10对，疏离，披针形或窄披针形，下部的分离，无柄，上部的基部下延而汇合；叶草质或薄草质，叶脉网状，羽片中脉两侧各具1-2行网眼，内行网眼具单一内藏小脉，外行网眼无内藏小脉。孢子囊群圆形，羽片中脉两侧各成1行，生于内藏小脉顶端，幼时被不规则隔丝覆盖，隔丝三角形，粗筛孔，早落。孢子椭圆形，无周壁，外壁具瘤状纹饰。染色体基数 x=37。

约 8 种，分布于亚洲热带和亚热带山地及大洋洲。我国 3 种及 2 变种。

1. 根茎密被鳞片，无白粉；侧生羽片略反折或平展，基部与叶轴合生并上延；羽片中脉禾秆色，侧脉和小脉不显 ·· 1. 川拟水龙骨 P. dielseanum
1. 根茎疏被鳞片和白粉；侧生羽片斜向叶先端，基部圆或心形，不上延；羽片叶脉淡棕色，侧脉和小脉明显。
　 2. 侧生羽片基部圆，不覆盖叶轴 ·· 2. 尖齿拟水龙骨 P. argutum
　 2. 侧生羽片基部心形，上侧和两侧耳状覆盖叶轴 ················· 3. 蒙自拟水龙骨 P. mengtzeense

1. 川拟水龙骨　　　　　　　　　图 946

Polypodiastrum dielseanum (C. Chr.) Ching in Acta Phytotax. Sin. 16 (4): 28. 1978.

Polypodium dielseanum C. Chr. Ind. Fil. 522. 1906.

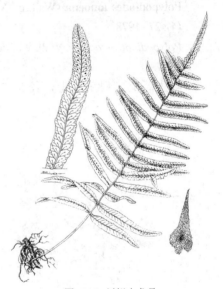

图 946 川拟水龙骨
（引自《中国蕨类植物图谱》）

附生蕨类。根茎横走，径约 5 毫米，密被鳞片，鳞片卵状披针形，褐色，有细锯齿。叶疏生；叶柄长 20-30 厘米，禾秆色，基部密被鳞片，向上无毛；叶片椭圆状披针形，长 40-60 厘米，宽 15-25 厘米，一回羽状；羽片 20-30 对，基部 1 对略反折，中部羽片略平展，羽片间隔 2-3 厘米，线形或条形，长 10-15 厘米，宽 0.8-1.2 厘米，基部与叶轴合生，上侧略上延，有

锯齿；叶脉网状，羽片中脉明显，禾秆色，侧脉和小脉不显，侧脉不达叶缘，中脉两侧各具 1 行网眼，有内藏小脉；叶干后灰绿色，草质，叶轴和羽片中脉基部具白色柔毛和疏被淡棕色宽披针形鳞片。孢子囊群圆形，在羽片中脉两侧各成 1 行，着生内藏小脉顶端，位于中脉与叶缘间，无盖。

产湖南、广西、贵州、四川及云南东北部，生于海拔 1600-1800 米树干或石上。印度北部有分布。

2. 尖齿拟水龙骨　　　　　　　　图 947

Polypodiastrum argutum (Wall. ex Hook.) Ching in Acta Phytotax. Sin. 16 (4): 28. 1978.

Polypodium argutum Wall. ex Hook. Sp. Fil. 5: 32. 1864.

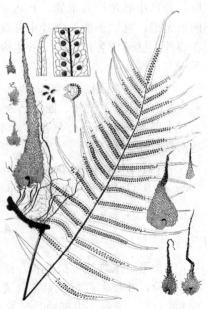

图 947 尖齿拟水龙骨
（孙英宝仿《Ogata, Ic. Fil. Jap.》）

附生蕨类。根茎长，横走，径 3-4 毫米，疏被鳞片，具白粉，鳞片卵状披针形，棕色，基部宽，盾状着生，具锯齿。叶疏生；叶柄长 10-15 厘米，禾秆色，无毛；叶片卵状披针形，长 40-50 厘米，宽 10-15 厘米，一回羽状；羽片 15-20 对，卵状披针形，长 10-15 厘米，宽 1.5-2.5 厘米，基部圆，无柄，具粗齿或重锯齿；叶脉网状，在羽

片中脉两侧各具2-3行网眼，内行网眼具内藏小脉；叶草质，干后上面褐色，下面黄绿色，两面均无毛或羽片下面疏被宽卵形鳞片及易脱落白色柔毛。孢子囊群圆形，在羽片中脉两侧各成1行，着生内藏小脉顶端，位于中脉与叶缘间，略近中脉，无盖。

产台湾、广西、贵州、云南及西藏，生于海拔2300-2700米树干或岩石上。尼泊尔、不丹、印度东北部、缅甸及泰国北部有分布。

3. 蒙自拟水龙骨　　　　　　　　　　图 948

Polypodiastrum mengtzeense (Christ) Ching in Acta Phytotax. Sin. 16 (4): 28. 1978.

Polypodium mengtzeense Christ in Bull. Herb. Boissier 6: 869. 1898.

附生植物。根茎长，横走，径4-5毫米，被白粉，疏生鳞片，鳞片卵状披针形，暗棕色，基部宽，盾状着生，兼有簇生具齿毛状鳞片。叶疏生；叶柄长10-20厘米，禾秆色，基部具关节着生根茎，无毛；叶片卵状披针形，长50-70厘米，宽15-20厘米，一回羽状；羽片15-25对，近对生，披针形，长10-15厘米，宽1.5-2厘米，基部心形，两侧和上侧耳状并覆盖叶轴，有浅锯齿；叶脉网状，在羽片中脉两侧各有1-2行网眼，内行网眼具内藏小脉；叶干后黄绿色，草质，两面无毛，叶轴及羽片中脉基部疏被宽披针形棕色鳞片。孢子囊群圆形，在羽片中脉两侧各成1行，着生内藏小脉顶端，位于中脉与叶缘间，略近中脉，无盖。

产台湾、广东、广西、贵州及云南，生于海拔1500-2500米树干或岩石上。尼泊尔、印度北部、泰国、老挝、越南、菲律宾及日本有分布。

图 948 蒙自拟水龙骨
（引自《中国蕨类植物图谱》）

5. 棱脉蕨属 Schellolepis (J. Sm.) J. Sm.

中等附生蕨类。根茎长，横走，具网状中柱，密被粗筛孔状鳞片，鳞片长披针形，棕或暗棕色，基部宽，盾状着生，向上渐窄；鳞片脱落后根茎露白粉，白粉脱落后根茎黑绿色。叶疏生，具长柄，叶柄基部具关节着生根茎；叶片大型，椭圆状，奇数一回羽状；羽片多数，分离，基部具关节着生叶轴，披针形或线形，有锯齿或缺刻，草质；叶脉明显，侧脉间小脉联结成2-3行网眼，均有分离内藏小脉1条，内藏小脉生于下侧侧脉，网眼外的小脉分离，或形成无内藏小脉网眼。孢子囊群圆形，在羽片中脉两侧各成1行，着生近中脉1行网眼的内藏小脉顶端，通常多数陷入叶肉穴孔内，在叶片上面成乳头状突起，幼时被隔丝覆盖；隔丝伞形，具粗筛孔，有粗齿牙，早落；孢子囊环带具12个增厚细胞。孢子椭圆形，周壁透明，外壁具小瘤状纹饰。染色体基数 x=37。

约20余种，分布于亚洲热带地区。我国2种。

1. 根茎鳞片窄披针形；侧生羽片基部心形，两侧或上侧有耳状突起，无羽柄 ………… **穴果棱脉蕨 S. subauriculata**
1. 根茎鳞片卵状披针形；侧生羽片基部楔形，羽柄长 5-6 毫米 ………………………… (附). **棱脉蕨 S. persicifolia**

穴果棱脉蕨　　　　　　　　　　　　　　　图 949

Schellolepis subauriculata (Bl.) J. Sm. Ferns Brit. et For. 82. 1866.

Polypodium subauriculatum Bl. Enum. Pl. Jav. 133. 1828.

附生蕨类。根茎长，横走，径6-8毫米，密被鳞片，鳞片脱落露出白粉，鳞片窄披针形，深棕色，毛状尖头，具锯齿。叶疏生；叶柄长25-35厘米，禾秆色或深禾秆色，基部密被鳞片，向上无毛；叶片一回羽状，披针形，长0.8-1米，宽30-40厘米；羽片30-40对，下部近对生，上部互生，披针形，长14-20厘米，宽约2厘米，基部心形，两侧或上侧耳状并覆盖叶轴，有粗锯齿；叶脉网状，中脉粗，侧脉和小脉纤细，在中脉两侧各具2-3行网眼；叶干后黄绿色，草质，叶轴和羽片中脉基部疏被棕色毛状小鳞片，叶片幼时疏被柔毛，老时近光滑。孢子囊群圆形，在羽片中脉两侧各成1行，着生内侧网眼内藏小脉顶端。

产云南南部，生于海拔 500-1300 米林内树干。越南、老挝、泰国、马来西亚、印度尼西亚、菲律宾、新几内亚、澳大利亚东北部及太平洋岛屿有分布。

[附] **棱脉蕨 Schellolepis persicifolia** (Desv.) Pic. Serm. in Webbia 28 (2): 470. 1973. —— *Polypodium persicifolium* Desv. in Ges. Naturf. Freunde Berlin Mag. 5: 316. 1811. 本种与穴果棱角脉蕨的主要区别：根茎鳞片卵状

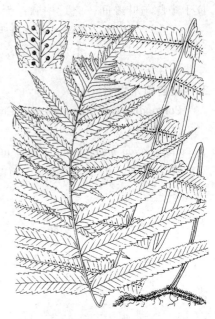

图 949 穴果棱脉蕨
（蔡淑琴绘《中国蕨类植物科属志》）

披针形；叶片宽披针形，长达1.5米，羽片10-30对，侧生羽片基部楔形，羽柄长5-6毫米。产海南，生于海拔700-1000米林内树干。印度东北部、泰国、越南、马来西亚、印度尼西亚、菲律宾、新几内亚及太平洋岛屿有分布。

6. 扇蕨属 Neocheiropteris Christ

中型土生蕨类。根茎长，横走，密被鳞片，鳞片卵状披针形，具粗筛孔，膜质，深棕色，有虹色光泽，具细齿。单叶，疏生；叶柄具不明显关节着生根茎，坚硬，无毛；叶片鸟足状或三叉状深裂，基部楔形，中裂片最大，两侧的向外渐小，长披针形，全缘，纸质，干后绿色，上面光滑，下面疏被易脱落小鳞片，中脉隆起，小脉不显。孢子囊群圆形或椭圆形，通常位于裂片下部，紧靠中脉两侧各成1行，幼时被隔丝覆盖；孢子囊具长柄。孢子无周壁，外壁疏生小瘤，纹饰不明显。

2 种，均产我国。

扇蕨　　　　　　　　　　　　　　图 950 彩片 124

Neocheiropteris palmatopedata (Baker) Christ in Bull. Soc. Bot. France 62: Mem. 1: 21. 1905.

Polypodium palmatopedatum Baker Kew Bull. 232. 1898.

植株高达65厘米。根茎粗壮，横走，密被鳞片，鳞片卵状披针形，具细齿。叶疏生；叶柄

长 30-45 厘米；叶片扇形，长 25-30 厘米，宽与长相等或略过，鸟足形掌状分裂，中裂片披针形，长 17-20 厘米，宽 2.5-3 厘米，两侧的向外渐短，全缘，光滑，纸质，下面疏被棕色小鳞片；叶脉网状，网眼细密，有内藏小脉。孢子囊群聚生裂片下部，靠主脉，圆形或椭圆形。

产贵州、四川及云南，生于海拔 1500-2700 米密林下或山崖林下。为我国特产奇异蕨类，可栽培供观赏。

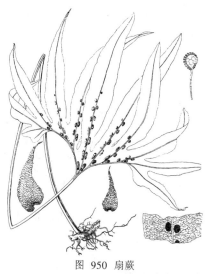

图 950 扇蕨
（引自《中国蕨类植物图谱》）

7. 盾蕨属 Neolepisorus Ching

中型土生蕨类。根茎长，横走，密被鳞片，鳞片披针形，褐棕色，透明，盾状着生，基部下面常具褐棕色柔毛。叶疏生；叶柄长等于或过叶片长度，下部被鳞片；叶片单一，披针形、长圆形、椭圆形或卵状披针形，稀戟形，羽裂，干后纸质，稀草质或革质，褐或黄绿色，两面光滑；主脉下面隆起，侧脉明显，平行开展，几达叶缘，小脉网状，网眼内有单一或分叉内藏小脉。孢子囊群圆形，在主脉两侧排成 1 至多行，或不规则疏生叶片下面，稀双生或合成椭圆形，幼时被盾状隔丝覆盖。孢子两面形，单裂缝，无周壁，外壁边缘为密集小锯齿状，表面为小瘤块状纹饰。染色体基数 x=12（36）。

11 种，非洲马达加斯加岛 1 种，余产亚洲东南部热带地区。我国 10 种。

1. 叶片基部或基部稍上最宽，向上渐窄。
  2. 叶片卵形、卵状披针形、三角形、卵状三角形或长圆状披针形。
    3. 叶片卵形或宽卵状三角形，基部圆 ·· 1. 盾蕨 N. ovatus
    3. 叶片三角形、卵状三角形或长圆状披针形，基部楔形或斜切。
      4. 叶片纸质，基部楔形，内弯，侧脉间淡黄色 ····················· 2. 截基盾蕨 N. truncatus
      4. 叶片革质，基部两侧稍斜切，侧脉间非黄色 ····················· 3. 峨眉盾蕨 N. emeiensis
  2. 叶片披针形或尖三角状披针形。
    5. 叶片基部圆，叶脉近平展 ··· 4. 梵净山盾蕨 N. lancifolius
    5. 叶片基部平截或斜切，侧脉略斜展 ································· 5. 世纬盾蕨 N. dengii
1. 叶片中部或中部稍下最宽，向基部渐窄。
  6. 叶片椭圆状披针形 ··· 6. 中华盾蕨 N. sinensis
  6. 叶片披针形或宽披针形 ··· 7. 剑叶盾蕨 N. ensatus

1. 盾蕨

图 951 彩片 125

Neolepisorus ovatus (Bedd.) Ching in Acta Phytotax. Sin. 9: 99. 1964.

Pleopeltis ovata Bedd. Fern Brit. Ind. Eycl. Pl. 157. 1866.

植株高 20-62 厘米。根茎横走，密被鳞片，鳞片卵状披针形，疏生锯齿。叶疏生；叶柄长 10-30 厘米，密被鳞片；叶片卵形、宽卵形、宽卵状三角形，基部圆，长 9-32 厘米，宽（3-）7-12 厘米，全缘或不规则分裂，或基部二回深羽裂，裂片披针形或窄披针形，基部具宽翅或窄翅相连，叶

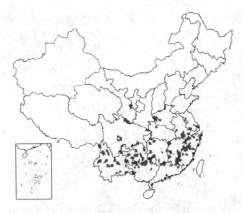

干后厚纸质，上面光滑，下面多少有小鳞片；主脉隆起，侧脉明显，直达叶缘，小脉网状，网眼有内藏小脉。孢子囊群圆形，沿主脉两侧成不规则多行，或在侧脉间成不整齐 1 行，幼时被盾状隔丝覆盖。

产河南、甘肃、江苏、安徽、浙江、福建、江西、湖北、湖南、广东、广西、贵州、四川及云南，生于海拔 650—2100 米岩石上或开旷林下。

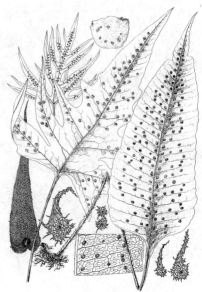

图 951 盾蕨
（引自《中国蕨类植物图谱》）

2. 截基盾蕨　　　　　　　　　　图 952

Neolepisorus truncatus Ching et P. S. Wang in Acta Phytotax. Sin. 21 (3): 270. f. 1: 3. 1983.

植株高达 50 厘米。根茎长，横走，径约 2.5 毫米，疏被鳞片，鳞片卵形，渐尖头，淡棕色，质薄而透明。叶疏生；叶柄长 24-30 厘米，径 1.4 毫米，灰禾秆色，光滑；叶片三角形或卵状三角形，长 20-25 厘米，基部宽 6.6-7 厘米，渐尖头，基部楔形，稍内弯，略下延于叶柄顶部，全缘，或中部以下不规则分裂，基部 1-2 对裂片披针形，余三角形；叶干后纸质，淡

绿色，鲜时侧脉间淡黄色，上面光滑，下面沿主脉两侧疏生褐色、透明卵状披针形鳞片，鳞片边缘有长刺突起，侧脉明显，近平展，相距约 8 毫米。孢子囊群小，圆形，每对侧脉间有 1 行，每行有 1-3 个，分开。

产湖南、广东、广西、贵州及四川，生于海拔 600-1500 米林下阴湿石灰岩缝中。

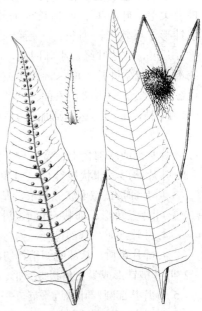

图 952 截基盾蕨 （孙英宝绘）

3. 峨眉盾蕨　　　　　　　　　　图 953

Neolepisorus emeiensis Ching et Shing in Acta Phytotax. Sin. 21(3): 271. f. 2:1. 1983.

植株高 35-50 厘米。根茎横走，径约 6 毫米，疏被褐色卵状披针形厚鳞片。叶疏生；叶柄长 13-18 厘米，径 2.2 毫米，禾秆色，略被小鳞片；叶片长圆状披针形，长 24-28 厘米，向基部渐宽达 6-7 厘米，两侧稍斜切，略下延，向上渐窄，或叶片戟形，基部有 1-2 对披针形裂片；叶干后革质，黄绿色，有光泽，侧脉明显，近平展。孢子囊群

圆形,成熟时径达 3 毫米,在侧脉间排成 1 行,每行有 1-3 枚,近叶缘偶有双生。

产江西、湖北、湖南及四川,生于海拔 500-1800 米林下。

4. 梵净山盾蕨   图 954

Neolepisorus lancifolius Ching in Acta Phytotax. Sin. 21 (3): 271. f. 3: 1. 1983.

植株高达 40 厘米。根茎横走,径约 3 毫米,疏被褐色披针形鳞片。

叶疏生;叶柄长约 20 厘米,径约 1.8 毫米,褐禾秆色,下部略有 1-2 鳞片;叶片披针形,长约 20 厘米,中部以下宽 4-6.5 厘米,基部圆,几不下延,向上渐窄,渐尖头,全缘;叶干后褐绿色,纸质,近光滑,侧脉近平展,相距约 6 毫米。孢子囊群小,上部的在主脉两侧各成 1 行,近主脉,下部的不规则 2-3 行,疏散。

产浙江、江西、湖北、湖南、广西西北部、贵州及四川,生于海拔 200-1100 米阴湿地。

5. 世纬盾蕨   图 955

Neolepisorus dengii Ching et P. S. Wang in Acta Phytotax. Sin. 21 (3): 272. f. 2: 3. 1983.

植株高达 50 厘米。根茎长,横走,

径约 4 毫米,连同叶柄基部密被披针形鳞片。叶疏生;叶柄长 25-30 厘米,径约 2 毫米,基部以上近光滑;叶片长 15-28 厘米,基部宽 5-10 厘米,尖三角状披针形,两侧斜切或平截,叶缘下半部多少波状,或叶片戟形,基部有 1 对披针形裂片,中部以上全缘,尖三角形;叶干后纸质,褐或褐绿色,侧脉略斜展,相距约 9 毫米。孢子囊群中等大小,圆形,在下部侧脉间有 2-3 枚,向上主脉两侧各成 1 行。

产浙江、江西、湖北、湖南、贵州及四川,生于海拔 570-1260 米阴湿地或岩石上。

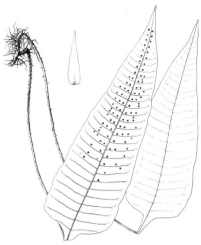

图 953 峨眉盾蕨 (孙英宝绘)

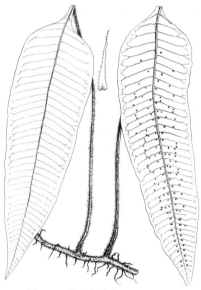

图 954 梵净山盾蕨 (孙英宝绘)

图 955 世纬盾蕨 (孙英宝绘)

6. 中华盾蕨

图 956

Neolepisorus sinensis Ching in Acta Phytotax. Sin. 21 (3): 274. f. 4: 1. 1983.

植株高 45-55 厘米。根茎长，横走。叶疏生；叶柄长 20-25 厘米，径 2-3 毫米，污褐或枯禾秆色，基部被褐色披针形鳞片，向上光滑；叶片长 18-28 厘米，宽 4.5-6 厘米，椭圆状披针形，向基部渐窄，楔形；叶干后纸质，褐绿色，沿主脉两侧疏被窄披针形鳞片，侧脉清晰，斜展。孢子囊群中等大，每侧脉间有 3-6 枚，成 1-2 行。

产福建、湖南、广西、贵州、四川及云南，生于海拔约 1200 米林下岩石上。

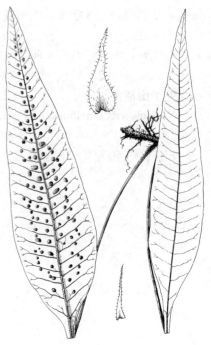

图 956 中华盾蕨 （孙英宝绘）

7. 剑叶盾蕨

图 957 彩片 126

Neolepisorus ensatus (Thunb.) Ching in Bull. Fan Mem. Inst. Biol. Bot. 10: 14. 1940.

Polypodium ensatum Thunb. in Trans. Linn. Soc. 2: 341. 1974.

植株高 30-70 厘米。根茎极长，横走。叶疏生；叶柄长 20-50 厘米；叶片单一，披针形或宽披针形，长 20-50 厘米，中部宽 4-6（-8）厘米，基部渐窄或骤窄，沿叶柄下延，或叶片中部以下分裂，形成长短不一裂片；侧脉明显，广展或略斜展。孢子囊群圆形，中等大，在主脉两侧排成不规则 1-3 行，如 1 行，则靠近主脉。

产浙江、台湾、福建、江西、湖南、香港、广西、贵州、四川、云南及西藏，生于海拔 300-1100 米山谷岩石上。朝鲜半岛、日本、越南及印度有分布。

图 957 剑叶盾蕨
（孙英宝仿《Ogata, Ic. Fil. Jap.》）

8. 瓦韦属 Lepisorus (J. Sm.) Ching

土生蕨类。根茎粗壮，横走，密被鳞片，鳞片卵圆形、卵状披针形或钻状披针形，黑褐色，不透明或粗筛孔状透明，全缘或具不整齐锯齿。单叶，疏生或近生，一型；叶柄较短，基部略被鳞片，向上光滑，多禾秆色，稀深棕色；叶片多披针形，稀窄披针形或近带状，全缘或波状，干后常反卷，主脉明显，侧脉多不显，小脉成网状，网眼有分叉或不分叉内藏小脉；叶干后革质或纸质，稀草质，两面均无毛，或下面疏被棕色小鳞片。孢子囊群大，圆形或椭圆形，疏远，稀密接，汇生或线形，多生于叶片下面，稀陷入叶肉内，在主脉或叶缘间成 1 行，幼时被隔丝覆盖；隔丝多圆盾形，全缘或具细齿，稀星芒状或鳞片形，网眼大，透明，中部常棕色，边缘色淡；孢子囊近梨形，有长柄和纵行环带，环带具 14 个增厚细胞；少数孢子囊近圆形，无明显增厚细胞组成的环带。孢子椭圆形，无周壁，外壁轮廓线为不整齐波纹状，表面呈云块状纹饰，较密时则融合呈拟网状或穴状，少数散开呈块状。染色体 2n=39，46，50，52，70，74，94，95，100，148，150。

约 70 余种，主要分布亚洲东部，少数至非洲。我国 68 种。

1. 多为常绿蕨类；叶通常革质；根茎有较多厚壁组织；侧脉在主脉两侧构成网眼，有单一不分叉内藏小脉；鳞片中部具深棕色不透明窄带，网眼较窄。
  2. 根茎鳞片网眼不透明；隔丝圆盾形 ·· 1. 黑鳞瓦韦 L. sordidus
  2. 根茎鳞片网眼透明；隔丝圆形或披针形，全缘或具锯齿。
   3. 孢子囊群线形或成熟后汇合成线形。
    4. 鳞片网眼大且透明，有锯齿；叶片下部 1/3 处最宽 ····························· 2. 中华瓦韦 L. sinensis
    4. 鳞片边缘 1-2 行细胞透明，余不透明，具锯齿或全缘；叶片中部最宽 ·····························
     ·· 2(附). 连珠瓦韦 L. subconfluens
   3. 孢子囊群圆形或椭圆形，成熟后不汇合成线形。
    5. 根茎鳞片边上 1-2 行细胞透明，余不透明。
     6. 根茎短而横卧；叶近簇生或近生。
      7. 植株高 15-30 厘米；叶柄长 1-5 厘米，叶片中部宽 1-2 厘米，下部 1/3 处骤窄缩下延 ···········
       ·· 3. 阔叶瓦韦 L. tosaensis
      7. 植株高 5-14 厘米；叶片宽 4-6.4 毫米，匙状或倒披针形，无柄 ·····························
       ··· 4. 宝华山瓦韦 L. paohuashanensis
     6. 根茎长而横走；叶疏生。
      8. 叶片线形，宽 2-5 毫米。
       9. 叶干后反卷；孢子囊群成熟后突出叶缘外呈念珠状 ·························· 5. 庐山瓦韦 L. lewissi
       9. 叶干后边缘微卷；孢子囊群成熟时不突出叶缘外，非念珠状 ············ 6. 狭叶瓦韦 L. angustus
      8. 叶片披针形，宽 1 厘米以上。
       10. 叶片下面密被鳞片；根茎鳞片有锯齿。
        11. 叶片中部最宽，软革质；孢子囊群圆形，径达 5 毫米，密接 ······· 7. 鳞瓦韦 L. oligolepidus
        11. 叶片下部 1/3 处最宽，上部约 1/3 处窄缩，长渐尖头，近硬革质；孢子囊群较小，疏离 ·····
         ··· 8. 拟鳞瓦韦 L. suboligolepidus
       10. 叶片下面无或有少数鳞片；根茎鳞片全缘或有微细齿牙。
        12. 植株高达 35 厘米；叶柄基部有 3 条维管束，排成三角形 ········· 9. 西藏瓦韦 L. tibeticus
        12. 植株高不及 20 厘米；叶柄基部有 4 条维管束，排成四角形 ······· 10. 瓦韦 L. thunbergianus
    5. 根茎鳞片网眼全部或大部透明，中部具不透明窄带。
     13. 鳞片网眼大部透明，中部具不透明窄带。
      14. 叶片宽披针形，下部 1/3 处最宽，叶柄栗褐色 ··············· 11. 粤瓦韦 L. obscure-venulosus
      14. 叶片线状披针形，中部最宽，叶柄禾秆色 ························· 12. 扭瓦韦 L. contortus
     13. 鳞片网眼全部透明，中部无不透明窄带。
      15. 根茎鳞片卵圆形，网眼细密，等直径，老时大部从根茎脱落。
       16. 孢子囊群着生叶缘或近叶缘；叶脉明显 ··········· 13. 大瓦韦 L. macrosphaerus

16. 孢子囊群着生主脉与叶缘间或近主脉；侧脉不显。

　17. 叶片有软骨质窄边，中部最宽，下面疏被贴生鳞片 ┄┄┄┄┄┄┄┄┄┄ 14. **有边瓦韦 L. marginatus**

　17. 叶片无软骨质窄边，最宽在叶片下部 1/3 处，下面光滑 ┄┄┄┄┄┄┄┄┄ 15. **黄瓦韦 L. asterolepis**

15. 根茎鳞片披针形，网眼细密或粗筛孔状，老时不脱落而大部宿存于根茎。

　18. 根茎鳞片网眼等直径，具锯齿。

　　19. 叶片宽卵状披针形，宽 1.5-3.5 厘米 ┄┄┄┄┄┄┄┄┄┄┄┄┄┄ 16. **高山瓦韦 L. eilophyllus**

　　19. 叶片带状或披针形，宽 5 毫米以上。

　　　20. 叶片带状；孢子囊群紧靠叶缘或略近叶缘着生。

　　　　21. 孢子囊群略近叶缘着生，成熟时不凸出叶缘外 ┄┄┄┄┄┄┄ 17(附). **云南瓦韦 L. xiphiopteris**

　　　　21. 孢子囊群紧靠叶缘着生，成熟时凸出叶缘外。

　　　　　22. 根茎横卧；叶片中部宽 0.8-1.8 厘米 ┄┄┄┄┄┄┄┄┄ 17. **带叶瓦韦 L. loriformis**

　　　　　22. 根茎横走；叶片中部宽 5 毫米 ┄┄┄┄┄┄┄┄┄┄ 17(附). **狭带瓦韦 L. stenistus**

　　　20. 叶片窄披针形或近线形；孢子囊群着生主脉与叶缘间 ┄┄┄┄┄┄ 18. **长瓦韦 L. pseudonudus**

　18. 根茎鳞片网眼近长卵形、近方形或长方形，细密，全缘或略具细齿牙。

　　23. 鳞片窄长披针形或宽卵形。

　　　24. 叶片宽卵形，叶柄长 2-7 厘米 ┄┄┄┄┄┄┄┄┄┄┄┄┄┄ 19. **瑶山瓦韦 L. kuchenensis**

　　　24. 叶片长圆状披针形或窄披针形，具短柄。

　　　　25. 叶片长圆状披针形，基部略窄，近无柄 ┄┄┄┄┄┄┄ 20(附). **绿色瓦韦 L. virencens**

　　　　25. 叶片披针形，基部渐窄长下延，叶柄长 4.5-6 厘米。

　　　　　26. 隔丝二色，中部深棕色，边缘白色 ┄┄┄┄┄┄┄┄ 20. **棕鳞瓦韦 L. scolopendrium**

　　　　　26. 隔丝一色，中部和边缘均淡棕或棕色 ┄┄┄┄┄┄┄ 21. **淡丝瓦韦 L. paleparaphysus**

　　23. 鳞片卵状披针形。

　　　27. 根茎鳞片二色；叶草质。

　　　　28. 根茎鳞片中部近黑色，边缘淡棕色，贴生根茎；叶片宽披针形 ┄┄┄┄ 22. **二色瓦韦 L. bicolor**

　　　　28. 根茎鳞片中部褐色，边缘近白色，以基部一点着生根茎；叶片窄披针形 ┄┄┄┄

　　　　　┄┄┄┄┄┄┄┄┄┄┄┄┄┄┄┄┄┄┄┄┄┄┄┄┄┄ 23. **白边瓦韦 L. morrisonensis**

　　　27. 根茎鳞片褐色；叶纸质或近革质 ┄┄┄┄┄┄┄┄┄┄┄┄┄ 24. **乌苏里瓦韦 L. ussuriensis**

1. 多为夏绿蕨类；叶片草质或纸质；根茎无或有少数厚壁组织；侧脉在主脉两侧构成 1 行整齐网眼，有内藏
　分叉小脉；鳞片粗筛孔状，网眼大而透明。

　29. 常绿；叶厚纸质，稀薄草质。

　　30. 叶柄长等于叶片 1/2-2/3 以上 ┄┄┄┄┄┄┄┄┄┄┄┄┄┄┄ 25(附). **川西瓦韦 L. soulieanus**

　　30. 叶柄长不及叶片 1/3。

　　　31. 叶片椭圆状披针形，钝圆头 ┄┄┄┄┄┄┄┄┄┄┄┄┄┄┄┄ 25. **多变瓦韦 L. variabilis**

　　　31. 叶片披针形，渐尖头。

　　　　32. 叶片干后下面灰白色，厚纸质或近革质；孢子囊群较集中分布于叶片 2/3 以上，成熟后扩张，几相

　　　　　接 ┄┄┄┄┄┄┄┄┄┄┄┄┄┄┄┄┄┄┄┄┄┄┄┄┄┄┄ 26. **神农架瓦韦 L. patungensis**

　　　　32. 叶片干后下面非灰白色，纸质；孢子囊群排列较稀疏，相接约等于 2 个孢子囊群体积。

　　　　　33. 叶片近带状，长宽比 1/3-1/5，具长柄，约等于叶片长度 1/4-1/2 ┄┄ 26(附). **甘肃瓦韦 L. kasuensis**

　　　　　33. 叶片披针形或线状披针形，长宽比约 1/10，叶柄较短，为叶片长度 1/6。

　　　　　　34. 叶片中部宽 0.6-1 厘米，干后上面灰绿色 ┄┄┄┄┄┄┄┄ 27. **粗柄瓦韦 L. crassipes**

　　　　　　34. 叶片宽 1.2 厘米以上，长 15 厘米以下，干后上面淡黄或棕色 ┄ 27(附). **金顶瓦韦 L. coaetaneus**

　29. 夏绿；叶薄草质或草质。

　　35. 根茎鳞片钝尖头，具短齿牙 ┄┄┄┄┄┄┄┄┄┄┄┄┄┄┄┄┄ 28. **网眼瓦韦 L. clathratus**

35. 根茎鳞片长渐尖头，具长锯齿。
  36. 叶片披针形，下部 1/3 处最宽；孢子囊群着生叶片 1/3 以上 ··················· 28(附). **陕西瓦韦 L. shensiensis**
  36. 叶片披针形或舌状，中部最宽；孢子囊群均匀分布叶片下面。
    37. 根茎密被鳞片，质坚韧，不易折断，宿存；叶片窄披针形，长尾状渐尖头 ··················· ··················· 29. **假网眼瓦韦 L. pseudo-clathratus**
    37. 根茎鳞片稀少，易破碎脱落；叶片非窄披针形，钝圆头或短渐尖头。
      38. 叶片长与宽为 14 厘米及 1.4 厘米以上。
        39. 叶片长 9-29 厘米，中部宽 1-2.6 厘米，叶柄长 4-10 厘米，小脉不明显 ··················· ··················· 30. **太白瓦韦 L. thaipaiensis**
        39. 叶片长 10-22 厘米，宽 1-2 厘米，叶柄长 1.5-5 厘米，小脉明显 ······ 30(附). **丽江瓦韦 L. likiangensis**
      38. 叶片长宽为 15 厘米及 1.4 厘米以下。
        40. 叶片近线状舌形 ··················· 31. **小五台瓦韦 L. hsiawutaiensis**
        40. 叶片线状披针形。
          41. 孢子囊群略近主脉着生；叶柄长 1-5.5 厘米 ··················· 32. **天山瓦韦 L. albertii**
          41. 孢子囊群着生主脉与叶缘间；叶柄长 1-2 厘米 ··················· 33. **山西瓦韦 L. shansiensis**

1. 黑鳞瓦韦   图 958

Lepisorus sordidus (C. Chr.) Ching in Bull. Fan Mem. Inst. Biol. Bot. 4 (3): 78. 1933.

Polypodium sordidum C. Chr. in Cont. U. S. Nat. Herb. 26: 320. 1931.

植株高 20-40 厘米。根茎横走，密被黑色披针形鳞片，网眼不透明。叶近生；叶柄长 3-12 厘米，径约 2 毫米，禾秆色；叶片卵状披针形，下部 1/3 处最宽，达 2-5 厘米，向上骤窄，尾端较长，向下骤窄并下延，长 20-35 厘米，干后褐绿色，近软革质，两面无毛，主脉两面隆起，小脉不显。孢子囊群圆形，径达 4 毫米，聚生叶片窄缩上半部，着生主脉和叶缘间，幼时被隔丝覆盖；隔丝圆盾形，深棕色，筛孔壁加厚，周边具粗长刺。

产四川，生于海拔 1200-1400 米溪边阔叶林树干上。

2. 中华瓦韦   图 959

Lepisorus sinensis (Christ) Ching in Bull. Fan Mem. Inst. Biol. Bot. 4: 63. 1933.

Neurodium sinensis Christ in Bull. Herb. Boissier 6: 880. 1898.

植株高 5-25 厘米。根茎横走，密被披针形棕色鳞片，网眼透明，有锯齿。叶近生；叶柄长 1.5-3 厘米，禾秆色；叶片窄长披针形，叶片下部 1/3 宽 1-2 厘米，叶片上部 1/3 以上骤窄缩而聚生孢子囊群，

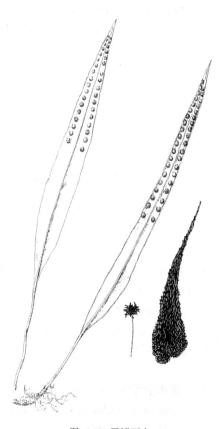

图 958 黑鳞瓦韦
（引自《中国蕨类植物图谱》）

长尾头，下部窄缩并下延，长 15-30 厘米，干后淡灰或淡绿色，纸质或厚纸质，两面均无毛，主脉在

两面均隆起，小脉不显或略明显。孢子囊群线形，分布叶片 1/3 以上先端，略近叶缘，与叶缘及主脉平行。

产贵州及云南，生于海拔1200-3600米常绿阔叶林下树干或岩石上。不丹、缅甸及泰国有分布。

[附] **连珠瓦韦 Lepisorus subconfluens** Ching in Bull Fan Mem. Inst. Biol. Bot. 4 (3): 85. 1933. 本种与中华瓦韦的主要区别：鳞片边缘1-2 行细胞透明，余不透明，边缘具锯齿或全缘；叶片中部最宽。产云南，生于海拔 2600-3600 米杂木林下树干或岩石上。

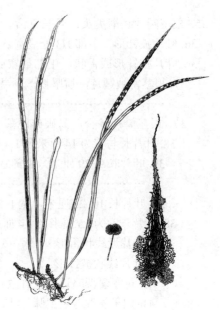

图 959　中华瓦韦 （孙英宝绘）

3.　阔叶瓦韦　　　　　　　　　　　　　　　　　　图 960

Lepisorus tosaensis (Makino) H. Ito in Journ. Jap. Bot. 11: 93. 1935.

Polypodium tosaense Makino in Bot. Mag. Tokyo 27: 127. 1913.

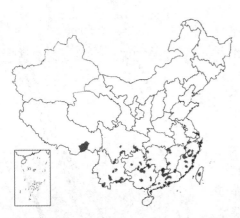

植株高 18-30 厘米。根茎短，横卧，密被卵状披针形鳞片，鳞片深棕色，大部不透明，边缘有 1-2 行淡棕色透明细胞。叶簇生或近生；叶柄长 1-5 厘米，禾秆色；叶片披针形，中部宽 1-2 厘米，向两端渐窄，先端渐尖，基部渐窄并下延，长（10-）13-20 厘米，叶干后淡棕或灰绿色，革质，两面无毛，主脉两面均隆起，小脉不显。孢子囊群圆形，着生主脉与叶缘间，聚生叶片上半部，幼时被淡棕色圆形隔丝覆盖。

产安徽、浙江、台湾、福建、江西、湖南、广东、香港、广西、贵州、四川、云南及西藏，生于海拔 650-1700 米溪边林下树干或岩石上及石灰岩缝中。日本有分布。

图 960　阔叶瓦韦 （冀朝祯绘）

4.　宝华山瓦韦　百华山瓦韦　　　　　　　　　　图 961

Lepisorus paohuashanensis Ching in Fl. Jiangsu 1: 74. 467. f. 113. 1979.

植株高 5-14 厘米。根茎短，斜升，密被披针形鳞片，鳞片中部不透明，深棕色，边缘有 1-2 行细胞透明。叶簇生；几无柄；叶片匙状或倒披针形，长 3-7 厘米，宽 4-6.4 毫米，基部渐窄并下延，先端尖头或钝圆头，干后淡黄或灰绿色，纸质，主脉上下面均隆起，小脉不显。孢子囊群圆形，通常聚生于叶片中部以上的先端，位于主脉与叶

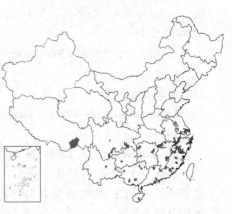

缘间。

产河南、江苏、安徽、浙江、福建、江西、湖南、广东、海南、广西、贵州、四川、云南及西藏，生于海拔 100-1600 米林下树干或石缝中。

5. 庐山瓦韦   图 962

Lepisorus lewissi (Baker) Ching in Bull. Fan Mem. Inst. Biol. Bot. 4: 65. 1933.

Polypodium lewissi Baker Journ. Bot. 1875: 201. 1875.

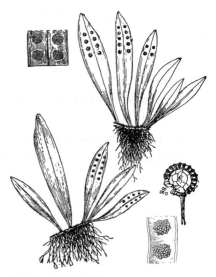

图 961 宝华山瓦韦 （引自《江西植物志》）

植株高 9-15 厘米。根茎细长，横走，密被披针形鳞片，鳞片深棕色，不透明，边缘 1-2 行网眼淡棕色，透明，具锯齿。叶近生；叶柄长 0.5-2 厘米或近无柄，禾秆色；叶片线形，长 6-15 厘米，宽 2-4 毫米，钝圆头，基部略窄，下延，叶干后边缘反卷包孢子囊群呈念珠状，革质，淡黄色，主脉两面均隆起，小脉不显。孢子囊群椭圆形，聚生叶片上半部，着生脉与叶缘间，深陷于叶肉中，幼时被隔丝覆盖；隔丝棕色，具大网眼，透明，全缘。

产安徽、浙江、福建、江西、湖南、广东、广西、贵州及四川，生于海拔 280-1100 米林下树干或岩缝中。

图 962 庐山瓦韦
（孙英宝仿《中国蕨类植物图谱》）

6. 狭叶瓦韦   图 963

Lepisorus angustus Ching in Bull. Fan Mem. Inst. Biol. Bot. 4: 86. 1933.

植株高 12-25 厘米。根茎横走，密被披针形鳞片，鳞片中部不透明，棕色，边缘有 1-2 行窄长透明网眼。叶近生；叶柄长 1.5-3 厘米，禾秆色；叶片窄披针形，长 10-22 厘米，中部宽 3-5 毫米，长渐尖头，向基部渐窄并下延，叶干后淡绿、淡黄或灰绿色，边缘微卷，革质，主脉两面均隆起，小脉不显。孢子囊群椭圆形或圆形，或短棒形，着生叶片上半部主脉和叶缘间，幼时被深色圆形隔丝覆盖，不突出叶缘外。

产河南、陕西、甘肃、安徽、浙江南部、湖北、湖南、广

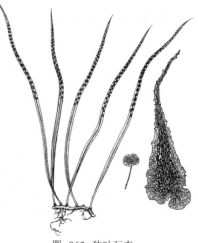

图 963 狭叶瓦韦
（引自《中国蕨类植物图谱》）

西、贵州、四川、云南及西藏，生于海拔900-3500米林下树干或岩石上。

7. 鳞瓦韦 图964

Lepisorus oligolepidus (Baker) Ching in Bull. Fan Mem. Inst. Biol. Bot. 4: 80. 1933.

Polypodium oligolepidum Baker in Gard. Chron. n. s. 14: 494. 1880.

植株高10-23厘米。根茎横走，密被披针形鳞片，鳞片中部褐色，不透明，边缘有1-2行淡棕色、透明、具锯齿网眼。叶略近生；叶柄长2-3厘米，禾秆色，粗壮；叶片披针形或卵状披针形，中部或近下部1/3处最宽，宽1.5-3.5厘米，长8-18厘米，渐尖头，向基部渐窄下延，下面被深棕色透明披针形鳞片，上面光滑，干后淡黄色，软革质，主脉粗，两面均隆起，小脉不显。孢子囊群圆形或椭圆形，径达5毫米，密接，最先端不育，着生叶片上半部主脉与叶缘间，幼时被圆形深棕色隔丝覆盖。

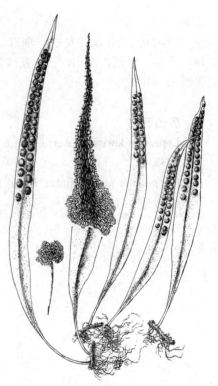

图 964 鳞瓦韦
（引自《中国蕨类植物图谱》）

产河南、陕西、安徽、浙江、福建、江西、湖北、湖南、广东、广西、贵州、四川、云南及西藏，生于海拔170-2300米山坡荫处、林下树干或岩缝中。日本有分布。

8. 拟鳞瓦韦 图965

Lepisorus suboligolepidus Ching in Bull. Fan Mem. Inst. Biol. Bot. 4: 77. 1933.

植株高15-28厘米。根茎横走，密被披针形鳞片，鳞片中部不透明，褐棕色，边缘1-2行网眼透明，具锯齿。叶近生；叶柄长1.5-3厘米，禾秆色；叶片披针形，通常下部1/3处最宽，1.5-2.5厘米，上部约1/3处窄缩，长渐尖头，向基部窄缩下延，长16-28厘米，叶干后灰黄色，近硬革质，两面近光滑，或下面偶有稀疏鳞片，主脉粗，两面均隆起，小脉隐约可见。孢子囊群圆形，通常聚生于叶片上半部窄缩部分，较小，相距1-1.5个孢子囊群体积，着

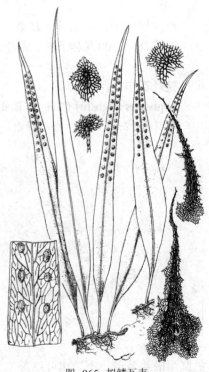

图 965 拟鳞瓦韦
（孙英宝仿《中国蕨类植物图谱》）

生主脉与叶缘间，幼时被褐色近多边形隔丝覆盖。

产台湾、湖北西部、四川及云南，生于海拔 1000-3200 米山坡林下树干或岩石上。

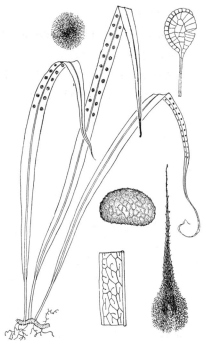

图 966 西藏瓦韦 （引自《西藏植物志》）

9. 西藏瓦韦

图 966

Lepisorus tibeticus Ching et S. K. Wu in C. Y. Wu, Fl. Xizang. 1: 311. f. 78: 8-13. 1983.

植株高 15-35 厘米。根茎横走，密被披针形鳞片，鳞片中部褐棕色，不透明，边缘 1-2 行网眼透明，淡棕色，具锯齿。叶近生；叶柄长 1-5 厘米，禾秆色，基部有 3 条维管束，排成三角形；叶片线状披针形或披针形，长 12-32 厘米，中部宽 0.5-1.8 厘米，长尾状渐尖头，向基部渐窄长下延，叶干后灰绿或淡灰黄色，薄革质；主脉两面均隆起，小脉不显。孢子囊群圆形或椭圆

形，聚生于叶片中上部，相距约等于 1-1.5 个孢子囊群体积，位于叶缘与主脉间，幼时被褐色全缘近圆形隔丝覆盖。

产四川、云南及西藏，生于海拔 1900-3700 米密林中树干或岩缝中。

10. 瓦韦

图 967

Lepisorus thunbergianus (Kaulf.) Ching in Bull. Fan Mem. Inst. Biol. Bot. 4: 88. 1933.

Pleopeltis thunbergianus Kaulf. Wesen. d. Frrnkr. 113. 1827.

植株高 8-20 厘米。根茎横走，密被披针形鳞片，鳞片褐棕色，大部分不透明，叶缘 1-2 行网眼透明，具锯齿。叶近生；叶柄长 1-3 厘米，禾秆色，基部有 4 条维管束，排成四角形；叶片线状披针形或窄披针形，长 8-17 厘米，中部宽 0.5-1.3 厘米，渐尖头，基部渐窄并下延，干后黄绿、淡黄绿、淡

图 967 瓦韦
（孙英宝仿《中国蕨类植物图谱》）

绿或褐色，纸质，主脉两面均隆起，小脉不显。孢子囊群圆形或椭圆形，相距较近，成熟后扩展几密接，幼时被圆形褐棕色隔丝覆盖。

产河北、山东、山西、河南、甘肃、江苏、安徽、浙江、台湾、福建、江西、湖北、湖南、广东、广西、贵州、四川、云南及西藏，生于海拔 500-3700 米山坡林下树干或岩石上。朝鲜半岛、日本、菲律宾及中南半岛有分布。

11. 粤瓦韦 图 968

Lepisorus obscure-venulosus (Hayata) Ching in Bull. Fan Mem. Inst. Biol. Bot. 4: 76. 1933.

Polypodium obscure-venulosus Hayata, Ic. Pl. Formos. 5: 322. 1915.

植株高 10-25（-35）厘米。根茎横走，密被宽披针形鳞片，鳞片网眼大部分透明，中部有一条褐色不透明窄带，全缘。叶疏生；叶柄长 1-5（-7）厘米，栗褐色；叶片披针形或宽披针形，下部 1/3 处最宽，1-3.5 厘米，先端长尾状，向基部渐窄下延，长 12-25（30）厘米，叶干后淡绿或淡黄色，近革质，下面沿主脉有稀疏鳞片贴生，主脉两面均隆起，小脉不显。孢子囊群圆形，径达 5 毫米，成熟后扩展，近密接，幼时被中央褐色圆形隔丝覆盖。

产安徽、浙江、台湾、福建、江西、湖南、广东、香港、海南、广西、贵州、四川及云南，生于海拔 400-1700 米林下树干或岩石上。越南及日本有分布。

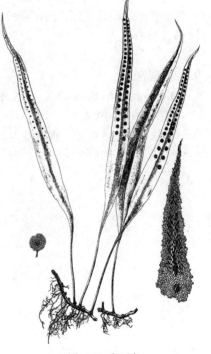

图 968 粤瓦韦
（引自《中国蕨类植物图谱》）

12. 扭瓦韦 图 969

Lepisorus contortus (Christ) Ching in Bull. Fan Mem. Inst. Biol. Bot. 4: 90. 1933.

Polypodium contortum Christ in Bot. Gaz. 51: 347. 1911.

植株高 10-25 厘米。根茎长，横走，密被鳞片，鳞片卵状披针形，中间有不透明褐色窄带，有光泽，具锯齿。叶略近生；叶柄长（1）2-5（6）厘米，通常禾秆色，稀褐色；叶片线状披针形或披针形，长 9-23 厘米，中部最宽，0.4-1.1（1.3）厘米，短尾状渐尖头，基部窄并下延，叶干后常反卷扭曲，上面淡绿色，下面淡灰黄色，近软革质，主脉两面均隆起，下面小脉不明显。孢子囊群圆形或卵圆形，聚生叶片中上部，位于主脉与叶缘间，幼时被中部褐色圆形隔丝覆盖。

产河南、陕西、甘肃、安徽、浙江、福建、江西、湖北、湖南、广西、贵州、四川、云南及西藏，生于海拔 700-1300 米林下树干或岩石上。印度、尼泊尔、不丹有分布。

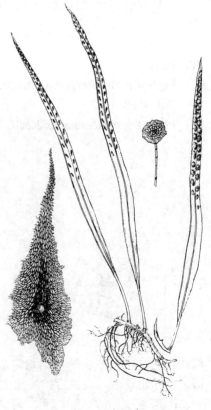

图 969 扭瓦韦
（孙英宝仿《中国蕨类植物图谱》）

13. 大瓦韦

图 970 彩片 127

Lepisorus macrosphaerus (Baker) Ching in Bull. Fan Mem. Inst. Biol. Bot. 4: 73. 1933.

Polypodium macrosphaerum Baker in Kew Bull. 1895: 55. 1895.

植株高 20-40 厘米。根茎横走，密被鳞片，鳞片棕色，卵圆形，

钝圆头，中部网眼近长方形，网眼壁略加厚，全部透明，颜色较深，边缘网眼近多边形，色淡，老时易脱落。叶近生；叶柄长 4-15 厘米，多禾秆色；叶片披针形或窄长披针形，长（7-）15-35 厘米，中部宽（0.7）1.5-4（5）厘米，短尾状渐尖头，基部渐窄并下延，全缘或略波状，干后上面黄绿或褐色，下面灰绿

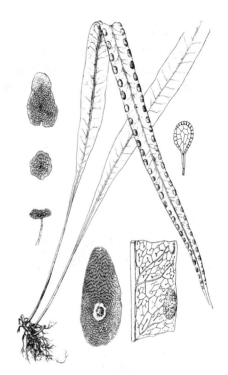

图 970 大瓦韦
（孙英宝仿《中国蕨类植物图谱》）

或淡棕色，厚革质，下面常覆盖少量鳞片；主脉两面均隆起，叶脉明显。孢子囊群圆形或椭圆形，在叶片下面隆起，在叶片上面呈穴状凹陷，着生叶缘或近叶缘，距离约 1 厘米或相接，幼时被圆形棕色全缘隔丝覆盖。

产山西、甘肃、浙江、江西、湖南、广西、贵州、四川、云南及西藏，生于海拔 820-3400 米林下树干或岩石上。越南及印度有分布。

14. 有边瓦韦

图 971

Lepisorus marginatus Ching, Fl. Tsingling. 1: 184. 233. 1974.

植株高 12-25 厘米。根茎横走，径约 2.4 毫米，褐色，密被棕色

软毛和鳞片，鳞片近卵形，网眼细密透明，棕褐色，基部有软毛粘连，老时软毛易脱落。叶近生或疏生；叶柄长 2-7（-10）厘米，禾秆色；叶片披针形，长 15-25 厘米，中部最宽，2-3（4）厘米，渐尖头，向基部渐窄长下延，叶缘有软骨质窄边，叶干后波状，多少反折，软革质，两面均淡黄色，上面光滑，下

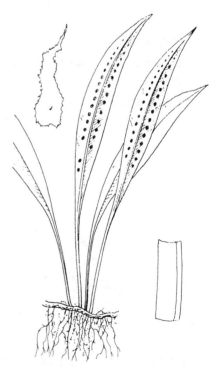

图 971 有边瓦韦 （冀朝祯绘）

面疏被卵形棕色贴生小鳞片，主脉两面均隆起，小脉不显。孢子囊群圆形或椭圆形，着生主脉与叶缘间，疏离，相距约等于 1.5-2 个孢子囊群体积，在叶片下面隆起，在叶片上面穴状凹陷，幼时被棕色圆形隔丝覆盖。

产河北、山东、山西、河南、陕西、甘肃、浙江、湖北、贵 州、四川及云南，生于海拔 920-3000 米林下树干或岩石上。

15. 黄瓦韦

图 972 彩片 128

Lepisorus asterolepis (Baker) Ching, Fl. Jiangsu 1: 74. f. 112. 1977.

Polypodium asterolepis Baker in Journ. Bot. 230. 1888.

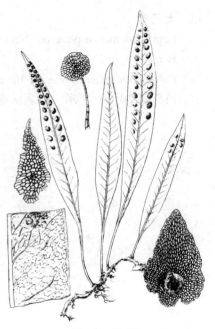

图 972 黄瓦韦
（孙英宝仿《中国蕨类植物图谱》）

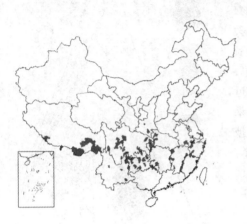

植株高 12-28 厘米。根茎长，横走，褐色，密被披针形鳞片，网眼细密，透明，棕色，老时易脱落。叶疏生或近生；叶柄长 3-7 厘米，禾秆色；叶片宽披针形，长 10-25 厘米，短圆钝头，叶下部 1/3 处最宽，1.2-3 厘米，向基部骤窄缩成楔形并下延，叶干后两面黄或淡黄色，光滑，或下面偶有稀疏贴生鳞片，边缘平直，或略波状，革质，主脉两面均隆起，小脉隐约可见。

孢子囊群圆形或椭圆形，聚生叶片上半部，位于主脉与叶缘间，在叶片下面隆起，在叶片上面穴状凹陷，相距较近，孢子囊群成熟后密接或近汇合，幼时被圆形棕色透明隔丝覆盖。

产陕西、江苏、安徽、浙江、福建、江西、湖北、湖南、广西、贵州、四川、云南及西藏，生于海拔 1000-3500 米林下树干或岩石上。尼泊尔、印度北部及日本有分布。

16. 高山瓦韦

图 973

Lepisorus eilophyllus (Diels) Ching in Bull. Fan Mem. Inst. Biol. Bot. 4: 65. 1933.

Polypodium eilophyllus Diels in Engl. Bot. Jahrb. 29: 204. 1901.

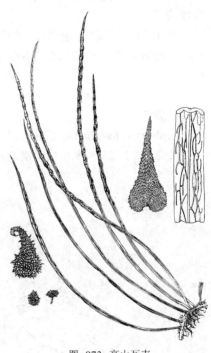

图 973 高山瓦韦
（引自《中国蕨类植物图谱》）

植株高 15-37 厘米。根茎横走，粗壮，密被披针形鳞片，鳞片大部分网眼褐色，不透明，壁加厚，胞腔小，具啮齿状无色透明边缘，渐尖头，老时脱落，根茎裸露呈淡蓝白色。叶疏生或近生；叶无柄至柄长 3 厘米，禾秆色，疏生鳞片；叶片宽卵状披针形，长 12-30 厘米，下部 1/3 最宽，1.5-3.5 厘米，短渐尖头，基部窄缩下延，边缘平直，叶干后两面淡红棕、灰棕或淡绿色，草质或薄纸质；主脉隆起，小脉略明显，沿主脉及叶片下面疏被贴生鳞片。孢子囊群圆形或椭圆形，位于主脉与叶缘间，略近主脉，相距约等于 2 个孢子囊群体积，幼时被隔丝覆盖；隔丝圆形，中部具大而透明网眼，全缘，棕色；成熟孢子囊胀开，叶缘呈念珠状。

产陕西、甘肃、宁夏、湖北、贵州、四川、云南及西藏，生于海拔 1000-3300 米林下树干或岩石上。印度北部及泰国有分布。

17. 带叶瓦韦

图 974

Lepisorus loriformis (Wall.) Ching in Bull. Fan Mem. Inst. Biol. Bot. 4: 81. 1933.

Polypodium loriforme Wall. ex Mett. Farrngatt. 1. Polypodium 92 1857. excl. f. 49.

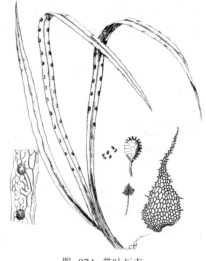

图 974 带叶瓦韦
（引自《中国蕨类植物图谱》）

植株高 20-30 厘米。根茎横卧，密被鳞片，鳞片卵状披针形，黑色，网眼等直径，大而透明，具粗大锯齿。叶簇生或近生；近无柄；叶片长线形，长 13-25 厘米，中部宽 0.8-1.8 厘米，渐尖头，叶干后边缘反卷，两面均淡黄色，革质或厚革质，主脉两面均隆起，小脉不显。孢子囊群卵形、圆形或短棒形，位于主脉与叶缘间，较近主脉，通常被反卷叶缘略覆盖，成熟孢子囊群胀大，叶片边缘波状；隔丝不规则形，边有突起，近黑色。

产陕西、甘肃、湖北、四川、云南及西藏，生于海拔 2000-3000 米林下树干或岩石缝中。

[附] **云南瓦韦 Lepisorus xiphiopteris** (Baker) W. M. Chu, Fl. Reipobl. Popul. Sin. 6: 68. 2000. —— *Polypodium xiphiopteris* Baker in Kew Bull. 1906: 13. 1 906. 本种与带叶瓦韦的主要区别：孢子囊群近叶缘着生，成熟时不凸出叶缘外。产云南及西藏，生于海拔 1700-2600 米山沟杂木林下或向阳岩石上。

[附] **狭带瓦韦 Lepisoorus stenistus** (C. B. Clarke) Y. X. Lin，Fl.

Reipubl. Popul. Sin. 6 (2): 69. 2000. —— *Polypodium lineare* Thunb. var. *steniste* C. B. Clarke in Trans. Linn. Soc. 11: 559. 1880. 本种与带叶瓦韦的主要区别：植株高 30-50 厘米；根茎鳞片褐色，披针形；叶疏生，叶柄长 2-8 厘米，叶片窄带状，长 20-60 厘米，中部宽 5 毫米，先端长尾状；孢子囊群圆形或椭圆形。产云南及西藏，生于海拔 1750-3100 米林下树干或岩缝中。尼泊尔、印度北部及缅甸北部有分布。

18. 长瓦韦

图 975

Lepisorus pseudonudus Ching in Bull. Fan Mem. Inst. Biol. Bot. 4: 83. 1933.

植株高 15-20 厘米。根茎横走，密被鳞片，鳞片披针形，褐色，筛孔粗，透明，基部宽卵形，先端长尾状尖头，边缘具粗长刺。叶略近生；叶柄长 2.5-5 厘米，禾秆色，或连同主脉淡粉红色；叶片窄披针形或近线形，长 10-25（30）厘米，中部宽（0.3）0.5-1.5

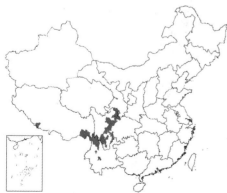

厘米，长尾状渐尖头，向基部渐窄长下延，叶干后下面灰绿或淡棕色，上面灰绿色，边缘略反卷，主脉两面均隆起，小脉不显。孢

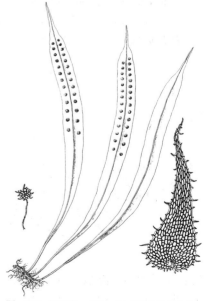

图 975 长瓦韦 （引自《中国蕨类植物图谱》）

子囊群圆形或椭圆形，着生主脉与叶缘间，疏离，相距约等于1.5-2个孢子囊群的体积，有时被隔丝覆盖，隔丝张开掌状，边缘具指状长芒刺，棕色。

产甘肃、四川、云南及西藏，生于海拔2300-4150米林下树干或岩石上。

19. 瑶山瓦韦 图 976

Lepisorus kuchenensis (Y. C. Wu) Ching in Bull. Fan Mem. Inst. Biol. Bot. 4: 69. 1933.

Polypodium kuchenensis Y. C. Wu in Bull. Dept. Biol. Sun Yatsen Univ. 3: 276. pl. 129. 1932.

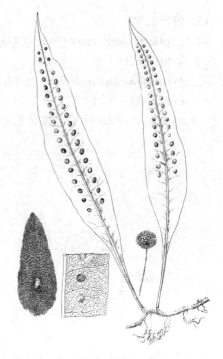

图 976 瑶山瓦韦
（引自《中国蕨类植物图谱》）

植株高15-30厘米。根茎长，横走，粗壮，密被紧贴鳞片，鳞片近长卵形，淡棕色，筛孔粗，网眼近方形，等直径，边缘略波状，膜质。叶疏生；叶柄长2-7厘米，禾秆色或淡褐色；叶片宽卵形，长12-30厘米，中部或近下部1/3处宽3.5-6厘米，骤渐尖或长尾头，向基部渐窄或骤窄缩下延，边缘平直或略波状，叶干后两面褐色，或上面灰绿色，下面淡绿色，

膜质，稀草质或薄纸质，主脉两面均隆起，小脉明显。孢子囊群圆形或椭圆形，径达5毫米，相距约等于1-1.5个孢子囊群体积，着生主脉与叶缘间，幼时被隔丝覆盖，隔丝圆形，网眼大，棕色。

产台湾、广西、贵州及云南，生于海拔1200-1700米林下树干或潮湿岩壁。

20. 棕鳞瓦韦 图 977 彩片 129

Lepisorus scolopendrium (Ham. ex D. Don.) Menhra et Bir. in Res. Bull. Punjab. Univ. New Ser. Sci. n. s. 15: 168. 1965.

Polypodium scolopendrium Ham. ex D. Don. Prod. Fl. Nep. 1. 1825.

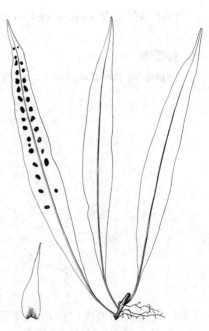

图 977 棕鳞瓦韦 （孙英宝绘）

植株高5-30厘米。根茎横走，粗壮，密被鳞片，鳞片披针形，棕色，网眼近方形，透明，渐尖头，全缘。叶疏生或近生；叶柄长2-5厘米，基部疏被鳞片，禾秆色；叶片窄披针形，长15-45厘米，下部近1/3处宽1-4厘米，尖头或尾状渐尖头，边缘近平直或微波状，叶干后两面淡红棕色，草质或薄纸

质；主脉两面均隆起，小脉略明显。孢子囊群圆形或椭圆形，通常聚生叶片上半部，着生主脉与叶缘间，较近主脉，相距约等于1-2个孢子

囊群体积，幼时被隔丝覆盖，隔丝二色，中部深棕色，边缘白色，圆形，全缘。

产台湾、海南、贵州、四川、云南及西藏，生于海拔 500-2800 林下树干或岩石上。尼泊尔及印度北部有分布。

[附] **绿色瓦韦 Lepisorus virencens** Ching et S. K. Wu in C. Y. Wu, Fl. Xizang. 1: 306. 1983. 本种与棕鳞瓦韦的主要区别：叶片长圆状披针形，基部略窄，近无柄。产云南及西藏，生于海拔 1415-2500 米树干或岩石上。

21. 淡丝瓦韦　　　　　　　　　　　图 978

Lepisorus paleparaphysus Y. X. Lin, Fl. Reipubl. Popul. Sin. 6 (2):75. 347. t. 15. f. 1-2. 2000.

植株高 15-40 厘米。根茎粗壮，横走，密被鳞片，鳞片披针形，

中部网眼宽方形，深棕色，边缘网眼较小，淡棕色，全缘，贴生根茎。叶疏生或近生；几无柄至柄长 3 厘米，禾秆色；叶片窄长披针形或宽披针形，长 7-40 厘米，下部 1/3 处宽 1-3.5 厘米，向上渐窄，短尖头，向基部窄缩下延，或骤窄缩至根茎联结处，边缘平直，叶干后两面均褐绿或淡绿色，或黄绿或淡黄绿色，稀灰绿色，下面有贴生鳞片，纸质；主脉两面均隆起，小脉明显。孢子囊群圆形，着生主脉与叶缘间，较近主脉，相距约等于

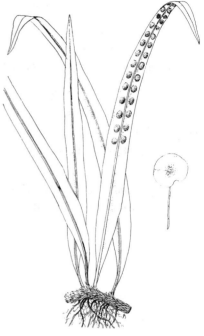

图 978 淡丝瓦韦　（冀朝祯绘）

2 个孢子囊群体积，幼时被隔丝覆盖；隔丝圆形，中部棕色，边缘淡棕色，全缘。

产台湾、海南、贵州、四川、云南及西藏，生于海拔 2300-2800 米林下树干或岩石上。尼泊尔及印度北部有分布。

22. 二色瓦韦　两色瓦韦　　　　　图 979 彩片 130

Lepisorus bicolor Ching in Bull. Fan Mem. Inst. Biol. Bot. 4: 66. 1933.

植株高 15-30（35）厘米。根茎粗壮，横走，径约 5 毫米，密被

贴生鳞片，鳞片宽卵状披针形，渐尖头，筛孔细密，中部近黑色，边缘淡棕色，有不规则锐刺。叶近生或疏生；叶柄长（1）2-6（-8）厘米，径约 1 毫米，疏被鳞片；叶片宽披针形，长（8-）13-28 厘米，中部或下部 1/3 处宽 1-4 厘米，向两端渐窄，渐尖头或钝圆头，基部楔形，长下延，边缘平直，全缘，叶干后两面淡棕或灰绿色，上面光滑，下面沿主脉贴生稀疏鳞

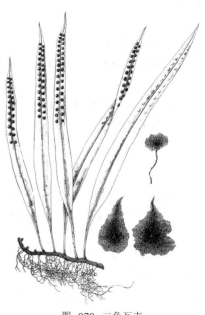

图 979 二色瓦韦
（引自《中国蕨类植物图谱》）

片，草质或近纸质，主脉两面均隆起，小脉不显。孢子囊群大，椭圆状或近圆形，聚生叶片上半部，或近叶片先端，位于主脉与叶缘间，近主脉，相距 5-8 毫米，上密集，下稀疏，幼时被隔丝覆盖，隔丝近圆形，中部具大而透明网眼，细胞壁加厚，黑色，周边网眼不规则形，棕色，膜质，边缘齿蚀状。

产甘肃、安徽、湖北、湖南、贵州、四川、云南及西藏，生于海拔1000-3300米林下沟边或山坡石缝中。印度北部、尼泊尔、泰国、缅甸有分布。

23. 白边瓦韦 图 980

Lepisorus morrisonensis (Hayata) H. Ito in Journ. Jap. Bot. 11: 92. 1935.

Polypodium morrisonense Hayata in Bot. Mag. Tokyo 23: 77. 1919.

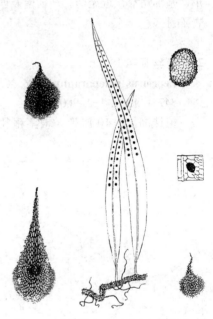

植株高 10-30 厘米。根茎粗壮，横走，密被鳞片，鳞片宽卵状披针形，中部网眼小，方形或长方形，细胞壁加厚，细胞腔狭窄，中部褐色，不透明，边缘近白色，透明，短渐尖头，边缘常齿蚀状，以基部一点着生根茎。叶通常近生；叶柄长 1-3 厘米，禾秆色，疏被鳞片；叶片窄披针形或窄长披针形，长 12-30 厘米，中部宽 1-3 厘米，渐尖头或短渐尖头，基部渐

窄并下延，边缘平直，叶干后两面淡绿色，或上面灰绿色，下面淡黄色，草质或厚纸质；主脉两面均隆起，下面疏被鳞片，小脉明显。孢子囊群圆形，着生中脉与叶缘间，略近主脉，相距约等于 1-1.5 个孢子囊群体积，幼时被隔丝覆盖；隔丝圆形，具大网眼，透明，棕色。

图 980 白边瓦韦 （引自《西藏植物志》）

产台湾、四川、云南及西藏，生于海拔1300-4100米林下树干或岩石上。尼泊尔及印度北部有分布。

24. 乌苏里瓦韦 图 981

Lepisorus ussuriensis (Regel et Maack) Ching in Bull. Fan Mem. Inst. Biol. Bot. 4: 91. 1933.

Pleopeltis ussuriensis Regel et Maack in Mem. Acad. Imp. Sci. St. Petersb. 7: 4. 175. 1861.

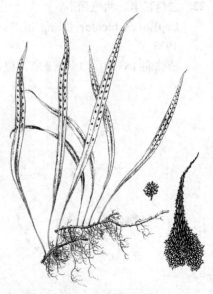

植株高 10-15 厘米。根茎细长，横走，密被鳞片，鳞片披针形，褐色，基部近圆，细胞壁加厚，网眼大而透明，近等直径，向上骤窄缩，芒状尖头，网眼长方形，边缘有细齿。叶片相距0.3-2.2厘米；叶柄长 1.5-5 厘米，禾秆色、淡棕或褐色，无毛；叶片线状披针形，长 4-13 厘米，

图 981 乌苏里瓦韦
（引自《中国蕨类植物图谱》）

中部宽0.5-1厘米，向两端渐窄，短渐尖头，或圆钝头，基部楔形，下延，叶干后上面淡绿色，下面淡黄绿色，或两面均淡棕色，边缘略反卷，纸质或近革质，主脉两面均隆起，小脉不显。孢子囊群圆形，着生主脉与叶缘间，相距约等于1-1.5个孢子囊群体积，幼时被星芒状隔丝覆盖。

产黑龙江、吉林、辽宁、内蒙古、河北、山东、山西、河南、浙江、安徽、湖北及湖南，生于海拔750-1700米林下或山坡荫处石缝中。

25. 多变瓦韦

图 982

Lepisorus variabilis Ching et S. K. Wu in C. Y. Wu, Fl. Xizang. 1: 308. 1983.

植株高5-15厘米。根茎长，横走，径2-3毫米，密被鳞片，鳞片卵状披针形，长渐尖头，具粗筛孔，透明，棕褐色，具长刺状锯齿。叶近生或疏生；叶柄长1-4（-6）厘米，禾秆色；叶片椭圆状披针形，长5-15厘米，中部宽1-2厘米，钝圆头，基部楔形，略不对称，下延，边缘平直，叶干后两面淡灰色，上面光滑，下面有1-2鳞片贴生，薄草质，主脉纤细，两面均隆起，下面不明显。孢子囊群近圆形或椭圆形，着生主脉与叶缘间，相距2-6毫米，上部的较密，下部的稀疏，成熟时少数汇合，幼时被隔丝覆盖，隔丝鳞片状，具不规则大网眼，边缘有粗长刺，褐色；孢子囊近圆形，大部分具宽环带。孢子椭圆形，胞壁近光滑或具云块状纹饰。

产四川、云南及西藏，生于海拔2700-3500米山坡灌丛下岩石缝中或与苔藓混生岩石上。尼泊尔、印度北部及克什米尔地区有分布。

[附] **川西瓦韦 Lepisorus soulieanus** (Christ) Ching et S. K. Wu in Acta Bot. Yunnan. 5 (1): 11. 1983. —— *Pleopeltis soulieanum* Christ in Bull. Soc. Bot. France 52: Mem. 1: 15. 1905. 本种与多变瓦韦的主要区别：叶柄长，长约等于叶片1/2-2/3。产四川及云南，生于海拔2800-4200米林下岩缝中。

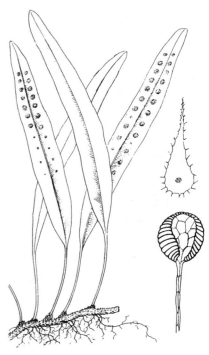

图 982 多变瓦韦 （冀朝祯绘）

26. 神农架瓦韦

图 983

Lepisorus patungensis Ching et S. K. Wu in Acta Bot. Yunnan. 5 (1): 11. 1983.

植株高8-13厘米。根茎横走，密被鳞片，鳞片披针形，基部宽卵形，粗筛孔，网眼为等直径多边形，全透明，褐棕色，质薄易碎，具粗长尖刺。叶略近生；叶柄长1-4厘米，禾秆色；叶片披针形，长6-15厘米，中部宽0.6-1.3厘米，钝尖头，基部楔形，下延，叶干后下面灰白色，厚纸质或近革质，主脉两面均隆起，小脉不显。孢子囊群圆形，着生主脉与叶缘间，较集中分布于叶片2/3

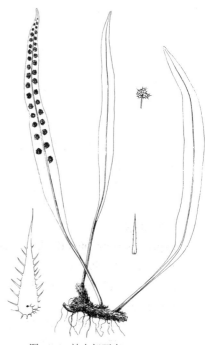

图 983 神农架瓦韦 （孙英宝绘）

以上，相距下疏上密，约1.5个孢子囊群，幼时被隔丝覆盖；隔丝小鳞片状，具大而透明的网眼，褐色，边缘具长刺。

产湖北及四川，生于海拔约2300米林下树干或林缘岩石上。

[附] **甘肃瓦韦 Lepisorus kasuensis** Ching et Y. X. Lin in Acta Bot. Yunnan. 5 (1): 17. 1983. 本种与神农架瓦韦的主要区别：叶片干后两面均淡绿色，纸质；孢子囊群排列较稀疏，相距约等于或大于2个孢子囊群体积。产山西及甘肃南部，生于海拔约2700米山坡岩缝中。

27. 粗柄瓦韦　　　　　　　图 984

Lepisorus crassipes Ching et Y. X. Lin in Acta Bot. Yunnan. 5 (1):18. f. 7. 1983.

植株高 8-15 厘米。根茎横走，径 2-4 毫米，密被鳞片，鳞片披针形，基部宽卵形，向上渐窄，具长芒状尖头，网眼多边形或短方形，具大而透明筛孔，等直径，褐色，具张开粗长刺。叶疏生或近生；叶柄长 0.4-4 厘米，径 1-1.5 毫米，禾秆色，无毛；叶片线状披针形，长 10-15 厘米，中部宽 0.6-1 厘米，向两端渐窄，钝尖头，基部楔形，略不对称，下延，边缘平直，叶干后两面均灰绿或深灰绿色，纸质或薄纸质，两面无毛，主脉在下面隆起，上面微突起或平直，或稍下凹，小脉通常不显。孢子囊群椭圆形或近圆形，着生主脉与叶缘间，下面的大，上面的小，相距上部的密集，下部的稀疏，约等于1-2个孢子囊群体积，幼时被隔丝覆盖，隔丝小鳞片

28. 网眼瓦韦　　　　　　　图 985

Lepisorus clathratus (C. B. Clarke) Ching in Bull. Fan Mem. Inst. Biol. Bot. 4 (3): 71. 1933:

Polypodium clathratum C. B. Clarke in Trans. Linn. Soc. 2: 599. pl. 82. f. i. 1880.

植株高 5-10 厘米。根茎细长，横走，密被鳞片，鳞片披针形，基部卵形，钝尖头，基部网眼近短方形，等直径，向上的近长方形，

图 984　粗柄瓦韦
（孙英宝仿《云南植物研究》）

状，具不规则透明大网眼，边缘有粗长刺，褐色。

产陕西、甘肃及青海，生于海拔2400-2700米林下岩石上或山坡阴湿岩石缝中。

[附] **金顶瓦韦 Lepisorus coaetaneus** Ching et Y. X. Lin in Acta Bot. Yunnan. 5 (1): 12. 1983. 本种与粗柄瓦韦的主要区别：叶片宽 1.2 厘米以上，长 15 厘米以下，干后上面淡黄或棕色。产贵州及四川，生于海拔2500-3400米山坡岩缝中或沟边周壁。

边缘有短齿牙，近褐棕色。叶疏生或略近生；叶柄长 0.7-3 厘米，纤细，禾秆色；叶片披针形，长 10-13 厘米，中部宽 1.1-1.5 厘米，向两端渐窄，渐尖头，基部楔形，略下延，边缘平直，叶干后

两面淡绿或棕绿色，草质或薄草质；主脉在两面微隆起，小脉两面明显。孢子囊群近圆形，着生主脉与叶缘间，相距上部的密集，下部的稀疏，约2-5毫米，幼时被鳞片状隔丝覆盖。

产河北、山西、陕西、宁夏、甘肃、新疆、台湾、四川、云南及西藏，生于海拔2000-4300米常绿阔叶林下树干或山坡岩缝中及河边石滩。尼泊尔及克什米尔地区有分布。

[附] **陕西瓦韦 Lepisorus shensiensis** Ching et S. K. Wu in Acta Bot. Yunnan. 5 (1): 14. 1983. 本种与网眼瓦韦的主要区别：根茎鳞片长渐尖头，具长锯齿。产陕西及青海，生于海拔 2800-3800 米山坡潮湿岩缝中。

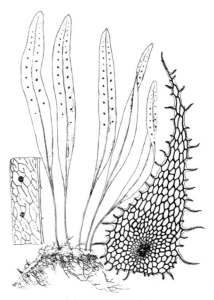

图 985 网眼瓦韦
（孙英宝仿《中国蕨类植物图谱》）

29. 假网眼瓦韦   图 986

Lepisorus pseudo-clathratus Ching et S. K. Wu in Acta Bot. Yunnan. 5 (10): 10. 1983.

植株高5-10厘米。根茎横走，密被鳞片，鳞片披针形，基部近卵形，具长毛发状先端，网眼多长方形，细胞壁略加厚，透明，质坚韧，不易折断，边缘有张开粗长刺，栗褐色，有虹色光泽。叶疏生；叶柄长1.5-4厘米，禾秆色；叶片窄披针形，镰刀状，稀平直，长7-20厘米，中部或下部1/3处宽0.7-1.8厘米，向两端渐窄，长尾状渐尖头，基部楔形，略下延，边

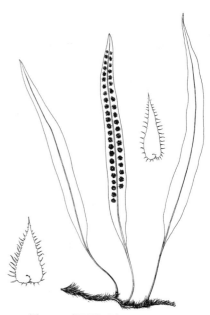

图 986 假网眼瓦韦 （孙英宝绘）

缘平直；叶片干后深绿、淡绿或淡棕色，膜质或近草质；主脉下面略隆起，小脉明显。孢子囊群近圆形，聚生叶片1/3至上部1/3间，着生主脉与叶缘间，相距下部的稀疏，上部的密集，约等于1-2个孢子囊群体积，有时被隔丝覆盖，隔丝鳞片状，具不规则透明大网眼，边缘具粗长刺，褐色。

产四川、云南及西藏，生于海拔3200-4300米林下树干或山坡阴湿岩缝中。

30. 太白瓦韦   图 987：1-2

Lepisorus thaipaiensis Ching et S. K. Wu in Acta Bot. Yunnan. 5 (1):

8. 1983.

植株高15-25厘米。根茎横走,径达4毫米,密被鳞片,鳞片宽卵状披针形,基部宽卵形,先端长芒状,网眼大而透明,近方形,有张开粗长刺,质薄易碎,褐色。叶疏生;叶柄长4-10厘米,纤细,淡禾秆色,基部以上光滑;叶片披针形,长9-29厘米,中部宽1-2.6厘米,向两端渐窄,渐尖头或钝尖头,基部楔形,下延,边缘平直,或略波状,干后两面均淡绿色,草质或薄纸质;主脉下面隆起,上面平,小脉不明显。孢子囊群近圆形、椭圆形或长卵形,聚生叶片中部,着生主脉与叶缘间,较近主脉,相距0.4-1(1.4)厘米,幼时被隔丝覆盖,隔丝鳞片状,网眼大,褐色,具粗长刺。

产河北、河南、陕西、甘肃、青海及四川,生于海拔1400-3000米林下树干或山坡阴湿岩缝中。

[附] **丽江瓦韦** 图987:3-5 **Lepisorus likiangensis** Ching et S. K. Wu in Acta Bot. Yunnan. 5 (1): 12. 1983. 本种与太白瓦韦的主要区别:叶片长14.5-19厘米,宽1.4-1.8厘米,叶柄长2-4厘米,小脉明显。产四川及云南,生于海拔2500-3800米林下岩缝中。

31. 小五台瓦韦
图 988

Lepisorus hsiawutaiensis Ching et S. K. Wu in Acta Bot. Yunnan. 5 (1): 6. 1983.

植株高5-10厘米。根茎横走,径2-3毫米,密被鳞片,鳞片披针形,基部宽卵形,先端芒状尖,网眼方形或多边形,透明,有张开长刺,褐色。叶近生;叶柄长0.5-5厘米,纤细,禾秆色;叶片近线状舌形,长5-15厘米,中部宽0.6-1.4厘米,近先端渐窄,钝圆头,基部楔形,对称,下延,边缘平直;叶干后两面淡绿或淡灰色,草质或薄纸质;主脉在两面均隆起,小脉不明显。孢子囊群近圆形,着生主脉与叶缘间,叶片先端和基部不育,上部的密集,下部的稀疏,相距1-4毫米,幼时被隔丝覆盖,隔丝鳞片状,网眼大而透明,具长粗刺,褐色。

产内蒙古、河北及山西,生于海拔1500-2000米山坡潮湿岩缝中。

32. 天山瓦韦
图 989

Lepisorus albertii (Regel) Ching in Acta Bot. Yunnan. 5 (1): 20. 1983.

Polypodium albertii Regel in Acta Hort. Petrop. 7: 620. 1881.

植株高5-10厘米。根茎横走,径3毫米,密被鳞片,鳞片披针形,基部宽卵形,向上部渐窄,先端长芒状,网眼近方形或短长方形,大

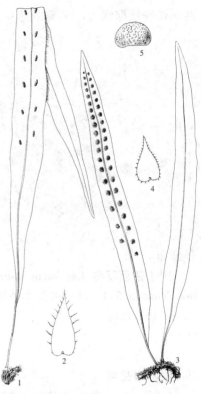

图 987:1-2.太白瓦韦 3-5.丽江瓦韦
(孙英宝绘)

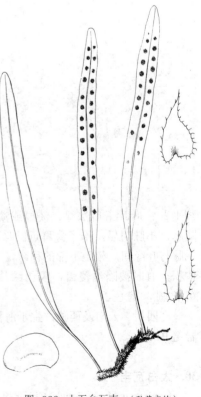

图 988 小五台瓦韦 (孙英宝绘)

而透明，具粗长刺，褐色。叶近生或疏生；叶柄长（0.5）1-5.5 厘米，纤细，禾秆色，光滑；叶片线状披针形，长 5-14 厘米，中部宽 0.4-1.2 厘米，两端渐窄，圆钝头，基部楔形，长下延，对称，边缘平直，干后两面深绿或灰绿色，纸质，主脉两面均隆起，小脉不明显。孢子囊群近圆形，着生主脉与叶缘间，略近主脉，相距上部的密集，下部的稀疏，约等于

1-2 个孢子囊群体积，幼时被隔丝覆盖，隔丝鳞片状，网眼不规则，大而透明，具粗长刺，褐色。

产河北、山西、甘肃、青海、新疆及四川，生于海拔 1700-3750 米山坡阴处岩缝中或沟边岩缝中。

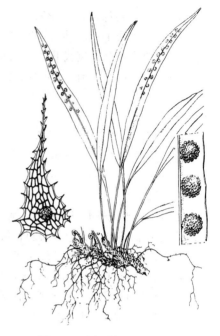

图 989 天山瓦韦 （冀朝祯绘）

33. 山西瓦韦　　　　　　　　　　　图 990

Lepisorus shansiensis Ching et Y. X. Lin in Acta Bot. Yunnan. 5(1): 21. 1983.

植株高 5-10 厘米。根茎横走，径约 3 毫米，密被鳞片，鳞片披针形，基部卵形，先端长芒状，网眼等直径，大而透明，具长粗刺，褐色。叶近生；叶柄长 1-2 厘米，纤细，禾秆色，光滑；叶片线状披针形，长 6-12 厘米，中部宽 0.6-1.2 厘米，向两端渐窄，通常钝圆头，稀短渐尖头，基部楔形，下延，对称，边缘平直；叶干后两面淡绿

色，稀灰绿色，纸质，主脉两面均隆起，小脉略明显。孢子囊群近圆形，着生主脉与叶缘间，相距上部的密集，下部的稀疏，约 2-3 毫米，幼时被隔丝覆盖，隔丝鳞片状，具大而透明不规则网眼，具粗长刺，褐色。

产山西、陕西、甘肃及四川，生于海拔 1950-3200 米山坡或山顶岩缝中。

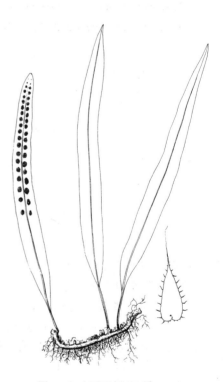

图 990 山西瓦韦 （孙英宝绘）

9. 骨牌蕨属 **Lepidogrammitis** Ching

小型附生蕨类。根茎细长，横走，粗如铁丝，淡绿色，疏被具粗筛孔鳞片，或近光滑。叶疏生，肉质，二型或近二型；叶柄短或近无柄；不育叶披针形或圆形，下面疏被鳞片；能育叶窄披针形或短舌形，叶

干后硬革质，淡绿色，叶脉网状，不显，通常有向主脉的内藏小脉，单一或分叉。孢子囊群圆形，分离，在中脉两侧各成1行，幼时被盾状隔丝覆盖，隔丝粗筛孔状，具小齿。孢子单裂缝，两面型，无周壁，外壁较厚，边缘波状或锯齿状，表面具不规则穴状。染色体基数x=12（36）。

约8种，均产中国，1种分布缅甸及印度北部。

1. 叶一型或二型。
　2. 叶一型，叶片宽披针形或椭圆形，长6-10厘米 ⋯⋯⋯⋯⋯⋯⋯⋯⋯⋯⋯⋯⋯⋯⋯ 1. 骨牌蕨 L. rostrata
　2. 叶一型或近二型，不育叶叶片宽卵状披针形、窄披针形或宽披针形，长约3.5厘米 ⋯⋯⋯
　　⋯⋯⋯⋯⋯⋯⋯⋯⋯⋯⋯⋯⋯⋯⋯⋯⋯⋯⋯⋯⋯⋯⋯⋯⋯⋯⋯⋯⋯ 2. 披针骨牌蕨 L. diversa
1. 叶二型。
　3. 不育叶梨形或长卵形，基部近圆或圆楔形 ⋯⋯⋯⋯⋯⋯⋯⋯⋯⋯⋯ 3. 梨叶骨牌蕨 L. pyriformis
　3. 不育叶长圆形、卵形、长圆状披针形或披针形，基部楔形。
　　4. 不育叶长圆形或倒卵形，能育叶舌状或倒披针形 ⋯⋯⋯⋯⋯⋯ 4. 抱石莲 L. drymoglossoides
　　4. 不育叶长圆状披针形或宽披针形，能育叶窄披针形或窄长披针形。
　　　5. 不育叶长圆状披针形或披针形，能育叶窄披针形或线状披针形 ⋯⋯⋯ 5. 中间骨牌蕨 L. intermedia
　　　5. 不育叶宽披针形，能育叶窄长披针形 ⋯⋯⋯⋯⋯⋯⋯⋯⋯⋯⋯ 6. 长叶骨牌蕨 L. elongata

1. 骨牌蕨　　　　　　　　　　　　　　图 991

Lepidogrammitis rostrata (Bedd.) Ching in Acta Phytotax. Sin. 9:372. 1964.

Pleopeltis rostrata Bedd. Ferns Brit. Ind. t. 159. 1867.

植株高约10厘米。根茎细长，横走，径约1毫米，绿色，被鳞片，鳞片钻状披针形，有细齿。叶疏生；一型；不育叶宽披针形或椭圆形，基部楔形，下延，长6-10厘米，中部以下宽2-2.5厘米，全缘，肉质，干后革质，淡棕色，两面近光滑，主脉两面隆起，小脉稍明显，有单一或分叉内藏小脉。孢子囊群圆形，着生叶片最宽处以上，在主脉两侧各成1行，略近主脉，有时被盾状隔丝覆盖。

产安徽、浙江、台湾、福建、湖南、广东、香港、海南、广西、贵州、云南及西藏，生于海拔240-1850米林下树干或岩石上。中南半岛、缅甸、印度北部及尼泊尔有分布。

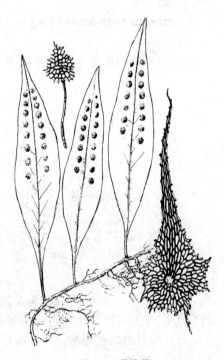

图 991 骨牌蕨
（孙英宝仿《中国蕨类植物图谱》）

2. 披针骨牌蕨　　　　　　　　　　　图 992

Lepidogrammitis diversa (Rosenst.) Ching in Acta Bot. Yunnan. 1:24. 1979.

Polypodium diversum Rosenst. in Hedwigia 56: 346. 1915.

植株高10-15厘米。根茎细长，横走，密被鳞片，鳞片棕色，钻状披针形，具锯齿。叶疏生；一型或近二型；叶柄长0.5-3厘米，禾秆色，光滑，叶片宽卵状披针形，短尖头，长3.5-8厘米，具短柄；能育叶窄披针形或宽披针形，柄长1-3厘米，叶片长6-12厘米，中部宽1-2.8厘米，短钝

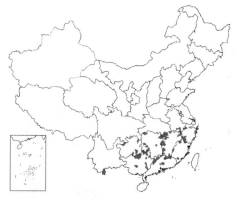

尖头，干后近革质，棕色，光滑，主脉两面均隆起，小脉不明显。孢子囊群圆形，在主脉两侧各成1行，略近主脉。

产安徽、浙江、福建、江西、湖南、广东、香港、广西、贵州及云南，生于海拔700-2000米林缘岩石上。全草药用，清热、除湿、止血。

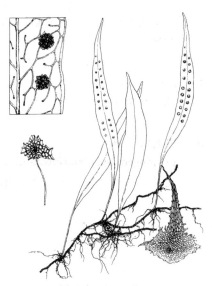

图 992 披针骨牌蕨
（引自《Fl. Taiwan》）

3. 梨叶骨牌蕨

图 993

Lepidogrammitis pyriformis (Ching) Ching in Sunyasenia 5(4): 258. 1940.

Polypodium pyriformis Ching in Bull. Fan Mem. Inst. Biol. Bot. 2: 212. pl. 29. 1930.

植株高 10-14（-20）厘米。根茎细长，横走，径约1.5毫米，被钻状边缘具齿棕色披针形鳞片。叶疏生，相距5-10厘米，二型；不育叶梨形或长卵形，柄长0.5-2（-7）厘米，叶片长3-8厘米，宽1.5-3厘米，短渐尖头，基部近圆或圆楔形，下延，全缘或略波状；能育叶高5-10（-20）厘米，柄长2-5（-8）厘米，叶片近披针形，肉质，干后革质，上面光滑，下面疏生鳞片，主脉明显，小脉不明显。孢子囊群圆形，沿主脉两侧各成1行，略近主脉。

产甘肃、浙江、湖北、湖南、贵州及四川，生于海拔900-1900米林下岩石上。日本有分布。

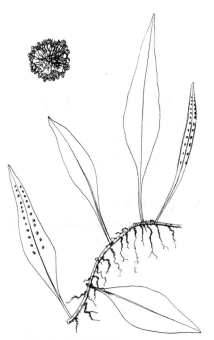

图 993 梨叶骨牌蕨 （孙英宝绘）

4. 抱石莲

图 994 彩片 131

Lepidogrammitis drymoglossoides (Baker) Ching in Sunyasenia 5(4): 258. 1940.

Polypodium drymoglossoides Baker in Journ. Bot. 170. 1887.

植株高达6厘米。根茎细长，横走，被钻状边缘具锯齿棕色披针形鳞片。叶疏生，相距1.5-5厘米，二型；不育叶长圆形或卵形，长1-3厘米或稍长，宽1-1.5厘米，圆头或钝圆头，基部楔形，几无柄，全缘；能育叶舌状或倒披针形，长3-6厘米，宽不及1厘米，基部窄缩，几无柄或具短柄，有时与不育叶同形，肉质，叶干后革质，上面

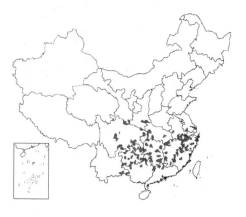

光滑，下面疏被鳞片。孢子囊群圆形，沿主脉两侧各成1行，着生主脉与叶缘间。

产陕西、甘肃、江苏、安徽、浙江、福建、江西、湖北、湖南、广东、香港、广西、贵州、四川及云南，生于海拔200-1500米阴湿树干或岩石上。全草入药，凉血解毒，治瘰痢等症。

5. 中间骨牌蕨　　　　　　　　　图995

Lepidogrmmitis intermedia Ching, Fl. Tsingling. 2: 180. 1974.

植株高3-7（-10）厘米。根茎细长，横走，疏被钻状边缘棕色披针形鳞片。叶疏生，二型；不育叶长圆状披针形或披针形，长3-6厘米，中部宽0.8-2厘米，向两端渐窄，钝头或钝圆头，基部楔形下延，全缘，柄长2毫米；能育叶窄披针形或线状披针形，钝圆头，长5-8厘米，宽0.5-1厘米，柄长约5毫米，干后近革质，下面疏被鳞片；主脉隆起，小脉不明显。孢子囊群圆形，在主脉两侧各成1行，成熟时部分囊群汇合，不凸出叶缘外。

产陕西、甘肃、浙江、湖北、湖南、广西、贵州、四川及云南，生于海拔800-1400米林下岩石上。

6. 长叶骨牌蕨　　　　　　　　　图996

Lepidogrammitis elongata Ching, Fl. Tsingling. 2: 181. 232. 1974.

植株高约10厘米。根茎细长，横走，被钻状，边缘有齿棕色披针形鳞片。叶疏生，二型；不育叶宽披针形，短钝尖头，柄长约2毫米，叶片长6-8厘米，中部宽1.5-2.5厘米，淡棕色，下面疏被鳞片；能育叶窄长披针形，柄长0.5-4厘米，中部宽0.5-1.1厘米，棕色，短钝尖头，叶干后淡棕色，硬革质，主脉两面隆起，小脉不明显。孢子囊群圆形，在中脉两侧各成1行，成熟时部分囊群汇合，不凸出叶缘外。

产陕西、甘肃、湖北、湖南、贵州及四川，生于海拔1350-2200米林下岩石上。

图 994 抱石莲
（引自《中国蕨类植物图谱》）

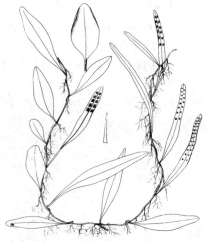

图 995 中间骨牌蕨 （孙英宝绘）

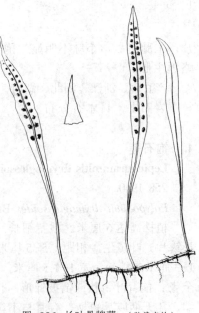

图 996 长叶骨牌蕨 （孙英宝绘）

10. 伏石蕨属 Lemmaphyllum C. Presl

小型附生蕨类。根茎细长，横走，被鳞片，鳞片卵状披针形，全缘，或下部不规则分裂。叶疏生，二型；叶柄具关节与根茎相连；不育叶倒卵形或椭圆形，全缘，近肉质，无毛或近无毛，或疏被披针形小鳞片；能育叶线形，或线状倒披针形，叶脉网状，主脉不显，分离内藏小脉通常向主脉。孢子囊群线形，与主脉平行，连续，叶片顶端通常不育；隔丝盾形，筛孔粗，具齿；孢子囊环带具14个增厚细胞。孢子椭圆形，单裂缝，透明或近透明，无周壁。染色体基数 x=12（36）。

约6种，分布由喜马拉雅经泰国、中国至朝鲜半岛及日本。我国2种和1变种。

1. 不育叶近圆形或卵圆形，长 1.6-2.5 厘米，宽 1.2-1.5 厘米，几无柄或具长约 4 毫米的柄。
   2. 不育叶近圆形或卵圆形，基部圆或宽楔形，近无柄 ·························· **1. 伏石蕨 L. microphyllum**
   2. 不育叶卵形、倒卵形或长圆形，基部短楔形下延，柄较长 ··
   ·· **1(附). 倒卵伏石蕨 L. microphyllum var. obvatum**
1. 不育叶宽卵状披针形，长 4-12 厘米，宽 2.5-4 厘米，叶柄长 1.5-5 厘米 ············· **2. 肉质伏石蕨 L. carnosum**

1. 伏石蕨　　　　　　　　　　　　图 997

Lemmaphyllum microphyllum C. Prsl, Epim. Bot. 236. 1849.

小型蕨类。根茎细长，横走，淡绿色，疏被鳞片，鳞片粗筛孔，

先端钻状，下部略近圆，两侧不规则分叉。叶疏生，二型；不育叶近无柄，或柄长 2-4 毫米，近圆形或卵圆形，基部圆或宽楔形，长 1.6-2.5 厘米，宽 1.2-1.5 厘米，全缘；能育叶柄长 3-8 毫米，舌状或窄披针形，长 3.5-6 厘米，宽约 4 毫米，干后边缘反卷；叶脉网状，内藏小脉单一不分叉。孢子囊群线形，着生主脉与叶缘间，幼时被隔丝覆盖。

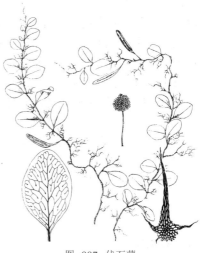

图 997 伏石蕨
（孙英宝仿《中国蕨类植物图谱》）

产江苏、安徽、浙江、台湾、福建、江西、湖北、湖南、广东、香港、海南、广西、贵州及云南，生于海拔 95-1500 米林中树干或岩石上。越南、朝鲜半岛南部及日本有分布。

[附] **倒卵伏石蕨** 彩片 132 **Lemmaphyllum microphyllum** var. **obovatum**（Harr.）C. Chr. in Dansk Bot. Ark. 6: 47. pl. 5. f. 3. 1927. —— *Drymogllossum carnosum* C. Chr. var. *obovatum* Harr. in Journ. Linn. Soc. Bot. 16: 33. 1877. 与模式变种区别：不育叶片卵形、倒卵形或长圆形，基部短楔形下延，柄较长。产台湾、福建、广东、海南、广西及云南，生于树干。

2. 肉质伏石蕨　　　　　　　　图 998 彩片 133

Lemmaphyllum carnosum（Wall.）C. Presl, Epim. Bot. 158. 1749.

本种与伏石蕨的区别：植株较高大；不育叶片宽卵状披针形，中部

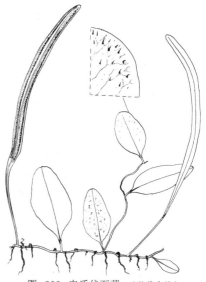

图 998 肉质伏石蕨　（孙英宝绘）

最宽，向两端渐窄，先端钝尖，基部楔形下延，长 4－12 厘米，宽 2.5－4 厘米，柄长 1.5－5 厘米；能育叶长 12－15 厘米，宽约 4 毫米，柄长达 8 厘米。

产广西、贵州、四川及云南，生于海拔 1500－2900 米林下，附生树干或岩石上。

11. 尖嘴蕨属 **Belvisia** Mirbel

中等附生蕨类。根茎短而横卧，或长而横走，通常密被须根，疏被鳞片，鳞片褐色，披针形，具粗长刺，筛孔细长，厚质，或膜质淡棕色，披针形，具大型多边形筛孔，具细齿。叶簇生或近生，单叶；叶柄短，具关节着生根茎；叶片通常线状披针形、披针形或长圆状披针形，全缘，顶部骤窄缩为线形，草质或革质，光滑，主脉明显，小脉网状，有内藏小脉，末端具水囊。孢子囊群线形，生于叶片先端窄缩部分，在主脉两侧各成 1 行，幼时被隔丝覆盖，成熟时散生叶片窄缩部分下面。孢子椭圆形，无周壁，边缘凹凸不平或小波纹状，表面瘤块状纹饰。染色体基数 x＝6（35？）。

约 15 种，从非洲至波利尼西亚均有分布。我国 3 种。

1. 叶片窄长披针形，上部渐窄或缢缩成线形，干后草质 ···························· 1. 尖嘴蕨 **B. mucronata**
1. 叶片卵状披针形或椭圆形，上部骤缩成线形，干后纸质或革质。
  2. 叶片边缘稍波状，几无柄或柄极短 ·························· 2. 隐柄尖嘴蕨 **B. henryi**
  2. 叶片全缘，柄长 2-5 厘米 ································ 3. 显脉尖嘴蕨 **B. annamensis**

1. 尖嘴蕨   图 999

Belvisia mucronata（Fée）Copel. Gen. Fil. 912. 1947.

Hymenolepis mucronata Fée, Gen. Fil. 82. pl. 6B. f. 1. 1852.

根茎短，横卧，密被须根，疏被鳞片，鳞片褐色，具长锯齿，筛孔窄长，披针形。叶近簇生，单叶；几无柄或柄长 7 厘米；叶片窄长披针形，基部窄长下延，上部渐缢缩成线形为能育部分，下部不育部分长 10-30 厘米，中部宽（1-）3-4 厘米，叶干后淡绿色，草质，两面光滑，全缘，上部能育部分长 3-12 厘米，宽 1-3 毫米，叶干后边缘略反卷，主脉两面均隆起，下面稍明显。

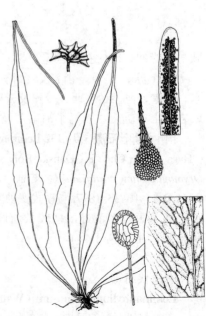

孢子囊群线形，连续分布叶片能育部分，在主脉两侧各成 1 条，幼时被具短柄的隔丝覆盖，成熟时密被能育部分下面。

图 999 尖嘴蕨 （引自《Fl. Taiwan》）

产台湾及云南，生于海拔 1200-1600 米林下树干。斯里兰卡至波利尼西亚及中南半岛有分布。

2. 隐柄尖嘴蕨 图 1000

Belvisia henryi (Hieron ex C. Chr.) Tagawa in Hara, Fl. East. Himal. 490. 1966.

Hymenolepis henryi Hieron. ex C. Chr. in Dansk Bot. Archiv. 6 (3):67. f. 1. 1929.

根茎短，横卧，疏被边缘具锯齿披针形鳞片。叶近簇生；几无柄或柄极短；叶片卵状披针形或椭圆形，基部渐窄长下延近叶柄基部着生处，上部骤缢缩成线形而着生孢子囊群，不育部分长 20-30 厘米，宽 3-5 厘米，能育部分长 6-30 厘米，宽 2-3 毫米，基部不缢缩，尾端长渐尖，叶干后革质，两面光滑，边缘稍波状；主脉粗，两面隆起，小脉不显。孢子囊群线形，在主脉两侧各成 1 条，成熟时密被能育部分下面。

产云南，生于海拔 114-1520 米林下树干或与苔藓混生岩石上。喜马拉雅山西南部、泰国及越南北部有分布。

3. 显脉尖嘴蕨 图 1001 彩片 134

Belvisia annamensis (C. Chr.) Tagawa in Acta Phytotax. Geobot. 22: 107. 1967.

Hymenolepis annamensis C. Chr. in Dansk Bot. Ark. 6(3): 68. f. 1. 1929.

根茎短，横卧，被褐色、边缘具齿披针形鳞片。叶近簇生；叶柄长 2-5 厘米，径约 2 毫米，略具窄翅，基部被鳞片，棕或禾秆色；叶片卵状披针形或长圆状披针形，基部楔形下延，上部缢缩成线形为能育部分，下部不育部分长 15-25 厘米，宽 3.5-4.5 厘米，叶干后淡棕或棕色，纸质或革质，全缘；能育部分长 6-20 厘米，宽 0.5-1 厘米，主脉粗，两面均隆起，小脉稍明显。孢子囊群线形，连续，在主脉两侧各成 1 条，略陷入叶肉，稍近叶缘。

产海南，生于海拔 800-1100 米林下阴湿树干。越南、老挝及泰国有分布。

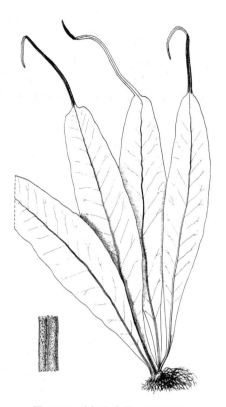

图 1000 隐柄尖嘴蕨 （孙英宝绘）

图 1001 显脉尖嘴蕨 （孙英宝绘）

12. 丝带蕨属 Drymotaenium Makino

小型附生蕨类，高15-40厘米。根茎短，横卧，被披针形具齿褐色鳞片。叶近簇生；单叶，叶柄短，基部具关节与根茎相连；叶片长线形，长20-34厘米，宽约3毫米，坚挺，革质，无毛，叶脉不显，在主脉两侧联结成1-2行网眼，有少数内藏小脉。孢子囊群线形，连续，着生主脉两侧纵沟内，近主脉，幼时被盾状隔丝覆盖；孢子囊环带具14（-16）个增厚细胞。孢子二面型，椭圆形，透明，光滑。

单种属。

丝带蕨　　　　　　　图 1002 彩片 135

Drymotaenium miyoshianum (Makino) Makino in Bot. Mag. Tokyo 15: 102. 1901.

Taenitis miyoshiana Makino in Bot. Mag. Tokyo 12: 26. 1898.

形态特征同属。

产陕西、江苏、安徽、浙江、台湾、江西、湖北、湖南、广东、贵州、四川、云南及西藏，生于林下树干。日本有分布。

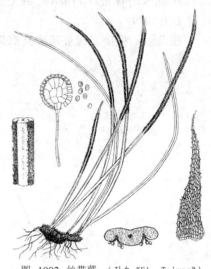

图 1002 丝带蕨 （引自《Fl. Taiwan》）

13. 毛鳞蕨属 Tricholepidium Ching

根茎粗壮，坚硬，攀援，幼时被鳞片，老时脱落而光滑，鳞片圆形，紧贴，棕色，全缘，背面中央有一簇红棕色直立长刚毛，易擦落。叶通常疏生，单叶；有叶柄或几无柄；叶片披针形或带状，中部最宽，向两端渐窄，全缘或略波状；叶干后草质或厚纸质，绿或淡棕色，无毛；主脉隆起，小脉网状，明显。孢子囊群圆形，中等大，在主脉两侧各成不规则1-3行，幼时被盾状隔丝覆盖。孢子两面型，单裂缝。

约7种，分布于不丹、尼泊尔、印度北部及中国。我国6种。

1.孢子囊群散布叶片下面主脉两侧各排成不规则2-3行 ·························· 1. **毛鳞蕨 T. normale**
1.孢子囊群在主脉两侧各成1行（幼时不规则1行）。
　2.叶片带状、窄披针形或线状镰刀形，宽0.8-2.4厘米 ················· 2. **狭叶毛鳞蕨 T. angustifolium**
　2.叶片披针形或宽带形，最宽处2-4厘米。
　　3.叶脉在下面灰白色，粗而隆起 ······························ 3. **显脉毛鳞蕨 T. venosum**
　　3.叶脉在下面绿色。
　　　4.叶片宽披针形，长16-25厘米 ···························· 4. **西藏毛鳞蕨 T. tibiticum**
　　　4.叶片宽带形，长30-60厘米 ························· 4(附). **斑点毛鳞蕨 T. maculosum**

1.　毛鳞蕨　　　　　　　图 1003

Tricholepidium normale (D. Don) Ching in Acta Phytotax. Geobot. 28:43. 1978.

Polypodium normale D. Don, Prod. Fl. Nepal. 1. 1825.

根茎长而横走，疏被鳞片，鳞片宽卵状披针形，棕色，边缘具

疏齿。叶疏生或近生；叶柄禾秆色或深棕色，长2-3毫米，疏被鳞片；叶片披针形，革质或近纸

质，长30-50厘米，宽2.8-4厘米，向两端渐窄，渐尖头，基部下延叶柄成窄翅，全缘或波状，干后草质，灰绿或淡棕色，光滑；两面主脉隆起，小脉明显，网状，网眼内具单一或分叉内藏小脉。孢子囊群大，圆形，在主脉两侧各排成不规则2-4行，表面生，无盖。

产广西、云南及西藏，生于海拔1500-2700米林下，攀援树干上。尼泊尔、不丹、印度北部、缅甸及泰国有分布。

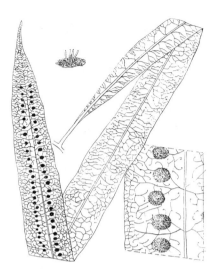

图 1003 毛鳞蕨 （蔡淑琴绘）

2. 狭叶毛鳞蕨 图 1004

Tricholepidium angustifolium Ching in Acta Phytotax. Geobot. 29:44. 1978.

根茎长而横走，疏被鳞片，鳞片卵状披针形，棕色，边缘具疏齿。叶疏生；叶柄长1.5-7厘米，稀近无柄，深禾秆色，光滑；叶片带状披针形，长20-60厘米，宽1-2.5厘米，先端长渐尖，基部楔形，下延叶柄，全缘或波状；两面主脉隆起，小脉明显，网状，网眼内具单一内藏小脉。孢子囊大而圆，在主脉两侧各排成整齐1行，下陷叶肉中，叶下面可见有瘤状突起，无盖。

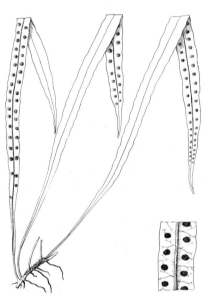

图 1004 狭叶毛鳞蕨 （孙英宝绘）

产云南及西藏，生于海拔800-2700米混交林中，攀援树干上。

3. 显脉毛鳞蕨 图 1005

Tricholepidium venosum Ching in Acta Phytotax. Geobot. 29: 45. 1978.

根茎长而横走，密被鳞片，鳞片宽卵状披针形，边缘具疏齿。叶疏生；叶柄长2-6厘米，禾秆色或深棕色，光滑；叶片宽带状披针形，长30-60厘米，宽2.5-4厘米，渐尖头，基部渐窄下延于叶柄，干后灰绿或淡棕色，纸质；主脉粗，小脉网状，有单一

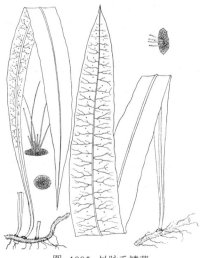

图 1005 显脉毛鳞蕨 （孙英宝仿《西藏植物志》）

或分叉内藏小脉。孢子囊群圆形，下陷于叶肉中，在叶面可见瘤状突起，无盖。

产云南及西藏，生于海拔 1300-2000 米林中，攀援树干上。

4. 西藏毛鳞蕨 图 1006

Tricholepidium tibeticum Ching et S. K. Wu in Acta Phytotax. Geobot. 29: 46. 1978.

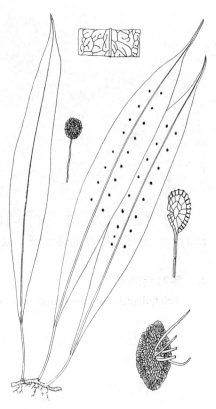

根茎细长横走，被鳞片。叶疏生；叶柄长 2-2.5 厘米，径约 1 毫米，禾秆色，光滑；叶片宽披针形，长 16-25 厘米，宽 2.5-4 厘米，向两端渐窄，基部楔形，下延，长渐尖头，干后绿色，薄纸质或草质，主脉两面隆起，小脉明显。孢子囊群大，径约 2 毫米，近中生，在主脉两侧各成有规则 1 行，叶片上面孢子囊群着生处平滑而不突起。

产云南及西藏东南部，生于海拔 1500-1600 米阔叶林内树干上，攀援高达 3 米以上。

图 1006 西藏毛鳞蕨
（孙英宝仿《西藏植物志》）

[附] **斑点毛鳞蕨 Tricholepidium maculosum** (Christ) Ching in Acta Phytotax. Geobot. 29: 45. 1978. —— *Polypodium maculosum* Christ in Bull. Herb. Boissier 6: 872. 1898. 本种与西藏毛鳞蕨的主要区别：叶远生，叶柄长 3-5 厘米，叶片宽带状披针形，长 30-60 厘米，尾状长渐尖头，干后灰绿或淡绿色，纸质；叶片上面孢子囊群着生处可见瘤状突起。

产广西及云南，生于海拔 1500-1600米的阔叶林中树干上。越南有分布。

14. 鳞果星蕨属 Lepidomicrosorum Ching et Shing

中小型蕨类。根茎粗铁丝状，长而横走，攀援树干或岩壁上，顶部鞭状，密被鳞片，鳞片具粗筛孔，披针形，具细齿，棕或红棕色。叶疏生，一型或二型；有柄，稀无柄；叶片披针形或戟形，基部楔形或心形，全缘或波状，偶撕裂成不规则小裂片，叶干后纸质，稀草质或革质，主脉两面均隆起，下面常有 1-2 小鳞片，侧脉明显，小脉不明显，网状，有内藏小脉。孢子囊群圆形，较小，较密或散生主脉两侧稍成不规则 1-2 行，幼时被盾状隔丝覆盖，早落。孢子两面型、圆肾形，周壁具网状纹饰。

约 18 种，主产中国。

1. 叶片披针形、卵状披针形或长圆状披针形，基部窄，稀圆或圆楔形。
   2. 孢子囊多数不发育，少数发育的无孢子或有发育不良孢子 ················· 1. **峨眉鳞果星蕨 L. emeiensis**
   2. 孢子囊发育正常，有发育正常孢子 ·· 1(附). **阔基鳞果星蕨 L. latibasis**
1. 叶片近二型，能育叶较窄，三角状披针形或卵状披针形，基部通常宽，多少呈耳状，戟形或心形。
   3. 叶片基部心形或戟形。
      4. 能育叶片卵状披针形，基部心形 ·· 2. **常春藤鳞果星蕨 L. hederaceum**
      4. 能育叶片披针形或三角状披针形，基部戟形 ····························· 3. **鳞果星蕨 L. buergerianum**

3. 叶片基部两侧略耳状突起或斜切楔形。

　　5. 叶柄长 3-6 厘米, 无窄翅下延, 叶片近基部以上宽 1.5-2.6 厘米 ………… 3(附). **绥江鳞果星蕨 L. suijiangensis**

　　5. 叶柄长 1-2 厘米或几无柄, 叶片宽 1-2 厘米 ……………………………… 3(附). **短柄鳞果星蕨 L. brevipes**

1. 峨眉鳞果星蕨　　　　　　　　　　　　　图 1007

Lepidomicrosorum emeiense Ching et Shing in Bull. Bot. Res. (Harbin)
1: 10. pl. 5: 2. 1983.

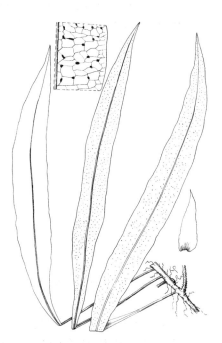

图 1007 峨眉鳞果星蕨 （孙英宝绘）

　　植株高达 38 厘米。根茎长, 攀援, 径约 3 毫米, 被深棕色披针形鳞片。叶疏生; 叶柄长约 5 厘米, 禾秆色; 叶片披针形, 长达 33 厘米, 中部宽达 3.6 厘米, 向两端渐窄, 渐尖头, 基部楔形, 具窄翅下延, 全缘, 叶干后褐绿色, 草质, 主脉两面隆起, 小脉不明显。孢子囊群小, 散生叶片下面; 孢子囊多数不发育, 少数具发育不良孢子。

　　产四川及云南, 生于海拔 900-1900 米林内, 攀援树干上。

　　[附] **阔基鳞果星蕨 Lepidomicrosorum latibasis** Ching et Shing in Bull. Bot. Res. (Harbin) 1: 6. pl. 3: 3. 1983. 本种与峨眉鳞果星蕨的主要区别: 根茎径 1-2 毫米; 叶簇生, 叶柄长 5-15 厘米, 叶片卵状披针形或长圆状披针形, 长 10-18 厘米, 叶干后纸质, 灰绿色; 孢子囊有发育正常孢子。产湖北、贵州、四川及云南东北部, 生于海拔 1190-1900 米林内, 攀援树干上。

2. 常春藤鳞果星蕨　　　　　　　　　　　图 1008

Lepidomicrosorum hederaceum (Christ) Ching in Bull. Bot. Res. (Harbin) 1: 11. pl. 1. 1983.

Polypodium hederaceum Christ in Bull. Acad. Int. Geogr. Bot. 215. cum f. 1902.

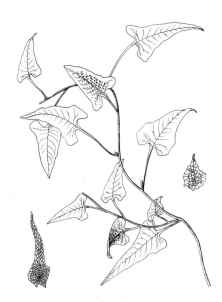

图 1008 常春藤鳞果星蕨
（孙英宝仿《植物研究》）

　　植株高 10-15 厘米。根茎长, 攀援, 密被棕色披针形鳞片。叶疏生; 叶柄粗, 长 4-12 厘米; 能育叶片卵状披针形, 长 4-13 厘米, 宽 4-7 厘米, 渐尖头, 向下渐宽, 近基部有时有不规则裂片, 基部心形, 两侧具大的垂耳, 具宽翅下延, 上部全缘或略波状浅裂, 下部具 1-2 对裂片, 叶干后纸质或厚纸质, 深灰绿色。孢子囊群圆形, 较大, 散生主脉两侧, 有时被隔丝覆盖。

　　产浙江、湖北、湖南、贵州及四川, 生于海拔 600-1450 米山坡或山谷林下岩石上。

3. 鳞果星蕨 图 1009

Lepidomicrosorum buergerianum (Miq.) Ching et Shing, Fl. Jianhxi. 1: 32. f. 332. 1990.

Polypodium buergerianum Miq. in Ann. Mus. Bot. Lugduon-Batavum 3: 170. 1867.

植株高达 20 厘米。根茎细长，攀援，密被深棕色披针形鳞片。叶疏生，二型，相距 1.2-3 厘米；叶柄长 6-9 厘米，粗壮；能育叶长 8-12 厘米，披针形或三角状披针形，中部宽约 2 厘米，向下渐宽，基部戟形，略下延成窄翅，全缘；不育叶卵状披针形，长约 4 厘米，干后纸质，褐绿色，下面沿主脉两侧有 1-2 小鳞片，全缘，两面主脉隆起，小脉不明显。孢子囊群小型，散生

图 1009 鳞果星蕨
(孙英宝仿《Ogata, Ic. Fil. Jap.》)

于主脉两侧，有时被盾状隔丝覆盖。

产甘肃、浙江、江西、湖北、湖南、贵州、四川及云南，生于海拔 700-1600 米林下树干或岩石上。日本有分布。

[附] **绥江鳞果星蕨 Lepidomicrosorum suijiangense** Ching et W. M. Chu in Bull. Bot. Res. (Harbin) 1: 13. pl. 5: 4. 1983. 本种与鳞果星蕨的主要区别：叶柄长 3-6 厘米，能育叶窄披针形，长 13-28 厘米，近基部两侧略成耳状；不育叶较宽短；叶干后黄绿色，小脉明显。产四川及云南，生于海拔约 1500 米山坡林下，攀援树干上。

[附] **短柄鳞果星蕨 Lepidomicrosorum brevipes** Ching et Shing in Bull. Bot. Res. (Harbin) 1: 13. 1983. 本种与鳞果星蕨的主要区别：植株高 7-13 厘米；叶柄长 1-2 厘米，能育叶窄披针形或三角状披针形，长 5-14 厘米。产浙江、江西、湖北及贵州，生于海拔 700-1360 米山坡林下，攀援树干或附生岩石上。

15. 石韦属 Pyrrosia Mirbel

中型附生蕨类。根茎长而横走，或短而横卧，具网状中柱和黑色厚壁组织束散生，密被鳞片，鳞片盾状着生，通常棕色，通体或仅边缘及顶部具睫毛。叶一型或二型，近生、疏生或近簇生；通常有柄，基部具关节与根茎连接，下部疏被鳞片，向上通常被疏毛；叶片线形、披针形或长卵形，全缘，稀戟形或掌状分裂，主脉明显，侧脉斜展，明显或不明显，小脉不明显，连成各式网眼，有内藏小脉，小脉顶端有水囊，在叶片上面常形成洼点；叶干后革质或纸质，通体特别是叶片下面常密被星状毛，上面稀疏，稀两面近无毛，叶片下面密被星状毛 1-2 层，星状毛的芒状臂有单型和二型，单型芒状臂披针形、针形或钻状，二型星状毛具宽短芒状臂，同轴具长针状臂；2 层星状毛的上层星状毛形态如上述，常棕色；下层星状毛细长，卷曲柔软，绒毛状交织，常灰白色。孢子囊群近圆形，着生内藏小脉顶端，成熟时多少汇合，在主脉两侧排成 1 至多行，无囊群盖，具星芒状隔丝，有时被星状毛覆盖，淡灰棕色，成熟时孢子囊开裂呈砖红色；孢子囊常有长柄，稀无柄或近无柄。孢子椭圆形，具瘤状、颗粒状或纵脊突起。染色体基数 x=37。

约 100 种，主产亚洲热带和亚热带地区，少数达非洲及大洋洲。我国约 37 种。

1. 叶片下面覆盖一层星状毛。

2. 叶片下面星状毛具单型分支臂。

 3. 星状毛分支臂披针形，长与宽之比 3:1。

  4. 叶二型。

   5. 根茎鳞片边缘有睫毛 ·················· 1. 贴生石韦 P. adnascens

   5. 根茎鳞片全缘 ·················· 2. 剑叶石韦 P. ensata

  4. 叶一型或近二型。

   6. 叶片舌状或线状披针形。

    7. 根茎鳞片宽卵形，全缘；叶片舌状或宽带形，长达 60 厘米 ·········· 3. 南洋石韦 P. longifolia

    7. 根茎鳞片窄披针形，边缘睫毛状；叶片长 4-25 厘米。

     8. 叶片下面疏被星状毛，干后灰黄色 ·············· 4. 裸叶石韦 P. nuda

     8. 叶片下面被厚层星状毛，下面深黄或灰白色 ·········· 5. 披针石韦 P. lanceolata

   6. 叶片戟形、椭圆形、长圆形或长圆状披针形。

    9. 叶片椭圆形，基部楔形、平截或圆截形。

     10. 叶片具长尾状渐尖头，厚纸质，被薄星状毛层 ·········· 6. 尾叶石韦 P. caudifrons

     10. 叶片渐尖头或圆钝头，革质，下面被厚星状毛层。

      11. 叶片长 3-6 厘米，具长柄，常等于叶片长度 1/2-2 倍，被毛，侧脉不明显 ············

      ·················· 7. 有柄石韦 P. petiolosa

      11. 叶片长 10-20 厘米，无毛，叶柄短于叶片，侧脉明显 ········ 8. 石韦 P. lingua

    9. 叶片椭圆状披针形，基部近心形或近圆截形 ·········· 9. 庐山石韦 P. sheareri

 3. 星状毛的分枝臂针状或钻状，长宽之比 7:1。

  12. 叶片掌状深裂 ·················· 10. 槭叶石韦 P. polydactyla

  12. 叶片非掌状深裂。

   13. 叶片线形或窄披针形，下面被密毛。

    14. 叶片线形，上半部宽 0.2-1 厘米，呈带状，钝圆头 ·········· 11. 相近石韦 P. assimilis

    14. 叶片窄披针形，中部最宽，向两端渐窄。

     15. 植株高 10-20 厘米；叶片近革质，长 10-15 厘米 ········ 12. 西南石韦 P. gralla

     15. 植株高 5-10 厘米；叶片软纸质，长 5-7 厘米 ········ 13. 华北石韦 P. davidii

   13. 叶片窄长披针形，长 25-60 厘米，上面近无毛，或下面略被疏毛 ······ 14. 光石韦 P. calvata

2. 叶片下面星状毛分支臂二型，长 1-3（-5）毫米，卷曲，除宽短分支臂外，兼有针状长分支臂。

 16. 根茎鳞片盾状着生；叶片基部楔形，不下延，下面被二型分枝臂星状毛，上面有毛。

  17. 叶片椭圆状披针形或长圆状披针形，宽 4-7.5 厘米，长尾状尖头 ·········· 15. 纸质石韦 P. heteractis

  17. 叶片披针形，宽 2-2.5 厘米，圆钝头 ·············· 15(附). 琼崖石韦 P. eberhardtii

 16. 根茎鳞片基部着生；叶片基部下延，下面密被二型分枝臂星状毛，上面近无毛。

  18. 叶片长圆状披针形，叶柄长 1-5 厘米 ·········· 16. 下延石韦 P. costata

  18. 叶片披针形，叶柄长 10-18 厘米 ·········· 17. 显脉石韦 P. princeps

1. 叶片被二层不同分枝臂的星状毛。

 19. 上层星状毛具宽的分枝臂。

  20. 叶片长圆状披针形，基部近圆楔形 ·········· 18. 卷毛石韦 P. flocculosa

  20. 叶片披针形，基部楔形 ·········· 19. 柱状石韦 P. stigmosa

 19. 上层星状毛分枝臂钻状或针状。

  21. 上层星状毛具钻状分枝臂。

   22. 叶片线形或线状披针形，宽不及 5 厘米。

    23. 叶片线形；孢子囊群在主脉每侧有 1-2 行 ·········· 20. 线叶石韦 P. linearifolia

23. 叶片披针形或线形；孢子囊群在主脉每侧有多行。

   24. 叶片披针形，宽 3.5-5 厘米，干后硬革质 ························ **21. 相似石韦 P. similis**

   24. 叶片线形，宽 0.5-1 厘米，干后纸质 ·········· **22. 中越石韦 P. tonkinensis**

22. 叶片椭圆状披针形，宽 5-8.5 厘米。

   25. 叶片基部圆截形或圆楔形，不对称，软革质，下面被厚毛 ······ **22(附). 拟毡毛石韦 P. pseudodrakeana**

   25. 叶片基部楔形，对称，薄质，疏被薄毛 ·········· **22(附). 波氏石韦 P. bonii**

21. 上层的星状毛具针状、卷毛状或卷曲绒毛状分枝臂。

   26. 叶二型 ························ **23. 钱币石韦 P. nummularifolia**

   26. 叶一型。

    27. 叶片带状或线形。

     28. 叶片带状，长 20-40 厘米 ························ **24. 狭叶石韦 P. stenophylla**

     28. 叶片线形，长 8-22 厘米 ························ **22. 中越石韦 P. tonkinensis**

    27. 叶片披针形、椭圆状披针形、椭圆形或长圆形。

     29. 叶片披针形或长圆形。

      30. 叶片披针形，最宽在中部以上。

       31. 叶片近光滑或叶柄、主脉有少量毛。

        32. 叶柄长 2-10 厘米，基部密被鳞片，向上近无毛 ·········· **25. 裸茎石韦 P. nudicaulis**

        32. 叶柄短，被疏毛 ·········· **26(附). 平绒石韦 P. porosa var. mollissima**

       31. 叶柄至主脉均密被星状毛。

        33. 根茎鳞片边缘有睫毛 ·········· **26. 柔软石韦 P. porosa**

        33. 根茎鳞片全缘 ·········· **27. 蔓氏石韦 P. mannii**

      30. 叶片椭圆形或椭圆状披针形，最宽在中部 ·········· **28. 冯氏石韦 P. fengiana**

     29. 叶片宽披针形、披针形或窄长披针形。

      34. 叶片基部近圆楔形，两侧不对称 ·········· **29. 毡毛石韦 P. drakeana**

      34. 叶片基部楔形，两侧对称。

       35. 叶片基部具窄翅下延，下面灰绿色，被灰粉状星状毛 ·········· **30. 绒毛石韦 P. subfurfuracea**

       35. 叶片基部窄楔形，下面淡棕色，幼时被星状毛，后脱落 ·········· **14. 光石韦 P. calvata**

1. 贴生石韦   图 1010 彩片 136

Pyrrosia adnascens (Sw.) Ching in Bull. Chin. Bot. Soc. 1: 45. 1935.

Polypodium adnascens Sw. Syn. Fil. 25: 220. pl. 2. f. 2. 1806.

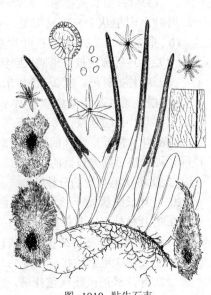

植株高 5-12 厘米。根茎细长，攀援树干或岩石上，密被鳞片，鳞片披针形，长渐尖头，边缘具睫毛，淡棕色，着生处深棕色。叶疏生，二型，肉质，具关节与根茎相连；不育叶柄长 1-1.5 厘米，淡黄色，关节连接处被鳞片，向上被星状毛；叶片倒卵状椭圆形或椭圆形，长 2-4 厘米，宽 0.8-1 厘米，上面疏被星状毛，下面密被星状毛，干后厚革质，黄色；能育叶条状或窄披针

图 1010 贴生石韦
（孙英宝仿《Ogata, Ic. Fil. Japl》）

形，长 8-15 厘米，宽 5-8 毫米，全缘，主脉下面隆起，上面下凹，小脉网状，网眼有单一内藏小脉。孢子囊群着生内藏小脉顶端，聚生于能育叶中部以上，无囊群盖，幼时被星状毛，淡棕色，成熟时汇合，砖红色。

产台湾、福建、广东、香港、海南、广西及云南，生于海拔 100-1300 米树干或岩石上。亚洲热带地区有分布。全草药用，清热解毒，治腮腺炎、瘰疬。

2. 剑叶石韦　　　　　　　　　　　　图 1011

Pyrrosia ensata Ching et Shing in Journ. Jap. Bot. 72(1): 28. 1997.

植株高 10-20 厘米。根茎细长，横走，密被钻状全缘棕色披针形鳞片。叶疏生，二型；叶柄长 1-6 厘米，基部被鳞片，向上光滑；不育叶片披针形，向两端渐窄，长尾状渐尖头，基部楔形下延，全缘，长 13-24 厘米，中部宽 1.6-3 厘米；能育叶片较窄长，叶片干后纸质，上面灰褐或淡绿色，无毛，下面淡褐或灰褐色，被单层宽披针形分枝臂星状毛。孢子囊群近圆形或长圆形，聚

图 1011 剑叶石韦 （冀朝祯绘）

生能育叶片上半部，在主脉两侧成多行，近主脉，有时不育，有时被星状毛覆盖，成熟孢子囊开裂，密接或略汇合，砖红色。

产云南及西藏，生于海拔 800-1800 米常绿阔叶林内，附生树干上。

3. 南洋石韦　　　　　　　　　　　　图 1012

Pyrrosia longifolia (Burm. f.) Morton in Journ. Wash. Acad. Sci. 36: 168. 1964.

Acrostichum longifolium Burm. f. Fl. Ind. 228. 1786.

植株高 20-50 厘米。根茎细长，横走，密被宽卵形鳞片，鳞片淡棕色，着生处黑色，全缘。叶疏生，一型；叶柄长 1.5-5 厘米，下部近褐色，向上棕色，基部被鳞片，余光滑；叶片舌状或宽带形，长 16-60 厘米，中部宽 1-3 厘米，肉质，全缘，上面近光滑，下面密被厚层淡棕色星状毛；叶干后厚革质，黄色；主脉在下面隆起，上面凹陷，小脉网状，网眼有内藏小脉，不显。孢子囊群近圆形，着生内藏小脉顶端，着生处穴状凹陷，成熟时开裂，密接，聚生叶片中上部，无盖，幼时被星状毛。

产海南及云南，生于海拔 340-1400 米树干或阴湿岩石上。亚洲及澳大利亚热带地区有分布。

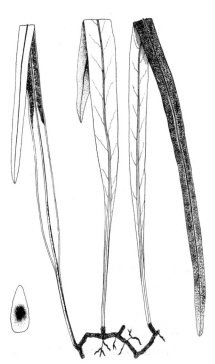

图 1012 南洋石韦 （孙英宝绘）

4. 裸叶石韦　　　　　　　　　　　　　图 1013 彩片 137

Pyrrosia nuda (Gies.) Ching in Bull. Chin. Bot. Soc. 1: 70. 1935.

Niphobolus nudus Gies., Farng. Niph. 149. 1901.

植株高 10-20 厘米。根茎细长，横走，密被窄披针形鳞片，鳞片长渐尖头，边缘睫毛状，淡棕色，近膜质。叶疏生，一型；叶柄长 1-4 厘米，基部被鳞片，向上疏被星状毛，黄或棕色；叶片窄披针形，能育叶窄长，中部或中下部最宽，向两端渐窄，长尾状渐尖头，基部下延，长 10-25 厘米，中部宽 1-1.8 厘米，全缘，肉质，叶干后硬革质，灰黄色，上面略褶皱而光滑，下面疏被星状毛，主脉下面隆起，上面凹陷，小脉网状，不显。孢子囊群近圆形，聚生叶片中上部，成熟时散生，无盖，幼时被星状毛。

产海南、四川及云南，生于海拔 560-1550 米林下树干上。尼泊尔、不丹及缅甸有分布。

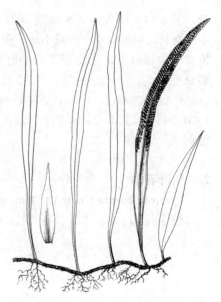

图 1013 裸叶石韦　（孙英宝绘）

5. 披针叶石韦　　　　　　　　　　　图 1014

Pyrrosia lanceolata (Linn.) Farwell in Amer. Midl. Naturalist 12: 245. 1930.

Acrostichum lanceolatum Linn. Sp. Pl. 1067. 1753.

植株高 5-12 厘米。根茎细长，横走，密被窄披针形鳞片，鳞片长渐尖头，边缘具长睫毛，幼时白色，老时淡棕色。叶疏生，一型；叶柄长 0.5-1 厘米，基部被鳞片，向上疏被星状毛；叶片近线形，中部最宽，向两端渐窄，钝尖头，基部下延，长 4-14 厘米，中部宽约 6 毫米，上面无毛，下面被厚层星状毛，全缘，干后革质，上面淡黄色，下面深黄或灰白色；主脉两面不隆起，小脉网状，不明显。孢子囊群近圆形，通常聚生叶片上半部，成熟时散生叶片下面，无盖，幼时被厚星状毛层。

图 1014 披针叶石韦
（引自《西藏植物志》）

产云南及西藏，生于海拔 750-2000 米林内树干或岩石上。尼泊尔、缅甸、泰国及新几内亚岛有分布。

6. 尾叶石韦　　　　　　　　　　　图 1015

Pyrrosia caudifrons Ching, Boufford et Shing in Journ. Arn. Arb. 64: 37. f. 7 d-g. 1983.

植株高 20-30 厘米。根茎细长，横走，密被鳞片，鳞片披针形，长渐尖头，边缘具睫状毛，棕色。叶疏生，一型；叶柄长6-12厘米，淡棕或深棕色，基部被鳞片，向上无毛；叶片椭圆形，中部最宽，向两端渐窄，长尾状渐尖头，基部楔形下延，长12-16厘米，中部宽3.5-7厘米，能育叶常较窄，叶干后厚纸质，上面无毛，淡棕或灰绿色，下面薄被星状毛，棕或深棕色，主脉下面隆起，上面凹陷，侧脉两面隆起，小脉网状，稍明显。孢子囊群近卵形，密被叶片下面，或聚生叶片中上部，成熟时略散生，无盖，幼时被星状毛。

产湖北、湖南及四川，生于海拔1190-2000米山坡岩石上。

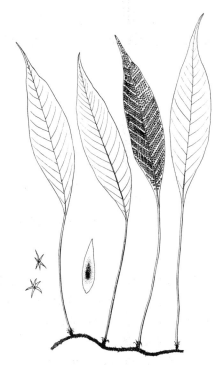

图 1015 尾叶石韦 （孙英宝绘）

7. 有柄石韦　　　　　　　　　　图 1016 彩片 138

Pyrrosia petiolosa (Christ) Ching in Bull. Chin. Bot. Soc. 1: 59. 1935.
Polypodium petiolosum Christ in Baroni et Christ in Nuovo Giorn. Bot. Soc. Ital. n. s. 4: 96. t. 1. f. 2. 1897.

植株高5-18厘米。根茎细长，横走，幼时密被披针形棕色鳞片，鳞片长尾状渐尖头，边缘具睫毛。叶疏生，二型；不育叶高5-8厘米，具柄；能育叶高12-15厘米，常等于叶片长度1/2-3倍，基部被鳞片，向上被星状毛，棕或灰棕色；不育叶片椭圆形，长3-6厘米，宽1-1.8厘米，圆钝头，基部楔形，下延；叶干后厚革质，全缘，上面淡灰棕色，有洼点，疏被星状毛，下面被厚层星状毛，初淡棕色，后砖红色；能育叶片长卵形或长圆状披针形，长4-7厘米，宽1-2厘米，内卷；主脉下面稍隆起，上面凹陷，侧脉和小脉均不明显。孢子囊群密被叶片下面，成熟时散生而汇合。

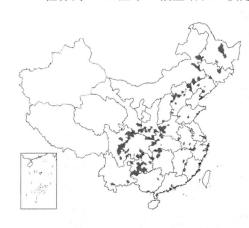

产黑龙江、吉林、辽宁、内蒙古、河北、山东、山西、河南、陕西、甘肃、江苏、安徽、浙江、福建、江西、湖北、湖南、广西、贵州、四川及云南，生于海拔250-2200米干旱裸露岩石上。朝鲜半岛和俄罗斯远东地区有分布。药用，利尿、通淋、清湿热。

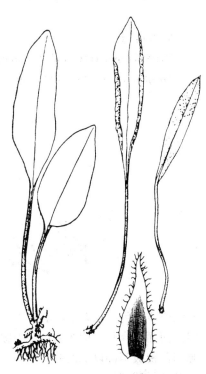

图 1016 有柄石韦 （引自《图鉴》）

8. 石韦　　　　　　　　　　图 1017 彩片 139

Pyrrosia lingua (Thunb.) Farwell in Amer. Midl. Naturalist 12: 302. 1913.

Acrostichum lingus Thunb. Fl. Jap. 330. pl. 33. 1784.

植株高10-30厘米。根茎长，横走，密被鳞片，鳞片披针形，淡棕色，边缘有睫毛。叶疏生，近二型；能育叶通常比不育叶长而褶皱，

两者叶片比叶柄略长，稀等长；不育叶片长圆形或长圆状披针形，下部1/3最宽，向上渐窄，渐尖头，基部楔形，宽1.5-5厘米，长（5-）10-20厘米，全缘；叶干后革质，上面灰绿色，近无毛，下面淡棕或砖红色，被厚星状毛层；能育叶长于不育叶1/3，较其窄1/3-2/3；主脉下面稍隆起，上面不明显下凹，侧脉在下面隆起，小脉不明显。孢子囊群近椭圆形，在侧脉间成多行整齐排列，密被叶片下面，或聚生叶片上半部，初为星状毛覆盖呈淡棕色，成熟后孢子囊开裂外露呈砖红色。

产河北、陕西、甘肃、江苏、安徽、浙江、台湾、福建、江西、湖北、湖南、广东、香港、海南、广西、贵州、四川、云南及西藏，生于海拔100-1800米林下树干上，或生于稍干岩石上。印度、越南、朝鲜半岛及日本有分布。

图 1017 石韦
（孙英宝仿《Ogata, Ic. Fil. Jap.》）

9. 庐山石韦

图 1018

Pyrrosia sheareri (Baker) Ching in Bull. Chin. Bot. Soc. 1: 64. 1935.

Polypodium sheareri Baker in Journ. Bot. 1875: 201. 1875.

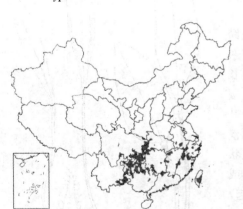

植株高20-65厘米。根茎粗壮，横卧，密被线状棕色鳞片，鳞片长渐尖头，边缘具睫毛，着生处近褐色。叶近生，一型；叶柄径2-4毫米，长8-26厘米，基部密被鳞片；叶片椭圆状披针形，向上渐窄，渐尖头，先端钝圆，基部近圆截形或心形，长10-30厘米，宽2.5-6厘米，全缘；叶干后软革质，上面淡灰绿或淡紫色，几无毛，密被洼点，下面棕色，被厚层星状毛；主脉粗，两面均隆起，侧脉明显，小脉不显。孢子囊群不规则点状排于侧脉间，密被基部以上的叶片下面，无盖，幼时被星状毛，成熟时孢子囊开裂呈砖红色。

产安徽、浙江、台湾、福建、江西、湖北、湖北、广东、广西、贵州、四川及云南，生于海拔60-2100米溪边林下岩石上或附生树干。

图 1018 庐山石韦
（引自《中国蕨类植物图谱》）

10. 槭叶石韦

图 1019

Pyrrosia polydactyla（Hance）Ching in Bull. Chin. Bot. Sco. 1: 48. 1935.

Polypodium polydactylon Hance in Journ. Bot. London 21: 269. 1883.

植株高15-40厘米。根茎短，横卧，密被披针形鳞片，鳞片中部黑褐色，边缘淡棕色，老时褐色，边缘睫毛状。叶疏生，一型；叶柄长15-30厘米，基部被鳞片，向上疏被星状毛；叶片掌状深裂，基部楔形，裂片5-10，上面有点状水囊体，疏被鳞片，下面密被窄臂星状毛，主脉明显，小脉不明显。孢子囊群小，近圆形，散生主脉与叶缘间。

产台湾，生于低至中海拔地带岩石上或附生树干，也有土生的。

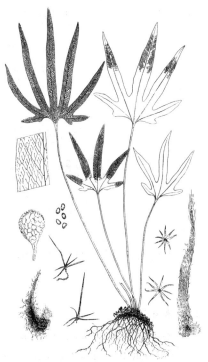

图 1019 槭叶石韦
（孙英宝仿《Ogata, Ic. Fil. Jap. 》）

11. 相近石韦

图 1020

Pyrrosia assimilis（Baker）Ching in Bull. Chin. Bot. Soc. 1: 49. 1935.

Polypodium assimile Baker in Journ. Bot. 1875: 201. 1875.

植株高5-15（20）厘米。根茎长，横走，密被线状披针形鳞片，鳞片边缘睫毛状，中部近黑色。叶近生，一型；无柄；叶片线形，长6-20（-26）厘米，上半部宽0.2-1厘米，钝圆头，向上至与根茎连接处呈带状；叶干后淡棕色，纸质，上面疏被星状毛，下面密被绒毛状长臂星状毛，主脉粗，在下面隆起，在上面稍凹陷，侧脉与小脉均不明显。孢子囊群聚生叶片上半部，无盖，幼时被星状毛，成熟时散生汇合而密被叶片下面。

产河南、安徽、浙江、福建、江西、湖南、广东、广西、贵州及四川，生于海拔270-1950米山坡林下阴湿岩石上。

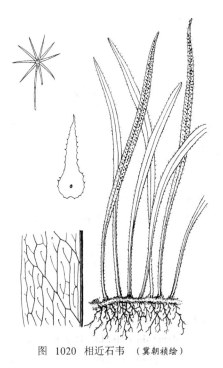

图 1020 相近石韦 （冀朝祯绘）

12. 西南石韦

图 1021

Pyrrosia gralla（Gies.）Ching in Bull. Chin. Bot. Soc. 1: 50. 1935.

Niphobolus gralla Gies., Farng. Niph. 228. 1901.

植株高10-33厘米。根茎略粗壮，横卧，密被窄披针形鳞片，鳞片长渐尖头，幼时棕色，老时中部黑色，具细齿。叶近生，一型；叶柄长2.5-10厘米，禾秆色，基部着生处被鳞片，向上疏被星状毛；叶片窄披针形，长10-

25 厘米，中部宽 0.8-1.5 厘米，向两端渐窄，短钝尖头或长尾状渐尖头，基部具窄翅沿叶柄长下延，全缘；叶干后近革质，上面淡灰绿色，光滑或疏被星状毛，密被洼点，下面棕色，密被星状毛，主脉在下面不明显隆起，在上面略凹陷，侧脉与小脉不明显。孢子囊群密被叶片下面，无盖，幼时被星状毛呈棕色，成熟时孢子囊开裂呈砖红色。

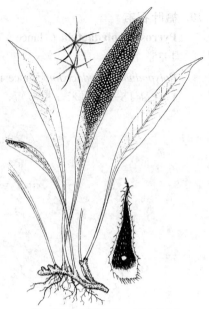

图 1021 西南石韦 （冀朝祯绘）

产台湾、贵州、四川及云南，生于海拔 1000-2900 米林下树干或岩石上。

13. 华北石韦 图 1022

Pyrrosia davidii (Baker) Ching in Acta Phytotax. Sin. 10: 301. 1965.

Polyodium davidii Baker in Ann. Bot. (London) 5: 472. 1891.

植株高 5-25 厘米。根茎略粗壮，横卧，密被披针形鳞片，鳞片长尾状渐尖头，幼时棕色，老时中部黑色，具锯齿。叶密生，一型；叶柄长 2-5 厘米，基部着生处密被鳞片，向上被星状毛，禾秆色；叶片窄披针形，长 5-20 厘米，中部宽 0.5-1.5（2）厘米，向两端渐窄，短渐尖头，先端圆钝。基部楔形，具窄翅沿叶柄下延，全缘；叶干后软纸质，上面淡灰绿色，下面棕色，密被星状毛，主脉在下面不明显隆起，上面稍凹陷，侧脉与小脉不明显。孢子囊群密被叶片下面，幼时被星状毛，棕色，成熟时孢子囊开裂呈砖红色。

图 1022 华北石韦 （引自《图鉴》）

产辽宁、内蒙古、河北、山东、山西、河南、陕西、宁夏、甘肃、安徽、湖北及湖南，生于海拔 200-2500 米阴湿岩石上。

14. 光石韦 图 1023 彩片 140

Pyrrosia calvata (Baker) Ching in Bull. Chin. Bot. Soc. 1: 62. 1935.

Polypodium calvatum Baker in Journ. Bot. London 17: 304. 1879.

植株高 25-70 厘米。根茎短粗，横卧，被窄披针形鳞片，鳞片具长尾状渐尖头，边缘具睫毛，棕色，近膜质。叶近生，一型；叶柄长 6-15 厘米，木质，禾秆色，基部密被鳞片和长臂状棕色星状毛。叶片窄长披针形，长 25-60 厘米，中部宽 2-5 厘米，向两端渐

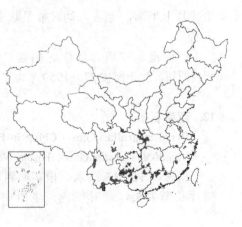

窄，长尾状渐尖头，基部窄楔形下延，全缘，干后硬革质，上面棕色，光滑，有黑色点状斑点，下面淡棕色，幼时被星状毛，后脱落，上层的为长臂状淡棕色，下层的为细长卷曲灰白色绒毛状，老时多脱落，主脉粗，下面圆形隆起，上面略下陷，侧脉明显，小脉稍明显。孢子囊群近圆形，聚生叶片上半部，成熟时扩张并略汇合，无盖，幼时被星状毛。

产陕西、甘肃、安徽、浙江、福建、江西、湖北、湖南、广东、广西、贵州、四川及云南，生于海拔 400-1960 米林下树干或岩石上。全草入药，有收敛、利尿作用。

15. 纸质石韦

图 1024

Pyrrosia heteractis (Mett. ex Kuhn) Ching in Bull. Chin. Bot. Soc. 1: 57. 1935.

Polypodium heteractis Mett. ex Kuhn in Linnaea 36: 140. 1869.

植株高 10-30 厘米。根茎略粗壮，长，横走，密被窄披针形鳞片，

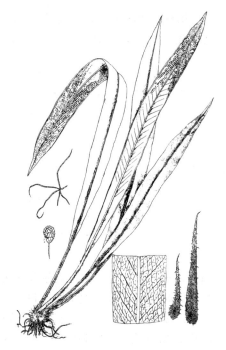

图 1023 光石韦
（引自《中国蕨类植物图谱》）

鳞片长尾状尖头，顶部具长睫毛，盾状着生，着生处黑色，余淡棕色。叶疏生，近二型（不育叶比能育叶大）；不育叶柄长 4-14 厘米，禾秆色，基部密被鳞片，向上被二型分枝星状毛；叶片椭圆状披针形或长圆状披针形，长 14-25 厘米，中部宽 4-7.5 厘米，两端渐窄，长尾状尖头，基部楔形，几不下延，干后硬纸质，上面淡绿色，沿主脉疏生星状毛，下面淡红棕色，被二型分枝臂星状毛，主脉下面隆起，上面几不下凹，侧脉两面均隆起，小脉稍明显；能育叶窄长高于不育叶。孢子囊群近圆形或椭圆形，整齐着生能育叶下面侧脉间，无盖，幼时被星状毛，棕色，成熟时孢子开裂汇合，呈砖红色。

产甘肃南部、海南、广西、四川、云南及西藏，生于海拔 1250-2600 米林下树干或岩石上及岩壁上。尼泊尔、不丹、印度、缅甸、泰国及越南有分布。

[附] **琼崖石韦 Pyrrosia eberhardtii** (Christ) Ching in Bul. Chin. Bot. Soc. 1: 59. 1935.——*Cyclophorus eberhardtii* Christ in Journ. Bot. (Paris) 21: 237. 270. 1918. 本种与纸质石韦的主要区别：叶片披针形，宽 2-2.5 厘米，圆钝头。产海南及广东，生于 1000-1650 米林下树干或岩石上。越南及泰国有分布。

16. 下延石韦

图 1025

Pyrrosia costata (Wall. ex C. Presl) Tagawa et K. Iwats. in Acta Phytotax. Geobot. 22: 100. 1967.

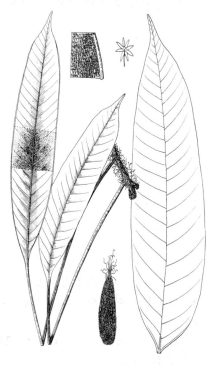

图 1024 纸质石韦 （孙英宝绘）

Niphobolus costatus Wall ex C. Presl, Tent. Pterid. 200. 1836.

植株高20-50厘米。根茎短粗，横卧，顶端丛生线状披针形鳞片，鳞片先端长尾状，有细长睫毛，棕色，基部着生。叶近生，一型；叶柄长1-5厘米，基部被鳞片；叶片长圆状披针形，长23-50厘米，宽2.5-6厘米，中部最宽，向两端渐窄，长尾状尖头，基部楔形，下延几达基部，全缘；叶干后软纸质，上面淡绿色，几无毛，下面淡棕或砖红色，密被二型分枝臂星状毛；主脉下面隆起，上面稍凹陷，侧脉在下面隆起，上面明显，小脉不明显。孢子囊群近圆形，聚生叶片上半部或全部，幼时被星状毛，淡棕色，成熟时孢子开裂呈砖红色。

产云南及西藏，生于海拔350-2000米林下树干或岩石上。尼泊尔、印度、斯里兰卡、缅甸、马来西亚及波利维亚有分布。

图 1025 下延石韦 （冀朝祯绘）

17. 显脉石韦 图 1026

Pyrrosia princeps (Mett.) Morton in Amer. Journ. 60: 118. 1970.

Polypodium princeps Mett. in Ann. Mus. Bot. Lugduon‑Batavum 2: 232. 1866.

植株高1米以上。根茎直立，粗壮，木质，密被深棕色边缘睫毛状披针形鳞片。叶疏生，一型；叶柄长10-18厘米，木质，坚硬，基部密被鳞片，向上稀疏；叶片披针形，长35-80厘米，中部宽4.5-10厘米，向两端渐窄，短渐尖头，基部窄楔形，下延，全缘，上面灰绿色，近光滑，下面淡灰色，密被二型分枝臂星状毛；主脉粗，下面圆形隆起，上面下凹，侧脉下面隆起，小脉不明显。孢子囊群近圆形或长圆形，密被叶片下面，整齐排列于侧脉间，幼时被厚层星状毛，淡棕色，成熟时孢子囊开裂，略汇合，砖红色。

产云南及西藏，生于海拔750-2400米林下岩石上。印度尼西亚及新几内亚有分布。

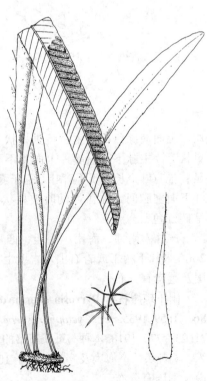

图 1026 显脉石韦 （冀朝祯绘）

18. 卷毛石韦 图 1027

Pyrrosia flocculosa (D. Don) Ching in Bull. Chin. Bot. Soc. 1: 66. 1935.

Polypodium flocculosum D. Don, Prodr. Fl. Nepal. 1. 1825.

植株高25-50厘米。根茎短，横卧，顶端密被长尾尖头全缘披针形棕色鳞片。叶近簇生，一型；叶柄长6-20厘米，基部密被鳞片，向上被两种星状毛，禾秆色或棕色；叶片长圆状披针形，中部或下部最宽，向顶部渐窄，渐尖头，基部近圆楔形，略下延，全缘；叶干后厚革质，两面均灰棕色，上面几无毛，下面密被两层不同分枝臂星状毛；主脉粗，下面圆形隆起，上面平，侧脉与小脉均不明显。孢子囊群密被叶片下面，幼时被星状毛，淡棕色，成熟时孢子囊开裂汇合，砖红色。

产广西及云南，生于海拔50-700米林下树干或岩石上。不丹、尼泊尔、印度、缅甸、泰国、越南及加里曼丹岛有分布。

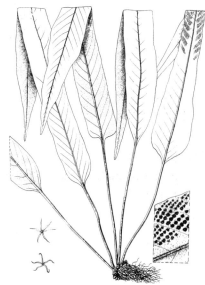

图 1027 卷毛石韦 （孙英宝绘）

19. 柱状石韦　　　　图 1028

Pyrrosia stigmosa (Sw.) Ching in Bull. Chin. Bot. Soc. 1: 67. 1935.

Polypodium stigmosum Sw. in Journ. Bot. (Schrader) 1800(2): 21. 1801.

植株高25-65厘米。根茎粗短，横卧，被线状披针形棕色鳞片，鳞片长尾状尖头，具锯齿，基部着生。叶近生，一型；叶柄长9-22厘米，基部被鳞片，向上密被两种星状毛，棕色；叶片披针形，中部宽2-5.8厘米，长18-60厘米，向两端渐窄，渐尖头，基部楔形，稍下延，全缘，干后纸质，上面淡黄绿或褐色，几无毛，下面密被两种星状毛，淡棕或棕色；主脉下面隆起，上面凹陷，侧脉明显，小脉不明显。孢子囊群密被叶片下面，无盖，幼时被星状毛，淡棕色，成熟时孢子囊开裂，砖红色。

产云南及西藏，生于海拔280-1200米阔叶林下树干。越南、斯里兰卡、印度、缅甸、泰国、柬埔寨、越南、马来西亚、印度尼西亚及加里曼丹岛有分布。

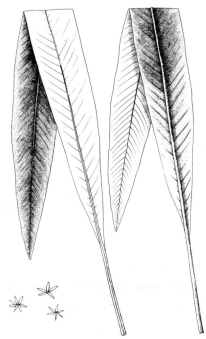

图 1028 柱状石韦 （孙英宝绘）

20. 线叶石韦　　　　图 1029

Pyrrosia linearifolia (Hook.) Ching in Bull. Chin. Bot. Soc. 1: 48. 1935.

Niphobolus linearifolius Hook. Cent. Ferns ed. 2, t. 58. 1861.

植株高3-10厘米。根茎细长，横走，密被线状披针形鳞片，鳞片长渐尖头，棕色，全缘。叶近生，一型；几无柄；叶片线形，长

2-8厘米，宽2-3毫米，钝圆头，下部渐窄下延至基部，全缘，干后纸质，上面褐色，密被无色钻状分枝臂星状毛，下面棕色，密被两层不同星状毛，叶脉均不明显。孢子囊群聚生主脉两侧，成1-2行，无盖，被星状毛，成熟时孢子囊开裂，深棕色。

产辽宁、吉林、浙江及台湾，生于山坡岩石上或附生树干，及低海拔地区墙脚。朝鲜半岛及日本有分布。

21. 相似石韦

图 1030：1-4

Pyrrosia similis Ching in Bull. Chin. Bot. Soc. 1: 56. 1935.

植株高20-45厘米。根茎短，横卧，顶端密被披针形棕色鳞片，鳞片长渐尖头，具锯齿。叶近生，一型；叶柄长8-22厘米，禾秆色，基部被鳞片，向上几光滑；叶片披针形，中部或下部最宽，向上渐窄，长尾状渐尖头，基部圆楔形；不下延，长15-25厘米，宽3.5-5厘米，全缘；叶干后硬革质，上面淡灰黄色，几无毛，下面灰白色，密被两种星状毛，上层

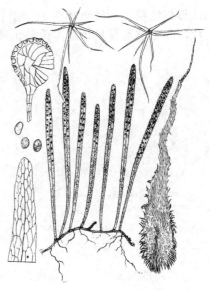

图 1029 线叶石韦
（孙英宝仿《 Ogata, Ic. Fil. Jap. 》）

星状毛的分支臂不等长，棕色的臂长，无色的短，底层星状毛绒毛状；主脉在下面隆起，在上面不凹陷，侧脉稍明显。孢子囊群近圆形，聚生叶片上半部，整齐排列侧脉间，成熟时孢子囊开裂汇合，砖红色。

产广西、贵州及四川，生于海拔480-1200米林下，生于裸露石灰岩岩石上。

22. 中越石韦

图 1030：5-7 彩片 141

Pyrrosia tonkinensis (Gies.) Ching in Bull. Chin. Bot. Soc. 1:55. 1935.

Niphobolus tonkinensis Gies. Farng. Niph. 144. 1901.

植株高10-40厘米。根茎粗短，横卧，或略前伸，密被棕色披针形鳞片，鳞片基部近圆，长尾状渐尖头，具锯齿，棕色，着生处黑色。叶近生，一型；几无柄；叶片线形，长渐尖头，下半部两边近平行，沿主脉下延几达基部，长8-22厘米，中部以上宽0.5-1厘米，全缘；叶干后纸质，上面灰

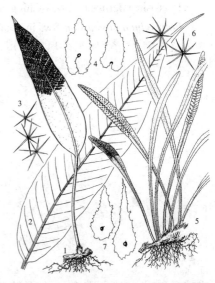

图 1030：1-4.相似石韦 5-7.中越石韦
（冀朝祯绘）

层星状毛的臂等长，下层的绒毛状；主脉在下面隆起，上面凹陷，侧脉与小脉均不明显。孢子囊群聚生叶片上半部，在主脉两侧成多行，无盖，幼时被厚层星状毛，淡棕色，成熟时孢子囊开裂，砖红色。

产广东、海南、广西、贵州及云南，生于海拔80-1600米林下树

棕色，疏被星状毛，或几无毛，下面淡棕色，被两种星状毛，上

干或岩石上。老挝、越南及泰国有分布。

[附] **拟毡毛石韦** 凝毡毛石韦 **Pyrrosia pseudodrakeana** Shing in Acta Phytotax. Sin. 31: 81. 571. 1993. 本种与中越石韦的主要区别：叶柄长10-23（-28）厘米，叶片椭圆状披针形，宽5-8.5厘米；叶干后厚软革质，上面主脉平，侧脉明显，小脉不明显。产陕西、甘肃、湖北、广西、四川及云南，生于海拔1000-2500米林下、山坡和沟边岩石或岩壁上。

[附] **波氏石韦 Pyrrosia bonii** (Christ ex Gies.) Chng in Bull. Chin. Bot. Soc. 1: 67. 1935.——*Niphobolus bonii* Christ ex Gies. Farng. Niph. 120. 1901. 本种与中越石韦的主要区别：叶片基部楔形，对称，薄质，疏被薄毛。产广西及贵州，生于海拔300-1100米林下岩石上。越南有分布。

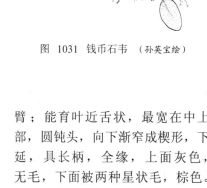

图 1031 钱币石韦 （孙英宝绘）

23. 钱币石韦 图 1031

Pyrrosia nummularifolia (Sw.) Ching in Bull. Chin. Bot. Soc. 1: 47. 1935.

Acrostichum nummularifolium Sw. Syn., Fil. 191. 419. t. 2. f. 1. 1806.

植株矮小，不育叶高约2厘米，能育叶高5-7厘米。根茎细长，横走，密被紧贴线状披针形鳞片，鳞片棕色，尾状渐尖头，下部边缘长睫毛状。叶疏生，二型；不育叶具短柄，叶片椭圆形或卵形，圆头，基部钝圆，长1.5-2厘米，宽1.2-1.5厘米；叶干后纸质，上面灰色，无毛，下面淡棕色，被两层星状毛，上层的具棕色长分支臂，下层的具有无色卷毛状分支臂；能育叶近舌状，最宽在中上部，圆钝头，向下渐窄成楔形，下延，具长柄，全缘，上面灰色，无毛，下面被两种星状毛，棕色。孢子囊群近圆形，叶片下面被厚层星状毛，棕色。

产云南，生于海拔400-1050米岩石上。不丹、印度、缅甸、泰国、菲律宾、印度尼西亚及北加里曼丹有分布。

24. 狭叶石韦 图 1032

Pyrrosia stenophylla (Bedd.) Ching in Bull. Chin. Bot. Soc. 1: 55. 1935.

Niphobolus fissus Bl. var. *stenophyllus* Bedd. Suppl. Handb. 92. 1892.

植株高20-30厘米。根茎短，横卧，密被窄披针形鳞片，鳞片顶部渐成单细胞有节的先端，边缘具疏睫毛，易折断；叶近生，一型；叶柄长1-3厘米，基部密被鳞片，向上密被针状臂星状毛；叶片带状，短渐尖头或长尾状尖头，向下渐窄，沿主脉下延几达基部，长（5-）20-

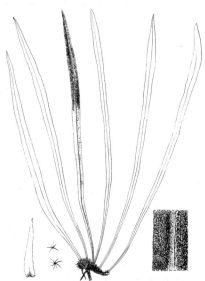

图 1032 狭叶石韦 （孙英宝绘）

40 厘米，最宽 0.5-1.5 厘米，全缘并内折；叶干后纸质，上面灰绿或淡黄色，无毛，下面灰绿色，淡棕或棕色，被两种星状毛，上层的有棕色针状分支臂，底层的具无色卷曲绒毛状分支臂；主脉粗，在下面隆起，上面平，侧脉与小脉不明显。孢子囊群近卵形，聚生叶片下面 2/3 以上，幼时被棕色星状毛，成熟时孢子囊开裂汇合，砖红色。

产云南及西藏，生于海拔 1240-2750 米林下树干或岩石上。尼泊尔、不丹、印度及缅甸有分布。

25. 裸茎石韦　　　图 1033

Pyrrosia nudicaulis Ching in Bull. Chin. Bot. Soc. 1: 52. 1935.

植株高 15-30 厘米。根茎短，横卧，密被披针形棕色鳞片，鳞片

长渐尖头，边缘密生长睫毛。叶疏生，一型；叶柄长 2-10 厘米，基部密被鳞片，向上近无毛，禾秆色；叶片披针形，中部以上最宽，短渐尖头，向下渐成楔形，具窄翅沿主脉下延达叶柄基部，全缘，长 13-33 厘米，宽 1.2-3.6 厘米；叶干后革质，上面淡绿或棕色，疏被星状毛，下面淡灰绿色，被两种星状毛，上层的具等长分支臂，底层的具卷曲绒毛状分支臂，主脉略粗，下面略隆起，上面平，侧脉与小脉不明显。孢子囊群近圆形，聚生叶片上半部，在叶片下面主脉两侧成多行，幼时被星状毛，成熟时孢子囊开裂稍汇合，砖红色。

产四川、云南及西藏，生于海拔 1600-3400 米林下树干或岩石上。

图 1033　裸茎石韦　（孙英宝绘）

26. 柔软石韦　　　图 1034

Pyrrosia porosa (C. Presl) Hovenk. in Blumea 30: 208. 1984.

Niphobolus porosus C. Presl, Tent. Pterid. 200. 1836.

植株高 7-30 厘米。根茎短，横卧，密被披针形、边缘具睫毛棕色鳞片。叶近生，一型；

几无柄；叶片披针形，长 10-23 厘米，宽 0.7-2.5 厘米，最宽在叶片上半部，短钝尖头，下半部骤狭，具窄翅沿主脉和叶柄下延至根茎连接处，全缘；叶干后厚革质，上面淡灰色，几无毛，下面棕色，被两种星状毛，自叶柄至主脉均被针状臂星状毛；主脉在下面隆起，上

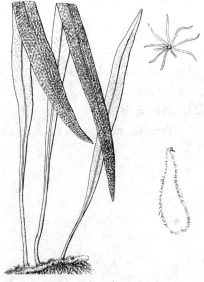

图 1034　柔软石韦　（张桂芝绘）

面平，侧脉和小脉不明显。孢子囊群近圆形，聚生叶片上半部，在主脉两侧成多行，幼时被棕色星状毛，成熟时孢子囊开裂汇合，砖红色。

产浙江、福建、湖南、海南、广西、贵州、四川、云南及西藏，

生于海拔300-2500米疏林下树干或岩石上。不丹、印度、斯里兰卡、缅甸、泰国、越南及菲律宾有分布。

[附] **平绒石韦 Pyrrosia porosa** var. **mollissima** (Christ) Shing, Vasc. Pl. Hengduan Mts. 1: 171. 1993. —— *Polypodium mollissimum* Christ in Bull. Herb. Boissier 7: 5. 1899. 与模式变种的主要区别：根茎鳞片披针形，无长睫毛；叶柄短，被疏毛。产广西、贵州、四川及云南，生于海拔900-2100米林下岩石上。

27. 蔓氏石韦   图 1035

Pyrrosia mannii (Gies.) Ching in Bull. Chin. Bot. Soc. 1: 55. 1935.

Niphobolus mannii Gies. Farng. Niph. 107. 1901.

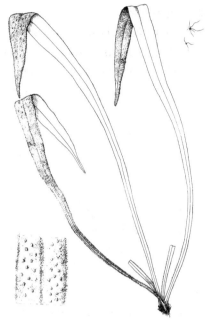

图 1035 蔓氏石韦 （孙英宝绘）

植株高10-30厘米。根茎短，横卧，密被长尾渐尖头全缘棕色披针形鳞片。叶簇生，一型；近无柄；叶片披针形，中部或中部以上最宽，渐尖头，基部渐窄，沿主脉下延几达基部着生处，长15-30厘米，宽1-2厘米，全缘；叶干后软革质，上面灰绿色，近无毛，下面淡棕色，密被两种星状毛，上层星状毛的分支臂针状，下层的分支臂卷曲绒毛状；主脉下面稍隆起，上面平，侧脉与小脉不明显。孢子囊群近圆形，幼时被星状毛，成熟时孢子囊开裂，不汇合，砖红色。

产云南及西藏，生于海拔1700-2300米林下树干、腐木及岩石上。尼泊尔、不丹、印度、缅甸及泰国有分布。

28. 冯氏石韦   图 1036

Pyrrosia fengiana Ching in Bull. Fan Mem. Inst. Biol. Bot. 11: 73. 1941.

植株高30-70厘米。根茎短，横卧，密被长尾尖头边缘睫毛状棕色披针形鳞片。叶簇生，一型；叶柄粗，长15-30厘米，木质，基部被鳞片，向上幼时被密毛，后渐脱落，禾秆色；叶片椭圆形或椭圆状披针形，短钝尖头，基部楔形，略下延，长20-36厘米，中部宽4.5-8厘米，全缘或略波状；叶干后革质，上面灰绿色，近无毛，下面密被两种星状毛，淡棕色，主脉下面隆起，上面平，侧脉明显，小脉不明显。孢子囊群近圆形，散生叶片下面主脉两侧，幼时被星状毛，成熟时孢子囊开裂，不汇合，砖红色。

产云南及西藏，生于海拔1650-2700米林下岩石上。

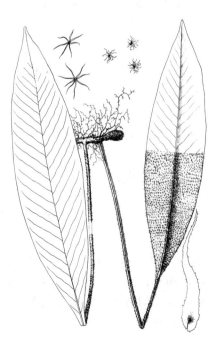

图 1036 冯氏石韦 （孙英宝绘）

29. 毡毛石韦

图 1037 彩片 142

Pyrrosia drakeana (Franch.) Ching in Bull. Chin. Bot. Soc. 1:65. 1935.

Polypodium drakeana Franch. in Nouv. Arch. Mus. II. 7: 165. 1883.

植株高 25-60 厘米。根茎短，横卧，密被披针形棕色鳞片，鳞片具长尾状渐尖头，密被睫状毛，顶端睫毛丛生，分叉和卷曲，膜质，全缘。叶近生，一型；叶柄长 12-20 厘米，粗，坚硬，基部密被鳞片，向上密被星状毛，禾秆色或淡棕色；叶片宽披针形，短渐尖头，基部最宽，近圆楔形，不对称，稍下延，长 12-23 厘米，宽 4-8 (-10) 厘米，全缘，或下部波状浅裂；叶干后革质，上面灰绿色，无毛，密被洼点，下面灰绿色，被两种星状毛；主脉下面隆起，上面平，侧脉明显，小脉不明显。孢子囊群近圆形，成多行整齐排于侧脉间，幼时被星状毛，淡棕色，成熟时孢子囊开裂，砖红色，不汇合。

产河南、陕西、甘肃、湖北、湖南、贵州、四川、云南及西藏，生于海拔 1000-3600 米山坡杂木林下树干或岩石上。

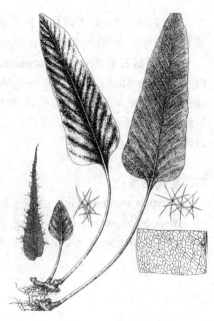

图 1037 毡毛石韦
（引自《中国蕨类植物图谱》）

30. 绒毛石韦

图 1038

Pyrrosia subfurfuracea (Hook.) Ching in Bull. Chin. Bot. Soc. 1:68. 1935.

Polypodium subfurfuraceum Hook. Sp. Fil. 5:52. 1863.

植株高 40-60 厘米。根茎短，横卧，粗壮，密被披针形鳞片，鳞片长尾状渐尖头，棕色，膜质，全缘。叶近生，一型；叶几无柄或柄长约 15 厘米，疏被星状毛，木质，禾秆色；叶片披针形，短渐尖头，基部具窄翅沿叶柄下延，有时几达叶柄基部，长 45-60 厘米，宽 6.5-11 厘米，全缘；叶干后硬革质，上面绿色。近无毛，下面灰绿色，被两种星状毛，上层较稀，易脱落，下层灰粉末状；主脉粗，两面均隆起，侧脉明显，小脉不明显。孢子囊群近圆形，聚生叶片上半部，在主脉和叶缘间成不规则多行，密接，有时被上层星状毛覆盖，后星状毛脱落而裸露。

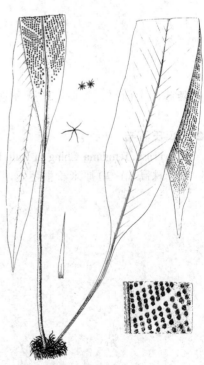

图 1038 绒毛石韦 （孙英宝绘）

产贵州、云南及西藏，生于海拔 1000-3600 米林下岩石上。印度、缅甸及越南有分布。

16. 抱树莲属 Drymoglossum C. Presl

小型附生蕨类。根茎细长，横走，有网状中柱，皮层中有厚壁细胞组成的皮层柱，被盾状着生小鳞片。叶疏生，单叶，二型，叶柄具关节和根茎连接；不育叶卵形、圆形或近舌状，全缘，肉质，疏被星状毛，主脉不明显，小脉联成网状埋入叶肉中，有内藏小脉；能育叶线形或长舌形。孢子囊群线形，着生主脉两侧，成熟时密被叶片下面，具星状毛；孢子囊环带具14-18个增厚细胞。孢子椭圆形，单裂缝，具周壁，上面具大刺状突起，兼有瘤状或网状纹饰。

约6种，分布于马达加斯加至太平洋所罗门群岛热带地区，北达中南半岛及印度北部。我国1种。

抱树莲　　　　　　　　　　　　图 1039 彩片 143

Drymoglossum piloselloides (Linn.) C. Presl, Tent. Pterid. 227. f. 10: 5-6. 1836.

Pteris piloselloides Linn. Sp. Pl. ed. 2, 2: 1530. 1763.

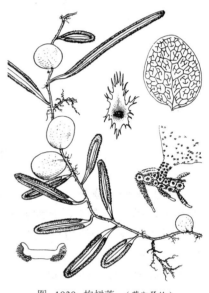

图 1039 抱树莲 （蔡淑琴绘）

根茎细长，横走，径约1毫米，密被鳞片，鳞片卵圆形，中部深棕色，边缘淡棕色具长睫毛，盾状着生。叶疏生或略近生，二型，相距1-2厘米；无柄或能育叶具短柄；不育叶片近圆形，径1-2厘米，或椭圆形，长5-6厘米，宽1.3-2厘米，先端宽圆，基部渐窄，下延，肉质，平滑；叶干后棕色，多皱纹，疏被伏贴星状毛；能育叶线形或长舌形，长3-12厘米，宽5-8毫米，先端宽圆，有时分叉，基部渐窄，下延，质地和毛被同不育叶；主脉下部明显，小脉不明显。孢子囊群线形，近叶缘成带状分布，连续，偶间断，上至叶顶端均匀分布，基部不育。

产海南及云南，生于海拔100-500米林下，附生或攀援树干上。印度东北部、中南半岛及马来群岛有分布。

17. 石蕨属 Saxiglossum Ching

附生岩石蕨类。高10-12厘米。根茎细长，横走，密被鳞片，鳞片卵状披针形，长渐尖头，具细齿，红棕或淡棕色，盾状着生。叶一型，疏生，相距1-2厘米；几无柄，基部具关节着生；叶片线形，长3-9厘米，宽2-3.5厘米，钝尖头，基部渐窄缩，干后革质，边缘反卷，幼时上面疏生星状毛，下面密被黄色星状毛，宿存；主脉明显，上面凹陷，下面隆起，小脉网状，沿主脉两侧各有1行长网眼，无内藏小脉，近叶缘细脉分离，先端有膨大水囊。孢子囊群线形，沿主脉两侧各成1行，着生主脉与叶缘间，幼时被反卷叶缘覆盖，成熟时胀开，孢子囊外露。孢子椭圆形，单裂缝，周壁具散生小瘤，外壁光滑。

单种属。

石蕨　　　　　　　　　　　　图 1040

Saxiglossum angustissimum (Gies.) Ching in Acta Phytotax. Sin. 10 (4): 301. 1965.

Niphobolus angustissimus Gies. Farngatt. Niphobolus 132. 1901.

形态特征同属。

产山西、河南、陕西、甘肃、安徽、浙江、台湾、福建、江西、湖北、湖南、广东、广西、贵州及四川，生于海拔550-2500米阴湿岩石或树干。泰国及日本有分布。

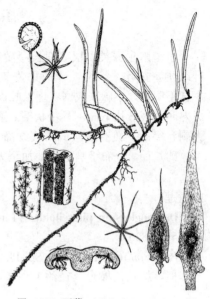

图 1040 石蕨 (引自《Fl. Taiwan》)

18. 瘤蕨属 Phymatosorus Pic. Serm.

附生或土生蕨类。根茎长，横走，粗壮，肉质，被鳞片，鳞片卵圆形或卵状披针形，褐色，盾状着生，膜质半透明，具粗筛孔。叶疏生；叶柄粗，禾秆色，基部被与根茎相同鳞片，上部无毛；叶片羽状深裂，少数为单叶不裂或一回羽状复叶，叶缘和裂片全缘，主脉明显，侧脉不明显，小脉网状，具内藏小脉；叶草质、纸质或革质，有光泽。孢子囊群圆形或椭圆形，分离，在主脉两侧各有1行或不规则多行，凹陷或略凹陷于叶肉中，无隔丝。孢子椭圆形，具浅皱纹。染色体基数 x=36，37；2n= 72，74。

约13种，分布于旧大陆热带地区及太平洋岛屿。我国6种。

1. 叶一回羽状，羽片基部楔形，柄长1厘米 ·· 1. 光亮瘤蕨 P. cuspidatus
1. 单叶不裂，或羽状深裂至羽状全裂，羽片基部与叶轴贴生，羽片无柄。
    2. 叶片羽状深裂至羽状全裂，侧生裂片20-30（-38）对；孢子囊群圆形或椭圆形 ······················
    ·· 2. 多羽瘤蕨 P. longissimus
    2. 叶片羽状深裂，侧生裂片3-10对；孢子囊群圆形。
        3. 叶片纸质，暗绿色，叶脉明显，裂片宽3-4厘米 ··················· 3. 显脉瘤蕨 P. membranifolius
        3. 叶片革质，淡绿色，叶脉不明显；裂片宽2-2.5厘米。
            4. 根茎径3-5毫米，鳞片卵状披针形，渐尖头，基部圆，具细齿；孢子囊群在中脉两侧各成1行或不规
            则多行 ·· 4. 瘤蕨 P. scolopendria
            4. 根茎径0.6-1厘米，鳞片宽卵形或圆形，全缘；孢子囊群在中脉两侧各成1行 ······················
            ·· 4(附). 阔鳞瘤蕨 P. hainanensis

1. 光亮瘤蕨 光亮密网蕨   图 1041

Phymatosorus cuspidatus (D. Don) Pic. Serm. in Love et Love, Cytotax. Atl. Pterid. 83. 1977.

Polypodium cuspidatum D. Don, Prodr. Fl. Nepal. 2. 1825.

Phymatodes lucida (Roxb.) Ching；中国高等植物图鉴 1: 251. 1972.

植株高0.4-1米。根茎横走，径约2厘米，灰绿色，疏被鳞片，鳞

片卵圆形，盾状着生，褐色，边缘不整齐。叶疏生；叶柄长30-50厘米，禾秆色，粗，无毛；叶片一回羽状，长30-50厘米，宽20-25厘米；羽片8-15对，长15-20厘

米，宽 2-3.5 厘米，渐尖头，基部楔形，柄长 1 厘米，全缘，侧脉不显，小脉网状；叶近革质，两面无毛。孢子囊群在羽片中脉两侧各成 1 行，着生中脉与叶缘间。孢子具细小颗粒状纹饰。

产广东、海南、广西、贵州、四川、云南及西藏，生于海拔 230-1600 米林缘石灰岩壁上。尼泊尔、印度、缅甸、泰国、老挝及越南有分布。

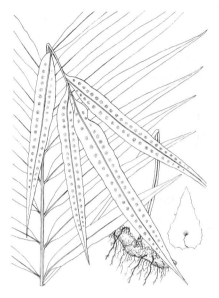

图 1041 光亮瘤蕨 （蔡淑琴绘）

2. 多羽瘤蕨

图 1042

Phymatosorus longissimus (Bl.) Pic. Serm. in Webbia 28 (2):459. 1973.

Polypodium longissimum Bl. Enum. Pl. Jav. 127. 1828.

植株高 1-2 米。根茎长，横走，径约 1 厘米，肉质，疏被鳞片，鳞片卵状披针形，长约 3 毫米，盾状着生，基部圆，渐尖头，筛孔明显。叶疏生；叶柄长 0.35-1 米，禾秆色，无毛；叶片长 0.4-1 米，宽 25-30 厘米，羽状深裂或几全裂；裂片 20-30 (-38) 对，斜展，基部略缢缩，无柄，渐尖头或圆钝头，全缘或浅波状，长 8-12 厘米，宽 1-2.5 厘米，侧脉和小脉均不明显，小

脉网状；叶近革质，两面无毛。孢子囊群圆形或椭圆形，在叶片下面凹陷于叶肉中，在叶片上面成乳头状突起，在中脉两侧各成 1 行，略近主脉。

产台湾、广东、香港、海南及云南，生于低海拔地区潮湿灌丛中。印度、斯里兰卡、泰国、越南、马来西亚、印度尼西亚、菲律宾和日本南部及太平洋岛屿有分布。

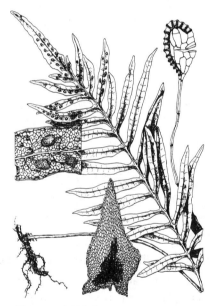

图 1042 多羽瘤蕨 （引自《Fl. Taiwan》）

3. 显脉瘤蕨

图 1043

Phymatosorus membranifolius (R. Br.) S. G. Lu in Guihaia 19 (1):27. 1999.

Polypodium membranifolum R. Br., Prod. 147. 1810.

植株高达 1 米。根茎长，横走，径 1-1.5 厘米，被鳞片，鳞片卵圆形，盾状着生，长约 4 毫米，宽约 3 毫米，质薄，边缘不整齐，褐色。叶疏生；叶柄长 30-40 厘米，禾秆色，径约 5 毫米，无毛；叶片不裂或 3 裂至羽状深裂；裂片斜展，5-10 对，长 15-20 厘米，宽 3-

4 厘米, 渐尖头, 全缘, 叶脉两面均明显, 侧脉曲折, 不达叶缘, 小脉网状, 具分叉内藏小脉; 叶片纸质, 暗绿色, 两面无毛。孢子囊群圆形, 在裂片主脉两侧各成 1 行, 着生主脉与叶缘间, 在叶片上面成乳头状突起。

产海南和云南, 生于海拔 200-1200 米林下岩石上。印度、斯里兰卡、泰国、柬埔寨、越南、马来西亚、印度尼西亚、菲律宾、新几内亚、澳大利亚及波利尼西亚有分布。

图 1043 显脉瘤蕨 (蔡淑琴绘)

4. 瘤蕨　　　　　　　　　图 1044 彩片 144

Phymatosorus scolopendria (Burm.) Plic. Serm. in Webbia 28 (2):460. 1973.

Polypodium scolopendria Burm. Fl. Ind. 232. 1768; 中国高等植物图鉴 1:250.1972.

根茎长, 横走, 径 3-5 毫米, 肉质, 疏被卵状披针形鳞片, 鳞片基部圆, 盾状着生, 中上部窄披针形, 具细齿, 褐色。叶疏生; 叶柄禾秆色, 无毛; 叶片羽状深裂, 稀不裂或 3 裂, 裂片 3-5 对, 披针形, 渐尖头, 全缘, 长 12-18 厘米, 宽 2-2.5 厘米, 侧脉和小脉均不明显, 小脉网状; 叶近革质, 两面无毛。孢子囊群在中脉两侧各成 1 行或不规则多行, 凹陷于叶肉中, 在叶片上面突起。孢子具细小刺状纹饰。

产台湾、香港、海南及广西, 生于海拔 180-200 米林下树干或岩石上。日本、菲律宾、中南半岛、马来西亚、泰国、印度、斯里兰卡、新几内亚岛、澳大利亚热带、非洲热带及波利尼西亚有分布。

[附] **阔鳞瘤蕨 Phymatosorus hainanensis** (Noot.) S. G. Lu in Bull. Nat. Mus. Sci. Taiwan. —— *Microsorus hainanense* Noot. in Blumea 42(2): 325. pl. 3. f. 20-21. 1997. 本种与瘤蕨的主要区别: 根茎径 0.6-1 厘米, 鳞片宽卵形或圆形, 全缘; 孢子囊群在主脉两侧各成 1 行。产海南, 生于海拔 20-900 米林下树干上。印度及越南有分布。

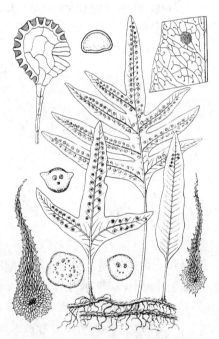

图 1044 瘤蕨 (蔡淑琴绘)

19. 假瘤蕨属 Phymatopteris Pic. Serm.

附生或土生蕨类。根茎细长, 横走, 木质, 被鳞片, 鳞片通常披针形, 稀钻形或毛状, 多棕色, 少数栗黑或灰白色, 具窄长不透明筛孔。叶一型, 稀二型或近二型; 单叶, 不裂, 条形、卵圆形或卵状披针形, 或 2-3 裂、掌状分裂或羽状分裂; 全缘, 或具缺刻和锯齿; 叶纸质, 稀革质或膜质, 叶两面多无毛, 稀被柔毛或鳞片; 主脉和侧脉明显, 小脉网状, 具内藏小脉。孢子囊群圆形, 在中脉两侧各成 1 行, 着生叶上面, 稀凹陷于叶肉中。孢子椭圆形, 周壁具短刺状纹饰或小瘤状纹饰。染色体基数 x=12。

约 60 种，分布于亚洲热带山地。我国 47 种和 1 变种。

1. 单叶，不裂，长条形、披针形、长圆形或卵形。
　2. 叶二型，不育叶卵圆形，能育叶长条形或披针形 ·············· 1. 喙叶假瘤蕨 **P. rhynchophylla**
　2. 叶一型，长圆形、卵形、卵状披针形或长条形。
　　3. 叶片长圆形、卵圆形或卵状披针形，全缘；孢子囊群大型。
　　　4. 叶片卵圆形或长圆形，钝圆头 ·············· 2. 圆顶假瘤蕨 **P. obtusa**
　　　4. 叶片披针形或卵状披针形，渐尖头或尾状尖头。
　　　　5. 叶片中部最宽，基部楔形 ·············· 3. 海南假瘤蕨 **P. hainanensis**
　　　　5. 叶片近基部最宽，基部平截、宽楔形或圆楔形。
　　　　　6. 叶片基部圆楔形，下面灰白色 ·············· 4. 宽底假瘤蕨 **P. majoensis**
　　　　　6. 叶片基部宽楔形，下面灰绿色 ·············· 5. 大果假瘤蕨 **P. griffithiana**
　　3. 叶片长条形、卵状披针形或倒披针形，边缘有缺刻；孢子囊群小型。
　　　7. 叶片卵状披针形，叶纸质，下面灰绿色 ·············· 6. 屋久假瘤蕨 **P. yakushimensis**
　　　7. 叶片倒披针形或条形，下面灰白色。
　　　　8. 叶片倒披针形，中上部宽 1-3 厘米，短渐尖，基部楔形 ·············· 7. 恩氏假瘤蕨 **P. engleri**
　　　　8. 叶片条形，宽 5-7 毫米，钝圆头，基部圆或圆楔形 ·············· 8. 细柄假瘤蕨 **P. tenuipes**
1. 叶戟状 2-3 裂、掌状分裂、羽状深裂或羽状全裂，稀不裂。
　9. 叶片戟状 2-3 裂，或单叶不裂 ·············· 9. 金鸡脚假瘤蕨 **P. hastata**
　9. 叶片掌状分裂或羽状分裂，稀 3 裂。
　　10. 叶片掌状分裂，裂片 4-6 片。
　　　11. 单叶，掌状 5 裂，长宽均 5-9 厘米；孢子囊群近裂片边缘着生 ·············· 10. 掌叶假瘤蕨 **P. digitata**
　　　11. 叶掌状分裂，长 10-20 厘米，宽 10-15 厘米，裂片 4-6 对；孢子囊群着生裂片边缘与中脉间
　　　　　·············· 11. 指叶假瘤蕨 **P. dactylina**
　　10. 叶片羽状深裂或羽状全裂，裂片一至多对。
　　　12. 裂片边缘全缘或波状。
　　　　13. 叶柄长 6-12 厘米，疏被柔毛，叶侧生裂片 1-3 对，较短，顶生裂片长 10-20 厘米，叶草质 ··············
　　　　　·············· 12. 三出假瘤蕨 **P. trisecta**
　　　　13. 叶柄长 10-20 厘米，无毛，叶侧生裂片 3-5（-8）对，长 10-15 厘米，叶纸质 ··············
　　　　　·············· 13. 尖裂假瘤蕨 **P. oxyloba**
　　　12. 裂片边缘具缺刻、锯齿或全缘。
　　　　14. 裂片边缘具缺刻或全缘。
　　　　　15. 叶二型，不育叶通常 3 裂，裂片宽；能育叶深裂，宽不及 1 厘米；孢子囊群在叶下面凹陷于叶
　　　　　　肉内，在上面乳头状凸起 ·············· 14. 三指假瘤蕨 **P. triloba**
　　　　　15. 叶一型；孢子囊群在叶片下面不凹陷，在上面不凸起。
　　　　　　16. 根茎鳞片卵状披针形，黑或栗黑色；叶片下面具卵形鳞片。
　　　　　　　17. 叶轴与裂片中脉基部疏被鳞片 ·············· 15. 黑鳞假瘤蕨 **P. ebenipes**
　　　　　　　17. 叶轴与裂片中脉基部密被短柔毛 ·············· 15(附). 毛轴黑鳞假瘤蕨 **P. ebenipes** var. **oakesii**
　　　　　　16. 根茎鳞片披针形或窄披针形，灰白或淡棕色；叶片下面无鳞片。
　　　　　　　18. 根茎鳞片淡棕色 ·············· 16. 展羽假瘤蕨 **P. quasidivaricata**
　　　　　　　18. 根茎鳞片灰白或白色 ·············· 17. 灰鳞假瘤蕨 **P. albopes**
　　　　14. 裂片边缘具锯齿。
　　　　　19. 叶片上面被短毛，下面无毛 ·············· 18. 毛叶假瘤蕨 **P. nigrovenia**

19. 叶片两面无毛。

  20. 侧生裂片钝头或锐尖头。

    21. 叶柄禾秆色 ·············· **19. 陕西假瘤蕨 P. shesiensis**

    21. 叶柄紫或棕色。

      22. 裂片边缘具波状圆齿或波状半裂 ·············· **20. 紫柄假瘤蕨 P. crenatopinnata**

      22. 裂片边缘具极密锯齿或尖锯齿。

        23. 侧生裂片卵形，基部窄缩，锐尖头 ·············· **20(附). 刺齿假瘤蕨 P. glaucopsis**

        23. 侧生裂片条形，基部不窄缩，钝圆头 ·············· **20(附). 钝羽假瘤蕨 P. conmixta**

  20. 侧生裂片渐尖头或尾状尖头。

    24. 叶片基部 1 对裂片反折。

      25. 侧生裂片披针形，基部最宽，中部以上渐尖 ·············· **21. 斜下假瘤蕨 P. stracheyi**

      25. 侧生裂片卵状披针形，通常中部最宽，短渐尖头 ·············· **22. 交连假瘤蕨 P. conjuncta**

    24. 叶片基部 1 对裂片平展或先端向叶尖。

      26. 根茎鳞片栗黑或黑色，边缘有灰白色长睫毛。

        27. 裂片边缘具细钝齿 ·············· **23. 尾尖假瘤蕨 P. stewartii**

        27. 裂片边缘具锐尖头或刺状头重锯齿 ·············· **23(附). 乌鳞假瘤蕨 P. nigropaleacea**

      26. 根茎鳞片着生处黑色，余红棕或棕色，边缘无白色睫毛。

        28. 根茎鳞片红棕色；叶柄长 15-20 厘米 ·············· **24. 西藏假瘤蕨 P. tibetana**

        28. 根茎鳞片棕色；叶柄长 5-10 厘米 ·············· **25. 弯弓假瘤蕨 P. malacodon**

---

1. 喙叶假瘤蕨 喙叶假密网蕨   图 1045

Phymatopteris rhynchophylla (Hook.) Pic. Serm. in Webbia 28(2): 464. 1973.

Polypodium rhynchophyllum Hook. Icon. pl. t. 954. 1854.

Phymatopsis rhynchophylla (Hook.) J. Sm.; 中国高等植物图鉴 1:252. 1972.

根茎长，横走，径约 2 毫米，密被鳞片，鳞片披针形，棕色，长约 5 毫米，渐尖头，具锯齿。叶疏生，二型；不育叶柄长 1-2 厘米；叶片卵圆形，长 1-5 厘米，宽 1-2 厘米；能育叶柄长 5-10 厘米，叶片长条形或披针形，长 5-20 厘米，宽 0.5-2 厘米，钝圆头，边缘具软骨质窄边和缺刻，侧脉两面明显，顶端分叉，不达叶缘；小脉网状，具单一内藏小脉；叶草质，两面无毛，上面绿色，下面常淡红色。孢子囊群圆形，着生能育叶中上部，在叶片中脉两侧各成 1 行，略近叶缘。孢子具刺状突起。

产台湾、福建、江西、湖北、湖南、广东、广西、贵州、四川及云南，生于海拔 820-2700 米树干上。尼泊尔、印度北部、缅甸、老挝、柬埔寨、泰国、越南、菲律宾及印度尼西亚有分布。

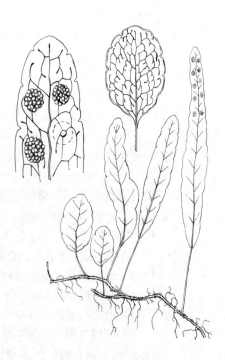

图 1045 喙叶假瘤蕨
（蔡淑琴仿《广西瑶山水龙骨科》）

2. 圆顶假瘤蕨 图 1046

Phymatopteris obtusa (Ching) Pic. Serm. in Webbia 28 (2): 463. 1973.

Phymatopsis obtusa Ching in Acta Phytotax. Sin. 9(2): 184. 1964.

根茎长，横走，径约 3 毫米，密被鳞片，鳞片披针形，长约 5 毫米，锈棕色，渐尖头，全缘。叶疏生；叶柄长 6-10 厘米，禾秆色或淡棕色，无毛；叶片长圆形或卵圆形，长 5-15 厘米，宽 2-3 厘米，钝圆头，基部楔形，全缘或波状，具软骨质边缘，侧脉粗，斜展，小脉不明显；叶革质，两面均无毛。孢子囊群圆形，在叶片中脉两侧各成 1 行，近中脉着生。

产海南、广西及西藏，生于海拔 1400-1700 米树干或岩石上。

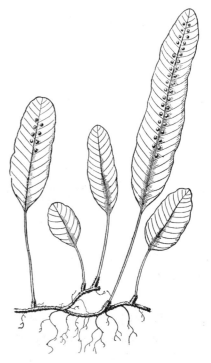

图 1046 圆顶假瘤蕨
（引自《海南植物志》）

3. 海南假瘤蕨 图 1047

Phymatopteris hainanensis (Ching) Pic. Serm. in Webbia 28 (2): 462. 1973.

Phymatodes hainanensis Ching in Contr. Inst. Bot. Natl. Acad. Peiping 2 (3): 68. pl. 4. 1933.

根茎长，横走，径约 3 毫米，密被鳞片，鳞片基部卵形，上部钻状，长约 3 毫米，锈棕色，中部色深，边缘色淡，全缘。叶疏生；叶柄长 8-13 厘米，径约 1 毫米，禾秆色，光滑；叶片卵状披针形，长 8-15 厘米，中部宽 1.5-3 厘米，渐尖头，基部楔形，全缘，具禾秆色软骨质边缘；侧脉两面均明显，小脉不显；叶干后纸质，两面无毛。孢子囊群圆形，在中脉两侧各成 1 行，略近中脉着生，在叶片上面稍突起。

产海南和云南，生于海拔 500-6000 米林中树干上。

4. 宽底假瘤蕨 图 1048

Phymatopteris majoensis (C. Chr.) Pic. Serm. in Webbia 28 (2): 463. 1973.

Polypodium majoense C. Chr. in Lévl. Cat. Pl. Yunnan. 108. 1916.

根茎长，横走，径 3-4 毫米，密被鳞片，鳞片披针形，棕色，

图 1047 海南假瘤蕨
（孙英宝仿 蔡淑琴绘）

长 4-5 毫米，渐尖，全缘。叶疏生；叶柄长 10-15 厘米，禾秆色，无毛；叶片披针形，长 15-25 厘米，近基部宽 3-6 厘米，短渐尖头，基部圆楔形，全缘，具加厚软骨质边缘，侧脉明显，小脉隐约可见；叶干后近革质，上面灰绿色，下面灰白色，两面光滑。孢子囊群圆形，在叶片中脉两侧各成 1 行，近中脉着生。

产陕西、安徽、江西、湖北、湖南、广西、贵州、四川及云南，生于海拔 1400-1800 米树干上或岩石上。

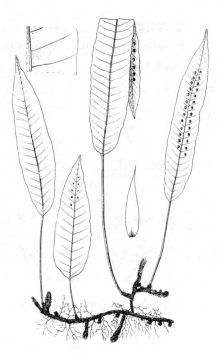

图 1048　宽底假瘤蕨　（孙英宝绘）

5. 大果假瘤蕨　大果假密网蕨　　　　图 1049

Phymatopteris griffithiana (Hook.) Pic. Serm. in Webbia 28 (2): 462. 1973.

Polypodium griffithianum Hook. Icon. Pl. 10: t. 951. 1854.

Phymatopsis griffithiana (Hook.) J. Sm.；中国高等植物图鉴 1: 251. 1972.

根茎长，横走，径 3-4 毫米，密被鳞片，鳞片披针形，棕色，长约 5 毫米，渐尖头，全缘。叶疏生；叶柄长 5-15 厘米，禾秆色，无毛；叶片披针形，长 10-25 厘米，宽 3-4 厘米，中下部或近基部处最宽，基部宽楔形，短渐尖头，全缘或波状，有加厚软骨质边缘并反卷；侧脉两面明显，小脉不明显；叶干后革质或厚纸质，上面绿色，下面灰绿色，两面无毛。孢子囊群大而圆形，在中脉两侧各成 1 行，近中脉着生。孢子具刺状纹饰。

产安徽、湖南、广西、贵州、四川、云南及西藏，生于海拔 1300-3200 米树干或岩石上。不丹、尼泊尔、印度北部、缅甸、泰国及越南有分布。

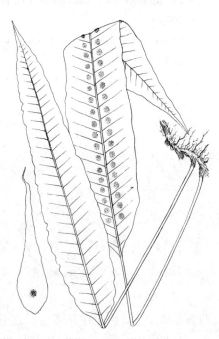

图　1049　大果假瘤蕨　（蔡淑琴绘）

6. 屋久假瘤蕨　　　　　　　　　图 1050

Phymatopteris yakushimensis (Makino) Pic. Serm. in Webbia 28(2): 465. 1973.

Polypodium engeri Luerss. var. *yakushimense* Makino in Bot. Mag. Tokyo 23: 248. 1909.

植株高 10-30 厘米。根茎长，横走，径约 3 毫米，密被鳞片，鳞片披针形，棕色，渐尖头，全缘。叶近生或疏生；叶柄长 5-15 厘米，禾秆色，无毛；叶片卵状披针形，长 5-15 厘米，中部宽 1-2 厘米，渐尖头，基部楔形。具缺刻并具加厚软骨质边缘，平直或波状，中脉在上面具纵沟，侧脉两面明显，不达叶缘，小脉不明显；叶干后纸质，上面绿色，下面灰绿色，两面光滑。孢子囊群圆形，在叶片中脉两侧各成 1 行，着生中脉与叶缘间，在叶片下面凹陷于叶肉中，在叶片上面呈乳头状突起。孢子有刺状突起。

产浙江、台湾、福建、江西、湖南、广西及贵州，生于海拔 250-800 米林下溪边岩石上。朝鲜半岛及日本有分布。

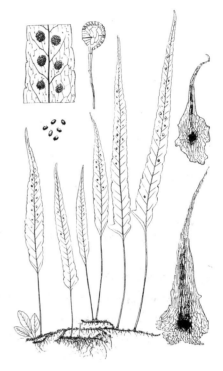

图 1050 屋久假瘤蕨
（孙英宝仿《Ogata, Ic. Fil. Jap.》）

7. 恩氏假瘤蕨   图 1051

Phymatopteris engleri (Luerss.) Pic. Serm. in Webbia 28(2): 462. 1973.

Polypodium engleri Luerss. in Engl. Bot. Jahrb. Syst. 4: 361. 1883.

植株高 20-30 厘米。根茎长，横走，径 2-3 毫米，密被鳞片，鳞片披针形，长 2-5 毫米，棕色，渐尖头，全缘。叶近生或疏生；叶柄长 5-10（-15）厘米，淡棕色，无毛；叶片倒披针形，长 5-15（-28）厘米，中上部宽 1-3 厘米，短渐尖，基部楔形，具缺刻和软骨质窄边，通直或波状，侧脉明显，不达叶缘，小脉不显；叶干后坚纸质或近革质，下面灰白色，两面无毛。孢子囊群圆形，在叶片中脉两侧各成 1 行，略近中脉着生，在叶片下面不凹陷。

产浙江、台湾及福建，附生树干或岩石上。朝鲜半岛及日本有分布。

8. 细柄假瘤蕨   图 1052

Phymatopteris tenuipes (Ching) Pic. Serm. in Webbia 28(2): 465. 1973.

Phymatopsis tenuipes Ching in Acta Phytotax. Sin. 9(2): 187. 1964.

根茎细长，横走，径约 2 毫米，密被鳞片，鳞片披针形，黄棕色，长 3-4 毫米，宽不及 1 毫米，渐尖头，全缘。叶疏生；叶

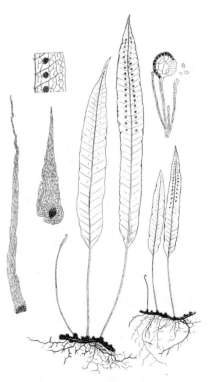

图 1051 恩氏假瘤蕨
（孙英宝仿《Ogata, Ic. Fil. Jap.》）

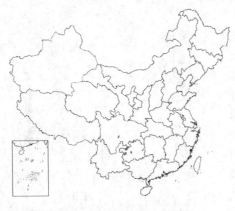

柄长 2-4 厘米，禾秆色，纤
细；叶片条形，长 3-7 厘
米，宽 5-7 毫米，钝圆头，
基部圆或圆楔形，具缺刻并
有软骨质边；侧脉明显，不
达叶缘，小脉不明显；叶干
后革质，上面绿色，下面灰
白色。孢子囊群在中脉两侧
各 1 行，着生叶片中上部中
脉与叶缘间。孢子密被长刺
状纹饰。

产贵州西部及四川，生于海拔 1380-2100 米树干或山顶岩石上。

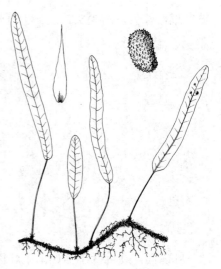

图 1052 细柄假瘤蕨 （孙英宝绘）

9. 金鸡脚假瘤蕨   图 1053 彩片 145

Phymatopteris hastata (Thunb.) Pic. Serm. in Webbia 28(2): 462. 1973.

Polypodium hastatum Thunb. Fl. Jap. 335. 1784.

根茎长，横走，径约 3 毫米，密被鳞片，鳞片披针形，长约 5 毫
米，棕色，长渐尖头，全缘
或偶有锯齿。叶疏生；叶柄
长 2-20 厘米，径 0.5-2 毫米，
禾秆色；单叶不裂，单叶卵
形或长条形，长 2-20 厘米，
宽 1-2 厘米，短渐尖头或钝圆
头，基部楔形或圆，或戟状
2-3 (-5) 裂，中裂片较长
较宽，具缺刻和加厚软骨质窄
边，通直或波状，中脉和侧
脉两面均明显，侧脉不伸达叶

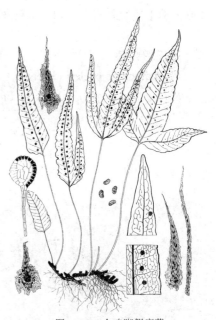

缘，小脉不明显；叶干后纸质或草质，下面灰白色，两面无毛。孢子
囊群较大，圆形，在叶片或裂片中脉两侧各成 1 行，着生中脉与叶缘间。
孢子具刺状突起。

产辽宁、山东、河南、陕西、甘肃、江苏、安徽、浙江、台
湾、福建、江西、湖北、湖南、广东、广西、贵州、四川、云南
及西藏，生于海拔 600-1300 米林缘土坎上。日本、朝鲜半岛及俄罗斯远
东地区有分布。

图 1053 金鸡脚假瘤蕨
（孙英宝仿《Ogata, Ic. Fil. Jap.》）

10. 掌叶假瘤蕨   图 1054

Phymatopteris digitata (Ching) Pic. Serm. in Webbia 28(2): 462. 1973.

Phymatodes digitata Ching in Contr. Inst. Bot. Natl. Acad. Peiping 2
(3): 77. f. 1. 1933.

根茎长，横走，径约 4 毫米，密被鳞片，鳞片披针形，淡棕
色，长约 5 毫米，全缘。叶疏生；叶柄长 2-10 厘米，基部密被
鳞片，上部深禾秆色或栗黑色，无毛；单叶，掌状 5 裂，长和宽

均5-9厘米，基部心形或圆，裂片5片，幼小植株偶有2-3片，渐尖头或圆钝头，全缘或波状，中裂片长5-10厘米，宽1-1.2厘米，侧生裂片较短小；中脉明显，侧脉和小脉不明显；叶干后草质，上面绿色，下面灰白色，两面均无毛。孢子囊群圆形，近裂片边缘着生。

产浙江、广东北部及贵州，生于海拔700-1800米山顶树干上。

11. 指叶假瘤蕨 图 1055

Phymatopteris dactylina (Christ) Pic. Serm. in Webbia 28(2): 462. 1973.
Polypodium dactylinum Christ in Bull. Soc. Bot. France 52: Mem. 1: 20. 1905.

根茎长，横走，径3-5毫米，密被鳞片，鳞片披针形，长5-7毫米，棕色，长渐尖头或毛状，全缘。叶疏生或近生；叶柄长7-10厘米，淡栗色，无毛；叶片掌状分裂，长10-20厘米，宽10-15厘米，基部楔形或心形；裂片4-6片，中裂片较大，两侧的较小，长5-10厘米，宽1-1.5厘米，短渐尖头或钝圆头，全缘，背卷，中脉明显，侧脉和小脉不明显；叶干后革质，上面暗绿色，小脉灰绿色，两面无毛。孢子囊群圆形，在裂片中脉两侧各成1行，着生中脉与叶缘间，近裂片边缘。

产浙江、四川及云南，生于海拔1200-1400米树干或岩石上。

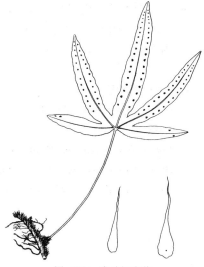

图 1054 掌叶假瘤蕨
（孙英宝绘《中国植物志》）

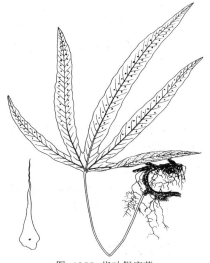

图 1055 指叶假瘤蕨
（孙英宝绘《中国植物志》）

12. 三出假瘤蕨 图 1056

Phymatopteris trisecta (Baker) Pic. Serm. in Webbia 28(2): 465. 1973.
Polypodium trisectum Baker in Kew Bull. 1898: 232. 1898.

根茎横走，径3-4毫米，密被鳞片，鳞片卵状披针形，长4-5毫米，宽1-1.5毫米，渐尖头，具锯齿。叶近生；叶柄长6-12厘米，禾秆色，疏被柔毛；叶片羽状分裂，侧生裂片1-3对，较短小，顶生裂片长10-20厘米，宽2-4厘米，渐尖头或钝圆头，全缘或略波状，叶片基部宽楔形或浅心形，中脉两面均隆起，侧脉两面均明显，小脉不明显，网状；叶干后草质，两面密被短柔毛。孢子囊群圆形，较大，在中脉两侧各成1行，着生中脉与叶

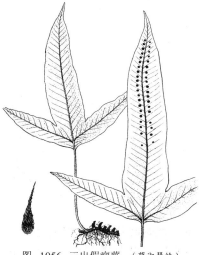

图 1056 三出假瘤蕨 （蔡淑琴绘）

缘间或略近中脉。孢子具刺状突起。

产贵州、四川、云南及西藏，生于海拔 1600-2400 米林下。缅甸及泰国有分布。

13. 尖裂假瘤蕨　　　　　　　　　　　图 1057

Phymatopteris oxyloba (Wall. ex Kunze) Pic. Serm. in Webbia 28(2):464. 1973.

Polypodium oxylobum Wall. ex Kunze in Linnaea 24: 255. 1851.

Phymatopsis oxyloba (Wall.) Presl; 中国高等植物图鉴 1: 250. 1972.

图 1057　尖裂假瘤蕨　（蔡淑琴绘）

根茎长，横走，径约 4-5 毫米，密被鳞片，鳞片披针形，棕色，长约 5 毫米，渐尖头，边缘及两面均具纤维状白毛。叶近生或疏生；叶柄长 10-20 厘米，禾秆色或淡棕色，无毛；叶片羽状深裂，长 20-30 厘米，宽 10-20 厘米，幼株具 3 裂或不裂叶片，裂片 3-5（-8）对，斜向叶尖，长 10-15 厘米，宽 1.5-5 厘米，渐尖头，全缘或波状，有加厚软骨质边缘，叶片基部楔形，中脉和侧脉两面均隆起，小脉网状，具分叉内藏小脉；叶干后纸质，两面无毛。孢子囊群较大，在裂片中脉两侧各成 1 行，略近中脉着生。

产四川、云南及西藏，生于海拔 100-2700 米树干基部或林缘岩石上。尼泊尔、印度北部、缅甸、泰国及越南有分布。

14. 三指假瘤蕨　　　　　　　　　　　图 1058

Phymatopteris triloba (Houtt.) Pic. Serm. in Webbia 28(2): 465. 1973.

Polypodium trilobum Houtt., Hist. Nat. 14: 148. t. 98. f. 1. 1783.

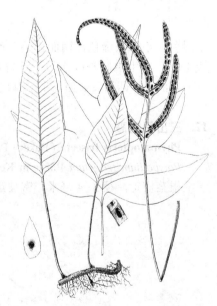

图 1058　三指假瘤蕨　（孙英宝绘）

根茎长，横走，径 3-4 毫米，密被鳞片，鳞片卵状披针形，盾状着生处黑褐色，余淡棕或黄棕色，渐尖头，全缘。叶疏生；叶柄长 20-30 厘米，淡棕色，无毛；叶片二型。不育叶片 3 裂，少数羽裂或不裂的三角形单叶，长 12-15 厘米，侧生裂片宽 2-3 厘米，顶生裂片宽 4-5 厘米，渐尖头或钝圆头。全缘；能育叶片深裂，裂片 2-3 对，宽不及 1 厘米，侧脉明显，小脉不明显；叶革质，两面无毛。孢子囊群圆形，在能育叶片裂片中脉

两侧各有 1 行，在叶片下面凹陷于叶肉内，在叶片上面呈乳头状突起，偶在同一叶片的裂片先端能育而基部不育。

产海南，生于海拔1300米以下树干或岩石上。泰国、越南、马来西亚、菲律宾及印度尼西亚有分布。

15. 黑鳞假瘤蕨

图 1059

Phymatopteris ebenipes (Hook.) Pic. Serm. in Webbia 28 (2): 462. 1973.

Polypodium ebenipes Hook. Sp., Fil. 5: 88. 1864.

根茎横走，径5-6厘米，密被鳞片，鳞片卵状披针形，长约5毫米，黑或栗黑色，边缘色淡，具睫毛。叶疏生；叶柄长5-15厘米，禾秆色或淡紫色，疏被卵形栗色易脱落鳞片；叶片一型，羽状深裂，长20-30（-50）厘米，宽15-20厘米，基部平截或浅心形，裂片6-10对，长10-15厘米，宽1.5-2厘米，渐尖头，具缺刻。中脉和侧脉两面均明显，小脉不明显；叶干后革质，上面绿色，下面灰白色，两面无毛，在叶下面的叶轴和中脉基部疏被卵形鳞片。孢子囊群圆形，在裂片中脉两侧各成1行，略近裂片中脉着生。孢子具稀疏颗粒状突起。

产四川、云南及西藏，生于海拔1900-3200米树干或岩石上。尼泊尔、不丹、印度及泰国有分布。

[附] **毛轴黑鳞假瘤蕨 Phymatopteris ebenipes** var. **oakesii** (C. B. Clarke) Satija et Bir in Aspects Pl. Sci. 8: 61. 1985. —— *Polypodium ebenipes* Hook.

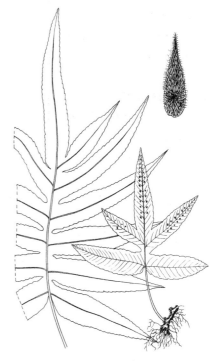

图 1059 黑鳞假瘤蕨 （蔡淑琴绘）

var. *oakesii* C. B. Clarke in Trans. Linn. Soc. 2: Bot. 1: 654. 1880. 与模式变种的主要区别：叶轴及裂片基部密被短柔毛。产云南西北部及西藏东南部，生于海拔2300-3500米岩石上。

16. 展羽假瘤蕨

图 1060

Phymatopteris quasidivaricata (Hayata) Pic. Serm. in Webbia 28(2): 464. 1973.

Polypodium quasidivaricatum Hayata, Mat. Fl. Formos. 46. 1911.

根茎长，横走，径约3毫米，密被鳞片，鳞片披针形，长约5毫米，宽约1毫米，渐尖头，具缘毛，盾状着生处栗黑色，余部和边缘及顶端均淡棕色。叶疏生；叶柄长5-10厘米，禾秆色，无毛；叶片羽状分裂，长10-20厘米，宽5-15厘米；裂片2-5对，基部裂片反折，长5-7厘米，宽1-1.5厘米，披针形，渐尖头，基部有时略缢缩，具缺刻或浅锯齿；中脉和侧脉两面明显，小脉不明显；叶干后革质，两面无毛。孢子囊群圆形，通常着生叶片

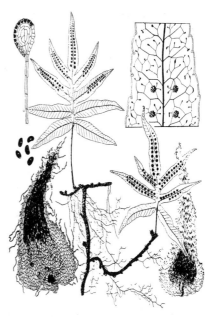

图 1060 展羽假瘤蕨
（孙英宝仿《Ogata, Ic. Fil. Jap.》）

中上部裂片下面，在裂片中脉两侧各成 1 行，近中脉。

产台湾、四川、云南及西藏，生于海拔 2800-3300 米的林中树干或岩石上。尼泊尔及印度北部有分布。

17. 灰鳞假瘤蕨　灰鳞假密网蕨　　　　图 1061

Phymatopteris albopes (C. Chr. et Ching) Pic. Serm. in Webbia 28(2): 461. 1973.

Polypodium albopes C. Chr. et Ching in Bull. Dept. Biol. Sun Yatsen Univ. 6: 15. 1933.

Phymatopsis albopes (C. Chr. et Ching) Ching；中国高等植物图鉴 1: 253. 1971.

根茎长，横走，密被鳞片，鳞片灰白或白色，残存的暗棕色，窄披针形，长约 7 毫米，边缘和顶端色浅，盾状着生处深棕色。叶疏生；叶柄长约 10 厘米，淡棕色，无毛；叶片披针形，羽状深裂，长约 20 厘米，宽约 12 厘米，羽状深裂，裂片 8-10 对，披针形，长约 7 厘米，宽 1-1.5 厘米，渐尖头，具缺刻；叶纸质，两面无毛；中脉在两面均隆起，侧脉不明显，小脉网状，微明显。孢子囊群圆形，近裂片边缘着生，在

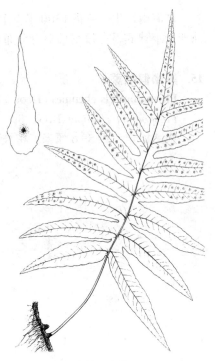

图 1061 灰鳞假瘤蕨 （蔡淑琴绘）

叶片下面略凹陷，在叶片上面乳头状突起。

产福建、江西、湖南、广东、广西及云南，生于树干上。

18. 毛叶假瘤蕨　　　　图 1062

Phymatopteris nigrovenia (Christ) Pic. Serm. in Webbia 28(2):463. 1973.

Polypodium shensiense Christ var. *nigrovenium* Christ in Bull. Acad. Int. Geogr. Bot. 15: 106. 1906.

根茎细长，横走，径 1.5-2 毫米，密被鳞片，鳞片披针形，长约 3 毫米，乌黑色，或幼嫩根茎的深棕色，渐尖头，边缘疏被睫毛。叶疏生；叶柄长 4-6 厘米，禾秆色，纤细，无毛；叶片羽状深裂，长 8-10 厘米，宽 5-7 厘米，基部浅心形，裂片 3-5 对，长 3-4 厘米，宽约 1 厘米，钝圆头或短尖头，基部略缢缩或不缢缩，具浅齿，中脉两面明显，侧脉曲折，小脉网状，在主脉

两侧各联成 2 行网眼；叶纸质，上面被短毛，下面无毛。孢子囊群圆形，在裂片中脉两侧各成 1 行，略近中脉着生。

图 1062 毛叶假瘤蕨
（孙英宝仿《中国蕨类植物图谱》）

产河南、陕西、湖北、四川、云南及西藏，生于海拔1300-3600米树干或岩石上，或为土生。

19. 陕西假瘤蕨 陕西假密网蕨 图 1063

Phymatopteris shensiensis (Christ) Pic. Serm. in Webbia 28 (2):464. 1973.

Polypodium shensiense Christ in Nuov. Giorn. Bot. Ital. ser. 2, 4:99. pl. 3. f. 2. 1897.

Phymatopsis shensiensis (Christ) Ching；中国高等植物图鉴 1: 253. 1972.

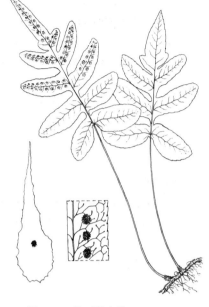

图 1063 陕西假瘤蕨 （蔡淑琴绘）

根茎细长，横走，径 1.5-2 毫米，密被鳞片，鳞片卵状披针形，棕色或基部黑色，渐尖头，边缘具稀疏睫毛。叶疏生；叶柄长 2-5 厘米，禾秆色或深禾秆色，纤细，无毛；叶片羽状深裂，长 5-10 厘米，宽 5-7 厘米，基部平截或心形，裂片 2-5 对，长 2-3 厘米，宽约 1 厘米，钝圆头或渐尖头，基部通常略缢缩，有浅锯齿。中脉和侧脉两面均明显，小脉微明显；叶干后草质，灰绿色，两面无毛。孢子囊群圆形，在裂片中脉两侧各成 1 行，略近中脉着生。

产山西、河南、陕西、湖北、四川、云南及西藏，生于海拔 1300-3600 米树干或岩石上，或土生。

20. 紫柄假瘤蕨 图 1064

Phymatopteris crenatopinnata (C. B. Clarke) Pic. Serm. in Webbia 28 (2): 461. 1973.

Polypodium crenatopinnatum C. B. Clarke in Journ. Linn. Soc. London 25: 99. t. 42. 1889.

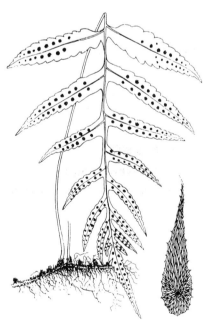

图 1064 紫柄假瘤蕨 （蔡淑琴绘）

根茎细长，横走，径约 2 毫米，密被白粉及鳞片，鳞片脱落处露白粉，鳞片披针形，长约 2 毫米，棕色，盾状着生处栗黑色，渐尖头，边缘具睫毛。叶疏生；叶柄长 10-20 厘米，紫色，无毛；叶片长 5-15 厘米，宽 5-10 厘米，三角状卵形，羽状深裂或全裂达基部，裂片 3-6 对，疏离，基部具窄翅，长 5-10 厘米，宽 0.5-1.2 厘米，短渐尖头或钝头，基部缢缩，具波状圆齿或波状半裂，叶脉明显，小脉网状，具棒状内藏小脉；叶纸质，两面无毛。孢子囊群圆形或椭圆形，在裂片或叶片中脉两侧各成 1 行，居中和近中脉着生。

产广西、贵州、四川、云南及西藏，生于海拔 1900-2900 米松林下。印度北部有分布。

[附] 刺齿假瘤蕨 **Phymatopteris glaucopsis** (Franch.) Pic. Serm. in Webbia 28(2): 462. 1973. —— *Polypodium glaucopsis* Franch. in Bull. Soc. Bot. France 32: 29. 1885. 本种与紫柄假瘤蕨的主要区别：叶柄棕色，裂片接近，边缘具极密锯齿，侧生裂片卵形，基部窄缩，锐尖头。产四川及云南，生于海拔2700-3700米岩石上。锡金及印度北部有分布。

[附] 钝羽假瘤蕨 **Phymatopteris conmixta** (Ching) Pic. Serm. in Webbia 28(2): 461. 1973. —— *Phymatodes conmixta* Ching in Bull. Fan Mem. Inst. Biol.

Bot. new ser. 1: 307. 1949. 本种与紫柄假瘤蕨的主要区别：裂片边缘具极密尖锯齿。和刺齿假瘤蕨的主要区别：侧生裂片条形，基部不窄缩，钝圆头。产四川及云南西北部，生于海拔3100-3600米林下或岩石上。

21. 斜下假瘤蕨　　　　　　　　　　图 1065

Phymatopteris stracheyi (Ching) Pic. Serm. in Webbia 28(2): 464. 1973.

Phymatodes stracheyi Ching in Contr. Inst. Bot. Natl. Acad. Peiping 2 (3): 83. 1934.

图 1065　斜下假瘤蕨　（蔡淑琴绘）

根茎细长，横走，径约3毫米，密被鳞片，鳞片披针形，中间栗黑色，边缘和顶端棕色，渐尖头，边缘具睫毛。叶疏生；叶柄长5-8厘米，禾秆色，无毛；叶片羽状深裂，长10-12厘米，宽约12厘米，基部心形，裂片2-4对，基部一对反折，披针形，长5-7厘米，宽1-1.5厘米，基部最宽，中部以上渐尖，具单锯齿，侧脉明显，小脉不明显；叶干后革质，两面无毛。孢子囊群圆形，在裂片中脉两侧各成1行，近中脉着生。

产湖北、贵州、四川、云南及西藏，生于海拔2800-3700米树干上。不丹、尼泊尔及印度北部有分布。

22. 交连假瘤蕨　　　　　　　　　　图 1066

Phymatopteris conjuncta (Ching) Pic. Serm. in Webbia 28(2): 461. 1973.

Phymatopsis conjuncta Ching in Acta Phytotax. Sin. 9 (2): 196. 1964; 中国高等植物图鉴1: 253. 1972.

根茎长，横走，径约3毫米，密被鳞片，鳞片披针形，长4-5毫米，盾状着生处黑色，余棕色或灰棕色，渐尖头，边缘具睫毛。叶疏生；叶柄长5-10厘米，禾秆色，无毛；叶片羽状深裂，长10-15厘米，宽6-12厘米，基部心形，裂片2-4

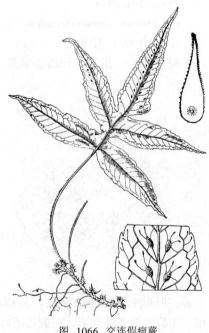

图 1066　交连假瘤蕨
（引自《秦岭植物志》）

对，基部 1 对反折，卵状披针形，长 5-8 厘米，宽 1.5-2 厘米，短渐尖头，基部略缢缩或不缢缩，边缘具突尖锯齿，侧脉明显，小脉不明显；叶干后革质，两面无毛。孢子囊群圆形，在裂片中脉两侧各成 1 行，近中脉着生。

产河南、陕西、安徽、福建、湖北、湖南、广西、贵州、四川及云南，生于海拔 1550-3600 米树干或岩石上。

23. 尾尖假瘤蕨

图 1067 彩片 146

Phymatopteris stewartii (Bedd.) Pic. Serm. in Webbia 28(2): 464. 1973.

Pleopeltis stewartii Bedd., Ferns Brit. Ind. 2: 204. pl. 204. 1866.

根茎横走，径 3-4 毫米，被白粉和鳞片，鳞片披针形，栗黑或

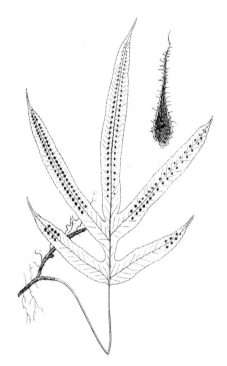

图 1067 尾尖假瘤蕨 （蔡淑琴绘）

黑色，渐尖头，边缘具灰白色睫毛。叶近生或疏生；叶柄长 7-20 厘米，淡棕色，无毛；叶片羽状深裂，长 15-30 厘米，宽 10-18 厘米，基部缢缩，尾状尖头，具细钝齿，裂片 2-3 对，斜展，长 10-15 厘米，宽 1-2 厘米，基部通常略缢缩，尾状渐尖头，具细钝齿，侧脉明显，不达叶缘，小脉不明显；叶纸质，两面无毛。孢子囊群圆形，在裂片中脉两侧各成 1 行，近中脉着生。

产四川、云南及西藏，生于海拔 2400-3000 米树干或岩石上。尼泊尔及印度北部有分布。

[附] 乌鳞假瘤蕨 **Phymatopteris nigropaleacea** (Ching) S. G. Lu, Fl. Republ. Pupul. Sin. 6(2): 198. 2000. —— *Phymatopsis nigropaleacea* Ching in Acta Phytotax. Sin. 9(2): 196. 1964. 本种与尾尖假瘤蕨的主要区别：裂片边缘具锐尖头或刺状头重锯齿。产四川及云南，生于海拔 2600-3800 米树干或岩石上。

24. 西藏假瘤蕨

图 1068

Phymatopteris tibetana (Ching et S. K. Wu) W. M. Chu in Acta Bot. Yunnan. Suppl. 5: f. 39. 1992.

Phymatopsis tibetana Ching et S. K. Wu, Fl. Xizang. 1: 325. pl. 83. f. 5-6. 1983.

根茎长，横走，径 3-4 毫米，密被鳞片，鳞片卵状披针形，着生处黑色，余红棕色，渐尖头，边缘具睫毛。叶疏生；叶柄长 15-20 厘米，淡紫色，无毛；叶片羽状深裂，卵状三角形，长 15-18 厘米，裂片 3-6 对，长 8-10 厘

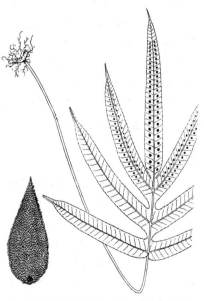

图 1068 西藏假瘤蕨 （引自《西藏植物志》）

米，宽 1.5-2 厘米，渐尖头，具浅锯齿，中脉与侧脉均明显，小脉不

明显；叶干后革质，两面无毛，下面灰白色。孢子囊群在中脉两侧各1行，近中脉着生。孢子具瘤状纹饰。

产四川、云南及西藏，生于海拔2400-3400米树干上。

25. 弯弓假瘤蕨   图1069 彩片147

Phymatopteris malacodon (Hook.) Pic. Serm. in Webbia 28(2): 463. 1973.

Polypodium malacodon Hook. Sp. Fil. 5: 87. 1964.

根茎横走，径约3毫米，密被鳞片，鳞片披针形，长约4毫米，

渐尖头，具尖齿，盾状着生处栗黑色，中部深棕色，边缘和顶端淡棕色。叶疏生；叶柄长5-10厘米，紫色或禾秆色，无毛；叶片长10-15厘米，宽8-14厘米，基部心形，羽状深裂，裂片顶端指向叶尖，有锐尖单锯齿，叶脉明显，侧脉曲折，几达叶缘，小脉不明显；叶干后近革质，两面无毛，上面绿色，下面灰白色。孢子囊群圆形，在中脉两侧各成1行，中生或近中脉着生。

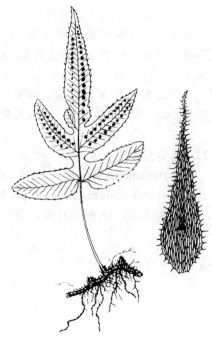

图 1069 弯弓假瘤蕨 （蔡淑琴绘）

产四川、云南及西藏，生于海拔2800-3700米树干或岩石上。不丹及印度北部有分布。

20. 修蕨属 Selliguea Bory

附生蕨类。根茎横走，木质，密被鳞片，鳞片卵状披针形或披针形，红棕色，质薄而坚硬，不透明，盾状着生。叶近生或疏生，一型或近二型；叶柄基部具关节着生根茎；单叶，不裂，卵形，全缘；不育叶较宽，能育叶窄，侧脉粗，明显，小脉不明显，网状，具内藏小脉；叶革质，两面无毛。孢子囊群长条形，位于相连两侧脉间，连续或间断；孢子囊环带具14个增厚细胞。孢子椭圆形，无周壁，外壁薄，常褶皱，具刺状纹饰和不明显颗粒状纹饰。染色体基数x=37。

约15种，分布于亚洲热带、太平洋岛屿、澳大利亚、南部非洲及马达加斯加。我国1种。

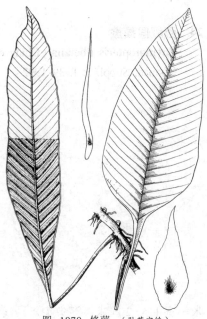

修蕨   图1070

Selliguea feei Bory, Dict. Class. Hist. Nat. 6: 588. 1824.

植株高30-50厘米。根茎长，横走，径约4毫米，初密被鳞片，后脱落，鳞片卵状披针形，红棕色，长6-8毫米，渐尖头，基部盾状着生，全缘。叶近生或疏生，近二型；能育叶柄长20-35厘米，叶片卵形，长13-20厘米，宽3厘米，渐尖头，基部楔形；不育叶柄较短，叶片宽卵形，长约20厘米，宽7-9厘米，渐尖头，全缘，基部宽楔形，侧脉隆起，斜展，小脉网状，不明显；叶干后

图 1070 修蕨 （孙英宝绘）

革质，两面无毛。孢子囊群生于两侧脉间，长条形，沿侧脉向叶缘延伸，顶部几达叶缘，径约3毫米，红棕色。孢子椭圆形，外壁具刺状纹饰。

据文献记载，产广东，生于海拔1300米以下树干上。菲律宾、印度尼西亚及波利尼西亚有分布。

21. 节肢蕨属 Arthromeris (T. Moore) J. Sm.

中型附生或土生蕨类。根茎长，横走，粗壮，肉质，被鳞片，具白粉或无，鳞片卵状披针形或窄披针形，多棕色，稀灰白或乌黑色，基部卵形，盾状着生，渐尖头或钻状或毛状先端，全缘、具细齿或睫毛。叶疏生或近生，一型；叶柄基部具关节着生根茎，基部被鳞片；叶片奇数一回羽状，幼小植株具不裂单叶；侧生叶片披针形、卵状披针形或卵圆形，基部楔形、圆或心形，渐尖头或尾状尖头，全缘或波状，具软骨质或膜质白边，无柄或有柄，羽片中脉与叶轴连接处具关节，侧脉明显，不分叉，小脉网状，通常不明显，网眼不整齐，具内藏小脉；叶草质或纸质，两面无毛或被短毛，或一面被毛。孢子囊群圆形，分离，或汇合呈椭圆形，无隔丝，着生小脉交结点，羽片中脉两侧各成1至多行；孢子囊环带具14-16个增厚细胞。孢子椭圆形，周壁具瘤状纹饰。染色体基数x=12（36）。

约20种，主产中国西南至喜马拉雅山地区，少数分布于中国华中、华东、台湾及东南亚。我国15种4变种。

1. 孢子囊群圆形，或偶汇合呈椭圆形，在羽片中脉两侧各成1行。
  2. 侧生羽片柄长0.5-1厘米 ·················· **1. 狭羽节肢蕨 A. tenuicauda**
  2. 侧生羽片无柄。
    3. 根茎鳞片披针形，红棕色，具疏齿；叶羽片长40-70厘米 ·········· **2. 单行节肢蕨 A. wallichiana**
    3. 根茎鳞片顶端钻形，棕色，具细齿；叶羽片长30-40厘米 ·········· **2(附). 康定节肢蕨 A. tatsienensis**
1. 孢子囊群圆形或椭圆形，在羽片中脉两侧各排成多行。
  4. 根茎径3-6毫米；叶片下面非灰白色，有毛或无毛。
    5. 羽片卵形或矩圆状披针形，具宽膜质边缘。
      6. 羽片两面密被短柔毛 ·················· **3. 琉璃节肢蕨 A. himalayensis**
      6. 羽片上面无毛，下面被厚密毡毛 ·········· **3(附). 灰茎节肢蕨 A. himalayensis var. niphoboloides**
    5. 羽片披针形，具窄膜质边缘。
      7. 根茎鳞片棕、灰绿或灰白色；羽片长尾头 ·········· **4. 美丽节肢蕨 A. elegans**
      7. 根茎鳞片浅棕或灰白色；羽片渐尖头。
        8. 侧生羽片12对；土生；叶片两面无毛 ·········· **5. 多羽节肢蕨 A. mairei**
        8. 侧生羽片4-7(-10)对；附生；叶片有毛或无毛。
          9. 根茎鳞片基部宽，披针形；叶片两面幼时疏被短柔毛，老时近无毛 ···· **6. 节肢蕨 A. lehmanni**
          9. 根茎鳞片卵状披针形；叶片两面被毛 ·········· **7. 龙头节肢蕨 A. lungtauensis**
  4. 根茎径1-1.2厘米；叶下面灰白色，无毛 ·········· **8. 灰背节肢蕨 A. wardii**

1. 狭羽节肢蕨 　　　　　　　　　图 1071

Arthromeris tenuicauda (Hook.) Ching in Contr. Inst. Bot. Natl. Acad. Peiping 2(3): 91. 1933.

Polypodium tenuicauda Hook. Sp. Fil. 5: 90. 1863.

根茎横走，径0.6-1厘米，密被白粉及鳞片，鳞片披针形，棕色，长约6毫米，渐尖头，边缘具纤毛。叶近生或疏生；叶柄长15-25厘米，禾秆色，无毛；叶片一回羽状，长35-45厘米，宽15-25厘米；羽片8-12对，卵状披针形，长12-25厘米，宽2-4厘米，长渐尖头，基部楔形，柄长0.5-1

厘米，全缘，具软骨质边缘，侧生羽片斜向叶尖，侧脉斜展，小脉网状；叶干后纸质，两面无毛。孢子囊群圆形，着生略窄缩能育叶片中上部，在羽片中脉两侧各成1行，着生中脉与叶缘间，略近中脉。

产云南西北部及西藏，生于海拔1200-2800米树干或岩石上。印度北部及缅甸有分布。

2. 单行节肢蕨　　　　　　图 1072

Arthromeris wallichiana (Spreng.) Ching in Contr. Inst. Natl. Acad. Peiping 2(3): 92. 1933.

Polypodium wallichianum Spreng. in Linn. Syst. Veget. 16 ed. 4:53. 1827.

根茎横走，径1-1.5厘米，密被鳞片，鳞片披针形，红棕色，长1-1.5厘米，宽2-3毫米，渐尖头，具疏锯齿。叶近生或疏生；叶柄长15-30厘米，禾秆色，无毛；叶片一回羽状，长40-70厘米，宽30-40厘米；羽片5-10对，长10-20厘米，宽2-4厘米，渐尖头，基部圆或下侧宽，无柄，全缘或波状；侧脉明显，小脉不明显；叶草质或近革质，两面无毛。孢子囊群大，在羽片中脉两侧各成1行，着生中脉与叶缘间，略近中脉。孢子具瘤状突起。

产贵州、四川、云南及西藏，生于海拔1500-2500米附生树干或岩石上。不丹、尼泊尔、印度北部、缅甸及越南北部有分布。

[附] **康定节肢蕨 Arthromeris tatsienensis** (Franch. et Bureau.) Ching in Contr. Inst. Bot. Natl. Acad. Peiping 2(3): 93. 1933. —— *Polypodium tatsienense* Franch. et Bureau. aqud. Christ in Bull. Soc. France 52: Mem. 1: 19. 1905. 本种与单行节肢蕨的主要区别：根茎鳞片先端钻形，具细齿，棕色；叶羽片长30-40厘米；土生。产四川及云南，生于海拔约1600米以下山坡林缘土坡或岩石上。尼泊尔及泰国有分布。

3. 琉璃节肢蕨　　　　　　图 1073

Arthromeris himalayensis (Hook.) Ching in Contr. Inst. Bot. Natl. Acad. Peiping 2(3): 99. 1933.

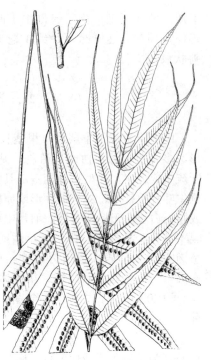

图 1071 狭羽节肢蕨 （孙英宝绘）

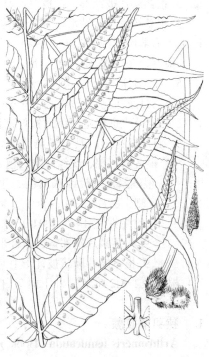

图 1072 单行节肢蕨 （张桂芝绘）

Polypodium himalayense Hook. Sp. Fil. 5: 91. 1864.

根茎长，横走，径约 5 毫米，被白粉和稀疏鳞片，鳞片窄披针形，长约 4 毫米，棕色，盾状着生错，边缘色浅，毛状尖头，边

缘具睫毛。叶疏生；叶柄长 10-20 厘米，禾秆色或淡棕色，无毛；叶片一回羽状，长 20-40 厘米，宽 10-20 厘米，幼株具不裂单叶；羽片 1-4 对，卵形或矩圆状披针形，长 10-15 厘米，宽 3-4 厘米，尾状尖头，基部圆或心形，全缘，具较宽膜质边缘；侧脉明显，小脉网状，不明显；叶草质。两面密被短柔毛。孢子囊群在羽片中脉两侧不规则分布。

产四川、云南及西藏，生于海拔 1700-2800 米附生树干。不丹、尼泊尔、印度东北部及缅甸北部有分布。

[附] **灰茎节肢蕨 Arthromeris himalayensis** var. **niphoboloides** (C. B. Clarke) S. G. Lu in Acta Bot. Yunnan. 20(4): 405. 1998. —— *Polypodium venustum* Wall. ex C. B. Clarke var. *niphoboloides* C. B. Clarke in Trans. Linn. Soc. ser. 2, Bot. 1: 1880. 与模式变种的主要区别：羽片上面无毛，下面被厚密毡毛。产云南，生于海拔 2000-2600 米岩石上。不丹有分布。

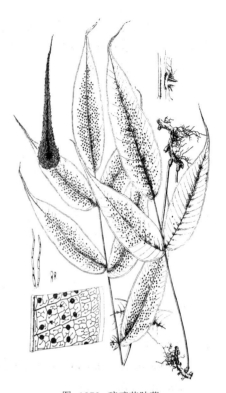

图 1073 琉璃节肢蕨
（孙英宝仿《中国蕨类植物图谱》）

4. 美丽节肢蕨 图 1074

Arthromeris elegans Ching in Sunyatsenia 6: 8. 1941.

根茎长，横走，径 4-5 毫米，密被鳞片，鳞片卵状披针形，长 0.6-1 厘米，盾状着生处棕色，余灰绿或白色，渐尖头，具锯齿。叶疏生或近生；叶柄长 15-20 厘米，禾秆色，无毛；叶片一回羽状，长 25-35 厘米，宽 15-20 厘米；羽片 5-8 对，披针形，长 12-15 厘米，宽 1.5-2 厘米，长尾头，基部圆或浅心形，全缘并具窄膜质边；侧脉明显，小脉网状，不明显；叶干后草质，两面无毛。孢子囊群圆形，在羽片中脉两侧成多行，大，密集，不达羽片边缘。

产云南西北部，生于海拔 2000-2600 米附生树干。缅甸北部有分布。

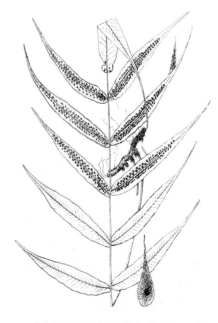

图 1074 美丽节肢蕨 （蔡淑琴绘）

5. 多羽节肢蕨 图 1075

Arthromeris mairei (Brause) Ching in Sunyatsenia 6(1): 5. 1941.

Polypodium mairei Brause in Hedwigia 54: 208. pl. 4. f. m. 1941.

植株高 50-70 厘米。根茎横走，径 5-6 毫米，密被鳞片，鳞片卵状

披针形，浅棕或灰白色，渐尖头，边缘具睫毛。叶近生或疏生；叶柄长 15-25 厘米，禾秆色或淡紫色，无毛；叶片卵状披针形，长 30-50 厘米，宽 15-25 里米，一回羽状；羽片 12 对，卵状披针形，长 10-15 厘米，宽 2-3 厘米，渐尖头，全缘或波状，基部圆而不对称，侧脉明显，小脉不明显；叶草质，两面无毛。孢子囊群在羽片中脉两侧各成 1 行或多行，多行孢子囊群极小，单行孢子囊群较大。孢子具刺状或瘤状纹饰。

产陕西、江西、湖北、广东、广西、贵州、四川、云南及西藏，生于海拔 1000-2700 米山坡林下。印度北部及缅甸有分布。

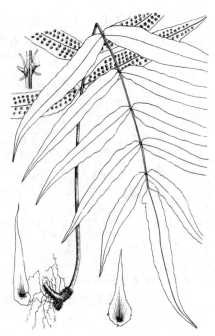

图 1075 多羽节肢蕨 （孙英宝绘）

6. 节肢蕨 图 1076

Arthromeris lehmanni (Mett.) Ching in Contr. Inst. Bot. Nat. Acad. Peiping 2(3): 96. 1933.

Polypodium lehmanni Mett. in Farngatt. 1. Polypodium 117. pl. 3. f. 3-5. 1857.

根茎长，横走，径 4-5 毫米，被白粉及鳞片，鳞片披针形，长 4-6 毫米，淡黄、灰白或白色，基部宽，卵圆形，盾状着生处色较深，窄披针形，钻状尖头，边缘具睫毛。叶疏生；叶柄长 10-20 厘米，禾秆色或淡紫色，无毛；叶片一回羽状，长 30-40 厘米，宽 15-20 厘米；羽片 4-7（-10）对，近对生，相距 5-6 厘米，披针形，长 12-15 厘米，宽 1.5-2 厘米，

渐尖头，全缘，基部心形并覆盖叶轴，侧脉明显，小脉网状，微明显；叶纸质，两面无毛，或幼时两面疏被柔毛。孢子囊群圆形或 2 个汇合呈椭圆形，在羽片中脉两侧成不规则多行排列。孢子疏生小刺状或瘤状纹饰。

产浙江、台湾、福建、江西、湖北、湖南、广东、海南、广西、贵州、四川、云南及西藏，生于海拔 1000-2900 米树干或岩石上。

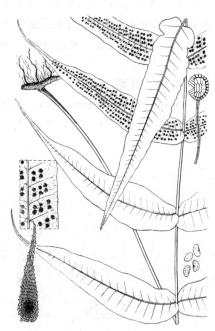

图 1076 节肢蕨 （引自《图鉴》）

不丹、尼泊尔、印度北部、缅甸、泰国及菲律宾有分布。

7. 龙头节肢蕨 粤节肢蕨 图 1077

Arthromeris lungtauensis Ching in Contr. Inst. Bot. Nat. Acad. Peiping 2(3): 1933.

根茎长，横走，径 4-5 毫米，密被鳞片和白粉，鳞片卵状披针

形，长约 4 毫米，盾状着生处深棕色，余淡棕色，偶灰白色，渐尖头，边缘具睫毛或疏齿。叶疏生；叶柄长 10-20 厘米，淡紫色，无毛；叶片一回羽状，长 30-40 厘米，宽 25-30 厘米；羽片 5-7 对，披针形或卵状披针形，长 10-12 厘米，宽 2-5 厘米，渐尖头，基部圆或浅心形，全缘，侧脉明显，小脉网状，不明显；叶干后纸质，两面均被毛，在羽片下面中脉和侧脉上的毛较长，叶肉上的毛短而密并整齐。孢子囊群在羽片中脉两侧成不规则多行。

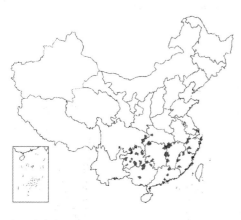

产浙江、福建、江西、湖北、湖南、广东、广西、贵州、四川及云南，生于海拔 500-2500 米树干或岩石上。尼泊尔、老挝及越南有分布。

图 1077 龙头节肢蕨
（引自《中国蕨类植物图谱》）

8. 灰背节肢蕨 图 1078

Arthromeris wardii (C. B. Clarke) Ching in Contr. Inst. Bot. Nat. Acad. Peiping 2(3): 94. 1933.

Polypodium wardii C. B. Clarke in Journ. Linn. Soc. Bot. 25: 99. t. 43. 1898.

根茎横走，径 1-1.2 厘米，密被鳞片，鳞片披针形，棕色，长 0.6-1 厘米，基部盾状着生处宽，渐尖头，近全缘。叶近生或疏生；叶柄长 30-40 厘米，禾秆色，无毛；叶片一回羽状，卵状披针形，长 0.4-0.6（-1.2）米，宽 30-50 厘米；羽片 3-8（-16）对，卵状披针形，长 15-20（-30）厘米，宽 4-6（-8）厘米，尾状尖头，基部圆或楔形，全缘，叶脉明显，小脉网状；叶干后纸质，上面绿色，下面灰白色，两面无毛。孢子囊群在羽片中脉两侧各成不规则多行。

产贵州、云南及西藏，生于海拔 1800-2500 米树干上。不丹、尼泊尔、印度北部及缅甸有分布。

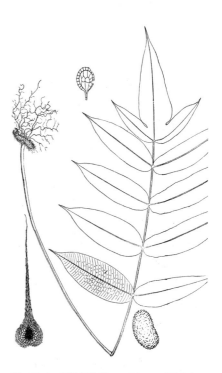

图 1078 灰背节肢蕨 （引自《西藏植物志》）

22. 戟蕨属 Christiopteris Copel.

附生或土生中型蕨类。根茎长，横走，密被鳞片，鳞片披针形，不透明，暗棕色，盾状着生，长渐尖头，全缘或具锯齿。叶疏生，二型；叶柄具关节着生根茎；不育叶掌状3裂或羽状半裂，裂片宽，全缘；能育叶掌状3裂，裂片窄缩，侧脉细，不明显，小脉网状，微明显；叶革质，两面无毛，不育叶幼时下面具盾圆形鳞片。孢子囊群密被能育叶下面，具单一或分枝的短隔丝；孢子囊柄细长，具3行细胞，环带具14个增厚细胞。孢子圆形，周壁具颗粒状纹饰，外壁光滑。

3种，产亚洲热带地区。我国1种。

戟蕨　　　　　　　　　　　　　　　　　　　图 1079 彩片 148

Christiopteris tricuspis (Hook.) Christ ex Morot in Journ. Bot. France
21:273.1908.

Acrostichum tricuspe Hook. Sp. Fil. 5: 272. t. 304. 1864.

植株高40-60厘米。根茎长，横走，径约6毫米，密被鳞片，

鳞片暗棕色，长5-6毫米，基部卵状披针形，纤毛状细长尖头，具细锯齿。叶近生或疏生，二型；叶柄长20-35厘米，淡棕色，无毛；叶片指状3深裂或羽状半裂，基部楔形；不育叶侧生裂片长20-30厘米，宽2.5-5厘米，中裂片长20-35厘米，宽3.5-7厘米，全缘；能育叶的裂片窄缩，长条形，

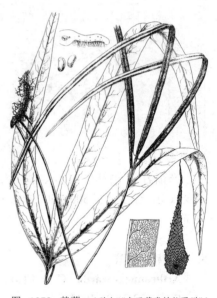

图 1079 戟蕨 （引自《中国蕨类植物图谱》）

长30-40厘米，宽不及1厘米，裂片中脉明显，侧脉分叉，不显，小脉网状，微明显；叶干后革质，淡绿色，两面无毛。孢子囊群密被能育叶下面。

产海南，生于海拔500-800米附生树干上，偶土生。泰国、越南及马来西亚有分布。

23. 星蕨属 Microsorum Link

中型或大型附生蕨类，稀土生。根茎粗壮，横走，肉质，具网状中柱，密被褐棕色鳞片，宽卵形或披针形，具粗筛孔。叶疏生或近生；叶柄基部具关节着生根茎；单叶，披针形，稍戟形或羽状深裂；叶脉网状，小脉联结成不整齐网眼，具分叉内藏小脉，顶端具水囊；叶草质或革质，无毛，稀被毛，无鳞片。孢子囊群圆形，着生网脉交结处，不规则散生叶脉与叶缘间，稀中脉两侧成不规则1-2行，无隔丝；孢子囊环带具14-16个增厚细胞。孢子豆瓣形，两侧对称，单裂缝，周壁平或浅瘤状或具不规则褶皱。染色体基数 x=36，37。

约40种，主要分布于亚洲热带，少数达非洲。我国9种。

1. 单叶，全缘或波状，披针形。
  2. 根茎纤细；叶疏生。
    3. 根茎鳞片开展，宽披针形，长渐尖头 ······························· 1. **表面星蕨 M. superficiale**
    3. 根茎鳞片贴伏，卵状三角形，锐尖头 ····························· 2. **江南星蕨 M. fortunei**
  2. 根茎粗壮；叶近生或簇生。
    4. 侧脉明显，近平展，两面均隆起，由中脉伸出几达叶缘。
      5. 叶膜质或薄纸质，叶柄具棱脊，横切面近三角形；根茎鳞片稍开展，卵形或三角形；孢子囊群细小，

　　不规则散生 ………………………………………………………………… 3. **膜叶星蕨 M. membranaceum**
　　5. 叶近革质或厚纸质，叶柄圆；根茎鳞片开展，披针形；孢子囊群较大，在每对侧脉间排成整齐两行 …
　　…………………………………………………………………………………… 4. **显脉星蕨 M. zippelii**
　4. 侧脉纤细曲折。
　　6. 叶片宽线状披针形；根茎鳞片紧贴或稍开展，宽卵形，长 3 毫米 ……………… 5. **星蕨 M. punctatum**
　　6. 叶片倒披针形；根茎鳞片开展，披针形，长 3-4 毫米 …………………… 5(附). **广叶星蕨 M. steerei**
1. 叶羽状深裂或分叉，有时单叶。
　　7. 叶一回羽状或分叉，有时单叶不裂，叶柄长 20-50 厘米 ……………… 6. **羽裂星蕨 M. insigne**
　　7. 叶 3 深裂或全缘，叶柄长达 15 厘米 ………………………………… 7. **有翅星蕨 M. pteropus**

1.　表面星蕨　褐叶星蕨　　　　　　　　　　　　图 1080

Microsorum superficiale (Bl.) Ching in Bull. Fan Mem. Inst. Biol. 4: 299.
　1933.

Polypodium superficiale Bl. Enum. Pl. Javae 123. 1828.

攀援蕨类。根茎略扁平，疏被开展鳞片，鳞片淡褐棕色，宽披针形，长渐尖头，基部卵圆形，具疏锯齿，筛孔粗。叶疏生，相距约 3 厘米；叶柄长 2-14 厘米，两侧具窄翅，基部疏被鳞片；叶片披针形或窄长披针形，长 10-35 厘米，宽 1.5-6.5 厘米，基部楔形沿叶柄两侧成窄翅，全缘或波状，中脉两面明显，侧脉不明显，小脉网状，具分叉内藏小脉；叶干后厚纸质。孢子囊群圆形，小而密，散生叶片下面中脉与叶缘间，成不整齐多行。孢子豆瓣形，周壁具不规则褶皱。

　　产安徽、浙江、台湾、福建、江西、湖北、湖南、广东、海南、广西、贵州、四川、云南及西藏，生于海拔 200-2000 米林中攀援树干或岩石上。日本及越南有分布。

图 1080 表面星蕨
(孙英宝仿《Ogata, Ic. Fil. Jap.》)

2.　江南星蕨　　　　　　　　图 1081　彩片 149

Microsorum fortunei (T. Moore) Ching in Bull. Fan Mem. Inst. Biol.
Bot. 4: 304. 1933.

Drynaria fortunei T. Moore in Gard. Chron. 708. 1855.

植株高 0.3-1 米。根茎长，横走，顶部被贴伏鳞片，鳞片褐棕色，卵状三角形，锐尖头，基部圆，有疏锯齿，筛孔细密，盾状着生，易脱落。叶疏生，相距 1.5 厘米；叶柄长 5-20 厘米，禾秆色，上面具浅纵沟，基部疏被鳞片，向上近光滑；叶片线状披针形或披针形，长 25-60 厘米，宽 1.5-7 厘米，基部渐窄下延成窄翅，全缘，具软骨质边缘；中脉隆起，侧脉不明显，小脉网状，略明显，具分叉内藏小脉；叶干后厚纸质，下面淡绿或灰绿色，两面无毛，

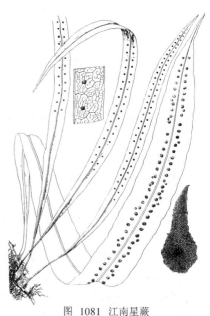

图 1081　江南星蕨
(引自《中国蕨类植物图谱》)

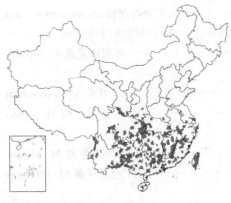

有时下面沿中脉两侧偶有极少数鳞片。孢子囊群大而圆形，沿中脉两侧各成较整齐1行或不规则2行，近中脉。孢子豆瓣形，周壁具不规则褶皱。

产河南、陕西、甘肃、江苏、安徽、浙江、台湾、福建、江西、湖北、湖南、广东、香港、海南、广西、贵州、四川、云南及西藏，生于海拔300-1800米林下溪边岩石或树干上。不丹、缅甸、越南及马来西亚有分布。

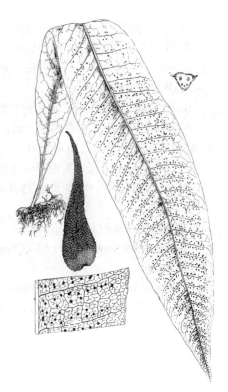

图 1082 膜叶星蕨
（引自《中国蕨类植物图谱》）

3. 膜叶星蕨　　　　　　　　　　　　图 1082

Microsorum membranaceum (D. Don) Ching in Fen Mem. Inst. Biol. Bot. 4: 309. 1933.

Polypodium membranaceum D. Don, Prodr. Fl. Nepal. 2. 1825.

植株高50-92厘米。根茎粗壮，横走，径0.6-1.2厘米，密被稍开展鳞片，鳞片暗褐色，卵形或三角形，长2-4毫米，宽1-2毫米，渐尖头，近全缘，筛孔粗，盾状着生。叶近生或簇生；叶柄长1-2厘米，径约5毫米，具棱脊，横切面近三角形，禾秆色，基部被鳞片；叶片宽披针形或椭圆状披针形，长50-90厘米，中部最宽8-14厘米，基部下延

成窄翅，几达叶柄基部，全缘或略波状；叶干后绿色，膜质或薄纸质；中脉下面隆起有锐脊，侧脉明显，近平展，横脉在每对侧脉间有4-7条，在主脉两侧各构成4-7个近四方形大网眼，小脉在大网眼中连成小网眼，具分叉内藏小脉。孢子囊群小，圆形，着生小脉连接处，不规则散生侧脉间；孢子囊隔丝具2个细胞，小而不明显。孢子豆瓣形，周壁具不规则孔穴状纹饰。

产台湾、江西、广东、海南、广西、贵州、四川、云南及西藏，生于海拔640-2600米阴蔽山谷溪边或林下潮湿岩石或附生树干上。不丹、尼泊尔、印度、缅甸、泰国、老挝、越南、马来西亚及菲律宾有分布。

4. 显脉星蕨　　　　　　　　　　　　图 1083

Microsorum zippelii (Bl.) Ching in Bull. Fan Mem. Inst. Biol. Bot. 4: 308. 1933.

Polypodium zippelii Bl. Fl. Jav. Fil. 172. t. 80. 1829.

植株高50-80厘米。根茎短，横走，粗壮，径4-5毫米，密被鳞片，鳞片开展，披针形，长4-6毫米，宽约1毫米，疏被锯齿，浅褐色。叶疏生，相距1厘米以上；叶柄圆，长1-7厘米，径约3毫米，淡棕色，基部被鳞片，有纵沟，两侧有窄翅几达基部；叶片宽披针形，长45-65厘米，宽6-8厘米，近尾状渐尖头，基部渐窄下延，全缘，

略浅波状；侧脉明显，两面均隆起，由中脉伸达叶缘，斜展，相距1-1.2厘米，小脉联成多数网眼，下面明显，上面不明显，具单一或分叉内藏小脉；叶干后近革质或厚纸质，深绿色。孢子囊群圆形，径1.5-2毫米，在侧脉间成整齐2行，每对侧脉间有5-6个。孢子豆瓣形，周壁具不规则褶皱。

产香港、海南、广西、贵州南部及云南，生于山谷密林中树干或溪边潮湿岩石上。中南半岛及马来群岛有分布。

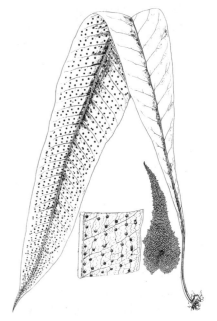

图 1083 显脉星蕨
（引自《中国蕨类植物图谱》）

5. 星蕨　　　　　　　　　　图 1084

Microsorum punctatum (Linn.) Copel. in Univ. Calif. Publ. Bot. 16:111. 1929.

Acrostichum punctatum Linn. Sp. Pl. ed. 2, 1524. 1763.

植株高0.4-1米。根茎短，横走，径6-8厘米，具少量环形维管束鞘，近光滑，被白粉，

密生须根，疏被紧贴或稍开展鳞片，鳞片宽卵形，长约3毫米，尖头，稍具锯齿，盾状着生，筛孔粗，暗棕色，易脱落。叶近簇生；叶柄长不及1厘米，径3-4毫米，禾秆色，基部疏被鳞片，有纵沟；叶片宽线状披针形，长0.4-1米，宽5-8厘米，基部长渐窄成窄翅，或圆楔形或近耳形，全缘或略不规则波状；侧脉纤细曲折，两面均明显，相距1.5厘米，小脉联成多数不规则网眼，两面均不明显，具分叉内藏小脉；叶干后纸质，淡绿色。孢子囊群径约1毫米，橙黄色，仅叶片上部能育，不规则散生或密集呈不规则汇合，着生内藏小脉顶端。孢子豆瓣形，周壁平或浅瘤状。

产甘肃、台湾、福建、湖南、广东、香港、海南、广西、贵州、四川及云南，生于海拔800米以下平原地区疏阴处树干或墙垣上。越南、马来群岛、波利尼西亚、印度至非洲有分布。

[附] 广叶星蕨 **Microsorum steerei** (Harr.) Ching in Bull. Fan Mem. Inst. Biol. Bot. 4: 306. 1933.——*Polypodium steerei* Harr. in Journ. Linn. Soc. Bot. 16: 32. 1877. 本种与星蕨的主要区别：植株高40-60厘米；根茎鳞片披针形；叶片倒披针形，长35-55厘米。产台湾、广西及贵州，生于海拔300-450米疏林下或溪边岩石上。越南有分布。

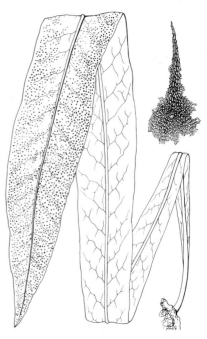

图 1084 星蕨
（张桂芝仿《中国蕨类植物图谱》）

6. 羽裂星蕨　　　　　　　　图 1085

Microsorum insigne (Bl.) Copel. in Univ. Calif. Publ. Bot. 16:112. 1929.

Polypodium insignis Bl. Enum. Pl. Javae 127. 1828.

Microsorum dilatatum (Bedd.) Sledge; 中国高等植物图鉴 1: 260. 1972.

植株高0.4-1米。根茎粗短，横走，肉质，密生须根，疏被鳞片，

鳞片淡棕色，卵形或披针形，基部宽圆，具较密筛孔。叶疏生或近生，一回羽状或分叉，有时单叶不裂；叶柄长20-50厘米，禾秆色，

上面有纵沟，横切面龙骨状，两侧有翅下延近基部，基部疏被鳞片，向上光滑；叶片卵形或长卵形，长 20-50 厘米，宽 15-30 厘米，羽状深裂，叶轴两侧具宽约 1 厘米的翅；裂片 1-12 对，对生，斜展，线状披针形，基部一对长 15-30 厘米，宽 4-6 厘米，全缘或略波状，余各对向上渐短，顶生羽片与侧生的同形；单一叶片长椭圆形，全缘，中脉两面隆起，侧脉明显，曲折，伸达离叶缘 2/3 处，小脉网状，不明显，具单一或分叉内藏小脉；叶干后纸质，绿色，两面无毛，近无鳞片。孢子囊群近圆形或长圆形，小而散生，着生网状脉连接处，有时沿网脉延伸而多少汇合。孢子豆瓣形，周壁浅瘤状，具球形颗粒状纹饰。

图 1085 羽裂星蕨 （引自《图鉴》）

产台湾、福建、江西、湖南、广东、香港、海南、广西、贵州、四川、云南及西藏，生于海拔 600-1200 米林下沟边岩石上或山坡阔叶林下。不丹、尼泊尔、印度、中南半岛、越南、马来西亚及日本有分布。

7. 有翅星蕨 三叉叶星蕨 图 1086

Microsorum pteropus (Bl.) Copel., Univ. Calif. Publ. Bot. 16: 112. 1929.

Polypodium pteropus Bl. Enum. Pl. Javae 125. 1828.

植株高 15-30 厘米。根茎横走，近肉质，绿色，密被鳞片，鳞片灰棕色，披针形，长约 3 毫米，全缘，筛孔粗。叶疏生；叶柄长达 15 厘米，深禾秆色或绿色，上部有窄翅，密被易脱落鳞片；叶片 3 深裂或全缘，有时 2 叉，3 裂叶的顶生裂片长达 17 厘米，宽 1.2-2（3）厘米，侧生裂片较窄小；全缘叶片披针形，长 6-15 厘米，宽 1.5-2.5 厘米，基部骤窄沿叶柄下延，全缘；中脉下面隆起，叶柄和叶轴有多数瘤状突起，侧脉下面明显，略斜展，各侧脉顶端在距叶缘 3/4 处连接 1 条波状小脉，在中脉两侧各成 1 行近长圆形大网眼，大网眼内的小脉联成多数小网眼，大网眼外侧直达叶缘有小脉联成 1-2 行小网眼，均具单一或分叉内藏小脉；叶干后褐色，薄纸质；中脉及小脉均被鳞片。孢子囊群圆形，散生大网眼内，或几个延长汇合。孢子豆瓣形，周壁浅瘤状，具球形颗粒和刺状纹饰。

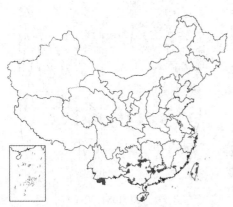

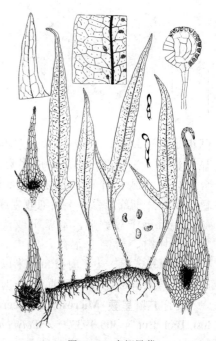

图 1086 有翅星蕨
（孙英宝仿《Ogata, Ic. Fil. Jap.》）

产台湾、福建、江西、湖南、广东、香港、海南、广西、贵州及云南，生于海拔 400-1200 米山谷溪涧或河边岩石上。印度、缅甸、越南、马来西亚、印度尼西亚及日本有分布。

24. 线蕨属 Colysis C. Presl

土生或附生中型蕨类。根茎细长，横走，被鳞片，鳞片小，质薄，卵状或披针形，褐色，筛孔粗，全缘或近全缘。叶疏生，一型或近二型；具长柄，具关节与根茎连接，通常有翅；单叶或指状深裂、羽状深裂至一回羽状，全缘或波状，叶脉网状，侧脉下部明显，不达叶缘，曲折，为整齐或不整齐横脉所连接，在每对侧脉间成2行网眼，具单一或分叉内藏小脉；叶草质或纸质，无毛。孢子囊群线形，连续或中断，每对侧脉间有1条，主脉沿小脉向边缘斜伸，与侧脉几平行，无隔丝，少数具鳞片状隔丝；孢子囊柄有3行细胞，环带具12-14个增厚细胞。孢子椭圆形，外壁具刺状或小颗粒状纹饰。染色体基数 x=12（36）。

约12种，主产亚洲热带和亚热带，东南至伊里安岛及澳大利亚昆士兰。我国9种和5变种。

1. 单叶，全缘或多少不规则条裂。
  2. 叶片披针形、倒披针形、卵状披针形、线状披针形、椭圆形或线形，全缘或波状。
    3. 孢子囊群长圆形或近圆形，分离或接近 ·················· **1. 断线蕨 C. hemionitidea**
    3. 孢子囊群线形，连续不间断。
      4. 叶近二型，椭圆形或卵状披针形 ·················· **2. 长柄线蕨 C. pendunculata**
      4. 叶一型。
        5. 叶片下面疏被小鳞片；孢子囊群具鳞片状隔丝 ·················· **3. 褐叶线蕨 C. wrightii**
        5. 叶片下面无小鳞片；孢子囊群无隔丝。
          6. 叶片椭圆形或卵状披针形，宽3-11厘米 ·················· **4. 矩圆线蕨 C. henryi**
          6. 叶片线状披针形或线形，宽0.8-4厘米 ·················· **5. 绿叶线蕨 C. leveillei**
  2. 叶片宽三角状披针形或戟形，基部有1对披针形裂片或不规则裂片 ·················· **6. 胄叶线蕨 C. hemitoma**
1. 叶羽状深裂或掌状深裂。
  7. 叶羽状全裂或羽状半裂。
    8. 叶轴两侧具窄翅或无翅；羽片边缘全缘或浅波状。
      9. 羽片7-11对。
        10. 植株高20-60厘米；叶近二型，纸质，叶长尾状卵形或卵状披针形 ·················· **7. 线蕨 C. elliptica**
        10. 植株高达76厘米；叶一型，草质，叶线状披针形或宽披针形 ··················
        ·················· **7(附). 宽羽线蕨 C. elliptica var. pothifolia**
      9. 羽片3对 ·················· **7(附). 滇线蕨 C. elliptica var. pentaphylla**
    8. 叶轴两侧有宽翅；羽片边缘具波状褶皱 ·················· **7(附). 曲边线蕨 C. elliptica var. flexiloba**
  7. 叶掌状深裂或2-3裂 ·················· **8. 掌叶线蕨 C. digitata**

1. 断线蕨   图 1087

Colysis hemionitidea (Mett.) C. Presl, Epim. Bot. 147. 1849.

Polypodium hemionitideum Mett. Farngatt. I. Polypodium 112. 1837.

植株高30-60厘米。根茎长，横走，具散生厚壁组织，红棕色，密被鳞片，根密生，鳞片红棕色，卵状披针形，长约1.9毫米，宽约0.5毫米，疏生锯齿，盾状着生。叶疏生；叶柄长1-4厘米，暗棕或红棕色，基部疏被鳞片，向上近光滑，具窄翅；叶片宽披针形或倒披针形，长30-50厘米，宽3-7厘米，基部渐窄下延近基部，侧脉两面明显，近斜展，不达叶缘，小脉网状，每对侧脉间联成3-4个大网眼，大网眼内有数个小网眼，近叶缘有1行小网眼，具单一或分叉内藏小脉；叶纸质，无毛。孢子囊群近圆形、长圆形或短线形，分离或接近，在

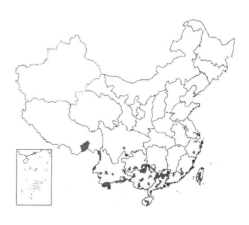

每对侧脉间成不整齐1行，叶上半部能育；无囊群盖。孢子极面观椭圆形，赤道面观肾形，单裂缝，周壁具短刺和球状颗粒，刺锐尖，刺有颗粒状物质。

产浙江、台湾、福建、江西、湖南、广东、香港、海南、广西、贵州、四川、云南及西藏，生于海拔300-2000米溪边或林下岩石上。不丹、尼泊尔、印度、缅甸、泰国、越南、菲律宾及日本有分布。

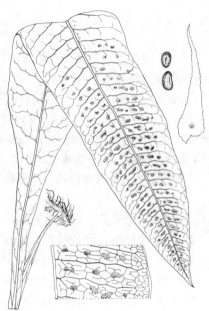

图 1087 断线蕨
（张桂芝仿《中国蕨类植物图谱》）

2. 长柄线蕨 图 1088

Colysis pendunculata (Hook. et Grev.) Ching in Bull. Fan Mem. Inst. Biol. Bot. 4: 321. 1933.

Ceterach penduculatum Hook. et Grev., Icon. Fil. t. 5. 1829.

植株高 20-40 厘米。根茎横走，密生根，密被鳞片，鳞片卵状披针形，褐色，长2.6毫米，宽0.5毫米，疏被锯齿。叶疏生，近二型，草质或薄草质，无毛；叶柄长5-35厘米，禾秆色；叶片椭圆形或卵状披针形，长15-25厘米，宽2-7厘米，向基部骤窄，沿叶柄下延成窄翅，全缘或略波状；侧脉斜展，略明显，小脉网状，每对侧脉间有2行网眼，具单一或一至

二回分叉内藏小脉。孢子囊群线形，着生网脉，在每对侧脉间成1行，自中脉斜出，多少伸达叶缘，无囊群盖。孢子极面观椭圆形，赤道面观肾形，单裂缝，周壁具球形颗粒和缺刻状刺，缺刻状刺具颗粒状物质。

产海南、广西及云南，生于密林下溪边潮湿岩石上。印度、泰国、越南、马来西亚及印度尼西亚有分布。

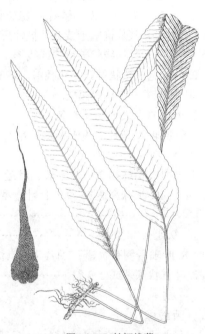

图 1088 长柄线蕨
（引自《中国蕨类植物图谱》）

3. 褐叶线蕨 莱氏线蕨 图 1089

Colysis wrightii (Hook. et Baker) Ching in Bull. Fan Mem. Inst. Biol. Bot. 4: 324. 1933.

Gymnogramme wrightii Hook. et Baker, Syn. Fil. 388. 1867.

植株高20-50厘米。根茎长，横走，密被鳞片，根密生，鳞片褐棕色，质薄，卵状披针形，长3.2毫米，宽0.7毫米，疏生锯齿。叶疏生，柄长1-3厘米，或近无

柄，基部疏被鳞片；叶片倒披针形，长20-35厘米，中部宽2-4.5厘米，尾状渐尖头，向基部渐窄成窄翅下延，边缘浅波状；叶脉明显，侧脉斜展，小脉网状，在每对侧脉间有2行网眼，具单一或分叉内藏小脉；叶干后褐棕色，薄草质，下

面疏被小鳞片；叶轴上面疏被鳞片。孢子囊群线形，着生网脉，在每对侧脉间成1行，自中脉斜出，直达叶缘，无囊群盖，具鳞片状隔丝。孢子极面观椭圆形，赤道观肾形，单裂缝，周壁具球形颗粒和缺刻状尖刺，尖刺具颗粒状物质。

产浙江、台湾、福建、江西、广东、香港、广西、贵州及云南，生于海拔150-1000米阴湿岩石上或土生。越南及日本有分布。

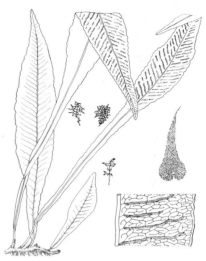

图 1089 褐叶线蕨
（张桂芝仿《中国蕨类植物图谱》）

4. 矩圆线蕨

图 1090

Colysis henryi (Baker) Ching in Bull. Fan Mem. Inst. Biol. 4: 325. 1933.

Gymnogramma henryi Baker in Journ. Bot. 171. 1887.

植株高20-70厘米。根茎横走，密被鳞片，鳞片褐色，卵状披针形，长2.9毫米，宽0.84毫米，疏生锯齿。叶疏生，一型，草质或薄草质，两面无毛；叶柄长5-35厘米，禾秆色；叶片椭圆形或卵状披针形，长15-50厘米，宽3-11厘米，向基部骤窄，沿叶柄具窄翅下延，全缘或略微波状；侧脉斜展，略明显，小脉网状，每对侧脉间有2行网眼，具单一或一至二回分

叉内藏小脉。孢子囊群线形，着生网脉，在每对侧脉间成1行，自中脉斜出，多少伸达叶缘，无囊群盖。孢子极面观椭圆形，赤道面观肾形，单裂缝，周壁具球形颗粒和缺刻状尖刺，尖刺密生颗粒状物质。

产陕西、安徽、浙江、福建、江西、湖北、湖南、广西、贵州、四川及云南，生于海拔300-1500米林下或阴湿处，成片集生。

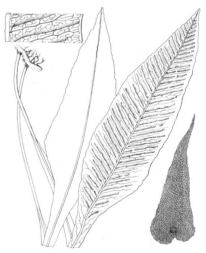

图 1090 矩圆线蕨
（张桂芝仿《中国蕨类植物图谱》）

5. 绿叶线蕨

图 1091

Colysis leveillei (Christ) Ching in Bull. Fan Mem. Inst. Biol. Bot. 4: 323. 1933.

Selliguea leveillei Christ in Bull. Acad. Int. Geogr. Bot. 236. 1906.

植株高25-40厘米。根茎长，横走，密被鳞片，鳞片褐棕色，质薄，卵状披针形，长2.8毫米，宽0.7毫米，基部圆，具细锯齿，筛孔粗。叶疏生或近生，一型，近无柄；叶片线状披针形或线形，长20-40厘米，宽0.8-4厘米，中部以下渐窄沿叶柄下延，几达基部，边缘浅波

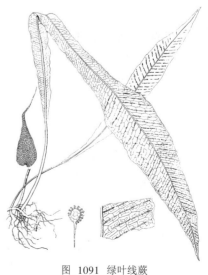

图 1091 绿叶线蕨
（引自《中国蕨类植物图谱》）

状；叶脉略明显，侧脉斜展，小脉网状，每对侧脉间有 2 行网眼，具单一或分叉内藏小脉；叶干后绿色，薄草质或近膜质，无毛。孢子囊群线形，每对侧脉间成 1 行，自中脉斜出，伸达叶缘，无囊群盖。孢子极面观椭圆形，赤道面观肾形，单裂缝，周壁具球形颗粒和缺刻状尖刺，尖刺具颗粒状物质。

产福建、江西、湖南、广东、广西及贵州，生于海拔 300-1250 米阴湿林下。

6. 胄叶线蕨　　　　　　　　图 1092

Colysis hemitoma (Hance) Ching in Bull. Fan Mem. Inst. Biol. Bot. 4:326. 1933.

Polypodium hemitomum Hance in Journ. Bot. 269. 1883.

植株高 25-60 厘米。根茎长，横走，密被鳞片，鳞片黑褐色，

卵状披针形，长 2.9 毫米，宽 0.6 毫米，基部近圆，边缘有小齿。叶疏生；叶柄长 5-30 厘米，淡棕色，上部有窄翅，疏被鳞片；叶片宽三角状披针形或戟形，长 10-25 厘米，基部宽 3-15 厘米，长渐尖头，基部楔形，常具 1 对近平展披针形裂片，或边缘分裂为 2-6 对不规则裂片，裂片线状披针形或线形，长 3-10 厘米，宽 0.6-1.8 厘米，有时基部宽楔形，全缘或波状；侧脉明显，稍斜展，小脉网状，每对侧脉间有 2 行网眼，具单一或分叉内藏小脉；叶草质或纸质，上面无毛，下面幼时沿叶脉和叶轴疏被小鳞片。孢子囊群线形，着生网状脉，每对侧脉间成 1 行，自中脉斜出，连续或中断，伸达叶缘，幼时被易脱落盾状隔丝覆盖。孢子极面观椭圆形，赤道面观肾形，单裂缝，周壁具球形颗粒和缺刻状尖刺，尖刺表面具颗粒状物质，尖刺有时脱落。

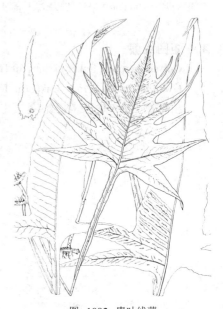

图 1092 胄叶线蕨
（张桂芝仿《中国蕨类植物图谱》）

产浙江、福建、江西、湖南、广东、海南、广西、贵州及四川，生于海拔 300-700 米山谷林下。越南、马来西亚、印度尼西亚及日本有分布。

7. 线蕨　　　　　　　　　　图 1093

Colysis elliptica (Thunb.) Ching in Bull. Fan Mem. Inst. Biol. Bot. 4:333. 1933.

Polypodium ellipticum Thunb. Fl. Jap. 335. 1784.

植株高 20-60 厘米。根茎长，横走，密被鳞片，具散生厚壁组织，有时具极细环形维管束鞘，根密生；鳞片褐棕色，卵状披针形，长 3.8 毫米，宽 1.3 毫米，基部圆，疏生锯齿。叶疏生，近二型；不育叶柄长 6.5-48.5 厘米，禾秆色，基部密被鳞片，向上光滑；叶片长尾状

图 1093 线蕨 （张桂芝绘）

卵形或卵状披针形，长20-70厘米，宽8-22厘米，圆钝头，一回深羽裂达叶轴；羽片或裂片3-11对，对生或近对生，下部的分离，窄长披针形或线形，长4.5-15厘米，宽0.3-2.2厘米，基部窄楔形并下延，在叶轴两侧成窄翅，全缘或浅波状；能育叶与不育叶近同形，叶柄较长，羽片较窄，有时与不育叶同大；中脉明显，侧脉和小脉均不明显；叶干后稍褐棕色，纸质，两面均无毛。孢子囊群线形，斜展，在每对侧脉间各成1行，伸达叶缘；无囊群盖。孢子极面观椭圆形，赤道面观肾形，单裂缝，周壁具球形颗粒和缺刻状尖刺，有时脱落，表面光滑。

产江苏、安徽、浙江、台湾、福建、江西、湖南、广东、香港、海南、广西、贵州及云南，生于海拔100-2500米山坡林下或溪边岩石上。越南、朝鲜半岛及日本有分布。

[附] **宽羽线蕨 Colysis elliptica** var. **pothifolia** Ching in Bull. Fan Mem. Inst. Biol. Bot. 4: 334. 1933. 本变种与模式变种及其他变种的主要区别：植株高达76厘米；叶一型，草质，羽片约7对，线状披针形或宽披针形，长13-31厘米，宽0.3-3.6厘米。产浙江、江西、福建、台湾、广东、香港、海南、广西、湖南、重庆、贵州及云南，生于林下湿地或附生岩石上。不丹、尼泊尔、印度、缅甸、泰国、云南、菲律宾及日本有分布。

[附] **滇线蕨** 图 1094 **Colysis elliptica** var. **pentaphylla** (Baker) L. Shi et X. C. Zhang in Acta Phytotax. Sin. 37(1): 77. 1999.——*Polypodium pentaphyllum* Baker in Ann. Bot. (London) 5: 478. 1891. 本变种与模式变及其他变种的主要区别：羽片3对，羽片中部宽达3厘米。产广东、广西、贵州、云南及西藏，生于海拔500-1500米林下。

[附] **曲边线蕨 Colysis elliptica** var. **flexiloba** (Christ) L. Shi et X.

图 1094 滇线蕨 引自《中国蕨类植物图谱》

C. Zhan in Acta Phytotax. Sin. 37(1): 74. 1999.——*Polypodium flexilobum* Christ in Bull. Acad. Int. Geogr. Bot. 107. 1904. 本变种与模式变种及其他变种的区别：叶轴两侧具宽1厘米的翅，羽片边缘具波状褶皱。产台湾、江西、湖南、广西、贵州、四川及云南，生于林下。越南有分布。

8. 掌叶线蕨 图 1095

Colysis digitata (Baker) Ching in Bull. Fan Mem. Inst. Biol. Bot. 4: 328. 1933.

Gymnogramma digitata Baker in Journ. Bot. 267. 1890.

植株高30-50厘米。根茎长，横走，径3-5毫米，暗褐色，密被鳞片，具散生厚壁组织，根密生；鳞片披针形，纤毛状长渐尖头，基部近圆或近心形，具浅耳，盾状着生，具小锯齿，黑褐色，具虹色光泽。叶疏生，相距1-3厘米，近二型；叶柄长20-30厘米，圆柱形，淡禾秆色，上面有纵沟，基部有关节并被鳞片；叶片掌状深裂，有时2-3裂或单叶，长、宽均10-18厘米，基部平截，稀短下延；裂片3-5片，披针形，长10-16厘米，

图 1095 掌叶线蕨
（张桂芝仿《中国蕨类植物图谱》）

宽 1.5-3 厘米，基部稍窄，具软骨质边缘，全缘波状；侧脉纤细，略明显，相距 3-5 毫米，斜上，曲折，每对侧脉间有 2 行伸长网眼，具单一弯钩状内藏小脉；叶干后褐绿色，纸质；不育叶与能育叶同形，叶柄较短有翅，裂片略宽。孢子囊群线形，斜上，平行，相距约 3 毫米，每对侧脉间各成 1 行，近中脉斜出几伸达叶缘。孢子极面观椭圆形，赤道面观肾形，单裂缝，周壁具球形颗粒和缺刻状尖刺，尖刺有粗糙颗

粒状物质。

产广东、海南、广西、贵州、四川及云南，生于海拔 50-1400 米林下或山谷溪边潮湿地方或岩石上。越南有分布。

25. 薄唇蕨属 **Leptochilus** Kaulf.

土生或附生蕨类。根茎横走或攀援，具网状中柱，无厚壁细胞束，被细小鳞片，筛孔粗，黑色，渐尖头，早落。叶疏生，二型；叶柄稍长或近无柄，基部具不明显关节；不育叶单叶，披针形或卵形，全缘或撕裂状；能育叶线形，宽度与叶柄相近；侧脉稍明显，小脉联成多数网眼，具单一或分叉内藏小脉，顶端具水囊；叶草质或纸质，无毛。孢子囊群密被能育叶下面，近中脉两侧，形成汇生囊群，有时间断而偏斜，无隔丝；孢子囊环带具 14 个增厚细胞。孢子极面观椭圆形，赤道面观豆瓣形，淡黄色，单裂缝，表面平，散生球形颗粒和缺刻状尖刺纹饰。

约 4 种，产亚洲热带地区。我国 3 种。

1. 根茎根稀疏或近无根，疏被窄披针形小鳞片；不育叶披针形 ·················· 1. 薄唇蕨 **L. axillaris**
1. 根茎根密生，密被卵圆状披针形或三角状披针形鳞片。
  2. 不育叶卵状长圆形或宽倒披针形，长 15-40 厘米，宽 3.5-11 厘米 ·················· 2. 似薄唇蕨 **L. decurrens**
  2. 不育叶卵形，长 2-7 厘米，宽 1.8-3 厘米 ·················· 3. 心叶薄唇蕨 **L. cantoniensis**

1. 薄唇蕨

图 1096

Leptochilus axillaris (Cav.) Kaulf. Comp. Bot. Mag. 147. 1824.

Acrostichum axillaris Cav., Anales Hist. Nat. 1: 101. 1799.

植株高 20-40 厘米。根茎攀援，分枝，根稀疏或近无根，具环形维管束鞘，无厚壁细胞束，疏被鳞片，鳞片窄披针形，黑色，筛孔粗，早落。单叶疏生，二型；无柄或具短柄，基部具不明显关节；不育叶披针形，全缘，草质，无毛，叶脉网状，侧脉不显，小脉联成多数网眼，具单一或分叉内藏小脉，顶端有水囊；能育叶与不育叶等高或稍高，线形。孢子囊群密被能育叶下面，无隔丝，孢子囊环带具 14 个增厚细胞。孢子极面观长椭圆形，赤道观豆瓣形，具球形颗粒和小刺状纹饰。

产贵州及云南，生于林下，附生树干上。印度经中南半岛至马来西亚有分布。

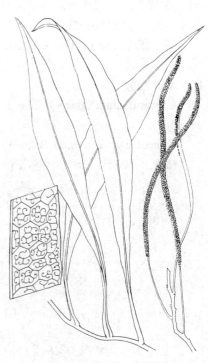

图 1096 薄唇蕨 （蔡淑琴绘）

2. 似薄唇蕨 网囊蕨 图 1097 彩片 150

Leptochilus decurrens Bl. Enum. Pl. Jav. 206. 1828.

植株高 20-60 厘米。根茎长，横走，或稍攀援，径 0.5-1 厘米，

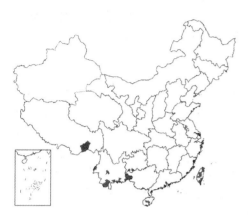

根密生，具散生厚壁组织束，顶端密被鳞片，鳞片卵圆状披针形，长约 3 毫米，宽约 1 毫米，暗褐色，全缘，筛孔粗。叶疏生，相距 1-1.5 厘米；叶柄禾秆色，具纵沟，下部被鳞片，不育叶近无柄至柄长达 20 厘米，两侧有翅几达基部；不育叶卵状长圆形或宽倒披针形，长 15-40 厘米，宽 3.5-11 厘米，基部渐窄或骤窄成窄翅下延，全缘；能育叶柄长达 30 厘米，无明显的翅，叶片线形，长 20-30 厘米，宽 0.3-1.2 厘米；侧脉两面均明显，下面隆起，曲折，相距 0.6-1 厘米，侧脉横脉略明显，小脉联成近方形网眼，不明显，具分叉内藏小脉；叶纸质。孢子囊密被能育叶下面，成熟时叶缘略反卷。孢子极面观椭圆形，赤道面观豆瓣形，具球形颗粒和缺刻状长刺纹饰。

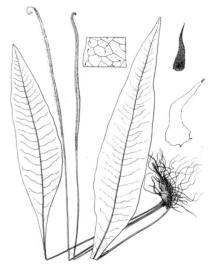

图 1097 似薄唇蕨 （引自《图鉴》）

产台湾、海南、广西、贵州、云南及西藏，生于密林下阴湿溪边岩石上或小乔木树干基部。印度东北部及南部、中南半岛、波利尼西亚有分布。

3. 心叶薄唇蕨 心形莱蕨 图 1098

Leptochilus cantoniensis (Baker) Ching in Bull. Fan Mem. Inst. Biol. Bot. 4: 343. 1933.

Gymnogramma cantoniense Baker in Hook. et Baker, Icon. Pl. t. 1685. 1887.

植株高 15-40 厘米。根茎横走。径约 2 毫米，具散生厚壁组织束，

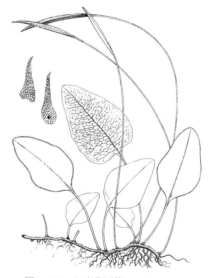

图 1098 心叶薄唇蕨 （冀朝祯绘）

密生根及鳞片，鳞片三角状披针形，长约 2.5 厘米，宽不及 1 毫米，尾状尖头，基部宽，具小锯齿，筛孔粗，细胞壁褐色，筛孔灰白色而透明。叶疏生，二型，相距 0.6-2 厘米；不育叶柄长 1-6.5 厘米，径不及 1 毫米，禾秆色，上部具窄翅，基部被鳞片；不育叶卵形，长 2-7 厘米，下部宽 1.8-3 厘米，钝圆头，基部近心形或平截略下延，具软骨质边缘，全缘；中脉两面均隆起，不伸达叶片顶端，侧脉不明显，小脉可见，在中脉两侧联成约 4 行不整齐网眼，具单一或分叉内藏小脉；叶干后褐绿色，厚纸质；能育叶柄长 20-35 厘米，无翅，叶片线形，长 4-12 厘米，宽 2-3 毫米，钝圆头，基部渐窄沿叶柄下延。孢子囊群密被中脉两侧，成长带状，近叶缘不育。孢子极面观椭圆形，赤道面观豆形，具球形颗粒状纹饰。

产湖南南部、广东及海南，生于密林下，附生岩石上或土生。越南有分布。

57. 槲蕨科 DRYNARIACEAE

（张宪春）

大型或中型，附生蕨类，多年生。根茎横生，粗肥，肉质，具穿孔网状中柱，密被鳞片，鳞片通常大，窄长，基部盾状着生，深棕至褐棕色，不透明，中部细胞具加厚隆起细胞壁，不为筛孔状，边缘有睫毛状锯齿。叶近生或疏生，无柄或有短柄，基部不以关节着生根茎（有时有关节痕迹，但无功能）；叶片通常大，坚革质或纸质，一回羽状或羽状深羽裂，二型或一型或基部成宽耳形；在二型叶属中，叶分两类：一类为大而正常的能育叶，有柄，另一类为短而基生的不育叶，槲叶状，坚硬干膜质、灰棕或淡绿色，无柄或柄极短，称腐殖质积聚叶；正常的能育叶羽片或裂片以关节着生于叶轴，老时或干时全部脱落，羽柄或中脉腋间常具腺体；叶脉为槲蕨型：一至三回叶脉粗而隆起，明显，以直角相连，形成大小四方形网眼，小网眼内有少数分离小脉。孢子囊群或大或小，如为小点状，则生于小网眼内的分离小脉上，有时生于几条小脉的交结点上；如为大者则孢子囊群多少沿叶脉扩展成长形或生于两脉间，无囊群盖，无隔丝；孢子囊为水龙骨型，环带具 11-16 个增厚细胞。孢子两侧对称，椭圆形，单裂缝。

约 32 种，多分布于亚洲，延伸至一些太平洋热带岛屿，南至澳大利亚北部、非洲大陆和马达加斯加及附近岛屿。我国 2 属，12 种。

1. 叶一型，羽片或裂片二型 ·· 1. 连珠蕨属 Aglaomorpha
1. 叶二型，（除 Drynaria parishii 外），不育叶为槲叶状聚积叶，较小 ··············· 2. 槲蕨属 Drynaria

1. 连珠蕨属 Aglaomorpha Schott

附生，大型。根茎横卧，粗大，肉质，密被蓬松长鳞片，有被毛茸的线状根混生于鳞片间，弯曲根茎盘结成花篮型垫状物，生出一丛无柄的叶，形成一个圆而中空的高冠，鳞片钻状长线形，深锈色，边缘有睫毛。叶一型；一回羽状，羽片具短柄，以关节与叶轴连接，其下方生有一大蜜腺；叶片上部能育羽片线形。孢子囊群汇合成齿蕨型囊群，或叶片深羽裂基部扩大，干膜质，用以积聚腐殖质，叶片下半部通常不育，叶片上部通常能育，羽裂，具窄披针形或线形羽片，或能育部分不收缩。无囊群盖，无隔丝，孢子囊为水龙骨型，环带具 10-16 个加厚细胞。孢子椭圆形、长圆形或近圆球形。染色体数目 2n=74。

约 8 种，分布于亚洲热带。我国 3 种，见于热带雨林中，附生或石生。

1. 叶片一回羽状；羽片具短柄以关节着生于叶轴 ·································· 1. 顶育蕨 A. acuminata
1. 叶片一回羽裂；裂片基部和叶轴贴生。
　2. 叶片能育部分裂片窄缩成念珠状 ·· 2. 连珠蕨 A. meyeniana
　2. 叶片能育部分裂片不窄缩成念珠状 ·· 3. 崖姜蕨 A. coronans

1. 顶育蕨　　　　　　　　　　图 1099

Aglaomorpha acuminata (Willd.) Hovenkamp, Fl. Mal. 2(3): 13. 1998.

Acrostichum acuminatum Willd., Sp. Pl. ed. 5, 5: 116. 1810.

Photinopteris acuminata (Willd.) C. V. Morton; 中国植物志 6(2):268. 2000.

根茎横走，径 0.7-1 厘米，幼时绿色，密被鳞片，后渐脱落至近光滑，被白粉，鳞片窄披针形，先端鞭状扭曲，暗褐色，边缘具短睫毛。

叶疏生，2 列；叶柄长达 20 厘米，幼时基部被与根茎相同的鳞片，后光滑，被白粉；叶片卵状披针形，一回羽状，如不育则顶生羽片与侧生羽片同形，如能育则具有单一或数对互生收缩的能育羽片，均具柄，基部以关节着生于叶轴，关节下部有蜜腺；不育羽片 7-10 对，相距 5-8 厘米，下部 2-3 对缩短，宽卵状披针形，互生，羽片长达 15 厘米，

宽达 8 厘米，短渐尖头，基部圆状楔形，全缘，具半透明骨质边缘，稍反卷；各回小脉上下两面均突起，网状，具内藏分叉小脉，顶端具水囊；羽片革质，干后黄绿色，下面各回小脉连同叶轴均被白色长柔毛，上面无毛，具光泽；能育羽片窄线形，单一或数对互生于叶片顶端，长达 15 厘米，宽不及 5 毫米，具柄或近无柄，两面中肋均突出，下面密被白色长柔毛，上面侧脉不显。孢子囊散生，除中肋及边缘外布满能育羽片下面，孢子囊群无盖而有隔丝，隔丝与孢子囊等长；孢子囊具长柄。孢子左右对称，卵形或肾形，单裂缝。

产云南西双版纳，生于海拔 1300-1400 米岩石上，稀见。印度尼西亚、马来西亚、新加坡、菲律宾、泰国、越南、老挝及柬埔寨有分布。

图 1099 顶育蕨 （冀朝祯绘）

2. 连珠蕨 图 1100

Aglaomorpha meyeniana Schott, Gen. Fil. t. 19. 1835-1836.

附生树干或岩石上，呈圆环状。根茎径 2-3 厘米，鳞片基部着生，

长 0.6-1.5 厘米，宽 0.4-1.3 毫米，边缘有重锯齿。叶无柄，羽状分裂，长 35-90 厘米，宽 15-30 厘米，基部膨大，不育叶裂片长 7.5-15 厘米，宽 1.5-3.5 厘米，分裂达距叶轴 2 毫米处，全缘，先端尖头或渐尖，蜜腺生于叶轴和羽轴交汇的下方；叶片上部 2/3 能育，能育部分窄缩成念珠状，长 5-30 厘米，宽 4-8 毫米。孢子囊群圆形，着生半圆形小裂片上，孢子囊群无隔丝，环带具增厚细胞 11-14 个。孢子具疣状纹饰，疏生短棒状突起。

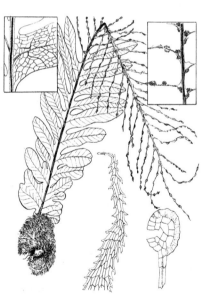

图 1100 连珠蕨 （引自《 Fl. Taiwan》）

产台湾，生于海拔 450-1600 米，附生树干或岩石上。菲律宾有分布。

3. 崖姜蕨 崖姜 图 1101

Aglaomorpha coronans (Wall. ex Mett.) Copel. in Univ. Calif. Publ. Bot. 16(2): 117. 1929.

Polypodium coronans Wall. ex Mett. Farngatt. 1. Polypodium 121. t. 3. f. 40-41. 1857.

Pseudodrynaria coronans (Wall. ex Mett.) Ching; 中国高等植物图鉴 1: 273. 1972; 中国植物志 (2): 274. 2000.

根茎横卧，粗大，肉质，密被

蓬松长鳞片，有被毛茸的线状根混生鳞片间，鳞片钻状长线形，深锈色，边缘有睫毛。叶一型，长圆状倒披针形，长 0.8-1.2 米或过之，中部宽 20-30 厘米，先端渐尖，向下渐窄，下延至 1/4 处成宽 1-2 厘米的翅，基部圆心形，宽 15-25 厘米，有宽缺刻或浅裂，基部以上叶片羽状深裂，向上几深裂达叶轴，裂片多数，斜展或略斜上，被圆形缺刻分开，披针形，中部裂片长 15-22 厘米，宽 2-3 厘米，为宽圆形缺刻分开；叶脉粗，侧脉斜展，隆起，通直，相距 4-5 毫米，向外达加厚边缘，横脉与侧脉直角相交，成一回网眼，再分成 3 个长方形小网眼，内有顶端棒状分叉小脉；叶硬革质，两面均无毛，裂片由深褐色叶轴以关节脱落。孢子囊群位于小脉交叉处，叶片下半部通常不育，4-6 个生于侧脉间，略偏近下脉，每网眼有 1 个孢子囊群，在主脉与叶缘间排成一长行，圆球形或长圆形，分离，成熟后常多少汇合成囊群线。

图 1100 崖姜蕨 （引自《图鉴》）

产台湾、福建、广东、香港、海南、广西、贵州、云南及西藏，生于海拔 100-1900 米，附生雨林或季雨林中树干或石上。越南、缅甸、印度支那、印度、尼泊尔、马来亚、马来西亚有分布。可栽培庭园供观赏；肉质根茎作"骨碎补"代用品。

2. 槲蕨属 Drynaria (Bory) J. Sm.

大型或中型，附生。根茎横走，粗肥，肉质，密被鳞片，鳞片一色，偶中部深色，披针形，盾状着生，非粗筛孔型，边缘有齿状睫毛或流苏状，先端渐尖。叶二型，偶一型；基生不育叶短（偶有生孢子囊者），无柄，或柄极短，形如槲叶或罕为铙钹形，被毛或鳞片，或光滑，坚硬干膜质或硬革质，枯棕色，宿存，全缘，波状至羽状分裂，基部心形，覆盖根茎，以储存枯枝落叶碎屑，转化成腐殖质供植株营养，保护根系免受干旱；大而正常的营养叶和能育叶，绿色有柄，叶基下延成窄翅，叶轴上面具沟槽，有毛或小鳞片，叶片羽状或深羽裂几达羽轴，下部裂片沿叶柄下延，裂片或羽片披针形，不裂，基部扩大，具不明显关节与叶轴合生，干时从叶轴脱落或不易脱落；叶脉均隆起，多次连成四方形网眼，内有单一或 2 叉内藏小脉，构成槲蕨型脉序。孢子囊群着生叶脉交叉处，圆形，一般着生叶上面，无囊群盖，多无隔丝；孢子囊环带具 13 个增厚细胞。孢子极面观椭圆形，赤道面观超半圆形或豆形。染色体数目 2n=74。

15 种，主要分布于亚洲至大洋洲，2 种产非洲中部，1 种产马达加斯加及附近岛屿，余分布于亚洲至澳大利亚昆士兰及太平洋一些岛屿，向北达温带干旱地区，西达喜马拉雅中部。我国 9 种。

1. 能育叶一回羽状，羽片有短柄，具关节与叶轴相连，干后脱落 ┄┄┄┄┄┄┄┄┄┄┄┄┄┄ 1. 硬叶槲蕨 D. rigidula
1. 能育叶羽状深裂，裂片干后不易脱落。
　2. 孢子囊群在裂片中脉两侧排成 1-4 行；不育叶厚革质，网眼不透明。
　　3. 孢子囊群细小，在侧脉间不规则分布；不育叶心形、圆形、肾形或卵形，全缘或有圆形浅裂 ┄┄┄┄┄┄
　　┄┄ 2. 团叶槲蕨 D. bonii
　　3. 孢子囊群大，在侧脉间排成 1-2 行；不育叶圆形或宽卵形，边缘锐裂成尖裂片。

4. 植株高 30-40 厘米；孢子囊群在侧脉间排成 1 行；不育叶长 5-9 厘米，宽 3-7 厘米 ⋯⋯⋯ 3. 槲蕨 **D. roosii**

4. 植株高约 1 米；孢子囊群在侧脉间排成 2 行；不育叶长达 30 厘米，宽约 25 厘米 ⋯⋯⋯⋯⋯⋯⋯⋯

⋯⋯⋯⋯⋯⋯⋯⋯⋯⋯⋯⋯⋯⋯⋯⋯⋯⋯⋯⋯⋯⋯⋯⋯⋯⋯⋯⋯ 3(附). 栎叶槲蕨 **D. quercifolia**

2. 孢子囊群在裂片中脉两侧各排成 1 行；不育叶质薄，网眼透明。

  5. 根茎鳞片通直，粗硬，覆瓦状；能育叶近革质，无毛。

    6. 植株有不育叶；能育叶有裂片 7-15 对 ⋯⋯⋯⋯⋯⋯⋯⋯⋯ 4. 石莲姜槲蕨 **D. propinqua**

    6. 植株无不育叶；能育叶有裂片 5-9 对 ⋯⋯⋯⋯⋯⋯⋯⋯⋯⋯⋯ 4(附). 小槲蕨 **D. parishii**

  5. 根茎鳞片蓬松卷曲；叶多少被毛。

    7. 叶片质薄，顶生裂片发育，裂片边缘全缘，密生较长分节缘毛 ⋯⋯⋯⋯⋯ 5. 毛叶槲蕨 **D. mollis**

    7. 叶片质较厚，顶生裂片发育不正常，向侧生裂片倾斜，裂片常有锯齿或浅缺刻，无缘毛，或缺刻处生较

      短有分节缘毛。

      8. 叶片宽 3-6 厘米；裂片宽 0.5-1.2 厘米；不育叶椭圆形 ⋯⋯⋯⋯⋯ 6. 中华槲蕨 **D. sinica**

      8. 叶片宽 4-10 厘米；裂片宽 1.2-2 厘米；不育叶卵圆形或椭圆形 ⋯⋯ 6(附). 川滇槲蕨 **D. delavayi**

1. 硬叶槲蕨　　　　　　　　　　图 1102

Drynaria rigidula (Sw.) Bedd., Ferns Brit. Ind. t. 314. 1869.

Polypodium rigidulum Sw. in Journ. Bot. (Schrader) 1800(2): 26. 1801.

附生树干，多圈攀绕，偶生岩石。根茎分枝，径约 1 厘米，密被鳞片，鳞片上部线状钻形，下部宽卵形，长 0.5-1.3 厘米，宽 0.5-1.5 毫米，基部盾状着生，向上渐窄，尖头，长卵形或卵形，质薄，中部深红棕色有光泽，边缘淡棕色有睫毛。基生不育叶长卵形，长 10-30 厘米或更长，宽 5-15 厘米，基部心形有耳，浅裂达由叶缘至主脉 1/3 或过之，叶脉明显，两面均隆起，深棕色；叶厚膜质，透明，锈棕色，幼时两面被金黄色星芒状柔毛；能育叶叶柄长 15-30（-40）厘米，无窄翅，有疏离褐色小瘤状体；叶片卵形，长 0.25-1（-2）米，宽 12-25（-50）厘米，一回羽状，羽片 10-20（-40）厘米，窄线形，长 8-25（-30）厘米，宽 0.8-1.4 厘米，先端渐尖，基部楔形，具柄，与叶轴相连处有关节，干后脱落，边缘有浅钝锯齿；小脉明显，两面稍隆起，网眼细小，不整齐；叶革质，幼时叶柄、叶轴及两面主脉均疏被星芒状灰黄色长柔毛，后两面无毛，干后淡棕色。孢子囊群圆形，径约 1.5 毫米，在主脉两侧各有 1 行，稍近主脉，每对侧脉间有 1 个，着生小脉连接处，下陷。孢子囊群有隔丝。

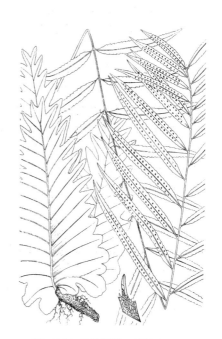

图 1102 硬叶槲蕨 （冀朝祯绘）

产海南、云南西南部，生于海拔 0-2000（-2400）山地密林中，常附生树上，偶生岩石上。泰国、缅甸、越南、老挝、柬埔寨、马来亚、印度尼西亚至波利尼西亚及澳大利亚有分布。

2. 团叶槲蕨　　　　　　　　　　图 1103

Drynaria bonii Christ in Not. Syst. (Paris) 1: 186. 1909.

附生树干、岩石上或土生。根茎横走，粗壮，径 1-3 厘米，肉

质，顶端密被鳞片，鳞片张开伸展，长 0.2-1.2 厘米，宽 1.5-3 毫

米，先端长渐尖尾状，基部卵形盾状着生，中部深棕色，边缘及上部锈黄色，边缘有密睫毛。基生不育叶无柄，心形、圆形、肾形或卵形，长 10-15 厘米，宽 8-12 厘米，基部浅心形有耳，全缘或有圆形浅裂；叶脉两面均明显，侧脉下面隆起，上部的向上、中部的平展，下部的向下成弧形，下面小脉隆起，联成伸长网眼，少数有单一内藏短小脉，叶厚纸质或薄革质，坚硬，两面无毛，上面黄棕色有光泽，下面灰棕色；能育叶叶柄长 10-20 厘米，无毛，基部被鳞片，两侧有宽 1-2 毫米翅几达基部，叶片长圆状卵形，长 30-70 厘米，宽 20-30 厘米，羽状深裂几达叶轴形成宽约 1 毫米窄翅，裂片 3-7 对，斜向上，相距 1.5-3 厘米，宽披针形，长 7-20 厘米，宽 2.5-5 厘米，先端长渐尖，基部稍窄长下延，近全缘至浅波状，有软骨质边，顶生裂片同形，稍大，叶轴淡棕色，主脉、侧脉及小脉淡色，均无毛，侧脉明显，纤细，上部稍上弯曲达叶缘，横脉明显，在每对侧脉间构成 5-6 大网眼，大网眼内有几个不整齐小网眼，内藏小脉单一或很少分叉，反折，顶端棒状，叶薄革质，干后鲜绿至淡棕色，无毛。孢子囊群细小，圆形，散生，在中脉两侧不规则排成 2 行，在相邻 2 对侧脉间有 2 至 4 行，着生 2-4 小脉交汇处，孢子囊无腺毛。

图 1103　团叶槲蕨　（引自《图鉴》）

产广东、海南、广西、贵州及云南，生于海拔 100-1300（-1700）米，附生密林下树干或岩石上。泰国、柬埔寨、越南、马来西亚、印度阿萨姆有分布。广西代"骨碎补"药用。

3.　槲蕨　　　　　　　　　　　图 1104 彩片 151

Drynaria roosii Nakaike, New Fl. Jap. Pterid. revised & enlarged 841. f. 882. 1992.

Drynaria fortunei (Kunze ex Mett.) J. Sm.；中国高等植物图鉴 1: 271. 1972.

附生岩石上，匍匐生长，或附生树干上，螺旋状攀援。根茎径 1-2 厘米，密被鳞片，鳞片斜升，盾状着生，长 0.7-1.2 厘米，宽 0.8-1.5 毫米，边缘有齿。叶二型，基生不育叶圆形，长（2-）5-9 厘米，宽（2-）3-7 厘米，基部心形，浅裂至叶片宽度 1/3，全缘，厚干膜质，下面有疏短毛。能育叶叶柄长 4-7（-13）厘米，具窄翅；叶片长 20-45 厘米，宽 10-15（-20）厘米，深羽裂距叶轴 2-5 毫米处，裂片 7-13 对，互生，稍斜上，披针形，长 6-10 厘米，宽（1.5-）2-

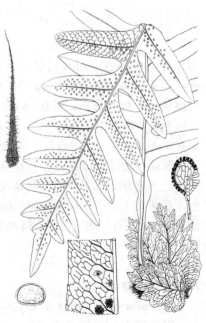

图　1104　槲蕨　（引自《图鉴》）

3 厘米，有不明显疏钝齿，叶脉两面均明显；叶干后纸质，上面中脉略有短毛。孢子囊群圆形或椭圆形，在叶片下面沿裂片中脉两侧各排成 2-4 行，成熟时相邻 2 侧脉间有圆形孢子囊群 1 行，或幼时成 1 行长形孢子囊群，混生腺毛。

产江苏、安徽、浙江、台湾、福建、江西、湖北、湖南、广东、海南、广西、贵州、四川及云南，生于海拔 250-1800 米，附生树干或岩石上，偶生于墙缝。越南、老挝有分布。根茎代"骨碎补"药用，补肾坚骨，活血止痛，治跌打损伤、腰膝酸痛。

[附] **枥叶槲蕨 Drynaria quercifolia** (Linn.) J. Sm. in Journ. Bot. 3:398. 1841. —— *Polypodium quercifolium* Linn. Sp. Pl. 2:1087. 1753. 与槲蕨的主要区别：基生不育叶宽卵形，长达 30 厘米，宽约 25 厘米或更大；孢子囊群圆形或椭圆形，在每对侧脉间有 2 行，每个大网眼内有 2 个，大小常不等。产海南，在村边、路旁老树干上常见，亦生于季雨林内树干或岩石上。印度、中印半岛、南洋群岛至斐济群岛及热带澳洲有分布。

4. 石莲姜槲蕨

图 1105

Drynaria propinqua (Wall. ex Mett.) J. Sm. in Journ. Bot. 4:61. 1842.
Polypodium propinquum Wall. ex Mett. Farngatt. 1. Polypodium 120. t. 3. f. 50. 1857.

附生树干上，螺旋状攀援，或生岩石上，匍匐生长。根茎长而横走，分枝，径 1-2 毫米，密被鳞片，鳞片贴生，盾状着生，三角形或卵形，长 3-6 毫米，宽 1-1.5 毫米，边缘具长齿，先端纤细或渐尖。叶二型，基生不育叶圆形或卵圆形，长 10-20 厘米，宽 7-18 厘米，分裂至叶片 2/3 或更深，边缘不规则齿状；叶脉明显，能育叶叶柄长 8-20（-25）厘米，窄翅不明显；

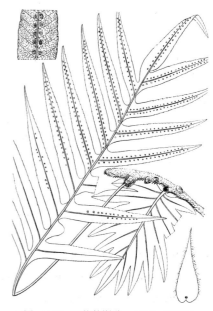

图 1105 石莲姜槲蕨 （引自《图鉴》）

叶片三角形或卵形，长（20-）30-50（-60）厘米，宽（12-）20-30 厘米，裂片 7-15 对，裂片近等宽，长（5-）10-15 厘米，宽 1-2.5 厘米，分裂距叶轴不及 2 毫米，边缘锯齿状，顶端尖头，顶生裂片与侧生裂片同形；叶脉明显。孢子囊群圆形，叶片下面全部分布，在下部裂片多生于基部，在中脉两侧各排成整齐的 1 行，近主脉，生于 2-4 个小脉交汇处。孢子囊环带具（12）13-14（15）个加厚细胞，孢子囊无腺毛。孢子有圆形和刺状突起。

产广西、贵州、四川、云南及西藏，生于海拔 500-1900（-2800）米，附生树干或岩石上。越南、泰国、缅甸、老挝、印度北部、尼泊尔、不丹有分布。根茎浸酒服，治跌打损伤。

[附] **小槲蕨 Drynaria parishii** Bedd. Ferns S. Ind. Suppl. 24. 1876. 与石莲姜槲蕨的主要区别：附生树上，螺旋状攀援，有时石生，平匍生长；无基生不育叶，能育叶有裂片 5-9（-11）对；孢子囊群在中肋两侧各 1 行，近中肋，两侧脉间有 1 个，在叶片上面隆起。产云南南部，生于海拔 500-1600 米密林中，附生苔藓覆盖的树干上。越南、泰国、缅甸和老挝有分布。

5. 毛叶槲蕨 毛槲蕨

图 1106

Drynaria mollis Bedd. Ferns Brit. Ind. t. 216. 1866.

附生树干，螺旋状攀援，偶附生岩石上，匍匐伸长。根茎横走，径 0.5-1（2）厘米，密被鳞片，鳞片一色，蓬散，卷曲，长 0. 5-1.1 厘米，宽 0.5-1.2 毫米，边缘有重齿，先端长渐尖。基生不育叶无柄，椭圆形，长 7-15 厘米，宽 3-7 厘米，基部心形，两侧有耳，羽状深裂达 2/3 或更深，裂片 8-13 对，全缘，边缘具睫毛；叶脉两面均明显，叶轴两侧有1 行大网眼；叶片两面光滑，下面沿主脉略有短毛，中脉基部被较多小鳞片。正常能育叶近生，叶柄长 1-3（-13）厘米，具窄翅，叶柄长者，翅不明显；叶片椭圆形，长 20-40（-50）厘米，宽 7-12（-25）厘米，羽状深裂，裂片 15-18 对，裂片宽度相等，同叶轴垂直，平展，向叶片两端渐短，裂片长 3-8 厘米，宽 1-1.5（-2）厘米，分裂距叶轴不及 2 毫米处，全缘，边缘密生睫毛，顶端圆钝；叶片下面沿叶轴两侧疏生小鳞片。孢子囊群圆形，径 1-2 毫米，叶下面全布，在下部裂片多生于裂片中部或中下部，在裂片中脉两侧排成 1 行，生中肋两侧第一行网眼中上部与另 1-2 条小脉交汇处，成熟后近中脉，孢子囊无腺毛，环带具加厚细胞 13-14 个。孢子黄绿色，肾形，有刺状突起。

产云南及西藏，生于海拔 2700-3400 米栎林中石灰岩山坡上，或针阔叶混交林中，附生树干。印度北部、不丹、尼泊尔有分布。

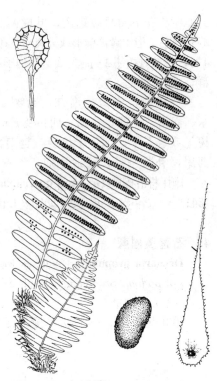

图 1106 毛叶槲蕨 （引自《西藏植物志》）

6. 中华槲蕨 秦岭槲蕨　　　　　　图 1107 彩片 152

Drynaria sinica Diels in Engl. Bot. Jahrb. 29(1): 208. 1900.

Drynaria baronii (Christ) Diels；中国高等植物图鉴 1: 271. 1972.

石生或土生，偶附生树上。根茎径 1-2 厘米，有宿存叶柄和叶轴，密被鳞片，鳞片斜升，近盾状着生，基部有短耳，长 0.4-1.1 厘米，宽 0.5-1.5 毫米，边缘具重齿。叶二型，常无基生不育叶，有时基生叶顶部生孢子囊群。基生不育叶椭圆形，长 5-15 厘米，宽 3-6 厘米，羽状深裂达叶片 2/3 或更深，裂片 10-12（-20）对，边缘略齿状，下部裂片短，非耳状；能育叶叶柄长 2-10 厘米，具窄翅，叶片长 22-50 厘米，宽 7-12 厘米，裂片 16-25（-30）对，中部裂片长 4-7 厘米，宽 0.5-1.2 厘米，边缘锯齿状，光滑或疏生短睫毛，顶生裂片常不发育，叶片两面多少被毛，沿叶轴和叶脉多少有短毛，叶脉隆起；叶片上部能育，能育裂片稍窄。孢子囊群在裂片中脉两侧各 1 行，通直，近中脉，每

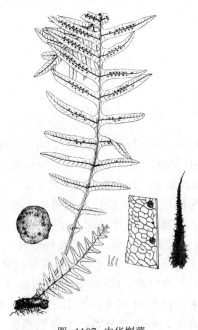

图 1107 中华槲蕨
（引自《中国蕨类植物图谱》）

2 条相邻侧脉间有 1 个，着生 2-4 小脉交汇处；孢子囊无腺毛。孢子光滑或折皱，具刺状突起，周壁具小疣状纹饰。

产内蒙古、山西、陕西、甘肃、青海、四川、云南及西藏，生于海拔1380-3800米林下山坡岩石上。

[附] **川滇槲蕨** 彩片 153 **Drynaria delavayi** Christ in Bull. Soc. Bot. France ser. 4(5), 52: Mém. 1: 22. 1905. 与中华槲蕨的主要区别：基生不育叶卵圆形或椭圆形，羽状深裂达叶片2/3或更深，裂片5-7对，基部耳形。产陕西、甘肃南部、青海、四川、贵州北部、云南西北部及西藏东部，生于海拔1000-1900米，在横断山区达3800-4200米，附生岩石、树干或草坡。不丹、缅甸有分布。根茎入药，补肾坚骨，活血止痛。

58. 鹿角蕨科 PLATYCERIACEAE
（张宪春）

奇特大型附生多年生蕨类，偶生岩石上。根茎短，横卧，粗肥，具简单网状中柱，外被具中肋宽鳞片，鳞片基部着生，有时二色，边缘具齿。叶近生，2列，叶大，二型，不以关节着生。基生不育叶直立，无柄，偶有短柄；叶片宽圆形，基部膨大，覆瓦状，宽心形，肉质，稍全缘或略二歧浅裂，密被星状毛，叶脉密网状，旋干枯，褐色，覆瓦状覆盖根茎上，宿存，呈鸟巢状或圆球状，以积聚腐殖质及保护根茎及根免受干旱威胁。正常能育叶具短柄，以关节着生，直立或下垂，近革质，被具柄星状毛，老时脱落，叶形变化大，全缘或多回分叉，裂片全缘，叶脉网结，在主脉两侧具大而偏斜多角形长网眼，具内藏小脉。孢子囊群为卤蕨型，着生圆形、增厚的小裂片顶部，或生于特化裂片下面；孢子囊为水龙骨型，有长柄2-3行细胞，环带具10-20（-24）个增厚细胞；隔丝星毛状，具长柄，多数。孢子两侧对称，椭圆球状，单裂缝，裂缝长为孢子1/4-1/2，黄或绿色，透明，有瘤状纹饰。染色体基数 x=37。

单型科。

鹿角蕨属 Platycerium Desv.

属的特征与科同。

15种，分布中心在非洲、马达加斯加（6种）和东南亚（8种），1种产南美洲安第斯山脉。我国1种，引种栽培1种。植株优美，为著名观赏蕨类。

1. 正常能育叶片长25-70厘米，基生不育叶长宽均达40厘米；孢子囊群生于一次分叉裂片间 ························
 ························ **鹿角蕨 P. wallichii**
1. 正常能育叶片长0.25-1米，宽0.5-7.5厘米，基生不育叶长18-60厘米，宽8-45厘米；孢子囊群生于末回裂片先端 ························ (附). **叉叶鹿角蕨 P. bifurcatum**

鹿角蕨　　　　　　　　　　　　　　图 1108

Platycerium wallichii Hook., in Gard. Chron. 764. 1858.

附生。根茎肉质，短而横卧，密被鳞片，鳞片淡棕或灰白色，中间深褐色，坚硬，线形，长1厘米，宽4毫米。叶2列，二型；基生不育叶（腐殖叶）宿存，厚革质，下部肉质，厚达1厘米，上部薄，直立，无柄，贴生树干，长达40厘米，长宽近相等，先端截形，不整齐，3-5次叉裂，裂片近等长，全缘，主脉两面隆起，叶脉不明显，两面疏被星状毛，初时绿色，不久枯萎，褐色。正常能育叶常成对生长，下垂，灰绿色，长25-70厘米，不等大3裂，基部楔形，下延，近无柄，内侧裂片最大，多次分叉成窄裂片，中裂片较小，两者都能育，外侧裂片最小，不育，裂片全缘，被灰白色星状毛，叶脉粗而突出。孢子囊散生于主裂片第一次分叉的凹缺以下，不达基部，初绿色，后黄色；隔丝灰白色，星毛状。孢子绿色。

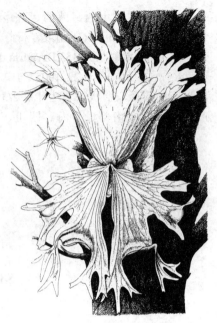

图 1108 鹿角蕨 （冀朝祯绘）

产云南，生于海拔210-950米山地雨林中。缅甸、印度东北部、泰国有分布。

[附] **叉叶鹿角蕨** 二歧鹿角蕨 彩片 154 **Platycerium bifurcatum** (Cav.) C. Chr. Ind. Fil. 496. 1906. —— *Acrostichum bifurcatum* Cav. in Ann. Hist. Nat. Madrid 105. 1799. 本种与鹿角蕨的主要区别：正常能育叶片长0.25-1米，宽0.5-7.5厘米；基生不育叶长18-60厘米，宽8-45厘米；孢子囊群着生末回裂片先端；孢子黄色。原产澳大利亚东北部沿海地区亚热带林中、新几内亚、小巽他群岛及爪哇等地。

59. 禾叶蕨科 GRAMMITIDACEAE
（张宪春）

小型附生蕨类。根茎通常短小，近直立，有时横走或攀援，被鳞片。叶簇生，叶柄基部与根茎相连处无关节；叶一型，单叶或一至三回羽状，通常被红或灰白色单一针状毛，无鳞片；叶脉分离，小脉单一或分叉。孢子囊群圆形或椭圆形，着生叶上面或下陷叶肉中，位于小脉顶端或中部，或伸长汇生囊群与中脉平行，位于纵沟内，有时为叶片所覆盖，无囊群盖；孢子囊顶端有时具刚毛，孢子囊柄除近顶部外为一行细胞组成；隔丝有或无。孢子绿色，辐射对称，球形或近球形，3裂缝，外壁具颗粒或小瘤状纹饰。

约10属，300种，分布于热带及亚热带地区。我国6属，约20种。

1. 孢子囊群着生叶上面。

  2. 叶片一至三回羽状分裂或几羽状。

   3. 裂片叶脉单一或2叉；孢子囊群每裂片1枚，着生叶片中脉两侧各成1行。

    4. 能育叶每羽片或裂片向基一半反卷包被孢子囊群 ·············· 1. 荷包蕨属 Calymmodon

4. 能育叶裂片平 ·· 2. 锯蕨属 Micropolypodium

   3. 裂片或羽片叶脉羽状，每裂片或羽片具多枚孢子囊群；孢子囊群在裂片或羽片中脉两侧各成1行 ···········

··· 3. 蒿蕨属 Ctenopteris

  2. 叶片全缘，偶有圆齿或浅裂，小脉分离，2叉 ····················· 5. 禾叶蕨属 Grammitis

1. 孢子囊群生于穴内或沟内。

   5. 叶篦齿状羽裂或羽状深裂；孢子囊群圆形或椭圆形，着生羽片小脉顶端，深陷叶肉穴内 ·············

··· 4. 穴子蕨属 Prosaptia

   5. 单叶全缘；孢子囊群线形，着生叶缘或叶缘与中脉间深纵沟内 ·············· 6. 革舌蕨属 Scleroglossum

1. 荷包蕨属 Calymmodon C. Presl

  小型，附生。根茎斜升，须根宿存，被鳞片，鳞片披针形或卵形，全缘，褐色。叶簇生；叶柄短而密集，贴生根茎；叶片线形，一回羽裂或羽状，叶脉在裂片或羽片上单一，稀分叉；叶软纸质，被柔毛或近无毛。孢子囊群圆形或椭圆形，在叶片上部，每羽片或裂片1枚，着生小脉中部或顶部，无隔丝，无囊群盖，每羽片或裂片向基一半反卷包被孢子囊群；孢子囊光滑，柄除顶部外具1行细胞，环带具12-17个增厚细胞。孢子球形，无周壁。

  约25种，分布于斯里兰卡至波利尼西亚，伊里安岛最丰富。我国2种。

1. 叶疏被短毛，裂片短条形或近长圆形，宽约0.7毫米，疏离 ·························· 短叶荷包蕨 C. asiaticus

1. 叶被较多棕色软毛，毛长1-2毫米，裂片基部宽5-6毫米，接近 ················· (附). 疏毛荷包蕨 C. gracilis

短叶荷包蕨　荷包蕨　　　　　　　　　　　　　　　图 1109：1-5

Calymmodon asiaticus Copel. in Philipp. Journ. Sci. Bot. 38: 154. 1929.

Calymmodon cucullatus auct. non (Nees et Bl.) Presl：中国高等植物图鉴1: 278. 1974.

  小型蕨类，高3-10厘米。根茎直立，有少数鳞片，鳞片厚膜质，披针形，长2毫米，宽约0.7毫米，先端常有1根刚毛或无。叶多数，簇生，枯后常宿存黑褐色叶轴；叶近无柄，叶片厚纸质，下面有1-2灰白色细毛，上面无毛，条形，长1.5-3.5厘米，宽达5毫米，向两端略窄，基部下延，羽状深裂几达羽轴，缺刻宽，裂片疏离，中部以下的不育，短条形或近长圆形，长1-2.5毫米，宽约0.7毫米，全缘，有1小脉，上部2-7对裂片能育，宽椭圆形或近圆形，幼时在下面从下向上对折包被孢子囊群，孢子囊群着生裂片中脉中部，近圆形，每裂片1枚，孢子囊无刚毛。

  产海南及广西，生于海拔400-1000米林中，附生树干或溪边岩石，常和苔藓混生。越南、泰国、菲律宾有分布。

图 1109：1-5.短叶荷包蕨
6-7.疏毛荷包蕨 （冀朝祯绘）

  [附] **疏毛荷包蕨** 图 1109：6-7

Calymmodon gracilis (Fée) Copel. in Philipp. Journ. Sci. Bot. 34: 266. 1927.

—— *Plectopteris gracilis* Fée, Gen. Fil. 230. 1852. 与短叶荷包蕨的区别：叶簇生，基部缢缩，无柄或柄极短；叶片裂片窄长椭圆形，长3-8厘米，宽5-6毫米，裂片接近，被较多棕色软毛，毛长1-2毫米；孢子囊群椭圆形，裂片下缘向上反折，几完全覆盖幼孢子囊群。产台湾。越南、菲律宾、马来亚和婆罗洲均有分布。

2. 锯蕨属 Micropolypodium Hayata

小型附生蕨类。根茎短，斜生或直立，顶端被棕色小鳞片。叶簇生，近无柄；叶片窄，羽状分裂或羽状，裂片平，基部贴生相连，每裂片有单一或分叉小脉，孢子囊群着生分叉小脉上侧小脉上，长圆形，成熟后通常圆形，表面生，无隔丝，孢子囊无刚毛。孢子圆球形，近无色透明。

约30种，间断分布于东亚和中南美洲。我国3种。

1. 叶片两面无毛，仅下面中脉疏被半透明叉状长毛 ·················· 1. 叉毛锯蕨 M. cornigerum
1. 叶片两面被长毛。
  2. 叶近革质，毛较少，叶片裂片长圆形、卵状长圆形或长三角形 ·············· 2. 锯蕨 M. okuboi
  2. 叶纸质，毛多，叶片裂片多，矩圆形或卵形 ·················· 3. 锡金锯蕨 M. sikkimense

1. 叉毛锯蕨　　　　　　　　　　　　　　　图 1110

Micropolypodium cornigerum (Baker) X. C. Zhang in Y. X. Lin, Fl. Reipub. Popul. Sin. 6(2): 301. 2000.

Polypodium cornigerum Baker in Hook. et Baker, Syn. Fil. 508. 1874.

根茎短小，直立，被鳞片，鳞片棕色，近膜质，披针形，长约2毫米，全缘。叶簇生；叶柄长3-5毫米，或近无柄，无毛或疏被半透明叉状长毛；叶片线形，长3-10厘米，宽4-6毫米，先端钝，基部渐窄长下延，几达叶柄基部，羽状深裂几达中肋；裂片8-10（-20）对，互生，斜上，三角形或三角状长圆形，长2-3毫米，基部宽1-2毫米，边缘或上侧稍波状或有1小齿；中脉明显，上面有浅沟，下面隆起，侧脉不明显，每裂片有1条，通常2叉，顶端膨大成椭圆状、半透明水囊体；叶近革质，除下面中脉疏被白色、半透明叉状长毛外，余无毛。孢子囊群圆形，着生裂片基部上侧分叉小脉顶端，斜上，每裂片1个，近中脉两侧各成1行。

产浙江、福建、广东及广西，附生于林中树干上。斯里兰卡有分布。

图 1110 叉毛锯蕨 （引自《浙江植物志》）

2. 锯蕨　　　　　　　　　　　　　　　图 1111

Micropolypodium okuboi (Yatabe) Hayata in Bot. Mag. Tokyo 42:302. 341. 1928.

Polypodium okuboi Yatabe in Bot. Mag. Tokyo 5: 35. t. 21. 1891.

根茎短，直立，被鳞片，鳞片棕色，近膜质，披针形，全缘。叶簇生；叶柄长不及1厘米，或几无柄，疏被暗棕色长刚毛；叶片线形，长 3-7 厘米，宽 4-6 毫米，先端锐尖，基部渐窄下延，羽状深裂几达中脉；裂片多数，互生近平展，长圆形、卵状长圆形或长三角形，有时稍镰刀状，长约 3 毫米，全缘；中脉明显，上面有浅沟，下面隆起，侧脉不明显，通常每裂片有 1 条，单一或分叉，顶端具 1-2 个水囊体；叶近革质，两面被暗棕色长刚毛。孢子囊群圆形或椭圆形，着生裂片基部上侧分叉小脉顶端，通常每裂片有 1 个，贴近中脉两侧各成 1 行。

产浙江、台湾、福建、江西、湖南、广东、广西及贵州，生于海拔 1100-1900 米林下，附生树干上，同苔藓混生。日本南部有分布。

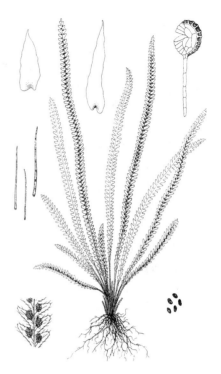

图 1111 锯蕨 （冀朝祯绘）

3. 锡金锯蕨 西南禾叶蕨 图 1112

Micropolypodium sikkimense (Hieron.) X. C. Zhang in Fl. Reipub. Popul. Sin. 6(2): 305. pl. 71. 2000.

Polypodium sikkimense Hieron. in Hedwingia 44: 97. 1905.

Grammitis sikkimensis (Hieron.) Ching; 中国高等植物图鉴 1: 276. 1972.

全株有褐棕色长硬毛。根茎短，直立或斜升，鳞片小，淡棕色，卵形，锐尖头，全缘，长宽 1-1.5 毫米。叶簇生；纸质，叶柄线状，栗褐色，长 2-3 厘米；叶片条形，向基部略窄，多少下延，长 4-15 厘米，宽 4-7 毫米，羽状深裂或近羽状；裂片互生，有缺刻分开，矩圆形或卵形，基部相连或下侧下延，宽 1.5-2 毫米，全缘，裂片叶脉单一或分叉，不达叶缘；叶质薄，纸质，毛多。孢子囊群圆形，通常着生分叉的上侧 1 条短小脉顶端。

产四川、云南及西藏，生于海拔 2200-3600 米林中树干基部或岩石上。越南、印度北部、不丹、尼泊尔有分布。

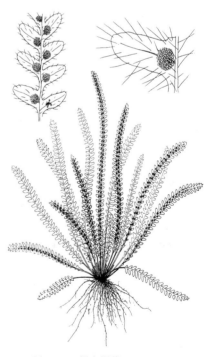

图 1112 锡金锯蕨 （冀朝祯绘）

3. 蒿蕨属 Ctenopteris Bl. ex Kunze

附生，小型或中型。根茎短，近直立或横走，密被不透明鳞片。叶簇生，叶片披针形，一回深羽裂或羽状，偶二回深羽裂，叶脉分离，不明显，裂片或羽片叶脉羽状，小脉通常单一；叶草质、肉质或革质，被红褐或暗褐色长毛。孢子囊群圆形或椭圆形，背生或顶生小脉，着生叶表面，稀稍下陷叶肉中，在中脉两侧各成 1 行，无隔丝，无囊群盖；孢子囊柄除近顶部外具 1 行细胞，环带具（8-）12（-14）个增厚细胞。孢子球形，无周壁，外壁具小瘤状纹饰。染色体基数 x=37。

约 200 余种，分布热带地区。我国 7 种。

1. 叶裂片具圆齿或锯齿 ·· 1. 虎尾蒿蕨 C. subfalcata
1. 叶裂片全缘或波状。
　2. 叶柄被红棕色伸展毛 ······································· 2. 蒿蕨 C. curtisii
　2. 叶柄被分枝刚毛 ······································ 2(附). 光滑蒿蕨 C. blechnoides

1. 虎尾蒿蕨　　　　　　　　　　　　　　图 1113

Ctenopteris subfalcata (Bl.) Kunze in Bot. Zeitung (Berlin) 6:120. 1848.

Polypodium subfalcatum Bl. Enum. Pl. Jav. 130. 1828.

根茎短，近直立；鳞片黄棕色，不透明，卵形。叶簇生，窄长披针形，长 5-10 厘米，宽约 1 厘米，一回羽状深裂，裂片基部下延贴生，下部裂片短，具圆齿或锯齿，叶两面被灰黄色平伏毛，毛长 2 毫米。孢子囊群圆形，表面生，孢子囊稀被小刚毛。

产安徽、台湾、湖南、贵州、四川、云南及西藏，生于海拔（1000-）2000-3200

图 1113 虎尾蒿蕨 （冀朝祯绘）

米林下，附生石上苔藓丛中或树干。印度、尼泊尔、斯里兰卡、泰国及马来西亚有分布。

2. 蒿蕨　　　　　　　　　　　　　　图 1114

Ctenopteris curtisii (Baker) Copel. in Phillipp. Journ. Sci. Bot. 81:103. 1953.

Polypodium curtisii Baker in Journ. Bot. London 10: 367. 1881.

根茎短，横卧；鳞片栗棕色，披针形，全缘。叶近生，叶柄长 2-5 厘米，被红棕色伸展毛；叶宽 2-3 厘米，长 10-20 厘米，一回羽裂；裂片全缘或波状，先端钝，基部贴生或下延，下部裂片短，中部裂片最长；叶两面无毛，叶脉不明显；叶柄和下部

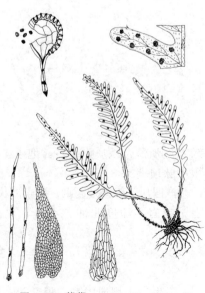

图 1114 蒿蕨 （引自《Fl. Taiwan》）

裂片边缘具毛。每裂片有孢子囊群若干，表面生或略下陷，圆形或椭圆形，中部着生。

产台湾。菲律宾、加里曼丹、西里伯斯、苏门答腊及新几内亚有分布。

[附] **光滑蒿蕨 Ctenopteris blechnoides** (Grev.) W. H. Wagner et Grether in Univ. Calif. Publ. Bot. 23:61. 1948. —— *Gremmitis blechnoides* Grev. in Ann. Mag. Nat. Hist. ser. 2, 1:328. t. 17. 1848. —— *Ctenopteris moultonii* (Copel.) C. Chr. et Tardieu; 中国植物志 6(2):309. 2000. 本种与蒿蕨的主要区

别：根茎鳞片长圆状三角形；叶簇生，叶柄不明显，黑栗色，被短硬分枝刚毛；叶片窄长披针形，篦齿状深裂几达叶轴，下部数对裂片耳状。产海南，生于海拔 600-800 米密林中，附生树干。印度南部、斯里兰卡、柬埔寨、泰国、马来西亚、苏门答腊、婆罗洲有分布。

4. 穴子蕨属 Prosaptia C. Presl.

附生，小型或中型。根茎短，横走或直立，被鳞片，鳞片窄，深褐色，有睫毛。叶簇生；叶柄与根茎相连处有假关节；叶片披针形，篦齿状羽裂或羽状深裂，裂片叶脉羽状；叶革质或肉质，被刚毛或近无毛。孢子囊群圆形或椭圆形，着生小脉顶端，深陷叶肉穴内，向叶缘开口或近叶缘，无隔丝；孢子囊柄除顶部外具1行细胞，环带具11个增厚细胞。孢子近球形，3裂缝，无周壁，外壁具颗粒状或小瘤状纹饰。染色体基数 x=37。

约20种，分布于亚洲热带，印度南部至波利尼西亚。我国约3种。

1. 孢子囊群着生叶下面，在裂片中脉两侧各有1行。
　2. 叶柄长不及1厘米；孢子囊群近椭圆形或圆形 ·········· 1. **穴子蕨 P. khasyana**
　2. 叶柄长2-3厘米；孢子囊群线形，斜上 ·········· 1(附). **琼崖穴子蕨 P. obliquata**
1. 孢子囊群着生裂片边缘；叶柄长约3厘米 ·········· 2. **缘生穴子蕨 P. contigua**

1. 穴子蕨
图 1115

Prosaptia khasyana (Hook.) C. Chr. et Tardieu in Notul. Syst. (Paris) 8:180. 1939.

Polypodium khasyanum Hook. Icon. Pl. t. 949. 1854.

Prosaptia urceolaris (Hayata) Copel.; 中国高等植物图鉴 1:227. 1972.

根茎短，斜升，被鳞片，鳞片长圆状三角形，长3毫米，宽达1.2毫米，灰褐色，边缘有纤毛。叶柄长不及1厘米，密被毛；叶片窄披针形，向两端渐窄，长20-40厘米，宽达3厘米，羽状深裂达叶轴1-2毫米处，裂片斜升，长圆状三角形，全缘，下部裂片渐短，中部裂片长达1.4厘米，宽5毫米；叶薄革质，叶脉单一，裂片基部小脉通常出自中脉，叶片上面光滑或疏被毛，叶缘和下面被毛，叶缘毛有时成簇。孢子囊群着生叶脉尖端以上或中部，圆形或近椭圆形，生于穴中，穴的边缘不甚隆起，穴内有毛。

图 1115 穴子蕨
(仿《中国蕨类植物图谱》)

产台湾、广东、海南、广西及云南，生于海拔600-1500米密林下，附生潮湿岩石上。泰国、越南、印度东北部、西马来西亚、菲律宾有分布。

[附] **琼崖穴子蕨 Prosaptia obliquata** (Bl.) Merr. in Novara Reise Bot. 1:214. 1870. ——*Polypodium obliquatum* Bl. Enum. Pl. Jav. 128. 1828. 本种与穴子蕨的主要区别：根茎近直立或横卧，鳞片暗棕色、窄披针形；叶柄长2-3厘米，叶柄和叶片中脉被黑色短毛；孢子囊群线形，斜上，深陷叶肉中，穴边缘隆起。产台湾、海南，生于密林中树干上。斯里兰卡、印度南部、越南、菲律宾、印度尼西亚有分布。

2. 缘生穴子蕨   图 1116

Prosaptia contigua (G. Forst.) C. Presl, Tent. Pterid. 166. 1836.

Trichomanes contiguum G. Forst. Prodr. 84. 1786.

根茎短，鳞片暗棕色，窄，长6毫米，边缘密生短刚毛。叶簇生；叶柄长约3厘米，幼时密被黑红色短刚毛；叶片线状披针形，长20-40厘米，宽2.5-5厘米，先端骤窄，基部渐窄，羽状深裂达叶轴；羽片线形，基部宽与羽片基部相连贴着叶轴，无柄，由基部向顶端渐窄，先端钝圆，基部宽3-5毫米，下部羽片渐宽短；中脉明显，小脉不明显；叶革质，

图 1116 缘生穴子蕨 （冀朝祯绘）

着生侧生裂片上，深藏叶肉内，在裂片顶部开口。

产台湾、海南、广东及云南，生于岩石上。泰国、印度、斯里兰卡、马来西亚、印度尼西亚、菲律宾、印度南部、马来亚、波利尼西亚有分布。

上面无毛，下面疏被直立毛；叶轴两面被黑红色短刚毛。孢子囊群边缘生，着生上部小脉顶端，每羽片有1-5个，羽片顶端有1个，余

5. 禾叶蕨属 Grammitis Sw.

小型，附生，稀土生。根茎近直立，或短而横走，被褐色鳞片。叶簇生，稀疏生；单叶，披针形或线形，全缘，偶有圆齿或浅裂，中脉明显，小脉分离，2叉；叶膜质、肉质或革质，被红褐色长毛，稀无毛。孢子囊群圆形或略椭圆形，着生每组小脉基部上侧分叉小脉，中脉两侧各有1行，着生叶片表面，无囊群盖；隔丝丝状，或无隔丝；孢子囊柄除近顶部外为1行细胞组成；孢子囊环带具（8-）12（-16）个增厚细胞；孢子囊有时有1-3刚毛。孢子球形或近球形，较小，外壁具小瘤状纹饰，小瘤有时脱落。染色体基数 x=37。

约150种，分布于热带地区，亚洲为中心。我国约7种。

1. 叶片两面被毛。
　　2. 叶片条形或条状披针形，宽2-3（-7）毫米，两面连同叶柄有红棕色长硬毛 …… 1. **短柄禾叶蕨 G. dorsipila**
　　2. 叶片线形或窄椭圆形，宽0.4-1厘米，叶柄长2-5厘米，密被灰白色针毛 ……… 2. **太武禾叶蕨 G. congener**
1. 叶片两面无毛，或幼时疏被毛 ………………………………………… 2(附). **无毛禾叶蕨 G. adspersa**

1. 短柄禾叶蕨 红毛禾叶蕨 两广禾叶蕨 图 1117

Grammitis dorsipila (Christ) C. Chr. et Tardieu in Notul. Syst. (Paris) 8: 179. 1939.

Polypodium dorsipilum Christ in Warb. Monsunia 1: 59. 1900.

Grammitis hirtella auct. non (Bl.) Tuyama: 中国高等植物图鉴 1:277. 1972.

Grammitis lasiosora auct. non (Bl.) Ching: 中国高等植物图鉴 1:277. 1972.

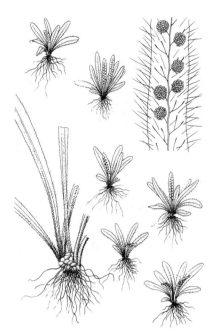

图 1117 短柄禾叶蕨 （冀朝祯绘）

根茎短，近直立，顶部密生鳞片，鳞片卵状披针形，全缘，长约2毫米，亮棕色。叶簇生，近无柄，条形或条状披针形，长2-8厘米，宽2-3（-7）毫米，全缘，基部窄楔形下延；叶片革质，两面连同叶柄有红棕色长硬毛；中脉上面平，下面稍凸起，侧脉分叉，疏离叶缘。孢子囊群圆形或椭圆形，着生叶片上部侧脉上侧1小脉顶端，近中脉，不陷入叶肉；孢子囊常有1-3针毛。

产浙江、台湾、福建、江西、湖南、广东、海南、香港、广西、贵州及云南，生于海拔 400-800 米林下，附生树干或溪边岩石上。日本、中南半岛有分布。

2. 太武禾叶蕨 图 1118

Grammitis congener Bl. Enum. Pl. Jav. 115. 1828.

根茎短，横卧或近直立；鳞片卵形，全缘，黄棕色。叶柄长2-5厘米，密被灰白色针毛，兼有红棕色长毛；叶线形或窄椭圆形，长8-15厘米，宽0.4-1厘米，先端钝或尖，向下渐窄，基部渐尖，全缘或波状。孢子囊群圆形，近中脉着生，孢子囊有针毛。

产台湾。马来西亚有分布。

[附] **无毛禾叶蕨 Grammitis adspersa** Bl. Fl. Jav. 2: 115. pl. 48. f. 2. 1828. 本种与太武禾叶蕨的主要区别：根茎横走或斜生，鳞片亮棕色、披针形；叶柄纤细，长0.5-1（-1.5）厘米，被毛，易脱落，叶片线形，长（2）3-5（6）厘米，宽2-5毫米，两面光滑或疏被短毛；叶片草质。产台湾及海南，生于苔藓附生的树干。稀见。越南、马来西亚、菲律宾及爪哇有分布。

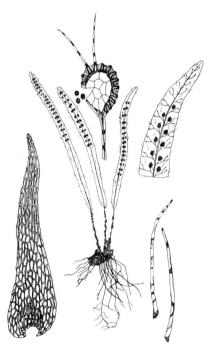

图 1118 太武禾叶蕨
（引自《Fl. Taiwan》）

6. 革舌蕨属 Scleroglossum Alderw.

附生，小型蕨类。根茎短，直立或斜生，被鳞片，鳞片细小，棕色，全缘。叶簇生，近无柄，单叶，窄线形，全缘，革质，中脉和叶缘疏被早落单生或成对或丛生毛，叶脉不明显，分离，偶连结。孢子囊群线形，着生叶缘或叶缘与中脉间的深纵沟内，中脉两侧各有 1 行，通常分布叶片上部而不达顶端，无隔丝或隔丝极不明显；孢子囊柄除顶部外为 1 行细胞组成，环带约具 12 个增厚细胞。孢子球形。

约 8 种，分布于斯里兰卡、中南半岛、马来群岛至澳大利亚及波利尼西亚。我国 1 种。

革舌蕨　　　　　　　　　　　　　　　　图 1119

Scleroglossum pusillum (Bl.) Alderw. in Bull. Jard. Bot. Buitenzory 2(7): 39. pl. 5. f. 1-2. 1912.

Vittaria pusilla Bl. Enum. Pl. Java 199. 1828.

根茎斜升，鳞片披针形，长约 6 毫米，暗褐色，膜质，上部窄。

叶簇生，近无柄；单叶或偶分叉，线状舌形，通直或稍镰刀状，长 2-12 厘米，宽 3-4 毫米，先端钝或圆，下部渐窄，全缘，中脉下面下部稍明显，上面有浅沟，小脉不明显，分离，偏斜，分叉；叶厚革质，坚硬，叶下面及边缘疏生星状毛。孢子囊群着生稍近叶缘沟中，叶片上部 1/3-1/2 能育，叶缘不育部分宽度约为中央不育部分的一半。

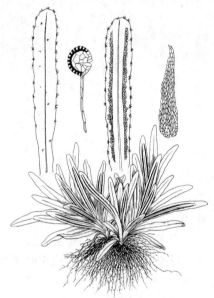

图 1119　革舌蕨　（冀朝祯绘）

产台湾、海南、广西及云南。斯里兰卡、泰国、越南、菲律宾、马来西亚及印度尼西亚有分布。

60. 剑蕨科 LOXOGRAMMACEAE

（张宪春）

土生或附生，小型或中型，常绿，旱季叶内卷，雨季张开。根茎长而横走或短而直立，具穿孔网状中柱，密被鳞片，鳞片薄，卵状披针形，基部着生，全缘，深褐色，有透明密网眼。单叶，一型，稀二型，关节不明显，着生根茎；叶簇生或散生，具短柄或无柄；叶片线形、披针形或倒披针形，基部渐窄，全缘，无毛，稍肉质，干后软革质，下面淡黄棕色，叶下表皮有骨针状细胞，干后纵向皱缩，中脉粗，下面明显，多少隆起，侧脉不明显，小脉网状，网眼大而稀疏，长而斜展，略六角形，通常无内藏小脉。汇生孢子囊群粗线形，略下陷于叶肉中，斜出，平行，着生中脉两侧，与中脉斜交，或与中脉近平行，横过多个小脉网眼，几达叶缘，无囊群盖，隔丝线形，或无隔丝；孢子囊水龙骨型，具长柄。孢子绿色，旋色淡，两侧对称或辐射对称，具单裂缝或3裂缝，外壁具小瘤块或疣块状纹饰。染色体数目2n=70，72。

2属。我国1属。

剑蕨属 Loxogramme（Bl.）C. Presl

属的特征与科相同。

约33种，主要分布于亚洲热带及亚热带地区，中美洲1种，太平洋岛屿1种，非洲4种。我国约11种。

1. 植株高3-25厘米；孢子圆球形，3裂缝。
  2. 叶片匙形或倒披针形，长5-8厘米 ·· 1. **匙叶剑蕨 L. grammitoides**
  2. 叶片线状披针形。
    3. 根茎细长，鳞片褐棕色，质薄 ··· 2. **中华剑蕨 L. chinensis**
    3. 根茎较粗短，鳞片黑色，质厚 ··· 3. **黑鳞剑蕨 L. assimilis**
1. 植株高（15-）20-40厘米；孢子椭圆形或肾形，单裂缝。
  4. 根茎粗短，直立或横卧；叶近生或簇生，叶柄长1-3厘米；叶片倒披针形 ········ 4. **台湾剑蕨 L. formosana**
  4. 根茎细长，横走；叶疏生。
    5. 叶柄干后非黑色，叶片披针形。
      6. 叶柄较短或不明显 ··· 5. **西藏剑蕨 L. cuspidata**
      6. 叶柄长2-5厘米 ·· 6. **柳叶剑蕨 L. salicifolia**
    5. 叶柄干后亮褐至黑色，叶片线状倒披针形 ······························· 7. **褐柄剑蕨 L. duclouxii**

1. 匙叶剑蕨　　　　　　　　　　图 1120

Loxogramme grammitoides（Baker）C. Chr. Ind. Fil. Suppl. 2:21. 1917.

Gymnogramma grammitoides Baker in Journ. Bot. 27: 178. 1889.

植株高5-8厘米。根茎长，横走，密被鳞片，鳞片褐棕色，披针形，边缘略有微齿。叶疏生或近生；叶柄短或近无柄，淡绿色，基部被鳞片；叶片匙形或倒披针形，长5-8厘米，中部以上宽0.5-1厘米，基部渐窄长下延至叶柄基部，全缘；中脉明显，两面稍隆起，小脉网状，不明显，网眼窄长，斜上，无内藏小脉；叶纸质，两面近光滑。孢子囊群长圆形，2-5对，斜上，稍下陷于叶肉中，沿中脉两侧各成1行，着生叶片上部，下部

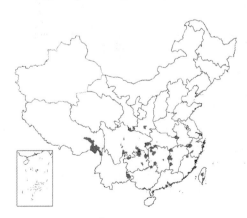

图 1120　匙叶剑蕨　（张桂芝绘）

不育，无隔丝。孢子圆球形，3 裂缝。

产河南、陕西、甘肃、安徽、浙江、台湾、福建、江西、湖北、湖南、广西、贵州、四川、云南及西藏，生于常绿阔叶林下，附生岩石或树干。日本有分布。

2. 中华剑蕨　　　　　　　　　　　　　图 1121

Loxogramme chinensis Ching in Sinensis 1: 13. 1929.

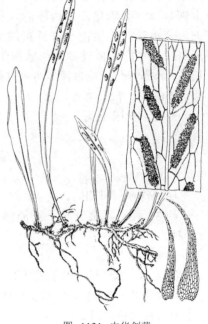

图 1121 中华剑蕨
（孙英宝仿《中国蕨类植物图谱》）

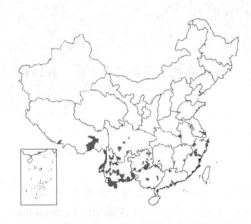

植株高 5-12 厘米。根茎细长，横走，密生鳞片，鳞片褐棕色，披针形，先端钻状，质薄。叶疏生或近生，有短柄；叶片线状披针形，长 5-12 厘米，中部宽 0.5-1.2 厘米，先端锐尖，基部下延叶柄基部，全缘或微波状，干后略反卷；中脉两面明显，侧脉不明显；叶肉质，干后厚纸质，黄绿色。孢子囊群长圆形，5-8 对，斜上，有时与中脉近平行，着生叶片中部以上，下部不育，无隔丝。孢子圆球形，3 裂缝。

产安徽、浙江、福建、江西、湖南、广东、广西、贵州、四川、云南及西藏，生于岩石上。尼泊尔、不丹、印度、缅甸、越南有分布。

3. 黑鳞剑蕨　　　　　　　　　　　　　图 1122

Loxogramme assimilis Ching in Bull. Dept. Biol. Coll. Sci. Sun Yatsen Univ. 6: 31. 1933.

图 1122 黑鳞剑蕨 （冀朝祯绘）

植株高 10-25 厘米。根茎较粗短，横走，密被黑色鳞片，鳞片线状披针形，长约 5 毫米，基部宽 2 毫米，质厚。叶疏生或近生，无柄或柄略短；叶片线状披针形，长 10-25 厘米，宽 1-2.5 厘米，中上部较宽，向两端渐窄，基部下延；叶两面光滑，厚草质或革质；叶脉不明显。孢子囊群长圆状线形，斜生，疏离中脉，近叶缘，无隔丝。孢子圆球形，3 裂缝。

产江西、海南、广西、贵州、四川及云南，生于海拔 600-2200 米林中，附生岩石或树干。越南北部有分布。

4. 台湾剑蕨　　　　　　　　　　　　　图 1123

Loxogramme formosana Nakai in Bot. Mag. Tokyo 43: 8. 1929.

植株高 20-40 厘米。根茎粗短，直立或横卧，密被鳞片，鳞片淡棕

色，宽卵形，渐尖头，全缘，长约5毫米，宽约2.5毫米，网眼细密。叶近生或簇生；叶柄粗，长1-3厘米，扁，基部亮褐色；叶片倒披针形，长20-35厘米，宽3-3.5厘米，上部2/3处较宽，向下渐窄长下延；叶纸质，绿色，无毛，中脉两面明显，略凸起。孢子囊群着生叶上半部，无隔丝。孢子肾形，单裂缝。

产台湾、贵州及四川。

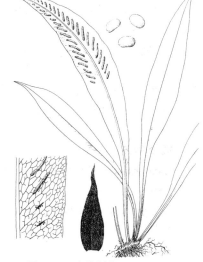

图 1123 台湾剑蕨 （冀朝祯绘）

5. 西藏剑蕨   图 1124

Loxogramme cuspidata (Zenker) M. G. Price in Amer. Fern Journ. 74 (2):61.1984.

Grammitis cuspidata Zenker, Plant. Ind. 1: t. 2. 1835.

植株高35-40厘米。根茎细长，横走，径约3毫米，连同叶柄基部密被鳞片，鳞片褐棕色，披针形，网眼较密。叶疏生；叶柄较短或不明显；叶片披针形，上部1/3处宽约3厘米，中部以下渐窄，下延几达基部，几无柄；中脉上面隆起，下面稍隆起；叶干后厚纸质，上面绿色，下面淡绿色，侧脉不明显。孢子囊群排成线形近中脉，斜上，长达2.5厘米，隔丝疏生孢子囊群中。孢子肾形，单裂缝。

产四川、云南及西藏，生于海拔2000-3500米，附生树干或岩石。印度有分布。

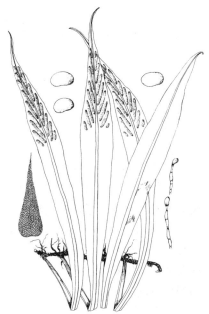

图 1124 西藏剑蕨 （李爱莉绘）

6. 柳叶剑蕨   图 1125

Loxogramme salicifolia (Makino) Makino in Bot. Mag. Tokyo 19:138. 1905.

Gymnogramme salicifolia Makino, Phan. et Pterid. Jap. Icon. 3: pl. 34. 1899.

植株高15-35厘米。根茎横走，径约2毫米，被棕褐色、卵状披针形鳞片。叶疏生，相距1-2厘米；叶柄长2-5厘米或近无柄，与叶片同色，基部有卵状披针形鳞片，向上光滑；叶片披针形，长12-32厘米，中部宽1-1.5（-3）厘米，基部渐窄下延至叶柄下部或基部，全缘，干后稍反折；中脉上面明显，平，下面隆起，不达

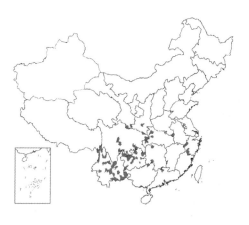

顶端，小脉网状，网眼斜上，无内藏小脉；叶稍肉质，干后革质，皱缩。孢子囊群线形，通常 10 对以上，与中脉斜交，稍密接，稍下陷于叶肉中，着生叶片中部以上，下部不育，无隔丝。孢子椭圆形，单裂缝。

产河南、甘肃、安徽、浙江、台湾、福建、江西、湖北、湖南、广东、香港、广西、贵州及四川，生于海拔 200-1200 米，附生树干或岩石。韩国、日本有分布。

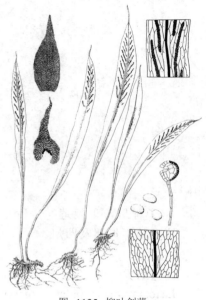

图 1125 柳叶剑蕨
（孙英宝仿《中国蕨类植物图谱》）

7. 褐柄剑蕨   图 1126

Loxogramme duclouxii Chirst in Bull. Acad. Int. Geogr. Bot. 16: 140. 1907.

Loxogramme saziran Tagawa; 中国高等植物图鉴 1: 276. 1972.

植株高 15-40 厘米。根茎细长，横走，径 1-1.6 毫米，黑色，光滑，鳞片常脱落。叶疏生，叶柄基部常留一簇鳞片，有关节，叶足高 1-2 毫米，叶足鳞片长 3-4 毫米，宽 0.9-1.6 毫米，卵形；叶柄长达 7 厘米，干后亮褐至黑色；叶片线状倒披针形，长 10-35 厘米，宽 1.5-2.5（-3.5）厘米，向两端渐窄，基部下延至叶柄；中肋上面隆起，下面平，侧脉不明显，叶稍肉质，干后革质，皱缩。叶片上部能育，孢子囊群与中脉夹角较小，通常 10 对以上，密接，稍下陷叶肉中，着生叶片中部以上，下部不育，无隔丝，或有少数长不及孢子囊的隔丝。孢子肾形，单裂缝。

产河南、陕西、甘肃、安徽、浙江、江西、湖北、湖南、广东北部、广西北部、贵州、四川及云南，生于海拔 800-2500 米常绿阔叶林下，附生岩石或树干。日本、朝鲜半岛南部、印度东北部、越南北部有分布。

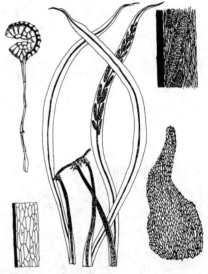

图 1126 褐柄剑蕨 （引自《Fl. Taiwan》）

61. 蘋科 MARSILEACEAE

（林尤兴）

通常生于浅水淤泥或湿地沼泽小型蕨类。根茎细长横走，具管状中柱，被短毛。不育叶为线形单叶，或由2-4片倒三角形小叶组成，着生叶柄顶端，漂浮或伸出水面，叶脉分叉，顶端联成窄长网眼；能育叶为球形或椭圆状球形孢子果，有柄或无柄，通常近根茎，着生不育叶柄基部或近叶柄基部的根茎，一个孢子果内有2至多数孢子囊。孢子囊二型，大孢子囊具1个大孢子，小孢子囊有多数小孢子。

3属，约75种，主产大洋洲、非洲及南美洲。我国1属。

蘋蕨属 Marsilea Linn.

浅水生蕨类。根茎细长横走，有腹背面，节生根，向上生出单生叶或簇生叶。不育叶近生或疏生，沉水时叶柄细长柔弱，湿生时叶柄短而坚挺；叶片由4片倒三角形小叶组成，着生叶柄顶端，漂浮水面或立于水面；叶脉明显，自小叶基部呈辐射状二叉分枝，向叶缘构成窄长网眼。孢子果圆形或椭圆状肾形，外壁坚硬，两瓣开裂，果瓣具平行脉；孢子囊线形或椭圆状圆柱形，紧密排成2行，着生孢子果内壁胶质囊群托上，囊群托末端附着孢子果内壁，成熟时孢子果开裂，每个孢子囊群有少数大孢子囊和多数小孢子囊，每大孢子囊内有1个大孢子，每小孢子囊有多数小孢子，孢子囊无环带。大孢子卵圆形，周壁具较密细柱，构成不规则网状纹饰；小孢子近球形，具周壁。染色体基数 x=10。

约70种，遍布世界各地，主产大洋洲及南部非洲。我国3种。

1. 孢子果双生或单生于略近叶柄基部；小叶全缘 ·················· 1. 蘋蕨 M. quadrifolia
1. 孢子果1-2个或数个集生于叶柄着生处根茎节上；小叶外缘全缘、有波状圆齿或浅裂。
  2. 孢子果椭圆形，两侧面隆起，果壁褐色，木质化，坚硬；小叶上缘通常具波状圆齿 ··············
  ·················· 2. 南国田字草 M. crenata
  2. 孢子果近方形，两侧面略内凹，果壁黄色，软革质；小叶上缘平滑 ············· 2(附). 埃及蘋蕨 M. aegyptica

1. 蘋蕨 四合草

图 1127 彩片 155

Marsilea quadrifolia Linn. Sp. Pl . 1099. 1753.

植株高5-20厘米。根茎细长横走，分枝，顶端被淡棕色毛，茎节疏离，向上生出1至数叶。叶柄长5-20厘米；叶片具4片倒三角形小叶，呈十字形，长宽均1-2.5厘米，外缘半圆形，基部楔形，全缘，幼时被毛，草质，叶脉自小叶基部向上辐射状分叉，成窄长网眼，伸向叶缘，无内藏小脉。孢子果双生或单生于短柄，短柄着生叶柄基部，长椭圆形，幼时被毛，褐色，木质，坚硬。每个孢子果有单生孢子囊，大小孢子囊同生于孢子囊托，1个大孢子囊有1个大孢子，1个小孢子囊有多数小孢子。

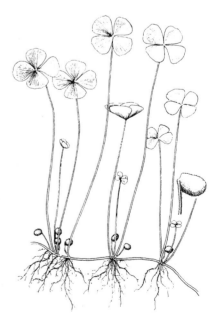

图 1127 蘋蕨 （冀朝祯绘）

产长江以南各省区，北达华北和辽宁，西北至新疆，生于水田或沟塘中，为水田有害杂草。世界温带至热带地区有分布。可作饲料；全草入药，清热解毒，利尿消肿，外用治疮痈、毒蛇咬伤。

2. 南国田字草　　　　　　　　　　　　　图 1128：1-5

Marsilea crenata C. Presl, Rel. Haenk. 1：84. pl. 12. f. 13. 1825.

植株夏季生于深水中，叶片漂浮，叶柄长达 30 厘米，在浅水中，叶片挺立出水，叶柄长 8-10 厘米，小叶长 2 厘米，外缘全缘、有波状圆齿或浅裂。根茎节间长 6-9 厘米。冬季，生于干旱水田的植株小，根茎节间长 1-4 毫米；叶柄长 2-8 厘米，小叶长 0.5-1 厘米。孢子果柄长约 5 毫米，着生叶柄基部，通常 1-2 个或数个集生，椭圆形，两侧面隆起，果壁褐色，木质化，坚硬，与果柄连接的孢子果上方有 2 齿牙状凸起。

产台湾及福建，生于水塘、沟渠及水田中。马来西亚、印度尼西亚及菲律宾有分布。

　　[附] **埃及蘋蕨**　埃及苹　图 1128：6-7 **Marsilea aegyptica** Wild. Sp. 5：

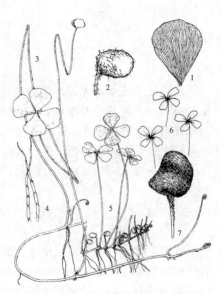

图 1128：1-5.南国田字草　6-7.埃及蘋蕨
（引自《 Fl. Taiwan》《中国植物志》）

540. 1810. 本种与南国田字草的主要区别：孢子果近方形，两侧面略内凹，果壁黄色，软革质；小叶上缘平滑。产新疆，生于平原半干芦苇地或河滩芦苇湖地。非洲有分布。

62. 槐叶蘋科 SALVINIACEAE

（林尤兴）

小型漂浮蕨类。根茎细长，横走，被毛，无根，具原生中柱。无柄或具极短柄；叶3片轮生成3列，2列漂浮水面，为正常叶，长圆形，绿色，全缘，被毛，上面密被乳头状突起，中脉略显；另1列叶须根状，悬垂水中，称沉水叶，有根的作用，称假根。孢子果簇生沉水叶基部，或沿沉水叶成对着生；孢子果有大小2种，大孢子果较小，内生8-10个具短柄的大孢子囊，每个大孢子囊有1个大孢子；小孢子果大，内生多数具长柄的小孢子囊，每个小孢子囊有64个小孢子；大孢子囊花瓶状，瓶颈缢缩，3裂缝位于瓶口，无周壁，外壁有浅小凹洼。小孢子球形，3裂缝较细，裂缝处外壁常内凹，成三角状，无周壁，外壁较薄，光滑。

1属，分布各大洲，主产美洲和非洲热带。

槐叶蘋属 Salvinia Adans

属的特征同科。染色体基数 x=9。

约10种，广布各大洲，主产美洲和非洲热带地区。我国1种。

槐叶蘋

图 1129 彩片 156

Salvinia natans (Linn.) All. Fl. Pedem. 2: 289. 1785.

Marsilea natans Linn. Sp. Pl. 1099. 1753.

小型漂浮蕨类。茎细长，横走，被褐色节状毛，3叶轮生，上面2叶漂浮水面，形如槐树叶，长圆形或椭圆形，长0.8-1.4厘米，宽5-8毫米，基部圆或稍心形，全缘；叶柄长1毫米或近无柄，叶脉斜出，中脉两侧有小脉15-20对，每条小脉有5-8束白色刚毛；叶草质，上面深绿色，下面密被棕色茸毛；下面1叶悬垂水中，细裂成线状，如须根，被毛，有根的作用。孢子果4-8个簇生于沉水叶基部，疏生成束短毛，小孢子果淡黄色，大孢子果淡棕色。

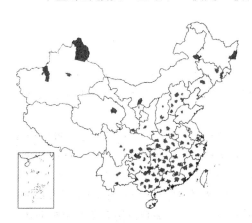

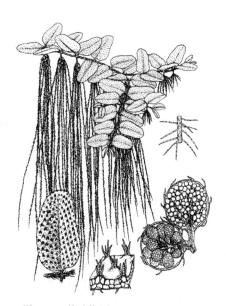

图 1129 槐叶蘋 （引自《Fl. Taiwan》）

产黑龙江、吉林、辽宁、内蒙古、河北、山东、山西、河南、陕西、宁夏、甘肃、青海、新疆、江苏、安徽、浙江、台湾、福建、江西、湖北、湖南、广东、香港、海南、广西、贵州、四川及云南，生于水田中、沟塘和静水溪河内。日本、越南、印度及欧洲有分布。全草入药，煎服，治虚劳发热，湿疹，外敷治丹毒、疔疮和烫伤。

63. 满江红科 AZOLLACEAE

（林尤兴）

小型水生漂浮蕨类。根茎细弱，具直立或呈'之'字形主干，易折断，绿色，具原始管状中柱，侧枝腋内生或腋外生，羽状分枝，或假二歧分枝，通常漂浮水面，水浅时或植株密集的情况下，呈莲座状。茎挺立，可高出水面3-5厘米。叶无柄，成2列互生茎上，覆瓦状排列，每叶片深裂，有背腹面，上面的裂片称背裂片，浮于水面，长圆形或卵形，中部略内凹，上面密被瘤状突起，绿色，肉质，基部肥厚，下面隆起，形成空腔，称共生腔，腔内寄生能固氮的鱼腥藻；腹裂片近贝壳状，膜质，覆瓦状排列，透明，无色，或近基部粉红色，略厚，沉于水中，有浮载作用，若植株处于直立状态，则腹裂片具有和背裂片同样的光合作用功能，叶肉的花青素由绿色变红或黄色。孢子果有大小两种，多双生，稀4个簇生茎分枝处；大孢子果小于小孢子果，通常位于小孢子果下面，幼时被孢子叶所包，长圆锥形，外面被果壁包裹，内藏1个大孢子，顶部被帽状物覆盖，成熟时帽脱落，露出被一圈纤毛围着的漏斗状开口，精子由开口进入受精，漏斗状开口下面的孢子囊体上，围着3-9个无色海绵状起漂浮作用的附属物，称浮膘，浮载大孢子囊体漂浮水面，小孢子果体积是大孢子果的4-6倍，呈球形或桃形，顶端具喙状突起，外壁薄而透明，内含多数小孢子囊；小孢子囊球形，具长柄，每个小孢子囊有64个小孢子，着生在5-6个无色透明泡胶块上，泡胶块具附属物，使其固定于大孢子囊体上，便于精子进入大孢子囊受精。大小孢子均圆形，3裂缝。

1 属。

满江红属 Azolla Lam.

属的特征同科。染色体基数 x=22。

约6种，分布于美洲、亚洲和大洋洲。我国2种和2变种。

1. 大孢子囊具9个浮膘，泡胶块有少数单一或不规则分枝的丝状毛；侧枝腋内生，数目与茎叶相等。
  2. 植株群体通常不结孢子果，有时结少量孢子果，小孢子果占大多数，多长在温暖地区，少数植株能越冬，来年靠无性繁殖群体。
    3. 植株叶片因气温降低由绿色渐变为红色 ·············· 1. 满江红 A. imbricata
    3. 植株叶片不因气温降低由绿变为红色，始终保持绿色 ······ 1(附). 常绿满江红 A. imbricata var. sempervirens
  2. 植株群体通常（特别在秋季），大量结孢子果，大小孢子果的比例1:1；冬季植株多死亡，来年靠受精的大孢子繁殖群体 ·············· 1(附). 多果满江红 A. imbricata var. prolifera
1. 大孢子囊具3个浮膘，泡胶块具锚状毛；侧枝腋外生，数目比茎叶数目少 ········· 2. 细叶满江红 A. filiculoides

1. 满江红
图 1130 彩片 157

Azolla imbricata (Roxb. ex Griff.) Nakai in Bot. Mag. Tokyo 39:185. 1925.

Salvinia imbricata Roxb. ex Griff. in Calcutta Journ. Nat. Hist. 4:470. 1844.

小型漂浮蕨类。植株卵形或三角形。根茎细长横走，侧枝腋生，假二歧分枝，向下生须根。叶小如芝麻子，互生，无柄，覆瓦状在茎枝排成2行；叶片背裂片长圆形或卵形，肉质，绿色，秋后随气温降低渐变为红色，边缘无色透明，上面密被乳头状瘤突，下面中部略凹陷基部肥厚形成共生腔；腹裂片贝壳状，无色透明，稍紫红色，斜沉水

中。孢子果双生于分枝处，大孢子果长卵形，顶部喙状，具1个大孢子囊，大孢子囊产1个大孢子，大孢子囊外壁具9个浮膘，分上下2排附着大孢子囊体，上部3个较大，下部6个较小；小孢子果大，圆球形或桃形，顶端具短喙，果壁薄而透明，具多数有长柄的小孢子囊，每小孢子囊有64个小孢子，分别埋藏

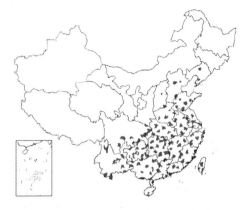

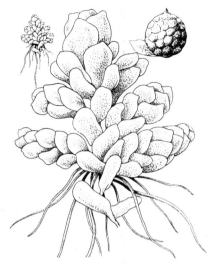

在 5-8 块无色海绵状泡胶上，泡胶块有丝状毛。

产长江流域和南北各省区及台湾，生于水田和静水沟塘中。朝鲜半岛及日本有分布。植株与固氮蓝藻共生，为优良绿肥，也是好饲料；全草药用，能发汗、利尿，祛风湿，治顽癣。

[附] **多果满江红 Azolla imbricata** var. **prolifera** Y. X. Lin in Acta Phytotax. Sin. 18(4): 454. 1980. 与模式变种的主要区别：植株在秋季随气温降低大量结孢子果，大小孢子果比例 1:1。冬季植株多枯死，来年靠已受精的大孢子繁殖。产山东及河南。

[附] **常绿满江红 Azolla imbricata** var. **sempervirens** Y. X. Lin in Acta Phytotax. Sin. 18(4): 454. 1980. 与模式变种的主要区别：植株终年绿色，不受季节温带变化而改变颜色，腹裂片非紫红色。产福建、广东及广西。越南有分布。

图 1130 满江红 （冀朝祯绘）

2. 细叶满江红
图 1131

Azolla filiculoides Lam. Enc. 1: 343. 1783.

本种与我国常见的满江红的区别：植株粗壮；侧枝腋外生，侧枝数目比茎叶数目少，当其生境的水分减少或变干，以及植株密集时，植株由平卧变为直立，腹裂片功能向背裂片功能转化。大孢子囊外壁有 3 个浮膘，小孢子囊内的泡胶块具无分隔锚状毛。长年均能结大量大小孢子果，能自然受精和萌发，幼苗容易生长。

原产美洲，现已扩散到全世界。我国七十年代引进放养和推广利用，现已几遍布全国各地水田。植株粗壮，耐寒，能进行大量有性繁殖，用途同常见的满江红，经济价值更高。在有些地区已野化。

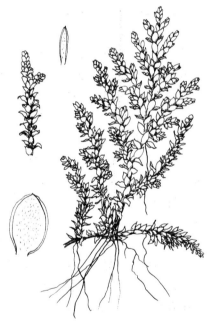

图 1131 细叶满江红 （孙英宝绘）

中名音序索引
（按首字字母顺序排列）

本卷审校、图编、绘图、摄影及工作人员

审　　校	傅立国　　洪　涛　　林　祁				
图　　编	傅立国（形态图）　　林　祁（分布图）　　朗楷永（彩片）				
绘　　图	（按绘图量排列）　　孙英宝　　蔡淑琴　　翼朝祯　　张桂芝				
	陈　笺	杨建昆	张荣厚	肖　溶	王金凤　邓晶发
	吕发强	冯增华	张泰利	王利生	黄少荣　江无琼
	刘春荣	冯晋庸	赵南先	路桂兰	张维本　李　健
	余　峰				
摄　　影	（按彩片数量排列）　　张宪春　　成　晓　　武素功　　朗楷永				
	李泽贤	吴光弟	邬家林	向建英	喻勋林　杨　野
	李延辉	高天刚	张钢民	赵金超	
工作人员	李　燕　　孙英宝　　陈慧颖　　童怀燕				

Contributors
(Names are listed in alphabetical order)

Revisers   Fu Likuo, Hong Tao and Lin Qi

Graphic Editors   Fu Likuo, Lang Kaiyung and Lin Qi

Illustrators   Cai Shuqin, Chen Jian, Deng Jingfa, Feng Jinrong, Feng Zenghua, Huang Shaorong, Ji Chaozhen, Jiang Wuqiong, Li Jian, Liu Chunrong, Lu Guilan Lü Faqiang, Sun Yingbao, Wang Lisheng, Xiao Rong, Yang Jiankun, Wang Jinfeng, Yu Feng, Zhang Guizhi, Zhang Ronghou, Zhang Taili, Zhang Weiben and Zhao Nanxian

Photographers   Cheng Xiao, Gao Tiangang, Lang Kaiyung, Li Yanhui, Li Zexian, Wu Guangdi, Wu Jialin, Wu Sukung, Xiang Jianying, Yang Ye, Yu Xunlin, Zhang Gangmin, Zhang Xianchun and Zhao Jinchao

Clerical Assistants   Chen Huiying, Li Yan, Sun Yingbao and Tong Huaiyan

彩片 1　东北石杉　*Huperzia miyoshiana*（张宪春）

彩片 2　峨眉石杉　*Huperzia emeiensis*（吴光第）

彩片 3　小杉兰　*Huperzia selago*（张宪春）

彩片 4　马尾杉　*Phlegmariurus phlegmaria*（张宪春）

彩片 5　福氏马尾杉　*Phlegmariurus fordii*（张宪春）

彩片7　多穗石松　*Lycopodium annotinum*（张宪春）

彩片6　粗糙马尾杉　*Phlegmariurus squarrosus*
（张宪春）

彩片9　扁枝石松　*Diphasiastrum complanatum*（武素功）

彩片8　垂穗石松　*Palhinhaea cernua*（邬家林）

彩片10　矮小扁枝石松　*Diphasiastrum veitchii*（郎楷永）

彩片 12　白边卷柏　*Selaginella albocincta*（张宪春）

彩片 11　藤石松　*Lycopodiastrum casuarinoides*（李泽贤）

彩片 13　卷柏　*Selaginella tamariscina*（张宪春）

彩片 14　二形卷柏　*Selaginella biformis*（张宪春）

彩片 15　旱生卷柏　*Selaginella stauntoniana*（张宪春）

彩片 16　黑顶卷柏　*Selaginella picta*（张宪春）　　彩片 17　深绿卷柏　*Selaginella doederleinii*（张宪春）

彩片 18　蔓出卷柏　*Selaginella davidii*（张宪春）　　彩片 19　鹿角卷柏　*Selaginella rossii*（张宪春）

彩片 20　大叶卷柏　*Selaginella bodinieri*（张宪春）　　彩片 21　单子卷柏　*Selaginella monospora*（张宪春）

彩片 22　云贵水韭　*Isoetes yunguiensis*（张宪春）

彩片 23　披散木贼　*Equisetum diffusum*（邬家林）

彩片 24　问荆　*Equisetum arvense*（张宪春）

彩片 25　斑纹木贼　*Equisetum variegatum*（张宪春）

彩片 26 松叶蕨 *Psilotum nudum*（郎楷永）

彩片 27 七指蕨 *Helminthostachys zeylanica*（张宪春）

彩片 28 扇羽阴地蕨 *Botrychium lunaria*（张宪春）

彩片 29 云南假阴地蕨 *Botrypus yunnanensis*（张宪春）

彩片 30 绒毛假阴地蕨 *Botrypus lanuginosus*（武素功）

彩片 31　阴地蕨　*Sceptridium ternatum*（张宪春）

彩片 32　薄叶阴地蕨　*Sceptridium daucifolium*（成　晓）

彩片 33　瓶尔小草　*Ophioglossum vulgatum*（邬家林）

彩片 34　福建观音座莲　*Angiopteris fokiensis*
（张宪春　李泽贤）

彩片 35　尖叶原始观音座莲　*Archangiopteris tonkinensis*（张宪春）

彩片 36　紫萁　*Osmunda japonica*（李泽贤）

彩片 37　分株紫萁　*Osmunda cinnamomea* var. *asiatica*（张宪春）

彩片 38　绒紫萁　*Osmunda claytoniana* var. *pilosa*
（张宪春）

彩片 39　狭叶紫萁　*Osmunda angustifolia*（张宪春）

彩片 40　华南紫萁　*Osmunda vachellii*（李泽贤）

彩片 42　镰羽瘤足蕨　*Plagiogyria falcate*（张宪春）

彩片 41　耳形瘤足蕨　*Plagiogyria stenoptera*（武素功）

彩片 43　大芒萁　*Dicranopteris ampla*（郎楷永）

彩片 44　铁芒萁　*Dicranopteris linearis*（张宪春）

彩片 45　芒萁　*Dicranopteris pedata*（吴光第）

彩片 46　莎草蕨　*Schizaea digitata*（向建英）

彩片 47　二歧莎草蕨　*Schizaea dichotoma*
（向建英）

彩片 48　海南海金沙　*Lygodium conforme*（武素功）

彩片 49　羽裂海金沙　*Lygodium polystachyum*（张宪春）

彩片 51　海金沙　*Lygodium japonicum*（李泽贤）

彩片 50　曲轴海金沙　*Lygodium flexuosum*（张宪春）

彩片 52　金毛狗　*Cibotium barometz*（喻勋林　张宪春）

彩片 53　笔筒树　*Sphaeropteris lepifera*（张宪春）

彩片 54　稀子蕨　*Monachosorum henryi*（张宪春）

彩片 55　阔叶鳞盖蕨　*Microlepia platyphylla*（成　晓）

彩片 56　网脉鳞始蕨　*Lindsaea davallioides*（张宪春）

彩片 57　竹叶蕨　*Taenitis blechnoides*（武素功　张宪春）

彩片 58　凤尾蕨　*Pteris cretica* var. *nervosa*（李延辉）

彩片 59　蜈蚣草　*Pteris vittata*（李泽贤）

彩片 60　阔叶凤尾蕨　*Pteris esquirolii*（成　晓）

彩片 61　半边旗　*Pteris semipinnata*（成　晓）

彩片 62　栗蕨　*Histiopteris incisa*（张宪春）

彩片 63　卤蕨　*Acrostichum aureum*（武素功）

彩片 64　光叶藤蕨　*Stenochlaena palustris*（张宪春）

彩片 65　三角羽旱蕨　*Pellaea calomelanos*（成　晓）

彩片 66　禾秆旱蕨　*Pellaea straminea*（武素功）

彩片 67　戟叶黑心蕨　*Doryopteris ludens*（成　晓）

彩片 68　中国蕨　*Sinopteris grevilleoides*（张钢民）

彩片 69　银粉背蕨　*Aleuritopteris argentea*（张宪春）

彩片 70　粉背蕨　*Aleuritopteris anceps*（张宪春）

彩片 71　荷叶铁线蕨　*Adiantum reniforme var. sinense*（张宪春）

彩片 72　半月形铁线蕨　*Adiantum philippense*（成　晓　武素功）

彩片 73　普通铁线蕨　*Adiantum edgeworthii*（吴光第）

彩片 74　掌叶铁线蕨　*Adiantum pedatum*（吴光第）

彩片 75　灰背铁线蕨　*Adiantum myriosorum*（张宪春）

彩片 76　扇叶铁线蕨　*Adiantum flabellulatum*（张宪春）

彩片 77　月芽铁线蕨　*Adiantum edentulum*（张宪春）

彩片 78　铁线蕨　*Adiantum capillus-veneris*（郎楷永）

彩片 79　水蕨　*Ceratopteris thalictroides*（李泽贤）

彩片 80 欧洲拟金毛裸蕨 *Paragymnopteris marantae*
（郎楷永）

彩片 81 拟金毛裸蕨 *Paragymnopteris vestita* （张宪春）

彩片 83 美叶车前蕨 *Antrophyum callifolium* （武素功）

彩片 82 三角拟金毛裸蕨 *Paragymnopteris sargentii*
（张宪春）

彩片 84 毛子蕨 *Monomelangium pullingeri* （李泽贤）

彩片 85 单叶双盖蕨 *Diplazium subsinuatum*
（张宪春 喻勋林）

彩片 86 川黔肠蕨 *Diplaziopsis cavaleriana* （武素功）

彩片 87 阔片短肠蕨 *Allantodia matthewii* （武素功）

彩片 88 溪边假毛蕨 *Pseudocyclosorus ciliatus* （成 晓）

彩片 90　圣蕨　*Dictyocline griffithii*（武素功）

彩片 89　单叶新月蕨　*Pronephrium simplex*（李泽贤）

彩片 91　羽裂圣蕨　*Dictyocline wilfordii*（张宪春）

彩片 92　戟叶圣蕨　*Dictyocline sagittifolia*（张宪春）

彩片 93　叉叶铁角蕨　*Asplenium septentrionale*（张宪春）

彩片 94　对开蕨　*Phyllitis scolopendrium*（杨　野）

彩片 95　巢蕨　*Neottopteris nidus*（成　晓）

彩片 96　细辛蕨　*Boniniella cardiophylla*（李泽贤）

彩片 97　球子蕨　*Onoclea sensibilis*（杨　野）

彩片 98　荚果蕨　*Matteuccia struthiopteris*（郎楷永）

彩片 99 东方荚果蕨 *Matteuccia orientalis*（邬家林）

彩片 100 中华荚果蕨 *Matteuccia intermedia*（武素功）

彩片 101 岩蕨 *Woodsia ilvensis*（张宪春）

彩片 102 苏铁蕨 *Brainea insignis*（赵金超）

彩片 103　荚囊蕨　*Struthiopteris eburnea*（张宪春）

彩片 104　顶芽狗脊　*Woodwardia unigemmata*（张宪春）

彩片 105　狗脊　*Woodwardia japonica*（郎楷永）

彩片 106　崇澍蕨　*Chieniopteris harlandii*（向建英）

彩片 107 红腺蕨 *Diacalpe aspidioides*（成 晓）

彩片 108 鱼鳞蕨 *Acrophorus stipellatus*（武素功）

彩片 109 黑鳞鳞毛蕨 *Dryopteris lepidopoda*（武素功）

彩片 110 粗茎鳞毛蕨 *Dryopteris crassirhizoma*（张宪春）

彩片 111 对马耳蕨 *Polystichum tsus-simense*（成 晓）

彩片 112 革叶耳蕨 *Polystichum neolobatum*（张宪春）

彩片 113 单叶贯众 *Cyrtomium hemionitis*（成 晓）

彩片 114 小羽贯众 *Cyrtomium lonchitoides*（张宪春）·

彩片 115 大叶贯众 *Cyrtomium macrophyllum*（成 晓）

彩片 116 黄腺羽蕨 *Pleocnemia winitii*（成 晓）

彩片 117　大齿叉蕨　*Tectaria coadunate*（成　晓）

彩片 119　华南舌蕨　*Elaphoglossum yoshinagae*（张宪春）

彩片 118　条裂叉蕨　*Tectaria phaeocaulis*（张宪春）

彩片 120　高山条蕨　*Oleandra wallichii*（郎楷永）

彩片 121　中华双扇蕨　*Dipteris chinensis*（高天刚）

彩片 122　双扇蕨　*Dipteris conjugata*（张宪春）

彩片 124　扇蕨　*Neocheiropteris palmatopedata*（郎楷永）

彩片 125　盾蕨　*Neolepisorus ovatus*（喻勋林）

彩片 123　燕尾蕨　*Cheiropleuria bicuspis*（李泽贤）

彩片 126　剑叶盾蕨　*Neolepisorus ensatus*（郎楷永）

彩片 127　大瓦韦　*Lepisorus macrosphaerus*（张宪春）

彩片 128　黄瓦韦　*Lepisorus asterolepis*（郎楷永）

彩片 129　棕鳞瓦韦　*Lepisorus scolopendrium*（郎楷永）

彩片 130　二色瓦韦　*Lepisorus bicolor*（武素功）

彩片 131　抱石莲　*Lepidogrammitis drymoglossoides*（武素功）

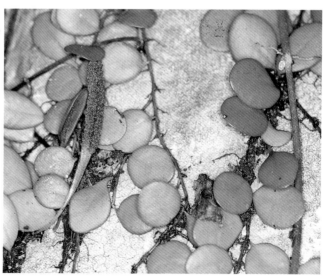

彩片 132　倒卵伏石蕨　*Lemmaphyllum microplyllum* var. *obvatum*（张宪春）

彩片 133　肉质伏石蕨　*Lemmaphyllum carnosum*（成　晓）

彩片 135　丝带蕨　*Drymotaenium miyoshianum*（张宪春）

彩片 134　显脉尖嘴蕨　*Belvisia annamensis*（张宪春）

彩片 136　贴生石韦　*Pyrrosia adnascens*（成　晓）

彩片 137　裸叶石韦　*Pyrrosia nuda*（张宪春）

彩片 138　有柄石韦　*Pyrrosia petiolosa*（吴光第）

彩片 139　石韦　*Pyrrosia lingua*（张宪春）

彩片 140　光石韦　*Pyrrosia calvata*（郎楷永）

彩片 141　中越石韦　*Pyrrosia tonkinensis*（张宪春）

彩片 142　毡毛石韦　*Pyrrosia drakeana*（郎楷永）

彩片 143　抱树莲　*Drymoglossum piloselloides*（向建英）

彩片 145　金鸡脚假瘤蕨　*Phymatopteris hastata*（邬家林）

彩片 144　瘤蕨　*Phymatosorus scolopendria*（张宪春）

彩片 146　尾尖假瘤蕨　*Phymatopteris stewartii*（郎楷永）

彩片 147　弯弓假瘤蕨　*Phymatopteris malacodon*（邬家林）

彩片 148　戟蕨　*Christiopteris tricuspis*（李泽贤）

彩片 149　江南星蕨　*Microsorum fortunei*（吴光第）

彩片 150　似薄唇蕨　*Leptochilus decurrens*（成　晓）

彩片 151　槲蕨　*Drynaria roosii*（郎楷永）

彩片 152　中华槲蕨　*Drynaria sinica*（张宪春）

彩片 153　川滇槲蕨　*Drynaria delavayi*（郎楷永）

彩片 155　蘋蕨　*Marsilea quadrifolia*（成　晓）

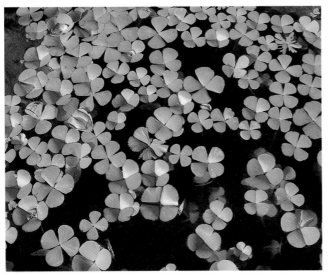

彩片 154　叶鹿角蕨　*Platycerium bifurcatum*（郎楷永）

彩片 156　槐叶蘋　*Salvinia natans*（张宪春）

彩片 157　满江红　*Azolla imbricata*（李泽贤）